autobianchi

AUSTIN

PEUGEOT

STANDARD

FACEL
VEGA
PARIS

SAAB

SUNBEAM

ACMA

MSMA

attica
dimitriadi

B

RENAULT

LAGONDA

AC

VAUXHALL
GENERAL MOTORS

DKW
AUTO UNION

F M R

ROVER

FIAT

ALFA ROMEO
MILANO

FORD

MORRIS

NSU

WOLSELEY

ASTON MARTIN

BORGWARD

LLOYD

Roger Gloor

PERSONENWAGEN DER 60ER JAHRE

Hallwag Verlag
Bern und Stuttgart

Das vorliegende Buch wurde vom Autor direkt am Bildschirm verfaßt (ausgenommen Tabellen). Die über 80 Textkassetten wurden nach Einfügen von Ergänzungen und Korrekturen im Lichtsatzsystem Digiset 400 T 20 des Verlags Hallwag AG abgespeichert.

3., überarbeitete Auflage, 1990

Umschlag und Gestaltung: Robert Buchmüller

Gesamtherstellung: Hallwag AG, Bern
ISBN 3-444-10307-7

Hallwag

Umschlagbild:
Alvis TD 21 Graber Special Coupé, 1962
(Aufnahme: Fotostudio Roulier,
CH-3086 Zimmerwald)

Seite 1
Detail am Rande: Zur «Maß-Nahme» für die Sitzbankgestaltung diente für die Dodge-Modelle 1960 diese im Originalmaßstab gehaltene Mannsilhouette aus glasklarem Kunststoff.

Vorhergehende Doppelseite: Aerodynamisch verglaste Scheinwerfer und Kurvenlampen des Citroën DS 21, 1968.

Die Jahre von 1960 bis 1970 bedeuteten für die japanische Automobilindustrie den Beginn eines einzigartigen Aufschwungs. Neue Werkanlagen wuchsen Pilzen gleich aus dem Boden. In diesem Bild von Anfang der sechziger Jahre das Nissan-Werk Oppama mit Versuchspiste.

Inhalt

Allgemeiner Teil

Hauptteil

Inhalt

Inhalt

Nachfolgende Seite:
Am Fließband stand zur Zeit der sechziger Jahre noch die handwerkliche Arbeit im Vordergrund. Die Automation kam erst in ihre Anfangsphase, und von Roboterisierung sprach noch niemand. Im Bild die Endmontage des Mercedes-Benz 230 SL und des «Großen Mercedes» Typ 600.

Band 7

Vorwort

Wie schon für das Buch «Nachkriegswagen» dienten auch für das vorliegende Werk «Personenwagen der 60er Jahre» die Archive der international angesehenen «Automobil Revue» als Grundlage. Die für die Vollständigkeit ihrer Berichterstattung bekannte Wochenzeitschrift aus Bern reportierte auch in den sechziger Jahren aus neutraler Sicht über alle Ereignisse in der Automobilwelt und natürlich über sämtliche neukonstruierten Modelle. So lieferte die «AR» gleichsam das Gerippe für dieses Buch. Ergänzende Informationen wurden aus zahllosen weiteren Quellen, vor allem aber aus Werkunterlagen, zusammengetragen. Sie wurden gleich einem Mosaik zu einem auch kleine Details berücksichtigenden Ganzen vereint, das an Vollständigkeit wohl wenig Wünsche offenlassen dürfte: Schilderungen der einzelnen Typenreihen sind ebenso enthalten wie die im Verlaufe der Jahre vorgenommenen Änderungen, und Erkennungsmerkmale sind ebenso notiert wie Unterschiede zwischen den einzelnen Modellinien. Angaben über die Produktionsdauer fehlen ebensowenig wie – bei besonders bemerkenswerten Konstruktionen – die Zahl der gebauten Einheiten. Zudem finden sich Angaben über die Querverbindungen der verschiedenen Fabrikate. Mit Hinweisen auf das wirtschaftliche Umfeld wird überdies versucht, die Bedeutung der einzelnen Hersteller und der einzelnen Konstruktionen ins richtige Licht zu stellen. Auch wenn die von den Verantwortlichen der Automobilindustrie geleistete schöpferische Arbeit am Zeichenbrett und am Schreibtisch in den sechziger Jahren mehr und mehr mit dem Mantel des anonymen Teamworks umhüllt wurde, so finden im vorliegenden Werk dennoch zahlreiche «Automänner» namentliche Erwähnung. Über den technischen oder kommerziellen Wert einzelner Konstruktionen sind höchstens Andeutungen enthalten; der Leser soll sich selber ein Urteil bilden können.

Bern, Sommer 1984

Roger Gloor

Einleitung

Epoche der Fusionen

In der Zeit nach dem Zweiten Weltkrieg bis 1960 hatte die internationale Automobilindustrie eine teils neue Struktur erhalten. Weiterhin dominierten allerdings die großen amerikanischen Konzerne General Motors (Chevrolet, Pontiac, Oldsmobile, Buick, Cadillac; Opel, Vauxhall, Holden) und Ford (mit Mercury, Lincoln und Thunderbird). Viele kleinere Fabrikate, darunter auch solche, die sozusagen aus den Trümmern der Nachkriegszeit entstanden waren, hatten sich anderseits bereits wieder in Nichts aufgelöst. Wenngleich die Automärkte der Welt immer mehr Neuwagen aufzunehmen vermochten, begann der Konkurrenzkampf doch zusehends schärfer zu werden. Nur wer über weitsichtige Ingenieure, hart rechnende Manager und einfallsreiche Marketingleute verfügte, hatte Überlebenschancen. Die sechziger Jahre sollten denn eine weitere Flurbereinigung bringen, der vor allem in Europa verschiedene Marken zum Opfer fielen. In einer Phase der industriellen Konzentration kam es zu Fusionen zwischen gleich großen Firmen, zu Übernahmen schwächerer Konkurrenten und zu Zusammenarbeitsabkommen. Während es im Jahre 1960 in den vier klassischen Autoproduktionsländern Europas noch 20 unabhängige Autohersteller von größerer Bedeutung gab, sank deren Zahl bis 1970 auf noch acht:

1960
BR Deutschland
Auto Union (DKW)
BMW
Borgward (+ Lloyd, Hansa)
Goggomobil
Mercedes-Benz
NSU
Volkswagen
Ford Köln*
Opel (= GM)*

Frankreich
Citroën
Panhard
Peugeot
Renault
Simca

Italien
Alfa Romeo
Fiat (+Autobianchi)
Lancia

Großbritannien
BMC (Austin, Austin-Healey, Princess; Morris, MG, Wolseley, Riley)
Jaguar (+ Daimler)
Rootes (Hillman, Humber, Sunbeam, Singer)
Rover
Standard, Triumph
Ford England*
Vauxhall (= GM)*

1970
BR Deutschland
BMW
Mercedes-Benz
VW-Gruppe (VW, Audi, NSU)
Ford Köln*
Opel (= GM)*

Frankreich/Italien
Fiat (+ Autobianchi, Lancia) und Citroën**
Renault und Peugeot (technische Zusammenarbeit)
Alfa Romeo
Simca (= Chrysler)*

Großbritannien
British Leyland (Austin, Austin-Healey, Vanden Plas; Morris, Mini, MG, Wolseley; Jaguar, Daimler, Rover, Triumph)
Ford England*
Vauxhall (= GM)*
Rootes (Sunbeam, Hillman, Humber, Singer; = Chrysler)*

Die Zahl der in amerikanischem Besitz befindlichen Firmen (*) wuchs um 2 auf 6 (Simca und Rootes) – ** nur kurzzeitige «Ehe»

Während die weltweite Jahresproduktion von Personenwagen in den fünfziger Jahren von 8,17 auf 12,88 Millionen – entsprechend einer Zunahme um 58 % – angewachsen war, schnellte sie in den sechziger Jahren auf 22,5 Millionen Einheiten an, was einen Zuwachs um 75 % bedeutete! Die untenstehende Tabelle zeigt die Produktionsentwicklung in den einzelnen Ländern. Die USA blieben das mit großem Abstand führende Produktionsland, auch wenn nach dem 1965 erreichten Rekordausstoß von 9,3 Millionen Wagen ein starker Rückgang zu verzeichnen war. Den

Personenwagenproduktion nach Ländern und Jahren

Jahr	D	F	GB	I	USA	CDN	J	E	S	B	NL	A	CH
1950	219 409	257 292	522 515	101 301	6 665 863	284 076	1 594	60	9 911				
1960	1 816 779	1 175 301	1 352 728	595 907	6 674 796	325 752	165 094	52 000	108 382		15 210	15 025	
1961	1 903 975	1 063 595	1 003 967	693 695	5 542 707	327 979	249 508	68 300	109 853		13 448	13 587	
1962	2 109 166	1 340 328	1 249 426	877 860	6 933 240	428 710	268 784	62 550	129 192		23 570	5 996	
1963	2 414 092	1 520 827	1 607 939	1 105 291	7 637 728	534 103	407 830	79 154	145 672	850	16 974	5 879	
1964	2 650 183	1 390 312	1 867 640	1 028 931	7 751 882	560 678	579 660	119 900	161 957	60 950	29 750	3 320	
1965	2 733 732	1 423 365	1 722 045	1 103 932	9 305 561	710 711	696 176	159 145	181 755	169 050	29 950	2 383	
1966	2 830 050	1 785 906	1 603 679	1 282 645	8 604 726	692 399	877 656	247 000	173 499	168 460	32 750	1 541	
1967	2 295 714	1 776 502	1 552 013	1 439 211	7 412 670	714 084	1 375 755	274 459	193 425	164 286	49 494	1 211	
1968	2 860 027	1 835 281	1 805 846	1 544 932	8 848 501	890 909	2 055 821	311 531	214 627	158 010	60 002	869	
1969	3 305 634	2 001 077	1 717 000	1 478 624	8 224 392	1 019 600	2 611 499	378 514	240 500	271 719	64 300	1 144	30
1970	3 379 511	2 235 617	1 623 125	1 720 294	6 550 173	905 747	3 178 708	466 759	273 591	232 268	71 041	1 172	48

Klassische Produktionsländer Europas (Bundesrepublik Deutschland, Frankreich, Großbritannien, Italien) | Nordamerika (USA, Kanada) | Japan | teils neue Produktionsländer (vorher meist nur Montage): Spanien, Schweden, Belgien, Niederlande, Österreich, Schweiz . . .

Die Automobilindustrie in den sechziger Jahren

größten Aufschwung in den sechziger Jahren verzeichnete unter den klassischen Autoproduktionsländern die Bundesrepublik Deutschland; ihr Zuwachs belief sich auf 86 %. Eine absolute Sonderstellung kam jedoch der jungen Automobilindustrie Japans zu. Diese hatte 1960 in der Weltrangliste noch den achten Rang belegt, und 1970 war sie bereits Nummer drei. Kurze Zeit später sollte sie auch Deutschlands Autohersteller überholen.

Die → Kurvengrafik zeigt auf, wie die Entwicklung der Produktion in den wichtigsten Produktionsländern verlief. Auch Spanien vermochte sich bereits in den sechziger Jahren eine wichtige Position zu sichern. Der Anteil an der Weltproduktion hat im Verlaufe dieses Jahrzehnts eine bedeutende Verschiebung erfahren:

Produktion nach Wirtschaftsräumen

	1960	1970
USA (mit Kanada)	54,3 %	33,2 %
EWG (D/F/I/B/NL)	28,0 %	34,0 %
Efta (GB/S/A)	11,5 %	8,4 %
Übrige westliche Welt	4,1 %	20,3 %
Osteuropa	2,1 %	4,1 %

Die damaligen Staaten der Europäischen Wirtschaftsgemeinschaft hatten also Nordamerika zu überholen vermocht.

Entsprechend dem fulminanten Aufstieg der Autoproduktion machte auch der Motorfahrzeugbestand in den industrialisierten Ländern während der sechziger Jahre rasche Fortschritte. In der Bundesrepublik Deutschland beispielsweise waren 1960 bereits 4 489 407 Personen- und Kombinationskraftwagen registriert. Doch 1970 waren es schon 13 941 079 Einheiten, was einem Zuwachs um 210,5 % entsprach!

In der Schweiz standen am 30. September 1960 nicht weniger als 485 233 Personen- und Kombiwagen in Verkehr. Zehn Jahre später waren es 1 383 204, womit der Zuwachs hier 185 % betrug. Entsprechende Zunahmen erfuhr auch der Motorisierungsgrad, wenngleich die amerikanische Personenwagendichte bei weitem nicht erreicht wurde. 1969/70 zählte man in der BRD 4,6 Einwohner je Personenwagen, in der Schweiz 4,8, in Österreich 6,6, in den USA hingegen 2,3 und in Schweden 3,6 . . .

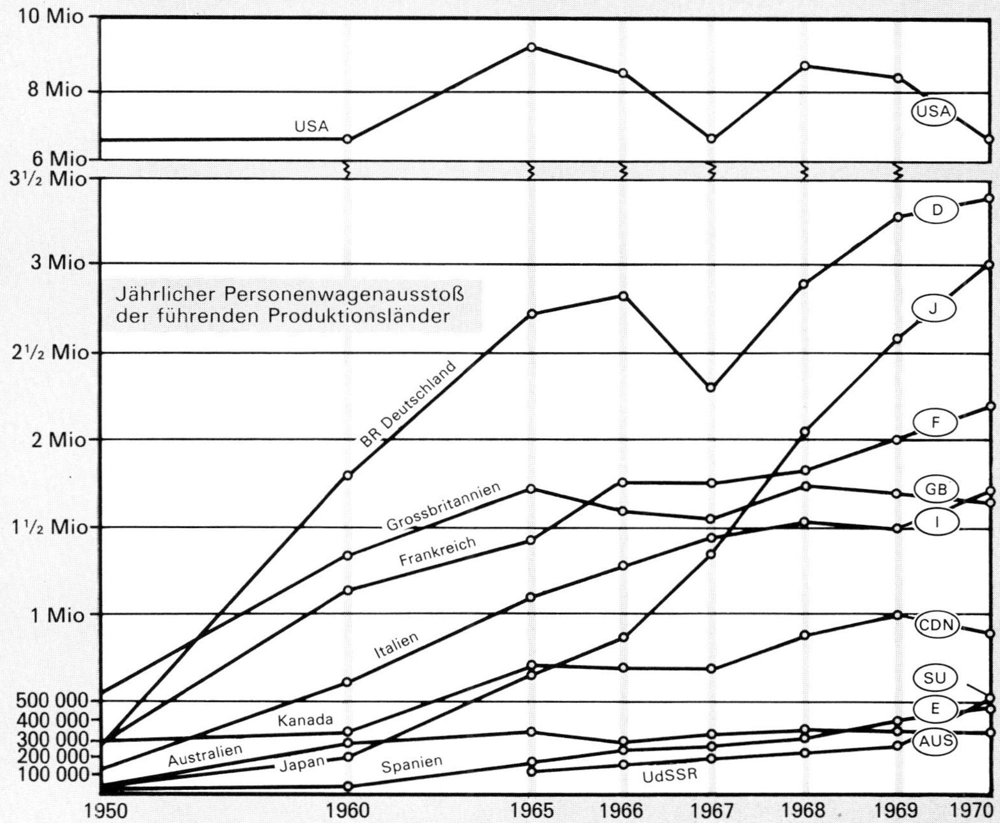

Diese Darstellung veranschaulicht den von den japanischen Herstellern im Laufe der sechziger Jahre erreichten Vormarsch.

BR	RA	MEX	AUS	IND	TR	IL	ZA	SU	CS	DDR	PL	YU	Total	Jahr
			18 500					75 000	11 400		2 100		8 169 021	1950
81 590	40 143		168 901	19 097				138 800	56 200	64 071	12 850		12 878 626	1960
97 557	78 632		182 464	21 866				148 800	58 840	69 562	14 400		11 662 735	1961
80 600	90 648		211 500	24 400				166 000	64 325	72 209	16 080	6 000	14 160 584	1962
86 039	75 338		307 900	17 000				170 000	56 477	84 290	18 239	20 900	16 312 522	1963
97 600	114 619		340 600	23 250				185 200	42 115	93 100	20 550	27 200	17 149 397	1964
103 400	133 734		334 593	23 100				200 200	77 700	102 900	26 400	35 850	19 276 042	1965
142 977	133 812		281 103	26 900				230 200	92 717	106 500	29 200	35 300	19 379 020	1966
150 302	130 306		315 704	33 339				251 400	111 718	111 516	27 200	47 888	18 428 197	1967
179 428	127 965		324 500	37 308				281 000	125 517	114 600	40 388	44 449	21 861 511	1968
254 910	153 665		335 018	43 021	3 900	1 678		295 000	132 409	114 500	52 286	51 943	22 752 363	1969
316 358	168 357	35 751	330 988	45 000	4 000	1 300	19 483	513 000	142 856	126 611	67 892	64 097	22 473 747	1970
. . . Brasilien, Argentinien, Mexiko; Australien, Indien, Türkei, Israel, Südafrika								Osteuropa (Rußland, Tschechoslowakei, DDR, Polen, Jugoslawien)					weltweit	

Die Automobilindustrie in den sechziger Jahren

Einige Firmenporträts

Firma	Sitz	Land	Pw-Prod. seit	1966	Landes-anteil	Export 1966	Export-anteil	Beleg-schaft	weitere Produkte	Zahl der weiteren Produktions- und Montage-länder
Abarth & C.	Turin	I	1949	1 600	0,125 %	914	57 %	350	Auspuffanlagen	
Alfa Romeo SpA	Mailand	I	1909	59 971	4,7 %	16 350	27 %	12 168*	Nutzfahrzeuge	5
Soc. d. Autom. Alpine	Epinay-s-S	F	1955	1967: 385	0,02 %	40	10 %	245	Entwicklungsarbeit	4
American Motors Corp.	Detroit	USA	1954	279 225	4 %	35 000	12,5 %	23 000	Haushaltapparate	11
Asa A.S. Autocostruz.	Mailand	I	1964	75	—	63	84 %	28	—	
Aston Martin L. Ltd.	Newport P.	GB	1950	750	0,045 %	225	30 %	750	—	
Auto Union GmbH	Ingolstadt	D	1949	67 248	2,2 %	14 200	21,1 %	11 220	Industriemotoren	3
British Motors Corp.[1]	Birmingham	GB	1952	604 348	36 %	239 700	40 %	93 000*	Nutzfahrzeuge, div.	24
Bayerische M. W. AG	München	D	1923	74 077	2,8 %	27 116	36,5 %	13 065	Motorräder, div.	
Chrysler Corporation[2]	Detroit	USA	1925	1 445 616	16,8 %	40 000	3 %	133 114*	Industriemotoren, div.	19
SA André Citroën	Paris	F	1919	451 875	25,3 %	103 824	23 %	60 650*	Nutzfahrzeuge	16
Van Doorne's/Daf	Eindhoven	NL	1958	32 750	100 %	19 000	58 %	8 000*	Nutzfahrzeuge	
Nissan MC/Datsun	Tokio	J	1933	252 942	28 %	54 000	21 %	30 000*	Nutzfahrzeuge, div.	8
Sefac/Ferrari	Modena	I	1946	665	0,047 %	386	58 %	498	—	
Fiat SpA[3]	Turin	I	1899	1 145 236	90 %	350 135	30 %	126 168*	Nutzfahrzeuge, div.	25
Ford Motor Company[4]	Dearborn	USA	1903	2 425 442	28,2 %	63 762	2,6 %	233 849*	Nutzfahrzeuge, div.	25
Ford Motor Co. Ltd.	Brentwood	GB	1911	441 128	27,5 %	150 000	34 %	59 000*	Nutzfahrzeuge, div.	10
Ford-Werke AG	Köln	D	1931	442 310	15,4 %	159 284	36 %	38 517*	Industriemotoren	10
General Motors Corp.[5]	Detroit	USA	1908	4 448 668	51,7 %	135 000	3 %	585 000*	Nutzfahrzeuge, div.	29
Gilbern Cars Ltd.	Glamorgan	GB	1960	120	—	18	15 %	48	—	
Hans Glas GmbH	Dingolfing	D	1955	26 564	1,1 %	3 401	13 %	3 750	Landmaschinen, div.	2
GM-Holden's Pty. Ltd.	Melbourne	AUS	1948	126 803	45 %	14 903	11,8 %	21 500	Haushaltapparate	7
Honda Motor Co. Ltd.	Tokio	J	1962	'67: 124 070	9 %	5 761	4,6 %	12 000	Motorräder, Nutzfzg.	
Innocenti, S.G. IMM	Mailand	I	1960	35 967	2,8 %	—	—	6 066*	Motorroller, Pressen	
Iso Automotoveic. SpA	Mailand	I	1953	210	0,02 %	160	75 %	120	—	
Jaguar Cars Ltd.	Coventry	GB	1931	22 958	1,43 %	11 000	48 %	11 700*	Busse, div.	
Autom. F. Lamborghini	Sant'Agata	I	1963	227	0,02 %	170	75 %	112	div.	
Lancia & C. F.A. SpA	Turin	I	1908	36 988	2,9 %	4 744	12,8 %	11 000*	Nutzfahrzeuge	1
Lotus Cars Ltd.	Norwich	GB	1955	'67: 2 000	0,13 %	1 200	60 %	580	—	
Off. A. Maserati SpA	Modena	I	1926	494	0,03 %	204	41,3 %	321	—	
Matra Sports SA	Paris	F	1964	810	0,05 %	131	16 %	324	—	
Toyo Kogyo/Mazda	Hiroshima	J	1931	148 385	18 %	5 796	3,9 %	21 096*	Nutzfahrzeuge, div.	
Daimler-Benz/Mercedes	Stuttgart	D	1926	191 625	7,6 %	92 228	48,1 %	84 419*	Nutzfahrzeuge, div.	8
NSU-Motorenwerke AG	Neckarsulm	D	1906	102 242	4,1 %	53 797	52,6 %	9 820	Industriemotoren	
Adam Opel AG	Rüsselsheim	D	1898	649 376	22,5 %	308 461	47,5 %	57 066*	Nutzfahrzeuge	10
SA des Autom. Peugeot	Paris	F	1896	'67: 374 028	21 %	142 675	38,1 %	37 000*	Nutzfahrzeuge, div.	15
Dr.-Ing. F. Porsche KG	Stuttgart	D	1949	13 134	0,46 %	9 800	75 %	2 761	Entwicklungsarbeit	
Rg. nat. d. us. Renault	Boulogne-B.	F	1945	666 224	37,3 %	302 184	45,4 %	66 000*	Nutzfahrzeuge, div.	23
Rolls-Royce Ltd MCD[6]	London	GB	1904	1 900	0,13 %	980	51,6 %	5 500*	Motoren, div.	
Rootes Motors Ltd.	Coventry	GB	1919	171 000	11,1 %	50 000	30 %	31 000*	Motoren, div.	10
Rover Company Ltd.	Solihull	GB	1904	31 226	1,95 %	8 722	27,9 %	13 516*	Motoren, div.	25
Saab AB (Sv. Aeropl.)	Trollhättan	S	1947	37 652	22 %	18 626	49,5 %	14 221*	Flugzeuge, div.	
Soc. d. autom. Simca	Poissy	F	1936	286 641	16,4 %	139 485	48,6 %	27 000	—	14
Škoda, Autom. Zavody	Mlada Bol.	CS	1925	92 000	99 %	44 000	48 %	20 000	div.	
SA Morin/Sovam	Tours	F	1964	102	0,01 %	5	5 %	350*	Nutzfahrzeuge	
Steyr-Daimler-Puch AG	Graz	A	1934	1 541	100 %	—	—	16 357*	Nutzfahrzeuge, div.	
Tatra n.p.	Koprivnice	CS	1897	700	0,8 %	350	50 %	16 000*	Nutzfahrzeuge	
Toyota Motor Co. Ltd.	Tokio	J	1936	316 190	36 %	70 545	22 %	40 000*	Nutzfahrzeuge	8
Standard-Triumph I. Ltd.	Coventry	GB	1903	119 829	7,5 %	45 434	38 %	16 500	—	6
Vauxhall Motors Ltd.	Luton	GB	1903	172 777	11,2 %	62 570	36 %	33 500*	Nutzfahrzeuge	23
Aktiebolaget Volvo	Göteborg	S	1926	131 153	78,7 %	83 285	63,5 %	24 412*	Motoren, div.	4
Volkswagenwerk AG	Wolfsburg	D	1945	1 300 234	46,1 %	849 898	65,4 %	91 645*	Nutzfahrzeuge, Motoren	4

Anmerkung: Werkangaben aus der Epoche (die teils von anderen Angaben abweichen)

* = Gesamtbelegschaft

[1] Austin, Austin-Healey, Morris, MG, Riley, Wolseley, Vanden Plas
[2] Plymouth (Prod. 640 450), Dodge (532 026), Chrysler (255 487), Imperial (17 653)
[3] wovon 39 421 Autobianchi (Export 8868) — Citroën einschließlich Panhard
[4] Ford (Prod. 1 965 681), Thunderbird (72 734), Mercury (334 858), Lincoln (52 169)
[5] Chevrolet (Prod. 2 202 792), Pontiac (866 385), Oldsmobile (594 069), Buick (580 421), Cadillac (205 001)
[6] wovon ca. 300 Bentley (Export 180)

Die Automobilindustrie in den sechziger Jahren

Die technische Entwicklung

Nicht nur der technische Fortschritt und der Konkurrenzdruck, sondern auch äußere Einflüsse bestimmten die Entwicklung des Automobils in den sechziger Jahren. Während in den USA das erwachende Sicherheitsdenken und, gegen Ende des Jahrzehnts, auch die ersten Abgasbeschränkungen eine maßgebende Rolle spielten, waren es in Europa das allmählich wachsende Autobahnnetz und die steigende Verkehrsdichte, die den Konstrukteuren neue Aufgaben vermittelten. Die Autos wurden noch niedriger und erhielten einen tieferen Schwerpunkt. Gleichzeitig wuchsen sie in der Länge und in der Breite. Von leichtgewichtigen Bauelementen war noch kaum die Rede. Wohl wurde der Luftwiderstand reduziert, aber das Wort Aerodynamik hatte vordergründig bloß einen optischen Wert. Noch gab es keinen «Erdölschock», und das Benzinsparen hatte höchstens für den Geldbeutel des einzelnen Automobilisten einen Sinn.

Karosseriestyling Dem äußeren Erscheinungsbild kam bei den Großserienfabrikaten dies- und jenseits des Atlantiks kaufbestimmende Bedeutung zu. Darum wurde den Styling- und Designabteilungen entsprechend großer Wert beigemessen. Grundsätzlich konnte in den sechziger Jahren nach zwei Richtungen unterschieden werden, die sich in allen denkbaren, häufig auch vermischten Erscheinungsformen äußerten. Zum einen gab es das amerikanische Styling, das sich zumeist mit «wuchtig», «imponierend», «bombastisch» und «verspielt» umschreiben ließ, zum andern das italienische Design, das für sich in Anspruch nehmen konnte, die Zukunftsrichtung zu klaren Linien, vernunftgerichteten Proportionen und zeitloser Eleganz aufzuzeigen. Unverkennbar hatten aber beide Tendenzen gegenseitigen Einfluß. Die von den Italienern angeführten europäischen Formgestalter übernahmen amerikanisches Gedankengut ebenso, wie sich die Stylisten der Neuen Welt allmählich auch für italienische Designelemente zu begeistern begannen. In der erwachenden Autoindustrie Japans orientierte man sich vornehmlich an amerikanischen Formen, die man in europäische und noch kleinere Dimensionen umsetzte.

Ob ein Auto gefiel oder nicht, hierüber hatte schließlich der Markt zu entscheiden. Was in den Augen des kritischen Kenners Zustimmung fand, kam mitunter bei der großen Masse der Autokäufer nicht an ... und umgekehrt. Stylistische Experimente konnten den Hersteller teuer zu stehen kommen. Daher wurden über das Ankommen einer neuen Form – vor allem in den USA – meist sorgsame Vorabklärungen getroffen. Marktforschung fand auch in diesem Bereich zunehmende Bedeutung. Wer den Mut zu abweichenden Linien hatte, verdiente anderseits die Anerkennung des Individualisten. Und auf solche bauten denn auch manche Außenseiterfirmen – mit mehr oder weniger Erfolg.

Zu Beginn der sechziger Jahre war die Panorama-Frontscheibe sozusagen das Epochemerkmal der amerikanischen und der sich amerikanisch gebenden europäischen Wagen. Sie verschwand fast ebenso rasch, wie sie gekommen war, und wurde von stark geneigten, aber nur noch schwach seitwärts bombierten Windschutzscheiben abgelöst. Eine weitere amerikanische Modeerscheinung war der «Hüftschwung», die auf der Höhe des hinteren Radhauses ansteigende und hinten wieder absinkende Gürtellinie. Sie machte ab Mitte der fünfziger Jahre Furore und fand auch in Europa Verbreitung. Immerhin brachte sie in die vor allem in den USA immer länger gestreckte Gürtellinie eine Abwechslung.

Karosseriearten Zwar wurden auch in der Alten Welt die Autos, einem Wunsch nach größerem Präsentationswert entsprechend, teilweise länger. Doch die weit engeren Verkehrsverhältnisse setzten hier eine Grenze. In Amerika aber war das Autowachstum 1970 noch nicht am Ende angelangt, und die bereits ab 1960 erschienenen Kompaktwagen hatten nur scheinbar eine Umkehr angekündigt. Die Karosserievergrößerungen brachten schrittweise mehr Innen- und Kofferraum. Überdies wurde die in den USA bereits

Hinsichtlich Karosseriedesign bemerkenswerte neue Modelle

Ford Taunus 17 M
(strömungsgünstiger Typ P 3, Oktober 1960)

Jaguar E-Type
(eindrückliche Sportwagenlinie, März 1961)

Renault R 4
(reine Kombi-Zweckform, August 1961)

Studebaker Avanti
(Entwurf Raymond Loewy, April 1962)

Chevrolet Corvette Sting Ray
(September 1962)

Triumph Spitfire 4
(Michelotti-Design, Oktober 1962)

Willys Jeep Wagoneer
(Gelände-Kombi, Oktober 1962)

Simca 1300/1500
(schlichte Großserienform, März 1963)

Porsche 901 = 911
(saubere Sportwagenform, September 1963)

Rover 2000
(individuelle Mittelklasseform, Oktober 1963)

Ford Mustang
(einzigartige Erfolgsformel, März 1964)

Ferrari 275 GTB
(Pininfarina-Entwurf, September 1964)

Autobianchi Primula
(Quermotor und Heckklappe!, Oktober 1964)

Renault 16
(Kombi-Innenraum und Heckklappe!, Januar 1965)

Mercedes-Benz S
(eine Formevolution, August 1965)

Oldsmobile Toronado
(Coupé in Langform, September 1965)

Lamborghini P 400 Miura
(Design-Meisterstück, März 1966)

Wartburg 1000
(zeitlose Neuform, Juli 1966)

Dino 206 GT
(neue Pininfarina-Leistung, November 1966)

NSU Ro 80
(zukunftweisende Formgebung!, August 1967)

Lamborghini Espada
(spektakulärer Viersitzer, März 1968)

Opel GT
(spektakulärer Zweisitzer, September 1968)

Jaguar XJ 6
(zeitlose Eleganz, September 1968)

Reliant Scimitar GTE
(ein echter Sportkombi, Oktober 1968)

Austin Maxi
(Gegenstück zum Mini, April 1969)

Citroën SM
(neuartig geformtes Luxuscoupé, März 1970)

Monteverdi Hai
(brillant geformtes Mittelmotorcoupé, März 1970)

Die Automobilindustrie in den sechziger Jahren

Plattformrahmen (VW 1500, 1962)

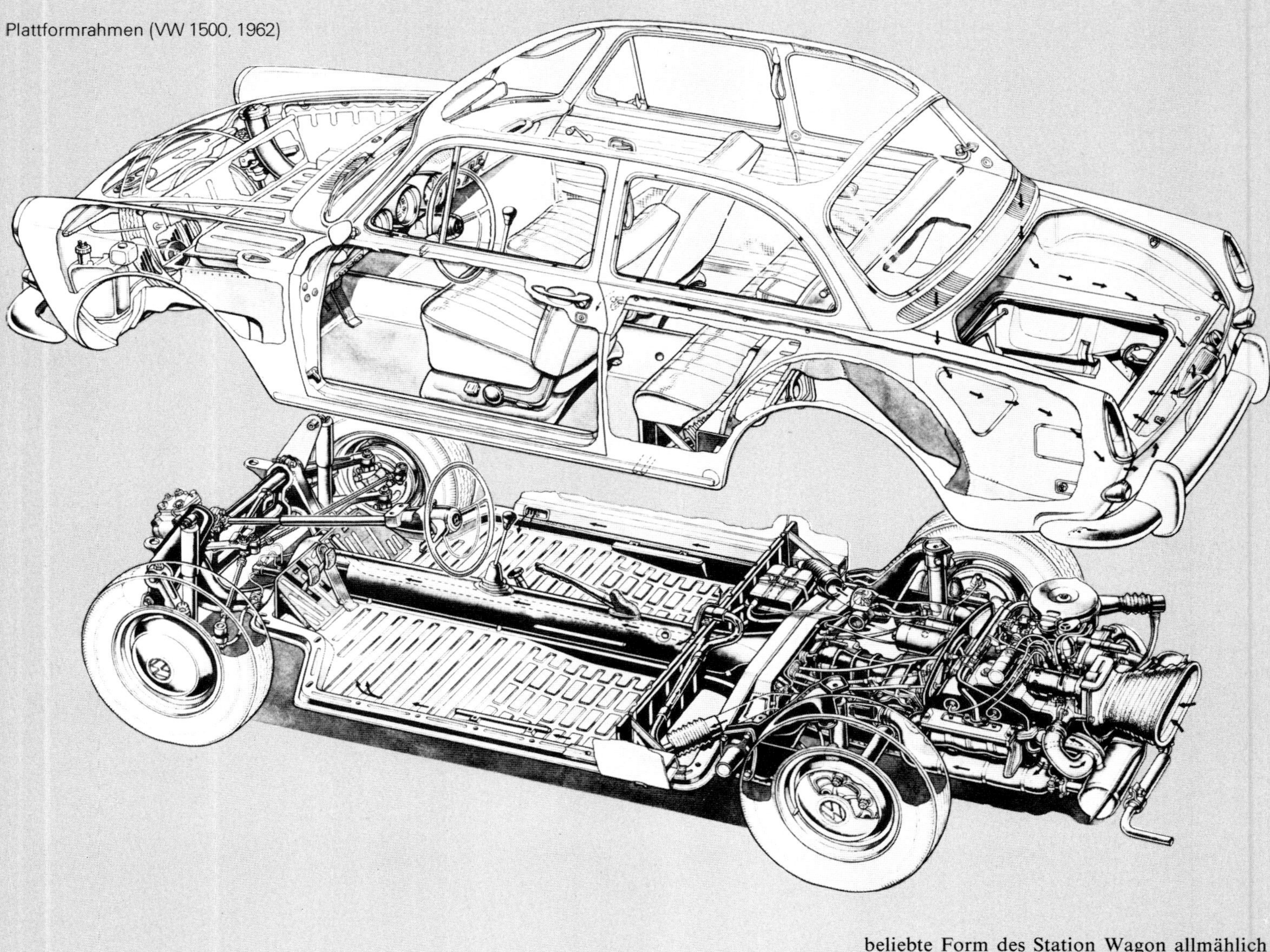

Selbsttragende Bauweise
(Jaguar XJ 6, 1968)

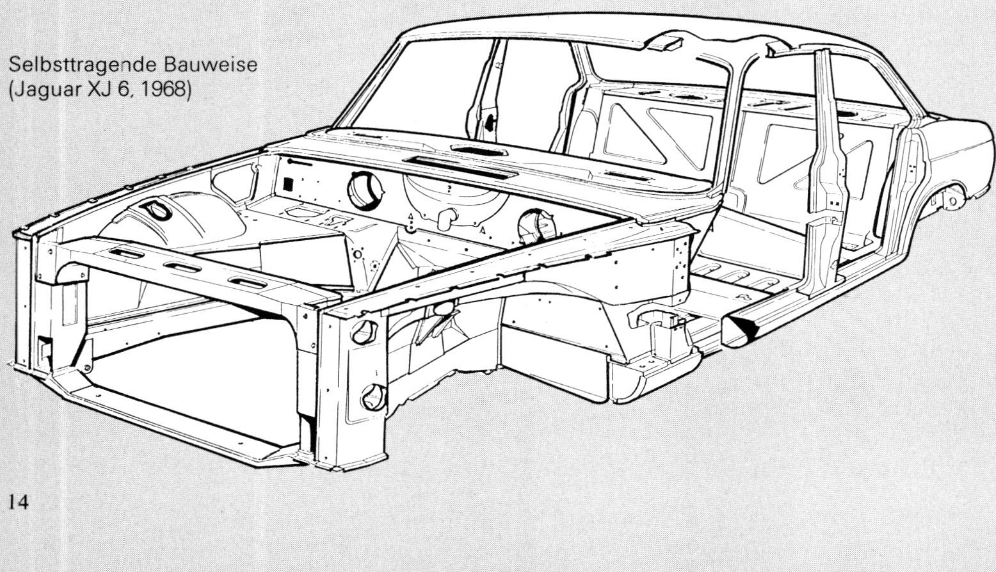

beliebte Form des Station Wagon allmählich auch in Europa «salonfähig»: Kombinationskraftwagen, kurz Kombi oder Kombiwagen, fanden bei teureren Modellreihen teils ebenfalls Eingang und wurden vom Publikum zunehmend aufgenommen. Mehr und mehr gab es zudem Kombis mit besonders gefälliger Formgebung.

Eine neue, den sechziger Jahren zu verdankende Karosserieart war die Heckklappenlimousine. Sie vereinte die Vorteile des Kombiwagens – Möglichkeit des Gütertransports dank verlängertem Dach, Hecköffnung und umklappbaren Hintersitzen – mit der Eleganz eines Personenwagens. Noch aber gab es die geteilten Rücksitzlehnen nicht, so daß die Kombinationsmöglichkeiten des Einsatzes beschränkt blieben.

«Heckklappenpioniere» waren der schon 1959 erschienene Austin A 40 Countryman (eigentlich die Kombivariante des A 40 Farina), dann die Modelle Renault 4 (der

Die Automobilindustrie in den sechziger Jahren

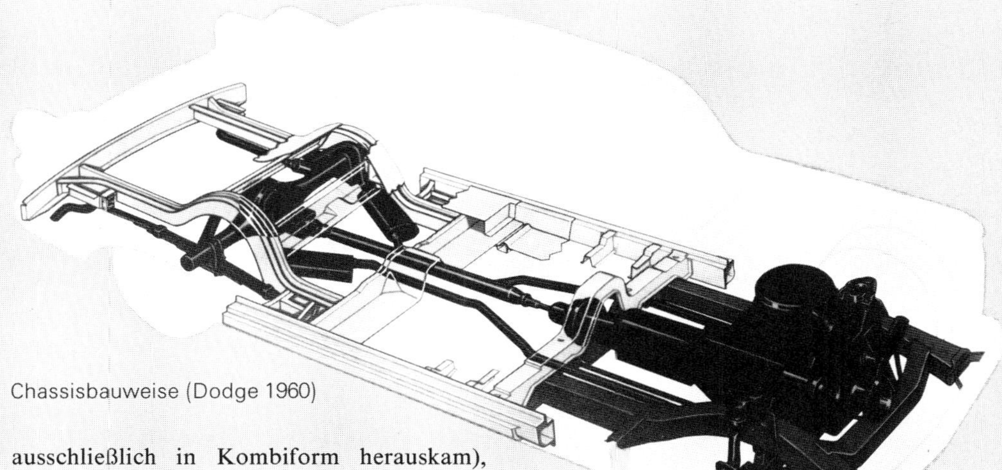

Chassisbauweise (Dodge 1960)

ausschließlich in Kombiform herauskam), Autobianchi Primula (bereits mit Quermotor und daher das eigentliche Schrittmacherauto), Renault 16 (zusätzlich mit verschiebbaren Hintersitzen), Glas CL, Simca 1100, Renault 6, Austin Maxi 1500, Autobianchi A 112 und Chevrolet Vega 2300, bei den Sportwagen der Jaguar E-Type Coupé (nach dem bereits 1953 erschienenen Aston Martin DB 2-4) und viele weitere Coupés.

Auch das Coupé erfuhr in diesem Jahrzehnt eine ungeahnte Blüte. Was vorher den Sportwagenherstellern vorbehalten war, fand in Form von Großserienderivaten eine wachsende Käuferschaft. Hier verband sich das sportlich wirkende Erscheinungsbild mit der Zuverlässigkeit und der Erschwinglichkeit des Alltagsautos. Nicht zuletzt wegen der mit dem wachsenden Autobahnnetz möglich gewordenen höheren Fahrgeschwindigkeiten fand anderseits das Cabriolet sinkendes Interesse.

Chassis Im Grunde genommen war der verbreitete Ausdruck Chassis oder Fahrgestell für den Unterbau der Autos schon 1960 nicht mehr sachgerecht. Denn die weitaus meisten Wagen wiesen bereits kein eigentliches Chassis mehr auf, sondern waren selbsttragend konstruiert, das heißt, Unterbau und Karosserie waren zu einer Einheit zusammengefügt. Dies erschwerte übrigens auch die Kreation von Cabrioletvarianten, da diese bei chassisloser Bauweise besondere Verstärkungen im Unterbodenbereich benötigten. Nur in den USA blieb die Chassisbauweise noch stark verbreitet. Dort mußte einem gewichtsparenden, rationellen Fahrzeugkonzept noch nicht die gleiche Bedeutung zugemessen werden wie in den auf kleinere Karosserieabmessungen ausgerichteten europäischen Konstruktionsabteilungen.

Antrieb Der Standardbauweise – vorne eingebauter Motor, angetriebene Hinterachse – erwuchs durch den **Vorderradantrieb** zunehmend Konkurrenz, so etwa durch die in den sechziger Jahren hinzugekommenen Modelle Lancia Flavia und Fulvia, Citroën Ami, Dyane und SM, Renault 4, 16, 6 und 12, Morris/Austin 1100 und ihre zahlreichen Derivate, neuer Taunus 12 M, DKW F 102 und Audi-Reihe, Austin 1800 und Derivate sowie Maxi, Autobianchi Primula, A 111 und A 112, Peugeot 204 und 304, Oldsmobile Toronado und Cadillac Eldorado, Honda N 500, NSU Ro 80, Simca 1100, Saab 99 und Fiat 128 sowie Suzulight 800 und Subaru 1000.

Noch gab es aber auch eine größere Anzahl neuer **Heckmotorkonstruktionen**, nämlich die VW 1500 und 411, Simca 1000, Abarth-Simca 1300, Renault 8 und 10, Hillman Imp, NSU Prinz 1000 und Derivate, Porsche 911 und 912, Fiat 850 und Skoda 1000 MB.

In der zweiten Hälfte der sechziger Jahre wurden freilich keine eigentlichen Heckmotormodelle mehr neu konstruiert! Neu Eingang in die Auswahl der Bauweisen fand der im Rennsport (und teils in Rollermobilen!) bewährte **Mittelmotor**, und zwar bei den Modellen René Bonnet Djet, Deep Sanderson, Unipower GT, Lamborghini P 400 Miura, Valkyrie 500, Dino 206 GT, De Tomaso Vallelunga und Mangusta, Lotus Europa, Matra 570, Alfa Romeo 33 Coupé, VW-Porsche, Monteverdi Hai 450 SS.

Motor Der Motor des europäischen Durchschnittsautos besaß 1960 wie 1970 vier Zylinder, eine seitliche Nockenwelle sowie obenhängende Ventile (OHV). Die letzten Motoren, die noch seitlich stehende Ventile (SV) aufwiesen, verschwanden im Verlaufe der sechziger Jahre. Anderseits bildeten auch solche mit obenliegender Nockenwelle (OHC) oder gar zwei obenliegenden Nockenwellen (DOHC) pro Zylinderreihe eher noch die Ausnahmen. Der übliche OHV-Vierzylinder hatte in diesen Jahren große Fortschritte erzielt. In vielen Fällen hatte man die Zahl der Kurbelwellenlager von drei auf fünf erhöht, womit sich ein schwingungsarmer und damit ruhigerer Lauf sowie höhere Drehzahlen erreichen ließen. Man hatte die V-Stellung der schräghängenden Ventile optimiert und durch neugeformte Brennräume eine höhere Leistungsausbeute erreicht. Die verbesserte Vergasertechnik wie auch die allmählich Fuß fassende Benzineinspritzung trugen das ihre zu einer rationellen Treibstoffnutzung bei. Das Angebot an Dieselmotoren blieb hingegen nach wie vor auf wenige Modelle beschränkt. Während der Zweitaktmotor in Westeuropa ausstarb (abgesehen von 1-Zylinder-Kleinstfahrzeugen), tauchten in Japan noch Neukonstruktionen dieser Bauart auf. Bei den Marken NSU und Mazda kamen die ersten Modelle mit Wankel-Rotationskolbenmotor in Serie, und man verhieß diesem Motorenprinzip eine glänzende Zukunft . . . In den USA machten sich die ersten Bemühungen um eine Reduktion des Schadstoffanteils in den Abgasen bemerkbar; es entstanden gesetzliche Bestimmungen.

Auch der V8-Motor blieb vorwiegend eine Domäne der USA-Wagen. Doch kamen nun auch in der Neuen Welt selbst Vierzylinder ins Angebot. Zum Reihen-Sechszylinder gesellte sich der kurzbauende V6 als Alternative. Auch ein OHV-V4 kam zu – vorübergehender – Blüte. Die beiden Endpunkte der Skala bildeten die in Klein- und Kleinstwagen eingebauten, meist luftgekühlten 2-Zylinder-Motoren und die ausschließlich in Italien gebauten V12-Maschinen. Bei allen Motorenarten stieg die spezifische Leistung (Anzahl PS je Liter Hubraum) beträchtlich an, und da der Hubraum eher zunehmende Tendenz aufwies, stand dem Autokäufer 1970 für das gleiche Geld (kaufkraftmäßig) eine weit höhere Leistungsfähigkeit zur Verfügung als zu Beginn der sechziger Jahre.

Kraftübertragung Im Getriebebau brachten die sechziger Jahre einen wesentlichen Fortschritt: den Übergang zur Synchronisierung aller Getriebestufen. Während 1960 der synchronisierte erste Gang noch selten war, bildete der nichtsynchronisierte Erste 1970 ebenso die Ausnahme. Damit konnte man beim «Normalauto» endlich ohne doppeltes Kuppeln und Zwischengas auch während der Fahrt in die unterste Getriebestufe zurückschalten. Allmählich fanden die Konstrukteure auch den Weg zurück zur Stockschaltung (auch Knüppel- oder Mittelschaltung genannt), die sich in der Regel präziser auslegen ließ. Die Lenkradschaltung blieb dort unumgänglich, wo die vordere Sitzbank Platz für drei Insassen bot. Mit der Stockschaltung ließ sich auch der von vielen Herstellern vorgenommene Übergang vom 3-Gang- zum 4-Gang-Getriebe leichter bewältigen. 5-Gang-Getriebe blieben aber noch eine Seltenheit!

Manche Wagen der mittleren oder oberen Preisklasse waren auf Wunsch oder gar serienmäßig mit einem zusätzlichen Overdrive oder Schnellganggetriebe ausgerüstet. Mit

Die Automobilindustrie in den sechziger Jahren

Um die PS

Die DIN-PS (von Deutscher Industrie-Norm) gelten als die ehrlichsten PS (Pferdestärken), weil zu ihrer Ermittlung bei der Leistungsmessung die für den Fahrbetrieb notwendigen Nebenaggregate (Luftfilter, Lichtmaschine, Wasserpumpe, Schalldämpfer usw.) nicht demontiert werden, wie dies etwa bei den SAE-PS (von Society of Automotive Engineers) der Fall ist.

Um DIN- und SAE-PS miteinander vergleichen zu können, muß man berücksichtigen, daß die SAE-PS in der Regel um gut 10, bei großen Modellen bis zu 20 % höher liegen. 100 (amerikanische) HP (Horse Power) entsprechen anderseits 101,4 PS.

Die italienische Cuna-Meßmethode (Commissione Unificazione Normalizzazione Autoveicoli) bringt, da sie im wesentlichen auf den Auspufftopf verzichtet, eine um gut 5 % höhere Leistungsangabe als nach DIN-System.

Im Verlaufe der sechziger Jahre haben verschiedene Hersteller ihr Meßsystem gewechselt. Von manchen wurde die Art der PS überhaupt nicht angegeben, und bei einigen weiteren widersprachen sich die genannten Leistungskennzahlen und die angegebene Meßmethode.

(1 PS = 0,736 kW)

Motoren im Schnittbild

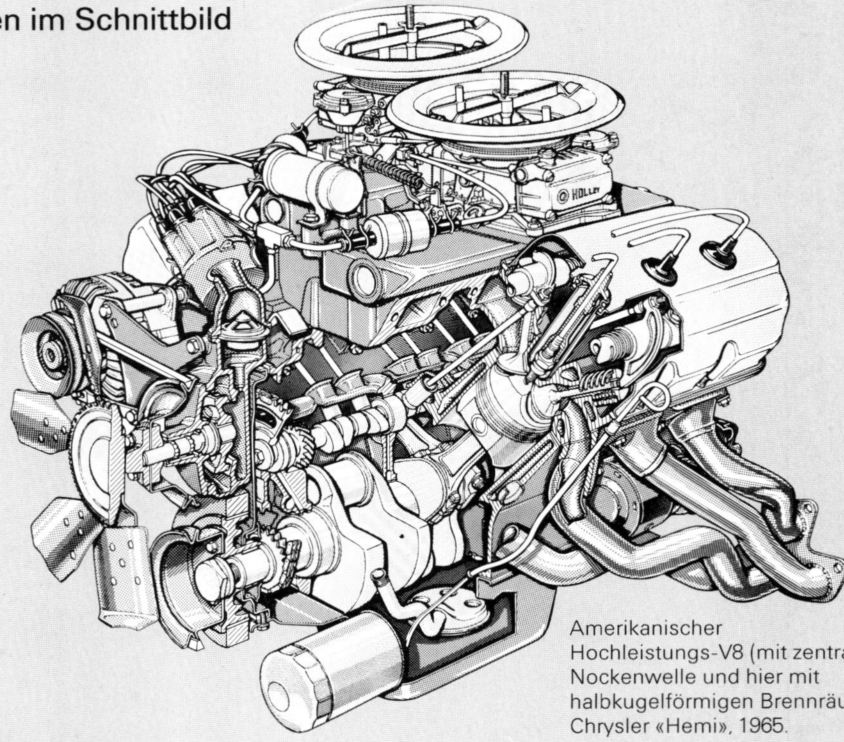

Amerikanischer Hochleistungs-V8 (mit zentraler Nockenwelle und hier mit halbkugelförmigen Brennräumen): Chrysler «Hemi», 1965.

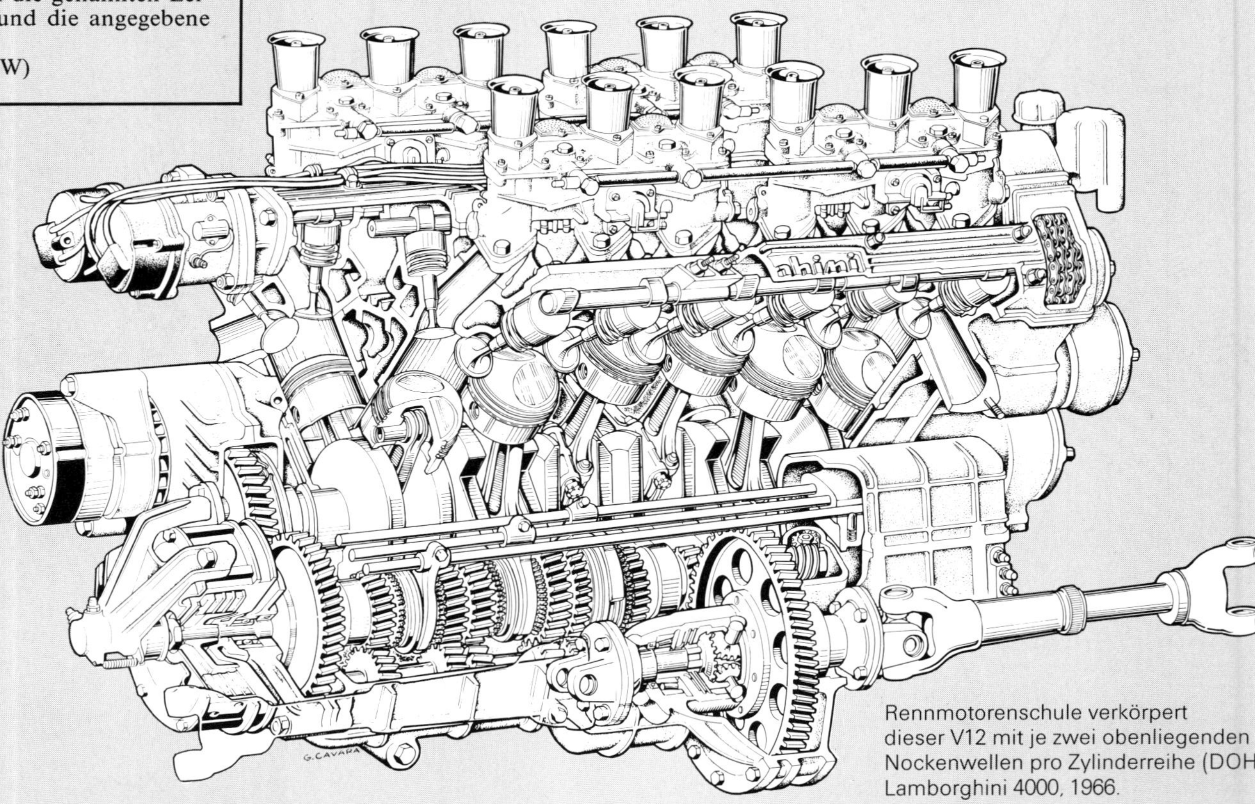

Rennmotorenschule verkörpert dieser V12 mit je zwei obenliegenden Nockenwellen pro Zylinderreihe (DOHC): Lamborghini 4000, 1966.

Die Automobilindustrie in den sechziger Jahren

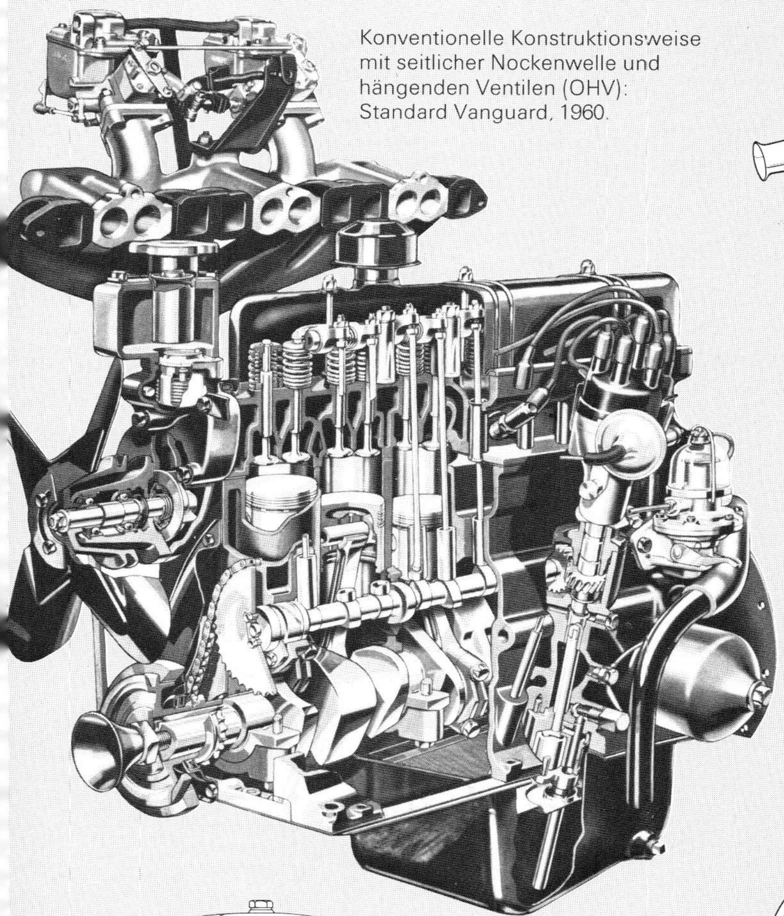

Konventionelle Konstruktionsweise mit seitlicher Nockenwelle und hängenden Ventilen (OHV): Standard Vanguard, 1960.

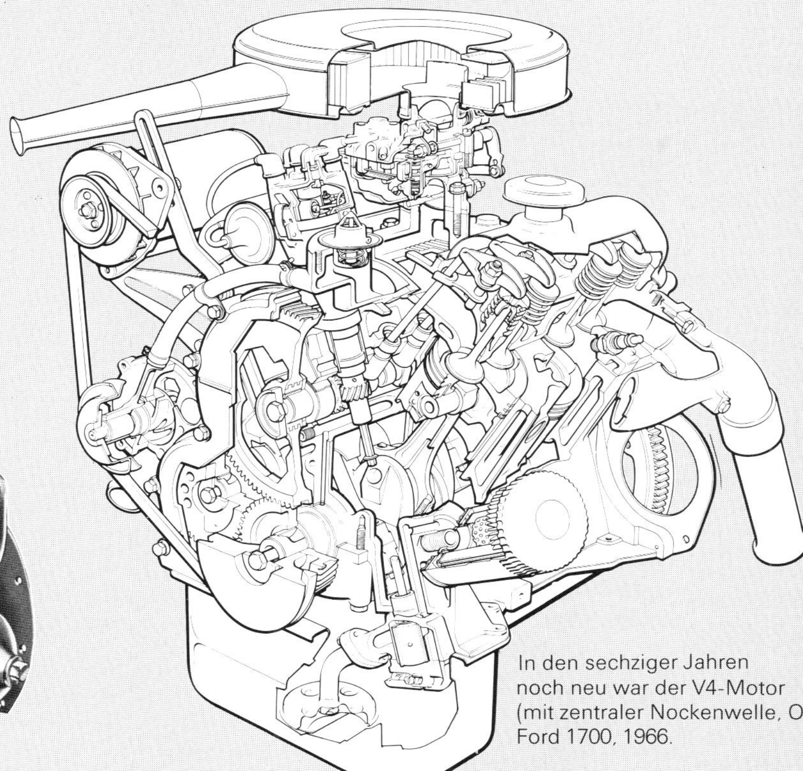

In den sechziger Jahren noch neu war der V4-Motor (mit zentraler Nockenwelle, OHV): Ford 1700, 1966.

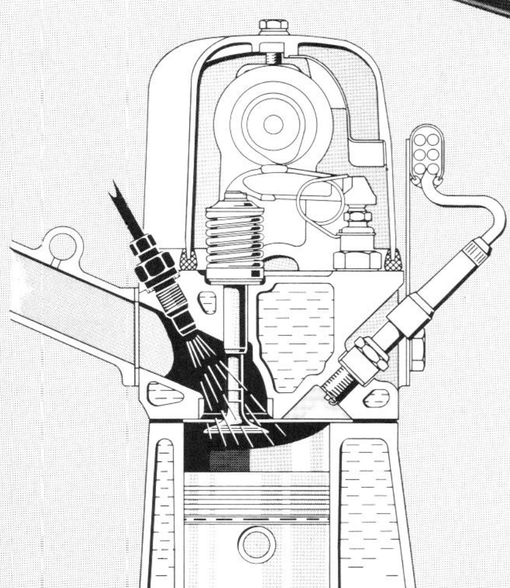

Einspritzmotor mit obenliegender Nockenwelle (OHC; Einspritzung in den Ansaugkanal im Zylinderkopf): Mercedes-Benz 230 SL, 1963.

Boxermotor mit obenliegenden Nockenwellen und Luftkühlung (OHC, Kipphebel): Porsche 911, 1965.

Die Automobilindustrie in den sechziger Jahren

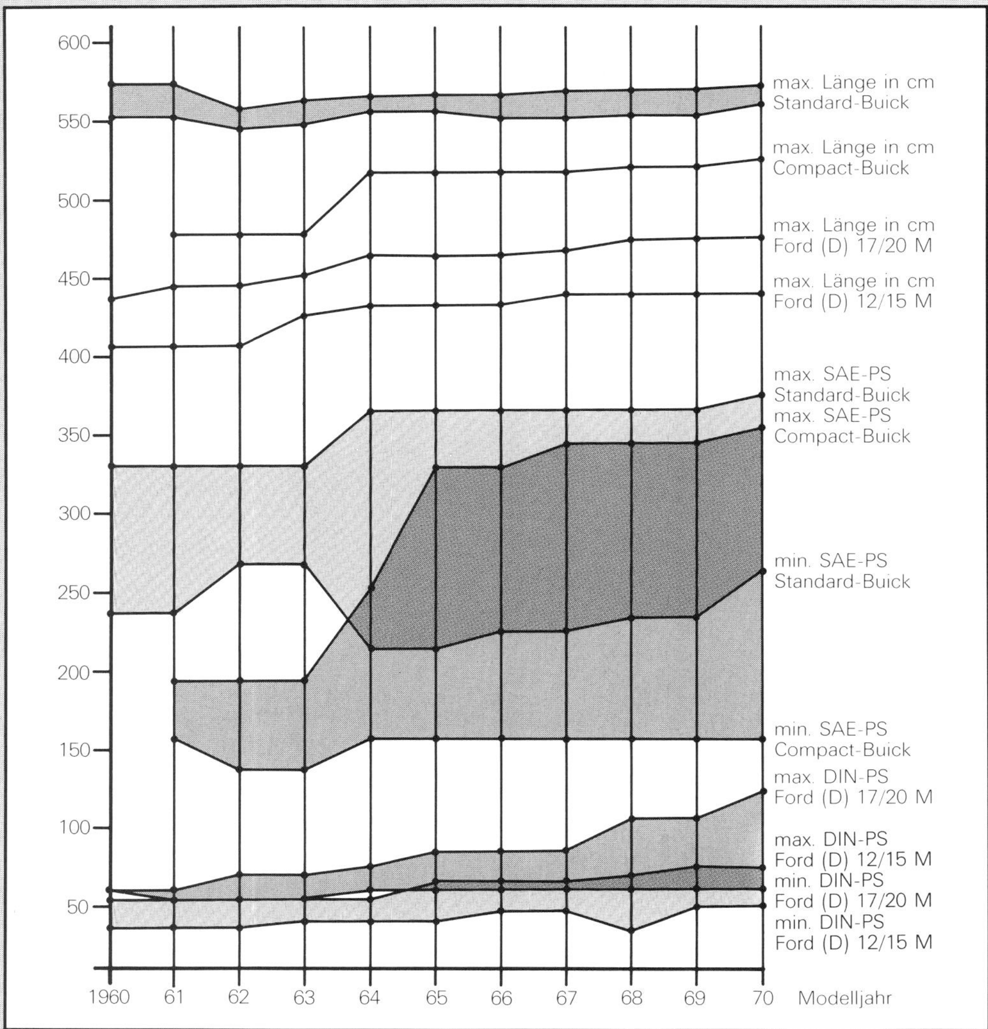

einem ins Schnelle übersetzten Spar- oder Schongang ließ sich bei höheren Geschwindigkeiten die Motordrehzahl und damit auch der Verbrauch und die Geräuschentwicklung reduzieren. Der mit einem separaten Bedienungsknopf oder -hebel geschaltete Overdrive ließ sich je nach Modell zum obersten Gang (dritte oder vierte Getriebestufe), zu allen drei Gängen oder auch zu den zwei oder drei obersten Gängen zuschalten, womit insgesamt bis zu sieben Stufen zur Verfügung standen. Bekanntestes Fabrikat waren die englischen Laycock-de-Normanville-Overdrive, die in vielen englischen und anderen europäischen Wagen erhältlich waren. Die amerikanischen Schnellgänge waren meist ein Ersatz für den vierten Gang, doch fand auch in den USA das vollsynchronisierte 4-Gang-Getriebe bei sportlichen Modellen langsam Eingang.

Auf dem Gebiet der automatischen Getriebe besaßen die Amerikaner bereits die größte Erfahrung. Abgesehen von den Compact-cars wurde, dem Käuferwunsch entsprechend, der Großteil der US-Wagen mit dieser Bedienungserleichterung ausgerüstet. Neben dem üblichen 3-Stufen-Automat gab es auch einfachere mit zwei und besonders raffinierte mit vier Stufen. Während es anfänglich anstatt des Lenkradwählhebels auch Drucktasten gab (Chrysler), fand bald einmal der als sportlich geltende Mittelwählhebel als neue Alternative Verbreitung. Die automatischen Getriebe wurden von den großen Herstellern mehrheitlich selber gebaut. Bedeutendster neutraler Lieferant war die amerikanische Firma Borg-Warner, die auch in England Automatgetriebe produzierte. In der Alten Welt waren Getriebeautomaten noch den Ober- und den Mittelklassewagen vorbehalten.

Aufhängung Vordere Starrachsen gab es in den sechziger Jahren ausschließlich noch bei Geländewagen mit Vierradantrieb. Die hintere Starrachse zählte hingegen auch 1970 noch zu den normalen Merkmalen des Personenwagens. Einige wenige Konstruktionen wiesen eine hintere De-Dion-Achse auf. Da der von der Werbung unterstrichene stete Konkurrenzkampf – sowohl auf dem Käufermarkt wie direkt im Rennsport – die Ansprüche an das Fahrverhalten ansteigen ließ, entwickelten viele Konstrukteure schrittweise verfeinerte Aufhängungen, mit denen die Autos vor allem beim Kurvenfahren sicherer wurden und die zudem einen verbesserten Fahrkomfort brachten. Zwar stand die hintere Einzelradaufhängung im Vordergrund der Konstruktionsbemühungen, doch ließen sich auch in Verbindung mit Starrachsen durch ausgefeilte Führungselemente oder durch den Einbau von Schrauben- statt Blattfedern Fortschritte erzielen.

1970 war das durchschnittliche Auto bereits wesentlich komfortabler gefedert als

Oben: Beidseits des Atlantiks wurden die Autos in der Regel bei jedem Modellwechsel wieder etwas länger (aber auch niedriger und breiter), und gleichzeitig wuchsen die Motorleistung wie auch die Spanne des Leistungsangebots stufenweise an (wie hier die Beispiele Buick und Ford Taunus demonstrieren).

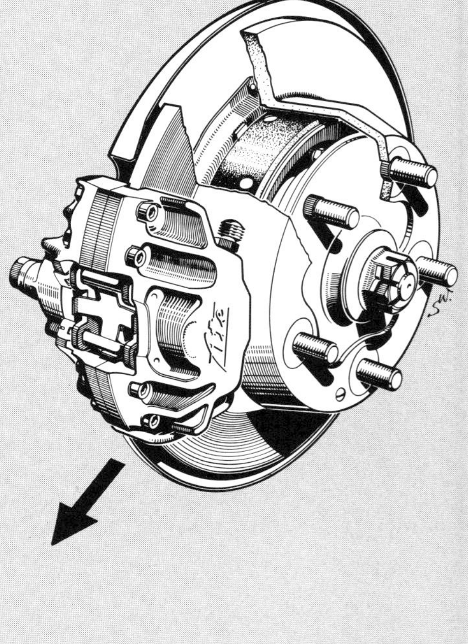

Rechts: Die Scheibenbremse begann sich in den sechziger Jahren allmählich durchzusetzen (hier die mit der Handbremse kombinierte Hinterrad-Scheibenbremse Porsche-Ate, 1965).

zehn Jahre zuvor. Hydraulische und Luftfedersysteme blieben aber nach wie vor etwas Außergewöhnliches. Zu den verbesserten Fahreigenschaften trug im übrigen auch die Entwicklung auf dem Reifensektor bei. Michelin verhalf dem Gürtelreifen in immer mehr Fahrzeugklassen zum Durchbruch.

Bremsen und Lenkung Im Verlaufe der sechziger Jahre fand die in englischen Wagen beim Renneinsatz zur Serienreife gebrachte Scheibenbremse sozusagen von Modell zu Modell größere Verbreitung. Sie wurde für Hochleistungsfahrzeuge zu einer Selbstverständlichkeit. Bei mittelgroßen Fahrzeugen fand sie an den Vorderrädern zunehmend Verwendung, während die weniger stark belasteten Hinterräder weiterhin mit herkömmlichen Trommelbremsen verzögert wurden. Dank dieser Kombination ließ sich auch die auf die Hinterräder wirkende Handbremskonstruktion einfach halten. Nur zögernd Eingang fand die Scheibenbremse bei den US-Wagen, die wegen ihres meist hohen Fahrzeuggewichtes verbesserte Bremsen eigentlich besonders nötig hatten. Bei kleineren und leistungsärmeren Autos wurde – vorwiegend aus Kostengründen – vorerst auf die Verwendung von Scheibenbremsen verzichtet. Gesetzesvorschriften brachten in den USA gegen Ende der sechziger Jahre Zweikreisbremssysteme. Diese wurden zunächst beispielsweise auch bei schwedischen Wagen eingeführt.

So wie das Jahrzehnt 1960–1970 einen Vormarsch der Scheibenbremse brachte, so verhalf es auch der ein «präziseres Lenkgefühl» bietenden Zahnstangenlenkung zu größerer Verbreitung. Dies im Einklang mit den verbesserten Fahreigenschaften. Servolenkungen – sie vermittelten dem Fahrer meist noch wenig Straßenkontakt – blieben das Privileg für schwere Amerikaner Wagen oder für europäische Oberklasseautos.

Sicherheit Amerikanischen staatlichen Sicherheitsnormen war es mit zu verdanken, daß die Autos gerade im Verlaufe der sechziger Jahre entscheidende Verbesserungen Richtung erhöhter Insassenschutz erfuhren. Private Initiativen – unter ihnen jene des jungen «Sicherheitsanwalts» Ralph Nader – hatten den Stein ins Rollen gebracht. Zu den ersten der schrittweise eingeführten Maßnahmen zählte die Entschärfung der Lenksäule. Diese konnte im Falle einer Frontalkollision als Spieß auf den Fahrer einwirken. Daher wurden stoßabsorbierende Lenkräder geschaffen, und man bestückte die Lenksäulen mit Sicherheitsgelenken oder mit zusammenschiebbaren Zwischenstücken. Mehr oder weniger systematisch wurde von den Entwicklungsingenieuren auch das Interieur entschärft: Die Bedienungselemente wurden versenkt angeordnet oder mit Knöpfen aus weichem Material versehen. Das Armaturenbrett erhielt einen Polsterbelag oder gar eine schlagabfangende, nachgebende Struktur. Der Innenspiegel war ausklinkbar montiert, und es wurden immer häufiger Windschutzscheiben aus Verbundglas verwendet.

In Europa waren es Firmen wie die Daimler-Benz AG, die schon seit Mitte der fünfziger Jahre intensive Sicherheitsforschung betrieben und so ein dem Schutze der Insassen dienendes Konstruktionskonzept erarbeiteten. Für solch fortschrittliche Konstruktionen wurden Motorabteil und Kofferraum als deformierbare Pufferzone – man sprach von Knautschzonen – ausgebildet. Bei Kollisionen konnte so die Bewegungsenergie von diesen Fahrzeugpartien absorbiert werden, während der Passagierraum weitestgehend intakt blieb. Mit Crash-Tests (absichtliche Zusammenstöße mit Puppen statt Insassen) wurden die erzielten Erfolge beidseits des Atlantiks unter Beweis gestellt. Bei kleineren europäischen Wagen konnten die sich stellenden Probleme des Insassenschutzes bei Kollisionen allerdings erst teilweise gelöst werden. Gegen

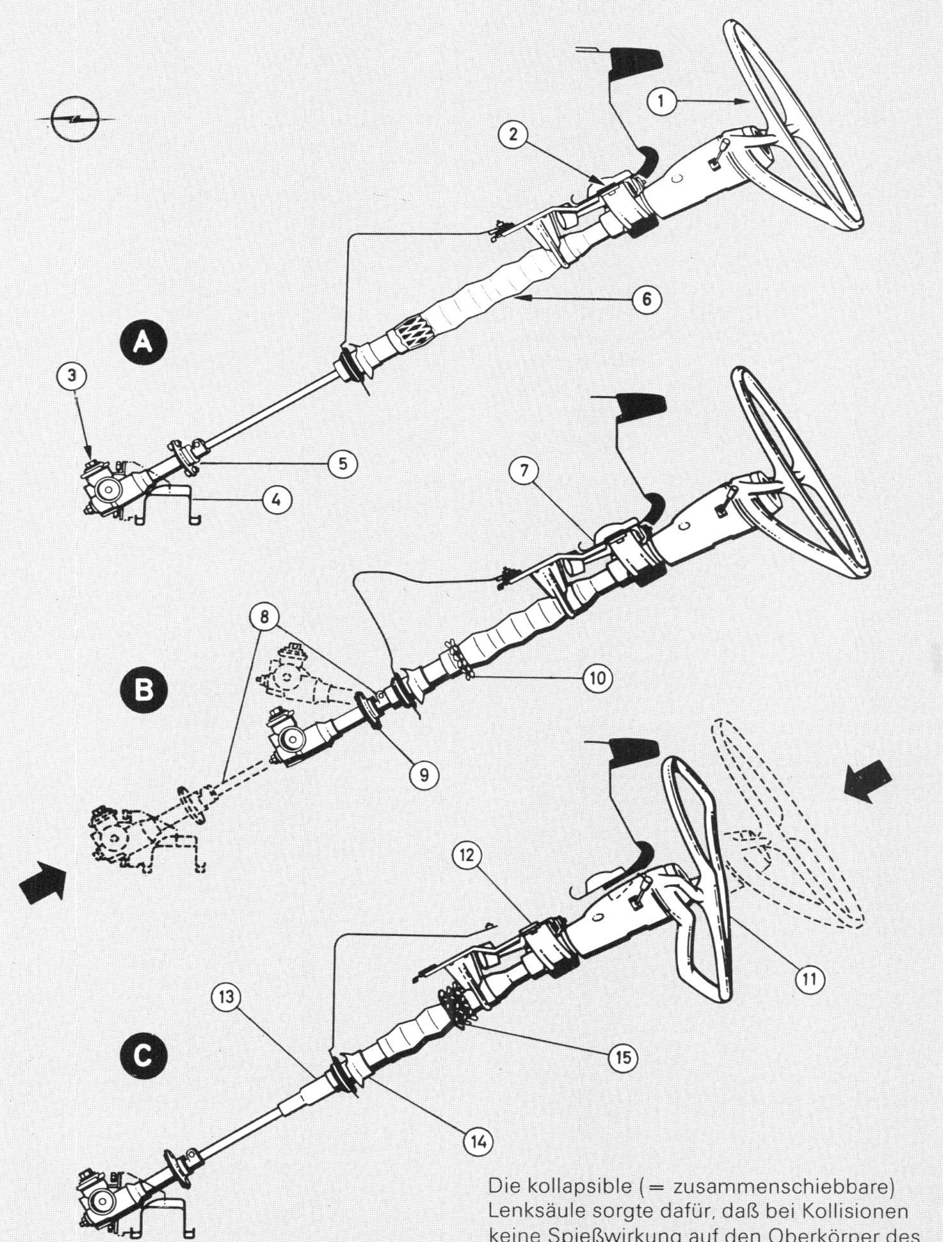

Die kollapsible (= zusammenschiebbare) Lenksäule sorgte dafür, daß bei Kollisionen keine Spießwirkung auf den Oberkörper des Fahrers entstand (Opel, 1967).

Die Automobilindustrie in den sechziger Jahren

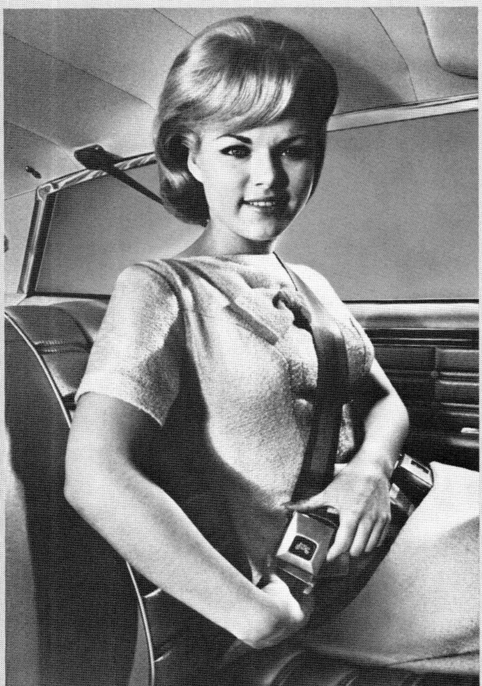

Beginn der Gurt-Ära: Eine junge Amerikanerin demonstriert frühe Dreipunktgurte («Seat belt and shoulder harness») in einem Chevrolet 1967.

1970 gab es in US-Wagen in die Türen eingebaute Blechprofile zum Schutz bei Seitenaufprall, und überdies waren vereinzelt Kopfstützen anzutreffen. Doch alle diese Maßnahmen konnten keinen vollumfänglichen Nutzen bringen, wenn die Insassen nicht angegurtet waren! Und hier fehlte noch weitgehend die Einsicht der Autobenutzer. Der Übergang vom Zwei- zum Dreipunktgurt brachte einen wesentlichen Fortschritt... sofern von ihm Gebrauch gemacht wurde. Der automatische Rollgurt aber war noch kaum bekannt!

Qualität Dank modernisierter Produktionsmethoden hatte die Qualität der Autos und ihrer einzelnen Aggregate in den sechziger Jahren weitere Fortschritte gemacht. Pannen wurden seltener, wenngleich das wachsende Autobahnnetz zu vermehrten Vollgasfahrten und damit verstärkter mechanischer Belastung animierte. Vor allem in den Alpengebieten, wo im Winter dem Schnee auf den Straßen mit Salz zu Leibe gerückt wurde, stellten sich Rostschäden ein. Sie waren teils so gravierend, daß manche Wagen vorzeitig aus dem Verkehr gezogen werden mußten. Es waren unter anderen verschiedene französische und italienische Fabrikate, die sich durch mangelnden Rostschutz mancherorts einen schlechten Ruf einhandelten, den sie im Verlaufe der Zeit nur mit Mühe wieder loswurden. Doch auch bei vielen anderen Marken wurde das Rostproblem erst im Verlaufe der siebziger Jahre endgültig bewältigt.

Ausstattung Hinsichtlich serienmäßiger Ausstattung wurden zwischen 1960 und 1970 deutliche Fortschritte erzielt. So verschwanden beispielsweise selbst in etlichen preiswerten Wagen die im Winter kalten und im Sommer schweißtreibenden Kunstlederüberzüge, um teils ebenso soliden Stoffpolsterungen Platz zu machen. Gewaltige Verbesserungen waren vor allem im Sektor Heizung und Lüftung zu verzeichnen. Es wurden immer wirksamere Windschutzscheiben-Entfrostungssysteme und – als modernes Komfortmerkmal – drehbare Belüftungsrosetten eingeführt. Elektrisch beheizbare Heckscheiben blieben allerdings noch ein Merkmal von wenigen Oberklasseautos. Allmählich fanden mehrstufige Heiz- und Lüftgebläse sowie Scheibenwischer Verbreitung, und für letztere gab es vereinzelt sogar eine Intervallstufe.

Erfreuliche Fortschritte konnten überdies bei der Instrumentierung festgestellt werden, nicht nur hinsichtlich Anzahl der Kontrollanzeigen und Warnleuchten, sondern auch was deren übersichtliche Gruppierung betraf. Die Anzeigeinstrumente wurden in die direkte Blickrichtung gerückt, die Bedienungshebel griffgerecht angeordnet und die Vordersitze zumindest teilweise anatomischen Anforderungen entsprechend ausgeformt... kurz, die Ergonomie hielt Einzug.

Die Automobilindustrie in den sechziger Jahren

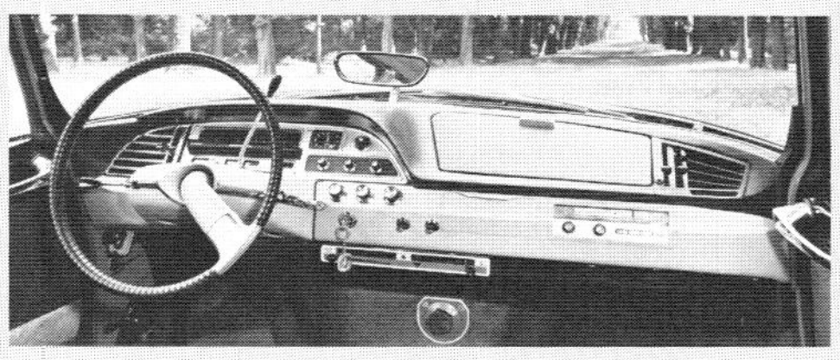

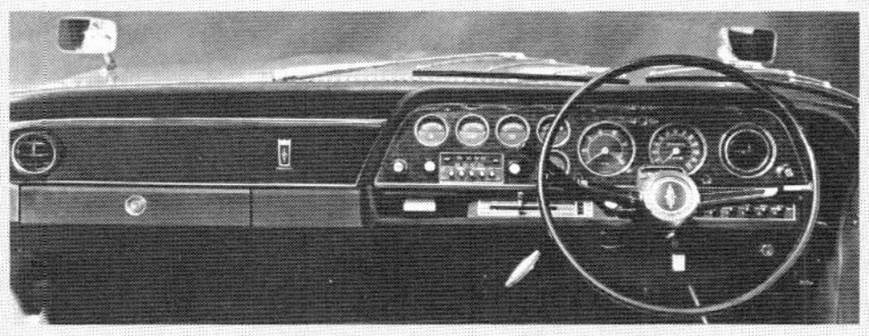

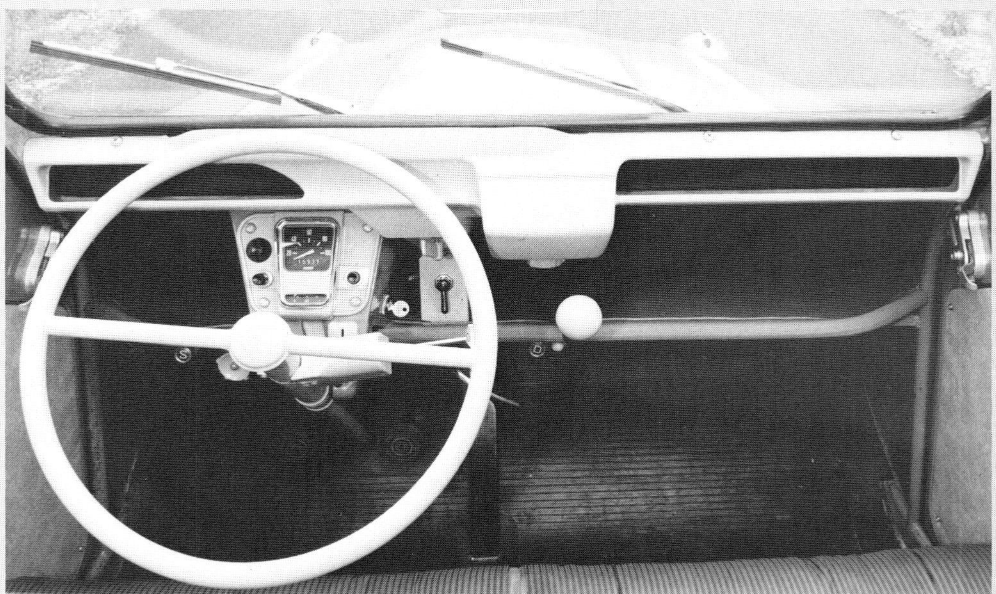

Armaturenbretter wurden zweckmäßiger und schlichter; die Anzeigeinstrumente rückten in das direkte Blickfeld, und es wurden schrittweise Sicherheitspolsterungen und versenkte Schalter eingeführt.
Links von oben nach unten:
Mercedes-Benz 200—250, 1968
Chevrolet Impala, 1964
Citroën DS 19, 1962
Ford (GB) Executive, 1967
Rechts von oben nach unten:
Jaguar 420, 1968
Citroën 2 CV AZL, 1963
Opel Olympia, 1968
Ford Taunus 15 M, 1967

Links: Der Kampf um vermehrte Sicherheit für die Autoinsassen führte in den USA zur staatlich geförderten Konstruktion von «Sicherheits-Traumautos», so dieses New York State Safety Sedan (1967), der von der Autoindustrie-unabhängigen Fairchild Hiller's Republic Aviation Division konstruiert wurde, sich aber als zu schwer erwies.

Die einzelnen Produktionsländer

] = Beginn der Pw-Produktion in den sechziger Jahren
[= Ende der Pw-Produktion in den sechziger Jahren

Auch in den sechziger Jahren blieb der VW-«Käfer» das Symbol für Deutschlands Motorisierung.

(D) Bundesrepublik Deutschland

Wie die Statistiktabellen auf den vorangegangenen Seiten veranschaulichen, war die Bundesrepublik Deutschland 1960 bereits wichtigstes europäisches Autoproduktionsland geworden. Diese Position konnte bis 1970 noch ausgebaut werden. Der Erfolg war der hohen Arbeitsdisziplin der deutschen Automobilarbeiter mit zu verdanken. Dominierender Hersteller war und blieb das Volkswagenwerk vor Opel. Mercedes-Benz trug maßgebend dazu bei, daß deutsche Autos als technologisch führend galten und qualitativ besonders hohes Ansehen genossen. Positiv wirkten sich natürlich auch die Porsche-Rennerfolge aus. BMW erarbeitete sich – nach einem harterkämpften Neustart – in den sechziger Jahren ebenfalls ein besonderes Renommee. Der allgemein gute Ruf der deutschen Automobilindustrie brachte zunehmend Exporterfolge. 1970 kam auch in der BRD den unteren Hubraumklassen immer noch das mit Abstand größte Gewicht zu.

Personenwagenmarken der Bundesrepublik Deutschland 1960–1970

] Amphicar [
] Audi
Auto Union [
BMW
Borgward [
DKW [
] Fiberfab
FMR [
Ford (D)
Fuldamobil, Nobel [
] Glas [

Goggomobil [
Hansa [
Lloyd [
Mercedes-Benz
Neckar, NSU-Fiat [
NSU
Opel
Porsche
] Thurner
VW/Volkswagen
] VW-Porsche

Diverse Konstrukteure (→ Anhang):
Aerocar – Autonova – AWS – Colani – Delta – Donnerstag – Dornier-Delta – Gepard – Karmann – Mantzel – Martini – Nizza – Reutter – Scirocco – Sportolet

Hinweise auf weitere Markennamen:
Aztec/Bonanza/Bonito → Fiberfab
Fiat (D) → Neckar, NSU-Fiat
GF → Karmann (Anhang)
Heinkel → Trojan (GB)
Isar → Glas

Nach dem Untergang der traditionellen Liebhabermarken verblieb Frankreich in der Exklusivklasse noch der Neuling Facel-Véga. Doch selbst die Kreation eines kleineren, Facellia geheißenen Modells vermochte dieser Marke keinen Bestand zu sichern (Facel-Véga Facellia F-2, 1962).

(F) Frankreich

Nicht zuletzt wegen des hohen Benzinpreises war Frankreich ein Land der Kleinwagen. Geniale Konstruktionen waren der Citroën 2 CV und der Renault (R) 4. Sie kombinierten den Transportraum eines Mittelklasseautos mit dem bescheidenen Verbrauch eines Kleinstwagens. Zudem boten sie ein hohes Komfortniveau. Sanfte Federung war ein fast allen französischen Fabrikaten eigenes Merkmal. Früher als andere Hersteller konzentrierten sich die Konstrukteure dieses Landes auf den Vorderradantrieb, auch wenn mit dem Simca 1000 selbst in den sechziger Jahren noch ein Heckmotormodell entstand. Dank technischer Pionierleistungen und aerodynamischem Design nahm Citroën in hohem Maße eine Sonderstellung ein. Die Régie Renault anderseits galt als ein Musterbeispiel für rentable Staatsbetriebe. Die Konsolidierung der französischen Autoindustrie nahm auch in den sechziger Jahren ihren Fortgang.

Französische Personenwagenmarken 1960–1970

Alpine	Panhard [	Diverse Konstrukteure (→ Anhang)
Arista [	Peugeot	Autobleu – BSH – Clauset – La Bulle –
] CG	Renault	Ligier – Marsonetto
Citroën	] René Bonnet [	
DB [	Sera-Panhard [	Hinweise auf weitere Markennamen:
Facel-Véga [	Simca	Bonnet → René Bonnet
Grégoire [	] Sovam [	CD → Panhard
] Matra	Vespa [	Vedette → Simca

Die einzelnen Produktionsländer

Dank Detailpflege durch die Konstrukteure wurde der Kombi allmählich «salonfähig», wenngleich er in Form der neuartigen Schräghecklimousinen mit Heckklappe Konkurrenz erhielt. Hier ein im amerikanischen Stil aufgezogener Ford Cortina Super Estate von 1965.

(GB) Großbritannien

Die britische Autoindustrie setzte sich zu Beginn der sechziger Jahre aus einem kaum übersehbaren Sammelsurium von größeren, kleineren und kleinsten Herstellern zusammen. Sie widerspiegelten den Individualismus des englischen Autokäufers, der auch Außenseitern stets eine Existenzchance ließ. Hinzu kam der Umstand, daß Bausatzautos weitgehend der hohen Kaufsteuer entgingen und so die Aspekte Sportlichkeit und Exklusivität mit einem günstigen Anschaffungspreis auf sich vereinen konnten. Die Aufsplitterung der Kräfte, teils veraltete Produktionsanlagen und nicht zuletzt der ausgeprägte Streikhang der Automobilarbeiter-Gewerkschaften machten der britischen Automobilindustrie schwer zu schaffen. Ende der sechziger Jahre kam es denn stufenweise zu einer einmaligen Fusionswelle, aus der schließlich British Leyland entstehen sollte.

Britische Personenwagenmarken 1960–1970

AC
Alvis [
Armstrong-Siddeley [
Arnolt-Bristol [
Aston Martin
Austin
Austin-Healey
Bentley
Berkeley [
] Biota
Bond
Bristol
Citroën England [
Daimler
] Davrian
] Deep Sanderson [
] Diva [
Elva [
Fairthorpe
] Falcon [
Ford (England)
Frazer-Nash [
Frisky [
] Gilbern
Gill Getabout [
] Ginetta
] Gordon-Keeble [
] GSM [
Hillman
Humber
Jaguar
Jensen
Lagonda
] LMB [
] Lola [
Lotus
Marcos
Metropolitan [
MG
Morgan
Morris
] Ogle [
] Peel [
Peerless [
Reliant
Riley [
Rochdale [
Rolls-Royce
Rover
Scootacar [
Singer [
Standard [
Sunbeam
Tornado [
] Trident
Triumph
Trojan, Heinkel [
Turner [
TVR
] Unipower [
] Vanden Plas
Vauxhall
] Warwick [
Wolseley

Diverse Konstrukteure (→ Anhang):
Allardette – Ashley – Britannia – Camber – Dove – Emery – Enfield – Ferguson – Fletcher – Gecko – Gitane – GTM – Heron – Lea Francis – Mini Jem – Musketeer – Probe 16 – SAH – Scamp – Siva (GB) – SLR – Yak

Hinweise auf weitere Markennamen:
Alexander Turner → Turner
Land-Rover → Rover
Mini → Austin
Nobel → Fuldamobil (D), Nobel
Princess → Vanden Plas
Quasar → Unipower
Typhoon → Tornado

Die einzelnen Produktionsländer

Mit dem Typ 600 Multipla bot Fiat einen sechssitzigen Kleinwagen, dessen zwischen Personenwagen und Minibus liegendes Konzept erst in den achtziger Jahren wieder aufgegriffen wurde (Fiat 600 D Multipla, 1964).

(I) Italien

In keinem weiteren der klassischen Autoproduktionsländer gab und gibt es eine derartige Vorherrschaft durch eine einzige Marke, wie sie in Italien durch Fiat verkörpert wird. Diesem Riesen, der sich im Verlaufe der sechziger Jahre auch die Marken Lancia und Ferrari einverleibte, steht einzig noch das Staatsunternehmen Alfa Romeo gegenüber. Daneben gibt es eine Reihe von kleineren, vorwiegend auf Liebhaberfahrzeuge spezialisierten Unternehmen. Fiat selbst bestätigte sich in seiner Rolle als Kleinwagenpionier, bot aber überdies ein wachsendes Modellspektrum in der Mittel- bis Luxusklasse sowie bei den Sportwagen. Dank vergleichsweise tiefen Herstellungskosten vermochte Italiens Autoindustrie trotz Streiks und einer hohen Abwesenheitsquote während langer Zeit konkurrenzfähig zu bleiben. Italienische Wagen genossen stets den Ruf besonderer Sportlichkeit.

Italienische Personenwagenmarken 1960–1970

Abarth
Alfa Romeo
] Asa [
] ATS [
Autobianchi
] Bizzarrini [
Cisitalia [
] De Tomaso
] Dino
Ferrari
] Ferves
Fiat
] Ford Italiana [
] Ghia [
Giannini
] Imp [

Innocenti
] Intermeccanica
] Iso Rivolta
] Lamborghini
Lancia
] LMX
] Lombardi
Maserati
] Michelotti
Moretti
Osca [
] Osi [
Siata [
] Vignale [
] Willam

Diverse Konstrukteure (→ Anhang):
Allemano – Bertone – Boneschi – Caprera – Canta – Colli – Condor Aguzzoli – Daytona – Ellena – Eurostyle – Fissore – Frua – Mantelli – Monterosa – Nardi – Nembo (1) – Nembo (2) – Pininfarina – Poccardi – Savio – Scaglietti – Scioneri – Serenissima – Sibona & Basano – Sila – Siva (I) – Touring – Urbanina – Viotti – Zagato – Zanella

Hinweise auf weitere Markennamen:
Farina → Pininfarina (Anhang)
Francis Lombardi → Lombardi
Lawil → Willam
Panauto → Panhard (F)
Triumph Italia → Triumph (GB)

Die einzelnen Produktionsländer

(USA) Vereinigte Staaten

Die Vereinigten Staaten von Nordamerika waren und blieben das führende Autoproduktionsland, und es waren die drei Giganten der Branche, die nicht nur in den USA den Ton angaben, sondern auch weite Teile der internationalen Automobilherstellung beherrschten: General Motors, die Ford Motor Company und die Chrysler Corporation. 1960 begann in den USA die Epoche der Kompaktwagen. Als Verkleinerungen der traditionell wuchtigen amerikanischen Standardwagen sollten sie dem Vormarsch der Importwagen, allen voran Volkswagen, Einhalt gebieten. Doch in der Folge wuchsen auch die Kompaktwagen schrittweise in die Länge. Während sich verbesserte Fahrwerkskonzepte mit Scheibenbremsen nur zögernd durchzusetzen vermochten, wurden im Amerika der sechziger Jahre zahlreiche dem Komfort und der Sicherheit dienende, heute verbreitete Ausrüstungsteile entwickelt.

Amerikanische Personenwagenmarken 1960–1970

] AMC, American Motors
] Avanti
Buick
Cadillac
Checker
Chevrolet
Chrysler
] Cord [
De Soto [
Dodge
] Excalibur
] Fitch Phoenix [
Ford (USA)
Imperial
] International
] Kaiser-Jeep
Lincoln
Mercury
Oldsmobile
Plymouth
Pontiac
Rambler [
Studebaker [
] Stutz
Thunderbird
] Valkyrie [
Willys [

Diverse Konstrukteure (→ Anhang):
Aircar – Auburn – Banshee – Devin – Duesenberg – Ikenga – Innovari – Marbon – Omega – Stuart

Hinweise auf weitere Markennamen:
Ambassador → AMC, American Motors
AMX → AMC, American Motors
Cobra → AC (GB)
Comet → Mercury
Fiberfab → Fiberfab (D)
Gremlin → AMC, American Motors
Hornet → AMC, American Motors
Javelin → AMC, American Motors
Jeep → Willys + Kaiser-Jeep
Marlin → AMC, American Motors
Phoenix → Fitch Phoenix
Rebel → AMC, American Motors
Shelby → Ford (USA) + AC (GB)
Valiant → Plymouth

Auch in den USA verschwanden während der sechziger Jahre einige weitere Marken, so De Soto, deren letztes Modell (1961) hier zu sehen ist.

Zunehmend automatisch

Mitte der sechziger Jahre wurden die in den USA hergestellten Wagen bereits zu einem hohen Anteil mit Komfortmerkmalen ausgerüstet; so hatten über 80 % ein automatisches Getriebe, 74 % ein Radiogerät, 73 % einen V8-Motor, 60 % eine Servolenkung, 32 % Servobremsen, 23 % eine Klimaanlage, 14 % elektrische Fensterheber und 7 % eine elektrische Sitzverstellung.

In den USA wurden Motoren und Modellvarianten häufig mit einer auf den Motorinhalt in cubic inches hinweisenden dreistelligen Zahl bezeichnet:

100 cu./ins. (CID) = 1638,7 cm^3
(1 st. mile = 1,609 km)

(J) Japan

Im fernöstlichen Inselreich Japan hatte sich die Personenwagenproduktion von 1960 auf 1970 verzwanzigfacht. 1970 rangierte Japan als drittgrößter Hersteller noch knapp hinter der Bundesrepublik. Es war denn ein hervorstechendes Merkmal der sechziger Jahre, daß die von Toyota und von Datsun angeführten Neulinge in Nordamerika, in den westeuropäischen Ländern ohne eigene Autoproduktion und auf zahlreichen Märkten weiterer Kontinente einen immer stärker spürbaren Konkurrenzdruck aufbauten. Wurde den unbekannten Autos anfänglich Mißtrauen entgegengebracht, so vermochten das hohe Qualitätsniveau und die reichhaltige Grundausstattung doch bald europäische Wagen gewohnte Käufer zu gewinnen. Was zunächst häufig noch blieb, waren die auf japanische Körpermaße ausgerichteten Innenabmessungen und die einfachen Fahrwerksysteme mit harter Federung und wenig Fahrgefühl vermittelnder Lenkung.

Japanische Personenwagenmarken 1960–1970

] Cony [
Daihatsu
Datsun, Nissan
] Hinc [
] Honda
] Isuzu
Mazda
Mikasa [
Mitsubishi
Prince [
Subaru
Suzulight, Suzuki
Toyota

Hinweise auf weitere Markennamen:
Mikado → Prince
PMC-Mikado → Prince
Nippon → Prince
Nissan → Datsun
Toyopet → Toyota

Mazda brachte (fast gleichzeitig mit NSU in Deutschland) eines der ersten Autos mit Wankelmotor in Serie. Hier der Mazda 110 S alias Cosmo 1968 vor dem vom Atombombenabwurf zeugenden Mahnmal in Hiroshima (wo das Mazda-Werk angesiedelt ist).

Die einzelnen Produktionsländer

Unter den weiteren Automobil-Produktionsländern war Schweden während der sechziger Jahre zumindest für Europa bedeutendster Lieferant. Hier der 1967 lancierte Volvo 142. — In Schweden galt übrigens bis am 2. September 1967 Linksverkehr!

Übrige Länder

Eine bedeutende Automobilindustrie in Westeuropa wies bereits auch Schweden auf, während jene in Spanien im Verlaufe der sechziger Jahre ihren ersten großen Aufschwung erfuhr. Auch die russischen Autofabriken gewannen zunehmend an Kapazität. Bereits mit einiger Tradition war die Autoherstellung in Australien verknüpft, während jene in Brasilien und in Argentinien noch im Aufbau begriffen war. Vor allem in Südamerika wurde die nationale Automobilindustrie durch hohe Zollschranken geschützt. Praktisch alle Einzelteile mußten unter Lizenz im eigenen Lande hergestellt werden. Es waren überwiegend amerikanische Firmen, die hier den Autobau steuerten und sich so eine Position in der südlichen Hemisphäre sicherten.

Weitere Personenwagenmarken 1960–1970

(A) Österreich

Steyr-Puch
→ Anhang: Denzel – Gamma – Jamos – Strato (A)

(AUS) Australien

Ascort [
Holden
Morris Australia
] Zeta [
→ Anhang: Chrysler Australia – Ford Australia – Nagari
Hinweis auf einen weiteren Markennamen:
Buckle → Goggomobil (D)

(B) Belgien

] Apal
] Méan
→ Anhang: Coune

(BR) Brasilien

] Brasinca, Uirapuru [
Chevrolet Brasil
] Chrysler Brasil [
] DKW-Malzoni [
] DKW-Vemag [
] Dodge Brasil
] FNM
] Ford Brasil
] Gurgel
] Puma
] Simca Brasil [
VW do Brasil
] Willys Brasil [
→ Anhang: Toyota Brasil
Hinweise auf weitere Markennamen:
Aero-Willys → Willys Brasil
Uirapuru → Brasinca

(CDN) Kanada

→] Studebaker [
Anhang: Acadian – Ford of Canada
Hinweise auf weitere Markennamen:
Apollo → Intermeccanica (I)
Pontiac → Pontiac (USA)

(CH) Schweiz

Enzmann [
] Monteverdi
→ Anhang: Beutler – Cegga – Filipinetti (Sbarro) – Graber – Italsuisse – La Drôlette – MBM – Strato (CH)
Hinweis auf einen weiteren Markennamen:
Ranger → Ranger (ZA)

(CS) Tschechoslowakei

Skoda
Tatra
→ Anhang: Velorex

(DDR) Deutsche Demokratische Republik

Trabant
Wartburg

(E) Spanien

Seat
TZ [
→ Anhang: Artes – Authi
Hinweise auf weitere Markennamen:
Barreiros/Fasa → Authi (Anhang)
Munisa → Goggomobil (D)

(ET) Ägypten

] Ramses [

(GR) Griechenland

Alta, Attica [

(IL) Israel

] Sabra
Hinweis auf weiteren Markennamen:
Autocars → Sabra

(IND) Indien

Hindustan

(IR) Iran

] Paykan (Peykan)

(MEX) Mexiko

] Borgward Mexico [

(NL) Niederlande

Daf

(PL) Polen

Mikrus [
] Polski Fiat
Syrena
Warszawa

(RA) Argentinien

] Chevrolet Argentina
] Dodge Argentina
] Ford Argentina
Graciela [
IKA [
→ Anhang: De Carlo – Di Tella – Zunder
Hinweise auf weitere Markennamen:
Rambler RA → IKA
Valiant → Dodge Argentina

(RC) Formosa/Taiwan-China

] YLN

(S) Schweden

Saab
Volvo
→ Anhang: Kalmar

(SU) Rußland, Sowjetunion

Moskwitsch
Tschaika
Wolga, GAZ
] Zaporojetz, ZAZ
Zil
→ Anhang: Maxi
Hinweise auf weitere Markennamen:
Communard/Kosak/Saporojets/SAS/Star/Yalta → Zaporojetz, ZAZ
GAS/GAZ → Wolga
MZMA → Moskwitsch
Scaldia → Moskwitsch
SIL → ZIL

(TJ) Volksrepublik China

Red Flag, Hongki

(TR) Türkei

] Anadol

(YU) Jugoslawien

→ Anhang: Zastava

(ZA) Südafrika

] Chevrolet Südafrika
Dart [
] Ranger

] = Beginn der Pw-Produktion in den sechziger Jahren
[= Ende der Pw-Produktion in den sechziger Jahren

Personenwagenproduktion nach Ländern und Marken

Bundesrepublik Deutschland	1966	1970
VW/Volkswagen	1 392 491	1 363 324
Auto Union/Audi	67 248	165 896
NSU	103 780	150 693
(Total VW-Gruppe)	—	1 679 913
Opel (GM)	649 376	811 640
Ford	291 201	409 409
Mercedes-Benz	191 625	280 419
BMW	71 274	161 165
Glas	26 845	—
Neckar (Fiat)	22 005	—
Porsche	13 134	13 974
VW-Porsche	—	22 991
Hanomag (Kleinbus)	1 071	—
Total BRD	**2 830 050**	**3 379 511**

Frankreich	1966	1970
Renault	666 224	936 170
Peugeot	338 846	503 483
Citroën	451 875	422 233
Simca	327 433	349 350
Chrysler	—	21 132
Total Chrysler	—	370 482
Matra	810	2 129
Alpine	343	976
CG	—	142
Sovam	102	—
Hotchkiss (Gel'pw)	273	—
Ligier	—	2
Total Frankreich	**1 785 906**	**2 235 617**

Großbritannien	1966	1970
Austin	239 623	
Austin-Healey	12 500	
Vanden Plas	5 200	
Morris	255 325	587 966
MG	63 800	
Wolseley	18 000	
Riley	9 900	—
Total BMC	604 348	—
Triumph	121 212	123 002
(Alvis/)Rover	39 676	48 222
Jaguar/Daimler	22 958	29 547
Total British Leyland MC	—	788 737
Ford	466 177	450 636
Hillman	107 404	
Humber	13 800	
Sunbeam	17 200	
Singer	33 500	—
Total Rootes — Chrysler	171 904	198 258
Vauxhall (GM)	172 777	178 089
Lotus	*	3 429
Rolls-Royce		1 867
Bentley		142
Total RR	1 900	2 009
Reliant	924	*
Aston Martin	*	600
Jensen	*	500
TVR	*	284
Ginetta	—	161
Gilbern	120	100
Trident	—	72
* = Diverse	1 683	250
Total Großbritannien	**1 603 679**	**1 623 125**

Italien	1966	1970
Fiat	1 110 701	1 418 929
Autobianchi	37 422	95 447
Lancia	36 988	44 542
Ferrari	665	492
Dino	—	424
Total Fa. Fiat	—	1 559 834
Alfa Romeo	59 971	107 989
Innocenti	35 967	50 630
Maserati	494	706
Lamborghini	227	392
De Tomaso	—	350
Iso	210	158
Intermeccanica	—	100
Michelotti	—	35
Diverse	—	100
Total Italien	**1 282 645**	**1 720 294**

USA	1966	1970
Chevrolet	2 202 792	1 504 552
Pontiac	866 385	422 213
Oldsmobile	594 069	439 632
Buick	580 421	459 931
Cadillac	205 001	152 859
Total General Motors	4 448 668	2 979 187
Ford	1 965 681	1 607 406
Thunderbird	72 734	40 512
Mercury	334 858	310 463
Lincoln	52 169	58 771
Total Ford Motor Co.	2 425 442	2 017 152
Plymouth	640 450	699 035
Dodge	532 026	405 703
Chrysler	255 487	158 610
Imperial	17 653	10 111
Total Chrysler Corp.	1 445 616	1 273 459
Gremlin	—	49 522
American — Hornet	85 107	79 787
Classic/Rebel/Matador	122 036	56 711
Marlin/Ambassador	72 082	56 890
AMX/Javelin	—	33 200
Total American Motors	279 225	276 110
Checker	5 761	4 100
Excalibur	—	65
Diverse	14	100
Total USA	**8 604 726**	**6 550 173**

Kanada	1966	1970
Chevrolet	140 319	147 805
Acadian	24 408	23 954
Pontiac	85 010	50 437
Oldsmobile	18 428	—
Buick	17 819	480
Total General Motors	285 984	222 676
Ford	151 314	351 995
Mercury	47 184	44 248
Total Ford Motor Co.	198 498	396 243
Plymouth	59 361	66 487
Dodge	101 638	172 545
Chrysler	11 961	—
Total Chrysler Corp.	172 960	239 032
Gremlin	—	12 389
American — Hornet	10 121	35 287
Rebel	13 960	120
Ambassador	8 831	—
Total American Motors	32 912	47 796
Studebaker	2 045	—
Total Kanada	**692 399**	**905 747**

Personenwagenproduktion nach Ländern und Marken

	1966	1970
Japan		
Toyota	316 189	1 068 321
Datsun/Nissan	253 046	899 008
Honda	3 209	276 884
Mitsubishi	75 643	246 422
Mazda	92 143	224 520
Subaru	59 410	158 259
Suzuki	3 394	144 843
Daihatsu	21 750	141 636
Isuzu	32 599	18 815
Hino	20 273	—
Total Japan	**877 656**	**3 178 708**
Spanien		
Seat (Fiat)	120 877	283 678
Fasa-Renault	53 187	98 420
Simca }	48 691	36 098
Dodge }		1 958
Total Chrysler	—	38 056
Citroën	23 800	27 881
Authi (BMC)	27	18 570
Munisa (Goggomobil)	424	—
Alpine	—	154
Total Spanien	**247 006**	**466 759**
Schweden		
Volvo	136 482	204 991
Saab	37 009	68 600
Total Schweden	**173 491**	**273 591**
Belgien		
Ford	**168 460**	**232 268**
Niederlande		
Daf	**32 750**	**71 041**
Österreich		
Steyr-Puch	**1 541**	**1 172**
Schweiz		
Monteverdi	—	**48**
Brasilien		
VW/Volkswagen	80 024	202 806
Ford	—	53 799
Willys (Renault)	40 889	—
Chevrolet (GM)	1 338	47 817
Chrysler	5 287	10 337
DKW-Vemag	14 815	—
FNM (Alfa Romeo)	474	1 209
Puma	34	204
Toyota Bandeirante	75	126
Gurgel	41	60
Total Brasilien	**142 977**	**316 358**
Argentinien		
Fiat		48 017
Chevrolet (GM)		24 078
Peugeot		21 718
Ford		21 517
Renault		21 059
Citroën		15 760
IKA		8 587
Chrysler		7 621
Total Argentinien	**133 812**	**168 357**
Mexiko		
Volkswagen/VW		35 626
Alpine		125
Total Mexiko	—	**35 751**
Australien		
Holden (GM)	126 803	156 000
Ford		87 000
Sunbeam/Hillman		13 488
Plymouth/Valiant		44 500
Total Chrysler		57 988
BMC/BLMC		30 000
Total Australien	**281 103**	**330 988**
Indien		
Hindustan		33 000
Fiat		12 000
Total Indien	**26 900**	**45 000**
Türkei		
Anadol	—	**4 000**
Israel		
Sabra	—	**1 300**
Südafrika		
Chevrolet		7 874
Ranger		5 821
Total GM		13 695
Chrysler		4 228
BMW		1 560
Total Südafrika	—	**19 483**
Rußland		
Moskwitsch		353 000
Zaporojetz		100 000
Wolga		40 000
Shiguli/Lada		20 000
Total UdSSR	**230 200**	**513 000**
Tschechoslowakei		
Škoda	92 017	142 406
Tatra	700	450
Total ČSSR	**92 717**	**142 856**
DDR		
Trabant		86 200
Wartburg		40 411
Total DDR	**106 500**	**126 611**
Polen		
Polski Fiat		32 809
Syrena		20 930
Warszawa		14 153
Total Polen	**29 200**	**67 892**
Jugoslawien		
Zastava (Fiat)	**35 300**	**64 097**
Total weltweit	**19 379 020**	**22 473 747**

Der 1967 vorgestellte NSU Ro 80 war in mehr als nur einer Hinsicht eine Pionierkonstruktion: Er vereinigte einen Zweischeiben-Wankelmotor mit Frontantrieb und zahlreichen, teils richtungsweisenden Detaillösungen. Zudem war seine eigenständig geformte Limousinenkarosserie für die damalige Zeit ungewöhnlich strömungsgünstig.

Kurzerklärung technischer Ausdrücke

Abgasturbolader Trat (in den sechziger Jahren) die Nachfolge des → Kompressors an. Abgase werden auf eine Turbine gelenkt, die ihrerseits über das auf der gleichen Welle sitzende Verdichterrad die Ansaugluft in die Zylinder preßt.

Baujahr Jahr, in dem die Herstellung eines Modells anläuft. Meist nicht identisch mit → Modelljahr. Baubeginn neuer Modelle häufig im Herbst, dann aber in der Regel bereits als Modell des folgenden Jahres bezeichnet.

Benzineinspritzung Treibstoff wird mit Pumpe durch Düsen in den Ansaugkanal oder den Brennraum eingespritzt (anstatt Vergaser); bringt höhere Leistung, geringeren Verbrauch und weniger schädliche Abgase.

Boxermotor Statt in einer Reihe (oder in V-Form) sind die Zylinder (zwei, vier oder sechs) einander gegenüberliegend angeordnet. Solche Motoren sind besonders niedrig.

Cabriolimousine Wagen mit festen Türrahmen und Dachseitenholmen, aber Stoffverdeck, das sich einschließlich Heckfenster öffnen läßt (auch Cabriocoupé).

Compact-car Kompaktes, kleines Auto (nach amerikanischen Vorstellungen); solche Wagen kamen um 1960 in den USA auf.

cw-Wert (= Coeffizient Widerstand) läßt sich im Windkanal ermitteln und gibt über die aerodynamische Qualität einer Karosserieform Auskunft. Je tiefer die Zahl, desto kleiner der Luftwiderstand.

De-Dion-Hinterachse Ein Mittelding zwischen Starrachse und Einzelradaufhängung, bei dem ein hinter der Radachse liegendes U-förmiges, in der Fahrzeuglängsachse oder beidseits gelagertes Achsrohr die Seitenführung der Räder übernimmt.

Differentialbremse Vorrichtung im Differential, mit der ein einseitiges Durchdrehen der Antriebsräder verhindert wird; fand in den sechziger Jahren vor allem bei besonders stark motorisierten (amerikanischen) Wagen Verbreitung.

DOHC-Motor Motor mit zwei obenliegenden Nockenwellen (bei V-Motoren vier Nokkenwellen; → OHC-Motor).

Dream-car (= «Traumwagen») Vor allem von amerikanischen Firmen zu Propaganda- und Forschungszwecken gebaute Einzelstücke mit teils futuristischen Eigenheiten.

Drehmoment Gemeint ist zumeist die Durchzugskraft des Motors; sie ist bei «elastischen» Motoren über einen breiten Drehzahlbereich vorhanden. Bei Motoren, die auf hohe Leistung getrimmt sind, ist das Drehmoment meist weniger «günstig», das heißt in optimaler Weise bloß in einem schmalen Drehzahlbereich vorhanden.

Drehmomentwandler Hauptteil des automatischen Getriebes; der Drehmomentwandler besteht aus Pumpenrad, Leitrad und Turbinenrad. Die Schaufeln des Pumpenrades treiben über eine Flüssigkeit das ebenfalls mit Schaufeln versehene Turbinenrad an (durch die erzeugte Flüssigkeitsströmung).

Drehzahl Anzahl Umdrehungen der Kurbelwelle pro Minute (1/min, früher U/min).

Fastback («Schnellheck») bezieht sich auf die Karosserie-Heckform; auf deutsch als Fließheck bezeichnet (im Gegensatz zum Stufenheck oder Schrägheck).

Fauxcabriolet («falsches Cabriolet») Coupé mit festem Dach, aber versenkbaren Seitenpfosten (auch viertürig).

Gitterrohrrahmen Aus Rohren (von teils feinem Durchmesser) gebaute Konstruktion, die nicht nur als Chassis, sondern auch für den Karosserieaufbau dient; meist bei rennsportlichen Wagen.

Halbautomatisches Getriebe, Kupplungsautomat Bestehen in der Regel aus einer elektrischen oder hydraulischen Automatikkupplung, die beim Berühren des Schalthebels auskuppelt und somit ein Kupplungspedal erübrigt. Es gab auch halbautomatische Getriebe mit → Drehmomentwandler.

Halbelliptische Blattfedern Federblätter, die den (meist oberen) Teil einer Ellipse formen (vollelliptische Federn ursprünglich bei Pferdekutschen); seltener auch viertelelliptische Federn.

Hardtop («festes Dach») Coupé mit festem Dach, aber versenkbaren Seitenpfosten (wie → Fauxcabriolet); kann auch abnehmbares Coupédach bedeuten.

Hubraum (aus Kolbenhub und Zylinderbohrung bzw. -durchmesser) Gesamtinhalt aller Zylinder eines Motors (= Zylinderinhalt).

Kastenrahmenchassis Übliche Chassiskonstruktion der Nachkriegszeit mit Vierkantrohren von quadratischem oder rechteckigem Querschnitt; im Gegensatz zu → selbsttragende Karosserie.

Kompression → Verdichtungsverhältnis.

Kompressor («Verdichter») Preßt die Verbrennungsluft in den Motor, wird mechanisch angetrieben. In den sechziger Jahren Ablösung durch den → Abgasturbolader; jedoch kleines Comeback in den achtziger Jahren!

Leistungsgewicht Fahrzeugleergewicht in Kilogramm je Leistungs-PS. Ein hohes Leistungsgewicht erbringt schlechtere Leistungsfähigkeit als ein niedriger Wert: Je mehr Kilo je PS bewegt werden müssen, um so langsamer beschleunigt der Motor das Fahrzeug.

Literleistung Leistung in PS je Liter → Hubraum; dient als Vergleichswert: Je sportlicher ein Motor ausgelegt ist, desto höher ist in der Regel die Literleistung.

Modelljahr Beginnt oft mehrere Monate vor dem neuen Kalenderjahr. So konnte etwa ein mit «Modell 1961» bezeichnetes Fahrzeug schon Mitte 1960 herauskommen. Besonders in den USA spielt das Modelljahr (Produktionsbeginn meist nach den Sommerferien des Vorjahres) eine Rolle.

Kurzerklärung technischer Ausdrücke

Obengesteuert → OHV und OHC.

OHC-Motor Motor mit obenliegender Nokkenwelle (overhead camshaft = OHC) und hängenden Ventilen; ursprünglich vor allem für sportliche Motoren bevorzugte Konstruktionsart, heute auch bei vielen Gebrauchsmotoren.

OHV-Motor Motor mit hängenden Ventilen (overhead valves = OHV, im Gegensatz zum → SV-Motor); in den sechziger Jahren meistverbreitete Konstruktionsart.

Overdrive (= Schnellganggetriebe) Hierbei handelt es sich um ein Zusatzgetriebe, das die Untersetzungsverhältnisse reduziert. Durch Einschalten des Overdrive dreht der Motor (bzw. die Kurbelwelle) bei gleicher Fahrgeschwindigkeit weniger schnell. Der Overdrive kann zum obersten oder zu mehreren Gängen zugeschaltet werden; er dient als Schon- oder Spargang, bringt aber häufig auch eine höhere Spitzengeschwindigkeit.

Pendelachse Einzeln aufgehängte angetriebene Hinterräder, bei denen die Antriebswellen von der Mitte aus (Differential) auf und ab «pendeln» können.

Plattformrahmen Statt → Kastenrahmen oder → Rohrrahmenkonstruktion für den Wagenunterbau; oft auch als Stufe zwischen dem herkömmlichen Chassisrahmen und der → selbsttragenden Karosserie; auch Bodenrahmen genannt.

Querstabilisator Querliegend eingebauter Drehstabilisator, der die beidseitigen Radaufhängungen verbindet und einem einseitigen Durchfedern der Räder entgegenwirkt; verbessert die Fahreigenschaften.

Rohrrahmenchassis Chassis, das statt aus Vierkantrohren aus Rohren mit rundem (oder ovalem) Querschnitt gebaut ist.

Selbsttragende Karosserie Fahreugkonstruktion ohne separates Chassis; Karosserie mit Unterbau zu einer – selbsttragenden – Struktur vereint.

Servo Vorrichtung, welche die für das Bremsen nötige Beinkraft (Servobremse) oder die für das Lenken nötige Armkraft (Servolenkung) vermindern hilft.

Standardbauweise Motor vorn, Antrieb auf Hinterräder (im Gegensatz zu Vorderradantrieb, Heck- oder Mittelmotor).

Standard-size Wagen der amerikanischen Normalgröße (im Gegensatz zu → Compactcar oder der Zwischengröße Intermediate).

Station Wagon Amerikanische Bezeichnung für Kombiwagen (Estate-car: englische Bezeichnung; Break: französisch; Familiare: italienisch).

SV-Motor Motor mit seitlich stehenden Ventilen (side valves = SV); frühere Konstruktionsweise, die letzten Motoren dieser Art verschwanden im Verlaufe der sechziger Jahre.

Synchronisiertes Getriebe (= Synchrongetriebe) «Zeitgleich laufend»: es kann dank der Synchronisierungsvorrichtung zwischen den Getriebestufen ohne Zwischengas heruntergeschaltet werden. In den sechziger Jahren wurde allmählich auch der erste Gang synchronisiert.

Tachometer Geschwindigkeitsmesser am Armaturenbrett (zeigt die gefahrene Geschwindigkeit in Stundenkilometern = km/h an).

Torsionsfeder Auch Drehstabfedern genannt; statt unter Druck durchzubiegen wie die Blattfedern, werden Torsionsfederstäbe auf Verdrehung beansprucht (ähnlich einer Auswringbewegung).

Tuning Meist von außenstehenden Firmen vorgenommene Motoreingriffe zur Leistungssteigerung (z. B. höhere → Verdichtung, Montage anderer Vergaser, geänderte Ventilschließzeiten usw.).

Überquadratisch Bohrung (deutlich) größer als Hub; ermöglicht höhere Drehzahlen. Im Gegensatz hiezu steht der Langhubmotor.

Underslung-Chassis (Frühere) Chassiskonstruktion, bei der die Längsholme unter der Hinterachse durchführten.

V-Motor Statt in Reihe sind die Zylinder V-förmig (zwei Zylinder) oder in zwei V-förmig zueinander stehenden Reihen angeordnet (vier, sechs, acht oder zwölf Zylinder).

Verdichtungsverhältnis Verhältnis zwischen Hubraum + Verdichtungsraum und Verdichtungsraum; auf hohe Leistung ausgelegte Motoren haben eine hohe Verdichtung.

X-Chassis Chassisrahmen in Form eines X; auch X- oder Kreuztraversen: Verbindung in X-Form zwischen den seitlichen Chassislängsholmen.

Zahnstangenlenkung Eine Zahnstange wird von einem (mit dem Lenkrad gedrehten) Ritzel hin und her verschoben.

Zentralrohrrahmen Chassis mit Mittellängsholm statt äußeren Längsträgern; Karosserie ruht auf Auslegern. Zentralrohrrahmen haben meist → Pendelachsen.

Zweitaktmotor Früher vor allem bei kleineren Wagen mit ein bis drei Zylindern verwendeter Motor, der im Gegensatz zum üblichen Viertaktmotor statt mit Ventilen mit öffnenden und schließenden Schlitzen arbeitete; ermöglichte hohe Leistungsausbeute, drehte im Leerlauf jedoch unrund und hatte sichtbare Abgase, weil dem Benzin zur Schmierung Öl beigemischt wurden mußte (Zweitaktgemisch).

Hauptteil

230 Markenkapitel in alphabetischer Reihenfolge
(mit allen in Serie gebauten Modellen)

Hinweise zu den technischen Tabellen

– Wo keine Angaben aufgeführt sind, gelten in der Regel die in der oberen Zeile festgehaltenen Daten
– Wo unter «Besonderheiten» Hinweise fehlen, gilt normalerweise «Standardbauweise»: Motor vorn, Antrieb auf die Hinterräder; zudem vordere Einzelradaufhängung und hintere Starrachse sowie Motor mit hängenden Ventilen (OHV)

Einzug (vorne verkürzte Zeile) unter «Besonderheiten» = Fortsetzung der oberen Zeile

Binnen weniger Jahre hatte die Glas-Landmaschinenfabrik den Aufstieg vom winzigen Goggomobil zum Luxuscoupé Glas 2600 V8 (1966) geschafft. Allerdings sollte Glas die sechziger Jahre nicht als unabhängiger Konstrukteur überleben können . . .

OHC = obenliegende Nockenwelle
DOHC = doppelte obenliegende Nockenwellen
SV = seitlich stehende Ventile
h. E. = hintere Einzelradaufhängung (Heck- und Mittelmotor stets mit h. E.)
a. W. = auf Wunsch
Zylinder: 6 = 6 Zylinder in Reihe
V8 = 8 Zylinder in V-Form
B2 = 2 Zylinder in Boxeranordnung
R1 = Rotationskolbenmotor mit einer Scheibe
Gänge: A = automatisches Getriebe
S = Schnellgang/Overdrive
3H = Halbautomat
Höchstgeschwindigkeit teils geschätzt

Sämtliche Wagen werden in diesem Buch mit einem männlichen Artikel geschrieben. Würde «die» Isabella, «die» Isetta und «die» Corvette gesagt, so müßten konsequenterweise zahlreiche weitere Modellnamen weiblich oder sächlich bezeichnet werden («das» Goggomobil wie «das» Oldsmobile).

Um eventuelle weitere Details über einen bestimmten Namen (Marke, Modell, Produktbezeichnung, Konstrukteur usw.) zu erfahren, empfiehlt es sich, das Namenregister mit Kapitelhinweisen am Schluß des Buches zu konsultieren.

Erfaßt sind alle Modelle ab 1960 bis Mitte 1970 (später erschienene Wagen galten bereits als Modell 1971)

Abarth

Wohl keiner hat der Idee des «serienmäßig frisierten Alltagsautos» in solcher Weise Auftrieb verliehen wie Karl alias Carlo Abarth (1908–1979). 1971 hatte der aus Wien stammende Motorenfachmann sein in Turin aufgebautes Werk an Fiat verkauft. Besonders schnelle Fiat tragen denn heute noch den Zusatznamen Abarth, der wie später die Bezeichnungen Gordini bei Renault, Cooper bei den Mini und schließlich auch GTI bei den VW Golf zum Synonym für auf höhere Leistung getrimmte Großserienwagen geworden war.

Der Name Abarth stand eigentlich nur ausnahmsweise als vorderster Begriff in den Marken- und Modellbezeichnungen der fast nicht überblickbaren Typenvielfalt, mit der sich die Leute um Carlo Abarth befaßten. Basismodell war aber auch 1960 immer noch der → Fiat 600, jener kleine Heckmotorwagen, den der «PS-Zauberer von Turin» bis zum siegessicheren Bömbchen hochstylisiert hatte. Je nach Leistungspotential eigneten sich diese Wägelchen ebenso für die zügige Fahrt über Landstraßen wie für den Renneinsatz. Der Fiat 600 Derivazione Abarth 750 GT – so die offizielle Bezeichnung – war äußerlich nur an einigen unauffälligen Chromdekors vom Original-Fiat zu unterscheiden. Doch anstatt 28,5 SAE-PS aus 633 cm^3 wurden der Abarth-Version 42 DIN-PS aus 747 cm^3 entlockt! Und dies war bloß der Anfang: In den bildhübschen Coupés mit Zagato- und Cabriolets mit Allemano-Karosserie (→ Anhang) stand der gleiche Motor mit 44 und, auf 833 cm^3 vergrößert, mit 52 DIN-PS zur Verfügung. Natürlich war auch das Fahrwerk dem größeren Leistungspotential angepaßt worden.

Dann gab es auch den Typ Bialbero, der in Rennsportkreisen zu einem Begriff geworden war und der – wie der Name besagte – über zwei obenliegende Nockenwellen verfügte. Hier wurden aus 696 cm^3 64 und aus 847 cm^3 73 PS geholt, eine ganze Menge, wenn man das niedrige Fahrzeuggewicht in Betracht zieht! Kein Wunder, daß mit diesen kleinen Flitzern nicht nur viele Klassensiege, sondern auch Meisterschaften gewonnen wurden.

Ab 1959 kommerzialisierte Abarth auch Sonderversionen von größeren Fiat-Modellen: Der Fiat Abarth 1600 war eine Ableitung des Fiat 1500 Cabriolet und der ebenfalls in wenigen Exemplaren gebaute Fiat Abarth 2200 eine solche des Fiat 2100. In beiden Fällen hatte Abarth die Bohrung vergrößert und die Leistung durch weitere Maßnahmen, wie höhere Verdichtung und andere Vergaser, angehoben; die Karosserien – Cabriolets und beim Fiat Abarth 2200 auch ein Coupé – stammten von Allemano.

1960 wurden die Modelle Sestriere (nur noch Coupé) durch das Coupé Scorpione und das Cabriolet (Spider) Riviera mit 847-cm^3-Motor ergänzt. Neu hinzu kam auch die Bialbero-Version 1000 mit auf 982 cm^3 vergrößertem Motor und 91 PS! 1961 begann das Typenangebot mit dem Fiat Abarth 850 TC (= Turismo Competizione), der eine kaum veränderte Fiat-600-Karosserie trug, aber vom 847-cm^3 mit 52 PS (ursprünglich 47 PS) angetrieben wurde. Im Herbst kamen die Versionen 850 TC Nürburgring mit 55 PS und SS mit 57 PS hinzu. Das Angebot an Spezialkarosserien konzentrierte sich – vorläufig noch nebst dem Scorpione – auf den Bialbero, der nun vergrößerte hintere Seitenfenster erhalten hatte (und zudem mit dem 1-Liter-Motor nun 95 PS stark war), und den von ihm abgeleiteten Monomille. Diesen erkannte man an den einfacheren Rädern, den Stoßstangen und den nicht verschalten Scheinwerfern; vor allem aber besaß er nicht obenliegende Nokkenwellen! Die kleinen Coupékarosserien wurden inzwischen statt von Zagato in eigener Regie hergestellt. Neu waren auch die großen Abarth: Es gab jetzt einen Fiat Abarth 1600 (auf Wunsch 1500) und einen Fiat Abarth 2400, beide mit eleganter Coupékarosserie von Ellena (→ Anhang).

Abarth-Simca Kaum war auf dem internationalen Pariser Salon im Herbst 1961 als bedeutende Neuheit der → Simca 1000 vorgestellt worden, wurden auch schon die Gerüchte um eine Zusammenarbeit zwischen Abarth und Simca bestätigt. Nicht nur sollte Abarth die vorgesehenen sportlichen Ableitungen der kleinen viertürigen Heckmotorlimousine Simca 1000 in die Kur nehmen, sondern es wurde auch bereits eine GT-Version auf dem verkürzten Simca-1000-Unterbau angekündigt, die sich für den Sporteinsatz eignen würde. Durch den Bau einer Serie von 1000 frisierten Limousinen wollte man zudem möglichst bald in der Tourenwagenkategorie eingreifen können.

Das GT-Coupé Abarth-Simca 1300 wurde im März 1962 vorgestellt. Es erweiterte die Bialbero-Serie nach oben und besaß wie diese einen Zweinockenwellenmotor. Aus 1288 cm^3 wurden 125 DIN-PS geschöpft. Im Gegensatz zu den Abarth-Motoren auf Fiat-Basis war die Simca-Weiterentwicklung eine Kurzhubmaschine. Die bestechend einfache, «eiförmige» Silhouette des jüngsten Abarth entsprach jener der Bialbero-Coupés, doch war der Radstand um 9 auf 209 cm und die Gesamtlänge um 8 auf 356 cm angewachsen. Der Abarth-Simca war mit 148 cm 7 cm breiter, aber mit 113 cm noch 4 cm niedriger als die Bialbero. Auch fanden sich kleine Stoß-

Oben: Fiat Abarth 1000 Bialbero, 1961
Links außen: Fiat Abarth 750 Sestriere (Zagato), 1960
Links: Fiat Abarth 850 Spider (Allemano), 1960
Rechts oben: Fiat Abarth 2200 Coupé (Allemano), 1961
Rechts unten: Abarth-Simca 1300, 1963

fänger an den Ecken. Aufhängungen und Kraftübertragung stammten ebenfalls von Simca, doch waren manche Teile dem neuen Einsatzzweck angepaßt worden. Mit dem Abarth-Simca 1300 stand den Hobby- und Sportfahrern eine äußerst wirksame Waffe gegen die → Alfa Zagato und → Lotus Elite zur Verfügung. Es bedurfte aber auch ausgereifter Fahrtalente, um diesen Heckmotorwagen unter allen Bedingungen beherrschen zu können.

Die so unverfänglich aussehenden Fiat Abarth 850 TC erhielten auf dem Turiner Salon des Jahres 1962 Zuwachs durch den Typ 1000 Berlina, der bis Anfang 1963 in 1000 Exemplaren gebaut und somit für die 1-Liter-Klasse der Tourenwagenkategorie homologiert werden konnte. Aus 982 cm^3 standen 60 DIN-PS zur Verfügung, womit nun auch den erfolgreichen Mini Cooper (→ Austin) die Stirn geboten werden konnte. Von den luxuriösen Fiat Abarth 1600 und 2400 war 1963 nicht mehr die Rede, dafür wurde

Anfang Jahr der Abarth 1600 präsentiert, eine Extrapolation des Abarth-Simca 1300 mit wesentlich gestreckter Karosserie (390 cm) bei gleichgebliebenem Radstand (209 cm) und Abrißkante am Heck. Der Motor von 1592 cm^3 Inhalt war eine vollständige Eigenentwicklung und besaß natürlich wiederum zwei obenliegende Nockenwellen und zudem fünf statt drei Kurbelwellenlager sowie Doppelzündung. Seine Leistung wurde mit 155 PS angegeben. Eine Besonderheit war das 6-Gang-Getriebe mit Klauenschaltung, doch war auch ein übliches 4-Gang-Getriebe mit Porsche-Synchronisierung zu haben.

Schon in den späteren fünfziger Jahren hatte sich Abarth des kleinsten Fiat, des Typs 500, angenommen. Im Herbst 1963 ging nun der Fiat Abarth 595 in Produktion, ein Kleinstbolidchen mit 27 PS aus dem von 499,5 auf 595 cm^3 vergrößerten luftgekühlten 2-Zylinder-Heckmotor. Ihm wurde Anfang 1964 der 595 SS (32 PS) und anläßlich des Genfer Salons 1964 eine Version 695 (cm^3) mit verschiedenen Leistungsstufen zur Seite gestellt. Für die Typen 595 und 695 wurde Mitte Jahr eine strömungsgünstige Dachverkleidung lieferbar. Inzwischen war auch von einer Wiederaufnahme der Produktion des Fiat Abarth 2400 die Rede.

Im Produktionsprogramm 1964 figurierten nun auch die Simca-1000-Sportlimousinen Simca Abarth 1150, 1150 S, 1150 SS und 1150 Corsa. Sie waren auf dem Turiner Salon Ende 1963 vorgestellt worden. Deren Motor war auf 1137 cm^3 vergrößert worden und leistete 55, 58, 65 bzw. 85 PS. Ab Modell 1150 S war der Kühler in der Front eingebaut, und ab 1150 SS gab es auch ein 6-Gang-Getriebe. Zu den Fahrwerksänderungen zählten 13- statt 12-Zoll-Räder, Scheibenbremsen an allen vier Rädern und eine Radstandverkürzung um 2 auf 220 cm. Für die neuen Modelle war ein Produktionsrhythmus von fünf Wagen pro Tag vorgesehen. Einen Typ Corsa gab es übrigens auch beim 1000 Berlina (70 PS). Die Coupés Monomille und Bialbero zeigten neue Karosserien im Stil des Abarth 1600, der seinerseits nicht in Serie gegangen war, sondern vom Abarth Simca 2000 abgelöst wurde. In diesem auf dem Genfer Salon 1963 vorgestellten strömungsgünstigen Coupé standen 192 DIN-PS zur Verfügung! Auch wenn es ihn in einer luxuriöseren Ausführung für den Straßengebrauch gab, so machte er doch vor allem im Wettbewerbseinsatz – Berg- und Rundrennen – von sich reden.

Im Mai 1964 hatte Fiat den Typ 850 herausgebracht, und bei Abarth wurde nicht gezögert, auch von diesem Heckmotorwagen «würdige» Familiensportwagen auf die Räder zu stellen. Sie besaßen eine modifizierte Aufhängung und waren mit Scheibenbremsen lieferbar. Man nannte sie Fiat Abarth OT 850/130 (44 PS, OT = Omologata Turismo), OT 850/150 (53 PS), OT 1000 (54 PS) und OT 1600. Letztere erschienen auf

Abarth

Unten: Simca Abarth 1150 SS, 1964
Fiat Abarth 1000 Bialbero, 1964
Rechts: Fiat Abarth 595 SS, 1965
Fiat Abarth OT 2000 Coupé America, 1967
Rechts unten: Fiat Abarth 850 TC, 1966

dem Turiner Salon 1964; der OT 1600 hatte in seinem Heck den 154 PS starken 2-OHC-Motor eingebaut. Zudem besaß er eine Differentialbremse und verbreiterte Kotflügelränder. Bereits schrieb die Fachpresse von einem «reißenden Tiger im Lammfell», doch sollte der 1,6-Liter-Motor auch diesmal nicht in die eigentliche Serie kommen. Die traditionellen Coupés auf Fiat-Basis zeigten nun eine Querkante über dem Kühllufteinlaß.

Anfang 1965 wurden zahlreiche Detailverbesserungen an den kleinen Fiat Abarth 850 TC, 1000 Berlina und den GT-Coupés 700 und 1000 Bialbero bekannt. Zu ihnen zählten wirksamere Kühlsysteme und zusätzliche Schraubenfedern sowie Querlenker an der mit einer Querblattfeder ausgerüsteten Vorderradaufhängung. Die GT 1300 und 2000 erkannte man an den mit einem Verbindungsstab parallel geführten Wischerbesen.

Natürlich wurden auch die Fiat 850 Coupé und Spider von Abarth nicht «verschont». Sie erschienen im Herbst 1965 auf der Frankfurter Automobil-Ausstellung als OT 1000 Coupé und Spider sowie OTR 1000 Coupé. Der Buchstabe R stand für Radiale und bezog sich auf die in V angeordneten Ventile und den bisphärischen Zylinderkopf. Während der OT-1000-Motor nun 62 PS leistete, kam der OTR auf 74 PS; mit ihm rechnete sich Abarth gute Chancen im Tourenwagensport aus. Auf dem Turiner Salon kam auch

(Abarth) **F. A. = Fiat Abarth**	Zyl.	cm³	DIN-PS	bei 1/min	Gänge	Spitze km/h	Radstand/ Länge	Bau-jahre	Besonderheiten	
Fiat 600 Derivazione	4	747	42	5500	4	130	200/329	1959/60		
Abarth 750			44	5500		131		1960/61		
			47	6000		136			Motortyp M. M.	
F. A. 850 TC	4	847	47	5800	4	140	200/329	1960/61		
			52	6000				1961–65	ab '63 auch 5 Gänge	
Nürburgring			55	6500		150		1961–65	ab '63 auch 5 Gänge	
SS			57	6500		155		1961/62		
Nürb. Corsa			64	7000	4/5	165		1963/64		Karosserie Fiat 600
Corsa			70	8000	5	175	200/350	1965/66		
			76	8000		180		1966–68		
			78	8000				1968–		
TCR			93	8400		190+		1968/69		
F. A. 1000 Berlina/	4	982	60	6200	4	155	200/329	1962–65		
Corsa			70	6500	4/5	170+		1963/64		
			78	7400	5	182	200/350	1964/65		
			80	7600		185		1965/66		
			85	7600		188		1966–68		
			88	7600		190+		1968/69		
			112	8200				1969–		
F. A. TCR 1000			101	8000		190		1966–68		
			110	8000				1968/69		
F. A. 595	2	594	27	5000	4	120+	184/297	1963–	ab '69: Lusso	
SS			32	5200		130+		1964–		Fiat 500
F. A. 695	2	695	30	4900	4	130+	184/297	1964–68	Anf. 36/5200	
SS			38	5200		140		1964–		
F. A. OT 850/130	4	842	44	5400	4	135	203/357	1964–66		
850/150			53	6000		150				
1000		982	54	5200		150+				
1600		1592	154	7000		220	203/360	1964	DOHC	

Fiat 850									
F. A. OT 1000 Coupé	4	982	62	6150	4	155+	203/361	1965–69	
Spider						160+	203/378	1965–68	
Coupé			68	6400		160	203/361	1969/70	
F. A. OTS 1000 Coupé			68	6400		160	203/361	1966–69	
OTR 1000 Coupé			74	6500		170+		1965–69	
F. A. 124/1300 Coupé	4	1280	75	6000	4	170	203/361	1966–68	
1300 Coupé								1968–70	(«1324»)
«Zivile» Sportwagen									
F. A. 750 Sestriere	4	747	33	5000	4	130	200/*	1959/60	* Coupé 328,
			47	5800		150		1959/60	Spider 353
			34	5000		135	200/348	1960/61	
			44	5500		155			
			47	6000		160			Motortyp M. M.
		785	47	5900					
F. A. Coupé Scorpione	4	847	52	6000	4	160+	200/350	1960/61	
			57	6500		164			S-Motor
F. A. Spider Riviera	4	847	52	6000	4	154	200/363	1960/61	
			57	6500		158			S-Motor
F. A. 1300 Scorpione	4	1280	75	6000	4	185	205/371	1968–	auch S und SS
«Klassische» Abarth-Coupés									
F. A. 750 Coupé	4	747	44	5800	4	155	200/348	1959/60	
Spider						148	200/353		
F. A. 850 Coupé	4	833	52	6000	4	160	200/360	1959/60	
F. A. Coupé Record Monza	4	747	46	6000	4	155	200/347	1960/61	
			47			160			Motortyp M. M.
		785	47	5900					
		847	52	6000		165			
			57	6500		165+			Mot. S und SS
F. A. Monomille	4	982	60	6000	4	175	200/348	1961/62	
					4/5			1962/63	
						180	200/359	1963–65	
F. A. 700 Bialbero (Coupé Record Monza GT)	4	695	64	7800	4	180+	200/347	1950/60	DOHC
					4/5		/359	1960–62	
			68	7600		190		1962/63	
			66	7800		180		1963–66	
F. A. 850 Bialbero Record Monza	4	847	73	7000	4	190+	200/347	1959/60	DOHC
F. A. 1000 Bialbero		982	91	7100		205+		1960/61	DOHC
			96	7200		215	200/350	1961/62	
			97	7100		210		1962/63	
			102	7800	4/5	218		1963/64	
			104	8000				1964–66	
(ohne rennsportliche [strassenuntaugliche] Weiterentwicklungen)									
Simca-Basis									
Abarth Simca 1300	4	1288	120	7800	4	230+	209/356	1962/63	DOHC
			125	7200	4/6			1963/64	
			138	7800		235		1964/65	
Abarth 1600	4	1592	155	7400	4	240	209/370	1962/64	DOHC
Abarth Simca 2000	4	1946	192	7000	4/6	250+	209/361	1963/64	DOHC
			177			230			
			202	7200		270		1964–66	
Simca Abarth 1150	4	1137	55	5600	4	150	220/380	1963–65	
S			58	5600		155			
SS			65	5600		160			
Corsa			85	5600		170			
Frontmotor									
F. A. 1600 Cabriolet	4	1587	90	5500	4	180	234/423	1959–61	
Coupé		1559	95	6000	4	180+	242/425	1961/62	
F. A. 2200 Coupé	6	2160	135	6000	4	197	245/460	1959–61	
Cabriolet						186			
F. A. 2400 Coupé		2323	142	5800	4	200	245/461	1961/62	
Cabriolet						190	245/463		

die Version OTR 1000 Berlinetta hinzu, eine Abwandlung des Bertone-Spiders; sie blieb allerdings ein Prototyp.

Bei einem Projekt blieb es auch im Falle des Abarth 6000, einem mächtigen V12-Coupé für Langstreckenrennen, an dem seit Anfang 1966 Entwicklungsarbeit geleistet wurde. Doch bei Abarth baute man mit Erfolg auch kleinere Rennsportwagen. Die Wagen im oberen Teil der Abarth-Skala hatten sich inzwischen zu teilweise nicht mehr straßentauglichen Wettbewerbsfahrzeugen (1000 SP, OT 1300, 1600, 2000 und 2000 Tubolare) entwickelt. Nur Kenner vermochten ihnen das teils horrende Leistungsvermögen anzusehen... Einen Abarth-Simca hatte es zuletzt noch 1966 gegeben.

Im Bauprogramm 1967 figurierte zusätzlich ein Fiat Abarth TCR 1000 mit dem Spezialzylinderkopf Radiale; er konnte in der Gruppe 5 (Spezialtourenwagen) eingesetzt werden. Ihm folgte später ein 850 TCR. Beide besaßen wie die Modelle TC und Berlina die altbekannte Karosseriehülle des Fiat 600; auf die Modelle mit der Karosserie des Fiat 850 wurde nun verzichtet. Neu war hingegen auch ein OTS 1000 Coupé als Zwischenmodell und zudem als Ergänzung nach oben der Fiat Abarth 124/1300 Coupé. Auch er besaß die bekannte Karosserie des kleinen Fiat 850 Coupé, doch war nun im Heck ein auf 1,3 Liter vergrößerter Motor des Fiat 124 eingebaut. Er leistete 75 PS, und man erkannte ihn an der noch breiteren Kühlerfront mit der noch auffallenderen Aufschrift darüber. Von der englischen Firma Radbourne Racing Limited wurde im Herbst 1968 der Radbourne GT angekündigt, ein Lizenzbau von Abarth mit Leichmetallkarosserie im Stile des Bialbero und dem Motor des 124/1300.

Auf der Pariser Autoschau im Herbst 1968 debütierte der Fiat Abarth Scorpione 1300, ein zweisitziges Coupé mit Karosserie von Francis → Lombardi (die auch unter dieser Markenbezeichnung kommerzialisiert wurde) und dem 124/1300-Motor im Heck. Es gab ihn auch in einer Version S mit verbessertem Unterbau und Vierrad-Scheibenbremsen (Bezeichnung ab 1969 S = esse und SS = esse-esse). Die Pflege der Typen mit Fiat-500- und -600-Karosserie wie auch der 850-Coupé-Karosserie wurde weitergeführt, doch konzentrierte sich die Abarth-Aktivität immer mehr auf den Rennsport. 1971, nachdem die Firma Abarth in den Fiat-Konzern integriert worden war, wurde die eigentliche Serienherstellung unter eigener «Marke» eingestellt. Der prestigevolle Name Abarth aber sollte als Zusatzbezeichnung für besonders leistungsfähige Fiat-Modelle weiterleben.

AC

Links: AC Ace, 1960
Links unten: AC Greyhound, 1962
Unten: AC Ace 2.6 Litre, 1962
Ganz unten: AC = Shelby 427 Cobra, 1966

Die in Thames Ditton, im englischen Surrey, angesiedelte kleine Marke AC kann auf eine lange Tradition zurückblicken. Mit verschiedensten Konstruktionen hatte sie auch Krisenzeiten zu meistern gewußt. Den Anfang hatte im Jahre 1904 ein offenes Dreirad-Lieferfahrzeug, der Auto-Carrier (= AC), gemacht, doch in den fünfziger Jahren war man schließlich beim individuellen Sportwagen angelangt. Die Produktionsgrundlage bildete der Typ Ace, ein Sportzweisitzer von bestechender Form, auch wenn diese nicht mehr jüngstes Design verkörperte: Die Spiderkarosserie des 1953 lancierten Ace war nämlich einem rennsportlichen Ferrari 166 mit von Touring gebauter Karosserie aus dem Jahre 1949 nachempfunden worden. Übrigens: zu Beginn der achtziger Jahre zählte man nicht weniger als fünf Replikas des AC Ace und des später aus ihm entstandenen Cobra; sie wurden in Kanada, den USA, Großbritannien, der Schweiz und sogar in Dänemark kommerzialisiert...

Nun, der AC Ace von 1960 besaß nach wie vor den hauseigenen 2-Liter-6-Zylinder-Motor mit obenliegender Nockenwelle oder – als Ace Bristol – den gleich großen Sechszylinder mit seitlicher Nockenwelle aus dem Hause → Bristol. Diese Motoren leisteten mit drei Horizontal- bzw. drei Fallstromvergasern 102 bzw. 120 PS. Eine Besonderheit war das Rohrrahmenchassis mit Traversen, das auch hinten eine Einzelradaufhängung mit Querblattfeder zeigte. Mit gleichem Konzept und identischer Motorenauswahl wurde das seit 1954 bekannte Coupé AC Aceca gebaut. Ihm war auf dem Londoner Autosalon von 1959 das viersitzige Coupé Greyhound zur Seite gestellt worden, das vorne und hinten Schraubenfedern aufwies und ab 1960 im Prinzip ausschließlich vom Bristol-Motor angetrieben wurde. Diesen gab es auch in einer 2,2-Liter-Ausführung.

Da aber Bristol-Motoren schwer erhältlich und zudem teuer waren, entschlossen sich die AC-Leute ab 1961 zur wahlweisen Verwendung einer frisierten Version des 2,6-Liter-Ford-Zephyr-Six-Motors (→ Ford England). Diese Ruddspeed-Maschine war in verschiedenen Leistungsstufen von 120 bis 170 PS erhältlich. Sie wurde jedoch nur in zwei oder drei der insgesamt gegen 100 Greyhound eingebaut. Im ganzen sollen weniger als 50 der rund 1000 bis 1962 hergestellten Ace und Aceca mit dem Ford-Motor ausgestattet worden sein. Es gab auch eine Grundausführung mit 90 SAE-PS. Den AC Ace 2,6 erkannte man an der deutlich niedrigeren Front.

AC Cobra Eine Rettung der nicht sehr rosigen Situation der kleinen englischen Marke brachte das Zusammengehen der Gebrüder Hurlock als AC-Besitzer mit dem amerikanischen Rennfahrer und Sportwagenspezialisten Carroll Shelby. Dieser fand im leichten, aber verwindungssteifen Rohrrahmen des Ace – er war seinerzeit von John Tojeiro konstruiert worden – eine ideale Grundlage für den ihm vorschwebenden

Rechts: AC 427 Convertible (Frua), 1966
Unten: AC 428 Fastback Coupé (Frua), 1968

Sportzweisitzer mit amerikanischem V8-Motor. Damit war die Idee des AC Cobra geboren, der in amerikanischen wie europäischen Sportfahrerkreisen zu einem Begriff werden sollte.

Im Herbst 1962 wurde der erste Shelby AC Cobra mit 4,3-Liter-V8-Motor von Ford (→ Ford USA) vorgestellt. Wenngleich der leichtgewichtige neue V8 sich gut für die Aufnahme in das Ace-Fahrgestell eignete, hatte man doch etliche Anpassungen vornehmen müssen. Der Wagen besaß Vierrad-Scheibenbremsen und eine um 10 cm verbreiterte Spur. Man erkannte ihn an den leichten Kotflügel-Auskragungen seiner Leichtmetallkarosserie. Gleich sprach man dem Neuling auch unerhörte Leistungskenndaten nach. Man las, daß er in weniger als elf Sekunden auf 160 km/h beschleunigen könne. Die Motorleistung wurde zunächst mit 264, für weitere Versionen dann mit 224 bis 339 PS (Hochleistungsnockenwelle) angegeben. 1964 wurde nur noch der Cobra hergestellt, und er war vorläufig ausschließlich für Amerika bestimmt, wo Motor und Getriebe eingebaut wurden. Als Antrieb diente ab Anfang 1963 der später bekannt gewordene Ford-4,7-Liter-Motor. Für den Renneinsatz wurde von Jack Lane eine bestechend schöne Coupékarosserie entworfen. Das Cobra Daytona genannte Fahrzeug vermochte bereits in der Saison 1964 mit den Schnellsten der Rennstrecken – lies Ferrari – durchaus mitzuhalten. Sechs weitere Exemplare dieses Coupés wurden ab Ende 1964 von der Firma Sport Cars im italienischen Modena gebaut.

Ende 1964 folgte der AC Cobra II, der in den USA bloß noch Cobra hieß. Anstatt Querblattfedern besaß er vorne und hinten Schraubenfedern, und er war in weiteren Details modernisiert worden, auch wenn die Karosserie noch weitgehend dem Ace-Design entsprach. Außer mit dem 4,7-Liter-Motor gab es den Cobra II (wie das Renncoupé) auch mit der mächtigen 7-Liter-Maschine! Jetzt standen in der Normalausführung 425 und in der Rennausführung 485 PS (Coupé angeblich bis 520 PS) zur Verfügung. Der Roadster mit 7-Liter-Motor erhielt die Ziffernbezeichnung (AC) Cobra 427, wobei sich die Zahl auf den Hubraum in Kubik-Inches (Zoll) bezog. Mit diesem Fahrzeug wurde 1965 die Meisterschaft der GT-Konstrukteure gewonnen!

AC 428 Auf der großen Londoner Autoschau im Herbst 1965 wurde dann der AC 427 Convertible präsentiert, ein hervorragend geformtes großes Cabriolet, das von Frua in Italien (→ Anhang) entworfen und karossiert worden war. Es wurde anfänglich außer mit dem 7- auch mit dem 4,7-Liter-Motor angeboten. Auch es besaß ein Rohrrahmenchassis und Schraubenfedern. Das Echtlederinterieur strahlte eine luxuriöse Atmosphäre aus. Mit diesem alsbald AC 428 genannten Prestigefahrzeug wurde an andere geglückte britisch-amerikanisch-italienische Konstruktionen angeknüpft, wie etwa den Nash-Healey Farina (1951–1954). An der Detroit Auto Show im Januar 1966 zeigte Ford den Bordinat Cobra, eine fast futuristisch moderne Sportwagenstudie. Dem Frua-Cabriolet AC 428 wurde auf dem Genfer Salon 1967 ein eindrückliches Fastbackcoupé mit großen Fensterflächen zur Seite gestellt. Der Roadster mit dem 4,7-Liter-V8 hieß nun AC 289 Sports.

Insgesamt hatte AC etwa 1300 Chassis an Shelby geliefert. Hinzu kamen gut hundert weitere Exemplare für Europa. Gegen 900 Wagen sollen den 4,7-Liter-Motor erhalten haben. Die 7-Liter-Modelle aber können auch heute noch zu den potentesten Wagen gezählt werden, die sich je auch für den Einsatz im Straßenverkehr geeignet haben. 1968/89 konzentrierte sich die Produktion allerdings auf das Frua-Coupé und -Cabriolet mit 7-Liter-Maschine. – Bei AC wurde um 1970 übrigens auch immer noch der Invacar, ein winziges Dreiradauto mit Motorradmotor und Kunststoffkarosserie für Invalide, gebaut.

AC	Zyl.	cm³	PS *SAE	bei 1/min	Gänge	Spitze km/h	Radstand/ Länge	Bau-jahre	Besonderheiten: Rohrrahmenchassis
Ace	6	1991	102	5000	4/4+S	173	229/386	1960/61	OHC
			106	4750				1961/62	
Bristol	6	1971	127*	6000	4	200		1960/61	
			130	5750	4/4+S			1961	
2,6	6	2553	90*	4400		155		1961–63	Ford-Motor
2,6/IV			155*	5500					
2,6/V			170*	5500		220			(insges. 5 Varianten)
Aceca	6	1991	102	5000	4/4+S	167	229/406	1960/61	OHC
			106	4750				1961/62	
Bristol	6	1971	127*	6000	4	200		1960/61	
			130	5750	4/4+S			1961/62	
2,6	6	2553	90*	4400		155		1961/62	Varianten wie Ace
Greyhound	6	1971	126*	6000	4/4+S	185	254/457	1959–61	Bristol-Motor
			130	5750				1961–63	
Cobra[1]	V8	4260	264*	5800	4	240	229/384	1962	Motor Ford USA
			339*	6000		280			(alle folgenden)
		4727	284*	5800		240		1963–65	
Cobra II[1]	V8	6989					229/	1964/65	
		4727							
427[1]	V8	6989	425*	6000	4	280	229/396	1965–67	
			485*	6500		300			
427 Convertible	V8	6989	425*	6000	4/A	230	244/442	1965	
428			350*	4600		240		1966–69	
289 Sports[1]	V8	4727	284*	5750	4	240	229/396	1966/67	
			275*	6000				1967/68	
428	V8	7033	350	4600	4/A	240	244/442	1969(–73)	

[1] Bezeichnung in den USA: (Shelby) Cobra (ohne AC)

Alfa Romeo

Das Schwergewicht der Alfa-Romeo-Produktion lag 1960 auf der Modellreihe Giulietta. Mit der Mitte der fünfziger Jahre lancierten und schrittweise immer breiter gefächerten Giulietta-Serie war die zum staatlichen IRI-Konzern zählende italienische Prestigemarke erstmals in den Bereich der Großserie vorgedrungen. Von 1954 bis 1966 wurden in den Mailänder Werkanlagen knapp 180 000 Giulietta der ersten Generation hergestellt. Erst Ende 1977 sollte dieser Name als Alfa-Romeo-Modellbezeichnung wieder aufleben.

Das Angebot von 1960 und die bis 1962 erreichten Produktionszahlen: Berlina (= viertürige Limousine) 39 057 Exemplare, Berlina TI (= Turismo Internazionale) 92 728 (bis 1966), Sprint (Coupé) 25 984 (bis 1966), Sprint Veloce (= schnell) 3058, Sprint Speciale 1366, Spider (= Cabriolet) 14 300 und Spider Veloce 2796. Abgesehen von den Limousinen wurden die Aufbauten von Spezialkarossiers wie Bertone (→ Anhang), Pinin Farina (→ dto) und Zagato (→ dto) hergestellt. Außerdem wurde bei Boneschi (→ Anhang) in kleinen Stückzahlen ein fünftüriger Kombi Weekendina gebaut. Das Coupé Speciale von Bertone war am Genfer Salon im Frühjahr 1960 in erneuerter Form vorgestellt worden: mit traditionellerer, weniger stark einwärts gebogener Front. Die Coupés und die Spider waren im Export teils erfolgreicher als die Limousinen, obwohl auch diese ein unverkennbares attraktives Design aufwiesen.

Allen Giulietta gemeinsam war der 1290-cm³-Motor mit zwei obenliegenden Nockenwellen. Die Leistungsspanne reichte von 53 bis 100 DIN-PS. Die teils sorgsam präparierten Motoren wurden bei den Alfa Romeo denn auch stärker als das Herzstück betrachtet als bei anderen Fabrikaten. Während das vollsynchronisierte 4-Gang-Getriebe der Limousinen mit einer Lenkradschaltung gekoppelt war, hatten die Coupé und die Spider eine Mittelschaltung, im Speciale gar mit fünf Gängen. Die Aufhängungen entsprachen im Prinzip der Standardbauweise: vorne Trapez-Dreieckquerlenker und (schrägmontierte) Schraubenfedern, hinten eine Starrachse mit Längsschubarmen, Schraubenfedern und Stabilisatordreieck. Diese aufwendige Konstruktionsart ermöglichte trotz Starrachse ein anerkannt gutes Fahrverhalten.

Einen kleineren Produktionsumfang erreichten die Modelle Alfa Romeo 2000, die es seit 1957 als Berlina und als Spider mit Superleggera-Karosserie von Touring gab. Auf dem Turiner Salon im Herbst 1960 wurde die 2000-Reihe um ein viersitziges Coupé erweitert, das in seiner Linie an den Giulietta Sprint erinnerte und ebenfalls eine Bertone-Schöpfung war. Mit 258 cm Radstand reihte sich der 2000 Sprint zwischen den Berlina (272 cm) und den Spider (250 cm). Die Leistung von 115 DIN-PS stimmte mit jener des Spider überein (Berlina 105 PS). Konstruktiv entsprachen die 2-Liter-Alfa den Giulietta. Daneben montierte das Alfa-Romeo-Werk unter Lizenz und unter Verwendung einiger italienischer Ausstattungsteile für den einheimischen Markt den → Renault Dauphine. Anderseits verkaufte Renault in Frankreich Alfa-Romeo-GT-Modelle. Doch bei Alfa arbeitete man 1960/61 an einem eigenen Kleinwagen, dem Projekt 103. Dieses sah eine viertürige Limousine mit 900-cm³-Motor und Frontantrieb vor; allerdings sollte sie nie in Produktion gehen.

Mitte 1961 gewann der Rennfahrer und Karossier Elio Zagato auf einem von ihm speziell strömungsgünstig eingekleideten Sprint Speciale den «GP GT» in Monza. Dieser Aufbau für den SS wurde hierauf serienmäßig angeboten. Er fiel durch die gegenüber dem Giulietta Sprint Zagato noch flachere Front, die um 4 cm niedrigere Dachlinie und das um 14 cm gestreckte und «abgeschnittene» Heck auf. Er sollte einen Produktionsumfang von 200 Stück erreichen. An der Frankfurter Autoschau im Herbst 1961 wurden Giulietta-Verbesserungen bekannt: Limousinen mit neuem Kühlergesicht (feinmaschige verchromte Gitter), vergrößerter Motorhaube und breiterem Kofferdeckel, vorderen Einzelfauteuils mit abklappbaren Rückenlehnen sowie auch auf Hintertüren reagierenden Innenleuchten; Spider mit geänderten Heckleuchten und vollständiger Dachversenkung. Noch mehr interessierte die Fans aber wohl die Steigerung der Motorleistung beim Giulietta und beim Giulietta TI: Diese konnte nun vom Werk dank verschiedener Verbesserungen mit 62 (statt 53) bzw. 74 (statt 65) DIN-PS angegeben werden.

Auf dem Turiner Autosalon im Herbst 1961 zeigte Pininfarina – man schrieb den Namen des berühmten Karossiers nun an einem Stück – einen Spider Sprint Speciale mit Rundumverglasung. Mit seiner hohen Längssicke zwischen den Radausschnitten und am spitz auslaufenden Heck war diese Spezialkarosserie bereits ein Vorbote für den Jahrzehnte überdauernden späteren Alfa-Spider. Gleichzeitig erschien der Giulietta Sprint Zagato (= SZ) mit stärker abfallendem Bug und abgeschnittenem Heck; er wirkte nun etwas weniger gedrungen. Inzwischen war von Bertone auch ein viersitziges Cabriolet auf dem Alfa Romeo 2000 geschaffen worden, wie denn auch Alfa allgemein ein beliebtes Thema unter den italienischen Spezialkarossiers war.

Alfa Romeo 2600 Es war auf dem Genfer Salon des Frühjahrs 1962, als Alfa Romeo mit einem neuen Sechszylindermodell debütierte, dem Typ 2600. Er basierte auf dem Alfa Romeo 2000 und war in drei Ausführungen, als Berlina, Coupé und Spider, erhältlich. Vom Typ 2000 waren seit 1957 2804 Berlina, 3443 Spider und (ab 1960) 700 Coupé Sprint gebaut worden. Die neue Limousine erkannte man an der wuchtigen Front mit den Doppelscheinwerfern, dem flacher gewordenen Dach und den gestreckteren Hinterkotflügeln, beim Coupé war ein Lufteinlaßschlitz auf der Motorhaube hinzugekommen und beim nun serienmäßig 2+2sitzigen Spider überdies Zusatzscheinwerfer.

Wichtig war aber natürlich vor allem der gänzlich neu konstruierte Motor. Es handelte sich um einen Reihensechszylinder in klassischer Alfa-Bauweise mit zwei obenliegenden Nockenwellen und siebenfach gelagerter

Oben: Alfa Romeo Giulietta Berlina, 1959/60
Rechts: Alfa Romeo Giulietta Sprint (Bertone), 1960

Von oben nach unten: Alfa Romeo Giulietta Sprint Speciale (Bertone), 1960
Alfa Romeo 2000 Sprint (Bertone), 1962
Alfa Romeo 2600 Spider (Touring), 1963
Rechts: Alfa Romeo Giulietta Spider (Pinin Farina), 1960
Alfa Romeo 2600 Berlina, 1963

Kurbelwelle. Wie der Giulietta-Motor besaß der Leichtmetallblock nasse Zylinderbüchsen. Die Brennräume im Leichtmetall-Zylinderblock wiesen Halbkugelform auf, und die Ventile hingen in einem Winkel von 80°. Für den Nockenwellenantrieb sorgten zwei in Serie geschaltete Ketten, die auf eine möglichst geringe Geräuschentwicklung ausgelegt waren.

Der leicht überquadratisch ausgelegte Motor (83 × 79,6 mm) leistete im Berlina mit zwei Fallstrom-Register-Doppelvergasern 130, im Coupé Sprint und im Spider mit drei Horizontal-Register-Doppelvergasern gar 145 PS. Mit einer Literleistung von über 50 PS stand auch die Limousine gut da! Die Lenkradschaltung erfolgte mit einer neuartigen, aus drei Kabeln kombinierten Übertragung. An den Vorderrädern besaß der Alfa Romeo 2600 Girling-Scheibenbremsen. Das Fahrwerk bestand wie beim Modell 2000 aus vorderen Trapez-Dreieckquerlenkern, Schraubenfedern und einer hinteren Starrachse mit Schraubenfedern, Längslenkern und Stabilisierungsdreieck. Dem 2000 Berlina sollte übrigens noch eine lange Produktionszeit beschieden sein, und zwar in Brasilien (→ FNM)!

Giulia 1600 Noch im Juli desselben Jahres (1962) wartete Alfa Romeo mit einer völlig neuen Limousine, dem Giulia 1600 TI, auf. Mit diesem Fahrzeug wurde die groß gewordene Lücke zwischen den 1,3-Liter-Giulietta und dem Typ 2600 geschlossen. Der Giulia bestach durch sein eigenwilliges Styling mit den gestreckten Linien, den um die Ecken gebogenen Front- und Heckscheiben, der auf der Gürtellinie durchgezogenen Sicke und dem abgeschnittenen Heck. Der von Doppelscheinwerfern flankierte Frontgrill war typisch Alfa Romeo geblieben ebenso wie die schmucken Lochfelgen. Gegenüber dem Giulietta Berlina wies der Giulia einen von 238 auf 251 cm gewachsenen Radstand und eine um 4 auf 414 cm gewachsene Gesamtlänge auf. Die Höhe hatte um 2,5 auf 143 cm zugenommen.

Wie die Bezeichnung verriet, war aber auch der Hubraum größer geworden: Es handelte sich natürlich wiederum um eine DOHC-Konstruktion; ihre Leistung wurde mit 92 PS angegeben. Das 5-Gang-Getriebe besaß eine Lenkradschaltung, und die vorderen Trommelbremsen wiesen nun drei Bremsbacken auf, wie sie bereits in den schnellsten Giulietta-Versionen verwendet wurden. An der Vorderradaufhängung fanden sich untere und obere Querlenker, und die hintere Starrachse war mit einem Gelenkhebel als zusätzlichem Führungselement ausgestattet. Es gab den Giulia auch als Coupé Sprint 1600 (Giulietta-Karosserie mit geändertem Armaturenbrett und mehr Kopfraum über den Hintersitzen) und als Spider 1600 (erkennbar am Lufteinlaßmotiv auf der Motorhaube).

Auch die übrigen Giulietta erhielten nach und nach Giulia-Parallelen. So wurde auf der Turiner Autoausstellung im Herbst 1962 der Prototyp eines TZ (= Tubolare Zagato) mit Rohrrahmenchassis vorgestellt. Dieses besonders leichtgewichtige Fahrzeug konnte mit dem 1,3- wie mit dem 1,6-Liter-Motor gebaut werden – angegebene Leistung 130 und 155 PS – und eignete sich vor allem für den Renneinsatz. Eine Bertone-Schöpfung war hingegen der erstmals auf dem Genfer Salon 1963 gezeigte Giulia 1600 SS (Sprint Speciale), dessen Interieur im Vergleich zum entsprechenden Giulietta-Modell überarbeitet worden war und der mit zwei Doppelkörpervergasern auf 112 PS und 200 km/h Spitze kam. Ebenfalls im März 1963 entstand bei Bertone als Einzelstück ein Coupé Alfa Romeo 2600 High Speed mit Schrägfront.

Giulia TI Super Am 24. April 1963 stellte das Mailänder Werk eine noch leistungsfähigere Variante des Giulia TI vor: den Super TI. Mit zwei Doppelvergasern leistete sein Motor 112 statt 92 PS, und sein Gewicht war von 1060 auf 920 kg reduziert. Er besaß

Stockschaltung und vordere Schalensitze. Das 185 km/h schnelle Fahrzeug war sowohl für den Tourenwagensport wie für den Alltagseinsatz gedacht. An seiner Flanke zeigte der TI Super ein vierblättriges Kleeblatt, das altbekannte Alfa-Rennsymbol. – Auf der Basis der Giulia-Limousine gab es alsbald eine vom Karosseriewerk Colli (→ Anhang) gebaute fünftürige Kombiversion.

Giulia Sprint GT Im Hinblick auf die internationale Frankfurter Automobil-Ausstellung lancierte Alfa Romeo im September 1963 ein gänzlich neues Coupé, den Giulia Sprint GT. Es war von Bertone entworfen worden und wirkte im Stil als eine verkleinerte Ausgabe des Alfa Romeo 2600 Sprint. Es sollte den Giulietta und den Giulia Sprint, von denen inzwischen 35 000 Exemplare hergestellt worden waren, keineswegs ersetzen. Vielmehr war es als Zusatzmodell für die Produktion im neuen Alfa-Werk in Arese bestimmt. Es besaß eine auf 106 PS erhöhte Leistung (zwei horizontale Doppelvergaser) und als besondere technische Neuerung Dunlop-Scheibenbremsen mit Servo an allen vier Rädern. Solche moderne Bremsen sollte binnen kurzem auch die Limousine Giulia TI (man ließ die Zahl «1600» in der Bezeichnung fallen) erhalten. Für die hinteren Passagiere stand in diesem Coupé nun wesentlich

Von oben nach unten:
Alfa Romeo 2600 SZ (Zagato), 1963
Alfa Romeo Giulia TI Super, 1964
Alfa Romeo Spider 1600 Duetto (Pininfarina), 1966

mehr Platz zur Verfügung, auch wenn es sich nach wie vor um eine 2+2-Konstruktion handelte. Auch bei diesem Alfa fielen die Drehfreudigkeit des Motors und die guten Fahreigenschaften auf. Als Spitzenmodell unter den 4-Zylinder-Alfa galt allerdings weiterhin der Giulia Tubolare Zagato, der nun in die Kleinserie gekommen war und als einziger Alfa eine hintere Einzelradaufhängung aufwies.

Im Frühling 1964 trat neben den Giulietta t.i. (Schreibweise seit 1963) der Giulia 1300, eine vereinfachte Ausführung des Giulia TI (u. a. keine Doppelscheinwerfer). Sein Motor leistete 78 PS (t.i. 74 PS). Auch ihn gab es auf Wunsch mit Stockschaltung. Der vom Giulia 1600 GT verdrängte Giulia Sprint wurde im Herbst 1964 endgültig aufgegeben … und durch eine neue Version des ursprünglichen Giulietta Sprint ersetzt. Dessen 80 PS leistender 1,3-Liter-Motor war wieder mit einem 4-Gang-Getriebe kombiniert, doch besaß der Wagen nun vordere Scheibenbremsen und auch die Interieurverbesserungen des Giulia Sprint.

Den Alfa Romeo 2600 hatten manche Betrachter in seiner Berlina-Ausführung schon von Beginn an als etwas allzu wuchtig ausgeschmückt empfunden. Nun, auf dem Turiner Salon 1964 erschien eine «bereinigte» Version: Die seitlichen Chromstreifen waren verschwunden. Im Interieur fanden sich nun vordere Einzelsitze (wie sie seit dem Sommer bereits der Giulia besaß), und rechtsgelenkte Wagen wurden mit Stockschaltung ausgerüstet. Auch die Hinterräder wurden nun mit Scheibenbremsen verzögert. Dies galt ab Pariser Salon 1964 auch für den 2600 Sprint.

Eine Hauptattraktion auf der großen Pariser Autoschau im Herbst 1964 war jedoch der Canguro (Känguruh), eine stilvollendete Interpretation des Alfa Romeo Giulia Tubolare aus den Studios von Nuccio Bertone. Dieses stark verglaste, strömungsgünstige Fahrzeug war noch um 14 cm niedriger als der Tubolare Zagato. Der Prototyp trug eine angeblich nur 17 kg schwere Alu-Karosserieschale, und man sprach von einer noch leichteren Serienausführung aus Kunststoff. Soweit sollte es allerdings nicht kommen!

Im Februar 1965 hatte auch der Amsterdamer Salon für einmal eine Alfa-Romeo-Neuheit zu verzeichnen, den Giulia Sprint GTA nämlich. Dieses für den Tourenwagensport gedachte Coupé sollte die «Rennlimousine» Giulia TI Super ablösen und baldmöglichst homologiert werden. Es besaß einen neuen Zylinderkopf und neugeformte Sammelrohre, Doppelzündung, zwei elektrische Benzinpumpen und war auf Wunsch mit Ölkühler zu haben. Die Leistung erreichte nun mit unveränderter Vergaserbestückung 115 PS! Mit Leichtmetallkarosserie und breiten Magnesiumfelgen brachte es der GTA auf ein Leergewicht von nur 795 kg gegenüber den 1040 des «normalen» Sprint.

Gleich mit zwei weiteren Neuheiten wartete die Mailänder Marke auf dem Genfer Autosalon im März 1965 auf: dem Giulia Super, einer luxuriöseren und leistungsfähigeren Ausführung des TI, und dem Cabriolet Giulia GTC. Ihr Motor leistete 98 PS und besaß eine quer über die Nockenwellendeckel gelegte breite, flexible Luftführung, mit der Luftfilter und Vergaser verbunden wurden. Dieser Motor war auf erhöhte Elastizität ausgelegt worden. Das 5-Gang-Getriebe wurde mit einer sportlichen Stockschaltung betätigt. Im Interieur fielen die vorbildlich ausgeformten vorderen Einzelsitze und das Armaturenbrett in Holzimitation auf. Mit dem bei Touring gebauten Giulia GTC wurde erstmals wieder ein offener Viersitzer angeboten.

Auf der Turiner Karosseriemesse im April 1965 überraschte Zagato mit einer Replika – man gebrauchte dieses erst viel später gebräuchlich gewordene Wort noch kaum – des berühmten Alfa Romeo 1750 Spider aus den dreißiger Jahren. Der als Spider 1750 4R (= «Quattroruote», von welcher Autofachzeitschrift die Initiative kam) bezeichnete offene Zweisitzer besaß die Giulia-Mechanik und war für die Herstellung in Kleinserie vorgesehen. Er sollte bis 1968 in 92 Exemplaren entstehen. Ebenfalls in Kleinserie ging als Sonderfahrzeug der bereits auf dem Genfer Salon des gleichen Jahres präsentierte Alfa Romeo OSI 2600 de Luxe (→ Osi; von ihm wurden schließlich 54 Stück gebaut). Bald gab es den Typ 2600 auch als attraktiv-imposanten Sprint Zagato (SZ). Er basierte auf dem 250-cm-Radstand des Spider und besaß eine 2+2sitzige Leichtmetallkarosserie mit einteiliger, stilisierter Alfa-Front. Trotz unveränderter Motordaten war der SZ der leistungsfähigste 6-Zylinder-Alfa.

Spider 1600 Eine abermalige Erweiterung des Angebots an Limousinen aus dem Hause Alfa Romeo brachte das Frühjahr 1966, und zwar in Form des Giulia 1300 t.i. Seine Leistung stand mit 82 PS zu Buche (gegenüber 78 beim Giulia 1300 und 74 beim weiterhin gebauten Giulietta t.i.). Auch er bot ein 5-Gang-Getriebe mit Stockschaltung. Doch er blieb nicht die einzige Alfa-Neuheit auf diesem Genfer Salon: Auch ein Giulia Sprint GTV (Veloce = schnell) wurde vorgestellt. Dieser fügte sich leistungsmäßig zwischen den GT und den GTA ein. Diese auch an einem geänderten Kühlergesicht mit drei Querstäben erkennbare Version trug das Kleeblatt am hinteren Dachträger.

Noch mehr Beachtung fand jedoch der Alfa Romeo Spider 1600 als Nachfolger des Giulietta/Giulia Spider. Seine bildschöne Karosserie stammte von Pininfarina und erinnerte an ein Ende 1961 entstandenes Einzelstück, das seinerseits von einer Anfang 1959 herausgebrachten Farina-Spezialkarosserie auf dem Alfa Romeo Disco Volante inspiriert war. Abgesehen von der Heckgestaltung sollte dieses meisterlich entworfene Cabriolet,

Links: Alfa Romeo Giulia TZ (Zagato), 1963
Alfa Romeo Giulia Sprint GT, 1964
Unten: Alfa Romeo 1750 4R (Zagato), 1966

zu dem es gleich auch ein Hardtop gab, bis in die achtziger Jahre kaum verändert in Produktion bleiben. Der Spider entsprach technisch dem GTV mit 109-PS-Motor, war jedoch wiederum auf 10 cm kürzerem Radstand aufgebaut. Im Verlaufe des Frühlings erhielt er den aus einem Wettbewerb hervorgegangenen Zusatznamen Duetto. In Genf wurde 1966 der Giulia TI mit neuem, sportlicherem Armaturengeviert ausgestellt.

Wie bereits die Giulia Berlina nachträglich einen 1,3-Liter-Motor erhalten hatten, so schuf man im Herbst 1966 auch ein neues 1,3-Liter-Coupé: den Giulia GT 1300 Junior. Er wurde von einer weiterentwickelten Version des von 1956 bis 1962 gebauten Giulietta-Sprint-Veloce-Motors angetrieben. Man erkannte dieses 2+2-Coupé an der vereinfachten Ausstattung mit einem einzigen Querstab im Kühlergitter. An der Weltausstellung von Montreal im Sommer 1967 präsentierte Bertone ein Coupé mit dem in Entwicklung befindlichen Alfa-Romeo-V8-Motor. Doch der «Montreal» ging erst 1970 in Serie...

33 Coupé Früher erhältlich war eine «zivile» Coupéversion des Rennsportspiders Alfa Romeo 33 (= Trentatre). Sie hatte ihre Premiere anläßlich des Grand Prix in Monza im Frühherbst 1967, wo sie ausdrücklich als «Straßensportfahrzeug für Enthusiasten» deklariert wurde. Der Tipo-33-Unterbau bestand im wesentlichen aus zwei zu Tanks ausgebildeten Längsträgern, die an ihren Enden durch Querjoche aus Aluminiumguß verbunden waren. Die höchst rennsportlich wirkende Coupékarosserie war von Scaglione entworfen worden; sie wurde bei der Alfa-Romeo-Rennsportfirma Autodelta aus Leichtmetall hergestellt. Die Leistung des DOHC-V8-Mittelmotors von 2 Litern Inhalt wurde mit 230 PS bei 9000/min angegeben (Rennsportversion: 255 bis 275 PS bei 10000/min). Vom 33 Coupé entstanden bis 1969 insgesamt 48 Exemplare.

Ebenfalls ein Kühlergitter mit drei Querstäben à la GTV erhielt der Giulia im Herbst 1967. Es gab nun die Limousinenmodelle 1300, 1300 TI (statt t.i.) und 1600 Super, dieser besaß Doppelscheinwerfer; der 1600 TI war aufgegeben worden. Auch die 1300er waren jetzt mit einem Armaturenbrett aus Holzimitation und zudem mit etlichen Interieurverbesserungen ausgestattet. Bereits wurde aber auch eine gänzliche Neukonstruktion mit 1750-cm³-Motor angekündigt.

Alfa Romeo 1750 Die neue Modellreihe sollte nicht lange auf sich warten lassen, denn nicht erst zum Genfer Salon, sondern schon auf der Brüsseler Ausstellung 1968 wurden Alfa Romeo 1750 angekündigt: die vollständig neue, von Bertone mitentworfene Limousine, das äußerlich bekannte Coupé und der Spider. Der Berlina (Limousine) war wiederum in jenem recht kantigen Stil gehalten, der schon beim Giulia für das markentypische Image gesorgt hatte. Bei gleicher Höhe (143 cm) war die Länge um 25 auf 439 cm angewachsen, während der Radstand nur um 6 auf 257 cm zugenommen hatte. Die Karosserie erhielt strukturelle Verbesserungen Richtung vermehrte Sicherheit, und auch das nachgiebige Armaturenbrett entsprach jüngsten Vorstellungen.

An der Aufhängung wurde prinzipiell nicht viel geändert: vorne fanden sich untere Dreieckquerlenker und obere einfache Querlenker, hinten war die bewährte Starrachse mit Längsschubarmen und mittlerem Dreiecklenker sowie Schraubenfedern eingebaut. Der Motor war eine Extrapolation der bekannten Giulia-Maschine mit zwei obenliegenden Nockenwellen, wobei der Hub stärker vergrößert werden mußte als die Bohrung (80 × 88,5 mm). Die Leistung stand mit 132 SAE-PS zu Buche (leider gab man bei Alfa Romeo statt der ehrlicheren DIN- nur noch die SAE-PS an). Die Kraftübertragung besorgte ein 5-Gang-Getriebe mit hydraulischer Kupplung. Der neue Motor besaß übrigens einen geschlossenen Kühlkreislauf mit Dauerfrostschutz. Auch Coupé und Spider wurden mit diesem Motor lieferbar; sie hießen damit 1750 Coupé Veloce und 1750 Spider Veloce. Das Coupé unterschied sich durch Doppelscheinwerfer und die quersickenfreie Motorhaube sowie durch das neue Armaturenbrett von den kleiner motorisierten Ausführungen. Der Alfa 1750 bedeutete die

Alfa Romeo

indirekte Ablösung für den 2600. Von diesem waren 2038 Berlina (einschließlich 1968), 6999 Sprint (bis 1966), 2355 Spider (bis 1965) und 105 Zagato (SZ, bis 1967) gebaut worden.

Am unteren Ende der Modellskala von Alfa Romeo sollte die Bezeichnung Junior weitere Verbreitung finden: Ab Mai 1968 – als Zeitpunkt durch die Jugendunruhen im nachhinein zu einem politischen Begriff geworden! – gab es auch einen Spider 1300 Junior. Bei ihm wurden die Plexiglasverschalungen vor den Scheinwerfern schon vom Werk aus weggelassen, und es gab weitere Ausrüstungsvereinfachungen. Auch die Rennausführung GTA gab es nun als 1,3-Liter, und zwar sowohl in einer Normalversion wie in einer noch weiter frisierten Version von Autodelta (Rennabteilung). Man versprach beschleunigte Produktion im Interesse einer frühzeitigen Homologation (Gruppe 3, GT, in 500 Exemplaren und Gruppe 2, Tourenwagen, in 1000 Exemplaren).

Im Hinblick auf den Pariser Salon im Herbst 1968 schuf Bertone erneut ein Experimentalfahrzeug auf der Basis des Sportwagenprototyps Alfa Romeo 33 mit 2-Liter-V8-Motor. Dieses gänzlich keilförmige Coupé sollte unter dem Namen Carabo in die Stylinggeschichte eingehen. Pininfarina präsentierte kurz darauf seinerseits eine Spiderstudie auf dem Trentatre. In einer vom Werk auf dem Boden der rennsportlichen Wirklichkeit weiterentwickelten Zweckaufmachung sollte indessen der Rennzweisitzer Trentatre-tre (33.3) ab 1969 Geschichte machen.

Ebenfalls 1969 nahm Alfa Romeo den 1750 mit Spica-Benzineinspritzung in Produktion, der 1750 Iniezione war für den USA-Markt mit seinen strengen Abgasbestimmungen vorgesehen. Die Giulia-Limousinen erhielten ebenfalls Anfang 1969 überdachte Armaturen im Stile des Typs 1750, und zudem wurde für den einheimischen Markt ein Giulia 1600 S, eine vereinfachte und etwas leistungsschwächere Version des Giulia Super, eingeführt. Leicht und lichtdurchflutet wirkte der 1300 Junior Z, der auf dem Turiner Salon des Jahres 1969 vorgestellt wurde. Er besaß eine zweisitzige Coupékarosserie aus Leichtmetall, deren Front mit stilisiertem Alfa-Lufteinlaß an den ebenfalls von Zagato stammenden großen 2600 SZ erinnerte. Auch er zeigte eine Abrißkante am Fließheck. Alle Typen 1750 erhielten Zweikreis-Servobremsen. Ebenfalls auf dem Turiner Salon 1969 stellte die junge Firma Ital-Design des in Fachkreisen bereits bekannten Karosserieentwerfers Georgetto Giugiaro den Alfa Iguana, eine meisterliche Stylingübung, aus!

Die Giulia-Produktionszahlen (wiederum gemäß Werksunterlagen): Giulia 1600 TI (1962–1967) 71 148, Sprint (62–64) 7107, Spider (62–66) 8159, Sprint Speciale (63–66) 1400, Tubolare Zagato (63–66) 124, TI Super (63–65) 501, Sprint GT (63–67) 21 542, 1300 (64–71) 28 358, Spider Veloce (64–66) 1091, Super (65–72) 124 590, Sprint GTC (65/66) 1000, Sprint GTA (65–70) 500, 1300 t.i./TI (66–72) 144 213, Sprint GTV (66–68) 14 240, Spider 1600 Duetto (66–68) 6325, GT 1300 Junior (66–72) 80 623, Spider 1300 Junior (68–72) 4538, GTA 1300 Junior (68–72) 447,

Von oben nach unten:
Alfa Romeo 1750 Berlina, 1968
Alfa Romeo 33 Coupé, 1969
Alfa Romeo Junior Z (Zagato), 1970

1600 S (69/70) 2212, GT 1300 Junior Z (69–72) 1108.

Montreal Der bereits vieldiskutierte Luxussportwagen Montreal konnte auf dem Genfer Salon des Jahres 1970 endlich sein offizielles Debüt feiern. Bis auf einige Details entsprach seine attraktive, von weichen, runden Stilelementen beherrschte Karosserie dem von Bertone auf die Weltausstellung in Kanada vorbereiteten Typ. Auffallend waren seine sechs abgestuften Luftschlitze beim hinteren Dachträger, die auf einen Mittelmotor schließen ließen. Doch der mit je zwei obenliegenden Nockenwellen versehene V8-Motor war in üblicher Weise vorne eingebaut; sein Hubraum war nun auf 2,6 Liter angewachsen (80,0 × 64,5 cm). Es standen 200 DIN-PS zur Verfügung, die dem 1260 kg schweren 2+2sitzigen Coupé zu beeindruckenden Fahrleistungswerten verhalfen. Der Montreal besaß Spica-Benzineinspritzung und eine Alfa-typische hintere Starrachse.

Alfa Romeo	Zyl.	cm³	PS *SAE	bei 1/min	Gänge	Spitze km/h	Radstand/ Länge	Baujahre	Besonderheiten alle: DOHC
Giulietta (Berlina)	4	1290	53	5500	4	140	238/403	1955–61	
TI			65	6100		155	238/411	1957–61	
Sprint			80	6500		165	238/398	1954–61	
Sprint Veloce			90	6500		180		1956–61	
Sprint Speciale			100	6500	5	200	225/412	1957–61	
Sprint Zagato							225/392		
Spider			80	6500	4	165	225/390	1955–61	
Spider Veloce			90	6500		180		1956–61	
2000 (Berlina)	4	1975	105	5700	5	160	272/472	1957–61	
Spider			115	5900		175	250/450		
Sprint							258/455	1960–62	
Giulietta (Berlina)	4	1290	62	5900	4	145	238/403	1961/62	
TI			74	6200		155	238/410	1961–66	ab '63: t. i.
Sprint			80	6300		165	238/398	1961/62	
Sprint Veloce			90	6500		180			
Sprint Speciale			100	6300	5	200	225/412		
Sprint Zagato							225/392		
Spider			80	6300	4	165	225/390		
Spider Veloce			90	6500		180			
2600 (Berlina)	6	2584	130	5900	5	175	272/470	1962–68	
Sprint			145	5900		200	258/458	1962–66	
Spider							250/450	1962–65	
Zagato						210+	250/440	1965–67	(bis 165 PS)
Giulia 1600 TI	4	1570	92	6000	5	165	251/414	1962–67	
Sprint				6200		172	238/398	1962–64	
Spider							225/390	1962–66	
Sprint Speciale			112	6500		195	225/412	1963–66	
Tubolare Zagato			155			200+	220/395		Rohrrahmen, h. E.,
TI Super			112	6500		185	251/414	1963–65	auch 1,3 L, –130 PS
Sprint GT			106	6000		180+	235/408	1963–67	
1300		1290	78	6000		158	251/411	1964–71	
Giulietta Sprint			80	6300		165	238/398	1964–66	ab '65: Bez. Sprint
Giulia Spider Veloce		1570	112	6500		180+	225/390		1300 (o. Giulietta)
Super			98	5500		175+	251/414	1965–72	ab '69: 102 PS
Sprint GTC			106	6000		180	235/408	1965–66	
Sprint GTA			115	6000		185+		1965–70	ab '67: TI
1300 t. i.		1290	82	6000		160+	251/414	1966–72	
Sprint GTV(eloce)		1570	109	6000		185+	235/408	1966–68	
Spider 1600 Duetto							225/425		
Giulia GT 1300 Junior		1290	103*	6000		170+	235/408	1966–72	
Spider 1300 Junior							225/425	1968–72	(bis 210 km/h)
GTA 1300 Junior			110*	6000		175	235/408		
Giulia 1600 S		1570	95	5500		170+	251/416	1969/70	
GT 1300 Junior Z		1290	103*	6000		175	225/390	1969–72	
1750 (Berlina)	4	1779	132*	5500	5	180	257/439	1968–72	
Coupé GT Veloce						190	235/408		
Spider Veloce							225/425	1968–71	
4R Zagato (Replika)	4	1570	92	6000	5	155	260/367	1966–68	
33 Coupé	V8	1995	230+	8800	5	260	235/397	1967–69	

Alpine

Was Porsche für Deutschland, das war während langer Zeit – wenn auch in kleinerem Maßstab – Alpine für Frankreich. In den siebziger Jahren wurde die kleine Marke schrittweise in den staatlichen → Renault-Konzern integriert, bis schließlich der Name bloß noch als Modellbezeichnung diente. Hier zeigt sich eine Parallele zu dem, was Fiat schließlich mit → Abarth anstellte. In beiden Fällen hat ein Großkonzern aus dem technischen Know-how und dem Renommee einer kleinen Außenseiterfirma und -marke kommerziellen Profit geholt.

Doch dessenungeachtet ist Alpine ein mit unzähligen, vor allem in der Rallyeszenerie, aber auch bei Bergprüfungen geholten Rennsiegen eng verbundener Begriff. Die meist in der nationalen Rennfarbe Blau gehaltenen kleinen Heckmotorwagen vermochten vielfach auch weit hubraumstärkeren Konkurrenzfahrzeugen «einzuheizen». Dabei waren die Alpine – zumindest anfänglich – keineswegs sophistische Spezialkonstruktionen, sondern sie konnten auch von mäßig bemittelten Amateurfahrern erstanden und erfolgreich eingesetzt werden.

Die ersten Alpine waren Mitte der fünfziger Jahre entstanden. Ihr Initiant war der 1922 in Dieppe geborene Jean Redelé, der sich schon in jungen Jahren aktiv für den Automobilsport begeisterte und bald einmal an Rallyes teilnahm. Mit 24 Jahren hatte er die elterliche Renault-Garage übernommen, und hier entstanden denn auch für Renn- und Rallyeeinsätze geeignete hochfrisierte Renault 4 CV. Auf dieser Basis wurden die hübschen Alpine-Heckmotorcoupés und -cabriolets mit Kunststoffkarosserie und Stahlrohrgerippe entwickelt, wobei teils auch Spezialkarossiers mitwirkten.

1960 umfaßte das Produktionsprogramm die Modelle A 106 auf Renault-4-CV-Basis und den eben erst angekündigten A 108 auf dem Renault Dauphine. Entsprechend besaßen die Motoren einen Zylinderinhalt von 747 bzw. 845 cm³. Während aber die serienmäßigen Renault 26 und 31 SAE-PS leisteten, standen in den Alpine Motoren mit 27 und 48 bzw. 31 und 40 SAE-PS zur Verfügung. Hinzu kamen ein auf 904 cm³ ausgebohrtes Modell mit 50 PS Leistung und als jüngste Variante ein A 108 mit 1-Liter-Motor. Bei diesem war die Bohrung (bei gleichgebliebenem Hub von 80 mm) gleich um 5 auf 63 mm vergrößert worden, und es standen eindrückliche 68 SAE-PS bei 6250/min zur Verfügung, die zusammen mit dem 5-Gang-Getriebe für hohe Leistungsfähigkeit sowohl im Straßen- wie im Renneinsatz sorgten.

Zwar entsprach das Fahrwerk dem Prinzip nach den Renault-Konstruktionen, die Schraubenfedern und eine hintere Pendelachse umfaßten. Doch war mit wohldurchdachten Maßnahmen, wie etwa speziellen, hinten teils doppelt vorhandenen Stoßdämpfern, anderen Abstimmungen und teils Stabi-

Alpine

Rechts: Alpine A 108 Coupé 2+2, 1961
Alpine A 110 Coupé GT 4, 1967
Unten: Alpine A 108 Grand Luxe, 1960

lisatoren, für eine Anpassung an das gesteigerte Leistungspotential gesorgt worden. So wurden die Fahreigenschaften denn nicht nur von den Fans, sondern auch von der Fachwelt positiv beurteilt.

Das Karosserieangebot umfaßte vier Varianten, nämlich das verlängerte Coupé 2+2, das Coupé Grand Luxe und Sport, das Cabriolet und als jüngste Ausführung den Berlinette, ein windschlüpfiges Fastback-Coupé mit abgedeckten Scheinwerfern und langgestreckter Panoramaheckscheibe. Diese wohlgelungene, äußerst schnittige Form sollte bis 1977(!) mit wenigen Detailänderungen weitergebaut werden. Ursprünglich trug der auf einem Zentralrohrrahmen aufgebaute Berlinette die Zusatzbezeichnung «Tour de France», weil in diesem anspruchsvollen, aus Rallyestrecken und Rundrennen zusammengesetzten Wettbewerb 1960 der erste Einsatz erfolgt war. Das der 1-Liter-GT-Klasse angepaßte Fahrzeug erwies sich in den folgenden Jahren als besonders siegessicher.

Bis 1960 sollen rund 650 Exemplare des Typs A 106 gebaut worden sein, der A 108 brachte es 1961/62 lediglich auf zwei Dutzend Fahrzeuge. Dieses Modell wurde ab 1962 bei → Willys in Brasilien unter der Bezeichnung Interlagos in Lizenz gebaut und in jenem Jahr sogar auf dem Autosalon von Paris gezeigt. Im Verlaufe des Jahres 1960 hatten übrigens auch das Cabriolet und das 2+2sitzige Coupé die strömungsgünstige Front des Berlinette erhalten.

A 110 1963 lancierte Jean Redelé als neue Modellserie den A 110. Die Mechanik entsprach nun dem Renault 8, dessen 950-cm^3-Motor mit fünffach gelagerter Kurbelwelle neue Möglichkeiten versprach. Die Leistung stand zunächst mit 75 (statt 48) SAE-PS zu Buche, doch wurden Versionen mit 51 und den originalgemäßen 48 PS ebenfalls angeboten. Auch die hintere Pendelachse mit V-förmigen Schublenkern entstammte nun der R8-Konstruktion. Für den Berlinette wie für das Cabriolet wurde der 210-cm-Radstand beibehalten. Hingegen hatte das jetzt mit GT 4 bezeichnete 2+2sitzige Coupé den 227 cm langen Achsabstand des Original-R 8, der mit jenem des Renault Caravelle identisch war. Von diesem stammten denn auch die Aufhängungselemente. Gleichzeitig mit dem deutlich vergrößerten Platzangebot zeigte das knapp viersitzige Coupé nun ein weniger ausladendes Heck.

Ähnlich wie andere Kleinhersteller bot Alpine seine nach wie vor in vier Karosserieausführungen erhältlichen Heckmotorwagen in einer zunehmenden Zahl von Varianten an. Neben den 850- und den 950-cm^3-Renault-Motoren wurden auch 1-Liter- und – im Verlaufe von 1963 – 1,1-Liter-Aggregate angeboten. Sie waren in unterschiedlichen Tuningstadien zu haben und eigneten sich daher im Prinzip für den Alltags- ebenso wie für den Renneinsatz. Für diesen kam natürlich in erster Linie der Berlinette in Betracht. Mit bloß 113 cm Höhe war er einer der niedrigsten Serienwagen, und Großgewachsene hatten denn auch einige Mühe, in seinen «Liegesitzen» Platz zu nehmen. Die Zentralrohr-Rahmenkonstruktion hatte inzwischen auch bei den übrigen Alpine-Modellen Eingang gefunden. Neben Straßenfahrzeugen stellte Alpine Mitte der sechziger Jahre auch Formel-3- und Formel-2-Rennmonopostos her, und die kleine Marke war bei Langstreckenrennen, wo Wagen mit speziellem Stromlinienkleid eingesetzt wurden, mehr und mehr erfolgreich. Inzwischen hatte das initiative Werk in Dieppe die volle Unterstützung der Régie Renault gefunden.

1965, als man mit 85 im Vorjahr geernteten Rennsiegen werben konnte, zeigte sich das Angebot leicht gestrafft: Das Stufenheckcoupé Sport war endgültig gestrichen worden, und die Herstellung konzentrierte sich primär auf Wagen mit 1- und solche mit 1,1-Liter-Motoren. Dieses größere Antriebsaggregat aus dem Renault 8 Major gab es mit 66 SAE-PS (statt 50) oder mit dem Gordini-Zylinderkopf mit halbkugeligen Brennräumen und 95 PS! Doch noch im gleichen Jahr wurde «aufgestockt»: Das Produktionsprogramm umfaßte jetzt Modelle mit 1,1- und mit 1,3-Liter-Motor. Letzterer war mit der Maschine des Renault 8 Gordini verwandt und leistete respektable 110 PS. Dieser Motor mit seinen halbkugeligen Brennräumen hatte seine Leistungsfähigkeit bereits auch im Renneinsatz unter Beweis gestellt.

Für den Durchschnittsverbraucher trat mit dem noch kräftigeren Motor die den hecklastigen Alpine naturgemäß anhaftende Übersteuerungstendenz noch deutlicher in Erscheinung. Es war nicht leicht, ein solches superschnelles Coupé im Grenzbereich sicher zu beherrschen! Allerdings trat der recht abrupt einsetzende Verlust der Radhaftung erst bei sehr hohen Kurvenkräften, das heißt bei ungewöhnlich schneller Fahrweise ein. Doch mit dem 1,3-Liter-Modell war die Alpine-Entwicklung noch längst nicht am Ende. Auf dem Pariser Salon 1966 kam eine 1,5-Liter-Variante hinzu. Hier stammte nun der Motor vom Renault 16, und die Leistung war denn auf 70 und – → Lotus-frisiert – 90 SAE-PS gedrosselt (R 16: 63 PS). Gegenüber dem «1300» wurde somit bedeutend mehr Elastizität und damit komfortableres Reisen geboten. Allerdings mußte man sich im Berlinette nach wie vor mit einem minimalen Kofferstauraum hinter den Sitzen zufriedengeben. Wie bei den Renn-Berlinette war hier der Kühler nach vorne verlegt worden.

Nachdem die italienische Karosseriebaufirma → Osi bereits seit 1965 mit Alpine zusammenarbeitete, wurde nach anderen Studienfahrzeugen auf dem Turiner Salon 1967 von Osi der Bisiluro Silver Fox gezeigt. Er besaß einen Alpine-Motor und eine der ausgefallensten Formen, die je dem Konto «Traumwagen» zugeschrieben wurden: Es waren im Grunde genommen zwei teils bloß durch Flügelprofile verbundene zigarrenförmige Einsitzer mit im Mittelbereich gemeinsamem Dach und durchgehender Windschutzscheibe.

Doch bei Alpine stand man durchaus auf dem Boden der Realität. Nicht nur wurde der

Alpine A 110 Berlinette 1300, 1969

(bloß in 17 Wagen eingebaute) 1,5-Liter-Motor auf dem Pariser Salon 1968 durch die kräftigere 1,6-Liter-Maschine aus dem Renault 16 TS abgelöst (übrigens mit geringfügig auf 92 PS angehobener Leistung), sondern man hatte sich erneut der Detailentwicklung verschrieben. Zu den jüngsten Verbesserungen zählten eine breitere Spur, breitere Reifen, wirkungsvollere Bremskühlung und eine bessere Abdichtung des Innenraumes. Dieser war seinerseits verfeinert worden und bot unter anderem nun einen längeren Sitzverstellbereich.

Ende der sechziger Jahre wurde in Dieppe ein neues Werk errichtet, das die Herstellungskapazität vervierfachen sollte. Bis dahin hatte die Produktion kaum je mit der Nachfrage Schritt halten können. Dabei wurden Alpine-Wagen in Lizenz auch in Brasilien, Mexiko und Spanien gebaut. Sogar in den Bulgar-Renault-Werken im bulgarischen Plowdiw lief Ende 1968 eine Fertigung des siegreichen französischen Berlinette an. Im neuen Hauptwerk in Dieppe wurden schließlich über 350 Personen beschäftigt. Hinzu kamen gut 200 Arbeiter in den beiden Zweigwerken. 1969 hatte sich der Ausstoß von den knapp 350 Stück der Vorjahre auf 710 Wagen verdoppelt. 1970 sollten es über 950 und 1971 gar 1200 sein.

Im Verlaufe des Jahres 1969 lief die Produktion der Alpine-Modelle Cabriolet und Coupé GT 4 aus, und das Angebot wurde neu strukturiert. Es begann nun mit dem Typ 1300 «85», dessen 1289-cm³-Motor 81 SAE-PS leistete (Motor mit gleichem Hubraum im Renault 12: 60 PS). Daneben gab es den 1300 G mit 1255-cm³-Gordini-Motor von 103 PS Leistung (wie im Renault 8 Gordini 1300). Noch stärker frisiert war der Alpine 1300 S mit 1296 cm³ und 132 PS. Die Alpine 1600 und 1600 S kamen mit 1565 cm³ hingegen auf 102 und 138 SAE-PS. Alle diese Wagen zählten stets noch zur Serie A 110. Doch in Dieppe arbeitete man bereits an einem gänzlich neu geformten Coupé, dem A 310, der auf dem Genfer Salon 1971 seine Aufwartung machen sollte.

Alpine	Zyl.	cm³	SAE PS	bei 1/min	Gänge	Spitze km/h	Radstand/ Länge	Bau- jahre	Besonderheiten Heckmotor Renault
A 106	4	747	27	4400	3	120	210/370+	–1960	(Renault 4 CV)
Mille Miles			48	6200	5	153		–1961	
A 108	4	845	31	4250	3/4	130	210/370+	1961	(R. Dauphine usw.)
			40	5000	3/4/5	–142		1961–64	auch –59/6200
		904	50	5500		–168			2+2: 218/398
		997	68	6250	5	–185			(bis '62)
A 110 1000	4	956	75	6500	4/5	192	210/385	1962–65	(Renault R 8 usw.)
			51	5300		–175		1962–65	GT 4: 227/405
			48	5200		–170		1963–65	(bis '69)
			80	6500		–200		1963–66	
1100	4	1108	66	5800	4/5	–180		1963–65	
			95	6300		–210		1964–68	(Gordini-Motor)
			65	6200		–180		1968/69	
1300	4	1296	110	6900	5	–228		1965/66	
			120					1966–69	(Version Super)
		1255	110	6750		–215		1966–68	(Gordini-Motor)
			103		4/5	–205		1968/69	(dto)
1500	4	1470	70	6500	4/5	180		1966–68	(Motor R 16)
			90			190		1966–68	(dto)
1600	4	1565	92	5500	4/5	195		1968/69	(Motor R 16 TS)
1300 «85»	4	1289	81	5900	4/5	180	210/385	1969–	
G		1255	103	6750		205		1969–	(Gordini-Motor)
S		1296	132	7200		215		1969–	
1600	4	1565	102	5500	4/5	195		1969–	
S			138	6000		215		1969–	

Alta, Attica Alvis
(Dreirad)

Zuerst hieß er Attica und war nichts anderes als ein Lizenzbau des → Fuldamobil. Die Produktion dieses Rollermobils mit 2+2sitziger Kunststoffkarosserie war 1966 in Fulda/D offiziell ausgelaufen, dafür war an die Firma Vioplastic Co. Ltd. in Piräus, Griechenland, eine Herstellizenz verkauft worden. Fuldamobil-Lizenzen hatte es schon in den fünfziger Jahren in zahlreichen Ländern und unter den verschiedensten Marken gegeben. Doch den Attica mit der typischen Fuldamobil-Karosserie gab es nur bis 1968. Dann wurde aus ihm der Alta der Alta Inc. in Athen. In England hatte es übrigens bis in die fünfziger Jahre eine Rennwagenmarke namens Alta gegeben!

Hinsichtlich Technik wichen der Attica und der Alta nicht voneinander ab: hinteres Doppelrad ohne Differential mit engster Spur, Rohrrahmenchassis, vorne Federbeine, hinten Schwingarm mit Schraubenfedern, 198-cm³-4-Takt-Heckmotor von Heinkel und 4-Gang-Getriebe. Trotz der gegenüber dem Fuldamobil unveränderten Untersetzungsverhältnisse wurde die Höchstgeschwindigkeit für den Attica mit optimistischen 95 km/h angegeben (Fuldamobil 85). Der 1969 erschienene Alta besaß im Vergleich zum Attica eine wesentlich modernisierte Karosserie. Das kugelige Fließheck mit der Panoramaheckscheibe war einem Stufenheck gewichen. Dies brachte mehr Kopfraum für die «Hinterbänkler». Die Höchstgeschwindigkeit des mit 10- statt 8-Zoll-Rädern bestückten Alta wurde mit 90 km/h angegeben. Seine Produktion lief bis zur Mitte der siebziger Jahre weiter.

Alta 200, 1969

Zu jenen kleinen, unabhängigen Marken, die in typisch englischer Manier luxuriöse Reisewagen individueller Prägung bauten, zählte von alters her auch Alvis. Die wie etliche andere Autofirmen im Raume Coventry angesiedelte Alvis Limited baute Autos besonderen Stils, eines Stils nämlich, der vom Schweizer Designer und Karossier Hermann Graber (→ Anhang) entwickelt worden war. An das traditionelle Kühlergitter im Hochformat fügten sich zeitlos-moderne glattflächige Karosserieflanken und ein lichtdurchflutetes Pavillon mit grazilen Dachträgern an.

Noch eleganter wirkten die Spezialkarosserien, die von Hermann Graber in seiner Werkstätte in Wichtrach im Kanton Bern direkt auf die Alvis-Kastenrahmenchassis aufgebaut wurden. Während die von der Karosseriefirma Park Ward – sie fertigte auch die Aufbauten für Rolls-Royce – hergestellten Serien-Alvis in einiger Modellkonstanz gebaut wurden, überraschte Graber bei den Alvis Special immer wieder mit neuen, wohlausgewogenen Stylingdetails. So etwa hatte der Schweizer Karossier für sein Cabriolet – und Graber-Cabrios waren ein Begriff! – auf dem Alvis TD 21 schon 1959 eine versenkbare Heckscheibe geschaffen. Der von einem eigenen 3-Liter-6-Zylinder-Motor angetriebene TD 21 besaß übrigens ab Ende 1959 als erster europäischer Tourenwagen serienmäßig Lockheed-Scheibenbremsen, auf Wunsch waren sie schon vorher erhältlich gewesen. Ende 1961 sollten gar Dunlop-Scheibenbremsen an allen vier Rädern eingeführt werden.

Während der Alvis in England als Coupé, Coupé de Luxe und Cabriolet eingekleidet wurde, offerierte Graber in der Schweiz gleich fünf Ausführungen, nämlich ein Cabriolet Special, je ein Coupé Special und Super und schließlich je ein Cabriolet Panoramic mit der elektrisch versenkbaren Heckscheibe auf Basis Special und Super. Die als bloß 2+2sitzig deklarierten Super unterschieden sich durch das von der Alvis-Tradition abweichende Kühlergitter in Form eines abgerundeten Rechtecks. Mit einer längeren Hinterachsuntersetzung waren sie zudem auf eine höhere Spitzengeschwindigkeit ausgelegt. Die starre Hinterachse wurde übrigens auf Blattfedern abgestützt (vorne Trapez-Dreieckquerlenker und Schraubenfedern sowie Kurvenstabilisator). Die Graber-Versionen wiesen teilweise auch ein leicht modifiziertes Fahrwerk auf (Stoßdämpfer und Reifen). Zu dem von BMC gelieferten 4-Gang-Getriebe gab es ab Ende 1960 auf Wunsch einen Overdrive Laycock-de-Normanville; eine automatische Kraftübertragung Borg-Warner war schon vorher lieferbar gewesen.

Auf dem Genfer Salon im März 1962 erschien der Graber Super mit einer neuen Frontgestaltung. Das formvollendet in das Gesamtdesign eingefügte Kühlergitter zeigte jetzt einen senkrechten Trennstab in der Mitte, und die übereinander angeordneten Scheinwerfer und Zusatzlampen waren von einem gemeinsamen Chromrahmen umrandet. Geblieben waren die Lufthutze auf der Motorhaube und das seitliche Luftauslaßmotiv. Ab Oktober 1962 wurden die Alvis vom Werk mit einem ZF-5-Gang-Getriebe (oder dem BW-Automaten) ausgerüstet.

Große Überraschung auf dem Genfer Salon von 1963: Graber präsentierte einen Sportsedan, den ersten viertürigen Alvis seit rund einem Jahrzehnt. Die Frontgestaltung entsprach jener des Super, und die gekonnte Seitenaufteilung mit der sauber geführten Dachlinie machte auch diesen jüngsten Alvis zu einem formalen Meisterwerk. Die Leistung des 3-Liter-Motors – die 1950 mit 84 PS begonnen hatte – war inzwischen bei knapp 120 PS angelangt.

Doch im Herbst 1963 erschien der Alvis 3 Litre Series III, der nun sogar 136 DIN-PS bot. Größere Ventildurchmesser, stärkere Ventilfedern und ein überarbeitetes Ansaug- und Auspuffsystem hatten diese weitere beträchtliche Leistungssteigerung erbracht. Auch Kupplung, Vorderradaufhängung und Lenkung waren verbessert worden. Die in England hergestellten Karosserien zeigten beim Series III ebenfalls übereinander angeordnete Doppelscheinwerfer in einem gemeinsamen Gehäuse; zudem zeigten die Hinterkotflügel eine leicht geänderte Linie.

Ab 1965 wurden von Graber ausschließlich noch die Modelle Super Coupé und Super Cabriolet angeboten. Schon im Vorjahr hatte der Special nur noch als Sport Sedan in der Preisliste figuriert. – 1965 war auch das Jahr, in dem Alvis von → Rover übernommen wurde!

Die englischen Alvis-Modelle 1966 warteten abermals mit einer Leistungssteigerung auf. Durch Verwendung eines dritten Vergasers wurden 150 PS erzielt. Bei linksgelenkten Wagen mit ZF-Servolenkung – diese gab es seit Ende 1964 – blieb es (wohl mangels Einbauplatzes) bei der 2-Vergaser-Ausführung. Auch das Armaturenbrett war geändert worden. Doch diese Neuerungen waren die letzten, die von den am Ende mit TF 21 3 Litres Series IV bezeichneten Alvis vermeldet wurden: 1967 gab Rover die Herstellung der Personenwagen dieser Marke auf. Auch wenn noch von in Entwicklung stehenden Prototypen die Rede war, sollte künftig der Name Alvis ausschließlich an Militärfahrzeugen (Schützenpanzer usw.) zu finden sein. Seit dem Ende des Zweiten Weltkrieges waren immerhin über 7000 Alvis gebaut worden, davon gut die Hälfte – 3630 Einheiten – der Modellreihen TC 21 bis TF 21.

Oben: Alvis Graber Super (Graber), 1961
Alvis TF 21 Series IV (Park Ward), 1966

Buchumschlag:
Alvis TD 21 Graber Special, 1962

Alta, Attica	Zyl.	cm³	PS	bei 1/min	Gänge	Spitze km/h	Radstand/ Länge	Bau- jahre	Besonderheiten Dreiräder
Attica	1	198	10	5500	4	95	210/315	1966–68	Rohrrahmen, luftgek. Heckmotor
Alta 200	1	198	10	5500	4	90	210/315	1968–	dto

Alvis	Zyl.	cm³	PS	bei 1/min	Gänge	Spitze km/h	Radstand/ Länge	Bau- jahre	Besonderheiten Kastenrahmen
3 Litre TD 21	6	2993	118	4000	4/A	165	283/480	–1960	
Special						170	283/470		Kar. Graber
Super						175	283/465		dto
TD 21			119	4500	4/4+S/A	165	283/480	1960–62	
Graber Special						170	283/475		
Super						180			
TD 21					5/A	168	283/480	1962/63	
Graber Special						170	283/465		
Super						180			
3 Litre Series III			136	5000		178	283/480	1963–65	ab '64: 184 km/h
Graber Special							283/472		
Super						190	283/466		
3 Litre Series III			139	5000		184	283/480	1965/66	
			153	4700		192			
Graber Super			139	5000		190	283/466		
			153	4700		200			
TF 21 Series IV			150	4750		193	283/480	1966/67	
Graber Super						200	283/466		

AMC, American Motors

Nachdem es bereits 1958 eine Marke Ambassador gegeben hatte, entschloß sich die American Motors Corporation (AMC) im Herbst 1965 erneut, den Ambassador ab Modelljahr 1966 als eigene Marke herauszugeben. Bis dahin war der Ambassador das Spitzenmodell der AMC-Alleinmarke → Rambler gewesen. Gleichzeitig wurde auch das im Frühjahr 1965 lancierte sportliche Fließheckcoupé Marlin von Rambler «abgehalftert» und zur eigenen Marke ernannt. Eine weitere Aufsplitterung in Marken sollte in den nächsten Jahren Schlag auf Schlag erfolgen.

Der Übersicht zuliebe fassen wir alle diese neuen Markennamen hier unter dem Kapiteltitel AMC, American Motors, zusammen. Später wurde übrigens auch vom Hersteller selbst das AM-Signet als Markenoberbegriff akzeptiert. Während Chrysler mit vier und die größeren Ford und General Motors mit je fünf amerikanischen Markennamen operierten, brachte es die vergleichsweise kleine AMC 1970 auf sechs: Ambassador, AMX, Gremlin, Hornet, Javelin und Rebel; vorübergehend gab es zudem den Marlin. Einzig den Rambler lassen wir hier unter eigenem Namen (bis 1968/69) auslaufen (→ Rambler).

Links: (AMC) Ambassador DPL, 1966
Unten: (AMC) Marlin, 1966

Ambassador und Marlin Der Ambassador 1966 als alt-neue AMC-Marke unterschied sich äußerlich vom Rambler Ambassador 1965 durch die an die «zweistöckigen» Scheinwerfer seitlich anschließenden Luftschlitzdekorationen. Es gab ihn mit 3,8-Liter-6-Zylinder (mit selbstnachstellender Kupplung) und verschiedenen V8-Motoren. Diese waren erstmals mit einem 4-Gang-Vollsynchrongetriebe kombinierbar. Daneben gab es das 3-Gang-, das 3-Gang-mit-Overdrive- und das Flash-o-Matic-Getriebe. Neu waren das Fauxcabriolet DPL, der ebenfalls auf Wunsch lieferbare Geschwindigkeits-Konstanthalter Cruise Command und die Notblinkanlage. Der wie der Ambassador serienmäßig mit der Frischluft- und Heizanlage Weather Eye ausgerüstete, im übrigen in ähnlicher Weise aufgewertete Marlin war nicht zuletzt auch an den geänderten Aufschriften erkennbar.

Für das Modelljahr 1967 wurde der Radstand des Ambassador von 294,6 auf 299,7 cm verlängert, damit stieg nicht nur die Gesamtlänge an, sondern auch in der Breite war ein Zuwachs, und zwar um 10 auf 199 cm, zu verzeichnen. Anstelle der seitlichen Schlitzmotive fanden sich jetzt in die Karosserie verlängerte Stoßstangen-Eckausbuchtungen. Beim Marlin wuchs der Radstand von 284,5 auf 299,7 cm. Der Unterbau des imposanten Fastbackcoupés entsprach somit nicht mehr dem Rambler Classic, sondern dem (seinerseits verlängerten) Ambassador. Wie dieser besaß der Marlin nun übereinander angeordnete Doppelscheinwerfer. Bei beiden Modellen erfolgte die Hinterachsführung jetzt mit vier Längslenkern statt dem traditionellen Schubrohr.

Rebel und Javelin Mit dem Modelljahr 1968 wurde aus dem Rambler Rebel der Rebel. Diese neue Marke erkannte man (außer an den geänderten Anschriften) an den jetzt zuvorderst an den Kotflügeln wie zuhinterst angebrachten senkrechten seitlichen Markierungsleuchten. Es gab nun auch ein Cabriolet SST. Zu den zusätzlichen Sicherheitsmaßnahmen zählten versenkte Türgriffe. Gänzlich neu konstruiert war ein noch leistungsfähigerer 6,4-Liter-V8, und das 3-Gang-Getriebe war nun vollsynchronisiert. Die gleichen Änderungen fanden sich auch beim Ambassador, der überdies eine serienmäßige Klimaanlage bot.

Der Marlin war hingegen – nach nur drei Jahren Bauzeit und einem Ausstoß von 10 327 Stück 1965, von 4547 Exemplaren 1966 und 2545 im Modelljahr 1967 – aus dem Bauprogramm gestrichen worden. An seine Stelle trat der Javelin (= Wurfspiel), ebenfalls ein sportliches, aber weit kleineres Hardtopcoupé, dessen Fließheck im Gegensatz zum durchgestreckten Marlin-Fastback leicht geschwungen war. Mit dem Javelin visierte AMC in erster Linie den ein Jahr zuvor erschienenen → Chevrolet Camaro sowie die weiteren in Mode und zum Verkaufserfolg gekommenen US-Coupés mit langer Motorhaube und kurzem Heck an. Gegenüber dem Camaro und dem Ford Mustang bot er einen etwas längeren Radstand und mehr Kofferraum. Wie den Ambassador und den Rebel gab es ihn auch in einer besonders luxuriösen Version SST, und auf Wunsch war ein Handling-Package (sportliches Fahrwerk) oder ein Go-Package (mit 5,6-Liter-V8) erhältlich. – Ende 1967 präsentierte AMC den Prototyp eines winzigen, aber wohlgeformten Elektrostadtwagens. Als Energieträger diente in der Amitron genannten Studie eine Kombination von Lithium/Nickelfluorid- und Nickel/Cadmium-Batterien.

AMX Im Frühjahr 1968 wurde dann als Serienprodukt – und erneut als Marke – der AMX präsentiert. Er war eine neue Erscheinung im bunten Bild der amerikanischen Autoproduktion. Seinem Stil nach glich er zwar dem Javelin, doch war er mit 450 cm (Rambler American: 460 cm) ungewohnt kurz und bloß als Zweisitzer ausgelegt. Als eigentlicher Sportwagen sollte er nicht zuletzt eine Alternative zum → Chevrolet Corvette bilden. Gleichzeitig erfüllte AMC-Chefstylist Richard «Dick» Teague mit dem AMX indirekt eine vor Jahren gemachte Prognose, wonach auch die Zukunft dem kompakt gebauten Amerikaner Wagen gehören würde – trotz der inzwischen bei anderen AMC-Modellen deutlich gewachsenen Gesamtlängen. Der AMX war ein auf hohe Leistung ausgerichtetes Fastbackcoupé, das mit drei verschiedenen V8-Motoren zu haben war. Es wurde mit 4-Gang-Getrieben oder einer Shift-Command-Getriebeautomatik ausgerüstet. Wie bei anderen AMC-Wagen waren auch hier vordere Bendix-Scheibenbremsen und eine Twin-Grip-Differentialbremse erhältlich.

Einen AMX hatte AMC als «Sportwagenexperiment» schon Ende 1965 an einem SAE-Kongreß vorgestellt. Er nahm die AMX-Serienform weitgehend vorweg, hatte jedoch eine nahtlos mit den (festmontierten) Seitenfenstern verbundene Windschutzscheibe und offene Notsitze im Heck. 1966 waren dann die Stylingexperimente AMX II, Cavalier und Vixen an die Öffentlichkeit gebracht worden, alle mit vorbildlich klaren Karosserielinien und kompakten Abmessungen. Anfang 1967 folgte der AMX III als hocheleganter fünftüriger Fastback-Kombi. Nicht als Einzelstücke, sondern für geographisch eingegrenzte US-Testmärkte bestimmt waren die fast gleichzeitig erschienenen AM Rambler Rebel Station Wagons Mariner, Briarcliff und Westener.

Der Modelljahrgang 1969 brachte für die Ambassador erneut einen längeren Radstand und ein Anwachsen der Gesamtlänge um 10 cm. Damit war das AMC-Spitzenmodell beinahe der Intermediate-Klasse entwachsen. Die Karosseriefront war neu gezeichnet und zeigte jetzt wieder parallele Doppelscheinwerfer. Die mit einer breiteren Spur versehenen Radaufhängungen waren modifiziert worden, und zahlreiche Details wiesen auf erhöhte Sicherheit hin. Mit gleichen Fahrwerkverbesserungen wartete der Rebel auf. Die äußeren Scheinwerfer besaßen nun ein separates Rähmchen, die Cabrioletversion wurde gestrichen!

Beim Javelin gab es jetzt eine Lufthutze auf der Motorhaube und teils schwarze Radkappen. Auch das 3-Gang-Standardgetriebe hatte nun eine Mittelschaltung. Im AMX fand sich jetzt ein Tourenzähler mit bis 8000/min reichender Skala. Auf Wunsch war ein Go-Package erhältlich, das unter anderem verstärkte Federn und Stoßdämpfer umfaßte. Im Februar 1969 wurde übrigens der AMX/2, ein Traumwagen mit Mittelmotor und Stummelheck, als Ausstellungsattraktion vorgestellt. Schon 1968 war im Karmann-Werk (→ Anhang) in Rheine in Nordrhein-Westfalen eine Endmontage des Javelin SST für den deutschen Markt angelaufen; ein größerer Erfolg blieb hier jedoch aus.

Trotz aller Anstrengungen war es AMC – nach dem Verschwinden der Marke → Studebaker kleinster amerikanischer Autohersteller – nicht gelungen, die Produktion auf einem mit Sicherheit rentablen Niveau zu halten. Besonders ab 1967 war es um den Weiterbestand des Unternehmens schlecht bestellt. Unter neuem Management hatte man hierauf Konzernbetriebe, die nichts mit Autobau zu tun hatten, abgestoßen, um sich vollumfänglich auf einen einzigen Sektor konzentrieren zu können (Verkauf der Haushaltapparatefirma Kelvinator Appliance Division im Juli 1968). Dennoch sank der AMC-Absatz in den USA 1969 auf noch knapp 240 000 Wagen, was einem Marktanteil von 2,5 % entsprach; 1960 waren es noch 6,4 % gewesen!

Hornet Als Lösung aus der Krise sah man bei AMC erneut die Lancierung von Kleinwagen. Bereits 1968 war von einem noch kürzeren Wagen als dem AMX, jedoch als Familienauto konzipiert, die Rede gewesen. Er sollte auf den Ideen jenes 1966 entstandenen Experimentalfahrzeugs namens Cavalier basieren, bei dem möglichst viele identische Karosserieteile verwendet wurden. Im Sommer 1969 wurde dann – als Nachfolger des Rambler, aber im Export immer noch als Rambler bezeichnet – der Hornet (= Hornisse) angekündigt. Er war wie der Maverick von → Ford ein «Subkompakter», war jedoch bloß 5 cm kürzer als der Rambler. Es gab ihn zwei- und viertürig, und er bestach durch seine schlichte, moderne Form. Wie beim Javelin fielen die verhältnismäßig lange Motorhaube und das kurze Heck auf. Die Technik war durchaus konventionell, wenn man von den Gürtelreifen absieht. Auf Wunsch gab es auch bei diesem kleinen Amerikaner eine Servolenkung mit variierender Untersetzung.

Links unten: (AMC) AMX, 1968
Von oben nach unten:
(AMC) Javelin, 1968
(AMC) Ambassador SST, 1969
(AMC) Hornet SST, 1970
(AMC) Gremlin, 1970

Das Modelljahr 1970 brachte bei AMC eine neuausgelegte Vorderradaufhängung und abermals vergrößerte V8-Motoren. Der Ambassador hatte nun längliche Seitenleuchten auf Stoßstangenhöhe. Beim Ambassador wie beim Rebel war das Heck um 5 cm gestreckt worden. Den neuesten Rebel erkannte man zudem an der geänderten Frontgestaltung mit kantigem Kühlergitterrahmen innerhalb der Doppelscheinwerfer. Als sportliches Spitzenmodell gab es den Rebel Machine. Die Javelin hatten eine noch längere Motorhaube mit über die gesamte Wagenbreite reichendem Kühlergitter erhal-

AMC, American Motors

ten. Auch hier fanden sich stärkere Motoren und zusätzliche Sicherheitseinrichtungen. Und auf der ebenfalls verlängerten AMX-Motorhaube prangte nun überdies eine eindrückliche doppelte Lufthutze (die es auch beim Javelin-Spitzenmodell gab).

Gremlin Anfang 1970 war es soweit: AMC lancierte den in Aussicht gestellten Kleinwagen. Mit 409,5 cm war der Gremlin (= Kobold) nur 6,5 cm länger als der VW «Käfer». Während sein Vorderteil mit der wuchtigen Motorhaube an konventionelle Amerikaner Wagen erinnerte, war das Heck buchstäblich kurzgeschnitten. Mit dem Schrägende und der eingebauten Heckklappe gemahnte der Gremlin an europäische Zweckautos, doch war ebendiese Kombination von langen und kurzen Elementen höchst ungewohnt und daher nicht nach jedermanns Geschmack. Die knapp bemessene hintere Sitzbanklehne war zur Vergrößerung des Kofferraums abklappbar. Die Technik war von herkömmlicher Art und bestand im wesentlichen aus den bekannten 3,3- und 3,8-Liter-6-Zylinder-Motoren, die sich mit einem 3-Gang-Getriebe oder dem Getriebeautomaten Shift Command – beide mit Lenkradschaltung – kombinieren ließen.

Ende März 1970 überraschte AMC mit der «Weltpremiere» des AMX/3, einem bullig-elegant aussehenden Mittelmotorcoupé, von dem eine erste Versuchsserie von 24 Exemplaren geplant war. Das Design war unter Richard Teague entstanden, die Herstellung sollte jedoch in Italien erfolgen. Hiezu hatte man sich die Mitarbeit der Firma Autocostruzione SD (= Salvatore Diomante) in Turin gesichert, die mit Giotto → Bizzarrini zusammenarbeitete. Die mit dem 6,4-Liter-Motor direkt verbundene Getriebe/Differential-Einheit stammte von der italienischen Firma OTO Melara. Bereits sprach man von einer Jahresproduktion von 300 AMX/3, doch wurde dieses höchst bemerkenswerte Projekt, das ein wenig an die → De-Tomaso-Konstruktionen anklang, schließlich fallengelassen.

Immerhin, der zusätzliche Modellaufwand hatte sich gelohnt: 1970 kam AMC in den USA auf einen Marktanteil von 3 %. – Ein Dutzend Jahre später sollten es noch 1,1 % sein, doch da war die Liaison mit Renault bereits auf eine weit engere Basis gestellt . . .

AMC, American Motors	Zyl.	cm³	SAE PS	bei 1/min	Gänge	Spitze km/h	Radstand/ Länge	Modelljahre	Bemerkungen
Ambassador	6	3799	157	4400	3/3+S/A	165	295/508	1966	vorher → Rambler
	V8	4706	201	4700	3/3+S/4/A	175			
		5354	253	4700	3/4/A	180			
			274	4700		185			
	6	3799	147	4300	3/3+S/A	160	300/515	1967/68	
			157	4400		165			
	V8	4749	203	4600	3/3+S/4/A	175			
		5622	238	4400	A	180			
			284	4800	4/A	190			
		6383	319	4600		200		1968	
	6	3799	157	4400	3/A	165	310/525	1969	
	V8	4749	203	4600	A	180			
		5622	238	4400		185			
			284	4800		190			
		6383	319	4600		200			
	6	3799	157	4400	3/A	170	310/529	1970	
	V8	4979	213	4400	A	185			
		5896	248	4400		195			
			294	4800		200			
		6383	330	5000		210			
Marlin	6	3799	147	4300	3/3+S/A	160	284/496	1966	1965 → Rambler
			157	4400		165			
	V8	4706	201	4700	3/3+S/4/A	180			
		5354	253	4700	3/4/A	185			
			274	4700		190			
	6	3799	147	4300	3/3+S/A	160	300/512	1967	
			157	4400		165			
	V8	4749	203	4600	3/3+S/4/A	180			
		5622	238	4400	A	185			
			284	4800	4/A	190			
Rebel	6	3799	147	4300	3/3+S/A	165	290/501	1968/69	vorher → Rambler
			157	4400		170			'69: 3/A
	V8	4749	203	4600	3/4/A	185			'69: A
		5622	238	4400	A	190			
			284	4800	4/A	200			'69: A
		6383	319	4600		210		1968	
	6	3799	147	4300	3/A	165	290/506	1970	
			157	4400	A	170			
	V8	4979	213	4400		185			
		5896	248	4400		195			
			294	4800		200			
		6383	330	5000		210			
			345	5100	4/A	215			
Javelin	6	3799	147	4300	3/A	170	277/481	1968/69	
	V8	4749	203	4600	3/4/A	180			
			228	4700	4	190			
		5622	284	4800	4/A	200			
		6383	319	4600		210			
	6	3799	147	4300	3/A	170	277/485	1970	
	V8	4979	213	4400		185			
		5896	248	4400	A	190			
			294	4800	4/A	200			
		6383	330	5000		210			
AMX	V8	4749	228	4700	4/A	200	247/450	1968/69	
		5622	284	4800		210			
		6383	319	4600					
		5896	294	4800		210	247/455	1970	
		6383	330	5000		220			
Hornet	6	3257	130	4400	3/A	160	275/456	1970	Rambler-Nachfolger
		3799	147	4300		170			
			157	4400	A				
	V8	4979	213	4400		185			
Gremlin	6	3257	130	4000	3/A	160	244/410	1970	
		3799	147	4300	A	170			
AMX/3 (Projekt)	V8	6383	345	5100	4	260+	268/446	1970	Mittelmotor!

Amphicar

Wie die Bezeichnung verrät, war der Amphicar ein Amphibienfahrzeug: es konnte sowohl fahren wie schwimmen. Der Amphicar wurde ab Ende 1961 von den Deutschen Waggon- und Maschinenfabriken GmbH (Quandt-Gruppe) in Berlin zunächst für den amerikanischen Markt gebaut und war eine Konstruktion von Hanns Trippel, der sich bereits während des Zweiten Weltkriegs einen Namen als Schwimmfahrzeugspezialist gemacht hatte. 1951/52 hatte er unter der eigenen Marke einen Kleinwagen herausgebracht, aus dem 1953/54 der französische Marathon hervorging, auf den 1957/58 der deutsche Condor folgte. Der Amphicar-Schwimmwagen war mit einem im Heck eingebauten 1,2-Liter-Vierzylinder-Motor ausgerüstet, der vom → Triumph Herald stammte. Dieser trieb über ein 4-Gang-Getriebe die Hinterräder oder wahlweise über ein Wassergetriebe die beiden Antriebsschrauben an. Die selbsttragende Karosserie hatte einen verstärkten Unterbau in Form eines Doppelrohrrahmens und kastenförmiger Längsträger; hinten wie vorne fand sich eine Einzelradaufhängung mit Federbeinen und Längslenkern. Der Amphicar war ein Cabriolet, und seine Türen ließen sich mit einem zweiten Griff nach unten wasserdicht verschließen. Er erreichte auf der Straße 110 und im Wasser 10 km/h. Wenngleich er für Süßwasserfahrten gedacht war, gelang 1962 die Traversierung des Ärmelkanals. Er wurde zu einem großen Teil nach den USA geliefert. Bis 1967 wurden über 3000 Exemplare hergestellt.

Anadol

Die Marke Anadol, die ab Ende 1966 in Istanbul, Türkei, hergestellt wurde, war ursprünglich eine Lizenzkonstruktion von → Reliant, England. Reliant hatte dieses Fahrzeug als Prototyp unter der Bezeichnung Reliant FW 5 vorgestellt. Die schlichte, moderne Form der Anfang 1966 lancierten 1,2-Liter-Limousine war eine Schöpfung der englischen Designfirma → Ogle. Die Karosserie des Anadol A 1 wurde aus Kunststoff hergestellt und auf einem Kastenrahmen mit Traversen aufgebaut; die Mechanik stammte vom → Ford Anglia, jedoch mit 49 statt 48 DIN-PS. An den Vorderrädern wurden Girling-Scheibenbremsen verwendet. Im Verlaufe des Jahres 1968 wurde – bei unveränderter PS-Zahl – auf den 1,3-Liter-Motor umgestellt, wie ihn auch – allerdings mit höherer Leistung – der Ford Escort aufwies. Ende der sechziger Jahre erreichte der Jahresausstoß der Anadol-Produktionsfirma Otosan Ltd. rund 4000 Stück, womit Anadol zu den bedeutendsten Kunststoffkarosserieherstellern der Welt zählte!

Links: Amphicar 770, 1964
Oben: Anadol A1, 1968
Unten: Apal 1200, 1965

Apal

Hinter dem Namen Apal (= Application Polyester Armé, Liège/Lüttich) verbirgt sich eine kleine belgische Marke, die im Verlaufe der Jahre zahlreiche Sondermodelle auf dem VW-Plattformrahmen aufbaute. Die ersten, Anfang 1963 vorgestellten Apal waren an den → Porsche-Abarth gemahnende schnittige Coupés mit Kunststoffkarosserien. Es gab sie als Apal 1200 (Originalmechanik des → VW 1200 de Luxe), 1200 S (mit zwei Fallstromvergasern von 34 auf 47 DIN-PS gesteigerte Leistung), 1300 TVS (mit 1,3-Liter-Motor und für 55 PS sorgender Okrasa-Frisierausrüstung sowie Amadori-Vierrad-Scheibenbremsen) und schließlich in Ausführungen mit → Porsche-Motoren zu 60, 75 oder 90 DIN-PS. Alsbald waren weitere Ausrüstungsvarianten erhältlich, so etwa mit Scheibenbremsen ausschließlich an den Vorderrädern, auch wenn das Schwergewicht auf den 1300 TVS Okrasa verlegt wurde. 1966 stellte die inzwischen nach Lüttich übersiedelte Firma die Produktion dieses attraktiven Coupés ein; insgesamt waren rund 150 dieser 2+2sitzigen Liebhaberstücke hergestellt worden. Man spezialisierte sich fortan auf den Bau von Formel-V-Rennwagen.

Anfang 1968 überraschte Apal mit den Prototypen eines Samtrack geheißenen offenen Mehrzweckautos auf VW-Basis und eines recht aufregend geformten Mittelmotorcoupés mit VW-1600-Aggregat. Dieses erhielt alsbald die Modellbezeichnung Horizon. Die tief abfallende Front war von schräg übereinanderliegenden Doppelscheinwerfern flankiert, die mit einer Plexiglasverkleidung aerodynamisch abgedeckt wurden. In der «Serienausführung» stammte der Mittelmotor des bloß 108 cm hohen Coupés dann vom → Renault 16 TS, doch wurde die Leistung mit 95 statt 83 DIN-PS angegeben. Der Zentralrohrrahmen war mit vorderen und hinteren Einzelradaufhängungen verbunden. Daneben präsentierte Apal unter der Bezeichnung Muschang eine dach- und türlose «Strandautoversion» des Renault 4, die es auch mit Vierradantrieb geben sollte. Zudem wurden Triumph-Wagen zu Individualfahrzeugen umgebaut. Für 1970 lautete die Parole des belgischen Karosseriewerks – nicht zum ersten Mal – «Produktion eingestellt», dies, nachdem die Werkhallen abgebrannt waren. Apal-Initiator Edmond Pery stellte sich nun auf die Herstellung eines Dune Buggy nach amerikanischem Muster um ... mit dem er über viele Jahre erfolgreich sein sollte.

Amphicar	Zyl.	cm³	PS	bei 1/min	Gänge	Spitze km/h	Radstand/ Länge	Baujahre	Besonderheiten
770	4	1147	38	4750	4	110	210/433	1961–68	Schwimmwagen!

Anadol	Zyl.	cm³	PS	bei 1/min	Gänge	Spitze km/h	Radstand/ Länge	Baujahre	Besonderheiten
A 1	4	1198	49	4800	4	127	257/438	1966–68	Kastenrahmen,
1.3		1298				128		1968/69	Ford-Motor
			47	4000		133		1969–	

Apal	Zyl.	cm³	PS	bei 1/min	Gänge	Spitze km/h	Radstand/ Länge	Baujahre	Besonderheiten
1200	B 4	1192	34	3600	4	130	240/425	1963–66	VW-Unterbau
1200 S			47	4000		150			
1300 TVS		1296	55	4300		160			
Horizon		1565	95	5750			244/425	1968/69	Zentralrohrr., Mittelm.

Arista

Die Arista-Sportwagen wurden ab 1956 in kleiner Zahl von der Firma Savam in Paris hergestellt. 1960 wurden die Modelle Passy als 2+2sitziges Coupé und Sport als reiner Zweisitzer angeboten. Sie besaßen eine Kunststoffkarosserie und die Frontantriebsmechanik des → Panhard PL 17 bzw. PL 17 Tigre. Auch der Plattformrahmen und die Aufhängungselemente stammten von Panhard, doch war der Radstand von 257 auf 240 cm verkürzt. 1963 wurde der Typ Sport moderner und aerodynamischer eingekleidet und mit einem Unterbau mit 226 cm Radstand und Seitenholmen versehen. 1966 verschwand die kleine Liebhabermarke.

Oben: Arista Passy, 1962
Unten: Arista Sport, 1965

Armstrong-Siddeley

Die von der Motor Car Division der Bristol Siddeley Engines Limited in Coventry hergestellten Wagen der Marke Armstrong-Siddeley zählten zu jenen den Kenner und Liebhaber ansprechenden Exklusivprodukten britischer Autobaukunst. Anfang 1960 wurden noch die Typen Star Sapphire Saloon und – mit verlängertem Radstand und Separation – der Star Sapphire Limousine angeboten. Sie zeigten traditionelle englische Linien im Knife-edge-Stil (Messerkantenstil) und wirkten sehr repräsentativ.

Diese Karosserien mit in edlen Materialien gefertigtem Interieur waren auf Kastenrahmenchassis mit Traversen aufgebaut. Für den Antrieb sorgte ein 4-Liter-6-Zylinder-Motor, der 147 DIN-PS, in der auf geruhsameres Gleiten ausgerichteten Limousine sogar bloß 124 PS abgab. Letztere war außer mit einem Borg-Warner-Automatgetriebe auf Wunsch auch mit einem 4-Gang-Handschaltgetriebe lieferbar. Lenkhilfe und vordere Scheibenbremsen waren serienmäßig. Doch schon Mitte 1960 lief die Produktion der renommierten Marke aus. Es erfolgte noch eine Zusammenarbeit mit der Rootes-Gruppe in der Herstellung des → Sunbeam Alpine.

Armstrong-Siddeley Star Sapphire, 1959/60

Arnolt-Bristol

Sie wurden als rennsportliche Roadster (ab 1953) und luxuriöse Coupés (ab 1955) vor allem für den amerikanischen Markt gebaut: Der Unterbau der Arnolt-Bristol stammte von → Bristol und setzte sich aus einem Plattformrahmen mit Kastenträgern, einer vorderen Einzelradaufhängung mit unterer Querblattfeder und einer hinteren Starrachse mit Längstorsionsstabfedern und einem Stabilisatordreieck zusammen. Die formvollendeten Karosserien stammten von Bertone. Der Motor hingegen war der bekannte, von einer BMW-Vorkriegskonstruktion abgeleitete Bristol-Sechszylinder, der mit 1971 cm^3 Hubraum auch noch von → AC verwendet wurde. Den Roadster gab es auch in einer De-Luxe-Ausführung für den Straßengebrauch. 1961 ging die von der S. H. Arnolt Inc. in Chicago getragene, in den USA bei etlichen Rennen erfolgreich eingesetzte kleine Marke ein. Insgesamt waren rund 150 Arnolt-Bristol gebaut worden.

Arnolt-Bristol Mk II (Bertone), 1961

Asa

Zunächst hatte er «Ferrarina 1000» geheißen und war als der kommende «Volks-Ferrari» bezeichnet worden. In der Tat war der erste Prototyp im Jahre 1960 von Enzo → Ferrari und seinen Leuten fertiggestellt worden. Es handelte sich um ein kleines Coupé mit 850-cm^3-Hochleistungsmotor, der zur Erprobung in einem Fiat-Fahrwerk eingebaut wurde. Ferrari beabsichtigte nicht, diese Entwicklung in eigener Regie in Fabrikation zu nehmen. Nach langen Abklärungen wurde 1962 schließlich die Firma Asa gegründet (= Autocostruzioni Società per Azioni). Sie gehörte den Elektro-Chemie-Industriellen Dr. Ing. Oronzio de Nora und dessen Sohn Niccolo. Inzwischen war der Motor auf 1 Liter Hubraum angewachsen, und so wurde auf dem Turiner Salon des Jahres 1962 der Asa 1000 Gran Turismo vorgestellt.

Der Asa 1000 GT war ein Fastbackcoupé mit berückend eleganter Bertone-Karosserie. Bertone (→ Anhang) hatte das kleine Coupé schon 1961 auf dem Turiner Salon gezeigt, damals trug es noch keinen Namen. Der Unterbau bestand aus einem Rohrrahmenchassis mit vorderen Dreieckquerlenkern und einer mit Längslenkern geführten starren Hinterachse. Vorne wie hinten kamen Schraubenfedern und Kurvenstabilisatoren zum Einbau, und alle vier Räder besaßen Dunlop-Scheibenbremsen mit Bremshilfe. Der 1032-cm^3-Motor wies eine obenliegende Nockenwelle auf und kam mit zwei Horizontal-Doppelvergasern auf eine Leistung von 97 PS bei 7000/min. Das von Rootes stammende Getriebe hatte vier Gänge plus einen zum dritten und vierten Gang zuschaltbaren Schnellgang Laycock-de-Normanville. So konnten trotz der geringen Größe des Fahrzeugs beeindruckende 190 km/h erzielt werden. Das zweisitzige Interieur war ebenso sportlich wie komfortabel aufgezogen.

Für die Mise-au-point und die Fabrikationsvorbereitungen hatte man den ehemaligen Ferrari-Ingenieur → Bizzarrini engagiert. Man plante 1963 mit einer Auflage von 100 bis 200 Wagen zu starten. Im Hinblick auf den Genfer Salon 1963 wurde bereits auch eine Spiderversion geschaffen. Zudem sprach man auch schon bereits von einer 988-cm^3-Rennversion, die in Sebring eingesetzt werden sollte. Doch das Asa-Geschäft lief nicht so schnell an, wie es sich seine autoenthusiastischen Initianten erhofft hatten. Vor allem wurde von Kritikern der Hubraum im Verhältnis zum Preis als etwas zu klein empfunden. So kam denn im Herbst 1965 die Version 411 hinzu, deren Motor auf 1092 cm^3 vergrößert war und 104 statt 91 SAE-PS leistete. Die 411-Karosserie stammte von Marazzi/Touring, die Coupékarosserie des 1000 GT wurde inzwischen von Touring, jene des Spiders – die nun aus Kunststoff bestand! – von Corbetta gebaut. Geändert wurden 1965 auch die Abstufungen des nun mit einem Auto-Transmissions-Schnellgang kombinierten Humber-Getriebes.

Doch bereits einige Wochen später, Ende 1965, wurde ein neuer 1,8-Liter-Motor mit gleichen konstruktiven Merkmalen – OHC, zwei Horizontal-Doppelvergaser – vorgestellt. Seine Leistung wurde mit 150 PS angegeben. Allerdings wurde von dieser Maschine später nur noch gesagt, daß sie für den amerikanischen Markt vorgesehen sei. Im Frühjahr 1966 wurde überdies ein 1,3-Liter-6-Zylinder-Motor (!) angekündigt. Diese ungewöhnliche Maschine, die mit drei Doppelkörpervergasern 110 DIN-PS leistete, fand sich auf dem Genfer Salon jenes Jahres im Asa Typ 613 mit Roll-Bar-Karosserie (ein Corbetta-Entwurf), bei der sich der Dachmittelteil entfernen ließ. Der Asa Roll-Bar wurde 1966 auch in Le Mans eingesetzt. 1967 standen jedoch weiterhin ausschließlich die 1- und die 1,1-Liter-Coupés – jetzt mit 4- und 5-Gang-Getrieben – im Angebot, wobei nun auch der Typ 411 einen Kunststoff-(statt Leichtmetall-)Aufbau erhielt. 1968 verschwand diese ziemlich glücklose Kleinmarke endgültig. Insgesamt wurden nur etwa 100 Asa gebaut, wovon an die 30 Kunststoff-Spider.

Arista	Zyl.	cm^3	PS	bei 1/min	Gänge	Spitze km/h	Radstand/ Länge	Baujahre	Besonderheiten
Passy	B 2	851	42	5000	4	135	240/440	2958–66	Panhard-Unterbau
Sport			50	6300		150		1958–63	
			50	5750		162	226/406	1963–66	dto mit Seitenholmen

Armstrong-Siddeley	Zyl.	cm^3	PS	bei 1/min	Gänge	Spitze km/h	Radstand/ Länge	Baujahre	Besonderheiten
Star Sapphire Saloon	6	3990	147	4250	A	165	290/493	1959/60	Kastenrahmenchassis
Lim.			124	4000	A/4	137	343/518	1960	

Arnolt-Bristol	Zyl.	cm^3	PS	bei 1/min	Gänge	Spitze km/h	Radstand/ Länge	Baujahre	Besonderheiten
Roadster/Coupé Mk. II	6	1971	132	5500	4	–190	245/426	1956–61	Plattformrahmen

Asa	Zyl.	cm^3	PS *SAE	bei 1/min	Gänge	Spitze km/h	Radstand/ Länge	Baujahre	Besonderheiten
1000 GT	4	1032	97	7000	4+S	190	220/389	1962–68	Rohrrahmenchassis,
			91*	6800		185			OHC
411		1092	104*	7500	4+S/5	185+		1965–68	
613	6	1300	110					1966	

Von oben nach unten:
Asa 1000 (Bertone), 1963
Asa 411, 1966
Asa 613 Roll-Bar 1300, 1966

Ascort

Ende 1958 hatte die Continental Coachwork Co. in Sydney (Australien) die serienmäßige Herstellung eines adretten Kunststoffcoupés angekündigt. Das Ascort geheißene Fahrzeug war bereits während 16 Monaten getestet worden. Es war auf dem → VW-Plattformrahmen aufgebaut und besaß denn auch alle mechanischen Teile des Volkswagens. Mit einem deutschen Okrasa-Frisiersatz (zwei Fallstromvergaser) hatte man die Leistung des auf 1296 cm³ vergrößerten Motors auf 55 PS angehoben. Die Form des Ascort war ursprünglich von den VW-Coupés der Schweizer Karosseriefirma Gebr. Beutler inspiriert worden, zeigte in der definitiven Ausführung dann aber eher Pinin-Farina-Stylingelemente. Das Interieur mit den überdacht gruppierten Anzeigeinstrumenten erinnerte dagegen an ein Porsche-Layout. Der ab 1961 von der Ascort Corporation in Tempe NSW hergestellte 2+2-Sitzer wurde bis gegen Ende der sechziger Jahre unverändert angeboten, wobei in einzelne Exemplare auf Wunsch auch Porsche- oder Chevrolet-Corvair-Motoren eingebaut wurden.

Ascort TSV, 1960

Aston Martin

Unter den englischen Sportwagenmarken genießt kein Fabrikat so hohes Ansehen wie Aston Martin. Deren Coupés und Cabrios müssen neben den Ferrari und Maserati zu den sportlichen Topautos – nicht nur der sechziger Jahre – gezählt werden. Ihnen gemeinsam sind die Exklusivität und die Tatsache, daß sie ihre eigenen Hochleistungsmotoren bauen. 1959 hatte Aston Martin mit Rennzweisitzern des Typs DBR 1/300 die Sportwagen-Weltmeisterschaft gewonnen! Dies hatte dem Prestige der in Feltham in Middlesex niedergelassenen kleinen Firma Aston Martin Lagonda Limited natürlich neuen Auftrieb gegeben. Als Luxus-Reisesportwagen wurden 1960 die Modelle DB 4 und DB 4 GT hergestellt. Sie waren eine Entwicklung von Chefingenieur Tadek Marek. Die Initialen DB bezogen sich auf David Brown, den Aston Martin besitzenden Industriekonzern. Die edel geformten Karosserien wurden nach Lizenz von Touring (→ Anhang), in Superleggera-Bauweise (Verwendung von Aluminium) aufgebaut. Der bloß zweisitzige GT hatte verschalte Scheinwerfer und war eine Spur kürzer.

Beide Modelle besaßen einen Plattformrahmen mit Fachwerkgerippe. Die starre Hinterachse wurde zusätzlich durch ein Wattgestänge geführt und von doppelt wirkenden Kolbenstoßdämpfern abgestützt. Für den Antrieb sorgte ein aufwendig konstruierter 6-Zylinder-Motor von 3670 cm³ Hubraum mit zwei obenliegenden Nockenwellen. Mit zwei Horizontalvergasern wurde eine Leistung von 243 DIN-PS bei 5500/min erzielt. Im Modell GT standen mit drei Horizontal-Doppelkörpervergasern und Doppelzündung 302 PS bei 6000/min zur Verfügung. Bei dieser Maschine wurde der Ölkühler serienmäßig eingebaut. Der GT hatte Girling- statt Dunlop-Scheibenbremsen und gleichzeitig größere Bremsflächen. Nur im Normalmodell fand sich eine Vakuumbremshilfe. Bei beiden Modellen war eine Salisbury-Differentialsperre vom Typ Torque Bias lieferbar.

Im Frühling 1961 erfuhren die Aston-Martin-Produktionsmodelle etliche Verbesserungen. So war nun zum 4-Gang-Getriebe auf Wunsch ein Laycock-de-Normanville-Overdrive als 5. Gang mit Handschaltung und Kick-down erhältlich. Verbessert wurden auch Heizung und Entfroster, und die Scheibenwischer waren jetzt «für Tempo 190 gut». Zudem war das Geräuschniveau – neue Auspuffanlage und verbesserte Isolationen – reduziert worden. Bemerkenswert war die Meldung, daß «die Steifigkeit und die Widerstandskraft der Leichtmetallkarosserie durch eine neue Legierung von 2 % Aluminium-Magnesium und 1,26 % Aluminium-Mangan verbessert» worden sei. Von Bertone wurde in jenem Jahr ein DB 4 GT mit einer schwungvollen Spezialkarosserie versehen. Von Ende 1960 bis 1963 entstanden zudem 19 DB 4 GTZ mit Zagato-Karosserie (davon allerdings nur vier oder fünf direkt in Mailand): Sie wogen nur 1150 kg (teils Plexiglasscheiben, Rennsitze), und ihre Motoren leisteten 313 PS (Verdichtung 9,7 statt 9 bzw. 8,25:1). Die an ihrem angedeuteten hinteren Kotflügelansatz erkennbaren GTZ wurden auch in Le Mans eingesetzt.

Series IV und Vantage Der Herbst 1961 brachte den DB 4 Series IV. Man erkannte ihn an der breiteren und weniger hohen Lufthutze auf der Motorhaube und dem «karierten» Kühlergitter. Auch der normale Aston hatte jetzt die Zweiplatten-Trockenkupplung des GT. Zudem war das Interieur aufgewertet worden, und auf Wunsch gab es elektrische Scheibenheber. Neu hinzu kam das Modell Vantage (= Vorteil, Überlegenheit), das sich zwischen den DB 4 und den DB 4 GT schob: Es hatte einen Dreivergasermotor mit 271 PS (anfänglich mit 262 PS gemeldet) und basierte auf dem längeren Radstand des DB 4 Series IV, zeigte jedoch die strömungsgünstigere Front des Typs GT. Der Ölkühler war wie beim GT serienmäßig, und auch hier gab es kein Overdrive-Getriebe. Der DB 4 Series IV wurde auch als viersitziges Cabriolet gebaut, das mit 456 cm etwas länger war und mit einem Hardtop bestellt werden konnte. Inzwischen hatte auch die neue, unter eigener Marke segelnde → Lagonda-Limousine Produktionsreife erlangt.

Erneute Verbesserungen wurden im Herbst 1962 gemeldet: Die Dachlinie wurde länger gezogen, womit sich nicht nur mehr Raum auf den Hintersitzen ergab, sondern auch der Kofferraum eine willkommene Vergrößerung erfuhr. Der Vantage war jetzt mit dem 302-PS-Motor des Zweisitzers erhältlich. Ein thermostatisch schaltender Kühlventilator brachte bei Höchstdrehzahl 7 PS Gewinn. Die Wagen trugen nun den Zusatz Series V.

Ascort	Zyl.	cm³	PS	bei 1/min	Gänge	Spitze km/h	Radstand/ Länge	Baujahre	Besonderheiten
TSV 1300 GT + Versionen	B 4	1296	55	4300	4	155	240/400	1959–69	VW-Unterbau

Aston Martin	Zyl.	cm³	DIN-PS	bei 1/min	Gänge	Spitze km/h	Radstand/ Länge	Baujahre	Besonderheiten
DB 4	6	3670	243	5500	4	225	249/448	1958–61	Plattformrahmen,
GT			302	6000		250	236/444	1959/61	DOHC
GTZ (Zagato)			313	6000		275	236/427	1960–63	
DB 4 Series IV			243	5500	4/4+S	225	249/448	1961–63	
Vantage			270	5500	4	235			
GT			302	6000		250	236/435		
DB 5		3995	286	5500	4/4+S/5/A	240	249/457	1963–65	
Vantage			330	5750	5	260		1964/65	
DB 6		3995	286	5500	5/A	240	258/462	1965–70	
Vantage			330	5750		260			
Volante/Shooting Brake			286	5500		240	249/457	1965/66	(a. W. Vantage-Motor)
Volante							258/462	1966–70	(dto)
DB S		3995	286	550		240	261/459	1967–	
Vantage			330	5750		260			
V8	V8	5340	?			273		1969–	

Rechts: Aston Martin DB 4, 1963
Aston Martin DB 6, 1966
Aston Martin DBS V8, 1970
Unten: Aston Martin DB 5 Convertible, 1964

DB 5 Der DB 5, der im Sommer 1963 angekündigt und auf der Internationalen Automobilausstellung von Frankfurt im Herbst 1963 vorgestellt wurde, brachte für Aston Martin den gleichen 4-Liter-Motor, wie er bereits für den Lagonda verwendet wurde. Auch wenn zunächst ein neues GT-Modell mit 321 PS geplant wurde, so gab es jetzt – vorläufig – nur noch eine Motorversion mit drei Vergasern und 286 PS bei 5500/min, die sowohl für das Coupé wie für das Cabriolet verwendet wurde. Mit den verschalten Scheinwerfen entsprach das Karosseriestyling jenem des DB 4 Vantage. Neu war die Einführung eines Alternators und unter anderem serienmäßiger elektrischer Fensterheber. Die Scheibenbremsen stammten nun von Girling. Neben dem 4-Gang-Getriebe mit oder ohne Schnellgang war jetzt auf Wunsch auch ein 5-Gang-Getriebe von ZF oder ein Getriebeautomat von Borg-Warner zu haben.

Ein Jahr später, im Herbst 1964, kam eine neue Version Vantage hinzu; sie war ausschließlich in Verbindung mit dem 5-Gang-Getriebe lieferbar und brachte es mit drei Doppelvergasern und Hochleistungsnockenwellen auf 330 DIN-PS. Auch die Normalversion gab es jetzt nur noch mit 5-Gang- oder Automatgetriebe. Ende jenes Jahres verkündete der Leiter von Aston Martin Lagonda, daß seine Firma binnen vier Jahren ein Modell herausbringen werde, mit dem eine Höchstgeschwindigkeit von 200 mph (320 km/h) erreicht werden könnte. Stolz wies A. S. Heggie darauf hin, daß Aston Martin bereits die schnellsten viersitzigen GT-Wagen der Welt baue.

Der Produktionsrhythmus in den inzwischen nach Newport Pagnell übersiedelten Werken hatte jetzt 15 Wagen pro Woche erreicht. Für die Innenauskleidung der Coupés wurden die «erstklassigen Häute von 3,5 Rindern» verwendet, viele Teile wurden in Handarbeit geformt. Mit dem James-Bond-Film «Goldfinger», bei dem ein mit raffiniertem «Agentenzubehör» ausgerüsteter Aston eine Starrolle belegte, erhielt die Marke weltweiten Bekanntheitsgrad.

DB 6 Die DB 5 gab es nur während zweier Jahre. Im Herbst 1965 wurde bereits der Nachfolger in Form des DB 6 vorgestellt. Von der Technik her waren keine Änderungen zu verzeichnen, wohl aber präsentierte sich die Karosserie deutlich überarbeitet: Der Radstand war um 9,5 auf 258,5 cm verlängert worden, womit nun – in Verbindung mit einer neuen Dachlinie – im Wagenfond abermals deutlich mehr Platz zur Verfügung stand. Das «abgeschnittene» Heck mit der integrierten Luftanpreßkante verhalf zu einem rennsportlich angehauchten Aussehen. Das nun mit Volante bezeichnete Cabriolet besaß noch den alten Radstand und eine herkömmliche Heckgestaltung. Ein echtes Kombiwagenheck wies hingegen die auf dem Pariser Salon 1965 vorgestellte Sonderausführung Shooting Brake (Jagdkombi) der Karosseriefirma Harold Radford auf; rund ein Dutzend Exemplare dieses weltschnellsten Kombiwagens sollen gebaut worden sein ...

1966 wurde eine ZF-Servolenkung lieferbar. Im Herbst des gleichen Jahres erhielt der

Volante ebenfalls den längeren Radstand und die Abrißkante am Heck. Gleichzeitig wurde ein neuer Hochleistungs-Zweisitzer angekündigt, bei dem der Motor zurückversetzt eingebaut wurde und die Motorhaube daher noch niedriger verlaufen konnte. Gebaut wurde dieses Fahrzeug von der Mailänder Karosseriefirma Touring, und es trug die Bezeichnung DB S, doch sollte es ein Prototyp bleiben.

DB S Der «richtige» DB S wurde auf dem Pariser Salon Anfang Oktober 1967 – als Zusatzmodell zu DB 6 und Volante – erstmals ausgestellt und war ein bestechend elegant geformtes viersitziges Fastbackcoupé. Der mit Doppelscheinwerfern dotierte Luxussportwagen war in der hauseigenen Stylingabteilung entstanden! Auch er besaß einen Plattformrahmen und Leichtmetallkarosserie, doch war der Aufbau hier selbsttragend ausgebildet und wurde mit dem Plattformrahmen punktverschweißt (Superleggera-Konstruktionsweise von DB 6 und Volante mit einem verstärkenden Gerüst aus dünnen Rohren). An Stelle der starren Hinterachse trat beim DB S eine De-Dion-Achse. Wattgestänge, Längslenker und Schraubenfedern konnten im Prinzip beibehalten werden. Der Radstand war erneut – und zwar um 2,5 cm – verlängert worden, doch hatte vor allem die Spur eine großzügigere Dimensionierung erreicht: sie war um nicht weniger als 12,5 auf 150 cm angewachsen! Da gleichzeitig die Wagenseiten ausgewölbt worden waren, ergab sich ein Innenbreitenzuwachs auf Schulterhöhe um 23 cm. Nicht nur das Lenkrad, auch die Pedale waren verstellbar, und natürlich zeigte das Interieur des DB S besonders viele Komfortmerkmale.

Bereits war auch von einem OHC-V8-Motor die Rede gewesen. Ein solches Aggregat wurde schon in einem Rennprototyp eingesetzt, der von → Lola-Konstrukteur Eric Broadley für Aston Martin konstruiert worden war. Nachdem aber auf Englands Autobahnen eine Geschwindigkeitslimite von 70 mph = 112 km/h eingeführt worden war, fand Aston-Martin-Besitzer David Brown den Zeitpunkt für eine Umstellung auf V8 als noch nicht gekommen. Man beschäftigte nun 800 Personen und fertigte täglich vier Autos.

Auf der London Motor Show in Earls Court im Herbst 1968 wurden die mit kleinen Änderungen versehenen Modelle 1969 vorgestellt. Der DB S besaß neu eine einteilige Stoßstange und ein vergrößertes Handschuhfach sowie geänderte Getriebeuntersetzungen. Bereits im Sommer 1969 wurden weitere Neuerungen eingeführt. Der mit Mark II bezeichnete DB 6 war nun auf Wunsch als erster englischer Wagen mit einer elektronischen Benzineinspritzung erhältlich. Es handelte sich um ein von Brico Engineering entwickeltes System, dessen Minicomputer Gasdruck, Lufttemperatur und weitere Faktoren «in Rechnung» stellte. Die AE-Brico-Einspritzung war mit dem Vantage-Motor kombinierbar und brachte eine gegenüber der Vergaserausführung unveränderte Leistung (330 PS), doch wurden Drehmoment und Elastizität wesentlich verbessert bei einer gleichzeitigen Reduktion des Treibstoffverbrauchs um «bis zu 25 %». Es wurden Niederprofilreifen eingeführt, deshalb erhielten die Kotflügelränder nun kleine Ausbuchtungen. Anstatt der bisher auf Wunsch gelieferten ZF-Servolenkung wurde serienmäßig eine solche von Adwest eingebaut. Übrigens wurden nun die Leistungs-PS vom Hersteller nicht mehr bekanntgegeben – dies nach Rolls-Royce-Beispiel.

DB S V8 Der Einspritzmotor wurde auch im DB S lieferbar. Doch am 27. September 1969 war es soweit: der DB S mit V8-Motor wurde angekündigt. Es handelte sich um eine Maschine von 5340 cm³ Inhalt mit vier obenliegenden Nockenwellen! Die Speisung erfolgte durch eine Bosch-Einspritzung mit Achtstempelpumpe in die Schwingrohre. Diese Prachtsmaschine mit im Winkel von 64° angeordneten Ventilen und Halbkugel-Brennräumen war eine Weiterentwicklung der seit Ende 1963 eingesetzten Rennmotoren. Die Kraftübertragung erfolgte über ein ZF-5-Gang-Getriebe oder eine Torqueflite-Automatik von Chrysler. Durch das Weglassen aller nachgiebigen Elemente an Aufhängung und Lenkung wurde ein – trotz Servo – gut herausspürbares Fahrverhalten erzielt. – 1970 konnte die Marke Aston Martin ihren 50. Geburtstag feiern.

ATS

Im März 1962 wurde in Bologna die Firma Automobili Turismo Sport SpA gegründet. Unter der Marke ATS plante sie die Herstellung von Gran-Turismo-Coupés und Formel-1-Wagen. Das erste Coupé wurde auf dem Genfer Salon des Jahres 1963 vorgestellt. Von ihm sah ATS-Initiant Giorgio Billi zwei Serienversionen vor: den 2500 GT und den 2500 GTS. Es waren zweisitzige Mittelmotorwagen mit ebenso individuell wie gut geformter Allemano-Karosserie (→ Anhang), wobei für den Aufbau der stärkeren GTS-Ausführung Aluminium verwendet wurde. Der Fachwerkrahmen war eine Konstruktion von Ing. Carlo Chiti, der von → Ferrari kam und später zu → Alfa Romeo ging. Dieses Chassis wies an den neuralgischen Stellen Verstärkungen mit Rechteckrohren auf.

Imposant war der 2,5-Liter-Motor, ein V8 mit einer obenliegenden Nockenwelle pro Zylinderreihe. Mit vier Fallstrom-Doppelvergasern wurden im GT 210, im GTS gar 245 PS erzielt. Die Kraftübertragung erfolgte über ein ZF-5-Gang-Getriebe; auf Wunsch sollte eine automatische Kupplung F & S (Fichtel & Sachs) geliefert werden! Vorne wie hinten fanden sich Dunlop-Scheibenbremsen, die Zahnstangenlenkung war eine ATS-Konstruktion. Beidseits unter der Türschwelle war je ein Benzintank angeordnet. Auch in weiteren Punkten wies das ATS-Coupé auf seine Verwandtschaft mit dem Rennwagenprojekt der Firma hin. Allerdings kam die Marke weder im Rennsport noch im Coupéabsatz auf einen grünen Zweig; sie mußte daher ihre Bemühungen bereits 1964 einstellen ... auch wenn im August 1968 noch ein Mittelmotor-Rennsportwagen vorgestellt wurde.

ATS 2500 GT (Allemano), 1963

ATS	Zyl.	cm³	PS *Cuna	bei 1/min	Gänge	Spitze km/h	Radstand/ Länge	Baujahre	Besonderheiten
2500 GT	V8	2468	210*	7500	5	242	250/433	1962–64	Fachwerkrahmen,
GTS			245	7700		252			DOHC-Mittelmotor

Audi

Die Marke Audi hatte es von 1910 bis 1939 gegeben. Sie war von August Horch gegründet worden, der aus finanzpolitischen Gründen aus seinem ursprünglichen Autoherstellwerk ausgeschieden war. Dem Sohn Horchs war die Idee zum neuen Markennamen gekommen: Audi ist die lateinische Übersetzung von Horch! 1932 sollten dann im Rahmen der Auto Union Audi und Horch und mit ihnen DKW und Wanderer wieder zusammenfinden. Die nach dem Zweiten Weltkrieg gegründete neue Auto Union ließ zunächst nur den Markennamen → DKW wieder aufleben. 1958 erwarb sich der deutsche Financier Flick die Aktienmehrheit der Auto Union und brachte das Unternehmen in die ebenfalls von ihm dominierte Daimler-Benz AG (→ Mercedes-Benz) ein. Dort wurde dann ein neuer 4-Takt-Motor entwickelt, denn man sah in den 3-Zylinder-2-Takt-Motoren der DKW keine Zukunft mehr. 1964 verkaufte Flick die Auto Union an Volkswagen, um mit dem gewonnenen Kapital die Nutzfahrzeugproduktion von Daimler-Benz ausbauen zu können.

So wurde die Marke Audi im Herbst 1965 unter VW-Ägide wiedergeboren. Im Prinzip handelte es sich beim neuen Audi um einen überarbeiteten DKW F 102, wie er auf der Frankfurter Autoausstellung im Herbst 1963 vorgestellt worden war. Beide Wagen besaßen die gleiche modern geformte selbsttragende Karosserie und eine Aufhängung mit vorderen Längstorsions-Federstäben und hinterer Torsionskurbelachse mit Quertorsionsstabfedern.

Der Motor des Audi war jedoch eine gänzliche Neukonstruktion der Daimler-Benz AG. Es handelte sich um eine 1,7-Liter-4-Takt-Maschine mit der ungewohnt hohen Verdichtung von 11,2 : 1 und neuartigem Wirbelverfahren. Man sprach vom Mitteldruckmotor. Statt der 60 PS beim DKW standen hier 72 PS zur Verfügung. Der Audi-Motor war um 40° geneigt eingebaut, der Brennraum war jeweils im Kolbenboden angeordnet. Die Kraftübertragung erfolgte wie beim DKW über ein 4-Gang-Getriebe mit Lenkradschaltung. Äußerlich unterschied sich der Audi vom DKW vor allem durch die rechteckigen Scheinwerfer und den horizontalen Zierstab im Kühlergitter, beidseits der vier auffallend großen Auto-Union-Ringe. Im Frühjahr 1966 wurde der zwei- und der viertürigen Limousine ein dreitüriger Kombi mit der VW-typischen Bezeichnung Variant zur Seite gestellt. Zur gleichen Zeit sollte die Herstellung des letzten (europäischen) DKW, jene des Typs F 102, ihr Ende finden.

80 und Super 90 Auf dem Pariser Autosalon im Herbst 1966 wurden zwei Varianten mit noch mehr Leistung vorgestellt: der Audi 80 mit 80 PS, wobei nun auch der Variant diesen Motor erhielt, und der Super 90 mit 1770-cm^3-Motor und 90 PS. Diese Ausführung wies einen Fallstrom-Registervergaser und Lochscheibenräder sowie eine reichhaltigere Ausrüstung auf.

60 Im Februar 1968 erfolgte die Ankündigung einer weiteren Variante, nämlich des Audi 60. Er hatte einen durch reduzierten Hub auf 1496 cm^3 Hubraum verkleinerten Motor, der – nicht ganz der Bezeichnung entsprechend – 55 PS leistete. Er war auf Sparsamkeit und Normalbenzin ausgelegt, und auch die Ausstattung war geringfügig vereinfacht. Für den Export wurde er allerdings mit 65 PS Leistung geliefert! Das ursprüngliche Modell mit 1696 cm^3 wies jetzt bei gleichgebliebener Leistung von 72 PS eine Kompression von 9,1:1 auf. Es gab von ihm nun zusätzlich eine mit Audi L bezeichnete Luxusausführung, das nächststärkere Modell, neuerdings mit Zweikreis-Bremssystem, gab es als 80 L und 80 Variant. Im Herbst kam überdies ein 60 L hinzu, und alsbald sollte auch der Variant-Kombi mit diesem Motor lieferbar werden. Auf der IAA 1967 in Frankfurt präsentierte Karmann (→ Anhang) ein Vollcabriolet auf dem Super 90.

75 und 100 Im Herbst 1968 erhielt der ursprüngliche 72-PS-Audi ebenfalls eine offizielle Ziffernbezeichnung: Er hieß nun Audi 75 L und 75 Variant und ersetzte gleichzeitig die entsprechenden Audi 80, die als letzte noch mit 11,0:1-Verdichtung aufgewartet hatten. Die Ära der Mitteldruckmotoren war somit zu Ende. Im Audi 75 standen in der Tat 75 PS zur Verfügung.

Weit mehr Beachtung fand jedoch der im November 1968 vorgestellte Audi 100, eine gänzliche Neukonstruktion, die unter der Stabführung von Ludwig Kraus, einem ehemaligen Daimler-Benz-Ingenieur, entstanden war. Mit dem Audi 100 drang der VW-Konzern in die obere Mittelklasse vor, nicht zuletzt wurde mit diesem Modell BMW anvisiert! Der Typ 100 hatte selbstverständlich

Oben: Audi 80 Variant, 1967
Rechts: Audi, 1966
Audi 100 LS, 1969

Audi 100 Coupé, 1970

ebenfalls Frontantrieb, was in dieser Fahrzeugklasse allerdings noch ungewöhnlich war. Der ebenfalls vor der Vorderachse eingebaute, um 40° nach rechts geneigte Motor stammte aus dem Super 90, und es gab ihn mit 80, 90 und 100 PS; die entsprechenden Modellbezeichnungen lauteten 100, 100 S und 100 LS. Bei den Modellen S und LS waren Liegesitze und zusätzliche Ablagen vorhanden. Die gesamte Architektur war auf die neuen amerikanischen Sicherheitsbestimmungen ausgerichtet.

Auch beim Audi 100 fand sich ein 4-Gang-Getriebe mit Lenkradschaltung, doch sollte auf Wunsch auch eine Mittelschaltung lieferbar werden. Neu waren – abgesehen von der wohlproportionierten, ungewöhnlich geräumigen Karosserie – die Zahnstangenlenkung mit progressiver Untersetzung, das kreisrunde statt unten abgeplattete (DKW-)Lenkrad und die Aufhängungen: Vorne fanden sich nun Trapez-Dreieckquerlenker und Federbeine mit hochliegenden Schraubenfedern über dem oberen Querlenker, hinten eine Starrachse mit Längslenkern, Panhardstab und Quertorsionsstabfedern. Vorne wie hinten wurde ein Kurvenstabilisator eingebaut. Wie bei allen Audi wurden die Vorderräder mit Scheibenbremsen verzögert, bei der S- und der LS-Ausführung war zudem ein Bremsservo serienmäßig. Die Anzeigeinstrumente waren in einem über dem Armaturenbrett angeordneten Gehäuse gruppiert. Heizung und Belüftung – mit Absaugöffnungen am hinteren Dachträger – waren besonders leistungsfähig konzipiert.

100 Coupé Mit dem im September 1969 vorgestellten Modelljahr 1970 erhielten auch die kleineren Audi eine zugfreie Dauerbelüftung und überdies ein vergrößertes Wischfeld dank parallel geführten Wischerarmen. Bei den Modellen 75 L und Super 90 fanden sich verbesserte Sitze. Im Oktober wurden zudem Warnblinker und auf Wunsch Mittelschaltung eingeführt. Die bereits angekündigte zweitürige Version des Audi 100 kam nun in Serienproduktion. Bei ihr wirkten die harmonischen Karosserieproportionen besonders elegant.

Aufsehen erregte aber ein anderer neuer zweitüriger Audi: der Audi 100 Coupé, der an der Internationalen Automobil-Ausstellung von Frankfurt eine echte Überraschung war. Das schnittige Fastbackcoupé bot vier komfortable Sitze und basierte auf dem verkürzten Unterbau des Audi 100. Im Vergleich zur Limousine war es fast 10 cm niedriger. Der Motor war durch Ausbohren auf 1871 cm^3 vergrößert worden und leistete mit zwei Fallstrom-Registervergasern 115 PS. Die Stockschaltung war hier serienmäßig, und die Bremsscheiben waren vergrößert worden.

Inzwischen war unter der VW-Schirmherrschaft die Audi NSU Auto Union AG gegründet worden, denn auch → NSU hatte im Schoße des größten deutschen Autoherstellers Aufnahme gefunden. Im Frühling 1970 wurde übrigens der Audi 100 LS mit einem VW-Getriebeautomaten lieferbar, zu jenem Zeitpunkt zeigte das Kölner Karosseriewerk Deutsch eine Cabrioletversion desselben Audi-Modells.

Audi	Zyl.	cm^3	PS	bei 1/min	Gänge	Spitze km/h	Radstand/ Länge	Baujahre	Besonderheiten Frontantrieb
–	4	1696	72	5000	4	148	249/438	1965–68	
80			80	5000		152		1966–68	
Super 90		1760	90	5200		163		1966–	
60		1496	55	4750		138		1968–	
Export			65	5000		144			
75		1696	75	5000		150		1968–	
100	4	1760	80	5000	4	156	268/459	1968–	
100 S			90	5500		165			
100 LS			100	5500		170			
100 Coupé		1871	115	5500		185	256/440	1969–	

Austin

Austin hatte sich 1952 mit der Nuffield Group (→ Morris, MG, Wolseley, Riley) zur British Motor Corporation (BMC) zusammengeschlossen. Sie bildete den Grundstein zum späteren – staatlichen – Leyland-Konzern. 1960 unterschieden sich die Austin und Morris größtenteils nur durch die Bezeichnungen, und die → Wolseley, → Riley und teils auch die → Vanden Plas und die → MG waren Abwandlungen dieser beiden Hauptmarken. Hinzu kamen die Sportwagen → Austin-Healey und von MG. 1966 sollte durch Zusammenschluß mit Jaguar und Daimler die British Motor Holding (BMH) entstehen, und zwei Jahre später ging die Gruppe in der British Leyland Motor Corporation (BLMC) auf: Der Leyland-Nutzfahrzeugkonzern hatte auch noch die Marken Triumph und Rover eingebracht ...

Doch sehen wir uns nun an, wie sich das Austin-Produktionsprogramm 1960 zusammensetzte: Die Skala begann mit dem unter der Bezeichnung Mini zum Begriff gewordenen Typ Seven oder 850. Diese 1959 vorgestellte geniale Konstruktion von BMC-Chefingenieur Alec Issigonis nahm mit dem Frontantrieb/Quermotor-Konzept ein Prinzip vorweg, das inzwischen zu einer internationalen Standardlösung geworden ist. Für den Antrieb sorgten ein 850-cm^3-Motor und ein 4-Gang-Getriebe mit Mittelschaltung. Die Einzelradaufhängung – vorne mit Querlenkern, hinten mit Kurbellängslenkern – war mit Hilfsrahmen verbunden; alle vier Räder waren mit Gummielementen abgefedert.

Doch auch das zweitkleinste Austin-Modell, der A 40 (oft auch A 40 Farina genannt) mit 950-cm^3-Motor (ebenfalls 4-Gang-Getriebe mit Stockschaltung) und üblichem Aufhängungssystem, war richtungweisend: Zwar besaß er Hinterradantrieb, doch seine kompakte Karosserie mit fast senkrechtem Abschluß wies bereits jene Silhouette auf, die in den siebziger Jahren in Europa das Merkmal der meistverkauften Autos werden sollte. Bei der Kombiversion A 40 Countryman fehlte auch die Heckklappe nicht! Der A 40 wurde schon bald auch von → Innocenti in Italien hergestellt.

Die beiden übrigen Modellreihen des Austin-Angebots von 1960 – A 55 Cambridge und A 99 Westminster – zeigten konventionellere Züge, doch war ihnen (wie auch anderen BMC-Wagen) die von Pinin Farina (→ Anhang, Pininfarina) geschaffene Trapezlinie gemeinsam. Sie hatten einen 1,5-Liter-4-Zylinder- bzw. einen 2,9-Liter-6-Zylinder-Motor. Während der Cambridge mit einem 4-Gang-Getriebe mit Stockschaltung (auf Wunsch Lenkradschaltung) ausgerüstet wurde, bestand beim Westminster die Wahl zwischen einer vollsynchronisierten 3-Gang-Handschaltung (am Lenkrad) mit halbautomatischem Borg-Warner-Schnellgang und einem vollautomatischen Borg-Warner-Getriebe. Einen Sonderfall verkörperte das

Taximodell, an dem kaum je etwas verändert wurde. – Zudem wurde in Birmingham im Auftrag der → Metropolitan hergestellt.

Dem Mini-Limousinchen wurde im September 1960 ein dreitüriger Kombiwagen (Austin Seven Countryman und Morris 850 Traveller) zur Seite gestellt. Er hatte einen um 10 auf 213 cm verlängerten Radstand und war 25 cm länger. Er gefiel durch seine Holzbeplankung im Anschluß an die Türen. Auch den Austin A 55 und den Morris Oxford gab es fortan als fünftürige Kombis. Der A 55 Countryman hatte im Gegensatz zum Oxford Traveller vordere Einzelsitze.

Mini Cooper Im September 1961 stellte BMC das Modell Cooper als Ergänzung zu den Austin Seven 850 und Morris 850 vor. Er war das Resultat einer Zusammenarbeit mit dem Rennwagenkonstrukteur Charles Cooper, der den Mini-Motor nach entsprechendem Tuning erfolgreich in seinen Formel-Junior-Wagen eingesetzt hatte. Der Mini Cooper (unter welchem Begriff er später bekannt wurde) hatte einen auf 997 cm^3 vergrößerten Motor mit zwei Vergasern. Damit standen 55 statt 34,5 DIN-PS zur Verfügung. Zudem besaß der Cooper Lockheed-Scheibenbremsen an den Vorderrädern und eine andere Getriebeabstufung. Die Karosserie zeigte sich außen wie innen mit Chrom und nützlichen Ergänzungen verschönert. Im Gegensatz zu den Modellen 850, die es auch in einer Ausführung Super gab, zierte die Cooper beider Marken ein einheitliches Kühlergesicht aus horizontalen Chromstäben.

Der Mini Cooper sollte binnen kurzem zu einem jungen und älteren Fahrern viel Freude bereitenden Sprinter werden. Für unzählige Fans in fast allen Ländern Europas wurde es zum Vergnügen, mit diesem unscheinbaren Kleinauto viel imposanteren und auch sportlicher aussehenden Fahrzeugen davonzufahren! Die Fahrer des kleinen Fronttrieblers profitierten dabei auch von ausgezeichneten Fahreigenschaften. Klar, daß sich bald auch der Rennsport dieses Sonderlings bemächtigte. – Ein Austin Beach Car (Strandwagen, auf Basis 850) mit offenen Seiten und vereinfachtem Kühlergitter war bereits im August 1961 vorgestellt worden.

Für das im Oktober 1961 vorgestellte Modellprogramm 1962 hatte BMC sämtliche Typenreihen überarbeitet. So wurde aus dem A 40 der A 40 Mark II, aus dem A 55 der A 60 und aus dem A 99 der A 110. Beim A 40 war der Radstand um rund 10 cm verlängert worden, womit der Innenraum angewachsen war. Mit SU- statt Zenith-Vergasern war zudem die Leistung gesteigert worden. Zudem besaß diese Konstruktion nun Teleskop- statt Kolbenstoßdämpfer und einen vorderen Querstabilisator. Scheinwerfer und Blinker waren nun nicht mehr in einem gemeinsamen Rahmen angeordnet.

Beim A 60 fand sich ein von 1489 auf 1622 cm^3 vergrößerter Motor (Bohrung nun 76,2 statt 73,025 mm) mit entsprechendem Leistungsplus, zudem war der Radstand jetzt 2,5 cm länger, und die Spur war gar um 5,8/3,8 cm verbreitert worden. Das Kühlergitter, war jetzt nicht mehr «zweistöckig». Beim A 110 entfiel gegenüber dem A 99 der horizontale Chrombalken im Kühlergitter und zudem wurde (wie beim A 40) auf den gemeinsamen Rahmen für Scheinwerfer und Blinker verzichtet. Der Radstand wurde hier um 5 cm verlängert, die Leistung mit neuem Zylinderkopf um 12 PS erhöht, die Hinterradaufhängung mit einem Querstabilisator (wie auch beim A 60) verbessert, und zudem wurde eine Mittelschaltung eingeführt. Nach wie vor gab es außer einem 3-Gang-Getriebe mit halbautomatischem Borg-Warner-Schnellgang ein Automatgetriebe, ebenfalls von BW. Zudem besaß der A 110 (wie schon sein Vorgänger) Scheibenbremsen an den Vorderrädern. Auf Wunsch war eine Servolenkung Hydrosteer lieferbar. Auch den A 60 gab es jetzt mit einem Getriebeautomaten von Borg-Warner.

Und der Mini? Nun, der erhielt per 1962 eine Frischluftheizung und einen Kühlluftventilator mit 16 Flügeln. Gemäß Presseberichten war dieser anfänglich mit Naserümpfen zur Kenntnis genommene Zwerg übrigens inzwischen «hoffähig» geworden. Nicht nur wurden prominente Leute aus Adels- und Hochfinanzkreisen in London wie auch in Paris am Steuer dieses in kürzeste Parklücken passenden Kleinwagens gesehen, es gab auch welche, die sich per Mini chauffieren ließen! – Anfang 1962 kam der tür- und radhauslose Mini Moke als Militärvariante mit 950-cm^3-Motor heraus.

Ende 1962 erfuhr der A 40 abermals eine wichtige Änderung: aus dem A 40 Mk II wurde der A 40 1100. Er hatte den neuen BMC-A-Motor erhalten und bot damit gleich 50 statt 40 SAE-PS, zudem waren die Gänge 2 bis 4 nun sperrsynchronisiert. Auch das Mini-

Von links nach rechts:
Austin Seven 850, 1960
Austin Metropolitan Taxi, 1959/60
Austin A 40, 1961
Austin A 60 Cambridge, 1962

Austin

Rechts: Austin Cooper, 1962
Unten rechts: Austin 1800, 1965
Unten: Austin A 110 Westminster Mk II, 1965

Getriebe war nun besser synchronisiert. Der A 60 (wie der Oxford) wurde mit dem BMC-Dieselmotor (1,5-Liter, 40 PS) lieferbar.

Cooper S und Austin 1100 Im Frühling 1963 überraschte BMC mit einer zweiten Cooper-Variante, dem Cooper S. Er hatte einen auf 1071 cm³ vergrößerten Kurzhubmotor mit 70 DIN-PS Leistung. Der spezielle Nockenwellenantrieb und die Verstärkungen von Kurbelwelle und Kupplung ähnelten den Anpassungen, die BMC für die Formel-Junior-Motoren vornahm. Auch die Bremsen waren dem höheren Leistungspotential angepaßt worden. Ab Sommer 1963 bot die Firma Crayford Engineering eine Cabriolimousine auf Mini- und Cooper-Basis an.

Der Motor des A 40 Mk II fand sich auch im Austin 1100, der im Herbst 1963 die BMC-Palette bereicherte. Beim Austin 1100 handelte es sich um das Parallelmodell zu dem ein Jahr zuvor erschienenen → Morris 1100. Die Besonderheiten dieses Duetts sowie des ebenfalls bereits vor Jahresfrist erschienenen leistungsgesteigerten MG 1100 waren die hochmoderne niedrige Form, die querliegend eingebaute Motor/Getriebe-Einheit mit Frontantrieb (wie beim Mini), die Hydrolastic genannte Flüssigkeitsverbundfederung sowie die in dieser Wagenklasse noch wenig verbreiteten vorderen Scheibenbremsen. Es gab den Austin 1100 sowohl in einer Standard- wie in einer Deluxe-Version; letztere war schmucker und vollständiger ausgerüstet. Detailverbesserungen erfuhren auch der A 40 und der A 110.

Auf dem Genfer Automobilsalon im Frühling 1964 wurde der Cooper S um zwei Zusatzvarianten bereichert: eine Ausführung mit besonders kurzhubigem Motor von 970 cm³, die sich für den Einsatz in der 1-Liter-Klasse bei Tourenwagenrennen eignen sollte (66 DIN-PS), und eine Version mit 1275-cm³-Motor und 75,5 PS. Beide Wagen sollten mit vier Achs- und zwei Getriebeuntersetzungen homologiert werden. Im regulären Produktionsprogramm verblieb schließlich als einziger Cooper S jener mit dem 1,3-Liter-Motor, der besonders viel Drehmoment bot. Mit dem 1,1-Liter-Cooper S hatte Paddy Hopkirk übrigens das Monte-Carlo-Rallye gewonnen, ein weltweit beachteter Sieg des frontgetriebenen englischen Winzlings!

Austin 1800 Nach dem Mini und dem 1100 folgte als logischer weiterer Schritt aufwärts im neuen, richtungweisenden BMC-Konzept der Austin 1800. Er trug die werkinterne Bezeichnung ADO 17 (an ADO 15 und 16 anschließend) und wurde im Herbst 1964 vorgestellt. Mit ihm fand das aus Frontantrieb, Quermotor und Hydrolastic-Verbundfederung gebildete Konzept auch in der oberen Mittelklasse Eingang. Das Resultat war ein ungewöhnlich geräumiges und komfortables Auto, dem nur noch eines fehlte: die elegante Linie. In der Tat hatte man das Design des Austin 1800 – der seine Parallele bei Morris erst in Genf 1966 finden sollte – ganz auf Zweckmäßigkeit ausgerichtet und auf eine größere Kreise ansprechende gefällige Form à la «1100» leider verzichtet. Dem initiativen Team unter BMC-Boß George Harriman fehlte der geschickte Stylist.

Dennoch holte sich der Austin 1800 vor allem bei Kennern einen guten Ruf. Hiezu trugen nicht zuletzt seine vielen raffiniert durchdachten Details bei. So etwa sorgte der ungewohnt lange Radstand zusammen mit der Verbundfederung für besonders gute Fahreigenschaften, das Interieur bot zahlreiche praktische Ablagemöglichkeiten, die Servicevorschriften waren vereinfacht worden, vorne fanden sich Scheibenbremsen, hinten ein verbesserter Bremsausgleich, Gürtelreifen waren serienmäßig, und schließlich war das Getriebe vollsynchronisiert. Der 1,8-Liter-Motor des Austin 1800 fand – mit 95 statt 85 SAE-PS – bereits auch im MG B Verwendung. Neben einer Standard- und einer De-Luxe-Ausführung sollte es in Bälde auch einen 1800 Super de Luxe geben.

Dem größten Austin, der Limousine A 110 Westminster, hatte man schon im Juni 1964 Detailpflege angedeihen lassen, so daß er seither als Mark II verkauft wurde. Er war noch luxuriöser ausgestattet und hatte nun ein 4-Gang-Getriebe (mit oder ohne Overdrive, auf Wunsch BW-35-Automat) sowie eine überarbeitete Radaufhängung mit hinterem Bremskraftverteiler. Auch eine Normalair-Heizungs-/Lüftungsanlage war erhältlich. Zudem gab es einen Westminster Super de Luxe mit Leder- und Edelholzinterieur à la Parallelmodell Wolseley 6/110.

Im Oktober 1964 erhielt der A 40 ein Similiholz-Armaturenbrett sowie neue Bedienungsschalter und verbesserte Sitze. Frisierte Versionen gab es nun auch beim Austin 1100. Da gab es etwa den Nerus Austin 1100 Supremo oder – gleich in drei Leistungsstufen mit bis zu 72 PS – den 1100 S Speedwell, der auch in den Export gelangte.

Am 2. Februar 1965 rollte im BMC-Werk Longbridge bei Birmingham der millionste Mini vom Fließband, was den Erfolg dieses äußerlich kleinsten nicht von Fiat stammenden Großserienautos endgültig besiegelte. Mit dem Modelljahrgang 1965 hatten die unter Fachleuten oft mit BMC 850 bezeichneten Mini nun ebenfalls die Hydrolastic-Verbundfederung erhalten (einschließlich Cooper, beim Kombi jedoch weiterhin reine Gummifederung), zudem war das Bremssystem verbessert worden.

Im Herbst 1965 überraschte BMC erneut mit einer technischen Meisterleistung, nämlich mit dem automatischen 4-Gang-Getriebe für die Mini und die 1100. Es war zusammen mit der Firma Automotive Products (AP) entwickelt worden und bestand aus dem üblichen hydraulischen Drehmomentwandler, der jedoch mit einem 4-Gang-Kegelradgetriebe, drei Bremsbändern und zwei Mehrscheibenkupplungen kombiniert war. Er besaß zusammen mit dem Motor einen gemeinsamen Ölkreislauf. Dieser Vollautomat ließ sich auch von Hand schalten. Die Motoren der mit dem Automat ausgestatteten Mini erhielten zum Ausgleich des Schlupfverlustes ein höheres Leistungspotential. Es war amüsant zu verfolgen, wie dieser Automat beim Beschleunigen mit Windeseile durch die Gänge hochschaltete.

Ab Ende 1965 gab es einen von Bertone außen und innen aufgewerteten Austin Cooper S VIP, der durch die Firma Cooper angeboten wurde. Von der Firma Silent Travel wurde an der Londoner Racing Car Show im Januar 1966 der Mini-Sprint GT, ein Cooper S mit um 10 cm tiefer gesetztem Dach, propagiert. Auf der gleichen Schau des folgenden Jahres zeigte die Tuningfirma Broadspeed einen Fließheck-Mini-Cooper... wie sich denn diese Konstruktion für die Entwicklung weiterer Sonderfahrzeuge anbot (→ Anhang!).

Zwar wurde der praktische A 40 (der kein Morris-Gegenstück besaß) noch ein Jahr lang weitergebaut, doch bereits im Frühjahr 1966 wurde seine Ablösung in Form des Austin 1100 Countryman (parallel mit dem Morris 1100 Traveller) vorgestellt. Es handelte sich um kurz gebaute dreitürige Kombiwagen, deren Interieur sich zu einem großzügig bemessenen Doppelbett verwandeln ließ. Auf mehr das Fahren betreffendem Gebiet war etwa das in England ab Herbst 1966 erhältliche 5-Gang-Getriebe für den Cooper von der Firma Jack Knight Developments zu nennen.

3 Litre Bei der Einführung neuer Modelle ließ man bei BMC die Vorgänger meist noch einige Zeit «weiterlaufen». Nicht so im Falle des Modells 3 Litre, das im Herbst 1967 erschien und damit den A 110 Westminster Mk II ablöste. Der 3 Litre präsentierte sich im Stile des 1800, doch zeigte er wuchtigere Linien. Er besaß zwar ebenfalls die mit hinterer Einzelradaufhängung kombinierte Verbundfederung, doch erfolgte der Antrieb nach wie vor auf die Hinterräder. Der Motor und die Getriebeauswahl waren im Prinzip unverändert übernommen worden. Die Servolenkung war nun serienmäßig. Der 3 Litre bot dank ungewöhnlich langem Radstand eine ungewohnte Raumfülle, wenngleich er gegenüber dem Westminster um 6 cm kürzer

Oben: Austin 1100 Countryman, 1967
Austin 3-Litre, 1968
Rechts oben: Austin Maxi, 1970
Rechts: (Austin) Mini, 1970
(Austin) Mini Clubman, 1970

Austin

Austin	Zyl.	cm^3	PS *SAE	bei 1/min	Gänge	Spitze km/h	Radstand/ Länge	Bau- jahre	Besonderheiten
Seven 850 (Mini)	4	848	35	5500	4	115	203/305	1959–64	Frontantrieb,
Countryman						112	213/330	1960–67	Quermotor,
(Mini) Cooper		998	56	6000		140+	203/305	1961–67	h. Einzelradaufh.,
Cooper S		1071	70	6000		160		1963/64	Gummifederung
									ab '64: Verbundfed.
									(ohne Countryman)
850 (Mk. II)		848	35	5500		115		1964–67	dto, Verbundfederung
Cooper S		1275	75	6000		160		1964–67	
		970	66	6500		150		1964	
Mini Mk. II 850	4	848	35	5500	4	118	204/305	1967–69	ab '69 → Tabellenende
			40	5250	A				
1000/		998	39	5250	4/A	120			
Countryman					4		214/330		dto, Gummifederung
Cooper			56	5800[1]		142	204/305		[1] ab '65
Cooper S		1275	77	6000		157			
A 40	4	948	35	4750	4	116	212/366	1958–61	
Mk. II			38	5000		120	221/368	1961/62	
1100		1098	50*	5100		133		1962–67	
A 55 Cambridge	4	1489	56*	4400	4	122	252/443	1959–61	
			52*	4300		–120			
A 60 Cambridge	4	1622	62	4500	4/A	135	254/443	1961–69	
Diesel		1489	40	4000	4	110		1962–64	
A 99 Westminster	6	2912	114*	4750	3+S/A	160	274/478	1959–61	
			110*	4750					
A 110 Westminster	6	2912	122	4850	3+S/A	160	279/478	1961–64	
Mk. II			117	4750					
			120	4750	4/4+S/A	170		1964–67	
			117	4750					
Taxi (BMC-Dieselmotor)	4	2178	55*	3500	A/4	95	281/457		Kastenrahmenchassis
1100	4	1098	48	5100	4	126	237/373	1963–65	Frontantrieb,
					4/A			1965–68	Quermotor,
S Speedwell			57	5700	4	136		1964–66	h. Einzelradaufh.,
			66	5600		142			Verbundfederung
			72	5900		152			
Mk. II			49	5100	4	125		1967–	a.W. 46 PS
			57*	5500	A				
1300	4	1275	59	5250	4/A	139	237/373	1967/68	wie 1100
Mk. II			61	5250		140		1968–	
GT			71	6000		154		1969–	
1800	4	1798	80	5300	4	147	269/417	1964/65	wie 1100
			81	5000		146		1965–68	a.W. red. Kompr.
LS			90*	5250		160		1967/68	(CH)
Mk. II			87	5400	4/A	150*	269/424	1968–	
Mk. II S			97	5700	4	161		1969–	
3 Litre	6	2912	119	4500	4/4+S/A	161	293/472	1967–	h. Einzelradaufh.,
									Verbundfederung
Maxi	4	1485	75	5500	5	148	264/400	1969–	wie 1100, OHC
Mini (eigene Marke)									
850	4	848	35	5500	4	116	203/305	1969–	wie Seven 850
			40	5250	A				(Verbundfederung)
1000		998	39	5250	4/A	120			
Cooper S		1275	77	5900	4	156			
Clubman		998	39	5250		117	203/317		(dto)
			42	4850	A				
Estate			39	5250	4		214/340		(Gummifederung)
1275 GT		1275	60	5300		140	203/317		(Verbundfederung)
			61	5250	A				

geworden war. Noch Ende gleichen Jahres wurde ein Typ 1800 LS mit auf 90 SAE-PS gesteigerter Leistung exklusiv auf den Schweizer Markt gebracht. – Im September 1967 wurde bekannt, daß ein Team von Rennfahrern auf der Hochgeschwindigkeitspiste von Monza mit einem BMC 1800 in einer 7-Tage-Fahrt sieben internationale Rekorde mit bis zu 151,12 km/h gebrochen hatten.

1967 kamen auch der 1100 Mark II und der zusätzliche Typ 1300 heraus. Dieser besaß den gleichen Motor wie der Cooper S, jedoch mit auf 59 DIN-PS gedrosselter Leistung. Das 1,3-Liter-Modell hatte ein etwas grobmaschigeres Kühlergitter. Doch schon im Jahr darauf sprach man auch beim 1300 vom Mark II; seine Leistung stand nun mit 61 (statt 59) PS zu Buche.

Inzwischen, das heißt auf 1968, hatte man aber auch den Mini mit dem Zusatz Mk II versehen. Man erkannte ihn äußerlich an der auch unten durchführenden, dickeren Chromumrandung des Kühlergitters, dem noch breiteren Heckfenster und den vergrößerten Heckleuchten. Neben dem 850-cm^3-Modell gab es jetzt auch einen Mini (Mk II) 1000. Er brillierte vor allem durch größere Motorelastizität.

Doch die technische Weiterentwicklung wurde durch ein international beachtetes Ereignis in den Schatten gestellt: die am 14. Mai 1968 erfolgte Gründung der British Leyland Motor Corporation, der Sir Donald Stokes vorstehen sollte. Die BLMC vereinigte ein in der Autogeschichte wohl einmaliges Konglomerat von Marken und Konstruktionen seit der GM-Grundsteinlegung von 1908. Sie alle unter ein Dach zu bringen konnte fürwahr keine leichte Aufgabe sein. Es wurden sieben Abteilungen (Divisions) geschaffen, und als Chefingenieur der Volume Car Division (bisher BMC) wurde der bisherige Triumph-Chefingenieur Harry Webster bestimmt. Bereits war auch von einem neuen 1,5-Liter-Wagen die Rede, dessen Entwicklung noch unter Sir George Harriman vorangetrieben worden war.

Ebenfalls im Mai 1968 wurde eine verfeinerte Ausführung des Typs 1800 vorgestellt. Sie trug – wie die kleineren Modelle – den Zusatz Mk II. Der Motor leistete jetzt serienmäßig 87 PS. Das Kühlergesicht glich jenem des Austin 1300, und das bisher abgerundete hintere Kotflügelende war (ähnlich wie beim 3 Litre) stärker gestreckt. Auf Wunsch war eine Servolenkung erhältlich. Im Herbst folgte der aufgrund von Besitzererfahrungen überarbeitete Austin 3 Litre de Luxe. Er besaß Doppelscheinwerfer, ein Interieur mit Walnußholzverzierungen, verbesserte Bedienungshebel, eine weniger leichtgängige Servolenkung und zahlreiche weitere Verfeinerungen. Der eigens für die USA gebaute Austin 1300 America mit Zweikreis-Bremsanlage, elektrisch beheizbarer Heckscheibe, Verbundglas-Frontscheibe und weiteren den amerikanischen Anforderungen entsprechenden Einrichtungen wurde ab 1968 auch in der Schweiz angeboten. Er wurde ausschließlich in zweitüriger Ausführung gebaut.

Maxi Endlich, im April 1969, wurde der neue 1,5-Liter-Austin vorgestellt. Er trug die Modellbezeichnung Maxi, womit er einen Gegensatz zur nun fest eingebürgerten Bezeichnung Mini bildete. In der Tat besaß der Maxi, von dem es wie beim 3 Litre keine Morris-Parallele geben sollte, einen maximal nutzbaren Innenraum. Sein Konzept – wen wundert es – hatte er mit dem Typ 1800 gemeinsam: Frontantrieb mit Quermotor, Hydrolastic-Verbundfederung und kurze Überhänge. Hinzu kamen aber drei weitere den Fortschritt symbolisierende Einzelheiten: ein neuer Motor mit obenliegender Nockenwelle, ein serienmäßiges 5-Gang-Getriebe und eine Heckklappe! Damit verkörperte der Maxi erneut eine BMC- bzw. BLMC-Pionierleistung. Trotz der OHC-Konstruktionsweise war man dem Langhubprinzip treu geblieben. Die 1,5-Liter-Maschine leistete 75 DIN-PS, und ihre Organe waren gut zugänglich an der Vorderseite montiert.

Die Karosserie glich zwar vom Styling her jener des ersten «1800», doch wirkte sie wesentlich gefälliger. Vor allem aber war sie überaus praktisch, konnte doch die hintere Sitzlehne sowohl nach hinten abgeklappt (= fast 2 m lange Liegefläche) als auch mit der Sitzfläche nach vorne umgelegt werden. Mit dem Erscheinen des Maxi sollte ein BMC-Veteran, nämlich der «unverwüstliche» A 60 Cambridge, nun doch endgültig aus dem Fabrikationsprogramm gestrichen werden (sein Morris-Pendant blieb allerdings noch).

Im Ende 1969 vorgestellten Modellangebot 1970 figurierten neu ein Austin 1300 GT mit auf 71 PS gesteigerter Leistung und besonders schmucker Aufmachung sowie ein Austin 1800 S, wie es ihn schon bei den Schwestermarken Morris und Wolseley gab. Der 1300 GT verkörperte eine Krönung unter den Großserienausführungen dieses Konstruktionsprinzips. Was ihm bei seiner reichhaltigen und sportlich aufgezäumten Ausrüstung noch fehlte, war einzig die Heckklappe. Mit einer solchen wartete hingegen ein imposanter 3-Litre-Kombi auf, den die englische Karosseriefirma Crayford Auto Development ab Sommer 1970 als neunsitziges Sonderfahrzeug anbot. – An der London Motor Show im Oktober 1969 stellte die Pressed Steel Fisher Division von BL den Zanda aus, eine Kombicoupéstudie, die von der Austin-Morris Division entworfen worden war.

Mini 1969 wurde die Mini-Reihe zur eigenen Marke erhoben und durch die Varianten Clubman und 1275 GT erweitert. Diese hatten eine modernere Front und waren ein Dutzend Zentimeter länger. Der «mittelstarke» luxuriöse 1275 GT ersetzte den Cooper (ohne S). (– → auch Vanden Plas.)

Austin-Healey

Die Marke Austin Healey (zunächst noch ohne Bindestrich geschrieben) gab es ab Londoner Autosalon 1952. Damals hatte → Austin-Generaldirektor Leonard Lord dem Sportwagenkonstrukteur Donald Healey sozusagen über Nacht eine auf dem Healey-Stand gezeigte Neuschöpfung abgehandelt und sie anderntags dem Publikum als Austin Healey 100 vorgestellt. Aus diesem wohlgeformten offenen Zweisitzer wurde ein voller Erfolg. Er fand ebenso auf dem wichtigen Sportwagenmarkt Amerika Absatz wie bei den Rennsportfreunden der Alten und der Neuen Welt, für die alsbald getunte Varianten ins Angebot aufgenommen wurden. 1956 war das 4-Zylinder-Modell durch den 100 Six abgelöst worden, und 1958 kam der kleine Austin-Healey Sprite hinzu. Von diesem gab es ab 1959 den schweizerischen Special ohne «Froschaugen» – so nannte man die aufgesetzten Originalscheinwerfer, mit denen die auf dem amerikanischen Markt verlangte Lampenmindesthöhe erreicht wurde.

Auf den 100 Six folgte ebenfalls noch 1959 der Typ 3000 mit größerem Motor. Dessen 2,9-Liter-Maschine fand sich – mit weniger Leistung – in weiteren BMC-Modellen (BMC-Marken: Austin, Morris, MG, Wolseley, Riley, Princess). Im Austin-Healey konnte mit diesem Motorwechsel die Leistung von 119 auf 124 PS erhöht werden. Zudem standen nun an den Vorderrädern Scheibenbremsen zur Verfügung. Beide «Healey» (wie sie von ihren Fans kurz genannt wurden) hatten ein Kastenrahmenchassis (Typ 3000 mit Kreuzverstrebung) und eine «Normalaufhängung».

Für den Sprite mit 948-cm³-BMC-Motor gab es ab 1959 nicht nur einen Shorrock-Kompressor, der die Leistung von 46 auf 65 SAE-PS steigerte, sondern ab 1960 auch Fronthauben mit in üblicher Weise einbezogenen Scheinwerfern, die von der Karosseriefirma Ghia/Aigle und vom Kalifornier Jim Geddes angeboten wurden. 1960 war auch das Jahr, in dem der von Ghia (Italien) entworfene → Innocenti 950 Sport vorgestellt wurde, eine italienische Lizenzversion des Sprite, die Ästheten sogleich zu begeistern vermochte. Wenn auch ein Vergleich mit dem «Froschaugen»-Sprite durchaus für den Innocenti sprach, so muß man rückblickend doch ersterem eine liebenswürdige Originalität zugute halten!

Mark II Allerdings: Ende Mai 1961 waren die Tage dieses von vielen ins Herz geschlossenen, von anderen aber mit Achselzucken oder gar Kopfschütteln aufgenommenen Kleinsportwagens gezählt. Es folgte der Sprite Mark II, der wesentlich «normaler» aussah, mit die Ecken der Vorderkotflügel markierenden Scheinwerfern nämlich. Der Mark II wirkte daher größer, wenngleich die Abmessungen keine Änderungen erfahren hatten. Mit erhöhter Verdichtung, doppelten Ventilfedern, neuen Nockenformen und größeren Einlaßventilen war die Leistung von 48 nun auf 51 SAE-PS angehoben worden. Das 4-Gang-Getriebe war enger gestuft, und überdies wurde den Sprite-Fahrern nun ein Kofferdeckel geboten; bis dahin mußte der Verlad von innen erfolgen.

Der Typ 3000 wurde ebenfalls zu einem Mark II verjüngt. Die Gemischaufbereitung erfolgte nun mit drei statt zwei SU-Halbfallstromvergasern. Damit stieg die Leistung von 124 auf 132 PS. Nach wie vor konnte anstatt des einfachen 4-Gang-Getriebes auch ein solches mit zuschaltbarem Laycock-de-Normanville-Schnellgang bestellt werden. Den neuen

Austin-Healey Sprite, 1960

Austin-Healey

«3000» erkannte man an den senkrechten statt waagrechten Kühlergitterstäben. Dies, weil nach einer jetzt von Healey befolgten Theorie teure Autos senkrechte Zierstäbe vor dem Kühler hätten. Natürlich gab es vom Austin-Healey 3000 auch getunte Versionen, sie waren ebenso auf Rundstrecken (etwa in Amerika) wie bei Rallyes (etwa bei der Alpenfahrt) gefürchtete Konkurrenten. Zahlreiche englische und skandinavische Rallyespezialisten sorgten für AH-Erfolge.

Im Sommer 1961 erschien als Parallele zum Austin-Healey Sprite Mark II der neue MG Midget. Bis dahin hatten die beiden Sportwagenmarken im BMC-Konzern, die eine von der Austin-Seite, die andere von der Nuffield-Gruppe, mehr oder weniger ein Eigenleben geführt. Der Sprite und der Midget – Insider sprachen bald einmal kurzerhand vom Spridget – unterschieden sich etwa in gleichem Ausmaß wie ein Austin Cambridge und ein Morris Oxford: vor allem im Kühlergitter.

Im Frühling/Sommer 1962 wurde aus dem Austin-Healey 3000, der bis dahin als Roadster galt, ein echtes Cabriolet. Hiezu wurde das Verdeck überarbeitet, so daß es nun von innen bedient werden konnte. Statt Mark II lautete die Zusatzbezeichnung nun Sports (Convertible). Es gab auf dem Zubehörmarkt bereits auch ein von → Jensen hergestelltes Hardtop. Gleichzeitig kehrte man zum 2-Vergaser-Motor zurück; das Abstimmen von drei Einheiten hatte sich als heikel erwiesen. Dennoch konnte die Leistung nochmals angehoben werden, und zwar auf 138 SAE-PS. Zu den Detailmodifikationen zählten auch eine straffere Vorderradfederung und ein kürzerer Schalthebel.

Bisher waren 95 % der gebauten AH 3000 in den Export gelangt, allein 85 % gingen nach Nordamerika! 1962 wurde bei Pininfarina ein sehr elegantes Coupé auf der Basis dieses Sportwagens gebaut. Es war das Resultat eines Karosseriewettbewerbs des Jahrbuchs «Année Automobile», und die Kreation der Linie stammte für einmal nicht von Pininfarina selbst, sondern von drei Studenten der Hochschule für Gestaltung in Ulm: dem Italiener Pio Manzù und den Deutschen Henner Werner und Michael Conrad (→ Delta im Anhang).

Noch im Verlaufe des Jahres 1962 erhielt der Sprite (wie der Midget) den 1098-cm³-Motor aus dem BMC-Programm, und zwar mit 60 PS Leistung. Der nun Sprite 1100 genannte kleine Sportwagen hatte jetzt zudem Scheibenbremsen an den Vorderrädern. Nach wie vor war der Einstieg in das «Balzwägelchen» – so eine Fachschrift – bei geschlossenem Verdeck für ungelenke ältere Semester recht mühselig. Um 1963 gab es von der Zubehörfirma Lenham ein rennsportgerechtes Fastback-Hardtop.

Im Februar 1964 wurde der Sports Convertible durch den Mark III abgelöst. Die Leistung stand nun – dank größerer Vergaser – mit 150 PS zu Buche. Auch die Getriebeuntersetzungen hatten Änderungen erfahren, und das Interieur war neu gestaltet worden: Es zeigte ein neues Armaturenbrett mit Nußbaumfurnier, eine Mittelkonsole mit Armlehne, ein abschließbares Handschuhfach und eine umklappbare Notsitzlehne.

Auf dem Genfer Salon 1964 konnte man auch beim Sprite 1100 Verbesserungen feststellen: Kurbelfenster mit Ausstelldreieck, modernisiertes Armaturenbrett, an Halb- statt Viertelelliptikfedern abgestützte hintere Starrachse und geringfügig, auf 61 PS, angehobene Motorleistung. Er galt damit als Mark III. Doch 1966 folgte der Mark IV. Dieser bot nun den 1275-cm³-Motor aus dem Mini Cooper S, jedoch mit bescheideneren 66 DIN-PS Leistung. Zudem war das Verdeck entscheidend verbessert worden. Inzwischen gab es übrigens längst auch Rennversionen auf Sprite-Basis, darunter aerodynamisch eingekleidete Coupés, die sogar beim 24-Stunden-Rennen von Le Mans eingesetzt wurden.

1968 wurde die British Leyland Motor Corporation gegründet. Damit kam zu den Sportwagenmarken Austin-Healey und MG ein dritter Name: → Triumph. Bei Triumph baute man zu diesem Zeitpunkt bereits den TR 5 PI, einen wesentlich moderneren Sportzweisitzer, als es der AH 3000 war. Daher wurde beschlossen, die Herstellung des großen «Healey» einzustellen. Dem traditionell geformten, hart gefederten Cabrio der typisch englischen alten Sportwagenschule trauerten viele Fans nach. Vom ersten Austin Healey 100 mit 4-Zylinder-Motor waren von 1953 bis 1956 nicht weniger als 15 800 Exemplare gebaut worden, vom Typ 100 Six waren es von 1955 bis Anfang 1959 gut 10 800, vom Nachfolgemodell 3000 waren es bis 1961 13 650 Stück, dann kam der 3000 Mark II mit

Links unten: Austin-Healey 3000, 1963
Ganz oben links: Austin-Healey 3000, 1960
Ganz oben rechts: Austin-Healey Sprite, 1970
Oben: Austin-Healey Sprite 1100, 1963

11 560 bis 1964 gebauten Wagen und schließlich der 3000 Mark III, von dem bis Ende 1967 gut 17 700 Einheiten hergestellt wurden.

Auch der Austin-Healey Sprite Mark IV wurde nun bald nur noch in kleinerer Stückzahl, vor allem für den englischen Markt, produziert. Hahn im Korb der kleinen BLMC-Sportwagen war auch hier ein Triumph, der erfolgreiche Spitfire nämlich. Dennoch erhielten auch die «Spridgets» auf 1970 noch kleinere Verbesserungen an der Karosserie und im Innenraum (nachdem ein Jahr zuvor die Vollsynchronisierung des Getriebes eingeführt worden war). Äußerlich fielen vor allem das zusätzliche innere Rähmchen im Kühlergitter und die schwarz dekorierten Räder auf. Der Zusatz Mark IV entfiel, doch schon 1971 sollte der letzte Austin-Healey gebaut werden. Von den Sprite waren ab 1958 insgesamt 129 350 Exemplare hergestellt worden, davon über 50 000 mit «Froschaugen».

Austin-Healey	Zyl.	cm³	bhp PS	bei 1/min	Gänge	Spitze km/h	Radstand/ Länge	Baujahre	Besonderheiten: Kastenrahmenchassis
Sprite	4	948	43	5300	4	130	203/349	1958–61	
			60	5600		145		1959–61	m. Kompressor
Mk. II			46	5500		135	203/350	1961/62	
1100		1098	55	5750		145		1962–64	
Mk. III			59	5750				1964–66	
Mk. IV		1275	65	6000		153		1966–71	
			60	5800					(a.W.)
3000	6	2912	124	4750	4/4+S	184	233/400	1959–61	
Mk. II			132	4750				1961/62	
Sports			134	4750				1962/63	
Mk. III			150	5250		192		1964–67	

Autobianchi

Die Firma Autobianchi SpA war 1955 gemeinsam durch Fiat und das Reifenwerk Pirelli in Mailand als Nachfolgefirma der einst bekannten italienischen Marke Bianchi gegründet worden. Im Herbst 1957 wurde der Bianchina 500 vorgestellt, der im Grunde genommen nichts anderes war als ein speziell karossierter → Fiat 500, denn die Mechanik mit luftgekühltem 2-Zylinder-Motor im Heck wurde aus Turin bezogen. Im Oktober 1958 kam der Bianchina Special hinzu mit 499,5 statt 479 cm³ und 21 statt 16,5 DIN-PS.

Mit dieser aus dem Fiat 500 Sport stammenden Mechanik wurde auf dem Genfer Salon 1960 zusätzlich ein äußerst niedliches Cabriolet vorgestellt, und im Frühsommer des gleichen Jahres wurde der Autobianchi Panoramica, ein viersitziger kleiner Kombi und damit die Luxusversion des Fiat 500 Giardiniera, vorgestellt. Er hatte 194 statt 184 cm Radstand. Auch bei ihm bestach die bei Kleinautos ungewohnt schmucke Linie. Das Faltdach fand sich hier nur über den Vordersitzen. In diesem Fahrzeug wie auch im Basis-Bianchina wurde alsbald ausschließlich die größere Motorvariante, jedoch mit einer auf 17,5 PS beschränkten Leistung, eingebaut.

Mit einer zusätzlichen Angebotserweiterung wartete der auf dem Genfer Salon im Frühjahr 1962 vorgestellte, als Bianchina 110 DBA Berlina bezeichnete Viersitzer mit in eigenwilliger Art überdachter Heckscheibe auf. Er hatte den gleichen kurzen Radstand wie das Coupé und das Cabriolet, und es war auf Wunsch auch mit dem Special-Motor erhältlich. Noch im gleichen Jahr kam eine vereinfachte Ausführung des Panoramica ohne Faltdach und hintere Schiebefenster auf den Markt. Die Herstellung des kleinen 2+2sitzigen Coupés Bianchina (110 DB) wurde im Verlaufe des Jahres 1963 eingestellt. Der Autobianchi-Gesamtausstoß erreichte in jenem Jahr etwa 40 000 Wagen.

Stellina Auf dem Turiner Salon des Jahres 1963 wurde als Prototyp der Autobianchi Stellina gezeigt, ein zweisitziges Kunststoffcabriolet mit strömungsgünstig abfallender Front und Scheinwerfern mit Plexiglasabdekkungen, das auf dem → Fiat 600 D (wassergekühlter 4-Zylinder-Heckmotor mit 767 cm³ Inhalt und 32 SAE-PS) basierte und im folgenden Jahr in Kleinserie ging.

Primula Den eigentlichen Aufstieg zum 4-Zylinder-Wagen brachte der jungen Marke Autobianchi der Primula. Der unter Fiat-Ägide entwickelte Primula war nicht nur eine Pionierleistung, sondern sollte sich als eigentlicher Trendsetter entpuppen! Er war nämlich ein kompakt gebauter mittelgroßer Familienwagen mit Schrägheck, Heckklappe, Frontantrieb und quergestelltem Motor. Dieses Fahrzeug wurde auf dem Turiner Salon im Herbst 1964 vorgestellt. Sein Konzept mit den vier aufgeführten wesentlichen Punkten sollte für

Autobianchi

die kommenden Jahrzehnte bei der Konstruktion der meistverkauften europäischen und darauf auch japanischen Wagen wegweisend sein.

Zwar gab es bereits in England Autos mit quergestellter Motor/Getriebe-Einheit und Frontantrieb; die Mini (→ Austin) waren hier vorangegangen. Zudem war noch früher bereits der Austin A 40 mit Schrägheck und – in der Kombiversion – Heckklappe herausgekommen, doch der Primula vereinte als erster diese «Front- und Heckprinzipien». Sein 51 DIN-PS abgebender, um 15° nach vorne geneigter 1221-cm³-Motor stammte aus dem Fiat-Programm und hatte zuletzt, mit geringfügig weniger Leistung, im Fiat 1100 D seinen Dienst getan. Für den Quereinbau hatte man natürlich einige Anpassungen vornehmen müssen. Um Platz für das in der gleichen Linie untergebrachte Getriebe zu schaffen, war der Motor etwas rechts von der Wagenlängsachse angeordnet worden. Auch das mit einer Lenkradschaltung bediente vollsynchronisierte 4-Gang-Getriebe stammte aus dem Fiat 1100 D.

Die Vorderradaufhängung des Primula war an einer hochliegenden Querblattfeder abgestützt, während die starre Hinterachse an Längsblattfedern geführt wurde. Ungewohnt war in dieser Fahrzeugkategorie der Einbau von Scheibenbremsen sowohl vorne wie hinten; sie stammten von Bendix. Ein weiteres Novum war das verschlossene Kühlsystem des Motors mit Dauerfrostschutz und einem thermostatisch gesteuerten Zweikreis-Wasserumlauf. Auch der elektrische Kühlerventilator arbeitete nach Maßgabe der Temperaturen. Natürlich bot der fünfsitzige Primula – ein wenig nach dem Vorbild des 1962 erschienenen → Morris 1100 – eine optimale Innenraumnutzung. Die für den Bianchina errichteten Werkanlagen in Desio bei Mailand wurden für die Primula-Produktion bedeutend erweitert.

In der im Herbst 1965 gezeigten Ausführung 1966 hatte der Primula eine von 57 auf 59 SAE-PS gesteigerte Leistung. Zudem gab es ihn nun auch in einer preisgünstigeren Ausführung ohne Heckklappe. Neben den Primula 3 Porte und 2 Porte gab es jetzt aber auch einen Primula 4 Porte mit einer dank Doppelvergaser auf 62 SAE-PS gesteigerten Leistung. Gar 65 PS steckten im Motor des mit einer eleganten Heckgestaltung versehenen Primula Coupé, das zum ersten Mal auf dem Pariser Autosalon im Oktober 1965 bewundert werden konnte. Seine gelochten Scheibenräder trugen Gürtelreifen, und das Armaturenbrett war neu gestaltet worden. Die Karosserie des vier- bis fünfsitzigen Fastbackcoupés stammte von Touring (→ Anhang).

Der Spider auf Fiat-600-D-Basis erhielt per 1966 einen auf 792 cm³ vergrößerten Motor mit 34 SAE-PS Leistung und hieß nun Stellina 800. Im Verlaufe des Jahres 1966 wurde der 4 Porte wie der erste Primula ebenfalls mit Heckklappe lieferbar und hieß damit konsequenterweise 5 Porte. Anfang 1968 wurde die Produktion des Fiat 500 Giardiniera bei Autobianchi integriert. Der kleine Kombi hieß künftig Bianchina Giardiniera und wurde neben dem luxuriöseren und moderner geformten Bianchina Panoramica gebaut.

Die erste bedeutende Änderung beim Primula brachte der Genfer Salon im März 1968 mit dem Ersatz des betagten Fiat-1,2-Liter-Motors durch die Antriebseinheit des 1966 erschienenen Fiat 124. In den Limousinen leistete das 1197-cm³-Aggregat 65 SAE-PS, sie erhielten daher die Zusatzbezeichnung 65 C. Für das Coupé wurde hingegen der Motorblock des Fiat 124 Sport mit 1438 cm³ Inhalt verwendet, jedoch ohne obenliegende Nokkenwellen. Die Leistung wurde mit 75 SAE-PS angegeben. Die gleiche Motorversion sollte im Herbst desselben Jahres mit dem Fiat 124 Special auch bei der «Muttermarke» Eingang finden. Fiat hatte übrigens Autobianchi bereits 1967 in alleinigen Besitz genommen. Bei den Primula-Limousinen hatte man die hinteren Radkasten samt Schlußleuchten neu geformt, das nun Primula Coupé S geheißene Topmodell der Reihe wies jetzt ebenfalls einen harmonisch an die Hecklinie angefügten hinteren Kotflügelabschluß auf. Die herkömmlichen Lichtmaschinen waren bei allen Modellen durch Alternatoren ersetzt worden.

Auf dem Turiner Autosalon im Herbst 1968 überraschte Autobianchi mit einer bei → Osi entstandenen formvollendeten Stylingstudie eines niedrigen Mittelmotorcoupés mit kaschierten Scheinwerfern und harmonisch in die Gesamtlinie integrierten Lufteinlaßschlitzen oberhalb des hinteren Radausschnittes.

A 111 Auf der Basis des Primula mit Frontantrieb und Quermotor wurde von Fiat und Autobianchi eine formschöne Stufenhecklimousine entwickelt, die als Modell A 111 im Juni 1969 vorgestellt wurde. Sie war viertürig und reihte sich über dem Primula 65 C ein, der jetzt nur noch zwei-, drei- und fünftürig gebaut wurde. Der A 111 war mit dem 75 SAE-PS leistenden 1438-cm³-Motor des Primula Coupé S bestückt, der um 20° nach vorne geneigt eingebaut wurde. Die übrige Mechanik entsprach ebenfalls weitgehend dem Primula-Konzept. An der Hinter-

Ganz oben: Autobianchi Bianchina Panoramica, 1960
Oben: Autobianchi Bianchina 110 DBA Special, 1963
Rechts: Autobianchi Stellina, 1964

Links: Autobianchi Primula, 1965
Links unten: Autobianchi A 111, 1970
Unten: Autobianchi Primula 65 C, 1968
Autobianchi Primula Coupé S, 1969
Autobianchi A 112, 1970

achse fanden sich Gummizusatzfedern. Die Auslegung der Zahnstangenlenkung, die Türschlösser, die Lage des Benzintanks, die Verankerung der Vordersitze und die Innenraumgestaltung waren auf die jüngsten Erkenntnisse der Sicherheit ausgerichtet. Zudem fanden sich Gurtverankerungen für alle fünf Sitze. Die sehr reichhaltig ausgerüstete Limousine sollte wie bereits die anderen Autobianchi-Modelle in vielen Exportländern durch Citroën vertrieben werden, da inzwischen Fiat und Citroën einen Zusammenarbeitsvertrag abgeschlossen hatten!

A 112 Noch im gleichen Jahr, nämlich auf dem Turiner Salon im Oktober 1969, wurde der A 112 präsentiert, ein hochmoderner Kleinwagen, der den Bianchina Berlina ablöste. Mit seinem «kistchenartigen» Karosseriedesign, Frontantrieb und Quermotor erinnerte er an das englische Mini-Konzept, doch hatte er diesem die Heckklappe mit den umlegbaren Hintersitzen voraus. Die wassergekühlte 4-Zylinder-Maschine von 903 cm^3 Inhalt stammte aus dem Fiat 850 Sport, wo sie als Heckmotor Verwendung fand; sie sollte später auch im Fiat 127 für den Antrieb sorgen. Im A 112 leistete sie 44 DIN-PS. Der wendige kleine Fronttriebler wies vordere Scheibenbremsen, eine Sicherheitslenkung und hintere Einzelradaufhängung mit Querblattfeder auf. – Auf der gleichen Ausstellung zeigte das große Karosseriewerk Bertone (→ Anhang) unter der Bezeichnung Runabout einen phantasievollen Barchetta (dachloses Sportfahrzeug) mit Überrollbügel und ins Heck verlegter A-112-Mechanik.

Autobianchi	Zyl.	cm³	PS *SAE	bei 1/min	Gänge	Spitze km/h	Radstand/ Länge	Baujahre	Besonderheiten
Bianchina	2	479	17	4400	4	95	184/299	1957–60	Mechanik Fiat 500
Special		500	21	4600		105		1958–69	(Cabrio, ab '60:
Panoramica			18	4600		95	194/323	1960–	304 cm)
110 DB			18	4400			184/299	1960–63	
110 DBA							184/302	1962–69	
Special			21	4600		110			
Stellina	4	767	32*	4800	4	115	200/367	1964/65	Mechanik Fiat 600 D
800		792	34*	5000		125		1965	
Primula	4	1221	51	5300	4	135	230/379	1964/65	Frontantrieb,
			59*	5400				1965-68	Fiat-Motor
4/5 Porte			62*	5600		140			
Coupé			65*	5600		145			
65 C		1197	65*	5500				1968–70	
Coupé S		1438	75*	5500		155	230/372		
A 111	4	1438	75*	5500	4	155	236/402	1969–	dto
A 112	4	903	44	6000	4	135+	204/323	1969–	dto

Auto Union

Im Jahre 1932 war durch den Zusammenschluß der angesehenen deutschen Marken DKW, Horch, Audi und Wanderer die Auto Union gegründet worden. Nach dem Zweiten Weltkrieg kam zunächst in Ostdeutschland ein neuer DKW heraus, aus dem dann die Marke Ifa hervorging. Erst ab 1950 gab es westdeutsche DKW-Personenwagen. Deren größere Modelle trugen ab 1957 die Bezeichnung Auto Union; sie wurden dann im Herbst 1959 zu einer eigenen Marke erhoben. Auto Union hatten vor dem Krieg schon die berühmten Rennwagen dieser Markengruppe geheißen! → DKW hießen fortan nur noch die neuen Kleinwagen. Die markenmäßige Zweiteilung war unter der Ägide der Daimler-Benz AG (Mercedes-Benz) erfolgt, die 1958 die Aktienmehrheit der in Düsseldorf etablierten Auto Union GmbH übernommen hatte. Allerdings sprach man ab Jahrgang 1961 auch von einer Marke DKW Auto Union . . .

Die Auto Union beruhten auf dem altbewährten Frontantriebs- und dem Zweitaktprinzip. Sie waren auf einem Kastenrahmen mit Kreuzverstrebung aufgebaut. Die zweitürige 1000 Limousine und das 1000 S Coupé genannte Fauxcabriolet, der viertürige 1000 S Sedan und der dreitürige Kombi 1000 Universal hatten schwungvolle Limousinenkarosserien, während das Coupé 1000 Sp (= Sport) eine offensichtlich vom amerikanischen → Ford Thunderbird (1955) inspirierte langgestreckte «Heckflossenkarosserie» zeigte. Die zweitürigen Modelle besaßen Panoramascheiben.

Vor allem mit den zweitürigen Limousinen waren bereits zahlreiche Siege bei Rund- und Bergrennen wie auch bei Rallyes erzielt worden. Der Zweitaktmotor – ein 3-Zylinder von 981 cm^3 Inhalt mit Umkehrspülung und Flachkolben – war nicht nur äußerst drehfreudig, sondern eignete sich auch hervorragend für Frisierarbeiten! In der Serienversion gab er je nach Modell 44, 50 oder 55 PS ab. Allen Auto Union gemeinsam waren die oberen, hinten hochliegenden und progressiven Querblattfedern. Die Kraftübertragung erfolgte über ein vollsynchronisiertes 4-Gang-Getriebe, das auf Wunsch mit einer automatischen Saxomat-Kupplung kombiniert werden konnte. Daneben wurde der Auto Union M (= Munga), ein Geländewagen mit Vierradantrieb und Offenkarosserie, hergestellt.

Die im Herbst 1961 vorgestellten Modelle 1962 wiesen etliche Verbesserungen auf. Die größte Bedeutung kam einer «für einige Modelle und Exportländer» vorgenommenen Änderung des Schmiersystems zu. Anstatt das übliche Zweitaktgemisch tanken zu müssen, standen jetzt für Benzin und Motoröl getrennte Tanks zur Verfügung, jener für das Öl befand sich unter der Motorhaube. Das Schmieröl wurde nun dem Motor bzw. dem Vergaser durch eine kleine Kolbenpumpe mit Keilriemenantrieb zugeführt. Bei der Auto Union nannte man dieses System Frischölautomatik. Nicht angewandt wurde die Frischölautomatik beim 55 PS starken 1000 Sp, den es neu mit der Bezeichnung Roadster auch als Cabriolet gab (weiterhin 1:40-Gemisch). Einen Auto Union Spider hatte übrigens das italienische Karosseriewerk Fissore (→ Anhang) schon 1960 für den argentinischen Markt geschaffen. Bei allen Modellen war der Kofferraum durch senkrechte Anordnung des Reserverades vergrößert worden; die vorderen Rücklehnen wiesen eine das Umklappen beim Bremsen verhütende Arretierung auf. Der 1000 S erhielt in einer Zusatzausführung Coupé de Luxe zudem ATE-Dunlop-Schei-

Von oben nach unten:
Auto Union 1000 Sp Coupé, 1961
Auto Union 1000 S, 1963
Auto Union 1000 Sp Roadster, 1964

Auto Union	Zyl.	cm^3	PS	bei 1/min	Gänge	Spitze km/h	Radstand/ Länge	Baujahre	Besonderheiten: Kastenrahmen
1000	3	981	44	4500	4	130	235/423	1959–62	Frontantrieb, 2-Takt
1000 S			50	4500		135		1959–63	4-t. Lim.: 245/433 cm
1000 Sp			55	4500		140	235/417	1959–61	Universal: 245/421
						145	235/420	1961–65	

Avanti

benbremsen an den Vorderrädern. Äußerlich erkannte man die neuen, fünfsitzigen Modelle 1000 an den in das Kühlergitter einbezogenen Senkrechtzierstäben. Auf dem Genfer Salon 1962 wurde auch der 1000 Sp Roadster mit Scheibenbremsen und überdies mit der Frischölautomatik präsentiert! Inzwischen hatte man die Produktion von Düsseldorf in größere Werkanlagen nach Ingolstadt verlegt.

In der ersten Hälfte 1963 lief die Produktion der inzwischen recht altmodisch aussehenden Limousinen (einschließlich Coupé 1000 S und Kombi Universal) schrittweise aus, nachdem das Basismodell, die viertürige Limousine und der Kombi bereits 1962 gestrichen worden waren – nur der → VW Käfer wirkte noch betagter! Immerhin: in Brasilien wurde dieses Karosseriedesign von → DKW-Vemag noch einige Zeit weiterverwendet. In Deutschland gab es unter dem Markennamen → DKW nun wieder ein Nachfolgemodell, den F 102. Die attraktiven 1000 Sp blieben noch bis im April 1965 in Fabrikation. Insgesamt wurden rund 5000 Coupés und knapp 1650 Roadster gebaut.

Die Entstehung des Avanti war der Initiative des Studebaker-Generaldirektors S. H. Egbert und dem Talent des Designers Raymond Loewy zuzuschreiben, der mit einem Team von Mitarbeitern ein völlig ungewohnt geformtes viersitziges Coupé auf die Räder gestellt hatte. Das war 1962. Zwar basierte das Chassis – ein Kastenrahmen mit Kreuzverstrebung – auf einer schon fast zehnjährigen Studebaker-Konstruktion, doch bot der Avanti außer seinem aufsehenerregenden Styling auch eine Reihe technischer Besonderheiten (→ Studebaker!). Am ungewöhnlichsten war die Tatsache, daß der Avanti wie der Chevrolet Corvette eine Kunststoffkarosserie trug. In ihrem von Flugzeugcockpits inspirierten Interieur fand sich eine Dachkonsole, wie sie später auch für andere sportlich angehauchte Wagen übernommen wurde. Zwar wurden von Frühsommer 1962 bis Ende 1963 rund 5000 Studebaker Avanti hergestellt, doch mit der Produktionsverlegung der Marke nach Kanada kam für dieses Liebhabermodell das Aus.

Es waren die Studebaker-Händler Altman & Newman, die 1964 die Avanti Motor Corporation gründeten und hiezu nicht nur die Produktionsrechte kauften, sondern auch einen Teil der ehemaligen Studebaker-Produktionseinrichtungen in South Bend übernahmen. Avanti-Enthusiast Nate Altman träumte von einem «American Rolls-Royce» und engagierte den bereits in Pension gegangenen ehemaligen Studebaker-Chefingenieur Eugene Hardig, um den Avanti den neuen Umständen anzupassen. Nach 18 Monaten Vorarbeit, während welcher auch ein neues Antriebsaggregat angepaßt werden mußte – die Herstellung von Studebaker-Motoren war inzwischen aufgegeben worden –, konnte die Produktion in kleiner Kadenz wieder aufgenommen werden.

Der Avanti II, wie er fortan hieß, hatte einen 5,4-Liter-V8-Motor von → Chevrolet mit 304 SAE-PS Leistung. Außer mit 4-Gang-Getriebe gab es ihn mit Borg-Warner-Automat. Nach wie vor wurden serienmäßig vordere Bendix-Scheibenbremsen verwendet. Die Karosserie unterschied sich äußerlich nur durch geringfügig kleinere Radausschnitte von den zuletzt gebauten Original-Avanti. Wie diese wies der Avanti II rechteckige Scheinwerferumrahmungen auf, nur das Studebaker-Signet fehlte. Die Produktion erreichte allmählich einige hundert Exemplare pro Jahr.

Mit dem Modelljahr 1969 erfuhr der Avanti II einen unauffälligen aerodynamischen Feinschliff sowie Detailänderungen im Interieur. Auf 1970 erhielt er einen größeren Motor; der 5,7-Liter-V8 stammte wiederum von Chevrolet, doch wurde die Leistung unverändert mit 304 SAE-PS angegeben. – Die weitgehend auf Handarbeit basierende Avanti-Produktion konnte bis in die achtziger Jahre fortgesetzt werden; der jährliche Ausstoß erreichte inzwischen rund 100 bis 200 Exemplare.

Avanti, 1968

Avanti	Zyl.	cm^3	SAE PS	bei 1/min	Gänge	Spitze km/h	Radstand/ Länge	Modelljahre	Besonderheiten
(Avanti)	V8	5354	304	5000	4/A	190	277/489	1965–68	Chevrolet-Motor,
(Avanti) II								1969	Kastenrahmen
		5733		4800		200		1970–	

Bentley

Die Konstruktionen von W. O. Bentley waren einst durch ihre fünf Siege beim 24-Stunden-Rennen von Le Mans berühmt geworden. Doch schon zu Beginn der dreißiger Jahre wurde die hochangesehene Marke von Englands höchstangesehenem Fabrikat übernommen: von Rolls-Royce. Nach dem Zweiten Weltkrieg verloren die Bentley ihre Eigenständigkeit zusehends, um schließlich zur reinen Rolls-Royce-Version mit eigenem Kühlergitter als einzigem Unterschied zu werden. Im Vergleich zu den Rolls-Royce waren die Bentley mit einem Nimbus der Diskretion umgeben, und wohl deshalb waren sie stets viel rarer.

1960 wurden von der Bentley Motors (1931) Ltd. in Crewe der Typ S 2 und, von diesem abgeleitet, die Sonderversion Continental angeboten. Der S 2 entsprach dem → Rolls-Royce Silver Cloud II, und für beide Wagen wurde die Leistung des 6230-cm³-V8-Motors nach Rolls-Royce-Tradition «geheimgehalten». Die automatische Kraftübertragung mit 4-Gang-Planetengetriebe war eine Lizenz von General Motors Hydramatic Dual Range. Das Chassis war ein Kastenrahmen mit Längsträgern und Kreuztraverse, und die hintere Starrachse mit Längsblattfedern war mit einer zusätzlichen Achsführung durch einen Z-förmigen Stabilisator ausgerüstet.

Während das Normalmodell S 2 über eine viertürige Karosserie von kaum zu übertreffender klassischer Eleganz verfügte, gab es den mit kleinerer Achsuntersetzung und größerer Bremsfläche versehenen sportlich angehauchten Continental mit modern gestylten Aluminiumkarosserien – Limousinen, Coupés, Cabriolets –, die bei H. J. Mulliner, Park Ward oder James Young gebaut wurden. Spezialaufbauten gab es allerdings auch auf dem normalen S 2.

S 3 Parallel mit dem Silver Cloud III erschien im Herbst 1962 der Bentley S 3. Auffallende, aber nicht von jedermann begrüßte Änderung waren die Doppelscheinwerfer. Gleichzeitig wurden die Kühler eine Spur niedriger, und dank Detailmaßnahmen stand nun im Wagenfond mehr Raum zur Verfügung. Weil die Verdichtung von 8 auf 9:1 erhöht worden war und größere Vergaser verwendet wurden, hatte sich die Motorleistung nach Angaben des Herstellerwerks «um etwa 7 %» erhöht. Inoffiziell sprach man von gegen 275 PS. Neu waren auch die versetzten Kolbenbolzen und die nitrierte Kurbelwelle. Die Wirkung des Lenkservos war verstärkt worden. Auch für den S 3 gab es eine Continental-Ausführung. Auf 1964 erhielt die imposant und relativ modern geformte viertürige Continental-Limousine Flying Spur (Ansporn) von H. J. Mulliner stark vergrößerte Seiten- und Heckscheiben.

Bentley T Am Vorabend des Pariser Autosalons, am 6. Oktober 1965, wurden der Rolls-Royce Silver Shadow und mit ihm der Bentley T der Fachwelt vorgestellt. Eine moderne Pontonform fand damit auch bei den Serienlimousinen des berühmten Duos Eingang. Geblieben waren jedoch die altehrwürdigen Kühlerfronten, flankiert von Doppelscheinwerfern mit einem angedeuteten Dach, das in der Kühleroberkante seine Parallele fand. Die neue Linie wirkte modern und gleichwohl zurückhaltend. Die Wagen waren deutlich niedriger, vermochten aber andere Autos immer noch zu überragen. Im Innern fanden sich im traditionellen englischen Stil ein großflächiges Nußbaumholz-Armaturenbrett mit eingelassenen Rundinstrumenten und natürlich lederüberzogene Sitze. Raum war nun wesentlich mehr vorhanden, so daß jetzt hinten bequem auch drei Personen sitzen konnten. Auch der Kofferraum war voluminöser geworden.

Und die Technik? Eine bedeutende Änderung brachte der Übergang zur selbsttragenden Bauweise, zudem waren die Hinterräder jetzt einzeln aufgehängt: Zu den Dreieck-Längslenkern kam eine Drehmomentstütze, vorne fand sich ein Panhardstab. Die vordere wie die hintere Aufhängung waren mit je einem Hilfsrahmen verbunden. Die Stoßdämpfer fanden sich koaxial in den Schraubenfedern angeordnet und mit einer automatischen Niveauregulierung gekoppelt. Bemerkenswert war der Übergang zu Scheibenbremsen, und zwar gleich an allen vier Rädern; sie besaßen einen dreifachen Kreislauf. Anstelle der mechanischen gab es jetzt eine übliche, mit Öldruck arbeitende Bremshilfe.

Der aus dem Jahre 1959 stammende V8-Motor hatte neue Zylinderköpfe erhalten, und er war auch in weiteren Einzelheiten überarbeitet worden. Daraus resultierte eine Mehrleistung, die traditionsgemäß nicht angegeben wurde. Verbessert wurde auch das Getriebe: Die Wählhebelbewegungen wurden nicht mehr durch ein Gestänge, sondern durch Impulse auf einen Elektromotor übertragen. Mit einer Freilaufkupplung wurden die Schaltstöße zwischen den beiden untersten Gängen vermindert. Allerdings konnte das vierstufige RR-Hydramatic mit elektrischer Schaltung aus Platzgründen ausschließlich in den rechtsgelenkten Wagen eingebaut werden, während in den Exportmodellen mit Linkslenkung das Turbo-Hydramatic mit 3-Gang-Planetengetriebe Verwendung fand. Weiter verfeinert wurden die Servolenkung (nun mit künstlichem Widerstand), die Auspuffdämpfung, die Heizung/Lüftung-Anlage, die Überwachungseinrichtungen und nicht zuletzt der Rostschutz.

Der S 3 Continental wurde vorläufig noch weiter angeboten, doch im Frühling 1966 erschien der Bentley Series T auch in zweitü-

Oben links:
Bentley S2 Continental (H. J. Mulliner), 1961
Links: Bentley S3, 1964

rigen Versionen, wobei die Aufbauten sowohl von den Luxuskarosseriefirmen Mulliner und Park Ward, die inzwischen fusioniert hatten, wie von James Young stammten. Bei letzteren war die Gürtellinie wie bei der Werkslimousine schnurgerade durchgezogen, während der Aufbau von Mulliner/Park Ward hinter den Türen ein angedeutetes V-Motiv aufwies. Auch hier gab es Picknicktischchen an den Rückseiten der Vordersitzlehnen und viele weitere ungewohnte Komfortmerkmale.

Vom Karossier James Young war später nicht mehr die Rede, und an der IAA (Internationale Automobil-Ausstellung) von Frankfurt im September 1967 wurde dem Coupé Mulliner/Park Ward ein ebenfalls viersitziges Cabriolet aus dem gleichen Hause zur Seite gestellt. Es ersetzte die Offenversionen auf dem S-3-Chassis. Für den Aufbau wurden wiederum teilweise Aluminiumbleche verwendet, und das Verdeck ließ sich vollelektrisch öffnen und schließen. – Für die USA wurden speziell abgasentgiftete Motorversionen entwickelt.

Viel beachtet wurde ein Fastbackcoupé im Stil des → Ferrari 365 GT 2+2, das Pininfarina (→ Anhang) im Herbst 1968 auf einem Bentley T verwirklicht hatte. Die Rechteckscheinwerfer dieses Einzelstücks waren auf die traditionelle Kühlerfront abgestimmt. Die serienmäßigen Series T wurden indessen einer kontinuierlichen Weiterentwicklung unterzogen. Im Mai 1969 erhielten die Rolls und die Bentley ein neues Armaturenbrett mit Polsterumrahmungen. Solche fanden sich auch an der Mittelkonsole. Die Schalter waren nun versenkt angeordnet, und es gab jetzt auch Ausführungen mit in Kontrastfarbe gehaltenen Seitenflächen (Detailentwicklung → auch Rolls-Royce). – 1970 wurden 142 Bentley gebaut . . . und 1867 Rolls-Royce.

Von oben nach unten:
Bentley S3 Continental Drophead Coupé (H. J. Mulliner, Park Ward), 1965
Bentley T, 1966
Bentley T Coupé (James Young), 1967

Bentley	Zyl.	cm³	PS	Kompr.	Gänge	Spitze km/h	Radstand/ Länge	Baujahre	Besonderheiten
S 2 Continental	V8	6230	?	8:1	A	175 200	312/538 –540	1959–62	Kastenrahmenchassis
S 3 Continental	V8	6230	?	9:1	A	180	312/534 –540	1962–65 1962–66	Kastenrahmenchassis a.W. 8:1 a.W. 323/544 cm
(Series) T	V8	6230	?	9:1	A	190	303/517	1965–	h.E., a.W. 8:1

Berkeley

Berkeley-Autos wurden ab 1956 von einer Wohnanhängerfabrik im englischen Bedfordshire hergestellt. Sie waren von Lawrence → Bond entworfene Kleinsportwagen mit Frontantrieb und damit eine höchst ungewöhnliche Konstruktion. Sie basierten auf einem Leichtmetallrahmen mit vorderer und hinterer Einzelradaufhängung und hatten Kunststoffkarosserien. Nach verschiedenen Entwicklungsstufen umfaßte das Modellangebot 1960 in erster Linie den B 95 Twosome und Foursome (Zweisitzer und knapper Viersitzer) und den B 105. Den Antrieb besorgte ein quer eingebauter 692-cm³-2-Zylinder-Motor des Motorradherstellers Royal-Enfield, der im B 95 41 und im B 105 51 SAE-PS lieferte. Während die früheren, mit kleineren Motoren ausgestatteten Berkeley eine an Rennsportwagen gemahnende originelle Front mit hinter Plexiglasabdeckungen versenkten Scheinwerfern besaßen, wirkten die B 95 und die B 105 wegen ihres hohen Kühlers weit weniger elegant. Für die Zweisitzer gab es seit Herbst 1959 ein vom italienischen Karossier Riva hergestelltes und vom Grafen Giovanni Lurani entworfenes neues Aufsetzdach mit Panoramaheckscheibe, doch war auch ein Viersitzer mit Hardtop erhältlich.

Schon im August 1959 war auch eine Dreiradversion des Berkeley lanciert worden. Sie wurde, wie das Sparmodell B 65, von einem 328-cm³-2-Zylinder-2-Takt-Motor von Excelsior angetrieben. Nachdem von diesem Modell binnen Jahresfrist 1700 Einheiten verkauft werden konnten, erschien im August 1960 eine De-Luxe-Ausführung mit komfortablerer Sitzanordnung, größerer Windschutzscheibe und verbesserter Federung des hinteren Einzelrades. Als Ersatz der bisherigen Vierradmodelle wurde im Herbst 1960 der Berkeley Bandit vorgestellt – ein moderner Sportwagen mit niedriger, strömungsgünstiger Front. Für das Design hatte man John Tojeiro zugezogen. Anstatt gänzlich aus Kunststoff zu bestehen, umfaßte die Karosserie nun auch Stahlblechteile. Für den Antrieb – jetzt auf die Hinterräder – sorgte der neue Ford-Anglia-Motor 105 E. Ungewöhnlich an diesem vielversprechenden Projekt waren die hintere Einzelradaufhängung und die vorderen Scheibenbremsen. Doch hatte sich mit ihm die kleine Marke Berkeley offenbar übernommen, denn zur Serienreife brachte es der Bandit leider nicht.

Berkeley Twosome, 1959/60

Biota

Hinter dem Namen Biota verbarg sich eine der stylistisch ungewöhnlichsten Konstruktionen der sechziger Jahre. Der Biota war das Produkt der Houghton Coldwell Ltd. im englischen Yorkshire. Er war ein Mittelding zwischen Roadster und Buggy, denn er wies weder eine Türe noch ein Dach auf, wohl aber einen in das Karosseriedesign integrierten Überrollbügel hinter den beiden Sitzen. Die mit rennsportlichem Vorderteil versehene Karosserie bestand natürlich aus Kunststoff. Für den Antrieb sorgten Motoren mit wahlweise 850 bis 1275 cm³ aus dem → Austin/Morris-Mini-Angebot. Es handelte sich somit um eine Frontantriebskonstruktion. Auch die meisten weiteren technischen Aggregate des im Januar 1969 präsentierten Biota stammten vom Mini. Doch 1973 lief die Produktion bereits aus.

Biota, 1969

Bizzarrini

Nachdem der frühere → Ferrari-Ingenieur Giotto Bizzarrini zu Beginn der sechziger Jahre die technischen Grundlagen zur Schaffung des Luxuscoupés → Iso Rivolta mit Chevrolet-Corvette-Motor geliefert hatte, entwickelte er ein besonders niedriges Hochleistungscoupé, dessen bestechend elegante Linie wiederum in den Designstudios von Nuccio Bertone entstand. Das Fahrzeug wurde auf dem Turiner Salon 1963 als Prototyp in zwei Versionen vorgestellt, einer mit plexiglasverschalten Einfach- und einer mit Doppelscheinwerfern. Die erstere sollte ab Sommer 1964 unter der Bezeichnung Iso Grifo A3 C (= Competizione) Berlinetta bei der Firma Prototipi Bizzarrini in Livorno in Kleinproduktion gehen. Es handelte sich also um eine Wettbewerbsversion. Mit ihr wurden im folgenden Jahr

Berkeley	Zyl.	cm³	SAE-PS	bei 1/min	Gänge	Spitze km/h	Radstand/ Länge	Baujahre	Besonderheiten
B 95 Twosome	2	692	41	5500	4	155	178/313	1959/60	s. Text!
Foursome						150	198/333		
B 105 Twosome			51	6250		172	178/313		
Foursome						168	198/333		
B 65	2	328	18	5000	3	112	178/312	1957–60	
Threewheeler					4	95			3-Rad
Bandit	4	997	41	5000	4		208/368	1960	(Prototyp)

Biota	Zyl.	cm³	PS	bei 1/min	Gänge	Spitze km/h	Radstand/ Länge	Baujahre	Besonderheiten
—	4	848 –1275	35 –77	5500 5900	4	125 –175	188/297	1969–	Mini-Basis, türlos

Bizzarrini	Zyl.	cm³	SAE-PS	bei 1/min	Gänge	Spitze km/h	Radstand/ Länge	Baujahre	Besonderheiten
Berlinetta Grifo Stradale	V8	5351	365	5400	4	–275	245/437	1964/65	Mot. Chevrolet
Competiz.			420	5400		280+			Corvette
5300			365			–275		1965/66	h. DeDion-Achse
GT Strada 5300			350	5800				1966–69	ab '67: 355 PS
1500	4	1481	90	5400	5	190	220/379	1966–69	Plattformr., h.E.,
GT Europa 1900		1897	110	5600	4	–206		1966–69	Mot. Fiat/Opel

bei Renneinsätzen beachtliche Leistungen demonstriert, und sie diente auch als Basis für einen Bizzarrini Grifo Stradale, der ab Ende 1964 zusammen mit dem Competizione (und parallel zum Iso Grifo) hergestellt wurde, und zwar in einer Kadenz von zwei bis drei Wagen pro Monat. Die Karosserie wurde in diesem Fall bei Sport Cars (alsbald BBM) in Modena gebaut.

Wie bei den Iso-Modellen wurde auch beim Bizzarrini Berlinetta Grifo (Vogel Greif) ein Chevrolet-Antriebsaggregat verwendet. Es handelte sich um den Corvette-Motor mit 5,4 Litern Inhalt und 365 SAE-PS Leistung (Typ Competizione: mit vier Horizontal-Doppelvergasern 420 PS). Die Kraftübertragung erfolgte über ein 4-Gang-Vollsynchrongetriebe. Die Karosserie war selbsttragend konstruiert und besaß eine Leichtmetallstruktur mit Stahlverstärkungen im Unterteil. Ungewöhnlich war die De-Dion-Hinterachse mit Längsschubstreben, Wattgestänge und Schraubenfedern. Vorne fand sich ein Kurvenstabilisator. Die Scheibenbremsen Dunlop-Campagnolo hatten hinten innenliegende Scheiben. Auch den Typ Stradale gab es mit verschiedenen Untersetzungsverhältnissen.

Gegen Ende 1965 wurde der Name Grifo aufgegeben und die Bezeichnung Bizzarrini Berlinetta 5300 Strada eingeführt. Von einer Version Competizione war nun offiziell nicht mehr die Rede. Anderseits entstanden Anfang 1966 die Prototypen einer Cabrioletversion Spider 5300 Strada, deren Aufbau bei Style Italia in Turin hergestellt wurde, sowie eines kleinen Coupés Bizzarrini Berlinetta 1500 mit 90 SAE-PS starkem Fiat-1481-cm³-Motor, Plattformrahmen mit Kastenträgern und mittragender Kunststoffkarosserie sowie hinterer Einzelradaufhängung.

Aus dem Spider wurde im Verlaufe des Jahres 1966 der Bizzarrini GT America, und auch das Coupé trug die Bezeichnung GT, genau: GT Strada 5300. Aus dem Berlinetta-1500-Projekt wurde anderseits der GT Europa 1900; dieses auf dem Turiner Salon 1966 vorgestellte Coupé zeigte die hochsportliche Linie Bertone/Bizzarrini, jedoch in verkleinerter Form. Daß dieser attraktiv aussehende Kunststoff-Zweisitzer einen Opel-Motor besaß, mochte überraschen, widerspiegelte jedoch Bizzarrinis Vorliebe für GM-Mechanik. Es handelte sich um den auf 110 SAE-PS gebrachten 1,9-Liter-S-Motor mit hochliegender Nockenwelle. Auf Wunsch gab es auch den GT Europa 1900/SS, der mit zwei Doppelvergasern 120 PS bot. Die Unterbaustruktur einschließlich der Campagnolo-Scheibenbremsen an allen vier Rädern wurden vom Berlinetta 1500 übernommen. – Doch von diesem kleineren Modell sollen bloß ein halbes Dutzend Exemplare gebaut worden sein! Von den V8-Coupés wurden hingegen etwa 150 Stück produziert. 1969 stellte die Bizzarrini SpA in Livorno die Produktion mangels Finanzen ein.

Oben: Bizzarrini Berlinetta 5300 Strada, 1965
Links: Bizzarrini GT Europa 1900, 1967

BMW

Die Bayerischen Motoren-Werke in München hatten eine besonders wechselvolle Nachkriegsgeschichte. Neben Wagen der Luxusklasse wurden zunächst Rollermobile und Kleinstwagen gebaut, bevor das Unternehmen – am finanziellen Abgrund vorbei – seinen Weg zur «gehobenen Mittelklasse» fand. Noch 1959 hatte es danach ausgesehen, als ob die Stunden der in der Vorkriegszeit berühmt gewordenen deutschen Marke gezählt seien. Unter anderem sah die Daimler-Benz AG (Mercedes-Benz) in den BMW einen möglichen Ausweg für die dringend benötigte eigene Kapazitätserweiterung. Nach einem kurzen Intermezzo von Dr. F. A. Goergen, der die Henschel-Lastwagenfabrik saniert hatte und der dazu berufen worden war, auch BMW aus den roten Zahlen zu holen, schafften sich im Frühling 1960 die Großindustriellen Herbert und Harald Quandt durch Aktienaufkäufe entscheidenden Einfluß bei BMW.

1960 begann das Produktionsprogramm der bayrischen «Nationalmarke» am unteren Ende mit dem (oder der) Isetta, einem Kabinenroller, dessen geniale Konzeption 1953 in Italien entstanden war. Er hatte eine Fronttüre mit mitschwenkendem Lenkrad, ein (auch als Notausstieg gedachtes) Faltklappdach, einen auf der rechten Seite vor den Hinterrädern angeordneten Mittelmotor aus der BMW-Motorradproduktion (luftgekühlter Einzylinder-Viertakter mit 13 DIN-PS Leistung) und eine enge Hinterradspur. Seit 1959 gab es dieses Kleinstauto auch als Dreirad. Die Kraftübertragung erfolgte über ein 4-Gang-Getriebe und eine Kette. Der Stahlrohrrahmen trug vorne eine Einzelradaufhängung mit Schwingarmen und Schraubenfedern, hinten eine Starrachse mit Viertelelliptikfedern.

Zweites BMW-Modell war bis Ende 1959 der Typ 600 gewesen, eine wohldurchdachte Isetta-Vergrößerung. In ihm hatten vier Erwachsene beinahe großzügig Platz. Zur Fronttüre kam hier eine Türe an der rechten Seite für die Passagiere auf den Hintersitzen hinzu. Der im Heck eingebaute Motor war ein Zweizylinder-Boxer von 600 cm³ Inhalt mit 19 PS Leistung, und die Hinterräder des mit Schrägfront und Schrägheck beinahe symmetrisch aussehenden Kleinwagens waren einzeln aufgehängt.

Der im Frühling 1959 lancierte BMW 700 war konstruktiv mit dem 600 verwandt; auch er war noch zu den Kleinwagen zu zählen, doch wie gänzlich anders sah er aus: Die Silhouette entsprach dem, was weite Teile des Publikums von einem modernen Auto erwarteten, nämlich eine repräsentative und im Falle einer Kollision auch schützende Fronthaube und eine die Horizontale betonende Gürtellinie. Das elegante Design des 1959 zunächst als Coupé erschienenen BMW 700 stammte von Giovanni → Michelotti, einem der talentiertesten Autodesigner jener Epo-

Rechts: BMW 2,6, 1961
Von oben nach unten:
BMW Isetta, 1960
BMW 700 Coupé, 1960
BMW LS Luxus, 1961

che. Kein Wunder, daß der Serie 700 weit mehr kommerzieller Erfolg beschieden sein sollte als dem logisch durchdachten Modell 600. Von diesem waren während der zweijährigen Produktionszeit etwas über 34 800 Exemplare gebaut worden.

Doch 1960 baute BMW auch noch große Luxuswagen, und diese waren vor allem für die roten Zahlen verantwortlich! Nachdem bereits von einer Streichung dieser Modellserie die Rede gewesen war, hatte der Aufsichtsrat Anfang 1960 eine Weiterführung der Modellserie 502 mit einem Jahresausstoß von rund 3000 Stück beantragt. Die mächtigen Limousinen im «Barockstil» wurden ausschließlich noch von V8-Motoren mit 2,6 und 3,2 Litern Inhalt angetrieben. Ihre Modellbezeichnungen lauteten denn auch BMW 2,6, 2,6 Luxus, 3,2 und 3,2 Super. Daneben wurden bis 1959 auf gleicher Grundlage – mit dem Aufbau verschweißter Kastenrahmen mit Rohrtraversen, vordere Einzelradaufhängung mit Trapez-Dreieckquerlenkern und einstellbaren Längstorsionsstäben, hinten Starrachse mit Kurbellenkern, Stabilisator-Dreieck und gleiche Federn – die von Graf Goertz entworfenen Prestigemodelle 503 und 507 gebaut. Von ihnen waren 478 bzw. 252 Exemplare hergestellt worden.

Längst war bekannt, daß man bei BMW auch an einem Mittelklassewagen arbeitete, der die gewaltige Lücke zwischen dem Typ 700 und den 502-Folgemodellen schließen sollte. Unter Herbert Quandt wurden nun die Entwicklungsarbeiten vorangetrieben. Er soll auch persönlich darauf bestanden haben, daß die traditionelle «BMW-Niere», die vertikal zweigeteilte markentypische Kühlerverkleidung aus der Vorkriegszeit, in die moderne Pontonform integriert wurde. Für den formalen Schliff wurde auch hier Giovanni Michelotti beigezogen. Allerdings ließ der Mittelklasse-BMW vorerst noch auf sich warten.

Neben dem 30 PS starken BMW 700 gab es ab Herbst 1960 auch eine 2-Vergaser-40-PS-Version mit der Zusatzbezeichnung Sport. Ende Februar des folgenden Jahres war die zur Homologation für Sportanlässe erforderliche Stückzahl von 1000 Exemplaren bereits erreicht. Den viersitzigen BMW 700 gab es ab Frühling 1961 auch in einer Luxusvariante, die man äußerlich an den Ausstellfenstern erkannte. Kurz darauf wurde von BMW eine offene Rennsportvariante mit Gitterrohrrahmen und 70 PS leistendem DOHC-Motor kreiert, der 700 RS; zwei Jahre später sollte als rennsportliches Kunststoffcoupé der Martini-BMW (→ Anhang) mit 80 PS folgen...

BMW 1500 Auf der Internationalen Automobil-Ausstellung von Frankfurt im Herbst 1961 war es dann soweit: BMW präsentierte seinen Typ 1500 und dazu zwei weitere Neuheiten, nämlich ein wunderhübsches, vom Karosseriewerk Baur gebautes Cabriolet auf dem 700 Sport und ein von Bertone (→ Anhang) entworfenes viersitziges Luxuscoupé auf 502-Basis mit der Bezeichnung 3200 CS (Coupé Super) und Mittel- statt Lenkradschaltung. Gleichzeitig wurden die Leistungen und die Drehmomente der V8-Motoren angehoben. Der 2600 (neue Bezeichnungen) leistete nun 100 statt 95, der 2600 L 110 statt 100, der 3200 L 140 statt 120 und der 3200 S gar 160 statt 140 PS; am stärksten war bisher der 507 mit 150 PS gewesen. Diese Leistungssteigerungen waren durch größere Einlaßventile, geänderte Nockenwellen, längere Ventilöffnungszeiten, höhere Verdichtung und größere Vergaser erzielt worden. Vordere Ate-Dunlop-Scheibenbremsen waren nun bei allen V8-BMW serienmäßig. Man erkannte die jüngste Auflage an den kreisrunden statt länglichen Heckleuchten; sie stammten aus der BMW-Motorradproduktion!

Der vielbeachtete neue Mittelklasse-BMW, der die Lücke zwischen dem Opel/Ford und dem Mercedes-Benz füllen sollte, zeigte eine sehr elegante, moderne Linie und dabei durchaus eigenständige Stylingmerkmale. Er war eine geräumige viertürige Limousine und verkörperte auch im Unterbau eine vollständige Neukonstruktion. Bemerkenswert waren die über die gesamte Wagenbreite «gelegten» Motor- und Kofferraumhauben; der hintere Deckelausschnitt war besonders tief und erlaubte müheloses Beladen des ungewohnt großzügig bemessenen Kofferraums.

Der BMW 1500 besaß einen auf hohe Literleistung ausgerichteten 1,5-Liter-Motor mit obenliegender Nockenwelle: 75 PS aus 1,5 Litern Hubraum bedeuteten eine ungewöhnlich hohe Literleistung. Dieser Motor wurde um 30° nach rechts geneigt eingebaut. Die Kraftübertragung erfolgte über ein 4-Gang-Getriebe mit Stockschaltung auf die einzeln aufgehängten Hinterräder. Auch hierin ergab sich ein konstruktiver Vorteil gegenüber anderen Familienwagen der Epoche. Während vorne Federbeine mit Schraubenfedern, Lenkern und Drehstabilisator verwendet wurden, erfolgte die hintere Radführung mit schrägstehenden Dreiecklenkern, Schraubenfedern und Gummi/Luft-Federungselementen. Die Aufhängungen wurden in der Anfangsperiode noch ausgefeilt, und schließlich fanden sich vorne wie hinten Gummizusatzfedern. Von Anfang an hatte der BMW 1500 vordere Scheibenbremsen nach System Dunlop. Die Auslieferungen des neuen BMW-Zugpferdes, dessen Leistung nun mit 80 PS angegeben wurde, begannen übrigens erst im Herbst 1962, und der Export sollte 1963 einsetzen. Inzwischen, im Herbst 1962, stellte Bertone als dezentes Einzelstück ein Cabriolet 3200 CS vor. Anderseits offerierte das Schweizer Karosseriewerk Gebr. Beutler (→ Anhang) in Thun ein käufliches 502-Coupé eigener Prägung.

Nachdem auf dem Genfer Salon 1962 der BMW LS Luxus als vergrößerte Ausführung des Typs 700 – Radstand 228 statt 212 cm, 4 cm mehr Höhe, neue Hinterradaufhängung mit luftgefüllten Gummizusatzfedern und Hilfsträger, 32 statt 30 PS, Verzicht auf Ölkühler dank größerem Motorraum – gezeigt worden war, folgten Anfang 1963 die Modelle 700 C (ebenfalls 32 PS, statt 700 Coupé) und 700 CS (statt Sport). Die bereits reduzierte Isetta-Produktion war im Mai 1962 endgültig aufgegeben worden. Dieser Kleinstwagen hatte es auf eine Stückzahl von gut 160 000 gebracht, er war damit – nach dem vierrädrigen Goggomobil – der meistgefragte «Straßenfloh» der an solchen Konstruktionen reichen Nachkriegsgeschichte gewesen! Zuletzt war er unter Lizenz auch noch bei der Isetta of Great Britain Ltd. in Brighton (England) für den Inlandmarkt (mit Rechtslenkung) und den Nahen Osten gebaut worden.

1800 und 1800 TI Im September 1963 wurden – wie bereits erwartet – leistungsgesteigerte Ausführungen des BMW 1500 vorgestellt. Sie hießen 1800 und 1800 TI (= Turismo Internazionale, in Anlehnung an den → Alfa Romeo Giulia TI!). Sie zeigten bis auf Kleinigkeiten (Radzierscheiben, tiefere vordere Stoßstange, seitliche Chromstreifen) die gleiche Karosserie wie der Typ 1500. Außer dem auf 1,8 Liter vergrößerten Hubraum besaß der TI zwei Doppelvergaser und eine höhere Verdichtung, was die Leistung von 90 auf 110 PS brachte. Beide Neulinge hatten serienmäßig eine Mastervac-Bremshilfe. Beim TI, der auch für Wettbewerbseinsätze gedacht war, gab es auf Wunsch zahlreiche rennsportliche Sonderausrüstungen. Im Paket eingebaut, ergab sich daraus der 1800 TI/SA (= Sonderausführung). Die 1800 hatten ein etwas reichhaltigeres Interieur; es umfaßte Liegesitzbeschläge, einen abblendbaren Innenspiegel, eine Choke-Kontrolleuchte sowie eine Scheibenwaschanlage. Aufgewertet wurde auch der Innenraum des Modells 1500; hier fanden sich nun abwaschbare Türverkleidungen, ein Kunststoff-Dachhimmel, Drehknöpfe für die vorderen Ausstellfenster und Gepäcknetze an den Sitzlehnen. Auch der BMW 1500 bot nun einen abblendbaren Innenspiegel und eine Scheibenwaschanlage sowie ein Doppeltonhorn.

Anfang 1964 wurde die Herstellung der großen BMW-Limousinen eingestellt. In jenem Modelljahr waren ausschließlich noch der 2600 L (110 PS) und der 3200 S (160 PS) angeboten worden. Weitergeführt wurde hingegen das Coupé 3200 CS, dessen Rohkarosserie von den Bertone-Werken in Italien geliefert wurde. Insgesamt waren seit 1952 rund 21 850 Exemplare der schwungvollen viertürigen Limousine gebaut worden.

BMW 1600 Im Frühling 1964 kündigten die Bayerischen Motoren-Werke als Zwischenmodell der jetzt mit großem Erfolg produzierten 1500/1800 den Typ 1600 an. Er bot bei vergrößerter Bohrung 83 statt 80 PS Leistung und zudem ein deutlich verbessertes Durchzugsvermögen. Auch er bestätigte die überdurchschnittlich guten Fahreigenschaften, die den BMW-Mittelklassewagen bei Kennern binnen kurzem einen glänzenden Ruf gebracht hatten.

Im Herbst 1964 wurde das Coupé BMW 700 C durch den 700 LS Coupé abgelöst. Er basierte nun auf dem Radstand des LS Luxus und zeigte daher ein stark verlängertes Heck mit auffällig großer Heckscheibe. Die Lehne der hinteren Notsitzbank war abklappbar. Die Herstellung des 700-Cabrios beim Karosseriewerk Baur in Stuttgart lief gegen Ende jenes Jahres aus; insgesamt waren knapp 2600 solche kleine Cabriolets gebaut worden. Im Herbst 1965 sollte die Produktion der letzten Heckmotor-BMW, des LS Luxus und des LS Coupé, ebenfalls zu Ende gehen. Diese Kleinwagenkonstruktion hatte es seit 1959 immerhin auf einen Gesamtausstoß von gut 188 000 Einheiten gebracht, wovon 35 000 Coupés (einschließlich C und Sport) und 1750 LS Coupé.

Rechts oben: BMW 3200 CS (Bertone), 1962
Rechts Mitte: BMW 1500, 1963
Rechts unten: BMW LS Coupé, 1965

2000 Coupé In der ersten Jahreshälfte 1965 wurden zu Homologationszwecken 200 Exemplare des 1800 TI/SA mit 130 PS und 5-Gang-Getriebe gebaut. Im Juni 1965 – und bereits als Vorbote auf die Frankfurter Automobil-Ausstellung – überraschte BMW mit dem viersitzigen Coupé 2000 CS (= Coupé Sport). Es wurde als Nachfolger des berühmten Vorkriegs-Sportmodells 327 propagiert. Daneben gab es den äußerlich identischen 2000 C mit gedrosselter Leistung und den 2000 CA, der die Leistung des 2000 C mit dem neuen Getriebeautomaten der Zahnradfabrik Friedrichshafen (ZF) verband.

Die 2000-Coupés basierten bei unverändertem Radstand auf den BMW 1500 bis 1800. Sie hatten jedoch einen neugeschaffenen 2-Liter-Motor, dessen Brennräume mit «Kugel-Wirbelwannen» für verbesserten Verbrennungsablauf sorgten. Gegenüber dem 1,8-Liter-Motor war auch hier die Bohrung vergrößert worden. Mit zwei Doppelvergasern kam dieses in zahlreichen Details modifizierte Antriebsaggregat auf 120 PS, beim 2000 C blieb die Leistung hingegen auf 100 PS beschränkt. Während die mit einer von vorne bis hinten durchgezogenen Sicke betonte Gürtellinie von den Mittelklasse-Limousinen übernommen worden war und die Heckform an den 3200 CS von Bertone erinnerte, war die ungewohnte Frontgestaltung mit den trapezförmigen Plexiglasabdekkungen über den Scheinwerfern eine gewagte Neuschöpfung der hauseigenen Designer unter Wilhelm Hofmeister. Die neuen Coupékarosserien sollten bei Karmann (→ Anhang) in Osnabrück hergestellt werden, jenem größten unabhängigen deutschen Karosseriewerk, das auch VW belieferte; Montage und Innenausbau erfolgten jedoch bei BMW.

Weitere Besonderheiten der neuen Coupés waren das angepaßte Fahrwerk und das besonders luxuriöse Interieur. Die Kugel-Wirbelwannen-Brennräume – sie waren schon in den TI/SA erprobt worden – kamen gleichzeitig auch bei den 1,6- und den 1,8-Liter-Motoren zur Anwendung. Die Herstellung des Typs 1500 war nach einem Ausstoß von 23 800 Stück bereits Ende 1964 ausgelaufen. Im Herbst 1965 gab es einen weiteren Abschied: Das letzte Coupé 3200 CS lief vom Band. Dies bedeutete auch den endgültigen Ausklang der BMW-V8-Epoche. Insgesamt waren binnen knapp vier Jahren 538 solche Bertone-Coupés gebaut worden.

2000 und 2000 TI 1966 war somit das erste Jahr, in dem sich BMW vollumfänglich auf eine einzige, dafür aber zugkräftige Modellreihe abstützte. Sie wurde schon im Januar vergrößert, indem zwei Limousinen mit dem 2-Liter-Motor lanciert wurden. Sie hießen 2000 (100 PS) und 2000 TI (120 PS). Der BMW 2000 unterschied sich von den anderen Modellen durch die Rechteckscheinwerfer und die vergrößerten Heckleuchten, der 2000 TI unterschied sich hingegen nur durch die Aufschrift vom 1800 TI. Gegenüber den 1800-Modellen waren auch das Fahrwerk überarbeitet und das Interieur – unter anderem mit schalenförmigen Sitzen – aufgewertet worden. Den Typ 2000 gab es auf Wunsch auch mit dem ZF-Automatgetriebe.

Anläßlich des groß gefeierten Jubiläums 50 Jahre BMW von Anfang März 1966 konnten die Werksleitung und Verkaufsdirektor Paul Hahnemann eine weitere Neuheit präsentieren, den 1600-2, der das Programm nach unten abrundete. Er war zweitürig und sollte in wenigen Monaten den viertürigen Typ 1600 gänzlich verdrängen, von dem daher bloß etwas über 10 000 Stück gebaut wurden. Der neue 1600 hatte einen um 5 cm kürzeren Radstand von somit genau 2,5 m. Mit 423 cm Gesamtlänge wirkte er jedoch deutlich gedrungener und vielleicht auch sportlicher als die viertürigen BMW. Auch hier fand sich ein vorbildlich gestaltetes Armaturenbrett mit auf Zweckmäßigkeit ausgerichteten Bedienungselementen.

Weil viele Kaufinteressenten die repräsentativere Aufmachung des 2000 mit dem Leistungsvermögen des 2000 TI in Kombination wünschten, wurde bereits im Juli 1966 der 2000 tilux ins Programm genommen. Er bot zusätzlich eine eingebaute Heckscheibenheizung und Edelholzverzierungen auch an den Türinnenseiten. 1966 wurden beim belgischen Karosseriewerk Coune (→ Anhang) vier BMW 1800 Kombi gebaut, nachdem dort im Vorjahr bereits zwei BMW 700 Kombi entstanden waren. – 1966 war auch das Jahr, da BMW die in Schwierigkeiten steckenden Automobilwerke der Hans → Glas GmbH übernahmen, die im ebenfalls bayrischen Dingolfing angesiedelt waren. Man versprach

BMW 2000 CS, 1967

Rechts: BMW 2500, 1969
Rechts unten: BMW 2800 CS, 1969
Unten: BMW 1600 TI, 1968
Ganz unten: BMW 2000, 1969

sich hier die benötigten Expansionsmöglichkeiten. Glas hatte im Gegensatz zu BMW noch eine (allzu) breite Produktpalette, die vom Goggomobil bis zum V8-Coupé reichte...

Während die Integration der Glas-Werke in zahlreichen Schritten vorbereitet wurde, nahm man im Frühling 1967 in München-Milbertshofen eine Elektrophorese-Grundieranlage für einen verbesserten Rostschutz der Karosserien in Betrieb. Die neue, drei Stockwerk hohe Lackiererei mit Tauchbad war Teil eines Modernisierungsprogramms. Der 1800 TI wurde seit Ende 1966 nicht mehr gebaut. Am Frankfurter Salon im Herbst 1967 brachte BMW gleich drei 1,6-Liter-Neuheiten «aufs Tapet»: ein Cabriolet auf der Basis des 1600-2, einen 1600 TI und einen 1600 GT. Der 1600 TI besaß die zweitürige Karosserie des 1600-2, jedoch mit einem beidseits der BMW-Niere in drei Felder eingeteilten Kühlergitter, der 1600 GT aber war nichts anderes als ein modifiziertes → Glas-Coupé, das anstatt mit dem eigenen 1,3- oder 1,7-Liter-Motor mit einer BMW-Maschine bestückt war. Auch Kraftübertragung und Hinterachse und sogar die – allerdings verkleinerte – Niere im Kühlergesicht stammten von BMW. Im TI wie im GT standen 105 statt 85 PS zur Verfügung. Kurvenstabilisatoren und Bremsverstärker waren serienmäßig, und auch Gürtelreifen fanden hier ihre berechtigte weitere Verbreitung.

BMW 2002 Im Hinblick auf den Automobilsalon von Brüssel wurde im Januar 1968 der BMW 2002 angekündigt. Er kombinierte die kompakte Karosserie des 1600-2 mit dem Motor des viertürigen 2000. Mit 100 PS Leistung war er zwar um 5 PS schwächer als der 1600 TI, anderseits bot er aber ein deutlich höheres Drehmoment und ein noch besseres Beschleunigungsvermögen. Das Fahrwerk war neu abgestimmt, und das Lenkrad besaß Holzauflagen. Der Typ 2002 wurde zu einem der beliebtesten «Leistungsautos» kleineren Kalibers. Das BMW-Programm 1968 begann übrigens mit dem winzigen → Goggomobil, dem letzten Modell aus der Glas-Produktion.

Schon im Frühling verbreitete BMW das Bild einer imposanten Luxuslimousine im Stile der 4-Zylinder-BMW, jedoch mit 2,5-Liter-6-Zylinder-Motor. Damit wurden die großen Ambitionen der Bayern offenkundig! Zunächst war jedoch von den erneuerten Modellen 1800 und 2000 die Rede. Sie wurden im Frühsommer 1968 präsentiert. Der 1,8- wie der 2-Liter-Motor hatten eine identische Bohrung von 89 mm, damit ergab sich für den 1800 eine deutlich überquadratische Auslegung. Beide Modelle waren nun mit einer Doppel-Zweikreis-Bremsanlage ausgerüstet, bei der allein für die vorderen Scheibenbremsen zwei Paar Radbremszylinder mit getrennten Leitungen betätigt wurden. Ebenfalls erhöhter Sicherheit dienten das neugestaltete Armaturenbrett, die Innenraumpolsterung und das Dreispeichen-Lenkrad mit versenkter Nabe. Neu waren auch der Übergang zu homokinetischen Antriebsgelenken sowie die auch hier erfolgte Einführung des 12-Volt-Systems und einer Rundum-Warnblinkanlage. Neu durchdacht war ferner die Heizungs- und Lüftungsanlage. Den neuen 1800 erkannte man an dem in vier Felder unterteilten Kühlergitter. Den 2000 TI gab es nicht mehr, wohl aber den im gleichen Sinne aufgewerteten 2000 tilux. Im Verlaufe des Jahres 1968 kam das «Aus» für die 1600 GT und TI; sie waren in 1259 bzw. 10 836 Exemplaren hergestellt worden.

Im Frühherbst 1968 wurde die BMW-4-Zylinder-Palette abermals erweitert, und zwar mit dem 2002 ti. Wie die Bezeichnung verrät, wurde hier die zweitürige Karosserie mit dem 120-PS-Aggregat des tilux kombiniert. Auf Wunsch waren in diesem hochpotenten Familienauto ein 5-Gang-Getriebe und – wie im 2002 – eine Differentialbremse lieferbar.

2500/2800 Im Herbst 1968 erfolgte dann die Ankündigung der Typen 2500 und 2800, mit denen BMW in die Oberklasse zurückkehrte. Es handelte sich um geräumige Limousinen mit 269 cm Radstand und 470 cm Gesamtlänge (1800/2000: 255/450 cm) und um ein Coupé 2800 CS mit 262,5 cm Radstand und 466 cm Länge (2000 CS: 255/453 cm). Die 6-Zylinder-Motoren hatten natürlich eine obenliegende Nockenwelle, doch waren ihre Brennräume erneut verbessert worden und hießen nun in der Sprache des Herstellers Drei-Kugel-Wirbelwannen-Brennraum. Mit 150 und 170 PS erbrachten sie eine hohe Leistungsausbeute.

Neu war auch die Kraftübertragung mit Tellerfederkupplung und ZF-4-Gang-Vollsynchrongetriebe mit Borg-Warner- statt Porsche-Synchronisierung. Die Vorderradaufhängung bestand aus einer geänderten Federbeinkonstruktion mit versetztem Nachlauf. Für die an Längsschwingen geführten Antriebsräder wurden nun ebenfalls Federbeine verwendet. Sie sorgten, unter Beibehalt der sicheren Fahreigenschaften, für ein besonders hohes Komfortniveau. Vorne wie hinten kamen Scheibenbremsen mit Servo zum Einbau, und selbstverständlich wurde auch bei diesen großen BMW den Sicherheitsmerkmalen vordergründige Aufmerksamkeit geschenkt. Die Produktion der Limousine 2800 lief erst im Frühling 1969 an.

Bei BMW tat sich zu diesem Zeitpunkt vieles. Nicht nur hatte man mit der großen Limousine ein neues, hinsichtlich des auch beim 6-Zylinder-Coupé übernommenen Frontdesigns aber durchaus markentypisches Karosseriestyling gefunden, sondern man pflegte auch das Image der Sportlichkeit. Diesem kamen die zahlreichen erfolgreichen Einsätze bei Tourenwagenrennen ebenso zugute wie der nun anlaufende Kontakt zur Formel 2, in der sich BMW-4-Zylinder-Motoren in einmaliger Weise durchsetzen sollten. Das Werk arbeitete mit Spezialwerkstätten zusammen, unter denen zunächst vor allem die Tuninggarage der Gebr. Schnitzer in Freilassing bekannt wurde. Hier wurden aus dem 2002 TI für den Einsatz bei Rennen für Spezial-Tourenwagen nach Gruppe 5 bis zu 205 PS herausgeholt! Doch damit nicht genug: Mit Eberspächer-Abgasturbolader konnte die Leistung sogar auf 275 PS erhöht werden, und mit einem solchen Fahrzeug wurde der Österreicher Dieter Quester 1969 denn auch Tourenwagen-Europameister der Division 3. – Von der Karosseriefirma Gauss, Birkenfeld/Pforzheim, wurde im Juni 1969 ein imposanter BMW 2500 Kombi angeboten. 1969 lief die Produktion des Coupés 2000 aus; von ihm waren insgesamt 11 720 Exemplare gebaut worden.

Nachdem die Modelle 1600-2 und 2002 im Frühling 1969 ähnliche Verbesserungen erhalten hatten wie die viertürigen 4-Zylinder-Modelle (Doppel-Zweikreis-Bremsanlage, Warnblinkanlage usw.), wurde der 2002 im Sommer ebenfalls mit dem – inzwischen weiterentwickelten – ZF-Automatgetriebe lieferbar. Ende jenes Sommers kam der 2000 tii hinzu. Das zweite «i» bezog sich auf die Einspritzung (injection). Es handelte sich um eine Kugelfischer-Einspritzung, wie sie seit Jahren auch von → Peugeot verwendet wurde. Gegenüber dem tilux, mit dem der tii ansonsten identisch war, stieg die Leistung um weitere 10 auf 130 PS. Mehr auf Luxus und Eleganz ausgerichtet war eine Cabrioversion des 2800 CS, die vom Kölner Karosseriewerk Deutsch ab Frühling 1970 angeboten wurde. Auf dem Genfer Salon 1970 hatte Bertone die Coupéstudie Garmisch auf dem 2002 TI zur Diskussion gestellt. Im Januar jenes Jahres war Eberhard von Kuenheim durch Herbert Quandt zum neuen obersten BMW-Leiter berufen worden. Im Herbst 1970 gaben die Bayerischen Motoren-Werke bekannt, künftig sämtliche Wagen ab Band ausschließlich mit Gürtelreifen auszurüsten.

BMW	Zyl.	cm³	PS	bei 1/min	Gänge	Spitze km/h	Radstand/ Länge	Baujahre	Besonderheiten
2,6	V8	2580	95	4800	4	160	284/473	1958–61	Kastenrahmenchassis
2,6 Luxus			100	4800		165			
3,2		3168	120	4800		170			
3,2 Super			140	4800		180			
2600	V8	2580	100	4800	4	160	284/473	1961/62	
2600 L			110	4900		165		1961–64	
3200 L		3168	140	5400		175		1961/62	
3200 S			160	5600		190		1961–64	
3200 CS						200	284/483	1961–65	
Isetta 300	1	295	13	5200	4	85	150/236	(1956)–62	Rohrrahmen luftgek. Mittelmotor
700	B2	697	30	5000	4	120	212/354	1959–62	luftgek. Heckmotor
						125*			* Coupé
700 Sport			40	5700		135		1960–62	
LS Luxus			32	5000		120	228/386	1962–65	
700 C						125	212/354	1963/64	
700 CS			40	5700		135			
LS Coupé							228/386	1964–65	
1500	4	1499	75	5500	4	150	255/444	1961	OHC, h.E.
			80	5700			(450)	1962–64	
1800	4	1773	90	5250	4	160	255/450	1963–68	(dto) ab 1965: 4/A
1800 TI			110	5800		170		1963–66	TI/SA: auch 5 Gänge
1800 TI/SA			130	6100	5	180		1965	
1800		1766	90	5250	4/A	160		1968–70	
1600	4	1573	83	5500	4	150	255/450	1964–66	(dto)
1600-2			85	5700		160	250/423	1966–75	
1600 TI			105	6000		175		1967/68	
1600 GT						190	232/405		
2000	4	1990	100	5500	4/A	168	255/450	1966–72	(dto)
2000 TI, tilux			120	5500	4	180		1966–70	
2000 CS						185	255/453	1965–69	
2000 CA, C			100	5600	A/4	172			
2000 tii			130	5800	4	185		1969–72	m. Einspritzung
2002	4	1990	100	5500	4	170	250/423	1968–75	(dto) ab 1969: 4/A
2002 ti			120	5500	4/5	185		1968–71	
2500	6	2494	150	6000	4/A	190	269/470	1968–77	(dto)
2800		2788	170	6000		200		1969–75	
2800 CS						205	263/466	1968–71	

Bond

Die Bond-Dreiradwagen waren eine ab 1949 gebaute Nachkriegskonstruktion. Ihr Schöpfer war Lawrence Bond, ihr Hersteller die Sharps Commercial Limited in Preston, England. 1960 wurde bereits der Mark F hergestellt; er basierte auf dem seit zwei Jahren in Serie gebauten Mark E mit Pontonkarosserie. Das Einzelrad war vorne und diente auch dem Antrieb! Diesen besorgte ein luftgekühlter 2-Takt-1-Zylinder-Motor von Villiers. Er hatte 250 cm³ Hubraum und lieferte 11,6 PS bei 4800/min. Der Kraftübertragung dienten ein 4-Gang-Getriebe, eine Korklamellenkupplung und ein Kettenantrieb. Die Leichtmetallkarosserie des Bond war auf einem Kastenrahmen montiert. Es gab den Mark F als 2+2sitzigen Roadster und als zwei- oder vierplätziges Coupé. Unter der Bezeichnung Ranger wurde überdies ein Coupé mit hinterem Laderaum angeboten.

Im Herbst 1961 wurde der Mark F durch den Typ 250 G abgelöst. Bei dessen Karosserie war der obere, aus Kunststoff bestehende Teil zwecks Innenraums deutlich vergrößert worden. Wie beim neuen → Ford Anglia war die Heckscheibe einwärts geneigt. Zudem gab es nun eine große Frontscheibe, seitliche Kurbelscheiben und Ausstellfenster. Verbessert wurden auch die Bremsen und die Aufhängung: hinten fanden sich jetzt Federbeine mit Schraubenfedern statt der Gummitorsionsfedern. Der nicht zuletzt auch als Zweitwagen (für die Hausfrau) gedachte Kleinstwagen war dank des Dreiradkonzepts nicht nur sehr steuer- und versicherungsgünstig, sondern er ließ sich auch auf kleinstem Raume wenden (90° Einschlag nach jeder Seite). Nebst der immerhin 335 cm langen Limousine wurde ab 1962 auch eine Kombiversion mit Heckklappe – der erste Dreirad-Kombi – angeboten, und ab 1963 gab es eine 2-Zylinder-Version.

Equipe GT Im Frühling 1963 nahm die Sharps Commercial Ltd. die Herstellung eines echten Sportcoupés auf: des Bond Equipe GT. Dieser Gran Turismo hatte eine Kunststoffkarosserie, Chassis, Türen und Windschutzscheibe stammten jedoch vom → Triumph Herald. Der elegant abfallende Bug und die Fastbacklinie wirkten recht sportlich. Die Vorderradaufhängung war zwecks tieferen Schwerpunktes abgeändert worden, und der Motor mit 1147 cm³ Hubraum und 63 PS Leistung stammte vom Triumph Spitfire. Das Armaturenbrett hatte man hingegen dem Triumph Vitesse entlehnt. Die Ausrüstung umfaßte ferner ein Sportlenkrad und Schalensitze; im Wagenfond fanden gegebenenfalls zwei Kinder oder zusätzliches Gepäck Aufnahme.

Auf 1965 wurde dem Equipe GT 2+2 die viersitzige Version GT 4 S zur Seite gestellt, der alsbald als einzige Version weitergebaut werden sollte. Die Front zeigte jetzt zwar Doppelscheinwerfer, doch wirkte das vertikal zweigeteilte Kühlergitter weit weniger harmonisch. Der dreirädrige 250 G wurde – ebenfalls auf 1965 – unter der Bezeichnung Tourer zusätzlich als das «billigste Cabriolet der Welt» angeboten, zudem gab es zu ihm einen passenden Zeltanhänger!

875 Es war im Herbst 1965, als der jetzt als Bond Cars Ltd. firmierende kleine Hersteller mit einem neukonstruierten Dreiradwagen überraschte. Er hatte einen weit größeren Motor, wie er bereits von der Konkurrenz- und späteren «Muttermarke» → Reliant verwendet wurde. Die Bond-Konstrukteure hatten sich ausgerechnet, daß für ein steuermäßig weit weniger belastetes und dazu im immer dichter werdenden Stadtverkehr besonders wendiges Auto eine steigende Nachfrage bestehen müßte. So schufen sie den Typ 875 mit dem Heckmotor gleichen Zylinderinhalts des → Hillman Imp. Allerdings hatte man die Leistung des hochmodernen Imp-Motors durch Reduktion der Verdichtung von 10 auf 8:1 auf 34,5 PS reduziert.

Während die Kunststoffkarosserie von vorne schmäler und höher wirkte als jene des 250 G, sah der Typ 875, schräg von hinten betrachtet, dank seiner kühnen Schrägheckform attraktiv aus. In den viersitzigen Glasfiberaufbau waren Verstärkungselemente aus Stahlblech einbezogen. Eine mit dem Aufbau verschraubte Quertraverse im Heck trug die Antriebseinheit samt Einzelradaufhängung. Das Vorderrad wurde an einem Schwingarm geführt. Weil der Kofferraum klein war, wurde vom Hersteller ein auf das Dach zu montierender Kunststoffkoffer angeboten.

1966 lief die Herstellung des kleinen 250 G aus, und im Frühling 1967 wartete das Modell GT 4 S unter der Zusatzbezeichnung 1300 mit dem 1,3-Liter-Motor des Spitfire Mark III auf, womit 76 statt 68 DIN-PS zur Verfügung standen. Die hintere Einzelradaufhängung wurde neu abgestimmt.

2 Litre GT Doch auf dem Londoner Salon im Herbst 1967 wurde dem GT 4 S 1300 ein gänzlich neu geformtes Modell zur Seite gestellt: der Bond 2 Litre GT. Er zeigte eine sauber und kühn geformte Fastbackkarosserie, die weit moderner und repräsentativer wirkte. Wie der Name verrät, basierte dieses neue Modell auf dem → Triumph Vitesse mit 2-Liter-6-Zylinder-Motor. Die 2+2sitzige Karosserie bestand wiederum aus Kunststoff, wobei jetzt auch die Türen eine Eigenkonstruktion waren. Originellerweise wurde die Radioantenne in das Kunststoffdach eingegossen. Praktisch alle technischen Aggregate stammten vom verjüngten Vitesse. Dementsprechend wurden im Herbst 1968 die beim Vitesse eingeführten Verbesserungen einschließlich Leistungssteigerung von 95 auf 105 DIN-PS mit übernommen. Gleichzeitig kam – ebenfalls mit der Bezeichnung Equipe 2 Litre GT Mk II – ein höchst adrett aussehendes Cabriolet hinzu!

Oben: Bond Minicar Mk F, 1960
Darunter: Bond Equipe GT, 1964
Rechts: Bond Equipe 2 Litre GT, 1968

Bug Mit dem Modelljahr 1969 erhielt der Bond 875 als Mk II neben anderen Verbesserungen eine neue Front mit von Rechteckscheinwerfern flankiertem «Kühlergitter». Anfang 1969 erfolgte dann der Zusammenschluß von Bond mit Reliant, wobei letzterer der stärkere und schließlich überlebende Partner war... Schon im Frühling des folgenden Jahres brachte diese Fusion eine erste Frucht, und zwar in Form des Bond Bug 700. Der Bug (= Wanze) war zweifelsohne eine der originellsten Konstruktionen auf dem Gebiet der Kleinstautos. Er war wiederum ein Dreiradfahrzeug mit vorderem Einzelrad und angetriebener starrer Hinterachse. Mit 279 cm Länge war der Bug ein reiner Zweisitzer. Und halbwegs zwischen den beiden Einzelsitzen eingebaut fand sich die Antriebseinheit, der 700-cm³-4-Zylinder-Motor, wie er auch im dreirädrigen → Reliant Regal 3/30 verwendet wurde. Mit dieser 29, in der Luxusausführung 700 ES 32 SAE-PS leistenden Maschine kam der bloß etwas über 400 kg wiegende Bug auf recht ansprechende Fahrleistungen.

Der Bug war auf einem Profileisenrahmen mit Querverstrebungen aufgebaut. Die Räder waren mit Federbeinen abgestützt. Der Kunststoffaufbau – in der Auslegung eine Idee von Tom Karen von der Firma → Ogle Design – war nicht nur höchst ungewöhnlich geformt, sondern bot auch einzigartigen Einstieg: Hiezu wurde nämlich der gesamte Karosserieoberteil angehoben. Fixiert blieb dabei nur das knapp hinter der Mitte der Hinterräder abgeschnittene Wagenheck, das unterhalb des Heckfensters einen kleinen Kofferraum umschloß. Der Bug 700 löste den 875 Mk II ab, 1971 lief die Produktion von Bond-Vierrad-Sportwagen aus, den Bug sollte es noch bis 1975 geben.

Von oben nach unten:
Bond Equipe GT 4S 1300, 1968
Bond 875, 1968
Bond Bug, 1970

Bond	Zyl.	cm³	PS	bei 1/min	Gänge	Spitze km/h	Radstand/ Länge	Baujahre	Besonderheiten
Mark F (Dreirad)	1	246	12	4800	4	80	170/335	1958–61	s. Text!
250 G (Dreirad)						88	168/335	1961–66	
	2	250	15	5500				1963–66	
875 (Dreirad)	4	875	36	4800	4	130	198/325	1965–68	s. Text!
Mk. II						127		1968–70	
Bug 700 (Dreirad)	4	701	29	5000	4	120	196/280	1970–	s. Text!
ES			32	5000					
Equipe GT (2+2)	4	1147	63	5750	4	150	232/394	1963/64	Triumph-Basis
GT 4S								1964/65	a.W. red. Kompr.
			67	6000				1965–67	
GT 4S 1300		1296	76*	6000		150+	232/401	1967–71	* DIN-PS
2 Litre GT	6	1998	95*	5000	4/4+S	160+	233/412	1967/68	* DIN-PS
Mk. II			105*	5300		166		1968–71	

Borgward

Die in Bremen beheimatete Borgward-Gruppe umfaßte die Marken Borgward, → Hansa und → Lloyd. Durch viele technische Initiativen war es Carl F. W. Borgward und seinen Leuten gelungen, im großen deutschen Konkurrenzumfeld einen hervorragenden Platz zu halten. Kernstück der Borgward-Produktion war 1960 weiterhin der bzw. die Isabella. Diese formschöne zweitürige Mittelklasselimousine war 1954 auf den Markt gekommen, und sie wirkte auch zur Jahrzehntwende noch nicht veraltet. Ihre Besonderheit war die hintere Pendelachse. Neben dem 60 PS starken Normalmodell gab es die Ausführung TS, in der die 1,5-Liter-Maschine 75 PS leistete. Außerdem gab es einen TS de Luxe, einen dreitürigen Kombi sowie das hochelegante Coupé mit TS-Motor. Es wurde (seit Anfang 1959) auf Wunsch mit modischen Schwanzflossen geliefert.

Für Schlagzeilen hatte die angesehene Bremer Marke auf der Frankfurter Automobilausstellung im September 1959 gesorgt: Ein neuer großer Borgward, der 2,3-Liter (oder «Großer Borgward»), war vorgestellt worden. Er zeigte eine repräsentative moderne Karosserie mit durchgezogener, in kleinen Flößchen ausmündender Gürtellinie, großflächiger, leicht um die Ecken gebogener Windschutzscheibe, Panorama-Heckscheibe und in kantigem Styling gehaltenen Formdetails. Im Kühlergitter fand sich das traditionelle Markenzeichen in Rhombusform.

Der 100 PS starke 2,2-Liter-6-Zylinder-Motor war bereits aus dem Vormodell 2400 bekannt. Seine Zylinderabmessungen entsprachen jenen des Isabella-Motors. Die Bedienung des vollsynchronisierten 4-Gang-Getriebes erfolgte mit Lenkradschaltung, so daß auch vorne drei Personen Platz finden konnten. Wie beim Isabella war die Karosserie selbsttragend ausgeführt, und ebenso fand sich hinten eine Pendelachse mit Schublenkern und Schraubenfedern. Der Wagenklasse entsprechend war die Ausrüstung sehr vollständig, und die Konstrukteure hatten auch den Sicherheitsaspekten Rechnung getragen.

Noch bevor der 2,3-Liter in die Serienproduktion ging, wurde er auf dem Brüsseler Salon im Januar 1960 als erster deutscher Personenwagen mit einer Luftfederung gezeigt; sie war in Zusammenarbeit mit Phoenix-Firestone und Bosch entwickelt worden und sollte auf Wunsch geliefert werden. Eine weitere technische Innovation bedeutete die Übernahme des englischen Hobbs-Automatgetriebes Mecha-Matic, die im Frühling 1960 angekündigt wurde. Es handelte sich um ein selbsttätig schaltendes 4-Gang-Getriebe mit mechanischer Kraftübertragung und daher ohne Leistungsverlust. Das aus einem Planetengetriebe, zwei hydraulisch betätigten Reibungskupplungen und drei Bremsen bestehende Getriebe wurde mit Hansamatic bezeichnet und war als Wunschausrüstung für die Isabella-Modelle vorgesehen.

Borgward

Von oben nach unten:
Borgward 2,3-Liter, 1961
Borgward Isabella Coupé, 1961
Borgward Isabella TS de Luxe, 1961
Borgward Arabella de Luxe, 1961

Borgward	Zyl.	cm³	PS	bei 1/min	Gänge	Spitze km/h	Radstand/ Länge	Bau-jahre	Besonderheiten
Isabella	4	1493	60	4700	4	130	260/440	1954–61	h.E., ab '60: 4/A
TS			75	5400		150		1955–61	
2,3-Liter (P 100)	6	2240	100	5100	4/A	160	265/472	1960/61	h.E., a.W. Luftfederung
Arabella de Luxe	B4	897	45	5300	4	133	220/383	1960–63	Frontantrieb, Zentralrohrr., h.E.

Wenngleich die Borgward-Gruppe 1959 einen Rekordumsatz von 632 Millionen DM erzielt hatte, so begannen sich doch nach und nach finanzielle Probleme abzuzeichnen. Allzuviel Geld war in technische Detailentwicklung und in Projekte (Helikopter, Bootsmotoren), doch zu wenig in das Marketing investiert worden. Zudem mißlang die Kalkulation des Preises für den → Lloyd Arabella. Borgward mußte Kredite suchen, diese waren aber in Anbetracht der eher negativ beurteilten weltweiten Konjunkturlage nicht im erhofften Maße zu bekommen.

Immerhin hatte man inzwischen die größten Löcher stopfen können und auch erste Schritte zu einer Neustrukturierung unternommen. Hiezu zählte die Aufnahme eines Modells Arabella unter das Borgward-Markenzeichen. Der Borgward Arabella de Luxe wurde im November 1960 lanciert. Dessen Leistung erreichte 45 DIN-PS anstatt der 38 beim Lloyd. Zu den Anpassungen zählten ein neues Getriebe und der Borgward-Rhombus.

Doch die bisher heruntergespielte Finanzkrise ließ sich nicht bewältigen. Zudem zeichnete sich ein deutlicher Rückgang des Auslandgeschäfts ab, und Borgward exportierte seine Autos zu über 63 %! Produktionsdrosselungen und Entlassungen wurden unvermeidlich. Im November hatte Konsul Dr. E. h. Carl F. W. Borgward seinen 70. Geburtstag feiern können, und er war zu diesem Anlaß mit einem Verdienstkreuz ausgezeichnet worden. Doch er wußte bereits, daß ihm nur noch ein Verkauf seiner Werke übrigblieb. Ford und Chrysler standen im Gespräch. Anfang 1961 kam der Stein ins Rollen. Nach einiger Aufruhr und Presseverlautbarungen über die Zahlungsunfähigkeit Borgwards übernahm eine vom Bremer Senat geführte Auffanggesellschaft die Borgward-Unternehmen.

Im Februar wurde die Borgward-Werke AG, Bremen, gegründet. Sie bemühte sich, den Lagerbestand von 12 000 Wagen durch Preisverbilligungen abzubauen. Mitte Jahr erfolgte die Entlassung von über 12 000 Arbeitern. Die neue Firma, in der Carl Borgward nichts mehr zu sagen hatte, vermochte den Niedergang nicht aufzuhalten. Auch die von Borgward-Händlern im In- und im Ausland gegründete Interessengemeinschaft konnte nichts mehr ausrichten. Nach und nach lief die Produktion aus und konzentrierte sich schließlich bloß noch auf die Ersatzteilversorgung. Bei Lloyd lief die Herstellung des Arabella de Luxe bis 1963 weiter. Die Werkanlagen wurden verkauft (→ Hansa, Lloyd). Bis im Herbst 1961 waren insgesamt 202 860 Isabella und knapp 2600 des auch P 100 genannten Modells 2,3 Liter gebaut worden. Die gesamten Produktionseinrichtungen für beide Modelle wurden 1963 an Bord von 63 Schiffen nach Mexiko (→ Borgward Mexico) verfrachtet. Im Juli des gleichen Jahres verstarb Carl Borgward an einem Herzversagen.

Borgward Mexico

1963 hatte die Impulsora Mexicana Automotriz SA unter der Führung des deutschstämmigen Enrique Strauss die gesamten Produktionseinrichtungen in Bremen-Sebaldsbrück der Konkurs gegangenen → Borgward-Stammwerke übernommen. Sie wurden in einem neuerrichteten Werk in Monterrey installiert, wo sowohl die Herstellung der Isabella-Typen wie des «Großen Borgward» wieder aufgenommen werden sollte. Es hieß, der Isabella werde 1966 unter dem Namen Azteka weitergebaut. Doch die Produktionsaufnahme ließ lange auf sich warten. Erst im Verlaufe des Jahres 1967 lief bei der Fabrica Nacional de Automoviles SA (Fanasa) die Herstellung des Typs P 100 allmählich an. Zwar sprach man von einer verbesserten Ausführung, doch im Prinzip wurde das bereits acht Jahre alte Modell kaum verändert weitergebaut. Nach wie vor wurde auf Scheibenbremsen verzichtet, doch war wie schon in Deutschland auf Wunsch eine Luftfederung erhältlich.

Im überalterten mexikanischen Wagenbestand, der sich vor allem aus amerikanischen Modellen zusammensetzte, wirkte der P 100 recht modern. Man sprach nun davon, daß ein nach italienischem Entwurf neukarossierter Isabella «noch 1967» in Produktion gehen sollte. Später vertagte man den Start dieser neuen, kleineren Serie in Limousinen-, Kombi- und Coupéausführung auf 1969. Doch auch dann blieb die Herstellung auf das Modell 230 in Standard- und in GL-Ausführung konzentriert, das alsbald auch mit Automatgetriebe zu haben war. Trotz staatlicher Unterstützung und mexikanischem Nationalstolz, der hinter dieser Fabrik und hinter diesem Auto steckte, scheint der Ausstoß nie in den Bereich der Rentabilität gelangt zu sein. Man baute monatlich an die hundert Wagen und blieb somit vom Ziel einer 5000 Stück erreichenden Jahresproduktion weit entfernt. 1968 wurden 1400, 1969 bloß noch 850 Wagen verkauft ... und 1970 erfolgte schließlich die Liquidation.

Brasinca, Uirapuru

Die Brasinca SA in São Paulo war ein Lieferant von Autoteilen für die brasilianische Fahrzeugindustrie. 1964 brachte sie ein eigenes Auto, den Brasinca 4200 GT Coupé, auf den heimischen Markt. Es handelte sich um ein sportliches Luxusfahrzeug mit Kastenrahmenchassis und 4,3-Liter-6-Zylinder-Motor von Chevrolet (Brasilien). Es bestand die Wahl zwischen einem 3-Gang-Vollsynchrongetriebe und einer ebenfalls vollsynchronisierten 4-Gang-Einheit von Borg-Warner. Die hintere Starrachse wurde von Längslenkern, einem Panhardstab und Schraubenfedern geführt. Die Karosserieform mit der langgestreckten Motorhaube und dem kuppelförmigen Fastback-Heckfenster (wie es später der → Jensen Interceptor haben sollte) war ebenso individuell wie modern.

Eine Differentialbremse wurde serienmäßig eingebaut. 1965 kamen zur Originalausführung mit knapp 160 SAE-PS Motoren mit Spezialnockenwellen und 168 oder 172 PS hinzu. 1966 wechselten die Herstellung zur Firma STV (Sociedad Tecnica de Veiculos Ltda.) und Marken- und Modellbezeichnung auf Uirapuru 4200 (je nach Motor mit S oder SS). Zudem wurden ein Cabriolet 4200 SC (mit Rechteckscheinwerfern und vereinfachter Front) und ein Typ RR 1 (für die Autobahnpolizei) eingeführt. – Doch schon Ende 1967 wurde die Produktion eingestellt.

Brasinca 4200 GT, 1966

Borgward Mexico	Zyl.	cm³	PS	bei 1/min	Gänge	Spitze km/h	Radstand/ Länge	Baujahre	Besonderheiten
230	6	2238	110	5200	4 '69: 4/A	160	265/472	1967–70	h.E., a.W. Luftfederung

Brasinca	Zyl.	cm³	PS	bei 1/min	Gänge	Spitze km/h	Radstand/ Länge	Baujahre	Besonderheiten
4200 GT	6	4271	157	4000	3/4	185	269/435	1964–66	Kastenrahmen,
			168	4400				1965/66	Chevrolet-Motor
			172	4800		200			
Uirapuru									
4200 S, SC	6	4271	157	4000	3	175	269/435	1966	dto
SS			174	4800	4	195			

Bristol	Zyl.	cm³	SAE-PS	bei 1/min	Gänge	Spitze km/h	Radstand/ Länge	Baujahre	Besonderheiten
406	6	2216	107	4700	4+S	160+	290/503	1958–61	Plattformrahmen
GT Zagato			132	5750		200	290/470	1959–61	m. Kastenträger
407	V8	5130	253	4400	A	195	290/505	1961–63	
408							290/491	1963–65	Kastenrahmen
409		5211	254	4400		210		1965–67	
410								1967–69	
411		6277	340	5200		222		1969–	

Bristol

Auf dem Genfer Salon 1947 hatte die Serie 400 der Flugzeugfirma Bristol (im englischen Bristol) ihren Anfang genommen. Der Bristol 400 war eine Weiterentwicklung des vor dem Krieg von → Frazer-Nash unter Lizenz gebauten BMW 326. Überdies hatte Bristol nach dem Krieg als Reparationsleistung die Pläne für den berühmten BMW 327/28 erhalten. Die auf die deutsche Konstruktion zurückgehenden Bristol-Motoren erfreuten sich eines besonders guten Rufes. Unter anderem wurden sie auch für den → AC-Bristol und für den → Arnolt-Bristol verwendet und überdies in verschiedenen britischen Rennfahrzeugen eingesetzt.

Links: Bristol Zagato GT (Zagato), 1961
Unten: Bristol 408, 1964

Ab Herbst 1958 wurde von der Bristol Cars Limited der Typ 406 gebaut, ein viersitziger sportlicher Luxuswagen, dessen sauber geformte Linien die Herkunft aus einem Flugzeugkonzern durchaus verrieten, wenn auch weniger ausgeprägt als der bestechende Fastback-Zweisitzer 404, wie er von 1953 bis 1955 hergestellt worden war. Der 406-Aufbau ging im übrigen auf einen Entwurf der Schweizer Karossiers Gebr. Beutler (→ Anhang) in Thun zurück. Er war auf einem Plattformrahmen mit Kastenträgern aufgebaut. Die Aufhängung bestand vorne aus Trapez-Dreieckquerlenkern und unterer Querblattfeder sowie einer hinteren Starrachse mit Längstorsionsstabfedern und Stabilisatordreieck. Die Räder waren mit Dunlop-Scheibenbremsen ausgerüstet.

Der mit einem 4-Gang-Getriebe mit Laycock-de-Normanville-Schnellgang gekoppelte 2,2-Liter-Sechszylinder leistete 107 SAE-PS, doch gab es ab 1959 auch einen Bristol Zagato 406 GT mit auf 132 PS gesteigerter Leistung. Dieses Modell mit leichtgewichtiger Spezialkarosserie – sie besaß mit Plexiglas verkleidete Scheinwerfer und bot weniger Innenraum – wurde vom Mailänder Karosseriewerk der Gebrüder Zagato (→ Anhang) im Auftrag der englischen Bristol-Verkaufsfirma Anthony Crook Motors Ltd. gebaut. 1960 erhielt diese Sonderversion ein deutlich aggressiveres Aussehen mit gerundetem statt kantigem hinterem Seitenfenster.

407 Im Herbst 1960 wurde die Autoabteilung aus der Bristol-Siddeley-Gruppe an den bisherigen Geschäftsführer George White und den Bristol-Vertreter und Rennfahrer Tony Crook verkauft. Ein Jahr später wurde der Bristol 407 präsentiert. Bei unveränderter Außenform wies er nun einen angepaßten 5,1-Liter-V8-Motor auf, der von → Chrysler in Kanada hergestellt wurde. (Bereits hatte man einen eigenen 3,5-Liter-Motor entwikkelt!) Damit schnellte die Leistung auf 253 SAE-PS, doch nahm auch das Wagengewicht um gut 250 auf 1626 kg zu! Als Kraftübertragung diente jetzt das Torqueflite-Automatikgetriebe. Die Vorderradaufhängung wurde neu gestaltet und bestand nun aus Querlenkern und Schraubenfedern, die Hinterachse mit Torsionsstabfederung und Wattgestänge wurde hingegen beibehalten. Ebenso dominierten im Interieur weiterhin Leder und Holz. Noch wurde eine Version Bristol 407 GT Zagato angeboten, doch wurde 1962 in Mailand kein derartiges Fahrzeug mehr gebaut.

408, 409 Ende 1963 erschien der Bristol 408. Er besaß nach wie vor den 5,1-Liter-V8 aus dem Chrysler-Konzern, doch zeigte die Karosserie eine modernisierte Front mit verlängerter Motorhaube und eckig gerahmtem großflächigem Kühlergitter, wenngleich die Gesamtlänge – vor allem durch Wegfall der Stoßstangenhörner – reduziert wurde. Auch die Gürtellinie wirkte gestreckter, und an den Flanken prangten nun eine zweite feine Zierleiste sowie eine kräftige untere Karosserieabschlußleiste. Der Unterbau war überarbeitet worden.

Im Herbst 1965 folgte der Bristol 409. Er stand im Zeichen der Detailverbesserungen: Kühlergitter mit verbessertem Luftdurchlaß, neuer Anlasser, Alternator statt Dynamo, günstigere Gewichtsverteilung, weichere Federelemente, progressiver wirkende Bremsen (nun Scheibenbremsen von Girling), erhöhter Rostschutz und Heckscheibenheizung. Die drei Vorwärtsstufen des Torqueflite-Getriebeautomaten (Drucktasten am Armaturenbrett) ließen sich nun einzeln sperren. Die Höchstgeschwindigkeit stieg mit dem auf 5,2 Liter Inhalt vergrößerten und verbesserten Motor von 195 auf 210 km/h.

410, 411 Den im Herbst 1968 erschienenen Typ 410 erkannte man an den nun über die gesamte Seite gezogenen doppelten, an ihren Enden zusammengeführten Zierstäben. Die Weiterentwicklung zielte hier Richtung Sicherheit und umfaßte neben anderem die Einführung eines doppelten Bremskreislaufes sowie einer Servolenkung. Stolz sprachen die Bristol-Konstrukteure vom Battleship (Schlachtschiff), weil ihr Auto «den wahrscheinlich widerstandsfähigsten Chassisrahmen der Welt» besitze . . .

Bloß ein Jahr später kam aber bereits der 411 heraus. An ihm fanden sich bloß noch ein vorderer und ein hinterer feiner Zierstab. Doch die eigentlichen Änderungen waren unter der Motorhaube zu finden. Dort tat jetzt ein 6,3-Liter-Chrysler-Motor seinen Dienst. Das Leistungspotential stieg damit von 254 auf 340 SAE-PS. Der Bristol wurde damit zum echten Hochleistungs-Luxussportcoupé, blieb aber daneben weiterhin ein komfortbetonter Viersitzer. Die Servolenkung wurde verfeinert, und zudem kam jetzt eine serienmäßige Differentialbremse zum Einsatz. – Die Bristol wurden stets nur in sehr kleiner Zahl gebaut, um so mehr gelten sie als Liebhaber-Sammelstücke.

Buick

In der Hierarchie von General Motors, dem weltgrößten Autohersteller, ist Buick hinter Cadillac die «zweithöchste» Marke. Sie ging stets in etwas stärkerem Maße ihren eigenen Weg als die übrigen Großserienfabrikate von GM. Mit dem Modelljahr 1960 hatten die Buick nebeneinander statt schräg übereinander angeordnete Doppelscheinwerfer erhalten. Geblieben waren die eigenwilligen seitlichen Karosseriefalten, von denen sich die mittlere, längste von der Scheinwerferüberdachung schräg nach hinten absinkend bis zu den Schlußleuchten hinzog, die ihrerseits von flossenartigen Stegen überragt wurden. An den vorderen Flanken fand sich 1960 wieder ein altes Markenkennzeichen, die sogenannten Ventiports, scheinbare Motorraum-Entlüftungsöffnungen, wobei die Modelle Le Sabre und Invicta drei, der Electra vier pro Seite besaßen. Zu den weiteren Neuerungen zählten eine Armaturenvision über einstellbaren Spiegel, Mirromagic geheißen, sowie Verbesserungen an Aufhängung (hinten Starrachse mit Schraubenfedern) und Bremsen.

Bemerkenswert war der quer eingebaute Auspufftopf, in dem sich die beidseits eintretenden Gase überschnitten und so für ein äußerst geringes Geräuschniveau sorgten. In dem massiven Kastenrahmen mit K-Traverse wurde ein 6-Liter-V8 oder der 6,6-Liter-V8 mit der Bezeichnung Wildcat eingebaut. Sie wurden ausschließlich mit dem automatischen Twin-Turbine-Getriebe (hydraulischer Drehmomentwandler mit verstellbaren Leitschaufeln und 2-Gang-Planetengetriebe) kombiniert (Le Sabre auch 3-Gang-Getriebe), das Flight-Pitch-Getriebe war aufgegeben worden. Auf Wunsch war eine Differentialbremse Positive Traction erhältlich. In der Modellreihe Electra gab es auch eine viertürige Luxusausführung Riviera.

Unten: Buick Special Station Wagon, 1961
Ganz unten: Buick Riviera, 1963

Special Im Frühling 1960 war offiziell von den kommenden weiteren Compact-cars von General Motors die Rede, sie sollten am Erfolg des ungewöhnlichen → Chevrolet Corvair mit luftgekühltem Heckmotor anknüpfen, jedoch in konventioneller Weise konstruiert sein. Immerhin erhielt der → Pontiac Tempest ein mit der Hinterachse gekoppeltes Getriebe. Beim → Oldsmobile F 85 und beim Buick Special, die mit dem Tempest die Karosseriegrundschale (viertürige Limousine und fünftüriger Kombi mit je drei Fenstern pro Seite) gemein hatten, wurde das Getriebe in üblicher Weise an den Motor anschließend eingebaut.

Die Karosserie des im Herbst 1960 offiziell vorgestellten Buick Special unterschied sich äußerlich durch das markentypische wabenartige Kühlergitter und die je drei seitlichen Ventiports von den Oldsmobile- und den Pontiac-Parallelmodellen. Mit 285 cm Radstand und 479 cm Gesamtlänge waren diese Compact-cars wesentlich kürzer als die Standard-size-Wagen von GM. Sie besaßen zudem einen selbsttragenden Aufbau. Die hinteren Starrachsen des Special wie jene des F 85 waren an Schraubenfedern abgestützt. Der von Buick neukonstruierte Leichtmetall-V8-Motor mit 3532 cm³ Inhalt wurde auch von Oldsmobile und – neben einem 4-Zylinder-Motor – von Pontiac verwendet. Als Kraftübertragung standen bei Buick ein normales 3-Gang-Getriebe und eine Automatik Dual Path Turbine Drive mit 2-Gang-Planetengetriebe zur Wahl. Auch beim kleinen Buick war übrigens eine Differentialbremse zu haben.

Im Frühling 1961 wurde das Compact-car-Angebot durch Coupés erweitert, bei Buick war es das luxuriöse Skylark-Coupé, für das die Leistung des 3,5-Liter-V8 von 157 auf 188 SAE-PS gesteigert worden war.

V6-Motor Gänzlich neu karossiert – und dies im Stile des Special – präsentierten sich die großen Buick des Modelljahrs 1961. Die Linie wirkte nun wesentlich ruhiger, aber auch noch langgestreckter, auch wenn die Außendimensionen leicht reduziert worden waren. Das Chassis hatte jetzt X-Form, und die Kardanwelle war nicht mehr mit einem Schubrohr verbunden. Mit dem Modelljahr 1962 zeigten die großen Buick einen doppelten Kühlergitterrahmen. Es gab sie nur noch mit dem 6,6-Liter-V8 in verschiedenen Leistungsstufen. Anderseits wurde das Angebot in der Special-Reihe ausgebaut. Dort war jetzt auch ein schmuckes Cabriolet erhältlich. Neben dem 3,5-Liter-V8 in Leichtmetall wurde nun ein rationell herstellbarer 3,2-Liter-V6 in üblicher gußeiserner Konstruktion angeboten; die Fireball geheißene Maschine war der erste amerikanische V6! Der V8 war nun auf Wunsch auch mit einem 4-Gang-Getriebe mit Mittelschaltung lieferbar. Auch die Special besaßen jetzt einen zusätzlichen Kühlergitterrahmen.

Riviera Mit dem Jahrgang 1963 erhielten die Special Senkrechtzierstäbe im Kühlergitter und die großen Buick prägekantenfreie hintere Kotflügel. Der Invicta wurde ausschließlich noch als Station Wagon geführt, dafür gab es als neue Modellreihen die Wildcat und den Riviera. Letzterer wurde als viersitziges Hardtopcoupé im «italo-amerikanischen» Stil aufgelegt. Er war in der Tat schlichter und kürzer als die übrigen großen Buick. Dennoch war er nur etwa 100 kg leichter als der rund zwei Tonnen schwere Electra. Er besaß den 6,6-Liter-Motor in der höchsten Leistungsstufe (330 SAE-PS) und war nur in Verbindung mit dem ebenfalls bereits von den anderen großen Buick bekannten Turbine-Drive-Getriebe lieferbar. Zur luxuriösen Serienausstattung konnte auf Wunsch ein siebenfach verstellbares Lenkrad geordert werden. Mit dem Riviera war das Buick-Angebot nun auf 26 Modelle gewachsen. Bei allen Buick gab es eine neue Klimaanlage mit vereinfachter Bedienung, und bei allen US-Modellen von GM erfolgte mit dem Modelljahr 1963 der Übergang vom Generator zum Alternator.

2. Special Mit dem Modelljahr 1964 präsentierten sich die Special und die Skylark in einem gänzlich neuen Kleid. Mit 292 cm Rad-

Rechts: Buick Skylark Sports Wagon, 1964
Unten: Buick Wildcat, 1964
Buick Le Sabre, 1967
Buick GS 400, 1968
Buick Riviera, 1968

stand und 517 cm Länge waren sie beinahe wieder so mächtig wie ein normal großer Buick 40 Special von Mitte der fünfziger Jahre. Damit rückten die kleinsten Buick von der Klasse der Compact-cars zu den Intermediates auf. Gleichzeitig war man von der selbsttragenden Bauweise zum Kastenrahmenchassis mit Traversen abgerückt. Die hintere Starrachse wies anderseits nun Schrauben- statt Halbelliptikfedern auf. Der 3,2-Liter-V6-Motor wurde um einen halben Liter vergrößert, und der kleine Alu-V8 verschwand von der Bildfläche; er sollte später bei → Rover wieder auftauchen. An seine Stelle trat ein 4,9-Liter-V8 mit verschiedenen Leistungsstufen. Neues war auch auf dem Gebiet der Automatgetriebe – wo Buick zu den Pionieren zählte – zu verzeichnen: Der neue Automat mit verstellbaren Leitschaufeln und 2-Gang-Planetengetriebe hieß Super Turbine Drive 300.

Unter der Bezeichnung Super Turbine Drive 400 mit 3-Gang-Planetengetriebe wurde dieser Automat – ebenfalls als Alternative zu den handgeschalteten 3- und 4-Gang-Getrieben und überdies zum Super Turbine Drive 300 – in den großen Buick eingebaut. In diesen standen nun 4,9-, 6,6- und 7-Liter-Motoren zur Wahl. Die großen Buick hatten jetzt auch in den Vorderkotflügeln keine Prägekanten mehr. Anfang 1964 wurde – parallel zum → Oldsmobile Vista Cruiser – der Skylark Sports Wagon ins Angebot aufgenommen, ein eleganter Kombi mit verlängertem Special/Skylark-Radstand und einem Glaseinsatz über den Hintersitzen, mit dem eine Dacherhöhung eingeleitet wurde. Anstatt des Invicta gab es jetzt einen Le-Sabre-Kombi.

Die Buick Special, Special Deluxe und Skylark 1965 erkannte man unter anderem an dem erst auf Höhe der Vorderradachse beginnenden seitlichen Zierstab. Den Sports Wagon gab es nun auch auf der Basis des Special. Le Sabre, Wildcat und Electra besaßen eine auf der Höhe der Hinterräder leicht angehobene Gürtellinie. Der Wildcat rollte nun mit dem längeren Electra-Radstand. Zu den technischen Neuerungen zählte der auf 94,5 Liter vergrößerte Treibstofftank. Den Riviera, der jetzt übereinanderliegende, mit oberen und unteren «Augendeckeln» versehene Doppelscheinwerfer besaß, gab es nun auch in einer Ausführung Gran Sport. Diese Zusatzbezeichnung fand sich auch bei einem Anfang 1965 lancierten Skylark des Modelljahrs «65½». Auch hier wurde höchste Leistung in Verbindung mit verstärkten Aufhängungselementen geboten.

2. Riviera Mit dem Modelljahr 1966 erhielten auch die Special/Skylark eine Gürtellinie mit «Hüftschwung»; die Variantenvielfalt war weiter vergrößert worden. Verbessert wurden auch die Aufbauisolation sowie die Schaltübergänge. Die großen Buick zeigten nun schmälere statt pfeilförmige vordere Seitenblinker, und auch sie wiesen Verfeinerungen am Unterbau auf. Hinzu kamen die Modelle Wildcat Gran Sport als zweitüriges Hardtopcoupé und als Cabriolet. Völlig neu geformt zeigte sich der Riviera: Das Kühlergitter war nun viel niedriger und zwischen den vorkragenden Kotflügelenden eingebettet. Der Radstand war um 5,5 auf 302,5 cm verlängert worden, die Gesamtlänge um 8,5 auf 536,5 cm angewachsen, während die Breite um 7 auf 201,5 cm zugenommen hatte. Da ein neues Entlüftungssystem entwickelt worden war, wurde beim neuen Riviera auf Ausstellfenster verzichtet.

Mit dem Modelljahr 1967 wurde aus dem Skylark Gran Sport die eigene Modellreihe GS 400. Bedeutendste technische Neuerungen betrafen das Bremssystem, nicht nur wurden widerstandsfähigere Beläge und besser gekühlte Trommeln eingeführt, auf Wunsch waren auch Scheibenbremsen an den Vorderrädern lieferbar. Das Motorenangebot wurde erneut nach oben erweitert, wobei sich die Topaggregate durch einen reduzierten Schadstoffanteil in den Abgasen auszeichneten. Die kleineren Modelle besaßen jetzt (mit Ausnahme des Skylark) ein aus einem Chromkreuz gebildetes Kühlergitter. Bei den großen Modellen fiel die seitliche Lichtkante auf, die sich von Scheinwerferhöhe zum hinteren Radausschnitt absenkte. Besonders imposant wirkte das Wildcat-Fastbackcoupé. Erst im Frühjahr 1967 wurde als Zusatzmodell der Gran Sport 340 mit 5,6- statt 6,6-Liter-Motor herausgebracht.

Modelljahrgang 1968: Die kleineren Buick zeigten jetzt ebenfalls eine auffallende, von der Höhe der Scheinwerfer zum Hinterrad abfallende Lichtkante, die zudem leicht bogenförmig geführt war. Der Gürtellinienschwung über den Hinterrädern war nun noch viel ausgeprägter. An Stelle des 3,7-Liter-V6 trat ein 4,1-Liter-Reihensechszylinder. Dem allgemeinem Trend zu vermehrtem Insassenschutz entsprachen die «unfallsicheren» Türschlösser, elastische Bedienungsknöpfe, wirksamere Polsterung (auch der Windschutzscheibenpfosten) sowie ein Summer, der an den steckengebliebenen Zündschlüssel erinnerte. Das Wischerfeld wurde bedeutend vergrößert, was auch für die großen Buick des Jahrgangs 1968 galt. Auch diese wiesen neue Sicherheitsmaßnahmen auf. Alle großen Buick, einschließlich des Riviera, besaßen nun eine senkrechte Mittelrippe im Kühlergitter. Im Motorisierungprogramm figurierte ein neuer 5,7-Liter-V8. – Im April 1968 wurde der Traumwagen Century Cruiser vorgeführt, der unter anderem über ein Computerprogramm für die gewünschte Route verfügte.

Modelljahrgang 1969: Äußeres Erkennungsmerkmal war bei den kleineren Buick der horizontale Mittelbalken mit Kühlergitter (Karomuster beim GS 400) und bei den größeren Modellen die neben den Doppelscheinwerfern vorkragenden Stoßstangenenden. Vordere Ausstellfenster entfielen nun bei allen Buick. Zur Serienausstattung zählten jetzt auch vordere Sitzgurten und Kopfstützen sowie ein Lenkradschloß. Das Automatgetriebe Super Turbine wurde je nach Ausführung durch den Typ Turbo-Hydramatic ersetzt. Neu fand sich im Zubehörkatalog für Wildcat/Electra/Riviera eine Servolenkung mit variierender Untersetzung, die rascheres Ansprechen bei Kurvenfahrt und verminderte Kurbelarbeit beim Einparkieren versprach. Die großen Buick besaßen überdies eine Teleksoplenksäule, Flankenschutz in den Türen und eine neue Vorderradgeometrie; der Riviera hatte jetzt eine im Benzintank eingebaute elektrische Benzinpumpe. – Seit einiger Zeit gab es bei einzelnen Modellen übrigens eine Niveauregulierung für die Hinterradfederung, sie wurde wie die Differentialbremse Positraction teils serienmäßig eingebaut.

Modelljahrgang 1970: In diesem Modelljahr gab es von Buick erstmals seit 1964 wieder einen großen Station Wagon (Kombi); er wurde mit Estate Wagon (Kombiwagen in England = Estate Car) bezeichnet und basierte auf dem Fahrwerk des Le Sabre. Der Wildcat hatte jetzt wieder Le-Sabre-Abmessungen! Aufgegeben wurden anderseits die Special (nachdem es einen Special ohne Zusatzbezeichnung Deluxe bereits 1968 nicht mehr gegeben hatte). Die als Intermediates verbliebenen Skylark, GS und Sports Wagon (nun ohne Glasdacheinsatz) waren neukarossiert. Mit 524 cm Gesamtlänge waren sie abermals gewachsen. Die schräg abfallende Seitenkante war nach hinten auslaufenden Kotflügelausbuchtungen gewichen. Dem Stil der Zeit entsprachen die langgezogenen Motorhauben und die vergleichsweise kurzen Heckansätze. Entsprechend verzeichneten auch die Motorgrößen und -stärken einen Zuwachs. Bei den großen Buick – jetzt mit streng rechteckig gerahmtem Kühlergesicht, Riviera ohne Mittelbalken – reichte die Hubraumauswahl jetzt bis 7,4 Liter! Die letzten 2-Stufen-Automatgetriebe wurden aufgegeben. Die Motoren erhielten geschlossene Kühlsysteme und teils wirkungsvollere Abgasentgiftungen. Ab Werk mit Radio bestellte Wagen wiesen eine in die Frontscheibe integrierte Antenne auf, und zu den zahlreichen inzwischen eingeführten und teils gegen Mehrpreis erhältlichen Raffinessen typisch amerikanischer Art zählte bei den zweitürigen Ausführungen eine elektrische Lehnenarretierung, die beim Schließen der Türen automatisch in Funktion trat.

Buick Electra 225 Limited, 1970

Buick	Zyl.	cm³	SAE-PS	bei 1/min	Gänge	Spitze km/h	Radstand/Länge	Modelljahre	Besonderheiten: Kastenrahmenchassis
Le Sabre	V8	5957	253	4400	3/A	175	312/553	1960/61	1961: 312/542 cm
			238	4400	A				(Export)
			304	4400					(Power Package '61)
Invicta		6572	330	4400	A	185	312/553		1961: 312/542 cm
			319	4400					(Export)
Electra (4700)		6572	330	4400	A	185	321/562		1961: 320/557 cm
4800							321/574		
Le Sabre/Invicta		6572	269–	4400	A	185	312/544	1962	
			–330	4400					
Electra			330	4400	A	180	320/559		
Le Sabre/I./Wildcat		6572	269–	4400	3/4/A	190	312/548	1963	
			–330	4400					
Electra			330	4400	A/4	185	320/563		
Riviera					A	190	297/528		
Le Sabre		4923	213	4600	3/A	165	312/556	1964/65	ab '65: 312/551 cm
			253	4800		175			
Le Sabre/Wildcat		6572	330	4400	3/4/A	185		1964–66	Export: 319 PS
		6970	345	4400	4/A	190			ab '65: Wildcat =
			365	4400		195			320/559 cm!
Electra/Riviera		6572	330	4400	A	185	320/566		Riviera: 297/528 cm,
		6970	345	4400		185			Export: 319 PS
			365	4400		190			
Le Sabre		5574	223	4400	3/A	175	312/551	1966/67	
			264	4000		180	312/553	1967	
Wildcat		7041	365	5000	A	190	320/560	1967–69	Export: 335 PS
Electra							320/570		
Riviera							303/537		Export: 335 PS
Le Sabre		5724	233	4400	3/A	180	312/553	1968/69	1969: 303/547 cm
			284	4600	A	190			
			264–	4600	3/A	180	315/560	1970	
			–315	4800	A	195			
(Station Wg.)		7468	375	4600	3/A	200	315/567		
Wildcat						210	315/560		
Electra					A	200	323/574		
Riviera						210	303/547		
Special (/Skylark)	V8	3532	157	4600	3/A	160	285/479	1961–63	ab '63: 3/4/A
(selbsttrag. Kar.!)			193	4800		165		1962/63	ab '63: 203/5000
	V6	3247	137	4600	3/A	155		1962/63	
Special/Skylark	V6	3692	157	4400	3/4/A	165	292/517	1964–67	ab '66: 162/4200
	V8	4923	213	4500		170			Sports Wagon:
			253	4800		175		1964/65	305/529 cm
Skylark Gran Sport		6572	330	4400		190		1965/66	ab '67: 292/521 cm
Special/Skylark(/GS)		5574	264	4000	3/A	180		1966/67	
			223	4000		170			
Skylark Gran Sport		6554	345	5000	3/4/A	200		1967	
Special/Skylark/GS	6	4093	157	4200	3/A	165	295/520	1968/69	
	V8	5724	233	4400		175			
			284	4600	3/4/A	185			
		6554	345	5000		210			
Skylark/GS	6	4093	157	4200	3/A	165	295/524	1970	
	V8	5724	264–	4600		180			
			–319	4800	3/4/A	195			
		7468	355	4600		220			

Cadillac

Zu jenen drei heute noch erhaltenen Marken, die schon bei der Gründung von General Motors im Jahre 1908 dabeigewesen waren, zählt Cadillac (nebst → Buick und Oldsmobile). Sie entwickelte sich bald einmal zum Prestigeprodukt jenes Autokonzerns, der schrittweise zum weltgrößten Unternehmen der Branche heranwuchs. Nachdem der Name Packard 1958 untergegangen war, verblieb Cadillac ansehensmäßig Amerikas Nr.-1-Auto. Cadillac zählte aber auch zu den technisch besonders innovativen Marken. Zu den Pioniertaten hatten ebenso der serienmäßige elektrische Anlasser gezählt (1912) wie die Austauschbarkeit der Teile (schon 1908). Bei den Modellen 1959 zum Beispiel gab es das Cruise Control zum Fixieren einer gewählten Geschwindigkeit und fand sich eine elektrische Verstellmöglichkeit der Vordersitzfläche nach vorne und hinten, oben und unten wie auch im Neigungswinkel (auch bei Buick), im gleichen Modelljahr wurden Stoßdämpfer mit Freongas eingeführt, und es wurden bereits 41 % aller «Cadis» mit einer Klimaanlage ausgeliefert. Nachdem Anfang 1959 der flugzeugförmige Cadillac Cyclone als GM-Traumwagen Nr. 38 entstanden war, wurden im Herbst – also bereits im Hinblick auf das Modelljahr 1960 – zwei recht gegensätzliche für die Straße bestimmte Einzelstücke auf Cadillac-Basis verwirklicht: ein extravagant gestylter Zweitürer, der von Amerikas berühmtestem Designer, Raymond Loewy, entworfen und von der französischen Karosseriefirma Pichon-Parat verwirklicht wurde, sowie der formvollendete Starlight, ein von Pinin Farina (→ Anhang: Pininfarina) geschaffenes großräumiges Coupé mit Schiebedach aus vier beliebig verstellbaren Dachpartien. Laufend entstanden auch spezielle Repräsentationsmodelle für Fürstenhäuser und Regierungschefs.

Die Serienmodelle 1960 hatten eine sich automatisch lösende Parkbremse sowie beidseits ein zusätzliches Federblatt an der mit Schraubenfedern versehenen hinteren Starrachse erhalten. Die spitz auslaufenden Schwanzflossen ragten im Vergleich zum Vorjahr weniger stark gen Himmel ... womit ein Weg zurück zu vermehrter Nüchternheit eingeschlagen wurde. Das Bauprogramm umfaßte 13 verschiedene Modelle. Ihnen gemeinsam waren das Kastenrahmenchassis mit Kreuzverstrebung und der 6,4-Liter-V8 mit 309 bis 350 SAE-PS. Die Kraftübertragung erfolgte mit einem Automatgetriebe Hydramatic Controlled Coupling, das sich aus zwei Flüssigkeitskupplungen und einem 4-Gang-Planetengetriebe zusammensetzte.

Es gab die Serien 62 (zwei- und viertürige Hardtops Standard und De Ville, Hardtopcoupé Seville und Cabriolet Biarritz), 60 Special (nur viertürig und drei Fenster je Seite, Fleetwood), 75 (Repräsentationslimousinen auf langem Radstand, Fleetwood und Fleetwood Imperial, letztere mit Trennscheibe) und Eldorado (Hardtopcoupé Seville und Cabriolet Biarritz) sowie Eldorado Brougham (als teuerster US-Wagen 1959/60 in 200 Exemplaren bei Pinin Farina in Italien karossiert). Bei den Eldorado-Modellen wurde serienmäßig eine Luftfederung eingebaut. Zu den zahlreichen standardmäßigen Komfortmerkmalen, von der Scheibenwaschanlage bis zur Servolenkung, konnte zusätzlich eine automatische Türverriegelung (neuerdings mit leiserer Vakuum- statt elektrischer Steuerung) oder die automatische Abblendung Guide-Matic bestellt werden.

Mit dem Modelljahr 1961 wurden das aus einem feinen Karomotiv bestehende Kühlergitter – bei keiner anderen amerikanischen Marke wurde es so traditionell gehalten – und die Doppelscheinwerfer von einer horizontalen statt gestuften oberen Chromleiste abgegrenzt. Die Panoramascheibenpfosten waren unten stärker zurückgebogen und die Karosserielängen um bis zu 7 cm reduziert. Die Eldorado-Typen gab es nicht mehr, und mit ihnen verschwand auch die Luftfederung; neu war ein mit Fleetwood Sixty bezeichnetes Modell. Nebst der Reihe 62 unterschied man nun auch nach einer Serie 63.

Unterscheidungsmerkmal für 1962 waren unter anderem eine Cadillac-«Unterschrift» im Kühlergitter, teils an Cabrioverdecke erinnernde Bruchkanten in der Dachlinie, automatische Kurvenlampen, scheinbar weiße Schlußleuchten (Linseneffekt) und – noch bedeutender – Bremsflüssigkeit in zwei Kreisläufen; die Ausführungen Town Sedan und Park Avenue waren von 563 auf 542 cm verkürzt worden (Short Deck). Auf dem Pariser Salon im Oktober 1961 zeigte Pininfarina ein Cadillac Jacqueline getauftes Zweisitzercoupé, dessen Linien an den zwei Jahre zuvor kreierten Starlight erinnerten.

Mit dem Modelljahr 1963 wich die Panorama-Windschutzscheibe einer flacheren Ausführung, und außerdem waren die Karosserieflanken von einigen Prägekanten befreit worden. Der 6,4-Liter-V8-Motor war jetzt bei unveränderten Abmessungen schmäler, kürzer und zudem leichter. Am Fahrwerk gab es ebenfalls zahlreiche technische Verfeinerungen zu registrieren. Mit dem Cabriolet Eldorado Biarritz tauchte eine Namenskombination von neuem auf. Unterbaumodifikationen auch für 1964: Die «Cadi» hatten jetzt sogar einen 7-Liter-Motor, einzelne Modelle wurden mit dem neuen Getriebeautomaten Turbo-Hydramatic (mit Leitrad und 3-Gang-Planetengetriebe) ausgerüstet. Die Ausführungen mit kurzem Heck gab es nicht mehr. Neu war die Klimaanlage Comfort Control mit elektronischer Einstellung der gewünschten Temperatur.

Wie es im Modelljahr 1964 bereits die großen → Pontiac und auch der → Buick Riviera gezeigt hatten, so wiesen 1965 auch die Cadillac übereinander angeordnete Doppelscheinwerfer auf (ausgenommen Repräsentationslimousinen Fleetwood Seventy-Five). Die wesentliche technische Neuerung bestand im breiteren Kastenrahmenchassis mit Quer- statt X-Traversen, wie es auch andere GM-Modelle erhielten (ohne «75»). Es ermöglichte ein Tieferlegen des Wagenbodens. Das Auspuffsystem wurde noch weiter Richtung Geräuscharmut verbessert. Das Turbo-Hydramatic-Getriebe fand sich jetzt bei allen Modellen. Die Modellreihen hießen nun 62/Calais, 63/De Ville, 60/Special Fleetwood (mit neuem, mittellangem Radstand) sowie 64/67/Fleetwood (kurzer und langer Radstand). Die Reihen 60 und 64 besaßen eine neue pneumatische Niveauregulierung.

1966 wurde das Angebot durch den jetzt serienmäßig gebauten 61/Fleetwood Brougham auf dem mittleren Radstand bereichert. Auch die langen Seventy-Five (Reihe 67) wiesen jetzt das noch steifere Perimeter-Chassis auf und waren damit nun länger und niedriger (148 statt 150 cm); die Positraction-Differentialbremse wurde in den Exportwagen

Cadillac Fleetwood Sixty Special, 1960

Cadillac

Rechts von oben nach unten:
Cadillac Calais, 1965
Cadillac Fleetwood Eldorado, 1968
Cadillac De Ville, 1969
Unten: Cadillac Series 75 Fleetwood, 1961

weiterhin teils serienmäßig eingebaut. Auf Wunsch wurden die Cadillac neuerdings mit einer elektrischen Sitzheizung und mit nach allen Seiten schwenkbaren Kopfstützen geliefert. Den neuen Jahrgang erkannte man an den im Kühlergitter statt in den Stoßstangen untergebrachten Positionslampen.

Eldorado Nachdem → Oldsmobile mit dem Modelljahrgang 1966 den aufsehenerregenden Toronado, jenes mächtige, formschöne Coupé mit Vorderradantrieb, lanciert hatte, bestätigten sich im Herbst 1966 die Gerüchte, daß Cadillac diesem Beispiel folgen würde. Der Cadillac-Frontantriebswagen übernahm die bisher dem ganz besonders luxuriösen Fleetwood-Cabriolet vorbehaltene Bezeichnung (Fleetwood) Eldorado. Er hatte noch 3 cm mehr Radstand und war 25,5 cm länger als der Toronado. Anderseits leistete der bloß um eine Spur größere 7-Liter-Motor im Cadillac 45 PS weniger. Das Konstruktionsprinzip war jedoch ähnlich: Motor und Turbo-Hydramatic-Getriebe waren nebeneinander angeordnet, und die Kraftübertragung erfolgte über eine Kette auf das 3-Gang-Planetengetriebe. Die Vorderradfederung funktionierte mit Längstorsionsstäben, während für die starre Hinterachse Monoblattfedern und beidseits zwei Stoßdämpfer sowie die pneumatische Niveauregulierung vorgesehen wurden. Auf Wunsch wurden die Vorderräder mit Scheibenbremsen dotiert, und die wuchtig-elegante Karosserie besaß eine Zwangsentlüftung.

Bei den übrigen Cadillac 1967 fanden sich, dem allgemeinen Trend entsprechend, zusätzliche Sicherheitseinrichtungen; sie umfaßten nun eine energieabsorbierende Lenkung, Schutzpolsterungen, versenkte Schalter, gesicherte Türen, einen ausklinkbaren Innenspiegel und natürlich Zweikreislaufbremsen. Man erkannte den neuen Jahrgang an dem in Stoßstangenmitte fortgesetzten Kühlergitter.

Wieder ein Jahr später zeigten die Cadillac ein besonders feinmaschiges Kühlergitter, wobei dessen oberer Rand über den Positionslampen leicht abgesenkt war. Die Front des Eldorado wies horizontale Gitterstäbe statt des Karomotivs auf. Die Motorhauben waren um 15 cm (Eldorado 10 cm) verlängert worden und deckten an ihrem hinteren Ende

Cadillac	Zyl.	cm³	SAE-PS	bei 1/min	Gänge	Spitze km/h	Radstand/ Länge	Modell-jahre	Besonderheiten: Kastenrahmenchassis
Series 60 usw.	V8	6384	330	4800	A	180	329/572	1960–62	ab '61: 329/563 cm
			309	4600		175			Exportausführung
Seventy-Five (75)			330	4800		170	380/623		ab '61: 380/616 cm
Eldorado			350	4800		190	329/572	1960	
Eldorado Brougham							320/550		
Series 60 usw.	V8	6384	330	4800	A	190	329/566	1963	auch 546 cm lang
			309	4600					Exportausführung
Seventy-Five (75)			330	4800		180	380/618		
Series 60 usw.	V8	7025	345	4600	A	200	329/568	1964	
67 = 75						185	380/619	1964–67	ab '66: 380/621 cm
Series 62–64						200	329/569	1965–67	Export: 313/4400
Series 60							338/578		dto
Eldorado						195	305/562	1967	dto, Frontantrieb!
Calais/De Ville	V8	7729	380	4400	A	205	329/571	1968–70	
Sixty						200	338/580		Export: 355/4200
Seventy-Five							380/622		dto (bis '69)
Eldorado							305/562	1968/69	dto
		8194	406	4400				1970	

die Scheibenwischer ab. Besondere Bedeutung kam jedoch dem Motor der Cadillac 1968 zu: einer 7,7-Liter-Maschine mit 380 PS. Sie war nicht nur das größte, sondern auch das stärkste Basisantriebsaggregat der Großserie! Kurbel- und Pleuellager waren um 25 % vergrößert worden, und der mit Warnlampe und Summer verbundene Wärmefühler war im Zylinderkopf statt, wie üblich, im Kühlwasser plaziert. – An der Autoausstellung von Chicago im Frühjahr 1968 wurde ein Eldorado Biarritz Landau mit aufmachbarem Dachmittelteil, goldfarbener Außenfarbe und etlichen Ornamenten aus 14-Karat-Gold als Show-car gezeigt.

1969 waren endlich alle Cadillac serienmäßig mit vorderen Scheibenbremsen ausgerüstet. Während beim Eldorado auf die Abdeckung der Scheinwerfer verzichtet wurde, hatten die übrigen Modelle wieder nebeneinander angeordnete Scheinwerfer. Zu den weiteren Sicherheitsmaßnahmen zählten Stahlplanken in den Türen und noch wirksamere Prallpolster; zudem gab es ein neues Belüftungssystem ohne Ausstellfenster, ein Lenkradschloß und eine elektrische Türverriegelung. Mit dem Modelljahr 1970 setzte der Cadillac Eldorado eine neue Hubraum-Rekordmarke: 8194 cm³! Die Leistung stieg damit auf 406 PS. Die Eldorado-Front zeigte jetzt abgesetzte Rahmen um Kühlergitter und Doppelscheinwerfer, und an den Flanken fand sich ein feiner Längszierstab. Anstatt des aus zahlreichen rechteckigen Feldern zusammengesetzten Kühlergitters fanden sich in der Front der Calais, De Ville und Fleetwood neuerdings mehr und stärker betonte Senkrechtstäbe. Zu den zahlreichen Detailverbesserungen zählte eine neukonstruierte Hinterachse – nach wie vor mit Schraubenfedern, unteren Längslenkern und oberen zum Differential führenden Schräglenkern –, mit der ein noch komfortableres und ruhigeres Abrollen versprochen wurde.

CG

Der CG Spider 1000, wie es ihn ab 1966 gab, war das Produkt der Karosseriezulieferfirma Chappe Frères & Gessalin im französischen Brie-Compte-Robert. Der CG ähnelte nicht nur von der Karosserieform her dem → Fiat 850 Spider, mit seiner Heckmotormechanik des → Simca 1000 war er auch im Konzept ähnlich gelagert wie der bei Bertone hergestellte kleine Fiat-Zweisitzer. Im Gegensatz zu diesem hatte der CG Spider 1000 allerdings eine Kunststoffkarosserie. Bei einem gegenüber dem Simca 1000 unveränderten Radstand von 222 cm besaß das französische Cabriolet einen Plattformrahmen mit Zentralträger. Die Aufhängungen – vorne mit Querblattfeder – stimmten ebenfalls mit jenen des «1000er» Simca überein.

Es wird nicht verwundern, daß die Gebrüder Chappe zumindest gleiche rennsportliche Ambitionen hegten wie die Simca-Leute selbst. So wurde dem Spider 1000 alsbald der CG 1000 Sport zur Seite gestellt, ein aerodynamisches Coupé, das den so erfolgreichen → Alpine Konkurrenz zu machen suchte. Der in der Grundausführung 40 PS starke Simca-Motor ließ sich schließlich (fast) beliebig frisieren. 1969 kamen die CG als 1200 S Coupé und Cabriolet mit dem 80 PS leistenden 1,2-Liter-Motor des Simca Coupé 1200 S heraus. Die kleine Marke hielt sich – unter steter Weiterentwicklung – bis 1974.

Checker

Sie war seit Mitte der zwanziger Jahre auf die Herstellung von Taxis (amerikanisch = Cabs) spezialisiert, die Checker Motors Corporation in Kalamazoo im amerikanischen Bundesstaat Michigan: Im Straßenbild amerikanischer Großstädte waren die (gelben) Checker Cabs ein Begriff, und sie sind es zum Teil heute noch. Im Frühling 1959 war mit dem Checker Superba auch ein «zeitloser und besonders langlebiger» Personenwagen für private Verwendungszwecke lanciert worden. Er sah allerdings ebenso altmodisch aus wie die Taxis mit ihrer aus dem Jahre 1956 stammenden Karosserie und vermochte daher die angestammten Autohersteller kaum zu konkurrenzieren. Sein Plus

Oben: Checker Aerobus A-12 W8, 1962
Unten: Checker Marathon, 1968
Links: CG 1000 Sport, 1968

CG	Zyl.	cm³	PS	bei 1/min	Gänge	Spitze km/h	Radstand/ Länge	Baujahre	Besonderheiten
Spider 1000	4	944	40	5400	4	160	222/402	1966–68	Basis Simca 1000
Sport 1000								1967/68	
1200 S		1204	80	6000		185		1968/69	
			83	6200		188	223/403	1969–	

Checker	Zyl.	cm³	SAE-PS	bei 1/min	Gänge	Spitze km/h	Radstand/ Länge	Baujahre	Besonderheiten Kastenrahmenchassis
A-10 L	6	3703	96	3000	3/A	130	305/507	1959/60	SV! Continental-Motor
A-10			127	3900		135			(OHV) ab '60: 124/4000
A-10 L			81	3100		130		1960–63	ab '62: A-11/A-12
A-11/A-12			142	4400	3/3+S/A	150		1962/63	
Aerobus A-12 W 6					3/A		392/598		
W 8					3		480/675		
A-12/A-11	6	3768	142	4400	3/3+S/A		305/506	1963–69	Chevrolet-Motoren
	V8	4637	198	4800		160		1963–68	auch 327/529 cm
Aerobus		5210	205	4000	3		392/598	1963–65	auch 480/685 cm
		5351	188	4400	3/A			1965–69	
A-12			253	4400	A	175	305/506		auch 327/529 cm
		5025	203	4600	3/A	170		1968/69	
	4	3865	89	2800		130			Perkins-Dieselmotor
A-12/A-11	6	4093	157	4200	A	160		1969–	
	V8	5733	253	4800		185			
Aerobus			203	4000	3/A	170	480/685		

Chevrolet

bestand in der acht Sitze umfassenden Geräumigkeit und seiner mit 11,3 m Wendekreisdurchmesser relativ guten Manövrierbarkeit.

Die Checker waren auf einem Kastenrahmenchassis mit Traversen und Kreuzverstrebung aufgebaut. Noch 1960 hatte das Basismodell A-10 L einen Motor mit stehenden Ventilen. Er stammte von Continental, welche Firma früher auch andere kleinere Autohersteller beliefert hatte, und leistete bei 3,7 Litern Hubraum und nur 3000/min 81 SAE-PS (anfängliche Angabe: 96 PS). Daneben gab es – im Modell A-10 – den gleichen Sechszylinder mit obenhängenden Ventilen und 125 PS. An Getrieben bestand die Wahl zwischen 3-Gang, 3-Gang mit Schnellgang, Automat Drivermatic und (beim A-10) Dual Range. Trotz des Hinterradantriebs hatten die Checker einen völlig flachen Innenboden und keine Bordschwellen, auch ihre mit 159 cm hohe «Gestalt» ermöglichte bequemen Ein- und Ausstieg.

Es gab den Checker auch als Kombi und (ab 1961) in der Ausführung Marathon. Anfang der sechziger Jahre entstanden verschiedene verlängerte Kombis mit sechs und gar acht Seitentüren. Mit ihnen konnten neun bzw. ein Dutzend Personen reisen. Wie ihre Bezeichnung Aerobus verrät, waren diese rund 6 oder 7 m langen Vehikel, deren Chassis zwei X-Verstrebungen aufwies, nicht zuletzt als Flughafenzubringer gedacht. Die Kraftübertragung erfolgte bei ihnen über das 3-Gang-Getriebe oder die Automatik Single Range.

1963 hießen die Modelle A-11 und A-12 (Superba und Marathon), gleichzeitig wurde die Leistung des OHV-Motors mit einem Doppelvergaser auf 142 PS gesteigert. Auf 1964 gab es neben den eigentlichen Taxameterwagen noch die Ausführungen Marathon und Town Custom. Die Motoren stammten jetzt von Chevrolet: 3,8-Liter-Sechszylinder mit 142 PS und 4,6-Liter-V8 mit 198 PS. Der Aerobus wurde neu von einem 5,2-Liter-V8 mit 205 PS angetrieben. Dieser wurde auf 1966 durch einen 5,4-Liter-V8 mit 188 PS ersetzt, der – mit 253 PS – auch in den Personenwagen normaler Länge lieferbar war. Nach weiteren kleineren Anpassungen des Motorenprogramms kam Mitte 1968 ein Dieselmotor der englischen Perkins Motors Ltd. hinzu. Diese Vierzylindermaschine mit nicht weniger als 3,9 Litern Inhalt bot eine Leistung von 89 SAE-PS. Erstmals stand damit im amerikanischen Modellangebot ein Dieselauto zur Wahl. Auf dem Pariser Salon stellte → Ghia einen formschönen Alternativvorschlag zur altbackenen Checker-Karosserie zur Diskussion; er hätte es verdient, in Serie zu gehen... 1970 verkörperte ein 4,1-Liter-Sechszylinder die Standardmotorisierung. – Trotz stets klein gebliebener Produktionszahlen vermochte Checker mit äußerlich kaum veränderten Modellen bis 1982 zu überleben.

Man denkt heute kaum mehr daran, daß dieses einst von einem Einwanderer aus der Schweiz gegründete amerikanische Fabrikat in der Nachkriegszeit die meistverkaufte Automarke der Welt war. Auch wenn inzwischen Ford meistverbreitete Marke geworden ist, so ist der Name Chevrolet im größten Autokonzern der Welt, General Motors, doch noch die Nummer 1 geblieben. 1960 wurde die Skala der Chevrolet vom Corvair angeführt, einer der ungewöhnlichsten amerikanischen Autokonstruktionen der Nachkriegszeit. Er besaß ein mit dem üblichen USA-Styling in krassem Gegensatz stehendes vorbildlich klares und einfaches Design, vor allem aber auch eine mit allen Traditionen brechende Technik: nämlich einen im Heck eingebauten luftgekühlten 6-Zylinder-Leichtmetall-Boxermotor. Der im Herbst 1959 als Compact-car (Kleinwagen nach amerikanischer Vorstellung) lancierte Corvair hatte zudem eine selbsttragende Karosserie und hintere Einzelradaufhängung mit Längslenkern und Schraubenfedern. Als Getriebe standen eine 3-Gang-Handschaltung und ein Corvair-Powerglide-Automat mit 2-Gang-Planetengetriebe zur Wahl. Nebst einem sechssitzigen Sedan wurde ein fünfsitziges Coupé (hinten nur zwei Plätze) gebaut, das mit seinem langen Heck besonders schwungvoll aussah, und zudem gab es den 2,3-Liter-Motor in zwei Ausführungen: mit 81 und mit 96 SAE-PS (Turbo Air und Super Turbo Air). Letztere Version mit Hochleistungsnockenwelle und Spezialauspuff war dem amerikanischen Markt vorbehalten. Ein 4-Gang-Getriebe stand in Vorbereitung.

Die Auswahl an «normal großen» Chevrolet setzte sich 1960 aus den Modellvarianten Biscayne, Bel Air und Impala (diverse Karosserieformen, einschließlich Cabriolet) sowie den Station Wagon Brookwood, Parkwood

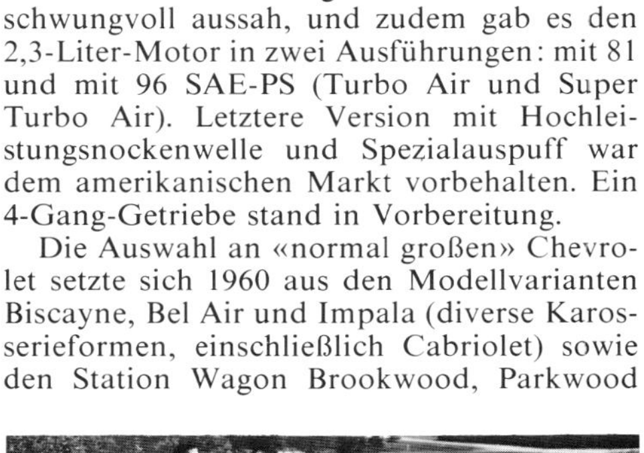

Oben: Chevrolet Corvette, 1959/60
Darunter: Chevrolet Impala, 1961

und Nomad zusammen. Es gab sie mit 3,9-Liter-6-Zylinder-Motor (Hi-Thrift 6) sowie 4,6- und 5,7-Liter-V8, wobei die V8 in Amerika in zahlreichen Leistungsversionen (Turbo-Fire, Super Turbo-Fire, Turbo-Thrust und Super Turbo-Thrust) verfügbar waren. Es standen ein 3-Gang-Getriebe mit und ohne Overdrive sowie die Getriebeautomaten Powerglide (zwei Stufen) und Turboglide (nur V8) zur Wahl. Das ungewöhnliche Turboglide setzte sich aus einem Dreiphasen-Drehmomentwandler mit 3-Gang-Planetengetriebe, unter Zuordnung einer Turbine zu jedem Gang, und zwei Leiträdern, wovon eines mit verstellbaren Schaufeln, zusammen. Neben der D-Stellung gab es hier die Position Gr = Grade Retarder. Auf Wunsch wurde das selbstsperrende Positraction-Differential eingebaut. Der Unterbau der großen Chevrolet bestand aus einem X-förmigen Rahmen mit Kastenträgern. Die starre Hinterachse war an Schraubenfedern abgestützt und umfaßte Längsschubarme sowie Drehmomentstütze und Panhard-Seitenstabilisator.

Eine Sonderstellung nahm nach wie vor der Chevrolet Corvette ein; dieser «einzige vollamerikanische Seriensportwagen» wurde mit V8-Motoren in fünf Leistungsstufen – Vergaser und Einspritzung sowie mit 3-Gang-, 4-Gang- und automatischem Getriebe – kombiniert. Seine weitere Besonderheit bestand darin, daß er als erstes in größerer Serie gebautes Auto eine Kunststoffkarosserie besaß. Sie war auf einem Kastenrahmen mit Kreuzverstrebung aufgebaut. Hier war die hintere Starrachse an Halbelliptikfedern abgestützt, und vorn wie hinten fand sich ein Kurvenstabilisator. Auf der New Yorker Autoschau im Frühling 1960 wurde mit dem Corvette XP-700 ein typischer «Traumwagen» vorgestellt, ein bloß 123 cm (statt 131 cm) hohes, aber 470 cm langes Einzelstück mit flugzeugartigem Bug, auskragenden Scheinwerfern, Plexiglasdach sowie Periskopspiegel.

Im Mai wurde eine mit Monza bezeichnete Luxusausführung des Corvair-Coupés angekündigt. Einzelstück hinwiederum war ein auf dem Pariser Salon im Herbst 1960 vorgestelltes Pinin-Farina-Coupé (→ Anhang) auf dem Corvair, auf das Anfang 1961 ein Corvette mit Scaglietti-Karosserie im Stil eines → Ferrari 250 GT folgte. Gänzlich von der Straße entfernt war ein Versuchsträger von Chevrolet selbst, der einsitzige Rennwagen CERV I mit 355 SAE-PS starkem 4,6-Liter-V8-Einspritzmotor im Heck und zahlreichen technischen Besonderheiten. Die Modellreihe 1961 der Corvair, die durch einen fünftürigen Station Wagon Lakewood bereichert worden war, erkannte man an dem die Scheinwerfer verbindenden Chromstreifen in der kühlergitterlosen Front. Das Reserverad war in den Motorraum gewandert, wo ein auf 2,4 Liter vergrößerter Motor mit 81 oder 99 SAE-PS seinen Dienst versah.

Links außen: Chevrolet Corvair Monza Spyder, 1962
Links: Chevrolet Chevy II, 1962
Unten: Chevrolet Corvette Sting Ray, 1963

Die Standard-Chevrolet des Modelljahrs 1961 hatten wie alle großen GM-Modelle eine neue Karosserie mit deutlich geänderter Front erhalten. Die einst ausladenden «Schmetterlings-Heckflossen» waren jetzt gänzlich an die Karosserieflanken geplättet, und über dem Kühlergitter fand sich ein zusätzlicher «Lufteinlaßstreifen». Als Zusatzmodell gab es neu den Impala Super Sport (SS) mit Mittelschalthebel und zahlreichen sportlichen Gadgets. Wenn die großen Chevrolet mit einer Klimaanlage dotiert wurden, so erhielten sie übrigens einen Kühlventilator mit Flüssigkeitskupplung.

Chevy II Bereits seit einiger Zeit hatte man von ihm gesprochen, dem Chevy II, einem Modell zwischen Corvair und Chevrolet (der Standardgröße). Er wurde mit den anderen Modellen des Jahrgangs 1962 im Herbst 1961 vorgestellt. Im Gegensatz zum Corvair war der Chevy II ein «ganz gewöhnlicher Amerikaner». Zwar besaß auch er eine selbsttragende Karosserie, doch die OHV-Reihenmotoren (2,5-Liter-4-Zylinder und 3,2-Liter-6-Zylinder) waren ebenso konventionell wie die starre Hinterachse (trotz neuartiger Einblattfedern). Der Chevy II wurde mit 3-Gang-Getriebe (erster Gang nicht synchronisiert) oder neuem, leichterem Powerglide-Automat hergestellt, und auf Wunsch war eine Positraction-Differentialbremse erhältlich (wie sie nun in den meisten Chevrolet einschließlich Corvair zu haben war). Den Chevy II gab es gleich auch in vollständiger Karosserieauswahl: Sedan mit zwei oder vier Türen, Hardtop-Coupé, Cabriolet und Station Wagon. Die luxuriöseren Ausführungen trugen die Zusatzbezeichnung Nova.

Die im Herbst 1961 präsentierten großen «Chevy» des Modelljahrs 1962 ließen sich an der abgeschrägten anstatt überlappenden Motorhauben-Vorderkante erkennen. Auf die raffinierte Turboglide-Automatik wurde nun verzichtet. Nach wie vor lieferbar war hingegen (unter zahlreichem weiterem Zubehör) die Power-Touch-Servolenkung.

Turbo-Corvair Der Herbst 1961 brachte wieder zwei Chevrolet-Einzelstücke: einen von Kelly präparierten Corvette mit Vignale-Coupékarosserie im Stil eines früheren Ferrari-Rennsportwagens und den Chevrolet-Versuchswagen XP-737, einen offenen Corvair mit zwei nebeneinanderliegenden Einzelcockpits und Paxton-Kompressor. Für den Frühling 1962 wurde das Corvair-Monza-Angebot durch ein Cabriolet und eine leistungsgesteigerte Version mit der etwas verwirrenden Bezeichnung Spyder erweitert. Mit Abgasturbogebläse von Thomson brachte es der Spyder, den es ebenfalls als Cabriolet gab, auf 152 SAE-PS – eine Pionierleistung, denn bis dahin gab es erst den im Herbst 1961 angekündigten → Oldsmobile Jetfire mit diesem Ladesystem in einem serienmäßigen Angebot! Als neues Spitzenmodell gab es den Impala SS 409 (Super Sport 409 HP = 415 SAE-PS aus 6,7 Litern Hubraum). Im Frühjahr 1962 präsentierte Chevrolet-Stylingchef William («Bill») Mitchell zwei neue Versuchsfahrzeuge auf Corvette-Basis: den Shark und den Stingray GT (einen Stingray hatte es schon 1957 gegeben, und er bildete die Basis für GM-Rennerfolge). «Traumwagen» war auch der Corvair Monza GT mit Fastback und Heckfensterlamellen, auf den später der Roadster Corvair Super Spyder (SS) folgte.

Neuer Corvette Vom Chevrolet Corvette, der nicht nur dem Image der Marke, sondern dem Ansehen der gesamten amerikanischen Autoindustrie zu vermehrtem Ansehen verholfen hatte, waren bis und mit Modelljahr 1962 68 935 Exemplare hergestellt worden. Im Herbst 1962 erschien dieser schrittweise weiterentwickelte Zweisitzer nun in gänzlicher Neuauflage. Mit ihr wurde gleichsam das zehnjährige Bestehen dieser außergewöhnlichen Modellreihe gefeiert. Der neue Corvette erhielt die von Sondermodellen bereits bekannte Zusatzbezeichnung Stingray (nun auch Sting Ray geschrieben), was auf

Von links nach rechts:
Chevrolet Chevelle Malibu, 1964
Chevrolet Bel Air, 1964
Chevrolet Corvair, 1965
Chevrolet Biscayne, 1965

deutsch Stachelroche bedeutet. Es gab den «Neuen» sowohl als Cabriolet wie auch als Fastbackcoupé mit ins Dach hineingebogenen Türen und längs geteilter Panorama-Heckscheibe. Auffallend waren die Klappscheinwerfer in der aerodynamischen Front.

Nach wie vor bestanden die Aufbauten aus Kunststoff. Doch war die Karosserie nun um 5 cm niedriger (126 cm) und um 4 cm kürzer (245 cm) bei um 10 cm verkürztem Radstand (249 cm). Weil außerdem der Motor weiter nach hinten gerückt worden war, erhöhte sich die Hinterachsbelastung auf 52 % des Leergewichts! Damit konnten die Fahreigenschaften deutlich verbessert werden. Eine eigentliche Chassiskonstruktion wurde beibehalten, doch erhielten die Hinterräder nun eine unabhängige Aufhängung. Es handelte sich um eine Doppelgelenk-Hinterachse mit fest am Chassisrahmen montiertem Differential und einer tiefliegenden Querblattfeder. Auch die Bremsen und zahlreiche Details waren verbessert worden. Wiederum gab es verschiedene Leistungsversionen. Die stärksten Ausführungen wurden ausschließlich im Coupé angeboten, das serienmäßig eine verstärkte Aufbaustruktur in Form eines von der Kunststoffhaut kaschierten Stahlkäfigs aufwies. Hinsichtlich seines Designs war der neue Corvette ein äußerst gelungener Wurf, der in jeder Hinsicht Eigenständigkeit ausstrahlte!

Überarbeitet präsentierten sich auch die übrigen Chevrolet des Modelljahrs 1963: der Corvair mit durchgehendem Querstab am kühlerfreien Bug und nun auch verbesserter Vorderradaufhängung, der Chevy II dafür ohne Querstab im Kühlergitter, der Standard-Chevrolet mit geradlinig verlaufenden Frontscheibenpfosten (sowie Kunststoff-Dachüberzug beim Impala Sport Coupé). Neu waren auch die Wechselstrom-Alternatoren Delcotron (statt Dynamos), die Transistorradios, die Powerglide-Getriebe der leichteren Ausführung sowie ein um 23 % leichterer 6-Zylinder-Motor in Kurzhubauslegung (142 SAE-PS).

Kurz nach der Präsentation des neuen Corvette wurde von Chefstylist William Mitchell als GT-Protoyp der XP 777 vorgestellt, ein elegantes kleines Coupé mit leichtem Gitterrohrrahmen und Corvair-Mittelmotor. Auf der Pariser Autoausstellung im Herbst jenes Jahres war bereits ein Sonder-Corvair gezeigt worden, nämlich ein Coupé im Pininfarina-Kleid.

Chevelle Im Herbst 1963 wurde der Umfang der Chevrolet-Modellreihen abermals ergänzt, nämlich um den Chevelle, der sich zwischen dem Chevy II und dem Normal-Chevrolet ansiedelte. Er widerspiegelte die Politik der amerikanischen Automobilkonzerne, die Auswahl im unteren bis mittleren Bereich weiter aufzugliedern. Mit den elf Chevelle-Ausführungen erweiterte sich das Angebot der Marke auf 43 Modelle. In seinem Erscheinungsbild war der Neuling ein typischer Chevrolet. Er besaß ein Kastenträgerchassis mit hinterer Starrachse und Schraubenfedern, bot aber trotz seiner relativen Kürze etwa gleich viel Innenraum wie die großen Chevrolet. Die teureren Ausführungen hießen Malibu und Malibu Super Sport (je viersitziges Hardtop-Coupé und Cabriolet).

Ebenfalls für das Modelljahr 1964 wurde das Chevy-II-Angebot gestrafft (das Sportmodell und das Cabriolet wurden nicht mehr produziert, dafür war erstmals ein V8-Motor verfügbar), der Motor des Corvair wurde ein weiteres Mal, und zwar auf 2,7 Liter, vergrößert (Leistungsstufen nun 95, 110 und 150 HP, zudem Bremsen und Aufhängung verbessert), die großen Chevrolet wurden um die Sonderreihe Impala Super Sport erweitert (zudem nun zwischen den Scheinwerfern leicht abgesenktes Kühlergitter), und dem Corvette-Coupé wurde eine einteilige Heckscheibe verliehen. Auf dem Cabriolet Impala Super Sport basierte auch eine als «Show Car» präsentierte Hochleistungsversion (345 SAE-PS) mit der Bezeichnung Chevrolet Toronado, ein Name, der später bei → Oldsmobile Eingang finden sollte! Zu den Designstudien zählte das weich geformte Coupé Chevy II Super Nova, das auf der New Yorker Autoschau 1964 gezeigt wurde.

Der im Herbst 1964 präsentierte Jahrgang 1965 des Chevrolet Corvette wies nun Scheibenbremsen auf, und zwar gleich an allen vier Rädern. An den Flanken fanden sich jetzt drei senkrechte Luftauslaßschlitze, und das Armaturenbrett wurde neu gestaltet. Nach wie vor gab es neben dem 3- und dem 4-Gang-Getriebe auch die 2-Stufen-Powerglide-Automatik. Um sie besser von den Chevelle zu unterscheiden, erhielten die großen Chevrolet auf 541 cm verlängerte und auf 202 cm (!) verbreiterte Karosserien. Deren Kühlergitter waren nun nach unten einwärts geneigt. Doch auch den Intermediate-car Chevelle hatte man um 7 cm länger werden lassen, und seine Kühlergitter besaßen nun einen Querbalken. Bei den Chevy II führte nun ein Doppelrähmchen um die Scheinwerfer.

Neuer Corvair Ab Modelljahr 1965 zeigte sich der Corvair erstmals in gänzlich neu gezeichnetem Kleid. Die konsequent von vorne bis hinten durchgezogene und mit einer Kante unterstrichene Gürtellinie, die auch Karosserieentwerfer in Europa inspiriert hatte, war einer Grundlinie mit «Hüftschwung» (über dem Hinterrad nach oben gebogene Form) gewichen. Die stärker gewölbte neue Karosserie war auch deutlich länger (466 statt 457 cm) und breiter (177 statt 170 cm) geworden; dies bei unverändertem Radstand (274 cm) und kaum veränderter Höhe (130 statt 131 cm). Durch die Veränderungen hatte nicht zuletzt der im Bug untergebrachte Kofferraum eine willkommene Vergrößerung erfahren. Große Bedeutung kam der neuen Radaufhängung zu, denn sie hatte immer wieder zu Beanstandungen hinsichtlich Fahrsicherheit geführt. Die weniger straffe Vorderradfederung stand mit der neuen hinteren, ähnlich wie beim Corvette konzipierten Radführung (jedoch mit Schraubenfedern) in besserem Einklang als die bis anhin verwendete Auslegung. Hecklastig mußte der Corvair naturgemäß gleichwohl bleiben! Neues Spitzenmodell und Nachfolger des Spyder war der Corvair Corsa.

Gleich mehrere Neuheiten präsentierte Chevrolet an der Automobilausstellung in Chicago im Februar 1965: als neues Spitzenmodell bei den Standard-size-Chevrolet den Caprice Custom Sedan mit eigenen äußeren und inneren Ausschmückungen sowie mit Niveauregulierung und als neuen Motor den 6,5-Liter-V8 Turbo Jet 396, der den 6,7-Liter ablöste. Bei diesem neuen Motor waren die Ventile leicht schräg hängend und die Ansaugleitungen strömungsgünstiger angeordnet worden. Das Leistungspotential reichte bis 425 HP! Mit diesem Motor war auch ein neuer Traumwagen ausgestattet, der im Frühling an der New Yorker Schau gezeigte Mako Shark II mit tief abfallender, zugespitzter Motorhaube auf der Basis des Corvette. Eine andere, weniger auffallende Stylingstudie des Jahres 1965 war das Cabriolet Chevrolet Concours mit seiner spitz auslaufenden Hecksilhouette.

Mitte 1965 wurde Semon E. («Bunkie») Knudsen – er war auf 1961 von Pontiac gekommen – als General Manager der Chevrolet Division, also der immer noch größten Automarke der Welt, durch Elliott M. («Pete») Estes abgelöst. Estes wurde später oberster Leiter der gesamten General Motors. Knudsen hingegen kam zu → Ford und schuf sich als Initiant der «Knudsen-Nase», eines vorstehenden Mittelteils in der Wagenfront, einen legendären Namen.

Für das Modelljahr 1966 wurde die Chevrolet-Gesamtauswahl weiter vergrößert. Den Caprice gab es nun in weiteren Karosserieformen. Äußerlich erkannte man die großen Chevrolet an den nach vorne auskragenden Kotflügelecken. Der 3,8- wurde durch einen 4,1-Liter-6-Zylinder-Motor ersetzt, und neu waren auch die bis 425 HP starken 7-Liter-V8. Erstmals gab es eine Confortron-Klimaanlage und zudem Turbo-Jet-Sportaufhängungen. Der Chevelle besaß ein in den Karosserieecken fortgesetztes Kühlergitter, und der Malibu Super Sport wurde durch den Super Sport 396 ersetzt. Bei den Chevy II fanden sich nun überdachte Scheinwerfer und Motoren bis 350 HP. Der Corvair zeigte jetzt ein etwas kleineres Frontsignet, und der Corvette brillierte erneut mit noch stärkeren Motoren.

Allen Chevrolet 1966 gemeinsam waren zusätzliche Sicherheitsmerkmale. Zu ihnen zählten Lenksäulen ohne Spießwirkung, Zweikreisbremsen mit Kontrolleuchte, Notblinker, Polsterkissen auf den verformbaren Armaturenbrettern und auf den Sonnenblenden, sicherere Türschlösser, dickere Mehrschicht-Windschutzscheiben, ausklinkbare Innenspiegel, weniger blendende Instrumente und Wischerarme, korrosionsbeständige Bremsleitungen und leistungsfähigere Batterien. Außer beim Corvair waren zudem vordere Scheibenbremsen erhältlich, und es gab auch hintere Sitzgurten. Das 3-Gang-Getriebe der Grundausstattung war jetzt vollsynchronisiert.

Camaro Mit dem im Herbst des Vorjahres vorgestellten Modelljahrgang 1967 erschien auch der Chevrolet Camaro, die Antwort von General Motors auf den äußerst erfolgreichen Mustang (→ Ford USA). Der Camaro – und parallel mit ihm der → Pontiac Firebird – war ein sportlich aufgezäumtes Coupé, das den wegen Familienanhangs verhinderten

Oben: Chevrolet Chevy II Series 100, 1967
Darunter: Chevrolet Chevy II Nova, 1968
Rechts von oben nach unten:
Chevrolet Camaro Super Sport, 1967
Chevrolet Chevelle Concours, 1968
Chevrolet Corvette, 1968

Chevrolet

Rechts: Chevrolet Camaro, 1970
Von oben nach unten:
Chevrolet Caprice, 1969
Chevrolet Blazer, 1969
Chevrolet Monte Carlo, 1970

Corvette-Fahrer ansprach. Wie der Corvair und der Chevy II hatte er einen selbsttragenden Karosserieaufbau (mit vorderem Hilfsrahmen). Seine Technik war jedoch durchaus konventionell und umfaßte eine hintere Starrachse mit Einblatt-Halbelliptikfedern. Auf Wunsch waren vordere Scheibenbremsen erhältlich. Der 469 cm lange Camaro – Radstand wie beim Mustang 274,5 cm – war als Hardtopcoupé und als Cabriolet erhältlich. Die Skala der Motoren reichte vom 3,8-Liter-Sechszylinder bis zum 5,7-Liter-V8, jene der Getriebe von der 3-Gang-Einheit mit Lenkradschaltung über eine solche mit Stockschaltung und vier Gängen mit Stockschaltung bis zum Powerglide-2-Stufen-Automat. Die attraktive, sportliche Form des Camaro war durch die langgestreckte Motorhaube und das kurze Heck geprägt. Bei den Spitzenmodellen Super Sport saßen die Scheinwerfer unter Klappen.

Die großen Chevrolet erhielten für 1967 ein um die Kotflügelecken gezogenes Kühlergrillmotiv und ein stärker absinkendes Heck. Die Sportcoupés zeigten nun annähernd Fließheckform. Neu abgestimmt wurden auch die Aufhängungen. Bei den Chevelle/Malibu – erkennbar an der jetzt durchgezogenen Öffnung in der Frontstoßstange – war der Luxuskombi Concours neu hinzugekommen. Auffallendste Änderung beim Chevy II war das wieder zweistufige Kühlergitter. Bei den äußerlich unveränderten Corvair war das Topmodell Corsa bereits wieder gestrichen worden. Damit entfielen auch die besonders potenten Ausführungen mit Turbolader und mit vier Fallstrom-Einfachvergasern. Am Corvette schließlich prangten vergrößerte Heckleuchten.

Nachdem jahrelang Traumwagen mit phantasievollen Stylingelementen als «Werbeträger» fungiert hatten, überraschte General Motors im Herbst 1966 mit dem Electrovan mit Brennstoffzellen und dem Electrovair. Dieser war ein Corvair mit Silber-Zink-Batterien im Koffer- wie auch im Motorraum. Bereits hatten auch Ford und Renault Autos mit Elektroantrieb vorgestellt. Der Electrovair beschleunigte in in 16 Sekunden von 0 auf 96 km/h (60 mph) und erreichte 128 km/h! Wieder ganz in Richtung «Dream Cars» ging der Chevrolet Astro I, der 1967 an der New Yorker Ausstellung für die Sensation sorgte. Er war eine bloß 90 cm hohe futuristische aerodynamische Studie mit Lenkgriffen statt Steuerrad und Klappdach statt Türen. Für den Antrieb sorgte ein luftgekühlter 2,9-Liter-6-Zylinder-Boxer mit je einer obenliegenden Nockenwelle und 240 HP Leistung. Im April 1968 folgten der offene Astro-Vette und das Coupé Astro II.

Corvette à la Mako Im September 1967 wurde abermals ein Corvette in neuer Formgebung angekündigt. Eindeutig war seine stylistische Verwandtschaft mit dem Traumwagen Mako Shark II, auch wenn sich die Front weniger zugespitzt zeigte. Die sich zu einer «Wespentaille» verengende Seitenfläche wie auch das Schrägheck sorgten für ein spannungsgeladenes Erscheinungsbild, das den Fans der schnellen amerikanischen Modellreihe auf Anhieb imponieren mußte. Mit der Vorgängerlinie der Modelljahre 1963 bis 1967 war der Corvette in 117 963 Exemplaren gebaut worden. Es gab den neuen Corvette wiederum als Cabriolet und als Coupé. Beim Coupé ließ sich das Dach beidseits über Fahrer und Beifahrer entfernen (sogenanntes T-roof). Anstatt mit dem zweistufigen Powerglide wurde der neue Corvette für Automatfreunde mit dem dreistufigen Turbo-Hydramatic geliefert.

Auffallend beim Chevrolet-Jahrgang 1968 waren bei den großen Modellen die an den Ecken nach oben gezogenen Frontstoßstangen, bei den Chevelle die verlängerten Karosserien mit ausgeprägtem «Hüftschwung» über den hinteren Radausschnitten (zudem nun zwei Radstände), bei den Chevy II die ebenfalls verlängerten Karosserien mit deutlichem «Hüftschwung», bei den Corvair der Wegfall der viertürigen Modelle und die Wiedereinführung des 4-Vergaser-Motors und bei den Camaro die rechteckigen statt runden inneren Zusatzlampen. Bei allen Modellen wurden Aufhängungsmodifikationen vermeldet. Das Motorenangebot war erneut erweitert worden. Für den Renneinsatz gab es Spezialmaschinen sowohl im Camaro wie im Corvette (Camaro-5-Liter mit 290 HP, Corvette-7-Liter mit 430 HP und mehr). Ab Anfang 1968 war auch eine Halbautomatik Torque-Drive für die 6-Zylinder-Camaro und -Chevy II erhältlich.

1968 war das Jahr, in dem Berichte über amerikanische Kleinwagenpläne, mit denen man den erfolgreichen europäischen Importautos Paroli bieten wollte, allmählich an die Öffentlichkeit drangen. Auch von einem kleinen Chevrolet, der den Corvair ersetzen und eine Rückkehr zum Frontmotor bedeuten sollte, war die Rede. Als der Jahrgang 1969 präsentiert wurde, setzte sich das Chevrolet-Bauprogramm allerdings immer noch aus den bereits bekannten Modellreihen zusammen. Die Standard-size-Chevy besaßen nun eine senkrecht stehende statt einwärts geneigte Kühlergitter/Stoßstangen-Einheit sowie eine längere und breitere Karosserie (203 cm!). Die Chevelle zeigten einen durchgehenden Mittelquerstab im Kühlergesicht, bei den Chevy/Nova entfiel die «II» und teils auch die Bezeichnung Chevy. Die Camaro hatten ein grobmaschigeres Kühlergitter und/oder senkrechte Zierstreifen vor dem hinteren Radausschnitt, der Corvair erhielt ein neues Interieur und der Corvette außerdem neue

Türgriffe und ein schwarzes Kühlergitter. Beim Corvette war eine Scheinwerferwaschanlage serienmäßig (beim Camaro auf Bestellung), beim Camaro wurde zudem ein Liquid-tire-chain-System angeboten: mit ihm konnte eine chemische Flüssigkeit auf die Antriebsräder gesprüht und damit die Haftung auf vereister Fahrbahn verbessert werden. Die großen Chevy hatten nun Stahlblechplanken in den Türen zum Schutz gegen Seitenkollisionen, zudem besaßen sie das im Vorjahr im Corvette eingeführte Astro-Ventilationssystem, das Ausstellflügel erübrigte.

In den meisten Modellreihen gab es zudem kräftigere Motoren, eine vermehrte Verwendung des 3-Stufen-Automats und teils eine Servolenkung mit variabler Untersetzung. Das Angebot an Kombiwagen umfaßte bei den großen Chevy inzwischen die Ausführungen Kingswood Estate, Kingswood, Townsman und Brookwood, bei den Chevelle die Typen Concours Estate, Concours, Greenbrier (dieser Name wurde während einiger Jahre von einem Halbfrontlenker auf Corvair-Basis getragen) und Nomad. – Noch im November 1968 kam die Meldung, die Herstellung des Corvair sei «unterbrochen» worden. Die – nicht unberechtigten – Angriffe des Konsumentenanwaltes Ralph Nader auf die Fahrsicherheit dieses Heckmotorwagens, die mit dem Buch «Unsafe at any Speed» (Unsicher bei jeder Fahrgeschwindigkeit) ihren Ausdruck gefunden hatten, äußerten sich jetzt in sinkenden Absatzzahlen, auch wenn sich der Corvair inzwischen zu einem durchaus akzeptablen Auto durchgemausert hatte.

Im Verlaufe des Jahres 1968 lief die Schweizer Montage von Chevrolet-Modellen aus; fortan wurden durch die General Motors Suisse SA ausschließlich noch → Opel und Vauxhall montiert. Seit 1936 waren 26 358 Chevrolet vom Bieler Fließband gerollt, wovon 9318 ab 1960. Ende 1968 schuf das Karosseriestudio von Pietro Frua (→ Anhang) in Turin eine formschöne Spezialkarosserie auf dem Camaro. Eine serienmäßige Neuheit war der Anfang März 1969 präsentierte Chevrolet Blazer, ein hochbeiniger Roadster mit Vierradantrieb und aufsetzbarem Hardtop. GM nannte diese Antwort auf den → Ford Bronco ein «Sport-Nutzfahrzeug» . . .

Monte Carlo und neuer Camaro Der Modelljahrgang 1970 brachte als erste Neuheit den auf dem Radstand des Chevelle basierenden Chevrolet Monte Carlo, das Coupé mit der «längsten Motorhaube in der Chevrolet-Geschichte». Auch hier ging es um das sportliche Image, wie John Z. DeLorean, GM-Vizepräsident und Chevrolet-Generaldirektor, durchblicken ließ. Der Monte Carlo wurde als eigene Modellreihe geführt wie die (Chevy) Nova, die Chevelle (Scheinwerfer nicht mehr überdacht) und die (großen) Chevrolet (Frontstoßstangen nun wieder um

Chevrolet	Zyl.	cm³	SAE-PS	bei 1/min	Gänge	Spitze km/h	Radstand/Länge	Modelljahre	Besonderheiten
Chevrolet Biscayne, Bel Air, Impala	6	3856	137	4000	3/3+S/A	150	302/534	1960–62	Kastenrahmenchassis
	V8	4637	172	4200		165			
			233	4800		185		1960/61	
		5692	253	4400	3/4/A	185			auch 284/309/324 PS
			–340	5800		200			
		5354	253	4400		180		1962–65	
			304	5000		190			
		6702	385	5800	3/4	210		1962	
			415	6000		230			
	6	3768	142	4400	3/3+S/A	160		1963–65	
	V8	4637	198	4800		170		1963–67	
		6702	345	5000	3/4/A	200		1963–65	auch 304 PS
			431	6000	3/4	230		1963/64	
+ Caprice		6489	330	4800	3/A	200	302/541	1965–68	Anf. '65 anstatt 6,7 L
			431	6400		220		1965	(alle länger)
	6	4094	157	4200	3/3+S/A	160		1966–70	(3+S bis '68)
	V8	4637	223	4800	3/3+S/4/A	180		1966	
		5354	279	4800	3/4/A			1966–68	
		6974	395	5200		210		1966/67	
			431	5600	3/4	220		1966	
		5025	203	4600	3/3+S/4/A	180	302/546	1968	(alle länger)
		5354	253	4800	3/4/A	200			
		6996	390	5200		220			
		5354	238	4800		190	302/549	1969	(alle länger)
		5733	259	4800		200		1969/70	('70: 253 PS)
			304	4800		210		1969/70	
		6489	269	4800		200		1969	
		6996	340	4800		210			
			395	5400		225			
		6570	269	4400	A	195		1970	
		7443	350	4400		220			
			395	4800		230			
Corvair	B6	2287	81	4400	3/A	135	274/457	1960	luftgek. Heckmotor
			96	4800		140			
		2372	81	4400	3/4/A	135		1961–63	
			99	4600	3/4	145		1961	
			103	4400	3/4/A	150		1962–63	
Spyder			152	4400	3/4	160			Turbolader
		2684	96	3600	3/4/A	140		1964	
			112	4400		150			
Spyder			152	4000		160			Turbolader
		2684	96	3600	3/4/A	140	274/466	1965–69	2. Generation
			112	4400		150			
			142	5200		165		1965/66	
Corsa			142	5200	3/4				
			182	4000		175			Turbolader
			142	5200	3/4/A	170		1968/69	
Chevy II (/Nova)	4	2512	91	4000	3/A	140	279/465	1962–70	
	6	3185	122	4400		155		1962–67	
		3768	157	4400		165		1964	
	V8	4637	198	4800	3/4/A	175		1964–67	
	6	3768	142	4400	3/A	165		1965/66	
	V8	5354	253	4400	3/4/A	185		1965	
			304	5000		200			
		4637	223	4800	3/A	190		1966	
		5354	279	4800	3/4/A	195		1966–68	
			355	5800	3/4	210		1966	
	6	4094	157	4200	3/A	160	282/477	1967–70	
		3768	142	4400		170		1968–70	(alle länger)
	V8	5025	203	4600	3/4/A	190			
		5733	299	4800		200		1968	
			259	4800		195	282/481	1969	(alle länger)
			304	4800		205		1969/70	
			253	4800		195		1970	
Chevelle	6	3185	122	4400	3/3+S/A	150	292/493	1964–66	
		3768	157	4400		160		1964	

Chevrolet

	V8	4637	198	4800	3/3+S/4/A	175		1964–67	
			223	4800		180		1964–66	
	6	3768	142	4400	3/3+S/A	165	292/500	1965–69	(alle länger)
	V8	5354	253	4400	3/4/A	185		1965	(3+S bis '68)
			304	5000		195			
			355	5800	3/4	210			
			279	4800	3/4/A	190		1966–68	
		6489	330	4800		200			
			365	5200		210		1966	
	6	4094	157	4200	3/3+S/A	165		1967–70	
	V8	5354	253	4800	3/4/A	190		1967/68	
			330	5600	3/4	200			
		6489	355	5200	3/4/A	210		1967–70	
		5025	203	4600	3/3+S/4/A	180	285/500	1968–70	(2 Längen)
							+295/510		(3+S bis '68)
		5733	259	4800	3/4/A	190		1969/70	
			304	4800		200			
		6489	330	4800		200		1969	
		6570	335	4800	4/A	200		1970	
		7443	365	4400		210			
Monte Carlo	V8	5733	253	4800	3/4/A	190	295/523	1970	
			304	4800	4/A	200			
		6570	269	4400		195			
			335	4800		205			
		7443	365	4400	A	210			
Camaro	6	3768	142	4400	3/4/A	160	275/469	1967–69	
		4094	157	4200		170		1967–70	
	V8	5354	213	4600		180		1967–69	
			279	4800		190		1967/68	
		5733	299	4800		195		1967/68	
		4638	198	4800	4/A	175		1967	(nur CH)
		4942	294	5800	4	200		1967/68	(f. US-TW-Rennen)
		6489	330	4800	3/4/A	220		1968/69	
		5733	259	4800		205	275/473	1969	(alle länger)
			304	4800		215			
	6	4094	157	4200	3/A	170	275/478	1970	2. Generation
	V8	5025	203	4600		190			
		5733	253	4800	4/A	200			
			304	4800		210			
			365	6000		220			
		6590	355	5200		220			
Corvette	V8	4637	233	4800	4/3/A	190	259/450	1960/61	Chassis, h. E.
			248	5000		200			
			274	6000	4/3	210			
Injection			279	5200		195			(Einspritzung)
			319	6200		220			
		5354	253	4400	3/4/A	180	259/449	1962–65	
			304	5000		200		1962–68	
			345	6000	3/4	225		1962/63	
Injection			365	6000		230			
Sting Ray							249/445	1963–67	(Motoren wie 1962)
		5354	370	6200		220		1964/65	
			380	6200		230			(Einspritzung)
			355	5800		210		1964–68	
		6489	431	6400	4	240		1965	
		6974	395	5200		215		1966	
			431	5600		230			
		6996	395	5400	4/A	220		1967–69	
			406	5400		225			
			441	5600		230			Rennausf. bis 555 PS
							249/463	1968	(neue Karosserie)
		5733	304	4800	3/4/A	200		1969/70	(1970: 4/A)
			355	5600	4	220			
			375	6000		230		1970	
		7443	395	4800	4/A	230			
			466	5700		250			
Blazer	6	4094	157	4200	3/4/A		264/	1969–	Geländewagen
	V8	5025	203	4600					
		5733	259	4800					

die Ecken gebogen). Bei diesen Modellreihen wurden vor allem Fahrwerkverbesserungen verzeichnet.

Die Camaro und die Corvette 1970 wurden etwas später vorgestellt. Während der Corvette ein Gittermotiv statt Schlitze an den Flanken und bereits in der Grundausstattung ein 4-Gang-Getriebe erhielt, wurde das Duo Chevrolet Camaro/Pontiac Firebird vollständig neu karossiert. Es gab nur noch ein Coupé, was Cabriofreunde bedauern mochten, doch war die Fastbacklinie dieses Viersitzers ein äußerst gelungener Wurf, der das oft etwas zerklüftete amerikanische Styling glatt hinter sich ließ. Wie bis anhin hatte der Camaro eine lange Motorhaube und ein kurzes Heck, wie es den Vorstellungen für ein Sportauto entsprach. Neben einer Basisausführung gab es den RS (Rallye), den SS (Super Sport) und den für Wettbewerbe bestimmten Z-28. Entsprechend waren auch die Motor/Getriebe/Fahrwerk-Ausführungen abgestimmt. Gegenüber dem Vormodell waren zahlreiche Verbesserungen, nicht zuletzt auch im Sitz- und Fahrkomfort, zu verzeichnen.

Inzwischen verdichteten sich die Gerüchte um den subkompakten Chevrolet, und es war auch von einem Corvette mit Mittelmotor die Rede. Von diesem Zweisitzer hatte man Ende 1969 die Produktion des 250 000. Exemplares (seit 1953) feiern können, ein ursprünglich kaum erwarteter Erfolg. Im April wurde von dem unter dem Codenamen XP 887 diskutierten Kleinwagen wenigstens die offizielle Bezeichnung bekannt: Vega 2300. Seine offizielle Pressevorstellung sollte jedoch erst im August stattfinden, und es handelte sich bereits um ein Modell 1971.

Chevrolet Argentina

Die General Motors Argentina SA in San Martin (Provinz Buenos Aires) produzierte ab 1963 für dieses Land geeignete robuste Autos nordamerikanischen Zuschnitts. Die Teile mußten gemäß staatlichen Vorschriften (zwecks Deviseneinsparung) zu nahezu 100 % im Inland hergestellt werden. Gebaut wurde noch Mitte der sechziger Jahre eine Variante des Ende 1961 in den USA eingeführten → Chevrolet Chevy II. In der argentinischen Ausführung Super Sport hatte sie einen 137 SAE-PS starken 3,8-Liter-6-Zylinder-Motor und ein vollsynchronisiertes 4-Gang-Getriebe mit Stockschaltung.

Im Juni 1968 wurde eine neue Ausgabe des argentinischen Chevrolet lanciert. Man erkannte sie an den rechteckigen Chromrahmen um die Doppelscheinwerfer. Es gab nun vier Varianten: Special, De Luxe, Super und Super Sport. Anstelle des 3,8-Liter-Motors besaß letztere ein auf 4,1 Liter vergrößertes Antriebsaggregat. Ein Prototyp dieses Topmodells war schon 1967 vorgestellt worden. – Diese Reihe wurde ihrerseits im November 1969 durch eine weitere Nachfolgeausführung des ursprünglichen Chevy II Nova aus den USA, mit auf der Höhe des Hinterrades angehobener Gürtellinie, teils ergänzt, teils abgelöst. Basismotor im Modell Special war jetzt ein 3,2-Liter-Sechszylinder. Er wurde mit einem 3-Gang-Getriebe mit Lenkradschaltung kombiniert. Ebenfalls mit der 3,2-Liter-Maschine, jedoch mit ZF-4-Gang-Getriebe und Stockschaltung, wurde das Modell Special Rally Sport ausgerüstet, das man an den beiden kleinen Lufthutzen auf der Motorhaube erkannte. Den 3,8-Liter-Motor hatte der neue Chevy Super, das 4,1-Liter-Aggregat der Super Sport. – 1978 sollte General Motors die Herstellung in Argentinien mangels rentablen Produktionsumfangs aufgeben.

Chevrolet (RA) Super Sport, 1968

Chevrolet Brasil

Das 1925 gegründete brasilianische GM-Montagewerk wurde 1959 der vierte Übersee-Produktionsbetrieb des amerikanischen Autoriesen (nach → Vauxhall, Opel, Holden). Zunächst baute die General Motors do Brasil SA in São Caetano do Sul den Chevrolet Cabina Dupla (Doppelkabine), ein speziell für die brasilianischen Anforderungen entwickeltes Nutzfahrzeugderivat. Die höchst ungewöhnliche Mischung zwischen einem typisch amerikanischen Pick-up und einem hochbeinigen Personenwagen hatte rechts zwei, links eine Türe und ruhte auf einem Kastenrahmen mit Traversen. Vorne wie hinten war je eine Starrachse mit Halbelliptikfedern vorhanden. Den Antrieb besorgte ein 4,3-Liter-6-Zylinder-Motor; das 3-Gang-Getriebe hatte Lenkradschaltung.

1964 wurde das altmodische Design mit angefügten Kotflügeln durch ein weit moderneres, wiederum aus den USA kommendes Erscheinungsbild abgelöst. Die Vorderräder waren nun einzeln aufgehängt. Neben dem Cabina Dupla gab es neuerdings den C-1416 Station Wagon. Auch dieses recht imposante fünftürige Fahrzeug hatte den 144 SAE-PS leistenden Job-Master-Motor, die hintere Starrachse war hier an Schraubenfedern abgestützt, und eine Positraction-Differentialbremse wurde serienmäßig eingebaut.

Opala Diese beiden Modelle wurden schrittweise verfeinert, doch Ende 1968 weitete GM do Brasil das Personenwagenangebot mit der Kreation des Opala bedeutend aus. Auch der Opala wurde praktisch vollständig in Brasilien gebaut, doch entsprachen seine Karosserielinien jenen des → Opel Rekord, während das Kühlergitter vom amerikanischen → Chevrolet Chevy Nova inspiriert war. Den sechssitzigen Chevrolet Opala gab es in einer Standard- und einer Luxusausführung mit 2,5-Liter-4- und 3,8-Liter-6-Zylinder-Motor. Mit einer Kompression von 7:1 wurde dem Niederoktanbenzin Rechnung getragen. Die selbsttragende Karosserie war auf hohe Bodenfreiheit ausgelegt. Die starre Hinterachse wies Schraubenfedern auf. Schon 1969 wurden rund 25 000 Opala hergestellt.

Von der Frisierfirma Envemo in São Paulo wurde in Übereinkunft mit GM ein Sondermodell, der Opala E, entwickelt. Er kam im Verlaufe des Jahres 1970 mit 4,1-Liter-6-Zylinder-Motor und 170 PS Leistung auf den Markt. Er hatte ein 4-Gang-Getriebe, das nun auf Wunsch auch bei den übrigen Opala eingebaut wurde.

Links: Chevrolet (BR) Cabina Dupla, 1964
Unten: Chevrolet (BR) C-1416, 1967

Chevrolet Argentina	Zyl.	cm³	SAE-PS	bei 1/min	Gänge	Spitze km/h	Radstand/Länge	Baujahre	Besonderheiten
Super Sport	6	3768	137	4400	4	167	279/465	1967/68	
Special/Super (de Luxe)								1968/69	
Super Sport		4094	150	4400					
Special		3185	110	4400	3	150	279/465	1969–	
Rally Sport					4				
Chevy Super		3768	132	4400	3	160	282/481		
Sport		4094	157	4400	4	168			

Chevrolet Brasil	Zyl.	cm³	SAE-PS	bei 1/min	Gänge	Spitze km/h	Radstand/Länge	Baujahre	Besonderheiten
Cabina Dupla	6	4275	142	4000	3	140	290/513	–1964	Kastenrahmen,
C-1414			144				292/485	1964–66	Starrachsen
Station Wagon C-1416							292/516		(v. Einzelradaufh.)
C-1414/C-1416			151	3800		145		1966–	
Opala 2500	4	2512	81	4000	3	140	267/457	1968–	
3800	6	3768	127	4000		164			

Chevrolet Südafrika

Neben dem → Ranger wurde von General Motors South Africa (Pty) Ltd. in Port Elizabeth Ende der sechziger Jahre auch eine Chevrolet-Reihe eigener Prägung hergestellt. Entwicklung und Produktion geschahen in Zusammenarbeit mit → Holden, der australischen GM-Niederlassung. So zeigten die 1969 erschienenen Chevrolet Kommando und Constantia Holden-Karosserielinien, jedoch eher an Chevrolet-Modelle erinnernde Kühlergesichter. Es wurden 3,8- und 4,1-Liter-6-Zylinder-Motoren nordamerikanischer Konstruktion verwendet, und für die Kraftübertragung dienten ein 3-Gang-Getriebe oder der Powerglide-Automat.

Chrysler

Für den (damals) drittgrößten Autokonzern, die amerikanische Chrysler Corporation, brachten die sechziger Jahre eine internationale Expansion ... auf die im folgenden Jahrzehnt eine katastrophale Rückbildung folgen sollte. Im Gegensatz etwa zu Ford war die Stammarke bei Chrysler nicht das Basis-, sondern das Spitzenprodukt. Sie rangierte über den → Plymouth, den → Dodge und den → De Soto und wurde nur noch von dem aus der Marke Chrysler abgezweigten → Imperial überragt. Die Palette führte 1960 vom Windsor über den Saratoga und den New Yorker zum 300 F, dem «schnellsten Serienwagen der USA».

Allen gemeinsam war die mit dem Modelljahr 1960 eingeführte selbsttragende Karosserie, zu einem Zeitpunkt, da die meisten anderen amerikanischen Fabrikate unverrückbar am Kastenrahmenchassis festhielten. Den Antrieb besorgten hubraumstarke V8-Motoren (6,3 und 6,7 Liter Inhalt). Schon die schwächste, mit Golden Lion bezeichnete Motorversion lieferte 309 SAE-PS, im 300 F standen bis 406 PS zur Verfügung! In der Regel kam die automatische Chrysler-Kraftübertragung Torqueflite mit Drucktastenbedienung statt Wählhebel zum Einsatz, doch gab es das sportliche Topmodell auf Wunsch auch mit einem 4-Gang-Getriebe der französischen Firma Pont-à-Mousson, wie es in den → Facel-Véga angeboten wurde.

Eine Besonderheit war die Vorderradaufhängung mit elastisch gelagerter Längsschubstrebe, längsliegenden Torsionsfederstäben Torsion Air und Kurvenstabilisator; hinten fand sich jedoch die übliche Starrachse mit Längsblattfedern. Je nach Modell wurden auf Wunsch oder serienmäßig eine Lenkhilfe Constant Control, eine Differentialbremse Sure Grip und ein Kühlerventilator mit Flüssigkeitskupplung Silent-Flite eingebaut. Ebenfalls gegen Mehrpreis waren vordere Schwenksitze lieferbar, die sich beim Öffnen der Türe zum bequemen Ein- und Aussteigen Richtung Außenseite drehten. Erstmals gab es zudem eine Child Guard genannte Zentralverriegelung. Die Chrysler wurden als viertürige Limousinen mit und ohne Mittelpfosten, als zweitürige Hardtopcoupés, als Kombi und als Cabriolet gebaut.

Um die Qualität der selbsttragenden Bauweise unter Beweis zu stellen, wurde mit einem viertürigen Chrysler auf drei Rädern von Chicago nach Detroit gefahren: Man hatte das fehlende rechte Vorderrad durch eine hohe Kofferraumlast «ausgeglichen». Elektronische Messungen zeigten anschließend keinerlei Materialermüdungen auf.

Auf den 300 F folgte im Herbst 1960 der 300 G. Er war das siebente Modell der 1955 begonnenen Serie, und er galt auch jetzt wieder als der stärkste Serienwagen Amerikas. Erstmals war er nun mit einem hauseigenen 3-Gang-Getriebe zu haben. Anstatt 14- wurden nun 15-Zoll-Felgen montiert, was eine bessere Kühlung der Bremsen ermöglichte. An Stelle des Generators trat ein Alternator. Die Chrysler des Jahrgangs 1961 erkannte man an den schräggestellten Doppelscheinwerfern (und dem Wegfall der Reserveradeinprägung im Kofferdeckel). Die übrigen Modellreihen hießen nun Newport (mit 5,9-Liter-Motor), Windsor und New Yorker.

Für das Modelljahr 1962 war erneut eine Umstellung zu verzeichnen: Es gab nun den Newport, den 300 (statt Windsor), den New Yorker und den 300 H. Der 300 wie der New Yorker zeigten jetzt das Kühlergesicht mit «Fadenkreuz» à la Hochleistungs-300. Auffallend war jedoch vor allem das Verschwinden der langgezogenen Schwanzflossen! Auf dem Automobilsalon von Paris im Herbst 1961 feierte der von → Ghia gebaute phantasievoll geformte Turbinenwagen Turboflite seine Europapremiere. Doch hinter

Von oben nach unten:
Chevrolet (ZA) Kommando Station Wagon, 1969
Chrysler New Yorker, 1961
Chrysler Corporation Turbine Car, 1963

Chevrolet South Africa	Zyl.	cm³	SAE-PS	bei 1/min	Gänge	Spitze km/h	Radstand/ Länge	Baujahre	Besonderheiten
Kommando	6	3768 4094	142 157	4400 4200	3/A	165 170	282/470	1969–	
Constantia					A	165	282/488		a.W. 176 PS

Rechts: Chrysler Newport, 1965
Von oben nach unten:
Chrysler 300 J, 1963
Chrysler 300, 1968
Chrysler Newport, 1970

der 1953 begonnenen Chrysler-Turbinen-Forschung steckte mehr als nur ein Designexperiment. Es wurde nämlich – mit wirklichkeitsnäherer Karosserie – eine Versuchsserie gebaut, wobei sich 1963 auch Fachjournalisten in Europa anhand von Probefahrten von dieser Antriebsart ein Bild machen konnten!

Der Jahrgang 1963 brachte wieder nebeneinander angeordnete Scheinwerfer, neue Kühlergesichter und ein jetzt deutlich abfallendes Heck. Der Chromschmuck war spärlicher geworden. Für das neue Design zeichnete bereits Elwood Engel verantwortlich, der vor wenigen Monaten von Ford abgeworben worden war und die bereits entworfenen Modelle 1963 «umgekrempelt» hatte. Alle Chrysler besaßen neuerdings einen einheitlichen Radstand von 310 cm. Detailverbesserungen betrafen Bremsen und Federung sowie den Korrosionsschutz. Während der 5,9-Liter-Motor des mit den größten Dodge-Modellen verwandten Basis-Chrysler Newport den Namen Firebolt trug, hießen die größeren Antriebsaggregate nun Firepower. Verwendet wurde jetzt der Getriebeautomat Torque-Flite Eight. Der Chrysler 300 J, als Nachfolger des 300 H, wurde erst im November vorgestellt.

In der Ausführung 1964 zeigten der New Yorker ein feinmaschiges statt kariertes Kühlergitter und die übrigen Modelle teils kräftige Seitenstreifen. Gänzlich neu geformt waren hingegen die Chrysler-Karosserien des Jahrgangs 1965. Der Radstand war um 5, die Gesamtlänge um 7 cm vergrößert und das Angebot um drei Ausführungen erweitert worden: Es gab nun einen viertürigen Town Sedan auf den Newport und New Yorker und bei letzteren zudem ein zweitüriges Hardtopcoupé. Besonders imposant wirkten die Town Sedan mit drittem Seitenfenster. Allen Karosserien gemeinsam war die kräftige Längssicke unterhalb der Gürtellinie. Auch der Newport rollte nun mit dem 6,3-Liter-Motor, allerdings mit gedrosselter Leistung. Die Vorderräder der Chrysler hatten längere und in Gummikissen gelagerte Federstäbe erhalten, und auch die Hinterachsaufhängung war verbessert worden. Eine Neuheit war die in Armaturenbrettmitte angeordnete Schublade, die nebst Ascher und Anzünder einen Parkuhr-Kleingeldbehälter beherbergte.

Den Jahrgang 1966 erkannte man an der horizontal statt leicht gewölbt und damit etwas tiefer durchgezogenen oberen Kühlergitterbegrenzung. Die 1965 beim 300 L angelangte Serie der Hochleistungsmodelle wurde nun nicht mehr fortgesetzt, anderseits gab es jetzt eine von Newport und New Yorker separierte Kombireihe Town & Country. Der 6,8-Liter-Motor wurde durch eine 7,2-Liter-Maschine abgelöst, die vor allem mehr Dreh-

Chrysler	Zyl.	cm³	SAE-PS	bei 1/min	Gänge	Spitze km/h	Radstand/Länge	Modelljahre	Bemerkungen
Windsor	V8	6277	309	4600	A	185	310/547	1960	
Saratoga			330	4600		190	310/556		
New Yorker		6746	355	4600		200	320/557		
300 F			380	5000	A/4	220			a.W. 406/5200
Newport	V8	5907	269	4400	3/A	170	310/547	1961 – 64	
Windsor		6286	309	4800	A	180	320/557	1961	
New Yorker		6746	355	4600		200		1961/62	'62: 345/4600
300 G			380	5000	3/A	220			a.W. 406/5200
300	V8	6286	309	4600	3/A	180	310/547	1962 – 64	
		6746	345	4600		190		1962/63	a.W. 385/5200
300 H			385	5200	A	220			
300 J			395	4800	3/A			1963	
New Yorker			345	4600	A	190	310/558	1963/64	
300			365	4800	3/4/A	200			
300 K					A/4			1964	a.W. 395/4800
Newport	V8	6286	274	4400	3/A	180	315/554	1965	a.W. 319/4400
300			319	4400	3/4/A	190			
		6746	365	4800		200			
New Yorker			345	4600	A	190			a.W. 365/4800
300 L			365	4800	4/A	200			
Newport	V8	6286	274	4400	3/A	180	315/556	1966/67	a.W. 330/4800
		7206	370	4600		200			'67: 380/4600
300		6286	330	4800		190	315/564	1966	
		7206	370	4600		200			
New Yorker			355	4400	A	200	315/556	1966/67	a.W. 370/4600 ('67: 380)
Town & Country		6286	274	4400		190	308/558		a.W. 330/4800
		7206	370	4600		200		1967	'67: 355/4400
300		7206	355	4400	4/A		315/568		a.W. 380/4600
Newport/ Newport Custom	V8	6286	294	4400	3/A	190	315/557	1968 – 70	a.W. 335/500
		7206	380	4600		200			
300			355	4400	A	200	315/563		a.W. 380/4600
New Yorker							315/556		a.W. 380/4600
Town & Country		6286	294	4400		190	310/558		ab '69: Länge
		7206	355	4400		200			allg. 571 cm

moment bot. Auf Wunsch waren vordere Scheibenbremsen Budd erhältlich; schon 1950 hatte Chrysler vorübergehend ein Scheibenbremssystem eingeführt! Die Chrysler des Modelljahrs 1966 waren auch hinsichtlich Sicherheit aufgewertet worden, zu den diesbezüglichen Neuerungen zählten flach anliegende Safe-Guard-Innentürgriffe.

Als Experimentalfahrzeug wurde auf der Automobilausstellung in Chicago im Frühjahr der Chrysler 300 X vorgestellt. Nebst einer von der Serie wenig abweichenden Form besaß dieses Cabriolet neuartige Sitze und vor allem ein elektrohydraulisches Lenksystem mit zwei drehbaren Griffen. Der Rückspiegel war durch einen Fernsehbildschirm ersetzt worden. Bei den Wagen des Modelljahrgangs 1967 fand sich keine dieser Neuerungen, wohl aber die zusätzliche Modellreihe Newport Custom. Die zweitürigen Hardtopcoupés hatten nun eine sanft abfallende Dachlinie, die mit Semifastback bezeichnet wurde. Alle Modelle – nicht nur die «300» – zeigten jetzt wieder eine ausgeprägte senkrechte Mittelrippe im Kühlergitter. Verbessert wurden der 6,3-Liter-Motor und zahlreiche Details. Bei den «300» gab es neuerdings ein 4-Gang-Getriebe. Zu dem zahlreichen Zubehör zählte die nun siebenfach verstellbare Lenksäule Tilt-A-Scope.

Der Chrysler 300 1968 hatte ausschwenkbare Scheinwerfer, und alle Modelle wiesen neue Dachlinien auf. Erhältlich war auch eine Tempokonstanthaltevorrichtung Speed Control Unit. Auf 1969 gab es dann gänzlich neu geformte Karosserien mit weichen statt kantigen Kotflügelabschlüssen und die gesamte Vorderfront umrahmenden, die Stoßstangen mit umfassenden Kühlergittern. Bei unverändertem Radstand war die Gesamtlänge stark angewachsen: von 557 auf 571 cm! Zu den verschiedenen technischen Neuerungen zählten wirksamer gewordene Bremsen. Der Jahrgang 1970 präsentierte sich traditionsgemäß mit zahlreichen Karosserieretouchen. Zu den technischen Verbesserungen zählten unter anderem Gürtelreifen und ein Lenkradschloß. Außer bei den Cabrios und den Kombis war die Aufhängung des vorderen Fahrschemels modifiziert worden; die Iso-Stub genannte Konstruktion bestand aus einer elastischen Lagerung mit Gummikissen. Auch die hinteren Halbelliptikfedern erhielten eine Gummiisolation gegen Vibrationen und Geräusche. Das 3-Gang-Basisgetriebe war nun endlich vollsynchronisiert!

Inzwischen hatte die Chrysler Corporation die unter dem obersten Leiter L. L. Colbert begonnene schrittweise Übernahme von → Simca in Frankreich, der Rootes Group (→ Hillman, Humber, Sunbeam, Singer) in Großbritannien sowie der Barreiros Diesel in Spanien unter Lynn A. Townsend abgeschlossen, so daß die entsprechenden Firmen auf den 1. Juli 1970 Chrysler-Namen erhielten (→ auch Chrysler Brasil).

Chrysler Brasil

Von den früheren großen französischen Simca-Modellen abgeleitet waren die ab 1967 unter der Bezeichnung Chrysler Regente und Esplanada in Brasilien hergestellten mittelgroßen V8-Limousinen. Sie lösten die entsprechenden Modelle von → Simca Brasil ab, denn aus der Simca do Brasil SA in São Bernardo do Campo war inzwischen die Chrysler do Brasil SA geworden! Schließlich hatte Chrysler auch in Europa Simca übernommen. Doch die Ursprünge der nun Regente und (wie schon unter Simca) Esplanada genannten Modelle gingen eigentlich auf eine französische Ford-Konstruktion zurück ...

Anfang 1968 wurde die 2,5-Liter-Motorversion aufgegeben, so daß auch das luxuriösere Modell mit der 2,4-Liter-Maschine vorliebnehmen mußte. An Stelle des bis dahin wahlweise gebotenen 3-Gang-Getriebes mit Overdrive trat – beim neuen Topmodell GTX – ein 4-Gang-Getriebe. Gleichzeitig wurden übereinander angeordnete Doppelscheinwerfer und weitere Karosserieretouchen eingeführt. Doch dies war die letzte Weiterentwicklung des hochbetagten Ford-Konzepts: 1969 wurde die Marke Chrysler in Brasilien durch → Dodge abgelöst. Unter diesem Namen wurde fortan eine Version des amerikanischen Modells Dart hergestellt.

Rechts: Cisitalia 850, 1962
Unten: Chrysler (BR) Esplanada, 1968

Cisitalia

Die kleine Marke Cisitalia aus Turin war in der Nachkriegszeit durch ihre Rennwagenkonstruktionen berühmt geworden. Daneben wurden Sportwagen von hohem Leistungsniveau für die Straße gebaut. Ab Ende 1959 konzentrierte sich die nach einigem Unterbruch wiederum in kleinem Rahmen aufgenommene Produktion auf Spider und Coupés 750, deren Heckmotormechanik vom → Fiat 600 abgeleitet war. Beim Cabriolet war der Unterbau der selbsttragenden Karosserie verstärkt worden. Die hübschen kleinen Cisitalia 750, 750 GT und 750/45 Speciale hatten Motoren mit 735 cm³ Inhalt und 30 bzw. 40 DIN-PS Leistung (= 45 SAE-PS). Daneben wurde auch ein Cisitalia 600 Coupé mit wenig verändertem Fiat-Motor angeboten. Im Herbst 1961 folgte eine Version 850 mit vom Fiat 600 D abgeleitetem Motor. Hier standen 54 DIN-PS und, dieser Leistung Rechnung tragend, vordere Girling-Scheibenbremsen zur Verfügung. 1963 erfolgte der Übergang zu Amadori-Campagnola-Scheibenbremsen. Doch Ende 1964 stellte die von Carlo Dusio geleitete Cisitalia Autocostruzione ihre Produktion schließlich gänzlich ein. Nach Schätzungen waren rund 200 Exemplare der Cisitalia 750/850 gebaut worden, ein guter Teil ging nach Argentinien, wo Cisitalia-Begründer Piero Dusio (Vater von Carlo Dusio) vor Jahren ein neues Unternehmen aufgebaut hatte.

Chrysler Brasil	Zyl.	cm³	SAE-PS	bei 1/min	Gänge	Spitze km/h	Radstand/ Länge	Baujahre	Besonderheiten
Regente (/Esplanada)	V8	2414	130	5800	3	155	269/470	1967/68	
Esplanada		2505	142	6000	3/3+S	160	269/483		
GTX		2414	130	5800	4	160		1968	

Cisitalia	Zyl.	cm³	PS	bei 1/min	Gänge	Spitze km/h	Radstand/ Länge	Baujahre	Besonderheiten
750/32	4	735	30	5500	4	118	200/385	1959–61	Basis Fiat 600
750/45 Speciale			40	6500		138			
600		633	29*	4900		110			* SAE-PS
850		847	54	6200		160		1961–64	

Citroën

Von oben nach unten:
Citroën DS 19, 1960
Citroën 2 CV 4 × 4 Sahara, 1960
Citroën DS 19 Décapotable (Chapron), 1961
Citroën 2 CV, 1961

Unter allen Großserienherstellern baute die in Paris domizilierte Marke Citroën in den Nachkriegsjahren die ungewöhnlichsten Autos. 1960 umfaßte das Produktionsprogramm zwei Extreme: den 2 CV (= 2 PS), dessen Konstruktion auf die Zeit unmittelbar vor dem Zweiten Weltkrieg zurückging, und die 1955 lancierte DS/ID-Serie, beide mit Vorderradantrieb. Während der 2 CV als der Inbegriff des einfachen und sparsamen, dennoch aber komfortabel gefederten und geräumigen Autos galt, hatten die DS und die ID eine echt futuristisch wirkende Linie, die keineswegs bloß etwas vorspiegelte, sondern mit der technisch fortschrittlichen, ja wegweisenden Konzeption in vollem Einklang stand. Der Luftwiderstandsbeiwert, von dem man damals noch kaum sprach, erreichte 0,36 – ein Wert, der auch noch zwanzig Jahre später mancher Neukonstruktion wohl angestanden hätte!

Das häßliche Entlein 2 CV – ein ausgesprochen hübsches 2-CV-Coupé baute übrigens → Citroën England – wurde von einem luftgekühlten 424-cm^3-2-Zylinder-Boxermotor angetrieben. Mit seinen 12,5 SAE-PS Leistung war dieses Modell das am weitaus schwächsten motorisierte viertürige Auto. Es besaß eine Fliehkraftkupplung, die unter 1000/min eine Kraftübertragung ausschloß. Außer seiner extremen Zweckform bot es als besonders ungewöhnliche Konstruktionseigenheit eine Verbundfederung, bei der die vorderen und die hinteren Elemente der Einzelradaufhängung jeder Seite durch horizontale Schraubenfedern verbunden waren. Der 2 CV hatte serienmäßig ein Faltdach. Aus belgischer Montage gab es ihn mit einem zusätzlichen hinteren Seitenfenster (auch Modell Luxe). Eine höchst ungewöhnliche, seit 1958 gebaute Sonderversion war der 2 CV 4×4 Sahara. Der Vierradantrieb wurde durch einen im Heck eingebauten zweiten Motor bewerkstelligt! Außer an den Kühlluftschlitzen am Heck erkannte man ihn an dem in die vordere Motorhaube integrierten Reserverad.

Dem DS von 1955, einer aerodynamischen und stylistischen Meisterleistung, folgte 1957 der einfacher ausgestattete ID. Anstatt mit 78 bescheidete sich sein 1911-cm^3-Motor mit 69 SAE-PS, und es gab ihn auch als Kombi (ID 19F) mit verlängertem Aufbau, und zwar in den Ausführungen Commerciale (6 Plätze), Break und Familiale (8 Sitze, wie die ID-Limousine-Versionen Luxe und Confort) sowie Ambulance.

DS und ID gemeinsam waren das Plattformchassis mit kastenförmigen Längsprofilen, die Einzelradaufhängung vorn mit Querlenkern, hinten mit Längsschwingarmen, vorne wie hinten mit pneumatischer Federung und hydraulischer Abstützung, Torsionsstabilisator und Niveauregulierung. Dieses einzigartige System brachte nicht nur ein Höchstmaß an Federungskomfort, sondern darüber hinaus auch die Möglichkeit einer Höhenverstellung für den gesamten Aufbau. Die Fußbremse mit innenliegenden vorderen Scheibenbremsen besaß durch Verbindung mit dem Druckölkreislauf der hydropneumatischen Federung eine Nothilfe.

Beim DS arbeitete die Lenkradschaltung hydraulisch, so daß ein Kupplungspedal entfiel. Zur besseren Kühlung des Motorraums hatte das Spitzenmodell in der Serie 1960 Luftkiemen auf den Vorderkotflügeln erhalten. Mit dem Jahrgang 1961 wurde der Niederdruckteil der automatischen Kupplung durch einen weniger heiklen Zentrifugalregulator ersetzt. ID wie DS erfuhren etliche kleine Verbesserungen, zudem fand der Wechsel von der 6- zur 12-Volt-Anlage statt. Als neue serienmäßige Modellvariante wurde sowohl auf dem ID wie auf dem DS ein elegantes Cabriolet angeboten, das von der bekannten Karosseriefirma Chapron in Produktion genommen wurde (bereits auf dem Genfer Salon 1960 hatte Chapron das reichdekorierte DS-Coupé Le Paris vorgestellt).

Erneuert wurde auf 1961 auch das «Minimalauto» 2 CV: dieses hatte nun ein niedriges, in Chrom gefaßtes Kühlergitter, eine Motorhaube mit bloß fünf Längsrippen statt des «Wellblech-Designs» sowie einteilige seitliche Motorhauben-Entlüftungsöffnungen statt der Senkrechtschlitze. An einem neuen Ventildeckel aus Leichtmetallguß erkannte man den leistungsgesteigerten DS-Motor, der ab Genfer Salon im Frühling 1961 zur Auslieferung kam. Statt 75 standen nun 83 PS zur Verfügung. Die Kolben hatten bombierte Böden und die Kurbelwelle einen Torsionsschwingungsdämpfer erhalten.

Ami 6 Schon im April 1960 hatte Citroën-Generaldirektor Pierre Bercot an einer Pressekonferenz in New York das Erscheinen eines neuen Kleinwagens angekündigt, der etwas größer und wesentlich eleganter sein sollte als der 2 CV. Im April 1961 wurde dann der Citroën Ami 6 vorgestellt. Er war ebenso unkonventionell wie die anderen Konstruktionen der Marke. Der gesamte Unterbau war vom 2 CV übernommen worden. Auch hier

Citroën

Links: Citroën Ami 6, 1961
Von oben nach unten:
Citroën ID 19 Break, 1964
Citroën 2 CV AZAM 6, 1966
Citroën Dyane, 1968
Citroën Dyane 6 Méhari, 1969
Citroën Ami 8, 1968

sorgte somit die mechanische Verbundfederung für hohen Komfort. Der ebenfalls vor der Vorderachse eingebaute luftgekühlte 2-Zylinder-Boxermotor war allerdings auf 602 cm³ vergrößert worden; er leistete 22 PS.

Die Besonderheit der sich nach oben verjüngenden Pontonkarosserie war das nach einwärts geneigte Heckfenster, über das die Dachlinie nach hinten auskragte. Diese Idee hatte → Ford England bereits im Vorjahr mit dem neuen Anglia verwirklicht. Mit dieser Auslegung wurde nicht nur der Sitzposition der Fondpassagiere Rechnung getragen, sondern auch Regen- und Schneebelag auf der Heckscheibe verhindert. Auffallend waren ferner die rechteckigen Scheinwerfer neben der nach unten gezogenen Fronthaube. Vom DS übernommen wurde das Einspeichen-Lenkrad. Die hinteren Sitze ließen sich entfernen und erbrachten so einen durchgehenden Kofferraum. Zu den zahlreichen technischen Eigenheiten zählten die am Differential liegenden Bremstrommeln. Der Ami 6 schloß die Lücke zwischen dem 2 CV und dem → Panhard PL 17, der ebenfalls durch das Citroën-Vertriebsnetz verkauft wurde; Panhard war schon 1955 von Citroën übernommen worden. Vorerst wurde der Ami 6 noch bei Panhard gebaut, doch befand sich in Rennens-La Jannais ein neues großen Citroën-Produktionswerk im Aufbau.

Im August 1961 erhielt der Ami 6 Schiebefenster auch in den Hintertüren, in die Nullstellung zurückkehrende verlängerte Scheibenwischer und einen außenliegenden Kofferverschluß. Auch der ID und der DS besaßen nun automatisch in die Nullstellung gehende Wischer, und der ID bot jetzt die gleiche Servobremse, wie sie schon der DS besaß. Im DS fand sich ein neues Armaturenbrett mit regulierbaren Luftaustrittsöffnungen an den Enden. Der ungewöhnliche, winzige Fußbremseknopf hatte einen größeren Durchmesser erhalten. Beim 2 CV wurde die Leistung durch höhere Verdichtung (7,5 statt 7:1) um 1 auf 13,5 PS gesteigert. – Vom Turiner Karossier Frua (→ Anhang) wurde im Herbst 1961 ein DS 19 zum Coupé auf verkürztem Radstand mit schräg zwischen den hinteren Kotflügeln abfallendem Heck gewandelt. Nicht bloß als Einzelstück gedacht war eine viertürige Cabrioletkonstruktion, die vom Stuttgarter Karosseriewerk Reutter (→ Anhang) etwa zum gleichen Zeitpunkt verwirklicht wurde.

Ab August 1962 präsentierten sich DS und ID mit einer neuen, aerodynamisch noch besser durchgebildeten Front. Sie wies ein nach unten einwärts gebogenes Verschalungsblech sowie eine neugeformte Stoßstange mit Gummipuffer auf. Auch die Antriebswellen waren abgeschirmt, und die Luftzirkulation im Motorraum sowie die Kühlung der Bremsscheiben waren neu durchdacht worden und umfaßten nun eine Kühlluftöffnung unterhalb der Scheinwerfer. Die DS-Kühlluftkiemen hinter den Scheinwerfern waren hingegen verschwunden. Beim DS war auch die Innenraumlüftung erneut verbessert worden. Der ID konnte nun mit der beim DS serienmäßigen, besonders rasch ansprechenden Servolenkung sowie einer wirksameren Heizungs- und Lüftungsanlage geliefert werden. Den Ami 6 gab es in der Auflage 1963 in den Ausführungen Confort und Tourisme, letztere mit besonders komfortablen Sitzen. Im 2 CV fand sich ein neues Armaturenbrett, und zudem hatte dieses Einfachauto nun elektrisch statt von der Tachowelle angetriebene Scheibenwischer.

Im Oktober 1962 erhielt der ID ein neues, vollsynchronisiertes 4-Gang-Getriebe, das ab Februar 1963 auf Bestellung auch im DS eingebaut wurde. Gleichzeitig erhielten die Kombimodelle den 83 PS starken DS-Motor. Auf dem Genfer Salon 1963 wurde der 2 CV mit wesentlich erhöhter Leistung vorgestellt. Dank Änderungen an den Zylinderköpfen, an Kolben, Kurbelwelle und am Vergaser standen jetzt knapp 16,4 DIN-PS zur Verfügung. Neu war das Luxusmodell AZ-AM mit vorderen Sitzbänken à la Ami 6 statt der Hängemattensitze, schmuckem Lenkrad und aufgewertetem Interieur, äußerem Chromschmuck und Stoßstangenschlaufen. Im Herbst 1963 erhielt der DS Kartentaschen an den Vordertüren.

Ebenfalls im Hinblick auf das Modelljahr 1964 wurde dem Ami 6 eine Leistungsspritze verpaßt. Mit einer Verdichtung von 7,75 statt 7,5:1 standen 25,5 PS zur Verfügung. An Stelle der Reibungsstoßdämpfer traten hydraulische Dämpfereinheiten, und die Motorhaubenentriegelung erfolgte nun von innen. Ab Anfang Oktober wurde der Ami 6 mit einer Fliehkraftkupplung lieferbar, wie sie der 2 CV besaß. Auf dessen Basis war bereits im Juli eine Lieferwagenversion, der 2 CV AK, herausgebracht worden. Er besaß den Ami-6-Motor und war um 20 cm länger. Als viersitzige Kombiversion kam im Frühling 1964 zu den 2 CV AZL, AZA und AZAM der (3 CV) AKL Weekend hinzu. Auch die in Belgien montierten 2 CV wiesen nun den 600-cm³-Motor auf; außer in den Beneluxländern sollten sie als AZAM 3-6 mit auf 23 PS gedrosseltem Ami-Motor ab 1965 auch in der Schweiz kommerzialisiert werden. Die Fliehkraftkupplung wurde bei den 2 CV inzwischen nur noch auf Wunsch eingebaut..

DS 19 Pallas Wiederum schon im August des Vorjahres wurden die hauptsächlichsten Änderungen für das Jahr 1965 bekanntgegeben. DS und ID 19 hatten neuerdings Parallelscheibenwischer mit zwei Geschwindigkeiten und waren auf Wunsch mit vorderen und hinteren Sitzgurten lieferbar. Hinzu kam eine Luxusversion DS 19 Pallas mit 41 Detailaufwertungen. Zu diesen zählten höhere vordere Sitzlehnen, neue Verkleidungen, Bodenteppiche, Innenleuchten, zudem eine Tasche an der Motorverschalung, zusätzliche Abdekkungen, eine Windschutzscheibe aus Schichtglas, Verkleidung der hinteren Dachträger aus Aluminium, seitliche Karosserieschutzleisten, Radzierkappen und schließlich zwei zusätzliche Jodscheinwerfer. Beim ID stieg die Motorleistung durch ähnliche Maßnahmen, wie sie schon der DS erfahren hatte, auf 75 PS. Das ID-Armaturenbrett wurde der DS-Auslegung angeglichen, ohne jedoch asymmetrisch zu sein. Eine neue Karosserievariante im Citroën-Programm verkörperte der Ami 6 Break, ein fünftüriger Kombi mit nach oben öffnender Hecktüre. Es gab ihn in den Ausführungen Commerciale, Tourisme und Confort, und seine Aufhängungselemente waren verstärkt. Beim 2 CV waren die Vordertüren jetzt vorschriftsgemäß vorne angeschlagen.

DS 21 Wenngleich mit frisierten Ausführungen des DS 19 bedeutende Rallyeerfolge erzielt wurden, so war dessen (hiezu auf 1960 cm³ vergrößerter) Motor doch das vielleicht einzige veraltete Konstruktionselement innerhalb des stets noch richtungweisenden Gesamtkonzeptes. Ende August 1965 wurden denn für den DS zwei neue Motoren lanciert, während der bisherige DS-Motor, jedoch mit auf 80 PS beschränkter Leistung, im ID fortbestand. Äußerlich erkannte man die neuen DS an den Quer- statt Längsöffnungen an der zudem nun ausgebuchteten unteren Frontabdeckung. Es gab jetzt einen DS 19a und einen DS 21. Sie unterschieden sich durch den Zylinderinhalt ihrer neuen, mit fünf Kurbelwellenlagern, kurzem Hub und etlichen modernen Konstruktionsmerkmalen dotierten Motoren. Der DS 21 leistete bei 2175 cm³ gerade 100 DIN-PS, der DS 19 mit 1985 cm³ deren 83.

Beim halbautomatischen Getriebe war nun auch der erste Gang synchronisiert. Es fanden sich eine verbesserte automatische Kupplung, homokinetische Antriebsgelenke, Scheibenbremsen mit zwei Sätteln, beim DS 21 überdies eine automatische Scheinwerfereinstellung, eine Kontrolleuchte über Bremsbelagabnützung und eine Bremsweganzeige. Auch viele technische DS-Details, zum Beispiel an Lenkung und Aufhängung, waren überarbeitet worden. Sowohl den DS 19 wie den DS 21 gab es als Standardlimousine, als Pallas und als Prestige (dieser mit Trennscheibe und Funktelefon), den DS 21 zudem als Cabriolet (bei Chapron gebaut). Die Kombi ID wurden nun ebenfalls mit den neuen Motoren geliefert, die stärkeren Varianten hießen somit nun ID 21.

Auch bei den 2 CV aus französischer Produktion fand sich mit dem Jahrgang 1966 das dritte Seitenfenster (außer bei der Basisausführung). Der Vorderradantrieb arbeitete auch hier nun (Billigmodelle noch ausgenommen) mit homokinetischen Gelenken, hinten fanden sich hydraulische Stoßdämpfer, und das Kühlergitter verzichtete auf das integrierte Markensignet, das Chevron-Zeichen in Form von zwei übereinanderliegenden umgekehrten V. Die Ami 6 des neuen Jahrgangs erkannte man an den geknöpften statt abgesteppten Polsterungen. – Bereits war auch von einem weiteren revolutionären Citroën die Rede, von einem Wagen mit Wankel-Rotationskolbenmotor nämlich, der

Oben: Citroën M 35, 1970
Darunter: Citroën DS 20, 1970

Citroën Maserati S, 1970

sich größenmäßig zwischen den Ami 6 und den ID 19 einordnen sollte. Für die Koordination der Zusammenarbeit zwischen Citroën und → NSU (= Wankel) war in Genf die Firma Comobil gegründet worden.

Die laufenden Verfeinerungen an den Serienmodellen fanden auch im Hinblick auf das Modelljahr 1967 ihren Fortgang. So erhielt nun auch der ID den 2-Liter-Motor, jedoch mit 78 PS, womit er weiterhin auf Normalbenzin ausgelegt blieb. Das 4-Gang-Getriebe wurde angepaßt. Man sprach jetzt vom ID 19b, wobei in der Version Export die Servolenkung und eine vollständigere Ausstattung zum serienmäßigen Lieferumfang zählten. Sowohl beim ID wie bei den DS wurde ein Mineralöl für das Hydrauliksystem eingeführt. Neben anderem Zubehör war neu eine mit Grand Froid bezeichnete Heizanlage lieferbar (mit Benzin aufheizbarer Wärmetauscher; bei den luftgekühlten 2 CV und Ami 6 konnte bereits eine Benzinheizung eingebaut werden). Änderungen im Herbst 1966 beim 2 CV: robustere Türschlösser, verbesserte Arretierung für die Klappfenster, gegen Mehrpreis vordere Einzelsitze. Beim Ami 6 erfolgte ein Wechsel zur 12-Volt-Anlage mit Alternator.

Dyane Mit dem Modelljahr 1968, das Ende August 1967 vorgestellt wurde, erfuhr das Citroën-Angebot an kleinen Komfortwagen eine Erweiterung: Neben den 2 CV, bei dessen Kreation keinerlei ästhetische Rücksichten genommen worden waren, trat der Dyane. Der (oder die) Dyane war sozusagen ein spezialkarossierter Döschwo. Allerdings wirkte er ebenso auf Zweckmäßigkeit ausgerichtet und kaum moderner, doch wies die Karosserie hier ein eigenwilliges, kantiges Styling auf, das nach langen Jahren schließlich vom 2 CV selbst noch überlebt werden sollte. Der Dyane hatte ein Rolldach, das sich auch nur bis zur Hälfte öffnen und fixieren ließ und das man für den Transport sperriger Güter mitsamt der Hecktüre entfernen konnte. Gegenüber dem 2 CV waren das Instrumentarium und die Lüftung etwas vollständiger ausgebildet, vor allem aber leistete hier der 425-cm³-Motor 21 statt 18 SAE-PS.

Eine imponierende Neugestaltung hatten auf 1968 die ID- und die DS-Front erhalten: sie wiesen nun Doppelscheinwerfer auf, die unter einer strömungsgünstigen Plexiglasverkleidung geborgen waren. Bei den DS 21 (bei den übrigen gegen Mehrpreis) waren die innenliegenden Jod-Weitstrahllampen außerdem mit der Lenkung gekoppelt, so daß sie als automatische Kurvenlampen wirkten. Der kurveninnere Weitstrahler konnte sich um fast 90° zur Wagenachse abwinkeln. Bei den großen Citroën wurde außerdem die Wirksamkeit der Servolenkung verstärkt, und die DS und die ID/F (Kombi) wiesen neue Getriebeuntersetzungen auf. Neben dem ID 19b mit 78 DIN-PS gab es alsdann einen ID 19 Super mit dem 84-PS-Motor aus dem DS 19a. Der Ami 6 hatte nun vordere Doppelschiebefenster (wie der Dyane), und vom Ami-6-Kombi gab es eine Luxusversion Club mit Jodscheinwerfern. Die 2 CV (AZL und AZL Enac = Kombi sowie 3 CV Azam 6) blieben weitgehend unverändert.

Nach monatelangen Verhandlungen war Ende 1967 zwischen der SA André Citroën und den Officine Alfieri → Maserati (Modena) ein Abkommen über Zusammenarbeit abgeschlossen worden. Diese Zusammenarbeit sollte sich auf die Gebiete technische Entwicklung, Herstellung und Vertrieb erstrecken. Bereits wurde aber auch von einem gemeinsam zu bauenden GT-Wagen mit 6-Zylinder-Motor gemunkelt.

Schon Anfang 1968 wurde der Dyane erwartungsgemäß auch mit dem 602-cm³-Motor (25,5 DIN-PS) des Ami 6 lieferbar, und kurze Zeit später, im April, kam der Dyane 4 mit 435-cm³-Motor (statt 425) heraus. Die Leistung wurde mit 24 (statt 18,5) DIN-PS angegeben. Es gab ihn in den Ausführungen Berline Luxe und Berline Confort. Hinzu kam auch ein Kastenwagen, ebenfalls in zwei Ausstattungsvarianten; weiterhin gab es aber auch den 2 CV-Kombi Weekend als AZUL mit dem 2- und als AKL mit dem 3-PS-Motor.

Méhari Bereits im Mai machten weitere Citroën-Neuheiten von sich reden: von 28 auf 35 SAE-PS gesteigerter Ami-6-Motor (neue Zylinderköpfe, Doppelvergaser, Superbenzin). Neben einem mit Ami 6 Break Service bezeichneten Lieferwagen fand aber vor allem eine neue, vorerst zu den Dyane gezählte Variante starke Beachtung: der Dyane 6 Méhari. Er verkörperte eine indirekte Nachfolge des 2 CV 4 × 4, dessen Produktion 1966 eingestellt worden war. Bei einem mit dem 2 CV und dem Dyane identischen Plattformrahmen mit Kastenträgern und der gleichen 3-PS-Frontantriebsmechanik bot der Méhari einen tür- und dachlosen Kunststoffaufbau, der vom Styling her am ehesten an die amerikanischen Buggy-Konstruktionen (auf der VW-Käfer-Plattform) erinnerte. Allerdings war der Méhari keineswegs bloß als Freizeitauto, sondern durchaus auch als vielseitig einsetzbares Arbeitsinstrument gedacht. Er wurde auch mit einem Dach, Türen und Seitenscheiben umfassenden Verdeckaufbau angeboten.

ID/DS 20 Für das Modelljahr 1969 wurden folgende Neuerungen eingeführt: ID 20 als Ersatz des Typs DS 19, mit 1985-cm³-Motor und 91 DIN-PS; alsbald auch DS 20 als Luxusversion des ID 20, auf Wunsch mit hydraulisch geschaltetem 4-Gang-Getriebe; ID 19 nun mit 81,5 PS starkem Motor; DS 21 gar mit 106 PS (Kombi mit 91 oder 106 PS); alle ID/DS mit neuem, flachem Armaturenbrett mit Schutzpolsterung und ums Lenkrad gruppierten Bedienungsschaltern, Lenkradschloß, anatomisch geformten Sitzen mit stufenloser Rücklehnenverstellung und unter weiteren Verbesserungen Heizung mit Thermostat, auf Wunsch Heckscheibenheizung (die Modellbezeichnungen ID 19b, ID Super und DS 19a entfielen).

Beim Ami 6 war die Luxusausstattung Club nun auch bei der Limousine zu haben (vier Scheinwerfer, Lehnenverstellung, Zierleisten); übrige Ami nun mit Maschengitter in der Kühlluftöffnung und geändertem Armaturenbrett. Dyane 6 (einschließlich Méhari) mit 28,5 DIN-PS, 2 CV mit Ablegefach an der Rücklehne der hinteren Sitzbank. – Im November 1968 übernahm Frankreichs Präsident Charles de Gaulle als neue «Staatskarosse» einen spezialkarossierten DS mit langgezogenem Stufenheck; sie war 653 cm lang und 213 cm breit!

Ami 8 Auf dem Genfer Salon 1969 wurde der Citroën Ami 8 als Nachfolger des Ami 6 vorgestellt. Während die Karosserieform des Kombis unverändert blieb (und dieser daher vorerst weiterhin Ami 6 hieß), zeigte die Limousine ein völlig neu gestaltetes Heck: Die einwärts gestellte Rückscheibe war einer eleganten Fließform gewichen, mit der ein spitz auslaufendes drittes Seitenfenster harmonierte. In der Fahrzeugfront fand sich ein schlichtes, trapezförmiges Kühlluftgitter aus Maschendraht, und die Motorhaube war nun weniger stark heruntergezogen. Neugestaltet zeigte sich auch das Armaturenbrett mit versenkt angeordneten Anzeigeinstrumenten und um die Lenksäule gruppierten Bedienungsorganen. Zahlreiche neue Details zielten auf erhöhten Insassenschutz, und es waren die Ausstattungsvarianten Luxe, Confort und Club zu haben. Zu den mechanischen Neuerungen zählten lediglich geänderte Getriebeabstufungen und ein vorderer Kurvenstabilisator.

M 35 Inzwischen hatte Citroën an Maserati – vorübergehend, wie sich später weisen sollte – eine Mehrheitsbeteiligung von 60 % übernommen. Von Citroën-Präsident Claude-Alain Sarre wurde bestätigt, daß Maserati für ein 1970 erscheinendes Citroën-Modell einen 6-Zylinder-Motor entwickle. Vorerst sollte allerdings ein ganz anderes Sonderfahrzeug Furore machen: Überraschend wurde im November 1969 der Wankel-Prototyp Citroën M 35 vorgestellt. Äußerlich war er eine zweitürige Version des Ami 8 mit besonders elegantem Fastback. Doch das Ungewöhnliche barg sich unter seiner Motorhaube: eine Einscheiben-Rotationskolbenmaschine mit einem Kammervolumen von 497,5 cm^3, entsprechend einem Liter Hubraum.

Es wurde eine Produktion von 500 Stück ab Januar 1970 in Aussicht gestellt, wobei man sich auf französische Kunden mit einer minimalen Jahresfahrleistung von 30 000 km beschränken wollte. Hiezu war in Luxemburg die Citroën/NSU-Firma Comotor SA gegründet worden, die im deutschen Altforweiler eine Fabrik für die Herstellung von Wankelmotoren erstellte. Man wollte später wohl weitgehend auf Rotationskolbenaggregate umstellen, doch schließlich sollte dann selbst die Versuchsserie, nachdem rund 350 M 35 gebaut worden waren, ihren vorzeitigen Abschluß finden ... Immerhin: nach → NSU und → Mazda hatte Citroën als dritte Marke ein Produktionsauto mit Wankelmotor geschaffen! Es war ein 2+2sitziges Frontantriebscoupé mit hydropneumatischer Federung und Niveauregulierung (à la DS/ID), servounterstützten vorderen Scheiben- und hinteren Trommelbremsen und einem sportlich-luxuriösen Cockpit.

DS 21 IE Bereits vor der Präsentation dieses Sonderautos waren die regulären Citroën-Modelle 1970 vorgestellt worden: Auch der Ami Break (Kombi) segelte nun unter der Ziffer 8. Limousine und Kombi hatten jetzt am Differential angebrachte vordere Scheibenbremsen und eine stärker untersetzte Lenkung. Besondere Bedeutung kam den Neuerungen bei den großen Citroën zu. Als neue Spitzenversion gab es den DS 21 IE, wobei die Zusatzbuchstaben auf die elektronische Benzineinspritzung von Bosch hinwiesen. Mit ihr stieg die Leistung auf 125 DIN-PS. Die ID-Reihe wurde durch den D Spéciale und den D Super ersetzt. Der D Spéciale hatte eine abgemagerte Ausrüstung, und das

Citroën	Zyl.	cm^3	PS *SAE	bei 1/min	Gänge	Spitze km/h	Radstand/ Länge	Baujahre	Besonderheiten: Frontantrieb
ID 19	4	1911	69*	4500	4	145	313/480	1959–64	Plattformrahmen,
19 F							313/498	1959–62	h.E.
DS 19			78*	4500		150	313/480	1959–61	
			83*	4500		160	313/482	1961–65	
ID 19 F			83*	4500			313/498	1962–65	
ID 19			70	4500		150	313/484	1964/65	
			74	4500		158		1965/66	
DS 19 a		1985	84	5250		165		1965–68	
DS 21		2175	100	5500		175			
ID 19 F		1985	84	5250		155	313/499		
ID 21 F		2175	100	5500		165			
ID 19 b		1985	78	5250		160	313/484	1966–68	
ID 19 Super			84	5250		165		1967/68	
ID 19			81	5500		160		1968/69	
ID 20/DS 20			91	5900		167			
DS 21		2175	106	5500		178		1968–	
Break 20		1985	91	5900		160	313/499		
Break 21		2175	106	5500		169			
D Spéciale		1985	81	5500		159	313/488	1969–	
D Super/DS 20			91	5900		167			
DS 21 injection électronique		2175	125	5250		187			
2 CV	B2	425	12½*	4200	4	78	240/378	1956–61	wie ID/DS,
			13½	4200		84		1961–63	Luftkühlung
			16½	5000		95		1963–	ab '70 = Export
AZAM 3-6		602	23	4750		115		1964–67	ab '64: 240/382 cm
2 CV 4		435	24	6750		102	240/383	1970–	
6		602	28½	6750		110			
2 CV 4 × 4 Sahara	2 × B2	849	28*	4200	4	100	240/378	1958–61	2 Motoren,
			26	4500				1961–63	4-Rad-Antrieb
			32*	5000		110		1963–66	
Ami 6	B2	602	22	4500	4	105	239/387	1961–63	wie 2 CV
			24½	4750		114	240/394	1963–68	
			32	5750		123		1968/69	
Ami 8						125	240/398	1969–	
Dyane 4	B2	425	18½	4750	4	100	240/390	1967	wie 2 CV
6		602	25½	4750		110			
4		435	24	6750		100	240/387	1968–	
6		602	28½	5750		114		1968–70	
Méhari							240/353	1968–	
120			32	5750		118	240/387	1970–	
M 35	R1	995	49	5500	4	144	240/405	1970–	Kreiskolbenmotor
Maserati S (= SM)	V6	2675	170	5500	5	220	295/490	1970–	2 × 2 OHC

Citroën England

Cony

Kunststoffdach blieb bei ihm ungespritzt. Der D Super entsprach dem ID 20 des Vorjahres. Ganz neu war in den D/DS das Armaturenbrett mit kreisrunden Anzeigeinstrumenten, die nun auch einen Tourenzähler und außerdem eine große Kontrolleuchte für den Alarmfall umfaßten. Anfang Oktober rollte übrigens der millionste D(S) vom Fließband. – Mit dem Jahrgang 1970 erhielt auch der Dyane ein drittes Seitenfenster.

Es war im Februar 1970, als 2-CV- und Dyane-Ausführungen mit noch mehr Leistung angekündigt wurden. Der 2 CV erhielt (von einer für wenige Länder bestimmten Ausführung Export abgesehen) den 435-cm³-Motor des Dyane mit 24 DIN-PS. Zudem gab es (für den Heimmarkt bestimmt) den 2 CV 6 mit dem 28,5 PS leistenden 602-cm³-Motor aus dem bisherigen Dyane. Bei den 2 CV fand sich jetzt durchwegs eine 12-Volt-Anlage mit Alternator, neu waren das Armaturenbrett und das Lenkrad sowie die verbesserten Sitze. Den Dyane 6 gab es jüngstens – als Dyane 120 – mit dem Doppelvergasermotor des Ami 8.

SM Auf dem Genfer Salon im Frühling 1970 wurde das erwartete Citroën-Prestigeauto mit Maserati-Motor offiziell vorgestellt. Maserati stand jetzt wohl unter französischer Leitung, treibende Kraft war aber nach wie vor Ing. Giulio Alfieri. Das neue, viersitzige Luxuscoupé wurde schlicht Citroën SM geheißen, doch kam diesen Buchstaben wie bei den DS (Göttin) und den ID (Idee) höhere Bedeutung zu: Sa Majesté (Majestät). Und der SM war – wie es sich für einen Citroën gehörte – ein höchst ungewöhnliches Auto: aerodynamische Linie mit Scheinwerferfront unter Plexiglasabdeckung (Luftwiderstandsbeiwert 0,34!), hohes Komfortniveau dank hydropneumatischer Federung und großem Innenraum, 6-Zylinder-Motor in V mit 90°-Winkel (wie sonst V8), je zwei obenliegende Nockenwellen pro Reihe, 170 DIN-PS aus 2675 cm³ Hubraum, 5-Gang-Vollsynchrongetriebe, 4-Rad-Scheibenbremsen, ungewohnt direkt ansprechende Servo-Zahnstangenlenkung. – Mit dem SM setzte Citroën erneut einen Meilenstein in der Autogeschichte.

Bedeutung kam aber nach wie vor auch dem anderen Ende der Skala zu: Der 2 CV hatte sich inzwischen längst ein legendäres Image als «Philosophenauto» zugelegt; daran änderte auch nichts, daß er nun – nicht zuletzt als Folge der erfolgreichen Konkurrenz durch den → Renault 4 – bei weitem nicht mehr so langsam war wie zu seinen Urzeiten. – Noch 1970 tat Citroën einen neuen richtungweisenden Schritt in der Mittelkasse: mit dem bereits als Modell 1971 lancierten GS.

Die Citroën Cars Limited in Slough, England, montierte in der Nachkriegszeit nicht nur französische Citroën-Wagen, sondern baute in eigener Regie auch eine Spezialausführung des → Citroën 2 CV: das wunderhübsche Coupé Bijou. In seiner Art wich dieser 2 + 2-Sitzer gründlich vom reinen Zweckkonzept des «Döschwo» ab. Seine Form war vom Hobbydesigner Peter Kirwan-Taylor entworfen worden. Vorgestellt hatte ihn Citroën England auf der London Motor Show im Herbst 1959. Gebaut wurde er von 1960 bis 1964, und zwar in 212 Exemplaren. Die Karosserie bestand aus fiberglasverstärktem Polyester, und das Interieur war reichhaltig ausgerüstet. Wie das Karosseriestyling waren auch Innenraumdetails vom Citroën DS inspiriert; so stammte das Lenkrad vom großen Citroën. Mechanisch stimmte der Bijou mit dem 2 CV überein. – Auf dem Autosalon von Brüssel im Frühjahr 1961 hatte übrigens auch der Belgier Daniel d'Ieteren ein nettes Kunststoffcoupé auf 2-CV-Basis zur Diskussion gestellt.

Cony, die Marke der Aichi Machine Industry Co. Ltd. im japanischen Nagoya, tauchte erst in der ersten Hälfte der sechziger Jahre auf. Es handelte sich um einen dreitürigen Kombiwagen, der in verschiedenen Ausführungen aufgelegt wurde. Die kleinen, verhältnismäßig hübsch geformten Cony wurden von einem im Heck eingebauten luftgekühlten 2-Zylinder-Boxer-Viertaktmotor angetrieben, der mit seinem Hubraum von weinger als 360 cm³ der steuerlich bevorzugten japanischen Kleinstwagenklasse entsprach. Die Einzelradaufhängung besaß vorne eine Gummifederung, hinten Schraubenfedern, beim etwas längeren Light Van hingegen vorne und hinten Schraubenfedern. 1966 war von den Cony-Autos – Aichi baute auch Motorräder – bereits nicht mehr die Rede.

Rechts: Cony 360, 1964
Unten: Citroën (GB) Bijou, 1961

Citroën England	Zyl.	cm³	PS *SAE	bei 1/min	Gänge	Spitze km/h	Radstand/ Länge	Baujahre	Besonderheiten: Frontantrieb
Bijou	B2	425	12½*	4200	4	80	240/396	1960/61	wie Citroën 2 CV
			13½	4200		85		1962/63	
			16½	5000		–100		1964	

Cony	Zyl.	cm³	SAE-PS	bei 1/min	Gänge	Spitze km/h	Radstand/ Länge	Baujahre	Besonderheiten
360	B2	354	19	5500	3	80	192/299	–1963	luftgekühlter
360 Light Van						74	197/300	1963–65	Heckmotor

Cord

Zu Amerikas berühmtesten Automarken hatte Cord in vorderster Reihe mitgezählt. Sie war 1929 von Errett Lobban Cord gegründet worden, der auch die Marken Auburn (→ Anhang) und Duesenberg (→ Anhang) übernommen hatte. Trotz seines avantgardistischen Frontantriebs konnte der Cord L-29 nur bis 1932 gebaut werden. Der 1935 lancierte und bis 1937 hergestellte Typ 810 mit richtungweisendem Design brachte ebenfalls keinen kommerziellen Erfolg. Dessenungeachtet ging die Marke Cord in die Autogeschichte ein, und dies war auch der Grund, warum Glenn Pray 1963 einen Cord entwickelte, der im Sinne der Nostalgie amerikanischen Autoliebhabern angeboten werden sollte. Das seinerzeit von Gordon M. Buehrig entworfene Design des Cord 810 wurde weitgehend übernommen, wobei man die Längenmaße aus praktischen Gründen allerdings auf acht Zehntel des Originals beschränkte. Daher hieß denn der neue Cord Sportsman 8/10. Die Fahrzeugbreite wurde hingegen beibehalten.

Für den Antrieb sorgte – originalgemäß in Verbindung mit Frontantrieb – der luftgekühlte 6-Zylinder-Boxermotor aus dem → Chevrolet Corvair. Auf Wunsch sollte auch die Ausführung mit dem Zentrifugalgebläse (Abgasturbolader) eingebaut werden. Diese erkannte man an den außenliegenden Kompressorrohren, wie sie einst der Cord 812 besessen hatte! Außerdem konnte zwischen der Powerglide-Automatik und einem 4-Gang-Getriebe mit Mittelschaltung gewählt werden. Eine Besonderheit des auferstandenen Cord bestand in der Karosserie, die nicht aus dem üblichen Kunststoffmaterial hergestellt wurde, sondern aus einem Material, das der Reifenhersteller United States Rubber Co. (US Rubber) entwickelt hatte. Es bestand aus einer Expanded Royalite geheißenen Sandwichkonstruktion, die nicht nur wesentlich leichter war, sondern der überdies außerordentliche Widerstandsfähigkeit nachgesagt wurde. Das neue Cord-Chassis bestand aus einem Kastenrahmen mit X-Verstrebung, die Vorderradaufhängung hatte eine Torsionsstabfederung, die hintere Starrachse war an Halbelliptikfedern abgestützt.

Die recht großen Produktionspläne der wiedergegründeten Auburn Cord Duesenberg Co. in Tulsa, Oklahoma, für den 8/10-Cord sollten sich nicht erfüllen; immerhin wurde das Liebhaberfahrzeug aber von 1964 bis 1966 in 91 Exemplaren gebaut. 1968 wurde von einer neuen Replika mit 4,7-Liter-V8-Motor von Ford gesprochen (Sports Automobile Manufacturing Co. = Samco in Manford, Oklahoma; Produktionsziel: 500 Replikas pro Jahr!), und auch noch später war von einem Neubeginn dieses Projekts die Rede.

Cord Sportsman 8/10, 1965

Cord	Zyl.	cm³	SAE-PS	bei 1/min	Gänge	Spitze km/h	Radstand/Länge	Baujahre	Besonderheiten
Sportsman 8/10	B6	2372	103	4400	A/4		254/422	1964	Kastenrahmen,
		2684	1´2	4400			254/426	1965/66	Frontantrieb, Mot.
			142	5200					Chevrolet Corvair
			182	4000		190+			Abgasturbolader

Daf

Im Herbst 1957 wurde er angekündigt, und im Herbst 1959 lief seine Serienherstellung an: Der Daf 600 war das Produkt der holländischen Nutzfahrzeugwerke DAF (Van Doorne's Automobielfabriek NV) in Eindhoven. Vorgestellt wurde dieser als revolutionär bezeichnete Kleinwagen auf der Internationalen Automobilausstellung von Amsterdam im Februar 1958. Er hatte eine ebenso moderne wie originelle Form mit zwischen den Scheinwerfern abfallender Motorhaube. Als Kraftquelle diente ein eigens konstruierter luftgekühlter 2-Zylinder-4-Takt-Boxermotor von 590 cm³ Inhalt mit 22 SAE-PS Leistung. Das gänzlich Neue war die vollautomatische Kraftübertragung mit einer Fliehkraftkupplung und einem stufenlosen Keilriemengetriebe.

Dieses Variomatic getaufte System war unter Hintersitz und Kofferraum angeordnet und arbeitete wie folgt: Jedes der beiden unabhängig aufgehängten hinteren Antriebsräder wurde von einem Keilriemen aktiviert, der die Leistung des Motor von einem vorderen auf ein hinteres Scheibenpaar übertrug. Deren Scheibenhälften waren konisch geformt und konnten sich axial verschieben, so daß der Keilriemen sowohl vorne wie hinten auf einem wechselnden Durchmesser angriff. Damit ließ sich stets ein optimales Übersetzungsverhältnis erreichen. Durch eine Unterdruckkammer und Ventile wurde nach Maßgabe der Gaspedalstellung und der Fahrwiderstände automatisch die ideale Stellung der Scheibenpaare erzielt. Dieses System wirkte gleichzeitig als Differential wie auch als Differentialbremse.

Es war faszinierend, diesen wendigen Kleinwagen zu lenken, denn die Motordrehzahl stimmte kaum je mit der gefahrenen Geschwindigkeit überein, womit ein gänzlich neues Fahrgefühl bereitet wurde. Zum Bergabfahren wurde zwecks dauernden Einhaltens einer kleineren Untersetzung ein Knopf gezogen, und rückwärts konnte – zumindest theoretisch – gleich schnell gefahren werden wie vorwärts. Noch höchst ungewöhnlich war auch, daß der Daf keinerlei Schmierstellen hatte.

Daf 750 Nachdem Anfang 1961 bereits eine Pick-up-Version des Daf 600 erschienen war, stellte das in Fachkreisen binnen kurzem zum Begriff gewordene holländische Werk im Herbst des gleichen Jahres ein stärkeres Modell, den Daf 750, vor. Gleichzeitig kam eine Luxusversion mit der Bezeichnung Daffodil (englische Bezeichnung für Narzisse) hinzu. Die Frontgestaltung war etwas schmucker, und beim Daffodil fand sich in der Kühlluftöffnung eine durchbrochene horizontale Zierleiste, und auch das Armaturenbrett war aufwendiger gestaltet. Der Motor war auf 746 cm³ (größere Bohrung) gewachsen und leistete nun 30 SAE-PS.

Im Verlaufe des Jahres 1963 kam eine Version Combi mit erhöhtem, kastenförmigem

Daf

Rechts: Daf 44, 1967
Von oben nach unten:
Daf Daffodil, 1962
Daf Daffodil, 1966
Daf 55 Coupé, 1970

Hinterteil hinzu, und von der Frankfurter IAA im Herbst 1963 an hießen alle Modelle Daffodil (auch DAFfodil geschrieben), wobei nach Standard-, Luxus- und Luxus-Extra-Ausführungen unterschieden wurde. Die Liste der Verbesserungen umfaßte 40 Punkte, darunter eine von 7,1 auf 7,5:1 erhöhte Verdichtung, einen neuen Vergaser, ein verbessertes Ansaug- und Auspuffsystem (= weniger Verbrauch), größere Reifen, höhere Front- und Heckscheibe, breitere Vordersitze und mehr Platz auf den Hintersitzen dank geänderter Dachlinie. Man erkannte den verbesserten Daffodil an der geänderten Kühlluftöffnung mit einfacher horizontaler Zweiteilung und an dem fünfeckigen statt gerundeten hinteren Seitenfenster. – Der Produktionsrhythmus hatte inzwischen 110 Wagen pro Tag erreicht, ein Erfolg, den nicht nur Skeptiker vor kurzem noch kaum zu prophezeihen gewagt hätten. Und das aus verständlichen Gründen: Denn in welchem Fall schon hatte in der Nachkriegszeit die Gründung einer neuen Kleinwagenfabrik zu dauerndem Erfolg geführt?...

Erneute Verbesserungen wurden im Herbst 1965 präsentiert. Die Motorhaube fiel nun weniger steil nach unten ab, was dem Daffodil mehr Format verlieh. Entsprechend war das – weiterhin zweiteilige – Kühlergitter größer geworden. Zu den zahlreichen nützlichen Änderungen zählten die indirektere Lenkung, die Gürtelreifen und die zugfreie Dauerbelüftung, wie sie inzwischen auch größere Fahrzeuge erhalten hatten. Auf dem Brüsseler Salon Anfang 1966 erschien der de Luxe S mit 36 SAE-PS und vorderen Scheibenbremsen Ate/Dunlop. Auf ihn folgte ein de Luxe Extra, wieder mit «normaler» Technik.

Daf 44 Im Herbst 1966 wurde dem Daffodil eine Neukonstruktion zur Seite gestellt: der Daf Typ 44. Er hatte 20 cm mehr Radstand und war 23 cm länger. Sein Kernstück blieb die Variomatic-Kraftübertragung. Neu waren aber die größere und vor allem hübschere Karosserie, die vom hochtalentierten italienischen Designer Giovanni → Michelotti entworfen worden war, der auf 844 cm³ vergrößerte Motor und das neudurchdachte Konzept des Unterbaus. Durch eine stärkere Dimensionierung waren die Variomatic-Elemente der auf 34 DIN-PS erhöhten Leistung angepaßt worden. Die Kraftübertragung wie die hintere Einzelradaufhängung waren nun an einem gemeinsamen Hilfsrahmen abgestützt, während die vordere Querblattfeder an zwei Punkten statt nur zentral gefaßt war. Entsprechend des größen- und leistungsmäßigen Aufstiegs war auch das Interieur verfeinert worden. – Inzwischen hatte das Herstellwerk in Born (Südlimburg) eine neue Fabrikationsanlage in Bau genommen, und auf dem Turiner Salon 1966 stellte die italienische Firma → Osi den City-Daf als Prototyp eines Stadtwagens mit Schiebetüren und Heckklappe vor. Giovanni Michelotti baute hingegen den hochoriginellen Strandwagen Daf-kini (auch Alassio genannt), auf den weitere Einzelstücke auf Daf-Basis folgen sollten.

Daf 55 Ende 1967 gelang Daf mit dem Modell 55 endgültig der Durchbruch zur unteren Mittelklasse. Während der Aufbau jenem des Typs 44 entsprach, sorgte jetzt ein wassergekühlter 4-Zylinder-Motor von 1108 cm³ für den Antrieb. Dieser Motor trug zwar die Buchstaben DAF auf dem Ventildeckel, war jedoch das Antriebsaggregat aus dem → Renault 10. Mit einem speziell entwickelten Horizontalvergaser – ein Mikroschalter steuerte die Vakuumregulierung des Variomatic – leistete diese Maschine 50 SAE-PS (R 10: 46). An Stelle der vorderen Querblattfeder trat nun eine Aufhängung mit unteren Querlenkern, Führungsrohren und Längstorsionsstäben. Zudem wurden vorne nun Ate-Scheibenbremsen verwendet.

Unverändert blieben die Fliehkraftkupplung und die einzigartige automatische Kraftübertragung mit variierendem Riemenscheibendurchmesser, die auch als Differentialbremse Maxigrip wirkte. Wie schon beim

Daf	Zyl.	cm³	PS	bei 1/min	Gänge	Spitze km/h	Radstand/ Länge	Bau-jahre	Besonderheiten: Variomatic-Getriebe
600	B2	590	19	4000	A	90	205/360	1959–61	Luftkühlung
Variomatic 750		746	26	4000		105	205/361	1961–63	
Daffodil							205/368	1961–63	
							205/361	1963–67	
de Luxe S			36*			118	205/362	1966	* SAE-PS
33			28	4200		112		1967–	
44		844	34	4500		123	225/385	1966–	Luftkühlung
55	4	1108	45	5000		136	225/388	1967–	Renault-Motor
Coupé						140		1968–	(ab '69: 138 km/h)

Daihatsu

Typ 44 waren moderne Sicherheitserkenntnisse berücksichtigt worden: Die Karosserie besaß eine versteifte Fahrgastzelle, und der Zahnstangenmechanismus der Lenkung war an die Spritzwand zurückverlegt. Äußerlich erkannte man den Daf 55 am Kühlergitter (es ähnelte jenem des Daffodil), das beim Daf 44 nicht mehr vorhanden bzw. unter die Stoßstange verbannt war.

Den Daf 44 gab es nun auch als Kombi mit Schrägheck und Klappe. Aus dem Daffodil war hingegen der Daf 33 geworden; die Leistung seines 746-cm³-Motors war auf 32 SAE-PS angehoben worden. Im Frühling 1968 überraschte Daf mit einem 55 Coupé 2+2. Der gesamte Unterbau stimmte mit jenem der Limousine überein, doch war die Dachlinie um 7 cm abgesenkt worden; diese verlief Richtung Heck bogenförmig elegant abwärts, so daß auf den Hintersitzen nur noch Kinder genügend Platz fanden. Die Vordersitze waren dem niedrigeren Interieur angepaßt worden, und das Armaturenbrett war mit Furnierholz überzogen und auch an der unteren Kante gepolstert. In Produktion ging das Daf-Coupé allerdings erst gegen Ende 1968, als bereits auch die Kombiversion des Daf 55 vorgestellt worden war. Die Standardversionen der Typen 33 und 44 trugen nun die Bezeichnung Komfort, daneben gab es weiterhin den de Luxe. Inzwischen hatten die Daf auch im Renn- und Rallyesport von sich reden gemacht, und so war denn Anfang 1970 von einem Daf 555 Sportcoupé mit 1300- oder 1440-cm³-Motor die Rede. Die Serienkarosserien zeigten mit dem Modelljahr 1970 kleinere Modifikationen. So trugen nun alle Wagen auf der rechten Seite des Kühlergitters eine Marken- und Typenbezeichnung. – 1973 sollte → Volvo 33 % des Daf-Kapitals (Personenwagen) übernehmen. Dieser Anteil wurde 1975 auf 75 % erhöht, und heute ist der niederländische Staat Hauptaktionär der Volvo Car BV.

Ab Mitte der fünfziger Jahre hatte die Daihatsu Kogyo Kabushiki Kaisha in Osaka ein originelles Dreiradauto hergestellt. Es wurde von einem 540-cm³-2-Zylinder-Heckmotor angetrieben. Später konzentrierte sich das Unternehmen auf die Herstellung von Lieferwagen sowie die mit Steuervergünstigungen zugelassenen Kleinstautos mit Motoren bis 360 cm³. Zu diesen zählte der Hi-Jet, ein kubischer Kombi mit vorne eingebautem luftgekühltem 2-Zylinder-2-Takt-Motor.

Compagno 1963 wurde mit dem Compagno ein wesentlich größeres Modell lanciert, das auch moderne Karosserieformen zeigte (zweitürige Limousine und Kombi). Wie der Hi-Jet verfügte auch diese Neukonstruktion überraschenderweise nicht über eine selbsttragende Karosserie, sondern über ein Kastenrahmenchassis mit Traversen. Vorne wurden Torsionsstabfedern verwendet, während die hintere Starrachse in koventioneller Weise an Halbelliptikfedern abgestützt war. Für den Antrieb diente ein 800-cm³-4-Zylinder-Motor von 41 PS Leistung, und für die Kraftübertragung stand ein vollsynchronisiertes 4-Gang-Getriebe mit Lenkradschaltung (auf Wunsch später auch Stockschaltung) zur Verfügung. Auf dem Turiner Salon von Ende 1963 wurde als Prototyp ein von → Vignale karossiertes Cabriolet mit senkrechten, bombierten Kühlergitterstäben gezeigt.

Bei den Personenwagen konzentrierte sich die Produktion alsbald auf den Compagno, den es in Standard- und in Luxusausführung gab. 1965 kamen zum Compagno 800 ein Compagno 1000 mit längerem Radstand und viertüriger Karosserie und ein Compagno Spider mit dem Radstand des Modells 800, aber ebenfalls mit dem auf 958 cm³ vergrößerten Motor, hier jedoch mit 65 statt

Oben: Daihatsu Compagno Cabrio, 1967
Oben rechts: Daihatsu Fellow, 1968
Rechts: Daihatsu 1000 de Luxe, 1968
Unten: Daihatsu 1000 Consorte, 1970

Daihatsu	Zyl.	cm³	SAE-PS	bei 1/min	Gänge	Spitze km/h	Radstand/ Länge	Baujahre	Besonderheiten
Hi-Jet	2	356	17	5000	3	75+	194/299	–1964	Kastenrahmen, luftgek. 2-Takt-Motor
Compagno (800)	4	797	41	5000	4	110	222/380	1963–66	Kastenrahmenchassis
1000		958	55	5500		–130	228/387	1965–67	
Spider			65	6500		–155	222/380		
1000			58	5500	4/A	–135	228/387	1967–70	(2türig 222/380 cm)
Spider			65	6500	4	145	222/380	1967–69	
1000 GT								1968/69	
Fellow	2	365	23	5000	4	–100	199/299	1967–	2-Takt-Motor,
SS			32	6500		115		1968–	Kombi: 194/299 cm
Consorte	4	993	58	6000	4	140	216/365	1969–	(Toyota-Motor)

Daimler

55 SAE-PS Leistung. Der Beibehalt der Chassisbauweise hatte die Konstruktion dieser formschönen Offenversion gewiß erleichtert! Im Laufe des Jahres 1966 lief die Herstellung des Modells 800 aus, doch gab es bald auch eine zweitürige Version des Typs 1000. Ende 1967 erhielt das Kühlergitter ein die Horizontale betonendes neues Design, das nun auch die Positionsleuchten einbezog. Zudem konnten nun vordere Scheibenbremsen bestellt werden, und die Limousinen waren neuerdings mit einem Aisin-Getriebeautomaten (hydraulischer Wandler und 2-Gang-Planetengetriebe) lieferbar.

Fellow Etwa zum gleichen Zeitpunkt meldete Daihatsu für die 360-cm³-Kategorie neue Ambitionen an: Die kleine japanische Marke lancierte den Fellow (= Kerl oder Kollege, ähnlich wie Compagno, welche Bezeichnung fortan weggelassen wurde). Der Fellow war ein kantiges Wägelchen mit ins Kühlergitter integrierten Rechteckscheinwerfern. Der 2-Zylinder-2-Takt-Motor war nun wassergekühlt, und die Karosserie war selbsttragend konstruiert. Vorne wie hinten fanden sich Schraubenfedern, und die Hinterräder waren mit schrägen Längslenkern einzeln aufgehängt. Im Vergleich zu den Kleinstwagen von → Mazda, → Mitsubishi und → Subaru bot Daihatsu eine besonders moderne Alternative. Ihr wurden ein Jahr darauf eine Kombiversion mit verkürztem Radstand sowie ein Sportmodell, der Fellow SS mit 32 statt 23 PS Leistung sowie zwei «S» symbolisierender Türbemalung, zur Seite gestellt.

Doch auch beim größeren Modell 1000 wurde in Leistungssteigerung gemacht: 1968 wurde der 1000 GT lanciert, den es als zweitürige Limousine, als Spider sowie als neues Coupé gab. Dank Doppelvergaser standen 65 statt 58 PS zur Verfügung.

Consorte Ab Ende 1969 wurden allerdings nur noch die viertürige Limousine und der dreitürige Kombi, beide mit dem 58-PS-Motor, hergestellt. Den oberen Abschluß des Produktionsprogrammes bildete nun der Daihatsu Consorte. Dieser war gemeinsam mit dem → Toyota Publica entwickelt worden, und beide Modelle wurden denn auch – mit großenteils übereinstimmenden Teilen – bei Daihatsu hergestellt. Die Daihatsu-Version erkannte man an der ungewöhnlichen Scheinwerferumrandung. Bereits Ende 1967 hatte die führende japanische Autofirma, Toyota, ihr finanzielles und technisches Engagement bei Daihatsu eingeleitet. Der Consorte hatte natürlich eine selbsttragende Karosserie, und er war auch deutlich geräumiger als der Typ 1000, der im Verlaufe des Jahres 1970 schließlich gänzlich fallengelassen wurde. – Die Fellow erhielten 1970 ein vergrößertes, feinmaschiges Kühlergitter, und beim Fellow SS mit zwei Doppelvergasern war die Seitenbemalung verschwunden.

Es war just im Jahre 1960, als die hochangesehene Marke Daimler von der → Jaguar-Gruppe aufgekauft wurde. Die englischen Daimler waren ab 1893 – zunächst als Lizenzfabrikate der deutschen Pionierfirma Daimler – gebaut worden. Das Unternehmen ging jedoch sehr bald eigene Wege, und als 1901 aus den deutschen Daimler die → Mercedes wurden, verblieb Daimler als englische Automarke. Durch seine Luxuswagen hoher Qualität und als Hoflieferant des britischen Königshauses holte sich Daimler einen Nimbus, der jenem der → Rolls-Royce nur wenig nachstand. – Mit der BSA-Daimler-Gruppe übernahm Jaguar auch Nutzfahrzeugwerke. 1966 gründeten die BMC (→ Austin, Morris usw.) mit Jaguar die British Motor Holding (BMH), aus der 1968 durch Fusion mit der Leyland-Gruppe (Nutzfahrzeuge und Triumph/Rover) British Leyland hervorgehen sollte.

SP 250 Nachdem Daimler in den fünfziger Jahren eine reiche Fülle von Limousinen verschiedensten Kalibers, alle jedoch in einem elegant-traditionellen Styling, gebaut hatte, konzentrierte sich die Herstellung 1960 auf die Typen Majestic und Majestic Major sowie auf den originellen Sportzweisitzer SP 250 (mit Stoffverdeck und Hardtop sowie Notsitz). Dieser hatte eine recht ungewohnte Form mit vorne wie hinten auskragenden Kotflügelenden (vorne mit den Scheinwerfern), abfallender Motorhaube mit vorgestrecktem Kühlergitter sowie relativ steiler Frontscheibe. Die Karosserie wurde – wie dies erst bei wenigen Fahrzeugen der Fall war, aber von Daimler wohl kaum erwartet wurde – aus Kunststoff hergestellt.

Der Unterbau bestand aus einem Kastenrahmen mit Kreuzverstrebung sowie einer hinteren Starrachse mit Halbelliptikfedern (Achslagerung über dem Chassisträger = Underslung-Bauweise). Eine Besonderheit war auch der neuentwickelte kleine V8-Motor mit 2548 cm³ Inhalt und 142 SAE-PS Leistung. Zur Kraftübertragung diente ein 4-Gang-Getriebe, doch war auf Wunsch auch ein Getriebe mit Schnellgang oder ein Getriebeautomat erhältlich. Alle Räder waren mit Girling-Scheibenbremsen ausgerüstet. Die Produktion des SP 250 lief im Herbst 1959 an. Zu diesem Zeitpunkt wurde auch der Prototyp eines viersitzigen Coupés von wenig überzeugender Formgebung vorgestellt.

Auf eine längere Ahnengalerie konnte der als luxuriöser Familienwagen gedachte Daimler Majestic zurückblicken. Er war auf dem Londoner Salon 1958 vorgestellt worden und

Oben: Daimler SP 250, 1961
Rechts: Daimler Majestic Major, 1962

Rechts: Daimler 2½ Litre V8, 1964
Von oben nach unten:
Daimler Majestic Limousine, 1964
Daimler Sovereign, 1966
Daimler Limousine (Vanden Plas), 1969

verband eine glattflächige Außenhaut mit noch angedeuteten Kotflügelkonturen mit der traditionellen hochformatigen, nun aber leicht nach hinten gebogenen Kühlerverkleidung, deren Eigenheit in der mit feinen Rippen bestückten Oberkante bestand. Das Chassis war ein Kastenrahmen mit Kreuzverstrebung, hinten fand sich eine Starrachse mit Halbelliptikfedern. Für den Antrieb sorgte ein 3,8-Liter-6-Zylinder-Motor mit 149 SAE-PS. Als Kraftübertragung diente ein 3-Stufen-Automatgetriebe von Borg-Warner. Alle vier Räder wurden mit Dunlop-Scheibenbremsen bestückt. Als Luxusversion gab es den Majestic Major (meist mit zweifarbiger Karosserie), der von einem neuen 4,6-Liter-V8 mit 223 PS angetrieben wurde. Seine Produktion sollte erst im Sommer 1960 einsetzen. Auf Bestellung wurde auch ein Modell Majestic Limousine mit verlängertem Radstand und größerem Zusatzfenster zwischen Vorder- und Hintertüren gebaut. Während dieses Modell noch mit dem 6-Zylinder-Motor angeboten wurde, folgte am Londoner Salon 1961 eine neue Limousine ohne Mittelfenster mit dem großen V8-Motor sowie serienmäßig eingebauter Servolenkung. Neben diesem Achtsitzer mit Separation wurde fortan ausschließlich noch der identisch motorisierte Majestic Major gebaut.

2.5 Litre V8 Saloon Im Herbst 1962 zeigte die Übernahme durch Jaguar ein erstes Ergebnis, und zwar in Form des neuen Modells 2,5 Litre V8 Saloon. Diese kleinere Limousine war auf der großartig geformten selbsttragenden Karosserie des → Jaguar Mark 2 aufgebaut und besaß auch dessen Fahrwerk. Hingegen verwendete man statt des 6-Zylinder-2-OHC-Jaguar-Motors den hauseigenen kleinen V8, wie er sich bereits im SP 250 zahlreiche Anhänger gesichert hatte. Die Kraftübertragung besorgte ein dreistufiger Borg-Warner-Automat (Typ 35), und auf Wunsch wurden eine Servolenkung und eine Differentialbremse Power-Lock von Thornton geliefert. Alle Räder hatten Dunlop-Scheibenbremsen. Äußerlich unterschied sich der Daimler vom Jaguar durch das Kühlergitter mit der oberen Rippenwand sowie die Radkappen mit dem «D»-Zeichen. Auch das Interieur mit traditionellen Armaturenbrett- und Fenstersimsauflagen aus Walnußholz zeigte eigene Züge.

Sovereign 1964 lief die Produktion des Daimler-Sportwagens mit Kunststoffkarosserie aus. Er war in über 2600 Exemplaren gebaut worden. Im Herbst 1966 wurde eine neue Limousine vorgestellt: der Sovereign (= Herrscher). Er war wiederum die Variante eines Jaguar-Modells, nämlich des gleichzeitig erschienenen → Jaguar 420. Jetzt stimmte allerdings auch der Motor überein; zum 4,2-Liter-6-Zylinder mit doppelter obenliegender Nockenwelle konnte zwischen einem 4-Gang-Getriebe mit Laycock-de-Normanville-Schnellgang und einem Borg-Warner-3-Stufen-Automat (Typ 8) gewählt werden. Wie der Jaguar 420 hatte der Sovereign hintere Einzelradaufhängung. Die wuchtig-elegante Karosserie unterschied sich durch die Kühlermaske und weitere Details von der Jaguar-Ausführung.

Ab Genfer Salon 1967 war der 2.5 Litre ebenfalls mit einem 4-Gang-Getriebe mit Overdrive lieferbar. Im Herbst des gleichen Jahres wurden für den kleinsten Daimler die Bezeichnung V8 250 und diverse Detailverbesserungen eingeführt. Diese umfaßten feinere (statt doppelstöckige) Stoßstangen, lederbespannte Polsterungen an der Armaturenbrett-Oberseite und an den Fenstersimsen, serienmäßige vordere Liegesitze, Heckscheibenheizung und Alternator. Gegen Mehrpreis gab es die Varamatic-Servolenkung mit variierendem Untersetzungsverhältnis von Marles.

Limousine Es war im Juni 1968, als das erste neue Modell der eben begonnenen British-Leyland-Ära vorgestellt wurde. Und es war das Topmodell des größten Automarken-

Daimler	Zyl.	cm³	SAE-PS	bei 1/min	Gänge	Spitze km/h	Radstand/Länge	Baujahre	Besonderheiten
SP 250 Sport	V8	2548	142	5800	4/A	196	234/408	1959–64	Underslung-Chassis
Majestic	6	3794	149	4400	A	164	290/498	1958–61	Kastenrahmenchassis
Majestic Major	V8	4560	223	5500		194	290/513	1960–68	(ab '66: 220 PS,
Majestic Limousine						177	350/574	1961–68	200 km/h)
2,5 Litre V8 Saloon	V8	2548	142	5800	A	182	273/459	1962–67	
					A/4+S	175		1967–69	ab '67: V8 250
Sovereign	6	4235	248	5500	A/4+S	200	273/477	1966–69	DOHC (Jaguar)
Sovereign 2.8	6	2791	182	6000	4/4+S/A	–188	277/482	1969–	dto (149 DIN-PS)
4.2		4235	248	5500		–198			dto (186 DIN-PS)
Limousine	6	4235	248	5500	A	177	358/574	1968–	DOHC (Jaguar)

Dart

konglomerates der Nachkriegszeit: Der neue Daimler hieß schlicht Limousine, und er löste die betagten Majestic ab. Von diesen waren seit 1966 noch 535 Stück gebaut worden. Der Daimler Limousine war ein mächtiger Achtsitzer mit je drei großen Seitenfenstern. Seine Linie verriet alte Daimler-Tradition; die Gürtellinie fiel hinten sanft zur Stoßstange ab, und der Kofferraum schien angesetzt zu sein (ein Stylingelement, das viele Jahre später von Cadillac übernommen wurde). Im Vergleich zum Majestic Limousine war der Radstand noch um 8 auf 358 cm verlängert worden, doch war die Länge mit 574 cm gleichgeblieben. Die Breite war von 186 auf 199,5 cm gewachsen, die Höhe von 166 auf 162 cm abgesenkt worden.

Die Mechanik samt Aufhängung entsprach indessen dem → Jaguar XJ 6 mit 4,2-Liter-Motor, der gleichen Maschine also, wie sie bereits im Modell Sovereign verwendet wurde. Als Kraftübertragung stand verständlicherweise einzig das Automatgetriebe zur Verfügung. Der Daimler Limousine verkörperte eine moderne und dennoch traditionelle Aspekte wahrende Alternative zu Chauffeur- und Repräsentationsfahrzeugen anderer Fabrikate, und als solche war er sogar als preiswert zu bezeichnen. Der Aufbau wurde übrigens von der Karosseriefirma → Vanden Plas hergestellt, die von Austin in die große BL-Familie eingebracht worden war. Damit ersetzte der neue große Daimler auch gleich den entsprechenden Vanden Plas Princess.

Der Typ Limousine blieb das einzige individuelle Modell der Luxusmarke aus dem britischen Autozentrum Coventry. Ansonsten nahm die Integration in das Jaguar-Programm ihren Fortgang. Gegen Ende 1969 lief die Herstellung des Typs V8 250 mit dem markeneigenen Motor aus. Er war in 17 620 Einheiten gebaut worden. An seine Stelle trat im Oktober ein neuer Sovereign, der nun die Karosserieschale des gut ein Jahr zuvor vorgestellten Jaguar XJ 6 trug. Wie diesen gab es den zweiten Sovereign – vom ersten waren 5700 Exemplare produziert worden – wahlweise mit 2,8- und 4,2-Liter-DOHC-Sechszylinder. Zudem konnte zwischen 4-Gang-Getriebe mit Overdrive und Automat gewählt werden. Zur serienmäßigen Ausrüstung zählten Servolenkung, Heckscheibenheizung, Heizungs- und Belüftungssystem mit separater Zufuhr zum Fond, automatische Temperaturkontrolle für die Frischluftzufuhr, ein reichdotiertes Armaturenbrett samt Make-up-Spiegel im Handschuhfachdeckel sowie das Lederinterieur.

Die Glassport Motor Co. (Pty.) Limited in Bellville in der südafrikanischen Kapprovinz baute ab Ende der fünfziger Jahre äußerst attraktiv geformte Sportzweisitzer mit Kunststoffkarosserie, die es sowohl für den Straßen- wie für den Renneinsatz und auch mit Hardtop gab. 1960 wurden diese Wagen mit Motoren von → Ford England (Anglia, 1-Liter, 56 und 68 SAE-PS; Popular, 1,2-Liter, 73 und 87 PS), Coventry-Climax (FWA, 1,1-Liter, 86 PS) und → Alfa Romeo (DOHC, 1,3-Liter, 95 und 115 PS) angeboten. Auch die Getriebe stammten jeweils von den entsprechenden Motorenlieferanten, wobei das 3-Gang-Getriebe der Ausführung mit Popular-SV-Motor mit einem Laycock-de-Normanville-Schnellgang verbunden wurde. Die Dart (= Pfeil) waren auf einem Rohrrahmenchassis aufgebaut. Ihre Aufhängung bestand vorn aus unteren Dreieck-Querlenkern und oberer Querblattfeder sowie Kurvenstabilisator, hinten aus einer Starrachse mit parallelen Längslenkern, Schraubenfedern und zusätzlicher Achsführung mit A-förmigem Stabilisator. – 1960 nahm die englische Firma → GSM den Lizenzbau der Dart-Modelle auf. Diese Markenbezeichnung wurde 1962 auch für Südafrika übernommen.

Dart 75 Hardtop, 1960

Dart	Zyl.	cm³	SAE-PS	bei 1/min	Gänge	Spitze km/h	Radstand/ Länge	Bau-jahre	Rohrrahmenchasssis, Motor:
65	4	997	56	6000	4	145	221/368	1959–61	Ford Anglia (105 E)
			68	6500		155			
75		1172	73	6000	3+S	160			Ford Popular (100 E)
			87	6500		172			
95		1097	86	6800	4	194			Coventry-Climax (FWA)
105		1290	95	6000		210			Alfa Romeo (DOHC)
			115	6500					

Datsun, Nissan

Personenwagen der Marke Datsun gab es ab 1932/33. Die Herstellung in größeren Serien setzte jedoch erst 1935 ein. Von dem an den Austin Seven erinnernden Kleinwagen wurde 1938 eine «Rekordzahl» von 4151 Einheiten produziert, ein Resultat, das erst 1954 übertroffen werden sollte. Von da an erlebte diese japanische Pioniermarke einen fulminanten Aufschwung. 1960 wurde ein Ausstoß von 66 000 Einheiten erreicht. In jenem Jahr umfaßte die Baureihe der Datsun-Personenwagen den auf dem Automobilsalon von Tokio im Vorjahr eingeführten Typ 310 Bluebird, den es mit 1- und 1,2-Liter-Motor sowie als Kombi gab. Die recht moderne Karosserie war auf einem Kastenrahmen mit Traversen aufgebaut. Dies galt auch für das ebenfalls 1959 in Produktion genommene Modell S, ein knapp viersitziges schmuckes Cabriolet mit Kunststoffkarosserie, das die bereits auf die Vorkriegszeit zurückgehende Sportwagentradition der Marke fortführte.

Cedric Anfang 1960 präsentierte der Datsun-Hersteller, die in Yokohama angesiedelte Nissan Motor Co., den Cedric, eine sechssitzige 1,5-Liter-Limousine im amerikanischen Stil: mit Panoramascheibe sowohl vorne wie hinten und übereinander angeordneten Doppelscheinwerfern. Vor allem aber brachte dieser Wagen den Übergang zur selbsttragenden Bauweise. Bis Ende Jahr sollte der monatliche Ausstoß dieses unter der Marke Nissan laufenden Modells 2000 Stück erreichen. Die seit 1953 gepflegte Montage von Austin-Modellen lief jetzt aus. 1960 war auch das Jahr, in dem der erste Datsun-Wagen nach Europa exportiert wurde; es handelte sich um einen nach Norwegen verkauften Bluebird.

Fairlady Auf 1962 erhielt der Cedric bereits einen 1,9-Liter-Motor. Die 1,5-Liter-Maschine fand sich hingegen bei unveränderter Leistung von 71 SAE-PS im Modell Fairlady, dem auf dem 8. Autosalon von Tokio im Jahre 1961 vorgestellten offenen Zweisitzer, dem als erstem in großer Serie gebauten japanischen Sportwagen besondere Bedeutung zukommen sollte. Sein Unterbau basierte auf dem Bluebird, doch bot er neben einigen anderen Verfeinerungen ein 4-Gang-Getriebe. Auch auf der New York Auto Show von 1962 fand dieses elegant geformte, 150 km/h schnelle Auto große Beachtung. Es legte den Grundstein zur längsten Karriere eines japanischen Liebhabermodells.

Im Jahre 1962 hatte Nissan, die Datsun-Herstellerfirma, zwei neue Werke in Betrieb nehmen können. Die Cedric-Modellreihe erhielt für den Jahrgang 1963 nebeneinander montierte Doppelscheinwerfer, und es gab sie nun mit 1,5- und 1,9-Liter-Motor, 4- und 3-Gang-Getriebe sowie mit drei verschiedenen Radständen.

Eine sehr moderne, sauber geformte Karosserielinie zeigten die Bluebird des Modelljahrs 1964. Der Radstand war um 10, die Länge um 8 cm gewachsen, die Dachhöhe hingegen um 6 auf 139 cm abgesenkt worden. Die Karosserie mit den ins Kühlergitter integrierten Doppelscheinwerfern, den großzügig bemessenen Fensterflächen und der die Horizontale unterstreichenden Flankensicke war nun selbsttragend konstruiert. Bereits im Frühling 1964 wurde das Modellangebot durch einen Sports Sedan vervollständigt, dessen 1,2-Liter-Motor mit zwei Vergasern und auf 9 : 1 gebrachter Verdichtung 65 statt 55 DIN-PS leistete. Im April des gleichen Jahres wurden 10 000 Bluebird hergestellt, was für eine japanische Modellreihe einen Rekord bedeutete. – Nissan sollte 1964 erstmals auf einen die 200 000-Stück-Grenze überschreitenden Personenwagenausstoß kommen.

Silvia Zu Beginn des Modelljahrs 1965 wich das Bluebird-Karogitter einem feinmaschigeren Kühlergrill, vor allem aber wurde in diesem Jahr ein neues Coupé eingeführt, das durch seine bestechend elegante Form auffiel. Sie war das Werk des in Amerika lebenden deutschen Designers Albrecht Graf Goertz, der durch die BMW 507 und 503 berühmt geworden war. Das an der internationalen Autoschau in New York vorgestellte Fahrzeug hieß für den Export Coupé 1600, trug in seinem Produktionsland hingegen den weit hübscheren Namen Nissan Silvia. Der neue 1,6-Liter-Motor kam bei 6000/min auf 90 SAE-PS. An den Vorderrädern wurden Scheibenbremsen verwendet. Die Anzeigeinstrumente waren in einer ellipsenförmigen Vertiefung des Armaturenbrettes untergebracht und in Form eines Kreisausschnittes auf die Augen des Fahrers gerichtet.

Im Modelljahr 1966 fand sich der 1,6-Liter-Motor auch in einer Super Sports geheißenen Sonderversion der Bluebird-Limousine sowie im offenen Zweisitzer Sports 1600 alias Fairlady. Auch dieser besaß nun vordere Schei-

Oben links: Datsun Bluebird WPL 310, 1960
Oben rechts: Datsun Cedric Custom, 1963
Mitte: Datsun Sports 1500 = Nissan Fairlady, 1963
Unten links: Datsun Bluebird, 1964

Datsun, Nissan

Rechts: Datsun = Nissan Silvia, 1967
Von oben nach unten:
Datsun Sunny 1000 Van = Kombi, 1967
Datsun Bluebird 1300, 1968
Nissan President, 1968
Nissan Skyline, 1969

benbremsen. Der Basis-Bluebird hingegen hatte – seit Mitte 1965 – einen 1,3-Liter-Motor mit 68 statt 60 SAE-PS.

Völlig neu zeigte sich die Modellreihe Cedric: Die Panoramascheiben waren stark schräggestellten flachen Front- und Heckscheiben gewichen, und Radstand wie Gesamtlänge waren deutlich erhöht, so daß diese Wagen nun weit gestreckter wirkten. Es standen gleich drei neue Motoren zur Wahl: ein aus dem bisherigen 1883-cm³-Aggregat vergrößerter Vierzylinder mit 1982 cm³, ein Sechszylinder mit 1973 cm³ und – mit wiederum anderen Abmessungen – ein OHC-Sechszylinder von 1998 cm³ Inhalt. Die Modelle hießen Cedric Standard und de Luxe, Cedric Six Standard und Custom sowie Cedric Special Six.

President Als neue Modellreihe kam der auf dem Salon von Tokio Ende 1965 vorgestellte Luxuswagen President hinzu. Er wurde wahlweise mit einem 3-Liter-Sechszylinder oder einem 4-Liter-V8 ausgeliefert. Die Kraftübertragung erfolgte über ein Borg-Warner-Automatgetriebe, doch war der 6-Zylinder-Motor auf Wunsch auch mit einem handgeschalteten 3-Gang-Getriebe lieferbar. Hinsichtlich des Karosseriestils war der President ein «typischer Amerikaner Wagen», auch wenn die ins Kühlergitter integrierten Doppelscheinwerfer an den Bluebird erinnerten. – Ende 1966 erfolgte der Zusammenschluß von Nissan mit der → Prince Motors Limited. Dies bedeutete eine wesentliche Verstärkung der aus dieser Fusion als maßgebender Partner hervorgegangenen Nissan Motor Co. Deren Personenwagenausstoß sollte von 1966 auf 1967 um 99 000 auf 352 000 Einheiten anschnellen.

Sunny Auf dem Autosalon von Tokio des Jahres 1966 stellte Nissan eine bedeutende Neuheit vor: den Kleinwagen Sunny mit 1-Liter-Motor. Er war eine äußerst gefällig geformte zweitürige Limousine mit kurzem Stufenheck. Überdies gab es ihn – wie die meisten anderen Datsun/Nissan – in Kombiform. Auch beim Sunny standen 3- und 4-Gang-Getriebe zur Wahl. Mit dem Sunny wurde nicht nur die Voraussetzung für eine breitere Motorisierung in Japan, sondern auch die Grundlage weiterer Exporterfolge geschaffen. Erst auf 1969 sollte es auch eine viertürige Version des Sunny geben.

Skyline und Gloria Die Modellreihen Skyline und Gloria der → Prince Motor Co. – Exportmarkenbezeichnung vorläufig weiterhin PMC-Mikado – wurden ohne auffallende Veränderungen in die Marke Nissan eingegliedert. Neu war der Skyline GT, der die kleinere Karosserie mit dem 2-Liter-OHC-6-Zylinder-Motor des Gloria verband und den es als GT-A mit 107 PS, als GT-B mit drei Vergasern und 129 PS gab. Nachdem der Prince Gloria bereits 1963 als eines der ersten japanischen Autos auf dem Schweizer Markt eingeführt worden war, folgte Anfang 1967 auch Nissan, und zwar mit der Marke Datsun. Zunächst wurden die Modelle 1300 (Bluebird) und 2000 (Nissan Cedric) ins Angebot aufgenommen, im Herbst folgten die Typen 1000 (Sunny) und 2000 Sports Cabriolet ohne und mit Hardtop (Bezeichnung in Japan: Fairlady). Bereits hatten japanische Autos in Europa auch in Skandinavien und den Beneluxstaaten erfolgreich Fuß gefaßt. Nicht zuletzt um die Leistungsfähigkeit des japanischen Autobaus unter Beweis zu stellen, waren 1967 mit einem auf über 200 PS gebrachten 2-Liter-6-Zylinder-Motor (1996 cm³), der in ein Rennsportfahrzeug eingebaut wurde, auf der werkseigenen Hochgeschwindigkeitspiste sieben internationale Geschwindigkeitsrekorde aufgestellt worden.

Nachdem das Sportcabrio durch den wahlweisen (im Export exklusiven) Einbau des 1982-cm³-4-Zylinder-Motors mit obenliegender Nockenwelle sowie durch die Verwendung eines 5-Gang-Getriebes bereits eine Aufwertung erfahren hatte, wurde mit dem Modelljahr 1968 auch die Bluebird-Reihe erweitert: In deren vollständig neu gezeichneter Karosserie standen zwei ebenfalls neukonstruierte 1,3-Liter- und 1,6-Liter-Motoren mit obenliegender Nockenwelle zur Wahl. Im Export trat dieses neue Modell als Datsun 1600 in der meistgefragten Mittelklassengröße gegen die traditionellen europäischen Marken an. Bemerkenswerterweise war die hintere Starrachse nun einer Einzelradaufhängung mit Dreieckquerlenkern und Schraubenfedern gewichen (außer beim Kombi). In einzelnen Exportländern hatten die Vorderräder Scheibenbremsen.

Ebenfalls gänzlich neu karossiert wurde auf 1968 der Nissan Gloria. Seine Frontgestaltung mit übereinanderliegenden Doppelscheinwerfern und Maschenkühlergitter erinnerte entfernt an das Cadillac-Design. Die ungewöhnliche De-Dion-Hinterachskonstruktion wich einer herkömmlichen Starrachse; die Halbelliptikfedern wurden beibehalten. Beim Topmodell President stieg die Leistung des V8-Motors von 180 auf 197 PS.

Im Frühling 1968 erhielt auch die kleinere von der ehemaligen Marke Prince übernommene Modellreihe, der Skyline, eine neue Karosserie. Neben amerikanischen Stylingmerkmalen fiel der über dem hinteren Radausschnitt geprägte und nach hinten gezogene Grat auf. Mit 10 cm mehr Radstand und um gut 20 cm gewachsener Gesamtlänge präsentierten die neuen Nissan Skyline weit besser. Außer mit 3- und mit 4-Gang-Getriebe (bisheriger GT auch 5-Gang) waren sie jetzt überdies mit einem automatischen Getriebe von Borg-Warner zu haben.

Laurel Gleichfalls im Frühling 1968 wurde die Modellreihe Laurel eingeführt, sie wurde in den Exportgebieten zunächst unter der Bezeichnung Datsun 1800 bekannt. Vom Styling her handelte es sich um eine gestreckte Version des Datsun 1600. Sie bot jedoch nicht nur mehr Innenraum (dank 20 cm längerem Radstand) und ein Leistungsplus, sondern war überdies mit der Schräglenker-Hinterachse in dieser Wagenklasse eine eigentliche japanische Pionierleistung. Zudem wurden bei dieser Konstruktion die Sicherheitsmaßnahmen durch den verformbaren Wagenbug und die verschiebbare Lenksäule weiter verbessert. Ebenfalls noch im Frühling 1968 wurde ein Fastbackcoupé auf der Basis des Datsun 1000 (Sunny) eingeführt; die Leistung wurde für diese Ausführung von 56 auf 60 SAE-PS angehoben. Nachdem es bereits im Vorjahr einen Datsun 1600 SSS (Super Sports Sedan) mit auf 110 PS gesteigerter Leistung gegeben hatte, kam 1968 ein 1600 SSS Coupé hinzu. Die Produktion des Silvia, der noch ein Kastenrahmenchassis besaß, lief hingegen aus.

Ebenfalls noch 1968 erfuhr die Modellreihe Cedric bzw. Datsun 2000 eine Ausdehnung: Es gab nun neben dem 2000 Six mit 6-Zylinder-Motor und dem 2000 Standard mit 4-Zylinder-Motor einen Typ Diesel mit 2,2-Liter-4-Zylinder-Dieselmotor und einen 2300 in den Versionen Super Six und Personal Six mit 2,3-Liter-6-Zylinder-Motor. Gleichzeitig mit der Einführung letzterer Versionen auf Cedric-Basis folgte im Herbst 1968 die Präsentation der GT-Versionen der neuen Skyline-Modellreihe. Während die Leistung des 2000 GT-A nun mit 112 PS zu Buche stand, bot der weiterhin ausschließlich mit 5-Gang-Getriebe ausgerüstete 2000 GT-B nun gleich 160 PS. Dies war durch die Konstruktion eines gänzlich neuen 6-Zylinder-Motors mit sehr kurzem Hub, zwei obenliegenden Nockenwellen und 24 Ventilen möglich gemacht worden! Die Fahrwerkabstimmung hatte man dieser rennsportlichen Maschine angepaßt. – In der Ausführung 1969 zeigte der Nissan Gloria nun ein an Pontiac-Modelle erinnerndes Frontdesign.

Z-Modelle Auf dem Automobilsalon von Tokio im Herbst 1969 wurde das Sportcabriolet Nissan Fairlady – in vielen Exportgebieten Datsun Sports 2000 genannt – durch ein gänzlich neu konstruiertes zweisitziges Sportcoupé abgelöst. Es hieß Nissan Fairlady Z bzw. Datsun 240 Z. Die Form mit der langen, stark nach vorne abfallenden Motorhaube und dem bulligen Schrägheck mit zur Ladeklappe ausgebildetem Rückfenster war – wie bereits jene des Silvia – von Albrecht Graf Goertz angeregt worden. Der Aufbau war

Von links nach rechts:
Datsun 1800 = Nissan Laurel, 1970
Datsun Sunny 1000 Coupé, 1969
Datsun Sunny 1200 GL, 1970
Nissan Gloria, 1970
Datsun = Nissan Fairlady Z, 1970
Datsun Cedric 2400 Super Six, 1970

Datsun, Nissan

nun auch bei diesem Nissan-Produkt selbsttragend ausgeführt, und auch hier kam jetzt eine hintere Einzelradaufhängung zur Anwendung. Sie bestand aus Dreieck-Querlenkern und Schraubenfedern, hinten wie vorne wurden Federbeine eingebaut. Während der Nissan Fairlady Z anstelle des 2-Liter-4-Zylinder- nun einen 2-Liter-6-Zylinder-Motor erhielt, wurde im Datsun 240 Z (wie die Bezeichnung verriet) ein 2,4-Liter-6-Zylinder-Motor eingebaut. Die Leistung wurde mit 130 bzw. 150 SAE-PS angegeben. Beide Varianten wurden sowohl mit 4- wie mit 5-Gang-Getriebe geliefert.

Vom Fairlady-Coupé gab es zudem die Variante Z 432 mit dem 160-PS-Motor (zwei obenliegende Nockenwellen, 24 Ventile) aus dem Nissan Skyline 2000 GT-B (der für 1970 GT-R hieß). Aus dem Datsun 2300 Super Six wurde gleichzeitig der Datsun 2400; er besaß den gleichen Hubraum wie der 240 Z, jedoch mit einer auf 130 PS gedrosselten Leistung. Apropos PS: Ab Ende 1969 wurden für etliche Modelle niedrigere Leistungsangaben gemacht!

Auf dem Salon von Brüssel von Anfang 1970 feierte der Datsun 1200 (ein weiterentwickelter Sunny) Premiere. Es handelte sich um ein modern, aber traditionell geformtes Stufenheckauto der unteren Mittelklasse. Es gab ihn sowohl zwei- wie viertürig und als (in Japan steuergünstiger) Kombi. Noch ungewohnt in dieser Fahrzeugkategorie war das Angebot – nebst 3- und 4-Gang-Getriebe – eines vollautomatischen Getriebes. Der 1,2-Liter-Motor war ein Derivat der 1-Liter-Sunny-Maschine. Wenige Monate später wurde die neue Reihe durch den 1200 GX mit 83 statt 69 PS leistendem Motor erweitert. Es gab ihn sowohl als viertürige Limousine wie auch als Coupé. Nebst Ausschmückungen sportlicher Richtung fanden sich vordere Scheibenbremsen.

Die Nissan Skyline gab es 1970 auch mit dem 100 PS starken 1,8-Liter-Motor aus dem Datsun 1800 (alias Nissan Laurel); man erkannte den neuen Jahrgang an den nun schräg in zwei Kühlergitter-Horizontalstäbe übergehenden Doppelscheinwerferrahmen (ausgenommen GT-Modelle). Nach wie vor wurde auch das Geländefahrzeug Nissan Patrol hergestellt, das jedoch vom Werk zu den Nutzfahrzeugen gezählt wurde. – Nachdem 1965 und 1968 weitere Werke in Betrieb genommen worden waren, hatte der Ausstoß von Datsun- und Nissan-Personenwagen 1969 gegen 700 000 Einheiten erreicht, 1970 waren es bereits knapp 900 000 ... und der hektische Aufstieg sollte weitergehen.

Datsun, Nissan	Zyl.	cm³	PS *SAE	bei 1/min	Gänge	Spitze km/h	Radstand/ Länge	Bau-jahre	Besonderheiten
Bluebird 310	4	988	37*	4600	3	105	228/386	1959–61	Kastenrahmen
PL 310		1189	48*	4800		123			
Bluebird			55	4800		128	228/391	1961–63	
						120	238/400	1963–65	(nun selbsttragend)
Bluebird 1300		1299	67*	5200	4/3/A	140		1965–67	
1600 Super Sports		1595	97*	6000	4	155			
Bluebird 1600			96*	5600	4/3/A	160	242/412	1967–69	OHC, h.E.
1600 SSS(edan)			110*	6000	4	165			dto
1300		1296	77*	6000	3	145			dto, ab '68: 3/4/A
			72*	6000	3/4/A			1969–	dto
1600		1595	92*	6000		155			dto
SSS, Sports			100*	6000	4	165			dto
SPL 212 (Sport)	4	1189	48*	4800	4	130	222/403	1959–61	Kastenrahmen
S 211		988	34*	4400		115	222/399		
Fairlady (Sports 1500)	4	1488	71	5000	4	150	228/395	1961–63	Kastenrahmen
			80	5600		155		1963–65	
(Sports 1600)		1595	90	6000		170		1965–70	ab '67: 96* PS,
Silvia, Coupé 1600						165	228/399	1965–67	175 km/h
			96*	5600				1967/68	OHC
Fairlady (Sports) 2000		1982	150*	6000	5	205	228/396	1967–70	ab '69; 145* PS
240 Z	6	2393	150*	6000	4/5	205	231/414	1969–	(selbsttragend), OHC
Fairlady Z		1998	130*	6000	4/5	195	231/412		dto
Z 432		1989	160*	7000	5	210			dto, DOHC, 24 Ventile
Cedric	4	1488	71	5000	4	130	253/441	1960–64	ab '62: 253/449 cm
		1883	88	4800		142		1961–64	dto
Custom							269/465	1962–65	
Special	6	2825	115	4400	3	155	284/486		
Cedric	4	1883	88	4800	3/4	145	263/469	1964/65	
(2000)	4	1982	100*	5000		140	269/469	1965–	ab '69: 92* PS
Six	6	1973	110*	5200	3/4/A	150			ab '69: 100* PS
Special Six		1998	125*	5200		160			OHC ab '69: 115* PS
2300		2262	123*	5600		160		1968/69	OHC
Diesel	4	2164	70*	4000	3/4	120		1968–	
2400	6	2393	130*	5600	3/4/A	165		1969–	OHC
President	6	2974	130*	4400	3/A	160	285/505	1965–	
(nur Nissan)	V8	3988	180*	4800	A	185		1965–67	
			197*	5000				1967–	
Sunny 1000	4	988	56*	6000	3/4	135	228/382	1966–70	ab '68: 3/4/A
Coupé			60*	6000	4/A	140		1968–70	
1200		1171	68*	6000	3/4/A	145	230/383	1970–	
GX			84*	6400		160			
Skyline A 150	4	1484	74*	4800	3/4	140	239/400	1966–68	(ex→ Prince)
A 200 GT-A	6	1988	107*	5400	4	170	259/424		OHC
GT-B			129*	5800	5	180			
Skyline	4	1483	94*	6000	3/4/A	160	249/420	1968–	OHC
2000 GT-A	6	1998	112*	5600	4	170	264/443		OHC, h.E.
GT-B		1989	160*	7000	5	200	264/440		DOHC, 24 Ventile, dto
Skyline 1800	4	1815	100*	5600	3/4/A	165	249/420	1969–	
Gloria B 200	6	1988	107*	5400	4	155	268/465	1966/67	(ex→ Prince) OHC De-Dion-H'achse
Gloria						160	269/469	1967–69	(nun h. Starrachse)
		1998	125*	6000	4/A	170		1969–	OHC
Laurel, 1800	4	1815	100	5600	3/4/A	165	262/430	1968–	OHC, h.E.
Patrol (Glpw.)	6	3956	147	3800	2×3	125	250/424		2- od. 4×4, Chassis mit Starrachsen

Davrian

Es war an der Racing Car Show in London Anfang 1969, als die kleine britische Marke Davrian sozusagen «offiziell» vorgestellt wurde. Es gab die Modelle Imp und Demon, beides ungewöhnlich geformte Sportzweisitzer mit Kunststoffkarosserie. Sie besaßen einen Monocoque-Unterbau und waren auch als Bausatz erhältlich. Die Antriebsaggregate stammten von der Rootes-Gruppe, wobei das Kernstück der moderne kleine OHC-Leichtmetall-Heckmotor des → Hillman Imp war. Diesen gab es sowohl in der Normalausführung mit 42 SAE-PS wie in der Sportversion mit zwei Vergasern und 55 SAE-PS. Trotz des vergleichsweise bescheidenen Hubraums von 875 cm³ kamen die äußerst leichtgewichtigen Davrian (Leergewicht angeblich ab 460 kg) sehr schnell voran. So eigneten sich die flachen Coupés denn durchaus auch für den Renneinsatz.

Ursprünglich firmierte die Davrian Developments Ltd. in London, doch erfolgte die Herstellung in Wales. Mit neuen Werkanlagen wurde 1982 ein Neustart versucht, nachdem sich – trotz steter Weiterentwicklung und wachsender Modellvielfalt – finanzielle Schwierigkeiten ergeben hatten.

Davrian Imp, 1969
Rechts: DB Coach GT, 1961

DB

Zwei Buchstaben, die als Markenzeichen bei Kennern hohes Ansehen genossen: DB. Diese Initialen standen für Deutsch & Bonnet. Es waren die Namen zweier hochtalentierter französischer Automobilkonstrukteure, die auf der Basis von Panhard-(ursprünglich auch Citroën-)Serienwagen in kleinen Stückzahlen besonders leistungsfähige und individuell geformte Sportautos bauten. Mit der Herstellung von eigenen Fahrzeugen hatte das Unternehmen Anfang der fünfziger Jahre in Champigny-sur-Marne (Seine) begonnen. Eine Besonderheit ihrer Konstruktionen war nicht nur der hohe Leistungsstand, sondern auch die avantgardistische Aerodynamik. Dies brachte der Marke DB zahlreiche Rennerfolge und vielbeachtete Indexsiege bei dem berühmten 24-Stunden-Rennen von Le Mans.

Neben den einzeln gebauten Sonderanfertigungen für den Renneinsatz umfaßte das Bauprogramm 1960 die Modelle DB Coach GT Standard und Luxe sowie das Cabriolet GT Le Mans. Die ebenso strömungsgünstig wie individuell geformten Karosserien bestanden aus Kunststoff. Die Mechanik, einschließlich der Aufhängung, stammte vom → Panhard PL 17. Es handelte sich somit um Frontantriebswagen mit luftgekühltem 848-cm³-2-Zylinder-Boxermotor. Im Standardtyp standen 42 DIN-PS zur Verfügung, im GT Luxe wie im Cabriolet wurde hingegen der Panhard-Tigre-Motor mit 52 DIN-PS (58 SAE-PS) eingebaut. Während die 2/3sitzigen Fastbackcoupés einen Zentralrohrrahmen aufwiesen, basierte das Cabriolet GT Le Mans auf einem Plattformrahmen mit Kastenträgern.

Im Verlaufe des Jahres 1960 wurde das Angebot um ein Modell GT 1000 erweitert. Hier war der Hubraum auf 954 cm³ vergrößert und die Leistung auf 72 PS gesteigert. 1961 trennten sich Charles Deutsch und René Bonnet, und im Januar 1962 lief auch die Zusammenarbeit mit Panhard aus, nachdem von René Bonnet & Cie zuletzt noch das Cabriolet in den Ausrüstungsvarianten Racing, Luxe und Grand Luxe sowie mit 52- und mit 70-DIN-PS-Motor angeboten worden war. Immerhin war im Herbst 1961 auch ein neues Coupé mit Doppelscheinwerfern entstanden; aus ihm sollte 1962 das Coupé → Panhard CD (= Charles Deutsch) entstehen. Die bei Kennern hochangesehene Marke DB ging unter. René Bonnet ging eine Zusammenarbeit mit Renault ein und konstruierte fortan unter eigener Marke (→ René Bonnet). Insgesamt waren (ab 1950) gut 650 DB Panhard Coach und (ab 1960) rund 200 Le Mans gebaut worden.

Davrian	Zyl.	cm³	SAE-PS	bei 1/min	Gänge	Spitze km/h	Radstand/Länge	Baujahre	Besonderheiten
Imp	4	875	42	5000	4	153	208/358	1969–	Monocoque-Chassis, Heckmotor Hillman Imp
Sport			55	6100		177			

DB	Zyl.	cm³	DIN-PS	bei 1/min	Gänge	Spitze km/h	Radstand/Länge	Baujahre	Besonderheiten
Coach GT Standard	B2	848	42	5000	4	155	213/395	1960/61	Zentralrohrrahmen, Panhard-Mechanik (Frontantrieb, Luftkühl.)
Luxe			52	6000		165			
1000		954	70	6100		185			
Cabriolet GT Le Mans		848	52	6000		150	240/410	1961	Plattformrahmen, dto
		954	70	6100		165			

Deep Sanderson

Die von Chris Lawrence konstruierten und von der Lawrence Tune Engines Ltd. in London verkauften kleinen Liebhaberwagen der Marke Deep Sanderson tauchten Anfang 1962 auf. Es handelte sich zunächst um einen auch für Renneinsätze geeigneten Roadster mit Alu-Karosserie, Panoramascheibe und auf Dachhöhe hochgezogenem Heck. 1963 folgte ein Coupé mit Kunststoffkarosserie von ähnlich eigenwilliger und strömungsgünstiger Form. Die Zweisitzer mit langgezogenem flachem Bug besaßen die Antriebseinheit des BMC Cooper (→ Austin) zwischen den Sitzen und den Hinterrädern eingebaut und wiesen vorne wie hinten Einzelradaufhängung auf. Der Unterbau bestand aus einem Zentralrohrrahmen. Nebst dem 1-Liter-Motor waren auch die 850- und die 1100-cm³-Aggregate lieferbar. Offenbar verschwanden die kühn geformten Mittelmotorcoupés mit eiförmigem Aufbau und hochklappbarem Hinterteil bereits 1964 wieder aus der Fabrikation, nachdem immerhin eine Serie auf englische Straßen gekommen war.

Deep Sanderson 301, 1963

De Soto

Bei ihrer Vorstellung im Jahre 1929 kam der Marke De Soto die Aufgabe zu, die Lücke zwischen → Dodge und → Chrysler zu schließen. Prestigemäßig vermochte De Soto allerdings diese relativ «hohe» Position (neben Buick und Oldsmobile sowie Mercury) nur mit Mühe zu halten. Ende der fünfziger Jahre ließen sich immer weniger Kaufwillige für diese Marke aus dem Chrysler-Konzern finden. Im Herbst 1959 gab es daher bereits Gerüchte, daß De Soto ebenso untergehen würde wie die bloß 1958/59 gebaute Ford-Marke Edsel. Doch bereits war das Modelljahr 1960 auch für De Soto angekündigt worden. Es brachte wie bei den anderen Chrysler-Marken, angefangen mit den Plymouth, jedoch mit Ausnahme der Imperial, einen Übergang vom Kastenrahmenchassis zur selbsttragenden Bauweise. Einer Vorderradaufhängung mit Längs-Torsionsfederstäben stand eine konventionelle starre Hinterachse mit Längsblattfedern gegenüber.

Es gab noch die De-Soto-Baureihen Fireflite und Adventurer, wobei die Karosserieversion viertüriger Sedan sowie die vier- und die zweitürigen Hardtops (Faux-Cabriolets, Sportsman) hergestellt wurden. Es standen ausschließlich V8-Motoren mit 5,9 (Turboflash) und 6,3 Litern Hubraum (Ram Charge Adventurer, Adventurer Mark I und Ram Manifold) und in verschiedenen Leistungsstufen (Hi Perf) zur Wahl. Der Basis-Fireflite hatte ein 3-Gang-Getriebe mit synchronisierten oberen Gängen, war aber auch mit dem Power-Flite-2-Stufen- und dem Torque-Flite-3-Stufen-Automat lieferbar. Den Adventurer gab es ausschließlich mit letzterem Getriebe. Auf Wunsch war die Sure-Grip-Differentialbremse zu haben.

Auch mit dem Modelljahr 1961 zeigten die De Soto eine stark den → Chrysler ähnelnde Karosserie; die Doppelscheinwerfer waren jetzt schräg übereinander angeordnet. Allerdings hatte man die Modellauswahl drastisch reduziert. Es waren bloß noch zwei- und viertürige Faux-Cabriolets im Programm, und auf Modellreihenbezeichnungen wurde verzichtet. Einheitlich wurde der 5,9-Liter-V8 in Verbindung mit dem 3-Gang-Getriebe oder dem Torque-Flite angeboten. Noch im Spätherbst 1960 wurde die Produktion eingestellt. Während das Modelljahr 1960 einen Absatz von 23 677 Stück gebracht hatte, waren es im Modelljahr 1961 nur noch etwas über 3000 Exemplare – sie gelten längst als Sammelstücke – gewesen.

Oben: De Soto Adventurer, 1960
Rechts: De Soto, 1961

Deep Sanderson	Zyl.	cm³	DIN-PS	bei 1/min	Gänge	Spitze km/h	Radstand/Länge	Baujahre	Besonderheiten
301 Coupé	4	997	56	6000	4	175	203/	1963	Heckmotor BMC Cooper (auch 850 und 1100 cm³)

De Soto	Zyl.	cm³	SAE-PS	bei 1/min	Gänge	Spitze km/h	Radstand/Länge	Modelljahre	Besonderheiten
Fireflite	V8	5907	299	4600	3/A	170	310/547	1960	
			314	4800	A	190			
Adventurer		6286	309	4600		180			
			330	4600		190			
			335	4800		–220			
		5907	269	4400	3/A	170		1961	

De Tomaso

Alessandro de Tomaso, Rennfahrer und Geschäftsmann, war 1955 aus Argentinien nach Europa gekommen und hatte in einer Vorstadt von Modena eine eigene Frisierwerkstatt eröffnet. Im Verlaufe der Jahre entstand dann eine Liaison mit dem berühmten italienischen Karosseriewerk → Ghia. Auf dem Turiner Automobilsalon im November 1965 wurden unter anderen Kreationen ein Ghia-de-Tomaso-Rennspider mit Ford-V8-Mittelmotor «für die Markenweltmeisterschaft» sowie ein Modell Vallelunga gezeigt. Mit diesem war in jenem Jahr die italienische Meisterschaft in der Klasse Sport bis 2 Liter gewonnen worden; der vor der Hinterachse eingebaute 1,5-Liter-Motor aus dem Ford Corsair war durch die Firma De Tomaso frisiert worden, und der Kunststoffaufbau ruhte auf einem Zentralträger, wobei der Motor/Getriebe-Einheit tragende Funktion zukam. Das förmlich wohlgelungene Zweisitzercoupé wurde 1966 vom Museum für Moderne Kunst in New York als Musterbeispiel für technischen Fortschritt und avantgardistisches Design ausgezeichnet!

Neben der Rennausführung gab es eine Version Stradale (Straße). Auch hier leistete der Motor mit zwei Doppelvergasern imponierende 105 PS. Auf dem Turiner Salon im November 1966 wurde dem Vallelunga eine Pampèro geheißene Spiderversion zur Seite gestellt. Sie sollte allerdings nicht in Serie gehen, und auch vom Vallelunga war alsbald nicht mehr die Rede, nachdem von diesem bloß 108 cm hohen Berlinetta immerhin eine Anzahl Exemplare hergestellt worden war. Das Cabrio war deutlich länger als das Coupé und zeigte individuelle Formmerkmale. Zu ihnen zählte ein von der Motorhauben-Vorderkante überragtes Kühlergitter.

Mangusta Ebenfalls auf der Turiner Schau 1966 wurde von Ghia der De Tomaso Mangusta vorgestellt – ein Hochleistungs-Luxuscoupé, dessen Linie von Giorgetto Giugiaro geschaffen worden war. Giugiaro, nachmaliger Begründer von ItalDesign, war einer der begabtesten Karosseriedesigner aller Zeiten, und der Mangusta zählte zu einem seiner frühen Meisterwerke. Die niedrige Motorhaube ähnelte jener des Pampèro, die Dachlinie lag nur 110 cm über dem Boden, harmonisch in die Seitenwände der eleganten Fastbacklinie eingefügte Kiemen sorgten für die Luftzufuhr zum Mittelmotor, und die langgezogene Heckscheibe war zweigeteilt.

Wie der Vallelunga war der Mangusta ein Mittelmotorcoupé, doch für den Antrieb sorgte hier ein mächtiger V8-Motor, auch er aus dem Hause Ford. Es handelte sich um die bekannte 4,7-Liter-Maschine, und es war vorgesehen, sie sowohl mit italienischen Fallstromvergasern wie mit Tecalemit-Benzineinspritzung zu liefern. Die entsprechende Leistung wurde mit 418 und 437 SAE-PS angegeben. Gar auf 506 PS hätte es ein 5,4-Liter-V8 mit Einspritzung gebracht, doch in der Serienausführung von 1967 leistete der De Tomaso Mangusta mit einem original-amerikanischen Vierfach-Fallstromvergaser schließlich 306 DIN-PS, immer noch ein gutes Potential! Diese Leistung wurde über ein 5-Gang-Getriebe von ZF abgegeben. Wie der Vallelunga basierte auch der Mangusta auf einem Mittelträger, vorne fanden sich Trapez-Dreieckquerlenker und Schraubenfedern, hinten Trapez-Querlenker und fünf Schubstreben sowie Schraubenfedern. Vorne wie hinten gab es je einen Kurvenstabilisator. Die Lenkung erfolgte über eine Zahnstange. Anstatt Campagnolo-Vierrad-Scheibenbremsen, wie sie der Vallelunga besaß, waren hier solche von Girling mit Zweikreissystem eingebaut.

Der Mangusta wurde bis 1970 in kaum veränderter Form in kleiner Stückzahl weitergebaut. Mit seinem Mittelmotorkonzept verkörperte er eine Alternative zu den ebenfalls mit amerikanischem V8-Motor bestückten → Iso. Schon 1967 hatte die US-Firma Rowan Controller Company die Karosseriefirma Ghia übernommen und Alessandro de Tomaso als Generaldirektor eingesetzt. Bei der Firma De Tomaso Automobili wurde indessen der Pantera entwickelt, ein noch potenteres Mittelmotorcoupé, als es der Mangusta war. Sein Debüt gab dieses Modell auf dem New Yorker Salon von 1970. In diesem Jahr ging das gesamte Rowan/De-Tomaso-Imperium an Ford über. Ford hatte sich für die Übernahme von → Lancia interessiert und hielt sich nun mit diesem «Coup» schadlos. In den Besitz des weltweit zweitgrößten Automobilkonzerns kamen sowohl Ghia wie De Tomaso und das Karosseriewerk → Vignale sowie amerikanische Handelsgesellschaften der italienischen Gruppe. Für die Herstellung des De Tomaso Pantera (bereits als ein Modell 1971 zu betrachten) wurde in Modena ein neues Werk errichtet. Alessandro de Tomaso, zunächst Leiter des italienischen Ford-Zweiges, machte sich später wieder selbständig!

Oben: De Tomaso Vallelunga (Ghia), 1966
Rechts: De Tomaso Mangusta (Ghia), 1966

De Tomaso	Zyl.	cm³	DIN-PS	bei 1/min	Gänge	Spitze km/h	Radstand/Länge	Baujahre	Besonderheiten
Vallelunga	4	1499	105	6000	4	–206	228/384	1966/67	Mittelträger,
Pampèro							235/397		Mittelmotor Ford
Mangusta	V8	4728	305	6200	5	250+	250/427	1967–70	dto

Dino

Für Rennsportenthusiasten und Ferrari-Kenner war Dino längst ein Begriff, als gegen Ende 1966 ein von Pininfarina (→ Anhang) in begeisternder Manier eingekleidetes neues Mittelmotorcoupé unter der Marke Dino präsentiert wurde. Mit dieser Marke wurde an den ein Jahrzehnt zuvor verstorbenen Sohn Alfredo (Alfredino) des großen Commendatore Enzo Ferrari erinnert. Dino war der Kosename des jungen Ingenieurs gewesen, und ab 1956 hatten Ferraris Rennmotoren diese Bezeichnung getragen. 1965 tauchte auf Straßenrundkursen und bei Bergrennen ein Rennsport-Zweisitzer mit dem Namen Dino 206 SP auf; mit ihm wurde in jenem Jahr die Berg-Europameisterschaft gewonnen. Die Ziffer 2 wies auf den Hubraum von 2 Litern hin, die Sechs auf den V6-Motor. Genauso besaß das neue Coupé Dino 206 GT Berlinetta den vor der Hinterachse eingebauten 2-Liter-V6-Motor (65° Gabelwinkel) mit insgesamt vier obenliegenden Nockenwellen, allerdings mit etwas reduzierter, aber immer noch hochsportlicher Leistung: 180 DIN-PS bei 8000/min.

Der Dino 206 GT war ein Produkt von → Ferrari. Er erschien gleichzeitig mit dem → Fiat Dino Spider (später auch Coupé), bei dem der gleiche, auf 160 PS gedrosselte Motor in normaler Lage vorne eingebaut war. Damit erfüllte sich ein in der ersten Hälfte 1965 geschlossenes Abkommen zwischen Fiat und Ferrari, das die Verwendung eines von Ferrari konstruierten (aber bei Fiat hergestellten) Motors in einem Fiat-Sportwagen vorsah. Beim Dino 206 GT waren Motor, Getriebe, Kupplung und Differential zu einer Einheit verblockt und vor der Hinterachse eingebaut. Der Kraftübertragung diente wie beim Rennsportmodell ein vollsynchronisiertes 5-Gang-Getriebe. Eine ZF-Differentialbremse wurde serienmäßig eingebaut.

Die Fahrzeugstruktur wurde von einem Gitterrohrrahmen gebildet. Vorn wie hinten waren die Räder mit Trapez-Dreieckquerlenkern und Schraubenfedern aufgehängt, und es gab vorne wie hinten einen Kurvenstabilisator. Die Verzögerung erfolgte mit belüfteten Girling-Vierrad-Scheibenbremsen. Die bei Pininfarina in Turin gebaute $111^1/_2$ cm niedrige Karosserie war – wie bereits angedeutet – ein Meisterwerk, das schon heute einen festen Platz in der Geschichte des Sportwagendesigns einnimmt.

In der Serienausführung, die auf dem Turiner Automobilsalon 1967 vorgestellt wurde, überraschte der Dino 206 GT durch die nun quer eingebaute Motor/Getriebe-Einheit. Dies hatte eine Neukonzeption des Motorunterteils bedingt. Überarbeitet wurde auch die Karosserie: Radstand und Gesamtlänge waren verkürzt worden, die Frontscheibe war noch etwas stärker geneigt, das Dach verlängert und das Heck – das nun für Motor und Kofferraum getrennte Deckel aufwies – eine Spur höher. Damit verbesserte sich auch der Luftwiderstandsbeiwert, und zwar von 0,364 auf 0,362.

Auf dem Genfer Salon im März 1969 wurde dann der Dino 246 GT als Nachfolger des 206 GT vorgestellt. Von diesem waren bloß 256 Exemplare gebaut worden! Wie die Bezeichnung 246 verrät, war nun der Hubraum auf 2,4 Liter vergrößert worden. Die Motorleistung wurde allerdings nicht im gleichen Verhältnis, das heißt nur auf 195 PS angehoben, anderseits stand nun ein maximales Drehmoment von 23 mkp bereits bei 5500/min statt von 19 mkp bei 6500/min zur Verfügung. Wie bis anhin erfolgte die Motorspeisung mit drei Fallstrom-Doppelvergasern und einer elektrischen Benzinpumpe. Dem etwas größeren Raumbedarf des Motors entsprechend war der Radstand um 6 auf 234 cm verlängert worden. Die Höchstgeschwindigkeit wurde nach wie vor mit 235 km/h angegeben. – Der zweisitzige Typ 246 wurde bis 1974 gebaut; es entstanden 2060 Coupés 246 GT und (ab 1972) 1274 Spider 246 GTS. Den Dino gab es (als 2+2-Sitzer) bis 1980.

Dino	Zyl.	cm³	DIN-PS	bei 1/min	Gänge	Spitze km/h	Radstand/Länge	Baujahre	Besonderheiten
206 GT	V6	1987	180	8000	5	235	228/420	1967–69	Gitterrahmen,
246 GT		2418	195	7600			234/420	1969–	DOHC-Mittelmotor

Dino 206 GT (Pininfarina), 1968

Diva

Die Marke Diva war zunächst von der Tunex Conversions Ltd. in London geschaffen worden. Aus ihr ging 1965 die Diva Cars Ltd. hervor. Zunächst standen die Modelle 1000 GT und Demon im Angebot. Aus dem 1000 GT wurde auf 1966 der GT 10 F. Auch er war als Bausatz zu haben. Das niedrige Zweisitzercoupé mit langgestreckter, flacher Motorhaube und verschalten Scheinwerfern und dem auffallend stark zurückversetzten, kurzen Cockpit ruhte auf einem Fachwerkrahmen. Vorn wurden Trapez-Dreieckquerlenker verwendet, und auch hinten fand sich eine Einzelradaufhängung, hier mit Zugstreben und Stabilisierungsdreieck. Vorne wie hinten wurden einstellbare Stoßdämpfer und Kurvenstabilisatoren eingebaut. Es bestand die Wahl zwischen verschiedenen modifizierten → Ford-Motoren, wobei auch solche mit zwei obenliegenden Nockenwellen geliefert wurden. Als Basismotor diente ein auf 70 SAE-PS gebrachtes 1150-cm³-Triebwerk (im 1000 GT hatte man noch einen Original-Anglia-Motor verwendet). Es kamen Girling-Vierrad-Scheibenbremsen zum Einbau.

Nachdem bereits auf der Londoner Racing Car Show von Anfang 1966 ein Coupé mit hinten eingebautem → Hillman-Imp-Motor vorgestellt worden war, folgte ein Jahr später das spektakulär wirkende Mittelmotorcoupé Valkyr GT. Die Front dieses Hochleistungswagens mit Kunststoffkarosserie war noch flacher und nach vorne zugespitzt, wobei die Vorderradhäuser nach oben auskragten. Die Gürtellinie verlief tief unten und verhalf dem niedrigen Zweisitzer zu großflächigen Seitenfenstern. Der Fachwerkrahmen war vorne wie hinten mit Trapez-Dreieckquerlenkern und Schraubenfedern sowie Kurvenstabilisatoren kombiniert. Zur Wahl standen hier ein Ford-DOHC-Motor, der aus 1595 cm³ angeblich 157 DIN-PS lieferte und auf Wunsch mit Tecalemit-Jackson-Benzineinspritzung zu haben war, oder ein vom Grand-Prix-Motor abgeleitetes Coventry-Climax-Triebwerk mit vier Zylindern, zwei obenliegenden Nockenwellen, 2750 cm³ und 262 PS ... fürwahr ein abenteuerliches Gefährt. Auf Wunsch konnte man ferner einen US-V8 einbauen lassen. Auf 1968 war die Karosserie des Valkyr GT überarbeitet worden (nun breiter Lufteinlaß vor den Hinterrädern), und auch der GT 10 F wies einige Verschönerungen auf. Doch noch im gleichen Jahr ging auch diese kleine Marke unter.

Rechts: Diva 1000 GT, 1965
Unten: Diva Valkyr GT, 1967

Diva	Zyl.	cm³	SAE-PS	bei 1/min	Gänge	Spitze km/h	Radstand/ Länge	Baujahre	Besonderheiten
1000 GT	4	997			4		206/343	1965	Fachwerkrahmen,
GT 10 F		1150	70	5500		–215	–211/360	1965–68	Ford-Mechanik (getunt)
			(DIN):						(auch and. Motoren)
Valkyr GT TC	4	1595	157	6000	5	256	223/391	1966–68	Heckmotor Ford, DOHC
CC		2750	262	6750		288			dto. Coventry Climax

DKW

DKW hatte sich bereits 1931 dem Frontantrieb zugewandt, und diese Marke gilt als ein Pionier dieses Antriebskonzepts. Nach dem Zweiten Weltkrieg gab es zunächst in Ostdeutschland einen neuen DKW mit 3-Zylinder-2-Takt-Motor. Erst 1950 lief auch im Westen die DKW-Personenwagenproduktion wieder an. 1958 kam die in Düsseldorf niedergelassene DKW-Herstellerin, die neue Auto Union GmbH, in den Mehrheitsbesitz der Daimler-Benz AG (Mercedes-Benz). Im Jahr darauf wurden die bisherigen DKW zur Marke → Auto Union gewandelt. An ihrer Stelle trat ein neuer DKW-Kleinwagen in Produktion. Er trug die Modellbezeichnung Junior und war in Prototypform bereits 1957 gezeigt worden.

Natürlich hatte auch der Junior einen 3-Zylinder-2-Takt-Motor. Im Gegensatz zu den Auto-Union-Modellen, die 981 cm³ Hubraum hatten, begnügte sich der Neuling mit 741 cm³, aus denen 34 DIN-PS zur Verfügung standen. Auch er hatte ein 4-Gang-Getriebe mit Lenkradschaltung sowie ein Kastenrahmenchassis, doch fanden sich hier anstatt Querblatt- Torsionsstabfedern. Die vorderen Bremstrommeln waren innen, nahe dem Differential, angeordnet. Auch der neue kleine DKW hatte eine Thermosyphonkühlung, die ohne Wasserpumpe auskam. Im Vergleich zu den größeren Limousinen aus gleichem Haus hatte der Typ Junior, den es ausschließlich als Zweitürer gab, eine sehr moderne Karosserie im Trapezstil. Das Vorderende der horizontal durchgezogenen Gürtellinie überragte die Scheinwerfer.

1960 entstand in Ingolstadt nach und nach eine neue Fabrik. Sie war in erster Linie für den DKW Junior bestimmt, doch sollte auch die Produktion der Auto-Union-Modelle hierher verlegt werden. Die beträchtlich größeren Anlagen boten nicht nur 7000 Personen Arbeit, sondern erlaubten auch eine starke Produktionssteigerung. Schon 1960 konnte der Gesamtausstoß erstmals auf über 100 000 Einheiten erhöht werden.

Junior de Luxe Im Herbst 1961 wurde dem Junior das Modell Junior de Luxe zur Seite gestellt. Es hatte nicht nur eine reichhaltigere Ausstattung, sondern überdies einen auf 796 cm³ vergrößerten Motor, der die gleiche Leistung, jedoch ein leicht erhöhtes maximales Drehmoment lieferte. Er hatte überdies serienmäßig die von der Auto Union neuentwickelte Frischölschmierung, bei der Benzin und Motorschmieröl in getrennten Behältern eingefüllt und von einer kleinen Kolbenpumpe mit Keilriemenantrieb im Vergaser zusammengeführt wurden. Den Junior de Luxe erkannte man äußerlich an den nicht mehr «überkragten» Scheinwerfern und den ausstellbaren Lüftungsflügeln. Beide Junior-Modelle erhielten im Modelljahr 1962 eine Aufwertung der Innenraumsicherheit: stoßelastisches Armaturenbrett, Lenkrad mit versenkter Nabe, unten abgeflacht, Sicherheitstürschlösser, Anlaßwiederholsperre und Sitzgurtenverankerungen. Den de Luxe gab es alsbald auch mit einer automatischen Saxomat-Kupplung.

F 12 Im Januar 1963 folgte als weitere Extrapolation des Junior der F 12. Er stellte sich zwischen den Junior de Luxe und den Auto Union 1000. Sein Motor – stets ein 3-Zylinder-Zweitakter – leistete bei 889 cm^3 40 DIN-PS, und natürlich fand sich auch hier die Frischölautomatik. Die Hinterachse war um 7,5 cm zurückversetzt worden, Front- und Heckscheibe wie auch die hinteren Seitenfenster waren höher, und die Dachlinie war nahezu horizontal nach hinten gezogen. Daraus resultierten wesentlich mehr Innenraum und eine noch verbesserte Sicht. An den Vorderrädern fanden sich Ate-Dunlop-Scheibenbremsen – auch sie waren innenliegend montiert – und ein Querstabilisator. Neu waren ferner das Armaturenbrett, die Sitze sowie die Heizungs- und Lüftungsanlage. Der Typ Junior (ohne de Luxe) wurde aufgegeben.

F 102 Das Modelljahr 1964 brachte einen zur Gänze neukonstruierten Mittelklassewagen, den DKW F 102. Er löste die fünfsitzigen Auto Union 1000 ab. Entgegen etlicher Spekulationen war man dem Zweitaktprinzip treu geblieben. Der modern und gefällig geformte F 102 hatte einen auf 1175 cm^3 vergrößerten 3-Zylinder-Motor, der 60 PS leistete. An Stelle der Thermosyphonkühlung trat ein System mit Wasserpumpe und versiegeltem Kühlkreislauf. Das 4-Gang-Getriebe mit Lenkradschaltung konnte auch mit einer automatischen Saxomat-Kupplung bestellt werden.

Die wohlproportionierte Karosserie mit den originellerweise in die oberen vorderen Kotflügelecken integrierten Blinkleuchten war in selbsttragender Bauweise konstruiert, womit der längst allgemein verbreiteten Schule gefolgt wurde. Allerdings waren beim großen DKW die Kotflügel angeschraubt, was Unfallreparaturen erleichterte. Ähnlich wie bei den kleineren DKW fanden sich vorne längsliegende Torsionsfederstäbe (sie waren verstellbar) sowie ein Kurvenstabilisator, hinten eine selbststabilisierende Torsionskurbelachse mit Panhardstab und querliegendem Drehfederstab (Junior/F 11 hinten Längslenker). Das Interieur war auf Komfort und Sicherheit ausgerichtet.

F 11 Gleichzeitig mit dem F 102 kam auch der F 11 heraus. Er war eine vereinfachte Ausführung des F 12, hatte jedoch den 796-cm^3-Motor des Junior de Luxe. Dem F 12 wurde anderseits ein äußerst hübsches, mit Roadster bezeichnetes 2+2sitziges Cabriolet zur Seite gestellt, dessen Motor 45 statt 40 PS leistete. – Im Frühling 1965 wurde der F 102 auch in der von Anfang an angekündigten viertürigen Ausführung lieferbar.

Auf 1965 wurden der Junior de Luxe und der F 11 zum Modell Junior F 11 vereint, gleichzeitig erhielt die Limousine F 12 ebenfalls den bisher dem F 12 Roadster vorbehaltenen 45-PS-Motor. Doch Mitte 1965 ging die Produktion der kleinen DKW-Modelle zu Ende! Im Herbst jenes Jahres wurde die Auto-Union-Marke → Audi wiedererweckt, und zwar in der gleichen Karosserieschale, wie sie der DKW F 102 trug. Das Ende des Zweitaktmotors begann sich damit abzuzeichnen. Dies wurde von vielen begeisterten Anhängern dieses einst bei Kleinwagen verbreiteten Motorprinzips mit Bedauern zur Kenntnis genommen. Die 3-Zylinder-Motoren der DKW und Auto Union hatten sich einerseits durch ungewöhnliche Laufruhe, anderseits durch Leistungsfähigkeit ausgezeichnet. Zudem hatten sie sich hervorragend für das Frisieren zu höchsten Leistungen geeignet (→ Mantzel, Anhang). Der F 102 wurde noch bis im Frühling 1966 gebaut. Anstelle der Daimler-Benz- hatten nun die → VW-Leute das (finanzpolitische) Sagen in Ingolstadt.

Von oben nach unten:
DKW Junior, 1960
DKW F 102, 1964
DKW F 12, 1964
Oben rechts: DKW-Malzoni GT, 1966

DKW-Malzoni

Gennaro Malzoni in Matao, Brasilien, startete 1964 mit der Herstellung eines Kunststoffcoupés, das auf dem Kastenrahmen-Unterbau des → DKW-Vemag basierte. Der DKW-Malzoni GT geheißene Wagen war auch in einer Rennausführung mit 96, 1965 gar mit 106 statt 60 PS zu haben. Der gutgeformte Zweisitzer wurde in Kleinserie hergestellt. Doch schon 1966 wurde aus dem DKW-Malzoni der → Puma, der nun eine leicht modifizierte Karosserie aufwies.

DKW-Vemag

Anfang der sechziger Jahre baute die Vemag SA, ein brasilianisches Werk für landwirtschaftliche Fahrzeuge und Maschinen in São Paulo, unter der Marke DKW-Vemag unter Lizenz den viertürigen → Auto Union 1000 und den entsprechenden dreitürigen Kombiwagen. In Brasilien trugen diese Modelle die Typenbezeichnung Belcar und Vemaguet. Die Leistung des 3-Zylinder-2-Takt-Motors war wie beim deutschen zweitürigen Basismodell (und originalgemäß beim Kombi Universal) auf 44 DIN-PS gedrosselt. Mit 60 SAE-PS wurde hingegen die Leistung des Vemag-Fissore angegeben. Er beruhte auf identischer Frontantriebsmechanik, besaß jedoch eine vom italienischen Karosseriedesignstudio Fissore (→ Anhang) entworfene Karosserie von modernster Formgebung.

Auch die brasilianischen DKW gab es auf Wunsch mit automatischer Saxomat-Kupplung. 1963 kam eine vereinfachte Ausführung des Vemaguet mit Namen Caicara hinzu (ab 1965 dann der Pracinha). Mit dem Modelljahr 1965 erhielten die viertürige Limousine und der Kombi ebenfalls vorn angeschlagene Türen, wie sie in Deutschland nur die zweitürige Limousine besessen hatte. Die Modelle 1965 zeigten das Kühlergitter mit zusätzlichen Senkrechtstäben, wie sie zuletzt die Vorbilder in der Bundesrepublik erhalten hatten. Mit dem Modelljahr 1967 erhielten dann die DKW-Vemag Belcar und Vemaguet ein eigenständiges Kühlergitter mit über die gesamte Frontbreite gezogenen Horizontalstäben und integrierten Doppelscheinwerfern. Die Karosserieform blieb freilich in der sehr betagt gewordenen Form erhalten. Doch schließlich baute man in Brasilien auch den → VW-Käfer nach alter Väter Sitte! Und es war gerade das brasilianische VW-Werk, das die Firma Vemag SA Ende 1966 übernahm und deren DKW-Produktion Anfang 1968 einstellte, um die eigenen Kapazitäten ausbauen zu können.

Oben: DKW-Vemag Fissore, 1964
Rechts: DKW-Vemag Belcar, 1967

DKW	Zyl.	cm³	DIN-PS	bei 1/min	Gänge	Spitze km/h	Radstand/Länge	Baujahre	Besonderheiten
Junior	3	741	34	4300	4	115	218/397	1959–62	Kastenrahmen,
de Luxe		796	34	4000		118		1961–64	Frontantrieb, 2-Takt
F 12		889	40	4300		125	225/397	1963/64	
Roadster			45	4500		130		1963–65	
F 11/Junior F 11		796	34	4300		118			
F 12		889	45	4500		130		1964/65	
F 102	3	1175	60	4500		135	248/428	1963–66	Frontantrieb, 2-Takt
DKW-Malzoni			SAE						
GT	3	981	60	4500	4	160	222/375	1964/65	Kastenrahmen,
			68	5200				1965/66	Frontantrieb, 2-Takt
DKW-Vemag									
Belcar/Vemagnet	3	981	44	4500	4	120	245/440+	–1968	Kastenrahmen, Frontantrieb, 2-Takt
Fissore			60*			130	245/448	1962–68	* SAE-PS

Dodge

Neben → De Soto, welche Marke 1961 verschwinden sollte, nahm Dodge in dem Chrysler-Konzern stets eine Mittelposition zwischen → Plymouth und → Chrysler ein. Dodge bildete nicht nur eine eigene Division (Konzerntochter), sondern war während langer Zeit auch das führende Fabrikat (vor Plymouth) innerhalb der Gruppe. Dodge und Plymouth hatten sehr weit gehende Modellparallelität, wie dies auch etwa bei GM-Marken der Fall war. Wie alle Chrysler-Fabrikate (mit Ausnahme des Imperial) hatten die Dodge auf 1960 selbsttragende Karosserien erhalten. Die Modellreihen waren gänzlich neu zusammengestellt worden, nur die auf sportliche Leistung ausgerichteten D-500-Typen gab es noch.

Das Modellprogramm begann nun mit dem Dart (= Pfeil oder Wurfspieß), den es als Sparmodell mit einem schräggestellten 3,7-Liter-6-Zylinder-Motor namens Economy Slant Six gab. Daneben gab es Ausführungen mit 5,2-, 5,9- und 6,3-Liter-V8-Motoren in verschiedenen Leistungsstufen. Sie wurden in die Dart-Modelle Seneca, Pioneer und Phoenix eingebaut. Die Zusatzbezeichnungen D-500 und Super D-500 wiesen auf die stärksten Motorbestückungen hin. 310 statt bloß 300 cm Radstand besaßen die größeren Dodge-Typen Matador und Polara, die es ebenfalls mit dem Engine Package (Motorversion) D-500 gab. Die V8-Motoren trugen die Bezeichnungen Dart Red Ram (5,2-Liter), Super Red Ram (5,9-Liter), Ram Fire und (D-500) Ram Induction (6,3-Liter, mit Schwingrohr-Ansaugleitungen).

Für die Kraftübertragung dienten ein 3-Gang-Getriebe (mit noch unsynchronisiertem erstem Gang), das Automatgetriebe Torque-Flite mit drei Stufen und – in Verbindung mit den schwächeren V8-Motoren – auch der Power-Flite-Automat mit zwei Stufen. Während die mechanische Kraftübertragung mit einer Lenkradschaltung bedient wurde, hatten die Getriebeautomaten eine am Armaturenbrett montierte Drucktastatur. Auf Wunsch waren eine Differentialbremse Sure-Grip und eine Servolenkung erhältlich. Die Vorderräder wiesen elastisch gelagerte Längsschubstreben und längsliegende Torsionsfederstäbe auf, die starre Hinterachse hatte übliche Halbelliptikfedern. Das Karosserieangebot reichte vom zweitürigen Club-Sedan über die zwei- und viertürigen Hardtoplimousinen bis zu den Cabriolets und Station Wagons bzw. Kombis. Die Ende der fünfziger Jahre stets gewachsenen Heckflossen waren für 1960 merklich gestutzt worden.

Lancer Bereits im Frühling 1960 war von ihm die Rede gewesen, lanciert wurde er allerdings erst mit dem Modelljahr 1961: der Compact-car Lancer, der mit ähnlich originellem Karosseriedesign eine Parallele zum bereits eingeführten Valiant von → Plymouth bildete. Gegenüber diesem war der Lancer (= Lanzenreiter) etwas luxuriöser ausgeführt, und es gab ihn außer als zwei- und viertürige Limousine und fünftürigen Kombi gleich auch als zweitüriges Faux-Cabriolet (Hardtoplimousine). Bei identischem Radstand war der Lancer 11 cm länger als der Valiant.

Wie diesen gab es den Lancer mit einem 2,8-Liter-6-Zylinder-Motor von 102 oder 150 SAE-PS Leistung (Hyper Pack). Daneben wurde der Dodge-Compact-car bereits auch mit dem 3,7-Liter-Motor (längerer Hub) mit 147 PS (Power Pack) und 199 PS (Power + Hyper Pack) angeboten. Der 3,7-Liter-Motor war sowohl in Graugußausführung wie mit 23 kg leichterem Aluminiumblock erhältlich. Es bestand die Wahl zwischen einem vollsynchronisierten 3-Gang-Getriebe und dem Torque-Flite mit Drucktastenbedienung. Auf Wunsch gab es eine Servolenkung Constant Control. Die Zahl 170 wies auf die Standardausführung, die Zahl 770 auf die De-Luxe-Version hin. Der Unterbau entsprach den mittelgroßen und großen Dodge.

Diese wiesen mit dem Jahrgang 1961 nur noch angedeutete Heckflossen auf. Die Doppelscheinwerfer waren jetzt ins Kühlergitter integriert. Den Matador gab es bereits nicht mehr, alle großen Dodge hießen nun Polara.

Auf 1962 erhielten die Lancer ein aus senkrechten Zierstäben zusammengesetztes Kühlergitter. Es wurden nur noch die 2,8- und die 3,7-Liter-6-Zylinder-Motoren in der Normalausführung angeboten. Das Hardtopcoupé mit vorderen Einzelsitzen erhielt die Bezeichnung GT. Bei den Dart entfielen die Modellbezeichnungen, man unterschied nach Dart, Dart 330 und Dart 440. Nur noch die inneren Scheinwerfer waren ins Kühlergitter einbezogen. Zudem hatte man den Radstand auf 295 und die Gesamtlänge auf 513 cm reduziert.

Ganz oben: Dodge Lancer, 1961
Oben: Dodge Dart Pioneer Wagon, 1961
Rechts: Dodge Polara 500 Convertible, 1962

Die teureren Dodge hießen nun Custom 880 und Polara 500. Während der etwas später vorgestellte Custom dem Polara 1961 glich, aber eine durchgehende Gürtellinie ohne ansteigenden Heckgrat aufwies, besaß der neue Polara eine auf Luxus getrimmte Dart-Karosserie. Der als Coupé und als Cabriolet gebaute Polara 1962 sollte als Konkurrent zum → Ford Thunderbird die sogenannte Pizazz-Klasse bereichern. Neu war im Dodge-Programm ein 6,7-Liter-Motor, den es mit 370, 390 und – mit Schwingrohreffekt – mit 416 SAE-PS gab! Der Power-Flite-2-Stufen-Automat war aufgegeben worden, dafür gab es jetzt in Verbindung mit den Hochleistungsmotoren auch ein vollsynchronisiertes 4-Gang-Getriebe. – Ende 1961 wurde der Traumwagen Dodge Flitewing vorgestellt, ein Versuchsfahrzeug mit in das Dach hineingreifenden Seitenfenstern. Um die Erprobung des Gasturbinenantriebs ging es hingegen beim Dart Turbo III, mit dem die USA durchquert wurden.

Lancer = Dart Mit dem Modelljahr 1963 – mit dem Dodge als erstes amerikanisches Fabrikat schon in der ersten Augusthälfte 1962 an die Öffentlichkeit trat – wurde das Modellprogramm abermals umgekrempelt. Der Lancer wurde aufgegeben, nachdem von ihm schon 1961 bloß 58 000 Exemplare abgesetzt worden waren. Anderseits wurde der Dart zu einem Senior Compact-car verkleinert. Er hatte nun noch 282 cm Radstand und eine völlig neue Karosserie mit auskragenden Einfachscheinwerfern. Es gab in dieser Serie auch ein Cabriolet (das es bei den Lancer nie gegeben hatte).

Die mittelgroßen Dodge hießen jetzt 330, 440, Polara und Polara 500. Ihr Radstand war auf 302 cm angewachsen, und das Motorenangebot reichte jetzt bis zum 7-Liter-V8. Die im Rahmen der üblichen Modellpflege Jahr für Jahr eingeführten Detailverbesserungen waren diesmal besonders zahlreich; sie betrafen den Rostschutz, die Motorqualität, das Getriebe und die Scheibenwischer, die nun parallel liefen und bei zunehmender Fahrgeschwindigkeit stärker an die Scheibe gepreßt wurden. Zudem wurde die Garantie auf fünf Jahre oder 50 000 Meilen ausgedehnt. Die großen Dodge – sie hießen neuerdings 880 und Custom 880 – wurden erst Ende Jahr vorgestellt. Die Front war nun wesentlich schlichter gestaltet und umfaßte ein nach außen statt nach innen gewölbtes Kühlergitter. – Mit der Umgestaltung des Dodge-Programms wollte Chrysler-Präsident Lynn A. Townsend die Schlagkraft seiner mittleren Marke verstärken.

Das Jahr 1964 brachte der Marke Dodge das Jubiläum des 50jährigen Bestehens. Alle Modelle wurden mit einem entsprechenden Signet in der Lenkradnabe ausgerüstet. Den Dart erkannte man äußerlich auch am Markenschriftzug quer durch die Kühlergittermitte. Es gab die kleinste Dodge-Modellserie ab Ende 1963 auch mit einem neuen 4,5-Liter-V8-Motor. Weiterhin standen die Karosserieausführungen 170, 270 und GT im Programm. Zu letzterer paßte das jetzt auch hier erhältliche 4-Gang-Getriebe mit Stockschaltung. Zu den zahlreichen kleinen Änderungen zählte der von innen verstellbare Außenspiegel. Wirksamere Bremsen, verstärkte Federn und einen zusätzlichen Torsionsstabilisator gab es bei den Dodge 330, 440, Polara und Polara 500. Die inneren Doppelscheinwerfer waren jetzt nicht mehr tiefer, sondern in gleicher Höhe wie die äußeren Scheinwerfer montiert. Den 7-Liter-Motor gab es auch hier. Die Dodge 880 und Custom 880 des Jahrgangs 1964 erkannte man an dem wieder einwärts gebogenen Kühlergitter.

Coronet Mit dem Modelljahr 1965 orientierte sich Dodge erneut an der Konkurrenz: zwischen die Dart und die Modelle der Größen Basic Family und Traditional kam als Vertreter der Intermediates die Coronet-Serie (= Krone) hinzu. Er war als Antwort auf den → Chevrolet Chevelle und den verkleinerten → Ford Fairlane gedacht. Mit 297 cm Radstand war er allerdings der größte Intermediate. Es gab die Coronet, die Coronet 440 und die Coronet 500 (Einzelsitze und Mittelkonsole), wobei alle üblichen Karosserieformen lieferbar waren. Das Motorenangebot

Rechts:
Dodge Dart, 1964
Dodge Charger, 1966
Von oben nach unten (links):
Dodge Custom 880, 1963
Dodge Monaco, 1965
Dodge Polara 500, 1967

reichte vom 3,7-Liter-Six bis zum 7-Liter-Hemicharger mit halbkugelförmigen Brennräumen, 12,5:1-Verdichtung und 431 PS.

Den Dart des neuen Jahrgangs erkannte man an dem aus vier Reihen rechteckiger Öffnungen zusammengesetzten Kühlergitter. Der Dart 170 entfiel ebenso wie die 302-cm-Radstand-Dodge 330, 440 und Polara 500. Der Polara war jetzt in die Reihe der größten Dodge mit 307 cm Radstand (bisher 310 cm) integriert: Es gab die Modelle Polara, Custom 880 und neu Monaco. Bei allen war das Kühlergitter über den Doppelscheinwerfern nach oben gezogen. Die Limousine Custom 880 hatte wie der → Chrysler Newport ein drittes Seitenfenster. Das Topmodell Monaco gab es ausschließlich als Hardtopcoupé. Auch hier reichte die Motorenauswahl bis zum 7-Liter-Hemicharger. Polizeifahrzeuge des Typs Polara wurden mit vorderen Budd-Scheibenbremsen angeboten. 1965 war auch das Jahr, da Chrysler von der Drucktastatur für das Automatgetriebe zum normalen Lenkrad-Wählhebel (später auch Mittelkonsolen-Wählhebel) wechselte.

Anfang 1965 entstand unter der Bezeichnung Charger II eine Dodge-Formstudie mit langgezogenem Fastback. Mit dem Modelljahr 1966 zeigten die Dart ein verfeinertes Kühlergitter, und die Scheinwerfer hatten quadratische Umrahmungen. Vordere Budd-Scheibenbremsen waren nun bei allen Modellen erhältlich. Auch die Innenausstattungen wurden verfeinert, wobei der Akzent auf vermehrter Sicherheit lag. Hiezu zählten die Armaturenbrettpolsterungen, die vorderen und die hinteren Sitzgurten und – ausgenommen bei den Dart – neue Innentürklinken, die dem Verschluß einer Sicherheitsgurte nachgebildet waren. Die vorderen Einzelsitze des Dart GT boten vermehrten Seitenhalt. Dies galt auch für den Coronet 500.

Die Coronet 1966 – es gab jetzt auch einen Coronet Deluxe – unterschieden sich von ihren Vorgängern durch das mit einer senkrechten Mittelrippe zweigeteilte Kühlergitter. Die Polara 318 (ein viertüriger Sedan mit 5,2-Liter-V8, der als Zwischenmodell 1965 lanciert worden war), Polara, Monaco und Monaco 500 (der Custom entfiel) zeigten neu ein im Mittelteil «zusammengekniffenes» Kühlergitter. Auch in anderen Bereichen hatten die Karosserien Modifikationen erfahren. Zudem war die Ausrüstung aufgewertet worden. Zu den Extras zählten nicht nur ein 7,2-Liter-Motor, sondern unter anderem auch elektrische Türverriegelungen, ein verstellbares Sicherheitslenkrad und ein schwenkbarer Drehzahlmesser.

Charger Ende 1965 wurde das Dodge-Programm durch die serienmäßige Verwirklichung der Fastbackstudie Charger II ergänzt: Das Sportcoupé Dodge Charger (= Schlachtroß) reihte sich mit 297 cm Radstand zu den Coronet ein. Er bildete eine Parallele zum → Plymouth Barracuda . . ., aber auch zum Marlin von → AMC. Der Charger besaß ein durchgehendes Kühlergitter, hinter dem sich die Scheinwerfer verbargen. – In der äußerlich kaum veränderten Ausführung 1967 konnte der Charger anstatt mit vorderen Einzelsitzen mit einer Sitzbank mit abklappbarer Mittellehne bestellt werden.

Die übrigen Dodge-Modelle zeigten hingegen auch für das Modelljahr 1967 viele Änderungen: Die Dart besaßen ein neues, elegantes Gewand ohne Prägekante entlang der Gürtellinie. Dank nach außen gewölbten Türen und Seitenfenstern war das Interieur geräumiger geworden. Die Coronet-Serie zeigte nun ein kreuzförmiges Motiv im Küh-

Dodge

lergitter, und sie war durch das neue Hochleistungscoupé und -cabriolet R/T (von Road and Track = Straße und Rennpiste) bereichert worden. Diese wurden vom 7,2-Liter-Magnum-Motor angetrieben und boten zusätzliche Verzierungen. Neu war auch ein Economy-Kombi. Die großen Modelle Polara und Monaco erkannte man an den geänderten Kühlergittern und den senkrechten Zierleisten am vorderen Kotflügelende. Ihr Radstand war auf 310 cm – schon einst erreicht – verlängert worden. Sie waren entsprechend länger und noch luxuriöser geworden, und es gab jetzt auch Coupés mit Semi-Fastback. Hinsichtlich Ausstattung war bei allen Dodge 1967 das Sicherheitsniveau erneut erhöht worden. Vordere Scheibenbremsen (Kelsey-Hayes) waren bei allen Modellen zu haben, doch war auch die Leistungsfähigkeit der konventionellen Trommelbremsen verbessert worden.

Als erster neuer Dodge wurde im August 1967 der Charger 1968 vorgestellt. Er hatte eine neue, längere Karosserie mit dem so modisch gewordenen «Hüftschwung» in der Gürtellinie, auf der Höhe der Hinterachse. Die Scheinwerfer waren weiterhin hinter dem – aus Kunststoff hergestellen – Kühlergitter versteckt, sie waren aber nicht mehr um ihre eigene Achse schwenkbar, sondern ein Teil des Kühlergitters drehte sich bei Betätigen des Lichtschalters. Die Heckscheibe war leicht versenkt angeordnet. Zusätzlich gab es einen Charger R/T mit dem 7,2-Liter-V8 und auf Wunsch Farbstreifen über Haube, Dach und Heck. Auch die Coronet waren neu karossiert und etwas größer. Sie hatten ein zurückversetztes Kühlergitter und glatte Seitenflächen.

Bei den Dart fand sich ein horizontal zweigeteiltes Kühlergitter. Mit rennsportlicher Aufmachung präsentierte sich der neue Dart GT Sports, kurz GTS, der serienmäßig nicht

Dodge	Zyl.	cm³	SAE-PS	bei 1/min	Gänge	Spitze km/h	Radstand/Länge	Modelljahre	Bemerkungen
Dart (Seneca,	6	3682	147	4000	3/A	145	300/529	1960/61	Kombi: 310/545 cm
Pioneer, Phoenix)	V8	5210	233	4400		175			
			259	4400		180			'61: 264 PS
		5907	314	4800	A	190			'61: 309 PS
		6286	335	4800		200			
Dart	6	3682	147	4000	3/A	150	295/513	1962	
(/Dart330/Dart440)		5210	233	4400		180			
			264	4400	A				
		5907	309	4800	3/A	200			
			314	5200					
		6286	335	4600					
			340	5200					
		6746	370–	4600					
			–416	5400					
330/440/Polara/	6	3682	147	4000	3/A	155	302/529	1963/64	Kombi: 295/535 cm
Polara 500	V8	5210	233	4400		180			'64: 533/539 cm
		6286	309–	4600	3/4/A	200			
			–335	4600					
(Export)		5907	269	4400	A	180		1963	
		6974	375–	4600		200		1963/64	
			–431	5600		230			
Matador	V8	5907	299	4600	3/A	190	310/540	1960	
Polara		6286	330	4600		200			
Matador/Polara D-500			335	4600	A				
Polara		5907	269	4400	3/A	180		1961	
Polara D-500		6286	330	4600		200			
			335	4800					
Custom 880		5907	269	4400		180	310/543	1962	
Polara 500			309	5800					
			314	5200		190			
		6286	335	4600					
			340	5200		200			
		6746	370–	4600					
			–416	5400					
880/Custom 880		5907	269	4400		180	310/546	1963/64	
		6286	309	4600		190			'64: 3/4/A
Polara/Custom 880/			274	4400	3/4/A	185	307/539	1965	Kombi: 551 cm lang
Monaco			319	4400		195			
		6746	345	4600	A	200			
		6974	370	4800	4/A	210			
Polara 318		5210	233	4400	3/A	180	307/542	1966	Kombi: 552 cm lang
Polara/Monaco		6286	274–	4400		185			
			–330	4800	3/4/A	200			
		7206	355	4400	4/A				

Links außen: Dodge Coronet, 1968
Links: Dodge Dart Custom, 1969
Unten: Dodge Charger Daytona, 1970
Rechts: Dodge Challenger, 1970

Polara/Monaco		5210	233	4400	3/A	180	310/558	1967–70	Kombi: 562 cm lang
		6286	274	4400		190			ab '68: 294 PS
			330	4800	3/4/A	200		1967–69	ab '68: 335/5000
		7206	355	4400	A			1967–70	
			380	4600		210		1967–69	
Lancer	6	2789	102	4400	3/A	145	270/478	1961/62	'62: 480 cm lang
			150	5200		160		1961	
		3682	147	4000		150		1961/62	
			199	5200		170		1961	
Dart	6	2789	102	4400	3/A	150	282/498	1963/64	Kombi: 269/483 cm;
		3682	147	4000		165			'64: 3/4/A
		2789	102	4400	3/A	150	282/499	1965/66	Kombi: 269/483 cm;
		3682	147	4000	3/4/A	170		1965–70	ab '67: 282/497 cm
	V8	4490	182	4200		175		1965–69	ab '68: 193/4400
			238	5200		185		1965–67	
	6	2789	117	4400	3/A	150	282/497	1967–69	
	V8	6286	284	4200	4/A	200			'68: 304/4400,
		5210	233	4400	3/4/A	185		1968–70	'69: 335/5200
		5562	279	5000		200			'70: 499 cm lang
	6	3249	127	4400	3/A	160	282/499	1970	
Coronet	6	3682	147	4000	3/A	160	297/519	1965–67	Kombi: 295/532 cm
ab '66: + Charger	V8	4490	182	4200		170			ab '66: 516/528 cm
		5210	233	4400		185			ab '66: 3/4/A
		5907	269	4400	3/4/A	190		1965/66	'66: 4/A
		6286	335	4600		200		1965–67	ab '66: 330 PS, 4/A
		6974	370	4800		210		1965	
			431	6000		230		1966/67	'66: 4/A
		6286	274	4400	4/A	190		1967	
		7206	380	4600		210			
	6	3682	147	4000	3/A	160	297/525	1968–70	Kombi: 534 cm lang
	V8	4490	193	4400		180		1968	
		5210	233	4400		190		1968–70	
		6286	294	4400	4/A	200			
			335	5000	3/4/A	210			ab '69: auch 340 PS
		7206	380	4600		220			'70: auch 395 PS
		6974	431	5000		230			'70: 532/538 cm
Challenger	6	3682	147	4000	3/A	170	280/486	1970	
	V8	5210	233	4400	3/4/A	190			
		5562	279	5000		200			
		6286	294–	4400	A				
			–340	5200	3/4/A	220			
		7206	380	4600	4/A				
			395	4700					
		6974	431	5000		230			

nur stärker motorisiert war, sondern auch ein satter abgestimmtes Fahrwerk aufwies. Hinsichtlich Insassenschutz wurden weitere Fortschritte erzielt (verformbare Knöpfe usw., auch bei den übrigen Modellen). Ein Merkmal für den Jahrgang 1968 waren auch die neueingeführten seitlichen Markierlichter. Die Polara erkannte man außerdem an den seitlichen Modellaufschriften, die Monaco an den durchgehenden Hecklichtern. Der Monaco 500 wartete außerdem mit Kurvenlampen in den vorderen Kotflügelenden auf.

Ende 1967 wurde der Traumwagen Charger III (anhebbares Dach mit 3-Seiten-Verglasung und ausfahrbaren Bremsklappen) vorgeführt, und 1968 folgten die ebenfalls rennsportlich aufgezäumten Daroo I und II als offene Spider (mit zugespitzter Front bzw. Überrollbügel). Der serienmäßige Charger 1969 gab sich dann allerdings wesentlich gesitteter, auch wenn er durch die Varianten 500 und SE sowie R/T SE (= Special Edition) bereichert wurde. Während der Charger 500 mit dem 7-Liter-Hemicharger-Motor ausgerüstet wurde, hatten die SE-Modelle zusätzlich Ledersitze und weitere «sportliche» Attribute bis hin zu den chromgefaßten Pedalen. Alle Charger besaßen jetzt eine senkrechte Mittelrippe auf dem Kühlergitter, beim Modell 500 waren die Scheinwerfer übrigens nicht abgedeckt.

Zwar hatte sich der Charger in zunehmendem Maße als Verkaufsschlager entpuppt, Bestseller der Dodge-Reihen war aber nach wie vor der Coronet. Diese Reihe hatte man auf 1969 mit dem Modell Super Bee («Superbiene») ergänzt, einer gezähmten Ausführung des Typs R/T. Es bot als besonderen Gag vom Fahrersitz aus verstellbare Lufthutzen auf der Motorhaube! Die Coronet besaßen neuerdings einen Kühlergitterrahmen, der nach außen anstieg. Polara und Monaco waren nochmals länger geworden. Man erkannte sie an den drei gleichmäßigen, in einen Gesamtrahmen eingebetteten Kühlergitterteilen, die mit den runderen Linien und bombierten Seiten in Einklang standen. Über den Hinterrädern stieg die Gürtellinie nun auch bei diesen Modellen leicht an. Zu den gegen Mehrpreis lieferbaren Ausstattungsdetails zählte eine Quarz-Jod-Zusatzleuchte Super-Lite; sie glich den Helligkeitsunterschied zwischen Abblendung und Fernlicht aus. Vom Monaco 500 war nicht mehr die Rede; Topausrüstung einschließlich Vinyldachüberzug bot der Monaco Brougham.

Schließlich die Dart: Hier kam neu der Swinger 340 hinzu, der sich wie der GTS an junge Kaufinteressenten richten sollte. Er hatte serienmäßig einen 5,6-Liter-V8, ein 4-Gang-Getriebe sowie ein sportliches Fahrwerk (ferner Lufthutzen und einen Farbstreifen rund ums Heck). Der Dart 270 wurde durch den Custom ersetzt. Den Jahrgang 1969 kennzeichneten die rechteckigen Positionsleuchten im Kühlergitter. Die zahlreichen

Detailverbesserungen der Dodge 1969 gingen Richtung vermehrte Sicherheit und sauberere Abgase.

Charger Daytona Er war der wohl aufregendste Serienwagen aus amerikanischer Küche, und in Produktion ging er im Juni 1969. Zwar entsprach der Mittelteil weitgehend dem bekannten Modell Charger, doch vorne hatte man eine aerodynamische Verkleidung mit ausklappbaren Scheinwerfern angefügt, und am Heck prangten durch einen hochliegenden Flügel verbundene Leitflossen. So aufgemacht hatte der Charger bei amerikanischen Rennen (Stock-cars) bereits im Vorjahr zahlreiche Siege erzielt. Auch das Serienmodell war für Renneinsätze gedacht. Es wurde vom bekannten 7-Liter-Hemi-Motor mit schräghängenden Ventilen angetrieben, und natürlich hatte auch das Fahrwerk die nötigen Modifikationen erhalten.

Challenger Das Modelljahr 1970 brachte in Form des Challenger (= Herausforderer) eine weitere neue sportliche Modellreihe. Mit 279,5 cm war sein Radstand noch kürzer als jener des Dart. Es gab diesen kompakteleganten Viersitzer der Speciality-Compact-Klasse als Hardtopcoupé, als Hardtopcoupé Special sowie als Cabriolet und alle diese Karosserieformen auch als Challenger R/T. Es standen acht Motoren zur Wahl, vom 5,2- bis zum 7,2-Liter-V8. Das Basis-3-Gang-Getriebe – hier mit Stock- statt Lenkradschaltung – war vollsynchronisiert, und dies galt erstmals auch für die übrigen Dodge. Bei den Dart hatte man, einem Modetrend entsprechend, die Motorhaube verlängert. Es gab nur noch den Standard-Dart, den Dart Custom und den Swinger (340). Der Hubraum des Basis-Sechszylinders stieg von 2,8 auf 3,2 Liter. Die Bremsen wurden weiter verbessert, und zur Serienausstattung zählte jetzt auch hier ein Lenkradschloß. Hingegen reichten die Frontstoßstangen nun nicht mehr bis zum unteren Karosserieabschluß.

Auch die Coronet waren länger geworden. Das Kühlergitter war nun in eine linke und eine rechte Hälfte, beide einzeln gerahmt, unterteilt. Bei den Charger gab es ein vereinfachtes Standardmodell, anderseits war der 7,2-Liter-Motor auch in einer Ausführung Six Pack mit Hochleistungskolben, -ventilen und -pleueln sowie Doppelunterbrecher zu haben. Die Kühlergitter hatten keine senkrechte Mittelteilung mehr, jedoch eine feine horizontale Zweiteilung. Polara, Polara Custom (statt 500) und Monaco wiesen jetzt ebenfalls längere Motorhauben und kürzere Hecks auf. Die Aufhängungen wurden vom → Imperial übernommen und boten somit ein erhöhtes Komfortniveau. Die kräftig umrandeten Kühlergitter waren tiefer gesetzt, und auf die zusätzlichen Lufteinlaßschlitze in den Stoßstangen wurde verzichtet. – Von 1961 bis 1972 wurden bei der Firma Amag in der Schweiz 4440 Dart (1971/72 zudem 168 Dart HT = Hardtop und 1972 noch 96 Demon) montiert!

Dodge Argentina

Die Firma Chrysler Fevre Argentina hatte Anfang 1963 gleichzeitig mit General Motors und Ford in Argentinien die Lizenzherstellung nordamerikanischer Kompaktwagen aufgenommen. Es wurde der Markenname Valiant gewählt; auch in den USA hatte dieses kleine → Plymouth-Modell zunächst als Eigenmarke gegolten. Die Konstruktion entsprach weitgehend jener des USA-Valiant; als Kraftquelle diente der 3,2-Liter-6-Zylinder-Motor Slant Six. Ende Juni 1965 wurden noch zwei zusätzliche Valiant-Modelle lanciert, der Coronado und der Gran Turismo (GT). Sie besaßen wie der Valiant III eine dem amerikanischen → Dodge Dart von 1964 entsprechende Karosserie. Der Coronado war die Luxusausführung des Valiant III, der Gran Turismo bot außerdem eine von 137 auf 180 SAE-PS gesteigerte Motorleistung. Für den Antrieb sorgte der (wie in den USA) schräg eingebaute 6-Zylinder-Motor von 3,7 Litern Inhalt. Im GT wurde das 3-Gang-Getriebe (ohne Synchronisierung des ersten Gangs) mit einem Mittelschalthebel bedient.

1965 hatte Chrysler Fevre den Absatz des Valiant auf rund 10 000 Exemplare steigern können, lag aber immer noch hinter Ford, Chevrolet und IKA (Rambler) zurück. Die Valiant bestanden bereits zu 94 % aus Teilen, die in Argentinien hergestellt wurden. Ende Mai 1966 wurde der Valiant III durch den Valiant IV abgelöst. Gleichzeitig wurde die Garantie auf drei Jahre oder 36 000 km erstreckt.

Wieder ein Jahr später, im Frühling 1969, wurde der Markenname Valiant durch Dodge abgelöst. Es gab nun die Dodge Valiant, Polara, Coronado und GT. Zwar stimmte der Aufbau weitgehend mit dem nordamerikanischen → Dodge Dart überein (auch jener des Polara!), doch handelte es sich um eine eigenständige Modellserie. Im Kühlergitter fanden sich rechteckige Scheinwerfer, wie sie bei USA-Wagen nie anzutreffen waren. Weiterhin wurde der 3,7-Liter-Motor verwendet. Außer beim Valiant wurden vordere Scheibenbremsen montiert, der Coronado hatte Stockschaltung, der GT gar ein vollsynchronisiertes 4-Gang-Getriebe, natürlich ebenfalls mit Mittelschalthebel. Für die argentinischen Straßen mußte der Unterbau besonders robust konstruiert sein. – Als Dodge sollte später in San Justo auch der → Hillman Avenger hergestellt werden.

Dodge Argentina	Zyl.	cm³	SAE-PS	bei 1/min	Gänge	Spitze km/h	Radstand/Länge	Baujahre
Valiant	6	3696	139	4400	3	155	282/501	–1970
Polara/Coronado			147	4400		162		
GT			157	4500	4	165		

Dodge Brasil

Bis im Herbst des Jahres 1969 hatte die → Chrysler do Brasil SA in São Bernardo do Campo die aus den französischen V8-Simca entwickelten Chrysler Regente und Esplanada hergestellt. Doch dann erfolgte eine radikale Umstellung, nämlich auf den nordamerikanischen → Dodge Dart. Er entsprach weitgehend dem USA-Gegenstück des Modelljahrs 1969. Die Verdichtung des 5,2-Liter-V8-Motors wurde allerdings auf bescheidene 6,85:1 reduziert, um dem Niederoktanbenzin Brasiliens Rechnung zu tragen. Anderseits wurden wirksamere Bremsen montiert (keine Scheibenbremsen). Auch die Untersetzungsverhältnisse und die Ausrüstungsdetails wurden den brasilianischen Bedürfnissen angepaßt.

Dodge (BR) Dart, 1970

Dodge Brasil	Zyl.	cm³	SAE-PS	bei 1/min	Gänge	Spitze km/h	Radstand/Länge	Baujahre
Dart	V8	5210	201	4400	3	175	282/496	1969–

Elva

Die Elva Cars Limited in Hastings (Sussex, England) konnte bereits auf Rennsporterfahrung zurückblicken, als sie 1958 einen auch für den täglichen Gebrauch geeigneten Sportzweisitzer lancierte: Der Elva Courier hatte eine gekonnt geformte offene Kunststoffkarosserie, die anfänglich noch mit geteilter Frontscheibe ausgerüstet war. Der Courier besaß einen Rohrrahmen mit Querverstrebungen. Vorne wurde eine Einzelradaufhängung mit Trapez-Dreieckquerlenkern und Schraubenfedern, hinten eine BMC-Starrachse mit Längslenkern, Schraubenfedern und Panhardstab verwendet. Der 1588-cm³-Motor stammte aus dem → MG A und leistete 79,5 SAE-PS bei 5500/min. Man konnte den Motor auch auf 83 und mehr PS frisieren lassen. Dank des bei bloß 575 kg liegenden Gewichts resultierten gute Fahrleistungen. Es war übrigens möglich, einen Courier in Bausatzform zu erwerben (womit in England die einen Drittel des Kaufpreises betragende Kaufsteuer entfiel). Auf 1961 erschien der Courier Mk II mit Detailänderungen. Er war auf Wunsch mit dem 1622-cm³-Motor aus dem BMC-Programm sowie mit vorderen Scheibenbremsen erhältlich. – Der Name Elva war übrigens aus dem französischen «elle va» (sie geht, auf einen Wagen bezogen: er läuft) abgeleitet worden.

Anfang 1962 trat der in Finanznöte geratene Elva-Gründer Frank Nichols die Herstellung des Elva Courier an die Firma Trojan in Croydon (Surrey) ab. Trojan hatte vor dem Krieg unter eigenem Namen kleine Personenwagen hergestellt und Ende der fünfziger Jahre die Herstellung der deutschen Heinkel-Kabine, eines Kleinstautos in der Art des → BMW Isetta, übernommen. Zur Zeit der Elva-Übernahme wurde bei Trojan der italienische Lambretta-Motorroller montiert.

Auf dem Londoner Autosalon im Oktober 1962 wurde der Courier als Mk III ausgestellt. Es gab ihn weiterhin als Sportroadster, aber auch als Coupé mit stark gewölbter Frontscheibe, eigenwillig kantiger Seitenfensterlinie und senkrecht stehendem Rückfenster. Lockheed-Scheibenbremsen an den Vorderrädern waren nun serienmäßig. Der 91 PS leistende Motor stammte aus dem MG A (auf Wunsch mit einer Verdichtung von 8,3 statt 8,9:1 und 87 PS), doch wurde auch die Verwendung des MG-B-Motors in Aussicht gestellt. Ganz neu war der Courier Mark IV mit Kastenrahmenchassis und hinterer Einzelradaufhängung. Bei ihm handelte es sich ebenfalls um ein Coupé, er besaß jedoch ein rundes Fastbackheck. Es bestanden Pläne, die Produktion auf 1000 Stück pro Jahr zu steigern (unter Nichols sollen insgesamt rund 400 Courier gebaut worden sein).

Ende 1963 gab es ausschließlich noch den Mark IV mit der Zusatzbezeichnung Typ T, und zwar als Roadster mit neuem, breiterem Kühllufteinlaß in der eleganten Front und als Fastbackcoupé, ebenfalls mit überarbeiteter Karosserie. Typ T wies auf die neuartige hintere Einzelradaufhängung Trojan Tru Track hin, die im Prinzip wie vorne Trapez-Dreieckquerlenker mit Schraubenfedern umfaßte. Als Antriebsquellen standen nun ein 1,5-Liter-Ford-Motor (84 PS) und die 1,8-Liter-BMC-Maschine aus dem MG B (98 PS) zur Wahl. In Wagen mit letzterem Motor war das 4-Gang-Getriebe mit einem Laycock-de-Normanville-Overdrive verbunden.

Elva-BMW Auf dem Salon von Turin im Jahre 1964 wurde als Prototyp der Elva-BMW GT 160 S vorgestellt. Sein Design stammte von Trevor Fiore (der dereinst Citroën-Chefstylist werden sollte), und der Aluminiumaufbau war beim italienischen Karosseriewerk Fissore (→ Anhang) entstanden. Der GT 160 S war ein nur 105 cm hohes Coupé von bulliger Form mit zwischen den Hinterrädern eingebautem BMW-Motor. Hierbei handelte es sich um eine auf 1991 cm³ aufgebohrte 1,8-Liter-Maschine; die Leistung wurde mit 185 PS bei 7200/min angegeben. Die Kraftübertragung erfolgte über ein Hewland-5-Gang-Getriebe. Der Zweisitzer war für den Straßen- und für den Renneinsatz gedacht. Bis Anfang 1965 entstanden drei Exemplare, die Serienherstellung wurde jedoch «auf später» aufgeschoben.

Im Oktober 1965 ging die Courier-Produktion in neue Hände über. In kleinen Stückzahlen wurden der Roadster Mk IV S Typ T und, ab 1967, der Mk 4/4 S weitergebaut. Wesentliche Änderungen waren bis zum «Abschiedsjahr» 1968 jedoch nicht zu verzeichnen. Ohne die Rennsportfahrzeuge dürften insgesamt etwas mehr als 660 Elva hergestellt worden sein.

Elva Courier Mk IV GT Coupé, 1964
Unten: Elva-BMW GT 160 (Fissore), 1965

Elva Courier Mk 4/4 S, 1967

Elva	Zyl.	cm³	SAE-PS	bei 1/min	Gänge	Spitze km/h	Radstand/ Länge	Baujahre	Besonderheiten
Courier	4	1588	80	5500	4	160	229/381	1959/60	Rohrrahmen, Motor
Mk. II							229/392	1960–62	MG A
Mk. III		1622	91	5500		165		1962	
Mk. IV Typ T		1498	84	5200		173	229/380	1962–65	Kastenrahmen h.E.
Mk. IV S Typ T		1798	98	5400	4/4+S	174		1965/66	Motor Ford/BMC
Mk. 4/4 S			96	5400	4	172		1966/67	a.W. 1,5-L-Motor Ford
Elva-BMW GT 160 S	4	1991	185	7200	5	–270	232/381	1964/65	Rohrr., Mittelmotor BMW

Enzmann

Die Enzmann-Sportzweisitzer waren das Werk eines kleinen Familienunternehmens in Schüpfheim im Kanton Luzern in der Innerschweiz. Vorgestellt wurde der erste, auch als Bausatz gedachte Enzmann auf der Frankfurter IAA im September 1957, und zwar auf dem Stand Nr. 506. Diese Zahl wurde denn auch als Modellbezeichnung gewählt. Der Enzmann war ein Roadster mit rudimentärem Notverdeck. Der Einstieg in die türlose Kunststoffkarosserie erfolgte über eine in der Flanke eingelassene Trittmulde. Doch der 506 war ungemein rassig geformt, und Laien ahnten nicht, daß er auf einem «gewöhnlichen» → VW-Käfer-Plattformrahmen montiert wurde. Zwischen den leicht auskragenden Scheinwerferverkleidungen sank die Fronthaube langgezogen nach vorne ab, und auch die Heckform mit dem obenliegenden Kühllufteinlaß war schmissig gezeichnet. 1958 war eine Ausführung mit aufsetz- und hochklappbarem Dachteil (einschließlich Seitenscheiben) hinzugekommen

Der Enzmann konnte 1960 als 506 1200 mit dem serienmäßigen luftgekühlten Boxer-Heckmotor des VW geliefert werden, auf Wunsch jedoch zusätzlich mit MAG-Niederdruckkompressor, der die Höchstleistung von 30 auf 42 PS steigerte. Dank dem Leergewicht von bloß 600 kg resultierten gute Fahrleistungen. Daneben gab es aber auch den 506 Super 1300 mit auf 1295 cm³ vergrößertem Motor, Leichtmetall-Zylinderköpfen, Spezialkurbelwelle und Zusatzölkühler sowie zwei Fallstromvergasern; hier standen 45 PS zur Verfügung. – 1960 entstand der Prototyp eines Enzmann-Kunststoffcoupés mit → DKW-Motor und auch dem Frontantrieb der Zweitaktmarke. Die Form mit sportlichem Karomuster-Kühlergitter war wiederum glänzend gelungen. Das mit Enzmann 500 bezeichnete Coupé mit drittem Sitz hätte wahlweise mit dem DKW-900- oder dem DKW-1000-cm³-3-Zylinder-Motor ausgerüstet werden sollen. Leider kam es nicht in Serie.

Ab Ende 1960 stand der Typ 506 ausschließlich noch in der 1,3-Liter-Version im Angebot; der MAG-Kompressor war auch hier zu haben. Außerdem war ein Okrasa-Frisiersatz lieferbar. Ab 1965 umfaßte die «Serienversion» den VW-Okrasa-TSV-1300/34-Motor mit 51,5 PS. 1967 wurde an dessen Stelle allerdings der normale VW-1300-Motor mit 1285 cm³ und 40 PS aufgeführt. Die Produktion wurde bis 1968 weitergeführt, hierauf war von einem «in Vorbereitung stehenden neuen Modell» die Rede. Insgesamt sind etwas über hundert Enzmann 506 enstanden, hievon allein 60 bereits bis Mitte 1959.

Enzmann	Zyl.	cm³	DIN-PS	bei 1/min	Gänge	Spitze km/h	Radstand/Länge	Baujahre	Besonderheiten
506 1200	4	1192	30	3400	4	120	240/420	1957–60	VW-Plattformrahmen
MAG-Kompr.			42	3400		150		1958–60	
506 Super 1300		1295	45	4600		160+		1958–66	
Okrasa			52	4250				1966/67	
506 Super 1300		1285	40	4000		130		1967/68	

Excalibur	Zyl.	cm³	SAE-PS	bei 1/min	Gänge	Spitze km/h	Radstand/Länge	Baujahre	Besonderheiten
SS	V8	5351	304	5000	4/A	190	277/426	1964–66	Kastenrahmen
SSK/SS			355	5800				1966–69	Studebaker, Motor Chevrolet
Series II SSK/SS		5733	304	4800		200	282/432	1969–	dto. h.E.

Excalibur

Nachdem es seit 1952 Excalibur-Rennsportwagen gegeben hatte, entwickelte die Firma David Brooks Stevens Research 1961 einen avantgardistischen Roadster dieses Namens. Er hatte einen im Heck schräg geneigt eingebauten → Lincoln-Motor. 1962 entstand der Excalibur Hawk, ein extravagantes Coupé mit Paxton-Kompressor, das für den Renneinsatz durch → Studebaker vorgesehen war. Dann, im Jahre 1964, wurde eine Idee auf die Räder gestellt, von der niemand ahnte, daß sie in den folgenden Jahren und Jahrzehnten eine große Anzahl mehr oder minder erfolgreiche Nachahmer finden würde: Der amerikanische Excalibur SS war die frei nachempfundene «Replika» des berühmten Kompressorsportwagens Mercedes-Benz SSK des Jahres 1927. Das Design dieses «Imitations-Oldtimers» stammte von Brooks Stevens, und er hatte es zunächst im Auftrag von Studebaker geschaffen. Die Herstellung in Kleinserie lief ab 1965 bei der Firma SS Automobiles, Inc., in Milwaukee an.

Der Unterbau in Form eines Kastenrahmens mit Traversen und hinterer Starrachse mit Halbelliptikfedern stammte vom Studebaker Daytona. Und wie dieser Studebaker hatte auch der «Mercebaker» bzw. Excalibur einen → Chevrolet-V8-Motor, allerdings das 5,4-Liter-Aggregat aus dem Corvette mit Vierfachvergaser und 304 PS Leistung. Es bestand die Wahl zwischen einem vollsynchronisierten 4-Gang-Getriebe (in Verbindung mit serienmäßig eingebauter Differentialbremse Twin Traction) und dem zweistufigen Powerglide-Automatgetriebe. Auf Wunsch wurden noch leistungsfähigere Chevrolet-Motoren mit 365 und – mit Rochester-Benzineinspritzung – mit 375 PS eingebaut, und zudem war ein Paxton-Gebläse zu haben, das die Leistung des zweisitzigen, hochbeinigen Roadsters gar auf 400 PS schraubte. Doch auch ohne Gebläse täuschten die mächtigen außenliegenden Auspuffrohre Kompressorstimmung vor. Vorne wurden Bendix-Scheibenbremsen verwendet.

Noch 1965 kam der SSK hinzu. Bei ihm waren die Kotflügel länger und durch ein Trittbrett verbunden. Ein Jahr später wurde den Roadsters SS und SSK der Phaeton SS beigesellt. Er bot zwei zusätzliche Sitze im

Excalibur SS, 1966
Oben links: Enzmann, 1959/60

Facel-Végа

Heck, auf denen es bei vollem Leistungseinsatz ungemein luftig zugegangen sein dürfte. Die Leistung wurde jetzt einheitlich mit 355 PS angegeben. 1967 entstand unter der Ägide des in Monte Carlo niedergelassenen Excalibur-Europaimporteurs ein Excalibur 35 X als Replika der formvollendeten Bugatti-Sportwagen aus den dreißiger Jahren. Auf 1969 wurde diese Konstruktion als Excalibur 57 vorgestellt. Er wurde vom 6-Zylinder-Motor des → Opel Commodore angetrieben. Die Herstellung in Kleinserie sollte bei → Michelotti in Italien erfolgen. Eine ähnliche Replika-Idee wurde erst viel später in Frankreich wieder aufgegriffen . . .

Mit dem Modelljahr 1970 wurden die Excalibur Series II eingeführt. Es gab weiterhin die Roadster SSK und SS sowie den Phaeton SS. Neben Detailänderungen (einschließlich 5 cm längerem Radstand) kam vor allem dem Übergang zum 5,7-Liter-Motor und zur hinteren Einzelradaufhängung – ebenfalls aus dem Chevrolet Corvette – Bedeutung zu. Die serienmäßige Servolenkung wies nun eine variierende Untersetzung auf, und wer das Automat- statt das 4-Gang-Getriebe wählte, erhielt das Turbo-Hydra-Matic mit drei Stufen. Eine Differentialbremse war bei beiden Kraftübertragungen im recht hohen Liebhaberpreis des Wagens inbegriffen. – 1970 wurden 65 Excalibur hergestellt, später sollte der Jahresausstoß deutlich ansteigen, und die kleine Außenseitermarke vermochte sich über all die Jahre erstaunlich gut zu halten!

Der erste Facel-Véga war Ende 1954 vorgestellt worden. Er war ein Luxuscoupé mit Rohrrahmenchassis, eigenwillig-elegantem Karosseriestil und → De-Soto-V8-Motor. Hergestellt wurde er vom Karosserie- und Blechpreßwerk Facel in der Peripherie von Paris. Initiant war deren Leiter Jean C. Daninos. Binnen erstaunlich kurzer Zeit hatten sich die Facel-Véga, die es alsbald auch als viertürige Limousinen ohne Mittelpfosten gab, ein erstrangiges Renommee aufgebaut, das weit über Frankreichs Grenzen hinaus wirkte.

Auf der internationalen Automobilausstellung von Paris im Herbst 1959 wurde überdies das Cabriolet Facellia vorgestellt, sozusagen eine Kleinausgabe des Facel-Coupés mit eigenem Motor. Es handelte sich um eine 1,6-Liter-Maschine mit zwei obenliegenden Nockenwellen, die 115 PS bei 6400/min abgab. Die Brennraumform war von Weslake in England ausgearbeitet worden. Für die Kraftübertragung diente ein vollsynchronisiertes 4-Gang-Getriebe mit Mittelschaltung von Pont-à-Mousson. Die ganz im Stil der großen Facel gehaltene Karosserie war mit einem Rohrrahmen verschraubt. Vorne fand sich eine Einzelradaufhängung mit Trapez-Dreieckquerlenkern und Schraubenfedern, hinten eine Starrachse mit Halbelliptikfedern. Es wurden Dunlop-Vierrad-Scheibenbremsen eingebaut. Die Sitze waren in Form waagrechter Wülste abgesteppt, und das Armaturenbrett zeigte sich reich mit Instrumenten dotiert. Mit diesem kleineren Luxussportwagen hoffte Facel die Jahresproduktion auf gegen 2000 Einheiten steigern zu können.

Die großen Facel-Véga des Jahrgangs 1960 waren nach wie vor der HK 500 und der Excellence mit gleichem Unterbaukonzept wie beim Facellia. Als Kraftquelle diente hier ein 5,9-Liter-Motor mit der Bezeichnung Chrysler Typhon V8 Spécial. Beim kürzeren, zweitürigen HK 500 stand ein vollsynchronisiertes 4-Gang-Getriebe Pont-à-Mousson im Vordergrund, bei der 523 cm langen Limousine Excellence – auch sie mit Panorama-Windschutzscheibe – das Automatgetriebe Torque-Flite mit Drucktastatur am Armaturenbrett von → Chrysler. Beim HK 500 wurden ab 1960 Dunlop-Scheibenbremsen serienmäßig montiert. Im Interieur sorgten viel Edelholz und Echtleder für eine adäquate Atmosphäre. – 1960 wurden neben 335 Facellia 245 große Facel hergestellt, wovon 43 Excellence. Die Modelle mit dem Chrysler-V8-Motor waren zu einem eigentlichen Prestigeprodukt Frankreichs geworden, und sie wurden ebenso in den USA wie in zahlreichen Ländern der Alten Welt von Persönlichkeiten aus dem Showbusiness, aus dem Adel und aus der Politik, aber natürlich auch von Industrieführern gefahren.

Facellia F-2 und F-2-S Auf dem Pariser Salon von 1960 erschien der Facellia zusätzlich als viersitziges Coupé. Das zu Anfang jenes Jahres in Serie gegangene 2+1sitzige Cabriolet war bereits auch mit einem Aufsetzdach erhältlich. Im Frühjahr 1961 wurde die Facellia-Reihe erneut erweitert, und zwar durch ein knapp 2+2sitziges Coupé ohne zusätzliches Seitenfenster und mit besonders eleganter Dachlinie. Alle Modelle trugen nun die Zusatzbezeichnung F-2. Sie wies darauf hin, daß die Serienausrüstung nun nicht nur Scheibenbremsen, sondern auch eine Unterdruckbremshilfe, eine direkter ausgelegte Lenkung, eine automatische Kaltstartvorrichtung, eine hydraulische Kupplungsbetätigung, ein verbessertes Kühlsystem sowie eine noch reichhaltigere Ausstattung umfaßte. Gleichzeitig kam der F-2-S (Sport) hinzu, bei dem die Leistung des DOHC-Motors mit zwei Doppelvergasern und einer Verdichtung von 9,6 statt 9,2:1 (vorher 9,4:1) auf 126 PS gesteigert worden war.

Facel II Auf der Pariser Autoschau im Herbst 1961 wurde der Facel II als Nachfolger des HK 500 vorgestellt. Bei gleichen Grundzügen zeigte er nun keine Panorama-

Oben: Facel-Véga Excellence, 1960
Rechts: Facel-Véga Facellia, 1960
Rechts außen: Facel-Véga HK 500, 1960

scheibe mehr, sondern eine sphärisch gewölbte Frontscheibe und ein ebenfalls in beiden Richtungen bombiertes Heckfenster. Damit wirkte der Pavillon großzügig lichtdurchflutet. Die nach wie vor übereinanderliegenden Doppelscheinwerfer steckten nun unter einer aerodynamischen Plexiglasverschalung, und auch die Klimaanlage war jetzt eine Selbstverständlichkeit. An Stelle des 5,9-Liter-Motors trat die Chrysler-6,3-Liter-Maschine mit 390 SAE-PS (im äußerlich unveränderten Excellence mit 355 PS). Anstelle der auf Wunsch gelieferten Coaxial-Servolenkung wurde neuerdings eine Hydrosteer-Servolenkung eingebaut. Beim Facellia hatte man kleine Verbesserungen am Motor vorgenommen und ein neues Armaturenbrett sowie verschalte Scheinwerfer eingeführt.

Ab Ende 1962 wurde der Facellia ausschließlich noch als F-2-63 mit 115 PS und einer Verdichtung von 9,1:1 angeboten. Inzwischen waren mit dem französischen 1,6-Liter-Sportwagen etliche Rallyeerfolge errungen worden. Jean C. Daninos ließ von seiner Entwicklungsabteilung überdies einen Einsatzwagen für das 24-Stunden-Rennen von Le Mans auf die Räder stellen. Dieser erhielt einen in der Mitte eingebauten Chrysler-Hochleistungsmotor, sollte jedoch nie zum Einsatz kommen.

Facel III Der eigene DOHC-Motor hatte zu Beginn etliche Schwierigkeiten bereitet. Um dem daraus erwachsenen Mißtrauen begegnen zu können, wurde im April 1963 der Facel III vorgestellt. Er war ein überarbeiteter Facellia (der indessen weiter erhältlich blieb), dessen Antrieb von einem Volvo-1,8-Liter-Motor besorgt wurde. Damit standen – wie im Coupé → Volvo 1800 S – noch 108 SAE-PS zur Verfügung. Das 4-Gang-Getriebe stammte ebenfalls von Volvo. Es war gegen Mehrpreis in Verbindung mit einem Laycock-de-Normanville-Overdrive zu haben. Äußerlich erkannte man den Facel III an dem stärker dem Facel II angeglichenen Kühlergitter. Für Facel typisch war auch das geschmackvolle, englischem Trend angepaßte Interieur. Es gab den Facel III als 2- bis 3sitziges Cabriolet mit oder ohne Hardtop und als 4sitziges Coupé. Anstelle des vertieft eingelegten Heckabschlusses beim F-2 fand sich bei der jüngsten Ausführung der kleineren Facel-Véga-Linie zwischen den Kotflügelenden ein leicht gewölbter Kofferdeckel.

Bis zum Pariser Salon im Oktober 1963 hatte der Facel III den F-2 endgültig verdrängt. Die finanziellen Schwierigkeiten der Firma Facel waren durch ein Abkommen mit der Sferma (Société française d'entretien et de réparation de matériel aéronautique), einem Tochterunternehmen der staatlichen Flugzeugfirma Sud-Aviation, überwunden worden. Auf dem Salonstand wurden ein Cabriolet und ein Coupé Facel III sowie ein Exemplar des nach wie vor imponierend-schönen Facel II ausgestellt. Mit dem französischen

Facel-Véga Facel II, 1963
Unten: Facel-Véga Facel III, 1964

Facel-Véga	Zyl.	cm³	SAE-PS	bei 1/min	Gänge	Spitze km/h	Radstand/ Länge	Baujahre	Besonderheiten
HK 500	V8	5907	360	5200	4	235	266/459	1958–61	Rohrrahmen,
			335	4600	A	205			Motor Chrysler
Excellence	V8	5907	335	4600	A	200	317/523	1958–61	dto, a.W. wie HK 500/4G.
		6286	355	5300		210		1961–64	dto, a.W. wie Facel II/4G.
Facel II	V8	6286	390	5400	4	240+	266/475	1961–64	Rohrrahmen,
			355	4800	A	215			Motor Chrysler
Facellia	4	1647	115	6400	4	182	245/412	1959–61	Rohrrahmen, DOHC
F-2						185		1961–63	
F-2-S			126	6400		193		1961/62	
Facel III	4	1780	108	6000	4/4+S	180		1963/64	Rohrr., Motor Volvo
Facel 6	6	2860	150	5250	4	195	245/417	1964	Rohrr., Motor BMC

Pont-à-Mousson-Handschaltgetriebe war der Facel II übrigens deutlich teurer als mit dem amerikanischen Torque-Flite! Vom Excellence wurde weiterhin monatlich jeweils ein Stück gebaut, während es der Facel II im Jahre 1963 auf einen Ausstoß von 25 Exemplaren, die kleineren Facellia und Facel III zusammen hingegen auf das Rekordresultat von 477 Einheiten bringen sollten.

Facel 6 Um die Lücke zwischen dem Facel III mit dem 1,8-Liter-4-Zylinder-Motor und dem Facel II mit seinem 6,3-Liter-V8 zu füllen, entschloß sich Jean Daninos (übrigens ein Bruder des Schriftstellers Pierre Daninos) zur Kreation eines 6-Zylinder-Modells. Es wurde im Mai 1964 bereits als Modell 1965 lanciert. Die Antriebsquelle stammte von der British Motor Corporation (BMC); es handelte sich um den gleichen Motor, wie er im → Austin-Healey 3000 eingebaut wurde, allerdings mit 2860 statt 2912 cm^3 (reduzierte Bohrung), womit das Überschreiten der in Frankreich eine Mehrbelastung bringende Grenze von 15 Steuer-PS vermieden wurde. Die Leistung dieses Motors wurde mit 150 SAE-PS angegeben. Das vollsynchronisierte 4-Gang-Getriebe stammte von Pont-à-Mousson. Von Haus aus wurde eine Differentialbremse Salisbury Power-Lock eingebaut. Im Vergleich mit dem Facel III war das Facel 6 genannte neue Modell 5 cm länger, und es wurde serienmäßig mit Speichenrädern ausgerüstet. Die Aufhängungen waren verstärkt, und das Rohrrahmenchassis war verbreitert worden, womit die Fondpassagiere mehr Platz erhielten. Es war bereits vorgesehen, den BMC-Motor durch einen eigenen V6-Motor mit je zwei obenliegenden Nockenwellen zu ersetzen. Mit der Entwicklung dieser Hochleistungsmaschine war der berühmte englische Motorenfachmann Harry Mundy beauftragt worden.

Doch es sollte anders kommen. Nach zahlreichen Rettungsversuchen und Verhandlungen – unter anderem war geplant, bei Facel den Land-Rover für EG-Märkte herzustellen – kam im Oktober 1964 das Ende der Marke, nachdem man auf dem Pariser Salon die Wagen nochmals hatte ausstellen dürfen. Eine Rentabilität hatte offenbar nicht mehr sichergestellt werden können. Insgesamt waren in den zehn Jahren der Facel-Véga-Existenz 3033 Wagen hergestellt worden, wovon 1181 Cabriolets und 598 viersitzige Coupés Facellia und Facel III, 48 2+2-Coupés Facellia, 32 Facel 6, 842 Facel FV und HK, 180 Facel II und 152 Excellence. Der Untergang der französischen Prestigemarke, die das Erbe der in der Nachkriegszeit verschwundenen und mit berechtigtem Nationalstolz verbundenen Marken Bugatti, Delage, Delahaye, Hotchkiss, Salmson und Talbot angetreten hatte, war ein nicht nur von den einheimischen Autofans bedauerter Verlust.

Fairthorpe

Wenn von kleinen englischen Individualsportwagen die Rede ist, so muß Fairthorpe mit erwähnt werden. Dieses 1954 durch den englischen Fliegergeneral Bennett gegründete Unternehmen kam vor allem durch das Bausatzgeschäft zur Blüte. Wer sein Auto nämlich nicht fertiggebaut, sondern in Kitform kaufte, konnte sich die hohe Kaufsteuer ersparen. Dieser Umstand hat im Verlaufe der Jahre zahlreiche Kleinfirmen in Englands Autolandschaft gebracht, doch nur wenige vermochten sich auf Dauer zu halten. Die in Buckinghamshire niedergelassene Marke Fairthorpe zählte zu ihnen.

1960 kam als neuer kleinster Fairthorpe der Electrina heraus. Er löste den mit koketten Schwanzflößchen ausgestatteten Atomota mit BSA-Motorradmotor ab. Der Electrina war ein zwei- bis viersitziges Sportcoupé mit Kunststoffkarosserie. Diese war auf einem Rohrrahmen aufgebaut. Vorne wie hinten wurden Einzelradaufhängungen mit Trapez-Dreieckquerlenkern und Schraubenfedern verwendet. Für den Antrieb sorgte der 950-cm^3-Motor aus dem → Triumph Herald, dessen Leistung mit zwei Vergasern auf 49 PS gesteigert worden war. Neukarossiert wurde 1960 auch der Fairthorpe Electron Minor, ein zwei- bis dreisitziger Sportroadster, natürlich ebenfalls mit Kunststoffkarosserie, der nach dem gleichen Konstruktionsprinzip gebaut war wie der Electrina.

Daneben gab es den Fairthorpe Electron Mk II. Er unterschied sich vom Modell Minor durch den Gitterrahmen, die hintere Starrachse mit Längslenkern und Schraubenfedern, die vorderen Scheibenbremsen von Girling und den OHC-Hochleistungsmotor, der von Coventry Climax stammte und bei 1100 cm^3 93 PS zur Verfügung stellte! Topmodell war jedoch der 1959 erschienene Fairthorpe Zeta mit Rohrrahmen und gleichem Aufhängungkonzept wie der Electron Mk II. Auch er war ein Sportroadster, jedoch von größerer Abmessung. Als Antriebsquelle diente der 2553-cm^3-6-Zylinder-Motor aus dem → Ford Zephyr. Dessen Leistung war hier mit drei oder sechs Horizontalvergasern auf 139 PS gesteigert worden. Seit Einführung des Zeta besaßen alle Fairthorpe ein zweiteiliges Kühlergitter, bestehend aus zwei übereinanderliegenden Ovalen bzw. Ellipsen.

Nur noch ein einzelnes liegendes Maschengitteroval wiesen dann allerdings die Electron FWA und FWE auf, die 1961 in Ablösung des Mk II erschienen. Zum Gitterrahmen aus Vierkantrohr kam nun auch hier eine hintere Einzelradaufhängung. Während im FWA nach wie vor der 1,1-Liter-Coventry-Climax-Motor eingebaut war, hatte der FWE eine zahmere 1220-cm^3-Version mit 85 PS. Doch konnten auch hier (wie bei den meisten anderen Modellen der kleinen Marke) unterschiedlich hohe Verdichtungsverhältnisse bestellt werden.

1962 verschwand das niedliche Electrina-Coupé aus dem Angebot, und es wurden ausschließlich noch Roadstermodelle hergestellt. Auch der nach wie vor als Bausatz lieferbare Electron Minor hatte jetzt die FWA/FWE-Karosserie, wenn auch in etwas vereinfachter Ausführung. An Stelle des Zeta trat 1962 der Rockette. Er besaß den Motor des → Triumph Vitesse, einen 1,6-Liter-Sechszylinder also. Anstatt mit 70 DIN-PS war er auch mit drei Vergasern und 92 PS zu haben. In diesem Falle wurde von Haus aus (und nicht nur auf Wunsch) ein Laycock-de-Normanville-Schnellganggetriebe eingebaut.

Als Nachfolger des Electron Minor fungierte auf 1964 der EM Three mit leicht verlängertem Radstand und dem 1147-cm^3-Motor von Triumph. Dessen Leistung war mit zwei Vergasern auf 63 PS angehoben wor-

Fairthorpe Electron Minor, 1961

Falcon

den. Vordere Scheibenbremsen waren jetzt auch bei diesem Modell serienmäßig. Wie der Rockette besaß der EM Three ein Kühlergitter in Form einer liegenden Ellipse mit Horizontalstäben. Der Typ Electron wurde jetzt in der Basisausführung mit dem 1,2-Liter-Motor von Coventry Climax (88 PS) angeboten.

Im Laufe des Jahres 1965 lief die Electron-Serie endgültig aus. An ihre Stelle trat auf dem Londoner Salon jenes Jahres neben den EM III A und den Rockette der TX I. Er wies den Radstand des Rockette auf und basierte wiederum auf einem Rohrrahmen, doch wurde hier eine neuartige hintere Einzelradaufhängung System Torix Bennett eingeführt. Sie bestand aus Dreiecklängslenkern, zwei gekreuzten Querstreben und Schraubenfedern. Der TX I wurde vom Motor aus dem → Ford Cortina GT angetrieben (1,5-Liter, 83,5 SAE-PS). Die Scheinwerfer waren in ungewohnter Weise in die Motorhaube «eingeschnitten», und an den vorderen Kotflügelenden prangten senkrechte Stoßstangenteile.

Ford-Motoren mit 1,2 oder 1,5 Litern Inhalt wurden gegen Ende 1966 auf Wunsch auch im EM III A lieferbar. Der Rockette wurde hingegen längst nur noch mit dem 72-PS-Vitesse-Motor aufgeführt. Auf 1968 wurde aus dem EM III A der Minor III B. Standardmotor war jetzt das 1,3-Liter-Triumph-Aggregat mit gut 75 DIN-PS (wie im Triumph 1300 TC und im Spitfire Mk III). Der Doppelrohrrahmen mit Traversen wies jetzt hinten eine Starrachse mit Halbelliptikfedern auf! Der Rockette wurde nicht mehr geführt, dafür war aus dem TX I auf der London Motor Show im Herbst 1967 der TX GT geworden, ein Fastbackcoupé mit verkürztem Radstand auf einem Kastenrahmenchassis mit Traversen und der hinteren Einzelradaufhängung Torix Bennett. Für den Antrieb sorgte der auf 2 Liter gebrachte Triumph-6-Zylinder-Motor, wie er auch im Triumph GT 6 Verwendung fand. Anstatt der 95 DIN-PS konnten Leistungssteigerungen bis zu 150 SAE-PS bestellt werden. In der Front der Kunststoffkarosserie fanden sich Rechteckscheinwerfer. – Neben der Fairthorpe Limited stand nun auch die Firma Technical Exponents Ltd. hinter der Marke.

Auf 1969 wurde aus dem Minor III B der Minor IV EM. Er war wahlweise mit Overdrive zu haben. Eine Weiterentwicklung war auch der TX-GT Mk II mit zusätzlichem Seitenfenster. Seine Leistung wurde nun mit 105 PS angegeben. Neu waren auf dem Londoner Salon 1968 die Versionen TX-S und TX-SS mit niedrigerer Dachlinie (113 statt 118 cm hoch) und längergezogenem hinterem Seitenfenster, dafür aber ohne Heckscheibenklappe. Die Leistung stand hier mit 114 PS sowie mit Tecalemit-Jackson-Benzineinspritzung (= SS) gar mit 142 PS zu Buche. – Die Fairthorpe-Produktion wurde 1979 eingestellt, während die Firma Technical Exponents weiterhin tätig blieb.

Sie zählte zu den «Eintagsfliegen», die kleine englische Marke Falcon: Kaum war sie dem Fachpublikum bekannt geworden, wurde sie (1963) auch bereits von der Firma → Marcos aufgekauft, die offenbar an der Produktionskapazität für Kunststoffkarosserien interessiert war. Dabei war vor allem der auf 1963 lancierte Falcon 515 der Falcon Shells Ltd. in Waltham Abbey (Essex) ein außerordentlich wohlgeformtes Sportcoupé. Es basierte auf einem Gitterrahmen mit hinterer Starrachse (mit Längslenkern, Stabilisierungsdreieck und Schraubenfedern) und wurde von einem → Ford-1,5-Liter-Motor angetrieben. Dessen Leistung erreichte mit zwei Vergasern 70 DIN-PS. Vorne wurden Girling-Scheibenbremsen montiert. Schon das Ende 1961 vorgestellte Vormodell Falcon Carribean Mark IV – mit etwas stumpferer Front und längerem Heck – hatte vielversprechend ausgesehen. Falcon stellte auch das Rennsportmodell Bermuda her.

Unten: Fairthorpe TX-GT, 1968
Unten rechts: Falcon Caribbean, 1962

Fairthorpe	Zyl.	cm³	SAE-PS	bei 1/min	Gänge	Spitze km/h	Radstand/Länge	Baujahre	Besonderheiten
Atomota	2	646	36	5700	4	120	206/328	1957–60	Rohrr., Motor BSA
Electrina	4	948*	49	5000		145	208/373	1960–62	Rohrr., h.E., Motor Triumph
Electron Minor	4	948*	44	4500	4	150	206/307	1957–60	dto, ohne h.E.
			55	5800		160			
			49	5000		150	208/340	1960–62	dto, h.E. * ab '61: a.W. 1147 cm³
Electron Mk. II	4	1098	93	7000	4	185	208/336	1957–60	Gitterrahmen, OHC-Motor Coventry
							208/366	1960/61	
FWA			94	7000		195	208/350	1961–63	dto, h.E.
FWE		1220	89	6300		185		1961–65	dto
Zeta	6	2553	139	5500	4	210	222/356	1959–61	Rohrr., Motor Ford
			140	5800				1961/62	
Rockette	6	1596	70*	5000	4/4+S	170	224/373	1962/63	Gitterrahmen, h.E., Mot. Triumph * DIN
			92		4+S	178			
			72	5500	4/4+S	170		1963–67	
EM Three	4	1147	63	5800	4	160	213/363	1963–65	Rohrrahmen, h.E.,
III A			67	6000				1965–67	Motor Triumph
Minor III B		1296	75*	6000				1967/68	* DIN-PS (h. Starrachse)
IV EM						168	211/364	1968–	h.E.
TX I	4	1500	84	5200	4	175	224/377	1965–67	Rohrr., h.E., Mot. Ford
TX-GT	6	1998	95*	5000		179	211/366	1967/68	Kastenr., h.E., Mot.
Mk.II			105*	5300	4/4+S	180		1968–	Triumph, * DIN-PS
TX-S			114*	5300		185			
TX-SS			142*	6000		209			Benzineinspritzung

Falcon	Zyl.	cm³	DIN-PS	bei 1/min	Gänge	Spitze km/h	Radstand/Länge	Baujahre	Besonderheiten
515	4	1498	70	4700	4	175	229/366	1962/63	Gitterrahmen, Motor Ford

Ferrari

Es ist keine Übertreibung, wenn von Fans gesagt wird, Ferrari sei die berühmteste Automarke der Nachkriegszeit. In der Tat hatte sich keine andere Marke bereits bis 1960 soviel Lorbeer auf der Rennstrecke geholt, war kein anderes Fabrikat in so kurzer Zeitspanne legendär geworden. Ferrari hatte damit die Nachfolge von Bugatti angetreten. Dabei gab es für die Straße bestimmte Ferrari-Luxussportwagen erst seit 1947, und sie wurden lange Zeit nur einzelstückweise hergestellt, wobei verschiedene Karossiers für den Aufbau sorgten. Von einer eigentlichen, aber immer noch kleinen Serienherstellung konnte man erst ab Mitte der fünfziger Jahre sprechen, und erste größere Serien – nämlich gegen 250 und rund 350 Exemplare – erreichten der Typ 250 GT als Cabriolet (1957 bis 1962) und als Coupé (1958 bis 1960), beide von Pininfarina (→ Anhang) eingekleidet.

Im Jahre 1960 umfaßte das Produktionsprogramm weiterhin die Modelle 250 GT Coupé und Cabriolet sowie den Berlinetta und den Spider California. Es handelte sich durchwegs um Zweisitzer. Einheitliche Konstruktionsmerkmale waren der Chassisrahmen aus Elliptikrohren, die vordere Einzelradaufhängung mit Trapez-Dreieckquerlenkern, Schraubenfedern und Torsionsstabilisator, die hintere Starrachse mit Halbelliptikfedern und Doppellängslenkern, die ZF-Lenkung sowie die Dunlop-Vierrad-Scheibenbremsen. Alle Ferrari hatten serienmäßig Borrani-Speichenräder.

Eine einmalige Konstruktion aber war der Zwölfzylindermotor. Er wies pro Reihe eine obenliegende Nockenwelle auf und war als direkter Abkömmling von Rennsportmaschinen ein Wunderwerk der Technik. Dies äußerte sich nicht zuletzt in einer Akustik, die – ohne übermäßig laut zu sein – durch ihr tiefes Grollen und die zahlreichen mechanischen Nebengeräusche den Autoenthusiasten ein Begriff war. Die Kraftübertragung erfolgte über ein vollsynchronisiertes 4-Gang-Getriebe, wobei jenes im 250 GT Coupé mit einem Laycock-de-Normanville-Schnellgang kombiniert war. Im Coupé und im Cabriolet leistete der 2953-cm^3-V12 (73 × 58,8 mm) mit drei Fallstrom-Doppelvergasern 240 PS bei 7000/min, in den Berlinetta und den Spider California waren es hingegen 280 PS bei gleicher Tourenzahl.

Diese beiden Modelle hatten mit dem Jahrgang 1960 einen um 20 auf 240 cm verkürzten Radstand erhalten, und in (anglophilen) Kennerkreisen gab man ihnen daher die Zusatzbuchstaben SWB für Short Wheel-base. Besonders als Berlinetta mit leichtgewichtigem Aluminiumaufbau eignete er sich vorzüglich für den Renneinsatz, und es wurden denn auch in der Alten wie in der Neuen Welt unzählige Rundrenn- und Rallyesiege erzielt. Die Karosserien wurden von Scaglietti gebaut, doch auch ihr Design war eine Farina-Schöpfung, und man darf von allen vier 250 GT sagen, daß sie formlich zu den schönsten Autos schlechthin gezählt werden mußten. Besonders das Coupé 250 GT wurde hinsichtlich Ausgewogenheit der Linien kaum von einem anderen Design erreicht!

1960 war auch das Jahr, in dem der mit dem Titel eines Cavaliere geehrte – und bald auch mit dem Dr.-Ing. ehrenhalber und dem Titel Commendatore ausgezeichnete – Firmengründer Enzo Ferrari seinen Betrieb in die neue Gesellschaft Sefac (Società per azioni esercizio fabbriche automobili e corse) überführte, in deren Verwaltungsrat auch Giovanni Battista Farina (= Pininfarina!) Einsitz nahm. Ferrari-Chefingenieur verblieb weiterhin Carlo Chiti; mit der Entwicklung der GT-Modelle befaßte sich unter anderen der junge Ingenieur Giotto → Bizzarrini. Doch beide sollten Ferrari schon Ende 1961 verlassen, worauf ihre Funktionen schrittweise von Ingenieur Mauro Forghieri übernommen wurden . . .

400 Superamerica Auf dem Automobilsalon von Brüssel im Januar 1960 war der 400 Superamerica als Nachfolger des 410 Superamerica vorgestellt worden. Anstatt um ein Coupé handelte es sich nun um ein Cabriolet, zu dem ein Aufsetzdach lieferbar war. Es stammte wiederum von Pininfarina, glich formlich den Offenversionen der Reihe 250 und war sogar noch etwas kürzer als der Spider California, besaß allerdings nicht dessen plexiglasverschalte Scheinwerfer. Der Motor war ein 4-Liter (3967 cm^3), während im Typ 410 ein 5-Liter-V12 eingebaut worden war. Die Zylinderabmessungen (77 × 71 mm) entsprachen jenen des Dino-2-Liter-Sportwagens mit V6-Motor. Mit 400 PS blieb das Leistungsniveau gleich hoch wie beim 410. Daraus resultierte eine spezifische Leistung von 100 PS je Liter Hubraum! Es wurde serienmäßig ein Laycock-Schnellganggetriebe eingebaut. Von diesem Prestigesportwagen sollte

Im Uhrzeigersinn:
Ferrari 250 GT Spyder California (Scaglietti), 1961
Ferrari 250 GT Coupé (Pinin Farina), 1960
Ferrari 250 GT Berlinetta (Scaglietti), 1962
Ferrari 400 Superamerica Coupé (Pininfarina), 1962

Ferrari

Rechts: Ferrari 250 GT Coupé 2+2 (Pininfarina), 1962
Von oben nach unten:
Ferrari 250 GTO, 1962
Ferrari 250 GT Berlinetta Lusso (Scaglietti), 1963
Ferrari 330 GT Coupé 2+2 (Pininfarina), 1964
Ferrari 500 Superfast (Pininfarina), 1966

bloß etwa ein Stück pro Monat hergestellt werden, und er fand denn auch etliche Prominente als Käufer.

Auf der Basis des Superamerica schuf Pininfarina als Superfast bezeichnete Sonderversionen. Schon auf der Turiner Ausstellung von 1960 wurde der Superfast 2 vorgestellt, ein Coupé mit aerodynamisch verlängerter, leicht zugespitzter Front und in gleichem Styling gehaltenem Heck. Auf dem Genfer Salon 1962 folgte der Superfast 3, dessen Kühleröffnung sich thermostatisch gesteuert öffnete oder schloß, und später entstand noch ein Superfast 4. Diesen Einzelstücken kam natürlich eine besondere Stellung zu, doch sie bildeten auch den Ausgangspunkt für den Superamerica Coupé Special Aerodinamico, der bis Ende 1962 in bloß einem Dutzend Exemplaren hergestellt werden sollte. Das erste dieser aufregend geformten, meist mit plexiglasverschalten Scheinwerfern ausgerüsteten Fastbackcoupés wurde auf dem Genfer Salon 1961 ausgestellt.

250 GT 2+2 Im Juni 1960 kündigte Ferrari seinen ersten serienmäßigen Viersitzer an. Er wurde mit 250 Granturismo Coupé Pininfarina 2+2 bezeichnet und basierte auf dem Coupé 250 GT, das er nun ablöste. Die Hauptmaße waren unverändert, doch hatte man durch leichtes Nachvornerücken der Antriebseinheit und die geänderte Dachlinie mit stark schräggestellter Heckscheibe und zusätzlichem Seitenfenster den für einen Viersitzer benötigten Innenraum erzielt. Nur die für die hinteren Passagiere eingeschränkte Kopffreiheit rechtfertigte den Zusatz 2+2. Natürlich gab es weiterhin von verschiedenen Karossiers gebaute Spezialkarosserien. So schuf Bertone im Frühjahr 1962 ein weiteres Coupé-Einzelstück auf dem kürzeren 250-GT-Chassis. Es zeigte ein zweigeteiltes Kühlergitter in der Art der Ferrari-Formel-1-Rennwagen jener Epoche.

250 GT Lusso Auf dem Automobilsalon von Paris im Herbst 1962 wurde als Ablösung des Ferrari 250 GT Berlinetta der 250 GT Lusso vorgestellt. Er wirkte weit weniger bullig als sein Vorgänger, war aber ohne Zweifel eines der formvollendetsten Coupés ... und dies nicht nur jener Epoche! Auch diese Karosserie wurde nach Pininfarina-Entwurf bei Scaglietti gebaut. Anstatt mit 280 wurde die Leistung in der Serienausführung nur noch mit 250 DIN-PS angegeben, auch wenn die Verdichtung unverändert bei 9,2:1 lag. Als neues Hochleistungsmodell für den privaten Renneinsatz hatte Ferrari das Modell 250 GTO (= Omologato), eine Nonplusultra-Maschine, kreiert. In ihr leistete der 3-Liter-V12 mit sechs Doppelvergasern und Doppelzündung rund 300 PS. Mit dem Erscheinen des GTO fand eine klare Trennung zwischen Straßen- und Wettbewerbsmodellen statt.

Eine weitere Neuheit brachte der Londoner Salon 1962: Der 400 SA (Superamerica) hatte nun den 260-cm-Radstand des 250 GT

Ferrari 275 GTB/4 (Scaglietti), 1967

2+2 sowie ein breiteres Chassis. Damit standen im Fond Notsitze zur Verfügung. Bis 1964 sollten rund zwei Dutzend dieses Superluxusautos hergestellt werden, meist in Form des Coupé Special Aerodinamico (kurz Aero). Die Fabrikation des 250 GT Cabriolet lief Ende 1962 aus. In jenem Jahr begann anderseits die Herstellung des kleinsten je entwickelten Ferrari, nämlich des einst als Ferrarina konstruierten 1-Liter-Sportwagens. Der Commendatore, Enzo Ferrari, hatte mangels eigener Produktionskapazität – die Herstellung der großen Ferrari vermochte mit der Nachfrage bei weitem nicht Schritt zu halten – die Herstellrechte an die neugegründete Firma → Asa verkauft.

Ende 1962 wurde der 250 GT 2+2 überarbeitet. Bei weiterhin mit 240 PS angegebener Leistung war die Verdichtung von 8,8 auf 9,2:1 erhöht worden (größere Ventildurchmesser), zudem besaß die Hinterachse zusätzlich Schraubenfedern. Äußerlich erkannte man den neuen, jetzt GT/E (von Elegante oder Europa) genannten Viersitzer an den unterhalb der Scheinwerfer eingebauten Nebellampen (bei der ursprünglichen Ausführung waren sie im Kühlergitter integriert). Zudem waren die bisherigen Einzelschlußlichter nun in senkrecht stehenden Gehäusen zusammengefaßt. Am reichdotierten Armaturenbrett fanden sich neuerdings drehbare Lüftungsrosetten.

Im Herbst 1963 baute Scaglietti nach Pininfarina-Plänen einen 250 GT Lusso Berlinetta (kurz GT/L) mit aerodynamisch verlängerter Schnauze, plexiglasverschalten Scheinwerfern und Abrißkante am Heck. Neu war auch der 250 LM (von Le Mans), ein Rennsportcoupé, bei dem der siegreiche Testa-Rossa-Motor des bisherigen GTO vor der Hinterachse eingebaut war. GTO wie LM sollten in die Geschichte der schnellsten je gebauten Kleinstserienwagen eingehen.

GT 330 Ende 1963 lief die Herstellung des 250 GT/E aus. Insgesamt waren binnen dreieinhalb Jahren annähernd tausend viersitzige Ferrari (über 650 2+2 und 350 GT/E) auf die Räder gestellt worden, eine Rekordzahl für Autos dieser Leistungs- und Exklusivitätsklasse. Doch bereits hatte man den Typ 330 America geschaffen, er wies die Karosserie des 250 GT/E auf, wurde jedoch vom 4-Liter-Motor des Modells 400 Superamerica angetrieben. Die Typenzahl 330 wies – wie bereits bei den Modellen 250 – auf den Hubraum je Zylinder hin (330 × 12 = 3960, in Wirklichkeit waren es 3967 cm³). Es wurden allerdings nur etwa zwei Dutzend 330 America gebaut.

Schon auf dem Brüsseler Automobilsalon im Januar 1964 erschien der 330 GT. Mit dem größeren Motor verband sich jetzt auch eine neue Karosserie. Sie war durch ungleich große, über dem formschönen Ferrari-Kühlergitter angeordnete Doppelscheinwerfer gekennzeichnet. Gegenüber dem 250 GT/E und dem 400 SA war der Radstand um 5 auf 265 cm angewachsen, und mit 482 cm war der 330 GT zudem deutlich länger. Im Vergleich zum 400 SA war die Leistung des 330-Motors auf 300 statt 340 PS gedrosselt. Der Motor war in verschiedenen Details überarbeitet worden, und dies galt auch für die Kraftübertragung – auch hier mit Laycock-Schnellgang – und weitere Elemente. Außerdem zeigte sich das Interieur modernisiert.

500 Superfast In Ablösung des 400 Superamerica erschien auf der Genfer Ausstellung im Frühling 1964 der 500 Superfast. Er verband den Radstand des 330 GT mit der aerodynamischen Karosserie des Typs 400, allerdings fand sich an den Flanken keine Prägekante mehr, und die Scheinwerfer waren wohl versenkt angeordnet, aber nicht plexiglasverschalt. Wie die Bezeichnung verriet, war der Hubraum des Motors auf 5 Liter vergrößert worden (88 × 68 mm = 4963 cm³). Die Leistung stieg damit auf imposante 400 DIN-PS. Das Getriebe war auch hier mit einem Schnellgang kombiniert. Der 500 Superfast – ein absolutes Spitzenmodell der gesamten Autoindustrie – wurde in 37 Exemplaren bis Ende 1966 gebaut. In der bloß noch ein Dutzend Wagen umfassenden zweiten Serie ab Sommer jenes Jahres hatte er ein vollsynchronisiertes 5-Gang-Getriebe statt des elektrisch zuschaltbaren Overdrives. Wiederum fanden sich unter den Käufern zahlreiche Adelige sowie weitere Prominente.

275 GTB/GTS Die Typenzahl 275 wurde mit Hinblick auf den Pariser Salon im September 1964 lanciert. Sie wies diesmal wieder auf den Hubraum je Zylinder hin: Es waren 3286 cm³ (Bohrung 77 statt 73 mm), und damit fand auch die außerordentlich lange Karriere des Ferrari-3-Liter-V12 ihr Ende. Den ersten Ferrari 250 hatte es bereits 1953 gegeben. Zuletzt wurde er noch im Modell 250 GT/L (Berlinetta Lusso) sowie im Rennsportmodell LM (Le Mans) verwendet. Vom Lusso waren insgesamt 350 Stück gebaut worden.

Sein Nachfolger mit der neuen Bezeichnung 275 GTB war wiederum ein formliches Meisterstück aus den Pininfarina-Studios! Wie beim Superfast war die Front aerodynamisch nach vorne gezogen, doch war die Lufteinlaßöffnung mit dem typischen Ferrari-Kühlergitter deutlich breiter. Die Scheinwerfer steckten unter Plexiglasabdeckungen, und die Frontscheibe war ungewöhnlich stark gewölbt. Die seitlichen Luftauslaßöffnungen harmonierten mit den Innenraum-Entlüftungsschlitzen, die an die Türfenster anschlossen. Das Heck war wie schon beim 250 GT/L abgeschnitten, endete hier jedoch mit einem kleinen Spoilerrand. Anstatt Borrani-Speichenräder wurden erstmals serienmäßig Magnesiumscheibenräder montiert.

Rechts: Ferrari 365 GT (Pininfarina), 1969
Ferrari 365 GTB/4 (Pininfarina), 1970
Unten: Ferrari 330 GTC (Pininfarina), 1967

Nicht nur der Motor, auch die Aufhängung war eine Ableitung aus den im Rennsport bewährten Ferrari-Elementen. Zum ersten Mal wurde nämlich bei einem für die Straße bestimmten Wagen der Marke eine hintere Einzelradaufhängung verwendet, vorne wie hinten fanden sich nun Trapez-Dreieckquerlenker, Schraubenfedern und Kurvenstabilisatoren. Das neue 5-Gang-Getriebe war mit der Hinterachse verblockt, und eine ZF-Differentialbremse wurde serienmäßig eingebaut. Der 3,3-Liter-Motor leistete mit den üblichen drei Doppelvergasern 280 DIN-PS bei 7600/min.

Gleichzeitig mit dem 275 GTB (= Berlinetta) wurde in Paris der 275 GTS (= Spider) vorgestellt. Damit war endlich wieder ein serienmäßiges Ferrari-Cabriolet erhältlich. Die Motorleistung war mit 260 PS bei 7000/min leicht gedrosselt, und das Karosseriestyling entsprach der Linie 330. Der mit dem zur Hinterachse gerückten Getriebe gewonnene Platz wurde bei den ersten Exemplaren des Spiders für einen zweiten Passagiersitz genutzt (Schalthebel näher beim Fahrer). Der GTS rollte auf Speichenrädern. Die Produktion des Typs 275 begann Anfang 1965; den Bau der Berlinetta-Karosserie besorgte wiederum Scaglietti. Ende 1965 erhielt der 275 GTB eine leicht verlängerte Front («long nose») mit verkleinertem Kühlergitter. Es entstanden auch mehrere Rennsportversionen. Übrigens wurden anderseits vereinzelt Mittelmotorcoupés des Rennsporttyps 250 LM (auch sie besaßen inzwischen den 3,3-Liter-Motor, jedoch mit 320 PS) für den Straßenverkehr ausgerüstet.

330 GT/GTC Mitte 1965 wurde der 2+2-sitzige 330 GT gründlich verjüngt. Zu den Neuerungen zählten die Rückkehr zu den weniger «amerikanisiert» wirkenden einfachen Scheinwerfern, die Einführung eines 5-Gang-Getriebes (statt 4-Gang mit Overdrive) und der Übergang zu Leichtmetallfelgen (Speichenräder noch auf Wunsch). Ein selbstsperrendes Lamellendifferential zählte nun ebenso zur Serienausrüstung wie elektrische Fensterheber.

Doch auf dem Genfer Salon 1966 wurde dem 330 GT der 330 GTC (= Coupé) zur Seite gestellt – ein Zweisitzer (mit zwei knappen Notsitzen) und als solcher ein Mittelding zwischen dem 275 GTB, mit dem er die Form der Front teilte, und dem 330 GT, von dem er die abgestufte Heckpartie hatte. Der GTC war auf dem 240-cm-Radstand aufgebaut, und wie bei den Modellen 275 war das 5-Gang-Getriebe mit der Hinterachse verblockt, so daß auch hier alle vier Räder einzeln aufgehängt waren.

275 GTB/4 Mit dem im September 1966 bekanntgegebenen Modellprogramm 1967 verschwand der Superfast mit 5-Liter-Motor. Anderseits wurde aus dem 275 GTS – von dem 200 Stück gebaut worden waren – der 330 GTS, indem nun auch im Cabriolet der 4-Liter-Motor verwendet wurde. Gleichzeitig wurde die Front des GTS jener des GTC angeglichen. Bei den Coupés 330 wurde jetzt ab Werk eine Klimaanlage eingebaut. Bedeutendste Neuerung war jedoch die Einführung eines 4-Nockenwellen-Motors für den 275 GTB. Zudem wurden nun sechs statt drei Doppelvergaser montiert. Damit stieg die Leistung auf 300 PS wie bei den 4-Liter-Motoren, allerdings bei imponierenden 8000/min. Der Übergang zu DOHC-Zylinderköpfen dürfte bestimmt durch das Erscheinen der Marke → Lamborghini, die von Anfang an mit DOHC-V12-Motoren aufwartete, begünstigt worden sein! Auch die Ferrari-Sportprototypen hatten inzwischen solche Maschinen erhalten.

365 GT 2+2 Auf dem Autosalon von Brüssel Anfang 1967 wurde ein von Pininfarina im Stil der → Dino karossierter 330 GTC ausgestellt. In der Folge wurden noch weitere Exemplare gebaut. Daneben waren im Laufe der Jahre verschiedene andere Ferrari-Einzelstücke entstanden. Ebenfalls als Unikat zählte zunächst ein Pininfarina-Cabriolet 365 California, das in Genf 1966 ausgestellt wurde und für das man auf Ende 1966 eine Serienherstellung ankündigte. Es hatte einen neuen 4,4-Liter-Motor (365 × 12, genau 4390 cm^3!) mit 320 PS Leistung bei 6600/min. Sein Merkmal waren zwei langgezogene Schlitze auf Türgriffhöhe. Dieses Superluxuscabrio sollte bis 1967 in 14 Exemplaren entstehen, und es war ein Vorläufer des Typs 365 GT 2+2.

Der 365 GT 2+2 wurde im Herbst 1967 vorgestellt. Er löste den 330 GT 2+2 ab und hatte mit ihm den Gitterrohrrahmen und den Radstand von 265 cm gemeinsam. Im Gegensatz zu den zweisitzigen Konstruktionen der Marke war das 5-Gang-Getriebe nicht mit dem Differential verblockt, doch fand sich auch hier eine hintere Einzelradaufhängung. Deren Trapez-Dreieckquerlenker und die Schraubenfedern waren mit vier Stoßdämpfern verbunden, von denen zwei für einen automatischen Niveauausgleich sorgten. Die Spur war vorne um 3 auf 144 und hinten um 7 auf 147 cm verbreitert worden. Außer der serienmäßigen ZF-Differentialbremse gab es im 365 GT standardmäßig eine Servolenkung, auch sie stammte von der Zahnradfabrik Friedrichshafen.

Die Ausrüstung war angemessen luxuriös und reichhaltig. Neu war eine Kontrolleuchte am Armaturenbrett, die allfällige Leckverluste im Zweikreis-Vierrad-Scheibenbremssystem anzeigte. Doch dies war nicht das einzige Sicherheitsmerkmal: Das zur Energieabsorption befähigte Armaturenbrett, die Schutzpolsterungen und versenkte Bedienungsorgane trugen den amerikanischen Vorschriften Rechnung. Denn nach wie vor waren die USA das bedeutendste Exportland der rasch gewachsenen, aber stets noch kleinen Marke. – Vom Typ 330 GT 2+2 waren übrigens von 1964 bis 1967 knapp 1100 Exemplare hergestellt worden.

365 GTB/4 Die bei Pininfarina entworfene und gebaute Karosserie des 365 GT 2+2 wirkte langgestreckt. Sie war ebenso elegant wie imposant. Doch die Schönheit dieser Linien mußte auf dem Ausstellungsstand des Pariser Autosalons 1968 neben einer neuen Pininfarina-Schöpfung nahezu verblassen: Zu diesem Anlaß zeigte Ferrari nämlich den Typ 365 GTB/4, und dieser wies ein die Kenner in besonderes hohem Maße begeisterndes Design auf. Die Karosserieform war aufgrund von Studien im Polytechnikum von Turin entstanden. Für den aerodynamischen Feinschliff sorgte eine durchgehende Plexiglasabdeckung der horiztonal in die Front eingelassenen Doppelscheinwerfer. Im Gegensatz zum 275 GTB hatte das neue Zweisitzer-Hochleistungscoupé ein zweites Seitenfenster. Es verschmolz an seinem Hinterende mit der nach oben gerundeten Gürtellinie.

Vom nun abgelösten 275 GTB(/2) waren von 1964 bis 1966 immerhin 460 Stück und vom 275 GTB/4 von 1966 bis 1968 noch 350 Einheiten auf die Räder gestellt worden. Der 365 GTB/4 besaß eine noch niedrigere Motorhaube, und um die Antriebseinheit entsprechend absenken zu können, war man zur Trockensumpfschmierung übergegangen. Wie die Bezeichnung verrät, hatte der V12 hier den 4,4-Liter-Hubraum des 365 GT 2+2, jedoch vier obenliegende Nockenwellen. Zusammen mit den sechs statt drei Doppelvergasern und einer von 8,8 auf 9,3:1 angehobenen Verdichtung resultierte eine Leistung von 352 PS bei 7500/min. Das nach wie vor aus Rohren mit ovalem Querschnitt gebaute Gitterrahmenchassis und die Aufhängungselemente entsprachen dem beim 275 GTB bewährten Konzept.

Nachdem 1967 → Michelotti ein Cabriolet mit Überrollbügel geschaffen hatte, entstand Ende 1968 bei → Vignale – ebenfalls auf dem 330 GT – der erste Ferrari-Kombiwagen. Dieser Sportkombi, der sich am ehesten als eine Extrapolation der einstigen → Aston Martin Shooting Brake bezeichnen ließ, wies einen massigen mittleren Dachträger auf. Der gleichzeitig vorgestellte Ferrari P 6 Berlinetta Speciale, eine von verschiedenen Rennsportderivaten Pininfarinas, mochte da besser zu gefallen.

365 GTC/GTS/GTS/4 Im Januar 1969 wurden die verbliebenen 330 GTC und GTS zu 365 GTC und GTS aufgewertet. Damit hatten erstmals alle Serien-Ferrari einen einheitlichen Zylinderinhalt. Von den Vormodellen unterschieden sich die 365 GTC und GTS äußerlich durch die von den Flanken auf die Motorhaube versetzten Entlüftungsschlitze. Vom 330 GTC waren rund 600, vom 330 GTS hingegen bloß 100 Stück gebaut worden. Im Herbst 1969 kam der 365 GTS/4 hinzu. Es handelte sich hier um die Cabrioversion des GTB/4, die aber vorerst nur einzelstückweise gebaut werden sollte. Der aufregend geformte, unter der Bezeichnung Daytona bekannt gewordene 365 GTB/4 brachte es bis 1973 auf die Rekordzahl von 1300 Wagen. Weil sie konstruktiv den zusehends strenger gewordenen USA-Sicherheitsbestimmungen noch nicht entsprachen, wurden die 365 GT 2+2, GTC und GTS nur bis 1970 hergestellt. Ihr Ausstoß bezifferte sich auf 800, 150 und bescheidene 20 Exemplare.

Noch zwei Produktionsangaben aus dem Ferrari-Rennsportbereich: Vom 250 GTO waren von 1962 bis 1964 immerhin 39 Einheiten gebaut worden, vom 250 LM von 1963 bis 1966 noch 35 Stück. Diese Fahrzeuge hatten ebenso wie die Werkeinsatzwagen zum Siegesruhm der Marke aus Maranello mit dem sich bäumenden Pferd im Wappen beigetragen, und sie hatten überdies den Leuten um den Commendatore Ferrari direktes Knowhow für optimal leistungsfähige Straßenautos vermittelt. Dessenungeachtet waren aus den wilden Luxusboliden im Verlaufe der Jahre geschmeidige und zuverlässige (Fast-)Alltagsautos oberster Klasse geworden. Von 1960 bis 1970 hatte sich die Ferrari-Jahresproduktion von 300 auf über 900 Wagen verdreifacht.

Im Juni 1969 hatte der damals bereits 71 Jahre alte Commendatore Ferrari mit dem obersten Fiat-Chef Gianni Agnelli ein entscheidendes Abkommen getroffen: Fiat übernahm 50% der Sefac-Aktien, und die Firma Ferrari wurde in die Sparten Industriale (GT-Wagen) und Corse (Rennsport) unterteilt; der Commendatore blieb Hauptverantwortlicher für die Rennabteilung.

Ferrari	Zyl.	cm³	DIN-PS	bei 1/min	Gänge	Spitze km/h	Radstand/Länge	Baujahre	Besonderheiten
250 GT Coupé/Cabrio	V12	2953	240	7000	4+S/4	225	260/470	1960	Rohrrahmen, OHC
Berlinetta/Spider			280	7000	4	270	240/415	1960–62	dto, Spider: 445 cm
250 GT 2+2/Cabrio			240	7000	4+S/4	225	260/470	1960–63	ab '62: GT/E, 230 km/h
Lusso			250	7500	4	240	240/441	1962–64	
250 GTO (Rennsport)	V12	2953	300	7500	5	260	240/440	1962–64	
LM (Rennsport)						–287	240/409	1963/64	(Mittelmotor)
		3286	320	7500		–295		1964–66	
400 Superamerica	V12	3967	400	6750	4+S	–300	242/430	1960–62	Rohrrahmen, OHC
			340	7000		265	260/467	1962–64	
330 GT 2+2	V12	3967	300	7000	4+S*	245	265/484	1964–67	Rohrrahmen, OHC
GTC					5		240/447	1966–68	dto, Getriebe hinten
GTS						235	240/443		* ab '66: 5 G.
500 Superfast	V12	4963	400	6500	4+S	280	265/482	1964–66	Rohrrahmen, OHC
275 GTB	V12	3286	280	7500	5	270	240/436	1964–66	Rohrrahmen, Getriebe
GTS			260	7000		240	240/437		hinten, OHC
GTB/4			300	8000		260	240/441	1966–68	dto, DOHC
365 California	V12	4390	320	6600	5	250	265/490	1966/67	Rohrrahmen, OHC
GT 2+2						245	265/498	1967–	
GTC							240/447	1969/70	dto, Getriebe hinten
GTS						235	240/443		
GTB/4			352	7500		280		1968–	dto, DOHC

Ferves

Um 1967 kam ein italienisches Kleinstgeländefahrzeug auf den Markt, das eine neuartige Konstruktion verkörperte. Es wurde von der Firma Ferves S.r.l. in Turin hergestellt und hieß Ranger. Der Ferves Ranger hatte eine bloß mit Notverdeck dotierte, hoch über den Rädern plazierte viersitzige Offenkarosserie. Der im Heck untergebrachte Antriebsblock entstammte dem → Fiat 500. Dies galt auch für das in einem Rohrrahmen mit Traversen untergebrachte Fahrwerk. 1968 wurde der Ferves Ranger auch mit zuschaltbarem Vorderradantrieb lieferbar, und dem 4-Gang-Getriebe des Fiat 500 wurde eine besonders kurz untersetzte fünfte Stufe, also ein Geländegang, hinzugefügt. Auch eine hintere Differentialbremse war lieferbar. Dieser Kleinstgeländewagen wurde bis 1971 in beschränkter Stückzahl hergestellt.

Ferves Ranger, 1968

Ferves	Zyl.	cm³	DIN-PS	bei 1/min	Gänge	Spitze km/h	Radstand/Länge	Baujahre	Besonderheiten
Ranger	2	500	18	4600	4	80	134/264	1967/68	Mehrzweckf., Fiat 500
							156/283	1968–71	dto, a.W. 4×4

Fiat

In keinem westlichen Land nimmt eine einzelne Marke eine derart marktdominierende Stellung ein wie Fiat in Italien. Dabei war der Anteil auf dem einheimischen Markt von Fiat (= Fabbrica Italiana Automobili Torino, italienische Automobilfabrik Turin) in den fünfziger Jahren noch höher gewesen als im nachfolgenden Jahrzehnt, wo sich immer mehr Italiener auch Importfahrzeugen zuwandten. Anderseits hat Fiat 1969 zusätzlich → Lancia und → Ferrari übernommen, nachdem sich das große italienische Automobilimperium bereits → Autobianchi einverleibt hatte. Dabei hatte Fiat stets auch eine internationale Führungsstellung – sowohl in kommerzieller wie in schöpferischer Hinsicht – zu halten gewußt.

1960 setzte sich das Fiat-Bauprogramm aus fünf Baureihen zusammen: dem Fiat 500 als kleinstem Großserienauto Europas (mit Version 500 Sport), dem Fiat 600 (mit der Version 600 Multipla, einem sechssitzigen Frontlenkerkombi und Vorläufer von Großraum-Personenwagen der achtziger Jahre!), dem alttraditionellen Fiat 1100 (mit Luxe und Familiare), dem von ihm abgeleiteten Fiat 1200 (mit Cabriolet 1200 und 1500, dieses mit → Osca-DOHC-Motor) und dem Fiat 1800/2100 (mit Versionen). Während der seit 1955 gebaute «600» und der seit 1957 hergestellte «Nuova 500» Heckmotoren besaßen, waren die übrigen Fiat nach der Standardbauweise – Frontmotor und Hinterradantrieb – konzipiert. In Italiens Karosseriewerken entstanden zudem zahlreiche Spezial-Fiat (→ Anhang).

500 D und 600 D Dem kleinsten Fiat-Modell wurde im Mai 1960 eine niedliche Kombiversion, der 500 Giardiniera, zur Seite gestellt. Um den für den Heckladeraum benötigen Platz zu schaffen, wurde das luftgekühlte 2-Zylinder-Maschinchen um 90° gedreht, so daß ein liegender «Unterflurmotor» entstand. Gleichzeitig wurde der Hubraum von 479 auf das bereits vom 500 Sport bekannte Volumen von 499,5 cm^3 erhöht. Die Leistung blieb jedoch auf 17,5 DIN- bzw. 21,5 SAE-PS gedrosselt. Gegenüber dem Fiat 500 hatte der Giardiniera 10 cm mehr Radstand, und er war auch 24 cm länger und 3 cm höher. Damit bot er den hinteren Passagieren spürbar mehr Platz. Mit dem Produktionsanlauf im Herbst erhielt auch das Limousinchen den größeren Hubraum und damit die Bezeichnung 500 D. In Österreich wurde unter Lizenz bereits seit einiger Zeit der → Steyr-Puch 500, Modell Fiat, mit eigenem Motor gebaut.

Inzwischen, im Spätsommer 1960, war die Ablösung des in über 890 000 Exemplaren gebauten Fiat 600 durch den 600 D angekündigt worden. Sein wassergekühlter 4-Zylinder-Motor besaß einen von 633 auf 767 cm^3 vergrößerten Inhalt. Die Leistung stieg damit von 28,5 auf 32 SAE-PS. Der 600 D war vor allem auf einen verbesserten Drehmomentverlauf (weniger hohe Drehzahlen) ausgelegt, natürlich eignete er sich aber nach wie vor für Tuningarbeiten (→ Abarth!). Äußerlich erkannte man das neue Modell an den Ventilationsflügeln in den Türfenstern.

Fiat 1300/1500 Die seit der Lancierung des Nuova 1100 im Jahre 1953 bedeutendste Fiat-Neuheit in der Mittelklasse wurde im April 1961 angekündigt. Es handelte sich – wie bei den Fiat 1800/2100 – um ein Duo, das sich durch den Hubraum unterschied: die Fiat 1300 und 1500. Sie zeigten ein äußerst modernes Design mit knapp unterhalb der Gürtellinie durchgezogener Prägekante und Doppelscheinwerfern. Ihr Innenraum stand jenem der größeren 6-Zylinder-Modelle kaum nach, und dennoch war der Fiat 1300/1500 genau in jener Größenklasse angesiedelt, wo sich nördlich der Alpen der Autoabsatz konzentrierte. Diese neuen Fiat sollten sich denn auch bald als Exporterfolg entpuppen.

Von der Konstruktion her boten sie keine sensationellen Eigenheiten, man vertraute auf den Hinterradantrieb und die auf Halbelliptikfedern abgestützte Starrachse (sowie vordere und hintere Kurvenstabilisatoren). Vorne wurden Schraubenfedern verwendet (6-Zylinder-Typen: Torsionsfederstäbe) und zudem Girling-Scheibenbremsen montiert. Die Motoren waren «Zweidrittelsaggregate» der 6-Zylinder-Maschinen; das vollsynchronisierte Getriebe mit Lenkradschaltung war eine Neukonstruktion.

Auch bei Fiat hatte das Sicherheitsdenken vermehrt Einzug gehalten. Die obere und die untere Kante des Armaturenbrettes sowie die Sonnenblenden wiesen Polsterungen auf, und vorspringende Bedienungselemente waren vermieden worden. Mit der Entwicklung der Fiat 1300/1500 hatte man 1957 begonnen, und mit Prototypen waren inzwischen 1,5 Millionen Kilometer zurückgelegt worden ... unter anderem auf der neueröffneten Strada del Sole! Mit der neuen Modellreihe steigerte Fiat den Tagesausstoß um rund 600 auf über 2500 Einheiten.

1800 B und 2300 Noch vor den Sommerferien des Jahres 1961 wurden Verbesserungen an der 6-Zylinder-Reihe bekannt. Der Fiat 2100 wurde durch den Typ 2300 ersetzt, und auf den 1800 folgte der 1800 B. Es waren seit 1959 annähernd 30 000 1800/2100 und 1174 Speciale gebaut worden. Außer höheren Leistungen standen nun Scheibenbremsen an allen vier Rädern zur Verfügung. Anstatt Schraubenfedern und als Längslenker ausgebildeten Viertelelliptikfedern wiesen die starren Hinterachsen nun konventionelle Halbelliptikfedern, Panhardstab und schräg eingebaute Teleskopdämpfer auf. Dies brachte eine bessere Raumnutzung. Die Kühlluftventilatoren hatten nun eine elektromagnetische Kupplung, und auf Wunsch wurde beim Fiat 2300 – der sich durch Doppelscheinwerfer von seinem schwächeren Bruder abhob – ein Schnellganggetriebe Laycock-de-Normanville und bald auch ein ebenfalls aus England stammender Smith-Automat lieferbar; bei beiden Modellen war anderseits ein Saxomat-Kupplungsautomat zu haben. Das Interieur war in vielen Details verfeinert worden. Das Repräsentationsmodell hieß natürlich jetzt 2300 Speciale.

Im Herbst 1961 wurde die formschöne Kombivariante der Fiat 1300/1500 vorgestellt, und auch die erste Spezialkarosserie auf der Basis des neuen Fiat-Mittelklassewagens tauchte auf: ein → Moretti-Coupé. Doch muß hier gleich festgehalten werden, daß wohl keine Marke zu so vielen Sonderaufbauten verlockte wie Fiat; es ist nicht möglich, sie alle zu würdigen.

Ein bei Ghia entstandenes prachtvolles «Sondercoupé» mit origineller dreiteiliger Panorama-Heckscheibe hatte schon auf der Turiner Autoausstellung des Vorjahres und hernach auf dem Genfer Salon von Anfang

Oben: Fiat 500, 1960
Oben rechts: Fiat 600, 1960
Rechts: Fiat 1100 Familiare, 1960

Links außen: Fiat 1800, 1961
Von oben nach unten:
Fiat 1100 Speciale, 1961
Fiat 1500 Spider (Pininfarina), 1961
Fiat 1300, 1962
Fiat 500 Giardiniera, 1962

1961 bewundernde Blicke auf sich gezogen. Es sollte nun als Fiat 2300 Coupé und 2300 S bei → Osi in die Serienherstellung gehen. Beim «S» war die Leistung mit höherer Verdichtung und zwei Doppel-Horizontalvergasern von 105 auf 136 DIN-PS gesteigert worden. Dieses Modell holte sich in Liebhaberkreisen bald einen guten Ruf, zum ästhetischen kam bei ihm ein besonderer Fahrgenuß! Dabei vermochte dieses Coupé durchaus auch die Familie samt Gepäck aufzunehmen.

Auf 1962 kündete Fiat eine Erhöhung der Tagesproduktion auf 3000 Einheiten an. Sie verteilte sich vorläufig noch auf 450 Stück des Typs 500, 900 des Modells 600 D, 600 der Reihe 1100, 500 des Duos 1300/1500 und wenige hundert der teureren Typen. Die Fiat 1200 Berlina (= Limousine) gab es inzwischen nicht mehr, dafür wurde der Fiat 1100 weitergepflegt; er hatte nun Karosserieflanken ohne Sicken und eine aufgewertete Innenausstattung. Letzteres galt auch für die Fiat 500 und 600, die jetzt unter anderem mit Aschenbecher aufwarteten. An der Generalversammlung im Frühjahr 1962 erklärte der oberste Fiat-Leiter, Prof. Dr. V. Valetta, daß in diesem Jahr keine neuen Fiat-Modelle auf den Markt gebracht würden, nachdem das Vorjahr derart «erntereich» gewesen sei.

Dessenungeachtet erschien im Sommer gleichen Jahres der Fiat 1600 S als Nachfolger des 1500 Spider. Die von den Gebrüdern Maserati (→ Osca) entwickelte DOHC-Maschine war auf 1568 cm^3 vergrößert worden und leistete nun 100 statt 90 SAE-PS. Äußerlich erkannte man den 1600 S an der linksseitig auf der Motorhaube aufgesetzten Lufthutze. Es gab den neuen, mittelgroßen Sport-Fiat alsbald auch als formschönes Coupé; auch es wurde von den Pininfarina-Werken (→ Anhang) hergestellt. Inzwischen war auch ein Fiat Taxi 1500 im Programm, der die Karosserie des 1800 mit dem sparsamen Motor des 1500 verband. Ende 1962 verlängerte Fiat die Garantiefristen – zunächst für den einheimischen Markt – von sechs auf zwölf Monate.

Fiat 1100 D Nach den Fiat 500 und 600 erhielt auf dem Turiner Salon im Herbst 1962 auch der 1100 einen D-Typ. Er ersetzte allerdings nur den 1100 Speciale, während der «normale» 1100 Export unverändert blieb. Er besaß wieder den Motor des ehemaligen Fiat 1200 und des weitergebauten 1200 Cabriolet, jedoch mit gedrosselter Leistung. Die Karosserie entsprach jener des 1100 Speciale, hatte jedoch eine gefälligere, einfachere Front. Auf der Turiner Ausstellung wurde 1962 auch der von → Ghia gebaute Fiat 1500 GT vorgestellt.

Auf dem Genfer Salon 1963 kam als Nachfolger des 1100-Kombimodells der 1100 D Familiare hinzu. Neu war auch das in verjüngter Form wieder eingeführte Cabriolet 1500, das den 1200 Cabriolet ablöste; von diesem waren von 1959 an 11 850 Stück gebaut worden (hinzu kamen etwa 600 bis 1961 gebaute 1200 Coupé). Auch hier waren nun Scheibenbremsen eingebaut. Die Karosserien – sowohl des 1500 Cabriolet wie des im Vorjahr erschienenen 1600 S mit DOHC-Motor – zeigten eine verfeinerte Front, wobei das stärkere Modell im Kühlergitter integrierte zusätzliche Scheinwerfer aufwies. Die Fiat 2300 und 2300 Speciale wurden in das Modell 2300 Lusso zusammengefaßt. Dieses war auch mit ZF-Servolenkung erhältlich, und wie beim 180 B wurde statt des Dynamos ein Alternator eingebaut. Dank wartungsfreier Gelenke am Lenkgestänge reduzierte sich die Zahl der Schmierstellen bei diesen Modellen auf drei. Was bereits als Taxi zu haben war, wurde 1963 als «Privatmodell» vor allem für den einheimischen Markt eingeführt: der Fiat 1500 L (von lungo = lang) mit 1800-Karosserie und 1,5-Liter-Motor.

Fiat 850 Schubweise ab Februar 1964 wurden Einzelheiten über einen neuen, oberhalb des 600 D angesiedelten Kleinwagen bekannt. Die Präsentation des Fiat 850 genannten Neulings erfolgte im April. Er war wiederum mit einem Heckmotor ausgerüstet, der in einem angesetzten «Bürzelheck» untergebracht war. Deutlich geräumiger als der weitergebaute 600 D, bot der Typ 850 auch mehr Kofferraum in seinem Bug. Wie die Bezeichnung verrät, hatte der 4-Zylinder-Motor einen Hubraum von annähernd 850 cm^3. In der Ausführung Super leistete er 37 DIN-PS. Während der Radstand im Vergleich zum 600 D bloß um 2,7 auf 202,7 cm verlängert worden war, war die Gesamtlänge dank größeren Überhängen um 28 auf 357,5 cm angewachsen. Der 850 war auch breiter und höher. Das Konstruktionsprinzip war gleichgeblieben, doch waren viele Detailverbesserungen eingeführt worden. So wurde die vordere Querblattfeder durch einen Querstabilisator ergänzt, und ein solcher fand sich auch zwischen den Hinterrädern, die an schrägen Dreiecklenkern mit Schraubenfedern geführt waren. Beim 850 war nun auch der erste Gang synchronisiert.

Nach der Lancierung des Fiat 850 erhielt auch das Modell 600 D vorne angeschlagene Türen. Umfangreichere Verbesserungen zeigte auf dem Turiner Salon im Herbst 1964 der Fiat 1500. Er unterschied sich nun auch durch einen um 8 cm längeren Radstand vom bisherigen Zwillingsmodell 1300. Damit kam den Hintersitzpassagieren ein erhöhtes Raumangebot zu. Von vorne erkannte man den neuen 1500, der zudem eine von 72 auf 75 DIN-PS erhöhte Motorleistung besaß, an der Querrippe im Kühlergitter. Im Interieur fanden sich ein tiefergelegtes Lenkrad mit Polsterspeiche, ein verbessertes Armaturenbrett und komfortablere Sitze. Die Fiat-Spitzenlimousine 2300 wurde nun auch mit einem Borg-Warner-Getriebeautomat lieferbar. (Der Smith-Automat hatte nur bis 1962 auf der Zubehörliste figuriert.)

850 Coupé und Spider Auf der Basis des Fiat 600 hatten bereits verschiedene Spezialkarossiers hübsche Sportwägelchen geschaffen. Doch auf dem Genfer Salon des Frühlings 1965 zeigte Fiat nun den für die Großserie vorgesehenen «Sportwagen für jedermann», den 850 als Coupé und als Spider. Das formvollendete kleine Coupé war eine Fiat-Schöpfung, während das entzückende Cabriolet bei Bertone (→ Anhang) kreiert und von diesem großen Karosseriewerk auch gebaut wurde. Zwar entsprach der Unterbau weitgehend jenem der Limousine 850, doch wurden vordere Scheibenbremsen verwendet, und der Motor hatte eine wohltuende Leistungsspritze erhalten: Statt 37 standen im 2+2sitzigen Coupé 47 und im zweiplätzigen Spider gar 49 DIN-PS zur Verfügung. Bei bei-

Fiat 2300 S Coupé (Ghia/Osi), 1962
Rechts: Fiat 2300 Berlina Speciale, 1962
Fiat 1600 S Coupé (Pininfarina), 1964

Unten:
Fiat 1100 R, 1966
Fiat 850 Coupé, 1967
Rechts: Fiat 850, 1965
Fiat 850 Spider CL (Bertone), 1966
Fiat 124, 1967

den Modellen fand sich wieder das Fiat-Markenzeichen aus den zwanziger Jahren mit dem kleinen Lorbeerkranz. Es sollte auch künftig die Sportmodelle der Marke zieren.

Im März 1965 hatte auch der Fiat 500 vorn angeschlagene Türen und Detailverbesserungen erhalten; er hieß fortan 500 F. Ab 1960 waren über 640 000 Fiat 500 D hergestellt worden. Die «500er» hatten zur eigentlichen Volksmotorisierung Italiens beigetragen! Das Cabriolet und das Coupé 1500 – letzteres gab es seit Juni 1964 – erhielten im Frühling 1965 den leistungsgesteigerten Motor des 1500 Berlina mit verlängertem Radstand sowie ein geändertes 5-Gang-Getriebe, eine mehrteilige Lenksäule und damit ein steiler angeordnetes Lenkrad. Diese Änderungen betrafen auch das Cabriolet und das Coupé 1600 S. Die jüngste Ausführung des 2300 S erkannte man an den feinen über die Flanken gezogenen Chromstreifen, in die Türen integrierten Türgriffen und neuen Radzierdeckeln. Gerüchte über einen Nachfolger des 1100 D wurden von Fiat-Generaldirektor G. Bono im Sommer 1965 dementiert. Im Herbst brachte Bertone den 850 Spider CL (Convertibile Lusso) mit Mittelkonsole und weiteren Ausstattungsverfeinerungen als eigene Marke auf den Markt. Es gab ihn auch mit Hardtop und zudem als Hardtopcoupé mit einem Notsitz. Im Jahre 1965 wurden erstmals über eine Million Fiat gebaut!

1100 R Anfang 1966 ging als Nachfolger des 1100 D, von dem 330 000 Stück gebaut worden waren, der 1100 R in Produktion. Er besaß wieder den 1,1-Liter-Motor und dazu vordere Scheibenbremsen. Mit ihm fand Fiat zur Stockschaltung auch bei Limousinen zurück. Äußerlich gab sich dieser neueste «1100» wenig verändert, auch wenn er nun ein Kühlergesicht mit Querrippe im Stile des Fiat 1500 zeigte. Bereits sprach man aber von einem gänzlich neuen Mittelklassemodell, dem Typ 124. Doch zunächst wurde für den Fiat 850 das halbautomatische Getriebe Idromatic angekündigt.

Fiat 124 Am 1. April 1966 war es soweit: Der Fiat 124 feierte sein offizielles Debüt. Der «124» war ein Auto konventioneller Machart, präsentierte sich aber in einem

Rechts: Fiat 124 Sport Coupé, 1967
Unten: Fiat 124 Sport Spider (Pininfarina), 1967
Ganz unten: Fiat Dino Spider (Pininfarina), 1967

nüchternen, modernen Stil. Er hatte einen geräumigen, streng kubischen Karosserieaufbau ohne unnötigen Zierat. Als Neuerungen brachte er eine mit Schraubenfedern kombinierte hintere Starrachse sowie Vierrad-Scheibenbremsen. Sämtliche Schmierstellen waren weggefallen. Die Karosserie war speziell im Hinblick auf optimalen Unfallschutz konstruiert worden. Der 1,2-Liter-Motor stellte eine Neukonstruktion dar, die hohe spezifische Leistung bot: Mit 60 PS war er gleich stark wie jener des Fiat 1300, dessen Stunden nun gezählt waren. Auf den Auslandmärkten wurde der «124» erst im Herbst erhältlich, denn es entsprach der Fiat-Politik, neue Modelle erst nach vielen Monaten Inlanderfahrung für den Export freizugeben.

Fiat Dino Auf dem Turiner Salon Anfang November 1966 waren auf dem Fiat-Stand zwei besondere Attraktionen zu sehen: der aus der neuen Limousine entwickelte 124 Spider und der Dino Spider. Beide Wagen waren Pininfarina-Schöpfungen. Während der 124 Spider durch zeitlose Formvollendung hervorstach – und entsprechend selbst in den achtziger Jahren noch gebaut werden sollte –, wurde der Dino Spider von Kennern und Fans als ein Fahrzeug von kaum mehr übertreffbarer Eleganz empfunden! Sein 2-Liter-V6-Motor mit je zwei obenliegenden Nockenwellen war eine Ferrari-Konstruktion und diente als Basis für die Homologation eines neuen Formel-2-Motors. Auch bei Ferrari war indessen ein → Dino entstanden, der als eigene Marke in die Geschichte eingehen sollte. Der Fiat Dino hatte eine mit der Karosserie verschweißte Rahmen-Bodenanlage sowie eine hintere Starrachse mit Halbelliptik-Einzelblattfedern und parallel wirkenden Längsschubstreben. Selbstverständlich besass er Vierrad-Scheibenbremsen.

Der 2+2sitzige Fiat 124 Spider wurde von einem 4-Zylinder-Motor mit zwei obenliegenden Nockenwellen angetrieben. Es handelte sich jedoch nicht um die gleiche Maschine, wie sie im 1600 S eingebaut war, sondern um eine Neukonstruktion auf der Basis des 124-Motorblocks. Aus 1,4 Litern Inhalt standen 90 DIN-PS zur Verfügung (Fiat Dino mit drei Doppelvergasern: 160 PS). Der Antrieb der Nockenwellen erfolgte über Zahnriemen. Gleichzeitig mit dem 124 Spider wurde als weiteres Modell der 124 Familiare, ein fünftüriger Kombi, vorgestellt. – Vom 1500 Cabriolet waren übrigens an die 20 000 Einheiten gebaut worden, vom 1500 Coupé 2200, vom 1600 Cabriolet 2275 und vom 1600 Coupé gut 800 Exemplare.

Auf dem Genfer Salon 1967 folgten die beiden Coupéversionen: der im Werk selbst entworfene und gebaute Fiat 124 Sport Coupé (der offene Pininfarina-Zweisitzer hieß inzwischen analog 124 Sport Spider) und der von Bertone geschaffene und hergestellte Fiat Dino Coupé. Beide waren viersitzig ausgelegt und zeugten einmal mehr von der italienischen Designkunst. So wie das Stufenheckcoupé 124 elegant-gerissen wirkte, so war das Bertone-Fastbackcoupé schwungvoll-rassig. Im Vergleich zu ihren «Offenpartnern» waren sie technisch kaum verändert – abgesehen vom 4- statt 5-Gang-Getriebe beim 124

Sport Coupé –, doch hatten beide einen längeren Radstand.

Fiat 125 Im April 1967 gab es eine weitere bedeutende Fiat-Neuheit in der Familienwagen-Mittelklasse: das Konzept des Fiat 125 folgte jenem des Typs 124. Die Karosserie zeigte das gleiche kubische Zweckstyling, war jedoch länger und bot entsprechend mehr Innenraum. Der Radstand maß wie beim vorläufig noch weitergebauten Fiat 1500 250,5 cm, die Gesamtlänge erreichte jedoch 422 statt 413 cm (entsprechende Maße beim 124: 242/403 cm). Mit dem Typ 125 wurde erstmals eine intermittierende Scheibenwischerbetätigung eingeführt.

Ein wesentliches Merkmal war jedoch die Übernahme des sportlichen Zweinockenwellenmotors in den Fiat-Limousinenbau. In der Tat war die Antriebseinheit vom 124 Sport übernommen worden, doch erreichte der Hubraum im 125 statt 1438 nun 1608 cm³. Zwar stand nun, konstruktiv gesehen, dem beliebten → Alfa Romeo Giulia eine unmittelbare Konkurrenz gegenüber; weil die 1,6-Liter-Limite jedoch absichtlich überschritten worden war, bestand die Gefahr einer direkten Konfrontation in Tourenwagenrennen nicht. Zwar hatte der Fiat 125 nach Rezept des Hauses eine Starrachse mit Halbelliptikfedern, doch wurde mit Längslenkern ähnlich wie beim Dino für eine gute Radführung gesorgt.

Doch Fiat war auch im Kleinwagenbau aktiv geblieben. Anfang 1968 wurde die Serie 850 durch den 850 Special ergänzt. Er brillierte mit einem von 37 auf 47 PS gebrachten Motor, einem Sportlenkrad mit Lochspeichen und weiteren Verfeinerungen im Interieur. Als äußere Kennzeichen trug der Special Chromleisten an Seitenwänden, Dachrinnen sowie auf Front- und Heckscheibenrahmen. Doch diese Neuerung im 850-Programm war nur ein Vorspiel zu dem, was einen Monat später folgen sollte: die gänzlich überarbeiteten 850 Sport. Sowohl beim Coupé wie beim Bertone-Spider gelangte nun ein auf 903 cm³ vergrößerter Motor mit 52 PS Leistung zum Einbau. Das Coupé besaß neu in die Front integrierte Zusatzscheinwerfer sowie einen markanteren Heckabschluß mit Chromrähmchen, beim Spider waren die Scheinwerfer nun unverdeckt senkrecht gestellt, und bei beiden Modellen fanden sich jetzt Stoßstangenhörner. Ebenfalls im Hinblick auf den Genfer Salon 1968 erhielten die Fiat Dino als erste Serienautos eine elektronische Zündung. – Die Herstellung der Serie 1300/1500 war 1967 ausgelaufen; insgesamt waren fast 600 000 Fiat dieser Typenreihe vom Fließband gerollt.

Zum Fiat 500 F kam im Sommer 1968 als Luxusausführung der Typ 500 L hinzu. Er verfügte über eine verbesserte Polsterung mit Liegesitzen, einen Teppichboden, Türbehälter und einen Kunstlederüberzug auf dem verbesserten Armaturenbrett. Auffallend waren die Rohraufsätze auf den Stoßstangen. Vom Typ 500 mit dem luftgekühlten 2-Zylinder-Heckmotor waren bis dahin zwei Millionen Exemplare gebaut worden! Die Produktion des 500 Giardiniera war Anfang 1968 übrigens an → Autobianchi übertragen worden.

124 Special Einen weiteren Special gab es im Herbst 1968 in Form eines Modells zwischen den Fiat 124 und 125: Der 124 Special hatte die Karosserie des 124, jedoch mit Doppelscheinwerfern und Rundinstrumenten. Sein Motor war vom 124 Sport abgeleitet: 1438 cm³, allerdings ohne obenliegende Nokkenwellen. Die Leistung stand mit 70 PS zu Buche (gegenüber 60 beim 124 und 90 beim 125), doch war auch für besonders stark erhöhte Geschmeidigkeit gesorgt worden. Der gleiche Motor (mit anderer Leistung) wurde schon im → Autobianchi Primula Coupé S verwendet. Die starre Hinterachse wies beim 124 Special nun Schraubenfedern auf. – Die Produktion der 1800 B und 2300 war nach 155 000 Exemplaren ausgelaufen.

Auf dem Turiner Salon im November 1968 wurde auch ein 125 Special mit auf 100 PS gesteigerter Leistung, einem serienmäßigen 5-Gang-Getriebe sowie einer luxuriöseren Innenausstattung präsentiert. Auf der gleichen Ausstellung überraschte Fiat mit der Studie eines City-Taxis mit Schiebetüren auf der Basis des Modells 850. Unter den Spezialkarossiers zeigte Savio (→ Anhang) – um ein

Oben: Fiat 125, 1967
Oben rechts: Fiat Dino Coupé (Bertone), 1967
Rechts: Fiat 850 Sport Spider (Bertone), 1968

Fiat

Rechts: Fiat 850 Sport Coupé, 1968
Unten: Fiat 124 Special, 1969

Beispiel zu nennen – einen Sportkombi auf 125-Basis mit weit ins Dach reichender Heckscheibe. Auf Ende Jahr wurden auch der 124 Sport Coupé und der 125 mit der kupplungspedalfreien Idroconvert-Selektivautomatik lieferbar. In Rivalta bei Turin war inzwischen für die Herstellung der Coupé- und der Spider-Modelle 850 Sport, 124 Sport und Dino eigens ein ultramodernes Werk errichtet worden. In dieser ausgedehnten Abteilung «Vetture speciali» wurden nicht weniger als 6500 Personen beschäftigt!

Fiat 130 . . . In Rivalta sollte ab Sommer 1969 auch der neue Fiat-Prestigewagen gebaut werden, der im März angekündigt wurde. Mit ihm kehrte das große Turiner Werk in eine seit 1936 – als der letzte Typ 527 gebaut wurde – verlassene Sparte zurück. Man warf Fiat zwar vor, der 130 sehe allzusehr einem Amerikaner Wagen, etwa einem kleineren → Chevrolet, ähnlich. Doch hinsichtlich Technologie stand dieses Spitzenfahrzeug durchaus auf modernstem Niveau. Es hatte einen V6-Motor mit je einer obenliegenden Nockenwelle, der bei 2,9 Litern Hubraum 140 DIN-PS abgab. Serienmäßig wurde ein Borg-Warner-Automat eingebaut, doch war auf Wunsch auch ein 5-Gang-Getriebe von ZF erhältlich.

Die Vorderradaufhängung war mit Drehstabfedern sowie senkrechten Stoßdämpferbeinen und Kurvenstabilisator ausgerüstet, hinten fand sich eine Einzelradaufhängung mit Schraubenfedern, ebenfalls stabilisierend wirkenden Dämpferbeinen sowie Kurvenstabilisator. Serienmäßig wurden eine ZF-Servolenkung und selbstnachstellende Vierrad-Scheibenbremsen eingebaut. Die Struktur war nach jüngsten Erkenntnissen der Sicherheitstechnik aufgebaut, und das Interieur strahlte der Klasse gemäße Wohnlichkeit aus. Trotz des Renommees, das sich der Fiat 130 unter Kennern zu eigen zu machen vermochte, sollte er auf dem Inland- und vor allem auf dem Exportmarkt nicht ganz den erhofften Erfolg bringen. Es scheint, daß der

Fiat	Zyl.	cm³	PS *SAE	bei 1/min	Gänge	Spitze km/h	Radstand/ Länge	Bau- jahre	Besonderheiten
500	2	479	21*	4800	4	95	184/297	1957–60	luftgek. Heckmotor
Sport		500	25*	4800		105+		1958–60	
D			18	4400		95+		1960–	ab '65: 500 F
Giardiniera							194/319	1960–68	
600	4	633	29*	4900	4	100	200/329	1955–60	Heckmotor
Multipla						95	220/354	1956–60	Frontlenker-Pw
D		767	25	4600		110	200/330	1960–69	
D Multipla						105	220/354	1960–67	dto
1100	4	1089	48*	4800	4	120+	234/392	1957–60	(Familiare: 379 cm)
Luxe			55*	5200		130	234/396	1959–60	
Export/Speciale						130+	234/391	1960–62	(Familiare: 379 cm)
D		1221	55*	5000	4	130	234/393	1962–65	(Familiare: 392 cm) (50 Cuna-PS)
R		1089	48	5200			234/397	1966–69	(Familiare: 391 cm)
1200 Grande Vue	4	1221	63*	5300	4	140	234/397	1957–60	(auch «Granluce»)
Spider						145	234/403	1959–63	
1500 Spider	4	1491	90*	6000	4	170	234/403	1960–62	DOHC (Osca)
		1481	80*	5200		160	234/408	1963–65	(OHV) (72 Cuna-PS)
			75	5000	5			1965/66	ab '64: auch Coupé
1600 S	4	1568	100*	6000	4	175	234/403	1962–65	DOHC (Osca)
			85	5800	5		234/408	1965/66	ab '64: auch Coupé
1800	6	1795	85*	5000	4	140+	265/447	1959–61	
Familiare			82*			135+		1959/60	
			85*					1960/61	
B			97*	5300		145+	265/449	1961–66	(86 Cuna-PS)
			82	5300				1966–68	
2100	6	2054	95*	5000	4	150	265/447	1959–61	
Familiare			90*			140+		1959–61	
Speciale			95*			145+	273/463	1959–61	(auch «Europa»)
S Coupé Ghia			140*			200	265/462	1960/61	
2300	6	2279	117*	5300	4/4+S/A	160	265/450+	1961–66	(105 Cuna-PS)
Speciale							273/463	1961–63	
Coupé					4	175+	265/462	1961–65	
S Coupé			150*	5600		190+		1961–66	(136 Cuna-PS)
(Berlina)			102	5300	4/4+S/A	160	265/449	1966–68	
S Coupé			130	5600	4	190+	265/462	1966–68	
1300	4	1295	72*	5200	4	140+	242/403	1961–64	(65 Cuna-PS)
			60	5000				1964–66	
1500	4	1481	80*	5200	4	150	242/403	1961–64	(72 Cuna-PS)
			75	5000		155	251/413	1964–67	
Familiare							242/403	1964–67	
1500 Taxi	4	1481	66*	5200	4	130+	265/449	1962–64	(60 Cuna-PS)
L			80*	5200		140		1963/64	(72 Cuna-PS)
C			75	5000		145		1964–67	

Links: Fiat 124 Sport Coupé, 1970
Links unten: Fiat 130, 1970
Unten: Fiat 128, 1970

850	4	843	34	4800	4	121	203/358	1964–71	Heckmotor
Super			37	5000		126		1964–71	
Special			47	6400		135		1968–71	
Coupé			47	6200		135+	203/361	1965–68	
Spider			49			145	203/378	1965–68	
Coupé		903	52	6500		145+	203/365	1968–71	
Spider						150	203/382	1968–	
124	4	1197	60	5600	4	140+	242/403	1966–	
Sport Spider		1438	90	6500	5	170	228/397	1966–69	DOHC
Sport Coupé					4/5		242/412	1967–69	
Sport 1600 Coupé		1608	110	6400	5	180		1969–	
Spider							228/397	1969–	
Dino Spider	V6	1987	160	7200	5	210	228/411	1966–69	DOHC
Coupé							255/451	1967–69	
		2418	180	6600		205+		1970–	h.E.
Spider						210+	228/414	1970–	
125	4	1608	90	5600	4	160	251/422	1967–	DOHC
Special			100		5	170		1968–	
124 Special	4	1438	70	5400	4	150+	242/405	1968–	
130	V6	2866	140		A/5	180	272/475	1969/70	OHC, h.E.
			160	5800		185		1970–	
128	4	1116	55	6000	4	135+	245/386	1969–	OHC, Frontantrieb Querm., h.E.

traditionsgemäß mit populären Autos verknüpfte Name Fiat hier ein Handicap war.

... und 128 Nur drei Wochen nach dem Erscheinen des Fiat 130 folgte die Präsentation eines Autos gänzlich anderen Kalibers, des Fiat 128. Obwohl er auf den ersten Blick einer kleineren Wagenklasse anzugehören schien, löste er den 1100 R ab. Dieser war in Pontonform während beinahe 16 Jahren gebaut worden. Sein Ausstoß hatte in dieser Zeit die 2-Millionen-Grenze überschritten. Vom 1100 R waren seit 1966 noch knapp 340 000 Stück hergestellt worden.

Mit dem Fiat 128 brach für das Turiner Unternehmen eine neue Epoche an, handelte es sich doch um die erste Konstruktion mit Frontantrieb! Allerdings waren schon bei der Fiat-hörigen Marke → Autobianchi Erfahrungen mit der in England in Schwung gebrachten Kombination Frontantrieb mit Quermotor gesammelt worden. Diese im wahren Sinne des Wortes richtungweisende Konzeption erlaubt im umfangreichen Feld der Wagen unterer Mittelklasse optimale Raumnutzung. So war denn der Fiat 128 weit geräumiger, als man es ihm von außen ansah. Es gab ihn mit zwei und vier Türen, und er besaß eine im Stil dem 124 gleichende gefällige Form.

Der Kurzhubmotor war ebenfalls eine Neukonstruktion. Die Ventile wurden über eine obenliegende Nockenwelle gesteuert, und aus 1116 cm^3 Inhalt resultierten 55 PS. Auch der 128 wies eine hintere Einzelradaufhängung auf, und zwar mit Dämpferbeinen und selbststabilisierender Zweiblatt-Querfeder. Vorne fanden sich Federbeine und ein Querstabilisator. Auch dieses kleine Fahrzeug besaß einen elektrischen Kühlerventilator.

Der Turiner Salon im Herbst 1969 stand für Fiat im Zeichen der Detailverbesserungen. Zum zwei- und zum viertürigen Modell 128 kam ein dreitüriger Familiare (Kombi). Die 124 Sport wurden wahlweise mit einem 1,6-Liter-Motor lieferbar. Dieser war von der Maschine des Typs 125 abgeleitet, leistete

Fiberfab

jedoch 20 PS mehr (110 DIN-PS). Während der Spider des neuen Jahrgangs an zwei unauffälligen Ausbuchtungen auf der Motorhaube und einem geänderten Kühlergrill zu erkennen war, hatte man die Front des 124 Sport Coupé gänzlich umgezeichnet: sie umfaßte nun direkt an Lufteinlaßgitter anschließende Doppelscheinwerfer. Zudem hatte auch das Interieur Verfeinerungen erfahren. – Bei Pininfarina hatte man seit 1966 rund 24 000 Fiat 124 Sport Spider gebaut.

Neues gab es auch bei den Dino: Hier wurde der 2-Liter- durch einen 2,4-Liter-V6 ersetzt, wie ihn der → Dino aus dem Hause Ferrari (allerdings mit noch höherer Leistung) bereits seit dem Genfer Salon besaß. Im Fiat Dino standen nun 180 statt 160 PS sowie ein wesentlich höheres Drehmoment (22 mkp bei 4600/min statt 17,5 bei 6000!) zur Verfügung. Zudem hatten die Dino nun eine hintere Einzelradaufhängung, wie sie der Typ 130 besaß. Den nach wie vor bei Bertone gebauten Fiat Dino Coupé erkannte man am geänderten Kühlergitter und an den verschwundenen Luftauslaßöffnungen, die sich bis dahin an die hinteren Seitenfenster angeschlossen hatten, beim Spider zeigte das Kühlergitter nun zwei Querstäbchen. Seit 1967 waren 3641 Fiat Dino Coupé gebaut worden (vom 2,4-Liter-Coupé sollten es 2363 Einheiten sein). Der Fiat Dino Spider von Pininfarina sollte es auf insgesamt 1540 Exemplare bringen (wovon 500 mit 2-Liter-Motor). – 1969 war auch das Jahr, in dem die Fiat-Dirigenten unter Giovanni Agnelli die marode «Konkurrenzfirma» → Lancia übernahmen!

1969 war die Produktion des in seiner ersten Ausführung 1955 lancierten Fiat 600 ausgelaufen. Dafür sprach man von der Lizenzherstellung des Fiat 124 in einem eigens mit Fiat-Know-how erstellten riesigen russischen Automobilwerk in Togliattigrad. Der Shiguli alias Lada sollte später in Westeuropa Fuß fassen. Ebenfalls aus dem Osten stammte der → Polski Fiat 125. Doch längst war das Fiat-Unternehmen, dessen technische Kreativität von den Ingenieuren Dante Giacosa und O. Montabone geprägt wurde, auch zu einem Imperium in der westlichen Welt geworden, mit zahlreichen Montage- und Zweigwerken in Nord und Süd (→ auch Nekkar, NSU-Fiat).

Die amerikanische Firma Fiberfab in Santa Clara, Kalifornien, zählte zu den bedeutendsten Herstellern von Bausatzautos auf → VW-Käfer-Plattform-Basis. Überdies hatte sie in der zweiten Hälfte der sechziger Jahre in Deutschland, und zwar in Ditzingen bei Stuttgart, einen Zweigbetrieb gegründet, so daß diese preisgünstigen amerikanischen Liebhaberautos auch in Europa Verbreitung fanden. Im Herbst 1967 wurde als Neuschöpfung von Fiberfab Europa der Bonanza GT gezeigt, ein 2+2sitziges Kunststoffcoupé im Fastbackkleid. Dieses war auf dem unverkürzten 240-cm-VW-Chassis aufgebaut bzw. aufzubauen und ließ sich mit VW- oder Porsche-Motoren bis 1,6 Liter ausrüsten. Man sprach von einer Wochenproduktion von fünf Bausätzen, doch gab es auch Fertigwagen.

Im Sommer 1966 brachte Fiberfab in Kalifornien unter spezieller Marke das Hochleistungscoupé → Valkyrie heraus. In Europa kam 1968 wiederum als Bausatzmodell der Aztec GT hinzu, ein besonders sportlich eingekleidetes Coupé mit «vertiefter» Heckscheibe im Stile von Porsche-Rennsportwagen. Auf dem amerikanischen Markt war der Aztec bereits 1965 präsentiert worden. Die Frankfurter IAA im Herbst 1969 brachte neben dem Bonanza GT als Neuheit den Bonito, ein längeres, rennsportlich rassig aussehendes 2+2-Coupé, dessen Design an den Ford GT (→ Ford USA) erinnerte.

Von oben nach unten:
Fiberfab Aztec, 1965
Fiberfab Bonanza GT, 1968
Fiberfab Bonito, 1970

Fiberfab	Zyl.	cm³	PS *SAE	bei 1/min	Gänge	Spitze km/h	Radstand/ Länge	Baujahre	Besonderheiten
Bonanza GT	B4	1493	44	4000	4	135	240/420		VW-Unterbau!
Aztec GT							240/390		(Bausätze)
Bonito							240/420	1969–	1200–1600 cm³

Fitch Phoenix

Im Sommer 1966 stellte die Firma eines berühmten Rennfahrers, die John Fitch & Co. in Falls Village, Connecticut, den Fitch Phoenix vor, ein niedriges Coupé mit auffallend flacher Front, Klappscheinwerfern und beeindruckenden Reserveradausbuchtungen in der Fronthaube beidseits hinter den vorderen Radausschnitten. Der Vorderteil des Daches war abnehmbar, und daher wurde die «in Turin entworfene» Karosserie mit Landau Coupé bezeichnet (in Anlehnung an eine historische Karosserieform). Auf Knopfdruck versank die Heckscheibe im Kofferraum.

Die im Heck installierte Antriebseinheit entstammte dem → Chevrolet Corvair und bestand entsprechend aus einem luftgekühlten 6-Zylinder-Boxermotor in Verbindung mit einem 4-Gang-Vollsynchrongetriebe oder mit einem 2-Stufen-Automat Powerglide. Die Leistung der 2683-cm³-Maschine war mittels Hochleistungsnockenwelle, Transistorzündung und vier Fallstromvergasern von 97 auf 170 SAE-PS gesteigert worden. In einer Ausführung Fitch Phoenix II war sie auf 160 PS gedrosselt. Anstatt Girling-Scheibenbremsen an den Vorderrädern wies der Phoenix II herkömmliche Trommelbremsen auf. Auf 1968 wurde die Leistung mit 172 und 162 PS angegeben. Es wurden allerdings nur Prototypen gebaut. Die geplante Serienherstellung von 500 Stück pro Jahr fiel den neuen Sicherheitsbestimmungen zum Opfer!

Fitch Phoenix, 1968

Fitch Phoenix	Zyl.	cm³	PS *SAE	bei 1/min	Gänge	Spitze km/h	Radstand/ Länge	Baujahre	Besonderheiten
(Landau)	B6	2683	170*	5200	4/A	208+	241/442	1966	Mechanik Chev. Corvair
II			160*	5000					ab '68: 172/162 PS

FMR (Dreirad)

Die Initialen FMR standen für Fahrzeug- und Maschinenbau GmbH, eine in Regensburg beheimatete Firma. Dieses Unternehmen war Anfang 1957 mit der Übernahme des Herstellwerks für die Messerschmitt-Kabinenroller durch Fritz Fend gegründet worden. Damit kehrten die Produktionsrechte in die Hand des eigentlichen Messerschmitt-Konstrukteurs zurück. Der von Willy Messerschmitt, einem Flugzeugkonstrukteur, in Produktion genommene völlig ungewohnt geformte Kleinstwagen mit den hintereinander angeordneten Sitzen war 1953 auf dem Genfer Salon vorgestellt worden. Er sollte zu ungeahntem Erfolg kommen, doch in der zweiten Hälfte der fünfziger Jahre war der Rollermobilboom am Abflauen. Dagegen vermochte auch die technische Weiterentwicklung nicht viel auszurichten.

1960 wurden sowohl die dreirädrigen KR 200 und 201 nach ursprünglichem Konzept wie die noch abenteuerlicheren vierrädrigen Tg 500 und Tg 500 Sport hergestellt (Tg war eine Ableitung der 1957 eingeführten Modellbezeichnung Tiger, die aus Gründen des Namensschutzes nicht beibehalten werden konnte). Der KR 201 und der Tg 500 Sport waren Cabriolet- bzw. Roadstermodelle, den KR 200 gab es auch als Cabriolimousine (Stoffverdeck über festen Seitenwänden), während die Grundmodelle KR 200 und Tg 500 die typische Messerschmitt-Glaskuppel besaßen, die sich zum Ein- und Ausstieg seitlich aufklappen ließ.

Den Antrieb besorgte im Dreiradwagen ein luftgekühlter 1-Zylinder-2-Takt-Motor von 191 cm³ Inhalt und 9,7 DIN-PS Leistung des Fabrikats Fichtel & Sachs, im vierrädrigen Tg hingegen war eine weit potentere 2-Zylinder-Maschine gleicher Konstruktionsart mit 494 cm³ Hubraum, 3-Stufen-Registervergaser und 19,9 PS eingebaut. Verständlich, daß mit dem 350 kg leichten Kleinstfahrzeug verblüffende Fahrleistungen erzielt werden konnten. Der (damals als Heckmotor bezeichnete) Mittelmotor befand sich vorne über der mit Führungsrohren und Schraubenfedern versehenen hinteren Pendelachse bzw. dem an einem Schwingarm mit Gummifederung geführten hinteren Einzelrad. Vorn fand sich eine Einzelradaufhängung mit Gummitorsionsfederung. Der Unterbau wurde von einem Rohrrahmen getragen.

Im Verlaufe des Jahres 1960 wurde das Sportmodell aufgegeben. Doch auch die Herstellung der weiteren FMR-Typen reduzierte sich, der gesunkenen Nachfrage entsprechend, allmählich. 1963 wurde die Herstellung des vierrädrigen Tg 500 endgültig eingestellt, nachdem insgesamt rund 950 Einheiten gebaut worden waren. Auch die Cabrioversion KR 201 wurde in jenem Jahr aufgegeben. 1964 begann sich FMR dann ausschließlich auf die Herstellung von Getränkeautomaten zu konzentrieren. Bis im Januar 1964 waren etwas über 25 000 FMR KR 200/201 gebaut worden. Die Vorgängermodelle Messerschmitt KR 175 und KR 200 hatten es auf je rund 20 000 Exemplare gebracht.

Ganz oben: FMR KR 201 Cabriolet, 1961
Oben: FMR Tg 500, 1961

FMR	Zyl.	cm³	PS *SAE	bei 1/min	Gänge	Spitze km/h	Radstand/ Länge	Baujahre	Besonderheiten
KR 200/201	1	191	10	5000	4	100	203/282	1957–64	s. Text!, **Dreirad**
Tg 500	2	494	20	5000		130	189/300	1958–63	s. Text!

FNM

Die Fabrica National de Motores (FNM) bei Rio de Janeiro war gegen Ende des Zweiten Weltkriegs entstanden. Ab 1949 wurden nebst anderem Isotta-Fraschini-Lastwagen montiert. Nachdem es solche nicht mehr gab, schloß FNM mit Alfa Romeo einen Vertrag (beide Firmen befanden sich ja in Brasilien bzw. Italien in staatlichem Mehrheitsbesitz). Danach wurden vor allem mittelgroße und schwere Lastwagen gebaut. Ab 1960 wurde in kleinen Serien auch die Herstellung des → Alfa Romeo 2000, einer sportlich-luxuriösen Limousine mit DOHC-4-Zylinder-Motor, aufgenommen. Die Leistung des Berlina 2000, der in Italien inzwischen durch den Typ 2600 abgelöst worden war, blieb der schlechteren Benzinqualität Brasiliens wegen auf 95 statt 105 DIN-PS gedrosselt. Neben dem ursprünglich mit JK bezeichneten Modell gab es ab 1964 eine Version TIMB (= Turismo Internacional Modelo Brasiliero). Sie hatte eine mit zwei Vergasern auf 115 PS gebrachte Leistung, und das 5-Gang-Getriebe wurde mit Stock- statt Lenkradschaltung bedient. Auf Wunsch war sie mit Transistorzündung zu haben. Das Alfa-Schildchen im Kühlergesicht war tiefer gesetzt und wies zudem ein Gittermotiv auf. Ein solches fand sich auch beim Basismodell des Jahrgangs 1967.

Gleichzeitig mit dieser kleinen Änderung war ein 2+2sitziges Coupé mit der Bezeichnung FNM 2000 Onça herausgebracht worden. Abgesehen von der Alfa-Kühlerfront erinnerte seine Form stark an den → Ford Mustang. Die Kunststoffkarosserie war von Malzoni (→ DKW-Malzoni) entwickelt worden. Der Onca hatte nun den 115-PS-Motor, während sich der Typ TIMB mit 105 PS zufriedengab. – 1968 wurde die FNM-Aktienmehrheit von Alfa Romeo übernommen.

Auf 1969 konzentrierte sich die Produktion auf das neue Modell 2150, mit einem auf 2131 cm³ vergrößerten DOHC-Vierzylinder, dessen Leistung mit 110 DIN-PS angegeben wurde. Die Motorhaube war wie beim TIMB vorne tief heruntergezogen, und das kleine Alfa-Schildchen wurde nun von horizontalen Zierstäben flankiert. In weiterentwickelter Form und schließlich unter der Markenbezeichnung Alfa Romeo wurde diese Konstruktion auch in den achtziger Jahren noch gebaut, als FNM längst in den Besitz der inzwischen gegründeten brasilianischen Fiat-Gesellschaft übergegangen war!

FNM	Zyl.	cm³	PS *SAE	bei 1/min	Gänge	Spitze km/h	Radstand/ Länge	Baujahre	Besonderheiten
JK	4	1975	95	5400	5	155	272/472	–1964	DOHC, Lizenz Alfa R.
2000								1964–68	
TIMB			115			165		1964–66	
			105					1966–68	
Onça			115	5900		175	250/443		
2150		2131	110	5700		165	272/472	1968–	

Links außen: FNM 2000 TIMB, 1966
Links: FNM 2000 Onça, 1967

Ford USA

Kurz nachdem Ford die Herstellung des fünfzigmillionsten Autos feiern konnte, leitete das Unternehmen im Herbst 1959 mit der Lancierung des Falcon die Ära der Compact-cars ein. Mit diesen nach amerikanischen Begriffen kleinen Wagen sollte auf dem einheimischen Markt dem Erfolg der Importautos aus Europa Einhalt geboten werden. Im Gegensatz zu dem kurz darauf vorgestellten Corvair des Ford-Hauptkonkurrenten → Chevrolet war der Falcon ein äußerst konventionell ausgelegtes Auto. Dennoch handelte es sich von Grund auf um eine Neukonstruktion. Es ging darum, Amerikas Autofahrern mit dem Falcon ein preisgünstiges und dennoch leistungsfähiges Fahrzeug zur Verfügung zu stellen. So wurde denn der Falcon 40 % leichter als der kleinste Ford der Standardgröße, und er wurde sogar als wesentlich sparsamer als der Compact-car-Vorreiter, der → Rambler, bezeichnet. Der vergleichsweise schlicht und gefällig geformte Falcon hatte einen 2,4-Liter-6-Zylinder-Motor, und er bot Platz für sechs Personen, wie dies – angeblich – die Amerikaner wollten. Im Gegensatz zum Corvair gab es den Falcon auch zweitürig.

Bei den Standard-Ford stellte man für 1960 eine vollständig neu gezeichnete Karosserie fest. Nach wie vor gab es die Reihen Fairlane, Fairlane 500 und Galaxie (= Milchstraße) sowie die Kombimodelle Ranch Wagon (Tudor = allgemein verwendete Ford-Bezeichnung für zwei Seitentüren, Fordor = vier), Country Sedan und Country Squire. Neben den Hardtoplimousinen Victoria und Town Victoria und dem Cabriolet Sunliner wurde als neues Spitzenmodell der Starliner eingeführt, ein Fauxcabriolet (Hardtopcoupé) mit sanft in das horizontal ausgezogene Heck abfallender Dachlinie. Die Panorama-Heckscheiben waren aufgegeben worden, die Karosserien waren größer geworden, und zudem hatte man die Spur vorne um 5, hinten um fast 10 cm verbreitert! Mit neuen Zylinderköpfen hatte man die Motoren – den 3,7-Liter-Sechszylinder Mileage Maker Six und die mit Thunderbird bezeichneten 4,8- und 5,8-Liter-V8 – verbessert, die Gesamtbremsflächen waren um 25 % vergrößert, die hinteren Blattfedern zwecks höheren Komforts verlängert worden. Für die Kraftübertragung dienten 3-Gang-Getriebe mit und ohne (halbautomatischen) Borg-Warner-Schnellgang sowie die verfeinerten Getriebeautomaten Ford-o-Matic (zwei Stufen) und Cruise-o-Matic (drei Stufen). Auf Wunsch wurden sowohl eine Servolenkung wie eine Differentialbremse geliefert. – Der sportlich-luxuriöse → Thunderbird galt seit dem Modelljahr 1959 als eigene Marke.

Schon Anfang 1960 begannen hartnäckige Gerüchte zu zirkulieren, Ford werde in den USA selbst einen Kleinwagen bauen, der noch viel billiger sei als der Falcon und mit dem die Erfahrungen der englischen und der deutschen Ford-Werke berücksichtigt würden... Vorerst brachte Ford allerdings den Ranchero, eine Pick-up-Version des Falcon, heraus, später kamen drei- und fünftürige Kombi hinzu. Aus dem vieldiskutierten Kleinwagenprojekt namens Cardinal sollte hingegen der Frontantriebs-Taunus werden (→ Ford Deutschland).

1961 stand im Falcon ein 2,8-Liter-Motor zur Wahl. Das Kühlergitter war nun leicht nach außen gewölbt. Bei den großen Ford verlief der obere Kühlergitterrand jetzt horizontal. Es gab teils andere Motoren. Gleich 600 PS leistete ein Gasturbinenmotor, der allerdings nicht zu kaufen war, sondern einen

Teil des intensiven Ford-Forschungsprogramms verkörperte. Im April 1961 wurde die Falcon-Reihe durch den zweitürigen Futura mit vorderen Einzelsitzen ergänzt. Ende 1961 konnte Ford bereits die Auslieferung des millionsten Falcon feiern. Es handelte sich um ein Modell 1962, das man an dem aus feinen Senkrechtstäben zusammengefügten Kühlergitter und der auf der Motorhaube aufgesetzten kleinen Hutze erkannte. Es gab jetzt zudem den Falcon Squire, einen Kombi mit schmucker Holzverkleidung, und alle Station Wagons hatten zudem zusätzlich Schraubenfedern unter dem Wagenheck erhalten. Die Motoren wiesen neu einen Torsionsschwingungsdämpfer auf. Erst im Frühjahr wurde der Sports Futura lieferbar, eine luxuriös-sportliche Sonderausführung, die mit einem 4-Gang-Getriebe mit Mittelschaltung zu haben war.

Fairlane = Intermediate Auf 1962 fand bei den großen Ford eine Zweiteilung statt: Aus dem Fairlane und dem Fairlane 500 wurde eine kleinere Modellreihe, die sich zwischen den Falcon und den als «Standard-Ford» weitergebauten Galaxie einreihte. → Chevrolet hatte hingegen mit dem Chevy II einen neuen Namen geschaffen; allerdings war der Chevy II eher eine Alternative zum Corvair, während für die mit dem neuen Fairlane geschaffene, später als Intermediate bekannt gewordene Fahrzeuggröße bei Chevrolet alsbald der Chevelle kreiert wurde.

Wie der Falcon hatte auch der neue Fairlane eine selbsttragende Tudor- oder Fordor-Karosserie. Er war 40 cm länger als der Falcon und 30 cm kürzer als der Galaxie. Für den Antrieb bestand die Wahl zwischen einem 2,8-Liter-Sechszylinder und einem 3,6-Liter-V8 aus neuem, dünnwandigem und damit leichtgewichtigem Grauguß. Dieser Motor war außer mit dem Ford-o-Matic und dem 3-Gang-Getriebe auch mit 3-Gang-plus-Overdrive erhältlich. Wie bei den meisten Amerikaner Wagen des neuen Jahrgangs waren die Serviceintervalle drastisch verlängert worden: Ölwechsel alle 10 000, Schmierservice alle 50 000 km. Im Kühler fand sich zudem serienmäßig ein bloß alle zwei Jahre auszuwechselndes Frostschutzmittel.

Die neukarossierten Galaxie (und Galaxie 500) erkannte man an einer vom oberen Kühlergitterrand ausgehenden, sich über die gesamte Flanke erstreckenden Zierschiene. Das Getriebeangebot wurde durch eine 4-Gang-Einheit mit Stockschaltung erweitert, und selbst das 3-Gang-Getriebe konnte wahlweise mit Mittelschaltung bestellt werden. Sportliche Sondermodelle mit vorderen Einzelsitzen auch bei Fairlane und Galaxie, wo sie mit Fairlane 500 Sports Coupé und Galaxie 500 X/L bezeichnet wurden.

Einen Traumwagen mit aerodynamischen Aspekten stellte die Ford Motor Company unter dem Namen Ford Cougar 406 an der Autoschau von New York im Frühling 1962 vor; Hauptmerkmal waren die Flügeltüren à la Mercedes-Benz 300 SL. Ein Traumwagen ganz anderen Kalibers war hingegen der im Oktober des gleichen Jahres vorgestellte Ford Mustang: ein kleiner, rennsportlich aufgezogener Roadster mit Gitterrohrrahmen, niedriger Aluminiumkarosserie, flachem Bug, Überrollbügel, Magnesiumrädern und – vor allem! – einem von der V4-Maschine des deutschen Taunus 12 M abgeleiteten und frisierten 1,5-Liter-Mittelmotor. Mit diesem in mehreren Exemplaren gebauten und auch der Fachpresse in Europa zu Probefahrten zur Verfügung gestellten Studienobjekt wollte Ford die Chancen für eine Sportwagenherstellung erkunden.

Die Serienmodelle des Jahrgangs 1963 – das Produktionsprogramm umfaßte einschließlich Thunderbird 46 Modelle – zeigte vor allem äußere Modifikationen. Das Falcon-Kühlergitter wies jetzt einen horizontalen Mittelzierstab auf, und neu wurden in dieser Serie auch ein Hardtopcoupé und ein Cabriolet angeboten. Die Fairlane erkannte man am feinmaschigeren und nach einwärts gebogenen Kühlergitter, und die Galaxie (einschließlich Ford 300) an der auch um die äußeren Scheinwerfer führenden Kühlergitterumrandung. Das Galaxie-Heck erinnerte zudem an das Thunderbird-Design.

Modelle 1963½ Der Konkurrenzkampf veranlaßte Ford zu einem ungewöhnlichen Schritt, nämlich zur Einführung eines Jahrgangs 1963½. Er bestand in der Ergänzung der Typenreihen um sieben weitere Modelle. Sie standen im Zeichen der Leistungssteigerung, indem sie mit fünf neuen Motoren ausgestattet wurden. So gab es im neuen Modell Falcon Sprint nun einen 4,3-Liter-V8, im Fairlane einen 3,3-Liter-Six mit 117 PS und einen High-Performance-4,7-Liter-V8 mit 275 PS (zusammen mit der Galaxie-Hinterachse), im Galaxie schließlich einen mit Challenger bezeichneten 4,7-Liter-Motor mit 198 sowie einen wiederum mit Thunderbird umschriebenen 7-Liter-Motor mit einer Verdichtung von 11,5:1 und bis zu 431 SAE-PS. Die 4,7-Liter-Maschine mit kurzem Hub sollte zu einem besonders beliebten Ford-Motor werden. Das 4-Gang-Getriebe fand vermehrte Verwendung, und überdies wurde bei den Hardtopcoupés eine neue, schräg abfallende und somit strömungsgünstigere Dachform eingeführt. – Auf dem Turiner Salon war von Pininfarina (→ Anhang) ein Coupé Ford Falcon Clan ausgestellt worden. Von Ford selbst war 1963 das Fastback-Versuchscoupé Allegro mit Falcon- oder Taunus-V4-Motor gebaut worden; 1964 folgte die Kombiwagenstudie Aurora.

Das Modelljahr 1964 stand bei Ford ganz im Zeichen der Hinwendung zum Automobilsport. Dabei spielte auch die Unterstützung von englischen Rennsportfirmen wie etwa → Lotus (Indianapolis-Rennwagen), → Lola (zweisitzige Rennsportwagen) und → AC-Cobra (Hochleistungs-Sportwagen) eine Rolle. Die Falcon hatten eine kantigere Silhouette mit nach oben geführten vorderen Kotflügelenden erhalten, die Fairlane wie die Galaxie hatten nun voneinander leicht abgesetzte Doppelscheinwerfer. Der 3,6-Liter-V8 war bereits wieder aufgegeben worden, anderseits gab es die neue Automatversion

Unten: Ford Falcon, 1960
Unten rechts: Ford Fairlane, 1962
Ganz unten: Ford Galaxie Starliner, 1961

Rechts: Ford Mustang, 1965
Von oben nach unten:
Ford Falcon Futura, 1966
Ford Galaxie LTD, 1966
Ford Bronco, 1966

Dual-Range. Bei den größeren Modellen – neben dem Galaxie gab es inzwischen auch den einfacheren Custom – war nach wie vor eine Differentialbremse (Equa-Lock) lieferbar.

Vom neuen Ford-Stylist Gene Bordinat war für die New Yorker Weltausstellung 1964 ein weich geformter Traumwagen, der Cougar II, entworfen worden. Noch größere Bedeutung kam jedoch dem Mustang II zu, einem nun viersitzigen Cabriolet-Prototyp mit vorne eingebautem V8-Hochleistungsmotor; auch mit ihm sollte das Publikumsinteresse erforscht werden . . . Und Ford ritt weiter auf der sportlichen Welle: Anfang 1964 wurden Zeichnungen eines Ford-V8-Prototyps freigegeben, der in Zusammenarbeit mit Eric Broadley von Lola entstand. Dieses Auto sollte in Langstreckenrennen eingesetzt werden und dem Namen Ford zu neuem Ruhm verhelfen!

Mustang! Daß Ford einen Sportwagen namens Mustang (= Präriepferd) tatsächlich in Serie bringen würde, bestätigte sich im März 1964, und im April wurde er denn als gänzlich neue Modellreihe vorgestellt: Der Ford Mustang sollte zu einem Begriff werden, und sein rasch eintretender Verkaufserfolg brachte die gesamte amerikanische Konkurrenz dazu, in Eile «Anti-Mustang-Modelle» auf den Markt zu bringen. Der Serien-Mustang war in keiner Weise eine so ungewöhnliche Konstruktion, wie es der erste Mustang-Traumwagen gewesen war. Wie schon der Mustang II basierte er weitgehend auf der Standard-Bauweise: Er besaß eine selbsttragende Coupé- und Cabriolet-Karosserie mit verwindungsfestem Plattformrahmen und eine hintere Starrachse mit Halbelliptikfedern. Vorne kam ein Kurvenstabilisator hinzu, und auf Wunsch waren vordere Scheibenbremsen Kelsey-Hayes mit hinterem Bremskraftverteiler sowie eine Servolenkung zu haben.

Es standen vier Motoren, vom 2,8-Liter-Sechszylinder mit 101 PS bis zum 4,7-Liter-Hi-Performance-V8 mit 275 PS, zur Wahl. Beim einfachsten der fünf Getriebe war der erste Gang noch nicht synchronisiert, doch hatte auch dieses einen Mittelschalthebel; auf Wunsch war das Cruise-o-Matic erhältlich. Mit einer als Rally-Pac angebotenen sportlichen Sonderausrüstung mit größeren Reifen, Bremsservo, Differentialbremse, zentralen Radflügelmuttern, Tourenzähler und unter anderem speziellen Gurten wurde der Mustang für den Einsatz an Wettbewerben propagiert.

Doch der Mustang hatte in erster Linie ein (aus amerikanischer Sicht) sportliches Erscheinungsbild, ohne daß er als Sportwagen im europäischen Sinne gelten konnte. Seine relativ niedrige Silhouette mit der langgezogenen Motorhaube und dem eher kurzen hinteren Überhang wurde zu einer Richtschnur für das US-Autodesign, und sie fand durchaus auch in der Alten Welt ihre Liebhaber. Immerhin: mit technischem und nicht nur optischem Aufwand durch ausgewiesene Spezialisten bereitgestellte Mustang sollten sich durchaus auch bei eigentlichen Renneinsätzen, so etwa bei der Tour de France Automobile, bewähren.

Mit dem Modelljahr 1965 erschien der Mustang zusätzlich in einer besonders attraktiven Fastback-Version, wie sie bereits früher vorgestellt worden war. Anstatt um einen Viersitzer handelte es sich um ein 2+2-Coupé, wobei sich die Hintersitze zu einer Gepäckablage wandeln ließen. Die wenig Seitenhalt bietenden Einzelsitze wurden hier durch schalenförmige Vordersitze ersetzt. Auch die großen Ford-Modelle waren nun, in der viertürigen Ausführung, mit umklappbaren hinteren Sitzlehnen lieferbar. Bei den viertürigen Hardtoplimousinen wie beim Mustang 2+2 wurde eine Zwangslüftung eingeführt. Zu den weiteren Verbesserungen zählten vermehrte Geräuschdämpfung und zusätzliches Sicherheitszubehör. Unter anderem konnte (für die großen Ford) gegen Mehrpreis eine Zentralverriegelung, eine Notblinkanlage oder eine Leuchtschrift «fasten seat belts» bestellt werden. Das Motorenprogramm wurde bereinigt, und der 3,3-Liter-Sechszylinder besaß nun sieben Kurbelwellenlager. Das 3-Gang-Cruise-o-Matic löste auch bei den Falcon und den Fairlane das 2-Stufen-Ford-o-Matic ab. Das Falcon-Kühlergitter hatte jetzt eine senkrechte Mittelrippe.

Der Fairlane 1965 präsentierte sich mit 2,5 cm längerem Radstand sowie 4 cm längerer und gar 4,5 cm breiterer Karosserie. Ihr Design war eckiger, und die Doppelscheinwerfer waren nun von einem Chromrahmen umfaßt. Das Fahrwerk war überarbeitet worden. Dies galt auch für die großen Custom und Galaxie, deren Starrachse jetzt an Schraubenfedern abgestützt wurde. Die großen Ford besaßen neuerdings übereinander angeordnete Doppelscheinwerfer. Neben der XL-Ausführung gab es als neues Spitzenmodell den LTD (Abkürzung für Limited) mit Nußbaumholzfurnier und Spezialpolsterung.

Mustang GT Anfang 1965 erhielt das Mustang-Programm eine weitere Ergänzung, und zwar in Form des Shelby Mustang GT 350. Es handelte sich um eine vom Werk kommerzialisierte Frisierversion von Carroll Shelby, der in Los Angeles auch den AC-Cobra präparierte. Der GT 350 basierte auf dem Fastbackcoupé und besaß nebst einer seitlichen Aufschrift zwei breite blaue Längsstreifen über Motorhaube, Dach und Wagenheck. Hinzu kamen eine Stauhutze auf der Motorhaube, eine Reserveradmulde statt der hinteren Notsitze, Sportlenkrad und Zusatzinstrumente. Vor allem aber leistete hier der 4,7-Liter-Motor (= 350 cubic inches) dank Rennansaugleitungen, Spezialvergaser, Auslaß-Expansionsrohr und dem vor den Hinterrädern endenden Doppelauspuff nicht weniger als 285 PS. In der eigentlichen Rennversion standen gar 330 PS an. In ihr waren außer den Rädern, den Bremsen, der Lenkung, den Stoßdämpfern und den Torsionsstäben auch die Kühlung und weitere Details angepaßt worden.

Binnen einem Jahr konnte Ford rund 400 000 Mustang absetzen (Bezeichnung in Deutschland aus Gründen des Namensschutzes: T 5). Um dem Sporttrend noch besser Folge leisten zu können, wurde im Frühling 1965 ein GT-Package für alle V8-Mustang geschaffen, das einen auf über 225 PS gebrachten 4,7-Liter-Motor mit Doppelauspuff, Nebellampen, Sportinstrumente, eine direktere Lenkung, ein holzverkleidetes Armaturenbrett sowie auch hier serienmäßige vordere Scheibenbremsen umfaßte.

Inzwischen waren auch nähere Einzelheiten über den für Rennzwecke konstruierten Mittelmotor-Zweisitzer Ford GT bekannt geworden. Das eindrücklich geformte Coupé wurde von einer auf 385 PS gebrachten Version des 4,7-Liter-Motors angetrieben. Wenngleich dieses Rennauto bei der eigens gegründeten und vom ehemaligen → Aston-Martin-Direktor John Wyer geleiteten Advanced Vehicles Ltd. in England gebaut wurde, war es Ford USA zuzurechnen. – Ein Vehikel völlig anderen Kalibers war der Ford Bronco, ein Mehrzweck-Geländefahrzeug mit Vierradantrieb, das in verschiedenen Ausführungen im Sommer 1965 vorgestellt wurde und den 2,8-Liter-6-Zylinder-Motor besaß. Vom italienischen Karosserieschneider Bertone (→ Anhang) wurde indessen ein eigenes Mustang-Schrägheckcoupé geschaffen.

Die Modelle 1966 wiesen eine ganze Reihe von Neuerungen auf. Falcon: über den Hinterrädern angehobene Gürtellinie, gewölbte Seitenscheiben, mehr Radstand und Gesamtlänge, auf Wunsch Servobremsen, Kombi nur noch fünftürig (Standard, Deluxe und Squire), neu Falcon und Futura Club Coupé sowie Futura Sports Coupé. Fairlane: nun auch in den Ausführungen GT und GTA sowie 500 XL, erstmals auch Cabriolets, Kombis mit neuer Hecktüre, deren untere Hälfte abgeklappt oder zur Seite geschwenkt werden konnte, nun ebenfalls übereinander angeordnete Scheinwerfer, Gürtellinie mit «Hüftschwung», bombierte Seitenscheiben, Warnleuchte für kaltes und zu heißes Kühlwasser, aber auch verfeinertes Fahrwerk.

Custom/Galaxie/LTD: horizontal zweigeteiltes Kühlergitter, neue Hochleistungskombination Galaxie 500 7 Litre (Hardtopcoupé und Cabriolet) mit serienmäßigen vorderen Scheibenbremsen, gewölbte Seitenfenster, Kombi ebenfalls mit neuer Hecktüre. Mustang: GT-Armaturenbrett mit fünf kreisrunden Instrumenten nun bei allen Modellen, 14-Zoll-Reifen, vibrationsarme Motoraufhängung, Magnesium-Radattrappen, Kühlergitter ohne horizontalen Mittelstab, Lufteinlaßattrappe vor Hinterrädern mit fünf Rippen. Shelby GT 350: zusätzliches hinteres Seitenfenster (statt Entlüftungsschlitze), Kühlluftschächte für hintere Trommelbremsen, Auspuffrohre nun bis hinten, progressive Hinterradfederung, verstärkte Kunststoffhauben für Motor- und Kofferraum, Interieuraufwer-

Oben links: Ford GT 40 Street Version, 1966
Links: (Ford) Shelby GT 350, 1966
Oben: Ford Fairlane, 1967

tung, Motorleistung 306 SAE-PS, Rennausführung (mit weiteren Aufbauänderungen) 335 PS. – Als Shelby GT 350 H mit hinteren Notsitzen gab es diesen Sportwagen in den USA übrigens auch zur Miete ... bei Hertz Rent-a-car.

GT 40 Street Version Im Verlaufe des Jahres 1966 kam der anfänglich nur mit Ford GT bezeichnete Hochleistungs-Sportwagen aus englischer Küche auch in einer Straßenversion (GT 40 Street Version) heraus. Die aufsehenerregende Rennkarosserie ruhte auf einer Halbschalen-Stahlkonstruktion mit verstärkten Kunststoffteilen. Die Trapez-Dreieckquerlenker der Vorderradaufhängung waren einstellbar, und auch hinten fand sich eine einstellbare Einzelradaufhängung mit unteren Dreieckquerlenkern und oberen Längsschubstreben. Der 4,7-Liter-V8 leistete 340 PS und verhalf dem bloß eine Tonne schweren Mittelmotorwagen zu überragender Kraft. Mit ihr im Einklang standen ein ZF-5-Gang-Getriebe und Girling-Scheibenbremsen auch hinten. Die beiden Benzintanks faßten zusammen 140 Liter.

Der Einstieg in das 102 cm (40 inches!) hohe Coupé verlangte einige Gelenkigkeit, und die Sicht so tief von der Straße durch die stark geneigte Frontscheibe war nicht gerade ideal, doch vermittelte dieser Ford ein wohl einzigartiges Fahrgefühl, wie es eben sonst Rennfahrern vorbehalten ist. Insgesamt sollten rund 100 GT 40 hergestellt werden, ein Teil davon als Street Version. Mit weiterentwickelten, noch länger gestreckten und mit einem 7-Liter-V8-Motor ausgerüsteten Wagen dieser Art gewann Ford die 24-Stunden-Rennen von Le Mans 1966 und 1967. Und 1968 wie 1969 kam Ford – nun mit dem GT 40 mit Weslake-Zylinderkopf auf einem 5-Liter-V8 – weitere Male zum bedeutendsten Rennsieg des Jahres! – 1966 waren als Studienobjekte der Magic Cruiser (Fastback hob sich auf Knopfdruck zum Kombiheck, New Yorker Autoschau) und der Bordinat Cobra (schlichter, kurzer Spider mit Hardtop und versenkbaren «Froschaugen-Scheinwerfern») entstanden. 1967 sollten der als niedriger Rennsport-Mustang gedachte Mach I und der Roadster Allegro II sowie der Mach 2 als Mittelmotorcoupé folgen.

Mustang größer Nachdem der Mustang mit einem Absatz von 1 285 000 Exemplaren einen ungeahnten Erfolg gebracht hatte, brachte die Ford-Gruppe 1967 unter der Marke → Mercury den ähnlich gelagerten Cougar heraus. Der Mustang 1967 seinerseits besaß eine etwas anders geformte Kühlluftöffnung, nun wieder mit horizontalem mittlerem Zierstab; der fiktive Lufteinlaß vor dem hinteren Radausschnitt zeigte jetzt ein zweiteiliges Ziermotiv. Die Karosserien waren 5,5 cm länger und 7 cm breiter, und die Spur hatte um 5 cm zugenommen. Vor allem das neugeformte Heck des 2 + 2-Fastback wirkte auch optisch wesentlich breiter. Die Lenkung war leichtgängiger geworden, und zudem ließ sich das Lenkrad nun verstellen, was auch den Einstieg erleichterte. Neu im Angebot waren ein Geschwindigkeitskonstanthalter und ein 6,4-Liter-Motor. Den Shelby GT – nun mit einer Lufthutze hinter dem Türfenster – gab es als Typ 500 gar mit dem 7-Liter-Motor Cobra 428.

Die weiteren Modelle 1967: Falcon jetzt mit kreuzförmigem Ziermotiv auf dem Kühlergitter, auf Wunsch vordere Scheibenbremsen; Fairlane GT serienmäßig mit Scheibenbremsen, alle Fairlane mit zusätzlichen Vertikalunterteilungen im Kühlergitter, neue Hecklichter; Ford (Custom/Galaxie/LTD) in 18 Karosseriegrundformen, LTD nun auch viertürig, Längenzuwachs um 8 auf 541 cm, anstatt feinmaschiges Kühlergitter nun zweireihiges Quadratmotiv, verbesserte Geräuschisolation, Zwangsentlüftung, automatische Vakuumverriegelung der Türen ab 12 km/h. Bemerkenswert, was Ford, ohnehin ein Pionier hinsichtlich Sicherheitseinrichtungen, mit dem Modelljahrgang 1967 allgemein verwirklichte: zusammenschiebbare Lenksäulen, Zweikreisbremsen mit Korrosionsschutz, Bremsflüssigkeitswarnlicht, Notblinker (der Blinkerhebel überdies nun mit zwei Positionen, wie bei anderen US-Fabrikaten), Sicherheitstürschlösser, von innen verstellbarer Außenspiegel, Sitzgurten teils Serie, Einbaumöglichkeit für Schultergurten (Vordersitzgurten außerdem mit Aufrollvorrichtung).

Inzwischen hatte sich die Ford Motor Company (wie auch Ford in England) intensiv mit der Entwicklung von Elektroautos befaßt. Man arbeitete mit neuartigen Natrium/Schwefel-Batterien, wobei von der möglichen Kommerzialisierung eines elektrischen Stadtautos «in fünf Jahren» die Rede war. Vorerst allerdings ging man auch bei Ford daran, den amerikanischen Regierungswünschen entsprechend die Giftanteile in den Abgasen weiter zu reduzieren. Die Modelle 1968 erhielten anstatt des auch nachträglich einbaubaren Thermactor- nun das Imco-System (Improved Combustion, verbesserte Verbrennung), das unter anderen Maßnahmen einen neugestalteten Zylinderkopf, einen thermostatisch geregelten Lufteintritt, einen Zündverteiler mit doppelter Steuerung und eine neue Nockenwelle bedingte.

Modelle 1968: Falcon nun mit zwei durch senkrechten Mittelsteg getrennten Kühlergittern; Fairlane völlig neu karossiert mit Spitzenreihe Torino und Torino GT, 10 cm länger, Hardtopcoupés mit Fastbackheck à la Mustang 2 + 2, Doppelscheinwerfer nun wieder nebeneinander; große Ford nun mit 21 Modellen (neu das Hardtopcoupé Galaxie 500 und als weiterer Kombi neben Country Sedan und Country Squire der Ranch Wagon Custom 500 mit 6 bzw. 10 Sitzen), auch hier wieder nebeneinander angeordnete Doppelscheinwerfer, bei den Spitzenmodellen abdeckbar (einschließlich LTD mit Brougham-Ausstattung), neu auf der langen Liste der «options» (Zubehör) fand sich unter anderem ein pneumatischer Niveauausgleich für das Wagenheck. In der nun doppelt gerahmten Kühlluftöffnung des Mustang prangte das Typensignet jetzt wieder ohne horizontalen Mittelstab, und das Zierelement vor der Lufteinlaßattrappe an der Karosserieflanke war einteilig gestaltet, neu war auch das Instrumenten-Layout. Für alle Modelle neu waren ein 4,9-Liter-V8 (er löste teilweise die 4,7-Liter-Maschine ab), vermehrte Interieurpolsterung und teils zweistufige Scheibenwischer mit Dusche.

Von der englischen Forschungsfirma Ferguson (→ Anhang) wurde 1968 ein Mustang auf Vierradantrieb umgebaut und auf schwedischem Eis der Presse vorgeführt (Antriebskonstruktion entsprechend → Jensen FF). Gerüchte über einen neuen amerikanischen Ford-Kleinwagen und «Anti-VW» namens

Oben: Ford Maverick, 1970
Rechts: Ford Torino GT, 1968

Von oben nach unten:
Ford Mustang Boss 302, 1970
Ford Falcon, 1970
Ford XL Convertible, 1970

Delta wurden trotz des besorgniserregend schlechten Erfolgs der Importwagen dementiert. Im Frühsommer präsentierte Ford das Experimentalfahrzeug Techna, mit dem 50 neue Ideen hinsichtlich Sicherheit, Elektronik usw. verwirklicht wurden. Der schlicht und formschön gestaltete Techna hatte einen asymmetrischen Mitteltunnel zur besseren Aufteilung des sechssitzigen Innenraums sowie parallel ausfahrende Türen.

Mitten im Sommer 1968 brachte Carroll Shelby eine weitere Extrapolation des Mustang-Themas, nämlich den GT 500 KR, der mit dem neuen Cobra-Jet-Ram-Air-Motor (Ansaugleitungen mit Schwingrohreffekt, auch mit Ram-Jet bezeichnet) ausgerüstet war; KR stand für King of the Road (König der Straße)! Und zu diesem Zeitpunkt verdichteten sich auch die Gerüchte um das Delta-Kleinwagenprojekt, wobei bereits die Modellbezeichnung Maverick auftauchte.

Mustang noch größer Doch im Modellprogramm 1969, wie es traditionsgemäß im

Ford (USA)	Zyl.	cm³	SAE-PS	bei 1/min	Gänge	Spitze km/h	Radstand/Länge	Modelljahre	Besonderheiten
Ford Fairlane/Galaxie	6	3643	147	4000	3/3+S/A	150	302/543	1960/61	Kastenrahmenchassis
	V8	4785	188	4000		160			1961: 532 cm lang
		5766	238	4400		170			137/177/223 PS
			365	6000		200			
		6384	304—	4600		190			
			—380	6000		200		1961	
Galaxie	6	3643	140	4200		150	302/532	1962—64	
ab '64: + Custom	V8	4778	172	4200		160		1962	
ab '66: + LTD		5766	223	4300	3/3+S/4/A	170		1962—66	ab '64: 253/4400
ab '68: + XL		6384	304	4600		175			'66: 279/4400
			335	5000		185			'66: 319/4600
		6638	390	5800	4	200		1962	
			411	5800		215			
	V8	4267	166	4400	3/3+S/A	165		1963	
		4728	198	4400		175		1963½—66	ab '65: 203 PS
		6964	416	5600	4	220			
			431	6000		230			
	6	3929	152	4000	3/3+S/A	165		1965/66	
	V8	7015	416	5600	3/4/A	220		1965	
			431	6000		230			
		6989	350—	4600	4/A	195		1966	
			—431	6000	4	220			
	6	3929	152	4000	3/3+S/A	165	303/541	1967—70	ab '69: 307/543 cm
	V8	4728	203	4400		185		1967	(Kombi: 551 cm l.)
		6384	274	4400	3/A			1967—70	ab '68: 269 PS
			319	4600	3/4/A	195		1967/68	
		6989	350	4600	4/A				'68: 345 PS
			365	5400	A	200		1967	
		6964	416	5600	4	205		1967/68	'68: 395 PS
			431	6000		210		1967	
		4942	213	4600	3/A	190		1968—70	ab '69: 223 PS
		7033	324	4400	4/A	200		1969/70	
			365	4800					
		5763	253	4600	3/A	195	307/543	1970	
Falcon	6	2365	91	4200	3/A	130	278/460	1960—64	ab '61: 86 PS
		2781	102	4400		140		1961—64	ab '63: auch 4 G.
(Sports Futura)		2365	91	4200	3/4/A	145		1962	'64: auch 3+S
(Futura)	V8	3620	147	4400		160		1963½	
(Sprint)		4267	166	4400		165		1963½/64	Kombi: 483 cm lang
	6	3273	118	4400	A	150		1964	
			122	4400	3/A			1965—67	ab '66: 281/468 cm
		2781	106	4400					(Kombi: 287/505 cm)

	V8	4728	203	4400	3/4/A	175			
			228	4800			281/468	1967	
	6	2781	101	4000	3/A	150		1968/69	
		3273	117	3800		160			
	V8	4728	198	4600	3/4/A	175		1968	
			233	4800		190			
		4942	223	4600	3/A			1969	
Fairlane	6	2781	102	4400	3/A	150	293/500	1962–64	(nun eigene Reihe)
	V8	3620	147	4400	3/3+S/A	160		1962/63	ab '63: auch 4 G.
(Sports)		4267	166	4400		165		1962–64	Kombi: 513 cm lang
	6	3273	118	4400	A	150		1963½/64	
	V8	4728	275	6000	3/4/A	200		1963½	
			198	4400		175		1964	
			203–	4400	3/3+S/4/A		295/506	1965–67	ab '66: 501 cm lang
			–274	6000	3/4/A	200		1965	(Kombi 508 cm)
	6	3273	122	4400	3/A	155		1965–67	
	V8	6384	269–	4400	3/4/A	190	295/501	1966/67	'67: 274 PS
			–319	4600		200			'67: 324/4800
	6	3273	117	3800	3/A	155	295/511	1968	Kombi: 287/518 cm
	V8	4942	213	4600	4/A	180			
		6384	269	4400	3/4/A	190			
			340	4800		210			
		6964	395	5600	A				
	6	4093	157	4000	3/A	170		1969	
	V8	4942	223	4600		190			
		5763	253	4600	3/4/A	195			
			294	4800		200			
		6396	324	4600		210			
		7033	340	5200	4/A	220			
Fairlane/Torino/	6	4093	157	4000	3/A	170	297/524	1970	Kombi: 290/531 cm
Cobra/Falcon	V8	4942	223	4600		190			
		5763	253	4600	3/4/A	195			
			304	5400		200			
		7033	365–	4600	4/A	215			
			–380	5600		220			
Mustang	6	3273	122	4400	3/4/A	160	275/461	1964–67	ab '67: 467 cm lang
	V8	4728	203	4400		180			
			228	4800		190			
			275	6000	3/4	200			
Shelby GT 350			285	6000	4			1965	a.W. 330 PS
Shelby GT 350			310	6000		240		1966/67	a.W. 375 PS
		6384	324	4800	3/4/A	200	275/467	1967	
Shelby GT 500		6989	360	5400	4/A	210			
	6	3273	117	3800	3/A	160		1968–70	ab '69: 476 cm lang
	V8	4728	198	4600	4/A	180		1968	'70: 122 PS
		4942	233	4800	3/4/A	190		1968/69	'69: 476 cm lang
		6384	340	4800		200			'69: 234/4600, dto
		6964	395	5600	A	220			'69: 476 cm lang
Shelby GT 350		4942	253	4800	4/A	180	275/475	1968	
Shelby GT 350			340	5200		200			
Shelby GT 500		6989	365	5400		220			
Shelby GT 500			406	5600	A				
	6	4093	157	4000	3/A	170	275/476	1969/70	
	V8	5766	253	4600	3/4/A	190			
			294	4800		200			'70: 304/5400
		7033	340	5200	4/A	220			
Shelby GT 350		5766	294	4800		200	275/484	1969	
Shelby GT 500		7033	340	5200		230			
		4942	223	4600	3/4/A	180	275/476	1970	
Boss			294	5000	4	200			
		7033	400	5500		240			
Maverick	6	2781	106	4200	3/A	160	262/456	1969/70	
		3273	122	4000		170			
Ford GT	V8	4728	385	7000	5	320	241/404	1965	Halbschalen-Bau-
GT 40						300	241/407	1966	weise, Mittelmotor
Street Version			335	6250		260	241/429		
			340	6250		270	241/427	1967/68	
Bronco	6	2781	106	4400	2×3		234/386	1965–	Geländewagen

September des Vorjahres vorgestellt wurde, gab es noch keinen Maverick. Dafür waren die bereits vorhandenen Modelle teils weiter gewachsen. Mustang: weiterhin 274,5 cm Radstand, aber 476 statt 466,5 cm Länge; neues, breiteres Kühlergitter, Hardtopmodelle mit leicht einwärts verlegtem Heckfenster, Fastbacklinie mit Heckabrißkante, Wegfall der Ventilationsflügel, vesenkte Rundinstrumente, pedalbediente Feststellbremse, Kopfstützen, Schultergurten, verformbare Frontpartie, komfortablere Vorderradaufhängung, auf Wunsch neuartiges Ventilationssystem, neben Standard und Deluxe nun Mach I (Motor Cobra Jet Ram-Air, schwarze Motorhaube), Grandé (Superluxus) und Serie E.

Falcon: ebenfalls neue Sicherheitsmerkmale, Kombi mit Hecktüre wie die größeren Ford-Station-Wagons, Detailänderungen, Erkennungsmerkmal: rechteckige statt fünfeckige Blinkleuchten (seitlich vorne). Fairlane: wie alle Ford 1969 «27 neue Sicherheitsmerkmale», neue 5,8-Liter-Motoren, Fahrwerkverbesserungen, neues sportliches Topmodell Cobra, auf Wunsch Differentialbremse Traction-Lok, Kühlergitter mit schmalem statt doppeltem Horizontalbalken. Große Ford: Radstand um 5 auf 307,5 cm verlängert, Breite 203 statt 198 cm, Frontscheibe stärker geneigt, Armaturenbrett mit als Flight Cockpit bezeichneter bogenförmiger Konsole, auf Wunsch intermittierend arbeitende Scheibenwischer (auch beim Mustang) sowie weiterhin Dreistufenautomat (Select Shift Cruise-o-Matic).

Die erst später vorgestellten Shelby-Mustang-Modelle der fünften Auflage – sie wurden nun von der Ford gehörenden Shelby Automotive Company Inc. in Detroit-Dearborn, dem Stammsitz von Ford, hergestellt – zeigten eine stärker modifizierte Front mit die gesamte Breite umrahmendem Chromband. Mechanik und Unterbau waren wiederum Richtung Hochleistung und Motorsport modifiziert worden. Anstatt des 4-Gang-Getriebes war jetzt auch ein angepaßter Automat Cruise-o-Matic erhältlich.

Maverick Nachdem immer mehr Details über den kommenden Ford-Kleinwagen bekannt geworden waren, erfolgte im Frühling 1969 dessen offizielle Vorstellung. Klein war der Maverick höchstens nach amerikanischen Begriffen. Mit 455,5 cm war er nicht viel kürzer als ein Falcon (468 cm), und er übertraf auch den 389 cm langen europäischen Ford Escort bei weitem. Er sollte aber vor allem den 403 cm langen → VW Käfer konkurrenzieren. Lee Iacocca, einer der Ford-Bosse und Maverick-Hauptinitiant, rechnete damit, schon im ersten Jahr 300 000 bis 400 000 Maverick (= junges Rind) absetzen zu können. Sicher war, daß Ford wie schon mit dem Falcon und dem Mustang als erster unter den drei großen US-Herstellern in eine neue Marktsparte einsprang. Der

Ford Deutschland

Maverick war der erste Subcompact oder eben «Unterkompakte». Als solcher bot er eine ansprechend elegante fünfsitzige Fastbackkarosserie, jedoch eine herkömmliche Technik: an Halbelliptikfedern abgestützte Hinterachse, 2,8- oder 3,3-Liter-6-Zylinder-Motor, 3-Gang-Getriebe, Halbautomat oder Automat, alle mit Lenkradschaltung. In der im Herbst 1969 erschienenen Version 1970 hatte der Maverick – wie die übrigen Modelle – das obligatorische Lenkradschloß mit dreifacher Sperrung (Zündung, Lenkung, Schaltung) sowie die mit den Blinklichtern geschalteten Seitenmarkierungsleuchten.

Beim Mustang 1970 waren die Lufteinlaßattrappen vor den Hinterrädern verschwunden, dafür fanden sich solche beidseits des Kühlergitters anstelle der nach innen gerückten Hauptscheinwerfer. Als Nachfolger der Shelby und ebenfalls für Rennzwecke wurden in kleiner Serie die Spezialmodelle Boss 302 mit 290-HP-4,9-Liter-V8 und Boss 429 mit gegen 400 PS starkem 7-Liter-V8 gebaut. Der Falcon war äußerlich unverändert. Die Intermediates warteten mit gänzlich neuen Karosserien auf: Es gab nun die Reihen Fairlane 500, Torino, Torino Brougham, Torino GT und Cobra. Der Radstand war geringfügig, die Länge deutlich gestreckt worden (524 statt 511 cm); entsprechend eindrücklich-elegant wirkten die Aufbauten. Auffallend waren die spitz nach vorne auslaufenden Kotflügel und die Kühlergitter mit (bei den teureren Ausführungen) abgedeckten Scheinwerfern. Die Scheibenwischer waren nun versenkt angeordnet; das Motorenprogramm wurde geändert. Weniger neu wirkten die großen Ford, die nun serienmäßig auf Gürtelreifen rollten.

Um den Abstand zum Maverick zu vergrößern, wurde der bisherige Falcon Ende 1969 fallengelassen und – als Falcon 1970½ – zu einer vereinfachten Version der Fairlane/Torino. Bereits als Modell 1971 debütierte im Spätsommer 1970 der Pinto, der nun in der Tat europäische Abmessungen besaß ...

Deutsche Ford gibt es seit 1925. Das heutige Stammwerk in Köln wurde 1931 in Betrieb genommen. 1960 umfaßte das Produktionsprogramm die Modelle 12 M (1,2-Liter-Vierzylinder, als einer der letzten Motoren mit stehenden Ventilen!), 12 M Super (1,5-Liter-OHV-Motor) und 17 M (1,7-Liter-OHV). Es gab sowohl 3- wie auch 4-Gang-Getriebe (mit Lenkradschaltung) und auf Wunsch eine automatische Saxomat-Kupplung. Abgesehen von den vorderen McPherson-Federbeinen des 17 M entsprach das Fahrwerk Standardkonzept. Der 12 M (P1) mit seiner modernen Pontonkarosserie war bereits im Januar 1952 erschienen und schrittweise weiterentwickelt worden, für das Modelljahr 1960 hatte er im September 1959 nebst technischen Verfeinerungen (höhere Verdichtung, komfortablere Federung) eine flachere Front und eine Panorama-Heckscheibe mit Dachüberkragung erhalten.

Neuer 17 M Den 17 M (P2) gab es erst seit Herbst 1957, und doch sollte gerade er es sein, der im Oktober 1960 in vollständiger Neuauflage erschien. Von Ford mit dem Slogan «Linie der Vernunft» propagiert, erhielt dieser 17 M der zweiten Generation (= P3) den Übernamen «Badewannen-Taunus». Doch was zunächst spöttisch klang, vermengte sich später mit einem anerkennenden Unterton: Denn der zweite 17 M wies einen Luftwiderstandsbeiwert von bloß 0,40 auf, ein im damaligen Konkurrenzumfeld höchst bemerkenswertes Resultat! Hiezu trugen die kühn geformte Front mit den nach oben geschwungenen, in die Blinker übergehenden Stoßstangenenden ebenso bei wie die sphärisch gewölbte Windschutzscheibe und die gerundeten Kotflügelabschlüsse.

Der neue 17 M war eine ähnlich «revolutionäre» Ford-Erscheinung wie genau ein Jahrzehnt zuvor die ersten europäischen Ponton-Modelle der Marke, die englischen Consul und Zephyr Six. Mit dem zweiten 17 M hatten die Ford-Ingenieure nicht nur den Luftwiderstand, sondern auch das Gewicht reduziert und damit bereits Entwicklungsziele der späten siebziger und der achtziger Jahre vorweggenommen. Von den insgesamt eingesparten rund 100 kg Leergewicht entfielen beispielsweise 12 kg allein auf die Vorderradaufhängung, die weiterhin aus Federbeinen bestand. Es wurden keine radikalen konstruktiven Änderungen durchgeführt, sondern bewährte Bauelemente ausgefeilt.

Im Vergleich zum kantig geformten Vorgänger war der Radstand des neuen großen Taunus um 2,6 cm länger, und er war 7,5 cm länger und 5 cm niedriger. Er besaß auch bedeutend weniger Chrom, und seine glatten Seitenwände harmonierten mit den leicht bombierten Seitenfenstern. Es gab ihn weiterhin als zwei- und als viertürige Limousine wie alsbald auch als dreitürigen Kombi. Bedienungskomfort, Federung und Sicht waren gegenüber dem Vormodell verbessert. Beim 4-Gang-Getriebe war nun auch der erste Gang synchronisiert; ein Saxomat-Kupplungsautomat war auch hier erhältlich. Dank tieferem Gewicht und verringertem Luftwiderstand wurde mit den praktisch unveränderten Motoren von 1,7 und 1,5 Litern Inhalt (60 bzw. 55 DIN-PS) ein verbessertes Leistungsvermögen erzielt.

17 M TS Auf der Frankfurter Automobil-Ausstellung im Herbst 1961 erschien mit dem Taunus 17 M TS eine leistungsgesteigerte Version. Sie wies knapp zwei Dutzend Änderungen an Motor (1758 statt 1698 cm^3, höhere Verdichtung, geänderter Vergaser), Fahrwerk und Karosserie auf. Anstatt 60 standen nun

Ganz oben: Ford Taunus 12 M, 1960
Oben: Ford Taunus 17 M, 1960
Links: Ford Taunus 17 M, 1961

Ford Deutschland

Rechts: Ford 20 M, 1968
Von oben nach unten:
Ford Taunus 12 M Kombi, 1964
Ford Taunus 20 M TS Coupé, 1967
Ford Taunus 15 M TS Coupé, 1967

70 PS zur Verfügung. Auch die Kurbelwelle (nicht mehr hohlgegossen), die Ölfördermenge und die Bremsen waren dem höheren Leistungspotential angepaßt worden. Das Interieur zeigte eine besonders reichhaltige Ausstattung. – Anfang 1962 stellte die Kölner Karosseriefabrik Deutsch einen für die Serie bestimmten 17 M Sport Coupé 2+2 mit dreiteiliger Heckscheibe vor. Ab Sommer 1962 gab es den TS auf Wunsch mit Ate-Dunlop-Scheibenbremsen an den Vorderrädern.

12 M mit Frontantrieb Im Jahre 1962 verdichteten sich die Gerüchte um ein amerikanisch-deutsches Ford-Projekt namens Cardinal mit Frontantrieb und V-Motor. Was im September desselben Jahres schließlich vorgestellt wurde, war ein gänzlich neuer Taunus 12 M (P4). Er besaß in der Tat Vorderradantrieb und einen V4-Motor. Dieses Konzept erlaubte bei knappen Außenabmessungen eine optimale Innenraumnutzung. Für den uralten SV-Motor war die Zeit damit endgültig abgelaufen. Der V4 läutete eine neue Ford-Epoche ein und verlieh dem neuen 12 M zusammen mit dem Frontantrieb einen Nimbus des Außergewöhnlichen.

Dabei wirkte der 12 M von der Form her konservativer als sein großer Bruder, der 17 M. Doch auch er bot im Vergleich zum Vorgänger eine weit tiefere Dachlinie (Höhe 146 statt 155 cm) sowie bedeutend bessere Raum- und Sichtverhältnisse. Der Kurzhubmotor (80,0 × 58,86 mm) mit engem V-Winkel von 60° vermochte trotz seiner Ausgleichswelle mit Gegengewichten für die Schwingungsdämpfung nicht ganz so fein zu laufen wie ein moderner Reihen-Vierzylinder. Er leistete 40 DIN-PS bei 4500/min gegenüber den 38 PS bei 4250/min des Vorgängers. Ungewöhnlich war auch der doppelte Kühler: einer an der Spritzwand und ein zweiter an üblicher Lage hinter dem Kühlergitter. Beim 4-Gang-Getriebe – nach wie vor mit Lenkradschaltung – war der erste Gang ebenfalls synchronisiert. Die Vorderradaufhängung besaß eine Querblattfeder, während die hintere Starrachse mit Längsblattfedern abgestützt wurde.

12 M TS Schon vier Monate nach der Präsentation des neuen 12 M folgte im Januar 1963 der 12 M TS, eine Version mit auf 90 mm vergrößerter Bohrung. Bei 1,5 Litern Inhalt leistete sie 55 DIN-PS bei 4500/min und verhalf somit zu wesentlich mehr Temperament. Der TS besaß in seiner ersten Serie eine De-Luxe-Karosserie mit vorderen Einzelsitzen. Im März 1963 kam der frontgetriebene 12 M auch als dreitüriger Kombi mit 475 kg Nutzlast heraus.

Im September 1963 wurde das 12-M-Bauprogramm durch weitere Karosserievarianten ergänzt: eine viertürige Limousine und ein viersitziges Coupé mit ins Dach gewölbter Frontscheibe. Zudem war nun der 1,5-Liter-Motor des TS, jedoch mit 50 statt 55 PS, in einer Version 12 M 1,5 erhältlich. Mit dieser wurde in Deutschland der Preis des → VW 1500 unterboten. Zu den Detailverbesserungen zählten bei den 12 M eine reichhaltigere Ausstattung (gepolsterte Sonnenblenden, Haltegriff für Mitfahrer, Innenverriegelung der Motorhaube) sowie eine weiße Kunststoff-Dachbespannung. Die 17-M-Motoren erhielten alsbald ein Leistungsplus von 5 PS (ohne 1500).

Aufsehen erregte eine Dauerprüfung auf dem alten Miramas-Rundkurs in Südfrankreich, die mit einer serienmäßigen 12-M-Limousine absolviert wurde: In fünf Monaten und 19 Tagen wurde eine Strecke von 360 000 km (Erde–Mond) zurückgelegt, und damit konnten 145 Langstrecken-Weltrekorde gebrochen werden. Diese im Spätherbst 1963 abgeschlossene Monsterfahrt erbrachte eine Durchschnittsgeschwindigkeit von 106,5 km/h! – Gegen Ende des gleichen Jahres lancierte Deutsch ein recht elegantes zwei- bis viersitziges Vollcabriolet auf dem 12 M, das mit 40-, 50- oder 55-PS-Motor lieferbar war.

20 M und 20 M TS Bedeutende Neuheiten verzeichnete Ford Köln Mitte September 1964: Die Modelle 20 M und 20 M TS wurden lanciert. Doch auch der weiterhin erhältliche 17 M erhielt eine neue Karosserie mit wuchtigerem Kühlergitter sowie breiterem und auch etwas höherem Aufbau. Die Seiten waren nun weniger bombiert, und der Karosseriehinterteil zeigte sich verlängert. Radstand und Spur des neuen Trios waren großzügiger dimensioniert, und entsprechend waren auch Innen- und Kofferraum angewachsen. Neu war aber auch die gesamte Motorpalette: Den 17 M (P5) trieben nun V4-Motoren von 1,5 oder 1,7 Litern Inhalt (60 bzw. 70 DIN-PS), den 20 M und den 20 M TS der erste Kölner V6 (2-Liter mit 85 bzw. 90 DIN-PS) an. Dabei waren die 6-Zylinder-Motoren weitgehend baugleich mit den V4. Neben 3- und 4-Gang-Getriebe gab es im Lieferumfang nun auch eine automatische Kraftübertragung. Sie wurde mit Taunomatic bezeichnet und entsprach dem amerikanischen Cruise-o-Matic von Ford. Der mit einem 3-Gang-Planetengetriebe kombinierte hydraulische Drehmomentwandler war der Leistungscharakteristik des 2-Liter-Motors angepaßt worden. Die automatische Saxomat-Kupplung als Alternative zum üblichen 3- oder 4-Gang-Getriebe wurde nun nicht mehr geliefert.

Zu den weiteren Neuerungen der großen Taunus-Modelle zählten die vorderen Scheibenbremsen, die weichere Federung, die Kugelumlauflenkung (statt Schnecke und Rolle), die Dauerlüftung mit Luftaustritt am hinteren Dachträger, die Heizung mit neuartiger Temperaturregulierung und schließlich die Wischerblätter mit Anpreßflächen. Der 20 M TS wurde mit 4-Gang-Getriebe und

Mittelschaltung oder mit Getriebautomat geliefert. Ihn gab es als zwei- und als viertürige Limousine und (ab Frühjahr 1965) auch als zweitüriges Hardtopcoupé (Faux-Cabriolet). Der 20 M war zusätzlich als drei- und als fünftüriger Kombi erhältlich, was auch für den 17 M galt: bei diesem kam ebenfalls eine Hardtopversion hinzu. – Im Sommer 1966 wurden die Typen 17 M und 20 M, in Verbindung mit dem 4-Gang-Getriebe und vorderen Einzelsitzen, ebenfalls mit einer Mittelschaltung lieferbar.

12 M... Gleichzeitig mit der Ankündigung der neuen 17/20-M-Baureihe wurden Verbesserungen bei den 12 M bekannt: Die Vorderräder erhielten eine neue Aufhängung, deren Querlenker nicht mehr am Motorblock, sondern an zwei Quertraversen verankert waren. Damit wurde die Lenkführung entschieden genauer. Auch die 12 M hatten ab diesem Zeitpunkt serienmäßig vordere Scheibenbremsen. Die Leistung des 1,5-Liter-TS- und des -Coupé-Motors wurde von 55 auf 65 DIN-PS angehoben. Alle 12 M waren mit einer identischen Startautomatik und – nach 20/17-M-Muster – mit regulierbaren Frischluftdüsen am Armaturenbrett ausgerüstet.

Doch schon für das Modelljahr 1967 wurde der 12 M neu konzipiert. Die Ende 1966 vorgestellte Neuausgabe (P6) unterschied sich von den Vorgängern durch das die Scheinwerfer mitumfassende Kühlergitter, die geräumigere Karosserie mit hinten angehobener Gürtellinie und Luftaustrittsöffnungen an den hinteren Dachträgern. Entscheidende Änderungen waren aber auch unter dem Blech vorgenommen worden: McPherson-Federbeine lösten die Vorderradaufhängung mit Dreiecklenkern und Querblattfedern ab, und auch die Spurverbreiterung sorgte für verminderte Untersteuertendenz. Gleichzeitig wurde der Federungskomfort verbessert. Neu war auch der auf 1,3 Liter vergrößerte V4-Motor (50 PS), der sich über weniger rauhe Laufeigenschaften auswies. Der verjüngte 12 M war das Resultat intensiver Entwicklungsarbeit der Kölner Ford-Ingenieure; er ließ die anfänglichen Probleme mit dem aus den USA nach Deutschland «vererbten» Cardinal-Projekt vergessen...

Auf dem Genfer Automobilsalon im März 1966 hatte Ford als Stylingstudie ein sportliches Coupé des Karosseriewerks Osi in Turin ausgestellt. Im Januar 1967 wurde nun bekannt, daß das Ford OSI 20 M TS genannte Coupé in Serie gebaut und über den Münchner Ford-Vertreter vertrieben würde (Details → Osi).

17 M/20 M Neuauflage Bereits im August 1967 wurde eine Neuauflage (P7) der großen deutschen Ford-Modellreihe vorgestellt. Deren altvertrauter Typenname Taunus war nun offiziell fallengelassen worden! Die Karosserien waren nochmals länger und breiter geworden, und die Gürtellinie stieg hinten leicht an. Die V6-Modelle erhielten eine Lufthutzenattrappe auf der Motorhaube. Damit war die Angleichung an das amerikanische Styling noch konsequenter geworden. Auch der 17 M hatte nun eine 12-Volt-Anlage. Eingeführt wurde zudem ein Zweikreisbremssystem mit Servo. Der Erhöhung der Sicherheit dienten überdies die Karosserieenden; dazu Ford: «Vorderteil und Hinterteil der Karosserie sind so konzipiert, daß sie sich bei einem Aufprall verformen und dadurch einen großen Teil der Bewegungsenergie absorbieren.» Auch das Armaturenbrett wurde entschärft, indem die Bedienungsschalter versenkt angeordnet und der Zündschlüssel aus seiner auf die Kniescheibe «zielenden» Lage verlegt wurden. Amerikanisch wirkten die in sechseckigen Gehäusen untergebrachten Anzeigeinstrumente. Technische Bedeutung kam einer neuen Motorvariante zu, nämlich dem 2,3-Liter-V6 mit 108 DIN-PS Leistung im Spitzenmodell 20 TS. Das Motorenangebot umfaßte nun im 17 und im 20 M je drei Varianten: 1500, 1700, 1700 S; 2000, 2000 S, 2300 S; die S-Motoren benötigten Superbenzin.

12 M und 15 M Kurz vor der Frankfurter IAA wurden im September 1967 auch Verbesserungen an den kleineren Ford bekanntgegeben; auch sie hießen nun nicht mehr Taunus! Dies brachte denn auch die einzige äußerliche Veränderung. Hingegen zeigte sich das Interieur jetzt weitgehend auf Sicherheit ausgerichtet: versenkte Bedienungshebel, nachgebende Halterungen, Lenkradnabe mit Polster, Rücklehnenarretierung usw. 12-Volt-Anlage und Zweikreisbremsen waren nun bei den 12/15 M ebenfalls serienmäßig. Das Motorenangebot umfaßte jetzt wieder eine preisgünstige 1,2-Liter-Variante (45 PS). Der 1,3-Liter-V4 war zusätzlich höher verdichtet (53 statt 50 PS) erhältlich, und den 15 M gab es außer mit den 55- und den 65-PS-Motoren im 15 M TS mit einer 70 PS starken 1,7-Liter-Maschine. Ab 1968 waren alle TS-Modelle auch mit einer Knüppelschaltung sowie mit einem Bremskraftverstärker lieferbar.

RS-Typen Im Frühling 1968 kamen die sportlich aufgemachten Modelle 15 M RS, 17 M RS und 20 M RS heraus. Sie hatten zusätzliche Nebellampen im mattschwarzen Kühlergitter und breite schwarze Farbstreifen. Die sportlichen Armaturenbretter und Lenkräder waren durch Mittelkonsolen mit Zusatzinstrumenten ergänzt. Auch Schalensitze waren lieferbar. Und die Motoren? Nun, der 15 M RS war mit dem 70-PS-1,7-Liter bestückt, der 17 M RS mit dem 90-PS-V6 und der 20 M RS mit dem 108-PS-2,3-Liter-V6.

Doch auch die RS-Typen vermochten den Rückfall der deutschen Ford-Werke nicht zu stoppen. Der Marktanteil war auf 13,5 % gesunken, nachdem er 1965 noch 18,5 % erreicht hatte. So wurde denn den «Kölnern» von Ford der englische Escort als Angebotsergänzung «ans Herz gelegt». Seine Fertigung erfolgte im belgischen Zweigwerk Genk. Im Frühsommer 1968 wurde in Merkenich bei Köln das große Ford-Entwicklungszentrum

Ganz oben: Ford (D) Escort GT, 1969
Oben: Ford (D) Capri 2300 GT, 1969
Rechts: Ford 15 M RS, 1969

Ford Deutschland

Ford 26 M, 1969

eröffnet. Ihm war auch ein Testgelände angegliedert worden. Die Büros und die Zeichensäle waren für rund 2000 Ingenieure und Spezialisten ausgelegt. Anläßlich der Eröffnung wurden auch Prototypen möglicher künftiger Modelle vorgestellt . . .

Programm 1969 Im August 1968 wurde das Modellprogramm für 1969 mit einer kaum mehr zu überblickenden Typenvielfalt bekanntgegeben. Der 17 M und der 20 M besaßen verfeinerte Kühlergitter mit identischen Scheinwerfergläsern. Auffallend war aber vor allem der Wegfall des «Hüftschwungs» in der Gürtellinie über den Hinterrädern. Im 17 M war ein neuer V6-Motor mit bloß 1,8 Litern Inhalt (82 PS) zu haben, und im 17 M Coupé sowie im 15 M RS leistete der 1,7-Liter-V4 nun 75 statt 70 PS. Anstatt mit TS wurden die luxuriöseren Modelle nun mit XL bezeichnet. Die 17/20 M erhielten Drehmomentstützen in Form von Längsschubstreben an den nach wie vor starren Hinterachsen. Die Frontantriebsmodelle mit 1,5- und 1,7-Liter-Motoren wiesen nun neue, homokinetische Antriebsgelenke auf. In allen Modellreihen fanden sich auch neue Armaturenbretter mit Rundinstrumenten und Lenkräder mit Polsterspeichen. Das Topmodell 20 M RS war in einer Variante mit auf ansehnliche 125 PS gesteigerter Leistung bestellbar. Hingegen wurde der 1,2-Liter-V4 im preisgünstigsten «Fronttriebler» endgültig fallengelassen. Übrigens waren bis dahin über 350 000 12/15 M gebaut worden.

Deutsch-belgischer Escort Gegenüber den englischen Escort wiesen die in Genk gebauten Pendants einige Fahrwerksverbesserungen auf. Man erkannte sie zunächst auch am Lenkrad mit dem kräftigen Polsterstern. Es gab sie mit 1,1- und 1,3-Liter-Vierzylinder-Reihenmotor (für Normal- wie für Superbenzin) sowie in den Ausführungen «normal», XL und GT (letztere mit leistungsgesteigertem 1,3-Liter-Motor). Hinzu kam der Kombi mit der traditionellen deutschen Ford-Zusatzbezeichnung Turnier; einen Turnier XL sollte es ab Frühling 1969 geben.

Capri Anstatt erst im Februar 1969, wie es Ford of Europe geplant hatte, kam der Capri schon im Dezember des Vorjahres in die Presse. Indiskretionen, den «Erlkönig» jagende Fotografen und schließlich der Sensationshunger hatten den Geheimnisschleier um den «europäischen Mustang» zu durchlöchern begonnen. So wurde denn vorzeitig bekannt, wie sich Ford ihren Trendsetter, ein viersitziges Coupé im Stile eines Hochleistungswagens, vorstellte. Details wurden allerdings erst Ende Januar 1969 veröffentlicht.

Der Capri, der Ford nicht nur zusätzliche Käufer, sondern auch ein sportliches Image sichern sollte, wurde gleichzeitig in England und in Deutschland aufgelegt. Es gab ihn in nicht weniger als 52 Variationen. In Deutschland, wo er für die EWG-Länder gebaut wurde, umfaßte der Kombinationsumfang sieben V-Motoren (1300 cm³/50 PS; 1500/60, 1700 GT/75, 2000/85+90, 2300 GT/108–125) und sechs Ausstattungsvarianten (Standard, L, X, XL, R, XLR), wobei die zwei schwächsten Motoren allerdings nur mit den vier einfacheren Ausstattungen kombiniert werden konnten. L bezog sich auf Luxusaufmachung außen, X auf Luxusaufmachung innen, R (wie Rallye) auf sportliches «Make-up».

Die Inspiration vom erfolgreichen amerikanischen Mustang (der in Deutschland aus Gründen des Namensschutzes bloß mit T5 bezeichnet wurde) war offensichtlich: Auch der Capri besaß eine eindrücklich lange Motorhaube und ein knapp bemessenes Heck. Dennoch bot er annehmbaren Transportraum auch für die Familie. Seine Technik war konventionell und ließ sich mit jener anderer Ford-Modelle vergleichen: vorne McPherson-Federbeine mit Querlenker und Schraubenfedern, hinten Starrachse mit Längsblattfedern und Schubstreben. Immerhin sollte eine unterschiedliche Verankerung der Stoßdämpfer einem Verwinden dieser Halbelliptikfedern entgegenwirken.

Großes Gewicht wurde auf die Sicherheit gelegt. Der Passagierraum war als formsteife Zelle, Front und Heck waren hingegen verformbar und energieverzehrend ausgelegt. In die Lenksäule waren zwei Gelenke eingebaut, die bei einem Aufprall die gefürchtete Spießwirkung ausschalten sollten, und zu den Polsterspeichen des Lenkrades kam ein darunterliegender Pralltopf. Auch das Armaturenbrett war nach Sicherheitserkenntnissen konzipiert worden, und zudem hatten Benzintank und Reserverad den Platz getauscht: Der Tank lag nun stoßgeschützt hinter den Fondsitzen. Mit der Aeroflow genannten Heiz- und Belüftungsanlage bemühte sich Ford auch beim Capri, mit der Zeit zu gehen.

Wenn auch der Capri als ein Auto «fürs Auge» entworfen worden war, so konnte man ihm ein spezielles Flair nicht absprechen. Dank seiner Höhe von bescheidenen 129 cm wirkte er in der Tat sportlich-elegant. Sein Luftwiderstandsbeiwert wurde mit vorbildlichen 0,40 angegeben. Schon bei der Präsentation wurden hochfrisierte Sonderversionen vorgeführt, die keine Zweifel darüber offenließen, daß Ford mit dem Capri das angestrebte sportliche Image unter Beweis stellen wollte. Bereits seit Frühsommer 1968 besaß Ford Köln eine von Jochen Neerpasch geführte Motorsportabteilung. Außer dem 20 M RS und dem Escort konnte sie sich nun auch dem Capri widmen. Es wurden Rallyes und Rennen beschickt und daneben auch Privatfahrer betreut.

Ab Sommer 1969 bot die Schwabengarage, Stuttgart, den «Turbo-May», einen 2,3-Liter-Capri mit Abgasturbolader, der vom Schweizer Ingenieur Michael May entwickelt worden war; Leistung: 180 PS! Dies war eine bedeutungsvolle Pioniertat . . .

26 M Inzwischen hatte der Absatz der 12/15 M über eine halbe Million Einheiten erreicht, und die Toplimousine dieser Baureihe, der 15 M XL 1700 S, wurde von der Fachpresse gar als einer der besten Ford gepriesen. Wer hätte da gedacht, daß Ford dem Frontantrieb vorübergehend entsagen würde, wie dies die Zukunft lehren sollte? Doch hievon war im Augenblick noch nicht die Rede, vielmehr wurde im Herbst 1969 die kleinste Modellreihe, der in Standardbauweise konstruierte Escort, auch als Viertürer lanciert. Gleichzeitig wurde die Federungsabstimmung verbessert.

Besondere Beachtung fand unter den Neuheiten für 1970 allerdings der 26 M. Dessen 2,6-Liter-V6 war durch Verlängerung des Hubs aus dem 2,3-Liter-Motor entstanden. Er leistete 125 PS und war auch für die Limousine und das Hardtopcoupé 20 M XL lieferbar. Den als Limousine wie auch als Hardtopcoupé erhältlichen 26 M erkannte man an den Doppelscheinwerfern (Halogen). Zu seiner Serienausrüstung zählten Getriebeautomat, Servolenkung, Radio, Frontscheibe aus Verbundglas, getönte Scheiben, Schiebedach, Vinyldach und (wie bereits bei einigen anderen Modellen) Gürtelreifen. Mit dem 26 M hatte das «Baukastensystem» von Ford Köln eine weitere Ergänzung erfahren.

Der ebenfalls 125 PS leistende werksfrisierte 2,3-Liter-V6 wurde nun lieferbar und stand auch im Capri (2300 GT) zur Verfügung. In letzterer Modellreihe gab es jetzt auch ein automatisches Getriebe sowie weitere Zubehöre einschließlich heizbarer Heckscheibe. Ebenfalls im Herbst 1969 wurde eine Erweiterung des Ford-Testgeländes im belgischen Lommel angekündigt. Am 13. Januar 1970 gab Walter Hayes, Vizepräsident von Ford of Europe, bekannt, daß sowohl in England wie in Deutschland auf 120 PS gezähmte Versionen des Formel-2-16-Ventil-DOHC-Motors Ford-Cosworth FVA hergestellt und in Sonderausführungen des Escort und des Capri eingebaut würden. Bereits wurde auch von einem bevorstehenden Ende der Ford-V4-Motoren gemunkelt. Dies bestätigte sich mit der Lancierung der neuen Taunus-Modellreihe im Oktober 1970. Der wiedergeborene Taunus mit Hinterradantrieb läutete für Ford Köln gleichsam ein neues Jahrzehnt ein.

Ford D	Zyl.	cm³	DIN-PS	bei 1/min	Gänge	Spitze km/h	Radstand/Länge	Baujahre	Besonderheiten
Taunus 12 M	4	1172	38	4250	3/4	110	249/406	1952–62	SV!
12 M Super		1498	55	4250		125		1959–62	(OHV)
Taunus 12 M	V4	1183	40	4500	4	125	253/425	1962–66	nun Frontantrieb
12 M TS		1498	55	4500		135	253/432	1963/64	
12 M/1,5 L			50	4500		130	253/425	1963–66	
12 M Coupé			55	4500		135	253/432	1963/64	
12 M TS + Coupé			65	4500		140	253/425	1964–66	
12 M		1305	50	5000		130	253/432 +	1966/67	
15 M		1498	55	5000		135			
15 M TS			65	5000		145			
12 M		1305	50	5000		130		1967–	
		1183	45	5000		125		1967/68	
12 M S		1305	53	5000		135		1967–	
15 M		1498	55	5000					
15 M TS			65	5000		145		1967/68	
15 M TS/1,7 L		1699	70	5000		155			
15 M RS								1968	
12 M/1,5 L		1498	65	5000		145		1968–	
12 M/1,7 L		1699	75	4800		160			
15 M S		1498	65	5000		135			
15 M XL + RS		1699	75	4800		160			
Taunus 17 M	4	1698	60	4250	4/3	131	260/438	1957–60	
						135	263/445	1960–63	2. Karosserieform
17 M/1,5 L		1498	55	4250		130		1960–64	
17 M TS		1758	70	4500	4	146		1961–63	
17 M	V4	1698	65	4250	3/4	140		1963/64	
17 M TS			75	4500	4	150	263/452		
17 M		1699	70	4500	4/A	145	271/459	1964–67	3. Karosserieform
17 M/1,5 L		1498	60	4500	3/4	135			
20 M	V6	1998	85	5000	3/4/A	160	271/464	1964–67	
20 M TS			90	5000	4/A	165			
17 M	V4	1699	65	4800	3/4/A	140	271/466	1967–	4. Karosserieform
17 M/1,5 L		1498	60	4800	3/4	135			
17 M S		1699	70	5000	4	145			
20 M S	V6	1998	90	5000	3/4/A	160	271/474		
20 M			85	5000		155			
20 M/2,3 L		2293	108	5100		170			
20 M TS		1998	90	5000	4	160			
20 M TS/2,3 L		2293	108	5100		170			
17 M RS		1998	90	5000		160		1968–	TS = XL (auch 2,3 L)
20 M RS		2293	108	5100		170			
			125	5500		180		1969–	
17 M/1,8 L		1814	82	5100	3/4/A	153		1968–	
Escort (1100)	4	1098	40	5300	4/A	125	239/398	1968–	→ Ford England
			45	5300		130			
		940	34	5200	4	115			
			36	5500					
Escort 1300		1298	48	5000	4/A	135			
			52	5000		140			
1300 GT			64	5800	4	150			
Capri 1300	V4	1305	50	5000	4	133	256/426	1969–	
1500		1498	60	4800	4/A	140			
			65	5000		142			
1700 GT		1699	75	5000		155			
2000	V6	1998	85	5000		162			
			90	5000		165			
2300 GT		2293	108	5100		178			
			125	5500		190			
26 M	V6	2550	125	5300	A/4	175+	271/472	1969–	

Ford England

Die englische Ford Motor Company Limited war 1911 gegründet worden. Das Schwergewicht ihrer Produktion lag auf Personenwagen populärer Klasse, wobei amerikanische Konstruktionsweise und amerikanisches Design auf europäischen Maßstab verkleinert wurden. Nach dem Zweiten Weltkrieg wurde schrittweise eine größer werdende Modellpalette aufgebaut. 1960 begann das Modellprogramm mit dem (New) Popular, den (New) Anglia und (New) Prefect und führte über den Consul Mk II zu den Zephyr und Zodiac Mk II. Die Zusammensetzung war bei den kleineren Modellen etwas verwirrend. Der New Popular hatte nämlich die Karosserie des alten Anglia, während der New Prefect eine modifizierte bisherige Prefect-Karosserie aufwies, der Anglia dagegen Ende 1959 eine gänzlich neue Karosserie erhalten hatte, deren Hauptmerkmale der abfallende Bug und die einwärts gestellte Heckscheibe waren.

Der nun mit New gekennzeichnete Anglia war ein außerordentlich modern gestyltes Auto, doch der Mut zur einwärts geneigten Heckscheibe – wie sie bereits beim → Lincoln Continental 1958 eingeführt worden war – sollte sich nicht auszahlen: Das Publikum akzeptierte sie – zumindest im Exportgebiet – nur widerwillig, und → Ford Italiana ließ bei Osi gar eine Sonderversion im herkömmlichen Styling bauen. Im Gegensatz zum Anglia – interne Bezeichnung 105 E – verkörperte der Popular mit seinem seitengesteuerten 1,2-Liter-Motor eine recht betagte Schule. In den Anglia und den Prefect – der bis 1959 eine viertürige Version des Anglia war – wurde ein neuer 1-Liter-OHV-Motor mit extrem kurzem Hub (80,96 × 48,41 mm) eingebaut. Vom Anglia wurde Ende 1960 eine Sportsman geheißene Zusatzversion lanciert, die sich durch das hinter dem Kofferraum montierte Reserverad und Chromzier abhob. Außer dem Anglia de Luxe gab es im übrigen auch eine Standardversion mit nicht über die gesamte Breite gezogenem Kühlergitter.

Das Trio Consul/Zephyr/Zodiac wurde 1960 bereits in der zweiten Auflage gebaut. Auch hier handelte es sich um Wagen konventioneller Konstruktion, abgesehen von der vorderen Einzelradaufhängung mit senkrechtem Führungsrohr. Es gab die größeren englischen Ford sowohl als viertürige Limousinen wie als zweitürige Cabriolets und als fünftürige Kombis. Während der Consul mit 1,7-Liter-Motor ausschließlich mit 3-Gang-Getriebe und Lenkradschaltung zu haben war, standen in den 6-Zylinder-Modellen Zephyr und Zodiac 3-Gang-Getriebe, 3-Gang-Getriebe mit Schnellgang und Borg-Warner-Automat zur Wahl. Beim 4-Zylinder-Modell wie bei den 2,6-Liter-Wagen stimmten übrigens Bohrung und Hub (82,55 × 79,5 mm) überein!

Consul 315 Nachdem bereits Gerüchte über einen ungewöhnlichen Mittelklassewagen – angesiedelt zwischen Anglia/Prefect und Consul – zirkulierten, wurde er im Mai 1961 in der Tat vorgestellt. Er hieß ebenfalls Consul, trug jedoch die Zusatzziffern 315, während der angestammte Consul nun mit der Zusatzzahl 375 bedacht wurde. Den Consul 315 oder Consul Classic, wie er unverständlicherweise alsbald auch genannt wurde, gab es als zwei- oder viertürige Limousine. Sie hatte eine hochmoderne Form mit Doppelscheinwerfern, hinten seitwärts auskragenden Peilstegen und – wie beim Anglia! – einer einwärts geneigten Heckscheibe. Letzteres Merkmal stand gewiß auch in diesem Fall einem durchschlagenden Verkaufserfolg im Weg.

Der 1340-cm³-Liter-Motor war aus der neuen Anglia-Maschine entwickelt worden. Bei unveränderter Bohrung erreichte der Hub 65,07 mm, womit auch diese Maschine noch deutlich überquadratisch ausgelegt war. Das Getriebe hatte vier Gänge, die sich je nach Bestellung mit einem Lenkrad- oder einem Mittelschalthebel bedienen ließen; der erste Gang war allerdings noch nicht synchronisiert. An den Vorderrädern fanden sich McPherson-Federbeine und Girling-Scheibenbremsen.

Letzteres Bauelement wurde ab der zweiten Hälfte 1961 auch in den größeren englischen Ford serienmäßig (bis dahin gegen Mehrpreis) eingebaut. Von der Karosseriefirma Friary Motors wurde damals auch eine Kombiversion des Anglia mit originellem Schrägheck zwischen den «Hecklichtflossen» herausgebracht. Allerdings sollte dann im Herbst 1961 eine vom Werk geschaffene Kombiausführung des Anglia erscheinen, wobei hier die Heckleuchten seitlich an die Hecktüre angeschmiegt waren.

Consul Capri Ebenfalls im Herbst 1961 erschien der Consul Capri oder Consul Classic Capri 335, ein ungemein elegantes Coupé, das nun ein stark schräg gestelltes statt einwärts geneigtes Heckfenster aufwies. Die Mechanik des 2+2-Sitzers war gegenüber dem Capri 315 unverändert, und ebenso war von diesem Fahrzeug das verspielte Frontdesign mit den fünf vierzackigen Sternen in der Kühlluftöffnung übernommen worden.

Von oben nach unten:
Ford Popular, 1960
Ford Zodiac Convertible, 1960
Ford Consul de Luxe, 1961
Rechts: Ford Anglia, 1960

Zephyr/Zodiac Mark III Kurz nach dem Genfer Automobilsalon im Frühling 1962 erschienen die großen englischen Ford-Modelle in völlig neuer Form. An Stelle von Consul 375 trat nun die Bezeichnung Zephyr 4. Er hatte mit den 6-Zylinder-Modellen die geräumige sechssitzige Karosserie mit der in Peilstege ausmündenden gestreckten Gürtellinie gemeinsam. Das aus Senkrechtstäben zusammengesetzte Kühlergitter umfaßte beim Zephyr 6 überdies die Scheinwerfer und wies eine senkrechte Mittelrippe auf. Beim Zodiac fanden sich Doppelscheinwerfer und ein aus rechteckigen Öffnungen bestehendes Kühlergitter. Überdies hatte der Zodiac hinter den Hintertüren ein zusätzliches Seitenfenster eingefügt. Auch Ausrüstung und Ausschmükkung waren natürlich abgestuft.

Bei gleicher Grundkonstruktion waren die Zylinderköpfe und die Auspuffanlagen der Motoren stark überarbeitet worden. Daraus resultierte beim 4-Zylinder-Aggregat eine Leistungssteigerung von 61 auf 74 SAE-PS, bei der 6-Zylinder-Version von 90 auf 106 SAE-PS. Beim Zodiac hatte man die Leistung gar auf 114 PS gesteigert. Für die Kraftübertragung sorgte nun ein neues, vollsynchronisiertes 4-Gang-Getriebe, wie es auch im amerikanischen Ford Futura verwendet wurde. Es war wahlweise mit einem Schnellgang von Borg-Warner lieferbar. Auch das in den 6-Zylinder-Typen erhältliche Automatgetriebe stammte von Borg-Warner. Die weiterentwickelte Vorderradaufhängung war mit stark nach innen geneigten McPherson-Federbeinen ausgestattet. Die Vorderräder wurden mit Girling-Scheibenbremsen verzögert.

Im August 1962 ließ Ford England verlauten, daß sie als erste Firma in Europa ihre Wagen mit fünf voll ausgewuchteten Rädern liefere. Anfang September wurden die Consul Classic und die Capri – vorerst ausschließlich auf dem englischen Markt – mit einem neuen 1,5-Liter-Motor ausgerüstet. Er besaß eine fünffach gelagerte Kurbelwelle und wurde nun in Verbindung mit einem vollsynchronisierten 4-Gang-Getriebe eingebaut. Gleichzeitig erhielten diese beiden Modelle für die ganze Lebensdauer geschmierte Lenkungs- und Aufhängungsteile. Der neue Motor versprach einmal mehr große sportliche Möglichkeiten; bereits waren auf der Grundlage englischer Ford-Motoren erfolgreichste Rennaggregate entwickelt worden, die beispielsweise in der Formel Junior den Ton angaben. Inzwischen waren von → Lotus aus Ford-Motoren abgeleitete Rennmaschinen mit zwei obenliegenden Nockenwellen eingesetzt worden, und die kleine Sport- und Rennwagenfirma plante auch den serienmäßigen Einbau eines DOHC-Motors in ein neues Serienmodell . . .

Links: Ford Consul 315, 1961
Unten: Ford Consul Capri, 1962

Cortina Ebenfalls noch im Herbst 1962 erfuhr das Angebot von Ford England mit der Lancierung der Cortina-Serie eine entscheidende Erweiterung. Es handelte sich um ein Auto «zwischen Anglia und Consul». Der Prefect war 1961, der Popular 1962 aufgegeben worden. Der sehr modern und gekonnt geformte Cortina – er hieß zunächst Consul Cortina – kam etwa zum gleichen Zeitpunkt heraus wie der neue deutsche Ford Taunus 12 M mit Frontantrieb. Allerdings war der Cortina eine durchaus konventionelle Konstruktion. Mit seiner Entwicklung war bereits 1958 begonnen worden, und man hatte in ihn 12 Millionen Pfund Sterling investiert. Im Gegensatz zu dem in den USA (mit-)entwikkelten Frontantriebs-12 M war er ein Kind der europäischen, das heißt englischen Ford-Ingenieure.

Der Cortina-Motor war eine 1,2-Liter-Maschine mit der gleichen Bohrung wie die Motoren des Anglia und der neuen 1,5-Liter-Consul. Sein vollsynchronisiertes 4-Gang-Getriebe war sowohl mit Lenkrad- wie mit Mittelschaltung zu haben. Vorne fanden sich auch hier McPherson-Federbeine. Es gab den bereits in moderner Leichtbauweise konzipierten Cortina sowohl zwei- wie viertürig und auch in einer De-Luxe-Ausführung.

Im Oktober – immer noch des Jahres 1962 – wurde der 1,2-Liter-Motor des Cortina auch im Anglia lieferbar, der damit die Zusatzbezeichnung Super erhielt. Man erkannte ihn am keilförmigen seitlichen Zierstreifen. Von den größten Ford gab es inzwischen auch eine Kombiversion: das Karosseriewerk E. D. Abbott baute Limousinen unter Verwendung von Kunststoffteilen zu eleganten Estate Cars um. Anfang 1963 gab es vom Cortina ebenfalls eine Version Super; auch hier diente ein größerer Motor als Antriebsquelle, nämlich der fünffach gelagerte 1,5-Liter aus dem Consul Classic. Bremsen und Reifen waren angepaßt worden.

Cortina Lotus Aufsehenerregend war aber vor allem der gleichzeitig lancierte Consul Cortina Sports Special, der später kurz Cortina Lotus heißen sollte. Es handelte sich um einen zweitürigen Cortina mit einem von Lotus aus dem 1,5-Liter-Aggregat entwickelten Zweinockenwellen-Hochleistungsmotor. Die auf 1,6 Liter vergrößerte Maschine gab nicht weniger als 106 PS ab. An den Vorderrädern fanden sich Girling-Scheibenbremsen, die starre Hinterachse besaß Längslenker, ein Stabilisatordreieck und Schraubenfedern. Äußerlich erkannte man die 185 km/h schnelle «Familienlimousine» an der zweiteiligen Frontstoßstange, dem schwarzen Kühlergitter und dem keilförmigen seitlichen Zierstreifen. Zwecks Gewichtseinsparung waren aber hier die Türen, die Motorhaube und weitere Karosserieteile aus Aluminium hergestellt!

Der Reigen der sportlichen Zusatzmodelle fand auf dem Genfer Salon 1963 mit der Präsentation des Ford (Consul) Capri (335) GT seinen Fortgang. Mit Spezialnockenwelle und Doppelvergaser war hier die Leistung des 1,5-Liter-Motors von 64 auf 85 SAE-PS erhöht worden. Mit zusätzlichen Instrumenten und aufgewerteter Ausstattung wurde auch bei diesem Modell im Interieur für eine Anpassung gesorgt. Mitte April folgte dann ein in gleicher Weise motorisierter Consul

Cortina GT, der nun ebenfalls vordere Scheibenbremsen und zudem ein härter abgestimmtes Fahrwerk besaß. Anstatt der seitlichen Zierstäbe, wie sie der Cortina Super aufwies, erhielt der GT bloß ein entsprechendes Signet an den Hinterkotflügeln. – Vom Cortina gab es seit Genf zudem einen wohlproportionierten Kombi. Eine Sonderausführung war hingegen der Cortina → Ogle GT, ein originelles Coupé mit 78-PS-Motor.

Corsair Auf der Pariser Autoschau im Herbst 1963 erfolgte die Vorstellung des Corsair, der den Consul 315 ablöste. Die Coupéversion Capri verschwand etwas später. Das Frontdesign des Corsair mit der horizontalen, nach vorne zugespitzen Kante und den vertieft angeordneten Scheinwerfern war offensichtlich vom → Thunderbird inspiriert worden. Im Gegensatz zu den anderen englischen Ford sank die Gürtellinie hinten sanft ab. Den Corsair gab es von Anfang an auch in einer Version GT. Die Motoren waren die bekannten 1,5-Liter mit fünffach gelagerter Kurbelwelle, nebst 4-Gang-Getrieben mit Lenkrad- oder Mittelschaltung gab es einen Borg-Warner-Getriebeautomaten (GT nur 4-Gang/Mittelschaltung). Das Armaturenbrett und die Lenkrad-Querspeiche wiesen Polsterungen auf. – 1964 wurde auch der Cortina Super mit Automatgetriebe lieferbar.

Mit dem im Oktober 1964 vorgestellten Modelljahr 1965 erhielten die Cortina ein leicht geändertes Kühlergesicht: Die Positionslampen und die Blinker wurden nun vom Kühlergitterrahmen mit eingefaßt. Luftauslaßschlitze an den hinteren Dachträgern zeugten von der Aeroflow genannten völlig neuen Heizungs- und Lüftungsanlage. Das Armaturenbrett hatte versenkte Zifferblätter mit Blendschirmen, das Lenkrad zeigte eine versenkte Nabe, an den Türpfosten fanden sich Gurtenverankerungen, und schließlich hatte man auch die Sitzpolsterung verbessert. Die Leistung des 1,2-Liter-Motors war geringfügig erhöht worden (auch beim Anglia Super), und die Hinterachse des Cortina GT hatte zwei zusätzliche Längslenker erhalten. Wie einige andere englische Wagen wurde auch der Cortina GT mit einer von Frisierfirmen angebotenen Benzineinspritzung Tecalemit Jackson erhältlich. Von Ford selbst wurde ab Frühjahr 1965 der Zodiac Executive ins Angebot aufgenommen, eine Luxusversion mit Ledersitzen, gepolsterter Mittelkonsole, zusätzlicher Geräuschdämmung und serienmäßig eingebautem Getriebeautomat.

Corsair V4 Im Herbst 1965 erhielten die Corsair anstelle des 1,5-Liter-Reihenmotors neuentwickelte V4-Motoren. Im Gegensatz zu den in Detroit für Deutschland entwickelten 1,2- und 1,5-Liter-V4 handelte es sich um eine Eigenentwicklung mit im Kolbenboden angeordnetem Brennraum und unterschiedlicher Ventilführung. Die V4 boten eine bessere Raumnutzung, gute Aggregatzugänglichkeit und eine höhere Leistungsausbeute. Während der normale Corsair einen 1,7-Liter-V4 erhielt, wurde der Corsair GT nun von einem 2-Liter-V4 angetrieben. Bei einheitlicher Bohrung wurden aus diesen 81,5 und 93 SAE-PS geschöpft. Auch den GT gab es nun mit Automatgetriebe. Auf den Frühling 1966 brachte die Karosseriefirma Crayford Cabrioletversionen des Cortina und des Corsair heraus, während Abbott nun auch den Corsair GT zum Kombi wandelte.

Zephyr/Zodiac Mark IV Wiederum zu spät, um auf dem Genfer Salon vorgestellt zu werden, lancierte Ford England im April 1966 gänzlich neu gezeichnete Zephyr und Zodiac. Ersteren gab es nach wie vor mit 4- und mit 6-Zylinder-Motor, doch handelte es sich nun um V-Motoren! Damit war den V4 die erwartete V6-Parallele zur Seite gestellt worden. Diese gab es sowohl mit 2,5 wie mit 3 Litern Hubraum. Deren Leistung wurde mit 118,5 und 144 SAE-PS angegeben (2-Liter-V4: 93 PS). Die Kraftübertragung erfolgte über ein 4-Gang-Getriebe, mit oder ohne Stockschaltung, mit oder ohne Overdrive Laycock-de-Normanville; zudem konnte ein Ford-eigenes Automatgetriebe Cruise-o-Matic eingebaut werden.

Es überrascht wohl nicht, daß die neuen großen Ford der McPherson-Vorderradaufhängung treu blieben, unerwartet war jedoch die Abkehr von der hinteren, an Blattfedern abgestützten Starrachse zu Schrägschwingen mit Schraubenfedern. Alle vier Räder wiesen nun Scheibenbremsen auf. Der Radstand war um volle 20 cm verlängert worden! Recht ungewöhnlich wirkte das Karosseriedesign: Die langgezogenen «Frackschwänze» waren einem kurzen Heck gewichen, und die Gürtellinie wies über dem Hinterrad einen sogenannten Hüftschwung auf. Mit der lang wirkenden Motorhaube und dem kurzen Heck lehnte man sich an das in den USA erfolgreiche Ford-Mustang-Formprinzip an. Der Zodiac hob sich wiederum durch die Doppelscheinwerfer sowie durch ein die gesamte Wagenbreite belegendes Schlußleuchtenband ab. Bei allen Modellen war die Ausrüstung mit verstellbarem Lenkrad, verbesserter Heizungs-/Lüftungsanlage und vermehrten Sicherheitsmerkmalen wesentlich aufgewertet worden. Im Herbst kam erneut eine Zodiac-Luxusausführung Executive heraus; zur serienmäßigen Ausrüstung zählten hier jetzt auch ein Schiebedach und eine Hydrosteer-Servolenkung (Zephyr V6/Zodiac auf Wunsch). Vom Zephyr V6 wurde eine Kombiversion lieferbar.

2. Cortina Nachdem der Cortina mit mehr als einer Million gebauten Exemplaren zu einem internationalen Verkaufserfolg

Oben: Ford Consul Cortina, 1963
Links: Ford Zephyr 4, 1963

geworden war, folgte im Oktober 1966 ein neugezeichnetes Modell. Es war modern und ausgewogen geformt, zeigte in das Kühlergitter integrierte Scheinwerfer, gewölbte Seitenscheiben, ein kürzer wirkendes abgerundetes Heck und einen angedeuteten «Hüftschwung» in der Gürtellinie. Die neue Karosserie brachte bei unveränderten Hauptmaßen, aber 165 statt 159 cm Breite, vor allem mehr Innenraum. Auch Sitze und Lüftung wurden weiter verbessert, und die Ausstattung stieg vom Deluxe über den Super zum GT graduell an.

Neu war der 1,3-Liter-Motor, der die 1,2-Liter-Maschine ablöste und 58 statt 54 SAE-PS bot. Er hatte wie die weitergebaute 1,5-Liter-Maschine fünf Kurbelwellenlager. Wie schon im Modelljahr 1966 war diese stärkere Maschine auch in der Deluxe-Ausführung (nicht nur Super) erhältlich. Außer dem 1,5- war nun auch der 1,3-Liter-Motor mit einer Borg-Warner-Getriebeautomatik kombinierbar. Der notwendige Kupplungspedaldruck war um 50 % reduziert worden. Die Version GT hatte nach wie vor eine mit Schubstreben ausgerüstete Hinterachse. Die verbreiterte Spur versprach bei allen neuen Cortina verbesserte Fahreigenschaften.

Ende 1966 wurde eine Zephyr Special geheißene 3-Liter-Version des Zephyr V6 angekündigt. Zur Jahreswende folgte als weiteres Zusatzmodell der Corsair 2000 E (= Executive). Er war nicht nur eine Luxusversion des Corsair GT, sondern bot überdies eine auf 102,5 SAE-PS gesteigerte Leistung. Dies wurde durch eine geänderte Nockenwelle, durch neue Zylinderköpfe, ein modifiziertes Ansaugsystem und einen Doppelvergaser erreicht. Zudem war die Kupplung leichtgängiger geworden. Zur äußerst luxuriösen Ausstattung zählte auch ein Dachüberzug aus Vinyl. Der von Abbott gebaute Corsair-Kombi wurde nun durch einen werkeigenen Estate Car 2000 abgelöst.

Einen Kombi auf der Basis des neuen Cortina gab es ab Frühling 1967. Gleichzeitig wurde – nach einem Produktionsunterbruch – ein neuer Cortina Lotus angekündigt. Das bisherige Modell hatte sich bei Renn- und Rallyeeinsätzen einen großartigen Ruf erworben. Von dem bei Lotus präparierten, in der Serienausführung 117 SAE-PS abgebenden 1558-cm^3-Motor gab es noch stark frisierte Ausführungen. Der neue Cortina Lotus hatte zwei seitliche Kontraststreifen und besaß natürlich ein besonders sportliches Interieur. Kurz nach der Präsentation des zweiten Cortina Lotus wurde auch ein Cortina GT de Tomaso vorgestellt. Er wurde von der italienischen Luxussportwagenfirma → De Tomaso vorbereitet und hatte einen wahlweise auf 105 oder gar 115 DIN-PS gebrachten 1,5-Liter-Motor. Die zweite Leistungsstufe wurde mit einer Tecalemit-Benzineinspritzung erreicht. Das Fahrwerk erfuhr einige Anpassungen.

Von oben nach unten:
Ford Cortina Lotus, 1966
Ford Zodiac Mk III, 1963
Ford Corsair GT, 1964

Inzwischen war in der Forschungsabteilung von Ford England in Dunton (Sussex) ein Comuta genanntes, bloß 2 m langes Kleinstauto mit Elektroantrieb entwickelt worden. Es wurde der Presse von Generaldirektor Stanley Gillen persönlich vorgeführt. Für das Ford-Werk Dagenham war vor kurzem die erste vollautomatisierte Pressenstraße Europas für die Herstellung von Karosserieteilen in Betrieb genommen worden. Zu jener Zeit war Ford of England übrigens auch mit dem unter amerikanischer Flagge segelnden Prestigesportwagen → Ford GT 40 involviert!

Auf der London Motor Show im Herbst 1967 wartete der Cortina mit neuen, nach dem Querstromprinzip (Crossflow) gebauten Motoren auf. Es handelte sich um den bisherigen 1,3-Liter-Block und eine neue 1,6-Liter-Maschine, beide mit fünffach gelagerter Kurbelwelle. Beim Querstrom-Zylinderkopf waren nun die Einlaßkanäle auf der einen, die Auslaßkanäle auf der andern Seite angeordnet, wodurch sich strömungshemmende Krümmungen dieser Leitungen vermeiden ließen. Gleichzeitig wurde der Brennraum in den Kolbenboden verlegt, womit sich grö-

Ford England

ßere, eine «gesündere Atmung» garantierende Ventile verwenden ließen. Die neuen Motoren kamen auf 63 statt 58 und 76 statt 65 SAE-PS. Beim 1600 GT waren es gar 94 statt 84 PS; dieses Modell rollte neu auf Gürtelreifen.

Bei allen Cortina wurden gleichzeitig die Ausrüstung und die Sicherheitsdispositionen aufgewertet. Den Typ Lotus erkannte man fortan zusätzlich an der Heckaufschrift Twin Cam. Der Cortina-Kombi war jetzt mit Getriebeautomat und der Cortina 1600 alsbald in einer Luxusausstattung «E» erhältlich. Dank tiefergesetzter Aufhängung und hinteren Schubstreben appellierte der 1600 E zudem an sportliche Fahrer. Auf dem Londoner Salon in Earls Court stellte die Karosseriefirma Crayford im Herbst 1967 ein vielbeachtetes Cortina-Cabriolet vor. Zu den serienmäßigen Änderungen des Modelljahrgangs 1968 zählte ein neues, jenem des Zodiac gleichendes Zephyr-Kühlergitter.

Escort Im Januar 1968 erfolgte die Geburt des ersten internationalen Ford, des Escort. Er wurde – als Nachfolger des Anglia – zunächst in England gebaut, doch stand bereits fest, daß er für einen Teil Europas auch durch Ford Köln in deren Werk im belgischen Genk hergestellt würde. Der Escort war ein konventionell konstruiertes Auto, auch die Heckscheibe war nun in üblicher Weise nach auswärts schräggestellt. Der gefälligen, weichen Form konnte man höchsten vorhalten, daß das hintere Seitenfenster wegen des modischen Hüftschwunges etwas klein dimensioniert war.

Es gab den Escort von Anfang an in vier Leistungsstufen: als De Luxe und Super 1100 mit 54 SAE-PS, als Super 1300 mit 63, als GT mit 76 und als Twin Cam mit 117 SAE-PS. Der Twin-Cam-Motor (= zwei Nockenwellen) entstammte natürlich dem Cortina Lotus und versprach im Verein mit dem noch leichteren Escort höchst beachtliche Fahrleistungen. Auch der neue 1,1-Liter-Motor war nach dem Querstromprinzip konstruiert und hatte fünf Kurbelwellenlager. Die Mehrleistung des 1,3-Liter-GT-Motors wurde durch größere Ventile, steilere Nocken, einen vierarmigen Auspuffkollektor, höhere Verdichtung und nicht zuletzt einen Doppelvergaser erzielt. Die Kraftübertragung wurde mit einem 4-Gang-Getriebe mit neu abgestimmter Mittelschaltung besorgt, doch sollte in Bälde auch eine BW-Automatik ins Programm aufgenommen werden.

Die Aufhängung war typisch für die europäischen Ford-Modelle: Die Vorderräder wurden durch McPherson-Federbeine, wie sie erstmals 1951 bei den Consul und Zephyr-Six eingeführt wurden, abgestützt. Beim GT und beim Twin Cam fanden sich an den Vorderrädern Scheibenbremsen, der Twin Cam hatte an der Hinterachse zusätzliche Schubstreben und einen Panhardstab. Die Escort-Zahnstangenlenkung war für Ford England ein Novum. Das Interieur war nach jüngsten Sicherheitserkenntnissen eingerichtet, und erstmals fand sich an einem Wagen dieser niedrigen Preisklasse das raffinierte zugfreie Aeroflow-Lüftungssystem. Den De Luxe erkannte man an den Rundscheinwerfern, während die übrigen Modelle rechteckige Scheinwerfer aufwiesen. Das Twin-Cam-Kühlergitter war in Schwarz gehalten. – Dank unerwartetem Bestellungserfolg konnte die Escort-Produktion von den vorgesehenen 500 auf 1000 Einheiten pro Tag verdoppelt werden.

Bereits im März 1968 präsentierte das rührige Karosseriewerk Crayford eine Cabrioletversion des Escort, und im April erschien von Werksseite ein dreitüriger Escort Estate Car (= Kombi). Er war mit den beiden schwächeren Motoren lieferbar, wobei in der 1,3-Liter-Ausführung vordere Scheibenbremsen montiert wurden.

Im Herbst 1968 erhielten die englischen Ford eine Reihe von Detailverbesserungen. Beim Escort waren es sicherere Türinnengriffe und Fensterkurbeln, auch das Modell GT hatte jetzt ein schwarzes Kühlergitter. Ein Kühlergitter mit teils mattschwarz lackierten Stäben erhielten die Cortina; auch bei dieser Modellreihe fanden sich der Insassensicherheit dienende Änderungen an Griffen und Schaltern. GT, 1600 E und Lotus hatten jetzt eine neue Mittelkonsole. Die in ähnlicher Weise aufgewerteten großen Modelle erkannte man an der flachen, gepolsteren Lenkradnabe mit zusammenschiebbarer Buchse.

Capri Ende 1968 tauchte der Name Capri von neuem auf, diesmals jedoch als selbständige Modellreihe. Der Ford Capri wollte – wie der Escort – als europäisches Ford-Produkt verstanden sein, ihm zu Gevatter stand jedoch ein amerikanisches Erfolgskonzept, jenes des → Ford Mustang. Niedrige, sportliche Linie, lange Motorhaube, kurzes Heck und dennoch Innenraum für die Familie waren die im Pflichtenheft sowohl des

Von oben nach unten:
Ford Zephyr V6, 1967
Ford Cortina 1600 E, 1968
Ford (GB) Escort Estate de Luxe, 1970
Ford Executive, 1970
Links: Ford (GB) Capri 2000 GT XLR, 1969

Ford England	Zyl.	cm³	PS *SAE	bei 1/min	Gänge	Spitze km/h	Radstand/ Länge	Bau- jahre	Bemerkungen/ Besonderheiten
(New) Popular	4	1172	36*	4500	3	110	221/380	1959–62	SV!
(New) Prefect	4	997	40*	5000	4	120	221/380	1959–61	a.W. 38* PS
(New) Anglia	4	997	40*	5000	4	120	230/390	1959–61	a.W. 38* PS
			38	5000				1961–67	a.W. 36 PS
Anglia Super	4	1198	46	4800	4	130	230/390	1962–64	a.W. 44 PS
Anglia/Anglia Super			48	5000				1964–67	a.W. 46 PS
Consul Mk. II/375	4	1703	61*	4400	3	125	265/441	1956–62	a.W. 59* PS
Consul Classic/Capri		1340	55	4900	4	130	252/434	1961/62	a.W. 54* PS
		1498	58	4600				1962/63	
Capri GT			76	5100		150		1963/64	ab '64: 1500 cm³
Capri Coupé			58	4600		129			dto. a.W. 54 PS
Zephyr Mk. II	6	2553	90*	4400	3/3+S/A	135	272/455	1957–62	a.W. 86* PS
Zodiac Mk. II							272/459		
Zephyr 4 Mk. III	4	1703	65	4700	4/4+S/A	130	272/458	1962–66	a.W. 61 PS
6 Mk. III	6	2555	93	4500		153			a.W. 87 PS
Zodiac Mk. III			107	4750		160	272/464		a.W. 99 PS
Zephyr V4 Mk. IV	V4	1996	83	4750		140	292/470	1966–	h.E., a.W. 78 PS
Zephyr V6 Mk. IV	V6	2495	104	4750		156			a.W. 100 PS
Zodiac Mk. IV/Executive (ab '67 a.W. Zephyr)		2994	128	4750		166	292/472		a.W. 120 PS
(Consul) Cortina	4	1198	46	4800	4	124	249/427	1962–64	a.W. 44 PS
Cortina Super		1498	58	4600	4/A	134		1962–66	a.W. 56 PS
Cortina Sports Special		1558	106	5500	4	168	250/427	1962/63	DOHC (Lotus)
Cortina GT		1498	76	5100		148	249/427	1963–66	ab '64: 1500 cm³
Cortina Lotus		1558	106	5500		172	250/427		DOHC
		1594	140	6500		181+		1963–65	DOHC
Cortina		1198	48	5000			249/427	1964–66	a.W. 46 PS
Cortina 1300	4	1297	51	4750	4/A	127	249/427	1966/67	a.W. 49 PS
1500		1500	58	4700		131			a.W. 54 PS
GT 1500			76	5100	4	146			
Lotus		1558	106	6000		174		1966–69	DOHC
1300		1298	54	5000	4/A	131		1967–	a.W. 50 PS
1600		1599	64	4800		139			a.W. 63 PS
GT 1600/E			82	5400	4	152			
Twin Cam		1558	106	6000		174		1969–	DOHC
(Consul) Corsair	4	1498	58	4600	4/A	130	257/449	1963–65	a.W. 54 PS;
Corsair GT			76	5100	4	148			ab '64: 1500 cm³
Corsair V4	V4	1663	72	4750	4/A	142		1965–70	a.W. 66 PS
GT		1996	83	4750		150		1965/66	a.W. 78 PS
GT/2000			88	5000				1966–70	
Escort 1100	4	1098	45	5300	4/A	129	240/398	1968–	a.W. 42/40 PS
1300 (Super)		1298	54	5000		137		1968/69	
1300 GT			64	5800	4	147		1968–	
Twin Cam		1558	117*	6000		185			DOHC
1300		1298	52	5000	4/A	137		1969–	a.W. 48 PS
RS 1600		1601	120*	6000	4	181		1970–	DOHC, 16 Ventile
Capri 1300	4	1298	52	5000	4	138	256/426	1969–	a.W. 48 PS
1300 GT			64	5800	4/A	150			
1600		1599	64	4800		148			a.W. 63 PS
1600 GT			82	5400		160			
2000 GT	V4	1996	93	5500		171			
3000 GT/E	V6	2994	128	4750		183			

Mustang wie des Capri zu findenden Hauptpunkte. Hinzu kam die Möglichkeit, dieses Sportcoupé dank Verwendung bereits bei anderen Modellen verwendeter Komponenten kostengünstig und variantenreich anzubieten.

Die offizielle Präsentation des Capri erfolgte im Januar 1969. Sowohl im neuen englischen Ford-Werk Halewood bei Liverpool wie bei Ford Köln wurden je fünf Varianten aufgelegt. Bei den englischen Capri reichte die Motorisierung vom Typ 1300 mit 63 SAE-PS bis zum 2000 GT mit bereits eindrücklichen 115 SAE-PS. Zudem gab es die Ausstattungsvarianten Standard, L (Luxus außen), X (Luxus innen), XL, R («Racing-Make-up») und XLR. Gegen Mehrpreis wurde anstelle des 4-Gang-Getriebes mit kurzem Mittelschalthebel auch hier die Borg-Warner-Automatik geliefert. Zur Ausrüstung zählten bei diesem Viersitzer sehr gut geformte Sitze, auf Sicherheit ausgerichtete Interieurdetails, vordere Scheibenbremsen sowie meist auch Gürtelreifen. Die von allen anderen Wagen abweichende und daher unverkennbare Form bestach durch ihre sportlich runden Linien, denen man auch die falschen Luftein- oder -auslaßöffnungen vor dem hinteren Radausschnitt verzieh. Ford gab den Luftwiderstandsbeiwert mit ungewöhnlich guten 0,40 an.

Durch die Karosseriefirma Coleman-Milne wurde ab Sommer 1969 mit dem Grosvenor IV ein auf 5,5 m verlängerter 6- bis 7sitziger Zodiac angeboten. – Es war im Oktober 1969, als auch die englischen Capri mit einem V6-Motor lieferbar wurden. Dabei handelte es sich um die 3-Liter-Maschine aus der Reihe Zodiac Mk IV und Executive. Es gab sowohl einen 3000 GT wie einen 3000 E, beide mit 146 SAE-PS.

Am 13. Januar 1970 kündete Walter Hayes, Vizepräsident von Ford of Europe, die Serienherstellung des Formel-2-Motors Ford-Cosworth FVA an, und zwar für den Einbau in Spezialausführungen des Escort (England) und des Capri (Deutschland). Für diesen Motor wurde in England die Ford Advanced Vehicles Operation gegründet. Sie folgte auf die Ford Advanced Vehicles Limited, die sich mit der Entwicklung und der Herstellung des unter amerikanischer Flagge segelnden → Ford GT 40 befaßt hatte. Der superschnelle Escort wurde schließlich als Modell RS 1600 herausgebracht. Sein 1601-cm³-Motor mit zwei obenliegenden Nockenwellen und 16 Ventilen leistete 120 PS und trug die Bezeichnung BDA, wobei sich das B auf Beltdrive, den Antrieb der Nockenwellen durch Zahnriemen, bezog. Dies unterschied ihn zusätzlich vom bloß mit acht Ventilen ausgerüsteten Lotus-Motor des Cortina, der im übrigen auf 1970 die Bezeichnung Cortina Twin Cam erhalten hatte.

Ford Italiana

Die Ford Italiana SpA in Rom war eine Importfiliale des zweitgrößten Automobilkonzerns, ohne eigenen Produktionsbetrieb. 1964 überraschte sie auf dem Turiner Salon mit einer eigenen Version des Ford Anglia. Dies darum, weil der neue Anglia (→ Ford England) mit der einwärts geneigten Heckscheibe beim italienischen Publikum nicht ankam. Das vom bekannten Designer Giovanni Michelotti geschaffene Eigenmodell hieß Anglia Torino, und seine geänderte Dachlinie und Heckgestaltung wurde für Ford Italiana durch die Karosseriefirma → Osi in Turin verwirklicht. Nebem dem Torino gab es den Torino S mit 52 statt 41 SAE-PS. Wenn im Jahre 1966 bei Osi ein Gesamtausstoß von 15 000 Wagen erreicht wurde, so war dies zum weitaus überwiegenden Teil dem italienischen Anglia zuzuschreiben. Dieser wurde noch bis 1967 gebaut. Man schätzt, daß insgesamt zwischen 50 000 und 60 000 Anglia Torino entstanden sind.

Ford Argentina

Ford war eine der ersten internationalen Großfirmen, die in Argentinien von der reinen Montage auf eigentliche Produktion umstellte. Zunächst lag das Schwergewicht der Ford Argentina SA, für die 1959/60 im Zentrum von Buenos Aires ein modernes Verwaltungsgebäude errichtet wurde, allerdings noch auf Nutzfahrzeugen. Bei den Personenwagen startete man im Jahre 1963 mit einer Lizenzproduktion des amerikanischen → Ford Falcon, wie er im Ursprungsland ab 1960 gebaut wurde. 1965 kam der Falcon Futura hinzu. Er besaß noch das Karosseriedesign von 1963 und wurde von einem 3,1-Liter-6-Zylinder-Motor angetrieben. Der niedrigen Oktanzahl wegen blieb die Kompression auf 7,5:1 beschränkt, was eine Leistungsausbeute von 116 SAE-PS erbrachte. Die Kraftübertragung erfolgte über ein 3-Gang-Getriebe (ohne synchronisierten ersten Gang), das mit einer Mittelschaltung bedient wurde. Auf 1967 erhielt der argentinische Futura Zierelemente nach eigener Gestaltung, darunter – à la → Thunderbird – kleine symbolische Verdeckbügel an den hinteren Trägern des mit Vinyl bespannten Daches.

1969 wurde der Ford Fairlane als Typ 500 und LTD in das Produktionsprogramm aufgenommen. Sein Kühlergitter entsprach jenem des USA-Fairlane 1968. Den Antrieb besorgten ein 3,6-Liter-Sechszylinder mit 132 bzw. ein 4,8-Liter-V8 mit 185 PS, in beiden Fällen in Verbindung mit einem 3-Gang-Vollsynchrongetriebe (Lenkradschaltung). Der 3,6-Liter-Motor wurde alsbald auch in den Falcon Deluxe und den Futura erhältlich.

Links unten: Ford (I) Anglia Torino, 1965
Unten: Ford (RA) Futura Rural de Luxe, 1968

Ford Italiana	Zyl.	cm³	SAE-PS	bei 1/min	Gänge	Spitze km/h	Radstand/ Länge	Baujahre	Besonderheiten
Anglia Torino	4	997	41	5000	4	125	229/390	1964–67	(Ford England)
S			52	5200		135			

Ford Argentina	Zyl.	cm³	SAE-PS	bei 1/min	Gänge	Spitze km/h	Radstand/ Länge	Baujahre	Besonderheiten
Falcon	6	2365	90	4200	3	130	278/460	1963–69	(wie Ford USA)
Futura		3064	116	4000		145	278/463	1965–69	
Falcon		3081						1969–	
		3620	132	4400		150			
Fairlane							295/511	1969–	
	V8	4792	185	4500		160			

Ford Brasil

Auch in Brasilien entwickelte sich – wie in Argentinien durch Importrestriktionen angeregt – schrittweise eine eigene Autoindustrie. Die Ford Motor do Brasil SA in São Paulo baute aber nicht den relativ kleinen Falcon unter Lizenz, sondern den imposanten Galaxie (→ Ford USA). Vorgestellt wurde er Ende 1966. Sein Detaildesign entsprach noch dem amerikanischen Galaxie des Modelljahrs 1966. Angetrieben wurde er von einer auf 166 SAE-PS gebrachten Version des Nutzfahrzeugmotors Power King, einem 4,5-Liter-V8. Die Kraftübertragung erfolgte über ein vollsynchronisiertes 3-Gang-Getriebe mit Lenkradschaltung. Im Verlaufe des Jahres 1968 wurde das Kühlergitter mit zusätzlichen Senkrechtelementen modifiziert, und die Leistung stand jetzt mit 172 PS zu Buche. Zum Galaxie 500, wie er nun genauer bezeichnet wurde, kam der Galaxie LTD, eine Luxusausführung mit 193 PS starkem 4,7-Liter-V8, der sich auf Wunsch auch mit einem automatischen Getriebe kombinieren ließ. Auf 1970 hieß das Modellangebot Galaxie, Galaxie 500 (beide nun mit wiederum horizontal betonten Kühlergittern) und LTD (feines Karomotiv). Der Antrieb erfolgte jetzt einheitlich durch die 4,7-Liter-Maschine.

Corcel Bereits im Jahre 1967 hatte sich für Ford in Brasilien die Möglichkeit einer beträchtlichen Kapazitätserweiterung ergeben: Sie bestand darin, daß der amerikanische Riese die → Willys Overland do Brasil in São Bernardo do Campo übernahm. Dort hatte man bis anhin Aero-Willys- und Willys-Jeep-Modelle hergestellt. Da überdies eine enge Zusammenarbeit mit → Renault bestand, hatte man auch die Produktion einer Renault-12-Variante, noch ehe diese in Frankreich selbst auf den Markt kam, vorbereitet. Dies gab Ford die Gelegenheit, auch in der Sparte der kleineren Wagen im «Zukunftsland» Brasilien Fuß zu fassen.

Auf dem Autosalon von São Paulo Ende 1968 debütierte dann dieses noch leicht modifizierte Modell als Ford Corcel. Es hatte Frontantrieb und den 1289-cm³-Motor, wie er im September des folgenden Jahres auch im Renault 12 vorgestellt wurde. Im Ford Corcel wurde dieser Motor gleich in zwei Leistungsstufen angeboten: mit 68 und 80 SAE-PS (R 12: 60). Nebst der Limousine, deren Pavillon und Kühlergesicht etwas anders als beim Renault-Äquivalent geformt waren, gab es von Anfang an auch eine Coupéversion mit auf der Höhe des Hinterrades leicht angehobener Gürtellinie, also im US-Stil. Erhältlich waren der Sedan und der Sedan Luxo sowie das Coupé Luxo und der GT Coupé. Dieser – und in ihm war der Doppelvergasermotor eingebaut – hatte schwarze Streifen auf der Karosserie. Ab April 1969 gab es zudem die Bino-Sportversionen mit 87 PS starkem 1440-cm³-Motor. Auf 1970 kam auch noch ein schmucker dreitüriger Kombiwagen hinzu. Der Corcel wurde zum Hauptmodell der brasilianischen Ford-Niederlassung.

Frazer-Nash

Die in Isleworth, England, niedergelassene Firma Frazer-Nash (AFN) Limited baute auch nach 1960 noch einzelstückweise ein sehr attraktiv aussehendes Sportcoupé mit der Modellbezeichnung Continental, von dem auch eine Roadsterversion Sebring existierte. Der Unterbau bestand aus einem Rohrrahmenchassis mit De-Dion-Hinterachse, Panhardstab und Torsionsfedern (vorne Schraubenfedern und Stabilisator). Für den Antrieb sorgte ein 2,6- oder ein 3,2-Liter-V8, die von → BMW geliefert wurden. Die Produktion lief 1962 endgültig aus, auch wenn noch von einem «in Vorbereitung stehenden» neuen Modell die Rede war. – Archie Frazer Nash starb Anfang 1965 im Alter von 76 Jahren.

Links: Ford (BR) Corcel Station Wagon, 1970
Unten: Frazer-Nash Continental, 1961

Ford Brasil	Zyl.	cm³	SAE-PS	bei 1/min	Gänge	Spitze km/h	Radstand/ Länge	Baujahre	Besonderheiten
Galaxie	V8	4460	166	4400	3	165	302/533	1966–68	
			172					1968/69	
		4752	193	4400	3/A	175		1968–	
Corcel	4	1289	68	5200	4	132	244/439	1968–	Frontantrieb
GT			80	5200		141			

Frazer-Nash	Zyl.	cm³	SAE-PS	bei 1/min	Gänge	Spitze km/h	Radstand/ Länge	Baujahre	Besonderheiten
Continental und Sebring	V8	3168	175	5000	4	225	254/398	1959–62	Rohrrahmen, h. De-Dion-A., BMW-Motoren
		2580	142	4800		200			

Frisky
(Dreirad)

Kleinstautos mit der Bezeichnung Frisky wurden ab Mitte der fünfziger Jahre hergestellt. Ursprünglich rollten die Wagen der aus der englischen Motoren- und Getriebefabrik Meadows hervorgegangenen kleinen Marke auf vier Rädern, doch ab 1960 figurierte nur noch ein Dreirad im Programm. Auch so besaß der Frisky noch eine der bestgeformten Karosserien – sie bestand aus Kunststoff – im gesamten Feld der Rollermobile. Neben dem adretten Coupé gab es auch einen Sportroadster. Der Unterbau bestand aus einem Rohrrahmen, das hintere Einzelrad wurde von einem im Heck untergebrachten 2-Takt-Motor mit Umkehrspülung angetrieben. Rückwärts fuhr man durch Umkehren des Motordrehsinns.

Noch im Jahre 1960 wurde dem Modell Family Three eine Prince geheißene verlängerte Ausführung zur Seite gestellt. Auch er bot zwei Erwachsenen und zwei Kindern Platz, war aber etwas geräumiger gestaltet. Seine Form mit den verkleinerten Türfenstern wirkte allerdings weniger gelungen. Für den Prince standen etwas größere Motoren – ein 328-cm³-Excelsior- und ein 324-cm³-Villiers – zur Wahl, und er war mit einem 4- statt einem 3-Gang-Getriebe ausgerüstet. Allerdings lief die Frisky-Herstellung nun allmählich aus.

Frisky Prince, 1961

Fuldamobil, Nobel
(Dreirad)

Der oder das Fuldamobil war einer der langlebigsten Kleinstwagen, denn er wurde während rund zweieinhalb Jahrzehnten gebaut, zuletzt allerdings unter den Namen Attica und → Alta unter Lizenz in Griechenland. Eine bedeutende Lizenzherstellung fand auch in England bei der Flugzeugfirma Bristol statt, und zwar im Auftrag der Nobel Industries von York Nobel. Dieser lieferte den groß propagierten Nobel 200 auch als Bausatz. Diese Lizenzproduktion dauerte allerdings nur von 1958 bis 1961.

Wie die Bezeichnung verrät, wurde dieses Kleinstauto in der deutschen Stadt Fulda gebaut, und zwar durch die Elektromaschinenbau Fulda GmbH. Im Vergleich zu anderen Zwergautos sah der Fuldamobil recht elegant aus. Anstatt mit hinterem Einzelrad war er auch als Vierradfahrzeug mit differentialloser enger Hinterradspur erhältlich. Der Aufbau bestand bei dem ab 1957 gebauten Typ S-7 aus Kunststoff. Neben der 2+2sitzigen Fließhecklimousine mit großflächiger gebogener Heckscheibe gab es vorübergehend auch einen Sporty (in England Nobletta) genannten tür- und dachlosen Zweisitzer. Der 191-cm³-2-Takt-Motor mit Gegenstromspülung von Fichtel & Sachs war im Heck des Rohrrahmenchassis eingebaut. Im Verlaufe des Jahres 1963 wich das kleine Zierrähmchen an der kühlergitterlosen Front einer zweifarbigen Bemalung, wie sie bereits die englischen Nobel hatten. Da Fichtel & Sachs den kleinen Zweitaktmotor nicht mehr produzierte, erhielt der S-7 im Oktober 1965 einen 198-cm³-4-Takt-Motor von Heinkel. Die Leistung blieb gleich, auch wenn die Höchstgeschwindigkeit wegen der geänderten Untersetzungsverhältnisse gemäß Werkangaben nun von 80 auf 85 km/h anstieg. Gleichzeitig wich die Seilzug- einer hydraulischen Bremse, und die Vorderräder erhielten Federbeine anstelle der bei solchen Konstruktionen häufig verwendeten Führungsrohre. 1966 lief die eigentliche Serienherstellung des Fuldamobil aus; Einzelstücke sollen noch bis 1969 gebaut worden sein. Insgesamt waren rund 2900 Fuldamobil entstanden.

Fuldamobil, 1961

Frisky	Zyl.	cm³	SAE-PS	bei 1/min	Gänge	Spitze km/h	Radstand/ Länge	Baujahre	Besonderheiten
Family Three Prince	2	244 328 324	11	5000	3	80	170/278	1959–61 1961	Dreirad, Rohrrahmen, luftgek. 2-Takt-Heckmotor

Fuldamobil	Zyl.	cm³	PS	bei 1/min	Gänge	Spitze km/h	Radstand/ Länge	Baujahre	Besonderheiten
	1	191	10	5000	4	80	210/315	1957–64	Dreirad, Rohrrahmen, luftgek. 2-Takt-Heckmotor
	1	198	10	5500	4	85	210/315	1964–(69)	nun 4-Takt-Motor
Nobel	1	191	10	5000	4	95	205/320	1958–61	Lizenz Fuldamobil

Ghia

Das 1915 von Giacinto Ghia in Turin gegründete Karosseriewerk brachte schon zu Beginn der fünfziger Jahre eine umfangreiche Reihe von sportlichen und eleganten Spezialaufbauten, vor allem für Fiat, Alfa Romeo und Ferrari, heraus. Doch nördlich der Alpen wurde der Name Ghia des nun von Ing. Gigi Segre geführten Unternehmens vor allem durch die ab 1955 erschienenen → VW Karmann-Ghia bekannt. Es handelte sich um Coupés und Cabriolets, die in Italien entworfen und bei Karmann gebaut wurden. Auch mit → Chrysler stand Ghia in engem Kontakt. Für den drittgrößten amerikanischen Autokonzern wurde eine ganze Reihe von imponierenden Traumwagen-Prototypen entworfen und auf die Räder gestellt. Ghia galt denn, neben Pininfarina, Bertone und Michelotti, als eines der bedeutendsten Unternehmen für die Karosseriekreation. Unter Ing. Giacomo Bianco waren (nach dem Tod von Ing. Segre im Jahre 1963) bei Ghia etliche der talentiertesten Designer tätig.

Ab 1960 wurde unter der Marke Ghia in Zusammenarbeit mit → Osi in rund 50 Exemplaren ein mächtiges Superluxusauto gebaut: der Ghia L 6.4. Er war in erster Linie für die USA bestimmt, basierte auf dem Chrysler-Unterbau und besaß daher einen 6,4-Liter-V8-Motor mit 340 SAE-PS Leistung. Die Kraftübertragung erfolgte über ein Torque-Flite-Automatgetriebe, und die Federung wurde vorne mit längsliegenden Torsionsfederstäben, hinten mit Halbelliptikfedern besorgt. Das 533 cm lange Fahrzeug besaß eine wuchtige Front mit ins Kühlergesicht einbezogenen Scheinwerfern, eine weitflächige Chrysler-Frontscheibe und eine dreiteilige Panorama-Heckscheibe, wie man sie später auch beim ebenfalls von Ghia entworfenen → Fiat 2300 Coupé antreffen sollte.

1961 hatte Ghia zwei Prototypen für eine Herstellung in Kleinserie in petto: einen Ghia → Maserati 5000 GT und den Ghia → Plymouth Valiant Asimmetrica, der in Liebhaberkreisen tatsächlich eine kleine Verbreitung finden sollte. Er erinnerte an den vom Chrysler-Designer Virgil Exner entworfenen Traumwagen XNR aus dem Vorjahr. Wie die Bezeichnung verrät, basierte er auf dem amerikanischen Compact-car Valiant. Im Gegensatz zum L 6.4 war der Radstand unverkürzt, und die Länge des zweisitziges Cabriolets erreichte sogar 489 statt der 468 cm beim Original-Valiant. Der Antrieb erfolgte durch den 3,7-Liter-Sechszylinder mit 147 SAE-PS über ein 3-Gang- oder ein Automatgetriebe. Die Karosserie sah äußerst ungewöhnlich aus, wie dies nur bei einer Ghia-Kreation der Fall sein konnte. Auf der Motorhaube fand sich ein auf der linken Seite bis zum Lenkrad hingezogener Buckel (daher die Bezeichnung Asimmetrica!), und die Hauptscheinwerfer waren außen an die vorstehende Front angefügt. – Von Ghia gebaut wurde auch ein von Giovanni → Michelotti entworfenes Spezialcoupé Fiat 1500. Eine Anfang 1962 vorgestellte Coupéableitung des Asimmetrica hieß St. Régis.

1500 GT Auf der internationalen Autoausstellung von Turin im Jahre 1962 wurde der ebenfalls von Ghia in eigener Regie hergestellte Fiat 1500 GT präsentiert. Seine Fastbackkarosserie mit charakteristischem vorstehendem Kühlergitterviereck sollte zahlreiche Freunde finden. Für dieses Coupé wurde die geringfügig leistungsgesteigerte Mechanik (84 statt 80 SAE-PS) der Limousine → Fiat 1500 verwendet, jedoch auf kürzerem Radstand (234,5 statt 242 cm). Auch hier war auf Wunsch eine automatische Kupplung zu haben. Angeboten wurden auch eine Cabrioletversion des Fiat 2300 S sowie der 2300 S Club, ein origineller Fastback-Sportkombi. Die auf US-Konstruktionen basierenden Wagen waren 1963 nicht mehr im Programm.

Ein Jahr später und wiederum in Turin präsentierte Ghia den G 230 S, ein für die Kleinserie vorgesehenes niedriges Coupé, das eine Panoramaheckscheibe mit dem Fastbackstyling vereinte. Es hatte ein Gilco-Rohrrahmenchassis und basierte sonst auf den mechanischen Elementen des Fiat 2300 S, doch bestanden Pläne für eine «Serienausführung» mit → Daimler-V8-Motor. Gezeigt wurde auch der Falcon Clan, eine Abwandlung des → Ford Falcon mit 4,2-Liter-V8-Motor. Im Produktionsprogramm stand nach wie vor auch ein Ghia Jolly 500 Giardiniera genanntes Kleinauto, das als tür- und dachloser Strandwagen auf Fiat-500-Basis bereits auf Fiat-600- und -600-Multipla-Basis seine Vorgänger gehabt hatte.

Doch sollten bei Ghia noch manche Fahrzeuge von der Art des Clan als Einzelstücke entstehen, darunter etwa der Chrysler V 280 (Valiant), ein viersitziges Coupé (1964), ein 7-Liter-Special-Cobra für Shelby (→ AC) mit plexiglasverschalten Rechteckscheinwerfern (1965), das Damenauto Vanessa (mit Bébé-Klappfenstern statt hinteren Seitentüren, 1966) oder ein vom amerikanischen Designer Virgil M. Exner entworfener Bugatti 101 C! Sie gelangten immerhin meist irgendwo in

Ghia L 6.4, 1960

Links: (Ghia) Fiat 1500 GT, 1964
Unten links: Ghia Valiant Asimmetrica, 1962
Unten rechts: Ghia 450 SS, 1967

Privatbesitz. Doch entstanden vor allem auch stylistisch bedeutende Neuschöpfungen für die Herstellung bei anderen Kleinmarken, wie etwa Maserati und De Tomaso. Die serienmäßige Eigenproduktion fußte nach wie vor auf dem 1964 auf die Marke Ghia umgetauften Modell 1500 GT. Auf 1966 kam zusätzlich der Ghia 450 SS in Kleinstserie, ein wiederum vor allem für den amerikanischen Markt bestimmtes formschönes 2+2sitziges Cabriolet auf der Grundlage des → Plymouth Barracuda S, jedoch mit Gitterrohrrahmen. Für den Antrieb sorgte hier ein 238 SAE-PS starker 4,5-Liter-V8. Gegenüber dem Barracuda war der Radstand um 20 auf 249 cm verkürzt. Den 450 SS gab es auch mit Hardtop.

Inzwischen war Ghia von der amerikanischen Firma Rowan übernommen worden. Für sie realisierte Ghia unter anderem den Prototyp eines Elektroautos, dessen Antrieb über Riemen auf die Hinterräder erfolgte und das angeblich 70 km/h oder 300 km Distanz erreichte. Als oberster Leiter des Karosserie- und Designunternehmens amtierte nun Alessandro → de Tomaso, für den bei Ghia verschiedene Sportwagenkarosserien entwickelt wurden. 1967 wurde die Ghia-eigene Serienherstellung aufgegeben. Vom Typ 1500 GT waren insgesamt etwa 800 Stück gebaut worden, darunter etwas über 100 GTI mit erhöhter Motorleistung. Weiterhin wurden zahlreiche teils extravagante Einzelstücke konstruiert, darunter die → Lancia-Coupés Flaminia Marica (Turiner Salon 1969) und Fulvia Competition ... und dies ab Mai 1970 auf Rechnung von Ford: Der zweitgrößte Autokonzern der Welt hatte Ghia zusammen mit einem anderen berühmten Namen aus der Karosseriebauzunft – nämlich → Vignale – von Rowan übernommen!

Ghia	Zyl.	cm³	DIN-PS	bei 1/min	Gänge	Spitze km/h	Radstand/Länge	Baujahre	Besonderheiten
L 6.4	V8	6277	340	4600	3/A	225	292/533	1960–62	Chrysler-Mechanik
Plymouth Valiant Asimmetrica	6	3682	147	4000	3/A		271/489	1961/62	
(Fiat) 1500 GT	4	1481	84	5200	4	170	235/417	1962–67	
Fiat 2300 S Cabriolet Club	6	2279	150	5600	4	190	265/462	1962/63	
450 SS	V8	4490	238	5200	4/A	200	249/457	1965–67	Gitterrahmen, Motor Plymouth Barracuda S

Giannini

Im Gegensatz zu den meisten auf Liebhaberautos spezialisierten italienischen Kleinunternehmen befindet sich die Giannini Automobili SpA nicht in Norditalien, sondern in Rom. Dort entstanden schon in der zweiten Hälfte der fünfziger Jahre formvollendete Fiat-600-Coupés und beispielsweise 1961 ein Spider 850 mit Fiat-Mechanik, wobei von einer eigentlichen Serienherstellung freilich nicht gesprochen werden konnte. In den sechziger Jahren wurde Giannini vor allem zu einem renommierten Tuningbetrieb, der sich nicht zuletzt zu → Abarth in Konkurrenz stellte. Nach rennsportlichen DOHC-Maschinen mit 750 und 1100 cm³ präsentierte Giannini 1965 als besonders aufwendige Spezialkonstruktion einen 4-Zylinder-Boxermotor, der sich für den Einbau in den Fiat 500 eignete! Etliche Teile dieser Maschine mit 698 cm³ Hubraum und 36 PS Leistung waren vom Original-500-Motor übernommen worden. Das neue Aggregat ging auf 1967 in Serie.

Zu jenem Zeitpunkt hatte die Firma Giannini außer diesem Fiat Giannini 4 C/700 genannten «Bolidchen» die Fiat-500-Modelle 500 TVS (25 PS) und 590 GT (586 cm³, 32 PS) sowie den Fiat Giannini 850 SL Berlina und den 950 Coupé im Programm. Diese basierten auf den Fiat 850 und 850 Coupé. Beim 950 Coupé war der Hubraum auf 930 cm³ und die Leistung auf 50 PS angehoben worden. Die getunten Römer Autos erkannte man vor allem am chromumrandeten Giannini-Markenwappen an der Fahrzeugfront. Bei Giannini nahm man sich überdies des Fiat 124 an, und man schuf ein Fließheckcoupé auf der Basis des Fiat 125 (Turiner Salon 1967). Unter den weiteren im Verlaufe der Jahre hinzugekommenen Varianten gab es ferner ein als Giannini Coupé Grand Prix 850 S bezeichnetes frisiertes → Francis-Lombardi-Coupé. Auf dem Turiner Salon 1969 wurde ein auch für den Straßengebrauch gedachter Kleinrennsportwagen mit Glaskuppeldach ausgestellt.

(Fiat) Giannini 850 SL, 1967

Gilbern

Unter den zahlreichen britischen Kleinmarken kam Gilbern insofern eine besondere Rolle zu, als dieses Fabrikat nicht aus England, sondern aus Wales stammte. Die Gilbern Sports Cars & Components war in Pontypridd (Glamorgan) angesiedelt. 1961 erschien der auch im Bausatz angebotene Gilbern GT Mk I, ein recht attraktiv geformtes knapp viersitziges Coupé mit aus Kunststoff bestehender Fastbackkarosserie. Das Fahrgestell bestand aus einem Rohrrahmen, und die Mechanik stammte von BMC (British Motor Corporation, → Austin usw.). Die Vorderradaufhängung umfaßte Dreieckquerlenker und Schraubenfedern, hinten fand sich eine Starrachse mit Längslenkern, Panhardstab und Schraubenfedern. Vorne wurden Girling-Scheibenbremsen verwendet. Als Kraftquelle diente ein frisierter BMC-Motor der Serie A mit 948 cm³, der mit zwei Vergasern und weiteren Maßnahmen auf 68 PS bei 5700/min kam.

Doch bereits 1962 wurde eine wesentlich potentere Version des Gilbern GT in den Vordergrund geschoben: Der Motor stammte aus dem → MG B und leistete bei 1798 cm³ Hubraum 95 SAE-PS. Die vorderen Scheibenbremsen stammten nun von Lockheed. Alsbald war der Gilbern 1800 GT auch mit Laycock-de-Normanville-Overdrive zu haben. Auf 1966 erfolgte der Wechsel von der MG-Maschine, die zuletzt auch mit 112 und 132 PS Leistung angeboten worden war, zu einem → Ford-Motor. Es handelte sich um den 2-Liter-V4 mit 93 PS Leistung, wie er im Ford Corsair GT eingebaut wurde. Im Jahr darauf stieg die Leistung (wie im Ford) auf 102,5 SAE-PS.

Genie Bis dahin war die Karosserie – abgesehen von einer Verfeinerung des Kühlergitters – praktisch unverändert geblieben. Mit einem modernisierten Aufbau wartete nun der Anfang 1967 lancierte Typ Genie auf. Der Radstand war zwar nur um 3 auf 236 cm verlängert worden, doch präsentierte die Karosserie mit 404 statt 391 cm Länge und 165 statt 152 cm Breite (Höhe 132 statt 133) nun wesentlich mehr. Auch das breiter und eckiger eingefaßte Kühlergitter wirkte wuchtiger. Für den Antrieb sorgte hier jetzt die Ford-V6-Maschine mit 3 Litern Inhalt (144 SAE-PS; auf Wunsch auch 2,5-Liter-Version). Wahlweise war hier nun wieder ein Schnellgang lieferbar; zudem konnte man den Gilbern Genie auch mit automatischem Getriebe ausrüsten lassen. 1967 lief die Herstellung des Modells GT aus, und der Genie 3 Litre wurde alsbald mit einem auf 143 DIN-PS frisierten Motor geliefert.

Auf dem Londoner Salon im Herbst 1968 kam der Gilbern PI 130 hinzu. PI stand für Petrol Injection = Benzineinspritzung, und diese stammte von Tecalemit-Jackson. Die Leistung stieg auf 167 DIN-PS, und eine Differentialbremse war bei diesem Modell serienmäßig. Im Sommer 1969 wurde aus dem Genie der Invader (= Angreifer oder Eindringling). Er hatte überarbeitete Radaufhängungen (Hinterachse ohne das beim Genie eingeführte Wattgestänge). Der PI 130 wurde noch bis 1970 gebaut; in jenem Jahr erschien vom Invader auch eine Sportkombiversion. Die Marke Gilbern existierte – mit im Detail weiterentwickeltem Invader – noch bis 1974.

Oben: Gilbern 1800 GT, 1964
Links: Gilbern Invader, 1970

(Giannini)	Zyl.	cm³	PS	bei 1/min	Gänge	Spitze km/h	Radstand/ Länge	Bau-jahre	Besonderheiten
Fiat Giannini 500 TVS	2	500	25	5200	4	115	184/297	1965–	→ Fiat 500
590 GT		586	32	5500		120			
4 C/700	B4	699	36	6000		130			eig. Boxermotor
850 SL Berlina	4	843	48	5500	4	130	203/358	1965–	→ Fiat 850
950 Coupé		930	50	6000		150+	203/361		(weitere Komb.)

Gilbern	Zyl.	cm³	SAE-PS	bei 1/min	Gänge	Spitze km/h	Radstand/ Länge	Bau-jahre	Besonderheiten
GT Mk.I	4	948	68	5700	4	145	234/381	1961/62	Rohrrahmen, BMC-M.
1800 GT		1798	95	5500		170		1962/63	Motor MG B
					4/4+S	173		1963–66	(4+S: 190 km/h)
GT	V4	1996	93	4750	4	170	233/391	1965/66	Motor Ford
			103	5000				1966	
Genie (3 Litre)	V6	2994	143*	4750	4/4+S	190	236/404	1967–69	Rohrrahmen, Ford-M.
PI 130			167*	5000		200		1968–70	Einspritzung * DIN-PS
Invader			143*	4750	4/4+S/A			1969–	

Gill Getabout

Das in London domizilierte kleine englische Werk konnte auf eine bis ins Jahr 1905 zurückreichende Tradition in der Autoherstellung zurückblicken. Ende der fünfziger und noch Anfang der sechziger Jahre baute es Kleinstautos als Limousinchen und Kombi mit im Heck eingebautem luftgekühltem 2-Zylinder-2-Takt-Motor von Anzani, der bei 322 cm³ Hubraum auf eine Leistung von immerhin 15 PS kam. Wahlweise war ein 3- oder ein 4-Gang-Getriebe lieferbar. Die zwei- bis dreisitzigen Leichtmetallkarosserien saßen auf einem gegabelten Zentralrohrrahmen mit Traversen. Die Räder waren vorne wie hinten einzeln aufgehängt. 1961 lief die in kleinen Stückzahlen gehaltene Produktion endgültig aus.

Ginetta

In dem kleinen in Witham (Essex, England) niedergelassenen Werk mit dem italienischen Namen wurden vorwiegend für Sporteinsätze gedachte niedrige Spider gebaut. Immerhin ließen sich einzelne Modelle, je nach Ausstattung, auch für den Straßenverkehr verwenden. Mitte der sechziger Jahre umfaßte das Angebot den Ginetta G 4 mit frisiertem → Ford-1,5-Liter-Motor oder – vor allem als Bausatz gedacht – mit 1-Liter-Motor und den auf 1965 noch neuen G 10, der gar mit der amerikanischen 4,7-Liter-Ford-Maschine versehen war. Beiden Konstruktionen gemeinsam war der Fachwerkrahmen, der beim G 10 vorne und hinten eine Einzelradaufhängung mit Trapez-Dreieckquerlenkern und Schraubenfedern trug, beim G 4 jedoch mit einer hinteren Starrachse mit Längslenkern, Stabilisierungsdreieck und Schraubenfedern kombiniert war. Das kleinere Modell hatte vordere, der G 10 jedoch an allen vier Rädern Girling-Scheibenbremsen. Beide Modelle waren mit einem 4-Gang-Getriebe bestückt. Außer als Roadster wurden die Ginetta auch als Coupé gebaut.

G 15 Auf dem Londoner Salon im Herbst 1967 wurde der Ginetta G 15 vorgestellt. Er sah wesentlich zahmer aus und war dies auch! Sein formschöner Coupéaufbau barg – ohne daß die Lage des Motors gleich ersichtlich war – den Hecktriebsatz des → Hillman Imp, die 875-cm³-OHC-Leichtmetallmaschine also. Damit ergab sich auch hier eine hintere Einzelradaufhängung (mit Längslenkern und Schraubenfedern). Mit dem 10:1 verdichteten und mit zwei Vergasern ausgerüsteten Motor standen 55 SAE-PS zur Verfügung, und dank des nur 500 kg betragenden Leergewichts resultierte trotz kleinen Hubraums ein beachtliches Leistungsvermögen.

Der G 4 hatte jetzt eine noch strömungsgünstigere Karosserie mit in der Oberseite der Kotflügel eingelassenen Kippscheinwerfern. Auffallend waren auch das Seitenfenster in Form eines Kreissegments und die stark gewölbte Heckscheibe. Der G 10 wurde 1968 aufgegeben. 1970 erreichte der Ausstoß 161 Wagen; im folgenden Jahr wurde er verdoppelt. Das Ende der fünfziger Jahre gegründete kleine Liebhaberfabrikat vermochte sich mit etlichem Auf und Ab über all die Jahre erfolgreich zu behaupten!

Links: Gill Getabout Estate, 1960
Unten: Ginetta G4 Series 3, 1968

Ganz oben: Ginetta G 10, 1968
Oben: Ginetta G 15, 1968

Gill Getabout	Zyl.	cm³	SAE-PS	bei 1/min	Gänge	Spitze km/h	Radstand/Länge	Baujahre	Besonderheiten
–	2	322	15	4800	3	95	188/290	1958–61	Zentralrohrrahmen, Anzani-Motor

Ginetta	Zyl.	cm³	SAE-PS	bei 1/min	Gänge	Spitze km/h	Radstand/Länge	Baujahre	Besonderheiten
G4 1500	4	1498	90	6000	4	–200	203/356	1964–70	Fachwerkr., Ford-M.
G 10	V8	4728	275	6000		259	229/412	1964–68	h.E.
G 15	4	875	55	6100		168	205/362	1967/68	Rohrr., Heckm.
						161	208/367	1968–	Hillman Imp

Glas

Die Firma Hans Glas GmbH, Isaria-Maschinenfabrik, in Dingolfing/Bayern, baute bereits erfolgreich das winzige → Goggomobil, als sie an der internationalen Automobil-Ausstellung von Frankfurt im Herbst 1957 mit dem Modell T 600 den Aufstieg vom Kleinst- zum Kleinwagen vollzog. Allerdings sollte diese zweite Modellinie nicht Frontantrieb erhalten, wie dies ursprünglich vorgesehen war. Vielmehr ging der T 600 zusammen mit einer Version T 700 im Sommer 1958 in Standardbauweise, das heißt mit Frontmotor und Hinterradantrieb, in Produktion. Auffallendste Merkmale dieses Kleinwagens waren die im Stile der Zeit geformte mächtige Panorama-Windschutzscheibe und die dreistufige Zweifarbenbemalung.

Die T 600/700 hatten zunächst den Markennamen Goggomobil, wurden später jedoch der Marke Glas zugeordnet; hier sind sie der Einfachheit halber von Anfang an vom eigentlichen kleinen Goggomobil getrennt aufgeführt. Angetrieben wurden diese Kleinwagen von einem luftgekühlten 2-Zylinder-Boxermotor mit der Bezeichnung entsprechendem Hubraum. Dank des niedrigen Bauraums konnte das Reserverad unter der Motorhaube untergebracht werden. Die Kraftübertragung erfolgte über ein vollsynchronisiertes 4-Gang-Getriebe mit Mittelschaltung. Die Vorderradaufhängung wich mit den durch einen oberen Längslenker und einen unteren, abgefederten Querlenker geführten Achsschenkel vom üblichen ab. Hinten fand sich eine Starrachse mit Halbelliptikfedern. Im Gegensatz zum kleinen Goggomobil, dessen Karosserie mit einem Plattformrahmen verschraubt wurde, besaß das größere Modell eine halb selbsttragende Karosserie, die mit einer durch kastenförmige Längsträger versteiften Bodenpartie versehen war.

Die Goggomobile, die für den Export bald auch die Zusatzbezeichnung Isard erhielten, erfreuten sich wachsender Nachfrage, und im Sommer 1959 wurden als Modellergänzung die Kombimodelle K 600 und K 700 angekündigt. Von ihnen gab es sogar eine Ausführung als Kleinambulanz. Die größeren Typen trugen nun die Modellbezeichnung Isar. Im Jahre 1959 wurden von der Hans Glas GmbH 23 158 kleine und 24 717 große Goggomobil-Modelle hergestellt und ein Umsatz von 170 Millionen DM erzielt.

S 1004 Im Herbst 1961 kündete die Hans Glas GmbH – deren treibende Kräfte Juniorchef Andreas («Anderl») Glas und Chefkonstrukteur Karl Dompert waren – mit dem Typ S 1004 den Aufstieg in die Mittelklasse an. Es handelte sich um gelungen geformte Coupés und Cabriolets, mit denen erstmals in Serie ein neues Motorkonzept verwirklicht wurde: nämlich die mit einem Zahnriemen (statt Kette) angetriebene obenliegende Nockenwelle! In der Tat handelte es sich um einen

Isar T, 1961

neukonstruierten 1-Liter-4-Zylinder-Motor mit üblicher Wasserkühlung und fünffach gelagerter Kurbelwelle, der auf hohe Leistungsausbeute ausgerichtet war. Die Aufhängungen entsprachen dem für die Modelle 600/700 entwickelten Prinzip, wobei nun vorne wie hinten Gummi/Luft-Federelemente hinzukamen. Mit dem Anlaufen der Serienherstellung im Mai 1962 erhielt der S-1004-Motor eine verbesserte Ventilsteuerung ohne eigentliche Kipphebelwellen.

In der Ausführung 1963, die im August des Vorjahres präsentiert wurde, zeigten die Isar 600/700 zahlreiche Detailverfeinerungen, darunter schalenförmige Liegesitze, ein neues, dunkel gefärbtes Lenkrad mit Chromspeichen und ein ebenfalls in dunkler Farbe gehaltenes gepolstertes Armaturenbrett. Die Schalter waren neu angeordnet, und die Abblendung wurde nun von Hand anstatt mit dem Fuß bedient. Ein abwaschbarer Dachhimmel und breitere Reifen ergänzten das Bild. Der S 1004 erhielt im Export die Zusatzbezeichnung Dolomit.

1204 Auf dem Automobilsalon von Brüssel im Januar 1963 wurde – vorerst als Prototyp – ein viersitziges Derivat des S 1004 (2+2-Coupé und Cabriolet) vorgestellt. Wie die Bezeichnung verrät, wurde gleichzeitig der Hubraum auf 1,2 Liter vergrößert. Mit seinem trapezförmigen Pavillon und dem abfallenden Bug- und Heckteil erinnerte die Silhouette des Glas 1204 ein wenig an eine Dieselrangierlok, doch gefiel auch hier die chromarme, saubere Linie. Für den S 1004 Cabriolet wurde auf dem Genfer Salon ein ebenfalls elegant geformtes Aufsetzdach präsentiert.

1500 (1700) Doch der große Wurf kam im Sommer 1963 mit der Vorstellung des Glas 1500, einer ausgewachsenen Mittelklasselimousine, die sich hinsichtlich moderner Linie, Geräumigkeit und Leistung in erster Linie mit dem → BMW 1500 vergleichen ließ. Das gefällige Karosseriedesign war in Zusammenarbeit mit dem italienischen Spezialisten Pietro Frua entstanden. Auch hier fand sich ein OHC-Motor von rund 1,5 Litern Inhalt; wie bei den kleineren Glas-4-Zylinder-Motoren erfolgte der Nockenwellenantrieb über einen Kunststoff-Zahnriemen.

Dieses mit einem 4-Gang-Getriebe mit Porsche-Vollsynchronisierung gekoppelte Antriebsaggregat mit einem automatischen Startvergaser war weniger auf höchste Leistung denn auf Geschmeidigkeit ausgelegt worden. Die Aufhängungen waren von konventionellerer Art als bei den BMW: vorne Querlenker, Querstabilisator und Schraubenfedern kombiniert mit progressiv wirkenden Gummihohlfedern, hinten Starrachse mit Halbelliptikfedern und ebenfalls Gummihohlfedern. Vorne wurden serienmäßig Ate-Dunlop-Scheibenbremsen eingebaut.

1300 GT Wenige Wochen später versetzte das Haus Glas die Fachwelt abermals ins Staunen: Zusammen mit dem Modell 1500 wurde auf der Frankfurter IAA auch ein formvollendetes Coupé vorgestellt: der 1300 GT. Auch seine Linie war eine Schöpfung von Frua. Das Dach erstreckte sich in gleichmäßiger Wölbung bis fast auf die hintere Stoßstange herunter; Fastbackcoupés waren damals noch eine Ausnahme. Hinter den komfortablen Frontsitzen war noch Platz für zwei Kinder vorhanden, doch konnten die Hintersitze durch Umklappen auch für eine Vergrößerung des Kofferraumes genutzt werden. Die Leistung des 1,3-Liter-Motors stand dank besonders hoher Verdichtung (9,2:1) und zwei Schrägstromvergasern mit 75 DIN-PS zu Buche. 1965 sollte diesem Coupé ein ebenso sportlich wirkendes Cabriolet zur Seite gestellt werden.

Glas

Doch inzwischen hatte auch das Angebot an «04»-Typen eine Erweiterung erfahren. Schon Anfang 1963 war der S 1204 hinzugekommen, der die Coupé- und die Cabrioletkarosserien mit dem Motor des (vom Werk ebenfalls als Coupé bezeichneten) Viersitzers 1204 kombinierte. Ende des gleichen Jahres erfolgte die Lancierung der Typen S 1004 TS und 1204 TS, die mit zwei Vergasern und 9,2:1 Verdichtung für eine beträchtliche Leistungssteigerung sorgten: von 42 auf 64 und von 53 auf 70 PS!

Im Herbst 1964, rund ein Jahr nach seiner Premiere, konnte endlich die Serienherstellung der großen Glas-Limousine beginnen. Der Motor hatte jetzt 1,7 Liter Inhalt und leistete 80 statt der 70 PS des 1,5-Liter-Prototyps. Das nächste in das zusehends reichhaltiger werdende Produktionsprogramm aufgenommene Modell war – im Frühling 1965 – der 1304 TS. Er verband die Karosserie des Viersitzers mit dem Motor aus dem Coupé 1300 GT und sollte die Erfolgsmöglichkeiten im Tourenwagensport für die Marke Glas weiter ausbauen. Klar, daß es nun bald auch einen «gewöhnlichen» 1304 (sowie S 1304) mit auf 60 PS beschränkter Leistung gab. Zudem war ab 1965 – sozusagen als nachträglich eingeführtes Grundmodell – auch ein Typ 1004 erhältlich. Doch anderseits wurden noch im Verlaufe des gleichen Jahres sämtliche 1204-Modelle sowie das 2+2sitzige Coupé in allen Motorvarianten aufgegeben.

Ebenso wurde im Herbst 1965 die Produktion der Isar 600 und 700 eingestellt.

Daß die Angebotspalette dennoch reichhaltig blieb, dafür hatte schon im Mai 1965 ein weiteres, nach oben ergänzendes Modell gesorgt, nämlich der 1300 GT mit dem 1,7-Liter-Motor aus der Limousine. Damit entstand der 1700 GT, dessen Langhubmotor mit zwei schwimmerlosen Schrägstromvergasern und auf 9,5:1 gesteigerter Verdichtung nun auf 100 PS kam. Äußerlich unterschied er sich nur durch die Lufthutze auf der Motorhaube vom 1300 GT.

Ab Frühsommer 1965 war dieser Motor auch in der Limousine erhältlich, die damit die Bezeichnung 1700 TS erhielt. Dieses Modell stand somit zwischen dem BMW 1800 mit 90 und dem BMW 1800 TI mit 110 PS. Im Herbst stand auch im «normalen» 1700 (ohne Zusatzbuchstaben) eine von 80 auf 85 PS erhöhte Leistung zur Verfügung. Gleichzeitig wurde beim 1300 GT die PS-Zahl von 75 auf

Ganz oben: Glas S 1004 Cabrio, 1962
Oben rechts: Glas 1204, 1963
Oben: Glas 1300 GT, 1964
Rechts: Glas 1700, 1965
Rechte Seite: Glas 2600 V8, 1967

85 erhöht. Dieses Coupé bot nun die gleiche verbesserte Ausführung wie der 1700 GT: Liegesitzbeschläge, Scheibenwischer mit zwei Geschwindigkeiten, Zugschalter und, nebst weiteren technischen Modifikationen, eine leichtgängigere Lenkung; auch der 1300 GT hatte jetzt eine Hutze auf der Motorhaube.

Den 1700, um auf diesen zurückzukommen, gab es jetzt mit hauseigenem Automatgetriebe! Es handelte sich um eine Abwandlung des Getrag-Vollsynchron-4-Gang-Getriebes, dem ein mit Transistoren bestückter elektrischer Schaltwähler beigegeben wurde. Dieser steuerte eine den Schaltvorgang vornehmende Hydraulik. Auf dem Mitteltunnel fand sich noch ein kleiner «Überbrükkungs»-Schalthebel. Diese Getriebelösung war aber wohl zu raffiniert, um den Zweck eines möglichst einfach zu bedienenden Automatgetriebes zu erfüllen.

2600 V8 Es gab in der Autogeschichte wohl kaum eine andere Firma, die in so schnellen Schritten vom Kleinst- über den Klein- und Mittelklassewagen in die Oberklasse eingedrungen ist. Und dieser letzte Schritt wurde noch im nämlichen, für die Marke Glas ereignisreichen Jahr 1965 vollzogen. Im September wurde der staunenden Fachwelt der Typ 2600 V8, ein luxuriöses vier- bis fünfsitziges Coupé, das wiederum von Pietro Frua entworfen worden war, vorgestellt. Es wies den gleichen Radstand auf wie die 1,7-Liter-Limousine, doch entsprach der Unterbau einer entschieden höheren Entwicklungsstufe. Vorne fanden sich zwar ebenfalls Trapez-Dreieckquerlenker sowie Schrauben- und Gummihohlfedern, doch hinten kam eine De-Dion-Achse mit Panhardstab, Längsblattfedern und niveauregulierenden Boge-Hydromat-Federbeinen zum Einbau. Zudem wurden Ate-Dunlop-Vierrad-Scheibenbremsen verwendet, wobei die hinteren Bremsscheiben innenliegend montiert waren.

Der V8-Motor des Glas-Prestigeautos war durch die Kombination zweier 1,3-Liter-4-Zylinder-Motorblöcke auf einem gemeinsamen Kurbelgehäuse entstanden. Es handelte sich somit um einen OHC-V8 mit je einer obenliegenden Nockenwelle pro Zylinderreihe. Eine solche Konstruktion wurde zu jener Zeit weder in Deutschland noch in den USA von irgend jemand anderem geboten; der bis in jenem Jahr gebaute BMW-V8 war noch mit einer zentralen Nockenwelle versehen. Die Rohkarosserien des 200 km/h schnellen, preislich vergleichsweise günstig angesetzten neuen deutschen Spitzenfahrzeugs wurden – wie jene der Coupés 1300/1700 – bei Maggiora in Turin hergestellt. Die eigentliche Serienherstellung setzte jedoch erst Mitte 1966 ein. Da das Styling an die ebenfalls von Frua entworfenen Maserati gemahnte, sprach man in Deutschland bald etwas respektlos vom «Glaserati».

CL Nachdem ab Sommer 1966 für die Cabriolets 1300 und 1700 GT ein formschönes, lichtes Aufsetzdach erhältlich war, kamen kurz darauf, Anfang September, zwei von ihrem Konzept her bedeutende, in der unteren Mittelklasse angesiedelte Modelle heraus: der 1004 CL und der 1304 CL. Sie waren die deutschen Pioniere unter den kompakten Heckklappenautos. Unterbau und Vorderteil waren mit den bewährten 1004/1304-Modellen identisch, doch das Heck besaß die Form eines eleganten Fastbacks und wies eine nach oben öffnende Klappe auf, an der eine demontable Abdeckplatte aufgehängt war. Durch Umklappen oder Herausnehmen der Hintersitze konnte der geräumige Wagenfond mit dem Kofferabteil zu einem großzügigen Transportraum vereinigt werden. Die CL-Modelle boten auch einige technische Verbesserungen, unter anderem eine Entlüftung durch die hinteren Dachholme.

Doch das Jahr 1966 hatte für das Familienunternehmen Glas eine besondere Bedeutung. Man hatte nämlich erkannt, auf die Dauer der weit kapitalkräftigeren Konkurrenz nicht gewachsen zu sein. Bereits schrieb man bei der ehemaligen Landmaschinenfabrik rote Zahlen. Nach Verhandlungen mit Studebaker, VW und Ford wandte man sich an den anderen bayerischen Autohersteller, die prosperierenden BMW. Diese übernahmen im Oktober 1966 die Glas-Unternehmen zu einem Gesamtpreis von etwas über 10 Millionen DM – anstatt der von Hans und Andreas Glas erhofften Abfindungssumme von 15 Millionen. Andreas Glas und Karl Dompert sollten im neuen BMW-Zweigwerk Dingolfing weiterhin leitende Funktionen innehaben. Vor allem aber hatte man mit dieser rechtzeitigen Transaktion eine ganze Region vor Arbeitslosigkeit bewahrt; bei der Firma Glas waren bis zu 4750 Personen beschäftigt gewesen.

Die Bayerischen Motoren-Werke waren natürlich in erster Linie an einer Kapazitätserweiterung für ihre eigenen Modelle interessiert. Dennoch wurden die Glas-Typen vorerst weitergebaut. 1967 lief zunächst die Herstellung des 1700 TS, der 1004-Typen und der Cabriolets aus. Anderseits wurde aus den Coupés 1300 GT und 1700 GT ein → BMW 1600 GT! Bis im September 1967 waren rund 3500 1300 GT und etwa 1800 1700 GT gebaut worden (weit überwiegend Coupés).

Oben links: Glas 1304 CL, 1967
Rechts: Goggomobil Coupé TS, 1961

Ende 1967 wurden auch die verbliebenen Glas-Modelle gestrichen. Die Limousine 1700 hatte es einschließlich TS auf einen Ausstoß von 13 789 Einheiten gebracht, von den kleinen 1004 bis 1304 waren insgesamt 40 700 Wagen gebaut worden. Und der V8? Nun, von diesem präsentierte BMW im Sommer 1967 als aufgewertete (und mit dem BMW-Signet versehene) Version den Typ Glas 3000 V8. Dieser wurde noch bis im Frühling 1968 hergestellt. Insgesamt sollen etwa 300 2600 V8 und rund 400 3000 V8 das Werk verlassen haben. Noch an der IAA im Herbst 1967 hatte Pietro Frua ein spezialkarossiertes Coupé Frua-Glas 3000 V8 vorgestellt. Es besaß eine vom oberen Windschutzscheibenrand bis zum Heckabschluß gleichmäßig abfallende Dachlinie und bot dennoch vier Sitze. Übrigens wurde die gelungene Serienkarosserie des 1700 noch bis 1973 in Südafrika weitergebaut, und zwar als BMW 1800 (Cheetah), dann wurden Front und Heck umgestaltet. – Hans Glas senior verstarb am 14. Dezember 1969 im Alter von 79 Jahren.

Glas	Zyl.	cm³	DIN-PS	bei 1/min	Gänge	Spitze km/h	Radstand/Länge	Baujahre	Besonderheiten
Isar 600	B2	584	20	5000	4	102	200/343	1958–65	Luftkühlung
700		688	30	4900		112			ab ′60: 200/346 cm
S 35			34	5700		135	180/318	1960	
S 1004	4	992	42	4800	4	135	210/383	1961–66	OHC, ab ′65: 40 PS
S 1204		1189	53	5100		145		1963–65	
S 1004 TS		992	64	6000		164			
1204		1189	53	5100		143			
1204 TS			70	5750		164			
1304 TS		1290	75	5500		170		1965	
			85	5800	4/5			1965–67	
1004		992	40	4800	4	135			
S 1304/1304		1290	60	5000		148			ab ′67: 4/A
1300 GT	4	1290	75	5500	4	170	232/405	1964/65	OHC
			85	5800		174		1965–67	ab ′66: 4/5
1700 GT		1682	100	5500	4/5	186			1600 GT → BMW
1500	4	1492	70	4700	4	145	250/442	1963	OHC
1700		1682	80	4800		150		1964/65	
			85	4900	4/A	160		1965–67	
1700 TS			100	5500	4/5	170			
2600 V8	V8	2576	140	5600	4	200	250/460	1965	OHC, de-Dion-H.
			150					1966/67	
3000 V8		2982	160	5100		200+		1967/68	
1004 CL	4	993	40	4800	4	130	210/384	1966/67	OHC
1304 CL		1290	60	5000		148			

Goggomobil

Nachdem die Isaria-Landmaschinenfabrik im bayerischen Dingolfing bereits den Goggo-Roller gebaut hatte, nahm sie auf Anfang 1955 die Herstellung eines Kleinstautos auf. Im Gegensatz zu anderen Rollermobilen handelte es sich beim Goggomobil – so der neue, bald zu einem Begriff werdende Name – um ein echtes vierrädriges Stufenheckauto, das sich nur durch seine Kleinheit von anderen Wagen unterschied. Es hatte einen luftgekühlten Zweitakt-Heckmotor – immerhin einen Zweizylinder –, der zunächst mit 250 und 300 cm³, ab Herbst 1957 auch als Typ 400 gebaut wurde. Motörchen, Ölbadkupplung, 4-Gang-Getriebe (mit einer Klauenschaltung) und Differential waren zu einem in Gummi gelagerten Antriebsblock vereint. An die ungewohnte Schaltauslegung mußte man sich gewöhnen. Die Vorderradaufhängung wie die hintere mit Schräglenkern kombinierte Pendelachse wiesen Schraubenfedern auf.

Die niedliche Karosserie war mit einem Plattformrahmen verschraubt. Zu dem knapp viersitzigen Limousinchen kam ein allerliebstes Coupé (mit der Bezeichnung TS) hinzu, das alsbald zum Traum der – damals in Autosachen ebenfalls noch weniger anspruchsvol-

len – Frauenwelt wurde. Ab Ende 1957 wurde sogar vorübergehend ein Cabriolet angeboten. Gleichzeitig wurde auch das Modell T 600 vorgestellt, das den Aufstieg vom Kleinst- zum Kleinwagen brachte (→ Glas!).

Bedeutende Veränderungen gab es in der technischen Konzeption des Goggomobils während seiner ungeahnt langen Produktionszeit nicht. Wesentlich war vielleicht der Übergang von hinten zu vorne angeschlagenen Türen im Frühling 1964. Dennoch wurde nicht nur Entwicklungsarbeit geleistet, sondern es entstanden auch Prototypen neuer Modelle, so 1959 das (in fünf Exemplaren gebaute) Coupé S 35, in dem vorne ein auf 34 PS frisierter Isar-700-Motor eingebaut war. Das wie ein Kleinst-Ferrari wirkende Sportwägelchen bot ein erstaunliches Beschleunigungsvermögen und 135 km/h Spitze. Auch eine 70-PS-Rennversion soll es gegeben haben. Für die Massen gedacht war hingegen eine neue, viersitzige Goggomobil-Karosserie, die bereits 1960 entworfen wurde und eckige Scheiben, eine horizontal durchgezogene Gürtellinie und spitz auslaufende hintere Kotflügel aufwies. Man blieb dann

Rechts: Gordon-Keeble GT, 1964
Unten: Goggomobil T, 1961

jedoch der angestammten sympathisch-bummeligen Form treu.

Mit den Goggomobilen wurden sogar Rennerfolge erzielt. Sie fristeten in der von Ambitionen geprägten Produktion der Hans Glas GmbH bald einmal ein Schattendasein. 1965 wurde die Produktion des Typs 300 eingestellt, im Frühjahr 1967 wurde auch das Modell 400 aufgegeben. Inzwischen war das Herstellerwerk jedoch in finanzielle Schwierigkeiten geraten und von → BMW übernommen worden. Die Bayerischen Motoren-Werke führten die Produktion des Goggomobils T 250 und TS 250 noch bis Ende des ersten Halbjahres 1969 weiter. Mit seinem kleinen Motor eignete sich dieses Kleinstauto nicht zuletzt für die damaligen Inhaber des deutschen Führerscheins 4, bei dem eine praktische Prüfung entfiel.

Mit 280 730 Exemplaren (wovon 3230 noch im ersten Halbjahr 1969) war das Goggomobil der weitaus meistproduzierte Kleinstwagen gewesen. Zum überwiegenden Teil war er mit dem kleinsten Motor ausgestattet worden; etwa jedes vierte Exemplar war ein Coupé. Das Goggomobil verkörpert in der deutschen Autogeschichte ein eigentliches Phänomen. – Übrigens war es – teils unter Lizenz, teils mit deutschen Teilen – von der Firma Munisa bis Anfang 1967 auch in Spanien gebaut worden und durch Bill Buckle bis 1961 in Australien. Buckle hatte überdies einen Dart geheißenen türlosen Kunststoffroadster auf Goggomobil-Basis geschaffen.

Gordon-Keeble

Auf dem Genfer Salon 1960 wurde der Gordon präsentiert, ein von dem Engländer John S. Gordon angeregtes Gran-Turismo-Coupé mit von Bertone (→ Anhang) entworfener Karosserie und → Chevrolet-Corvette-V8-Motor. Er zählte somit zu den ersten Hochleistungs-Luxusfahrzeugen europäischer Provenienz mit vergleichsweise einfachem, aber zuverlässigem US-Motor. Als hauptsächlichstes Absatzgebiet wurden denn auch die USA ins Visier genommen. Immerhin bot der Gordon vom Fahrwerk her mehr als bloß eine «blattgefederte» hintere Starrachse, vielmehr trug sein elektrisch geschweißter Fachwerkrahmen eine De-Dion-Achse mit Wattgestänge. Die Produktion des Gordon Gran Turismo Four Seater (= Viersitzer) hätte im Herbst 1960 bei AS anlaufen sollen. Doch es kam anders . . .

Aus dem Gordon wurde nämlich der Gordon-Keeble, der erst 1964, also fast vier Jahre später, in einem neugegründeten Unternehmen in Southampton in kurzzeitige Produktion kam. Der von Jim Keeble entwickelte Fachwerkrahmen mit De-Dion-Hinterachse wurde beibehalten. Hingegen wich die Stahlblechkarosserie einer Ausführung aus Kunststoff – dies unter Beibehalt der typischen Bertone-Linie. Der Corvette-Motor wies nun einen Hubraum von 5,4 Litern auf und brachte es mit Vierfachvergaser auf rund 300 PS. Zu den verschiedenen in der langen Entwicklungs- bzw. Wartezeit eingeführten Verbesserungen zählten auch die modifizierten Girling-Vierrad-Scheibenbremsen. Serienmäßig kamen elektrisch verstellbare Stoßdämpfer Armstrong Selectaride zum Einbau. Bis im September 1965 wurden 75 Gordon-Keeble GK I hergestellt. Einen GK II sollte es allerdings nicht mehr geben, denn die Gordon-Keeble Ltd. ging in Konkurs. In einem anderen Vorort von Southampton wurde alsbald die Keeble Cars Ltd. gegründet. Von ihr wurden im Jahre 1966 23 Gordon-Keeble IT (= International Touring) gebaut, ferner entstanden später noch Einzelstücke.

Goggomobil	Zyl.	cm³	DIN-PS	bei 1/min	Gänge	Spitze km/h	Radstand/Länge	Baujahre	Besonderheiten
T 250	2	245	14	5400	4	80	180/290	1955–69	Plattformrahmen,
300		296	15	5000		85		1955–65	luftgek.
400		392	20	5000		100		1957–61	2-Takt-Heckmotor
		395	19	5000				1961–67	
TS 250	2	245	14	5400	4	85	180/304	1956–69	dto
300		296	15	5000		90		1956–65	
400		392	20	5000		105		1957–61	
		395	19	5000				1961–67	

Gordon-Keeble	Zyl.	cm³	SAE-PS	bei 1/min	Gänge	Spitze km/h	Radstand/Länge	Baujahre	Besonderheiten
GT, GK I	V8	5354	300	5100	4	235	258/470	1964/65	De-Dion-Hinterachse, Chevrolet-Motor

Graciela

Der Graciela war ein ungewöhnlicher argentinisch-osteuropäischer Mischling. Hergestellt wurde er in beschränkter Stückzahl ab Ende der fünfziger Jahre durch die Firma Dinfia, eine Tochtergesellschaft der staatlichen argentinischen Flugzeugwerke in Cordoba. Wenngleich die Antriebseinheit – ein 3-Zylinder-2-Takt-Motor von 900 cm^3 Inhalt mit 37 SAE-PS Leistung – von → Wartburg in der DDR bezogen wurde, so hatte der Graciela dennoch Hinterradantrieb. Das aus gleicher Quelle stammende 4-Gang-Getriebe war mit Lenkradschaltung kombiniert. Die zweitürige Schräghecklimousine in verkleinertem amerikanischem Styling war auf einem Plattformrahmen aufgebaut und besaß eine vordere Einzelradaufhängung mit Querfeder und eine hintere Starrachse mit Halbelliptikfedern. – Ende 1961 wurde die Produktion aufgegeben.

Graciela, 1959

Grégoire

J. A. Grégoire war einer der genialen französischen Automobilkonstrukteure der Vor- und der Nachkriegszeit. Unter anderem ist ihm die moderne Leichtbaukonstruktion des → Panhard Dyna von 1946 zuzuschreiben. Ebenfalls noch während des Krieges hatte Grégoire eine luxuriöse Frontantriebslimousine mit aerodynamisch günstiger Karosserie entwickelt. Aus diesem Fahrzeug wurde 1950 der Hotchkiss-Grégoire, der bis 1954 hergestellt wurde. Nach dem Untergang der angesehenen französischen Marke Hotchkiss lancierte Grégoire 1956 auf eigene Initiative und unter eigener Marke, jedoch mit Unterstützung der Firma L'Aluminium Français, ein sportliches Luxuscabriolet. Es basierte zwar auf der Limousine Hotchkiss-Grégoire, wies jedoch eine neuartige Unterbaukonstruktion auf. Anstatt der aus einem Gußstück bestehenden Kombination von Spritzwand, Motor- und Längsträgern wurde dieses Aluminiumgebilde nun aus zwei Teilen hergestellt. Zudem trat an die Stelle des Sandgusses ein Preßgußverfahren, was eine weit rationellere Herstellung ermöglichte.

Der Grégoire Sport hatte seine Premiere auf dem Autosalon von Chicago im Januar 1956, und seine langgestreckte Form war denn auch ein Stück weit auf den amerikanischen Geschmack ausgerichtet. Die Sitzbank bot drei Personen Platz. Alsbald gab es auch elegante Coupés mit zwei zusätzlichen Sitzen im Fond. Auch hier wurde die Karosserie aus Leichtmetall hergestellt. Die Kleinserienherstellung wurde 1957 durch Grégoires Firma Automobiles Tracta SA in Asnières aufgenommen. Natürlich war der Grégoire Sport ein Frontantriebsauto. Es wies aber auch andere typische Grégoire-Merkmale auf, so den wassergekühlten 4-Zylinder-Boxermotor, der bei 2,2 Litern Hubraum mit Roots-Kompressor und Doppelvergaser auf beachtliche 130 PS kam. Die Kraftübertragung erfolgte über ein 4-Gang-Getriebe mit Lenkradschaltung. Alle vier Räder waren einzeln aufgehängt, vorne mit Trapez-Dreieckquerlenkern und Schraubenfedern, hinten mit Längsschwingarmen und Schraubenfedern. Eine Besonderheit war die progressive Federcharakteristik nach System Grégoire. Die Vorderräder hatten Dunlop-Scheibenbremsen. Das Styling der teils durch das Karosseriewerk Chapron hergestellten Coupé- und Cabrioletaufbauten wurde im Verlaufe der Zeit nur wenig verändert. 1962 wurde die Produktion eingestellt.

Graciela	Zyl.	cm^3	SAE-PS	bei 1/min	Gänge	Spitze km/h	Radstand/Länge	Baujahre	Besonderheiten
–	3	900	37	4000	4	115	240/429	–1961	Plattformrahmen, Wartburg-Motor

Grégoire	Zyl.	cm^3	PS	bei 1/min	Gänge	Spitze km/h	Radstand/Länge	Baujahre	Besonderheiten
Sport	B4	2188	130	4500	4	190	240/450	1957–62	s. Text!

Grégoire Sport, 1960

GSM

Bei der GSM Cars Ltd. in Kent (England) wurden ab 1960 unter Lizenz die südafrikanischen → Dart-Sportwagen hergestellt. GSM (= Glassport Motor) war damit die europäische Marke des Unternehmens, und sie sollte auch in Südafrika als Markenbezeichnung dienen. Im Gegensatz zu den variantenreich angebotenen Dart gab es die GSM nur in zwei Ausführungen, beide mit dem 1-Liter-Ford-Motor 105 E. Im GSM Delta 75 leistete diese Maschine bei einer Verdichtung von 9,6:1 und mit zwei Doppelvergasern 72 DIN-PS, im GSM Delta 60 mit einem Kompressionsverhältnis von 8,9:1 und zwei Einfachvergasern immerhin 57 PS. Die attraktiv geformte Kunststoff-Roadsterkarosserie mit den horizontal auslaufenden Heckflößchen wurde beibehalten, und auch das Rohrrahmenchassis mit aufwendigen Aufhängungselementen war aus Südafrika bekannt.

1962 hatte die Firma GSM (Pty.) Ltd. in Cape Town ein neues Domizil. Von der englischen Produktion war alsbald nicht mehr die Rede. Auf 1963 bestand das Angebot aus einem GSM Dart 95 mit auf 116 DIN-PS frisiertem Ford-116-E-Motor (Capri-1,5-Liter). Neu waren auch die vorderen Girling-Scheibenbremsen. Als Coupé mit Fließheck (und nicht nur mit Aufsetzdach) wurde der GSM Flamingo lanciert. Er hatte nicht nur eine modernisierte und eigenwillige Form (mit längsgeteiltem Heckfenster und tropfenförmig auslaufenden Radausschnitten), sondern auch eine neue Vorderradaufhängung mit Trapez-Dreieckquerlenkern und Gummi-Torsionsfederung. Der Motor stammte interessanterweise von → Ford Deutschland; es handelte sich um das 1758-cm³-Aggregat aus dem Taunus 17 M TS, das man auf 80 PS gebracht hatte.

Im Verlaufe des Jahres 1964 erhielten die Dart-Modelle die Bezeichnung 1500 und 1500 R. In letzterem standen dank modifiziertem Zylinderkopf mit Spezialnockenwelle und neuem Sammelrohr 112 PS zur Verfügung, während sich das Basismodell mit 85 PS bescheidete. Im Flamingo war auch der Ford-Cortina-GT-Motor lieferbar. Um 1965 verschwand die Marke.

Gurgel

Diese Marke wurde 1966 in São Paulo, Brasilien, von Dr. Gurgel gegründet. Der Gurgel war eine Art verfeinerter Buggy. Wie diese war er auf einem angepaßten VW-Plattformrahmen aufgebaut und hatte eine türlose Kunststoffkarosserie. Es gab die Ausführungen Xavante, Ipanema und Enseada. Anstatt 240 war der Radstand nur 206 cm lang, damit ergab sich ein guter Grad von Geländegängigkeit. Zudem war er auf Wunsch mit einer ZF-Differentialbremse erhältlich. Für den Antrieb sorgte der unveränderte VW-1300-Motor mit 46 SAE-PS von → VW do Brasil. Ende 1968 wurde die Produktion vorübergehend eingestellt, doch ein Jahr später präsentierte Dr. Gurgel den Typ Ipanema mit neuer, nun eher auto- statt buggyähnlicher Karosserie mit Türen, wobei das Notverdeck beibehalten wurde.

Oben: Gurgel Ipanema, 1970
Links: GSM Flamingo, 1963

GSM	Zyl.	cm³	DIN-PS	bei 1/min	Gänge	Spitze km/h	Radstand/Länge	Baujahre	Besonderheiten
Delta 75	4	997	72	7250	4	184	221/368	1960–62	Rohrrahmenchassis,
60			57			166			Ford-Motoren
Dart 95		1498	116	6800		200		1962/63	a.W. 94/6000
Flamingo		1758	80	5000		180	220/376	1962–65	(Taunus-Motor)
Dart 1500		1498	85*	5600		158	221/368	1963–65	* SAE-PS
1500 R			112	6500		183			

Gurgel	Zyl.	cm³	SAE-PS	bei 1/min	Gänge	Spitze km/h	Radstand/Länge	Baujahre	Besonderheiten
(div.)	B4	1285	46	4600	4	120	206/370	1966–68	VW-Bas s
Ipanema						115	204/370	1969–	a.W. 1,5 od. 1,6 L

Hansa

Den Namen Hansa hatte es früher bereits als Modellbezeichnung für Borgward-Autos gegeben. Doch im Oktober 1958, mit dem Modelljahr 1959, wurde dieses an die Hansastadt Bremen erinnernde Wort als Nachfolgemarke für Goliath eingeführt. Goliath bzw. Hansa war die mittlere Marke zwischen → Borgward und → Lloyd des hanseatischen Autokonzerns von Konsul Carl F. W. Borgward. Eine Marke Hansa-Lloyd hatte es schon vor dem Zweiten Weltkrieg gegeben.

Den Hansa 1100 von 1960 gab es als zweitürige Limousine und als dreitürigen Kombi sowie als Limousine 1100 Luxus und als Coupé. Das Kühlergitter hatte nun durchgehende Horizontalstäbe ohne Mittelzunge, und der bogenförmige seitliche Zierstab war einer horizontal durchgezogenen Ausführung gewichen. Wie schon die Goliath hatte auch der Hansa Frontantrieb. Für diesen sorgte ein ungewöhnlicher wassergekühlter Boxermotor von 1093 cm³ Inhalt mit 40 DIN-PS Leistung. Bei den Modellen Luxus und Coupé lag die Leistung mit 7,9 statt 7,3:1 Verdichtung und zwei Fallstromvergasern bei 55 PS. Die Kraftübertragung erfolgte über ein vollsynchronisiertes 4-Gang-Getriebe mit Lenkradschaltung. Auf Wunsch war eine automatische Kupplung Saxomat erhältlich. Die Karosserien waren mit einer Plattform mit Zentralrohr verschweißt. Vorne fand sich eine Einzelradaufhängung mit unteren Dreieckquerlenkern, hinten eine übliche Starrachse mit Längsblattfedern. Das Armaturenbrett war von einem Polsterring umgeben.

Nachdem die Borgward-Gruppe in Konkurs gegangen war (Hintergründe → Borgward), wurde im Spätsommer 1961 auch die Hansa-Produktion eingestellt. Insgesamt waren innerhalb von drei Jahren knapp 28 000 Hansa gebaut worden. Für die Goliath-Werke GmbH hegte man allerdings noch Hoffnungen auf ein Comeback. So wurde vom italienischen Karossier Pietro Frua der Prototyp eines Hansa 1300 eingekleidet, der 1962 hätte in Produktion gehen sollen. Statt dessen wurden Anfang 1963 aus restlichen Bestandteilen nochmals 487 Hansa 1100 zusammengebaut. Immerhin blieben der Nachwelt zwei Hansa-Eigenheiten erhalten: die Konstruktionsart des wassergekühlten Boxermotors mit Frontantrieb (die im japanischen → Subaru später eine Parallele finden sollte) und als praktisches Detail die abklappbaren Hintersitze in der Limousine, die auf Wunsch auch hälftig geteilt erhältlich waren und so für eine variable Kofferraumverlängerung sorgten; diese Idee lebte später vereinzelt wieder auf.

Hansa 1100, 1961

Hansa	Zyl.	cm³	DIN-PS	bei 1/min	Gänge	Spitze km/h	Radstand/ Länge	Baujahre	Besonderheiten
1100	B4	1093	40	4250	4	124	227/409	1958–61	Plattformrahmen,
Luxus, Coupé			55	5000		135			Frontantrieb

Hillman

Unter den vier Marken des britischen Rootes-Konzerns war Hillman das Stamm- und «Volumenfabrikat». Die übrigen Marken waren die sportlichen → Sunbeam, die individuellen → Singer und die luxuriösen und großen → Humber. Hergestellt wurden die Rootes-Wagen in Ryton-on-Dunsmore bei Coventry. Der Rootes-Konzern war hinter der British Motor Corporation (Austin/Morris usw.) und Ford, jedoch vor Vauxhall der drittgrößte englische Autohersteller. 1960 umfaßte das Hillman-Angebot die Modelle Minx Series IIIA und Husky Series II. Es handelte sich um konventionell konstruierte Familienautos, wobei dem als kompakter dreitüriger Kombi gebauten Husky eine besondere Rolle zukam. Der Minx (= soviel wie Wildfang) wurde von einem 1,5-Liter-Motor mit 57,5 SAE-PS angetrieben, während der 1,4-Liter-Motor im Husky (= Grönlandhund) auf 52 PS kam.

Als Kraftübertragung diente ein 4-Gang-Getriebe ohne synchronisierten ersten Gang, aber bereits mit Mittelschaltung. Auf Wunsch war im Minx eine automatische Kupplung Manumatic oder ein vollautomatisches Getriebe Easidrive lieferbar. Bei diesem handelte es sich um eine Konstruktion von Smith, einem bedeutenden Zulieferer der Autoindustrie. Das Easidrive-System arbeitete mit zwei Magnetpulverkupplungen und einem elektrisch gesteuerten automatischen 3-Gang-Getriebe. Der Hillman Minx und der → Singer Gazelle waren die ersten kleineren Mittelklassewagen Europas, die mit automatischem Getriebe erhältlich waren. Der Hillman Minx hatte vorne Trapez-Dreieckquerlenker und Schraubenfedern, hinten die herkömmliche Starrachse mit Halbelliptikfedern.

Außer den viertürigen Limousinen de Luxe und Special gab es einen fünftürigen Kombi und ein besonders hübsches Cabriolet sowie ferner einen Alexander-Conversion (Tuningfirma): hier war der Motor 8,6 statt 8,5:1 verdichtet und mit zwei Vergasern und stärkeren Ventilfedern versehen. Damit resultierten 68,5 PS. Gleichzeitig wurde der Minx Alexander mit einem Laycock-de-Normanville-Schnellgang ausgerüstet.

Große Bedeutung kam jedoch einem Rootes-Expansionsprojekt zu, das im Herbst 1960 publik wurde: Im schottischen Linwood sollte eine neue Autofabrik entstehen, wo man in zwei Jahren einen neuen Kleinwagen mit 800-cm³-Motor herstellen wollte. Zwar waren die Exporte britischer Wagen nach den USA wegen der amerikanischen Compactcars zurückgegangen, doch man sah dank der EFTA (europäisches Freihandelsabkommen außerhalb der EWG) neue Marktmöglichkeiten. Mit der Wahl Schottlands kam man dem Wunsch der britischen Regierung nach Dezentralisation entgegen. Es sollten 5500 neue Arbeitsplätze entstehen, und man sprach von einer möglichen Jahresproduktion von 150 000 Wagen.

Rechts: Hillman Super Minx Convertible, 1962
Rechts unten: Hillman Imp de Luxe, 1963
Unten: Hillman Minx de Luxe, 1960

Im Sommer 1961 folgte auf den Hillman Minx III B der Minx III C mit 1,6-Liter-Motor. Dessen Leistung wurde mit 57 PS angegeben. Die automatische Kupplung wurde nicht mehr aufgeführt, doch gab es für die Exportmodelle auch eine Lenkradschaltung. Die länger untersetzte Hinterachse sorgte für erhöhte Laufruhe.

Super Minx Schon auf dem Londoner Salon im Oktober 1961 wurde der Super Minx vorgestellt. Er war ein in praktisch jeder Dimension vergrößerter Minx. Außer Radstand und Länge wuchs die Breite um 4 auf 158 cm, und die Dachlinie sank um 3 auf 148 cm. Die Scheinwerfer waren ins Kühlergitter integriert und in ungewohnter Weise von den Blinkern und den Positionslichtern überdacht. Die Frontscheibe war sehr stark gewölbt, und wie schon beim Minx waren die Heckscheibe in Panoramaform um die Ecken und die Peilstege auf den Hinterkotflügeln nach außen gebogen. Auch der Super Minx hatte natürlich den neuen 1,6-Liter-Motor, jedoch mit 67,3 SAE-PS, und auch die Kraftübertragung – 4-Gang mit Stock- oder Lenkradschaltung oder Easidrive – stimmte überein.

Wie schon der III C wartete dieser jüngste Hillman mit reduzierten Unterhaltsansprüchen auf. Hingegen bot der Benzintank nun Platz für 50 statt 33 Liter (für Englands beginnendes Motorway-Netz). Zudem war das Reserverad unter den Kofferraumboden verlegt worden. Zur serienmäßigen Ausrüstung zählten Sitzgurtenverankerungen, eine Scheibenwaschanlage und Kindersicherungen an den Hintertüren. Im Frühling 1962 kam der Super Minx auch als fünftüriger Kombi auf den Markt. Das Heckfenster öffnete nach oben, der Rückwand-Unterteil nach unten, womit sich bei Bedarf gleichzeitig eine Laderaumverlängerung ergab. Auch den Kombi gab es auf Wunsch mit dem Easidrive-Automatgetriebe.

Und dies galt natürlich auch für die Cabrioletversion, die im Juni 1962 hinzukam. Wiederum handelte es sich um ein viersitziges Cabrio mit voll versenkbarem Verdeck, und es muß hier gleich festgehalten werden, daß es eine der allerletzten europäischen Neukonstruktionen dieser attraktiven Karosserieart sein sollte! Wie es sich für Cabriolets gehört, war der Unterbau der selbsttragenden Karosserie mit Querträgern und Versteifungen verstärkt worden. Beim Minx Series III C liefen die Kombi- und die Cabrioversion indessen aus. Auf dem Londoner Salon im Herbst 1962 erhielten die Super Minx den Zusatz Series II. Neu waren die Lockheed-Scheibenbremsen an den Vorderrädern sowie der Wegfall der letzten Schmierstellen. Ungewöhnlich war die leichte Reduktion der Motorleistung im Interesse eines weicheren Laufs. Anstatt des nicht immer ganz befriedigenden Easidrive-Getriebes wurde der Typ-35-Automat von Borg-Warner lieferbar. Ferner boten neue Vordersitze mit Schaumauflage mehr Komfort und zusätzlichen Raum für die Fondpassagiere. Anstatt hinter den Hintersitzen befand sich der Benzintank (48 statt 50 Liter) im linken Hinterkotflügel. Dadurch wuchs das Kofferraumvolumen erneut an. Auch eine Lichthupe zählte jetzt zum Lieferumfang.

Imp Im Mai 1963 wurde er vorgestellt, der Kleinwagen aus dem neuen schottischen Rootes-Werk. Er hieß Hillman Imp (= Knirps oder Kobold) und zielte von seiner unkonventionellen Art her genau auf die erfolgreichen Mini (→ Austin). Allerdings bestand konstruktiv ein grundsätzlicher Unterschied: Während der Mini Frontantrieb und Quermotor besaß, hatte der Imp einen Heckmotor! Und es sollte sich um eine der allerletzten bedeutenden Neukonstruktionen dieser Bauart handeln; bloß → Skoda wartete ein Jahr später ebenfalls noch mit einem gänzlich neuen Heckmotorauto auf.

Der Hillman Imp war in fast jeder Hinsicht eine hochoriginelle Konstruktion. Er hatte eine gefällige Form mit kurzem Heck, eine durchgezogene Prägekante unterhalb der Gürtellinie, bemerkenswert großzügige Fensterflächen mit hochklappbarer Heckscheibe (zum Beladen des hinteren Zusatzkofferraums, der sich durch Abklappen der Rücksitzlehne wesentlich vergrößern ließ), und seine zweitürige Karosserie bot bis fünf Personen genügend Platz. Äußerlich kleiner als dieser erste britische Großserien-Heckmotorwagen waren bloß noch der Mini, die Fiat 500 und 600 sowie der NSU Prinz IV.

Praktisch alles war an diesem schottischen Auto neu: Der Motor hatte 875 cm^3 Inhalt und leistete 42 SAE-PS. Er war zusammen mit der angesehenen Motorenfabrik Coventry Climax entwickelt worden und besaß denn eine obenliegende Nockenwelle. Das Motorgehäuse bestand aus Aluminiumdruckguß (mit trockenen Stahlgußbüchsen). Die hiezu benötigte Leichtmetallgießerei war übrigens von der Schweizer Firma Gebrüder Bühler in Uster ZH geliefert worden. Die Verbrennungsräume wiesen Quetschform auf, und es bestand eine pneumatische Verbindung zwischen dem Gaspedal und der Drosselklappe. Mit 10:1 war die Verdichtung für ein Gebrauchsauto ungewöhnlich hoch (Exportausführung für Niederoktanbenzin: 8:1), doch wurde erkannt, daß in diesem Motor noch ein größeres Entwicklungspotential steckte, was sich später im Rennsporteinsatz auch bestätigen sollte.

Auch das Getriebegehäuse bestand aus Aluminiumdruckguß; es barg vier synchronisierte Gänge. Der Schalthebel befand sich natürlich in der Mitte. Die Halbwellen hatten innen Rotoflex-Gummigelenke. Die Einzelradaufhängung umfaßte vorne Dreieckquerlenker und Schraubenfedern, hinten gezogene Dreiecklenker und Schraubenfedern. Vorne wurde ein hohes, hinten ein tieferes Rollzentrum erzielt, woraus sich bei «normaler Kurvenfahrt» ein leichtes Untersteuern ergab. Daß sich der Imp als Heckmotorauto eher atypisch verhielt, war aber auch dem dank Aluminiumguß ermöglichten geringen Gewicht des Antriebssatzes zuzuschreiben.

Der Imp hatte keine Schmierstellen, Heizung und Lüftung waren geschickt durchdacht (mit Ventilationsschlitzen über dem Heckfenster), und manche Einzelheiten waren wegweisend. Hinter dem Projekt standen die Nachkommen der Firmengründer Gebrüder Rootes. Geoffrey Rootes, älterer Sohn von Lord Rootes, war für die Produktion zuständig, sein Bruder Brian war Verkaufsleiter, und Timothy, Sohn von Sir Reginald Rootes, beschäftigte sich mit Konstruktionsfragen. Chefingenieur war seit kurzem Peter Ware. Wie in England wurden die Karosserien auch in Schottland von der Firma Pressed Steel Co. hergestellt, die zusammen mit Rootes in Linwood den neuen Industriekomplex aus dem Boden gestampft hatte. Der Luftwiderstandsbeiwert der Imp-Karosserie wurde mit 0,38 als besonders niedrig herausgestellt.

Im Herbst 1963 erfuhren auch die angestammten Hillman Minx und Husky eine Verjüngung. Der Minx – nun mit Series V bezeichnet – hatte eine niedrigere Motorhaube, Gürtel- und Dachlinie (Höhe noch 147 cm), das Kühlergitter verlief über die gesamte Frontbreite, die Panoramaheckscheibe entfiel, die Seitenscheiben waren vergrößert, die Hintertüren verlängert und die Hinterkotflügel samt Schlußleuchten geändert worden. Im Wageninnern fanden sich vordere Einzelsitze (statt Sitzbank) und ein neugestaltetes Armaturenbrett mit Polsterschutz. An den Vorderrädern waren jetzt Lockheed-Scheibenbremsen montiert, und der auf Wunsch lieferbare Getriebeautomat stammte auch hier von Borg-Warner (in Kombination mit dem 62-PS-Motor, wie im Super Minx). Der Kompaktkombi Husky bot als Series III ebenfalls Service-Erleichterungen und ein gepolstertes Armaturenbrett. Zudem wurden Verbesserungen an Getriebe, Aufhängung und Lenkung (wie beim Minx) registriert. Das Kühlergitter stimmte mit jenem des Minx V überein.

Der Herbst 1964 brachte den Super Minx Series III. Die Änderungen waren diesmal sehr deutlich und umfaßten in erster Linie ein neues Karosseriestyling mit je drei Seitenfenstern. Damit fand sich auch hier keine Panoramaheckscheibe mehr. Die Frontscheibe reichte nun in ihren oberen Ecken auf die gleiche Höhe wie die Seitenfenster. Geblieben waren die Frontgestaltung mit den überdachten Scheinwerfern und die nach außen gebogenen Heckflößchen. Wichtigste technische Änderung war der Übergang zum vollsynchronisierten 4-Gang-Getriebe (nach wie vor auf Wunsch mit Lenkradschaltung), doch wurde auch das Fahrwerk verfeinert. Die Anzeigen in dem mit Nußbaumfurnier verzierten Armaturenbrett waren nicht nur besser ablesbar, sondern auch vermehrt ins direkte Blickfeld des Fahrers gerückt. Die fünftürige Kombiversion wurde auch in der neuen Serie gebaut, das formschöne Cabrio aber endgültig in den Bereich der künftigen Sammelstücke verbannt. Eine neue Kupplung, komfortablere Vordersitze, Fahrwerkverbesserungen sowie neugestaltete Armaturen und eine Scheibendusche hatte seinerseits auch der Minx de Luxe zu bieten, während sich die Änderungen beim Husky auf Kupplung und Armaturen sowie einen zusätzlichen vorderen Stabilisator beschränkten.

Als Gegenstück zu den Mini Cooper (→ Austin) schuf der Tuner Paul Emery (→ Anhang) in der zweiten Hälfte 1964 den Emery GTL. Er war ein Hillman Imp mit um 7,5 cm tiefer gesetztem Dach und schräger gestellter Heckscheibe. Dadurch bot er nur noch 2+2 Sitze. Mit zwei Vergasern und geänderten Ansaug- und Auspuffleitungen wurde die Leistung erhöht, und außerdem stand eine Ausführung mit auf 1150 cm^3 erhöhtem Hubraum in Vorbereitung. Ein Imp-Derivat ganz anderen Kalibers war der auf dem Londoner Salon Ende 1964 ausgestellte Hillman Zimp, ein originelles Coupé des Mailänder Karosseriewerks Zagato (→ Anhang), das jedoch nicht in Serienproduktion ging.

Auf dem Genfer Salon im Frühling 1965 wurde dem Super Minx ein Super Minx GT (Gran Turismo) zur Seite gestellt. Äußerlich erkannte man ihn bloß am GT-Signet. Er wurde vom 84 PS starken Doppelvergasermotor mit 9,1:1 Verdichtung angetrieben, wie er im → Sunbeam Rapier, im → Singer Vogue und im → Humber Sceptre eingebaut wurde. Doch schon im Herbst des gleichen Jahres folgten die Modelle Hillman Minx Series VI und Series VI GTL, Super Minx Series IV und Series IV GTL, während der Husky nun aufgegeben wurde. Alle Modelle wurden von einem neuen 1725-cm^3-Motor angetrieben, der im Minx 62,5 SAE-PS leistete, im Super Minx 69,5 und in den beiden GTL-Versionen 91 SAE-PS. Die Motorvergrößerung hatte

Oben: Hillman Husky, 1964
Rechts: Hillman Super Minx, 1966

Rechts: Hillman Minx, 1967
Rechts außen: Hillman GT, 1970

man durch Hubverlängerung von 76,2 auf 82,5 mm erzielt. Die Kurbelwelle besaß nun fünf statt drei Hauptlager. Die Nockenwelle wurde nach einem neuen Verfahren namens Tufftride gehärtet. Bei den Super Minx war als weitere Getriebevariante ein Laycock-de-Normanville-Schnellgang lieferbar, und sämtliche Modelle hatten eine im Detail verfeinerte Innenausstattung.

Änderungen erfuhren mit dem im September 1965 präsentierten Modelljahrgang 1966 auch der Hillman Imp und sein inzwischen neu hinzugekommenes Parallelmodell, der → Sunbeam Chamois. Der OHC-Motor hatte größere Ventile, einen neugestalteten Zylinderkopf sowie einen anderen Vergaser und einen neuen Zündverteiler bekommen. Die pneumatische Bedienung der Drosselklappe war einem üblichen Kabelzug gewichen. Zu den weiteren Verbesserungen zählten weichere Sitze, eine wirksamere Heizung und eine bessere Geräuschisolierung. Neben dem Imp de Luxe gab es neu den Super Imp, der hinsichtlich Ausstattung dem luxuriöseren Sunbeam Chamois angeglichen war. Er zeigte ein «falsches» Kühlergitter an der Front, einen feinen seitlichen Zierstab und im Innern vor allem eine Polsterung des Armaturenbrettes.

Im Tuningsektor nahm sich nun die Firma Hartwell des Imp an. Ihr Gruppe-IV-Imp hatte einen auf 998 cm^3 und 80 PS gebrachten Motor mit Ölkühler sowie gründliche Fahrwerkanpassungen. Ein Jahr später war es Alan Fraser, technischer Betreuer der Rootes-Rallye-Abteilung, der dem Hillman Fraser Imp ohne Hubraumvergrößerung 75 PS entlockte. Der Herbst 1966 war auch der Zeitpunkt, da Rootes für den Export den Markennamen Hillman des Modells Imp mit jenem von Sunbeam auswechselte. Hiezu ist zu sagen, daß Rootes im Verlaufe der Jahre ohnehin mehr und mehr fast identische Modelle unter verschiedenen Markennamen laufen ließ, ähnlich wie BMC/BMH oder die amerikanischen Hersteller.

Während Hillman auf dem europäischen Kontinent nie einen besonderen Klang besaß, genoß Sunbeam dank seiner Sportmodelle in Kreisen von Kennern und Liebhabern recht hohes Ansehen. In Großbritannien gab es hingegen weiterhin die Hillman-Imp-Palette, die nun die Modelle Imp, Imp Sport, Californian und Rally Imp umfaßte. Nur über letzteren finden sich die Informationen nicht unter → Sunbeam. Er war bereits auf dem Londoner Salon 1965 vorgestellt worden und hatte den bereits erwähnten 998-cm^3-Motor, im Gegensatz zur Hartwell-Ausführung jedoch mit einer auf 65 SAE-PS beschränkten Leistung. Er wies zwei Vergaser und ein verstärktes Bremssystem auf.

Minx/Hunter Auf dem Pariser Salon 1966 wurde der Hillman alias → Sunbeam Hunter als Nachfolger des Super Minx eingeführt. Von ihm abgeleitet, debütierte im Januar 1967 ein neuer Hillman Minx mit 1,5-Liter-Motor (Sunbeam Minx mit der 1,7-Liter-Maschine). Im Verein mit dem BW-Getriebeautomat wurde allerdings auch er mit dem 1,7-Liter-Motor ausgerüstet. Auf 1968 wurde der Minx auch als Kombi lieferbar, und gleichzeitig gab es auch den Imp als Estate-car, und zwar mit erhöhter Dachlinie. Dabei kam die Hunderasse Husky wieder zu Ehren. Mitte 1968 übernahm Rootes in Coventry von einer anderen Firma Werkanlagen, die zu einem neuen technischen Zentrum für 1500 Arbeitnehmer umgebaut wurden. Auf 1969 wurde ein verbesserter Minx de Luxe eingeführt (Minx Estate-car nun auch mit 1,7-Liter-Motor) und ein Jahr darauf ein vereinfachter Imp unterhalb der de-Luxe- und der Super-Versionen.

GT Ein weiteres, nicht auch mit Sunbeam bezeichnetes Fahrzeug war der im Oktober 1969 lancierte Hillman GT. Er war durch den Sieg eines Hunters bei der Monster-Marathonfahrt London–Sydney inspiriert worden. Mit zwei Vergasern stand die Leistung hier mit 94 statt 80 SAE-PS zu Buche. Er hatte einen doppelten Farbstreifen längs der Flanken und sportliche Felgen. Noch neuartig waren die Vordersitze mit integrierten Kopfstützen.

Der im Februar 1970 herausgekommene Avanger galt im Export wiederum als → Sunbeam. Die 1907 gegründete Marke Hillman wurde noch bis 1977 weitergeführt. Schon 1964 waren sämtliche Rootes-Marken an den amerikanischen → Chrysler-Konzern übergegangen, der sich 1967 die Aktienmehrheit des traditionellen britischen Unternehmens sicherte. Von Chrysler ging die allein übriggebliebene ehemalige Rootes-Pw-Marke Sunbeam schließlich an → Peugeot über ... und wurde wie → Simca zu Talbot umgetauft.

Hillman	Zyl.	cm^3	SAE-PS	bei 1/min	Gänge	Spitze km/h	Radstand/Länge	Baujahre	Besonderheiten
Minx III A/B	4	1494	58	4600	4/A	128	244/412	1959–61	
Alexander			69	5000	4+S	140+			
III C/V		1592	57	4100	4/A	130+		1961–64	(53,5 DIN-PS)
V			62	4400			244/410	1964/65	(58 DIN-PS)
VI		1725	63	4200		–135		1965/66	(59 DIN-PS)
VI GTL			91	5500		150			(85 DIN-PS)
Minx		1496	64	4800	4	133	250/427	1967–	(60 DIN-PS)
weitere neue Modelle und Hunter, Avenger → Sunbeam									
GT		1725	94	5200	4/4+S	–161	250/426	1969–	(88 DIN-PS)
Husky II	4	1390	52	4400	4	120	218/380	1959–61	(Kombikarosserie)
II/III			44	4200		110		1961–65	
Super Minx	4	1592	67	4800	4/A	135	257/420	1961/62	(63 DIN-PS)
II			62	4400				1962–64	(58 DIN-PS)
III						132		1964/65	a.W. 84/5000
III GT			84	5200	4	148		1965	(79 DIN-PS)
IV		1725	70	4800	4/4+S/A	–138		1965/66	(65 DIN-PS)
IV GTL			91	5500		155			
Imp	4	875	42	5000	4	–125	208/353	1963–66	OHC-Heckmotor
Rally Imp		998	65	6200		152		1965–70	(39 DIN-PS)
Imp		875	42	5000		125	208/359	1966–	
Imp Sport			55	6100		–145		1966–70	
Californian			42	5000		130			

Hindustan Hino

Bei der Firma Hindustan Motors Limited im indischen Kalkutta wurden ab 1946 Morris-Modelle montiert, wobei schrittweise zu einer Lizenzproduktion übergegangen wurde. 1960 umfaßte das Produktionsprogamm die Modelle → Morris Minor und Oxford. Auf diesen Zeitpunkt entstand aber auch der Prototyp eines indischen «Volkswagens». Er hatte eine recht moderne viertürige Kunststoffkarosserie und wurde von einem luftgekühlten 2-Zylinder-2-Takt-Motor indischer Provenienz mit 20 PS Leistung aus 740 cm³ Inhalt angetrieben. Die Räder waren auch hinten einzeln aufgehängt. Doch ging das 381 cm lange Fahrzeug (Radstand 236 cm) nie in Serie.

Der 1964 gebaute Hindustan Ambassador Mk II besaß die Karosseriegrundform des Morris Oxford, wie er in England bis 1959 gebaut wurde. Auch die Mechanik war entsprechend altbacken. Es handelte sich um einen 1,5-Liter-Motor mit 50 PS Leistung und einem 4-Gang-Getriebe mit Lenkradschaltung. Der Ambassador war als Sechssitzer ausgelegt. Unter der selbsttragenden Karosserie fanden sich vorne Trapez-Dreieckquerlenker und Schraubenfedern, hinten eine Starrachse mit Halbelliptikfedern. Am Konzept dieses Fahrzeugs wurde praktisch nie etwas geändert. 1970 erreichte der Ausstoß 33 000 Wagen. Daneben wurden in Indien 12 000 → Fiat 1100 – ebenfalls unter Lizenz – hergestellt.

Hindustan Ambassador Mk II, 1967
Rechts ganz oben: Hino Contessa, 1964
Darunter: Hino Contessa 1300 Coupé, 1968

Für Kenner der Autoindustrie ist Hino vor allem als einer der größten japanischen Lastwagenhersteller ein Begriff. Doch während langer Zeit wurden von der in Tokio domizilierten Hino Motors Ltd. auch Personenwagen gebaut. Es begann mit einer Lizenzherstellung von Renault-Personenwagen. Der Hino Contessa (= Gräfin), wie er 1960 entstand, war unschwer als ein Derivat des → Renault Dauphine zu erkennen.

In seiner Ausführung 1962 hatte der Contessa einen im Heck eingebauten 900-cm³-Motor mit 35 DIN-PS Leistung und ein 3-Gang-Getriebe mit Lenkradschaltung. Der erste Gang war nicht synchronisiert, doch war auf Wunsch eine elektromagnetische Kupplung Shinko-Hinomatic erhältlich. Die selbsttragende Karosserie barg vorne eine Einzelradaufhängung mit Trapez-Dreieckquerlenkern und Schraubenfedern, hinten eine Pendelachse mit Schraubenfedern. Auf dem Turiner Salon im Herbst 1962 debütierte der von → Michelotti entworfene Contessa 900 Sprint, ein grazil-elegantes 2+2sitziges Coupé mit auf 45 PS frisiertem Motor und viertem Gang. Vorne wurden Nardi-Scheibenbremsen eingebaut. 1963 lief die Herstellung des Renault 4 CV, der sich vom Original durch die längeren Stoßstangen und ein eigenes Frontgitter unterschied, endgültig aus.

Contessa 1300 Der auf dem Automobilsalon von Paris des Jahres 1964 vorgestellte Contessa 1300 hatte nicht nur einen größeren Motor, sondern war auch gänzlich neu karossiert. Auch die Linien der Limousine stammten jetzt von Michelotti. Sie zeigte flache Seiten, die keinen Hinweis auf den Heckmotor lieferten. Wie bei den → BMW, bei deren Design Michelotti ebenfalls mitgewirkt hatte, war die hintere untere Ecke der Fondtürfenster leicht eingezogen. In der schlichten Front prangten Doppelscheinwerfer. Die vorderen Schraubenfedern waren Torsionsfederstäben gewichen. Der 1251-cm³-Motor lieferte 55 DIN-PS, und es bestand die Wahl zwischen einem 3- und einem 4-Gang-Getriebe, beide vollsynchronisiert. Nur mit 4-Gang-Getriebe geliefert wurde das ebenfalls wesentlich länger gewordene und damit (knapp) viersitzige Coupé. Mit zwei Vergasern und 9:1 statt 8,5:1 Verdichtung wurden hier 65 PS erzielt. Die

Scheibenbremsen stammten nun von Akebono/Bendix. – 1964 lief bei Kaiser-Ilin in Haifa/Israel eine Lizenzproduktion des Hino Contessa an.

Im Verlaufe des Jahres 1965 wurde die Mechanik des Coupés auch in einer Limousine 1300 S erhältlich. Doch ein Jahr später war von dieser Ausführung nicht mehr die Rede, dafür gab es jetzt einen Contessa 1300 Sprint. Er hatte eine neue, wesentlich elegantere Karosserie mit vorkragenden Einfachscheinwerfern und schräg abfallendem Dach. Damit handelte es sich wieder um einen 2+2-Sitzer, wie dies beim ersten Contessa-Coupé der Fall gewesen war. Bemerkenswerterweise hatte das 1966 auf dem Pariser Salon vorgestellte neue Coupé jedoch eine Kunststoffkarosserie, die auf einem Kastenrahmenchassis aufgebaut war! Indem die Bohrung von 71 auf 72 mm vergrößert worden war, resultierte ein Hubraum von 1286 cm³. Die Leistung wurde mit 80 PS angegeben. Alle vier Räder waren mit Scheibenbremsen ausgerüstet. Es scheint aber, daß dieses Hochleistungscoupé nur in wenigen Exemplaren gebaut wurde, denn bereits 1968 wurde es nicht mehr aufgeführt. Im August 1970 stellte das seit 1966 mit → Toyota liierte Unternehmen die Personenwagenproduktion ein. Vorübergehend waren die Hino-Personenwagen auch in Europa verkauft worden, so etwa in der Schweiz.

Hindustan	Zyl.	cm³	PS	bei 1/min	Gänge	Spitze km/h	Radstand/ Länge	Bau- jahre	Besonderheiten
Ambassador Mk. II	4	1489	50	4200	4	120	246/434	1963–	(Lizenz Morris)

Hino	Zyl.	cm³	DIN-PS	bei 1/min	Gänge	Spitze km/h	Radstand/ Länge	Bau- jahre	Besonderheiten
Contessa	4	893	35	5000	3	110	215/380	1960–63	Heckmotor
			40	5000	3/4	115		1963/64	
900 Sprint			45	5500	4	–150	215/383	1962–64	
Contessa 1300	4	1251	55	5000	3/4	130	228/415	1964–70	Heckmotor
Coupé			65	5500	4	145	228/409		
S						140	228/415	1965/66	
Sprint		1286	80	5500		170	227/417	1966–68	Kastenrahmen

Holden

Bis 1948 hatte es sich um ein Montagewerk gehandelt, das aus der 1931 vereinbarten Fusion zwischen GM Australia und dem Karosserielieferanten Holden entstanden war. Doch dann lief bei der General Motors Holden's Limited in Fisherman's Bend bei Melbourne (Australien) der erste eigens konstruierte Holden vom Fließband. Wohl stets in Zusammenarbeit mit dem GM-Stammhaus in den USA, doch durchaus mit eigenständigen Entwicklungen, die den spezifischen Anforderungen des australischen Marktes und der australischen Straßen Rechnung trugen, entstanden Wagen der mittleren Klasse, die hinsichtlich ihrer Robustheit zu hohem Ansehen kamen. Auch die beiden anderen großen US-Hersteller, Ford und Chrysler (→ Anhang), waren alsbald auf dem australischen Markt als Hersteller vertreten.

Im Januar 1960 führte Holden die Serie FB ein. Ihr Hauptmerkmal waren die horizontal durchgezogene Gürtellinie mit schräg überdachten Scheinwerfern und die Panorama-Windschutzscheibe. Die Standardbauweise umfaßte vorne Trapez-Dreieckquerlenker mit Schraubenfedern, hinten eine Starrachse mit Halbelliptikfedern. Der Hubraum des 6-Zylinder-Motors war auf 2,3 Liter vergrößert worden. Es standen 75 SAE-PS bei 4200/min zur Verfügung. Der Kraftübertragung diente ein 3-Gang-Getriebe mit Lenkradschaltung. Der erste Gang war noch nicht synchronisiert. Nach amerikanischem Vorbild war der Holden als Sechssitzer mit vorderer Sitzbank konzipiert. Es gab viertürige Limousinen, von denen die Ausführung Special durch die zweifarbige Karosserie auffiel, sowie einen fünftürigen Kombi mit den Türen der Limousine und angefügtem Heckteil.

Ganz oben: Holden EK Special, 1961
Oben: Holden EH Special, 1964
Rechts: Holden HR Premier Station Sedan, 1967

Die Serie FB wurde nur bis April 1961 hergestellt. Immerhin waren von ihr 175 000 Wagen gebaut worden! Im Mai 1961 folgte die Serie EK. Sie unterschied sich äußerlich kaum vom Vormodell, doch war nun wahlweise auch das GM-Automatgetriebe Hydramatic mit 3-Gang-Planetengetriebe erhältlich (Ausführung mit zusätzlichem Leitrad, das im ersten Gang als Drehmomentwandler wirkte). Doch staatliche Kreditrestriktionen führten dazu, daß der Absatz stockte und die australischen Automobilwerke, allen voran Holden, eine große Zahl von Arbeitern entlassen mußten. Dessenungeachtet wurden bis Mitte 1962 rund 150 000 Holden EK hergestellt.

Der Ende Juli 1962 lancierte EJ sah deutlich anders aus. Die Panoramafrontscheibe war nun sphärisch gewölbt, unterhalb der Gürtellinie verlief eine deutliche Sicke, und die Scheinwerfer waren tiefergesetzt. Das Kombiheck konnte jetzt stylistisch problemlos angefügt werden. Technisch änderte sich kaum etwas, doch wurden ein tieferer Schwerpunkt und eine bessere Gewichtsverteilung ins Feld geführt. 1962 lief bereits der millionste Holden vom Band!

Premier Den Typ EH, der im August 1963 herauskam, erkannte man an der flachen Heckscheibe und den Regenrinnen, die nicht mehr bis ans Dachende geführt waren. Es waren knapp 155 000 Holden EJ gebaut worden. Der EH hatte vor allem einen gänzlich neuen Motor, der bei 2440 cm³ 101 SAE-PS lieferte (mit 7,7 statt 8,8:1 Verdichtung nur 96 PS). Neben einer Standard- und einer Special-Version gab es neu den Holden Premier mit 2930 cm³ und 117 SAE-PS Leistung, serienmäßigem Automatgetriebe und besonders reichhaltiger Serienausstattung. Auch diesen Luxus-Holden gab es als Kombi, denn in Australien war diese Karosserieform auch für Familienautos beliebt. Übrigens zählte Australien mit Neuseeland hinter den USA und Kanada zu den am stärksten motorisierten Ländern der Welt. Man hatte in Fisherman's Bend eine der modernsten Motorenfabriken der Welt in Betrieb genommen. Der Marktanteil von Holden in Australien erreichte 44 %, außerdem wurde in zunehmendem Maße exportiert.

Die EH-Reihe wurde bis Anfang 1965 gebaut, und zwar in 257 000 Exemplaren. Im Februar 1965 erschien der Holden HD. Er hatte eine Karosserie mit glattflächigen Flanken und Vorderkotflügel mit leicht vorkragendem Profil. Radstand und Länge hatten einen kleinen Zuwachs erfahren, und die Breite war um 5 auf 178 cm angewachsen. Sowohl im Special wie im Premier war auf Wunsch eine 2-Vergaser-Version des 3-Liter-Motors mit 142 PS erhältlich (Bezeichnung X2). Beim automatischen Getriebe handelte es sich von da an um das einfacher konstruierte Powerglide mit 2-Gang-Planetengetriebe.

Mit dem im April 1966 lancierten HR – der HD hatte es auf 179 000 Stück gebracht – gab es zur Abwechslung ein Wachstum auf der Motorenseite. Beim Basismotor resultierten nun aus 2638 cm³ 116 PS (auf Wunsch 110), beim Premier-Motor waren es 128 und 147 PS aus 3043 cm³. Äußerlich erkannte man die HR an den im Kühlergitter neben den nun eckigen Scheinwerferrahmen plazierten Blink- und Positionsleuchten (vorher unterhalb Stoßstange). Die Sitze trugen teils neue, Sadlon genannte Kunststoffüberzüge. Eine Servolenkung war schon vorher lieferbar gewesen, neuerdings konnten die Holden auch mit vorderen Girling-Scheibenbremsen bestellt werden. Auf Wunsch gab es zudem eine Differentialbremse. Zu den zahlreichen Detailverbesserungen zählten eine breitere Vorderradspur und eine Verlängerung der Serviceintervalle.

Torana Im Jahre 1965 hatte die australische Regierung den ersten Plan für die Begünstigung von gänzlich im eigenen Land hergestellten Wagen aufgestellt. Ziel war die schrittweise Steigerung des Anteils von einheimischen Bestandteilen auf 95 %. Unter diesen Auspizien lancierte Holden im Mai 1967 den Torana, eine australische Version des → Vauxhall Viva, wobei noch zahlreiche Teile aus England bezogen wurden. Anstatt Rechteck- hatten die Torana kreisrunde Scheinwerfer und ein etwas anderes Kühlergitter. Die Torana-Reihe wurde schrittweise ausgebaut; es gab den 1,1-Liter-Motor mit 57 und 70 SAE-PS, und alsbald kam auch ein

Rechts: Holden Monaro, 1970
Unten rechts: Holden Torana SL, 1970
Unten: Holden HT Premier, 1970

Holden Brabham Torana mit 80 PS hinzu (in England Vauxhall Brabham Viva!). Diese Ausführung hatte zwei Vergaser, modifizierte Einlaßkanäle und einen Spezialauspufftopf Brabham. Jack Brabham war Australiens weltberühmter Grand-Prix-Rennfahrer und Formel-1-Weltmeister!

Belmont, Kingswood Bei den großen Holden folgte im Januar 1968 der Typ HK, dies, nachdem 252 000 Wagen der HR-Reihe gebaut worden waren. Hauptmerkmal war die über dem Hinterrad nach amerikanischem Modevorbild bogenförmige Gürtellinie ... wie sie bereits der Torana aufwies. Der Premier hatte zudem Doppelscheinwerfer erhalten. Gleichzeitig war die Modellpalette erweitert worden – statt von Standard und Special sprach man jetzt von Belmont und Kingswood. Der Radstand war um 13 auf 282 cm verlängert worden und entsprach damit jenem des ebenfalls verlängerten → Chevrolet Chevy II. Auch die Spur war deutlich verbreitert worden. Technisch wurde kein Neuland betreten, doch fanden sich zahlreiche konstruktive Verfeinerungen an Aufhängung, Bremsen und Lenkung.

In Verbindung mit dem stärkeren 3-Liter-Motor wurden serienmäßig vordere Scheibenbremsen montiert. Je nach Modell und Motorisierung wurden außer dem alten 3-Gang-Getriebe auch vollsynchronisierte 3- und 4-Gang-Getriebe angeboten. Neben den 2,6- und 3-Liter-6-Zylinder-Motoren gab es jetzt auch einen 2,1-Liter-Six mit 91 PS und einen 5-Liter-V8. Dieser entsprach dem 5025-cm³-Chevrolet-Motor, leistete aber 213 statt 203 PS. Auf der Liste des gegen Mehrpreis lieferbaren Zubehörs fanden sich eine Klimaanlage, elektrische Fensterheber, elektrische Sitzverstellung und weitere Luxusmerkmale. Doch auch der Rostschutz war verbessert worden.

Brougham, Monaro Im Juli 1968 kam als neues Spitzenmodell über dem Premier der Brougham Sedan hinzu. Er hatte einen Kunstleder-Dachüberzug und ein besonders luxuriöses Interieur. Zudem besaß er ein langgezogenes Heck, was die Gesamtlänge bei unverändertem Radstand von 470 auf 488 cm anwachsen ließ. Der Brougham hatte von Haus aus den 5-Liter-V8 und die Powerglide-Automatik.

Ein Auto gänzlich anderer Richtung war der gleichzeitig erschienene Monaro. Er war sozusagen der australische → Chevrolet Camaro, ließ sich aber auch mit dem → Opel Commodore Coupé vergleichen. Seine sportlich-elegante Linie war in der Tat ein Mittelding zwischen Rekord/Commodore-Coupé und Camaro. Hinsichtlich Radstand übertraf er allerdings das amerikanische Pendant, denn er basierte auf dem Unterbau der großen Holden-Limousinen. Anderseits war er schon mit dem 2,6-Liter-6-Zylinder-Motor zu haben, während die Motorisierung beim Camaro mit 3,8 Litern begann. Der Name Monaro wurde von einer Gebirgskette in Neusüdwales «entliehen».

Es gab den Holden Monaro gleich in drei Ausführungen: Monaro, Monaro GTS und Monaro GTS 327. Der Monaro war auch mit dem 128-PS-3-Liter-Motor, der GTS wahlweise mit der 147-PS-Version der 3-Liter-Maschine oder dem 5-Liter-V8 erhältlich. Im GTS 327 (Hinweis auf Hubraum in Kubik-Inches) wurde ausschließlich ein 5,4-Liter-V8 eingebaut. Auch dieses Aggregat fand sich bei Chevrolet, im Camaro mit 213, hier jedoch mit 253 PS! Der mit Farbstreifen dekorierte GTS 327 wurde ausschließlich mit einem 4-Gang-Getriebe ausgestattet, und die Differentialbremse war hier serienmäßig. In den anderen Monaro standen außerdem teils das voll- oder das nicht voll synchronisierte 3-Gang-Getriebe sowie der Powerglide-Automat zur Wahl. Daß auf Wunsch auch eine Servolenkung zu haben war, unterstreicht den versatilen Charakter dieser Modellserie, die anderseits bald auch in der australischen Rennszene eine Rolle spielen sollte.

Nachdem bis Mai 1969 ziemlich genau 199 000 Holden der Serie HK gebaut worden waren, folgte die Reihe HT. Die Kühlergitter wiesen nun nicht mehr die horizontale Mittelrippe auf, und das 3-Gang-Getriebe ohne synchronisierten Ersten war endlich verschwunden. Dafür gab es einen weiteren Motor, nämlich einen 4,1-Liter-V8. Neben dem von Buick zu → Rover gewanderten 3,5-Liter-V8 war er einer der kleinsten Motoren dieser Zylinderzahl. Die ebenfalls mit 4,1 Litern Hubraum dotierten Motoren von

→ Buick und Chevrolet waren Sechszylinder! Von der Reihe HT, die unter anderem auch in Griechenland Abnehmer fand, wurden bis Juli 1970 genau 183 402 Exemplare gebaut; auf sie folgte die Serie HG mit senkrechter Mittelrippe im Kühlergitter.

Der als zwei- und als viertürige Limousine gebaute Torana brachte es in seiner ersten, bis Herbst 1969 gebauten Serie HB auf relativ bescheidene 36 561 Stück. Im Oktober 1969 folgte der Torana der Reihe LC, die sich nun stärker vom englischen Vorbild Vauxhall Viva abhob. Es gab jetzt die Torana 4 S und SL, den Brabham Torana 4 sowie den Torana 6. Die Ziffern wiesen auf die Zylinderzahl hin. Die 4-Zylinder-Modelle hatten ein aus feinen Senkrechtstäben bestehendes Kühlergitter, die 6-Zylinder-Ausführungen hingegen besaßen – aus Einbaugründen – einen von 243 auf 254 cm verlängerten Radstand. Sie waren mit drei verschiedenen Motoren zu haben: 2,3-Liter mit 96 PS, 2,6-Liter mit 116 oder mit 127 PS; letzteres Spitzenmodell trug die Zusatzbuchstaben GTR und war ausschließlich mit 4-Gang-Getriebe lieferbar. Bei den übrigen Modellen gab es neu ein 3-Gang-Getriebe und den Getriebeautomaten Trimatic, der anstatt des Borg-Warner-Automatgetriebes angeboten wurde (ebenfalls mit 3-Gang-Planetengetriebe).

Auch bei den Monaro gab es auf 1970 den 4,1-Liter-V8, aus dem GTS 327 wurde jedoch der GTS 350 mit 304 PS starkem 5,7-Liter-V8. – Bereits in der ersten Hälfte 1969 hatte Holden einen Traumwagen oder vielmehr ein Experimentalfahrzeug geschaffen. Es hieß Holden Hurricane und war in jeder Hinsicht futuristisch gestaltet. Der auf drei Seiten verglaste Karosseriemittelteil des zweisitzigen Mittelmotorcoupés war für Ein- und Ausstieg samt Lenkrad als Ganzes nach vorne schwenkbar. Während der 4,1-Liter-V8 wenig verändert war, bewiesen und unterstrichen die Leichtbauweise, die Sicherheitsmerkmale, die den Rückspiegel ersetzende Fernsehanlage, das vorgesehene elektronische Wegfindungssystem und zahlreiche Einzelheiten bis hin zu den ölgekühlten Bremsen die selbständige Schaffenskraft der Holden-Ingenieure, auch wenn die internationale Zusammenarbeit innerhalb des weltgrößten Autoherstellers, eben der General Motors, stets ihre Bedeutung behielt.

Holden	Zyl.	cm³	SAE-PS	bei 1/min	Gänge	Spitze km/h	Radstand/ Länge	Baujahre	Besonderheiten
FB	6	2262	75	4200	3	140	267/460	1960/61	
EK					3/A		267/462	1961/62	
EJ			76	4200			267/449	1962/63	
EH		2440	101	4400		150	267/451	1963–65	a.W. 96 PS
Premier		2930	117	4000	A	160			
HD		2440	101	4400	3/A	150	267/457	1965/66	a.W. 96 PS
		2930	117	4000	A	160			
Mot.X2			142	4600		170			
HR		2638	116	4400	3/A	143	269/460	1966/67	a.W. 110 PS
		3043	128	4200		147			
			147	4600		165			
HK		2130	91	4400	3/4	–145	282/470	1968/69	
		2638	116	4000		–155			
		3043	128	4200	3/4/A	–160			
			147	4600	4/A	–165			
	V8	5025	213	4600	A	–190			
Brougham							282/488		
HT wie HK + :		4141	188	4400	3/4	–175	282/470	1969/70	
Brougham		5042	243	4800		–195	282/488		
Torana	4	1159	57	5400	4	130	243/410	1967–	ab '69: 412 cm lang
			70	5800	4/A	140			
Brabham Torana			80	5600		–150			
Torana 6	6	2261	96	4600	3/A	–160	254/438	1969–	
		2638	116	4400		–165			
			127	4800	4	170			
Monaro	6	2638	116	4400	3/4	–155	282/470	1968–	ab '69: a.W. 109 PS
		3043	128	4200	3/4/A	–160			ab '69: 132/4400
			147	4600		–165			
	V8	5025	213	4600	4/A	–190			
GTS 327		5354	253	4800	4	–200		1968/69	
	6	4141	188	4400	3/4	–175		1969–	
GTS 350	V8	5733	304	4800		–210			

Honda

Nur wenigen in den sechziger Jahren gegründeten Automobilmarken war ein Dauererfolg beschieden. Doch zu ihnen sind in vorderster Reihe zwei berühmt oder zumindest bekannt gewordene Namen gänzlich gegensätzlicher Bedeutung zu nennen: → Lamborghini und Honda. Im Januar 1962 hatte man die ersten Gerüchte gehört, daß der Welt größte Motorradfabrik, die Honda Motors Co. Ltd. in Japan, einen Kleinsportwagen in Produktion nehmen wolle. Man sprach von einem Motor von 360 cm³ Inhalt; bei diesem Hubraum lag die obere Grenze der günstigsten japanischen Steuerklasse, und diese wurde denn auch von → Daihatsu, → Mazda, → Subaru, → Suzulight und → Cony genutzt. Das Ungewöhnliche bestand darin, daß Honda diese 360 cm³ nicht auf zwei, sondern (wie Mazda beim Modell P 360) auf vier Zylinder aufteilte. So resultierte denn ein Hochleistungsmotörchen, das mit zwei obenliegenden Nockenwellen, vier Vergasern, einem Verdichtungsverhältnis von 9,5:1 und einem Leichtmetallblock bei 9000/min (!) 33 DIN-PS leistete.

Immerhin wurde bei der offiziellen Präsentation im Herbst 1962 auch eine Version mit 492 cm³ und 40 PS bei 8000/min vorgestellt. Es handelte sich um äußerst niedliche zweisitzige Sportcabriolets, die auf einem Kastenrahmenchassis mit Traversen aufgebaut waren. Die vorderen wie die hinteren Räder waren einzeln aufgehängt, vorne mit Längslenkern und Torsionsstabfederung, hinten mit Kurbelarmen und Schraubenfedern. Die Kraftübertragung erfolgte über ein 4-Gang-Getriebe ohne synchronisierten ersten Gang, doch wurde bereits auch ein 5-Gang-Getriebe angeboten. Der Einzelachsantrieb wurde mit Ketten bewerkstelligt. Bei 2 m Radstand war der Honda Sports 500 immerhin 320 cm lang, während sich der Sports 360 an die 3-m-Limite hielt.

Im Spätsommer 1963 stellte Self-mademan Soichiro Honda seinen Sports 500 persönlich in Europa vor. Der auf einem Rheinschiff vertaute kleine Spider hatte inzwischen 531 cm³ Hubraum. Noch wollte man mit dem Verkauf nicht zuschlagen, sondern ein europaweites Servicenetz aufbauen. Bereits sprach man von weiteren Honda-Autos. Motoren mit 1 und 2 Litern Hubraum ständen in der 700 Ingenieure und Techniker beschäftigenden Versuchsabteilung in Entwicklung, hieß es. Insgesamt waren damals in den drei Honda-Werken 8000 Männer und Frauen beschäftigt. Der Autoabteilung sprach man eine vorläufige Jahreskapazität von 36 000 Einheiten zu. 1964 griff Honda mit einem V12-Motor in den Formel-1-Sport ein und stellte damit seine technische Leistungsfähigkeit auch außerhalb des Motorradbereichs unter Beweis.

S 600 und S 800 Aus dem Honda Sports 500 mit seinem seitwärts geneigt eingebauten Hochleistungsmotor wurde 1964 der Honda S

Honda

600 mit unverändertem Konzept, jedoch mit 606 cm^3 Hubraum und 57 DIN-PS Höchstleistung bei 8500/min. Dieser originelle, enge und lautstarke Flitzer wurde nun auch in Europa verkauft, wo er gegen die → Austin-Healey Sprite und → MG Midget, den → Triumph Spitfire sowie den → Fiat 850 Spider konkurrierte. Im August 1965 wurde dem offenen Honda S 600 ein S 600 Coupé zur Seite gestellt. Es handelte sich um ein gelungenes Fastbackcoupé mit vergrößerter Frontscheibe und als Heckklappe ausgebildetem Rückfenster. Anderseits gab es das Cabrio auch mit Aufsetzdach.

Auf dem Automobilsalon von Paris 1966 kam – wiederum als Cabriolet und Coupé – das Modell S 800 hinzu. Hauptsächlichste Unterschiede: 791 cm^3 und 70 DIN-PS bei 8000/min und einer auf 9,2:1 reduzierten Verdichtung, Trockensumpfschmierung, vollsynchronisiertes 4-Gang-Getriebe, üblicher Hypoid-Achsantrieb statt Einzelradketten und spiralverzahnter Winkeltrieb, Scheibenbremsen an den Vorderrädern. Statt des schlichten Kühlergitters aus feinen Horizontalstäben fand sich hier ein doppelter horizontaler Chromstab in der Frontöffnung.

N 360 und N 600 Auf dem Salon von Tokio gegen Ende 1966 stellte Honda seine zweite Automobilreihe, die Typen N 360 und N 600, vor. Diese waren gänzlich anders konzipiert als die Sportmodelle. Es handelte sich um kubische Kleinwagen mit vier Sitzplätzen. Der N 360 war mit 354 cm^3 und 299,5 cm Länge wiederum für Japans populäre unterste Versicherungsklasse gedacht, der N 600 vorwiegend für den Export. Beide Motoren waren luftgekühlte Zweizylinder, jedoch auch sie auf vergleichsweise flotte Leistung ausgerichtet. Die Kraftübertragung erfolgte über eine Klauenkupplung auf die Vorderräder! Unter der selbsttragenden Karosserie bargen sich vorne McPherson-Federbeine mit unteren einfachen Querlenkern, elastisch gelagerten Zugstreben und Schraubenfedern, hinten eine Starrachse mit Halbelliptikfedern.

Eine kleine Besonderheit an der Karosserie waren die Hinterfenster, die sich (ähnlich wie beim → Citroën 2 CV) von unten ausstellen ließen. Ein echtes Novum nicht nur in dieser Fahrzeugklasse war hingegen das beim N 600 auf Wunsch erhältliche Hondamatic-Getriebe. Es setzte sich aus einem hydraulischen Wandler mit sich verstellenden Leitschaufeln und einem 3-Gang-Planetengetriebe zusammen. Die einzelnen Gangstufen waren fixierbar. Unter den kleinsten Autos gab es damals lediglich noch den englischen Mini (→ Austin) mit vollautomatischem Getriebe. – Im Herbst 1968 wurde das Angebot der Honda-Kleinlimousinen um die Ausführungen N 600 GT und G (Salon Paris bzw. London, luxuriösere Ausstattung), T 360 (Salon Tokio, 36 statt 31 SAE-PS) und N 400 GT (ebenfalls 36 PS, jedoch aus 402 cm^3) bereichert. Auch eine Ausführung Super de Luxe gab es; die Modelle mit dem kleineren Motor erkannte man teils am weitmaschigeren Kühlergitter. – Die Serie S 600 wurde fallengelassen.

1300 Auf dem Salon von Tokio 1968 stellte Honda aber auch den Prototyp eines Familienwagens vor, mit dem die erfolgreiche Marke in die Mittelklasse aufsteigen wollte. Es handelte sich um eine viertürige Limousine modern-konventioneller Formgebung. Das einzige auffallende Merkmal war das durch eine vertikale, in der Karosseriefarbe gehaltene Trennung geteilte Kühlergitter. Doch in technischer Hinsicht enttäuschte Honda nicht: Die schlicht mit 1300 bezeichnete Neuheit hatte Frontantrieb und einen

Rechts: Honda S 600 = AS 285, 1965
Von oben nach unten:
Honda S 800 Coupé, 1968
Honda N 600, 1968
Honda 1300 77 de Luxe, 1969

Honda	Zyl.	cm^3	DIN-PS	bei 1/min	Gänge	Spitze km/h	Radstand/ Länge	Baujahre	Besonderheiten
Sports 500	4	492	40	8000	4/5	130+	200/320	1962/63	Kastenrahmen, h.E.,
360		354	33	9000		120+	200/299		DOHC
500		531	44	8000		130	200/330	1963/64	
S 600		606	57	8500		145		1964–68	
S 800		791	70	8000	4	160	200/334	1966–	
N 360	2	354	31	8500	4	115	200/300	1966/67	Frontantrieb, OHC,
N 500		500	40	8500		130			Luftkühlung
N 360		354	27	8000		115		1967–69	
N 600		599	42	6600	4/A	130+	200/310	1967–70	
T 360		354	32	8500	4	115+		1968/69	
N 400 GT		402	32	7500		120			
N III 360		354	27	8000	4/A	110	200/303	1970–	
		402	32	7500		120			
1300	4	1298	96*	7200	4	175	225/384	1969	Frontantrieb, h.E.
77			100*	7200			225/389	1970	OHC, Luftkühlung
TS			110*	7500		185	225/384	1969	
99			115*	7500			225/389	1970	* SAE-PS

Humber

vor der Vorderachse eingebauten Quermotor mit unterhalb der Kurbelwelle angefügtem und mit einer Kette angetriebenem 4-Gang-Getriebe. Und der Honda 1300 war nicht nur auf ein ungewöhnlich hohes Leistungspotential ausgerichtet, sondern er besaß als Besonderheit Luftkühlung! Mit obenliegender Nokkenwelle, einer Verdichtung von 9:1 und einem Vergaser resultierten aus 1298 cm³ Hubraum bei 7200/min 100 DIN-PS (ursprünglich wurde die Leistung für diesen mit «77» bezeichneten Typ mit 96 PS angegeben). Daneben gab es den 1300 «99» (auch TS genannt) mit vier Vergasern und 115 (110) DIN-PS bei 7500/min.

Vorne besaß der Honda 1300 Federbeine mit unteren Dreieckquerlenkern und Schraubenfedern, hinten eine neuartige Pendelachse Cross Beam mit diagonal versetzten Drehpunkten (Quertraversen) und Halbelliptikfedern. Vorne wurden Scheibenbremsen verwendet. Die Luftkühlung war besonders raffiniert gestaltet und wurde denn mit Duo Dyna Air Cooling bezeichnet. Sie arbeitete sowohl mit einem Gebläse auf der Kurbelwelle wie mit einer effektvollen Kühlluftführung, der auch Löcher am Übergang des Zylinderblocks zum Zylinderkopf dienten. Der gesamte Antriebsblock war in einem Fahrschemel vereint. Für die Modellreihe 1300, die ab 1970 in sieben Varianten in Serie gehen sollte, hatte Honda über 200 Patente angemeldet. Inzwischen hatte sich Honda auf dem einheimischen Automobilmarkt hinter Toyota und Nissan/Datsun bereits den dritten Platz gesichert und somit Toyo Kogyo/Mazda und Mitsubishi hinter sich gelassen.

Der Limousine 1300, die es in den Versionen Standard, Deluxe, Custom und S gab, wurde auf dem Salon von Tokio Ende 1969 ein Fastbackcoupé zur Seite gestellt. Es hatte eine auf der Höhe der Hinterräder ansteigende Gürtellinie und eine verspielte, ebenfalls zweiteilige Front mit Doppelscheinwerfern. Auch dieses mit der Zahl 7 bezeichnete Fahrzeug ging 1970 in Produktion. Auf den Exportmärkten traten diese größeren, aber doch eher auf die japanischen Anforderungen ausgerichteten Honda nicht in Erscheinung. – Aus dem winzigen N 360 wurde im Januar 1970 der N III mit geänderter Frontgestaltung.

Unter den vier Marken des Rootes-Konzerns belegte Humber den Platz des schweren Mittelklasse- und Luxuswagens (die anderen: → Hillman, → Singer, → Sunbeam). 1960 umfaßte die Palette den Humber Hawk (Habicht) Series IA und den Humber Super Snipe (Schnepfe) Series II. Beide Modelle gab es je als viertürige Limousine, als Chauffeurlimousine mit Trennscheibe und als fünftürigen Kombi. Der Radstand war bei allen Modellen mit 279,4 cm identisch.

Außer in der Aufmachung der mit Panoramafront- und -heckscheibe, andersfarbigem Dach und entsprechendem seitlichem Farbstreifen geschmückten Karosserien lag der Hauptunterschied in der Motorisierung: Der Hawk hatte einen 2,3-Liter-4-Zylinder-Motor mit 79 SAE-PS Leistung, während der Super Snipe seine Kraft aus einem auf 1960 eingeführten 3-Liter-6-Zylinder-Motor mit 131 PS bezog. Während der Hawk ein 4-Gang-Getriebe mit oder ohne halbautomatischen Laycock-de-Normanville-Schnellgang bot, bestand beim größeren Modell die gleiche Wahl, jedoch mit drei Gängen, wobei hier alle synchronisiert waren. Beide Modelle waren zudem mit einem Borg-Warner-Getriebeautomaten erhältlich. Die Aufhängung bestand vorne aus Trapez-Dreieckquerlenkern und Schraubenfedern, hinten fand sich eine Starrachse mit Halbelliptikfedern. Beim Super Snipe wurde auf Wunsch eine Servolenkung eingebaut.

Der in besonders stattlichem, traditionell-englischem Styling ausgestattete 6-Zylinder-Humber erschien im Herbst 1960 als Series III mit Doppelscheinwerfern. Solche fanden damit erstmals bei einem englischen Serienwagen Eingang. Der Motor war in verschiedenen Punkten überarbeitet worden. Für Exportgebiete wie Australien und Afrika stand – und dies war bei den meisten englischen Fabrikaten üblich – eine Ausführung mit niedrigerer Kompression (7,5 statt 8:1), für schlechtere Benzinqualitäten zur Verfügung. Noch ungewohnt war eine mit dem Series III eingeführte Kontrollampe für den gezogenen Chokezughebel. Neu waren die vorderen Scheibenbremsen. Verbessert wurden auch die Federung und weitere Details. So wie sich der stärkere Humber vom Series II zum Series III wandelte, so wurde aus dem Hawk Series IA der Series II, wobei auch hier – nebst der Einführung von vorderen Scheibenbremsen – Detailverbesserungen im Vordergrund standen.

Mit dem im September 1962 vorgestellten Modelljahr 1963 entstanden die Series III (Hawk) und IV (Super Snipe). Bei diesem war die Leistung von 131 auf 132,5 PS angehoben worden, Kupplung und Lenkung waren verbessert, und der halbautomatische Schnellgang ließ sich nur noch dem dritten Gang zuschalten. Lichthupe und Scheibenwaschanlage waren ebenso serienmäßig vorhanden

Oben: Humber Hawk Estate Car, 1961
Unten: Humber Super Snipe, 1961

wie ein Bremsflüssigkeits-Warnlicht. Der Tankinhalt war von 57 auf 72 Liter gewachsen. Größerer Tank, neue Lenkung, Lichthupe und weitere Detailverbesserungen fanden sich auch beim Hawk.

Sceptre Anfang 1963 wurde das Humber-Angebot mit dem Sceptre (Zepter) nach unten ergänzt. Es handelte sich um ein Parallelmodell des → Hillman Super Minx, jedoch mit höherer, ins Dach hineingewölbter Frontscheibe, Doppelscheinwerfern und einem im Styling der → Sunbeam Rapier gehaltenen nostalgischen Kühlergitter. Das lichtdurchflutete Interieur dieser modern und elegant wirkenden Limousine war der Klasse der Marke entsprechend soigniert und umfaßte vordere Einzelsitze sowie ein originell gestyltes, reich dotiertes Armaturenbrett. Gegenüber dem Hillman war die Leistung des 1,6-Liter-Motors von 62 auf 86,6 SAE-PS angehoben (Verdichtung 9:1, zwei Vergaser), und der Laycock-Overdrive zum 4-Gang-Getriebe war serienmäßig. Der erste Gang war auch hier noch nicht synchronisiert; auch der Sceptre besaß vordere Scheibenbremsen. Auf 1964 wurde die Leistung auf 84 PS zurückgenommen (ein Registervergaser).

Auf der London Motor Show im Oktober 1964 erhielt der Sceptre (gemeinsam mit seinen verwandten Modellen aus der Rootes-Gruppe) ein vollsynchronisiertes 4-Gang-Getriebe und außerdem eine verstellbare Lenksäule, abklappbare vordere Rückenlehnen, eine variable Armaturenbrettbeleuchtung, einen Benzintankdeckel mit Schloß sowie Verbesserungen an Aufhängung und Lenkung.

Imperial Ebenfalls auf der großen britischen Autoschau jenes Jahres erhielten die großen Humber ein neues Karosseriedesign, und mit dem Modell Imperial (= kaiserlich) erfuhren sie außerdem eine Ergänzung nach oben. Für den Hawk Series IV, den Super

Humber

Snipe Series V und den Imperial war die Karosseriestruktur identisch: die Panoramascheiben waren verschwunden, und an das hintere Türfenster war eine dritte Seitenscheibe angefügt (wie dies auch beim neuen Hillman Super Minx der Fall war). Der Radstand war unverändert, und weiterhin benötigte der 6-Zylinder-Motor einen längeren vorderen Überhang. Die Kombiversionen blieben äußerlich unverändert; den Imperial gab es nur als Limousine mit oder ohne Trennscheibe.

Beim Super Snipe stieg die Leistung dank Doppelvergaser auf 137,5 SAE-PS an. Den gleichen Motor besaß auch der Imperial. Allerdings war er in diesem Modell serienmäßig mit dem Borg-Warner-Automatgetriebe des Typs 35 kombiniert. Eine Hydrosteer-Servolenkung gehörte jetzt auch beim Super Snipe zum normalen Lieferumfang. Zur besonders luxuriösen Ausstattung des Imperial zählten zusätzlich einstellbare hintere Stoßdämpfer Armstrong Selectaride. Der Hawk bot jetzt ein vollsynchronisiertes 4-Gang-Getriebe, der auf Wunsch lieferbare Overdrive war weiterhin zum 3. und 4. Gang zuschaltbar. Verbessert waren auch hier Kupplung und Radaufhängung, und für alle Humber galt, daß, dem Zug der Zeit entsprechend, die Serviceintervalle stufenweise verlängert wurden.

Im September 1965 erschien der Sceptre Series II, während die größeren Humber ihre Typenzahl für einmal beibehalten durften. Der Series II hatte den gleichen größeren Motor wie die übrigen entsprechenden Marken des Konzerns, nämlich das 1725-cm³-Aggregat, allerdings in der leistungsgesteigerten Ausführung mit Leichtmetall-Zylinderkopf, die im Sceptre (wie im Parallelmodell → Singer Vogue) 92 SAE-PS abgab (Kompression 9,2:1, Register-Doppelvergaser). Wie beim Super Minx wurden die Scheinwerfer beim kleinen Humber nun von den Blinkleuchten überragt; das überarbeitete Kühlergitter wirkte weniger traditionalistisch. Dank Spurverbreiterung stand mehr Innenraum zur Verfügung, und das Interieurdesign war aufgewertet worden. Den Hawk gab es wahlweise wieder mit Getriebeautomat.

Ab 1967 war das Trio der großen Humber nur noch mit Rechtslenkung lieferbar, und nachdem Chrysler in jenem Jahr an der Rootes Group eine Mehrheitsbeteiligung erworben hatte, verschwanden die eine kleine Welt für sich bedeutenden großen Humber. Unter diesem wohlklingenden Markennamen wurde nur noch ein Modell Sceptre weitergeführt. Es erschien auf 1968 und war nichts anderes als eine Luxusversion des → Hillman alias → Sunbeam Hunter. Wie im sportlichen → Sunbeam Rapier leistete der 1725-cm³-Motor hier 94 SAE-PS. Es bestand die Wahl zwischen einem 4-Gang-Vollsynchrongetriebe mit Laycock-de-Normanville-Schnellgang und einem Borg-Warner-Getriebeautomaten. Im Export wurde dieses Modell mit Sunbeam Sceptre bezeichnet. Das 1-Modell-Programm – zuletzt auch noch mit einer Kombiversion – wurde von Chrysler bis 1976 durchgezogen. Dann wurde die Marke, deren Wurzeln in das vorherige Jahrhundert zurückreichen, aufgegeben.

Von oben nach unten:
Humber Sceptre, 1964
Humber Imperial, 1966
Humber Sceptre, 1968

Humber	Zyl.	cm³	SAE-PS	bei 1/min	Gänge	Spitze km/h	Radstand/ Länge	Baujahre	Besonderheiten
Hawk IA/II	4	2267	79	4400	4/4+S/A	–145	279/469	(1957)–62	(74 DIN-PS); ab II:
III			78	4400	4/4+S			1962–64	o. A.
IV						136	279/467	1964–67	ab '65: 4/4+S/A
Super Snipe II/III	6	2965	131	4800	3/3+S/A	–160	279/470	1959–62	(122 DIN-PS)
IV			133	5000			279/478	1962–64	(124 DIN-PS)
V			138	5000		160	279/476	1964–67	(128,5 DIN-PS)
Imperial					A				
Sceptre	4	1592	87	5200	4+S	148	257/420	1963	(81 DIN-PS)
			84	5200				1963–65	(79 DIN-PS)
II		1725	91	5500	4+S/A		257/424	1965–67	(85 DIN-PS)
Sceptre			94	5200		–157	250/431	1967–	(88 DIN-PS)

IKA

Die Industrias Kaiser Argentina (IKA) war eine Gründung des amerikanischen Aluminium- und Automobilkonzerns gleichen Namens. Unter Lizenz wurden in Argentinien nebst Jeep-Modellen (→ Willys) der IKA Bergantin, ein äußerlich kaum veränderter Nachkomme des in Italien bis 1958 hergestellten Alfa Romeo 1900, jedoch mit Jeep-Motor, sowie (bis 1962) der Kaiser Carabela mit Willys-6-Zylinder-Motor produziert. Ab 1963 wurde der Rambler der American Motors Corporation hergestellt (→ Rambler). Mit einem Ausstoß von 51 000 Fahrzeugen und gut 30 % Marktanteil war IKA auch 1964 der führende Autohersteller Argentiniens. Schon 1963 hatte Renault einen Teil der IKA-Aktien übernommen; in der Folge wurde die Produktion des → Renault Dauphine eingeleitet.

Für 1965 gab IKA eine bemerkenswerte Eigenentwicklung bekannt: Ihre Ingenieure hatten nämlich den bis dahin verwendeten 30 Jahre alten Continental-Motor mit stehenden Ventilen nicht nur durch den in Amerika entwickelten Tornado-Motor (Kaiser Jeep) abgelöst, sondern diese Neukonstruktion auch gleich den spezifischen argentinischen Ansprüchen angepaßt. So hatte der mit Tornado Jet bezeichnete OHC-Sechszylinder eine zusätzliche Abdichtung am hinteren Kurbelwellenlager. Mit 145 PS aus 3,8 Litern Hubraum war er Argentiniens stärkster angebotener Personenwagenmotor. Er wurde in der vom Spitzenmodell Ambassador gekrönten Rambler-Modellreihe sowie im Station Wagon Estanciera eingebaut.

Im Herbst 1966 lancierte IKA das Modell Torino. Er war sozusagen ein spezialkarossierter Rambler American. Das überarbeitete Design stammte von Pininfarina (→ Anhang) und war ein Lehrstück für saubere Formgebung. Es gab die viertürige Limousine Torino 300 mit 3-Liter-OHC-Motor und das zweitürige Hardtop oder Fauxcabriolet 380 mit dem 3,8-Liter-Motor und 155 DIN-PS und als Typ 380 W dank Verwendung von drei Doppelvergasern sogar mit 176 DIN-PS Leistung. Es wurde ein nachgebautes ZF-4-Gang-Vollsynchrongetriebe verwendet. Der 380 und der 380 W hatten serienmäßig vordere Scheibenbremsen mit Bremsservo. Als Variante des Coupés erschien später ein in geringer Stückzahl gebautes Fastbackcoupé TT mit angesetzter Heckklappe und längsgeteiltem bombiertem Rückfenster; wie andere argentinische Autos wurde auch der Torino von Tuningspezialisten in die Kur genommen. Ab März 1969 gab es die Limousine als 300 S ebenfalls mit dem schwächeren 3,8-Liter-Motor (dessen Leistung inzwischen mit 157 SAE-PS angegeben wurde).

Nachdem Renault bereits 1967 die restlichen IKA-Anteile übernommen hatte, wurde aus dem Unternehmen die IKA-Renault SA, und die Produktion von kleineren Renault-Modellen stand von da an im Vordergrund.

Bemerkenswert: Auch in den USA bestand zwischen Rambler bzw. American Motors eine Querverbindung zu Renault, wenngleich hier noch längst keine französische Vorherrschaft zustande kam.

Unten: IKA Bergantin, 1961
Ganz unten: IKA Torino 380 Coupé, 1966
Rechts: Imp 700 GT, 1962

IKA	Zyl.	cm³	PS	bei 1/min	Gänge	Spitze km/h	Radstand/ Länge	Modell-jahre	Besonderheiten
Bergantin	4	2199	75	4400	3	130	263/440	—1962	gegengest. Ventile
Carabela	6	3706	115	3650		140			(OHV)
Rambler								1963/64	(Lizenz→ Rambler)
Rambler Classic	6	3770	145	4200	4	164	284/496	1965—	OHC, (stets US-
Ambassador						162	295/508		Modelljahr 1965)
Torino 300	6	2960	122	4700	4	155	272/472	1967/68	CHC
380		3770	155	4300		172			
380 W			176	4500		185			
Torino 300	6	2960	124	4700		160		1969/70	(nur IKA-Renault)
300 S		3770	157	4300		175			
380									
380 W			178	4500		195			

Imp

Von 1961 bis 1963 wurden in Turin von der North-East Engineering Co. unter dem Firmennamen → Intermeccanica und unter der Markenbezeichnung Imp gegen zwanzig zweisitzige Coupés gebaut, deren Styling stark an die kleinen → Abarth-Fiat gemahnte. Doch die Imp 700 GT hatten nur über einen Umweg mit Fiat zu tun: Sie waren auf der Karosserieplattform der österreichischen → Steyr-Puch aufgebaut. Da Fiat Einspruch erhob, konnten sie denn nur in Österreich abgesetzt werden. Die Leistung des im Heck plazierten luftgekühlten 2-Zylinder-Boxermotors von 645 cm³ Inhalt wurde mit 40 DIN-PS angegeben. Die strömungsgünstigen, 340 cm langen Imp-Karosserien wurden aus Aluminium von Hand gefertigt. Intermeccanica unter Frank A. Reisner wandte sich alsbald größeren Autoprojekten zu.

Imp	Zyl.	cm³	DIN-PS	bei 1/min	Gänge	Spitze km/h	Radstand/ Länge	Bau-jahre	Besonderheiten
700 GT	B2	643	40	5500	4	145+	184/340	1961—63	Basis Steyr-Puch

Imperial

Imperial war ursprünglich das Spitzenmodell von Chrysler gewesen. Mit dem Modelljahr 1957 wurde es zur eigenen Marke erhoben. Als solche sollte sie im Konkurrenzkampf gegen → Cadillac von General Motors und → Lincoln von der Ford Motor Company vermehrtes Gewicht erhalten. Im Modelljahr 1960 zeigte der Imperial eine noch imposantere Silhouette als die Chrysler, und er war auch noch ein Stück länger. Auffallend waren die hinten ansteigenden Heckflossen, die in die Schlußleuchten ausmündeten. Es gab den Imperial in den drei Modellreihen Custom, Crown und Le Baron, und es wurden sowohl Limousinen wie zwei- und viertürige Fauxcabriolets und auch ein echtes Cabrio hergestellt. Im Gegensatz zu anderen amerikanischen Fabrikaten bestand jedoch die im Kastenrahmenchassis eingebaute Mechanik aus einem «Einheitsmenü»: einem 6,8-Liter-V8 mit 355 SAE-PS Leistung (spätere Leistungsangabe 345) und der mit Drucktasten bedienten automatischen Kraftübertragung Torque-Flite. Auf Wunsch war eine Differentialbremse Sure Grip lieferbar. Mit seiner an Halbelliptikfedern abgestützten hinteren Starrachse entsprach der Imperial im übrigen der amerikanischen Normalbauweise. 1960 wurde bei → Ghia in Italien eine Serie von 25 Repräsentationslimousinen mit auf 3,8 m verlängertem Radstand und 622 cm Gesamtlänge in Produktion genommen.

Mit dem Modelljahr 1961 wich die leicht V-förmig angeordnete Frontstoßstange einer üblichen geradlinigen Ausführung. Auf 1962 erfolgten größere Änderungen an Front- und Heckdesign: Zwar waren die Doppelscheinwerfer immer noch freistehend beidseits an das Kühlergitter angefügt, doch war dieses nun vertikal zweigeteilt, hatte sozusagen einen Mittelscheitel erhalten. Die Schlußleuchten thronten nun auf den abgeflachten Heckflossen. 1963 war das Kühlergitter wieder zusammengewachsen, zeigte aber immer noch einen senkrechten Mittelstab.

Für das Modelljahr 1964 wurden erstmals wieder größere Änderungen angekündigt. Das Kühlergitter war jetzt wieder deutlich zweigeteilt, doch waren die Doppelscheinwerfer nun in die Front integriert. Die Heckscheibe war nicht mehr um die Ecken gebogen, sondern weitgehend flach ausgeführt, zudem endete das gradlinig ausgezogene Heck in einer halb vorstehenden Reserveradverschalung. Das neue Design war das Werk des neuen Chrysler-Chefstylisten Elwood Engel, der früher bei Ford tätig gewesen war und dort unter anderem den schlicht geformten → Lincoln Continental geschaffen hatte. Die von vorne nach hinten abfallenden Chromstreifen an den Imperial-Flanken waren nun verschwunden. Ebenso war die Grundserie Custom aufgegeben worden. Chrysler sprach von 150 Einzelverbesserungen, die dem Imperial 1964 zugute gekommen seien. Wie schon im Vorjahr wurde in den USA auf Motor und Getriebe eine Garantie von 80 000 km oder fünf Jahren gegeben.

Bemerkenswert war die Frontgestaltung des Imperial 1965: Das Kühlergitter war nun durch ein Chromkreuz geviertelt, und die Doppelscheinwerfer besaßen beidseits je einen gemeinsamen viereckigen Chromrahmen. Neu war eine unübersehbare rote Warnleuchte Sentry Signal, mit der bei übermäßigem Temperaturanstieg des Kühlwassers, bei fallendem Öldruck oder ausgehendem Benzin zu einer Überprüfung der Anzeigeinstrumente aufgefordert wurde. Gleichzeitig wurden die Drucktasten für das Getriebe durch einen üblichen Wählhebel ersetzt. Durch Einlegen einer Getriebestufe löste sich die Feststellbremse nun automatisch.

Auf 1966 wurde ein 7,2-Liter-Motor mit noch mehr Drehmoment eingeführt. Den neuen Jahrgang erkannte man an dem nun durchgehenden Kühlergitter mit Karomotiv. Im Interieur fand sich eine noch großzügigere Anwendung von Nußbaumholz. Zu den Luxusmerkmalen zählten auch das schwenk- und längsverstellbare Lenkrad, der automatische Abblendschalter und die blau gefärbte Frontscheibe.

Mit dem Modelljahr 1967 erfolgte auch beim Imperial der Übergang zur selbsttragenden Bauweise. Imperial war die letzte Chrysler-Marke mit einem Kastenrahmen und Traversen (beim Cabriolet Kreuzverstrebung) gewesen. Um dennoch größtmögliche Laufruhe zu erhalten, wurde für die Antriebsgruppe ein Fahrschemel konstruiert. Die Hinterachse erhielt einen Panhardstab. Vordere Scheibenbremsen waren nun serienmäßig, und zudem wurden zwei getrennte Bremskreisläufe montiert. Vermehrt auf Sicherheit ausgerichtet war auch das Interieur. Man erkannte den neuen Jahrgang an der Markenaufschrift in Kühlergittermitte und den die vorderen Kotflügelenden formenden Blinkleuchten. – Wieder ein Jahr später zeigte die Kühlergittermitte bloß noch ein kreisrundes Motiv.

Für das Modelljahr 1969 wurden die Imperial mit rundlicheren Konturen neu geformt, ein Cabriolet gab es jetzt nicht mehr. Die Scheinwerfer waren unter dem horizontal durchgezogenen Kühlergitter versteckt, die Wischerarme wurden von der Motorhaube überdeckt, und die Gesamtlänge war auf eindrückliche 583,5 cm angewachsen! – Die Imperial 1970 schließlich hatten zusätzliche seitliche Blinker, serienmäßig Gürtelreifen und eine weiter verbesserte Isolation zwischen Fahrschemel und Wagenkörper. Die Topversion Le Baron unterschied sich nun durch ein Vinyldach; weitere Detailänderungen zeugten von der steten Suche nach einer Optimierung des Markenimages nach amerikanischem Geschmack. – Mit 10 753 im Jahre 1970 im Inland neuregistrierten Wagen war Imperial die kleinste US-Marke.

Unten: Imperial, 1961
Rechts: Imperial Crown Coupé de Luxe, 1964
Rechts Mitte: Imperial Crown, 1967
Ganz unten: Imperial, 1969

Innocenti

Auf dem Automobilsalon von Turin 1960 stellte die für ihre Lambretta-Motorroller bekannte Mailänder Firma Innocenti einen von Ghia entworfenen modern geformten offenen Sportzweisitzer vor. Das Innocenti 950 Sport genannte Cabriolet basierte auf dem → Austin-Healey Sprite. Die Serienherstellung dieses italienisch-englischen Wagens sollte 1961 bei → Osi einsetzen. Ungefähr zur selben Zeit wurde in Italien eine Lizenzherstellung des → Austin A 40 und dessen Kombiversion Countryman (der sich durch die zweiteilige Heckklappe vom Saloon unterschied) gestartet. Hiezu war von der Innocenti Società Generale per l'Indutria Metallurgica e Meccanica, die auch Walzwerke und Werkzeugmaschinen herstellte, in Lambrate eine neue Fabrikanlage eingerichtet worden. In Italien war die Automobileinfuhr damals noch kontingentiert.

Auf dem Turiner Salon 1961 erschien der Innocenti 950 Sport auch mit aufsetzbarem Hardtop, und auf 1963 wurden dem attraktiven Zweisitzer der 1,1-Liter-Motor und die vorderen Scheibenbremsen verliehen, wie sie bereits auch das englische Pendant besaß. Während der A 40 unter der Bezeichnung Innocenti 950 bis auf die Reifendimension

Von oben nach unten:
Innocenti IM 3S, 1967
Innocenti C Coupé, 1967

Innocenti 950 Sport, 1961

Imperial	Zyl.	cm³	SAE-PS	bei 1/min	Gänge	Spitze km/h	Radstand/ Länge	Modelljahre	Besonderheiten
Custom, Crown,	V8	6746	355	4600	A	190	328/575	1960/61	Kastenrahmen
Le Baron			345	4600			328/577	1962/63	
Crown, Le Baron							328/579	1964/65	
		7206	355	4400		200		1966	
							323/571	1967/68	(nun selbsttrag.
							323/584	1969/70	Karosserie)

Innocenti	Zyl.	cm³	SAE-PS	bei 1/min	Gänge	Spitze km/h	Radstand/ Länge	Baujahre	Besonderheiten Lizenzen BMC
950 Sport	4	948	48	5200	4	140	203/342	1961	Kastenrahmen
			50	5300				1962/63	
Spider S		1098	58	5500		145		1963–66	
C Coupé								1967–	(selbsttragend)
IM 3 (/S)	4	1098	58	5500	4	140	238/375	1963–	(→ Morris 1100)
(übrige Modelle → Austin)									

unverändert und mit entsprechenden Modelländerungen (1,1-Liter-Motor) als Limousine und Kombi hergestellt wurde, zeigte der im Frühling 1963 präsentierte Innocenti IM 3 ein gegenüber dem Vorbild, dem avantgardistischen → Morris 1100, leicht geändertes Aussehen. Das von Pininfarina entworfene Kühlergesicht reichte bis zu den von einem gemeinsamen Chromrahmen eingefaßten Scheinwerfern und Positionslampen/Blinkern. Der Tankeinfüllstutzen war abgedeckt, das Lenkrad weniger flach gestellt, die Instrumente größer und besser plaziert, und schließlich waren auch die Sitze luxuriöser gestaltet. Mit 58 SAE-PS (dank 2-Vergaser-Motor) wurde sowohl die Leistung des Morris 1100 wie jene des sportlichen MG 1100 übertroffen!

Auch das nun Spider S genannte Cabriolet erfuhr die in England vorgenommenen Verbesserungen. Nach wie vor wurden denn einzelne Teile, vor allem aber die Motoren, aus dem Inselreich importiert. Bis 1966 wuchs die Zahl der BMC-Lizenzmodelle auf sieben an. Auf dem Turiner Salon 1964 hatte der J 4 debütiert, eine unveränderte Kopie des Austin 1100, der alsbald eine Ergänzung in Form des J 4 S mit dem 58-SAE-PS-Motor erfuhr. Auf dem Turiner Salon 1965 kam der Innocenti Mini Minor hinzu, jedoch mit einem dem Mini Cooper gleichenden Kühlergesicht, und diese Version wurde im Frühling 1966 auch noch durch einen Mini Cooper ergänzt, der zwar den 1-Liter-Motor mit 61 PS besaß, aber durch technische Ausstattungsmerkmale des Cooper S aufgewertet worden war.

Inzwischen hatte die Jahresproduktion von Innocenti ein Niveau von 22 000 Einheiten erreicht. Doch noch im gleichen Jahr – im Sommer 1966 – wurde der Innocenti IM 3S vorgestellt. Er hatte eine verfeinerte Innenausstattung und unterschied sich durch das feinmaschigere Kühlergitter sowie den Wegfall der Stoßstangenhörner. Auf 1967 wurde der Spider S zum Innocenti C Coupé verwandelt. Die Front mit den bis dahin als Kreissegment an die Scheinwerfer angefügten Blinkern wich einer konventionelleren Lösung, während der Aufbau nun durch große Fensterflächen auffiel. Auch den Mini-Kombi gab es jetzt im Produktionsprogramm; er hieß unter Innocenti-Flagge Mini t.

Zwar wurden die Konstruktionsprinzipen durchwegs von den englischen Vorbildern übernommen, doch waren da und dort kleine Verbesserungen festzustellen. Besonders originell war die Armaturenbrettgestaltung im Mini Cooper, wie sie ab Anfang 1968 ausgeliefert wurde. An zwei große Rundinstrumente in Armaturenbrettmitte fügten sich nach links drei ebenfalls einzeln verschalte kleine Anzeigeinstrumente an. Solche Mini Cooper gelangten später übrigens auch in den Export. 1970 wurde ein Innocenti-Gesamtausstoß von über 50 000 Wagen erreicht.

Intermeccanica

Eine ganze Reihe von europäischen Firmen baute von den sechziger Jahren an in Kleinserien Hochleistungs-Sportwagen mit amerikanischen V8-Motoren. Zu den weniger bekannten Unternehmen dieser Sparte zählte die Firma Costruzione Automobili Intermeccanica im Raume Turin. Ihre Wagen waren vor allem für den nordamerikanischen Markt bestimmt. Der Name Intermeccancia tauchte 1963 im Zusammenhang mit dem Projekt Apollo auf. Der Apollo 3500 GT war ein wohlgeformtes zweisitziges Coupé, dessen Rohrrahmenchassis und Aluminiumkarosserie von Franco Scaglione, die Mechanik jedoch vom → Buick Skylark stammte (3,5-Liter-V8, 200 SAE-PS, 4-Gang- oder Automat-Getriebe), wenngleich ein eigenes Rohrrahmenchassis und Schraubenfedern auch hinten verwendet wurden. Apollo-Initiant war die North-East Engineering Co. in Montreal, Kanada. Diese hatte an ihrem Turiner Sitz bereits den Kleinsportwagen → Imp zu kommerzialisieren versucht.

Doch einige Zeit später lieferte die Firma Carrozzeria Intermeccanica Aufbauten an den amerikanischen Autohändler Jack Griffith. Der 1964/65 entstandene Entwurf dieser sportlich-eleganten Coupékarosserien stammte vom Amerikaner Robert W. Cumberford, der 1982 unter eigener Marke ein Superluxusauto im Stile der dreißiger Jahre konstruieren sollte ... Nur etwa ein Dutzend Karosserien gelangten an Griffith, der sechs Einheiten mit einem 5,2-Liter-Unterbau von Plymouth versah und die übrigen ohne Motor verkaufte. (1964 hatte es überdies einen von → TVR gelieferten Griffith 200 gegeben!) 1966 wurde – ebenfalls in Amerika – die Marke Omega (→ Anhang) gegründet. An sie lieferte Intermeccanica 33 Karosserien, die bis 1969 mit Ford-Motoren ausgerüstet wurden. Doch zur Jahreswende 1966/67 begann Intermeccanica bereits an einen dritten USA-Kunden, die Firma Genser-Forman in Union, New Jersey, identische Karosserien zu liefern. Von diesem Triumph-Vertreter wurden die daraus entstandenen V8-Sportcoupés zunächst unter der Marke Torino und nach 1967 als Italia verkauft.

Der Intermeccanica Italia, wie er 1969 gebaut wurde, besaß als Antriebsquelle den Ford-5,8-Liter-V8 mit auf 314 SAE-PS gesteigerter Leistung sowie die an Schraubenfedern abgestützte hintere Starrachse, wie sie bei den größten Ford verwendet wurde. Die Karosserie – es gab auch ein Cabriolet, und die Aufbauten stammten denn teilweise von Scaglione – mit dem langgestreckten abfallenden Bug und den versenkt angeordneten Scheinwerfern wirkte aggressiv.

Nachdem bereits im März 1969 das Projekt eines Intermeccanica Murena GT geheißenen viersitzigen Sportkombis mit Ford-7-Liter-Motor und Automatgetriebe vorgestellt worden war, folgte auf dem Turiner Salon des gleichen Jahres der Italia IMX, ein verlängertes Coupé mit Luftabrißkante am Heck, die während der Fahrt elektrohydraulisch angewinkelt werden konnte. Dank der aerodynamisch ausgefeilten Form des nur 114 cm hohen Coupés, dessen Struktur aus einem mit der Karosserie zu einer Einheit verschweißten Rohrrahmen bestand, sollte dieser Zweisitzer gemäß Werkangaben 265 km/h erreichen. Der weit hinter den Vorderrädern liegende Motor sorgte für eine gute Gewichtsverteilung.

Bis 1969 wurden von Intermeccanica angeblich bereits 500 Wagen hergestellt, sie gelangten zu 95 % nach den USA. Mit dem Italia IMX wollte man vermehrt auch auf europäischen Märkten Fuß fassen. Der von Ivo Barison entworfene Murena 429 GT, der im Gegensatz zu den Italia ein rechteckiges Kühlergesicht mit Doppelscheinwerfern aufwies, war hingegen in erster Linie für die Murena Motors Ltd. in New York bestimmt. Im Herbst 1969 hatte die von Frank A. Reisner geführte Firma Intermeccanica in Trofarello bei Turin ein neues Domizil eingerichtet. Nach einem Übergang auf GM-Motoren und längerer Pause sollte der Name Intermeccanica in den achtziger Jahren in den USA wieder von sich reden machen ...

(Intermeccanica)	Zyl.	cm³	SAE-PS	bei 1/min	Gänge	Spitze km/h	Radstand/Länge	Baujahre	Besonderheiten Rohrrahmenchassis
Apollo 3500 GT	V8	3532	203	5000	4/A	–226	248/450	1963	(Projekt)
Italia	V8	5769	314	5500	4	217	240/444	1968–	(halbselbsttragend)
IMX						265	240/465	1969–	
Murena 429 GT	V8	7033	365	4600	A	240	293/521	1969/70	

Internationa

Die International Harvester Co. (IHC) in Chicago hatte sich als Hersteller von Lastwagen, Traktoren und Landwirtschaftsmaschinen bereits international einen guten Ruf gemacht, als das Unternehmen 1960 mit der Lancierung des Scout in direkte Konkurrenz zum Jeep von → Willys trat. Allerdings war der Scout mit vollständigem und glattflächigem Karosserieaufbau auch eine Alternative zu den Willys-Kombiwagen und konnte daher wie diese weit eher der Sparte Personenwagen zugerechnet werden als der im Zweiten Weltkrieg legendär gewordene Jeep. Es gab den Scout sowohl als Pickup wie als Station Wagon mit abnehmbarem Dachteil. Auf Wunsch war er mit 4-Rad-Antrieb, Reduktionsgetriebe und Power-Lock-Sperrdifferential erhältlich. Erst diese Ausrüstung machte ihn zum eigentlichen Geländepersonenwagen. Für den Antrieb sorgte ein 2,5-Liter-4-Zylinder-Motor mit 93 SAE-PS Leistung, und die Basiskraftübertragung bestand aus einem 3-Gang-Getriebe mit nicht synchronisiertem erstem Gang. 1965 kam ein vierter Gang hinzu.

Der Scout wurde während langer Jahre ohne Veränderungen gebaut, und die auf Zweckmäßigkeit ausgerichtete kubische

International	Zyl.	cm³	SAE-PS	bei 1/min	Gänge	Spitze km/h	Radstand/Länge	Baujahre	Besonderheiten Kastenrahmenchassis
Scout 80	4	2505	93	4400	3/2×3	112+	254/395	1960–65	Starrachsen,
800					4/2×4		254/399	1965–68	a.W. 4×4
		3203	113	4000	3/2×3			1968–	ab '69: 2×3/4/A
	V8	4976	196	4400	2×3				
	6	3799	147	4300					
Travelall 1100 B	6	3936	143	3800	2×4	125	302/475	1967/68	Starrachsen,
1000 D		3799	147	4300	2×3	140+		1968–	ab '69: 2×3/4/5/A

Karosserie drängte denn auch keine modischen Anpassungen auf. Immerhin rückte die Markenschrift im schlichten Kühlergitter 1967 von der Mitte auf die linke Seite, und die Scheinwerfer erhielten eine eckige Umrandung. Zudem wurde das Angebot durch den Typ Travelall erweitert, einen großen, fünftürigen Kombi mit sechs oder neun Sitzplätzen und 143 PS leistendem 3,9-Liter-6-Zylinder-Motor. Diesen Wagen gab es ausschließlich mit 4-Gang-Getriebe, 4-Rad-Antrieb und Reduktionsgetriebe, und auch er war auf einem Kastenrahmen mit Traversen aufgebaut. Schon im Hinblick auf 1969 wich die Karosserie mit gewölbter Motorhaube und panoramaartiger Frontscheibe einer saubereren, kubischen Form, und der Motor hatte nun 3,8 Liter Inhalt.

Etwa zum gleichen Zeitpunkt erhielt der Scout einen auf 3,2 Liter vergrößerten 4-Zylinder-Motor mit 113 SAE-PS (104 DIN-PS). Auf Wunsch war er jetzt ebenfalls mit einer V8-Maschine mit 5 Litern Inhalt und 196/182 PS lieferbar! Auf 1970 kam der 3,8-Liter-6-Zylinder-Motor aus dem Travelall hinzu, und überdies wurde eine Luxusausführung Aristokrat angeboten. Der Scout sollte bis 1980 gebaut werden.

Links: (Intermeccanica) Torino, 1967
Ganz oben: International Scout, 1964
Oben: International 1100 A Travelall, 1967

Iso Rivolta

Die Mailänder Firma Iso Autoveicoli SpA hatte sich als Hersteller von Motorrädern sowie durch die Konstruktion des Isetta-Kabinenrollers, der von → BMW in Lizenz gebaut wurde, einen Namen gemacht. Unter Direktor Commendatore Renzo Rivolta schwang sich das Unternehmen mit einer Erstpräsentation auf der Turiner Automobilausstellung 1962 zum Hersteller von Luxuscoupés auf. Hiezu wandte man sich dem bereits andernorts angewandten Rezept einer Verbindung von amerikanischer Großserien- und Hochleistungstechnik mit italienischem Karosseriestyling zu. Schöpfer dieser Fusion bzw. Konstruktion war Ing. Giotto Bizzarrini, der früher bei der Entwicklung der GT-Serienwagen bei Ferrari maßgebend mitgewirkt hatte.

Für den Iso Rivolta GT (Gran Turismo), wie das neue Fabrikat hieß, wählte man die Konstruktionsweise der halb selbsttragenden Karosserie, bei der Aufbau und Rahmen-Boden-Anlage miteinander verschweißt wurden. Die viersitzige Coupékarosserie war eine Schöpfung des erfolgreichen Designstudios von Bertone (→ Anhang). Während die vordere Einzelradaufhängung aus Trapez-Dreieckquerlenkern, Schraubenfedern und einem Kurvenstabilisator bestand, wurde hinten eine aufwendige De-Dion-Achse mit Längslenkern und Wattgestänge verwendet. Vorne wie hinten wurden Girling-Scheibenbremsen montiert.

Der Antriebsstrang, der von → Chevrolet stammte, bestand aus einem 5,4-Liter-V8, wie er im Corvette eingebaut wurde, und zwar (als Modell 300) mit 10,5:1 Verdichtung und 304 SAE-PS oder (als Modell 340) mit 11,25:1 Verdichtung und 345 PS (mit Differentialbremse von Salisbury). Der Kraftübertragung diente ein vollsynchronisiertes 4-Gang-Getriebe. Die serienmäßige Herstellung des formvollendeten Coupés wurde Anfang 1963 aufgenommen.

Grifo Auf der Turiner Autoschau 1963 überraschte Bertone mit einer zweisitzigen Spezialkarosserie auf verkürztem Iso-Unterbau, dem Iso Grifo. Dieses aufregend geformte Coupé sollte später ebenfalls in Produktion gehen, wobei alsbald von Ing. → Bizzarrini unter eigener Marke eine Rennsportversion und, von dieser abgeleitet, ein Straßenfahrzeug hergestellt wurden. Der Grifo A3, von dem auf dem Genfer Salon 1964 überdies eine Spiderversion ausgestellt wurde, sollte jedoch unter dem Markennamen Iso produziert werden. Das Schwergewicht der Herstellung verblieb freilich auf dem viersitzigen Coupé, das in einer Kadenz von vier bis fünf Wagen pro Tag gebaut wurde. Für den Bau der Karosserien hatte Bertone eigens ein Fließband eingerichtet, die Montage erfolgte jedoch im Iso-Werk in Bresso bei Mailand, wo 200 Arbeiter beschäftigt wurden.

Der 2+2- oder zweisitzige Grifo A3 hatte ein langgezogenes Fastbackheck mit großflächiger Panorama-Rückscheibe. Bizzarrinis Sonderversion mit flacherer Heckscheibe und niedrigem Bug hieß zunächst Iso Grifo A3 C Berlinetta; die spätere Straßenversion trug den Zusatz Stradale. Die Ausführung mit der Panorama-Heckscheibe und Doppelscheinwerfern ging als Iso Grifo Lusso im Herbst 1965 in Kleinserie (etwa ein Stück pro Woche), und zwar neben den viersitzigen IR-Typen bei Bertone bzw. im Iso-Werk. Das Motorenangebot umfaßte inzwischen Versionen mit 300, 365 und 400 SAE-PS (IR 340/4 mit Bizzarrini-Modifikationen). Außer mit dem 4-Gang-Getriebe war der IR 300 nun auch mit einem GM-Getriebeautomaten (2-Gang-Planetengetriebe) lieferbar, und es gab verschiedene Hinterachsuntersetzungen. 1966 kam überdies ein ZF-5-Gang-Getriebe ins Angebot, und es wurde ein Grifo mit zwei demontierbaren vorderen Dachhälften präsentiert; in jenem Jahr wurden die IR 340 und 340/4 durch eine Variante IR 350 abgelöst. Bei den Iso Grifo Lusso unterschied man nun zwischen GL 300 und GL 350 statt GL 300 und GL 365.

S4 = Fidia Als erstes neues Modell unter der Leitung von Piero Rivolta, dem 26jährigen Sohn des im Alter von erst 55 Jahren verstorbenen Commendatore, erschien auf der Frankfurter IAA im Herbst 1967 ein viertüriger Luxuswagen, der Iso Rivolta S4 (300 und

Iso Rivolta IR 300 (Bertone), 1964

Iso Rivolta

350). Mit seiner ungewöhnlichen Aufbauform klang er an den → Maserati Quattroporte an. Die Karosserie mit neuer, von rechteckigen Doppelscheinwerfern flankierter Front hatte große Fensterflächen, und ihre Gürtellinie stieg auf der Höhe der Hinterräder – nach amerikanischem Beispiel – schwungvoll an. Entworfen hatte diesen Aufbau Giorgetto Giugiaro, ein hochtalentierter Jungdesigner, die Herstellung geschah bei Ghia. Im Vergleich zu den IR-Coupés hatte der Neuling 285 statt 270 cm Radstand, und er war knapp 5 m lang. Unterbau und Antriebseinheit waren gleichgeblieben, doch stand hier das 5-Gang-Getriebe nicht zur Wahl. Die S4-Produktion lief 1968 an, und auf 1969 erhielt der stolze Iso-Viertürer die Bezeichnung Fidia.

Bereits zum Genfer Salon 1968 wurde ein Modell Grifo 7 Litri bereitgestellt. In ihm war der 406 PS starke Chevrolet-7-Liter-Motor eingebaut. Äußerlich fiel diese Ausführung durch den großflächigen, rechteckigen (und andersfarbigen) Aufsatz auf der Motorhaube auf. Wie inzwischen auch der Iso GL 300 war der 7 Litri auf Wunsch mit Getriebeautomat lieferbar. Den Fidia 350 gab es anderseits nun auch mit dem 5-Gang-Getriebe.

Lele Ende 1969 erfolgte abermals eine Modellbereicherung: der im April gezeigte Lele ging – auch hier in den Varianten 300 und 350 – in Serie. Es handelte sich um ein wiederum von Bertone gebautes viersitziges Coupé, das moderner und geräumiger war als der IR. Die schräg einwärts geneigte Front mit den halbwegs abgedeckten Doppelscheinwerfern wirkte recht eigenwillig, und das Schrägheck prägte ebenfalls den besonderen Charakter dieser Bertone-Schöpfung. Den 300-PS gab es auf Wunsch jetzt endlich mit einem moderneren Automatgetriebe: dem 3-Stufen-Turbo-Hydramatic. 1970 löste der Lele den IR endgültig ab. – Anfang 1973 kam Iso in amerikanische Hände. Dies vermochte den Niedergang des Unternehmens allerdings nicht aufzuhalten. 1974 wurde die Produktion eingestellt.

Von oben nach unten:
Iso Grifo GL Lusso GL 365 (Bertone), 1966
Iso Rivolta S4 (Ghia), 1968
Iso Lele (Bertone), 1970

Iso Rivolta, Iso	Zyl.	cm³	SAE-PS	bei 1/min	Gänge	Spitze km/h	Radstand/ Länge	Baujahre	Besonderheiten halbselbsttrag. Kar.
IR 300	V8	5354	304	5000	4*	–210	270/476	1963–70	Chevrolet-Mechanik
IR 340			345	6000	4	–252		1963/64	De-Dion-H.
			365	6200		–250		1964–66	* ab '64: 4/A;
IR 340/4			400	6200		258			'65–'68: 4/5/A;
IR 350			355	5800	4/5	238		1966–70	ab '68: 4/A
Grifo A3 L (o. Rivolta)	V8	5354	365	5400	4	–275	245/424	1965	(350 DIN-PS)
A3 C (Bizzarrini)						–305			
Grifo Lusso GL 300			304	5000	4/5/A	–230	250/443	1965–	
GL 365			365	6200	4/5	–270		1965/66	
GL 350			355	5800		–275		1966–	ab '68: –260 km/h
Grifo 7 Litri		6996	406	5200	4/A	300		1968–70	
S4 300 = Fidia 300	V8	5354	304	5000	4/A	220	285/497	1968–	
S4 350 = Fidia 350			355	5800	4/5	230			
Lele 300	V8	5733	304	4800	4/A	230	270/465	1969–	
Lele 350			355	5600	4/5	250			

Isuzu

Ihre Ursprünge hatte die japanische Marke Isuzu im Jahre 1934. Vorgängerfirmen hatten bereits 1917 ein erstes Auto gebaut. Ab 1953 wurden unter Lizenz die englischen → Hillman Minx hergestellt. Doch erst auf 1961 entstanden daneben die ersten Isuzu eigener Konstruktion. Sie rundeten das Hillman-Angebot der in Tokio domizilierten Firma nach oben ab. Gebaut wurde die ansehnliche sechssitzige Limousine Bellel, die es wahlweise mit 1,5- oder 2-Liter-4-Zylinder-Motor sowie mit 2-Liter-Dieselaggregat gab. Die Kraftübertragung erfolgte über ein 4-Gang-Getriebe mit Lenkradschaltung, die starre Hinterachse war an Halbelliptikfedern abgestützt, und die Karosserie war bereits selbsttragend gebaut. Das Spezialmodell Expreß war ein fünftüriger Kombi. Es gab die Ausstattungsstufen Standard und Deluxe, doch 1963 wurde die Unterscheidung Special (nur noch 2-Liter-Ottomotor) und Diesel eingeführt, während als neues kleineres Modell der Bellett ins Programm genommen wurde.

Links: Isuzu Bellel 2000 Special Deluxe, 1963
Unten: Isuzu Bellett 1500, 1964
Links außen: Isuzu Florian, 1968
Darunter: Isuzu 117 Coupé, 1970

Bellett Der Bellett hatte nicht nur den 1,5-Liter-Motor, sondern auch eine hintere Einzelradaufhängung mit Pendelachsen, oberer Querblatt- und äußeren Schraubenfedern. Daneben gab es als Prototyp ein Coupé 1500 GT, auf das ein Jahr später – ebenfalls noch als Prototyp – der 1600 GT folgte; diese 2+2-Karosserievariante sollte 1965 in Produktion gehen. In diesem Jahr gab es bereits auch einen Bellett 1800 Diesel. Der Bellett hatte eine gefällige Karosserie mit im Kühlergitter integrierten Doppelscheinwerfern. Diese Limousine wurde auf dem Genfer Salon 1965 vorgestellt und war damit eines der ersten japanischen Autos, das auf dem Schweizer Markt Fuß faßte – mangels Servicestruktur zwar nur vorübergehend. Die Bellett-Innenabmessungen waren noch deutlich auf japanische Körpergrößen ausgerichtet.

Florian Im Verlaufe des Jahres 1966 erhielt der Bellett ein verfeinertes Kühlergitter und wurde überdies mit einem Borg-Warner-Getriebeautomaten lieferbar. Die Bellel-Reihe wurde aufgegeben. Auf der Autoschau von Tokio 1967 wurde als neues, größeres Modell der Florian vorgestellt. Er begnügte sich allerdings mit einer 1,6-Liter-Ausführung des Bellett-Motors. Er war mit 3-Gang-, 4-Gang- und Automatgetriebe lieferbar. Wie der Bellel hatte er eine hintere Starrachse mit Blattfedern. Die Karosserieform mit schrägem Stufenheck, sechs Seitenfenstern und rechteckigen Scheinwerfern wirkte ungewohnt und eigenständig. Auf der Basis des Florian erschien Ende 1968 der Typ 117 Coupé mit einem von Ghia in Turin entworfenen (und bereits auf dem Genfer Salon 1966 gezeigten) eleganten 2+2sitzigen Aufbau. In diesem sportlichen Auto besaß der 1,6-Liter-Motor zwei obenliegende Nockenwellen, und an den Vorderrädern fanden sich Scheibenbremsen Sumitomo-Dunlop (übrige Modelle auf Wunsch). Leistungssteigerungen waren auch bei den Bellett zu verzeichnen, die sich im Modelljahr 1969 durch das schwarze Kühlergitter mit den zwei doppelten Horizontalstäben von den Vorgängern unterschieden. Neben der Limousine 1500 gab es jetzt einen Sedan 1600 Sport und das Coupé GT. Ein noch breiter gefächertes Modellangebot brachte der Jahrgang 1970: Bellett 1300, 1500, 1600, 1600 Sport und GT (die letzteren drei mit obenliegender Nockenwelle) und 1600 GT-R (dieser mit dem DOHC-Motor des 117 Coupé); der Florian nun auch als Super und TS (beide mit dem OHC-Motor). Anläßlich des Salons von Tokio von Ende 1969 wurde der Bellett MX 1600 geheißene Prototyp eines Mittelmotorcoupés mit flach abfallender Front vorgeführt. – Die zum Hitachi-Konzern zählende Isuzu Motors blieb unter den japanischen Autoherstellern hinsichtlich Produktionsumfang stets im hinteren Feld. In den siebziger Jahren erwarb General Motors (→ Chevrolet usw.) eine Minderheitsbeteiligung an Isuzu.

Isuzu	Zyl.	cm³	SAE-PS	bei 1/min	Gänge	Spitze km/h	Radstand/Länge	Baujahre	Besonderheiten
Bellel 1500	4	1491	73	5000	4	132	253/450	1961–63	
2000		1991	86	4600		136		1961–66	ab '64: 4/3 Gänge
			98	5000		145		1963–66	
2000 Diesel			56	3800		106			ab '63: 58 PS
Bellett (1500)	4	1471	71	5000	4/3	137	235/402	1963–68	ab '65 – 145 km/h
1800 Diesel		1764	54	4000		110	235/398	1964–67	ab '66: 4/A
1600 GT		1579	85*	5000	4	–160		1965–68	*DIN-PS
1500		1471	78	5200	4/A	150	235/403	1968–	
1600 Sport/GT		1584	103	5400		170	235/401		OHC
1300		1325	70	5200		145	235/399	1969–	
1600		1584	90	5400		160	235/401		OHC
1600 GT-R			120	6400	4	190			DOHC
Florian	4	1584	85	5200	3/4/A	150	250/424	1967–	
Super			90	5400		155		1969–	OHC
TS			103	5800		165			OHC
117 Coupé	4	1584	120	6400	4	200	250/425	1968–	DOHC

Jaguar

Um 1960 zählte Jaguar bereits zu den angesehensten britischen Automarken. Das Image der Tradition war bei diesem Fabrikat mit dem Begriff für hohe Leistungsfähigkeit und moderne technische Züge vermengt. Das in der englischen Autometropole Coventry niedergelassene Unternehmen war noch unabhängig und stand immer noch unter der Ägide des Firmengründers Sir William Lyons. Im Geschäftsjahr 1958/59 hatte das prosperierende Unternehmen mit einem Ausstoß von über 20 000 Wagen eine Rekordproduktion erreicht, wobei über die Hälfte in den Export und hievon rund drei Viertel nach Amerika gingen. 1960 wurde dann zu jenem Jahr, in dem die Jaguar Cars Limited die serbelnde Firma → Daimler (Luxuswagen und Doppeldeckerbusse) übernahm!

Das Jaguar-Produktionsprogramm umfaßte zu jener Zeit die schwere Limousine Mark IX, deren Linien 1950 mit dem Mark VII eingeführt worden waren, die Sportmodelle XK 150 und den modernen Mark 2, der im Herbst 1959 mit vergrößerten Fensterflächen als Nachfolger der Jaguar 2.4 und 3.4 Litre in Produktion gegangen war. Allen Jaguar gemeinsam waren die 6-Zylinder-Motoren mit zwei obenliegenden Nockenwellen, ein Konstruktionsprinzip, wie man es sonst nur noch bei → Alfa Romeo und bei Rennsportfahrzeugen fand. Den Mark 2 gab es mit 2,4, 3,4 und 3,8 Litern Hubraum, alle in 2-Vergaser-Ausführung. Die Kompression betrug 8:1, auf Wunsch (für Exportländer mit schlechterer Benzinqualität) 7:1, doch konnte man den 3.4 Litre auch mit einer Verdichtung von 9:1 bestellen. An Kraftübertragungen standen ein 4-Gang-Getriebe ohne synchronisierten untersten Gang, auf Wunsch mit Laycock-de-Normanville-Schnellgang, mit Stockschaltung und eine Borg-Warner-3-Stufen-Automatik mit Lenkradschaltung zur Wahl. Die ebenso rundlich-individuell wie klassisch-elegant geformten Karosserien waren selbsttragend und bargen vorne eine Einzelradaufhängung mit Trapez-Dreieckquerlenkern und Schraubenfedern, hinten eine Starrachse mit Halbelliptikfedern, Längslenker und Panhardstab. An allen vier Rädern fanden sich Dunlop-Scheibenbremsen; Jaguar war Pioniermarke auf diesem Gebiet gewesen! Auf Wunsch wurde eine Differentialbremse Thornton Pow'r Lock geliefert; eine Burman-Servolenkung sollte hingegen erst ab Herbst 1960 lieferbar werden (ohne 2.4).

Der Mark IX, der sich von den Mark 2 durch die Karosserie und die Chassisbauweise (X-Träger mit Kastenträgern) unterschied, war ausschließlich mit dem 3,8-Liter-Motor erhältlich. Er besaß vorne Längstorsionsstabfedern und zudem eine Servolenkung. Demgegenüber hatten die XK 150, deren Unterbau mit jenem des Mark IX verwandt war, eine Zahnstangenlenkung. Sie waren mit dem 3,4- und dem 3,8-Liter-Motor zu haben, und sie wurden sowohl als 2+2sitziges Coupé wie als zweisitziges Cabriolet und als Roadster (Open two seater) gebaut. In dieser Karosserieausführung gab es sie zudem in der Ausführung S mit leistungsgesteigerten Motoren; diese wurden ausschließlich mit der Getriebeversion 4-Gang mit Overdrive kombiniert. Außer beim XK 150 3.4 war eine Differentialbremse serienmäßig vorhanden. Die XK 150 zählten zu den begehrtesten Sportwagen der Welt, und sie dürften in den Träumen der Autofans einen der vordersten Plätze eingenommen haben . . .

E-Type Doch Anfang 1961 wurde die berühmte XK-Serie durch den E-Type abgelöst. Insgesamt waren von 1957 bis 1960 9395 XK 150 hergestellt worden, darunter 1465 S-Modelle. Einschließlich der ab 1949 gebauten XK 120 und der XK 140 wurden 30 500 XK-Modelle hergestellt. Der E-Type war die Sensation auf dem Genfer Salon 1961, wo er nach vorausgegangenem erwartungsvollem Gemunkel sein offizielles Debüt gab. Abgesehen von der Antriebseinheit war er eine vollständige Neukonstruktion. Es gab ihn als Coupé und Cabriolet, wobei letzteres mit einem Kunststoff-Hardtop erhältlich war. Die von Designer Malcolm Sayer aerodynamisch gestaltete und von Sir Lyons ausgefeilte Form war modern und aufsehenerregend und dennoch Jaguar-typisch rundlich gehalten. Die langgestreckte, von Kritikern als «phallisch» gerügte Motorhaube mit sanft abfallender Front und plexiglasverschalten Scheinwerfern kontrastierte mit einer vergleichsweise steilen, stark gewölbten Windschutzscheibe, an der drei Wischer ruhten. Im Gegensatz zum Vormodell war das Coupé nur noch zweisitzig ausgeführt, denn der Radstand war deutlich verkürzt worden, aber es hatte ein wohlgeformtes Fastback mit nach links öffnender Heckklappe, so daß der reichlich vorhandene Kofferraum hinter den Sitzen bequem beladen werden konnte.

Der neue Jaguar-Sportwagen hatte eine selbsttragende Karosserie, wobei der Vorderteil der Karosserieschale mit einem Gitterrahmen kombiniert war. Dieser setzte sich aus Verstrebungen mit rundem und quadratischem Querschnitt zusammen und sollte Karosseriereparaturen erleichtern. Über dieser Struktur öffnete sich die Motorhaube als Ganzes nach vorne. Die Vorderradaufhängung war von dem in Le Mans siegreichen Rennsportmodell D-Type abgeleitet und bestand aus oberen und unteren Dreieckquerlenkern und Längstorsionsstabfedern. Auch die Hinterräder waren einzeln aufgehängt, und zwar durch Dreiecklenker, mittragende Doppelgelenk-Antriebswellen und doppelte Schraubenfedern. Die Aufhängungselemente, die innenliegenden Dunlop-Scheibenbremsen und das selbstsperrende Differential waren hier in einem elastisch an der Karosserie aufgehängten Rahmen zusammengefaßt. Den neuen Anforderungen entsprechend waren die Vierrad-Scheibenbremsen mit getrennten Kreisläufen versehen.

Als Antriebsaggregat diente der 3,8-Liter-Motor aus dem XK 150 S mit drei Vergasern, der ausschließlich im Verein mit dem normalen 4-Gang-Getriebe geliefert wurde. – Der E-Type war ein Sportwagen, der hinsichtlich Aussehen und Innenausstattung, aber auch in bezug auf Leistungsvermögen mit den italienischen Spitzenprodukten durchaus Schritt zu halten vermochte, dabei aber weit preisgünstiger zu haben war. Für breite Schichten war er deswegen allerdings noch längst nicht erschwinglich!

Mark X Im Herbst 1961 überraschte Jaguar mit einer weiteren stylistischen Son-

Oben: Jaguar XK 150 Fixed Head Coupé, 1958–1960
Links: Jaguar Mark IX, 1960

Rechts von oben nach unten:
Jaguar E-Type, 1961
Jaguar Mark X, 1963
Jaguar Mark 2, 1964
Unten: Jaguar S, 1964

derleistung, an deren Gestaltung William Lyons maßgeblich mitgewirkt hatte: Der betagte Mark IX, von dem ziemlich genau 10 000 Stück gebaut worden waren, wurde durch den Mark X (= 10) abgelöst. Er hatte den gleichen 3-Vergaser-Motor wie der E-Type und auch dessen aufwendige hintere Einzelradaufhängung mit Hilfsrahmen. Es standen hier alle drei Getriebevarianten zur Wahl, doch wurde die Differentialbremse nur auf Bestellung eingebaut. In Form und Ausstattung folgte die 1800 kg schwere Luxuslimousine den kleineren Jaguar Mark 2, doch wirkte sie mit ihrer langgezogenen Gürtellinie und den glattflächigen Seiten sowie der nach einwärts gestellten Front mit Doppelscheinwerfern ungemein wuchtig.

Im Interieur fand sich in typisch englischer Manier viel Edelholz und Echtleder, und die Instrumentierung war sehr sportlich ausgelegt. In den beiden hinteren Kotflügeln waren umschaltbare Benzintanks mit zusammen 90 Litern Inhalt eingebaut. Eine neuartige, vakuumgesteuerte Heizungs- und Lüftungsanlage unterstrich den Komfortcharakter dieser Hochleistungslimousine, die im Vergleich zum Vormodell 14 cm länger, 8,5 cm breiter und um 22 cm niedriger geworden war! Im Herbst 1962 wurde im Mark X eine neuartige, heizbare Heckscheibe von Triplex erhältlich.

S (3.4/3.8 Litre) Zwei Jahre nach der Präsentation des Mark X, auf dem Londoner Salon im Oktober 1963, wurde das Zwischenmodell S vorgestellt. Es bildete eine Brücke zum Mark 2 und war mit dessen 3,4- oder 3,8-Liter-Motor erhältlich. Front- und Paviliondesign sowie Radstand waren mit dem Mark 2 identisch, doch barg das längergezogene Heck eine Einzelradaufhängung à la Mark X. Sowohl der Innenraum auf den Hintersitzen wie der Kofferraum waren größer als beim Mark 2. Auf Wunsch wurde eine neue Servolenkung geliefert; die Thornton-Pow'r-Lock-Differentialbremse wurde bei der 3,8-Liter-Version serienmäßig eingebaut. – Vom E-Type erschien 1964 in beschränkter Auflage eine Version Lightweight (= Leichtgewicht) als Roadster mit Leichtmetallkarosserie und Hardtop. Zur technischen Ausstattung zählten ein Leichtmetall-Zylinderblock und Lucas-Benzineinspritzung, zudem standen verschiedene 4- und 5-Gang-Getriebe von Jaguar und ZF zur Wahl. Die Motorleistung dieses Rennsportwagens wurde mit 324 SAE-PS angegeben.

4.2 Litre Für Jaguar stand die London Motor Show im Oktober 1964 ganz im Zeichen der Detailverbesserungen. Im Vordergrund stand eine 4,2-Liter-Version des DOHC-Sechszylinders. Sie war wahlweise im Mark X und im E-Type zu haben. Im Sportwagen leistete sie wie der 3,8-Liter-Motor 269 SAE-PS. Daraus ging hervor, daß die neue Maschine auf erhöhte Durchzugskraft ausgelegt war. Für den Mark X erreichte die Leistung infolge der auf 8:1 reduzierten Verdichtung 259 PS, doch waren auf Wunsch auch Ausführungen mit einem Kompressionsverhältnis von 9:1 oder 7:1 bestellbar. Zusammen mit dem 4,2-Liter-Motor wurde ein neues, vollsynchronisiertes 4-Gang-Getriebe verwendet, und im Mark X 4.2 Litre war zusätzlich das Laycock-Schnellganggetriebe oder aber die Borg-Warner-Automatik des neuen Typs 8 lieferbar. Ebenfalls in Verbindung mit dem neuen Motor wurde ein thermostatisch gesteuerter Ventilator mit Holset-Flüssigkeitskupplung eingebaut, und an die Stelle des Dynamos trat ein Alternator. Ausschließlich beim Mark X wurden die neue Marles-Servolenkung Varamatic mit variierender Übersetzung und eine weiter verfeinerte Heizungs- und Lüftungsanlage eingebaut. Verbessert wurde auch die Bremsanlage, und im E-Type fanden sich neugestaltete Sitze.

Nachdem Jaguar 1961 den Lastwagenhersteller Guy und Anfang 1963 die in Rennsportkreisen hochangesehene Firma Coventry Climax (Rennmotoren, Feuerspritzen und Hubstapler) übernommen hatte, erwarb sie Ende 1964 auch die Meadows-Motorenwerke. Anderseits war von einem kommenden V12-Motor der Jaguar-Gruppe die Rede.

Bedeutendste Neuerung – neben zahlreichen Detailverbesserungen – war im Herbst 1965 der generelle Übergang zum Vollsynchrongetriebe. Der Mark X war nun auch mit echter Klimaanlage sowie als Chauffeurlimousine mit Separation lieferbar. Er wie der E-Type waren ausschließlich noch mit dem 4,2-Liter-Motor erhältlich.

E-Type 2+2 Im Frühling 1966 kam der E-Type zusätzlich in einer Version 2+2 heraus. Der neue, ausschließlich als Fastbackcoupé mit Heckklappe erhältliche Aufbau war 471 cm lang geworden; hiezu hatte man den Radstand von 8 Fuss um 9 Inches verlängert (267 statt 244 cm). Der Oberteil der hinteren Sitzlehne ließ sich nach vorne verschieben, was eine Laderaumverlängerung um 30 cm brachte. Um den hinteren Passagieren auch ein angenehmes Maß an Kopffreiheit zu bieten, hatte man die Wagenhöhe von 122 auf 127 cm angehoben; auch die Windschutzscheibe war entsprechend höher. Der größere E-Type war am ehesten an der längeren Tür und dem Chromstreifen unterhalb der Fensterlinie erkennbar. Im Interieur hatte man für zusätzliche Ablagen gesorgt. Je nach Land wurde der 4,2-Liter-Motor auch hier mit einer Verdichtung von 9:1 oder 8:1, entsprechend 269 oder 259 SAE-PS, geliefert. Der E-Type 2+2 war außerdem der erste Jaguar-Sportwagen, der wahlweise mit einem automatischen Getriebe erhältlich war!

420, 420 G Im Herbst 1966 wurde den S-Modellen (3.4 und 3.8 Litre) der Typ 420 zur Seite gestellt. Er war sozusagen ein Kompromiß zwischen dem Mark X, der jetzt die Bezeichnung 420 G erhielt, und den Jaguar S. Die Front mit dem einwärts geneigten traditionellen Kühlergitter und Doppelscheinwerfern entsprach der größten Jaguar-Limousine, Radstand und übriger Aufbau hingegen waren mit dem bisherigen mittleren Modell identisch. Wie die Bezeichnung verrät, gab es den 420 ausschließlich mit dem 4,2-Liter-Motor, allerdings in einer 2-Vergaser-Ausführung mit 248 PS. Es standen das vollsynchronisierte 4-Gang-Getriebe mit oder ohne Laycock-Overdrive und der Borg-Warner-Automat Typ 8 (wie bisher im Mark X und im 2+2 erhältlich) zur Wahl. Auf Wunsch wurde die Varamatic-Lenkhilfe eingebaut. Den Typ 420 gab es auch als fast identischen → Daimler (Modell Sovereign). Seine neuen Sitze fanden sich auch im 420 G. Dieser unterschied sich vom Vorgänger Mark X – der in nicht weniger als 18 500 Exemplaren entstanden war – durch eine leicht geänderte Kühlerverkleidung, neue Radkappen und einen Zierstab an den Flanken, der vorne in den Blinker ausmündete.

Für das Modelljahr 1968 erfolgte eine Neuorientierung im Sortiment der kleinsten Jaguar-Limousinen: Aus den Mark 2 2.4 und 3.4 – von denen 83 800 Exemplare gebaut worden waren (mit 3.8) – wurden die Modelle 240 und 340; die 3,8-Liter-Version wurde gestrichen. Der Jaguar 240 hatte die gleiche Zylinderkopfkonstruktion wie der E-Type (mit zwei neuen Vergasern) sowie einen Doppelauspuff. Damit stieg die Leistung von 122 (bis 1965 waren es 120 PS gewesen) auf 135 PS (Automatikgetriebe nun BW 35 statt DG; Typ 340 gegen Mehrpreis zudem mit Varamatic-Servolenkung). Die Stoßstangen wurden vereinfacht, die Raddeckel neu geformt. Im Interieur fand sich Ambla-Kunstleder (auch in den S-Modellen!). Die E-Type-Modelle erhielten senkrechtstehende Scheinwerfer ohne Plexiglasverschalungen. – Auf der London Motor Show 1967 wurde als Einzelstück der Piranha, ein auffallend elegantes Coupé von Bertone (→ Anhang), vorgestellt. Dies, nachdem im Vorjahr bereits eine großzügig verglaste Bertone-Limousine

Ganz oben: Jaguar E-Type Series II 2+2, 1969
Oben: Jaguar 420, 1968
Links: Jaguar XJ 6, 1969

3.8 FT entstanden war, die in England denn auch zum Kauf angeboten wurde! Ein E-Type-Fließheckcoupé wurde im Herbst 1968 von der Rennsport-Karosseriefirma Sports Cars in Modena realisiert.

XJ 6 Eine vollständig neue Jaguar-Serienlimousine wurde im September 1968 vorgestellt. Sie hieß XJ 6, und ihre Entwicklung hatte bereits eingesetzt, bevor sich Jaguar im Jahre 1966 mit BMC (→ Austin usw.) vereinigt hatte und zwei Jahre später als Teil der BMH-Gruppe bei BLMC (British Leyland) Eingang fand. Den XJ 6 gab es als 2.8 und 4.2, und er war der Nachfolger der Modelle 340, S 380 und S 420. Er hatte eine neue, faszinierende Karosserieform, die über die Markenidentität trotz moderner Stylingmerkmale keine Zweifel offenließ. Im Vergleich zum weitergebauten Typ 240 hatte der XJ 6 einen um nur 3,5 auf 276,5 cm angewachsenen Radstand, doch mit 481,5 statt 459 cm Gesamtlänge wirkte er weit repräsentativer. Er war auch breiter und niedriger. Wie bei den größten Jaguar war die Kühlerfront leicht einwärts geneigt.

Neu war die 2,8-Liter-Version des DOHC-Motors. Er war mit dem 4-Gang-Getriebe, mit oder ohne Overdrive, oder dem BW-35-Automaten zu haben (4.2: BW 8). Während die hintere Einzelradaufhängung dem bekannten Rezept der großen Jaguar und des E-Type entsprach (gegabelte Führungsarme, Längslenker, Schraubenfedern), handelte es sich bei der Vorderradaufhängung um eine Neukonstruktion mit Trapez-Dreieckquerlenkern und Schraubenfedern, wobei ein den Motorblock tragender Hilfsrahmen mit Gummilagern mit verwendet wurde. Neu war auch die Zahnstangenlenkung, auf Wunsch mit Pow-a-rak-Servo von Adwest. Das Armaturenbrett verriet wohl typisch englisches Design, doch war das Interieur nichtsdestoweniger nach modernen Erkenntnissen der Sicherheitsbauweise konzipiert worden.

Mit dem Modelljahrgang 1969 erhielten die E-Type als S 2 um 5 cm weiter nach vorne gerückte Scheinwerfer, größere Kühlluftöffnung, geänderte Stoßstangen, neue Blinker, eine flachere Frontscheibe beim 2+2, ferner einen zweiten Kühlerventilator, eine verformbare Sicherheitslenksäule und neben technischen Verbesserungen ein «Sicherheitsinterieur» einschließlich Lenkrad-Zündschloss. Die Adwest-Servolenkung wurde auch beim E-Type erhältlich. – Auf 1970 wurde der kleine Jaguar 240 aufgegeben; insgesamt waren über 90 000 240/340 gebaut worden. Vom Jaguar 420 waren (bis 1968) 9600 und vom 420 G (bis 1970) 5763 Exemplare entstanden. Der S-Type hatte es (bis 1968) auf 24 900 Stück gebracht; der E-Type sollte es (bis 1972, ohne V12-Modelle) auf 57 230 Einheiten bringen, hievon gelangten 85 % in den Export, vornehmlich nach den USA!

Jaguar	Zyl.	cm³	SAE-PS	bei 1/min	Gänge	Spitze km/h	Radstand/Länge	Baujahre	Besonderheiten alle: DOHC
Mk. 2 2.4 Litre	6	2483	120	5750	4/4+S/A	165	273/459	1959–65	
3.4 Litre		3442	213	5500		200			
3.8 Litre		3781	223	5500					
2.4 Litre		2483	122	5750		170		1965–67	
3.4 Litre		3442	213	5500		190			
3.8 Litre		3781	223	5500					
240		2483	135	5500		169		1967–69	
340		3442	213	5500		194		1967/68	
Mk. IX	6	3781	223	5500	4/4+S/A	185	305/499	1958–61	X-Rahmen
Mk. X (3.8 Litre)			269	5500		190	305/513	1961–65	h.E. (selbsttr.)
4.2 Litre		4235	259	5400		196		1964–66	a.W. 269 PS
420 G						195	305/510	1966–70	dto
S 3.4 Litre	6	3442	213	5500	4/4+S/A	200	273/477	1963–68	h. E. ab '65: 190 km/h
3.8 Litre		3781	223	5500					
420		4235	248	5500		192		1966–68	a.W. ca. 255 PS
XJ 6 2.8	6	2791	182	6000	4/4+S/A	190	277/482	1968–	h.E. (149 bzw. 186 DIN-PS)
4.2		4235	248	5500		204			
XK 150 3.4 Litre	6	3442	213	5500	4/4+S/A	–220	259/447	1957–61	X-Rahmen
3.8 Litre		3781	223	5500		–225		1959–61	
S 3.4 Litre		3442	253	5500	4+S			1958–61	
S 3.8 Litre		3781	268	5500				1959–61	
E-Type	6	3781	269	5500	4	240	244/445	1961–65	h.E.
Leightweight			324	5750	4/5	–282		1963/64	(Rennsport)
4.2 Litre		4235	269	5400	4	240		1964/65	
			259	5400				1965–68	a.W. 269 PS
4.2 Litre Coupé 2+2			269	5400	4/A	233	267/471	1966–68	a.W. 259 PS
4.2 Litre S2					4	240	244/445	1968–	dto
dto Coupé 2+2					4/A	233	267/469		

Jensen

Bei den Gebrüdern Jensen hatten ab 1936 verschiedene englische Marken ihre Aufbauten erhalten. Doch bald einmal begann man in eigener Regie und unter eigenem Namen luxuriöse Wagen herzustellen, wobei man die – kräftigen – Antriebsaggregate zukaufte. 1960 baute die Jensen Motors Ltd. in West Bromwich (Staffordshire) den Typ 541 R. Es handelte sich um ein knapp viersitziges Coupé mit Kunststoffkarosserie eigenwilliger Prägung. In der ovalen Kühlluftöffnung fand sich eine Abdeckung, die sich um eine horizontale Achse schwenken ließ und damit – in Abhängigkeit von der Fahrgeschwindigkeit – die Kühlluftzufuhr regelte. Über den Radausschnitten fanden sich horizontal durchgezogene Auskragungen.

Der Jensen hatte ein Kastenrahmenchassis mit rohrförmigen Längsträgern, einer Plattform und Traversen. Die Aufhängung entsprach üblicher Machart. Für den Antrieb sorgte der 4-Liter-6-Zylinder-Motor aus dem → (Austin) Princess 4 Litre. Das 4-Gang-Getriebe war mit einem halbautomatischen Laycock-de-Normanville-Schnellgang verbunden (erster Gang nicht synchronisiert, Schalthebel in der Mitte). Zur Ausrüstung zählten überdies Dunlop-Scheibenbremsen an allen vier Rädern. – Im Herbst 1960 wurde der 541 R durch den 541 Series S abgelöst. Unterschiede: nun normales Kühlergitter, serienmäßig von → Rolls-Royce unter GM-Lizenz gebautes Hydramatic-Automatgetriebe (4-Gang plus Overdrive auf Wunsch), vordere Sitzgurten, Nebellampen und Radio.

C-V8 Im Herbst 1962 wurde dem 541 S der C-V8 zur Seite gestellt. Bei unverändertem Radstand hatte er eine um 17 auf 469 cm gestreckte Karosserie mit neuer, mehr Innenraum bietender Dachlinie, niedriger zweiteiliger Kühlluftöffnung und vor allem ungewöhnlich schräg übereinander angeordneten und beidseits gemeinsam eingerahmten Doppelscheinwerfern. Statt des 152 SAE-PS starken Princess-Motors fand sich hier nun erstmals ein 5,9-Liter-V8-Motor von Chrysler, dessen Leistung mit imposanten 305 PS zu Buche stand. Damit setzte sich Jensen in Konkurrenz mit den → Iso Rivolta und den → Facel-Véga. Die Kraftübertragung erfolgte über die Torqueflite-Automatik High Performance von Chrysler. Das Rohrrahmenchassis war neu konzipiert und die Vorderradaufhängung war überarbeitet worden. Ein Alternator, ein zweiter, ebenfalls thermostatisch gesteuerter Kühlventilator und eine Differentialbremse Pow'r-Lock waren serienmäßig. Und selbstverständlich fand sich auch hier eine soignierte Innenausstattung in Leder.

1963 wurde das Modell 541 S aufgegeben. Ab Anfang 1964 gelangte im C-V8 der Chrysler-6,3-Liter-Motor mit 335 PS zum Einbau (Mk II); in Verbindung mit dem bisherigen kleineren Antriebsaggregat wurde ein vollsynchronisiertes 4-Gang-Getriebe lieferbar.

Rechts: Jensen C-V8, 1964
Unten: Jensen Interceptor, 1967

Nachdem früher bei Jensen übrigens die größeren → Austin-Healey-Modelle und das Coupé → Volvo P 1800 montiert worden waren, lag das Hauptgewicht der Auftragsproduktion jetzt auf der Herstellung des → Sunbeam Tiger V8 sowie von Nutzfahrzeugaufbauten.

FF! Auf dem Londoner Autosalon im Oktober 1965 überraschte Jensen mit zwei Neuheiten, dem Modell FF mit 4-Rad-Antrieb und dem Cabriolet Interceptor. FF stand für Ferguson (→ Anhang) Formula. Es handelte sich um eine revolutionäre Konstruktion des Traktorenherstellers Ferguson, dessen Entwicklungsteam seit vielen Jahren an eigenen Prototypen für einen Mittelklassewagen dieses Antriebsprinzips arbeitete. Dieses sollte erst viel später in Japan und in Deutschland bei Personenwagen in Großserie gehen! Beim Ferguson-4-Rad-Antrieb war die Motorkraft auf Vorder- und Hinterräder ungleich aufgeteilt (63 % auf Hinterräder). Hiezu diente unter anderem ein Differential in Form eines Planetensatzes. Die Antriebskraft wurde auch hier durch den 6,3-Liter-V8 via Torqueflite-Getriebe geliefert. Eine Servolenkung wurde serienmäßig eingebaut, und die Vorderradaufhängung wies beidseits zwei Teleskopdämpfer auf. Zu den Vierrad-Scheibenbremsen (mit doppeltem Kreislaufsystem) kam die von Dunlop ursprünglich für Flugzeuge entwickelte Maxaret-Vorrichtung zum Verhüten des Bremsblockierens hinzu. Das war eine weitere Pionierleistung!

Vom technischen Standpunkt aus war der Jensen FF ohne Zweifel eines der fortschrittlichsten Autos seiner Zeit. Äußerlich erkannte man den Typ FF an der Luftaustrittsöffnung hinter dem vorderen Radausschnitt. Zudem hatte er einen um 10 cm längeren Radstand und war entsprechend länger. Er kostete im Vergleich zum C-V8 kraft des konstruktiven Aufwandes 43 % mehr. Allerdings verblieb der FF vorerst noch im Prototypstadium. – Verbesserungen wies auch der nun mit Mk III bezeichnete C-V8 auf: Zweikreis-Bremssystem, 6,3-Liter-Motor auch mit dem 4-Gang-Handschaltgetriebe, Doppelscheinwerfer-Vertiefung nun ohne Chromrahmen, beidseits je zwei Positions- und Blinkleuchten. – Beim Interceptor handelte es sich um ein kantig geformtes Cabriolet mit 2+2 Sitzen, Aluminiumkarosserie, De-Dion-Hinterachse und 4,5-Liter-Chrysler-V8 (auf Wunsch 6,3-Liter). Dieses Fahrzeug verblieb jedoch im Prototypstadium. Auch auf der Basis des Mk III war übrigens ein Cabriolet-Prototyp entstanden: mit Kunststoffaufbau, verlängertem Radstand und vier Sitzen.

Interceptor Der serienmäßige Interceptor (= Ab- oder Auffänger) erschien auf dem Londoner Salon im Herbst 1966 und war kein Cabrio, sondern ein gänzlich neu geformtes viersitziges Luxuscoupé mit dem 6,3-Liter-Motor. Das Design stammte von Touring Superleggera (→ Anhang), doch entstanden die ersten Karosserien bei → Vignale, wobei als Werkstoff nicht mehr GFK, sondern Stahlblech diente. Der Jensen Interceptor löste den Mk III ab und wurde mit gleichem Aufbau auch als neuer Jensen FF hergestellt. Das Karosseriedesign war äußerst bemerkenswert: Auf eine moderne, schlichte Front mit Doppelscheinwerfern folgte ein lichtdurchflutetes Pavillon mit nach unten gezogener Gürtellinie, entsprechend hohen Seitenfenstern und einer kuppelartigen Panorama-Heckscheibe, die dem Wagen zur Fastbackform verhalf. Diese mächtige Rückscheibe war gleichzeitig als Heckklappe ausgebildet.

Das Rohrrahmenchassis mit hinterer Starrachse, Halbelliptikfedern und einstellbaren Selectaride-Stoßdämpfern hatte – abgesehen vom zusätzlichen Panhardstab – keine prinzipiellen Änderungen erfahren. Der FF hatte weiterhin einen um 10 cm längeren Radstand. Ihn erkannte man an der Lufthutze auf der Motorhaube, den doppelten seitlichen Entlüftungsöffnungen hinter dem vorderen Radausschnitt und dem polierten statt lackierten Stahldach. Der Interceptor wurde auf Wunsch mit 4-Gang-Getriebe statt Torqueflite-Automat geliefert. Die Pow'r-Lock-Differentialbremse war serienmäßig. Zur reichhaltigen, von Lederduft gekennzeichneten Ausstattung zählten eine thermostatisch regulierte Heiz- und Frischluftanlage mit verstellbaren Austrittsdüsen, ein Transistorradio mit Zweitlautsprecher und weitere noch nicht selbstverständliche Komfortmerkmale.

Die Serienherstellung des FF setzte allerdings erst im Herbst 1967 ein. Seine Zahnstangen-Servolenkung der Firma Cam Gear wurde auch beim Interceptor lieferbar. Für beide Modelle wurde eine elektrische Heckscheibenheizung eingeführt, und zu den Interieur-Verfeinerungen zählte eine Holzverkleidung für die Mittelkonsole. Die Leistung des Chrysler-Motors wurde nun mit 330 statt 335 SAE-PS angegeben. Die Wochenproduktion hatte sich inzwischen auf ein Dutzend Wagen verdoppelt, wobei man ins Exportgeschäft noch gar nicht eingestiegen war. Noch 1964/65 war Jensen bei den Wagen eigener Marke lediglich auf einen Jahresausstoß von etwa 155 C-V8 gekommen.

Im Herbst 1969 wurde der Interceptor in einer Spezialausführung mit der Bezeichnung Jensen Director als rollendes Büro lieferbar. Zur Ausrüstung zählten Schreibmaschine, Diktiergerät, Telefon, Fernseher, Kühlbox, Rasierer und Ordner! Gleichzeitig erhielten auch der Interceptor und der FF einige Verfeinerungen: breitere Felgen und Reifen, neue Sitze, übersichtlicheres Armaturenbrett, zusätzliches verschließbares Handschuhfach, auf Insassenschutz ausgelegte Polsterungen, elektrischer Verschluß für den von 72 auf 91 Liter vergrößerten Benzintank, überarbeitete Vorderradaufhängung; zur serienmäßigen Ausrüstung zählten ferner Adwest-Servolenkung, elektrische Fensterheber, verstellbares Lenkrad, Lenkradschloß und nun ein Radio mit vier Lautsprechern. Das 4-Gang-Getriebe wurde nicht mehr angeboten. Äußerlich erkannte man die Interceptor II und FF II an den höhergelegten Stoßstangen mit Gummibelag auf den Puffern. – Inzwischen waren 1300 Exemplare dieser beiden Jensen-Modelle gebaut worden, und gemäß

Werkmitteilung verließen wöchentlich 15 Interceptor und fünf FF die Fabrikationsstätten, wo Handarbeit noch Trumpf war.

1972 brachte Jensen den kleinen Jensen Healey heraus, doch dessen Erfolg war nur vorübergehender Natur; 1975 geriet Jensen in Konkurs, und nach vergeblichen Rettungsversuchen wurde die Produktion im folgenden Jahr eingestellt. Insgesamt sollen (bis 1971) 318 Jensen FF gebaut worden sein. Im Herbst 1983 wurde auf der Motorfair in London erstmals wieder ein neugebauter großer Jensen (Interceptor) gezeigt.

Jensen	Zyl.	cm³	SAE-PS	bei 1/min	Gänge	Spitze km/h	Radstand/ Länge	Bau-jahre	Besonderheiten Rohrrahmenchassis
541 R S	6	3993	152	4100	4+S A/4+S	193	267/452	1957–60 1960–63	Princess-Motor
C-V8	V8	5916	305	4800	A 4	225	267/469	1962/63 1964/65	Chrysler-Motor
Mk. II		6286	335	4600	A				
Mk. III					A/4		267/465	1965/66	
Interceptor	V8	6286	335	4600	A/4	225	267/478	1966–69	Chrysler-Motor (ab '67: 330 PS)
FF					A	210	277/485		Ferguson-4×4!
Interceptor II			330	5000		220	267/472	1969–	
FF II							277/485		dto

Kaiser-Jeep

Im Jahre 1963 wurde → Willys Motors in Toledo (Ohio) von der Firma Kaiser übernommen. Wie Willys hatte Kaiser noch bis vor wenigen Jahren auch Personenwagen hergestellt. Inzwischen hatte sich Kaiser auf die Aluminiumherstellung und Schwerindustrie konzentriert. Bei Willys aber wurde der zum internationalen Begriff gewordene Jeep gebaut. Die neuentstandene Kaiser Jeep Corporation führte die Herstellung dieser Geländewagenpalette mit 2- und 4-Rad-Antrieb zunächst unverändert weiter: Neben den türlosen kompakten eigentlichen Geländemodellen gab es den kantig geformten Wagoneer mit dem für amerikanische Usanzen ungewöhnlichen OHC-6-Zylinder-Motor Tornado von 3,8 Litern Inhalt, der mit 3-Gang-Getriebe (mit oder ohne Schnellgang) und Borg-Warner-Automatik verwendet wurde. Auch die traditionellen Jeep Station Wagon wurden mit dieser Antriebseinheit oder aber mit dem 2,2-Liter-4-Zylinder-Motor mit stehenden Auspuffventilen ausgerüstet.

Während der Wagoneer ein Kastenrahmenchassis mit fünf Traversen hatte, wiesen die Station Wagon einen Kastenrahmen mit X-Traversen auf. Mit Ausnahme des Wagoneer ohne 4-Rad-Antrieb (und Geländeuntersetzung) besaßen alle Jeep vorne wie hinten Starrachsen. Immerhin wurde der Wagoneer auf Wunsch ebenfalls mit vorderer Einzelradaufhängung geliefert. Gegen Mitte der sechziger Jahr konzentrierte sich die Herstellung auf den als Nutzfahrzeug geltenden offenen Jeep, die Lieferwagen Gladiator und den Wagoneer. – In Haifa/Israel baute die Firma Kaiser-Ilin teils unter Verwendung eigener Teile den Jeep sowie den → Studebaker Lark und den → Hino Contessa.

Auf dem New Yorker Salon im Frühjahr 1965 wurde ein mit Vigilante bezeichneter V8-Motor mit kurzem Hub vorgestellt. Seine Abmessungen entsprachen dem 5,4-Liter-Aggregat von → Chevrolet. Dieser Motor wurde wahlweise auch im Wagoneer lieferbar. Im Herbst des gleichen Jahres kamen weitere Motoren hinzu: ein 3,7-Liter-V6 (mit den Abmessungen des Buick-Motors), der vorerst im Jeep Tuxedo Park eingebaut wurde, und ein 3,8-Liter-Sechszylinder High Torque, der den OHC-Tornado ablöste. Beim Getriebeautomaten handelte es sich jetzt um das GM-Fabrikat Turbo-Hydramatic. Beim 4×2-Wagoneer war auf Wunsch weiterhin die Pow'r-Lock-Differentialbremse erhältlich.

Jeepster Da sich der Universal-Jeep mehr und mehr zu einem Freizeit- und Hobbygefährt entwickelt hatte, das manche amerikanische Familie als Zweitauto hielt, entschloß sich die Kaiser Jeep Corporation, auf Anfang 1967 den Jeepster wieder einzuführen. Dieser war von 1948 bis 1950 von Willys Overland gebaut worden, allerdings nur mit Hinterradantrieb. Jetzt hatte man ihn vom modernisierten Jeep abgeleitet, und er hatte je eine Seitentüre und entsprach auch hinsichtlich Karosseriehinterteil einem Personenwagen.

Neben dem Jeepster als Cabriolet mit Kurbelfenstern gab es den einfacheren Jeepster Commando als dreitürigen Kombi, Pick-up oder Roadster. Original-Jeep-gemäß waren die Starrachsen, der 4-Rad-Antrieb und die Geländeuntersetzung. Der Radstand entsprach mit 265 cm dem Jeep-Modell C 6. An Motoren standen der gegengesteuerte 2,2-Liter-Vierzylinder Hurricane und der 3,7-Liter-Dauntless-V6 zur Wahl. Letzteren konnte man anstatt mit dem 3-Gang-Getriebe mit dem Hydramatic Super Turbine 400 haben. Statt Einblatt- waren hintere Mehrblattfedern (wie vorne) erhältlich. Das Cabriolet Jeepster wie auch der Kombi Jeepster Commando waren zweifarbig lackiert. Im Jahre 1967 wurde der 5,4-Liter-V8 des Wagoneer durch eine drehmomentstarke 5,7-Liter-Maschine ersetzt, und auch diese Modellreihe gab es fortan ausschließlich mit 4-Rad-Antrieb. – Es war im August 1967, als Henry J. Kaiser, der als ein «Prototyp des amerikanischen Unternehmers» galt, im Alter von 85 Jahren verstarb. – Anfang Februar 1970 wurde die Jeep-Produktion von → AMC (American Motors) übernommen und sollte schließlich zu deren tragendem Bein werden. Jeep wurde zum Markennamen.

Kaiser-Jeep Jeepster, 1967

Kaiser-Jeep	Zyl.	cm³	SAE-PS	bei 1/min	Gänge	Spitze km/h	Radstand/ Länge	Bau-jahre	Besonderheiten Kastenr., Starrachsen
Station Wagon 475	4	2199	76+	4000	3+S/ 2×3	–105	266/448	1963/64	gegengest. Motor, a.W. 4×4
	6	3773	142	4400	3+S/ 2×3	130			OHC
Wagoneer 4×4	6	3773	142	4400	3/3+S/A 2×3/A	–140	279/466	1963–66	OHC, a. W. v. Einzelr.
		3799	147	4300	dto			1965–67	(OHV), a.W. 4×4
	V8	5354	253	4700	dto	–160			
	6	3799	147	4300	2×3/A	–150		1967–	(ausschließlich 4×4)
	V8	5724	233	4400		–165			
Jeepster	4	2199	75	4000	2×3	–135	257	1966–	gegengest. Motor, 4×4
	V6	3692	162	4200	2×3/A	–145			

Lagonda

Zu Englands berühmtesten Liebhabermarken hatte Lagonda gezählt. Dieses Prestigefabrikat war in der Nachkriegszeit vom David-Brown-Konzern (Traktoren, Getriebe, Aston-Martin-Sportwagen) übernommen worden. Unter der DB-Ägide erhielt der Lagonda mehr und mehr → Aston-Martin-Aggregate, allerdings ohne sein eigenständiges Erscheinungsbild zu verlieren. 1958 lief die Produktion des würdig geformten Lagonda 3 Litre aus. Erst Ende 1961 wurde ein neues Modell vorgestellt: der Lagonda Rapide. Seine hochmoderne viertürige Karosserie war das Werk des Mailänder Designstudios Touring (→ Anhang). Mit knapp 5 m Länge hielt sie mit den Abmessungen amerikanischer Wagen Schritt. Doch war sie besonders im Frontbereich wesentlich individueller geformt. Hiefür sorgte die von ungleich großen Doppelscheinwerfern flankierte Kühlermaske von traditionellem Hochformat mit senkrechter Mittelrippe.

Der Lagonda Rapide wurde von einem auf 4 Liter vergrößerten DOHC-6-Zylinder-Motor von Aston Martin angetrieben (Bohrung 96 statt 92 mm). Die Leistung wurde mit 236 DIN-PS angegeben. Das waren etwas weniger, als sie im 3,7-Liter-Aston-Martin DB 4 zur Verfügung standen. Doch wurde hier vor allem Wert auf geschmeidigen Lauf gelegt. Für die Kraftübertragung diente denn in erster Linie ein Borg-Warner-3-Stufen-Automat, während ein vollsynchronisiertes David-Brown-4-Gang-Getriebe mit Mittelschaltung nur auf Wunsch geliefert wurde. Der Unterbau beruhte auf einem Stahlblech-Plattformrahmen, der mit dem Superleggera-Rohrrahmen und der Leichtmetallkarosserie verschweißt war. Ungewöhnlich war auch die hintere De-Dion-Doppelgelenkachse mit zweifach vorhandenen Längslenkern, Quertorsionsstabfedern und Wattgestänge. Alle Räder hatten Dunlop-Scheibenbremsen.

Es versteht sich von selbst, daß dieses imposante Auto mit allem erdenklichen Luxus ausgestattet war. Auf dem Genfer Salon 1962 wurde der Rapide mit einem vom englischen Stylisten → Ogle entworfenen Interieur gezeigt. Bis 1963 wurde der Lagonda in bloß 55 Exemplaren gebaut. Nachdem 1969 für David Brown als Einzelstück ein bemerkenswert modern geformter Aston Martin DBS (mit V8-Motor) mit Lagonda-Signet gebaut worden war, erfolgte 1974 mit einem Prototyp gleichen Stylings ein neuer Anlauf, doch alsbald wurde der Name als Sondermodell in die Marke Aston Martin integriert.

Lagonda Rapide, 1964

Lagonda	Zyl.	cm³	DIN-PS	bei 1/min	Gänge	Spitze km/h	Radstand/ Länge	Baujahre	Besonderheiten
Rapide	6	3995	236	5000	A/4	200	289/497	1961–64	Plattformrahmen, DOHC, De-Dion-Hinterachse

Lamborghini

Besonders in Italien waren im Verlaufe der sechziger Jahre etliche neue Firmen entstanden, die sich der Herstellung von Hochleistungswagen verschrieben hatten. Bestand haben sollte aber einzig der Name Lamborghini. Es war der Industrielle und Autofan Ferruccio Lamborghini gewesen, der sich das kühne Ziel gesetzt hatte, einen noch besseren Spitzensportwagen zu bauen als alle jene Modelle, die er bis dahin gefahren hatte. Es war offenkundig, daß er dabei vordergründig die → Ferrari aufs Korn nahm. Anfang 1963 entstanden bei der Firma Lamborghini Motori in Cento Ferrara sechs Prototypen mit 1,5- und 3,5-Liter-Motoren. Der mit dem Titel eines Cavaliere ausgezeichnete Lamborghini hatte sich bereits als Hersteller von Traktoren, Industriemotoren und Heizungs- und Belüftungsanlagen einen Namen gemacht. Beim Motor des Modells 1500 handelte es sich um einen V8, bei der größeren Ausführung gar um eine V12-Maschine, beide mit obenliegenden Nockenwellen. Noch im gleichen Jahr wurde mit dem Bau einer neuen Fabrik in Sant'Agata Bolognese begonnen.

Für die Herstellung wurde eine Ausführung des 3,5-Liter-V12 gewählt, wobei man bereits in Aussicht nahm, später zusätzlich ein mittelgroßes V6-Modell in Produktion zu nehmen. In Italien entstand ein eigentlicher Lamborghini-Rummel, der im Oktober 1963 mit der Präsentation des Lamborghini 350 GTV seinen Höhepunkt fand. Das unter dem Markenzeichen eines angreifenden Stiers (Sternzeichen des 1916 geborenen Lamborghini) stehende neue Spitzenfabrikat bestach durch eine außerordentlich gelungene Coupékarosserie, die sich in gekonnter Weise von den zahlreichen anderen italienischen Prachtscoupés abhob. Das Design stammte ursprünglich von Giorgio Prevedi, war dann aber vom Turiner Autoentwerfer Franco Scaglione überarbeitet worden. Die Motorhaube war flach und von einem aufgesetzten mittleren Längschromstab geprägt. Die Kühlergitterumrandung diente als Stoßstange, und die Scheinwerfer waren unter Klappen versenkt. Besonders ungewöhnlich war das sich nach hinten verengende Fastback.

Doch nicht das Äußere stand bei diesem Zweisitzer im Vordergrund, sondern die Technik: Beim Motor handelte es sich, wie gesagt, um einen V12, wie ihn sonst nur Ferrari baute, allerdings nicht bloß mit einer, sondern mit zwei obenliegenden Nockenwellen pro Zylinderreihe! Aus 3464 cm³ resultierten bei einer Verdichtung von 9,5:1 und mit sechs Doppelvergasern 360 SAE-PS bei 8000/min. Für die Konstruktion dieses mit Trockensumpfschmierung und Ölkühler ausgestatteten Leichtmetallmotors hatte Lamborghini namhafte Ferrari-Ingenieure – allen voran Giotto → Bizzarrini – angeworben! Der Kraftübertragung dienten ein 5-Gang-Getriebe von ZF sowie eine Differentialbremse (Salisbury).

Chassis und Fahrwerk waren eine Konstruktion von Giampaolo Dallara. Das Fahrgestell bestand aus einem Kastenrahmen mit Rohrtraversen und wurde von Neri & Bonacini (Modena) geliefert. Vorne wie hinten fanden sich Einzelradaufhängungen mit Dreieckquerlenkern (hinten diagonalverstärkte Trapezquerlenker) und Schraubenfedern. Für effektvolles Verzögerungsvermögen sorgten Girling-Scheibenbremsen an allen Rädern (mit doppeltem Kreislauf). Es wurden serienmäßig Borrani-Speichenräder verwendet. Pedale und Lenkrad waren verstellbar. Im sportlich-luxuriösen Cockpit fand sich eine breite Mittelkonsole.

Die Serienherstellung des Lamborghini konnte im Frühling 1964 anlaufen. Man plante, bis im Herbst auf eine Monatsproduktion von zwanzig Einheiten zu kommen. Inzwischen hatte man einige Anpassungen vorgenommen. So bestand das Chassis zwecks Gewichtsverminderung nicht mehr aus Stahlrohren großen Durchmessers, sondern aus einem Rahmen mit Stahlblechaufbau. Gleichzeitig hatte man den Radstand um 10 auf 255 cm verlängert. Auch die bei Touring (→ Anhang) in Mailand nach der Superleggera-Bauweise hergestellte Karosserie hatte Veränderungen erfahren. Die Front wies nun festmontierte Rechteckscheinwerfer auf, und die Dachlinie wirkte weniger langgezogen. Die großflächige Frontscheibe wurde von nur einem Wischer bestrichen. Dank des längeren Radstandes konnte wahlweise hinter den Sitzen ein rittlings über dem Kardantunnel plazierter Notsitz angeboten werden.

Den Motor gab es in zwei Versionen: In dem ohne Trockensumpfschmierung ausgerüsteten Typ 350 GT mit sechs Horizontal-Doppelvergasern leistete er 320 SAE-PS, im 350 GTV (Gran Turismo Veloce = schnell) mit sechs Fallstrom-Doppelvergasern weiterhin 360 PS. Auf 1965 entfiel diese Version allerdings. Auf der New Yorker Autoschau im Frühling 1965 wurde der 350 GT mit kleineren Retouchen gezeigt: Die Kühlluftöffnung war vergrößert worden, und die Stoßstange war jetzt zweiteilig ausgeführt. Die Luftschächte für die Heizungs- und Lüftungsanlage befanden sich nun vor der Windschutzscheibe, während die bisherigen Kanäle hinter dem Kühlergitter fortan der Bremskühlung dienten.

Noch im Verlaufe des Jahres 1965 wurde der Lamborghini auch mit einem auf 4 Liter vergrößerten Motor lieferbar. Dessen Leistung stand mit 330 PS bei 6500/min zu Buche. Auch eine Spiderversion war ab Salon Turin neu im Programm, von ihr sollten allerdings nur zwei Exemplare gebaut werden. Von Zagato (→ Anhang) wurde auf dem Londoner Salon 1965 ein eigenwillig geformtes Coupé 3500 GTZ vorgestellt, auf das im Jahr darauf ein Parallelmodell 4000 GTZ folgte.

400 TP, P 400, Miura Schon im Herbst 1965 gab Lamborghini Einzelheiten über eine kommende Berlinetta mit quergestelltem Mittelmotor bekannt. Sie wurde vorerst mit 400 TP bezeichnet, wobei TP für Trasversale Posteriore (quer hinten) stand. Für dieses rennsportliche Fahrzeug war ein raffinierter neuer Kastenrahmen entwickelt worden, der sich aus dem Wagenboden, den verschiedenen gelochten Trägerteilen und der Mittelkonsole zusammensetzte. Zwei der Längsholme ließen sich für den Ein- und den Ausbau des 4-Liter-V12-Motors demontieren. Im Februar 1966 wurde dann als kommende Neuheit auf dem Genfer Salon der Lamborghini P 400 angekündigt. Dieser wurde schließlich mit der Zusatzbezeichnung Miura vorgestellt. Der Miura – ein Name aus der Stierzucht – sollte zu einem technischen und stylistischen Begriff werden. Einen quergestellten V12-Mittelmotor kannte man bis dahin lediglich von der Honda-Formel-1-Konstruktion; für den Straßeneinsatz käufliche Mittelmotorsportwagen gab es lediglich etwa von → Matra.

Der Miura war äußerst niedrig gebaut. Seine Dachlinie lag bloß 105 cm über Boden. Das zweisitzige Coupé war ein absolutes Meisterstück des Karosseriewerks Bertone (→ Anhang) und dessen Designers Gandini. Die bullige Eleganz dieses Aufbaus sollte als ein Musterbeispiel des Autodesigns in die Geschichte eingehen. Front- und Heckpartie der Aluminiumkarosserie waren als Ganzes hochklappbar, womit sich auch ein genügend guter Zugang zum Motor ergab. Dieser bot mit seiner zwölffachen Ansaugrohrbestükkung dem Kenner eine wahre Augenweide. Der Kofferraum lag, durch eine Querwand abgeschottet, zuhinterst im Heck. Im Bug fand sich lediglich der Raum für das Reserverad. Die Aufhängungskonstruktion mit Dreiecklenkern und Schraubenfedern vorne wie hinten entsprach jener im Typ 350.

Der 3929-cm³-V12 war mit dem ebenfalls quergestellten, vollsynchronisierten 5-Gang-Getriebe verblockt. Die Verbindung zwischen Motor und Getriebe erfolgte über Stirnräder. Motor, Getriebe und das selbstsperrende Differential hatten eine gemeinsame Schmierung. Es sollte den Miura sowohl als P 400 wie als P 400 S geben. Die entsprechenden Kennzeichen waren: Kompression 9,5:1, vier Fallstrom-Dreifachvergaser, 350 DIN-PS bei 7000/min und Kompression 10,2:1, größerer Vergaserquerschnitt, 430 PS bei 8000/min.

Oben: Lamborghini 350 GT (Touring), 1964
Unten: Lamborghini Espada 400 GT (Bertone), 1969

Lamborghini

Rechts: Lamborghini Islero 400 GT 2+2 (Marazzi), 1968
Rechts außen: Lamborghini Jamara 400 GT (Marazzi), 1970
Unten: Lamborghini P 400 Miura (Bertone), 1968

Das Cockpit war sehr sportlich gestaltet; es war vom Motorraum durch eine zweite, innere Heckscheibe getrennt.

400 GT Gleichzeitig mit dem Miura wurde auf dem Genfer Salon 1966 der 400 GT 2+2 vorgestellt. Er hatte bei unverändertem Radstand nun zwei Notsitze und fiel äußerlich durch die Doppelscheinwerfer auf (in Anpassung an die US-Vorschriften). Auch das Armaturenbrett war umgestaltet worden. Wie schon im 400 GT diente hier der 4-Liter-Motor (sechs Horizontal-Doppelvergaser, nur eine elektrische Benzinpumpe) als Antriebsquelle. Das Getriebe stammte nun aus eigener Küche (mit ZF-Differentialbremse Typ Loko-matic).

Von der Karosserieabteilung Autocorse von Neri & Bonacini in Modena wurde im Frühling auf dem Unterbau des P 400 ein Monza 400 getauftes Einzelstück konstruiert. Im Herbst 1966 ging der Miura in Serie, allerdings vorerst ohne S-Version. Er hatte jetzt Lamellen statt des äußeren Heckfensters. Dieses Motiv fand in den Rahmen der bei Nichtgebrauch nach oben gerichteten Scheinwerfer und den Abdeckungen der Lufteinlässe eine Parallele. Das neben dem Motor angeordnete Getriebe war neu ausgelegt. Unter der Bezeichnung Flying Star II wurde vom Karosseriewerk Touring ein einem Sportkombi ähnlich sehendes stromlinienförmiges 400-GT-Coupé mit plexiglasverkleideten Scheinwerfern geschaffen. – Auf dem Genfer Salon 1967 sorgte Bertone mit dem Lamborghini Marzal für eine echte Sensation. Dieser Traumwagen oder Idea-car war viersitzig, hatte langgezogene, bis unten verglaste Flügeltüren, sechs Scheinwerfer und einen quer im Heck eingebauten halbierten Miura-Motor (2-Liter-DOHC-Sechszylinder).

Islero Die Produktion des 350 GT war 1966 ausgelaufen, und auf dem Genfer Salon 1968 wurde dem noch kurzzeitig lieferbaren 400 GT 2+2 der Islero 400 GT 2+2 zur Seite gestellt. Es waren insgesamt 120 Exemplare des Typs 350 GT, 23 des Modells 400 GT und rund 250 Stück 400 GT 2+2 gebaut worden. Das neue, eckiger geformte Modell mit Klappscheinwerfern in der breiten Front war das Produkt der Gebrüder Marazzi in Mailand, die das Karosseriewerk Touring übernommen hatten. Trotz der um 11,5 cm verkürzten Gesamtlänge stand im Islero (Bezeichnung für reinrassigen spanischen Kampfstier) mehr Innenraum zur Verfügung.

Espada Während der Islero durch seine

Lamborghini	Zyl.	cm³	DIN-PS	bei 1/min	Gänge	Spitze km/h	Radstand/Länge	Baujahre	Besonderheiten Kastenrahmenchassis
350 GT	V12	3464	320	7000	5	280+	245/450	1963	h.E., DOHC
GTV			360	8000					
GT			280*	6500		–260	255/464	1964–66	
Spider							255/450	1965	(auch 400 GT Spider)
400 GT		3929	330*	6500		270	255/464	1965/66	* spätere Angaben:
GT 2+2								1966–68	10 PS weniger
Islero 400 GT 2+2			320	6500		260	255/452	1968	
GTS			350	7700		260+		1969	
Jarama 400 GT			350	7500			238/449	1970–	
Espada 400 GT			325	6500		250	265/474	1968/69	
			350	7500				1970–	
P 400 Miura	V12	3929	350	7000	5	–293	250/436	1966–69	DOHC-Mittelmotor
S			430	8000		300+		1965	
Miura P 400 S			370	7600		300		1969–71	

schlichte Schönheit bestach, fiel der nächste neue Lamborghini schon eher durch Extravaganz auf. Er wurde im März 1968 unter der Bezeichnung 400 GT 4 Posti (Sitze) angekündigt. Der Aufbau stammte aus dem Hause Bertone und klang stylistisch unverkennbar an die Marzal-Studie an, von der manche Kaufinteressenten vergeblich eine Serienherstellung erwartet hatten. Die Zusatzbezeichnung Espada für diesen neuen Viersitzer wurde erst später bekanntgegeben. Das Plus an Innenraum hatte man durch eine Verlängerung des Radstandes um 10 auf 265 cm erzielt. Gleichzeitig hatte man die Spur um 11 auf 149 cm verbreitert. Die unteren Querlenker der Radaufhängungen hatten Trapez- statt Dreieckform. Besonders wichtig war aber, daß der Espada statt des Rohrrahmens einen selbsttragenden Aufbau besaß.

Als Leistung wurden 325 DIN-PS bei 6500/min genannt. Die zusätzlichen 5 PS waren dem günstigeren Auspuffsystem zuzuschreiben. Die beiden Auspuffrohre waren in den Kardantunnel verlegt worden. Der Espada hatte keine Speichenräder, sondern, ähnlich wie der Miura, gegossene Campagnolo-Felgen aus Magnesium. Die vier schalenförmigen Einzelsitze wurden von einer äußerst attraktiven Fastbackkarosserie umgeben. In der schmucklosen Front steckten Doppelscheinwerfer, die hinteren Seitenfenster hatten die Form von Kreisausschnitten, und als Novum fand sich im oberen Teil der Rückwand ein vergittertes zusätzliches Heckfenster, das bei leerem Kofferraum das Rückwärtsmanövrieren erleichterte. Extravagant geformt waren übrigens auch die Lenkradspeichen und der Instrumententräger. – Der Espada sollte es bis 1978 auf eine Lamborghini-Rekordzahl von 1200 Stück bringen!

Nur ein Einzelstück blieb der Miura Roadster, der auf dem Brüsseler Autosalon Anfang 1968 ausgestellt wurde. Bis im Sommer jenes Jahres waren allein vom Typ Miura bereits 200 Exemplare auf die Räder gestellt worden. Zum P 400 kam Ende 1968 der P 400 S, dessen Leistung mit einer Verdichtung von 10,4 statt 9,5:1 mit 370 PS bei 7500/min statt 350 bei 7000/min zu Buche stand! Man hatte nun weitere Komfortmerkmale, wie elektrische Fensterheber, eingeführt und die Bedienungsklaviatur in eine wohl nicht gerade zweckmäßige Dachkonsole verlegt. Der P 400 wurde bis 1969 in nicht weniger als 474 Exemplaren gebaut (nachdem man ursprünglich an eine Serie von 100 Stück gedacht hatte), und vom P 400 S sollten bis 1971 weitere 140 Wagen hinzukommen. – Für den Espada war von der Düsseldorfer Firma Langen inzwischen eine hydropneumatische Federung mit automatischer Niveauregulierung (je ein Gasfederbein pro Rad) entwickelt worden, die als Lancomatic bestellt werden konnte. An die Stelle von Giampaolo Dallara trat 1968 als Chefingenieur Paolo Stanzani, der ebenfalls von Anfang an dabeigewesen war.

Nachdem der 1968 in 125 Exemplaren gebaute Islero bereits mit dem Jahrgang 1969 Gußräder und eine niedrigere Kühlluftöffnung erhalten hatte, wurde er im Frühsommer 1969 erneut überarbeitet und zudem zum Modell Islero 400 GTS mit 350 PS bei 7700/min aufgewertet (Kompression 10,8:1!). Das neue Modell erkannte man äußerlich an der Luftaustrittsöffnung hinter den vergrößerten Vorderradausschnitten, der größeren Lufthutze auf der Motorhaube sowie an den vorderen Ausstellfenstern. Völlig neu gestaltet präsentierte sich das Interieur: die Sitze waren komfortabler, das Armaturenbrett übersichtlicher und die Ausrüstung reichhaltiger geworden. Ferner war die Radaufhängung jener des Espada angeglichen worden. Dieser Islero wurde bis Ende 1969 in hundert Exemplaren hergestellt.

Jarama Doch diesem verjüngten Islero war kein langer Bestand beschieden. Auf dem 40. Genfer Salon, im März 1970, wurde mit dem ebenfalls 2 + 2sitzigen Jarama bereits der Nachfolger vorgestellt. Traditionsgemäss stammte der Name (Charama ausgesprochen) aus der Kampfstierzucht: Jarama war die Gegend bei Madrid, wo die kampffähigsten Stiere großgezogen wurden und wo es überdies seit kurzem eine Rennstrecke gab. Die glattflächige Karosserie des Jarama 400 GT mit den auskragenden Kotflügelrändern und ihren von Klappen überdeckten statt Klapp-Scheinwerfern war bei Bertone entworfen worden, wurde jedoch wiederum bei der Firma Marazzi gebaut. Mit 238 cm war der Radstand überraschenderweise deutlich verkürzt worden, dennoch bot das hochfeudale Lederinterieur auch hier zwei Notsitze. Die Motorleistung wurde wie beim Islero 400 GTS und inzwischen auch beim Espada mit 350 DIN-PS bei 7500/min angegeben (Kompression 10,7:1). – Als kleinster unabhängiger Autohersteller Italiens mit eigenem Motor brachte es Lamborghini 1970 auf einen Ausstoß von 392 Wagen.

Lancia

Italien besitzt – fast könnte man sagen seit je – eine große (→ Fiat) und zwei mittelgroße Automarken: → Alfa Romeo und Lancia. Diese beiden standen stets in hartem Konkurrenzkampf. Während Alfa Romeo längst in Staatsbesitz gelangt war, sollte Lancia in Fiat-Besitz übergehen. Ende der fünfziger Jahre machte die Firma Lancia & C. in Turin allerdings noch einen prosperierenden Eindruck. Sie konstruierte in Chivasso bei Turin ein hochmodernes neues Werk, und man sprach von einem kommenden Modell mit Frontantrieb. Das Bauprogramm von 1960 umfaßte die Reihen Appia und Flaminia, die es in zahlreichen Varianten gab.

Der kleine Appia wurde seit dem Genfer Salon 1959 bereits in der Serie 3 mit rechteckigem Kühlergitter gebaut. Er entsprach der Standardbauweise, besaß jedoch als einzige Konstruktion der Weltproduktion einen V4-Motor mit einem Winkel von nur 10° und zwei seitlichen Nockenwellen. Dieser Motor hatte 1089,5 cm³ Inhalt und leistete mit einem Fallstromvergaser 48 Cuna-PS. Er wurde zusammen mit einem 4-Gang-Getriebe mit Lenkradschaltung in eine feine Stufenheck-limousine eingebaut, die nach Lancia-Tradition keinen mittleren Türpfosten aufwies und deren Hintertüren daher hinten angeschlagen waren. Ab Turiner Salon 1959 gab es auch einen dreitürigen Kombiwagen; er wurde wie bereits eine fünftürige Version – in wenigen Exemplaren – bei Viotti (→ Anhang) gebaut.

Besonders beliebt aber waren die GT-Versionen Coupé von Pinin Farina/Viotti (→ Anhang) und → Vignale sowie das Cabriolet von Vignale. Das 2 + 2sitzige, bei Pinin Farina entworfene und alsbald bei Viotti gebaute Coupé fiel durch die Panorama-Heckscheibe auf. In diesen mit Mittelschaltung ausgerüsteten Wagen standen mit Doppelvergaser und von 7,8 auf 8:1 gesteigerter Verdichtung 54 PS zur Verfügung. Noch stärkere Motorvarianten waren auf Wunsch im Appia GTE (Gran Turismo Esportazione

Lancia Appia GTE (Zagato), 1960

= Export) von Zagato (→ Anhang) erhältlich. Eine Appia-Besonderheit war übrigens auch die Vorderradaufhängung, die eine Vertikalführung mit Teleskoprohren und Schraubenfedern in Gehäusen umfaßte.

Autos ganz anderen Kalibers waren die Flaminia. Das von Pinin Farina (damals noch getrennt geschrieben) entworfene Grundmodell wurde von vielen Autofreunden als die schlechthin schönste viertürige Limousine der Weltproduktion empfunden, auch wenn die Panorama-Frontscheibe als eine Reverenz an die amerikanische Geschmacksrichtung gelten konnte. Die Flaminia hatten V6-Motoren (60°) mit 2,5 Litern Inhalt. Mit Doppelvergaser standen 112 SAE- oder 100 Cuna-PS zur Verfügung. Der Kraftübertragung diente ein vollsynchronisiertes 4-Gang-Getriebe mit Lenkradschaltung. Auf Wunsch war eine automatische Saxomat-Kupplung erhältlich.

Herausragende technische Besonderheit der Flaminia-Konstruktion war die mit einer De-Dion-Hinterachse verblockte Kupplung-Getriebe-Einheit! Dies brachte eine ideale Gewichtsverteilung. Der Seitenführung des Achsrohrs diente ein Panhardstab, die Federung besorgten Halbelliptikfedern; vorne fanden sich Trapez-Dreieckquerlenker und Schraubenfedern. Die Karosserie war halb selbsttragend ausgeführt; sie war mit einem Vorderachs- und Motorträger aus gepreßtem Blech, einem Bodenblech sowie Kasten- und Längsholmen verbunden. Ab Genfer Salon 1960 waren alle Flaminia-Modelle mit Dunlop-Scheibenbremsen an allen vier Rädern ausgerüstet. Beim sechssitzigen Flaminia Berlina (Limousine) entfielen die originellen Heckscheibenwischer.

Das fünfsitzige Coupé Flaminia war nicht nur ein Pininfarina-Entwurf, sondern wurde auch in diesem Karosseriewerk gebaut. Es hatte einen Radstand von 275 statt 287 cm und Mittelschaltung. Die Leistung wurde mit 132 SAE-PS (119 Cuna-PS, Kompression 8,5 statt 7,9:1) angegeben. Die gleiche Motorversion besaßen die zweisitzigen Flaminia GT und Sport. Sie trugen formvollendete Coupé- oder Cabriolet-Aluminiumkarosserien mit Doppelscheinwerfern von Touring oder bullige Alu-Karossen von Zagato. Es gab auch den Sport Z (Zagato) mit 155/140 PS und in der Ausführung Preparata gar mit 178/160 PS (beide Kompression 9:1, drei Doppelvergaser). Der Sport Z war außerdem als Speciale mit plexiglasverschalten Scheinwerfern und teils abweichenden Formdetails erhältlich; von diesem leichtgewichtigen Hochleistungscoupé sollen etwa 100 Exemplare entstanden sein. Auf dem Pariser Salon 1960 zeigte der berühmte amerikanische Designer Raymond Loewy einen Flaminia nach seinen Vorstellungen: Das bei Motta in Turin gebaute extravagante Coupé mit Namen Loraymo hatte vom Kühlergitter abgesetzte Scheinwerfer und einen Windbügel über dem Dachabschluß. – Im Mai 1960 erhielten die Appia GT einen neuen Zylinderkopf mit einzeln geführten Ansaugleitungen und auf 8,8:1 erhöhter Verdichtung, woraus eine Leistung von 60 Cuna-PS resultierte.

Flavia Das erwartete Lancia-Frontantriebsmodell wurde im Herbst 1960 unter dem Namen Flavia auf dem Turiner Salon vorgestellt. Größenmäßig ordnete sich dieses Modell zwischen dem Appia und dem Flaminia ein. Es war eine technisch hochinteressante Neukonstruktion, verkörperte hinsichtlich der formlichen Gestaltung der viertürigen Limousinenkarosserie mit Doppelscheinwerfern jedoch eher eine Enttäuschung, nachdem man den hübschen Appia und den formvollendeten Flaminia kannte. Der Motor war ein Leichtmetall-Boxer, den man nach schweizerischem Druckgußverfahren der Firma Injecta AG in Teufenthal AG herstellte. Er war eine Konstruktion von Prof. Dr. Ing. Antonio Fessia, dem technischen Leiter von Lancia. Die Ventile wurden durch zwei untenliegende Nockenwellen aktiviert, und die Brennräume hatten Halbkugelform. Mit Doppelvergaser wurde aus 1,5 Litern Hubraum bei 8,3:1 Verdichtung eine Leistung von 78 Cuna-PS bei 5200/min erzielt.

Der Motor war vor der Vorderachse eingebaut und ruhte mit dem vollsynchronisierten 4-Gang-Getriebe mit Lenkradschaltung auf einem Hilfsrahmen, der mit einer Querblattfeder abgestützt war. Für die Vorderradaufhängung dienten je zwei Dreieckquerlenker und, ungewohnterweise, Blattfedern, hinten fand sich eine Starrachse, ebenfalls mit Blattfedern. Wie beim Flaminia hatten alle vier Räder Dunlop-Scheibenbremsen, und zwar mit getrennten Kreisläufen. Die Innenraumnutzung und -ausrüstung war vorbildlich, und der Flavia wies sich alsbald durch überdurchschnittlich gute Fahreigenschaften aus. – Auf dem Genfer Salon 1961 wurde eine verkürzte Version des Appia Zagato vorgestellt (235 statt 251 cm Radstand, 396 statt 419 cm Gesamtlänge). Im Coupé Flaminia Pininfarina war eine Klimaanlage lieferbar. Von Pininfarina stammte auch ein im Mai 1961 fertiggestellter, auf 335 cm Radstand und 5 m Länge gestreckter Flaminia, der als Repräsentationscabriolet dem Staatsbesuch der englischen Königin in Italien diente. Im Herbst kam – ebenfalls von Pininfarina –

Oben: Lancia Flaminia Coupé (Pinin Farina), 1960
Oben rechts: Lancia Flaminia GT Convertibile (Touring), 1960
Rechts: Lancia Appia Coupé (Pinin Farina/Viotti), 1960

Rechts: Lancia Flaminia Sport (Zagato), 1960
Rechts außen: Lancia Appia Serie 3, 1961
Unten: Lancia Flavia Berlina, 1961

eine formschöne Coupéversion des Flavia heraus. Ihre Heckform erinnerte an den → Ferrari 250 GT 2+2. Mit zwei Vergasern standen in diesem Modell 90 PS zur Verfügung (Mittelschaltung). Der Flaminia Berlina erfuhr eine Leistungssteigerung auf 110 PS und hatte nun Seitenscheibendefroster wie der Flavia. Gleichzeitig hatte man die mit Motordrehzahl arbeitende und daher zu Vibrationen neigende lange Kardanwelle neu unterteilt. Von der Karosseriefirma Boneschi (→ Anhang) wurde ebenfalls auf der Turiner Schau jenes Jahres der Flaminia Amalfi, ein kantiges Cabriolet, ausgestellt.

Erst im Januar 1962 erfuhren auch die Flaminia GT und Sport eine Leistungssteigerung: aus drei Doppelvergasern resultierten 140 italienische PS. Mit teils geänderten Achsuntersetzungen wurden nun höhere Spitzengeschwindigkeiten erreicht, was denn auch im Hinblick auf die Eröffnung neuer Autobahnen in Italien angestrebt worden war. Zu den Ausstattungsverbesserungen zählte eine rote Warnleuchte in der Schmalseite der linken Tür. Es galten nun die Zusatzbezeichnungen 3B (Coupé Pininfarina) und 3C. Im Frühling 1962 kamen zum Flavia Berlina und Coupé ein von → Michelotti entworfenes und von Vignale gebautes 2+2sitziges Cabriolet und ein 2+1sitziges Sportcoupé von Zagato (mit oben umgekantetem Kühlergitter, Panorama-Windschutzscheibe und ins Dach hineingezogenen hinteren Seitenfenstern), womit sich hier eine gleiche Modellkonstellation ergab wie bei den Appia und den Flaminia.

Fulvia Nachdem Lancia im Jahre 1962 mit 12 000 Werkangehörigen rund 23 500 Personenwagen und Nutzfahrzeuge hergestellt hatte, versprach der auf dem Genfer Salon 1963 gezeigte Fulvia als Nachfolger des Appia einen weiteren Aufschwung. Dieser neue Vertreter «gehobener unterer Mittelklasse» zeigte ähnliche kantig-individuelle Stylingmerkmale wie die Flavia-Limousine und war auf gute Innenraumnutzung ausgerichtet. Auch er hatte Frontantrieb. Beim Motor handelte es sich um eine Neukonstruktion. Sie war mit 1091 cm^3 zwar nur um einen Hauch größer als das Appia-Aggregat, und auch sie war eine V4-Konstruktion, nun allerdings mit einem auf 13° vergrößerten Winkel. Doch die Ventilsteuerung erfolgte nun mit je einer obenliegenden Nockenwelle pro Zylinderreihe. Der überquadratisch ausgelegte Motor war um 45° schräg geneigt eingebaut und lag, wie beim Fulvia, zuvorderst unter der Fronthaube. Mit Doppelvergaser bestückt und einer Verdichtung von 7,8:1, leistete er 58 Cuna-PS bei 5800/min. Das vollsynchronisierte 4-Gang-Getriebe hatte wiederum Lenkradschaltung.

Die Vorderräder waren an oberen und unteren Trapez-Dreieckquerlenkern sowie an einer Querblattfeder abgestützt, hinten fand sich eine Starrachse mit Halbelliptikfedern und Panhardstab. Noch ungewöhnlich waren die 4-Rad-Scheibenbremsen an einem Wagen dieser Größe. Im Vergleich zum Appia wies der Fulvia einen um 3 cm verkürzten Radstand auf, war jedoch um 12 cm länger. Mit 155,5 cm Breite war er zudem 7,5 cm breiter und mit 140 cm Höhe 5 cm niedriger als sein Vorgänger. Auch das Armaturenbrett mit dem Tachometer in Form einer senkrechten Rolle zeigte eigenständige Züge.

Im September 1963 wurden Hubraumvergrößerungen für die größeren Lancia-Modelle bekannt. Der Flavia erhielt zusätzlich einen 1,8-Liter-Motor, der in der Limousine auf Wunsch, in den Coupés und im Cabriolet serienmäßig eingebaut wurde. Die Leistung erreichte 92, im Flavia Sport von Zagato 100 PS. Wie beim Flaminia wurde nun auch beim mittelgroßen Lancia ein Ölkühler eingebaut. Hinzu kamen ein Lenkradschloß und eine hintere Mittellehne. Ebenfalls ein Plus an Rasse und Geschmeidigkeit boten die Flaminia mit ihrem auf 2,8 Liter vergrößerten V6-Motor. Als Leistungen wurden nun 129 (Berlina), 140 (Coupé Pininfarina) und 150 DIN-PS (Coupé und Cabriolet GT Touring sowie Sport) genannt. Das Touring-Superleggera-Coupé war jetzt auch als GTL mit 2+2 Sitzen lieferbar. Die 2,5-Liter-Typen blieben weiterhin erhältlich.

Anfang 1964 erhielt der Flavia 1500 eine Leistungssteigerung auf 80 PS; da man nun die gleiche Kurbelwelle wie für den Typ 1800 verwendete, mußten die Zylinderabmessungen angepaßt werden (1488 statt genau 1500 cm^3). Wie zu erwarten, gab es bald auch eine noch kräftigere Version des Fulvia. Sie erschien im Oktober 1964 und trug die Zusatzbezeichnung 2C (due carburatori = zwei Vergaser). Mit 9:1 Verdichtung resultierten 71 DIN-PS. Dieser Motor wies eine neue Lagerung auf, die Untersetzungsverhältnisse waren angepaßt, die Bremsen verbessert und die Lenkung direkter ausgelegt worden. Außer an der Heckanschrift erkannte man den 2C am Wegfall der Gummipuffer an den Stoßstangen und dem kleinen Drehzahlmesser im Armaturenbrett.

Fulvia Coupé 1965 figurierten die 2,5-Liter-Flaminia endgültig nicht mehr im Lancia-Programm. Anderseits hieß die von Zagato karossierte schnellste und leichteste Ausführung des 3C 2800 jetzt Supersport. Ähnlich wie bei früheren Spezialversionen

Lancia

Von oben nach unten:
Lancia Flavia Sport (Zagato), 1963
Lancia Fulvia Berlina, 1963
Lancia Flaminia Berlina, 1964
Lancia Flaminia 3C Supersport (Zagato), 1965

lagen die Scheinwerfer nun wieder unter Plexiglasabdeckungen. Zu den vielbeachteten Neuheiten auf dem Genfer Salon jenes Jahres zählte das Fulvia-Coupé. Obwohl auch dieses Modell aus der hauseigenen Designabteilung stammte, hatte es eine äußerst gelungene Form, die über viele Jahre Fans in ihren Bann ziehen sollte. Das Coupémodell war ein etwas knapper 2+2-Sitzer mit großen Fensterflächen, harmonisch in die Front integrierten Doppelscheinwerfern und einem umrandeten vertieften Heckabschluß. Der Radstand war auf 233 cm verkürzt worden, und die Gesamtlänge lag unter 4 m. Die gesamte Technik war kaum verändert, hingegen hatte man den Hubraum auf 1216 cm^3 vergrößert, und bei 9:1 Verdichtung und zwei Doppelvergasern erreichte die Leistung 80 DIN-PS bei 6000/min. Im sportlich-eleganten Interieur fanden sich gut geformte Sitze, sauber ausgelegte Instrumente und natürlich eine Mittelschaltung. – Auf dem Turiner Salon 1965 wurde der vom Fulvia-Coupé abgeleitete Fulvia Sport, ein Zweisitzer mit rundlicher Aluminiumkarosserie von Zagato, präsentiert.

Wenngleich mit dem Fulvia 2C bereits beachtenswerte Sporterfolge erzielt worden waren, ahnte wohl noch niemand, zu welch siegreichem Rallyeauto sich die Coupéversion im Laufe der Jahre entwickeln sollte. Immerhin: schon in den ersten Januartagen des Jahres 1966 wurde der Lancia Fulvia Coupé HF (High Fidelity) als Wettbewerbsausführung der Rennsportgruppe 2 vorgestellt. Er wog bloß 780 statt 960 kg (Türen, Motor- und Kofferdeckel aus Perulaman, keine Stoßstangen, Plexiglasscheiben, abgemagertes Interieur) und bot mit diversen Motormodifikationen ein auf 90 PS gesteigertes Leistungsniveau. Den HF gab es nur in Rot mit Kontraststreifen und mit den kleinen Elefantenemblemen des Lancia-Rennstalls nebst der seitlichen HF-Aufschrift.

Fulvia 1,3 Wiederum im Hinblick auf den internationalen Genfer Salon wurde im März 1967 das Fulvia-Programm noch stärker motorisiert. Das Grundmodell mit einem Doppelvergaser wurde durch den 2C ersetzt; ihm und dem nun teilweise mit Leichtmetallteilen gebauten normalen Coupé wurden gleich vier neue Varianten zur Seite gestellt: die Limousine Fulvia GT und die Coupés Rallye 1,3, Rallye 1,3 HF und Sport 1,3. Der GT hatte den 1216-cm^3-80-PS-Motor aus dem Basiscoupé, und die drei neuen Coupés wurden von einem auf 1298 cm^2 vergrößerten Motor angetrieben, der 87 und im HF sogar 101 DIN-PS abgab. Den mit schmuckeren Radzierringen bestückten GT konnte man auf Wunsch auch mit Stockschaltung bestellen. Der wiederum für die Gruppe 2 vorgesehene 1,3 HF besaß eine Verdichtung von 10,5:1 und wies weitere Anpassungen auf.

Neuer Flavia Ende März 1967, unmittelbar nach dem Genfer Salon, wurde der Flavia Berlina mit einer neuen Karosserie vorgestellt. Sie wirkte wesentlich eleganter: Das Kühlergitter hatte weiterhin eine in die Breite stylisierte Wappenform, doch waren nun die Doppelscheinwerfer heruntergesetzt und in einen (wie beim Fulvia Coupé) die gesamte Front umziehenden Rahmen integriert. Die Gürtellinie lief im Heckbereich fast horizontal aus, was auch einen vergrößerten Kofferraum brachte. Die Heckabschlußwand war vertieft und von einem Chromstreifen umrandet. Gänzlich neu gestaltet zeigte sich auch das Interieur. Auf Wunsch war eine elektrische Heckscheibenheizung erhältlich. Auf einen modernen Stand gebracht wurde die Heizungs- und Lüftungsanlage. Verankerungen für vordere Dreipunkt-Sitzgurten waren ebenso serienmäßig wie der Alternator und der thermostatisch gesteuerte Kühlerventilator.

Doch auf technischem Gebiet war inzwischen in der Flavia-Typenreihe eine noch bedeutendere Neuerung eingeführt worden: Bereits seit Sommer 1966 war der 1,8-Liter-Motor mit Benzineinspritzung lieferbar. Von ihr war bei Lancia schon seit einiger Zeit die Rede gewesen. Wie beim → Peugeot 404 stammte das Einspritzsystem von der Münchner Firma Kugelfischer. Mit dem Einspritzmotor erreichte die Leistung 102 DIN-PS bei 5200/min. Zur gesteigerten Leistung kam auch ein verminderter Benzinverbrauch. In

Verbindung mit dem Einspritzmotor, den es wahlweise sowohl in der Limousine wie in den Coupés und im Cabriolet gab, war bereits ein Alternator statt des Dynamos eingeführt worden. Gegen Mehrpreis war eine ZF-Servolenkung lieferbar.

Anfang 1968 erhielten die Fulvia eine stärkere Kupplung. Inzwischen hatte sich das Fulvia-Coupé als ein Zugstück für die Kreation unterschiedlichster Einzelstücke erwiesen. Zagato schuf 1967 eine aerodynamische Coupéstudie, auf die im Jahr darauf ein zweites Experimentalfahrzeug folgte. Auch ein Zagato-Cabriolet entstand, und schließlich entwarf der Designer Tom Tjaarda ein Fulvia-Coupé mit Heckflügel. Von ihm sollte auch der allerdings erst 1970 entstandene Sinthesis auf Flavia-Basis stammen. Apropos Flavia: der Karossier Francis → Lombardi wandelte eine Anzahl Flavia Berlina durch Verlängerung des Radstandes um 50 cm zu sieben- bis achtsitzigen Chauffeurwagen. – 1968 war auch das Jahr, in dem Antonio Fessia verstarb. Er hatte in der Nachkriegszeit den richtungweisenden, aber leider im Projektstadium steckengebliebenen Cemsa-Caproni konstruiert, und er hatte den Lancia in den sechziger Jahren das Gepräge gegeben.

Im Herbst 1968 wurde die Fulvia-Baureihe abermals modifiziert. Als dritte, noch kräftigere Limousine kam der GTE mit dem 1,3-Liter-Motor des Coupé Rallye 1,3 hinzu. Die Bremsen waren dem höheren Leistungsniveau angepaßt worden. Neu waren auch der Rallye 1,3 S und der Sport 1,3 S, beide mit 92 DIN-PS. Als Spitzenmodell figurierte neu der Rallye 1,6 HF im Angebot. Er war für den Wettbewerbseinsatz vorgesehen und bot 115 DIN-PS aus 1584 cm³. Zudem wurde in ihm serienmäßig ein 5-Gang-Getriebe eingebaut.

Flavia 2000 Auf dem Genfer Salon des Jahres 1969 kam das Coupé Flavia in neuem, elegantem Pininfarina-Kleid und zudem mit einem 2-Liter-Motor zur Erstpräsentation. Die Frontgestaltung wich von jener der Limousine ab. Nicht nur die Motorabmessungen waren vergrößert worden, sondern auch die Nockenwellen waren neu konstruiert. Es gab den neuen Motor vorerst ausschließlich mit Doppelvergaser; die Leistung wurde mit 117 DIN-PS angegeben. Dem verjüngten Coupé wurden die gleichen Fahrwerkverbesserungen zuteil, wie sie schon die Limousine erfahren hatte. Diese gab es inzwischen auch in einer Luxusausführung LX. Im Frühsommer 1969 wurde der 2-Liter-Vergasermotor in der Limousine ebenfalls lieferbar. Erst auf 1970 wurde die Kugelfischer-Benzineinspritzung auch mit dem 2-Liter-Motor (Leistung 126 PS) erhältlich. Damit stieg die Auswahl im Berlina auf fünf, im Coupé auf zwei Motoren. Bis 1974 sollten bei Pininfarina rund 22 400 Flavia-Coupés gebaut werden.

Neuer Fulvia Innerlich und äußerlich verjüngt zeigte sich der Fulvia Berlina ab Herbst 1969. Es gab nun nur noch eine statt drei Ausführungen, und man stattete sie mit dem stärksten der bisher angebotenen Motoren aus: dem 87-PS-1,3-Liter-V4. Neu waren auf der technischen Seite der Alternator, der thermostatisch geregelte Kühlerventilator, die Unterdruck-Bremshilfe und die Stockschaltung für das 4-Gang-Getriebe. Zwar war der Radstand um nur 2 cm auf genau 2½ m verlängert worden, doch ergab sich auch durch eine neue Gestaltung der Sitze mehr Innenraum. Neu gestaltet war auch das Armaturenbrett, das jetzt einen elektronischen statt mechanischen Drehzahlmesser sowie Belüftungsregeldüsen und Schutzpolsterungen aufwies. Neu waren ferner der Sicherheits-Innenspiegel, die ungleich großen Jodscheinwerfer, die zweistufigen Scheibenwischer, die Symbole tragenden Kontrolleuchten, das Lenkradschloß und eine Mittelkonsole.

Die Flaminia-Produktion lief Ende 1969 aus (die Coupés waren bereits ein Jahr zuvor nicht mehr gebaut worden). Insgesamt waren rund 5000 Berlina hergestellt worden, wovon etwa 1600 mit dem 2,8-Liter-V6. Das Pininfarina-Coupé hatte es auf knapp 5235 Einheiten gebracht, wovon etwas über 1100 2,8-Liter-Ausführungen. Von Touring waren etwa 2000 Coupés (wovon 300 GTL und 450 mit 2,8-Liter-Motor) und über 850 Cabriolets (180 mit 2,8-Liter-Motor) gebaut worden.

Von oben nach unten:
Lancia Fulvia Sport (Zagato), 1967
Lancia Flavia Coupé 2000 (Pininfarina), 1969
Lancia Flavia 2000 Berlina, 1969
Lancia Fulvia Coupé Rallye 1.3 S, 1970

Zagato schließlich hatte einen Ausstoß von etwa 500 Coupés (wovon 70 mit 2,8-Liter-Motor und 150 Supersport) erreicht.

Ende der sechziger Jahre hatte sich die absatzmäßige und finanzielle Situation von Lancia zusehends verschlechtert. Mit 43 000 gebauten Personenwagen war 1967 noch ein Rekord erzielt worden. Managementprobleme und wachsender Konkurrenzdruck sowie ein nur mäßig geförderter Auslandabsatz führten nun aber in die roten Zahlen, und schließlich drohte der Konkurs. Nachdem die Regierung der Übernahme durch eine ausländische Firma – Ford hatte sich interessiert! – ablehnend gegenüberstand, wurde Lancia im Oktober 1969 dem Fiat-Imperium einverleibt.

Lancia	Zyl.	cm³	DIN-PS *Cuna	bei 1/min	Gänge	Spitze km/h	Radstand/ Länge	Baujahre	Besonderheiten
Appia Serie 3	V4	1090	48*	4800	4	132	251/402	1959–62	2 Nockenwellen
GT			54*	4900		145	251/413	1959–61	
GTE						150	251/419		
Coupé/Cabrio			60*	5400		–146	251/413	1961–63	
Sport						160	235/399		(auch 80 PS/180 km/h)
Flaminia	V6	2458	102*	4800	4	160	287/486	1958–61	Getriebe mit De-Dion-Hinterachse verblockt, halbselbsttragend
Coupé (3B)			119*	5100		170	275/468		
GT (3C)						180	252/450		
Sport (3C)						190			(ab '61: 200 km/h)
Sport Z			140*	5600		–210			(durch Zagato)
			160*	6000		–228			(«preparata»)
Flaminia (2500)			110*	5200		167	287/486	1961–64	
Coupé 3B (2500)			128*	5600		178	275/468	1962–64	
GT 3C (2500)			140*	5600		190	252/450		
Sport 3C (2500)						200			
Flaminia 2800		2775	129*	5000		170	287/486	1963–69	
Coupé 3B 2800			140*	5400		181	275/468		
GT 3C 2800			150*	5400		–194	252/450	1963–68	(2+2/GTL: 453 cm l.)
Sport 3C 2800						200+		1963/64	
3C 2800 Supersport						210		1964–68	ab '66: 152* PS
Flavia	B4	1500	78*	5200	4	148	265/458	1960–63	Frontantrieb, 2 Nockenwellen
Coupé GT			90*	5800		170	248/449	1962/63	
Cabriolet							248/434		
Flavia 1500			83*	5200		150	265/458	1963/64	
		1488	80*	5600				1964–	ab '67: 152 km/h
1800		1800	92*	5200		160		1963–	ab '67: 165 km/h
Coupé/Cabrio						173	248/449	1963–68	(Cabrio: 434 cm lang)
Sport			100*	5200		180	248/446	1963/64	
			105*	5200		187		1964–68	
1800 Iniezione			102	5200		168	265/458	1965–	Einspritzmotor; ab '67: 170 km/h
Coupé/Cabrio In.						180	248/449	1965–68	dto (Cabrio: 434 cm l.)
Sport Iniezione						188	248/446		
Flavia Coupé 2000		1991	117	5400		185	248/454	1969–	
2000						175	265/458		
2000 Iniezione			126	5600		180			Einspritzung
Coupé 2000 Iniezione						190	248/454		dto
Fulvia	V4	1091	58*	5800	4	140	248/416	1963–66	Frontantrieb, OHC
2C			71*	6000		144		1964–69	
Coupé		1216	80	6000		160	233/398	1965–69	ab '67: 1231 cm³
HF			90	6000		170+	233/394	1966/67	
Sport			80	6000		170	233/408	1965–67	
GT						152	248/411	1967–69	ab '67 (Herbst): 1231 cm³
Coupé Rallye 1,3		1298	86	6000		167	233/398		
HF 1,3			95	6200		172	233/394		
Sport 1,3			86	6000		175	233/409		
Coupé Rallye 1,3			87	6000		170	233/398	1967–69	
HF 1,3			101	6400		174	233/394		
Sport 1,3			87	6000		175	233/409		
GTE						161	248/411	1968/69	
Coupé Rallye 1,3 S			92	6000		173	233/397	1968–	
1,6 HF		1584	115	6200	5	190	233/393		
Sport 1,3 S			92	6000	4	181	233/409		
(Berlina)		1298	87	6000		162	250/416	1969–	

Lincoln

Im → Ford-Konzern nimmt die Marke Lincoln die gleiche Spitzenposition ein wie bei General Motors → Cadillac. Doch brachten es die Lincoln bei weitem nie auf die gleich hohen Verkaufszahlen wie Cadillac, die wohl bekannteste Luxusmarke der Welt. Gerade daher kommt aber dem Lincoln erhöhte Exklusivität zu. Das Lincoln-Produktionsprogramm umfaßte 1960 die drei Modellreihen Lincoln, Lincoln Premiere und Lincoln Continental. Letztere hatte 1956/57 als eigene Marke, noch über dem Lincoln, gegolten (als → Rolls-Royce-Konkurrenz gedachter Continental Mark II). Es gab 1960 zwei- und viertürige Fauxcabriolets, viertürige Sedans, auf der Basis des Continental Mark V zudem ein zweitüriges Cabriolet, einen Formal Sedan sowie eine als Limousine bezeichnete Karosserieausführung. Alle diese Modelle waren Sechssitzer.

Im Gegensatz zu anderen US-Marken hatte der Lincoln eine einheitliche Mechanik. Die Karosserie war selbsttragend (mit dem Aufbau verschweißte Rahmen-Boden-Anlage). Vorne fand sich die übliche Einzelradaufhängung mit Trapez-Dreieckquerlenkern und Schraubenfedern, hinten eine Starrachse mit Halbelliptikfedern. Noch bis zum Modelljahr 1959 hatten die Lincoln allerdings auch hinten Schraubenfedern aufgewiesen! Für den Antrieb sorgte der größte V8 aus dem Ford-Konzern: eine Maschine mit 7045 cm³ Inhalt und 319 SAE-PS Leistung bei niedrigen 4100/min (Kompression 10:1). Ein Handschaltgetriebe stand nicht zur Wahl, vielmehr wurde dieses drehmomentstarke Antriebsaggregat ausschließlich mit dem 3-Stufen-Automatgetriebe Twin-Range Turbo Drive gekuppelt. Auf Wunsch wurde ein selbstsperrendes Differential Directed Power eingebaut. Auch eine Servolenkung gehörte natürlich zur Ausrüstung des 2,3 bis 2,6 Tonnen schweren Wagens.

Während die Lincoln des Modelljahrs 1960 durch die übereinanderliegenden Scheinwerfer und die teils einwärts geneigte flache Heckscheibe auffielen – letzteres Merkmal wurde auch beim englischen → Ford Anglia eingeführt! –, bestachen sie im Modelljahr 1961 durch eine gänzlich neu geformte Karosserie mit völlig glatten Seitenflächen. Anstatt einer panoramaförmigen fand sich eine ins Dach hineingewölbte Frontscheibe. Die schlichte Front, in der die Doppelscheinwerfer nebeneinander angeordnet waren, wurde von beilförmig ausragenden Kotflügelabschlüssen flankiert. Die Hintertüren waren hinten angeschlagen, und dies galt auch für das Cabriolet, das als einziges serienmäßiges «Offenauto» seit langem in der Tat viertürig war. Es gab für 1961 nur noch die Modellreihe Continental, und die Modellauswahl beschränkte sich auf den Sedan und das Cabrio. Den Radstand hatte man von 333 auf 312 cm verkürzt, die Gesamtlänge erreichte noch 539 statt 577 cm. Die Leistung stand mit

Rechts: Lincoln Continental Mark V, 1960
Rechts außen: Lincoln Continental, 1961
Unten: Lincoln Continental Convertible, 1964

noch 304 PS zu Buche. Sitzverstellung und Fenster konnten natürlich elektrisch bedient werden. Unter den technischen Änderungen stand die Einführung von wartungsfreien Schmierstellen an vorderster Stelle. Damit wurde ein Trend eingeleitet, der die gesamten sechziger Jahre kennzeichnen sollte!

Lincoln war auch die Marke zahlreicher amerikanischer Präsidenten. 1961 entstand ein neuer Lincoln Continental für Präsident Kennedy. Er war auf 6,4 m verlängert worden. Der Umbau wurde durch die Spezialfirma Hess & Eisenhardt in Cincinnati verwirklicht. Man konnte ihn gänzlich offen, mit Plexiglas- oder Stahldach fahren ... Als Präsident Kennedy 1963 ermordet wurde, war das Dach offen.

Die Lincoln-Front des Jahrgangs 1962 zeigte sich noch verfeinert: Die Doppelscheinwerfer lagen nun in einzelnen kreisrunden Zierringen anstatt in sechseckigen Rähmchen. Zu den weiteren Neuerungen zählten Frostschutzmittel für zwei Jahre, Wasserheizung für den automatischen Choke, Kontrolllicht für das Schließen der Hintertüren und auf Wunsch ein von innen verstellbarer Außenspiegel und eine Innenbedienung für das Öffnen des Kofferdeckels. Es wurde festgehalten, daß der Bau eines Continental, auf den zwei Jahre oder 40 000 km Totalgarantie gewährt wurden und dessen Öl nur alle 10 000 km gewechselt werden mußte, vier Arbeitstage Bauzeit in Anspruch nahm, von denen fast die Hälfte für Qualitätskontrollen aufgewendet wurde.

Auf 1963 erhielt das nach außen gewölbte Kühlergitter eine feine, in ein Dutzend Felder unterteilte Karomusterung. Es gab inzwischen auch eine Executive-Limousine auf verlängertem Radstand. Dem allgemeinen Trend entsprechend wurde die Motorleistung mit dem Modelljahr 1963 wieder angehoben: Es standen nun 324 SAE-PS bei 4600/min zur Verfügung. Auch das höchste Drehmoment lag nun bei einer höheren Tourenzahl: 64,3 mkp bei 2600 statt bei 2000/min.

Modellkonstanz wurde bei Lincoln – ganz im Gegensatz zu praktisch allen anderen amerikanischen Fabrikaten – großgeschrieben. Immerhin wollte man sich dem Karosseriewachstum ebenfalls nicht entziehen. So erhielten die Modelle 1964 einen um 7,5 auf 320 cm gewachsenen Radstand. Er kam dem Innen- und dem Kofferraum zugute. Die Gesamtlänge wuchs von den inzwischen erreichten 542 auf 549 cm. Ein Kühlergitter mit Rechteckmotiven ohne prägnante horizontale Zweiteilung kennzeichnete den neuen Jahrgang. Zudem waren die Blinker nun über den Stoßstangenecken in die Kotflügelkanten integriert. Bedeutendste technische Neuerung war die Einführung von vorderen Scheibenbremsen; sie stammten von Kelsey-Hayes. Noch waren serienmäßige Scheibenbremsen bei US-Wagen kaum verbreitet!

Mit dem Jahrgang 1966 erfuhr das eigenständige und unverkennbare Lincoln-Design eine Anpassung an die Mode: Die bisher nur durch einen kleinen Absatz auf der Höhe der Hintertür unterbrochene Gürtellinie erhielt den sogenannten Hüftschwung, eine Wölbung vor dem hinteren Radausschnitt. Die Seitenfenster waren leicht gewölbt, und zudem gab es jetzt wieder eine zweitürige Hardtop-Ausführung. Die Gesamtlänge wuchs um 11 auf 461 cm. Gänzlich neu gestaltet war das Armaturenbrett: Anzeigeinstrumente und Bedienungsschalter waren in einer Art Kommandopult vor dem Lenkrad zusammengefaßt. Mit einem Sprung auf 7565 cm^3 (Verdichtung 10,25:1, 345 PS bei 4600/min) sicherte sich Lincoln die Führung im Hubraumrennen. Bei → Chrysler und deren Cadillac/Lincoln-Konkurrenten → Imperial hatte man den Hubraum gleichzeitig auf 7206 cm^3 erhöht. 1968 sollte → Cadillac mit 7729 cm^3 (ab 1970 gar 8194 cm^3) die Spitze an sich reißen ...

Den Lincoln-Jahrgang 1967 erkannte man an den acht senkrecht unterteilten Feldern

Lincoln

(Lincoln) Continental Mark III, 1968

des Kühlergitters; zu den technischen Verfeinerungen zählte die neue Heizungs- und Lüftungsanlage mit einem Abluftventil in den Vordertüren. Zu dieser Zeit entstand der Versuchswagen Continental Coronation (= Krönung) Coupé II. Ein superluxuriöses Interieur, ein spezielles Schiebedach sowie die Gaspedalstellung anzeigende gelbe und grüne Hecklampen waren seine Eigenheiten. Nachdem sie 1966 von dort verschwunden waren, wanderten die Blinker und die Positionslichter auf 1968 wieder in die vorderen Kotflügelabschlüsse über den Stoßstangenenden.

Mark III Während das einzigartige viertürige Cabriolet 1968 nicht mehr im Modellprogramm enthalten war, tauchte als neues Spitzenmodell der Continental Mark III auf. Seine Lancierung erfolgte erst im Februar 1968. Im Gegensatz zu den selbsttragend konstruierten übrigen Lincoln hatte er überraschenderweise ein breitausladendes Kastenrahmenchassis. Statt der Blattfedern wies die Hinterachse Schraubenfedern und zudem untere Längslenker, eine obere Drehmomentstütze sowie einen Panhardstab auf. Der Radstand war mit 297,5 cm um 22,5 cm kürzer, doch war die Gesamtlänge nur um 12,5 cm geschrumpft.

Mit dem Mark III wollte man offensichtlich an die Sonderstellung des seinerzeitigen Continental Mark II anknüpfen. Nicht nur fand sich im Heckabschluß eine ein- bzw. ausgeprägte Reserveradsilhouette, auch die hochluxuriöse, abgesteppte Leder/Vinyl-Innenausstattung mit allen erdenklichen Komfortmerkmalen bewies, daß Ford hier ein neues Klasseauto auf den Markt brachte. Nicht zuletzt sollte zum frontgetriebenen Eldorado-Coupé von → Cadillac ein Gegengewicht geboten werden.

Ungewöhnlich war aber auch die Mark-III-Frontgestaltung in Form eines stilisierten klassischen Kühlergitters, das ein Stück weit an die Vorkriegs-Lincoln erinnerte. Die sich beidseits anschließenden Doppelscheinwerfer waren unter Klappen versteckt. Zu den Besonderheiten zählte weniger die alsbald auch bei anderen Modellen aus dem Ford-Konzern anzutreffende Flo-Thru-Lüftungsanlage (Abzug der verbrauchten Luft über dem Heckfenster) als etwa die Armaturenbrettverzierung mit ostindischem Rosenholz (auf Wunsch englisches Eichenholz). Höchst unerwartet war auch die Tatsache, daß der Motor bei kaum verändertem Hubraum von 7536 cm³ neue Abmessungen besaß. Auch er hatte einen Vierfachvergaser, doch leistete er bei 10,5:1 Verdichtung jetzt 370 PS und bot ein höchstes Drehmoment von 69 statt 67 mkp bei 2800/min.

Von der Karosseriefirma Lehmann-Peterson in Chicago wurden im Auftrag des amerikanischen Geheimdienstes zwei viertürige Continental-Cabriolets mit speziellen Sicherheitseinrichtungen für Paraden konstruiert. Sie hatten unter anderem seitwärts und am Heck Trittbretter und Haltestangen für Leibwächter. Ihnen folgte Ende 1968 eine neue Präsidentenlimousine; sie war von Lyndon B. Johnson bestellt worden und kam unter Richard M. Nixon in Dienst. Sie hatte einen auf 3,9 m verlängerten Radstand und erreichte die imposante Gesamtlänge von 635 cm. Zu den Besonderheiten zählte hier das in der Mitte aufklappbare Glasdach.

Die Serienmodelle 1969 hatten ein in der Mitte höhergezogenes Kühlergitter, auch im Interieur fanden sich stylistische Anpassungen an den Mark III. Gegen Mehrpreis gab es die Luxus- und Lederausstattung Town Car sowie unter anderem ein kippbares Lenkrad, eine sechsfache elektrische Sitzverstellung, eine Niveauregulierung und eine Differentialbremse Equa-Lock. Besondere Erwähnung verdient jedoch, daß Ford ankündigte, den Mark III im kommenden Jahr auf Wunsch mit dem Sure-Track-Bremssystem zu liefern. Es handelte sich hierbei um eine intermittierend arbeitende Anlage mit Drehzahlfühlern an beiden Hinterrädern und elektronischer Steuerung. Der 7536-cm³-Motor mit 370 PS wurde nun in alle Lincoln eingebaut. Das Automatgetriebe hieß jetzt Select Shift.

Das Modelljahr 1970 brachte den Lincoln vollständig neu gezeichnete Karosserien. Bei allen Modellen waren die Scheinwerfer nun bei Nichtgebrauch abgedeckt, und beim Continental fiel die Front durch die markanten horizontalen Rippen auf. Beim Sedan waren fortan auch die Hintertüren vorne angeschlagen. Der Radstand hatte um 2,5, die Gesamtlänge um 2 auf 571,5 cm zugenommen. Doch noch bedeutsamer war der Übergang zur Chassisbauweise, einem Kastenrahmen mit Traversen, wie ihn auch der Mark III besaß. Damit erhielten auch die normalen Continental die an Schraubenfedern abgestützte Hinterachse. – Die Lincoln-Neuzulassungen in den USA (der Exportanteil war sehr klein) hatten 1960 mit 20 700 Einheiten einen Tiefstand erreicht, bis 1970 wuchs er auf rund 57 000 Stück, wovon 22 000 Mark III.

Lincoln	Zyl.	cm³	SAE-PS	bei 1/min	Gänge	Spitze km/h	Radstand/ Länge	Modelljahre	Besonderheiten
Lincoln/ L. Premiere/L. Continental Mark V	V8	7045	319	4100	A	–180	333/577	1960	
Continental			304	4100			312/539	1961/62	'62: 541 cm lang
			324	4600		–190	312/542	1963	
							320/549	1964/65	
		7565	345	4600		–200	320/561	1966–68	
		7536	370	4600		–210	320/570	1969	
							323/572	1970	Kastenrahmenchassis
Continental Mark III		7536	370	4600	A	–210	298/549	1968–70	Kastenrahmenchassis

Lloyd

Unter den im norddeutschen Bremen gebauten Marken des → Borgward-Konzerns war Lloyd während geraumer Zeit Deutschlands erfolgreichster Kleinwagen. Die 2-Zylinder-Autos gingen wegen ihrer Kunstlederüberzüge auf der ursprünglich aus Sperrholzschalen bestehenden Karosserie als «Leukoplastbomber» in die Nachkriegsgeschichte ein. 1960 umfaßte das Produktionsprogramm allerdings weiterentwickelte Stahlkarosserien, die auf einem Zentralrohrrahmen aufgebaut waren, der seinerseits mit einer Plattform verschweißt war. Die vordere Einzelradaufhängung umfaßte obere und untere progressiv wirkende Querblattfedern, während hinten eine Pendelachse mit Halbelliptikfedern verwendet wurde. Die Lloyd hatten wie die größeren → Hansa Frontantrieb. Ihr 596-cm³-Motor hatte eine obenliegende Nockenwelle und war luftgekühlt. Im Lloyd 600 Standard leistete er 19 DIN-PS bei 4500/min und war mit einem unsynchronisierten 3-Gang-Getriebe mit Armaturenbrettschaltung gekoppelt, im schmuckeren Typ Alexander gab er seine Kraft über ein 4-Gang-Getriebe (ohne synchronisierten ersten Gang) mit Lenkradschaltung ab, und im Alexander TS schließlich war dieses Getriebe mit einem bei 5000/min auf 25 DIN-PS gebrachten Motor verbunden (Kompression 7,2 statt 6,6:1, anderer Vergaser). Daneben wurde der Halbfrontlenker-Kleinbus Lloyd LT 600 gebaut.

Bereits im Mai 1959 war ein gänzlich neuer größerer Lloyd vorgestellt worden. Er ging nach den Sommerferien als Lloyd Arabella in Serie. Auch er hatte Frontantrieb, doch trug der vorne und hinten gegabelte Zentralrohrrahmen hier eine vordere Einzelradaufhängung mit Trapez-Dreieckquerlenkern und Schraubenfedern, hinten eine solche mit gezogenen Längslenkern, Schraubenfedern und Stabilisatoren. Der Motor war ein wassergekühlter 4-Zylinder-Boxer mit 897 cm³ Inhalt und 38 DIN-PS Leistung bei 4800/min. Das 4-Gang-Getriebe mit Lenkradschaltung war vollsynchronisiert. Der Arabella (Bild → Borgward) mit hinten ansteigender Gürtellinie war gefällig und modern geformt. Eine von Frua (→ Anhang) entworfene Coupé-Version (mit 45 PS) ging nicht in Serie. Wohl aber kamen Ende 1960 die Ausführungen Arabella de Luxe (mit 45 PS) und Arabella 34 (mit versicherungsgünstigen 34 PS) hinzu, doch gleichzeitig erhielten die Arabella auch das Borgward-Markenzeichen. Nach dem Zusammenbruch des Borgward-Konzerns wurde im Juli 1961 auch die Lloyd-Produktion eingestellt. Insgesamt waren 45 550 Arabella gebaut worden. Unter Nutzung noch vorhandener Teile entstanden 1962/63 nochmals knapp 1500 Wagen.

Lloyd	Zyl.	cm³	DIN-PS	bei 1/min	Gänge	Spitze km/h	Radstand/ Länge	Baujahre	Besonderheiten
600	2	596	19	4500	3	100	200/336	1955–61	Zentralrohrr., h.E.,
Alexander					4				Frontantrieb, OHC,
TS			25	5000		110		1958–61	Luftkühlung
Arabella	4	897	38	4800	4	120	220/380	1959–60	(OHV, wassergekühlt)
34			34	4700		115		1960	

LMB	Zyl.	cm³	PS	bei 1/min	Gänge	Spitze km/h	Radstand/ Länge	Baujahre	Besonderheiten
Debonair	4	1340	55	4900	4	145	229/350	1961/62	Kastenrahmenchassis
			75	5000		170			mit Kompressor

LMB

Der LMB war eine englische «Eintagsfliege». Propagiert wurde er Ende 1961 von der LMB Components Ltd. in Guildford, Surrey, und er war sowohl als Fertigwagen wie auch als Bausatz erhältlich. Sein Konstrukteur war Leslie Ballamy. Auch wenn das Dach ein wenig stark gewölbt war, so wirkte die Linie dieses aus Kunststoff bestehenden 2+2sitzigen Coupés mit dem an die Türen anschließenden Dreieckfenster und der Panorama-Heckscheibe doch sportlich und modern. Als Chassis diente ein Kastenrahmen mit Traversen. Als Antriebseinheiten standen zunächst die 1-Liter-Motoren von Ford und BMC zur Wahl. Die spätere Aufhängung mit vorderen Halbschwingachsen, schräg angeordneten Längslenkern und Blattfedern sowie einer hinteren Starrachse mit parallel zu ihr montierten Viertelelliptikfedern und Längsschubstreben war reichlich ungewöhnlich! Als Motor wählten die Hersteller schließlich das 1340-cm³-Aggregat Ford 109 E. Es leistete 55 DIN-PS, doch wurde auch eine Ausführung mit Kompressor angeboten. Für sie wurde die Leistung mit 75 PS angegeben. Das 4-Gang-Getriebe (erster Gang unsynchronisiert) hatte Lenkradschaltung, und an den Vorderrädern waren Lockheed-Scheibenbremsen montiert. Bis 1962 sollen gerade etwa 50 LMB Debonair gebaut worden sein.

Deren Karosserie war übrigens von der Firma EB (Staffs) Ltd. hergestellt worden. Dieses von John Edwards gegründete Unternehmen hatte vorher bereits mit Erfolg Kunststoffkarosserien hergestellt, mit denen einfache Ford Popular zu attraktiven Sportwagen gewandelt wurden, die sich auch für den Einsatz bei Clubrennen eigneten. Es wurden angeblich nicht weniger als 2000 dieser offenen EB-Zweisitzerkarosserien an Bausatzkunden abgeliefert.

Oben: LMB Debonair, 1961
Links: Lloyd Alexander TS, 1961

LMX

Lola

Ein sich aufbäumender Drache war das Markenzeichen der kleinen Marke LMX, die 1969 gegründet wurde. Sein Initiant war der 1927 in Bordeaux geborene Italoargentinier Michel Liprandi. Er hatte sich als Kunststoffspezialist einen Namen gemacht und schon 1952 ein erstes Auto mit Flügeltüren und Renault-Motor gebaut. Es folgten eine 1957 in Spanien gebaute Serie von Panhard-Coupés, die Mitarbeit beim → Osca 1600 2+2, beim → Asa Spider Bertone, beim → De Tomaso Vallelunga und auch bei Abarth und Ferrari. Und auf dem Turiner Salon 1968 konnte Liprandi endlich sein eigenes Auto vorstellen: den LMX. Er hatte – natürlich – eine Kunststoffkarosserie und wurde von einem Ford-2-Liter-V6-Motor angetrieben. Auf dem Pariser Salon 1969 wurde die für die Serienherstellung vorgesehene Ausführung dieses zweisitzigen Coupés präsentiert, und auf dem Turiner Salon des gleichen Jahres kam bereits auch die Spiderversion hinzu.

Der von der LMX Automobili Srl in Mailand propagierte und alsbald von der Carrozzeria Eurostyle in Turin hergestellte LMX 2300 HCS zeigte ein ebenso elegantes wie bulliges Karosseriestyling. In der breitausladenden Front steckten Rechteckscheinwerfer, und die in das abgeschnittene Fastback ausmündende, als Heckklappe dienende Rückscheibe war rahmenlos; deren Scharniere wurden in den späteren Serienexemplaren nach einer neuartigen Methode angeklebt statt angeschraubt. Der Aufbau ruhte auf einem Zentralträgerchassis. Vorne fanden sich Federbeine, Querlenker und Schraubenfedern, doch wurde auch hinten eine Einzelradaufhängung verwendet, und zwar mit Dreieckschräglenkern und Schraubenfedern. Alle Räder wiesen Scheibenbremsen auf. Die Spur war mit 152/153 cm besonders breit. Wie die Modellbezeichnung verrät, hatte man für die Serie die 2,3-Liter-Version des deutschen Ford-V6 gewählt. Die Leistung stand originalgemäß mit 108 DIN-PS bei 5100/min zu Buche. Daneben wurde eine Ausführung mit Constantin-Einstufen-Niederdruckkompressor und 180 PS angeboten. Der Kraftübertragung diente das vollsynchronisierte 4-Gang-Getriebe von Ford. – Der LMX wurde bis 1972 in kleiner Zahl gebaut.

Dieses trotz des südländisch klingenden Namens in Bromley, in der englischen Grafschaft Kent, angesiedelte Unternehmen hatte schon in den fünfziger Jahren mit dem Bau von Rennfahrzeugen begonnen. 1963 wurde der Prototyp eines begeisternd geformten GT-Coupés mit Ford-V8-Mittelmotor vorgestellt. Es handelte sich um die von → Ford USA nur gerade in jenem Jahr hergestellte 4,3-Liter-Maschine, für die von Lola je nach Ausführung Leistungen von 320 bis 350 PS in Aussicht gestellt wurden. Auf Wunsch konnte dieses Antriebsaggregat mit einem 5- statt 4-Gang-Getriebe bestellt werden. Das Chassis des Lola GT bestand aus einem vorderen Rohrrahmen und hinterem Stahlunterbau. Vorne wie hinten waren die Räder mit doppelten Dreieckquerlenkern aufgehängt und an Schraubenfedern abgestützt. Dieses Hochleistungscoupé ging zwar nie in die eigentliche Serienherstellung. Hingegen entstand aus diesem Projekt nach der Übernahme durch Ford USA im Herbst 1963 der berühmt gewordene → Ford GT 40. Die Marke Lola unter Eric Broadley baute fortan ausschliesslich Rennfahrzeuge.

Oben: Lola GT, 1963
Links: LMX 2300 HCS Spyder, 1970
Rechts: Lombardi Fiat 850 Grand Prix, 1970

LMX	Zyl.	cm³	SAE-PS	bei 1/min	Gänge	Spitze km/h	Radstand/Länge	Baujahre	Besonderheiten
2300 HCS	V6	2293	126 180	5800	4	200	230/396	1969–	Zentralträger h. E. mit Kompressor

Lola	Zyl.	cm³	SAE-PS	bei 1/min	Gänge	Spitze km/h	Radstand/Länge	Baujahre	Besonderheiten
GT	V8	4267	320	6250	4	280+	234/391	1962/63	Chassis, Mittelmotor Ford

Lombardi

Francis Lombardi, dessen Firma sich in Vercelli befand, war vor allem einer jener zahlreichen italienischen Karossiers, die teils hochindividualisierte Spezialkarosserien auf den Fiat-Kleinwagen feilboten. Doch entstanden bei ihm einzelstückweise auch größere Fiat-Coupés (beispielsweise mit auf 2,2 Liter vergrößertem Motor und übereinander angeordneten Doppelscheinwerfern) oder der Fiat 2300 Presidenziale (mit deutlich verlängertem Radstand). Weitere Schöpfungen waren die Coupés auf Basis Fiat 1300 und 1500, ferner beispielsweise das 1966 entstandene viersitzige Coupé Fiat 124 Smart, die Coupés auf dem Heckmotorunterbau von VW und des NSU TTS (1970) und schließlich der Fiat 500 My Car, der angeblich in annähernd 20 000 Exemplaren, einer Rekordzahl der Branche, hergerichtet wurde.

Besonderen Erfolg brachten Lombardi jedoch die viertürigen Abwandlungen der kleinen Fiat. Nachdem Lombardi in den fünfziger Jahren bereits den Fiat 600 als viertüriges Modell Lucciola (= Leuchtkäfer) gebaut hatte (mit gleichem Namen wurde viel später auch ein viertüriger Fiat 127 gebaut), lancierte er im Herbst 1964 den Fiat 850 Quattro Porte mit verlängertem Stufenheck, der einige Jahre später in leicht abgewandelter Form bei → Seat in Spanien in Serie gehen sollte. 1967 entstand, wiederum auf dem Fiat 850, der Lombardi Monza, ein lustiger Spider mit freistehenden Vorderrädern.

Ebenfalls als Eigenmodell lancierte Lombardi 1968 das adrett geformte Coupé Fiat 850 Grand Prix. Es war ein bloß 107 cm hoher Zweisitzer, bei dem mit einem besonders stark absinkenden, strömungsgünstigen Bug von der Tatsache Gebrauch gemacht wurde, daß beim Fiat 850 der Motor im Heck saß. Dort war er von einem Fastback kaschiert, an dessen Rückscheibe sich Lufteinlaßlamellen anschlossen. Der Aufbau des Grand Prix war eine Verbindung von Aluminium und Kunststoff (sowohl Türen wie Sitze). Es gab ihn mit den serienmäßigen Fiat-850-Motoren, doch wurden in ihm auch mehr oder weniger stark getunte Aggregate eingebaut, wobei die gleiche Karosserie teils unter anderem Namen kommerzialisiert wurde. Nach weiteren originellen Schöpfungen ging die Firma Lombardi 1974 in Konkurs.

Lombardi	Zyl.	cm³	DIN-PS	bei 1/min	Gänge	Spitze km/h	Radstand/ Länge	Baujahre	Besonderheiten
Fiat 850 Grand Prix	4	843	47	6400	4	155	356	1968–	(Basis Fiat 850)

Lotus

Neben Cooper zählte die Marke Lotus zu den Pionieren der modernen Grand-Prix-Wagen. Sie hatten als erste den Motor hinter den Fahrer verlegt und mit ihren Erfolgen im Formel-1-Sport eine Revolution eingeleitet. Lotus-Gründer Colin Chapman hatte 1947 mit Austin-7-Teilen sein erstes Auto eigenen Konzepts, einen Geländesportwagen, gebaut. Schrittweise erwarb er sich den Ruf eines besonders einfallsreichen, ja genialen Rennwagenkonstrukteurs. Der 1957 lancierte Mark Seven eignete sich dank seiner einfachen und dennoch wohldurchdachten Machart für die verschiedensten Einsatzzwecke und – entsprechend ausgerüstet – auch für die Straße. Noch 1983 sollten neue Nachbauten dieses einzigartigen Modells lanciert werden. In erster Linie als Gran-Turismo-Wagen gedacht war der Lotus Elite, der ebenfalls 1957 herauskam und Chapman zum eigentlichen Autohersteller avancieren ließ. In Cheshunt (Hertfordshire) wurde eine neue Produktionsgesellschaft gegründet.

Der Elite war ein bildschön geformtes zweisitziges Coupé mit Kunststoffkarosserie. Der von den Bristol-Flugzeugwerken gelieferte Aufbau war mittragend und mit einem Gitterrohrrahmen verbunden. Alle Räder waren einzeln aufgehängt, vorne mit Dreieckquerlenkern und Federbeinen, hinten mit Längslenkern und Federbeinen. Als Antriebsaggregat diente die 1,2-Liter-Maschine mit obenliegender Nockenwelle von Coventry Climax; diese Firma lieferte Chapman (wie anderen Rennställen) zeitweise auch die Rennmotoren. Mit einem Vergaser und 10:1 Verdichtung standen 76 PS bei 6100/min zur Verfügung. Daneben gab es den Elite GT mit zwei Vergasern und 104 PS bei 7200/min. Für die Kraftübertragung diente das 4-Gang-Getriebe aus dem → MG Magnette. Auf Wunsch wurde eine ZF-Differentialbremse eingebaut.

Im Seven, der auch als Bausatz zu haben war, diente in der Ausführung F der altbetagte 1172-cm³-Ford-Motor (→ Ford England) mit stehenden Ventilen, der es auf bescheidene 36,5 PS bei 4500/min brachte, in der Ausführung A der BMC-948-cm³-Motor (→ Austin A 40, Morris Minor 1000) und in der Ausführung C der Coventry-Climax-OHC-Motor mit 1098 cm³ Hubraum und 85 PS Leistung. Außerdem wurden Rennzwei- und -einsitzer hergestellt.

Ende 1960 erschien der Lotus Seven Series Two, den man an den langgestreckten Vorderkotflügeln erkannte. Den Elite gab es nun auch in einer Ausführung Special mit 84 PS (zwei Vergaser). Beim Seven wurde die Motorauswahl alsbald vergrößert (Seven F auch mit 997- und 1340-cm³-Ford-Motoren, Seven A mit Austin-Healey-Sprite-Motor, Seven M mit Morris-Minor-Motor). Das Leergewicht wurde mit 416 kg angegeben!

Elan Ende 1962 wurde das offizielle Angebot allerdings auf den Lotus Super

Lotus

Von oben nach unten:
Lotus Seven, 1960
Lotus Elite, 1960
Lotus Elan 1600, 1964

Seven 1500 (Ford-Motor mit 66 bis 90 PS) reduziert. Vorne wurden nun Scheibenbremsen verwendet. Anderseits gab es neu das Sportcabriolet Elan 1500 mit einer ähnlich sauber geformten Kunststoffkarosserie, wie sie der Elite aufwies. Allerdings waren hier die Scheinwerfer unter Klappen verborgen. Der Elan hatte ein gelochtes Mittelträgerchassis, neben dem beidseits die Sitze angeordnet waren. Die Einzelradaufhängung umfaßte bei diesem Modell vorne Trapez-Dreieckquerlenker und Schraubenfedern, hinten untere Dreieckquerlenker und schräge Federbeine mit Schraubenfedern. Wie der Elite hatte der Elan Girling-Scheibenbremsen an allen vier Rädern. Der Motor stammte aus dem Ford Consul Classic, doch war er von Lotus nach einem Entwurf von Harry Mundy mit einem neuen Zylinderkopf mit zwei obenliegenden Nockenwellen versehen worden! Diese 1498-cm³-Maschine kam auf 102 DIN-PS bei 5700/min. Das vollsynchronisierte 4-Gang-Getriebe stammte ebenfalls von Ford. Der Elan hatte bereits keine Chassisschmiernippel mehr. – Gleichzeitig wurde die Elite-Auswahl auf die Modelle Standard (mit 81 PS, zwei Vergaser), Super 95 (96 PS) und Sport (wie bisher GT mit 104 PS, auf Wunsch 110 PS) geändert.

Noch 1963 erhielt der Elan, den es nun auch mit einem Hardtop gab, den 1,6-Liter-Motor, wie er im Ford Cortina Lotus eingebaut wurde (106 PS, auf Wunsch 120 PS). Daneben gab es auf 1964 neu den Elan Racing mit 1594 cm³ und 142 PS für den Renneinsatz. Bei den Lotus Elite unterschied man nun nach einem Normalmodell mit 75 DIN-PS und dem Super 95; doch wurde auch deren Produktion Anfang 1964 eingestellt.

Elan S2 Nachdem bereits an die 2000 Elan verkauft worden waren, erschien auf 1965 der Elan S2. Es gab ihn ab Herbst jenes Jahres auch als Coupé mit elektrisch bedienten Fenstern (auf dem Genfer Salon 1965 als Modell GT angekündigt). Aus ihm wurde der Typ SE (= Special Equipment) mit 116 statt 106 DIN-PS. Ebenfalls im Verlaufe des Jahres 1966 wurde die Offenversion komfortabler gestaltet, erhielt jedoch fixe Fensterrahmen.

Europa Mit dem Modell Europa, das im Herbst 1966 als P 5 angekündigt wurde, führte Lotus die im Rennsport bewährte Mittelmotor-Bauweise auch bei einem Straßenfahrzeug ein. Das wie gewohnt aus Kunststoff bestehende ultraflache, bloß 109 cm hohe Zweisitzercoupé mit den langgezogenen, aber auch die Rundsicht behindernden Oberflanken war im Windkanal entstanden. Überraschenderweise stammte der auf 78 PS frisierte Motor aus dem → Renault 16 (Doppelvergaser, zweite Stufe vakuumgesteuert). Das Zentralträgerchassis war vorne und hinten gegabelt; die Hinterradführung erfolgte mit kastenförmigen Längslenkern und rohrförmigen Querlenkern. Der vorn liegende Kühler war in zwei Blöcke aufgeteilt. Der Europa sollte ab 1967 in einer neuen Lotus-Fabrik in Norwich gebaut werden. Neben dem Europa gab es aber auch den Lotus Mark 47 GT (ursprünglich als P 15 bezeichnet), ein nach gleichem Konzept konstruiertes und ähnlich aussehendes Rennsportfahrzeug mit frisiertem Ford-Cortina-Lotus-Motor.

Elan +2 Der Herbst 1967 brachte den Elan +2. Es handelte sich hierbei um eine gestreckte Ausführung des bekannten Elan. Der Radstand erreichte 245 statt 213 cm, die Gesamtlänge 429 statt 368 cm. Damit gab es im Interieur zusätzlich Platz für zwei Kinder. Der Elan +2 war sichtbar luxuriöser ausgestattet als die bisherigen Modelle; seine Leistung wurde mit 119 DIN-PS angegeben, so daß das höhere Gewicht von 762 kg kaum eine Leistungseinbuße brachte. Im modernen neuen Werk, das 580 Arbeiter und Angestellte beschäftigte, teilte sich die Tagesproduktion von durchschnittlich einem Dutzend Fahrzeugen zu je etwa einem Drittel auf den Elan, den Elan +2 und den Europa auf. In Großbritannien selbst wurde ein großer Teil

Rechts: Lotus Europa, 1967
Unten: Lotus Elan +2, 1968

der Wagen nach wie vor ohne eingebauten Motor geliefert, womit die hohe Kaufsteuer umgangen werden konnte. Nachdem der Jahresausstoß 1965 erst 800 Wagen erreicht hatte, waren es 1967 bereits 2000.

Daß Detailpflege großgeschrieben wurde, beweist der Hinweis, daß im Herbst 1968 für die Ausführung 1969 des Elan nicht weniger als 124 Modifikationen vorgenommen wurden. Das jetzt als Elan SE S4 (bzw. S4) bezeichnete sauber geformte Coupé war den amerikanischen Sicherheitsbestimmungen angepaßt; es hatte neue Radausschnitte für breitere Reifen, zweistufige Scheibenwischer, einen elektrischen Scheibenwascher, ein neues Armaturenbrett mit versenkt angeordneten Bedienungsknöpfen, neue Türgriffe und ein energieabsorbierendes Lenkrad. Die neu hinzugekommene Luxusversion +2S war außerdem mit neuartigen Aluminiumrädern mit strahlenförmigen Speichen versehen. Der ebenfalls mit Karosserieverbesserungen versehene Europa trug den Zusatz S2.

Auf dem Genfer Salon 1969 hatte Lotus Suisse als Spezialausführung des Lotus Europa für die Schweiz eine Ausführung Black Shadow angekündigt. Er hatte den 1565-cm³-Motor des Renault 16 TS, dessen Leistung mit einer Kugelfischer-Benzineinspritzung auf 110 SAE-PS gesteigert worden war. Allerdings ergaben sich Lieferprobleme. Als weitere Sonderausführung wurde von Lotus Suisse im August des gleichen Jahres der Europa Hemi 807 präsentiert. Er hatte ebenfalls den Motor des Renault 16 TS, allerdings mit Spezialkolben und nachbearbeiteter Nokkenwelle. Die Leistung dieses mit Doppelvergaser bestückten Modells wurde mit 105 PS bei 8000/min angegeben. Der Hemi 807 rollte auf Leichtmetallfelgen mit Breitreifen und hatte feine seitliche Zierstreifen. – Der Lotus Super Seven wurde 1969 in einer argentinischen Lizenzversion mit Fiat-1500-Motor vorgestellt; weitere Nachbauten – darunter solche aus Spanien, den Niederlanden und Nordamerika – sollten folgen! Colin Chapman verstarb Ende 1982 erst 54jährig.

Lotus	Zyl.	cm³	SAE-PS *DIN	bei 1/min	Gänge	Spitze km/h	Radstand/ Länge	Baujahre	Besonderheiten
Seven F (Ford)	4	1172	37	4500	3	152	224/312	1957–62	Gitterrahmen, SV!
A (BMC)		948	39	5000	4			1957–61	(OHV)
C (Coventry Climax)		1098	85	6250		180		1957–60	OHC
F (Ford)		997	40	5000		150+		1961/62	
		1340	86	6000					
A (Austin-Healey)		948	46	5500					
M (Morris)			37	5000					
Super Seven 1500		1498	66*	5200		160	224/336	1962–66	(Ford); a.W. –90 PS
			96	6000					
Elite	4	1216	76	6100	4	190	224/366	1957–61	h.E., DOHC (Coventry
GT			104	7200		210		1959–62	Climax)
Special			84	6500		190		1960–62	ab '61: Standard-
(Standard)			81	6100		185	224/381	1962–64	ausführung,
Super 95			96	6500		200			381 cm lang
Sport			104	7200		210		1962/63	a.W. 110 PS
Elan 1500	4	1498	102*	5700	4	190	213/367	1962/63	Zentralträgerchassis,
1600 (ab '64: S 2; ab '68: S 4)		1558	106*	5500		–200	213/369	1963–	h.E., DOHC (Ford)
Racing		1594	142	6500		–206		1963–65	
SE (ab '68: S 4)		1558	116*	6000		192		1966–	
+ 2 (ab '68: auch +2 S)			119*	6250		193	245/429	1967–	
Europa (ab '68: S 2)	4	1470	78*	6000	4	176	231/398	1967–	Zentralträger, Mittel-
Hemi 807		1565	105	5800		200		1970–	motor (Renault 16)
			110	5800					mit Einspritzung

Marcos

Links: Mini Marcos GT, 1967
Unten: Marcos 1600, 1967

Der von den englischen Spezialisten Jem Marsh (Autoteilehersteller) und Frank Costin (Flugzeugingenieur) im Jahre 1959 konstruierte Marcos (Zusammenzug von Marsh und Costin) war einer der ungewöhnlichsten Sportwagen seiner Epoche. Nicht nur hatte er eine vom Designer Frank Costin entworfene ungewöhnliche Form, mit seiner aus Holz und Kunststoff kombinierten selbsttragenden Karosseriestruktur bot er auch ein technisch ungewöhnliches Konzept. Die von anderen Marken entliehenen Aufhängungsteile umfaßten vorne Dreieckquerlenker und Schraubenfedern, hinten eine Starrachse mit Längslenkern, Panhardstab und Schraubenfedern. Für den Antrieb sorgte ein mit zwei Vergasern auf 60 SAE-PS gebrachter 1-Liter-Motor des drehfreudigen Typs → Ford 105 E (Anglia), den man auch mit einer Verdichtung von 12 statt 8,9:1 haben konnte! Hergestellt wurde der Marcos GT von der Firma Speedex Castings and Accessories Ltd. in Luton. Dieses Unternehmen baute Guß- und Zubehörteile für die Autoindustrie. Natürlich gab es den individuell und skurril aussehenden Zweisitzer auch in Bausatzform.

Im Verlaufe des Jahres 1961 erhielt der Marcos GT eine etwas gefälligere Form. Die an die Türfenster anschließenden, die Rundsicht behindernden Seitenflächen verschwanden, und die bislang versenkt angeordnete Heckscheibe wurde ans Tageslicht befördert und ebenso um die Ecken gezogen wie die Frontscheibe. Zudem wurden die Vorderräder mit Girling-Scheibenbremsen dotiert. Mit den nach wie vor erhältlichen frisierten Motoren konnte der angeblich bloß 455 kg wiegende Marcos nun erst recht bei Rennen eingesetzt werden.

1800 GT Mit dem Marcos 1800 GT wurde auf der Londoner Racing Car Show im Januar 1964 ein völlig neues Modell vorgestellt. Jetzt stammte das Design von Dennis Adams, der Frank Costin abgelöst hatte. Der 1800 GT war ein bestechend aggressiv-elegantes, strömungsgünstiges Coupé mit plexiglasverschalten Doppelscheinwerfern. Die nur 105 cm hohe Zweisitzerkarosserie bestand wiederum aus Kunststoff und wies eine aus Holz bestehende Struktur auf. Die hintere Starrachse besaß schräge Führungsarme und Schraubenfedern. Bemerkenswerterweise diente als neue Antriebsquelle der Motor aus dem Coupé → Volvo 1800 S mit 1780 cm^3 Inhalt und 108 SAE-PS Leistung. Dieser Motor wurde mit einem vollsynchronisierten 4-Gang- oder einem 5-Gang-Getriebe kombiniert. Im Jahr darauf wurde die Leistung auf 114 SAE-PS gesteigert und als Getriebe einheitlich eine 4-Gang-Einheit mit Laycock-Schnellgang geliefert.

Weitere kleine Änderungen gab es im Herbst 1965 mit der Einführung des Typs 1800 L, der nun bei einer auf 10,5:1 erhöhten Verdichtung 115 SAE-PS leistete. Die gleiche Leistung bot die neue Version 1800 IRS, die anstelle der schrägen Längsschubstreben mit Panhardstab eine hintere Einzelradaufhängung (Independent Rear Suspension) besaß, und die man mit innenliegenden hinteren Schreibenbremsen bestellen konnte. Noch wenig verbreitet waren serienmäßig eingebaute Kopfstützen, wie sie die Marcos neuerdings aufwiesen.

Mini Marcos Im Herbst 1965 lancierte das bei Bradford-on-Avon angesiedelte Werk den Mini Marcos GT. Er war ein 2+2-Coupé, das man gewiß nicht als formschön, wohl aber als hochoriginell bezeichnen konnte. Es hatte eine aerodynamische Front mit plexiglasverschalten Scheinwerfern und ein rundliches Fastback. Jem Marsh ging es darum, jungen Autoenthusiasten die Möglichkeit zum Bau eines individuellen Sportcoupés zu bieten. Die Kunststoffkarosserie des Mini Marcos ließ sich denn mit den technischen Aggregaten – vorderer Hilfsrahmen mit Motor/Getriebe/Aufhängung-Einheit und hinterer Hilfsrahmen aus dem Mini (→ Austin) kombinieren, wobei sowohl die normalen 850-cm^3-Versionen wie die schnellen Cooper-Ausführungen aus Occasions-, Unfall- oder Neuwagen gebraucht werden konnten. Auf Wunsch wurde ein Mini Marcos auch aufgebaut anstatt als Bausatz geliefert. Unter den englischen Fans wurde der Mini Marcos binnen kurzer Zeit zu einem Begriff, und er fand sowohl als Transportmittel für die Jungfamilie wie bei Renneinsätzen Verwendung. 1966 vermochte sich ein speziell vorbereiteter Mini Marcos gar beim 24-Stunden-Rennen von Le Mans auf dem 13. Gesamtrang zu klassieren.

Im Verlaufe des Jahres 1966 lief die Produktion des Marcos 1800 mit Volvo-Motor aus; auch der Typ IRS verschwand. An ihre Stelle traten die Modelle 1500 und 1600, beide mit Ford-Motor; ein Jahr später konzentrierte man sich auf den Typ 1600. Zu den Besonderheiten der größeren Marcos zählte der Umstand, daß die Vordersitze fest eingebaut waren, das Lenkrad und die Pedale hingegen der Fahrergröße angepaßt werden konnten. – Mit einem extravaganten Design von Dennis Adams wurde im April 1968 ein

Marcos	Zyl.	cm^3	SAE-PS	bei 1/min	Gänge	Spitze km/h	Radstand/ Länge	Baujahre	Besonderheiten
GT	4	997	60	5800	4	175	221/366	1959–62	Holzstruktur, Mot. Ford
							229/381	1962/63	
1800 GT		1778	108	5800	4/5	–220	226/404	1963/64	Mot. Volvo
			114	5800	4+S	185	226/408	1964/65	
L/IRS			115	5800		193		1965/66	
1500		1500	86	5300	4	185		1966/67	Mot. Ford
1600		1599	101	5500		193	226/406	1966–69	Mot. Ford
3 Litre	V6	2994	146	4750	4+S	200		1968–	Mot. Ford, ab '69 o. Holz
2 Litre	V4	1996	104	5000	4	–185		1969–	Mot. Ford, o. Holz
3 Litre Volvo	6	2978	145	5500	4/A	190			
Mini Marcos GT 2+2	4	848	38	5500	4	125	203/347	1965–69	Basis BMC Mini
		1275	77	6000		160			(+ alle
Mark II			77	5900		–170		1969–	Zwischenmod.)

Maserati

für Le Mans bestimmer Mittelmotor-Rennsportspider namens Mantis mit 3-Liter-Repco-Brabham-Motor präsentiert.

3 Litre Eine außerordentlich bullige neue Version war der Marcos 3 Litre, der auf dem Londoner Salon im Herbst 1968 seine erste Aufwartung machte. Er hatte – stets unter Plexiglasabdeckungen – Rechteckscheinwerfer und eine Ausbuchtung auf der Motorhaube. Unter dieser verbarg sich der 3-Liter-V6-Motor von Ford. Seine Leistung wurde mit originalgemäßen 146 SAE-PS angegeben, und er war auch in diesem Wagen mit einem Overdrive kombiniert. Der Typ 3 Litre wurde wie bereits frühere Modelle mit einem Faltdach angeboten.

Wiederum ein Jahr später, im Herbst 1969, gab man bei Marcos – auch im Hinblick auf neue Werkanlagen – die selbsttragende Holzkonstruktion auf und führte einen Stahlrohrunterbau ein, auf den die Kunststoffkarosserie fixiert wurde. Immerhin waren gut 500 «hölzerne» Marcos gebaut worden. Die Stahlstruktur erlaubte es, Kofferraum und Treibstofftank zu vergrößern. Der bisherige Typ 1600 wurde durch den Marcos 2 Litre ersetzt. Dessen Motor stammte wiederum von Ford, doch handelte es sich um einen V4, der wie im Ford Corsair 105 SAE-PS leistete.

Ende 1969 kam ein zweites Modell Marcos 3 Litre hinzu; es trug die Zusatzbezeichnung Volvo, und in der Tat hatten die Konstrukteure zum schwedischen Motorenlieferanten zurückgefunden und boten ihr Spitzenmodell mit einem 6-Zylinder-Reihenmotor an. Je nach Lesart war der Ford- oder der Volvo-Motor stärker: Die Leistungen wurden mit 146 SAE- und 128 DIN-PS für den Ford-V6 und mit 145 SAE- bzw. 130 DIN-PS für den Volvo angegeben. Letzteren Motor konnte man auch in Verbindung mit dem BW-35-Getriebeautomaten kaufen.

Mit Detailverfeinerungen war aus dem Mini Marcos GT schon 1969 der Mini Marcos Mark II geworden. Er fand nach wie vor seine Liebhaber. Doch 1973 wurde die Marcos-Produktion eingestellt. Allerdings nur vorübergehend. Nachdem über 800 Mini Marcos entstanden waren, ging die Herstellung 1975 an Jem Marshs neue Firma, Midas Cars, über, und auch der ebenfalls auf Mini-Grundlage konstruierte hübsche Midas wurde zum Erfolg. Von den größeren Marcos-Modellen waren über 1000 Einheiten gebaut worden, von denen ein Teil in die USA gelangte. Die Produktion der kaum veränderten Modelle 1970 wurde 1982 wieder aufgenommen!

Maserati ist Italiens traditionsreichste Sportwagenmarke. Ihre Gründung geht auf das Jahr 1926 zurück, und schon bald machte sich das Fabrikat der Brüder Maserati durch zahllose Rennsiege einen internationalen Namen. Auch in der Nachkriegszeit wurde noch erfolgreich an Rennen verschiedener Sparten, einschließlich Grand Prix, teilgenommen. Doch 1957 vollzog sich ein bedeutender Schritt im allmählichen Wandel von der reinen Rennsport-Autofirma zum Hersteller luxuriöser Hochleistungswagen: der für die eigentliche Serienherstellung bestimmte Typ 3500 wurde eingeführt. Es gab ihn als formschönes, von Touring (→ Anhang) in Superleggera-Bauweise (Stahlstruktur mit Alu-Beplankung) karossiertes 2+2sitziges Coupé, jedoch auch als Cabriolet, beispielsweise von → Vignale.

1960 lauteten die wichtigsten Spezifikationen des Maserati 3500 GT: 6-Zylinder-Reihenmotor mit zwei obenliegenden Nockenwellen, 3485 cm³, 260 SAE-PS bei 5500/min, auf Wunsch 280 PS (Verdichtung 8,5 statt 8,2:1), 4- oder 5-Gang-Getriebe, auf Wunsch Pow'r-Lock-Differentialbremse. Das Rohrrahmenchassis umfaßte Längsträger mit Hohlprofil, vorne fanden sich Trapez-Dreieckquerlenker und Schraubenfedern, hinten eine Starrachse mit Längslenkern und Halbelliptikfedern. Die Vorderräder wiesen Girling-Scheibenbremsen auf.

Ähnlich konzipiert war ein eigentliches Prestigeauto, der Maserati 5000 GT, der mehrheitlich auf Bestellung gebaut wurde; das erste, von Touring eingekleidete Exemplar war Ende 1959 an den Schah von Persien geliefert worden. Der 5000 GT hatte einen V8-Motor mit vier obenliegenden Nockenwellen. Es handelte sich also um eine Konstruktion, wie man sie sonst nur im Rennsport antraf, und in der Tat war dieses Antriebsaggregat eine Ableitung der 4,5-Liter-Rennsportmaschine von Maserati. Aus 4975 cm³ resultierten bei 8,5:1 Verdichtung und mit vier Doppelvergasern 385 SAE-PS bei 6200/min. Der 5000 GT wurde ausschließlich mit 4-Gang-Getriebe ausgerüstet.

Im Verlaufe des Jahres 1961 erhielt er die weiterentwickelte Lucas-Benzineinspritzung, wie sie ursprünglich bei den Jaguar-Rennsportwagen zum Einsatz gekommen war. Mit ihr wurde die Leistung auf 325 DIN-PS bei 5500/min gedrosselt (im Jahr darauf mit 340 DIN-PS angegeben). Auch ein 5-Gang-Getriebe und eine von Salisbury stammende Differentialbremse waren jetzt erhältlich. Als formvollendete Einzelstücke entstanden sowohl bei Bertone (→ Anhang) wie auch bei → Ghia, Monterosa (→ Anhang) und Scaglietti (→ dito, nach Pininfarina-Entwurf) 5000-GT-Coupés; als «offizielle» Version wurde ein Allemano-Coupé (→ Anhang) aufgeführt, das auch in einer als Indianapolis bezeichneten Version gebaut wurde.

3500 GTI Bereits auf dem Genfer Salon 1961 war ein von Frua (→ Anhang) entworfener und bei Italsuisse (→ Anhang) in Genf gebauter 3500 GT mit Doppelscheinwerfern vorgestellt worden. Die Serienausführung hatte jedoch die nur in kleinen Details veränderte Touring-Karosserie. Immerhin: Ende 1961 waren bedeutende Neuerungen am Fahrzeug zu verzeichnen: Neben der Ausführung mit Vergaserbestückung (220 DIN-PS) gab es neu eine hierauf mit 3500 GTI bezeichnete Version mit Lucas-Einspritzung (235

Oben: Maserati 5000 GT Indianapolis (Allemano), 1962
Links: Maserati 3500 GT (Touring), 1962

Maserati

Links: Maserati Quattro Porte (Frua), 1965
Links unten: Maserati 2 Posti 3700 = Mistral (Maggiora), 1965
Unten: Maserati Sebring 3700 GTIS (Vignale), 1967

DIN-PS). Girling-Scheibenbremsen fanden sich an allen vier Rädern, und das ZF-5-Gang-Getriebe war jetzt serienmäßig. Man erkannte die jüngste Ausführung am zusätzlichen Ventilationsflügel, der auch hinten am Seitenfenster angefügt war. Das Cabriolet von Vignale hatte jetzt ein etwas schmäleres, der Ausführung beim Coupé angepaßtes Kühlergitter. Im Frühling 1962 kam – ebenfalls von Vignale – der 3500 GTIS = Sebring (amerikanische Rennstrecke) hinzu. Er besaß Doppelscheinwerfer und einen um 10 auf 250 cm verkürzten Radstand, bot aber ebenfalls zwei Notsitze hinter den Vorderfauteuils.

Quattro Porte 1963 sorgte ein von Frua für den Aga Khan entworfenes Coupé 5000 GT für Aufsehen. Es kündigte eine neue Maserati-Stilrichtung an, die auf dem Turiner Salon im Herbst jenes Jahres ihren Niederschlag fand: Einerseits wurde das neue Fastbackcoupé 3500 2 Posti (2 Plätze, zunächst in England eingeführte spätere Bezeichnung Mistral) vorgestellt, zum andern feierte der 4 Porte (Quattro Porte, vier Türen) seine Premiere. Während der neue Zweisitzer mit nun gar auf 240 cm verkürztem Radstand zweifelsohne eine der gelungensten Schöpfungen von Pietro Frua war, fand der Quattro Porte nicht sogleich allgemeinen Anklang. Es war aber bestimmt eine besonders anforderungsreiche Aufgabe, einen Maserati mit einem viertürigen Aufbau zu versehen, ohne seinem Image der Sportlichkeit und des hohen Leistungsniveaus Abbruch zu tun. Von anderen Luxuslimousinen unterschied sich der Maserati durch die ungewöhnlich niedrige Gürtellinie und die entsprechend großzügigen Fensterflächen. Die Frontscheibe war nahezu panoramaartig um die Ecken gezogen, und die Seitenfenster waren gewölbt.

Kernstück der neuen Prestigelimousine war ein V8-Motor von 4136 cm³ Inhalt. Im Gegensatz zum 5-Liter-Motor waren hier die Ventile im 30°- statt 40°-Winkel angeordnet, doch besaß auch diese Maschine einen Leichtmetall-Zylinderblock (wie alle Maserati) und vier obenliegende Nockenwellen! Die Gemischaufbereitung wurde durch vier Doppelvergaser besorgt. Mit 8,5:1 Verdichtung resultierten 260 DIN-PS bei 5200/min. Neben dem ZF-5-Gang-Getriebe stand eine automatische Kraftübertragung von Borg-Warner zur Wahl. Auf Wunsch wurde eine ZF-Servolenkung eingebaut. Doch der viertürige Maserati war nicht bloß eine Extrapolation bewährter Technik. Er hatte eine halb selbsttragende Karosserie mit vorderem Hilfsrahmen für die Antriebseinheit und die Aufhängung. Hinten fand sich eine De-Dion-Achse mit Schraubenfedern, Längslenkern und Wattgestänge; die hinteren Bremsscheiben waren innenliegend montiert.

Mistral Der 2 Posti (Due Posti), dessen Karosserie bei Maggiora in Turin hergestellt wurde, hatte eine gleich großzügige Scheibenkonfiguration wie der Quattro Porte und überdies eine Heckklappe, wie sie bei dieser Art Autos bislang nur etwa in England anzutreffen war! Neben ihm sah der Pavillonteil des Sebring-Coupés gedrängt aus. Wenngleich die Antriebseinheit jener des 3500 GTI mit Benzineinspritzung entsprach, bot der neue Maserati-Zweisitzer doch auch in technischer Hinsicht eine Neuheit, nämlich eine Hinterachse mit Schraubenfedern, Wattgestänge und zusätzlichen Kompensationsschraubenfedern. – Der 5000 GT hatte in der Allemano-Ausführung inzwischen ein im Maserati-Styling kariertes statt aus waagrechten Stäben zusammengesetztes Kühlergitter sowie à la GTI hintere Ausstellflügelchen erhalten. Auf Wunsch gab es ihn mit ZF-Servolenkung.

1964 lief die Produktion der Maserati 3500 GTI und GT aus. Seit 1957 waren knapp 2000 Touring-Coupés und ebenfalls nicht ganz 250 Vignale-Cabriolets gebaut worden. Das Coupé 2+2 Sebring 3500 GTIS von Vignale war jetzt wahlweise mit Borg-Warner-Automatgetriebe und auch mit einer ZF-Differentialbremse erhältlich. Der 2 Posti (Mistral) hatte nun einen auf 3692 cm³ vergrößerten Motor (Hub von 100 auf 106 mm verlängert) mit 245 DIN-PS. Die eigentliche Serienherstellung lief erst jetzt an, und die ihn ursprünglich von den anderen 6-Zylinder-Modellen abhebende Hinterachse mit vier Schraubenfedern war der einfacheren Konstruktionsweise mit Halbelliptikfedern, wie sie der Sebring besaß, gewichen. Auf dem Genfer Salon 1964 wurde dem Heckklappencoupé ein ebenfalls wohlgeformtes Cabriolet zur Seite gestellt; es war allerdings mit dem 3,5-Liter-Motor ausgerüstet.

5 Litri Auf dem Autosalon von Turin 1965 stellte Vignale ein elegant geformtes, hinsichtlich Stilrichtung an den Quattro Porte angelehntes Coupé mit vier vollwertigen Sitzen vor. Es wurde Anfang 1966 unter der Bezeichnung 5 Litri in Ablösung des Typs 5000 GT ins reguläre Maserati-Modellange-

Rechts: Maserati Indy (Vignale), 1970
Unten: Maserati Mexico (Vignale), 1969
Ganz unten: Maserati Ghibli Spider (Ghia), 1970

Maserati	Zyl.	cm³	DIN-PS	bei 1/min	Gänge	Spitze km/h	Radstand/ Länge	Bau-jahre	Besonderheiten (* Cuna-PS)
3500 GT	6	3485	230*	5500	4/5	−236	260/478	1959−61	Rohr/Kastenr., DOHC Cabrio: 250/445
			250*	5500					(a.W.)
			220	5500	5	220		1961−64	
GTI			235	5500		235			Einspritzung
GTIS (Sebring)							250/447	1962−66	ab '64: 5/A
2 Posti (Mistral)					5/A	248	240/445	1963−66	ab '64 nur Spider
3700		3692	245	5500		245		1964−69	ab '68: 265 SAE-PS
Sebring 3700 GTIS						235+	250/447	1966	
2 Posti 4000		4014	255	5500		255	240/450	1966−69	ab '68: 275 SAE-PS
5000 GT	V8	4941	350*	6200	4	−290	260/470	1959−61	Rohr/Kastenr., DOHC
			325	5500		270		1961/62	Einspritzung
			340	6000	4/5			1962−64	
5 Litri		4938	310	6000	5	−295	265/	1965	(Vergaser)
4 Porte	V8	4136	260	5200	5/A	225	275/500	1963−66	De-Dion-H., DOHC
								1966	(h. Starrachse) ab '68: 290 SAE-PS
		4719	300	5000	−230			1968−70	(SAE-PS)
Mexico 4200	V8	4136	260	5200	5/A	240	264/476	1966−	DOHC, ab '68: 290 SAE-PS
4700		4719	290	5000		255			ab '68: 300 SAE-PS
Ghibli	V8	4719	330	5500	5/A	−285	255/459	1966−	DOHC, ab '68: 340 SAE-PS
		4930	355	5500				1970−	SAE-PS
Indy	V8	4136	290	5500	5/A	250	260/474	1968−	DOHC, SAE-PS

bot aufgenommen (Bau auf Bestellung). Die Leistung war auf 310 (statt 340) DIN-PS reduziert; der Motor war eine Ableitung der 4,1-Liter-Maschine aus dem viertürigen Maserati, und die Benzineinspritzung des 5000 GT war hier (ebenfalls) vier Doppelvergasern gewichen. Anderseits wurde dieses neue Prestigecoupé mit dem 5- statt mit dem 4-Gang-Getriebe ausgerüstet. Im Gegensatz zum selbsttragend konstruierten Quattro Porte hatte der 5 Litri ein Rohrrahmenchassis, und er besaß eine simple Starrachse mit Halbelliptikfedern, wie sie schon vom 5000 GT bekannt war. Dieser war von 1959 bis Ende 1964 in nur 32 Exemplaren gebaut worden!

Mit dem Genfer Salon 1966 wurde die Modellpalette weiter diversifiziert: Das Coupé 2+2 Sebring gab es nun sowohl als 3500 GTIS wie als 3700 GTIS, und auch der 2 Posti Spider – jetzt mit einem originellen Hardtop erhältlich – war nun auf Wunsch mit dem 3,7-Liter-Motor lieferbar. Anderseits konnte das von Frua entworfene modernere Coupé neu mit einem 4-Liter-Sechszylinder bestellt werden. Hier waren die Bohrung um 2 auf 88 mm und der Hub um 4 auf 110 mm erhöht worden. Die Leistung der drei verschieden großen Einspritzmotoren wurde mit 235, 245 und 255 DIN-PS angegeben.

Mexico und Ghibli Aus dem Modell 5 Litri wurde schon 1966 der Typ Mexico. Er hatte die gleiche Mechanik wie der Quattro Porte, also den 4,1-Liter-V8-Motor! Doch folgte auf den Mexico 4200 alsbald der Mexico 4700 mit auf 4719 cm³ vergrößertem DOHC-V8 und 290 PS. Die gleiche Antriebsquelle, jedoch mit 330 PS und Trockensumpfschmierung, wies der auf dem Turiner Salon 1966 noch als Prototyp vorgestellte Ghibli auf, ein ebenso strömungsgünstiges wie bestechend schön geformtes Coupé von Ghia mit langgezogenem Fastback und ausklappbaren Scheinwerfern in der abfallenden Flachfront. Der knapp 2+2sitzige Ghibli (Name eines Wüstenwindes), der 1967 in Serie ging, war eines der Meisterwerke des hochtalentierten Designers Giorgetto Giugiaro!

Mit dem Ghibli verschwanden sowohl der Typ Sebring wie der 3,5-Liter-Motor. Vom Sebring, den man in der zweiten, Anfang 1965 eingeführten Serie an dem Luftauslaßgitter hinter dem vorderen Radausschnitt erkannte, waren nicht ganz 450 Exemplare gebaut worden. Der Quattro Porte erhielt auf 1967 eine hintere Starrachse mit Blattfedern statt der aufwendigen De-Dion-Konstruktion; seine Fahreigenschaften sollen dadurch eher gewonnen haben. Auch war der viertürige Maserati neuerdings mit einer Klimaanlage zu haben (wie sie bereits im Sebring II angeboten worden war). Ab Ende 1968 gab es im Quattro Porte ebenso wie im Mexico wahlweise den 4,7-Liter-Motor. Alle Leistungen wurden nun mit SAE-PS angegeben. Die 300 für den 4700-Motor aufgeführten SAE-PS entsprachen gewiß weniger als den zuvor angegebenen 290 DIN-PS. Auf dem Turiner Salon 1968 wurde der Ghibli auch als zweisitziges Cabriolet vorgestellt.

Indy Als eine Abwandlung des Ghibli mit mehr Innenraum wurden auf dem gleichen Salon ein neues Vignale-Coupé 4200 sowie von Ghia das 2+2-Coupé Simun mit auffallendem «Hüftschwung» vorgestellt. Aus dem viersitzigen Vignale-Prototyp wurde der Indy, der auf dem Genfer Salon 1969 bereits als

Matra

Serienmodell galt. Unter seiner Heckklappe bot sich ein durchaus annehmbarer Kofferraum. Im Gegensatz zum Ghibli besaß er eine selbsttragende Karosserie, und seine hintere Starrachse wies wie jene der übrigen Maserati Blattfedern sowie Längs- und Querreaktionsstreben auf. Auch im Indy (von Indianapolis; die USA waren bedeutendster Absatzmarkt geworden) bestand die Wahl zwischen dem 5-Gang-Getriebe von ZF und dem 3-Stufen-Automaten von Borg-Warner. Auf der Liste des gegen Mehrpreis lieferbaren Zubehörs figurierten bei diesem Maserati ebenfalls die ZF-Servolenkung und die ZF-Differentialbremse.

Der Indy löste den Mistral ab. Mit diesem nahm auch die in die Vorkriegszeit zurückreichende Epoche der Maserati-6-Zylinder-Hochleistungs-Reihenmotoren ihr Ende. Vom Mistral waren gegen 830 Coupés und 100 Cabrios hergestellt worden. Auch die Tage des Quattro Porte (teils auch Quattroporte geschrieben) waren gezählt: Er brachte es bis Ende 1969 auf etwas über 750 Einheiten, weit weniger als ursprünglich erwartet. Noch in der ersten Hälfte 1970 wurde dem Ghibli ein 4,9-Liter-Motor spendiert, und man begann bei Maserati mit der Herstellung eines DOHC-V6-Motors für das neue Luxuscoupé von → Citroën.

Citroën war das Schlüsselwort für eine neue Maserati-Periode: Bereits 1968 hatte eine Zusammenarbeit zwischen Maserati und Citroën eingesetzt. In der Folge übernahm der große französische Hersteller 60 % des Maserati-Kapitals von der Familie Orsi, die das Werk bereits 1937 von den Gebrüdern Maserati gekauft hatte. Unter Vater und Sohn Orsi hatte Maserati weiterhin große Rennerfolge erzielt. Treibende Kräfte waren dabei Chefkonstrukteur Ing. Giulio Alfieri und «Cheftester» Guerrino Bertocchi. 1965 wurden eigene Renneinsätze – man hatte unter anderem noch in Le Mans für Aufsehen gesorgt – endgültig aufgegeben. Hingegen lieferte man dem englischen Rennwagenhersteller Cooper bis 1967 hochpotente V12-Motoren für Formel-1-Wagen. Die Citroën-Ägide dauerte bis 1975, dann wurde die bereits totgeglaubte berühmte italienische Marke von → De Tomaso übernommen.

Im Herbst 1964 hatte → René Bonnet sein Werk der auf die Konstruktion von Fernlenkwaffen und Raumflugkörpern spezialisierten Firma Matra abgetreten. Damit entstand (zunächst) die Marke Matra-Bonnet. Von der neugegründeten Matra-Sports Sarl in Champigny-sur-Marne wurden die Matra-Bonnet Djet V (römisch fünf) und VS hergestellt, beide mit dem vor der Hinterachse eingebauten → Renault-1108-cm³-Motor, jener im V mit 72 SAE-PS (Doppelvergaser, Verdichtung 10,2:1), jener im VS entsprechend dem Renault 8 Gordini mit 94 SAE-PS (zwei Vergaser, 10,4:1, schräghängende Ventile usw.). Das Chassis war eine Zentralrohrkonstruktion mit Profilkasten-Gitterrahmen; vorne wurden Dreieckquerlenker mit Schraubenfedern, hinten Dreiecklenker und beidseits je zwei Schraubenfedern verwendet. Der Kraftübertragung diente ein vollsynchronisiertes 4-Gang-Getriebe, und alle vier Räder wiesen Scheibenbremsen auf. Die nur in Details veränderte Karosserie mit Heckklappe wurde nach wie vor aus Kunststoff hergestellt.

Da die Djet rund 200 kg leichter waren als die gleich motorisierten Wagen von Renault, boten sie ein besonders sportliches Leistungsvermögen, hinzu kam ein dank Mittelmotor weitgehend neutrales Kurvenverhalten. Im Herbst 1965 wurden die Modelle in Matra Djet 5, 5 Luxe, 5S und 5S Luxe umbenannt. Die Luxe-Modelle hatten eine verfeinerte Frontgestaltung und ein aufgewertetes Interieur. Man erkannte sie an der durchgehenden Frontstoßstange. Im Herbst 1966 kam der Typ Jet 6 Luxe hinzu, mit einem 1255-cm³-Gordini-Motor mit 105 SAE-PS.

Unten: Matra-Bonnet Djet V, 1965
Ganz unten: Matra 530, 1968

Matra	Zyl.	cm³	SAE-PS	bei 1/min	Gänge	Spitze km/h	Radstand/Länge	Baujahre	Besonderheiten
Djet V	4	1108	72	5800	4	175	240/420	1964/65	Zentralrohrchassis,
V S			94	6800		195			Mittelmotor Renault
5			72	5800		170	240/422	1965–67	
5 S			90	6500		195			
Jet 6		1255	105	6800		210		1966/67	
			103	6750				1967/68	
M 530	V4	1699	85	4800	4	172	256/416	1967	Mittelmotor Ford (79 DIN-PS)
A			73*	4800				1967/68	* DIN-PS
M 530			70*	4800				1968/69	* DIN-PS
			90	5000		175	256/420	1969–	

Mazda

M 530 Auf dem Autosalon von Genf im März 1967 stellte Matra-Sports – Schwesterfirma der Engins Matra innerhalb des Sylvain-Floirat-Konzerns – eine völlige Neukonstruktion vor. Sie hieß, in Anlehnung an eine Luft/Luft-Rakete, Matra 530. Das Entwicklungsteam unter Chefingenieur Philippe Guédon war der Mittelmotor-Bauweise treu geblieben, doch stammte das Antriebsaggregat jetzt überraschenderweise vom → Ford Taunus 17 M S. Es war ein 1699-cm³-V4, dessen Leistung mit originalgemäßen 85 SAE-PS angegeben wurde. Das 4-Gang-Vollsynchrongetriebe stammte aus dem gleichen Fahrzeug, und weil die Motor/Getriebe-Einheit in umgedrehter Richtung eingebaut werden mußte, war das Schaltschema ebenfalls gegenläufig. Als Chassis diente eine geschweißte Rahmen-Boden-Anlage. Deren Blechcaissons waren so konzipiert, daß sie im Falle einer Kollision stufenweise die Verformungsenergie abzufangen vermochten. Die Antriebsräder waren an Schwingarmen geführt, und alle Räder wiesen Bendix-Scheibenbremsen auf.

Das Interieur war ebenso sportlich wie luxuriös gestaltet. Hinter den gut geformten Einzelsitzen fanden noch zwei Kinder Unterschlupf. Die aerodynamisch geformte Karosserie fiel durch ihr recht ungewöhnliches Design auf, bei dem sanft geschwungene Linien dominierten. Die Scheinwerfer waren ausklappbar, und der Dachmittelteil ließ sich in zwei Hälften abnehmen und im vorderen Kofferraum verstauen. Die Produktion der aus Kunststoff bestehenden Aufbauten sollte Mitte 1967 bei Brissonneau & Lotz in Creil anlaufen. Dieses große Karosseriewerk belieferte auch Renault.

Auf 1968 konzentrierte sich die Produktion auf die Modelle Jet 6 Luxe und M 530 A. Auf 1969 wurde der Jet aufgegeben. Inzwischen hatte man bei Matra einen alsbald erfolgreichen V12-Motor für den Formel-1-Rennsport kreiert. Noch in der ersten Hälfte 1969 wurde die Leistung des Ford-V4-Motors im M 530 durch Einführung eines Doppelvergasers um 5 auf 90 SAE-PS angehoben. Gleichzeitig wurden die Getriebeuntersetzungen geändert, eine Holzimitationsverkleidung des Armaturenbretts und ein gepflegt wirkender Teppichbelag eingeführt. Ferner wurden die Sitze verbessert. Auf dem Genfer Salon 1970 folgte der 530 LX. Die Kühlung hatte jetzt einen geschlossenen Kreislauf und einen thermostatisch geschalteten Ventilator. Zur Ausrüstung zählten auch eine Zeituhr sowie eine Schaumstoffauspolsterung. Neu waren die Frontstoßstange mit Gummihörnern statt Schutzbügeln, die seitlichen Gummischutzleisten und die mit einer Chromzierleiste eingefaßte schwarze Heckwand. Nebst dem demontierbaren Dachmittelteil gab es eine Ausführung mit festmontiertem Dach … 1970 erreichte der Ausstoß der durch gute Fahreigenschaften glänzenden Matra 2129 Einheiten.

Der Name Mazda ist der Zusammenzug des Gründernamens Matsuda der Firma Toyo Kogyo in Hiroshima. Diese hatte bereits Erfahrungen im Bau von Dreirad-Lieferwagen, als sie 1960 mit der Serienherstellung des geradezu niedlich geformten R 360 begann. Der Mazda R 360 war ein knapp 2+2sitziges Coupé mit einem im Heck eingebauten luftgekühlten V2-Motor mit 356 cm³ Inhalt. Er gab seine Leistung von 16 PS bei 5300/min über ein 4-Gang-Getriebe (ohne synchronisierten ersten Gang) oder ein 2-Stufen-Automatgetriebe ab. Die Aufhängung bestand vorne wie hinten aus Kurbel-Längslenkern und Gummi-Torsionsfedern. Mit einer Länge von 298 cm paßte der R 360 auch hinsichtlich Abmessungen in die besonders preisgünstige unterste Steuerklasse Japans, die von den meisten Fabrikaten beschickt wurde. Es gab das kleine Coupé in Standard- und in de-Luxe-Ausführung.

Auf dem Automobilsalon von Tokio 1961 wurde der Prototyp eines Modells 700 mit 660-cm³-4-Zylinder-Motor vorgestellt. Aus ihm wurde 1962 der Mazda P 600 mit 586 cm³ Hubraum. Auch hier handelte es sich um einen Heckmotor, allerdings war er wassergekühlt. Das Fahrwerk entsprach jenem des R 360. Der Aufbau war 320 cm lang und bot vier Türen. Wie beim englischen → Ford Anglia war das Heckfenster einwärts geneigt. Dies galt auch für den zweitürigen P 360, der eine Ableitung des P 600 war. Bemerkenswerterweise hatte dieser Viersitzer nicht den V2-Motor des Coupés R 360, sondern einen winzigen 4-Zylinder-Motor mit 358 cm³ Inhalt und 18 PS Leistung (bei hohen 6800/min). Aus Platzgründen war diese Antriebseinheit quer hinter den Hinterrädern eingebaut (P 600 längs), denn auch dieser Winzling entsprach mit unter 3 m Länge der Steuerspezialklasse!

Luce 1962 war auch bereits der Prototyp für einen Mazda 1000 vorgestellt worden. Auf ihn folgte 1963 – noch immer als Prototyp – der Mazda Luce mit einer von Bertone (→ Anhang) entworfenen ausgewogenen Kompaktkarosserie. Bereits hieß es, dieses Modell solle mit 1- und mit 1,3-Liter-Motor hergestellt werden. 1964 ging er dann in leicht veränderter Form allerdings als Mazda 800 Sedan in Serie. Er ersetzte den P 600; dessen Karosserie wurde nun zusätzlich für den Typ 360 Sedan (bisher nur zweitürig als P 360) verwendet. Der kleinere Motor wurde auch in der viertürigen Karosserie quer im Heck eingebaut. Den unteren Abschluß des Mazda-Modellangebotes bildete nach wie vor der R 360 Coupé, den es nun – außer mit der automatischen Kraftübertragung Okamura-Seisakusho – mit vollsynchronisiertem 4-Gang-Getriebe gab. Auch der 4-Zylinder-360 war alsbald mit Vollsynchrongetriebe erhältlich. – Der 800 Sedan war ein Fünfsitzer mit vorne eingebautem 782-cm³-Motor, der an der Bremse 42 SAE-PS abgab. Er hatte ebenfalls ein 4-Gang-Vollsynchrongetriebe, und seine Aufhängung setzte sich aus vorderen Trapez-Dreieckquerlenkern und Schraubenfedern und einer hinteren Starrachse mit Halbelliptikfedern zusammen.

Unten: Mazda R 360 Coupé Standard, 1962
Ganz unten: Mazda P 360, 1965

Cosmo Bereits 1964 war unter der Modellbezeichnung Cosmo der Prototyp eines Sportcoupés mit Zweischeiben-Rotationskolbenmotor (Lizenz → NSU-Wankel) vorgestellt worden. Bei 800 cm³ Kammervolumen resultierten 70 PS bei 6000/min. Auch hier wurde ein vollsynchronisiertes 4-Gang-Getriebe verwendet. Die selbsttragende Karosserie beruhte auf einer mit dem Aufbau verschweißten Rahmen-Boden-Anlage. Der Cosmo hatte eine De-Dion-Hinterachse mit Halbelliptikfedern und vordere Scheibenbremsen. Das bestechend schön geformte Coupé mit plexiglasverschalten Scheinwerfern galt auch 1965 noch als Prototyp. In der Version 1966/67 hatte dieses erste Auto mit Zweischeiben-Wankelmotor ein Kammervolumen von 2 × 491 = 982 cm³ (= rund 2 Liter Inhalt) und bot 111 PS Leistung.

Ab Ende 1965 gab es den Mazda 800 auch mit zweitüriger Karosserie und zudem in der sportlicheren Ausführung 800 S mit auf 52 PS gesteigerter Leistung (bei 6000/min, zwei Doppelvergasern, Doppelauspuff, Hochleistungsnockenwelle). Neu war das knapp fünfsitzige Modell 1000 Coupé mit 985 cm³ und obenliegender Nockenwelle! Es bot 68 PS bei 6500/min und hatte vordere Dunlop-Scheibenbremsen. Auf 1967 wurde der 800 S nicht mehr aufgeführt.

Luce 1500 Den Schritt in die Mittelklasse vollzog Mazda mit dem im Herbst 1966 vorgestellten Mazda 1500 Sedan oder Luce 1500. Seine Karosserie war wiederum eine Schöpfung von Bertone, und sie hob sich als solche nicht nur von anderen japanischen Wagen

Mazda

Links: Mazda 800, 1965
Links unten: Mazda Cosmo Sport = 110 S, 1968
Von oben nach unten:
Mazda 1500 SS, 1969
Mazda 1000 Estate, 1969
Mazda R 100 Coupé, 1969
Rechts oben: Mazda R 130 Coupé, 1969

ab, sondern konnte selbst im europäischen Vergleich als Vorbild für ästhetische Ausgewogenheit gelten. Bertone-typisch waren die klaren, schmuckarmen Flächen, die großzügig dimensionierten Fenster und die fünfeckige Form des hintersten Seitenfensterteils, wie sie sich auch etwa bei den → BMW-Limousinen fand. Der neue, große Luce hatte Doppelscheinwerfer im Kühlergitter, das sich aus schlichten Horizontalstäben zusammensetzte. Der in Standardbauweise konstruierte, in Japan als Sechssitzer zugelassene Sedan besaß einen 1490-cm³-OHC-Motor mit 78 PS Leistung. Als Alternative zum 4-Gang-Getriebe konnte eine Borg-Warner-3-Stufen-Automatik bestellt werden. Dieser Mazda sollte auch im Export nach Europa eine bedeutende Rolle spielen.

Den Europäern vorenthalten blieb jedoch der Cosmo, der mit der Zusatzbezeichnung «Sport» Mitte 1967 in Serie ging und auch kurz mit Mazda 110 S benamst wurde. Die Wankel-Lizenz hatte Toyo Kogyo bereits 1961 erworben. Mit Testfahrzeugen waren inzwischen 3 Mio Kilometer zurückgelegt worden. Der Cosmo war sehr reichhaltig und komfortabel eingerichtet.

Mazda	Zyl.	cm³	SAE-PS	bei 1/min	Gänge	Spitze km/h	Radstand/ Länge	Baujahre	Besonderheiten
R 360 (Coupé)	V2	356	16	5300	4/A	90	176/298	1960–70	luftgek. Heckmotor
P 360	4	358	18	6800	4	90	193/298	1962–65	Heckmotor
600		568	28	6000		105	193/320	1962–64	Heckmotor quer
360		358	20	7000		94	193/299	1965–	
800 (Luce)	4	782	42	6000	4	115	219/370	1964–66	5türig (ab '65): 377 cm lang
S			52	6000		125		1965/66	dto
800			45	6000	4/A	115		1966/67	
1000 Coupé	4	985	68	6500	4	145	219/370	1965–69	OHC
1000		987	58	6000		138	226/380	1967–	Kombi: 370 cm lang
1200		1169	68	6000		145		1968–	dto
1500/Luce	4	1490	78	5500	4/A	150	250/437	1966–	
1500 SS			86	5500	4	160		1967–	
1800		1796	101	5500		165		1968–	
Cosmc Sport/110 S	R2	1964	110		4	185	220/414	1967/68	De-Dion-Hinterachse,
			128	7000	5		235/413	1968–	Wankel-Motor
R 100 (Coupé)			100	7000	4	180	226/383		Wankel-Motor
R 100 Familia SS						175		1969–	dto
R 130 (Coupé)		2620	126	6000		190	258/459		Frontantrieb, h. E., Wankel-Motor

Ende 1967 wurde aus dem Typ 800 das neu und gefällig geformte Modell 1000 mit Rechteckscheinwerfern. Der Radstand war von 219 auf 226 cm gewachsen, und so eignete sich auch dieser Mazda für den Export nach Europa. Wie beim Typ 360 (Limousinen) bestand der Motorblock ebenfalls aus Leichtmetall, und die Zylinderabmessungen waren (im Gegensatz zum 1000 Coupé) quadratisch. Den Mazda 1500 gab es zusätzlich als eleganten fünftürigen Kombi sowie als 1500 SS (Kompression 9,0 statt 8,2:1, zwei Vergaser).

Auf dem Salon von Tokio 1967 wurden als sportliche Neuheiten der RX 85 Sports Coupé und der RX 87 Touring Coupé, beide mit dem Wankelmotor, vorgestellt. Ihre Serienherstellung wurde auf den Sommer 1968 in Aussicht gestellt. Aus dem RX 85 mit der Grundkarosserie des 1000 Coupé, aber mit längerem Radstand und schwarzem Kühlergitter, wurde denn im Juli der R 100 mit 100 SAE-PS Leistung. Dem Mazda 1000 hatte man bereits im Frühjahr 1968 den Typ 1200 (1169 cm³, 68 PS) zur Seite gestellt; es gab ihn (ab Sommer) wie den 1000 auch als fünftürigen Kombi und Coupé (unverkürzter Radstand). Auf dem Salon von Tokio 1968 ergab sich mit der Präsentation des Mazda (Luce) 1800 (1796 cm³, 101 PS) eine zusätzliche Angebotserweiterung. An der gleichen Ausstellung wurde das bildschöne fünfsitzige Hardtopcoupé RX 87 als R 130 (Luce) mit vergrößertem Wankelmotor (1310 cm³ Kammervolumen = 2,6 Liter, 126 PS) vorgestellt. Er besaß Frontantrieb! Der zweisitzige 110 S (Cosmo) hatte indessen schon im Juli eine auf 128 PS erhöhte Leistung und ein 5-Gang-Getriebe erhalten. Ebenfalls nicht für den Europaexport bestimmt war der Mazda Familia Rotary SS, ein viertüriger Typ 1200 mit dem 100-PS-Rotationskolbenmotor aus dem Coupé R 100. Von diesem gab es alsbald eine vereinfachte Ausführung E-Type. Durch das Zusammenwachsen des japanischen Autobahnnetzes war die Nachfrage nach schnelleren Familienautos gewachsen. Der frontgetriebe R 130 mit vorderen Torsions- und hinteren Schraubenfedern ging auf 1970 in Serie. Dieses Jahr brachte im März den Mazda 1300 (1272 cm³, 78 PS, auch mit Automat) als Ersatz für den Typ 1200, ein neues Kühlergitter mit Senkrechtzier und 65 statt 58 PS; das V2-Coupé 360 aber war verschwunden ... Binnen einem Jahrzehnt hatte sich Mazda eine imposante Modellpalette aufgebaut und einen Jahresausstoß von 224 520 Wagen (1970) erreicht.

Méan

Sie war sowohl in Lüttich wie in Cointe-Sclessin zu Hause, die belgische Méan Motor Engineering SA. Anfang 1966 trat sie mit ihrem Aquila 1500 genannten modern geformten Coupé an die Öffentlichkeit. Es hatte eine Kunststoffkarosserie mit abnehmbarem Dachteil und Doppelscheinwerfern, die auf einem Gitterrohrrahmenchassis aufgebaut war. Die Mechanik stammte von Ford und VW, und der Motor saß zwischen dem zweisitzigen Cockpit und den Hinterrädern! Der Méan wurde vor allem als Bausatz angeboten.

Im Verlaufe des Jahres 1966 weitete der junge Méan-Konstrukteur Jacques D'Heur sein Programm auf drei Modelle aus; sie hießen Sonora 1000, 1500 und 2000. Das Modell 1000 erhielt das als Mittelmotor dienende Antriebsaggregat des Ford Anglia (997 cm³, 41 SAE-PS), der Typ 1500 entsprach dem vormaligen Aquila mit Ford-Cortina-GT-Motor (1500 cm³, 83,5 SAE-PS), und der Sonora 2000 hatte einen von 228 auf 235 cm verlängerten Radstand und war für die Aufnahme des V6-Motors aus dem Ford Taunus 20 M TS (1998 cm³, 100 PS) bestimmt. Das Getriebe stammte von VW, doch war auf Wunsch auch eine Porsche-Kraftübertragung erhältlich, wie sich denn auch weitere Antriebsaggregate in die Méan-Sportzweisitzer einbauen ließen. Allen gemeinsam war die Einzelradaufhängung, vorne mit Trapez-Dreieckquerlenkern, hinten mit Längslenkern und Schraubenfedern.

Beim kleinsten Modell wurden vordere Ate-Scheibenbremsen nur auf Wunsch eingebaut, beim mittleren waren sie serienmäßig, und beim großen Méan wurden gar Vierrad-Scheibenbremsen verwendet. 1967 kamen auch Ausführungen für Renault-Motoren (R 8, R 10, R 8 Gordini), den Ford-V4 und VW- sowie Porsche-Maschinen ins Angebot. Zudem wurde ein Rennmodell Barquette kreiert, das auf Wunsch auch mit dem Motor des NSU TTS ausgerüstet werden konnte. Die schlicht und sauber geformten Coupés bzw. Spider (mit Überrollbügel) gab es auf 1968 nur noch mit dem kürzeren Radstand. In jenem Jahr kamen auch Ausführungen mit dem vor der Hinterachse eingebauten Quermotor aus dem BMC Mini (Austin, 850 bis 1275 cm³) hinzu. Die Fahrzeugstruktur wurde nun wahlweise aus drei Typen von Frontgestellen und fünf Typen von Heckkonstruktionen zusammengestellt. Im Frühling 1969 entstand der 100. Méan ..., noch stets wurde ein Großteil der Sonora und Barquetta in halb vollendeter Bausatzform abgeliefert.

Méan Aquila 1500, 1966

Méan	Zyl.	cm³	SAE-PS	bei 1/min	Gänge	Spitze km/h	Radstand/Länge	Baujahre	Besonderheiten
Sonora 1000	4	997	41	5000	4	–150	228/385	1966–	Gitterrahmen, Mittel-
1500		1500	84	5200		–160			motor Ford
2000	V6	1998	100	5300		–195	235/391	1966/67	ab '67: Mot. Renault

Mercedes-Benz

Links: Mercedes-Benz 300 Automatic, 1958-60
Unten: Mercedes-Benz 300 SL
Roadster/Hardtop, 1960

Der Stolz der Firma Daimler-Benz AG in Stuttgart-Untertürkheim besteht nicht zuletzt darin, daß ihre Tradition auf die beiden größten Automobilpioniere zurückgeht: auf Karl Benz und Gottlieb Daimler, die beide unabhängig voneinander im Jahre 1886 die ersten Autos mit Ottomotor zum einwandfreien Laufen gebracht hatten. Der Zusammenschluß der Marken Mercedes (seit 1901 statt Daimler) und Benz war jedoch erst 1926 erfolgt. Durch fortwährende technische Pionierleistungen und einen anerkannten Qualitätsstandard hat sich die Marke Mercedes-Benz weltweit ein einzigartiges Renommee aufgebaut. Um 1960 lag das Ressort Entwicklung und Forschung der Daimler-Benz AG in den Händen von Prof. Dr.-Ing. Fritz Nallinger (der 1984 im Alter von 85 Jahren verstarb). Er und sein Team hochqualifizierter Techniker hatten den Wagen des Stuttgarter Unternehmens jener Epoche und darüber hinaus den Stempel aufgedrückt.

Das Produktionsprogramm umfaßte 1960 die Typen 180, 180 D, 190, 190 D, 220, 220 S, 220 SE (mit Coupé und Cabriolet), 300d, 190 SL und 300 SL. Der Buchstabe D wies auf die Dieselmotoren hin – Mercedes-Benz war in dieser Sparte bedeutendster Pionier –, das S bedeutete Super oder Sport, das E besagte Einspritzung, und das L stand für leicht.

Der kleinste Mercedes-Benz, der 180 (werkinterne Bezeichnung W 120), besaß eine Pontonkarosserie mit noch angedeutetem Ansatz für das hintere Radhaus. Als diese mit der Markentradition brechende Form 1953 herausgekommen war, hatte sie für viel Gesprächsstoff gesorgt, denn am herkömmlichen hochformatigen Kühlergitter war festgehalten worden. Dieses war im Sommer 1959 etwas verbreitert worden, unter gleichzeitiger Absenkung der Motorhaube, zudem entfielen die Stoßstangenhörner (= 180b). Zum gleichen Zeitpunkt hatte man die Leistung des 4-Zylinder-Motors von 65 auf 68 DIN-PS erhöht. Die Bezeichnung 180 wies wie bei den anderen Mercedes-Benz – ursprünglich – auf den Hubraum hin: er hatte 1767 cm³ betragen, doch 1957 hatte man ihm eine gedrosselte Version des 190-Motors mit obenliegender Nockenwelle und 1897 cm³ Hubraum verliehen. Bei der Dieselversion 180 D waren es stets noch 1767 cm³, und die Leistung wurde hier mit 43 PS angegeben. 190 und 190 D hatten den 1897-cm³-OHC-Motor mit 80 (bis 1959 nur 75) bzw. 50 PS. Mit dem Modelljahr 1960 hatte der 190 (W 121) die gleichen äußeren Änderungen erfahren wie der 180; man erkannte ihn am zusätzlichen Chromschmuck rund um die Gürtellinie. Für die Kraftübertragung sorgte bei allen Modellen ein vollsynchronisiertes 4-Gang-Getriebe mit Lenkradschaltung. Eine Eigenheit der Mercedes-Benz war die aufwendige Aufhängungstechnologie. Vorne wurde ein hufeisenförmiger Fahrschemel verwendet, mit dem die Trapez-Dreieckquerlenker, die Schraubenfedern und die Gummizusatzfedern verbunden waren; die hintere Einzelradaufhängung bestand aus einer Eingelenk-Pendelachse mit Längsschubstreben, Schraubenfedern und ebenfalls Gummizusatzfedern.

Neue 220 Ähnlich konstruiert war das Fahrwerk der Modellreihe 220/220 S/220 SE, die im Sommer 1959 (als 220b = W 111) gänzlich neu aufgelegt worden war. Hier war der vordere Fahrschemel als steifes Querjoch ausgebildet; der Kurvenstabilisator wurde beibehalten, doch kamen unter anderem federnde Zugstreben hinzu. Die hintere Eingelenk-Pendelachse erhielt zusätzlich eine waagrechte Ausgleichsfeder, und der Motor der Reihe 220 war ein Sechszylinder von 2195 cm³ Inhalt mit obenliegender Nockenwelle. Die Leistung betrug 95 PS, im S-Modell mit zwei Registervergasern 110 PS und im SE mit intermittierender Benzineinspritzung 120 PS. 4-Gang-Lenkradschaltung auch hier, auf Wunsch jedoch mit automatischer Kupplung. Die Karosserien der neuen Modelle 220 wirkten mit ihrer gestreckten Linie, den glatten Seitenflächen, der stark gebogenen Windschutzscheibe, der Panorama-Heckscheibe, der in Peilsteigen ausmündenden Gürtellinie und den senkrechten Glasabdeckungen der Scheinwerfer ebenso modern wie individuell. Geblieben war die traditionelle, aber weiter abgesenkte und in die Breite gezogene Kühlerfront. Die 220 SE Coupé und Cabriolet basierten noch auf dem früheren Modell 220.

Den Typ 300d gab es seit 1957 (interne Bezeichnung W 189). Er basierte auf einem X-förmigen Ovalrohrrahmen mit Mittelverstärkung, wies vorne Trapez-Dreieckquerlenker, Schraubenfedern und eine zusätzliche Gummi-Horizontalfederung auf und hatte hinten eine Eingelenk-Pendelachse mit Längsschubstreben, Haupt- und Zusatzschraubenfedern sowie eine abschaltbare Zusatzfederung durch Längstorsionsstäbe. Der Motor war ein 3-Liter-Sechszylinder mit obenliegender Nockenwelle und Benzineinspritzung; er leistete 160 PS, doch war er (wie andere Mercedes-Benz-Motoren) für Länder mit Niederoktanbenzin auch mit reduzierter Verdichtung (7,0 statt 8,55:1) erhältlich. Normalerweise wurde der 300d mit einem Detroit-Gear-Getriebeautomaten von Borg-Warner ausgestattet (Drehmomentwandler und 3-Gang-Planetengetriebe), doch wurde er auf Wunsch auch mit einem 4-Gang-Handschaltgetriebe geliefert. Seine traditionelle Karosserielinie war mit einer modernen amerikanischen Designeigenheit kombiniert, seine Seitenfenster besaßen nämlich keine festen Pfosten, so daß sie in der Art der Hardtop-Limousinen durchgehend geöffnet werden konnten (einschließlich drittes Seitenfenster).

2 × SL Schließlich gab es von Mercedes-Benz im Jahre 1960 auch zwei Sportzweisitzer, den 190 SL und den bereits berühmten 300 SL. Das kleinere Modell war ab 1955 erhältlich; es wurde als Cabriolet bzw. Roadster gebaut und war mit den Limousinentypen 180 und 190 verwandt. Der 1897-cm³-OHC-Motor leistete in ihm mit zwei Registervergasern 105 PS, und das 4-Gang-Getriebe hatte Stockschaltung. Auf Wunsch wurde zum 190 SL ein Hardtop (Aufsetzdach) geliefert; dessen Heckfenster war auf 1960 wesentlich vergrößert worden.

Ein Fahrzeug ganz anderer Klasse war der 300 SL. Von 1954 bis 1957 war er in 1400

Exemplaren als Flügeltürencoupé (W 198/I) hergestellt worden. 1957 folgte der Roadster (W 198/II), eine Offenversion, die mit Coupédach zu haben war. Der 300 SL besaß einen Gitterrohrahmen, Vorderradaufhängung, bestehend aus Trapez-Dreieckquerlenkern, Schraubenfedern und zusätzlicher Gummi-Horizontalfederung, und eine hintere Eingelenk-Pendelachse mit Schraubenfedern, Zusatzgummifedern und Ausgleichsfeder. Es gab ihn mit verschiedenen Achsuntersetzungen, so daß er auch bei Rennen eingesetzt werden konnte. Der 3-Liter-OHC-Motor mit den gleichen Abmessungen wie jener des 300d wies als außerordentliche Besonderheit direkte Benzineinspritzung und außerdem Trockensumpfschmierung auf. Die Leistung erreichte 215 PS (es gab auch eine Version mit 225 PS, die mit langer Achse bis 240 km/h erreichte). Der Kraftübertragung diente ein 4-Gang-Getriebe mit Stockschaltung. – Während der 300 SL das eigentliche Prestigeobjekt der Daimler-Benz AG war, gab es von den Karosseriefirmen Miesen (Bonn) und Binz (Lorch) auf Zweckmäßigkeit ausgerichtete Kombiversionen der kleineren Limousinen. Für Amerika wurde 1959 durch Binz auch ein 300d zum Station Wagon gewandelt.

Die 1959 lancierten Wagen der Reihe 220 – sie zwangen durch anfängliche Lieferfristen von eineinhalb Jahren zu einer Ausweitung der Produktionskapazität – waren richtungweisend hinsichtlich ihrer Sicherheitsauslegung. Dies war nicht zuletzt ein Verdienst des Erfinders Béla Barényi, der bei Daimler-Benz in jahrzehntelanger Arbeit die Grundlagen für das Sicherheitskonzept von Personenwagen geschaffen hatte (er sollte 1961 zum Leiter der Abteilung Vorentwicklung avancieren). So boten die neuen 220 ein Lenkrad mit Polsterplatte, in elastischem Polsterrahmen versenkte Armaturen, versenkte Türgriffe, Bedienungsknöpfe und Fensterkurbeln aus elastischem Material, gepolsterte Sonnenblenden, Armlehnen, Tür- und Fensterleisten sowie einen Sicherheits-Innenspiegel.

220 SE Coupé Anfang Frühling 1960 kam auch das Coupé 220 SE in neuer Form heraus. Es bot nun eine Hardtopkarosserie (Fauxcabriolet) und vier vollwertige Sitze. Seine Linie wirkte ungewöhnlich harmonisch. Im Gegensatz zur Limousine liefen die hinteren Kotflügel nicht in Form von Peilstegen aus. Der Motor leistete weiterhin 120 PS, doch wurde das Getriebe hier nun mit einem Mittelschalthebel bedient. Das gesamte Fahrwerk entsprach jetzt der Konstruktion mit Querschemel, wie sie bei den Limousinen eingeführt worden war; auch der Radstand stimmte nun mit diesen überein. Ein bedeutender Unterschied bestand darin, daß erstmals bei einem serienmäßigen Mercedes-Benz Scheibenbremsen an den Vorderrädern verwendet wurden (System Girling). Im neugestalteten Armaturenbrett fand sich ein Drehzahlmesser, und die Innenausstattung war besonders gepflegt.

300 SE Der Typ 300d sollte zwar noch bis im Frühling 1962 weitergebaut werden (insgesamt wurden wenig über 3000 Limousinen und 65 Cabriolets hergestellt), doch kündete der im August 1961 vorgestellte 300 SE die «fließende» Ablösung an. Der 300 SE hatte die Karosserie des 220 SE, jedoch mit zusätzlichen Chromstreifen an den Flanken und Radausschnitten sowie einem kleinen Chromquerbalken an den Entlüftungsschlitzen des hinteren Dachträgers. Auch mit diesem Modell wurde die technische Innovationsfreudigkeit der Daimler-Benz-Ingenieure demonstriert: Zwar besaß der Motor des 300 SE die gleichen Dimensionen wie die bereits bekannten 3-Liter-Sechszylinder, doch bestand hier auch der Motorblock aus Leichtmetall, wobei dem Werk die Erfahrungen mit dem Rennsportmodell 300 SLR zu Hilfe kamen. Mit der intermittierenden Benzineinspritzung leistete diese Maschine wie jene des 300d 160 PS, hatte jedoch ein etwas tiefer angesetztes höchstes Drehmoment.

Gänzlich neu war das hauseigene Automatgetriebe mit hydrodynamischer Kupplung und 4-Gang-Planetengetriebe, das ebenso wie eine Differentialbremse serienmäßig eingebaut wurde. Neu waren auch die DB-Servolenkung und die Bosch-Luftfederung, die an Stelle der Schraubenfedern trat und mit Gummizusatzfedern gekoppelt war. Der Luftverdichter zur Nachfüllung des Vorratsbehälters wurde über einen Keilriemen von der Kurbelwelle angetrieben. Die Luftfederung machte auch den Einbau einer Bremsmomentstütze für die hintere Pendelachse notwendig. Der 300 SE wartete nun gar mit Dunlop-Vierrad-Scheibenbremsen auf. Solche waren kurz zuvor auch beim 300 SL eingeführt worden!

Neben dem 300 SE gab es eine weitere bedeutende Neuerung: Der Typ 190 erhielt die Karosserie des 220, jedoch mit 10 cm kürzerer Motorhaube, üblichen runden Scheinwerfern und vereinfachter Ausstattung. Auch das aufwendige Fahrwerk stammte nun von der Serie 220. Neu war auch ein 2-Liter-Dieselmotor (mit obenliegender Nockenwelle), der fortan sowohl im 180 D (mit 48 PS) wie im 190 D (mit 55 PS) zum Einbau kam. Im Hinblick auf die Autoausstellung von Frank-

Von oben nach unten:
Mercedes-Benz 220 S, 1961
Mercedes-Benz 190 SL, 1961
Mercedes-Benz 180, 1960

Rechts: Mercedes-Benz 190, 1962
Unten: Mercedes-Benz 220 SE Coupé, 1961
Ganz unten: (Großer) Mercedes-Benz 600, 1965

furt wurde dem 220 SE Coupé im Herbst 1961 ein formvollendetes Cabriolet zur Seite gestellt. Und wie dies eigentlich zu erwarten war, folgten im Frühling 1962 die Coupé- und Cabrioletversionen des 300 SE. Die gesamte Technik stammte von der 300-SE-Limousine, und auch hier gab es zusätzlichen Chrom. Im Frühherbst 1962 kündete die Daimler-Benz AG an, daß künftig auf Wunsch auch die Modelle 220 und 190 (ohne Diesel) mit dem vollautomatischen 4-Stufen-Getriebe geliefert würden; beim 220 SE war es bereis seit Ende 1961 erhältlich gewesen.

Im August 1962 war die Produktion der Mercedes-Benz 180 und 180 D ausgelaufen. Von ihnen waren 118 234 bzw. 152 983 Exemplare gebaut worden. Der Typ 190 mit gleicher Karosserie hatte es auf rund 100 000 weniger gebracht; zudem war bei ihm der Anteil der «Benziner» etwas größer gewesen. Bald, nämlich Anfang 1963, sollte auch das Ende für den 190 SL kommen. Von ihm wurden insgesamt 25 880 Exemplare hergestellt. Bei den großen Modellen beschränkte man sich alsbald auf die 300 SE; vom 300 SL – nachmalig ein besonders gesuchtes Sammelstück – wurden in der zweiten Serie bis Februar 1963 1858 Stück gebaut. Auch auf den neuen 220 und 190 gab es inzwischen Kombiversionen, so von Coune (→ Anhang) in Belgien und dem Karosseriewerk Fritz Jauering in Wien.

230 SL Mercedes-Benz ließ die Sportwagenfreunde nicht lange auf sich warten. Im März 1963 wurde der 230 SL vorgestellt, sozusagen ein Kompromiß zwischen 190 SL und 300 SL. Wie diese hatte er 240 cm Radstand und eine zweisitzige Offenkarosserie, wobei noch ein quer eingebauter dritter Platz erhältlich war. Das Ungewöhnliche am äußeren Erscheinungsbild des 230 SL war sein pagodenartiges, in der Mitte leicht durchgebogenes Aufsetzdach, das eine Wölbung der Seitenfenster und damit verbunden gute seitliche Aussicht ermöglichte. Der 230 SL hatte einen halb selbsttragenden Aufbau, bei dem die Rahmen-Boden-Anlage mit der Karosserie verschweißt war. Vorne fanden sich Doppelquerlenker und Schraubenfedern, hinten die bekannte Eingelenk-Pendelachse mit Schubstreben, Schraubenfedern und waagrechter Ausgleichsfeder.

Vorne wurden Girling-Scheibenbremsen verwendet, und auf Wunsch war die DB-Servolenkung erhältlich. Wie die Bezeichnung verrät, war der Hubraum des 6-Zylinder-Motors hier auf 2,3 Liter (genau 2306 cm³) vergrößert worden. Es handelte sich natürlich um eine Einspritzmaschine, diese besaß jedoch eine neue Steuerung mit Sechs- statt Zweistempelpumpe. Dank ihr kam der Motor in Verbindung mit der relativ hohen Verdichtung von 9,3:1 auf eine Leistung von nicht weniger als 150 PS. Anstatt des 4-Gang-Getriebes mit Mittelschaltung konnte auch der DB-Getriebeautomat bestellt werden.

Gleichzeitig mit dem 230 SL wurde der 300 SE Lang vorgestellt. Er trat die eigentliche Nachfolge des 300d an. Hiezu hatte man den Radstand um 10 auf 285 cm verlängert. Das Plus kam den Hintertüren und dem Wagenfond zugute. Außer der Klimaanlage waren hier auf Wunsch eine Trennscheibe und Zentralverriegelung lieferbar. Mit dem Modelljahr 1963 erhielten sämtliche 300 SE fünf Verbesserungen: eine thermostatisch geschaltete, elektrische Kühlventilatorkupplung, eine längere Hinterachse, auf Wunsch lieferbares Handschaltgetriebe mit Lenkrad- oder Mittelschaltung, Zweirohr-Auspuffanlage und auf 82 Liter vergrößerter Benzintank. Im Sommer 1963 wurde für die Modelle 220 und 190 eine Zusatzluftfederung für die hintere Eingelenk-Pendelachse lieferbar.

600 Im Herbst 1963 wartete die Daimler-Benz AG mit einer Neuerscheinung auf, die man getrost dem Bereich der Nonplusultra-Autos zuschreiben konnte: einem neuen «großen Mercedes». Mit dem Mercedes-Benz 600 – so der Typenname, interne Bezeichnung: W 100 – wurde an die Vorkriegstradition des Hauses angeknüpft, als aus Stuttgart prestigereiche Luxus- und Sportwagen mit Kompressor kamen. Von Aufladung war freilich nicht mehr die Rede, dafür von einer Vielzahl modernster technischer Raffinessen. Es gab den Typ 600 in zwei Ausführungen: als sechssitzige Limousine mit 320 cm Radstand und 554 cm Gesamtlänge und als achtsitziges Modell Pullman mit 390 cm Radstand und 624 cm Länge. Damit wurde auch der 619 cm lange → Cadillac Fleetwood in den Schatten gestellt.

Von seiner Mercedes-typischen, aber ungemein imposanten Silhouette her gesehen war der neue «Große» gewiß keine Schönheit. Aber er bot ein wahres Füllhorn an Technologie für höchste Ansprüche. Der Motor war ein V8 von 6330 cm^3 Hubraum mit je einer obenliegenden Nockenwelle pro Zylinderreihe und intermittierender Benzineinspritzung ins Ansaugrohr (Achtstempelpumpe), der bei bescheidenen 4100/min auf 250 PS kam. Für die Kraftübertragung diente der 4-Gang-Automat. Trotz ihrer Wuchtigkeit war die Karosserie selbsttragend konstruiert. Vorn fand sich auch bei diesem Modell ein Fahrschemel für die Aufnahme der Motor/Getriebe-Einheit und der Aufhängungselemente (Trapez-Dreieckquerlenker, Rollbalg-Luftfederung mit automatisch oder von Hand einstellbarer Niveauregulierung, Gummizusatzfedern, während der Fahrt verstellbaren Stoßdämpfern und Drehstabilisator), hinten gab es eine Eingelenk-Pendelachse mit tiefgelegtem Drehpunkt, Schubstreben, Rollbalg-Luftfederung mit Gummizusatzfedern, Drehstabilisator sowie einer Bremsmomentabstützung.

Die Vierrad-Scheibenbremsen wiesen wie bei allen Mercedes-Benz zwei Kreisläufe und überdies vorne zwei Zangen auf; sie waren mit einer Druckluft-Bremshilfe versehen. Die fußbetätigte Feststellbremse wirkte auf die Hinterräder und löste sich beim Anfahren automatisch. Der gesamte Unterbau war wartungsfrei ausgeführt. Natürlich umfaßte die Ausrüstung alle erdenklichen Komfortmerkmale, darunter eine elektronisch gesteuerte Einrichtung für Heizung und Lüftung (auf Wunsch mit Kühlanlage), elektrische Sitzverstellungen, axiale Lenkradverstellung und manches andere mehr. Trotz seines hohen Trockengewichtes von 2,3 Tonnen ließ sich auch dieser Mercedes-Benz mit leichter Hand sicher beherrschen. – Zwar nahm Mercedes-Benz nicht mehr an Grand-Prix- und Sportwagenrennen teil, hatte aber inzwischen auch bei Tourenwagen- und Rallyeprüfungen beachtliche Erfolge geerntet. So hatte Eugen Böhringen 1962 auf einem 220 SE die Rallye-Europameisterschaft gewonnen, und 1963 kamen Rallyesiege auf 300 SE und 230 SL hinzu.

Auf der Frankfurter Automobil-Ausstellung im September 1963 wurden sämtliche Modelle mit Scheibenbremsen präsentiert. Die Vergaser des 220 S erhielten eine Startautomatik. Erst Anfang 1964 wurden auch Verbesserungen für die Mercedes-Benz 300 SE bekanntgegeben: Dank Benzineinspritzung nach dem System im 230 SL, höherer Verdichtung und anderen Maßnahmen stieg die Motorleistung auf 170 PS. Es wurde nun eine Rotocap-Ventildrehvorrichtung verwendet. Ab August 1964 wurde neues Zubehör lieferbar, darunter eine Heckscheibenheizung (beim 600 serienmäßig) und wärmedämmende Katacalor-Verglasung. Auch die Vierzylindermodelle waren jetzt mit Servolenkung erhältlich.

250 S/SE... Im Herbst 1965 erfuhr das Typenprogrammm eine gänzliche Neuausrichtung. An die Stelle der 190 und 190 D traten die 200 und 200 D. Der bereits von der Dieselversion bekannte 1988-cm^3-Motor mit fünf statt drei Kurbelwellenlagern trieb nun auch das Benzinmotor-Basismodell an. Auf Wunsch waren neuerdings Mittelschaltung, hinterer Höhenausgleich (hydropneumatisches Federbein statt waagrechte Ausgleichs-Schraubenfeder), Servolenkung und Klimaanlage lieferbar. Von der Reihe 220 gab es lediglich noch das Coupé und das Cabriolet. Neu hinzu kamen die Modelle 230 und 230 S. Sie verbanden die Karosserieform der Modelle 200 (Peilstege) mit den verschalten

Von oben nach unten:
Mercedes-Benz 230 SL, 1966
Mercedes-Benz 250 S, 1966
Mercedes-Benz 300 SEL 6.3, 1968

Mercedes-Benz

Rechts: Mercedes-Benz 250 CE, 1969
Unten: Mercedes-Benz 200, 1970
Mercedes-Benz 280 SE 3.5 Cabriolet, 1970

Scheinwerfern der größeren Modelle (nur 230 S) und wurden von 6-Zylinder-Motoren angetrieben (Typ S mit zwei Registervergasern und serienmäßigem hinterem Höhenausgleich).

Mit einer ganz neuen Karosserieform warteten die ebenfalls neu hinzugekommenen Typen 250 S und 250 SE auf: Ihre wohlproportionierten Formen zeigten die traditionelle, weiter modernisierte Mercedes-Benz-Kühlerfront, Scheinwerfer hinter Glas, großzügig dimensionierte Fensterflächen und ein abgerundetes Heck, ähnlich der bei den Coupés und den Cabriolets getroffenen Lösung. Selbstverständlich warteten diese Modelle mit gegenüber den 220 S und SE deutlich gestiegenem Leistungsniveau, noch mehr Innenraum sowie weiter verfeinerter Technik und Ausstattung auf. Hiezu zählten siebenfach gelagerte Kurbelwellen, Ate-Vierrad-Scheibenbremsen und eine Sitzhöhenverstellung. Die aufgesetzte Armaturenkonsole wies nun wieder kreisrunde Anzeigeuhren auf.

Auch die Modelle 300 SE (nun 300 SEb) und 300 SEL erhielten die neue Karosserie und die technischen Verbesserungen. Bei der Limousine 300 SEb wurde auf die Luftfederung verzichtet. Neu waren auch die 250 SE Coupé und Cabriolet. Alternatoren statt Dynamos und thermostatisch gesteuerte Kühlventilatoren fanden neben einer Großzahl weiterer neuer Einzelheiten in vermehrtem Umfange Verwendung. Mit all diesen Details sorgte die Daimler-Benz AG einmal mehr dafür, daß ihre Modelle der Avantgarde zuzurechnen waren. – Keine Änderungen erfuhren der 230 SL und die Modelle 600, abgesehen davon, daß der Pullman auf Wunsch nun auch mit sechs Türen zu haben war.

... und 250 SL Auf dem Genfer Autosalon im März 1967 erfolgte die Ablösung des 230 SL durch den 250 SL. Die Leistung blieb mit 150 PS gleich, hingegen stand nun ein um 10% höheres Drehmoment (22 mkp bei 4200/min) zur Verfügung. Natürlich hatte der Motor nun auch hier die sieben- statt bloß vierfach gelagerte Kurbelwelle, und zudem wiesen alle vier Räder Scheibenbremsen auf. Serienmäßg zählte auch ein Ölkühler zur Ausrüstung, und auf Wunsch war anstatt des 4-Gang-Handschalt- oder Automatgetriebes ein 5-Gang-Getriebe zu haben. Je nach Achsuntersetzung konnten bis 200 km/h erreicht werden. Nach wie vor gab es den SL als Roadster, als Roadster mit Hardtop oder als Coupé. – 1966/67 hatte Daimler-Benz auf der Basis der Typen 200, 200 D, 230 und 230 S in eigener Regie auch einen Kombi angeboten. Er entstand im belgischen Montagewerk IMA und trug die Bezeichnung Universal ... wie einst die → DKW-Kombis; die Auto Union (Marken DKW und → Audi) war vorübergehend im Besitz der Daimler-Benz AG, aber 1964/65 schrittweise an die Volkswagenwerk AG abgetreten worden. Auch ein siebensitziger 200 D mit 335 cm Radstand und 538 cm Länge stand 1967 vorübergehend im Programm.

Neuer 200 Mit dem Jahrgang 1968 wurden (ab August 1967) eine Reihe weiterer Sicherheitsmerkmale eingeführt (dies teils auch in Erfüllung amerikanischer Vorschriften). Zu ihnen zählten eine Teleskoplenksäule mit Pralltopf, neue Türbetätigungen mit Kindersicherungen, noch besseren Schutz bietende Bedienungselemente, Zweikreisbremse mit Warnleuchte (ab Typ 250 S), durch Unterdruck verriegelte Sitzlehnen bei Coupés und Cabrios (ohne SL), unter anderem ferner Schlüssel mit Kunststoffüberzug und Gurtverankerung auch für den fünften Insassen. Wesentliche Bedeutung kam jedoch nach wie vor der formfesten Passagierzelle und der energieabsorbierenden, weil verformbaren Front- und Bugpartie zu.

Erst Anfang 1968 wurden die erneuerten Typen 200 bis 250 (ohne S/SE!) vorgestellt. Sie zeigten nun das gleiche Karosseriestyling wie bereits die größeren Modelle. Die Nachfolger der «Peilstegkarosserie» hatten zwar jetzt ebenfalls den längeren Radstand von 275 cm, jedoch deutlich weniger Überhang, so daß sie kompakter waren. Auch sie wiesen jetzt «Scheinwerfer hinter Glas» auf, die Verkleidung war hier jedoch mit senkrechter Abgrenzung an das Radhaus angefügt. Das Spitzenmodell dieser Reihe, der 250, gab sich durch eine «doppelstöckige» Stoßstange zu erkennen. Im Innenraum war nun auch bei diesen Modellen der Senkrechttacho durch Rundinstrumente abgelöst worden. Zudem fand sich eine verbesserte Heizungs- und Lüftungsanlage mit Regeldüsen. Während der 230 S entfiel (bei den größeren Modellen der 250 SE), gab es neu den 220 und den 220 D mit entsprechend großem 4-Zylinder-Benzin- und Dieselmotor. Alle Motoren ab Modell 250 hatten jetzt serienmäßig einen Ölkühler, und bei allen Antriebsaggregaten wurde die Aufhängung auf erhöhte Schwingungsarmut ausgelegt. Neu entwickelt war auch das auf Wunsch erhältliche 4-Stufen-Automatgetriebe, das jetzt drei statt zwei Planetensätze aufwies.

Erstrangige Bedeutung kam jedoch der Einführung einer neuen Hinterradaufhängung für die Typen 200 bis 250 zu: Die Diagonal-Pendelachse war eine Konstruktion mit Schrägschwingen, mit der die bisher möglichen Sturz- und Spurveränderungen halbiert wurden. Die Schwingen waren an einem hufeisenförmigen Hilfsrahmen montiert. Die Schraubenfedern wurden – wie auch vorne – durch einen Torsionsstabilisator ergänzt. Auch hier war auf Wunsch eine hydraulische Niveauregulierung lieferbar. Die Vorderradaufhängung war in Richtung vermindertes Bremsnicken überarbeitet worden, und an allen vier Rädern fanden sich jetzt Scheibenbremsen.

Mit der neuen Modellgliederung ergab sich nun für die größeren Typen eine Unterscheidung durch den Buchstaben S; die später zum Begriff gewordene S-Klasse war geboren! Neu hinzu kamen die Modelle 280 S (Limousine) und 280 SE (Limousine normal und lang, Coupé und Cabriolet), die von einem neuen, 140 (2 Registervergaser) bzw. 160 PS (Einspritzung) starken 2,8-Liter-Motor angetrieben wurden. Dieser Motor mit 170 PS Leistung wurde jetzt auch im 300 SEL eingebaut; dessen Leichtmetall-Zylinderblock entfiel, ebenso wie die drei 300-SE-Karosserievarianten zugunsten der entsprechenden 280-SE-Modelle verschwanden! Wie zu erwarten, erhielt nun gleich auch der SL den neuen Motor, mit 170 PS. Den 250 hatte es somit bloß während eines Jahres gegeben. Von ihm waren knapp 5200 Exemplare gebaut worden, von seinem Vorgänger, dem 230 SL, hingegen etwas über 19 800 Stück. Der 280 SL sollte es schließlich (bis Frühling 1971) auf beinahe 24 000 Wagen bringen.

300 SEL 6.3 Dem 300 SEL mit 2,8-Liter-Motor wurde auf dem Genfer Salon 1968 eine neue Kombination zur Seite gestellt: die wohl einzigartige Hochleistungslimousine 300 SEL 6.3. Leicht zu erraten, daß hier die mächtige OHC-V8-Maschine aus dem Mercedes-Benz 600 eingebaut war. Wie in diesem leistete sie gerade 250 PS und verhalf damit dem nur 1765 kg statt 2470 kg (wie der 600) wiegenden SEL zu fulminanten Fahrleistungen. So maß die schweizerische Fachpresse für die Beschleunigung von 0 auf 100 km/h 7,1 s und als Höchstgeschwindigkeit 219 km/h, für eine viertürige Limousine mit allen Komfortmerkmalen fürwahr großartige Werte! Zur serienmäßigen Ausrüstung zählten natürlich auch Automatgetriebe und Luftfederung. Hinzu kamen übereinanderliegende Halogen-Doppelscheinwerfer. Von dieser Exquisit-Limousine sollten bis August 1972 immerhin 6525 Exemplare gebaut werden.

Mit sieben bis acht Sitzplätzen warteten die neuen Langversionen der kleinen Mercedes-Benz auf, die als 220 D lang und 230 lang im Herbst 1968 auf den Markt kamen. Das auf 340 cm Radstand ruhende Fahrwerk war verstärkt worden, und die Niveauregulierung für das Wagenheck gelangte hier serienmäßig zum Einbau.

250 C/CE Eine weitere Karosserievariante der kleineren MB-Modellreihen kam kurz darauf, nämlich noch im November, hinzu: Es handelte sich um die Typen 250 C und 250 CE, wobei der Buchstabe C hier für Coupé stand. Es handelte sich um fünfsitzige Hardtopcoupés, denn ein fester mittlerer Fensterpfosten entfiel. Radstand und Gesamtlänge waren gleich wie bei der Limousine. Eine bedeutende Neuerung bestand beim 250 CE im Übergang zu einer elektronisch gesteuerten Benzineinspritzung, die zusam-

Mercedes-Benz	Zyl.	cm³	DIN-PS	bei 1/min	Gänge	Spitze km/h	Radstand/ Länge	Baujahre	Besonderheiten: Einzelradaufhängung
180	4	1897	68	4500	4	135	265/450	1959–62	OHC
180 D		1767	43	3500		110		1955–61	Dieselmotor, OHV
190		1897	80	4800		145		1959–61	OHC
190 D			50	4000		120		1958–61	Dieselversion
180 D		1988	48	3800		110		1961/62	
190		1897	80	5000		145	270/473	1961–65	ab '62: 4/A
190 D		1988	55	4200		125			
200			95	5200	4/A	160		1965–67	
200 D			55	4200		130			
200			95	5000		160	275/469	1968–	
200 D			55	4200		130			
220		2197	105	5000		168			
220 D			60	4200		135			
220 D lang							340/534		
220	6	2195	95	4800	4	155	275/488	1959–65	OHC, ab '62: 4/A
220 S			110	5000		165			
220 SE			120	4800		170			(E = Einspritzung)
Coupé/Cabrio						165	270/470	1959/60	ab '61: 4/A
							275/488	1960–66	
230		2306	105	5200	4/A	170	270/473	1965/66	
			120	5400		175		1966/67	
230 S							270/488	1965–67	
250 S		2496	130	5400		180	275/490	1965–	
250 SE			150	5500		190		1965–67	
Coupé/Cabrio							275/488		
230		2292	120	5400		175	275/469	1968–	ab '69: 4/5/A
250		2496	130	5400		180			
280 S		2778	140	5200		185	275/490		
280 SE			160	5500		190			
Coupé/Cabrio							275/488		
lang							285/500		
230 lang		2292	120	5400		175	340/534		
250 C (Coupé)		2496	130	5400	4/5/A	180	275/469		
250 CE (Coupé)			150	5500		190			
280 SE 3.5 (Coupé/Cabrio)	V8	3499	200	5800	4/5/A	210	275/491	1969–	OHC, Einspritzung
300 d (Automatic)	6	2996	160	5300	A/4	–170	315/519	1957–62	Rohrrahmenchassis OHC, Einspritzung
300 SE			160	5000	A	175	275/488	1961–63	OHC, Einspritzung
Coupé/Cabrio						–200		1962/63	
Lang						175	285/498	1963	
300 SE			170	5400	A/4	–190	275/488	1963–65	
Coupé/Cabrio						–200		1963–67	ab '66: 4/5/A
Lang						–190	285/498	1963–65	
300 SEb					4/A		275/490	1965–67	ab '66: 4/5/A
300 SEL					A/4	–200	285/500		dto
		2778	170	5750	A/4/5	–190		1968/69	
300 SEL 6.3	V8	6330	250	4000	A	220		1968–	
3.5		3499	200	5800	A/4/5	205		1969–	
190 SL	4	1897	105	5700	4	173	240/429	1954–62	OHC
300 SL Roadster	6	2996	215	5800	4	225	240/457	1957–62	Gitterrohrrahmen, OHC, Einspritzung
230 SL	6	2306	150	5500	4/A	200	240/429	1963–67	OHC, Einspritzung
250 SL		2436			4/5/A			1967	
280 SL		2778	170	5750				1968–	
600	V8	6330	250	4000	A	205	320/554	1963–	OHC, Einspritzung
Pullman							390/624		

Mercury

men mit Bosch entwickelt worden war. Auf Wunsch war bei beiden Coupés anstatt 4-Gang- oder Automatgetriebe ein 5-Gang-Getriebe erhältlich (mit Stockschaltung, die bei den anderen Getrieben auf Bestellung geliefert wurde). Das Coupé-Armaturenbrett wies im Mittelteil ein Edelholzfurnier auf.

Im Frühling 1969 wurden erste Einzelheiten über ein Mercedes-Benz-Versuchscoupé mit dem ersten Dreischeiben-Wankelmotor bekannt. Würde sich die Daimler-Benz AG künftig dem erstmals von → NSU in Serie gebrachten Motorenprinzip zuwenden? Vorgestellt wurde dieses als Forschungsprojekt dienende sensationell geformte ultraflache Flügeltürencoupé auf der Frankfurter IAA im Herbst. Es trug die Bezeichnung C-111 und sollte in der Folge noch in verschiedenen Versionen auftauchen ... ohne daß der Wankelmotor je in einem Serien-Mercedes Eingang fand.

280 SE 3.5 In Produktion kamen hingegen im Herbst 1969 die Zusatzmodelle 280 SE 3.5 Coupé und Cabriolet. Sie besaßen einen neuen 3,5-Liter-V8-Motor, wiederum mit je einer obenliegenden Nockenwelle pro Zylinderreihe. Die Speisung erfolgte durch eine elektronische Benzineinspritzung – man feierte bei Daimler-Benz eben die Auslieferung des viertelmillionsten Einspritzmotors – und die Leistung wurde mit genau 200 PS angegeben. Auch hier standen 4- und 5-Gang-Getriebe sowie der Getriebeautomat zur Wahl. Äußerlich erkannte man diese SE-Modelle an dem deutlich breiteren und niedrigeren Kühlergitter. Auch diese neuen, fünfsitzigen Top-Coupés und -Cabriolets boten ein hervorragendes Leistungsniveau. Übrigens wurden bis im Herbst 1971 insgesamt 33 000 Coupés sämtlicher SE-Reihen (220/250/280/300/280 3.5) produziert. Vom MB 600 – um einer weiteren Produktionszahl vorzugreifen – wurden bis 1981 schließlich 2677 Exemplare gebaut.

In der (amerikanischen) Ford-Hierarchie nimmt die Marke Mercury traditionsgemäß den mittleren Platz zwischen → Ford und → Lincoln ein. Ab 1959 gab es mit dem → Thunderbird allerdings eine vierte Marke. Mercury formierte jedoch mit Lincoln eine eigene «Division» der Ford Motor Co. Das Produktionsprogramm von Mercury umfaßte 1960 die Modellreihen Monterey, Montclair und Park Lane. Es gab zwei- und viertürige Sedans, zwei- und viertürige Fauxcabriolets (Hardtops) sowie Vollcabriolets und schließlich auch die Kombiwagen Country Cruiser, Commuter und Colony Park, letzterer mit Holzbeplankung. Die Motoren waren ausschließlich V8-Maschinen, und zwar umfaßte die Auswahl den 5,1-Liter-Economy sowie die 6,3- und die 7-Liter-Marauder (Montclair und Park Lane ausschließlich mit diesem Motor). Es gab 3-Gang-Getriebe (nur im Monterey, erster Gang noch nicht synchronisiert) und die automatischen Kraftübertragungen Merc-o-Matic und Multi-Drive M-o-M.

Comet Zunächst schien es, als würde er als eigene Marke propagiert, der Comet, ein Kompaktwagen, der in Parallele zum → Ford Falcon im Frühling 1960 lanciert wurde. Genau wie die angestammten Mercury im Vergleich zu den Standard-Ford etwas größer und luxuriöser waren, so präsentierte sich auch der Comet – Ford hatte den Namen Comète früher für ein Luxuscoupé in Frankreich gebraucht – repräsentativer: Er hatte 289,5 statt 278 cm Radstand und 495 statt 460 cm Gesamtlänge. Seine Gürtellinie mündete hinten in Schwanzflossen aus. Doch die Technik war die gleiche: selbsttragende Karosserie (im Gegensatz zu den großen Mercury, die ein Kastenrahmenchassis mit Traversen aufwiesen), hintere Starrachse mit Halbelliptikfedern, 2,4-Liter-6-Zylinder-Motor mit 91 SAE-PS Leistung, 3-Gang-Getriebe oder zweistufiges Ford-o-Matic. Der Comet hatte überdies Doppelscheinwerfer. Den Jahrgang 1961 des Comet – es gab ihn nach wie vor zwei- und viertürig sowie als drei- und fünftürige Kombi, die letzteren mit dem kürzeren Radstand des Ford Falcon – erkannte man an einem geänderten Kühlergitter ohne horizontalen Trennstab und den drei senkrechten Zierelementen an den Vorderkotflügeln. Nebst dem 2,4-Liter-Motor (nun 86 PS) gab es jetzt auch einen 2,8-Liter-Six (102 PS).

Das Angebot der großen Mercury setzte sich auf 1961 aus den Typen Meteor 600 und 800 sowie Monterey zusammen. Den Radstand hatte man von 320 auf 304 cm verkürzt, und entsprechend war auch die Länge geschrumpft. Die Motorpalette begann mit einem 3,6-Liter-Sechszylinder und reichte «bloß» noch bis zu einem 6,4-Liter-V8. Das Karosseriestyling war modifiziert worden, so kragten die zu Peilstegen reduzierten Schwanzflossen nicht mehr seitwärts, sondern nach oben aus. Auf 1962 wurde auch der Monterey, den es jetzt überdies in einer luxuriöseren Ausführung Custom gab, mit 3,6-Liter-6-Zylinder-Motor lieferbar. Das Kühlergitter war nicht mehr nach innen gewölbt, sondern zeigte einen mittleren horizontalen Zierstab. Die technischen Verbesserungen zielten – neben den wie stets auch bei den → Ford eingeführten Neuerungen – auf Unterhaltserleichterungen. Den Comet 1962 erkannte man am Kühlergitter mit einer Reihe kleiner, rechteckiger Öffnungen am oberen Rand. Erst im Februar 1962 kam – neben der zweitürigen Sonderlimousine Special S-22 – der Comet Villager in Produktion, ein besonders luxuriöser Station Wagon mit Seitenverkleidungen in Holzimitation; er war auch mit 3,6-Liter-Motor zu haben. Als Cabriolet und Coupé wurde etwa gleichzeitig auch eine Luxusversion des Monterey lieferbar; sie trug die Zusatzbezeichnung S-55 und bestach durch Einzelsitze und Mittelkonsole.

Meteor Ende 1961 war inzwischen als vollständige Neuheit der Mercury Meteor herausgekommen. Er löste die Meteor 600/800 ab und bildete eine Parallele zum Ford Fairlane, ebenfalls einem Zwischenmodell (Intermediate), weder «kompakt» noch in Standardgröße. Er war 23 cm länger als der Comet und 29 cm kürzer als der Monterey. Er besaß eine selbsttragende Karosserie, und für den Antrieb sorgte der 2,8-Liter-Motor, wie ihn der Ford Fairlane aufwies. Auf Wunsch war er auch mit einem neuen, leichtgewichtigen (Ford-)3,6-Liter-V8 mit hydraulischen Ventilstößeln zu haben, und dies – ebenfalls auf Wunsch – in Verbindung mit einem halbautomatischen Schnellgang. Äußerlich war auch der neue Meteor ein typischer Mercury; er war als zwei- und als viertürige Limousine und auch in einer gepflegteren Ausführung Custom erhältlich.

Mit dem Jahrgang 1963 präsentierte sich der Meteor mit einem sechs- statt dreifach

Rechts: (Mercury) Comet 1961
Unten: Mercury Monterey, 1961

Rechts: Mercury Comet Caliente, 1964
Unten: Mercury Meteor Country Cruiser, 1963

senkrecht unterteilten Kühlergitter, während umgekehrt das Comet-Gesicht jetzt nur noch drei Senkrechtstäbe aufwies. Ganz neu eingekleidet wurde die Monterey-Reihe. Das Kühlergitter war jetzt wieder einwärts bombiert, und ebenso einen «Weg zurück» beschritten die erneut nach außen gebogenen Heckflossen. Am Heck prangten drei kreisrunde Schlußleuchten, das auffallendste Merkmal an den Limousinen aber war die nach einwärts geneigte Heckscheibe, die sich überdies elektrisch versenken ließ (Breezeway genannt). Dieses durchaus praktische Designmerkmal hatte Ford bereits am → Lincoln Continental 1958 und in der Folge an den englischen → Ford Anglia und Consul 315 verwirklicht. Der 3,6-Liter-Sechszylinder wurde als Basismotor nun wieder durch einen V8 ersetzt, auch ein neuentwickeltes vollsynchronisiertes 3-Gang-Getriebe stand zur Verfügung. Serienmäßig eingeführt wurde ein Alternator, während ein ausschwenkbares Lenkrad, elektrische 6-Weg-Sitzverstellung sowie anderes Zubehör gegen Mehrpreis geliefert wurden. Hiezu zählte auch eine Differentialbremse Equa-Lock (bisher Limited Slip).

1963½ Wie Ford überraschte Anfang 1963 auch Mercury mit 1963½-Modellen. Es ging vor allem um eine Bereicherung der Angebotspalette. Neben dem Monterey gab es neu das Hardtopcoupé Marauder mit stark schräggestellter Heckscheibe. Monterey wie Marauder (Marauder S-55) waren mit neuen Hochleistungs-V8 von knapp 7 Litern Hubraum und mit bis zu 431 SAE-PS Leistung (zwei Vierfachvergaser) lieferbar. Die Meteor – zur Spezialausführung Custom war auf 1963 der S-33 hinzugekommen – gab es neuerdings mit einem 3,3-Liter-Sechszylinder und einer Ligthning Super 289 getauften Hochleistungsvariante des Ford-4,7-Liter-V8. Auch der Comet war mit einem V8, einer Cyclone 260 geheißenen 4,2-Liter-Maschine, im neuen Hardtopcoupé Sportster zu haben. Vordere Einzelsitze fanden in den sportlicheren Coupés zusätzlich Verbreitung.

Auf 1964 erhielten die Comet eine neugezeichnete Karosserie; die Vorderkotflügel liefen nun mit nach oben gerichteten Ecken aus. Es gab jetzt die Reihen First Series 202, Second Series 404 und Third Series Caliente. Die Auswahl an Antriebseinheiten umfaßte zwei Six und zwei V8, und zum bereits im Vorjahr eingeführten 4-Gang-Getriebe kam als weitere Variante das Multi-Drive Merc-o-Matic mit 3-Gang-Planetengetriebe hinzu. Die Meteor-Serie war mangels Nachfrage bereits wieder fallengelassen worden! Anderseits tauchten – am oberen Ende der Skala – die Namen Montclair und Park Lane (auch Parklane geschrieben) wieder auf.

Vom Jahrgang 1963 unterschieden sich die neuen großen Mercury durch die nach vorne zugespitzten Kotflügelflanken. Es gab dutzendweise Varianten, und das Antriebsangebot war erneut geändert worden. Als Experimentalfahrzeug wurde im Herbst 1963 der Mercury Super Marauder gezeigt, ein um 20 cm verkürzter offener Sportwagen mit niedriger Frontscheibe und stromlinienförmigen Kopfstützen. Inzwischen waren auf der Rennstrecke von Daytona in Florida mit vier Comet des Modelljahrs 1964 nicht weniger als 44 neue internationale Rekorde und 84 Tourenwagen-Bestleistungen aufgestellt worden. Unter anderem legte einer der mit 270 PS starken 4,7-Liter-Motoren ausgerüsteten Wagen 160 000 km mit 173,5 km/h zurück, ein eindrücklicher Qualitätsbeweis!

Mit dem Jahrgang 1965 sahen die Comet abermals stark geändert aus: Sie hatten jetzt (nach dem Beispiel der großen → Pontiac) übereinander angeordnete Doppelscheinwerfer. Die Karosserien waren zudem von 181,5 auf 185 cm verbreitert worden. Neue Spitzenreihe, noch über dem Caliente, war die Cyclone Series, die es allerdings nur als Hardtopcoupé gab. Die für die Schweiz bestimmten Ausführungen wurden mit Swiss Custom Sedan und Swiss Custom Station Wagon bezeichnet.

Die großen Mercury hatten zwar auch 1965 ein Kastenrahmenchassis mit Traversen (Cabriolet mit Kreuzverstrebung), doch war der Unterbau gründlich überarbeitet worden: Der Radstand wurde auf 312,5 cm gestreckt (Kombis 302 cm), die Spur verbreitert (157,5 statt 155/152 cm), die Räder vergrößert (15 statt 14 Zoll), der Wagenboden war tiefergelegt, die Vorderradaufhängung auf erhöhten Komfort ausgerichtet, und die hintere Starrachse wurde neuerdings an Schraubenfedern abgestützt. Die Karosserien – unter ihnen mit Fastback bezeichnete Coupés, viertürige Hardtops/Fauxcabrios und weiterhin Ausführungen mit überdachter Heckscheibe – hatten jetzt senkrecht abgeschnittene vordere Kotflügelenden. Zur Ausstattung zählten Sicherheitsgurten, intermittierend arbeitende Scheibenwischer und eine pneumatische Türverriegelung (auf Wunsch geschwindigkeitsabhängig: automatisches Verriegeln der Hintertüren ab 10 km/h). Erhältlich waren auch ein in der Höhe verstellbares Lenkrad, Blinker mit Notblinkmöglichkeit und manches weitere mehr. – An einem Park Lane Experimental-car wurde der Ersatz des Lenkrades durch eine Lenkstange erprobt.

Das Modelljahr 1966 brachte bei den Comet einen weiteren zusätzlichen Modellnamen: Capri (bereits hatte es in England einen → Ford Consul Capri gegeben!). Der Capri trat an die Stelle der Second Series 404. Den Cyclone gab es nun ebenfalls als Cabriolet (Convertible) und überdies als GT mit 340 PS starkem 6,4-Liter-Motor und wahlweise Sport Shift Merc-o-Matic. Wesentliche Bedeutung kam aber dem generellen Wachstum der Comet-Mercury zu: Sie hatten jetzt 294,5 cm Radstand (Kombi 287), und auch ihre Aufbauten waren entsprechend länger. Die Spur war auf 147,5 (statt 140/142 cm) gewachsen, die Gesamtbreite auf 187,5 cm. Auffallendste Karosserieunterschiede zum Vormodell waren die auf der Höhe der Hinterräder einen leichten «Buckel» zeigende Gürtellinie und das nun horizontal zweigeteilte Kühlergitter.

Auch die Groß-Mercury waren – einmal mehr – um 5 cm länger geworden. Das Kühlergitter zeigte nun einen spitzen, nasenförmigen Vorsprung in der Mitte. Auf der Zubehörliste fanden sich unter anderem vordere

Mercury

Scheibenbremsen, zusätzliche Luftfederung hinten und Kurvenlichter in den Stoßstangenecken. – Anfang 1966 machte wieder einmal ein Dream-car von sich reden: der Comet Escapade mit offener Sportkarosse und verschalten Hinterrädern. Er war wie schon der Super Marauder von der Styling-Abteilung der Lincoln-Mercury-Division entworfen und von der Phantasieautofirma Barris Kustom in Hollywood verwirklicht worden.

Cougar Der Name Cougar war erstmals an der New Yorker Autoausstellung im Frühling 1962 aufgetaucht. Getragen wurde er von einem Dream-car (Traumwagen), dem Ford Cougar 406, einem meisterlich geformten Coupé mit weichen Formen, großen Fensterflächen und – vor allem – Flügeltüren! Für die New Yorker Weltausstellung von 1964 wurde durch Ford-Designer Gene Bordinat dann ein Fastbackcoupé Cougar II entworfen. Der im September 1966 zusammen mit den anderen Wagen des Modelljahrs 1967 vorgestellte Cougar (= Berglöwe, auch Puma) war allerdings ein Mercury, und er stellte ein Äquivalent zum höchst erfolgreichen → Ford Mustang dar. Auch der Cougar wirkte mit seiner langgestreckten Motorhaube und dem vergleichsweise kurzen Heck ausgesprochen sportlich. Allerdings war er deutlich größer als der Mustang, und es gab ihn ausschließlich als zweitüriges Hardtopcoupé. Seine Doppelscheinwerfer verbargen sich bei Nichtgebrauch hinter dem Kühlergitter. Er besaß von Haus aus vordere Einzelsitze und war in verschiedenen Leistungsstufen lieferbar. Die Ausführung GT war mit vorderen Scheibenbremsen zu haben.

Die Comet 1967 hatten eine neue Frontgestaltung mit senkrechtem Signet in Kühlergittermitte. Außer dem Villager gab es inzwischen auch einen Voyager geheißenen einfacheren Kombi. Bei den großen Mercury gab es zwei neue Luxusversionen: Marquis und Brougham, beide mit vorderen Einzelsitzen, Vinyldach und viel Chromschmuck sowie besonders gepflegter Interieuraufmachung, aber auch mit serienmäßigen vorderen Scheibenbremsen und neuem Ventilationssystem. Die großen Mercury unterschieden sich von jenen des Vorjahres durch eine Längserhebung auf der Motorhaube, die sich im Kühlergitter fortsetzte. – Der 1966 entstandene Versuchswagen Mercury Astron besaß ein Glasdach, dessen Einfärbung sich der Sonneneinstrahlung anpaßte. Nächster «Traum-Mercury» (1967) war der Le Grand Marquis mit vier breiten Rechteck-Scheinwerfern, nach links öffnendem Kofferdeckel und weiteren Raffinessen.

Anfang 1967 kam mit dem Cougar XR-7 eine Luxusvariante der neuen sportlichen Mercury-Reihe hinzu. Das Modelljahr 1968 brachte dann sogar den Cougar 7 Litre GT-E. Erhöhter Sicherheit dienten bei diesem Jahrgang eine neue, verformbare Lenksäule, Zweikreissystem und was der auch bei den

Mercury	Zyl.	cm³	SAE-PS	bei 1/min	Gänge	Spitze km/h	Radstand/ Länge	Modell-jahre	Besonderheiten
Monterey	V8	5113	208	4000	3/A	160	320/557	1960	Kastenrahmenchassis
		6275	284	4200	A	175			
Montclair/Park Lane		7045	314	4100		180			
Meteor 600/800/Monterey	6	3643	137	4400	3/3+S/A	150	305/547	1961	
	V8	4778	177	4200		160			
		5766	223	4400	3/A	170			
		6384	–335	5000		185			
Meteor	6	2781	102	4400	3/A	145	296/518	1962–63½	(selbsttragende Kar.)
	V8	3620	147	4400	3/3+S/A(/4)	155			1963: 296/509 cm
Monterey	6	3643	140	4200	3/A		305/547	1962	(Kastenrahmen-chassis)
	V8	4778	172	4200		160			
		5766	223	4300		170			
		6384	–335	5000		185		1962–63½	
			253	4400	3/4/A	175		1963/63½	
		6638	–411	5800	4	210			
Meteor		4267	166	4400	3/3+S/4/A	160	296/518		
	6	3273	118	4400	A	150		1963½	
	V8	4728	275	6000	3/3+S/4	200			
Marauder							305/547		
→ Monterey '63+		6964	–431	6000	3/4/A	210			
Monterey/Montclair/Park Lane usw.		6384	253	4400	3/3+S/4/A	180		1964/65	ab '65: 313/555 cm Kombis: 302/545 cm
			–335	5000		200			
		6964	–431	6000		220	313/555	1964	
		7015	431	6000	4		313/560	1965	
		6384	269	4400		190		1966–68	nur '67: 274 PS
		6722	335	4600	3/A	200		1966/67	Kombis 302/550 cm
		6989	350	4600	3/4/A			1966–68	nur '67: Längen wie
		6384	–319	4600	4/A		315/564	1968	'65
		6397	269	4400	A	190		1969/70	Kombis: 307/554 cm
			284	4800	3/A			1969	
		7033	–365	4800	A	210		1969/70	

Links: Mercury Park Lane, 1965
Rechts: Mercury Cougar XR-7, 1967
Unten: Mercury Comet Caliente Convertible, 1966
Ganz unten: Mercury Montclair, 1968
Rechts unten: Mercury Montego, 1970

Comet-Reihen	6	2364	91	4200	3/A	135	290/495	1960	Kombi: 278/487 cm
			86	4200				1961–63	ab '63: 3/4/A
		2781	102	4400		145		1961–65	ab '65: 106 PS
		3620	147	4400		160		1962	
	V8	4267	166	4400	3/4/A	170		1963½/64	
	6	3273	118	4400	A	145		1964/65	ab '65: 122 PS, 3/A
	V8	4728	221	4400	3/4/A	170			ab '65: 203 PS
			228	4800		175		1965	
	6	3273	122	4400	3/A	150	295/516	1966/67	Kombis: 287/508 cm
	V8	4728	203	4400	3/4/A	170			
		6384	269	4400		185			mit A: 279 PS; '67: 274 PS
			340	4800		200			'67: 324 PS
	6	3273	117	3800	3/A	150	295/524	1968	Kombis: 287/518 cm
	V8	4942	213	4600	3/4/A	175		1968/69	'69: 223 PS
			233	4800		185		1968–70	'70: länger (→ Six/4093)
		6384	–340	4800		200		1968/69	'69: 324/4600
		6964	395	5600	A	205		1968	
	6	4093	157	4000	3/A	170		1969/70	'70: 297/533 cm Kombis: 290/538 cm
	V8	5766	253	4600	3/4/A	190			
			294	4800		200			'70: 304/5400
		7033	340	5200	4/A	210			'70: 365/4600
			–380	5600				1970	
Cougar	V8	4728	203	4400	3/4/A	185	282/484	1967	
			228	4800		190			
		6384	324	4800		200			
		4942	213	4600		190		1968	
			233	4800		200			
		6384	–340	4800		205		1968/69	'69: 324/4600
		6964	395	5600	A	210		1968	
		5766	253	4600	3/4/A	200		1969/70	'70: 282/498 cm
			294	4800		210			'70: 304/5400
		7033	340	5200	4/A	220			

übrigen Ford-Produkten eingeführten Einzelheiten mehr waren. In den Cougar-Vorderkotflügeln prangten nun unübersehbare Markierungsleuchten. Die Bezeichnung Comet, die bei den teureren Ausführungen ohnehin bereits im Vorjahr übersprungen wurde, gab es jetzt nur noch beim zweitürigen Hardtopcoupé Comet Sports. Die Reihen Capri und Caliente waren verschwunden, dafür gab es nun die Montego, Montego MX und Montego MX Brougham. Alle diese kleineren Mercury zeigten wieder nebeneinander angeordnete Doppelscheinwerfer. Neu waren die echten Fastback-Coupékarosserien. Bei den großen Modellen waren die Scheinwerfer nun leicht zurückversetzt angeordnet, so daß die über die Motorhaube gezogene und im Kühlergitter fortgesetzte Erhebung noch deutlicher zum Ausdruck kam.

Der Cougar wurde mit dem Modelljahr 1969 auch als Cabriolet erhältlich; er zeigte sich mit längerer und breiterer Karosserie, womit mehr Ellbogenfreiheit und ein größerer Gepäckraum zur Verfügung standen. Gleichzeitig waren das Komfortangebot und die Sicherheitsstruktur verbessert worden. Auf der Zubehörliste figurierte unter vielem anderem die Frischluftanlage Comfort Stream, und im Motorenangebot fand sich ein neuentwickelter 5,7-Liter-V8 mit Doppel- oder Vierfachvergaser. Neben einem 4-Gang-Getriebe gab es die Select-Shift-Automatik. Mit einem Sportsatz (härtere Federung, Stabilisatoren, Breitreifen usw.) konnte der Cougar – genügend Motorleistung vorausgesetzt – auch für den Renneinsatz zubereitet werden. Bei den stärksten Motorvarianten war der Kühlluftventilator übrigens weiterhin ausschaltbar.

Die mittelgroßen Modellreihen zeigten in Kühlergittermitte nun ein rechteckiges Wap-

Metropolitan

pensignet, und auch sie hatten natürlich im Zuge der laufenden technischen Erneuerungen zahlreiche Verbesserungen erfahren. An die Stelle des Cyclone GT trat der Cyclone CJ als preisgünstiger Hochleistungwagen.

Zu seiner verstärkten Aufhängung war zusätzlich ein Sports Appearance-Group genanntes Zubehörpaket erhältlich, das vordere Einzelsitze, einen strömungsgünstigen Außenspiegel und sportliche Zier umfaßte. Umstellungen gab es bei den «Großen», wo der Montclair durch den Monterey Custom ersetzt und der Park Lane wie der S-55 weggelassen wurden. Neu hinzu kamen der Marauder (dies war kein geographischer Name, sondern bedeutete Plünderer) und der Marauder X-100. Während bei den übrigen großen Mercury der Radstand auf 315 cm verlängert worden war, ruhten die Marauder wie die Kombis auf einem «nur» 307 cm langen Achsabstand. Dank der betont langen Motorhaube und dem relativ kurzen Heck wirkten sie wie eine vergrößerte Ausgabe der Cougar. Monterey und Co. brillierten wieder mal durch neue und natürlich größere Karossen. Die vorderen Stoßstangenenden waren seitlich senkrecht abgeschnitten, statt wie im Vorjahr schräg nach unten begrenzt. Die Topmodelle wiesen tagsüber unter Deckeln verborgene Scheinwerfer auf und boten vordere Kopfstützen.

Eine für sportliche Wettbewerbe gedachte Variante war der Anfang 1969 präsentierte Cyclone Spoiler; er trug am Ende seines langgezogenen Fastbacks einen auffallenden Anpreßflügel.

Mit dem Modelljahr 1970 zeigten sich die Mercury-Intermediates (die Mittelgroßen) in gänzlich neuem Kleid. Es gab jetzt wieder einen Cyclone GT, und er zeigte eine Art Fadenkreuz im weit vorgeschobenen Mittelteil seines Kühlergesichtes. Bei den Montego wurde der optische Effekt der «Knudsen-Nase» (nach dem Namen von Semon E. Knudsen, einem von GM gekommenen Ford-Verantwortlichen) mit durchgehenden feinen Horizontalstäben etwas gemildert. Der Radstand der Intermediates war um 2,5, die Gesamtlänge um 9 cm und die Breite um 3,5 auf 196,5 cm gewachsen. Der Name Comet war (vorübergehend) erloschen. Die nur um 6 cm verlängerten Cougar wiesen einen in die Motorhauben-Oberseite hineingebogenen Kühlergitter-Mittelteil auf. Neue Topversion war der Cougar Eliminator (frei übersetzt etwa Auslöscher!). Statt mit dem 5-Liter-Boss-Motor wurde er mit der neuen 7-Liter-Maschine mit Aluminium-Zylinderkopf bestückt. Die 19 Modelle umfassenden großen Mercury des Jahrgangs 1970 erkannte man am Signet in Kühlergittermitte (Monterey) und an den quadratnahen statt länglichen Seitenblinkern in den Vorderkotflügeln (übrige). Im Laufe der Jahre hatten sich die großen Modelle der Marken stylistisch zusehends den → Lincoln genähert.

Der Metropolitan war sowohl in stylistischer wie in kommerzieller Hinsicht ein Unikum. Er wurde nämlich von BMC in England für AMC in Amerika gebaut. Herausgekommen war er 1954, und seine Form war von Pinin Farina maßgebend mitgestaltet worden. Er sah daher unverkennbar wie ein miniaturisierter Nash aus. Nash war es darum gegangen, neben dem kompakten → Rambler einen echten Kleinwagen im Angebot zu haben. Für dessen preisgünstige Herstellung sah man eine Möglichkeit darin, ihn bei → Austin und dem BMC-Karosseriewerk Fisher & Ludlow in Auftrag zu geben. Seine gesamte Mechanik stimmte daher mit jener des Austin A 40 (1,2-Liter-Motor, 3-Gang-Lenkradschaltung) und ab 1956 mit jener des A 50 (1,5-Liter) überein. Pro Monat liefen mehrere hundert Exemplare von dem eigens eingerichteten Montageband im englischen Birmingham. Doch der erwartete Erfolg blieb dem als Coupé und Cabriolet aufgelegten Zweisitzer versagt. Die weiter abklingende Nachfrage führte im Frühling 1962 zur Einstellung der Produktion.

Metropolitan 1500 Convertible, 1960

Metropolitan	Zyl.	cm³	SAE-PS	bei 1/min	Gänge	Spitze km/h	Radstand/ Länge	Baujahre	Besonderheiten
–	4	1489	52	4250	3	120	216/380	1956–60	Austin-Unterbau
			56	4600		130		1960–62	

MG

Ohne Zweifel war MG die populärste Sportwagenmarke der Welt. Vor allem in der Nachkriegszeit hatten die kleinen offenen und hartgefederten Zweisitzer unzählige Autofans in der Alten wie in der Neuen Welt in ihren Bann gezogen . . . auch wenn sie für viele bloß ein Traum blieben. MG war ursprünglich – als die Marke 1923 von Cecil Kimber gegründet worden war – die Abkürzung für Morris Garage. Und stets sollte denn MG auch eng mit den übrigen Marken der Nuffield-Gruppe verwandt bleiben: → Morris, → Wolseley und → Riley.

Im Mittelpunkt der MG-Produktion stand 1960 der seit 1955 gebaute MG A. Auch wenn man den kantigen Roadsters der Midget-Reihe nachtrauern mochte, so hatte dieser elegant geformte moderne Sportwagen den Kreis der Liebhaber doch noch deutlich erweitert. Er besaß ein Kastenrahmenchassis mit Traversen und eine konventionelle Aufhängung mit hinterer Starrachse. Neben dem offiziell mit M.G. Series MGA 1600 bezeichneten Zweisitzer gab es den MG A Twin Cam, dessen Zweinockenwellenmotor zunächst einigen Besitzern Kummer bereitete. Im Vergleich zum lebhaften, 79,5 PS starken «normalen» MG bot er mit 108 PS ein bereits wesentlich gesteigertes Leistungspotential. Im Gegensatz zu diesem besaß er denn hinten ebenfalls Scheibenbremsen. Doch die Produktion des Twin Cam wurde nach nur zwei Jahren Bauzeit im Frühling 1960 eingestellt; insgesamt hatten 2111 Exemplare dieses Modells das MG-Werk in Abingdon (Südengland) verlassen.

Neben den auch als originelles Coupé mit rundlichem Dachaufbau gebauten Zweisitzern figurierte unter der Marke MG der Magnette Mark III, eine leistungsgesteigerte Version der Morris Oxford und Austin Cambridge, die es auch als Wolseley und Riley gab (mit dem Riley 4/68 hatte der Magnette die Leistung von 66,5 PS gemeinsam). – Als Einzelstück war 1960 bei der Firma Panelcraft ein von David Stephenson entworfenes hochmodernes MG-A-Coupé mit viel Innenraum entstanden.

Neuer Midget Die Parallelen innerhalb der 1952 gegründeten British Motor Corporation (Nuffield und Austin) fanden im Sommer 1961 eine überraschende Erweiterung. Anfang Juli wurde nämlich ein neuer MG Midget vorgestellt, der nichts anderes als ein → Austin-Healey Sprite mit MG-typischem Kühlergesicht, seitlichem Chromstab und verschönertem Interieur war. Immerhin wurde mit diesem Modell das Angebot an erschwinglichen Sportwagen erweitert. Der gemäß Werk 136 km/h schnelle neue Midget hatte den auf 46 PS gebrachten 950-cm³-Motor aus dem «BMC-Regal» und bot eine kantige Offenkarosserie. Das demontierbare Verdeck ließ sich auch hier in einer Hülle im Gepäckraum unterbringen, und auch das Verdeckgestell sowie die aus Kunststoff bestehenden seitlichen Schiebefenster waren demontabel. Gegen Herbst wurde auch ein Aufsetzdach lieferbar.

Der MG A erschien zum gleichen Zeitpunkt als Mk II mit dem neuentwickelten BMC-Einheitsmotor von 1622 cm³ Inhalt, der im Herbst 1961 auch bei den übrigen BMC-Marken Eingang finden sollte. Mit doppelter Vergaserbestückung wurden aus dieser Maschine 86 PS geholt gegenüber den 79,5 PS des in gleicher Weise versorgten früheren MG A. Die Untersetzungsverhältnisse wurden dem neuen Motor angepaßt. Äußerlich erkannte man den erneuerten MG A an dem neuen Kühlergitter mit unten nach einwärts versetzten Senkrechtstäben und den horizontal angeordneten größeren Schlußleuchten.

Oben: MG Magnette Mk IV, 1963
Rechts von oben nach unten:
MG Midget, 1962
MG A 1600 Mk II, 1962
MG 1100, 1963

Lieferbar waren auch ein Aufsetzdach, Competition-Sitze und eine verstellbare Lenksäule. Die Sonderausführung Deluxe wurde zudem mit Vierrad-Scheibenbremsen, Ölkühler, Überrollbügel und kürzerer Hinterachsuntersetzung geliefert.

Im Herbst 1961 wurde der 1622-cm³-Motor (wie angedeutet) auch im Magnette eingeführt. Hier leistete er 68 PS. Gleichzeitig mit den anderen BMC-Limousinen dieser Klasse erhielt auch der Magnette einen um 2,5 cm längeren Radstand und eine breitere Spur. Zusammen mit den Federungs- und Fahrwerksanpassungen entstand hieraus der Magnette Mark IV. Man erkannte ihn an der geänderten Zweifarbenlackierung: Die obere Farbe umfaßte nun auch die Motorhaube und nicht nur das Dach und die hinteren Kotflügelenden. Auch der Magnette war jetzt auf Wunsch mit automatischem Getriebe lieferbar.

MG B Im September 1962 erfolgte die Vorstellung des MG B. Er löste den «A» ab – von dem seit 1955 knapp 99 000 Exemplare (davon 8719 Mark II) gebaut worden waren – und war ein sehr modern und gekonnt geformter Sportzweisitzer. Auch wenn er kaum größer war, stellte er dank seiner horizontal durchgezogenen Gürtellinie wesentlich mehr vor als sein Vorgänger. Dank dem Übergang zur selbsttragenden Bauweise war er sogar 40 kg leichter als der MG A. Zudem war aus dem Roadster nun ein echtes Cabriolet mit Kurbelfenstern geworden. Den Insassen stand mehr Komfort und mehr Platz zur Verfügung, und hinter den Sitzen ließen sich sogar Kleinkinder oder zusätzliches Gepäck mitführen. Die neue Form brachte auch einen wesentlich größeren Kofferraum, und gerade dadurch wurden auch bei Sportwagenfreunden gewachsene Ansprüche erfüllt.

Gegenüber dem MG A wurde der Radstand um 7,6 cm verkürzt, die Spur vorne jedoch um 4, hinten um 1,2 cm verbreitert. Die Vorderradaufhängung bestand wiederum aus Querlenkern und Schraubenfedern, während hinten weiterhin eine Starrachse mit Längsblattfedern montiert war. Gänzlich neu war der auf 1,8 Liter vergrößerte Motor, er war durch Ausbohren von 76,2 auf 80,26 mm (Hub 88,9 mm) entstanden. Die Leistung wurde mit 95 PS angegeben. Vor allem stand nun mehr Drehmoment zur Verfügung. Schon sehr bald wurden für den MG B auch Kunststoff-Aufsetzdächer angeboten; jenes vom Werk war formschön, jene aus dem Zubehörhandel fielen durch teils originelle Verglasung auf.

MG 1100 Bloß zwei Monate nach dem Erscheinen des Morris 1100, der eine gänzlich neue Generation von richtungweisenden BMC-Modellen einläutete, erschien im Herbst 1962 der MG 1100. Seine Charakteristik mit Frontantrieb, quergestellter Motor/Getriebe-Einheit und Hydrolastic-Verbundfederung entsprach jener des → Morris 1100. Er war jedoch mit einem 55 PS leistenden 2-Vergaser-Motor ausgerüstet und wies zudem eine unter anderem mit Holzfurnieren aufgewertete Innenausstattung auf. Er wurde bald darauf auch in einer zweitürigen Ausführung mit nach vorne geneigtem Mittelpfosten vorgestellt. Sie sollte jedoch zunächst den Morris und später den Austin vorbehalten bleiben.

Im Herbst 1962 erhielt das Duo Midget/Sprite – man sprach auch von Spridget – den 1,1-Liter-Motor mit 55 PS Leistung. Gleichzeitig wurden vordere Scheibenbremsen und Verbesserungen am Getriebe eingeführt. Im Hinblick auf den Genfer Salon des Jahres 1964 erfolgten abermals wesentliche Verbesserungen; sie betrafen diesmal vor allem die Karosserie: Diese bot nun Kurbelfenster und vordere Ausstellflügel. Zudem wurde das Armaturenbrett des nun Midget Mark II genannten kleinen Sportwagens zweckmäßiger gestaltet und die Frontscheibe leicht gewölbt und zudem stärker geneigt. Dadurch verbesserten sich auch die Sichtverhältnisse aus dem engen Cockpit, dessen Ein- und Ausstieg besonders von Großgewachsenen einige Verrenkungskünste verlangte. Der Innenspiegel war jetzt an einem senkrechten dünnen Metallstab in der Höhe beliebig verschiebbar. Die Leistung stand nun mit 59 PS zu Buche. Zu den technischen Verbesserungen zählte vor allem der Übergang von den hinteren Viertel- zu Halbelliptikfedern, was sich im Fahrverhalten positiv auswirkte. Inzwischen waren mit teils stark frisierten MG Midget von englischen Tunern Rennambitionen angemeldet worden. Den MG 1100 anderseits konnte man beispielsweise auch für die Straße tunen lassen, unter anderem von der Frisierfirma Alexander Engineering. – Im Herbst 1964 erhielt der MG B eine fünffach gelagerte Kurbelwelle.

B GT Auf der Londoner Autoausstellung im Herbst 1965 wurde dem Cabriolet MG B das GT-Coupé – genaue Bezeichnung MG Series MGB GT – zur Seite gestellt. Mit dem MG B wie auch bereits mit dem MG A hatten die Designer eine glückliche Hand bewiesen, der MG B GT aber war ein echtes Meisterstück! Für den Pavillon zeichnete Pininfarina (→ Anhang) verantwortlich. Die leicht kantige Heckform mit der schräg abfallenden Linie harmonierte vortrefflich mit dem vom Cabriolet unverändert übernommenen Vorderteil. Zudem war in die Rückwand eine Heckklappe integriert, was dem GT zusätzlichen Nutzwert verlieh. Hinter den Vordersitzen fand sich eine Notsitzbank, die sich umklappen und so mit dem Laderaum vereinen ließ. Bei unveränderter Antriebstechnik trugen ein auf Wunsch erhältlicher hinterer Torsionsstabilisator sowie stärkere Federn dem höheren Gesamtgewicht Rechnung. –

MG B GT, 1967

MG	Zyl.	cm^3	SAE-PS	bei 1/min	Gänge	Spitze km/h	Radstand/ Länge	Baujahre	Besonderheiten
Series MGA 1600	4	1580	80	5600	4	160	239/396	1959–61	Kastenrahmen
Mk.II		1622	86	5500		165		1961/62	
MGA Twin Cam		1580	108	6750		180		1958–60	DOHC
Magnette Mk. III	4	1489	67	5200	4	140	252/452	1959–61	
Mk. IV		1622	68	5000	4/A		254/452	1961–68	
Midget	4	948	46	5500	4	135	203/346	1961/62	Kastenrahmen
		1098	55	5750		145		1962/63	
Mk. II			59	5750				1964–66	
Mk. III		1275	65	6000		153	203/350	1966–	
			60	5800					(a.W.)
1100	4	1098	55	5500	4	135	237/373	1962–67	Frontantrieb,
1300		1275	60	5250		146		1967/68	Quermotor, h.E.,
Mk. II			70	6000		150		1968–	Verbundfederung
Series MGB	4	1798	95	5500	4/4+S	160+	231/389	1962–67	
GT						169	231/388	1965–67	
(Mk. II)					4/4+S/A	160+	231/389	1967–69	
GT (Mk. II)						169	231/388		
(Mk. III)						173	231/389	1969–	
			92	5400					(a.W.)
Series MGC	6	2912	145	5250	4/4+S/A	202	231/389	1967–69	

Links oben: MG C, 1968
Links unten: MG B, 1970

Das belgische Karosseriewerk Jacques Coune (→ Anhang) überraschte auf dem Brüsseler Salon von Anfang 1966 mit einem Gemini geheißenen Targa-Aufbau auf dem MG B, nachdem es schon zwei Jahre vorher, also vor Erscheinen des GT, MG-Berlinetta-Coupés geschaffen hatte.

Auf dem Londoner Salon im Oktober 1966 erfuhren Midget und Sprite abermals eine Aufwertung: Der Motorinhalt wuchs von 1098 auf 1275 cm^3 (wie Morris/Austin Cooper S, Leistung jedoch auf 65 PS beschränkt), und zudem wurde ein eigentliches Cabrioletverdeck eingeführt, das sich ohne Demontage auf- und zuklappen ließ. Auch die Kupplung war neu. Der Midget trug nun die Zusatzbezeichnung Mark III. – Anderseits sollte der MG B ab Herbst 1967 mit Mark II bezeichnet werden, allerdings behielt dieser Zusatz hier bloß interne Bedeutung. Es gab den «B» nun auch mit Automatgetriebe, ein zusätzliches Schnellganggetriebe hatte es (fast) von Anfang an gegeben. Besonders häufig bestellten ihn die Liebhaber mit Speichenrädern.

MG C Der Londoner Salon 1967 brachte den MG C. Er entsprach äußerlich weitgehend dem Cabriolet MG B, doch bemerkten aufmerksame Beobachter auf der Motorhaube eine breite Ausbuchtung, die zudem durch einen feinen Querzierstab noch unterstrichen wurde. Mit dem Buckel wurde Platz geschaffen für den von manchen MG-Freunden schon seit langem ersehnten 6-Zylinder-Motor. Diese 2912-cm^3-Maschine, die sich auch in den großen BMC-Limousinen fand, entsprach in ihrer 145-PS-Ausführung weitgehend jener des Austin-Healey 3000, dessen Produktion in jenem Jahr ausgelaufen war. Der MG C, den es alsbald auch als GT-Coupé gab, war somit der Nachfolger des etwas antiquiert wirkenden 6-Zylinder-AH. Neu waren auch die vordere Drehstabfederung sowie die größeren Räder. An Getrieben wurden eine neue, vollsynchronisierte 4-Gang-Einheit, eine gleiche Konstruktion mit Laycock-de-Normanville-Schnellgang sowie ein Automat des Typs Borg-Warner 35 angeboten. Der sehr potente MG C bestach im Vergleich zum MG B durch die Geschmeidigkeit seines Motors. Wer noch mehr Leistung wollte, konnte dies beispielsweise mit Frisiersätzen von Downton erreichen. Doch auch mit leistungsgesteigerten MG B hatte das Werk bereits Rennerfolge erzielt.

Schon ab Juni 1967 war der MG 1100 durch den MG 1300 abgelöst worden. Der 1,3-Liter-Motor wurde bereits vorher in die für Amerika bestimmten MG-Limousinen eingebaut. Mit 60 PS aus 1275 cm^3 hob sich die kleine Limousine leistungsmäßig allerdings nicht mehr von den allmählich ebenfalls auf 1,3 Liter umgestellten Austin-/Morris-/Wolseley-/Riley- und Vanden-Plas-Mo-

Michelotti

dellen ab! Doch das Kühlergesicht und die Machart bezeugten nach wie vor MG-Image. Erst ab Herbst 1968 gab es wieder eine extrastarke MG-Limousine, und zwar in Form des MG 1300 Mk II. In ihm leistete der Motor 70 PS. Allerdings zogen im Jahr darauf Austin und Morris mit ihren Modellen 1300 GT mit gleicher Leistung nach. Sie waren zudem viertürig, während der MG 1300 Mk II ausschließlich als Zweitürer geliefert wurde. Im übrigen wies er jetzt Rundinstrumente und ein in Leder gefaßtes Lenkrad mit Lochspeichen auf. – Auf 1969 erhielt auch der Midget ein Vollsynchrongetriebe.

Während die Produktion des MG Magnette 1968 zu Ende ging, wurde der MG C im August 1969 aufgegeben. Seine Produktionszeit war somit ebensokurz wie jene des MG A Twin Cam. In zwei Jahren waren insgesamt 4542 MG C Roadster und 4457 MG C GT hergestellt worden. Der MG B erfuhr nun eine Verjüngung und erhielt damit den – wiederum mehr intern gebrauchten Zusatz – Mark III. Das Kühlergitter war zurückversetzt angeordnet, und das Armaturenbrett zeigte jetzt in direkter Blickrichtung des Fahrers gruppierte Instrumente. Neu waren auch die Sitze und die schwarzen Räder mit Speichenmotiv. Ebenfalls ein zurückversetztes Kühlergitter und schwarzmattierte Räder sowie ein verbessertes Armaturenbrett erhielt der Midget, der sich jetzt kaum mehr vom Sprite unterschied. – Insgesamt sollten bis 1977 knapp 200 000 Midget hergestellt werden, vom MG B wurde hingegen schon Mitte 1971 das 250 000. Exemplar gefeiert.

Giovanni Michelotti (1922–1980) war vor allem ein begnadeter Autodesigner gewesen. In seinem 1949 in Turin eröffneten Studio arbeitete er für große Karosseriefirmen, aber auch für Autohersteller. So zeichnete er schließlich für das äußere Design der gesamten → Triumph-Palette verantwortlich, schuf aber auch Alpine-, BMW-, Hino- und viele andere Linien. Zudem entwarf und baute er Einzelstücke als Studienobjekte und für Liebhaber. Ein solches Auto war zum Beispiel der 1962 entstandene Michelotti-Boudot-Conrero (Conrero: italienische Tuningfirma) auf Renault-Dauphine-Basis.

Michelotti war einer der treuen Aussteller auf dem Genfer Salon: 1966 zeigte er dort zum Beispiel ein Coupé Fiat 2300 S mit eigenwillig geformter Front und sich verschmälerndem Oberbau. 1968 stellte er ein hochoriginelles Stromliniencoupé auf Basis → Daf 55 sowie ein Coupé und einen Sellette geheißenen Strandwagen mit Fiat-850-Unterbau zur Schau. Besonders ausgeprägt war noch in den sechziger Jahren die Zusammenarbeit mit → Ghia. Nachdem die Ghia-Produktion im Jahre 1967 aufgegeben worden war und somit auch keine Ghia-Strandwagen mehr erhältlich waren, nahm das Studio Stile Carrozzeria G. Michelotti Anfang 1969 auf eigene Initiative die Produktion solcher kleiner Fiat-Erzeugnisse auf. Entsprechend der fortgeschrittenen Entwicklung war Michelottis Fiat 850 Spiaggetta nicht auf dem Fiat 500 oder 600, sondern auf dem → Fiat 850 Super oder Special aufgebaut. Statt 357,5 cm wie der Fiat 850 maß der Spiaggetta in der Länge 376 cm. Das Heck verjüngte sich nach hinten, und das ulkige fünfsitzige Freizeitfahrzeug – das in üblicher Weise tür- und dachlos ausgeführt war – wirkte elegant. Eine reguläre Kleinproduktion gab es bis 1971.

Michelotti Spiagetta, 1969

Michelotti	Zyl.	cm³	SAE-PS	bei 1/min	Gänge	Spitze km/h	Radstand/ Länge	Baujahre	Besonderheiten
Fiat 850 Spiaggetta	4	843	37	5000	4	125	200/376	1969–71	Strandauto
Special			47	6400		135			(Heckmotor)

Mikasa

Die Okamura Mfg. Co. Ltd. in Yokosuka, Japan, bot noch 1960 zwei Ausführungen ihres Kleinwagens Mikasa an: einen Service Car genannten Kombi und ein als Touring Car bezeichnetes hübsches Cabriolet. Beide hatten einen luftgekühlten 585-cm³-2-Zylinder-Boxermotor, der über eine automatische Okamura-Kraftübertragung AK 4 (mit 2-Stufen-Planetengetriebe) die Vorderräder antrieb! Im Kombi standen 20 SAE-PS bei 4000/min, im Touring 23 SAE-PS bei 4400/min zur Verfügung. Das Kastenrahmenchassis wies vorne untere Dreieckquerlenker und obere Viertelelliptikfedern, hinten eine Starrachse mit querliegender Halbelliptikfeder und Schubstreben auf. Auch das kleine Cabriolet galt als viersitzig. 1962 lief die Produktion aus.

Mikasa Touring Car, 1960

Mikrus

1960 war bereits das letzte Produktionsjahr für den Mikrus, jenen polnischen Kleinstbis Kleinwagen, der ab 1958 eine Volksmotorisierung einzuläuten versucht hatte. Ein solches Unterfangen sollte erst gut drei Jahrzehnte später mit dem Polski Fiat 126 einigermaßen gelingen. Der in Mielec gebaute Mikrus ließ sich am ehesten mit dem → Goggomobil vergleichen. Er war auf einem Plattformrahmen aufgebaut, und seine Einzelradaufhängung wies vorne wie hinten Schraubenfedern auf. Der luftgekühlte 2-Zylinder-2-Takt-Motor mit 296 cm³ Inhalt und 15 PS Leistung saß im Heck. Die Kraftübertragung erfolgte über ein 4-Gang-Getriebe mit Mittelschaltung. – Dem nächstgrößeren polnischen Auto, dem → Syrena, sollte eine weit längere Produktionszeit beschieden sein!

Mikrus MR 300, 1959/60

Mikasa	Zyl.	cm³	SAE-PS	bei 1/min	Gänge	Spitze km/h	Radstand/ Länge	Baujahre	Besonderheiten
Service Car	B2	585	20	4000	A	73	210/384	–1962	Kastenrahmen, Frontantrieb, Luftkühlung
Touring Car			23	4400		90	210/381		

Mikrus	Zyl.	cm³	PS	bei 1/min	Gänge	Spitze km/h	Radstand/ Länge	Baujahre	Besonderheiten
MR 300	2	296	15	5000	3	90	185/300	1958–60	Plattformrahmen, luftgek. 2-Takt-Heckmotor

Mitsubishi

Wie bei anderen japanischen Automobilwerken wurden bei der in Tokio domizilierten Mitsubishi Heavy Industries Ltd. zunächst ausländische Wagen montiert. Erst 1959 wurde mit dem Modell A 10 eine Eigenkonstruktion lanciert. Während sich die meisten anderen Hersteller Japans für ihre «Einsteigermodelle» an die steuergünstige Maximallimite von unter 360 cm³ Hubraum und 300 cm Gesamtlänge hielten, bot der A 10 trotz seiner Kleinheit mehr: Sein luftgekühlter 2-Zylinder-Heckmotor hatte einen Inhalt von 493 cm³ und leistete 21 PS bei 5000/min, und seine dem → Goggomobil ähnelnde Karosserie war 314 cm lang. Das Getriebe hatte drei Gänge, von denen der erste noch nicht synchronisiert war. Die Einzelradaufhängung bestand vorne wie hinten aus Kurbelarmen und Schraubenfedern. Als Besonderheit wurden die halbkugeligen Brennräume erwähnt.

Colt 1961 wurde aus dem A 10 der A 11 oder 500 Super de Luxe. Der quer eingebaute Heckmotor hatte jetzt 594 cm³ Hubraum und leistete 25 SAE-PS bei 4800/min. Einen größeren Schritt vorwärts bedeutete der Colt (= Fohlen) 600, der 1962 lanciert wurde. Konzept und Leistung waren gleichgeblieben, doch hatte man die Karosserie bei unverändertem Radstand von 206,5 cm auf 338,5 cm gestreckt. Sie war auch breiter und bot entsprechend mehr Innenraum. Den Colt gab es auch mit Lenkradschaltung.

Im Herbst 1962 kam als Ergänzung nach unten der Minica-Viersitzer hinzu. Diese Reihe war bis dahin nur als Lieferwagen aufgelegt worden. Mit 359 cm³ (17 PS) und 299,5 cm Länge entsprach der Minica der Kategorie der japanischen Minimalautos. Beim Minica saß der Motor – es war ein luftgekühlter Zweitakter – vorne, doch trieb auch er die Hinterräder an. Das vollsynchronisierte 4-Gang-Getriebe hatte Lenkradschaltung. Auch hinsichtlich Aufhängung unterschied sich der Minica vom Colt: er besaß eine vordere Querblattfeder und eine hintere Starrachse mit Halbelliptikfedern. Vom Minica abgeleitet gab es den ebenfalls gefällig geformten Kombi Mitsubishi 360 Light Van.

Mit dem viertürigen Colt 1000 (oder A 20) stieg Mitsubishi Mitte 1963 Richtung Mittelklasse auf. Er hatte eine moderne Karosserieform mit großen Fensterflächen, einen wassergekühlten 977-cm³-4-Zylinder-Motor mit 51 PS Leistung und ein gleiches Getriebekonzept wie der Minica. Im Gegensatz zu diesem bestand seine Vorderradaufhängung aus Trapez-Dreieckquerlenkern und Schraubenfedern.

Debonair Noch ganz andere Ambitionen meldete Mitsubishi jedoch mit der Lancierung der Luxuslimousine Debonair (= anmutig) an, von der schon 1963 ein Prototyp gezeigt wurde. An dessen Design hatte der amerikanische Stylist H. S. Bretzner mitgewirkt. Entsprechend wirkte der Debonair

Mitsubishi

modisch-amerikanisch, doch sollte seine Linie über lange Jahre Bestand haben. Das Fahrwerk entsprach im Prinzip jenem des Colt 1000, doch ließ sich der Debonair hinsichtlich Länge mit einem USA-Compact-car vergleichen, auch wenn er 10 cm weniger Radstand aufwies als beispielsweise der → Chevrolet Chevy II. Er war als Sechssitzer ausgelegt. Den Antrieb besorgte ein 1991-cm³-6-Zylinder-Motor mit ansehnlichen 106 PS Leistung. Ein Overdrive diente als vierter Gang. Der Debonair war vor allem als Konkurrenz zum → Toyota Crown gedacht, brachte es jedoch nie auf die gleich hohen Ausstoßzahlen; anfänglich wurde eine bescheidene Jahresproduktion von 2000 bis 3000 Wagen registriert.

Im Verlaufe des Jahres 1965 wurde der Colt 600 mit dem quer im Heck eingebauten 2-Zylinder-4-Takt-Motor aufgegeben, und der 2-Takt-Minica erhielt ein grobmaschigeres Kühlergitter à la Colt 1000 sowie eine Leistungssteigerung um 1 auf 18 PS. Er war inzwischen auch als dreitüriger Kombi (Bezeichnung Van) erhältlich. Zum Colt 1000 kam im Herbst 1965 der Colt 1500. Bei gleichem Karosseriestyling hatte er 235 statt 228,5 cm Radstand (ausgenommen Kombi) und entsprechend mehr Gesamtlänge und Innenraum. Er war besonders komfortabel ausgestattet, und in seinem Kühlergitter prangten Doppelscheinwerfer, wobei die inneren Lampen kaum merklich tiefer gesetzt waren. Der Motor war ein 1498-cm³-Vierzylinder mit 70 PS. Er wurde mit einem 3-Gang-Getriebe oder einem Getriebeautomaten des Typs Borg-Warner 35 kombiniert.

Colt 800 Eine ganz ungewöhnliche Konstruktion war der Colt 800, der nur einen Monat nach dem Colt 1500 erschien. Er hatte ein gerissenes zweitüriges Fastbackdesign mit durchgezogener Gürtellinienkerbe, doch gab es ihn auch als dreitürigen Kombi. Auch der Motor war ungewöhnlich: Es handelte sich um einen wassergekühlten 3-Zylinder-2-Takt-Motor, wie man ihn sonst nur noch in Schweden und in der DDR antraf (→ Saab und Wartburg). Aus 843 cm³ Hubraum resultierten 45 PS bei 4500/min. Die Gassteuerung dieses japanischen Zweitakters erfolgte auf der Ansaugseite durch automatisch arbeitende Rückschlagventile. Auch der Colt 800 war mit dem vollsynchronisierten 4-Gang-Getriebe mit Lenkradschaltung ausgerüstet, doch wurde auch eine Stockschaltung erhältlich. Die Vorderräder waren an oberen und unteren Trapez-Dreieckquerlenkern und einer unteren Querblattfeder abgestützt.

Da der Colt 800 den in ihn gesetzten Verkaufserwartungen nicht entsprach, wurde ihm im Herbst 1966 der 1000 F zur Seite gestellt; mit ihm verband sich die gleiche Karosserie mit dem Motor aus dem inzwischen gestrichenen Colt 1000 (mit auf 55 PS erhöhter Leistung). Dieser seinerseits hatte im Colt 1100 einen Nachfolger gefunden (1088 cm³, 58 PS, schlichteres Kühlergitter). – Beim Debonair, der jetzt ein längliches statt quadratnahes Kühlersignet trug, bestand nun die Wahl zwischen einem vollsynchronisierten 4-Gang-Getriebe oder einem Borg-Warner-Automat.

Auf 1968 wurde der Colt 1100 ebenfalls mit dem Fastbackaufbau lieferbar, während anderseits der 1000 F neu als Kombi anstatt in der Fastbackversion geliefert wurde. Doch wesentliche Änderungen wurden Ende 1968 eingeführt: Die Winzlinge Minica und 360 hatten eine neue Frontgestaltung mit schwarzem Kühlergitter und die Scheinwerfer verbindendem Chromstreifen. Das 2-Takt-Modell Colt 800 wie auch der Kombi 1000 F entfielen. An ihre Stelle traten mit gleichem Styling (Gürtellinienkerbung) die Modelle 1100 als zwei- und (neu) viertürige Fastbacks sowie als dreitüriger Kombi. Die Aufhängungen entsprachen aber teils den bisherigen Modellen 1100. Auf der Basis des zweitürigen Modells wurde auf dem Salon von Tokio der Colt 1100 Fastback SS mit auf 74 PS gesteigerter Leistung und vorderen Scheibenbremsen vorgestellt. Rechteck- statt Doppelscheinwerfer wies nun der Colt 1500 auf; seine Kombiversion war jetzt fünf- statt dreitürig. Er wurde nach unten durch einen Colt 1200

Ganz oben: Mitsubishi 500 Super de Luxe, 1961
Oben: Mitsubishi Colt 600 de Luxe, 1964
Oben rechts: Mitsubishi Debonair, 1965
Rechts: Mitsubishi Colt 800, 1966

Rechts: Mitsubishi Cclt Galant AI, 1970
Unten: Mitsubishi Colt 1500, 1966
Ganz unten: Mitsubishi Minica, 1967

(1189 cm³, 63 PS, mit dreitürigem Kombi), nach oben durch einen Colt 1500 SS ergänzt.

Erneut umgekrempelt wurde das Modellangebot auf 1970. Der Minica hatte jetzt eine gänzlich neue, weit netter geformte Karosserie (zweitürig und Kombi) und war auch technisch überarbeitet worden: Vorn fanden sich Federbeine, Querlenker und Schraubenfedern, hinten Längslenker und Schraubenfedern. Geblieben war der 2-Zylinder-2-Takt-Motor, doch leistete dieser im Minica 70 jetzt 26 PS, im Minica 70 Super 28 und im Minica 70 GSS mit zwei Vergasern gar 38 PS bei 7000/min! Das Getriebe war vollsynchronisiert und mit einer Mittelschaltung versehen. – Die Fastbackmodelle hießen nun Colt II F und II F SS. Sie hatten ein neues Frontdesign mit einem viereckigen Rähmchen im Kühlergitter. Bei den konventionell geformten Colt gab es nur noch die Serie 1200.

Galant Völlig neu war jedoch die auf dem Salon von Tokio gegen Ende 1969 präsentierte Serie Galant. Sie trat an den Platz der Colt 1500. Die Karosserien mit auf der Höhe der Hinterräder leicht angehobener Gürtellinie wirkten modern und elegant und waren möglicherweise einem italienischen Designer zuzuschreiben. Die Kühlergitter mit integrierten Rechteckscheinwerfern wiesen eine vertikale Mittelteilung auf. Der Radstand versprach mit 242 cm erneut mehr Innenraum, so wie er auf vielen Exportmärkten erwartet wurde. Es gab die Galant als A I mit 1289 cm³ und 87 PS, als A II mit 1499 cm³ und 95 PS und als A III mit zwei Vergasern und 105 PS. Alle diese Motoren besaßen eine obenliegende Nockenwelle und hatten halbkugelförmige Brennräume. Es wurden 3-Gang-Getriebe mit Lenkradschaltung (A I und II), 4-Gang-Getriebe mit Stockschaltung (alle Modelle) sowie der Borg-Warner-Automat mit Mittelwählhebel (A II) angeboten. Die Vorderräder hatten auf Wunsch (A I und II) bzw. serienmäßig (A III) Scheibenbremsen. Vorne fanden sich Dreieckquerlenker mit Zugstreben und Schraubenfedern, hinten die herkömmliche Starrachse mit Halbelliptikfedern. – 1970 sollte die Mitsubishi-Produktion auf über 246 000 Einheiten steigen, womit dieses Fabrikat unter Japans Autoherstellern hinter Toyota, Datsun/Nissan und Honda den vierten Platz belegte. Mit zu diesem Erfolg trug auch bei, daß Mitsubishi 1969 mit → Chrysler USA ein Abkommen geschlossen hatte, wonach Colt-Modelle in den Vereinigten Staaten unter der Marke → Dodge kommerzialisiert werden konnten.

Mitsubishi	Zyl.	cm³	SAE-PS	bei 1/min	Gänge	Spitze km/h	Radstand/ Länge	Baujahre	Besonderheiten
A 10	2	493	21	5000	3	90	207/314	1959–61	luftgekühlter
500 Super de Luxe		594	25	4800		–100	207/316	1961–63	Heckmotor
Colt 600							207/339	1963–65	
Minica/360	2	359	17	4800	4	–86	190/300	1963–65	luftgekühlter
			18	4800		–89		1965–67	2-Takt-Motor
			21	5500				1967–69	
Minica 70			26	5500		105	200/300	1969–	
Super			28	6000		110			
GSS			38	7000		125			
Colt 1000	4	977	51	6000	4	125	228/382	1963–66	Kombi: 388 cm lang
1100		1088	58	6000		–135	228/391	1966–68	
1200		1189	63	6000	4/A	140	235/398	1968/69	Kombi: 412 cm lang
			66	6000				1969/70	
Colt 800	3	843	45	4500	4	120	220/365	1965–68	2-Takt-Motor
1000 F		977	55	6000		125		1966–68	(4-Takt)
1100 F		1088	58	6000		135		1968/69	
SS			74	6300		155			
II F			62	6000		140		1969–	
SS			73	6300		155			
Colt 1500	4	1498	70	5500	3/A	140	235/398	1965–69	ab '66: 4/A, 145 km/h
Van					3	125	228/391		(Kombi), ab '66: 4 G.
SS			85	6200	4	160	235/398	1968/69	ab '68: 412 cm l.
Galant A I	4	1298	87	6300	3/4	150	242/406	1969–	OHC
II		1499	95	6300	3/4/A	160	242/408		
III			105	6700	4	175			
Debonair	6	1991	105	5000	3+S	155	269/467	1963–66	(DIN-PS)
					4/A			1966–	

Monteverdi

Der in Binningen bei Basel ansässige Peter Monteverdi hatte bereits eine fulminante Karriere als Junggaragist, Rennfahrer und Rennwagenkonstrukteur, Luxuswagenhändler und -importeur hinter sich, als er sich – nach einem ersten Versuch Anfang der sechziger Jahre (MBM → Anhang) – der Herstellung von Luxussportwagen zuwandte. Nach unzähligen Entwürfen entstand nach den Plänen des Schweizers im Jahre 1967 ein formvollendetes Coupé. Das Kastenrahmenchassis entstand wohl in Basel, doch für die Verwirklichung der Karosserie fand sich in der Schweiz kein geeigneter Betrieb, so daß sich Monteverdi schließlich an Pietro Frua (→ Anhang) in Italien wandte.

Das zunächst noch MBM GT genannte, dann aber auf Monteverdi High Speed (hohes Tempo) getaufte 2+2sitzige Coupé wurde auf der Internationalen Automobil-Ausstellung von Frankfurt im Herbst 1967 zur Weltpremiere gebracht und sorgte dort für berechtigtes Aufsehen. Wie andere sportliche Coupés der Nobelklasse (→ AC, Bizzarrini, De Tomaso, Iso, Jensen, Trident, TVR) diente im Monteverdi ein großvolumiger amerikanischer V8-Motor als Antriebsquelle; es handelte sich um eine 7206-cm^3-Maschine von → Chrysler, die bei 4600/min 380 SAE-PS Leistung erreichte. Auch die Kraftübertragung stammte vom drittgrößten Autohersteller Amerikas, wobei der Käufer die Wahl zwischen dem automatischen Torqueflite- oder einem vollsynchronisierten 4-Gang-Getriebe hatte. Neben dem High Speed 375 S war eine Version 400 SS mit auf 405 PS gesteigerter Leistung vorgesehen.

Monteverdi hatte sich bei der Fahrwerkskonzeption nicht mit einer simplen hinteren Starrachse begnügt, sondern eine aufwendigere De-Dion-Achse montiert, die mit einem Wattgestänge gekoppelt war. Vorne wie hinten wurden Schraubenfedern verwendet, die Vorderräder waren an Dreieckquerlenkern geführt, hinten fanden sich übereinanderliegende Längslenker. Alle vier Räder hatten Girling-Scheibenbremsen, wobei die hinteren Bremsscheiben beidseits des selbstsperrenden Salisbury-Differentials untergebracht waren. Auf Wunsch wurde eine ZF-Lenkhilfe eingebaut.

Dem angestrebten Niveau der höchsten sportlichen Luxusklasse entsprechend war das Interieur üppig ausgerüstet. Mit Polsterungen und versenkten Bedienungsknöpfen, nicht zuletzt aber mit der über ein Kardangelenk verfügenden abgewinkelten Lenkung war auch an die Sicherheit gedacht worden. Hinsichtlich Eleganz konnte sich diese Monteverdi/Frua-Schöpfung ohne weiteres mit den Topautos auf dem Weltmarkt messen. Monteverdi hatte es auch fertiggebracht, daß die einwärts geneigte Front mit dem aus feinen Rechtecken bestehenden Kühlergitter seinem Produkt ein unverkennbares Aussehen verliehen.

375 L Der Schweizer Autokonstrukteur entwickelte alsbald eine erfreuliche Aktivität. Auf dem Genfer Salon 1968 wurde nebst dem High Speed 375 S der Prototyp eines Modells 375 L mit einem um 14 auf 265 cm verlängerten Radstand ausgestellt. Dieser Wagen konnte bereits als Viersitzer betrachtet werden. Er hatte Fastbackform und drei schräggestellte Entlüftungsschlitze hinter dem fünfeckigen zweiten Seitenfenster. Der 375 L sollte ausschließlich mit automatischem Getriebe geliefert werden.

Auf dem Stand von Frua hätte in Genf außerdem der Prototyp eines Monteverdi 2000 vorgestellt werden sollen. Er war ein Zweisitzer mit 255 cm Radstand und in der Gesamtlänge nur wenig kürzer als das S-Coupé. Die technische Basis lieferte hier der → BMW 2000. Weil dieses ebenfalls in Fastbackform gehaltene Coupé jedoch beim Verlad von der Rampe fiel, mußte die Premiere des später als 2000 GTI bezeichneten Wagens mit auf 130 DIN-PS gebrachtem Motor verschoben werden; er blieb ein Studienmodell.

Weil Frua, der auch den AC 428 karossiert hatte, 1968 nur auf einen Ausstoß von 26 Wagen kam, sah sich Monteverdi nach einem neuen Karosserielieferanten um. Er fand ihn in Form des Karosseriewerks Fissore (→ Anhang) in Savigliano. Da sich Frua aber als Urheber des Monteverdi-Karosseriedesigns betrachtete, kam es zu einem Rechtsstreit, der schließlich dazu führte, daß neue Karosserielinien gefunden werden mußten. Auf dem Genfer Salon 1969 debütierte ein neugestalteter 375 L. Die charakteristische Monteverdi-Front war beibehalten worden, doch zeigte das Heck nun eine langgestreckte Semi-Fastbackform. So wirkte das viersitzige Coupé noch wuchtiger. Der 7,2-Liter-Chrysler-Motor Magnum 440 wurde ebenso beibehalten wie das Torqueflite-Getriebe (auf Wunsch 4-Gang-Handschaltung), eine progressiv wirkende ZF-Servolenkung und eine Westinghouse-Klimaanlage gehörten zur Standardausstattung. Der Käufer hatte die Wahl zwischen Borrani-Speichenrädern und Magnesiumfelgen.

Im Oktober 1969 wurde dann auch der 375 S in Neuausgabe vorgestellt. Seine Frontgestaltung in Form einer über der Stoßstange bogenförmig angebrachten Kühlluftöffnung und darüberliegenden Scheinwerfern vermochte weit weniger zu überzeugen als jene der bisherigen Monteverdi-Modelle. Inzwischen hatte der rührige Basler Unternehmer das Fahrwerk wie auch die Interieurgestaltung in vielen Details ausgefeilt. Monteverdi-Wagen wurden in die ganze Welt verkauft, und in England war sogar eigens eine Importfirma gegründet worden. Der 375 L wie der 375 S fanden denn auf der London Motor Show im Herbst 1969 große Beachtung.

Hai Noch größere Bewunderung fand allerdings das Mittelmotorcoupé Monteverdi Hai 450 SS, das auf dem Genfer Salon 1970

Linke Seite: Monteverdi High Speed 375 S (Frua), 1968
Rechts: Monteverdi High Speed 375 S (Fissore), 1970
Unten: Monteverdi High Speed 375 L (Fissore), 1969
Ganz unten: Monteverdi Hai 450 SS (Fissore), 1970

als eine Sensation galt. Es hatte von Peter Monteverdi zu Papier gebrachte, überragend gelungene Formen, die wiederum bei Fissore verwirklicht wurden. An die flache, sanft abfallende Front mit ausklappbaren Scheinwerfern fügten sich imposante Radausschnitt-Auskragungen an, und dieses Motiv fand sich auch am geradlinig abfallenden Schrägheck angeschmiegt. Als Antriebsaggregat diente hier der auch in amerikanischen Autosportkreisen hochgeschätzte Hemi-Motor von Chrysler, ein 6974-cm³-V8 mit hemisphärischen (halbkugelförmigen) Brennräumen und schräghängenden Ventilen. Seine Leistung stand mit 450 SAE-PS bei 5000/min zu Buche.

Der Kraftübertragung diente ein 5-Gang-Vollsynchrongetriebe von ZF, und die Vierrad-Scheibenbremsen stammten von Ate. Auch beim Modell Hai bestand das Chassis aus kräftig dimensionierten Vierkantrohren, und die De-Dion-Hinterachse wurde beibehalten. Das vergleichsweise enge Cockpit war sportlich gehalten, doch fehlten auch hier die dem Preis entsprechenden Komfortmerkmale wie Echtledersitze, elektrische Fensterheber und Klimaanlage nicht. – Der Hai wurde nur in zwei Exemplaren gebaut; der zweite bot etwas mehr Innenraum. Was den jährlichen Ausstoß der Monteverdi-Wagen mit Frontmotor betrifft, beschränkte sich dieser noch stets auf eine zweistellige Zahl.

Monteverdi	Zyl.	cm³	SAE-PS	bei 1/min	Gänge	Spitze km/h	Radstand/Länge	Baujahre	Besonderheiten: Chrysler-Motoren
High Speed 375 S	V8	7206	380	4600	4/A	250	251/458	1967–69	Vierkant-Rohrrahmen
400 SS			405	5000		270			De-Dion-Hinter-
375 L			380	4600	A	–250	266/479	1968/69	achse
							268/480	1969–	
375 S					4/A	255	250/462		
Hai 450 SS	V8	6974	450	5000	5	280	255/440	1970–	dto, Mittelmotor

Moretti

Die Moretti SpA, Fabbrica Automobili e Stabilimenti Carrozzeria, des Commendatore Giovanni Moretti in Turin zählte unter jenen Kleinfirmen, an denen Italien so zahlreich war, zu den kreativsten Unternehmen. Noch tief in die sechziger Jahre hinein war Moretti nicht bloß Hersteller von Fiat-Spezialkarosserien, sondern er bot seine Modelle auch mit speziell präparierten Motoren an, wobei er für einzelne Typen sogar Zylinderköpfe mit zwei obenliegenden Nockenwellen bereitstellte. Es war allerdings kaum möglich, stets eine klare Übersicht auf das Moretti-Modellangebot zu haben, denn häufig wurden Modelle abgeändert oder als eine schließlich Einzelstück bleibende Neuheit herausgebracht. Doch auch bei den erfolgreichen Typen handelte es sich um Kleinseriemodelle, und man mußte sich immer wieder über die Vielfalt der Variationen wundern.

1960 begann die Moretti-Skala mit einer Sonderversion des → Fiat 500: Der Moretti 500 Giardiniera (= Kombi) sah mit seiner horizontal durchgezogenen Gürtellinie und der stark gebogenen Frontscheibe wie ein viel größeres Auto aus. Seine Leistung wurde mit unveränderten 21 SAE-PS angegeben. Er war 320 statt 297 cm lang.

Weitgehend eigenständige Konstruktionen waren die Moretti 750, 820 und 1000, die es Anfang der sechziger Jahre in unterschiedlichsten Ausführungen als Limousine, Coupé, Cabriolet, Kombi und Taxi gab. Sie trugen die Bezeichnungen Turismo, Super Turismo, Gran Turismo, Panoramica, Superpanoramica, Quattro (4) Usi, GT, Extra, Export und America Export, je nach Motor und Karosserie. Ihre Motoren hatten eine oder zwei obenliegende Nockenwellen und boten auch bei beschränktem Hubraum sportliches Leistungsvermögen. Markantes Merkmal der Karosserien war das ovale, aus rechteckigen Feldern bestehende Kühlergitter. Als Unterbau diente ein kreuzförmiger Trägerrahmen mit Plattform. Die Vorderräder wiesen obere Querlenker und eine untere Querblattfeder auf, hinten wurde eine Starrachse mit Halbelliptikfedern verwendet. Auch ein Modell mit 1,2-Liter-Motor wurde angeboten.

Spitzenmodell war der Moretti 1500 EGT Golden Arrow (goldener Pfeil), der seine Premiere auf dem Turiner Salon im Herbst 1959 erlebt hatte. Er wurde als Coupé und Cabriolet mit Hardtop gebaut, besaß einen Plattformrahmen und vordere wie hintere Einzelradaufhängung mit Trapez-Dreieckquerlenkern und Schraubenfedern. Der 1470-cm³-Motor war eine DOHC-Maschine mit 90 SAE-PS; mit zwei Vergasern, Doppelzündung und einer von 9 auf 9,9:1 erhöhten Verdichtung resultierten gar 110 SAE-PS.

Im Verlaufe des Jahres 1960 wurde dem 1500 EGT Golden Arrow der Moretti 2200 zur Seite gestellt. Hier war der Motor vom Fiat 2100 abgeleitet (2150 statt 2054 cm³, drei

Moretti

Doppelvergaser, 135 DIN-PS statt 95 SAE-PS). Daneben gab es auch einfachere Abwandlungen serienmäßiger Fiat; auf dem Turiner Salon 1960 wurden Karosserien mit Doppelscheinwerfern oder auffallenden Lufthutzen auf der Motorhaube gezeigt. Das Programm der Modelle 750 bis 1000 wurde hingegen gestrafft. Im Moretti 1000 tat jetzt der Motor aus dem Fiat 1100 statt des DOHC-Motors seinen Dienst.

Mehr und mehr wandte sich Moretti der rein karosseriemäßigen Abwandlung von Fiat-Modellen zu, wie sie bei verschiedenen weiteren Karosseriewerken praktiziert wurde. Auf den neuen Fiat 1300/1500 wurde in Turin Ende 1961 eine Coupévariante vorgestellt. Die Fiat 500 D und 600 D dienten ihrerseits als Grundlage für Coupés und Cabriolets mit zwischen den Scheinwerfern abfallender Front. Coupé- und Cabrioletversionen gab es auch auf den Fiat 1800 B und 2300. Neues Spitzenmodell wurde auf 1962 der Moretti 2500, den es als eindrücklich schönes Coupé oder als Cabriolet gab. Er basierte auf dem Fiat 2300, wies jedoch ein auf 2454 cm^3 vergrößertes Hubvolumen sowie einen Laycock-de-Normanville-Schnellgang auf. Beim 1100 Spider, vom entsprechenden Fiat-Modell abgeleitet, fanden sich vordere Amadori-Scheibenbremsen. Originell wirkte ein in Turin 1962 präsentiertes Heckmotorcoupé Fiat 750 mit falschem Kühlergitter.

850 Ungewöhnlich originell war die vom Fiat 850 abgewandelte Limousine Moretti 850 S, die im Herbst 1964 auf dem italienischen Markt erschien. Statt der zwar zweckmäßigen, aber etwas stumpf wirkenden Originalform präsentierte sich die Moretti-Version als elegante kleine 6-Fenster-Limousine mit verlängertem Heck. So wuchs die Gesamtlänge von 357,5 auf stolze 372 cm. Zudem war die Kopffreiheit auf den Hintersitzen um 10 cm größer als im Originalwagen. Es gab den 850 S auch als Coupé und Cabriolet. Der Entwurf dieser Serie war Giovanni → Michelotti zuzuschreiben. Die Motorleistung entsprach jener des Fiat 850 Super, doch gab es auch ein Coupé 850 SS mit 47 statt 42 SAE-PS. Neu war auf 1965 auch der Moretti 1500 SS Coupé mit auf 90 SAE-PS gesteigerter Leistung, doch war auch dieses Modell mit dem serienmäßigen Motor zu haben (ebenso für die großen Moretti-Coupés und -Cabrios).

Bis 1965 war ein vertikal zweigeteiltes, nach einwärts geneigtes Kühlergitter das Merkmal der mittelgroßen Typen. Doch auf 1966 erschien der Fiat 1100 R Coupé mit großflächigem, einteiligem Kühlergitter, und die übrigen Modelle erhielten alsbald eine bemerkenswert schwungvolle Karosserielinie mit vorne wie hinten nach oben gezogenen Radhausausbuchtungen. Die Front sowohl der Heckmotormodelle wie der übrigen Moretti-Fiat wirkte wie abgeschnitten, wobei bei den Coupémodellen auf Basis Fiat 124 und 125 Doppelscheinwerfer das Kühlergitter flankierten.

Wiederum eine modifizierte Formrichtung zeigte der auf dem Genfer Salon 1970 vorgestellte Moretti 128, das erste Frontantriebsmodell der Marke. Die Mechanik stammte unverändert vom Fiat 128, doch die Fastback-Coupékarosserie mit nun wieder horizontal durchgezogener Gürtellinie und ver-

Von oben nach unten:
Moretti 1000, 1961
Moretti 750 Coupé, 1962
Moretti 2500 SS, 1964
Moretti 850 Berlina, 1965
Moretti 850 SS Sport, 1967
Moretti 124 Berlinetta, 1968

Moretti 128, 1970

breitertem Pfosten zwischen Tür- und zweitem Seitenfenster wirkte besonders attraktiv. Dieses Design fand später auch für die größeren Moretti-Coupés Verwendung ... nachdem von einer Einspritzversion des Coupés 128 die Rede gewesen war. Doch bei Moretti beschränkte man sich fortan ausschließlich auf den Karosseriebau; und dies auch noch, als andere Firmen solch schöpferisches Tun längst aufgegeben hatten.

Moretti (* Cuna)	Zyl.	cm³	DIN-PS	bei 1/min	Gänge	Spitze km/h	Radstand/ Länge	Bau-jahre	Besonderheiten: (Fiat-Teile)
500 Giardiniera	2	479	21	4800	4	90	184/320	1959–61	Basis Fiat 500 (SAE-PS)
500 S Berlina		500	30	5200		130	200/330	1964	(SAE-PS)
500 Coupé							200/334	1965–68	
595 SS Coupé		590	24	5100					
750 Turismo	4	748	28*	4800	4	115	215/380	1959–63	Kreuzträger mit Plattform
Super Turismo			32*	5500		128			
Gran Turismo			47*	6500		150			DOHC
820		815	37*	4800		135			(OHV)
1000		980	41*	5000		140			
		1089	55	5200		–150		1960/61	selbsttr. Kar. (SAE-PS)
			65	6000		155	215/370	1961/62	(SAE-PS)
750 S Berlina	4	767	41	5500	4	130	200/330	1964/65	Heckmotor (SAE-PS)
850 S		843	37	5000				1964–68	(DIN-PS)
SS Coupé			47	6000		150			(SAE-PS) ab '67: 50 PS
1000 Sport		982	62	6200		165		1966–68	(SAE-FS)
850 Special S2/S4		843	47	6000		145	203/378	1969–	S4: 389 cm lang
1000 Special S2/S4		982	62	6200		165			dto
128 (Fiat)		1116	55	6000		145+	245/418		Frontantrieb
1500 EGT Golden Arrow	4	1470	80*	6000	4	180	240/436	1959–61	Plattformrahmen, h.E., DOHC
			100*	6600		200			
2200	6	2150	135	5500		197		1960/61	
2500	6	2454	145*	5800	4+S	200+	265/449	1962–66	selbsttrag. Kar.
SS			170	5800	4	215+		1963–66	(SAE-PS; ab '65: auch 2300 S)
1500 SS Coupé	4	1481	90	6000	4	180	234/418	1964/65	(SAE-PS; auch Orig. 83 PS)
					5			1965–67	
Fiat Moretti 124/1300		1300	80	6000		160	242/403	1967/68	(SAE-PS) Coupé: 439 cm lang

ab '69: 124 Special GS 1.4 und 125 Special GS 1.6

Morgan

Die Position der von Peter Morgan geleiteten Morgan Motor Co. Ltd. in Malvern Link, Worcestershire (England), ist einzigartig: sie baut Liebhaber-Sportwagen im Vorkriegsstil, ohne deswegen als Replikahersteller zu gelten; sie hat ihr Design schlicht und einfach nie gewechselt ... abgesehen von einem 1955 eingeführten, aus gewölbten statt gradlinigen Senkrechtstäben zusammengesetzten Kühlergitter und verlängerten Scheinwerfergehäusen. Kein Sportwagen ist denn englischer geblieben als der Morgan, und dies dürfte auch die Erklärung für den von keinem anderen Kleinfabrikat erreichten Dauererfolg sein!

1960 gab es das Modell 4/4 Series II und den Plus 4. Die Reihe der seitlichen Luftauslaßschlitze war beim Plus 4 länger, zudem war seine Motorhaube höher und trug meist auch Schlitze auf der Oberseite. Sonst mußte man schon unter die Motorhaube schauen, um den Unterschied ausfindig zu machen: Im Series II versah der hochbetagte seitengesteuerte Ford-4-Zylinder-Motor aus den früheren → Ford Anglia und Prefect seinen Dienst. Bei 1,2 Litern Inhalt leistete er 37 SAE-PS bei 4500/min (statt 30 PS bei 4000/min). Daneben gab es auch den 4/4 Competition mit auf 43 PS bei 5000/min gesteigerter Leistung, dies dank eines Aquaplane-Spezialzylinderkopfs. Zum 3-Gang-Getriebe konnte auf Wunsch ein Schnellgang bestellt werden. Auf 1960 war die Karosserie um 12 cm verbreitert worden. Der Typ Plus 4 hingegen bot den 2-Liter-Motor aus dem → Triumph TR 3. Hier standen originalgemäße 101 PS bei 5000/min zur Verfügung, doch wer noch mehr Leistung wollte, der konnte die Version mit 9 statt 8,5:1 Verdichtung und damit 106 PS erwerben. Der Kraftübertragung diente im Plus 4 ein 4-Gang-Getriebe.

Beiden Morgan-Modellen gemeinsam war der tiefgelegte Kastenrahmen mit Traversen. Die Vorderräder wiesen senkrechte Führungsrohre und Schraubenfedern auf, die hintere Starrachse war an Halbelliptikfedern abgestützt. Den Plus 4 konnte man mit vorderen Scheibenbremsen bestellen (anfänglich nur bei Montage der gegen Mehrpreis lieferbaren Drahtspeichenräder, ab Modelljahr 1960 auch mit den üblichen Scheibenrädern). Während es den 4/4 ausschließlich als Roadster mit tiefausgeschnittenen Türen gab, wurde der Plus 4 zusätzlich als knapp viersitziger Tourer sowie als etwas komfortableres Cabriolet gebaut (das vom Werk als Coupé bezeichnet wurde).

1961 wurde der SV-Motor auch bei Morgan durch die moderne 1-Liter-OHV-Maschine von Ford abgelöst: Wie im neuen Anglia oder Prefect standen nun 39,5 SAE-PS bei 5000/min zur Verfügung. Gleichzeitig wurde natürlich auch das 4-Gang-Getriebe übernommen (erster Gang immer noch unsynchronisiert, auf Wunsch mit Overdrive). Doch schon nach einem Jahr wurde dieser

Morgan

Ganz oben: Morgan 4/4 Series IV, 1963
Oben rechts: Morgan Plus 4, 1964
Oben: Morgan Plus 4 Plus, 1964
Rechts: Morgan Plus 8, 1969

Series III genannte Typ 4/4 durch den Series IV abgelöst. Dieser bot nun den 1,3-Liter-Motor, wie er im Ford Consul Classic eingebaut wurde. Die Leistung wurde mit 57,5 SAE-PS bei 4900/min angegeben. Gleichzeitig wurden vorne Girling-Scheibenbremsen eingeführt.

Scheibenbremsen gehörten jetzt auch beim Plus 4 zur serienmäßigen Ausstattung. Diesen gab es neuerdings in drei Motorvarianten: mit dem 2-Liter-101-PS-Aggregat und dessen nun auf 116 PS gesteigerten Variante Super Sports sowie mit dem neuen 2,1-Liter-Motor von 105 PS, wie er im Triumph TR 4 eingebaut wurde. Auf dem Genfer Salon im März 1962 wurde auf dem Morgan-Stand – die kleine Marke war hier erstmals ausgestellt – überraschenderweise eine moderne Coupékarosserie aus Kunststoff gezeigt, wie man sie in England als Bausatz kaufen konnte.

Im Herbst 1962 wurde der kleinere Morgan auch mit dem 1,5-Liter-Ford-Motor lieferbar (64 PS); das Getriebe war nun vollsynchronisiert. Der Plus 4 wurde in der Normalausführung mit der 2,1-Liter-Triumph-Maschine ausgerüstet, wobei zusätzlich eine neue Version Super Sports mit auf 126 PS getuntem 2-Liter-Motor angeboten wurde. Unter anderem war er mit einer modifizierten Nockenwelle versehen. Mit dem Super Sports wurde auch ein Hardtopdach lieferbar. Ein solches von Chris Lawrence vorbereitetes Fahrzeug hatte beim berühmten 24-Stunden-Rennen von Le Mans von 1962 einen höchst bemerkenswerten Klassensieg errungen (siehe auch SLR, → Anhang). Üblicherweise wurde der Super Sports nun mit dem auf 122 PS gebrachten 2,1-Liter-Motor ausgerüstet. Wieder ein Jahr später wurde der Typ 4/4 ausschließlich noch in der 1,5-Liter-Ausführung angeboten; in der jetzt wieder offiziell geführten Version Competition (Wettbewerb) erreichte dessen Leistung mit Doppelvergaser 83,5 SAE-PS.

Plus 4 Plus Die große Morgan-Neuheit des Jahres 1963 war jedoch das Modell Plus 4 Plus. Es handelte sich um ein zweisitziges Coupé in modernem Styling, mit durchgezogenen Seitenflächen, traditionellem, aber verkleinertem Kühlergitter und weichen Rundungen in jeder Ebene. Auffallend war das stark gewölbte Dach. Es wurde deutlich mehr Innenraum geboten. Ohne Zweifel war dieses Design gelungen – ob es aber auch dem Mar-

Morgan	Zyl.	cm³	SAE-PS	bei 1/min	Gänge	Spitze km/h	Radstand/ Länge	Bau-jahre	Besonderheiten Kastenrahmen
4/4 Series II	4	1172	37	4500	3+S	125	244/365	1955–60	Motor Ford SV!
Competition			43	5000		160+			
Series III		997	40	5000	4+S	130		1960/61	(OHV)
Series IV		1340	58	4900	4	140	244/366	1961–63	
		1498	64	4600		–150		1962/63	ab '65: 1500 cm³/
Series V								1963–67	60 PS
Competition			84	5200		–160			dto 79 PS
1600		1599	74	4750		–150		1967–	
Compet. Model			96	5500		170			
Plus 4	4	1991	101	5000	4	–170	244/365	1957–62	Motor Triumph TR 3
			106	5000				1959–61	
Super Sports			116	5500		–180	244/366	1961/62	
Plus 4		2138	106	4750		175		1961–68	Motor TR 4
Super Sports			122	5400		–200		1962–68	a.W. 2-l-Motor TR 3
Plus 8	V8	3532	184	5200		210	249/370	1968–	Motor Rover
Plus 4 Plus	4	2138	106	4750	4	–177	244/379	1963–67	Motor Triumph

Morris

kenimage entsprach? Die gesamte Mechanik war mit jener des Plus 4 identisch. Die Karosserie bestand aus Kunststoff, doch handelte es sich nicht um ein Bausatzmodell.

Ende 1965 kam mit dem Plus 4 Competition eine neue Modellvariante hinzu. Sie vereinte die Mechanik des Plus 4 mit der Karosserie des 4/4 (niedrigere Motorhaube). Allerdings war von ihr Ende 1966 nicht mehr die Rede, und im Frühjahr 1967 war auch das Coupé – mangels Verkaufserfolgen – verschwunden. Von ihm waren nur 26 Exemplare gebaut worden! Mit dem Modelljahr 1968 wurde der 4/4 Series V durch den 4/4 1600 abgelöst. Die Antriebsquelle stammte wiederum von Ford; es handelte sich um die 1,6-Liter-Maschine mit 74 SAE-PS, wobei im Competition Model mit Doppelvergaser nun 95,5 PS zur Verfügung standen.

Plus 8 Besondere Bedeutung kam jedoch der Ablösung des Plus Four (4) durch den Plus Eight (8) zu. Dieser wurde im August 1968 angekündigt, und vorerst waren auch die beiden Plus-4-Modelle noch lieferbar. Der Plus 8 hatte in der Tat einen V8-Motor, und zwar die 3,5-Liter-Aluminium-Maschine von → Rover. Damit erhöhte sich die Leistung auf eindrückliche 184 PS. Dank dem Leergewicht von bescheidenen 850 kg ergab sich ein fulminantes Leistungsvermögen, und dies bei einer nach wie vor sportlich harten Federung! Das Unterbaukonzept blieb unverändert, doch wurden der Radstand um 5 auf 253,5 und die Spur um 2,5 auf 126 cm vergrößert. Zur Serienausstattung zählten eine Lenksäule mit energieabsorbierendem Zwischenstück und eine Salisbury-Differentialbremse. Auch jetzt war der erste Gang noch nicht synchronisiert. Bei Einbau von Linkslenkung erhielten die Bremsen einen doppelten Flüssigkeitskreislauf, wie er in einzelnen Ländern verlangt wurde. Es gab diesen größeren Morgan, den man vor allem an den schmucken Leichtmetall-Gußfelgen erkannte, nun ausschließlich in Roadsterform; die ohnehin weniger gefragten Karosserievarianten Cabriolet (Drophead Coupé) und der Fourseater (Tourer) verschwanden ... dies zum Bedauern mancher Morganeers, wie sich die Fans der Marke in den USA nannten. Allerdings sollte die viersitzige Ausführung – und solche Cabrios waren inzwischen rar geworden – auf der Basis des 4/4 1600 schon 1969 wieder auftauchen. – Um 1970 bewegte sich die Morgan-Produktion im Bereich von etwa 400 Wagen pro Jahr.

Morris war die Basismarke der Nuffield-Gruppe, die sich im Jahre 1952 mit → Austin zur British Motor Corporation (BMC) zusammengeschlossen hatte. Die weiteren Nuffield-Marken waren → MG, → Wolseley und → Riley. Mit der Fusion zur BMC war eine Rationalisierung angestrebt worden, daher erhielten nach und nach die Modelle der Nuffield Group und von Austin eine identische Mechanik und auch ein bis auf die Details der Markenerkennung gleiches Aussehen. Dies war besonders beim Morris Minor 850 und beim Austin Seven 850 der Fall, die im August 1959 lanciert worden waren. Dieser revolutionäre Kleinwagen, der alsbald unter der Bezeichnung Mini zu einem Begriff werden sollte, verkörperte einen der bedeutendsten Zukunftsschritte der Nachkriegszeit. Sein Konzept war von Alec Issigonis ausgearbeitet worden. Seine Haupteigenschaften: «kistchenförmige» Karosserie mit minimalen Außenabmessungen, aber dennoch genügend Raum für vier Personen, Vorderradantrieb mit quergestellter Motor/Getriebe-Einheit, Einzelradaufhängung auch hinten, progressive Gummifederung, selbsttragende Karosserie als Brücke zwischen vorderem und hinterem Hilfsrahmen.

Das Duo Austin Seven 850 und Morris Minor 850 sorgte dafür, daß der Ruf der britischen Automobilindustrie plötzlich von konservativ zu avantgardistisch wechselte. Im Jahre 1960 stand allerdings auch noch der als «unverwüstlich» geltende Morris Minor 1000, ebenfalls eine Issigonis-Konstruktion, im Produktionsprogramm. Er fand bei Austin keine direkte Parallele, wohl aber der Morris Oxford, der bis auf Kühlergitter und Markenzeichen mit dem Austin Cambridge identisch war. Der Minor wie der Oxford entsprachen der Standardbauweise: vorne Trapez-Dreieckquerlenker und hinten Starrachse mit Halbelliptikfedern; immerhin wies der Minor als Besonderheit vordere Längstorsionsstabstatt Schraubenfedern auf! Im Herbst 1960 kam die Mini-Kombiversion Traveller mit 10 cm längerem Radstand auf den Markt, und auch den Oxford gab es als Kombi Traveller. Am 4. Januar 1961 rollte das millionste Exemplar des seit Herbst 1948 im Nuffield-Werk in Cowley gebauten Minor vom Band, ein Ereignis, das als Meilenstein in der englischen Autogeschichte gefeiert wurde.

Auf die Entwicklung der Mini und der Mini Cooper wird hier nicht eingegangen, weil sie unter den Markennamen Austin und Morris in identischer Weise erfolgte und die Details bereits unter → Austin festgehalten sind. Auf Mini-Basis war bei der Karosseriefirma Zagato (→ Anhang) in Mailand ein wohlgeformtes Coupé Morris Mini Cat (Katze) Z entstanden. Es bot knapp vier Sitze, war 380 cm lang (Radstand 214 cm), und die Leistung wurde mit 40 PS angegeben. Aus der für 1961/62 geplanten Serie schien jedoch nichts geworden zu sein.

Im Herbst 1961 wurde aus dem Morris Oxford V der Oxford VI. Äußerlich zeigte die von Pininfarina (→ Anhang) im Trapezstil entworfene Karosserie nun ein bis an die

Oben: Morris 1100, 1963
Links: Morris Oxford Series VI, 1963

Morris

Links: Morris Minor 1000 Convertible, 1964
Links unten: Morris (Mini) 850 Traveller, 1967
Unten: Morris 1800, 1966
Ganz unten: Morris 1300 GT, 1970

Flanken geschwungenes Kühlergitter mit integrierten Positionslampen. Wesentlich waren jedoch die Motorvergrößerung von 1,5 auf 1,6 Liter, der um 2,5 cm längere Radstand und die um 5,8 bzw. 3,8 cm verbreiterte Spur. Damit bot der Oxford (gleich wie der Austin Cambridge) deutlich mehr Leistung und mehr Innenraum. Auch die Hinterradfederung wurde verbessert, und zudem fanden sich Neuerungen im Interieur, unter anderem Befestigungspunkte für Sicherheitsgurten. Ende 1962 sollte im Oxford auf Wunsch ein 1,5-Liter-Dieselmotor lieferbar werden.

Morris 1100 Zum Anlaß des 50-Jahr-Jubiläums der von William Richard Morris mit dem Sportzweisitzer Oxford gegründeten Marke erfuhr das Modellprogramm im August 1962 eine bedeutende Erweiterung: der Morris 1100 wurde lanciert. Er war eine ebenso richtungweisende Konstruktion wie der Mini, ja er muß im Rückblick möglicherweise sogar als ein noch wichtigerer Schrittmacher betrachtet werden, denn er vereinte bereits jene Merkmale auf sich, die in den siebziger und den achtziger Jahren zu den Eigenschaften der in Europa meistverkauften Wagen wurden: kompakte Form mit Schrägheck (der einzig noch die Heckklappe fehlte) sowie Frontantrieb mit quergestellter Motor/Getriebe-Einheit.

Überdies bot der Morris 1100 als wichtige Neuheit eine Gummi-Flüssigkeits-Verbundfederung. Das Hydrolastic genannte System war eine Konstruktion von Issigonis und Alec Moulton. Dieser hatte auch die Gummifederung des Mini entwickelt. Durch die Verbindung der Vorder- und der Hinterradfederung je einer Seite wurde bewirkt, daß sich der Aufbau beim Überfahren von Unebenheiten nicht mehr zunächst vorne und dann hinten auf- und abbewegte, sondern daß eine einzige reduzierte Hubbewegung erfolgte und Nickschwingungen ausblieben. Die Karosserie verblieb so stets parallel zur Fahrbahn. Der modern und gefällig geformte Morris 1100 – Design Pininfarina – wies sich als besonders fahrsicher und komfortabel aus. Mit dem neuen, aus dem 950-cm³-Triebwerk des Minor entwickelten 1,1-Liter-Motor wurden zudem in der Klasse der populären Wagen überdurchschnittliche Fahrleistungen erzielt. Ungewohnt waren überdies die Lockheed-Scheibenbremsen an den Vorderrädern.

Im Frühling 1963 präsentierte die Mailänder Firma Innocenti unter der Bezeichnung → Innocenti IM 3 eine Lizenzversion des Morris 1100, allerdings mit 2-Vergaser-Motor. Während ein leistungsgesteigerter Morris 1100 in Form des → MG 1100 bereits im Herbst 1962 erschienen war, mußte man bei Austin noch bis im September 1963 auf ein Parallelmodell warten. Auch den Morris 1100 konnte man übrigens mit mehr Leistung haben, hiefür sorgten Frisiersätze der Tuningfirma Alexander. Bereits war auch schon von einer Militärausführung Mini-Moke die Rede. Im Februar 1965 rollte der millionste Mini vom Band, rund zwei Jahre später war auch beim BMC 1100 die Millionengrenze überschritten. Es gab ihn nun (wie auch den Mini) auf Wunsch mit einem vierstufigen

Morris Australia

Automatgetriebe. Nachdem der Minor 1000 bereits auf 1963 den 1,1-Liter-Motor des Morris 1100 erhalten hatte (u. a. erkennbar an den vergrößerten Positionslampen), erhielt er im Oktober 1964 ein Similiholz-Armaturenbrett, ein Anlasserzündschloß sowie ein Zweispeichen-Lenkrad mit versenkter Nabe.

So wie Austin auf den «1100» warten mußte, so gab es zunächst bei Morris noch keinen «1800». Diese Extrapolation der 1100-Reihe war im Oktober 1964 bei → Austin erschienen. Auf dem Genfer Salon 1966 wurde auch der Morris 1800 offiziell präsentiert. Gleichzeitig wurde eine dreitürige Kombiversion des Morris 1100 – wiederum mit der Zusatzbezeichnung Traveller – vorgestellt. Im Herbst 1967 kam der Morris 1300 hinzu. Bei gleicher Grundkonstruktion und -form wie der «1100» bot er den 1275-cm³-Motor, wie er auch in anderen BMC-Wagen verwendet wurde. Damit standen gleich 58,5 statt 48,5 DIN-PS zur Verfügung. Auch das Kühlergesicht war geändert und die Innenausstattung aufgewertet worden. Auf 1968 erhielt der Morris 1100 – nun als Mark II – ein breiteres Kühlergitter und einige Detailverbesserungen.

Im Mai 1968 erfuhr der Morris 1800 eine Aufwertung: von 81 auf 87 DIN-PS erhöhte Motorleistung, gestrecktere Hecklinie, Kühlergitter wie der Morris 1300 und eine schönere Innenraumgestaltung. Die Modellbezeichnung lautete nun 1800 Mark II. Doch schon auf dem Londoner Salon im Herbst des gleichen Jahres wurde als Zusatzversion der 1800 Mark II S vorgestellt. Hier stand nun dank zweier Vergaser eine Leistung von nicht weniger als 97 DIN-PS zur Verfügung. Ein Leistungsplus bot auch der ein Jahr später, im Oktober 1969, hinzugekommene Morris 1100 GT. Ebenfalls mit zwei Vergasern wurden hier 71 statt 61 DIN-PS erzielt, gleich viel wie beim entsprechenden MG-Modell. Hinsichtlich Kühlergitter unterschied sich dieser Morris nicht mehr vom analogen Austin-Modell. Mit der Leistungssteigerung ging auch hier eine Erhöhung des Ausrüstungsstandards einher.

Im Jahre 1970 lief die Produktion des Morris Minor aus. Er war eines der langlebigsten Modelle der britischen Autogeschichte gewesen. Zuletzt wurde nur noch die Kombiversion Traveller gebaut; besonders beliebt war das bis 1969 gebaute Cabriolet gewesen. Doch Morris behielt einen weiteren Veteranen im Programm, den Oxford Series VI, der den Austin Cambridge um zwei Jahre überleben und erst 1971 gestrichen werden sollte. Noch weit länger hergestellt wurde der indische → Hindustan, ursprünglich die Lizenz eines noch früheren Oxford-Modells. Hingegen wurden inzwischen auch bei → Innocenti in Italien und Authi (→ Anhang) in Spanien Morris-Autos in Lizenz hergestellt (Typ 1100 und Mini). – Der Markengründer, William Richard Morris, zum Viscount Nuffield geworden, war übrigens 1963 im Alter von 86 Jahren verstorben.

Schon Ende der fünfziger Jahre war die australische Niederlassung der BMC (British Motor Corporation, → Austin usw.) eigene Wege gegangen, indem sie durch Vermischung von Bauteilen 1958 den Austin Lancer und den Morris Major schuf. Diese waren vom Wolseley 1500 abgeleitet worden. Der Morris Marshal entsprach hingegen mit Ausnahme der Chromzier und der Leistung dem Austin A 95 . . . Im Juni 1969 wurden der Morris 1500 OHC und der Morris Nomad lanciert. Sie ersetzten den seit 1964 in über 85 000 Exemplaren verkauften Morris 1100. Der Typ 1500 OHC vereinte die Karosserie des englischen Morris 1300 (und seiner zahlreichen Verwandten) mit dem 1485-cm³-Motor mit obenliegender Nockenwelle aus dem Austin Maxi. Aus einer von 9,1 auf 8,6:1 reduzierten Verdichtung resultierten 74 SAE-PS. Der Morris 1500 OHC hatte ein eigenes Kühlergesicht und eine breite Ausbuchtung auf der Motorhaube. Beim identisch motorisierten Morris Nomad handelte es sich hingegen um die australische Interpretation des Austin Maxi mit Heckklappe und sechs Seitenfenstern. Die Teile wurden zu gut 90 % in Australien hergestellt. Das British-Leyland-Werk befand sich in Sydney. Der OHC-Motor entstand in der modernsten Motorenfabrik des Kontinentes. Außerdem wurde der Morris 1300 Automatic angeboten; er entsprach weitgehend dem englischen Vorbild.

Morris (AUS) 1500 OHC, 1970

Morris	Zyl.	cm³	PS *SAE	bei 1/min	Gänge	Spitze km/h	Radstand/ Länge	Bau- jahre	Besonderheiten
Minor 850 (Mini + Cooper)									→ Austin
Minor 1000	4	948	37*	4800	4	117	218/376	–1961	
			41*	5000				1961/62	
		1098	50*	5100		121		1962–70	(Ang. 49 DIN-PS)
			45	5100					(a.W.)
Oxford Series V	4	1489	56*	4400	4	127	252/443	1959–61	
			52*	4300					
Series VI		1622	62	4500	4/A	130	254/443	1961–	
Diesel		1489	40	4000	4	110		1962–64	(Dieselmotor)
1100	4	1098	50*	5100	4	125	237/373	1962–65	Frontantrieb,
					4/A			1965–67	Quermotor, h.E.,
Mk. II			49	5100	4		237/370+	1967–	Verbundfederung
			57*	5500	A	122			
1300	4	1275	59	5250	4/A	139	237/373	1967/68	wie 1100
Mk. II			61			140		1968–	
GT			71	6000		154		1969–	
1800	4	1798	81	5000	4	146	269/417	1966–68	wie 1100
Mk. II			87	5400	4/A	150+	269/424	1968–	
Mk. II S			97	5700	4	161			

Morris Australia	Zyl.	cm³	SAE-PS	bei 1/min	Gänge	Spitze km/h	Radstand/ Länge	Bau- jahre	Besonderheiten
1500	4	1485	74	5500	4	145	237/370	1969–	Frontantrieb, OHC
Nomad							237/375		
1300 Automatic		1275	64	5500	A	135	237/370		(OHV)

Moskwitsch

Als es noch keinen Shiguli bzw. Lada gab, war der Moskwitsch die bedeutendste Personenwagenmarke in Rußland. Ihr Herstellwerk MZMA befand sich in der Agglomeration von Moskau. Der 1960 gebaute Typ 407 glich noch weitgehend dem Modell 402, das 1956 unter Ing. A. Andronow entwickelt worden war. Der Moskwitsch 407 entsprach der Standardbauweise, seine in rundlichem Styling gehaltene Stufenheckkarosserie zeigte noch einen angedeuteten hinteren Kotflügelansatz. Sein 1358-cm³-Motor entwickelte 45 PS bei 4500/min. Entsprechend der östlichen Benzinqualität war er nur 7:1 verdichtet. Die fünftürige Kombiversion – sie kam 1960 hinzu – trug die Typenziffer 423.

Höchst ungewöhnlich aber war das vom 407 abgeleitete Modell 410. Es war auf 1958 herausgebracht worden und bot als erstes Auto mit normaler Personenwagenkarosserie serienmäßig Vierradantrieb! In Anbetracht des 4×4-Booms von Anfang der achtziger Jahre muß dies als eine eigentliche Pioniertat anerkannt werden. Der Moskwitsch 410 war natürlich das ideale Transportmittel für das Vorankommen in der russischen Taiga und der Tundra und ebenso für den harten russischen Winter. Auch die Vorderachse war bei diesem Modell starr und mit Halbelliptikfedern abgestützt. Der Vorderradantrieb ließ sich ausschalten, und zum 4-Gang-Getriebe wurde zusätzlich eine Geländeuntersetzung eingebaut.

Mit einem schmucken Kühlergitter (statt des Querbalkens in der Kühlluftöffnung) wurde der Moskwitsch 407 unter der Markenbezeichnung Scaldia im Montagewerk Mortzel-Antwerpen für den belgischen Markt und teils für den Weiterexport zusammengebaut. Statt mit dem Originalmotor konnte man den Scaldia auch mit einem englischen Perkins-Dieselmotor von 1621 cm³ Hubraum und mit 43 PS Leistung erstehen. Auch so motorisiert war der Scaldia ein ungewöhnlich preisgünstiges Auto.

408 Im Verlaufe des Jahres 1963 erhielt der Moskwitsch ein bis an die Außenseiten geführtes großmaschiges Kühlergitter und neue seitliche Zierstreifen. Anfang März 1964 machte die Meldung die Runde, daß unter der Marke MZMA und der Typennummer 408 ein neukarossierter Moskwitsch auf den Markt kommen werde. Gleichzeitig wurden einige Daten über das Moskauer Werk bekannt: Es beschäftigte 15 000 Personen, darunter 2500 Ingenieure und Techniker, die in zwei Schichten arbeiteten. Im Jahre 1963 hatte der Ausstoß rund 80 000 Wagen erreicht; für 1964 war eine Produktionssteigerung auf 86 000 Einheiten geplant ... und es war auch von einem Rennwagen mit 76-PS-Heckmotor die Rede.

Der 408 hatte eine gefällige, moderne Karosserie. Im Kühlergitter prangten Doppelscheinwerfer, und die hinteren Kotflügel mündeten in Peilstege aus. Die Fensterflächen waren nun weit großzügiger bemessen und vermittelten wesentlich verbesserte Sichtverhältnisse. Der Radstand war unwesentlich, von 238 auf 240 cm, verlängert worden, und die Gesamtlänge erreichte 409 statt 405,5 cm. Mit 148 statt 156 cm Gesamthöhe war die Dachlinie deutlich abgesenkt. Am technischen Konzept hatte nichts geändert. Doch dank eines Registervergasers erreichte die Höchstleistung jetzt 60,5 SAE-PS bei 4750/min. Ungewöhnlich waren der riesige Ölbadluftfilter, der Ölinhalt von 4,5 Liter sowie der mit einem Hahn unter der Motorhaube ein- und ausschaltbare Ölkühler. Auch die raffinierte Ansaugluftvorwärmung und die von Hand bedienbare Kühlerjalousie wiesen auf die Ausrichtung für den Einsatz bei Tieftemperaturen hin. Wie ebenfalls schon beim Vormodell erfolgte die Getriebeschaltung mit einem Lenkradhebel, doch war auf Wunsch auch eine Stockschaltung erhältlich (später nicht mehr). Die neue Kombiversion hieß MZMA Moskwitsch 426; ein 4×4-Modell gab es nicht mehr. – In Belgien wurde vorerst auch noch der alte Scaldia mit Perkins-Dieselmotor des Typs Four/99 angeboten.

412 Schon Anfang 1968 wurde ein gänzlich neuer Motor mit obenliegender Nockenwelle angekündigt. Er gelangte alsbald im Modell 412 zum Einbau, das sich äußerlich vom weitergebauten Typ 408 durch die Rechteck- statt Doppelscheinwerfer unterschied. Dieser neue Motor hatte 1479 cm³ Inhalt und eine fünf- statt dreifach gelagerte Kurbelwelle. Er entwickelte 80 SAE-PS bei 5800/min und wurde um 20° seitwärts geneigt eingebaut. Auch sein Block bestand aus Leichtmetall, und die Brennräume hatten Halbkugelform. Sein Getriebe war vollsynchronisiert und bot Mittelschaltung. – Auch der belgische Scaldia 1600 Diesel wurde inzwischen mit der neuen Karosserie aufgelegt; er wies runde Einfachscheinwerfer auf (Scaldia 1300 mit Doppelscheinwerfern). Auch in Österreich wurden übrigens Sonderversionen des Moskwitsch angeboten; sie hießen Moskwitsch Torero, Torero TS, Torero 1500 S und Matador. Der im Herbst 1969 eingeführte 1500 S wurde von einem 70-PS-Motor angetrieben.

Oben: Scaldia (Moskwitsch) 407, 1963
Oben rechts: Moskwitsch 408, 1965

Moskwitsch	Zyl.	cm³	DIN-PS	bei 1/min	Gänge	Spitze km/h	Radstand/Länge	Baujahre	Besonderheiten
407 (Scaldia)	4	1358	45	4500	4	120	237/406	1958–64	
423						105			(Kombiversion)
410					2×4	95			(Vierradantrieb)
Scaldia Diesel		1621	43	4000	4	120		1962–66	Perkins-Dieselmotor
Scaldia 1600 Diesel							240/409	1966–	
408 (Scaldia 1300)		1357	61*	4750				1964–	Kombi: Typ 426
412	4	1479	80*	5800	4	140	240/409	1967–	OHC, * SAE-PS

Neckar, NSU-Fiat

Zuerst hießen die in der Bundesrepublik montierten Fiat NSU-Fiat, erst später Neckar. Nach einem über Jahre geführten Streit waren Ende 1959 die NSU-Werke in Neckarsulm ermächtigt worden, fortan allein die Marke → NSU zu verwenden. Die NSU-Werke und die Fiat Automobil AG in Heilbronn am Neckar schlossen ein Übereinkommen, wonach inskünftig die deutsche Fiat-Organisation und ihre Zweigfirma Neckar-Automobil-Werke ihre Produkte nur noch unter den Markenbezeichnungen Fiat oder Neckar kommerzialisieren werden. Der Begriff NSU-Fiat sollte sich allerdings noch einige Zeit halten.

Im Prinzip verkaufte man in Deutschland Fiat-Modelle, wie sie in Italien gebaut wurden. Doch gab es auch einige Spezialitäten. Zu ihnen zählten 1960 die Modelle Weinsberg 500, deren Karosserien eben am Neckar entstanden und die sich vom Original-500 durch das Stufenheck unterschieden. So verkörperten sie auch hinsichtlich Stylingrichtung eine direkte Konkurrenz zum NSU Prinz. Es gab den Weinsberg in zwei Varianten, als «Limousette» mit zweitem Seitenfenster für vier Erwachsene und als Coupé mit Panorama-Heckscheibe für zwei Erwachsene und zwei Kinder. Abgesehen von einer geringfügig anderen Motorcharakteristik (Höchstleistungsangabe 21 SAE-PS bei 4000 statt 4800/min) unterschied sich die Mechanik nicht von jener des italienischen Vorbildes, doch erreichte die Länge 308,5 statt 297 cm. Der NSU-Fiat Jagst (Nebenfluß des Neckars) entsprach bis auf das Wappensignet an der Front und dem serienmäßig eingebauten Rolldach dem Fiat 600. Als NSU-Fiat Neckar bezeichnet wurde die deutsche Version des Fiat 1100, die dessen 40-PS-Motor mit der schmucken Ausrüstung des Fiat 1100 Lusso verband. Als Neckar Spezial wurde zudem eine außen vereinfachte Ausführung angeboten.

Oben: NSU-Fiat Weinsberg 500 Coupé, 1963
Unten: NSU-Fiat Europa Luxus, 1964

Wie der Fiat 500 erhielt der Weinsberg 1961 den von 479 auf 499,5 cm³ vergrößerten Hubraum. Der 1961 erschienene Jagst 770 war das deutsche Pendant des Fiat 600 D mit vergrößertem Motor. Im Herbst jenes Jahres wurden je ein Coupé und Cabriolet (als Spider bezeichnet) des Jagst 770 vorgestellt, die → Vignale eigens für die Deutsche Fiat karossierte. Sie trugen die Zusatzbezeichnung Riviera und waren 368 cm lang. Aus dem Typ Neckar wurde auf 1963 das Modell Europa. Vom Fiat 1100 D mit 1221-cm³-Motor unterschied er sich durch die Leistungsangabe von 48 DIN- statt 50 Cuna-PS. Er war auch geringfügig länger und hatte keine seitlichen Blinkleuchten. Das ihn vom italienischen Original abhebende Wappenschild im Kühlergitter war verschwunden.

Auf dem Salon von Brüssel von Anfang 1963 wurde ein für den belgischen Markt bestimmter Fiat Urania vorgestellt, der sich aus dem einfacheren deutschen Fiat-Modell Neckar Export und dem neuen 1,2-Liter-Motor zusammensetzte. Noch im gleichen Jahr – in welchem die Produktion der niedlichen, in knapp 6200 Exemplaren gebauten Weinsberg 500 auslief – wurde dem Typ Europa ein Modell Europa Luxus mit horizontalem Zierstab auf dem Kühlergitter zur Seite gestellt. Unter der Bezeichnung Neckar 1500 TS Siata-Auto wurden in Deutschland auch → Siata-Derivate von Fiat (Limousine und Coupé) verkauft. Der Jagst 770 erhielt im Frühsommer 1964 vorne angelenkte Türen, und gleichzeitig wurde seine Leistung von 25 auf 23 DIN-PS abgesenkt, um ihn in die preisgünstigere Versicherungsklasse einstufen zu können. Er hieß nun Jagst 2.

Eine weitere aus Heilbronn stammende Sonderkonstruktion war ein auf der IAA Frankfurt im September 1965 vorgestelltes kleines Cabrio mit → Steyr-Puch-Heckmotor. Auf dem Genfer Salon 1966 folgte der sportliche → Osi Neckar 1200 St. Trop.

Im Frühjahr 1966 debütierte unter der Bezeichnung Neckar Millecento (= 1100) die deutsche Version des Fiat 1100 R. Kennzeichen war ein spezielles Frontsignet. Auch der Neckar 850 kam 1966 hinzu; er entsprach dem Fiat 850 Super. Auf 1969 verschwand die Markenbezeichnung Neckar allerdings, und mit eigenem Modellnamen verblieb noch der Fiat Jagst 2..., dessen Leistung nun wieder mit 25 PS angegeben wurde. – Von den Original-Fiat unterschieden sich die deutschen Ausführungen schließlich nur noch durch das teils serienmäßig eingebaute Schiebedach.

Neckar, NSU-Fiat	Zyl.	cm³	DIN-PS	bei 1/min	Gänge	Spitze km/h	Radstand/ Länge	Baujahre	Besonderheiten
Weinsberg 500	2	479	15	4000	4	95	184/309	1959/60	Basis Fiat 500
		500	15	4400		100		1961–63	

übrige Modelle: entsprechend italienische Fiat, teils abweichende PS-Angaben (s. Text)

NSU

Personenwagen von NSU hatte es schon von 1906 bis 1928 gegeben. 1929 war das Autowerk in Heilbronn an Fiat verkauft worden, wo anschließend die NSU-Fiat entstanden. NSU selbst beschränkte sich fortan auf die Motorradherstellung... bis 1957 ein neuer, origineller Kleinwagen lanciert wurde. Es kam damit auch zum Streit darüber, welche Autos fortan die Marke NSU (eine willkürliche Abkürzung von Neckarsulm) tragen dürften. Ende 1959 kam es schließlich zu einem Übereinkommen, wonach künftig zwischen NSU einerseits und Fiat bzw. → Neckar anderseits unterschieden würde.

1960 wurde von den NSU Werke AG in Neckarsulm neben dem eigenwillig geformten viersitzigen Kleinwagen NSU Prinz das bildhübsche zweisitzige Coupé Sport-Prinz hergestellt, dessen Karosserie von Bertone (→ Anhang) stammte. Beiden Wagen gemeinsam war der luftgekühlte 583-cm³-2-Zylinder-Heckmotor mit obenliegender Nockenwelle. Er leistete im Prinz 20 DIN-PS, im Sport-Prinz mit Registervergaser 30 DIN-PS, wobei letzterer Motor auch in der Limousine (= Prinz 30) lieferbar war. Im einfach ausgestatteten Prinz I wurde ein nichtsynchronisiertes, im Prinz II und im Prinz 30 ein vollsynchronisiertes 4-Gang-Getriebe mit Mittelschaltung eingebaut. Ab Dezember 1959 wurden auch die Typen II (E) und 30 (E) erhältlich. Der Buchstabe E stand für Exportausführung und symbolisierte eine aufgewertete Ausrüstung: Lüftungsdrehflügel in den Türen, unterhalb der Scheinwerfer angebrachte statt auf den Kotflügeln aufgepflanzte Blinker, Liegesitze und andere Verbesserungen. Für die Aufhängung der Räder fanden sich vorne übliche Trapez-Dreieckquerlenker mit Schraubenfedern, hinten eine Pendelachse mit Dreieckquerlenkern, Schraubenfedern und Doppelgelenkachsen.

NSU-Generaldirektor Dr.-Ing. Gerd Stieler von Heydekampf hatte nicht nur mit der argentinischen Firma Autoar und der Egyptian Automotive Company (→ Ramses) Lizenzverträge abgeschlossen, sondern stand auch in Kontakt mit Felix Wankel, dessen NSU-Wankel-Drehkolbenmotor im Januar 1960 erstmals öffentlich vorgeführt wurde: 125 cm³ Kammergröße und 29 PS bei 17 000/min lauteten die erste Daten. NSU-Forschungsleiter Dr. W. Froede gab allerdings noch kein bestimmtes Datum für die Präsentation des ersten Autos mit Wankelmotor bekannt... auch wenn bereits ein Prinz mit Drehkolbenmotor im Versuchsstadium stand.

NSU

Im September 1960 wurde der Prinz III vorgestellt. Er trat neben den Prinz I an Stelle des Prinz II und bot erhöhten Fahrkomfort dank längerer Federwege, vorderen Gummizusatzfedern und progressiv wirkenden hinteren Prinzair-Luftkissen. Auch die Heizung und die Sitze wurden verbessert, diese brachten einen leicht vergrößerten Innenraum. Mit den im Prinz III zur Verfügung stehenden 23 PS wurde die neue deutsche Versicherungsklasse 19 bis 23 PS voll genutzt. Der verbesserte Unterbau kam Ende 1960 auch dem Sport-Prinz zugute. Von diesem Zeitpunkt an ließ NSU die Coupéaufbauten bei der Karosseriefirma Drauz in Heilbronn statt bei Bertone in Turin herstellen.

Prinz IV Im Frühherbst 1961 wurde der gänzlich neu gezeichnete Prinz IV vorgestellt. Auch wenn seine Form offenkundig vom → Chevrolet Corvair inspiriert worden war, erwies sie sich als Volltreffer. Die rundum geführte Sicke unter der Gürtellinie machte den neuen NSU elegant und ließ ihn auch größer erscheinen. Der Radstand war von 200 auf 204 cm angewachsen, die Gesamtlänge von 314,5 auf 344 cm. Die vordere Radspur betrug nun 123 statt 120 cm, und die Gesamtbreite hatte um 7 auf 149 cm zugenommen. Damit stand natürlich auch beträchtlich mehr Innenraum zur Verfügung.

Der Prinz IV wurde ausschließlich mit dem 30-PS-Motor gebaut. Dieser hatte im neuen NSU einen auf 598 cm^3 vergrößerten Hubraum, womit das höchste Drehmoment von 4,3 auf 4,5 mkp, jedoch bei 3250 statt 3000/min gesteigert werden konnte. Die Bremsanlage war dem leicht höheren Gewicht (565 statt 510 kg) angepaßt worden. Den Prinz I gab es nicht mehr. – Mit dem Jahrgang 1962 (ab September 1961) erhielt auch der Sport-Prinz den 598-cm^3-Motor. Ende 1962 wurde der Prinz III gestrichen; von den ursprünglichen Prinz mit den um die Pavillonecke gebogenen hinteren Seitenfenstern waren gegen 95 000 Exemplare gebaut worden.

Prinz 1000 Einen weiteren bedeutenden Schritt weg vom Grenzbereich zwischen Klein- und Kleinstwagen vollzog NSU im Herbst 1963 mit der Lancierung des Prinz 1000, den man bereits zur unteren Mittelklasse rechnete. Er hatte die gleiche Corvair-Form wie der Prinz IV, jedoch einen auf 225 cm vergrößerten Radstand und eine Gesamtlänge von 381 cm. Während die Karosseriebreite unverändert blieb, wuchs die Spur auf 127 und 123,5 cm.

Kernstück des Prinz 1000 war jedoch der völlig neue 4-Zylinder-Motor. Auch er hatte eine obenliegende Nockenwelle, und seine Kurbelwelle war fünffach gelagert. Anstatt mit Schubstangen und Exzenter erfolgte der Nockenwellenantrieb bei diesem NSU-Motor mit Kette. Der Luftkühlung wie der Heckanordnung war man treu geblieben. Das 43 DIN-PS bietende, aber eine noch weit höhere Leistungsausbeute versprechende Aggregat war quer und leicht nach hinten geneigt hinter der Hinterachse eingebaut. Einen quergestellten 4-Zylinder-Heckmotor gab es zu diesem Zeitpunkt auch im winzigen → Mazda P 360. Während es dort jedoch um die Einsparung von Baulänge ging, hatte man bei NSU auch eine gute Gewichtsverteilung im Visier. Wiederum wurde ein 4-Gang-Vollsynchrongetriebe verwendet. Die Hinterräder wurden nun von gezogenen Schrägschwingen geführt und zeigten selbst in unbelastetem Zustand einen leicht negativen Sturz. Die Bremsanlage wurde abermals verstärkt, wobei auf Wunsch vordere Ate-Dunlop-Scheibenbremsen eingebaut wurden. Äußerlich fiel die neue NSU-Limousine durch die Rechteckscheinwerfer mit sie verbindendem Chromband und die Lufteinlaßschlitze an den hinteren Flanken auf.

Spider Er hieß kurzerhand Spider, was die aus dem Amerikanischen übernommene Bezeichnung für italienische (Sport-)Cabriolets bedeutete. Eine solche Offenversion des Sport-Prinz hatte Bertone bereits auf dem Turiner Salon 1960 zur Schau gestellt. Doch hinter dem im September 1963 präsentierten NSU Spider steckte weit mehr als nur eine neue Karosserievariante: Er war das erste für die Serienherstellung bestimmte Auto mit Wankel-Kreiskolbenmotor! Allerdings waren die NSU-Wankel-Lizenznehmer Mazda in Japan ebenfalls bereits dabei, ein Wankelauto auf die Räder zu stellen . . .

Der Heckmotor des Spider hatte einen Rotor und eine Kammergröße von 500 cm^3. Noch stritt man sich darum, ob der Inhalt einer Kammer einem zwei- oder einem dreifachen Hubraumäquivalent gleichzusetzen sei. Deutschlands Steuerbehörden erfaßten das neue Modell als 1,5-Liter-Fahrzeug, doch setzte sich schließlich die Erkenntnis durch, daß ein Kammervolumen bloß mit zwei zu multiplizieren sei. Der Motor des Spiders leistete beträchtliche 50 DIN-PS bei 5000/min, und sein Wasserkühler mit elektrischem Ventilator war im Bug untergebracht. Wie der Prinz 1000 besaß der Spider hintere Schräglenker; vordere Scheibenbremsen wurden bei ihm serienmäßig eingebaut. Ein kleiner Kofferraum fand sich nicht nur im Bug mit vertikal geteilter Kühlluftöffnung, sondern auch im Heck über dem Wankelmotor. Dieser erwies sich als überaus drehfreudig und vibrationsarm; er hob sich durch sein schnurrendes, aber nicht gerade leises Geräusch von den Hubkolbenmotoren ab. – Während die Produktion des Prinz 1000 Anfang 1964 anlief, kam der Spider erst im September jenes Jahres in Serie. Der Mazda Cosmo galt hingegen auch 1965 noch als Prototyp.

Im November 1964 wurden Verbesserungen für den Prinz 4 – man hatte die Ziffernschreibweise schon Ende 1963 von römisch auf arabisch umgestellt – und den Sport-Prinz bekannt. Dieser besaß nun vordere Scheiben-

bremsen, zweistufige Scheibenwischer und ein Türschloß auch auf der rechten Seite. Der Prinz 4 erhielt größere Reifen (5.00-12 statt 4.80-12), verkleinerte vordere Radkästen (mehr Fußraum) sowie bessere Polsterüberzüge. Scheibenbremsen wurden bei diesem Modell nun gegen Mehrpreis erhältlich. Vom Prinz IV/4 waren bis dahin rund 200 000 Exemplare gebaut worden. Den Prinz 1000 gab es neuerdings auch in der reichhaltiger ausgestatteten Ausführung 1000 L; seine Vorderradaufhängung war überarbeitet worden. Im April 1965 kam der Prinz 1000 S mit von der Auspuffanlage getrenntem wirkungsvollerem Heizsystem, geändertem Armaturenbrett, Bodenauskleidung und Radzierringen hinzu.

Inzwischen waren vom Kreiskolbenmotor NSU-Wankel zahlreiche weitere Lizenzen vergeben worden. An einem Projekt war NSU gar direkt beteiligt: Es handelte sich um die mit → Citroën gemeinsam gegründete Firma Comobil in Genf. Unter ihrer Ägide sollte ein neues Großserienauto entstehen. Es sollte sowohl in Frankreich wie in Deutschland montiert werden, wobei vorgesehen war, daß Aufbauten und Fahrwerk von Citroën, Motor und Kraftübertragung von NSU stammten. Außerdem entwickelte NSU einen

Links von oben nach unten:
NSU Prinz III, 1961
NSU Sport-Prinz, 1961
NSU Prinz 4, 1963
Unten: NSU Spider 1964
Rechts: NSU Typ 110, 1967

eigenen sportlichen Mittelklassewagen mit Zweischeiben-Wankelmotor.

Typ 110 Im Herbst 1965 erklomm NSU eine weitere Stufe im Aufstieg zur eigentlichen Mittelklasse: Der Typ 110 – die Bezeichnung Prinz wurde weggelassen – war eine neue Version des Modells 1000. Er wies 244 statt 225 cm Radstand auf und erreichte eine Gesamtlänge von just 4 m statt 379 cm. Der Fahrgastraum war nun schon recht komfortabel dimensioniert! Der Motor mit halbkugelförmigen Brennräumen war von 69 auf 72 mm ausgebohrt worden und hatte damit einen Hubraum von 1085 cm³. Bei 8 statt 7,5:1 Verdichtung resultierten stolze 53 DIN-PS. Die Vorderradaufhängung erhielt Zugstreben, und auf Wunsch waren vordere Scheibenbremsen zu haben. Ein Chromgitter zwischen den mächtigen Rechteckscheinwerfern zierte die Front, über diesen fanden sich die Einlässe für die neuartige Innenraumbelüftung, bei der das Motorgebläse die Innenluft absaugte!

1000 TT Gleichzeitig mit dem Typ 110 wurde der Prinz 1000 TT vorgestellt. Er kombinierte die Karosserie des 1000 mit dem neuen 1,1-Liter-Motor, wobei hier dank einer auf 9:1 erhöhten Kompression 55 DIN-PS zur Verfügung standen. Vordere Scheibenbremsen wurden serienmäßig montiert. Der 1000 TT unterschied sich von vorne durch die Doppelscheinwerfer, die durch ein schwarzes Band (mit Modellaufschrift) verbunden waren. Er hatte ein besonders sportlich aufgemachtes Interieur mit Holzkranz-Lenkrad, Tourenzähler und speziellen Sitzüberzügen. Wie der Typ 110 hatte dieser stärkste NSU 13- statt 12-Zoll-Räder. Der für seine Fahrzeuggröße ungewöhnlich leistungsfähige NSU TT sollte sich zu einem beliebten Allroundauto für junge Fans und Familienväter mit sportlichen Ambitionen entpuppen. Er war für die Deutschen etwa das, was den Engländern die Mini Cooper (→ Austin), den Italienern die Fiat → Abarth und den Franzosen die → Renault Gordini bedeuteten.

Neben dem Prinz 4 und dem Prinz 4S gab es neuerdings den Prinz 4L mit aufgewerteter Ausstattung. Im Herbst 1966 wurde das Angebot abermals erweitert, und zwar durch die Modelle 110 S und 110 SC. Mit ihnen wurde eine erneute Hubraumvergrößerung verwirklicht: aus 1177 cm³ resultierten 60 PS.

Auch die Ausstattung hatte eine Verfeinerung erfahren.

Bereits auf der Frankfurter Automobil-Ausstellung im September 1965 war der Zweischeiben-Wankelmotor für den kommenden NSU-Mittelklassewagen vorgestellt worden. Wie das Aggregat im Spider hatte er ein Kammervolumen von 500 cm³, doch waren inzwischen konstruktive Fortschritte verwirklicht worden. Im Mai 1966 hatte man dann die Premiere dieses neuen Autos für die Frankfurter IAA von 1967 in Aussicht gestellt. Auch von der Comobil SA wurden Fortschritte vermeldet. Für den Spider, den es inzwischen auch mit einem Aufsetzdach gab, wurde im März 1967 eine Sportversion mit 70 statt 50 PS angekündigt. Sie sollte nur an Lizenzinhaber abgegeben werden. Die Bremsen wurden verstärkt. Vom Werk ebenso wie von Frisierspezialisten, unter denen vor allem Spiess Erwähnung verdient, wurden aus dem kleinen Aggregat der 1-Liter-Klasse aber auch bis zu 100 PS herausgeholt, wobei der Lärmpegel allerdings mächtig anstieg! Rennsiege und gar die deutsche Rallye-GT-Meisterschaft 1966 blieben denn nicht aus.

TTS Bereits im Februar 1967 wurde dem TT der Prinz 1000 TTS zur Seite gestellt. Im Gegensatz zum TT besaß er den 1-Liter-Motor und war denn auch für den Sporteinsatz in dieser Klasse gedacht. Mit einer auf 10,5:1 erhöhten Verdichtung, Hochleistungsnockenwelle, Ölkühler und zwei Doppelvergasern kam er auf 70 PS, in der für den Straßenverkehr nicht mehr geeigneten Rennausführung mit vier Vergasern und Rennauspuff gar auf 83 DIN-PS. Man erkannte ihn von vorne an dem unterhalb der Stoßstange montierten Ölkühler und von hinten (wie von der Seite) an der aufgestützten Motorhaube. Im Juni 1967 wurde aus dem Prinz 1000 TT kurzerhand der NSU TT, und auch bei den übrigen 4-Zylinder-Modellen wurde der Prinz «fallengelassen». Der NSU TT besaß nun wie der Typ 110 S/SC den 1177-cm³-Motor, womit seine Leistung – bei einer Verdichtung von 9,2:1 – auf 65 PS anstieg. Im Motorraum war ein Ölkühler mit Rippenrohrschlange untergebracht. Man erkannte den erstarkten TT an einem metallfarbenen statt schwarzen Balken zwischen den Scheinwerfern (auch TTS/1000 und Prinz 4L).

Ro 80 Ende August 1967 war es soweit: der große NSU mit Zweischeiben-Wankelmotor wurde vorgestellt. Er hieß Ro 80 (von Rotationskolbenmotor und 1980) und war die Autosensation des Jahres. Denn die Entwicklungsingenieure des vergleichsweise kleinen deutschen Werkes hatten sich keineswegs damit begnügt, bloß irgendein Auto für ihren neuen Wankelmotor zu bauen. Vielmehr handelte es sich um eine in mehrfacher Hinsicht richtungweisende Konstruktion. Da war vor allem einmal die Tatsache erwähnenswert, daß der Ro 80 Frontantrieb hatte und daß die Kraft über einen hydraulischen Wandler mit automatischer Kupplung übertragen wurde. Hinzu aber kam ein Faktor, über den man im Rückblick nur staunen muß: Der Ro 80 hatte eine formvollendete, strömungsgünstige Karosserie, deren Luftwiderstandsbeiwert in der TH Stuttgart mit nur 0,335 ermittelt wurde! Überdies war die unter Claus Luthe im eigenen Haus entworfene Karosserieform mit nach hinten ansteigender Gürtellinie schlechthin ein epochales Meisterstück.

Mit einem Kammervolumen von zusammen 995 cm³ entsprach diese Wankelmaschine einem 2-Liter-Motor. Sie leistete mit zwei Registervergasern und zwei Zündkerzen je Scheibe 115 DIN-PS bei 5500/min. Das höchste Drehmoment stand mit 16,2 mkp bei hohen 4500/min an. Dies dürfte auch den Ausschlag für die Wahl der «selektiven Getriebeautomatik» von Fichtel & Sachs gegeben haben, die aus einem hydrodynamischen Drehmomentwandler und einem handgeschalteten 3-Gang-Vollsynchrongetriebe bestand. Die Einzelradaufhängung umfaßte Federbeine mit Schraubenfedern, vorne mit Querlenker, hinten mit gezogenen Schrägschwingen. An allen Rädern fanden sich Scheibenbremsen; von den zwei Bremskreisen wirkte der eine auf alle vier, der andere nur auf die Vorderräder. Serienmäßig war auch die ZF-Servolenkung.

Der Ro 80 bot mit seinen je drei Seitenfenstern eine perfekte Rundsicht und zudem viel Innenraum. Die Fondrücklehnen ließen sich bereits geteilt nach vorne klappen und erbrachten so zusammen mit dem Kofferabteil Transportraum für sperrige Gegenstände. Der Ro 80 wies sich über sehr gute Fahreigenschaften aus, und auch der ruhige Lauf seines Zweischeibenmotors wurde geschätzt. Sein größtes Handicap lag noch im hohen Benzinverbrauch. Die Serienherstellung lief nach dem Frankfurter Salon, Oktober 1967, an. Bereits im Sommer war im fernen Japan die Fließbandherstellung des ebenfalls mit einem Zweischeiben-Wankelmotor dotierten Mazda Cosmo Sport alias 110 S angelaufen.

Apropos Modellbezeichnung 110: Aus dem NSU Typ 110 wurde auf 1968 der NSU 1200 und 1200 C. Deren Motorleistung stand mit 55 (statt 60) DIN-PS zu Buche. Auch beim Modell 1000 unterschied man jetzt nach den Ausführungsvarianten 1000 und 1000 C. Ihre Leistung wurde mit 40 (statt 43) PS angegeben. Schon im Sommer 1967 war die Herstellung des Sport-Prinz und des Spider ausgelaufen, wenngleich diese adretten Modelle weiterhin lieferbar waren. Insgesamt waren gut 20 800 Exemplare des Fastbackcoupés und 2375 Cabrios gebaut worden. Dieses erste serienmäßige Auto mit Wankelmotor – heute ein Sammelstück – sollte erst im Oktober 1968 endgültig ausverkauft sein . . .

K 70 Inzwischen hatte NSU aber ein weiteres Mittelklasseauto vorbereitet. Es war der K 70 mit konventionellem Kolbenmotor. Seine Premiere war auf den Genfer Salon im Frühjahr 1969 angesetzt. Auch diese 6-Fenster-Limousine bestach durch ihr sauberes Design mit großzügig bemessenen Glasflächen. Die Gürtellinie war hier allerdings horizontal durchgezogen, und das schlichte, in Schwarz gehaltene und von Rechteckscheinwerfern flankierte Kühlergitter war aerodynamisch ungünstig einwärts geneigt. Wie der Ro 80 besaß der K 70 Vorderradantrieb. Nach bewährter sportlicher NSU-Manier erfolgte die Ventilsteuerung des neuen 1567-cm³-Motors mit einer obenliegenden

Links: NSU TT, 1967
Unten: NSU Ro 80, 1970

NSU	Zyl.	cm³	DIN-PS	bei 1/min	Gänge	Spitze km/h	Radstand/ Länge	Baujahre	Besonderheiten
Prinz I/II	2	583	20	4600	4	–110	200/315	1957–62	luftgekühlter
30			30	5500		–120		1958–62	Heckmotor, OHC
III			23	4500		110		1960–62	
Sport-Prinz	2	583	30	5500	4	130	200/356	1958–61	dto
		598						1961–67	
Prinz IV/4	2	598	30	5500	4	120	204/344	1961–73	dto
Spider	R1	996	50	5000	4	–153	202/358	1964–67	Wankel-Heckmotor
Prinz 1000	4	996	43	5000	4	135	225/379	1964–67	luftgekühlter
TT		1085	55	5800		150		1965–67	Heckmotor, OHC
Typ 110			53	5600		145	244/400		
Prinz 1000 TTS		996	70	6150		160	225/379	1966/67	
Typ 110 S/SC		1177	60	5200		150	244/400		
1000		996	40	5500		130	225/379	1967–72	
TT		1177	65	5500		155			
TTS		996	70	6150		160		1967–71	
1200		1177	55	5500		144	244/400	1967–73	
Ro 80	R2	1990	115	5500	3H	180	286/478	1967–	Frontantrieb, h.E.
K 70 (Prototyp)	4	1567	90	5000	4	158	269/441	1969	dto, OHC

Nockenwelle. Die Motorleistung wurde mit 90 DIN-PS bei 5000/min angegeben. Das Fahrwerk bestand aus Federbeinen mit Schraubenfedern, vorne mit Dreieckquerlenkern, hinten mit gezogenen Längsschwingen. Vorne wurden Scheibenbremsen montiert, und auf Wunsch sollte eine Servolenkung erhältlich sein.

Doch die Genfer Premiere wurde abgesagt. Überraschend war zwischen NSU und der zum VW-Konzern gehörenden Auto Union (→ Audi) ein Zusammenschluß vereinbart worden. Aus diesem Entscheid sollte die Audi NSU Auto Union AG hervorgehen. Deren Mutterfirma aber, das Volkswagenwerk, sah im K 70 eine Möglichkeit, seine schon beinahe hoffnungslos ins technische Hintertreffen geratene eigene Modellreihe auf Vordermann zu bringen. In einem neuen Werk in Salzgitter lief im Septemer 1970 die Serienherstellung des → VW (und nicht NSU) K 70 an...

Der Herbst 1969 stand bei NSU im Zeichen der Detailentwicklung. Bei allen Typen gab es jetzt eine Warnblinkanlage. Der Prinz 4 erhielt die Rundinstrumente des Modells 1000. Bei diesem wurde von der 6- zur 12-Volt-Anlage gewechselt (alle übrigen NSU hatten stets 12 V). Für den 1200 C wurde die wahlweise Ausrüstung mit der Selektiv-Automatic, wie sie der Ro 80 serienmäßig besaß, angekündigt (Wandler, automatische Kupplung, 3-Gang-Handschaltung). Besonders viele Details waren (erwartungsgemäß) beim Ro 80 überarbeitet worden: Verzicht auf Ölwechsel (nur noch Nachfüllen); Übergang von Spulen- auf Thyristorzündung, womit von zwei auf eine Zündkerze je Rotorscheibe zurückgekehrt wurde (wie beim Spider; dieser hatte mit der Einführung des Ro 80 ebenfalls einen Alternator erhalten); verbesserte Heizungs- und Belüftungsanlage; härtere Vordersitze; Halogen-Scheinwerfer; Schaltersymbole, Kindersicherungen und Kofferdeckelgriff. Auf 1970 bestand der Ro 80 (wie auch der Mazda Cosmo) den California-Abgastest, womit dem Export nach den USA nichts mehr im Wege stand. – 1969 hatte die Ro-80-Produktion mit über 7800 Exemplaren den Höchstwert erreicht. 1970 wurde der millionste Nachkriegs-NSU gebaut. Die Herstellung des NSU 1000 lief bis Ende 1972 weiter; insgesamt wurden 196 000 Wagen dieses Modells gebaut. Die TT hatten es bis Mitte des gleichen Jahres auf gut 63 000 Einheiten gebracht, der schon ein Jahr zuvor aufgegebene TTS auf 2402 Wagen. Der niedliche Prinz 4 sollte es bis 1973 auf einen Ausstoß von 570 000 Stück bringen; er wurde schon 1970 zu annähernd 90% nach Italien verkauft, wo er die Individualalternative zu den allgegenwärtigen kleinen Fiat verkörperte. Die Typenreihe 110/1200 blieb unter den Heckmotor-NSU am längsten in Produktion: Über 230 000 Exemplare rollten von ihr bis Mitte 1973 vom Fließband. Dann blieb nur noch der Ro 80 übrig. Für ihn sollte das Aus Anfang 1977 kommen... nachdem rund 37 300 Exemplare hergestellt worden waren. Dies bedeutete auch das Ende der Marke NSU!

Ogle

Im Bemühen, der British Motor Corporation (BMC, → Austin) zu schöneren Autos zu verhelfen, entwickelte die David Ogle Limited in Letchworth, nördlich von London, ab 1960 neue Karosserieformen. Unter dem von Ogle geführten Team von Automobilenthusiasten wurde 1961 der Ogle 1.5 lanciert, ein originelles Kunststoffcoupé auf der Basis des Riley 1.5. Serienreife erreichte jedoch erst der 1962 herausgebrachte 850 GT bzw. SX 1000. Es handelte sich um ein hübsches Coupé mit rundlich geformtem Kunststoffaufbau auf dem Mini. Der Ogle SX 1000 hatte einen von der Firma Alexander auf 69 DIN-PS frisierten 1-Liter-Motor aus dem Mini Cooper. Von ihm wurde eine Serie von 70 Wagen gebaut.

Doch David Ogle war schon im Mai 1962 bei einem Autounfall ums Leben gekommen. Seine Mitarbeiter führten sein Werk weiter und stellten im Herbst des gleichen Jahres ein elegantes Kunststoffcoupé auf der Basis des → Daimler SP 250 vor. Der alsbald in einem zweiten Exemplar gebaute Ogle SX 250 bildete schließlich die Grundlage für den 1964 lancierten → Reliant Scimitar! Im gleichen Jahr entstand bei Ogle unter Tom Karen das Design des türkischen → Anadol. Schon vorher war aus einer Zusammenarbeit zwischen Ford, Ogle, dem Formel-1-Star Stirling Moss und der Londoner Karosseriefirma Harold Radford Ltd. der Ford Cortina Ogle GT entstanden, eine Sonderversion des → Ford Cortina mit eigenem Kühlergitter und geänderter Heckgestaltung.

Oben: Ogle 850 GT = SX 1000, 1962
Rechts oben: Oldsmobile Super 88 Celebrity, 1960
Rechts: Oldsmobile F-85 Jetfire, 1962

Oldsmobile

In der Hierarchie der amerikanischen General-Motors-Marken nimmt Oldsmobile zwischen → Chevrolet, Pontiac und → Buick, Cadillac die mittlere Position ein. Mit dem Jahrgang 1960 hatte man auch bei den «Olds» die Ende der fünfziger Jahre sozusagen in den Himmel gewachsenen Heckflossen auf eine horizontal durchgezogene Linie abgeflacht. Zudem war die zerklüftete Frontgestaltung einem einfacheren Design gewichen. Das Produktionsprogramm setzte sich aus den Typen Dynamic 88, Super 88 und dem längeren und luxuriöseren Typ 98 zusammen. Die zwei- oder viertürigen Fauxcabriolets trugen die Bezeichnung Holiday, die Kombis (ohne «98») hießen Fiesta. Auf der Basis des Super 88 und des 98 gab es zudem je ein Cabriolet.

Für den Antrieb der mit Kastenrahmen und X-Traversen versehenen Wagen sorgten ausschließlich V8-Motoren, und zwar mit 6,1 (Rocket) und 6,5 Litern (Premium Rocket) Inhalt; es gab sie in verschiedenen Leistungsstufen. Mit dem Zweifachvergaser Econ-O-Way (243 SAE-PS) war der Dynamic 88 auf Sparsamkeit ausgelegt. Neben einem 3-Gang-Getriebe stand je nach Modell eine automatische Kraftübertragung Hydramatic 1960 Controlled Coupling (zwei hydraulische Kupplungen und 4-Gang-Planetengetriebe) zur Wahl. Die Rotomatic-Lenkhilfe war bei den teureren Modellen serienmäßig. Neu war eine pedalbediente Feststellbremse.

Neue Stylingelemente zeigte der Jahrgang 1961. Die Frontscheibe war jetzt nicht mehr als eigentliche Panoramascheibe ausgelegt, und anstatt Zierkerben in den Flanken, von denen sich die untere beim hinteren Radausschnitt zur Karosseriebasis senkte, zeigten die Seiten nun ein langgestrecktes, symmetrisches

Ogle	Zyl.	cm³	DIN-PS *SAE	bei 1/min	Gänge	Spitze km/h	Radstand/ Länge	Baujahre	Besonderheiten
1.5	4	1489	60	4800	4	150	218/419	1961	Rohrrahmen, Riley-Basis
SX 1000		997	69	6000		160	203/340	1962/63	Fachwerkrahmen, Mini-Basis
SX 250	V8	2548	142*	5800		200	234/434	1962	Kastenrahmen, Daimler-Basis

Oldsmobile

Rechts: Oldsmobile 98 Holiday, 1963
Unten: Oldsmobile F-85 Vista Cruiser, 1964
Ganz unten: Oldsmobile Jetstar I, 1965

Raketenmotiv. Zudem wurde die Gesamtlänge von 553 auf 539 cm bzw. von 561 auf 553 cm verkürzt! Bedeutendste technische Änderung war die Rückkehr zu der mit einer Schraubenfeder abgestützten Hinterachse. Sie wurde in Verbindung mit dem neuausgelegten Kastenrahmenchassis mit Traversen eingeführt.

Mit dem Accel-A-Rotor-System des Hydramatic-Getriebes wurde das 4-Gang- durch ein 3-Gang-Planetengetriebe ersetzt. Den 6,5-Liter-Motor gab es unter der Bezeichnung Skyrocket nun auch mit einer Verdichtung von 10:1 und 330 PS. Er wurde auch in einem Hochleistungscabriolet eingebaut, das unter dem Namen Starfire auf dem GM-Motorama im Januar 1961 in San Francisco vorgestellt und in Detroit in Kleinserie aufgelegt wurde.

F-85 Mit dem Modelljahrgang 1961 stellte General Motors im Herbst 1960 auch die erwarteten neuen Compact-cars vor, die dem bereits gebauten → Chevrolet Corvair zur Seite gestellt wurden: → Pontiac Tempest, Oldsmobile F-85 und Buick Special besaßen identische Karosseriegrundformen, nämlich einen selbsttragenden viertürigen Aufbau mit drittem Seitenfenster (zudem fünftüriger Kombi). Er war deutlich kleiner als jener der üblichen Amerikaner Wagen, für europäische Begriffe aber immer noch recht stattlich. Während der Corvair einen luftgekühlten Boxermotor im Heck besaß und der Tempest ein im Heck angeordnetes Getriebe erhielt, entsprachen der Oldsmobile F-85 und der → Buick Special der Standardkonstruktionsweise. Sie besaßen einen identischen 3,5-Liter-V8-Aluminiummotor (er war auch im Tempest erhältlich) und waren mit 3-Gang- oder Automatgetriebe lieferbar.

Letzteres war im F-85 allerdings anders konzipiert als im Special: Wie bei den großen Oldsmobile fand sich im F-85 das Hydramatic Controlled Coupling mit 3-Gang-Planetengetriebe, bei dem ein zusätzliches Leitrad in der untersten Getriebestufe als Drehmomentwandler wirkte. In markentypischer Weise war der kleine Oldsmobile ein wenig sportlicher ausgelegt als sein Pendant von Buick. Er besaß nicht nur eine leicht härter abgestimmte Federung (bei identischer Aufhängung mit hinterer Starrachse und Schraubenfedern), sondern auch eine auf geringfügig höhere Drehzahlen abgestimmte Motorauslegung (eigene Zylinderköpfe, max. Drehmoment 29,0 mkp bei 3200 statt 30,4 bei 2400/min). Diese Maschine wurde von Oldsmobile mit dem Namen Rockette bedacht. Die seitlichen Karosserieprägekanten und das Kühlergitter zeigten ein Design, wie es auch bei den großen «Olds» anzutreffen war.

Cutlass Im Frühling 1961 feierte man bei Oldsmobile die Herstellung des fünfmillionsten Hydramatic-Getriebes. Oldsmobile war ein Pionier in der Entwicklung automatischer Getriebe; schon 1939 hatte es Wagen dieser Marke mit Getriebeautomat gegeben. Das Hydramatic wurde auch für die europäischen Wagen von GM, → Opel Kapitän und → Vauxhall Cresta geliefert. Ebenfalls noch im Frühling jenes Jahres tauchte der Name Cutlass (Entermesser oder kurzer Dolch) auf. So hieß die Luxusversion des F-85-Coupés, während die einfachere Variante Club Coupé genannt wurde. Im Gegensatz zu diesem besaß der F-85 Cutlass einen auf 188 SAE-PS gebrachten Motor.

Jetfire Bereits Anfang September wurde die Herstellung einer kleinen Serie eines «Kompressor-Oldsmobile» F-85 angekündigt. Es handelte sich allerdings nicht um ein Modell mit mechanischem Kompressor, sondern um ein Fahrzeug mit Abgasturbolader, wie er erst zwei Jahrzehnte später in Europa populär werden sollte! Auch wenn der auf der New Yorker Automobilschau im Frühling 1962 vorgestellte Oldsmobile Jetfire – so hieß dieses Sondermodell – nur in kleiner Zahl gebaut wurde, so bezeichnete man ihn doch als den «ersten serienmäßigen Personenwagen mit auspuffgetriebenem Auflader». Dieser wurde bereits von der Garrett Corp. hergestellt; Abgasturbinen fanden bis dahin erst bei Nutzfahrzeug-Dieselmotoren Verwendung. Fast gleichzeitig mit dem Jetfire ging bei → Chevrolet der Corvair Monza Spyder mit Abgasturbolader in Produktion.

Im Jetfire standen bei einer Verdichtung von 10,25 : 1 218 SAE-PS zur Verfügung. Damit der Turbo-Rocket-Motor dieser ungewöhnlichen Leistungssteigerung gewachsen war, kombinierte man den Vergaser mit einem Einspritzsystem, mit dem ein je zur Hälfte aus destilliertem Wasser und Methylalkohol bestehendes Antiklopfmittel Turbo Rocket Fluid in die Ansaugleitung gespritzt wurde. – Der Jetfire wurde als Hardtopcoupé geliefert und unterschied sich äußerlich bloß durch einen Kontraststreifen vom Cutlass-Coupé.

Mit dem Modelljahr 1962 wurde auch eine Cabrioletvariante des F-85 eingeführt. Der Markenschriftzug fand sich jetzt ober- statt unterhalb des Kühlergitters. Den Motor gab es nun in weiteren Leistungsstufen. Auf Wunsch wurde die Hinterachse mit einer Differentialbremse bestückt. Die großen Modelle des neuen Jahrgangs erkannte man an senkrechten, die Horizontalstreifen unterbrechenden Zierelementen am Ansatz der Vordertüre. Neu hinzu kam die Serie Starfire Coupé und Cabriolet mit Einzelsitzen, Mittelkonsole und besonders reichhaltiger serienmäßiger Ausrüstung. Ein Starfire-Cabrio war bereits im Januar 1961 lanciert worden; mit diesem sportlichen Modell zielte man nicht zuletzt auf den → Thunderbird von Ford. Ein Traumwagen war der Fire Rocket mit Roadsterkarosserie und Turbolader.

Das Modelljahr 1963 brachte den kompakten F-85 um 10 cm verlängerte Karosserien. Die Flanken waren nun glattflächig ausgeführt, und der Markenschriftzug zog sich über die Kühlergittermitte. Es gab zusätzliche Leistungsvarianten, und in den mit einer Klimaanlage ausgestatteten Modellen wurde der Kühlerventilatorantrieb thermostatisch gesteuert. Flachere Flanken zeigten jetzt auch die großen Oldsmobile Dynamic 88, Super 88, Starfire und (Super) 98. Zudem verliefen die Windschutzscheibenpfosten nicht mehr gebogen, sondern geradlinig. Neu war die geänderte Hinterachsführung. und wie bei anderen GM-Wagen fanden sich jetzt ein in der Neigung verstellbares Lenkrad, ein Alternator (statt Dynamo) und weitere Verbesserungen.

2. F-85 1963 entstanden auf der Basis des kompakten F-85 (nebst einem El Torero getauften Spezialinterieur im Starfire-Cabriolet) ein experimenteller Sportwagen X-215 mit verkürztem Radstand und dem Turbomotor sowie ein etwas weniger aufsehenerregendes experimentelles Cabriolet J-TR auf Cutlass-Basis mit viereckigen Scheinwerfern. Doch die serienmäßigen F-85 des Modelljahrs 1964 waren keine Compact-cars mehr! Vielmehr hatten sie nun eine Länge von 516 cm und waren somit gleich lang wie elf Jahre früher der Super 88. Die gegenüber dem ursprünglichen F-85 um 38 cm angewachsene Länge ließ offenbar die Abkehr von der selbsttragenden Bauweise angezeigt erscheinen. Somit hatten alle Oldsmobile ab 1964 wieder ein Kastenrahmenchassis mit Traversen. Der nun zu den Intermediates zu zählende neue F-85 erhielt einen neuen Basismotor, der sich billiger herstellen ließ und wiederum von der Parallelmarke Buick geliefert wurde. Es handelte sich um einen 3,7-Liter-V6. Wer mehr Leistung wollte, konnte seinen F-85 mit einem neuentwickelten 5,4-Liter-V8-Motor bestellen. Neu war auch das Automatgetriebe Jetaway mit verstellbaren Leitschaufeln. Ein Modell Jetfire mit Abgasturbolader gab es nicht mehr; von ihm waren 1962 3765 und 1963 5842 Exemplare gebaut worden. Anderseits konnte ab der Chicago Auto Show im Februar 1964 auf F-85-Basis, jedoch mit verlängertem Radstand, eine Vista Cruiser geheißene zusätzliche Serie von Kombiwagen (parallel zum → Buick Sports Wagon) mit in seinem hinteren Bereich leicht erhöhtem und teilweise verglastem Dach bestellt werden. Die auf Wunsch erhältliche Differentialbremse hieß nun – wie bei anderen GM-Modellen – Positraction.

Bei den großen Oldsmobile wuchs die Auswahl auf sechs Modellreihen: Jetstar 88 (besonders preisgünstig, 5,4-Liter-V8 des F-85, jedoch mit Doppelvergaser), Dynamic 88 (6,6-Liter), Super 88 (Luxusausführung), Jetstar I (Sportcoupé), Starfire (Luxussportcoupé) und 98 (langer Radstand). Neben dem Holiday-Hardtopsedan gab es weiterhin den viertürigen Celebrity mit üblichem Mittelpfosten. Die neuen großen «Olds» erkannte man am ehesten an ihren einwärts nach unten gezogenen vorderen Stoßstangenecken.

Mit dem Modelljahr 1965 erhielten die großen Oldsmobile ein breiter ausladendes Chassis, die Gesamtlänge wuchs – den übrigen B-Karosserien von GM entsprechend – auf rund 5½ m, jene des Typs 98 – C-Karosserie wie Buick Electra und Cadillac – auf 566 cm. Auch die Bremsflächen wurden vergrößert. Neuer Topmotor war die 7-Liter-Maschine Super-Rocket, die in verschiedenen Leistungsstufen aufgelegt wurde. Wie im → Cadillac wurde nun das Automatgetriebe Turbo-Hydramatic (hydraulischer Wandler mit verstellbaren Leitschaufeln und 3-Gang-Planetengetriebe) verwendet. Die größten Oldsmobile waren der 98 Luxury Sedan und der 98 Sport Coupé. An die Stelle des Super 88 trat der Delta 88. Anstatt der horizontal durchgezogenen Gürtellinie zeigten die großen Modelle der Marke über dem hinteren Radausschnitt nun einen «Hüftschwung». Die F-85-Typenreihen – GM-A-Karosserie – erkannte man an dem wieder einmal in Kühlergittermitte gerutschten Markenschriftzug. Neu war das Hochleistungs-Package 4-4-2 (= 400 cubic-inch entsprechend 6,5 Liter, 4-barrel carburetor bzw. Vierfachvergaser und Doppelauspuff) mit verstärktem Unterbau, das für den F-85 Club Coupé und die Cutlass lieferbar war. Mit dieser Sonderausführung erhoffte man den Erfolg des → Pontiac GTO kopieren zu können.

Erneute Angebotserweiterungen brachte das Modelljahr 1966. Bei den Cutlass gab es zusätzlich die Luxus-Hardtoplimousine Supreme, gleichzeitig wurde der F-85-Basismotor, der 3,7-Liter-V6, nun durch einen 4,1-Liter-Reihen-Sechszylinder ersetzt. Auch die A-Karosserien zeigten jetzt den modischen «Hüftschwung» in der Gürtellinie. Neben anderen technischen Verbesserungen gab es ein neues vollsynchronisiertes 3-Gang-Getriebe. Es war auch für die großen «Olds» lieferbar. Bei diesen waren die seitlichen vorderen Stoßstangenecken wiederum nach unten einwärts gebogen, statt senkrecht abgeschnitten. Zahlreiche Detailverbesserungen zielten auf eine erhöhte Interieursicherheit. Zu dem zahlreichen Zubehör zählte eine neue Heiz- und Frischluftanlage Confortron.

Toronado Die geradezu sensationelle Neuheit, mit der Oldsmobile auf 1966 überraschte, war jedoch das Coupé Toronado. An diesem Projekt war seit langen Jahren gearbeitet worden, und es waren keineswegs nur technische, sondern auch wirtschaftliche Probleme, die ihm zunächst im Wege standen: So fürchtete man, daß zahlreiche neue Komponenten eigens für dieses Fahrzeug entwickelt werden müßten. Doch die Ingenieure fanden Wege, auch den Toronado kostengünstig herstellen zu können.

Und das Resultat war verblüffend: Der bei weitem größte jemals gebaute Personenwagen mit Frontantrieb ließ sich nicht nur ausgezeichnet fahren, sondern er bot mit seiner unter Designer David North entstandenen formvollendeten Karosserie auch ein äußerst attraktives Aussehen. Er hatte eine langgestreckte Fastbacklinie, stark auskragende Kotflügelränder und ein schlicht gestaltetes Kühlergitter mit abgedeckten Scheinwerfern. Den Antrieb – auf die Vorderräder! – besorgte der auf 390 PS gebrachte 7-Liter-Motor, und zwar über das Turbo-Hydramatic-Getriebe, wobei die Kraftübertragung von dessen Wandlereinheit auf das um 180° gedrehte Planetengetriebe mit einer breiten Kette erfolgte. Aus Platzgründen wurden für

Oldsmobile Toronado, 1966

Oldsmobile

Unten: Oldsmobile Delta 88 Royale, 1969
Darunter: Oldsmobile 4-4-2, 1970

Oldsmobile	Zyl.	cm³	SAE-PS	bei 1/min	Gänge	Spitze km/h	Radstand/ Länge	Modelljahre	Bemerkungen
Dynamic 88	V8	6076	243	4400	3/A	175	313/553	1960	Kastenrahmen
			264	4400					
Super 88		6466	319	4600		180			
			284	4600					(Export)
Dynamic 88			253	4200		175	313/539	1961	
			278	4400		180			
			330	4600		190			
Super 88			330	4600				1961–63	ab '62: 335 PS
			284	4600		180			(Export)
Dynamic 88			264–	4400		175	313/543	1962/63	'63: 545 cm lang
			–335	4600		190			
Starfire			350	4800	A	200		1963	
Jetstar 88		5404	248	4600	3/4/A	180	313/547	1964	a.W. 294/4800
Dynamic 88		6466	264–	4400	3/A	175			
			–335	4600		190			
Super 88			335	4600					
/Jetstar I/Starfire			350	4800		195			
			294	4800		180			(Export)
Jetstar 88		5404	264	4800	3/4/A		313/551	1965	a.W. 319/5200
Dynamic/Delta 88		6965	304–	4400				1965/66	
			–365	4800		195			
Delta 88			289	4400	A	175		1965	(Export)
Jetstar I/Starfire			375	4800	3/4/A	200			
Jetstar 88		5404	253–	4800		175		1966	
			–324	5200		195			
Starfire		6965	380	4800		200			
Delmont 88		5404	253	4800	3/4	180		1967	
			264	4800	A				
Delmont/Delta 88		6965	304–	4400	3/A				
			–380	4800	A	200			
Delmont 88		5736	253	4400	3/A	190	313/553	1968	a.W. 314/4800
Delmont/Delta 88		7446	314–	4200		200			
			–370	4600	A	210			
Delta 88		5736	253	4400	3/A	190	315/555	1969/70	'70: 557 cm lang
		7446	314–	4200		200			
			–395	5000	A	220			
98	V8	6466	319	4600	A	180	320/561	1960	Kastenrahmen
			284	4600					(Export)
			330	4600		190	320/553	1961	
			284	4600		180			(Export)
			335	4600		190	320/559	1962/63	'63: 563 cm lang
			350	4800		195		1963	
			335	4600			320/565	1964	
			350	4800		200			
		6965	365	4800			320/566	1965–67	ab '66: 370 PS
			375	4800					ab '66: 380 PS
		7446	370	4600		210	320/568	1968/69	'69: 323/570 cm
							323/572	1970	

die Vorderradfederung längsliegende Drehfederstäbe verwendet, während die starre Hinterachse an Einblattfedern geführt wurde. Das Kastenrahmenchassis mit Quertraversen endete unterhalb der Fondsitze, denn die Heckpartie der Karosserie war selbsttragend konstruiert!

Das Styling des Toronado schimmerte 1967 auch bei verschiedenen Oldsmobile-Modellen der Standardbauweise durch. Der Toronado selbst hatte für sein zweites Modelljahr ein aus drei Reihen Karos bestehendes Kühlergitter erhalten und war zudem mit Scheibenbremsen von Kelsey-Hayes an den Vorderrädern lieferbar. Die übrigen «Olds» des neuen Jahrgangs erkannte man an den zwischen den Doppelscheinwerfern angeordneten Positions- und Blinkleuchten. Der Jetstar 88 und der Dynamic 88 wurden durch den Delmont 88 abgelöst. Zum Delta 88 gesellte sich der luxuriösere Delta 88 Custom. Einen Starfire gab es ebenfalls nicht mehr. Zahl und Wirkung der Sicherheitsvorrichtungen (energieabsorbierende Lenksäule, Polsterungen, getrennte Bremskreisläufe) wurden weiter erhöht. Außer Scheibenbremsen für die Vorderräder waren Transistorzündanlagen für die Hochleistungsmotoren erhältlich.

Die Modelle 1968 bis 1970 widerspiegelten vor allem das Bemühen um Detailpflege. Der Jahrgang 1968 stand vordergründig im Zeichen des Wachstums: Die A-Modelle erhielten einen von 292 auf 294,5 cm verlängerten Radstand (Kombi Vista Cruiser von 305 auf 307,5 cm), und der 5,4-Liter-V8 wurde durch eine auf höhere Wirtschaftlichkeit und noch bessere Laufruhe ausgerichtete 5,7-Liter-Maschine ersetzt. Neu war die Ausführung Cutlass S, die es gleich mit zwölf Motor/Getriebe-Kombinationen und als Coupé, Hardtop und Cabriolet gab. Die neuen kleineren Oldsmobile erkannte man an den fließenderen Linien und dem noch ausgeprägteren «Hüftschwung», der auch den Verlauf der hinteren Fensterlinie deutlich tangierte. Bei den großen Modellen der Marke waren die Positions- und die Blinkleuchten nun in die nach vorne ausragenden Kotflügel-Vorderenden einbezogen. Größere Motoren auch hier: 5,7 statt 5,4 Liter und 7,4 statt 7 Liter! Der Toronado erhielt ein horizontal geteiltes wuchtiges Kühlergitter, und zu den zahlreichen Detailverfeinerungen, die sich in verschiedenen Modellen fanden, zählte auch die Climatic Combustion Control zur Verminderung der schädlichen Abgasbestandteile.

Auf 1969 erhielten die F-85 und die Cutlass ebenfalls ein zweiteiliges Kühlergitter mit in der Karosseriefarbe gehaltenem breitem Mittelsteg, während die Scheinwerferpaare wieder zusammengerückt waren. Die Hochleistungsausführung 4-4-2 besaß anstatt des senkrechten Farbstreifens an den Flanken (Vorjahr) zwei rechteckige, über die Motorhaube gezogene Ausbuchtungen. Auch hier gab es auf Wunsch die Geschwindigkeitsregulieranlage Cruise Control. – Die größeren Modelle hatten nun (weiterhin zweiteilige) Kühlergitter, die höher waren als die Scheinwerferumrahmungen; sie waren zudem länger geworden! Ein neues Luxusmodell war der Delta 88 Royale mit Vinylüberzug auf seinem Hardtop-Coupédach und zusätzlichem Chromschmuck. Einen Delmont gab es hingegen bereits nicht mehr. Neu waren die in die Türen eingebauten kastenförmigen Blechprofile, mit denen ein erhöhter Insassenschutz bei Seitenaufprall geschaffen wurde. Beim Toronado wurde zwar der Radstand nicht verändert, doch war auch er deutlich länger geworden (545,5 statt 534 cm). Damit wich die strenge Fastbacklinie einem sanft abfallenden Stufenheck. Der Typ 98 wie der Toronado erhielten neu eine Servolenkung (von der GM-Firma Saginaw) mit variieren-

Toronado	V8	6965	390	4800	A	205	302/536	1966/67	Kastenrahmen,
		7446	380	4600			302/534	1968–70	Frontantrieb!
			406	4800		220			'69: 302/546 cm
									'70: 302/544 cm
F-85	V8	3532	157	4800	3/A	155	285/478	1961/62	(selbsttrag. Kar.)
			188	4800		165		1962	
			144	4800	A	155			(Export)
			157	4800	3/4/A	165	285/488	1963	
			188	4800	3/4	170			
			198	4800	A	165			
(Cutlass)			165	4600	4/A	160			(Export)
Jetfire			218	4600	3/4/A	180		1962/63	Abgasturbolader
F-85	V6	3692	157	4400	3/4/A	165	292/516	1964	Kastenrahmen
	V8	5404	233	4400		180			(alle weiteren)
			294	4800		190			
Vista Cruiser			233	4400		175	305/529		a.W. 294/4800
(Cutlass)			264	4800	4/A	175			(Export)
F-85	V6	3692	157	4400	3/4/A	165	292/519	1965	
	V8	5404	253	4800		185			
		6548	350	4800	A				
		5404	238	4800	4/A	180			(Export)
Cutlass			319	5200	3/4/A	195			
		6548	350	4800					
		5404	264	5200	4/A	190			(Export)
Vista Cruiser			253	4800	3/4/A	175	305/528		
F-85/(Cutlass)	6	4093	157	4200		165	292/519	1966/67	
	V8	5404	253	4800					
			314	5200		190			'67: +324/5200
		6548	365	5000		200		1966	
Cutlass		5404	324	5200		190			
		6548	355	5000		200			
		5404	314	5200		190			(Export)
Vista Cruiser			253	4800		175		1966/67	a.W. 314 od. 324 PS
4-4-2 Cutlass Supreme		6548	355	5000		200		1967	
F-85/Cutlass	6	4093	157	4200	3/A	175	295/522	1968/69	2türig: 285/512 cm
	V8	5736	253	4400	3/4/A				dto
			314	4800		200			'69: a.W. 330/5400
4-4-2		6554	294–		A	190	285/512		'69: ab 330 PS
			–365	4800	3/4/A	200			
Vista Cruiser		5736	253	4400		185	307/553		a.W. 314/4800
		6554	294	4600	A	195		1968	
			330	4600				1968/69	
F-85/Cutlass	(wie							1970	4 cm länger
	1969!)	+7446	324	4200	A	215			
4-4-2			370	5000	3/4/A	225	285/516		a.W. 375/5200
Vista Cruiser		5736	253	4400	3/A	190	307/555		a.W. 314/4800
		7446	370	4600	A	215			

der Untersetzung, die bei zunehmendem Radeinschlag direkter wirkte. Auf der Basis des Toronado baute die Firma American Quality Coach Corporation den Oldsmobile Jetway 707 Limousine, eine 854 cm lange neuntürige Dreiachslimousine mit erhöhtem Dach und bis zu 15 Sitzen ... Auf der Chicago Auto Show im März 1969 sorgte der «Traumwagen» Olds 4-4-2 Apollo, ein Cabriolet mit vier Kopfstützen, für Furore.

Auf 1970 erhielt der Toronado ein neues, ungeteiltes Kühlergitter mit nun nicht mehr kaschierten Doppelscheinwerfern. Vordere Scheibenbremsen waren jetzt serienmäßig. Dies galt auch für den Ninety-Eight (98). Erkennungsmerkmal für die großen «Olds» des Modelljahrs 1970 waren die Frontstoßstangen mit «Durchsichtfenster» auf die zweiteiligen Kühlergitter. Bedeutendste Änderungen erfuhren die F-85/Cutlass/4-4-2: In den teilweise neugeformten Karosserien fanden sich feinmaschige Kühlergitter statt der Senkrechtstäbe (4-4-2 nun mit Lufthutzen auf der Motorhaube). Den Cutlass Supreme gab es auch in einer Superluxusausführung SX mit dem 7,4-Liter-Motor, der nun ebenso den 4-4-2 antrieb und auch im Vista Cruiser erhältlich war. Der weiteren Abgasentgiftung diente ein neues TCS-System (Transmission Controlled Spark System, vom Getriebe gesteuerte Vakuumzündverstellung), die variierende Servolenkung fand nun auch bei den übrigen Modellen Eingang, und alle Oldsmobile-Typen erhielten Gürtelreifen mit Diagonalkarkasse.

Opel

Die Adam Opel AG in Rüsselsheim – seit 1929 neben Vauxhall Europa-Tochter des weltgrößten Autoherstellers, General Motors – war 1960 längst zum Hauptkonkurrenten des größten deutschen Automobilwerks, Volkswagen, geworden. Gerade um den alles dominierenden → VW-Käfer wirkungsvoller bekämpfen zu können, war im Herbst 1959 der Opel 1200, eine vereinfachte Version des Opel Rekord, lanciert worden. Den Opel Rekord gab es mit 1,5- und mit 1,7-Liter-Motor und, ebenfalls seit dem Vorjahr, auch mit vier Türen. Die mit dem zu einem Begriff gewordenen Zusatznamen Caravan bezeichnete Kombiversion blieb hingegen dreitürig. Vom Karosseriewerk Autenrieth in Darmstadt wurden Coupés und Cabriolets mit von Flossen betontem «Langheck» angeboten.

Völlig neu eingekleidet hatte man auf 1960 das Spitzenmodell Kapitän (mit Kapitän L = Luxus). Dieses repräsentative Auto wurde von einem 2,6-Liter-6-Zylinder-Motor mit verkürztem Hub und größerer Bohrung (bisher 2,5-Liter-Motor) angetrieben. Allen Opel gemeinsam waren ein 3-Gang-Getriebe mit Lenkradschaltung (1200/Rekord auf Wunsch mit automatischer Kupplung Olymat, Kapitän auf Wunsch mit Borg-Warner-Schnellgang), eine hintere Starrachse mit Halbelliptikfedern sowie vordere und hintere Panoramascheiben.

Rekord P 2 Im August 1960 wurde ein vollständig neu karossierter Rekord vorgestellt (interne Bezeichnung Olympia Rekord P 2). Bei unverändertem Radstand von 254 cm sowie kaum veränderter Breite und Höhe war der neue Rekord 8,5 cm länger (451,5 cm), dank Wegfall der Panoramascheiben und des kubischer geformten Aufbaus wirkte er stattlicher als sein Vorgänger und zudem weit weniger als eine Verkleinerung amerikanischer «Straßenkreuzer». Das leichter zugängliche Interieur bot mehr Platz, und der Kofferraum war ebenfalls noch größer geworden. An Antrieb und Fahrwerk hatte sich nichts Wesentliches geändert, wenn auch die Hinterradfederung verfeinert worden war (zusätzliches, entgegengesetzt gekrümmtes Spaltfederblatt).

Zahlreich waren hingegen die Innenraumverbesserungen, die nicht zuletzt Richtung vermehrte Sicherheit zielten. Das Armaturenbrett hatte einen gepolsteren oberen Wulst erhalten. Der 1958 eingeführte breitgezogene Walzentachometer wies nun eine Farbunterteilung auf. Die viertürige Ausführung kam Anfang 1961 in Serie. – Ab Dezember 1960 wurde der Kapitän mit dem amerikanischen Hydramatic-Getriebe jüngster Bauart lieferbar.

1960 waren bei Opel über 370 000 Automobile gebaut worden, dies einschließlich der Opel-Blitz-Kleinlastwagen. Im August wurde die aus zwei- und viertüriger Limousine und dreitürigem Caravan bestehende Rekord-

Opel

Serie überraschend um ein zwei- bis viersitziges Coupé bereichert; es erhielt in der Schweiz die Bezeichnung Rekord Ascona! Die Leistung des 1,7-Liter-Motors hatte man von 63 auf 66 SAE-PS (Verdichtung 8 statt 7,25:1) erhöht. Die Hinterachsuntersetzung war verkürzt und die Federung etwas straffer eingestellt worden. Bis zur Gürtellinie entsprach der Karosserieaufbau dem zweitürigen Rekord, doch war das Dach abgesenkt und verkürzt worden. Der überaus lange Heckteil gefiel nicht jedermann. Die Karosseriefirma Autenrieth verwirklichte eine Cabrioletversion.

Von der GM Suisse SA in Biel wurde der Typ 1200 auf 1962 mit dem 1,5-Liter-Motor montiert. Auf dem Genfer Salon im März 1962 wurde ein viertüriger Rekord de Luxe («L») mit dem 66-PS-Motor vorgestellt. Zur Ausrüstung zählten Fauteuil-Liegesitze, Bodenteppiche, Lichthupe, Rückfahrleuchten, Radzierringe, Benzintankschloß und weitere Merkmale. Das ebenfalls besonders komfortabel ausgestattete Coupé wurde im Mai 1962 mit einem 4-Gang-Getriebe lieferbar (weiterhin Lenkradschaltung). Im August wurde angekündigt, daß der Kapitän ab Herbst mit einer Servolenkung erhältlich sein werde.

Kadett Im August 1962 feierten die Opel-Werke, die einst mit der Produktion von Nähmaschinen begonnen hatten, ihr 100-Jahr-Jubiläum, und noch im gleichen Monat wurde der erwartete neue Opel Kadett vorgestellt. Ein kleiner Opel dieses Namens war schon von 1936 bis 1940, und zwar in über 107 000 Exemplaren, gebaut worden. Der neue Kadett (A), der teils auch in den USA entwickelt wurde, war ein überaus gefällig geformtes modernes Auto der unteren Mittelklasse. Wenn er auch keine technischen Innovationen in sich barg, so verkörperten sein reichhaltiges Raumangebot, die vollständige Ausstattung, die modernen Sicherheitsmerkmale und auch die gut geformten Sitze doch einen echten Fortschritt in dieser auf breiteste Käufermassen ausgerichteten Fahrzeugkategorie.

Der Kadett hatte eine Zahnstangenlenkung. Als Besonderheit besaß die Vorderradaufhängung nicht Schraubenfedern, sondern eine quer eingebaute Weitspaltfeder, bei der die durch Gummiblöcke auseinandergehaltenen Federblätter für ein rascheres Ansprechen sorgten. Auch für die Führung der starren, blattgefederten Hinterachse hatten sich die Konstrukteure etwas einfallen lassen, indem sie mit einer sogenannten Deichselachsel (Zentralgelenkachse) für eine verbesserte Absorption der Reaktionskräfte sorgten. Der Motor war eine 40-PS-1-Liter-Maschine bewährter Opel-Bauschule. Sie war als Kurzhubtriebwerk ausgelegt und hatte eine Kurbelgehäuseentlüftung. Für die Kraftübertragung diente ein vollsynchronisiertes 4-Gang-Getriebe mit Mittelschalthebel. – Für den Kadett war in Bochum ein zusätzliches großes Opel-Werk errichtet worden; die Auslieferungen begannen 1963.

Rekord A Nach kaum drei Jahren Bauzeit wurde der Olympia Rekord (P 2) durch einen zur Gänze neu konstruierten Rekord (A) abgelöst. Seine Präsentation erfolgte Anfang März 1963. Der neue Rekord hatte einen um 10 auf 264 cm verlängerten Radstand, eine mit 451 cm gleichgebliebene Gesamtlänge, jedoch eine von 163 auf 170 cm gewachsene Breite und eine von 149 auf 146,5 cm abgesenkte Höhe. Seine gestrecke Linie zeigte eine stylistische Verwandtschaft mit dem Kadett, auffallend war vor allem das großflächige, nach vorne gewölbte Kühlergitter. Das Platzangebot in Innen- und im Kofferraum war für die Wagenklasse ungewohnt großzügig! Ein gänzlich neues Bild zeigte auch die Armaturentafel mit Kippschaltern anstatt Zugknöpfen.

Zwar war an den Konstruktionsprinzipien nichts geändert worden, doch summierte sich eine lange Liste von Detailverbesserungen zu einer wesentlichen Aufwertung des Gesamtkonzepts. So trat an Stelle der konventionellen Vorderradaufhängung mit zwei übereinanderliegenden Dreiecklenkern eine sogenannte Zugstreben-Vorderachse. Die Motoraufhängung wurde überarbeitet, und die Kardanwelle wies nun drei Gelenke auf, was ein Tieferlegen des Wagenbodens ermöglicht hatte. Die 1,5- und die 1,7-Liter-Motoren leisteten jetzt 55 und 60 statt 50 und 55 PS, zudem waren sie geschmeidiger geworden. Um ihre Lebensdauer noch weiter zu verlängern, hatten die Auslaßventile – erstmals bei Großserienmotoren – Rotocap-Ventildrehkappen erhalten. Auf jegliche Schmierstellen wurde, wie schon beim Kadett, verzichtet. Auf Wunsch waren vordere Ate-Scheibenbremsen mit Zweikreislaufsystem und anderseits ein Heckscheiben-Entfrostungsgebläse mit drei Düsen lieferbar.

Noch im gleichen Monat wurden dem Kadett eine Ausführung «L» und ein Caravan 1000 zur Seite gestellt. Der Kadett L unterschied sich vom Normalmodell durch die zusätzlichen Chromelemente, hintere Ausstellfenster, Hornring, Lichthupe, Rückfahrlampe und Zeituhr. Auch auf der Basis des neuen Rekord gab es alsbald einen Caravan-Kombi; er erschien im Juni 1963. Zwei

Von oben nach unten:
Opel Olympia Rekord Car-a-Van, 1958—60
Opel Kapitän, 1960
Opel Kadett, 1963
Links: Opel Rekord, 1961

Rechts: Opel Rekord Coupé, 1964
Unten: Opel Diplomat V8, 1964

Zu den technischen Neuerungen zählten die in Europa noch kaum bekannten Hydrostößel beim 6-Zylinder-Motor, die ein Nachstellen des Ventilspiels erübrigten. Vordere Scheibenbremsen mit doppeltem Kreislauf waren nun serienmäßig. Der Unterbau wurde versteift und das Fahrwerk verfeinert. Im wohldurchdachten Innenraum fanden sich

Monate später kamen der neue viertürige Rekord und ein ebenfalls viertüriger Rekord L auf den Markt. Außer Liegesitzen und einer reichhaltigeren Ausrüstung hatte dieses Modell serienmäßig Scheibenbremsen und eine auf 67 PS gesteigerte Motorleistung.

Außerdem erschienen im August zwei Coupés, nämlich sowohl auf der Basis des Kadett wie auf jener des neuen Rekord. Dank der tieferen Gürtellinie wirkten diese sportlichen Karosserieausführungen leidlich elegant. Während im Kadett-Coupé ein auf 48 PS gebrachter 1-Liter-Motor seinen Dienst tat, wurde das Rekord-Coupé natürlich vom 67-PS-Motor angetrieben. Zudem hatte dieses Coupé Stockschaltung. Vom Karosseriewerk Autenrieth wurde noch im gleichen Jahr als Coupéabwandlung ein zwei- bis viersitziges Rekord-Cabriolet geschaffen. – Während Opel im Jahre 1962 knapp 380 000 Autos hergestellt hatte, schnellte die Produktion 1963 auf 570 000 Einheiten (einschließlich Nutzfahrzeugen). Für den Genfer Salon im März 1964 schuf das Genfer Karosseriewerk Italsuisse (→ Anhang) ein eigenständig geformtes und ausgesprochen hübsches Kadett-Cabriolet mit vollversenkbarem Verdeck. Im Oktober des gleichen Jahres sollte ferner ein 2+2sitziges Kadett-Vollcabrio von dem Karosseriewerk Welsch in Mayen (Rheinland) propagiert werden.

Kapitän, Admiral, Diplomat Anfang 1964 wurde auch der große Opel, der Kapitän, erneuert. Die neue Baureihe umfaßte nun gleich drei Namen: Kapitän (A), Admiral und Diplomat (V8). Das klare Karosseriestyling zeigte unverkennbare Opel-Merkmale, war aber auch als GM-Design erkennbar. Im wuchtigen Kühlergitter prangten Rechteckscheinwerfer. Einen Opel Admiral hatte es schon von 1937 bis 1939 gegeben. Der Radstand war von 280 auf 284,5 cm verlängert worden, die Gesamtlänge von 482 auf 495, die Breite von 181 auf 190 cm vergrößert worden. Mit 144,5 statt 151 cm waren die Neuen hingegen sichtbar niedriger. Der Kapitän war als Sechssitzer ausgelegt, der als Nachfolger des Kapitän L besonders reichhaltig ausgestattete Admiral wie der Diplomat V8 als Fünfsitzer.

Kapitän und Admiral verfügten über den auf 100 PS gebrachten und zudem leiser gewordenen 2,6-Liter-6-Zylinder-Motor, während das neue Spitzenmodell von einer 190 PS starken 4,6-Liter-Chevrolet-Maschine (wie sie auch im → Chevrolet Impala eingebaut war) angetrieben wurde. Damit trat Opel gegen die in der deutschen Oberklasse allein herrschenden Mercedes-Benz an. Der Diplomat hatte von Haus aus ein Powerglide-Automatgetriebe, doch wurde er auf Wunsch mit einem Borg-Warner-4-Gang-Getriebe mit Mittelschaltung geliefert. Die Sechszylindermodelle hingegen wurden mit einem Opel-4-Gang-Getriebe mit Lenkradschaltung ausgerüstet und waren auf Wunsch mit Mittelschaltung oder dem Getriebeautomaten zu haben.

Verankerungspunkte für Dreipunktgurten, und zahlreiche Details zeugten von den Bemühungen zur Erhöhung der Sicherheit, die Opel-Chefingenieur Hans Mersheimer und seine Leute der neuen Typenreihe schon auf dem Reißbrett angedeihen ließen.

So wie sich in den USA der Konkurrenzkampf GM/Ford vor allem auf dem Niveau Chevrolet/Ford abspielte, so «tobte» er in der Bundesrepublik auf der Ebene Opel/Ford. Auch hier ging es darum, der internationalen Nummer zwei keine Möglichkeit zum Überholen zu geben. Darum begann sich das Modell- und Variantenangebot auch bei Opel stetig auszuweiten. Bereits im Mai 1964 wurde ein Rekord mit dem 2,6-Liter-6-Zylinder-Motor aus den Kapitän/Admiral vorgestellt. Der als Limousine und Coupé aufgelegte Rekord L-6 war natürlich ein besonders leistungsfähiges Fahrzeug. Gegenüber den übrigen Rekord war der Vorderachskörper verstärkt worden, und es wurde auch hinten ein Kurvenstabilisator eingebaut. Scheibenbremsen und Gürtelreifen waren serienmäßig. Der L-6 war ein Schritt auf dem Weg zu einer bedeutenden Image-Neuorientierung. Opel sollten nicht mehr bloß «Hosenträger tragende Familienväter» ansprechen ...

Auf 1965 wurde der 4,6-Liter-V8 auf Wunsch auch im Kapitän und im Admiral, jeweils mit angepaßtem Fahrwerk, lieferbar. Im Januar wurde auch der großen Baureihe ein Coupé beigefügt. Es basierte auf dem Diplomat und hatte eine elegante Hardtop-

Opel

Rechts: Opel Rekord, 1965
Unten: Opel Kadett Coupé, 1966
Darunter: Opel Rekord L, 1967

karosserie (Türen ohne Fensterrahmen). Für den Antrieb sorgte hier ein 5,4-Liter-Chevrolet-Motor mit 230 DIN-PS Leistung, der nach Werkangaben ein Beschleunigen von 0 auf 100 km/h in unter zehn Sekunden (9,5 s) ermöglichte. Dieses Liebhaberfahrzeug wurde während zweier Jahre beim Karosseriewerk Karmann in Osnabrück in bloß 300 Exemplaren gebaut und war ausschließlich mit Powerglide-Automatgetriebe erhältlich. Apropos Produktion: 1964 waren bei der GM Suisse SA in Biel 14 511 Opel Rekord und 1223 Kapitän/Admiral montiert worden.

Kadett B Nachdem innerhalb von drei Jahren nicht weniger als 650 000 Kadett gebaut worden waren, erschien dieser kleinste Opel im Frühherbst 1965 in neuer Form. Neben der zweitürigen Limousine und der dreitürigen Caravanversion gab es jetzt auch eine Viertürlimousine sowie ein ungemein adrett geformtes fünfsitziges Fastbackcoupé. Die Kadett mit der (internen) Baureihenbezeichnung B wirkten moderner und auch stattlicher. Der Radstand war von 232,5 auf 241,6 cm verlängert worden. Die Gesamtlänge war von 392 auf 410,5 und beim «L» mit Stoßstangenhörnern von 399 auf 418 cm angewachsen. Die Breite hatte gleich um 10 auf 157 cm zugenommen, während die Dachlinie um 2 auf 140 cm abgesenkt worden war. Einem in den USA aufgekommenen Modetrend entsprechend, wiesen die neuen Kadett in der Gürtellinie über den Hinterrädern eine Ausbuchtung nach oben, den «Hüftschwung», auf. Breitere Spur und mehr Innenbreite sorgten dafür, daß der Kadett nun ein echter Fünfsitzer war. Doch hatte mit der Karosserievergrößerung auch das Gewicht zugenommen. Zum Ausgleich hatte man den Hubraum von 993 auf 1078 cm³ vergrößert, und in den beiden Leistungsversionen standen nun 45 und 55 PS zur Verfügung. Mit letzterem, durch den Buchstaben S gekennzeichneten Motor gelangten serienmäßig vordere Scheibenbremsen zum Einbau. Die Trommelbremsen waren vergrößert und zahlreiche Details verbessert worden: unter anderem gab es kreisrunde Anzeigeinstrumente. Bedeutungsvoll war auch der Übergang von der 6- zur 12-Volt-Anlage.

Dies galt auch für die **Rekord B** (Frühherbst 1965; horizontale Kühlergitterstäbe zwischen Rechteckscheinwerfern), die überdies eine breitere Spur erhielten und bei denen vordere Scheibenbremsen nun serienmäßig eingebaut wurden. Völlig neu war bei den Rekord aber vor allem das Motorenangebot. Opel hatte eine Motorenreihe mit hochliegender Nockenwelle konstruiert, bei der alle Nebenaggregate am Vorderende der Kurbelwelle gruppiert waren. Dies erbrachte eine gute Zugänglichkeit und, weil die Nockenwelle nicht über, sondern neben den schräghängenden Ventilen untergebracht war, überdies eine vergleichsweise niedrige Bauhöhe. Die neuen Motoren wurden mit 1,5, 1,7 und 1,9 Litern Hubraum hergestellt und leisteten 60, 75 und 90 PS. Nachdem bereits die Wahl zwischen 3-Gang- und 4-Gang-Getriebe (auf Wunsch mit Stockschaltung) bestanden hatte, umfaßte das Angebot nun auch bei den Rekord den Powerglide-Automaten. – Mit dem 1,9-Liter-Motor präsentierte Opel im Herbst 1965 an der Frankfurter IAA einen ultraniedrigen, aerodynamischen Zweisitzer, Opel Gran Turismo geheißen, von dem noch niemand ahnte, daß er tatsächlich in Serie gehen sollte ... Einzelstück blieb hingegen ein hübscher Fastback-Kadett, den → Vignale auf dem Turiner Salon Ende 1965 zeigte.

Rekord C Im August 1966 kam der Opel Rekord in einer Neuauflage auf den Markt. Parallelen zu dem beim Kadett B eingeschlagenen Weg waren unverkennbar: Auch beim Rekord war die Karosserie modernisiert und vergrößert worden, und auch bei ihm fand sich der «Hüftschwung» in der Gürtellinie. Wie bei den großen Opel zeigte die schlicht gestaltete Front nun Rechteckscheinwerfer. Während der Radstand um 3 auf 267 cm und die Gesamtlänge um 2 auf 455 cm (Rekord L: 457 cm) angewachsen war, stand die Breite mit 175 statt 169 cm zu Buche. Die Höhe war dagegen wieder um 1 bis 2 cm angestiegen, und anderseits hatte das Kofferraumvolumen eine Verkleinerung von 0,47 auf 0,35 m³ erfahren. Dies war nicht zuletzt der nach Chevrolet-Corvair-Muster konkav gebogenen Heckabschlußwand zuzuschreiben.

Bedeutendste technische Neuerung war die nun an Schrauben- statt Blattfedern abgestützte Hinterachse mit zwei Längslenkerpaaren und Panhardstab. Die Spur war erneut verbreitert worden. Anstelle des 2,6-Liter-Motors erhielten die 6-Zylinder-Versionen nun einen neuen Motor mit 2,2 Litern Inhalt, der ebenfalls eine hochliegende Nockenwelle besaß und dessen Zylinderabmessungen jenen des 1,5-Liter-Vierzylinders entsprachen (er wurde erst gegen Jahresende lieferbar). In der Luxusausführung L hatte der Caravan nun fünf Türen. Neu war ein Hardtopcoupé mit schwungvoll zum Heck abfallender Dachlinie. Neu waren überdies bei allen Rekord die kreisrunden Anzeigeinstrumente, eine raffinierte Heizungs- und Frischluftanlage mit Multi-Therm-Regeldüsen an den Armaturenbrettenden und Zwangsentlüftung neben der Heckscheibe. Durch vermehrte Polsterung und nachgiebige Elemente hatte man überdies weitere Schritte Richtung vermehrten Insassenschutz getan. – Einen neuen Motor erhielten auch der Kapitän und der Admiral: ebenfalls in den Zylinderkopf gerückte Nokkenwelle (CIH), Auslaßventile mit Rotocap, 2,8 Liter Hubraum und 125 PS Leistung.

Zusätzliche «Schutzmerkmale» erhielt im September 1966 auch der Kadett: Schaltknauf, Fensterkurbeln und sämtliche Bedienungsknöpfe waren nun aus nachgebendem Material hergestellt, das Armaturenbrett war wirksamer gepolstert, und die Sitzgurtenverankerungen waren verstärkt. Im Oktober wurde das Kadett-Programm durch ein Modell Rallye erweitert, von dem bereits seit einiger Zeit gemunkelt worden war. Er wurde von einem mit zwei Fallstromvergasern gespeisten und 9,2 statt 8,8:1 (S-Motor) verdichteten 60-PS-Motor angetrieben. Die Karosserie entsprach jener des Fastbackcoupés, trug jedoch Seitenstreifen und eine beidseits der Mitte schwarz gefärbte Motorhaube. Im mattschwarzen Interieur fanden sich eine Mittelkonsole als zusätzlicher Instrumententräger, ein Sicherheits-Sportlenkrad und ein Sportschalthebel sowie ein bis 7000/min reichender Tourenzähler. Der Kadett Rallye war nicht zuletzt für den Einsatz bei den Tourenwagen und – nach genügend hoher Produktionszahl – bei den Serientourenwagen bestimmt. – 1966 war auch das Jahr, in dem Opel in Dudenhofen, nördlich von Rüsselsheim, ein modernes Prüfgelände in Betrieb nehmen konnte.

Commodore Auf dem Genfer Autosalon im März 1967 wurde ein neues, zusätzliches Opel-Modell vorgestellt: der Commodore (A) mit neuem 2,5-Liter-6-Zylinder-Motor oder dem 2,2-Liter-Aggregat. Er basierte auf dem Opel Rekord und besaß auch dessen Karosserieschale. Es gab ihn als zwei- und als viertürige Limousine wie auch als Coupé. Beide Modelle waren auf Wunsch mit einem Kunststoff-Dachüberzug nach amerikanischem Muster lieferbar. Man erkannte sie aber vor allem am Kühlergitter mit den feinen Senkrechtstäbchen zwischen zwei horizontalen Chromleisten. Im Interieur fanden sich Liegesitze, Holzfurniere, ein Sportlenkrad mit drei Speichen (ähnlich wie beim Kadett Rallye), und der Mittelschalthebel ragte aus einer kleinen Konsole. Auf Wunsch war allerdings auch hier die Powerglide-Automatik zu haben.

Der 2,5-Liter-Motor des Commodore entsprach mit seiner hochliegenden Nockenwelle dem Rekord-Konzept. Mit 9,5:1 war er jedoch besonders hoch verdichtet, und er leistete denn auch eindrückliche 115 PS. Neu waren der Ventilator aus Kunststoff und die sich beim Betätigen des Anlassers erhöhende Zündspannung. Scheibenbremsen an den Vorderrädern waren hier natürlich eine Selbstverständlichkeit. Vorne wie hinten war die Aufhängung mit einem Querstabilisator dotiert. – An der IAA im Herbst 1967 wurde vom Karosseriewerk Wilhelm Karmann ein Commodore-Cabriolet mit vollständig versenkbarem Verdeck vorgestellt, nachdem die Opel-Werke selbst bereits im Mai einen Rekord Taxi als Sonderversion präsentiert hatten (auch den Rekord gab es als Cabrio). Dieser wies einen um 20 cm verlängerten Radstand auf, wobei zwischen vorderem und hinterem Türfenster ein Zierelement eingefügt worden war.

Olympia So wie der Commodore ein Derivat des Rekord war, so wurde der ab September 1967 gebaute Olympia zu einem «Übermodell» des Kadett. Die wiederentdeckte alte Opel-Modellbezeichnung stand für Fastbackkarosserien in drei Ausführungen: zwei- und viertürig sowie Coupé. Auch hier gab es Kunststoff-Dachüberzüge; von vorne erkannte man den Olympia an den an den Kotflügelecken eine Fortsetzung findenden horizontalen Kühlergitterstäben. Im Innenraum fanden sich ein Lenkrad mit gepolsterten Speichen und eine moderne Heizungs- und Lüftungsanlage. Es bestand die Wahl zwischen 1,1-, 1,7- und 1,9-Liter-Motoren. Sie wurden alle mit dem 4-Gang-Getriebe mit Mittelschaltung kombiniert. Vordere Scheibenbremsen Ate-Dunlop waren serienmäßig. Die Hinterachse wurde an zwei Längs- und einem Querlenker geführt und an Schraubenfedern abgestützt.

Diese Konstruktion wurde auch für den Kadett übernommen, den es nun ebenfalls mit zwei- und viertürigen Fastback-Limousinenkarosserien (= LS) gab. Kadett wie Olympia wiesen jetzt überdies eine Sicher-

Von oben nach unten:
Opel Commodore, 1967
Opel Kadett Coupé Rallye, 1968
Opel Olympia, 1968
Rechts aussen: Opel Kadett L, 1968

heitslenksäule auf. Der beliebte kleine Kombiwagen Kadett Caravan war zusätzlich in fünftüriger Ausführung erhältlich. Den 60 PS starken SR-Motor des Rallye gab es nun auch in Limousinenmodellen, und zudem war der Kadett mit dem 1,7-Liter-S-Motor (75 PS), der Kadett Rallye – es gab ihn als LS jetzt auch mit dem etwas anders geformten Olympia-Coupé-Heck! – gar mit dem 1,9-Liter-S-Motor (90 PS) lieferbar. Außerdem hatte man bei Opel weitere 2-Vergaser-Motoren bereitgestellt: neben dem 1,1 SR den 1,9 HL (106 PS, im neuen zusätzlichen Rekord Coupé Sprint mit sportlicher Aufmachung, aber auf Wunsch auch in den Limousinen), den 2,5 HL (130 PS, im Commodore GS = Grand Sport, Coupé und Limousinen mit sportlicher Aufmachung; bei den Commodore war übrigens von da an eine Servolenkung lieferbar) und den 2,8 HL (140 PS statt 125 PS, wahlweise im Kapitän und im Admiral).

Bei den «großen drei» von Opel wurde neuerdings ebenfalls eine Sicherheitslenkung eingebaut. Ihre Mechanik stammte von ZF, und sie erforderte einen um 38 % geringeren Kraftaufwand. Äußeres Kennzeichen des neuen Jahrgangs: seitliche Zierleiste mit Schutzeinlage aus Kunststoff. Der Diplomat bot nun serienmäßig eine heizbare Heckscheibe, bei Kapitän und Admiral war sie gegen Mehrpreis lieferbar. Hingegen fanden sich bei den Hintertüren sämtlicher Opel-Limousinen erstmals Kindersicherungen. Die Übernahme der teils von den US-Behörden postulierten Sicherheitsmerkmale diente nicht zuletzt dazu, die Position auf dem amerikanischen Markt festigen zu können. 1968 sollte denn Opel mit 57,3 % seinen höchsten Exportanteil erzielen, wobei der überwiegende Teil der ausgeführten Wagen freilich in Europa abgesetzt wurde. – Opel hatte inzwischen nach dem «Baukastenprinzip» eine ungewöhnliche Fülle von Modellen und Modellkombinationen ins Angebot aufgenommen.

GT Immerhin: mit dem Modelljahrgang 1969 entfiel der 2,2-Liter-6-Zylinder-Motor; diese Zylinderzahl war künftig dem Rekord versagt. Die Automatgetriebe stammten ab Herbst 1968 fast ausschließlich aus dem neuen GM-Werk in Straßburg. Es handelte sich um eine Neukonstruktion mit 3-Gang-Planetengetriebe (Powerglide: 2-Gang) von Opel. Auch Kadett und Olympia waren nun mit dieser Bedienungserleichterung zu haben. Ebenfalls teils in Frankreich gefertigt wurde der seit langem erwartete Opel GT. Dieses aufregend geformte zweisitzige Coupé debütierte im September 1968 in den USA, wo es als europäisches Pendant zum → Chevrolet Corvette vorgestellt wurde. Dieses strömungsgünstige und durchaus erschwingliche «Traumfahrzeug» mit den versenkten Scheinwerfern und den in das Dach gewölbten Türen sollte Opel endgültig zu einem sportlichen Image verhelfen! Der GT hatte den Kadett/Olympia-Unterbau mit vorderen Trapez-Dreieckquerlenkern und schwimmend gelagerter Weitspaltfeder, hinterer Starrachse, Kardanwelle in kurzem Schubrohr mit Zentralgelenk, Schraubenfedern, Längslenker und Panhardstab (auf Wunsch Stabilisatoren und härtere Federabstimmung).

Opel GT, 1969

Radstand, Länge und Breite stimmten praktisch mit den Kadett/Olympia-Maßen überein, doch war der GT mit 122,5 cm rund 18 cm niedriger! Für den Antrieb bestand die Wahl zwischen dem 1,1-Liter-SR- und dem 1,9-Liter-S-Motor (60 und 90 PS). Anstatt des 4-Gang-Getriebes war im GT 1900 auch der neue 3-Stufen-Automat erhältlich, und er war zudem mit einer Differentialbremse lieferbar; Gasdruckstoßdämpfer hatte er von Haus aus. Bei beiden Versionen serienmäßig waren der Bremsservo und die Schichtglas-Windschutzscheibe. Die versenkten Scheinwerfer wurden übrigens nicht durch das übliche Hochklap-

Opel	Zyl.	cm³	DIN-PS	bei 1/min	Gänge	Spitze km/h	Radstand/Länge	Baujahre	Besonderheiten
1200	4	1205	40	4400	3	115	254/443	1959–62	
1,5		1488	50	4300		128		1961/62	
Olympia Rekord 1,5 L.	4	1488	50	4300	3	128	254/443	1958–60	
1,7 L.		1680	55	4000		132			
Rekord 1,5 L.	4	1488	50	4300	3	128	254/452	1960–63	
1,7 L.		1680	55	4000		132			
Coupé			58	4000		140		1961–63	
Rekord 1,5 L.	4	1488	55	4500	3/4	134	264/451	1963–65	
1,7 L.		1680	60	4300		138			
L			67	4400	4	142			
Coupé						146			
L 6 Zyl.	6	2605	100	4600		165		1964/65	
Coupé 6 Zyl.						170			
Rekord	4	1492	60	4800	3	135	264/453	1965/66	nun CIH-Motoren
		1698	75	5200	3/4	148			Coupé: +5 km/h
		1897	90	5100	4/A	160	264/455		dto
6 Zyl.	6	2605	100	4600	4	165			dto
Rekord	4	1492	58	4800	3/4	133	267/455	1966–69	L: 457 cm lang
		1698	60	4600		136			
S			75	5200		148		1966–71	Coupé: + 5 km/h
S		1897	90	5100	4/A	160			dto
	6	2239	95	4800		161		1966–68	dto
Sprint HL	4	1897	106	5600		171		1966–71	Coupé: + 3 km/h
		1492	60	5400	3/4	140		1969–71	
		1698	66	5300		143			
Commodore S	6	2490	115	5200	4/A	170	267/457	1967–69	Coupé: + 5 km/h
		2239	95	4800		163		1967/68	dto
GS HL		2490	130	5300		182		1967–71	Coupé: + 3/5 km/h
S			120	5500		177		1969–71	Coupé: +5 km/h
GS/E			150	5800		192		1970/71	dto/Einspritzung
GS 2800		2784	145	5200		190			

Opel Diplomat, 1969

pen, sondern durch Drehung ausgefahren. Für die Lichthupe dienten neben den Stoßstangenhörnern montierte Halogen-Weitstrahler.

Die gesamte Mechanik für den Opel GT wurde in Deutschland gefertigt, die Karosserien entstanden jedoch beim Karosseriewerk Brissonneau & Lotz in Frankreich, wo nach Auslaufen der → Renault-Floride/Caravelle-Serie die benötigte mittelgroße Produktionskapazität frei geworden war. Wegen der politischen Unruhen von «Mai 68» hatten sich die Fabrikationsvorbereitungen allerdings verzögert, so daß die Produktion – Endmontage in Bochum – erst im November anlief. Bis August 1973 sollten über 103 000 Opel GT gebaut werden! – Von der GM-Forschung wurde im Oktober 1968 der Stir-Lec I, ein Kadett-Coupé mit Stirling-Heißluftmotor und Elektroantrieb, vorgestellt.

Kapitän/Admiral/Diplomat B Auf dem Automobilsalon von Genf im März 1969 kam das Trio der großen Opel in vollständiger Neuauflage heraus. Die bisherige Serie hatte es auf knapp 90 000 Exemplare gebracht, wovon 9150 Diplomat (und 580 K/A mit 2,5-Liter-Motor für Österreich). Bei unverändertem Radstand von 284,5 cm war die Karosserie leicht kürzer und schmäler geworden (Admiral: 490 statt 495 cm und 185 statt 190 cm). Wie schon beim Rekord, erfuhr auch hier der Kofferraum eine Verkleinerung. Außer durch das Vinyldach hob sich der Diplomat von den einfacheren Modellen durch senkrecht stehende Rechteck-Scheinwerfergläser ab, und auch seine Schlußleuchten zeigten eine senkrechte Anordnung. Bei allen drei Neulingen senkten sich die Scheibenwischer – nach amerikanischem Beispiel – in Ruhestellung unter das Motorhaubenniveau, so daß sie unsichtbar blieben.

Den 2,8-Liter-6-Zylinder-Motor gab es jetzt in drei Leistungsvarianten: Nachdem auf 1968 zur 125-PS- eine 140-PS-Ausführung hinzugekommen war, umfaßte das Leistungsangebot nun 132, 145 (S und H = zwei Vergaser) und 165 PS (E = Benzineinspritzung Bosch Electronic). Letzteres Antriebsaggregat war neuerdings auch im Diplomat lieferbar; es ersetzte dort den 4,6-Liter-V8 (190 PS). Ausschließlich in diesem Spitzenmodell zu haben war der 5,4-Liter-V8 (230 PS). Anstatt mit dem Powerglide- wurde er jetzt mit dem Hydramatic-Automaten gekoppelt. In Verbindung mit dem 6-Zylinder-Motor wurde ein 4-Gang-Getriebe mit Lenkrad- oder Stockschaltung geliefert, auf Wunsch jedoch die – ebenfalls dreistufige – Opel-Automatik.

Ein bedeutendes technisches Novum war die De-Dion-Hinterachse, wie sie in der Regel nur bei Exklusivautos anzutreffen war. Sie verband weitgehend die Vorteile einer Starrachse (keine Spurveränderungen) mit denen einer Einzelradaufhängung (geringere ungefederte Masse). Auf Wunsch war überdies eine automatische Niveauregulierung Delco-Super-Lift erhältlich. Der erhöhten Leistungsfähigkeit wurde das Bremssystem angepaßt. Die Bremsscheiben waren belüftet, und die Wagen mit Einspritz- und V8-Motor wiesen auch hinten solche Scheibenbremsen auf. An Stelle der bislang beim Diplomat serienmäßig, bei den andern Modellen auf Wunsch gelieferten amerikanischen Servolenkung trat eine solche von ZF, und sie wurde auch beim Diplomat E ohne Mehrpreis eingebaut. Auf Wunsch wurde bei allen Modellen eine Verbundglas-Windschutzscheibe montiert, im übrigen war jedoch die serienmäßige Ausrüstung sehr reichhaltig bis luxuriös.

Auf einem um rund 30 auf 254 cm verkürzten Diplomat-V8-Fahrwerk präsentierte Opel auf der Frankfurter IAA im Herbst 1969 eine mit CD bezeichnete Stylingstudie. Sie war auf Initiative von Charles M. («Chuck») Jordan, dem Leiter des Opel-Designstudios, entstanden. Dieser 111 cm niedrige und breite Zweisitzer hatte den formalen Feinschliff – wie

Kapitän	6	2605	90	4100	3/3+S 3/A	150	280/482	1959/60 1960–64	
Kapitän/Admiral	6	2605	100	4600	4/A	155	285/495	1964/65	
Diplomat V8	V8	4638	190	4600	A/4	200	285/495	1964–68	ab '65: nur A
Coupé		5354	230	4400	A	206		1965–68	ab '66: a.W. auch Lim.
Kapitän/Admiral	6	2784	125	4800	4/A	170	285/495	1965–68	nun CIH-Motor
	V8	4638	190	4600		200			(a.W.)
HL	6	2784	140	4900		180		1967/68	
Kapitän/Admiral	6	2784	132	5200	4/A	175	285/490	1969/70	nun De-Dion-H.
S			145	5200		182			
Admiral/Diplomat E			165	5600		190			Benzineinspritzung
Diplomat	V8	5354	230	4700	A	205	285/492		
Kadett	4	993	40	5000	4	120	233/392	1962–65	L: 399 cm lang
S/Coupé			48	5500		136		1963–65	Coupé: 399 cm lang
Kadett	4	1078	45	5000	4	130	242/411	1965–67	L: 418 cm lang
S			55	5400		138			
Coupé			45	5000			242/418		
S			55	5400		146			
Rallye			60	5600		148		1966/67	
Kadett	4	1078	45	5000	4	125	242/411	1967–73	L: 418 cm lang,
S			55	5400		135			Coupés: + 5 km/h
SR			60	5200		140			ab '68: 4/A
S		1698	75	5200		153			
S		1897	90	5100		168			(nur Rallye)
Olympia SR	4	1078	60	5200	4	140	242/418	1967–70	ab '68: 4/A
S		1698	75	5200		153			
S		1897	90	5100		162			(nur Coupé)
GT SR	4	1078	60	5200	4	155	243/411	1968–70	
S		1897	90	5100	4/A	185		1968–73	

der Opel GT – anhand von Windkanalversuchen erhalten. Der vor allem aus Glas bestehende Karosseriemittelteil bis zum Überrollbügel hinter den Sitzen ließ sich an einem Stück nach vorne hochschwenken, wobei sich Lenkrad und Armaturenbrett mit bewegten und besonders gute Cockpit-Zugänglichkeit erbrachten. Wirklichkeitsnaher war eine zweite Studie auf der Basis des Opel GT: sie zeigte ein abnehmbares Dach und einen feststehenden Überrollschutz à la → Porsche Targa.

Bei den Serienwagen für 1970 wurden nur geringe Änderungen eingeführt: So wurde der Handbremshebel beim Rekord und beim Commodore nicht mehr unter dem Armaturenbrett, sondern zwischen den Sitzen angeordnet. Der 2,5-Liter-Motor des Commodore leistete nun 120 statt 115 PS und hatte hydraulische Ventilstößel (wie bereits der 2,8-Liter-6-Zylinder-Motor von Kapitän und Admiral), und auch die Rekord-Basismotoren boten mehr PS (60 und 66 statt 58 und 60). Die Sportlenkräder beim Commodore wie bei allen übrigen sportlichen Modellen zeigten nicht mehr Holzimitation, sondern hatten einen griffigen Kunstlederüberzug erhalten. – Im übrigen lautete die Opel-Parole nun Modellkonstanz. Mit dem 1969 mit einem Totalausstoß von 801 205 Fahrzeugen (einschließlich Nutzfahrzeugen) erzielten Produktionsrekord drängten sich in der Tat keine Modellwechsel auf!

Im Frühling 1970 erschienen als weitere Bereicherung des Opel-Angebots an sportlichen Wagen nacheinander der Commodore GS/E und der Commodore GS 2800. Der GS/E bot eine indirekte elektronische Benzineinspritzung von Bosch sowie eine sportlich-luxuriöse Spezialausstattung. Die Leistung stand mit 150 PS zu Buche. Während dieses Fahrzeug als Serientourenwagen (Gruppe 1) homologiert werden konnte, bot der GS 2800 mit dem 145 PS leistenden 2,8-Liter-HL-Motor jetzt eine Grundlage für den Einsatz bei den Spezialtourenwagen (Gruppe 2), wozu er zu höherer Leistung getunt werden durfte. – Der Name Kapitän wurde im Mai 1970 fallengelassen, doch wenige Monate später gab es zwei neue Opel-Modellreihen: den Ascona (in Ablösung des Olympia) und den Manta (als Gegenstück zum erfolgreichen Ford Capri); sie zählten bereits zum Modelljahrgang 1971. – Beim Schweizer Montagewerk General Motors Suisse SA in Biel waren von 1960 bis 1970 nicht weniger als 154 049 Opel, vor allem der mittleren Modellreihen, zusammengebaut worden.

Osca

Im Jahre 1947 war in Bologna von den Gebrüdern Maserati die Marke Osca (von Officine Specializzate Costruzioni Automobili) gegründet worden; sie hatten ihre eigene Firma und Marke → Maserati den Geldgebern überlassen müssen. Bei Osca wurden vorwiegend Rennsportfahrzeuge kleineren Hubraums mit hochentwickelter Technik hergestellt. 1960 erschien bei → Fiat der Typ 1500 Spider mit von Osca entwickeltem DOHC-Motor. Im gleichen Jahr wurde das eigene Angebot – bis dahin zweisitzige Rennsportwagen mit DOHC-Motoren von 750, 1100, 1500 und 2000 cm³ Inhalt sowie ein Formel-Junior-Monoposto – durch eigentliche GT-Fahrzeuge erweitert: Es handelte sich um die hocheleganten Osca 1500 Coupé und Spider mit → Michelotti-Karosserie sowie um den überaus rassig geformten Osca 1600 GT und GTS mit typischem Zagato-Aufbau (→ Anhang).

Der Osca 1500 war vom Fiat 1500 Cabriolet abgeleitet. Er besaß jedoch eine auf 103 DIN-PS gesteigerte Leistung, serienmäßig vordere Scheibenbremsen und in der Cabrioletausführung zudem einen Plattformrahmen. Wie die Bezeichnung verrät, war der Hubraum beim 1600 GT/GTS auf 1,6 Liter ausgebohrt worden. Er besaß ein Rohrrahmenchassis, das auch hinten Einzelradaufhängung mit Schraubenfedern und zudem Girling-Scheibenbremsen an allen vier Rädern aufwies. Beim GT erreichte die Leistung 95 (ursprünglich 115), bei dem zu Rennzwecken «abgemagerten» GTS dank Doppelzündung und anderen Maßnahmen gleich 140 DIN-PS. Auf der Turiner Autoausstellung 1961 wurde auf dem Stand der Karosseriefirma Boneschi (→ Anhang) ein eindrücklich geformtes Fastbackcoupé auf dem Osca 1600 GT mit Panorama-Frontscheibe und breitgezogenem kantigem Kühlergesicht gezeigt; es trug die Zusatzbezeichnung Swift.

Auf 1962 wurde der Osca 1500 durch den Osca 1600 Michelotti abgelöst. Er besaß nun den gleichen Motor wie der 1600 GT. Dieser war jetzt zusätzlich mit einem Schnellgang Laycock-de-Normanville ausgerüstet, was auch für den GTS galt. Ende 1962 waren die Ausführungen mit Michelotti-Karosserie verschwunden, und das Angebot umfaßte neben dem GTS die Osca 1600 GT 2 mit 105 PS und GTV mit 125 PS. Einen Schnellgang gab es nun auf Wunsch bei allen Modellen. Ihnen zur Seite gestellt wurden 1963 die Modelle 1600 PR 2 und PRV. Es handelte sich um je ein Coupé und Cabriolet mit Fissore-Karosserie (→ Anhang) auf dem gleichen Rohrrahmenchassis wie die Zagato-Versionen.

1963 war das kleine Sportwagenwerk durch die MV-Motorradwerke aufgekauft worden. Auf dem Turiner Salon 1964 debütierte ein gänzlich neu geformtes GT-Coupé mit weit gebogener Frontscheibe und ungewohnt kantigen Seitenfensterkonturen. Es hieß 1600 TC (= Travare centrale) und besaß einen Mittelträger aus Stahlblech sowie den 125-PS-Motor. Das Außerordentliche war die Kunststoffkarosserie, eine im Land der «Blech-Couturiers» noch nicht durchwegs akzeptierte Alternative! Ebenfalls nach Entwürfen von Corbetta wurden die Prototypen eines

Von oben nach unten:
Osca 1600 Spider (Fissore), 1964
Osca 1600 TC, 1965
Osca 1600 (Zagato), 1964

Osca 1050 S Coupé und Spider vorgestellt. Sie hatten einen 63 DIN-PS leistenden 1057-cm³-OHV-Motor und einen selbsttragenden Karosserieaufbau; doch gingen diese eigenwillig geformten kleinen Sportwagen – das Coupé hatte langgezogene Plexiglasabdeckungen über den Scheinwerfern, der Spider hingegen auf die Fronthaube aufgesetzte «Froschaugen» – nicht in Serie.

Dagegen wurden auf dem Turiner Salon 1965 erneut gänzlich neue Modelle vorgestellt: die Osca 1700 Coupé und Spider. Sie basierten auf einem mit der Karosserie verschweißten Kastenrahmen, und diese Aufbauten zeigten ein völlig neues Zagato-Styling; besonders das Coupé vermochte durch sein lichtdurchflutetes Pavillon mit den feinen Dachträgern zu gefallen. Die Mechanik stammte überraschenderweise von Ford Köln und umfaßte den 1,7-Liter-V4-Motor mit auf 95 SAE-PS gesteigerter Leistung. Doch dies war der letzte Versuch der bei Autokennern angesehenen Marke, im Geschäft zu bleiben. Gegen Ende 1966 wurde die Produktion – die sich stets in engbeschränktem Rahmen gehalten hatte – endgültig eingestellt.

Osca	Zyl.	cm³	PS	bei 1/min	Gänge	Spitze km/h	Radstand/ Länge	Baujahre	Besonderheiten
1500 Coupé	4	1491	103	6000	4	190	234/	1960/61	Basis Fiat 1500
Spider						185			Cabriolet
1600 (Michelotti)		1568	95	6000	4	180	234/	1961/62	
1600 GT	4	1568	115	6700	4	210+	225/398	1960/61	Rohrrahmen, h.E.,
			95	6000	4/4+S	190		1961–64	DOHC
GTS			140	7200		220			
1600 GT 2			105	6000		195	225/390	1962–64	dto
GTV			125	7000		205			
1600 PR 2			105	6000		190	225/405	1963/64	Rohrrahmen, DOHC
PRV			125	7000		205			
1600 TC Coupé			125	6800		200	240/436	1964/65	Mittelträger, DOHC
1050 S Coupé + Spider (Prototypen)	4	1057	63	5800	4	160	203/	1964	Basis Fiat 850
1700 Coupé	V4	1699	95*	5800	4	180	235/405	1965/66	Basis Ford D, * SAE
Spider							225/385		

Osi

Das mit → Ghia benachbarte und liierte Blechpreßwerk Osi (von Officine Stampaggi Industriali) in Turin war 1960 gegründet worden. Zunächst wurde für → Innocenti der Spider (auf Austin-Basis) hergestellt (1961), dann kamen die → Fiat-Spezialmodelle 2300 S Coupé (1961) und 1300/1500 Familiare (Kombi, 1962) hinzu.

Im Hinblick auf eine Serienproduktion wurde Ende 1963 der Osi 1200 S Spider lanciert, ein vom genialen Designer Giovanni → Michelotti entworfenes Cabriolet auf der Basis des → Fiat 1100 D, dessen Radstand um 20 auf 214 cm verkürzt worden war. Es hatte somit einen 1,2-Liter-Motor, und zwar mit geringfügig von 55 auf 58 SAE-PS angehobener Leistung. Ungewöhnlich war die Getriebeauswahl: 4 Gänge, auf Wunsch Kupplungsautomat Saxomat oder mit einem Osi-Schnellganggetriebe, das sich zu allen vier Gängen zuschalten ließ.

Auf der Turiner Autoschau 1964 wurde der ebenfalls bei Osi gebaute Ford Anglia Torino vorgestellt. Er wurde für die → Ford Italiana SpA (Rom) gebaut. Ende 1964 wurde dem 1200 S Spider das Duo 1200 Spider und Coupé zur Seite gestellt. Diese beiden Wagen boten, wie bis anhin das S-Modell, 58 SAE-PS, während dieser nun auf 64 SAE-PS kam. Es gab auch den Prototyp eines rundlich geformten und ebenfalls von Michelotti entworfenen Fastbackcoupés auf dem Fiat 850, doch kam dieses Fahrzeug nicht in Serie. Ebenfalls Einzelstück blieb der Osi Mustang (Ford USA) mit verkürztem Fahrwerk, Kunststoffkarosserie und Klappscheinwerfern, der 1965 entstand.

Hingegen wurde auf dem Genfer Salon im Frühjahr 1965 der → Alfa Romeo 2600 OSI de Luxe vorgestellt. Auch sein Design war eine Michelotti-Schöpfung. Allerdings sprach man noch nicht von einer Serienherstellung dieser hervorragend gelungenen 6-Fenster-Limousine. Sie sah im Vergleich zum Original-2600 Berlina wesentlich graziler aus; Chromschmuck blieb fast vollständig aus. Im September des gleichen Jahres wurde dann dennoch eine Serienherstellung beschlossen. Insgesamt wurden bis 1968 von dieser Luxuslimousine 54 Exemplare gebaut. Bei Osi entstand ferner der im November 1965 zur Diskussion gestellte Sicherheitswagen Secura, der nach Ideen der italienischen Fachschrift «Quattroruote» gestaltet worden war. Erneut auf eine Zusammenarbeit mit Alfa Romeo ging der Scarabeo zurück, ein aufsehenerre-

Oben rechts: Osi (Fiat) 1200 Spider, 1964
Rechts: Alfa Romeo Osi 2600 de Luxe, 1966

gender Traumwagen-Prototyp, der auf der Pariser Autoausstellung im Oktober 1966 für Schlagzeilen sorgte. Von diesem auf dem Giulia GTA basierenden, rennsportlich aufgemachten Coupé wurden im Hinblick auf eine Serienherstellung zwei weitere Prototypen gebaut.

Doch inzwischen – nämlich schon auf dem Genfer Salon von Anfang 1966 – hatte Osi ein Ford-Coupé als «Stylingstudie» vorgestellt. Es wies die Mechanik des deutschen → Ford Taunus 20 M TS auf und diente vorerst zur Abklärung der Frage, ob das Publikum einen solchen «Sport-Taunus» kaufen würde. Das Ergebnis war schließlich positiv, und ab 1967 begann Ford Köln die benötigten mechanischen Aggregate nach Turin zu senden, wo diese Coupés unter der Bezeichnung Ford OSI 20 M TS aufgebaut wurden. Sowohl Motorleistung (90 DIN-PS) wie Radstand (270,5 cm) waren unverändert übernommen worden. Auch wenn das Fastbackheck dieses 2+2sitzigen Coupés eine Spur zu lang gestreckt war, so fand diese deutsch-italienische Konstruktion doch in Bälde zahlreiche Liebhaber. In Deutschland erfolgte der Vertrieb über die Münchner Ford-Vertretung.

Im Jahre 1966 hatte der Gesamtausstoß des 2000 Personen beschäftigenden Osi-Werks 15 000 Wagen erreicht. Bestseller war der Ford Anglia Torino. 1967 figurierten die Spider und die Coupé Osi 1200 nicht mehr im Programm. Doch wurde alsbald die limitierte Herstellung eines Fiat 850 Week-End aufgenommen. Er hatte den Heckmotorunterbau des → Fiat 850, jedoch eine gänzlich offene Jagd- oder Strandkarosserie mit Baldachin. Der Ford Osi 20 M TS verfügte nun über den 108 DIN-PS starken 2,3-Liter-Motor. Auf dem Turiner Salon Ende 1967 wurden auch eine Cabrioletvariante sowie ein Fiat 125 Giardinetta (= Kombi) gezeigt. Doch bereits im Jahre 1968 mußte nach Konkurs des Unternehmens der Personenwagenbau in eigener Regie aufgegeben werden. Insgesamt waren über 3400 Ford Osi gebaut worden.

Ford Osi 20 M TS, 1967

(Osi)	Zyl.	cm³	PS *SAE	bei 1/min	Gänge	Spitze km/h	Radstand/ Länge	Baujahre	Besonderheiten
Osi 1200 S Spider	4	1221	58*	5000	4/4+S	142	214/376	1963/64	Basis Fiat 1100 D
			64*	5500		155		1964/65	
1200 Spider + Coupé			58*	5000		142		1964–66	
Osi 850 Coupé (Prototyp)	4	843	37	5000	4	130	203/	1964	Basis Fiat 850
Alfa Romeo Osi 2600 de Luxe	6	2584	130	5900	5	175	272/480	1965–67	
Ford Osi 20 M TS	V6	1998	90	5000	4	175	271/467	1967	
		2293	108	5100				1967/68	
Fiat 850 Week-End	4	843	34	4800	4	125	203/353	1967/68	

Panhard

Neben Peugeot war Panhard der Welt älteste Automarke. Der Autobaubeginn beider Werke geht auf das Jahr 1889 zurück. Ältester Autohersteller bleibt allerdings die Daimler-Benz AG in Stuttgart (Anfänge 1886, ab 1901 Marke Mercedes). Im Jahre 1955 war ein Teil des Kapitals des vergleichsweise kleinen französischen Autowerks der Société Anonyme des Anciennes Etablissements Panhard & Levassor von → Citroën übernommen worden. Dieser wie Panhard auf den Frontantrieb eingeschworene Großhersteller benötigte zusätzliche Produktionskapazität.

1960 umfaßte die Panhard-Produktion einzig das Modell PL 17, das in zwei Leistungsvarianten geliefert wurde: 42 DIN-PS bei 5300/min und – mit dem im Frühling 1959 eingeführten Motor Tigre mit Doppelkörpervergaser – 50 PS bei 6300/min. Der Panhard-Motor war im Verhältnis zur Fahrzeuggröße und Leistungsfähigkeit überraschend klein: Es handelte sich um einen luftgekühlten 2-Zylinder-Boxer mit 848 cm³ Inhalt, der als Besonderheit Torsionsstab-Ventilfedern aufwies. Er war drehfreudig und ließ sich zu höchsten Leistungsstufen frisieren. Unter der Marke → DB holten sich Panhard-Motoren beim 24-Stunden-Rennen von Le Mans regelmäßig Indexsiege. Im serienmäßigen Panhard war dieser Mitte der vierziger Jahre konstruierte Motor mit einem 4-Gang-Getriebe ohne synchronisierten ersten Gang und mit Lenkradschaltung kombiniert. Auf Wunsch gab es mit dem 42-PS-Motor eine automatische Jaeger-Magnetpulverkupplung.

Die ursprünglich mit Aluminiumteilen in avantgardistischer Weise auf Leichtbau ausgerichtete, dann aber aus Stahlblech gefertigte viertürige, fünf- bis sechssitzige Karosserie mit aerodynamischen Merkmalen war auf einem Plattformrahmen mit Querträgern aufgebaut. Die vordere Einzelradaufhängung umfaßte zwei übereinanderliegende Querblattfedern, hinten fand sich eine starre Dreieckachse mit V-förmiger Verstrebung, Längslenkern und Quertorsionsstäben. Mitte 1959 hatte man den an ihrem vorderen und hinteren Abschluß gerundeten Karosserieflanken modische Flügelchen angesetzt. Außer einer Basisausführung (Luxe) gab es die Ausstattungsvarianten Grand Luxe, Grand Standing, Grand Standing Bicolore (Dach und Flankenunterteil zwischen den Radausschnitten in einer Zweitfarbe gehalten) und Tigre.

Im August 1960 wurden Detailverbesserungen bekanntgegeben: an der A-Säule statt am Mittelpfosten angeschlagene Vordertüren (entsprechend neuen Vorschriften), Blinker seitlich unterhalb der Scheinwerfer (statt neben der Windschutzscheibe), verbesserte Sitze mit Schaumgummieinlagen, Armaturenbrettüberzug in dunkler Farbe. Die Luxusausführung Grand Standing umfaßte zusätzlich eine Scheibenwaschanlage, eine Rückfahrlampe, regulierbare Instrumentenbeleuchtung sowie eine zweite Sonnenblende mit Make-up-Spiegel. Der Typ Tigre war noch sorgfältiger ausgestattet und wurde auf Wunsch mit Tourenzähler geliefert. Bei allen Panhard waren außerdem das Federverhalten und die Geräuschdämpfung verbessert worden. Ein Bicolore-Modell wurde nicht mehr erwähnt, doch gab es die Luxusmodelle weiterhin mit einer anderen Dachfarbe.

Eine Cabrioletversion (mit Tigre-Motor) wurde nun offiziell angeboten. Im Frühling 1961 wurde im Grand Standing und im Tigre gegen Mehrpreis eine Relmax-Ausrüstung (von Relax maximum) lieferbar. Sie bestand aus Sitzlehnenverstellung, neuen, abwaschbaren Nylon-Velours-Stoffüberzügen, neuer Teppichauskleidung (auch im Kofferraum), Aschenbecher im Fond, elektrischer Uhr und verchromter Dachrinnen. Der Drehzahlmesser im Tigre war jetzt serienmäßig. Technische Verfeinerungen wurden im Herbst 1961 bekannt: Der zuvorderst im Wagen angeordnete Motorblock war etwas tiefer gesetzt und die Lenkung etwas leichtgängiger gemacht worden. Zudem erhielten die Relmax-Sitze eine weichere Polsterung.

Von einem mit der Firma Aeromare in Triente vereinbarten Lizenzabkommen war ab Frühling 1962 die Rede. Danach sollte der PL 17 unter der Marke Panauto Italiana zusammen mit einer neuentwickelten Kombiversion auch in Italien hergestellt werden. Dieser fünftürige Kombi kam auf 1963 in den Ausführungen Grand Luxe und Grand Standing auf den Markt. Zu diesem Zeitpunkt wiesen alle Panhard ein vollsynchronisiertes Getriebe sowie verbesserte Trommelbremsen auf.

CD Für das 24-Stunden-Rennen von Le Mans 1962 war ein strömungsgünstiges Fastbackcoupé mit Rechteckscheinwerfern entwickelt worden. Aus diesem Prototyp entstand auf 1963 der Panhard CD (für Charles Deutsch, der sich von René Bonnet = DB getrennt hatte). Der CD wies einen Zentralrohrrahmen und rundum Einzelradaufhängung auf, vorne mit oberer Querblattfeder und unteren Dreiecklenkern, hinten mit Längslenkern und Torsionsstabfedern. Der Radstand erreichte 225 statt 257 cm. Natürlich wurde hier der Tigre-Motor (inzwischen Tigre B) eingebaut, doch gab es auch eine weiter frisierte Ausführung (zwei Vergaser) für den Rallye-Einsatz. Entsprechend hießen die beiden Versionen des mit einer ebenso eigenwillig wie strömungsgünstig geformten Kunststoffkarosserie versehenen CD Grand Tourisme und Rallye.

Serie 24 Bedeutend schöner wirkte die im Juni 1963 lancierte Panhard-Serie 24. Es handelte sich um formvollendete Coupés, wobei der Typ 24 C allerdings als viersitziger Coach galt, der mit dem Tigre-Motor ausgerüstete 24 CT hingegen als 2+2-Sitzer bezeichnet wurde. Der Radstand betrug 230 cm, und der Aufbau war wie beim PL 17 halb selbsttragend, jedoch mit einer kräftigen Stahlträgerstruktur, ausgeführt. Die strömungsgünstige Front mit den versenkten Doppelscheinwerfern wäre auch dem PL 17 wohl angestanden. Originell war die Ausführung der Motorhaube, die sich zwar wie beim PL und beim CD als Ganzes hochklappen ließ, außerdem aber auch einen kleineren, aufmachbaren Mittelteil für die üblichen Kontrollarbeiten aufwies. Das 4-Gang-Getriebe wurde wie beim CD mit Mittelschaltung bedient. Die Heizungs- und Lüftungsanlage umfaßte Defroster für alle Scheiben sowie vier Aus-

Von oben nach unten:
Panhard PL 17, 1963
Panhard CD, 1963
Panhard 24 BT, 1965

Panhard	Zyl.	cm³	DIN-PS	bei 1/min	Gänge	Spitze km/h	Radstand/ Länge	Baujahre	Besonderheiten
PL 17	B2	848	42	5300	4	130	257/458	1959–62	Plattformrahmen,
Tigre			50	6300		145		1959–61	Frontantrieb,
			50	5800				1961/62	Luftkühlung
B			50	5750		–147		1962/63	
PL 17 (ab '64: 17)			42	5250		130	257/457	1962–65	
Tigre			50	5750		150		1963–65	
Break Panauto			42	5250		123	280/458		
CD	B2	848	50	5750	4	160	225/406	1962–65	Zentralrohrrahmen, dto
24 C	B2	848	42	5250	4	130	230/426	1963/64	Frontantrieb, Luftk.
CT			50	5750		150		1963–67	ab '64: 160 km/h
B			42	5250		–143	255/449	1964–67	
BT			50	5750		–150			

Panhard

trittsöffnungen. Die Hersteller hielten fest, daß sich die raffinierten Sitze in 1764 verschiedenen Positionen fixieren ließen ... Der 24 CT hatte abklappbare Rücksitzlehnen.

Auch die Modellreihe 17 des Jahrgangs 1964 – die Buchstaben PL entfielen – wurde anläßlich der Präsentation der Serie 24 vorgestellt: Neu waren die konkaven Scheinwerfergläser, das flachere Armaturenbrett und das geräumigere Fondabteil. Es gab neuerdings die Ausführungen Luxe, Super Luxe (statt Grand Standing), Relmax und Relmax Tigre. Der von Panauto entwickelte Break (Kombi) wurde nun in überarbeiteter Form in Frankreich hergestellt. Wie Jean Panhard bei der Vorstellung der neuen Modelle erklärte, hatte die Zusammenarbeit mit Citroën den Panhard-Werken bei einer Belegschaft von 8000 Mann eine Produktionssteigerung auf 100 000 Fahrzeuge gebracht. Der jetzt in Serie gebaute CD wurde übrigens in einer Kadenz von drei Wagen pro Tag in den ehemaligen Velam-Werkstätten (Lizenz BMW Isetta) hergestellt.

Die im Herbst 1964 vorgestellten Modelle 1965 umfaßten den Panhard 17 und seine Luxusversion 17 S (Bezeichnungen nun Super Luxe und Confort S, wahlweise mit 42- oder 50-PS-Motor), das unveränderte Sportcoupé CD und den aufgewerteten 24 CT (der viersitzige 24 C wurde aufgegeben). Der 24 CT hatte nun Vierrad-Scheibenbremsen eigener Konstruktion, wobei die Vorderräder je zwei Bremszangen (wie Mercedes-Benz 600) aufwiesen. Der Tigre-Motor besaß neu einen Doppelauspuff und eine verfeinerte Gemischzufuhr. Auf dem Autosalon von Paris 1964 wurden als Neuheit die fünfsitzigen 24 B und 24 BT vorgestellt. Hier handelte es sich um verlängerte Versionen der bisherigen 24 C. Bei gleicher Karosserieform war der Radstand auf 255 cm verlängert worden, also beinahe auf die 257 cm des Typs 17. Damit wuchs die Gesamtlänge von 426 auf 449 cm. Äußerlich fiel vor allem das verlängerte zweite Seitenfenster auf. Der 24 B hatte den 42-PS-Motor, der BT erwartungsgemäß die Tigre-Maschine und -Scheibenbremsen.

Die Marke Panhard wurde im Frühjahr 1965 zur Gänze in das Citroën-Imperium integriert. Im Verlaufe jenes Jahres lief die Herstellung der Limousine 17 aus (einschließlich Kombi, das Cabriolet war schon 1964 nicht mehr aufgeführt worden). Das gleiche galt für den stets in kleinsten Stückzahlen gebauten CD. Insgesamt waren etwa 130 000 Panhard PL 17 und Panhard 17 sowie 165 Panhard CD produziert worden. An den Platz des Modells 17 trat eine vereinfachte Ausführung des 24 B, der 24 BA. Allerdings war von dieser weniger attraktiven Version Ende 1966 bereits nicht mehr die Rede ... und im Jahre 1967 kam das Aus auch für die drei weiteren Panhard-24-Modelle. Die Panhard 24 hatten es auf eine Stückzahl von knapp 27 000 gebacht ... Eine der berühmtesten Marken der Autogeschichte war tot.

Paykan

Ende der sechziger Jahre lief bei der Iran National Industrial Manufactury Co. in Teheran die Lizenzherstellung des → Sunbeam Hunter an. Die – allerdings noch recht umfangreichen – Teilesätze wurden aus England bezogen. Im Iran, der damals noch vom Schah regiert wurde, hieß dieses Fahrzeug Paykan (teils auch Peykan geschrieben). Die Leistung des 1725-cm³-Motors war auf 68,5 SAE-PS gedrosselt (Verdichtung 7,5:1), doch war er im Verein mit allen drei Getriebevarianten – 4-Gang mit Stockschaltung, mit oder ohne Laycock-de-Normanville-Overdrive sowie Borg-Warner-Getriebeautomat Typ 35 – kombinierbar. Dieses Fahrzeug behielt bis in die achtziger Jahre, also auch noch in der Nach-Revolutionsepoche, seine grundsätzliche Bedeutung für die Motorisierung des Landes, wobei die Bestandteile nach wie vor zu über 50 % aus Großbritannien geliefert wurden.

Oben: Paykan, 1970
Unten: Peel P 50, 1962
Unten rechts: Peel Trident, 1965

Peel (Dreirad)

Die auf der zu Großbritannien zählenden Insel Man etablierte Peel Engineering Ltd. baute in kleiner Stückzahl Dreirad-Zwergautos. Der von 1962 bis 1964 gebaute Einsitzer P 50 war mit 135 cm Länge und 80 kg Gewicht das wohl kleinste Serienauto seiner Zeit. Dann erschien der zweisitzige Peel Trident (Dreizack) mit schräg abfallender statt steiler Front und etwas längerem statt abgeschnittenem Heck. Mit 183 cm Gesamtlänge eignete auch er sich noch für das Querparkieren (soweit dies erlaubt war). Der Karosserieoberteil bestand nun aus einer Glaskuppel, zum Ein- und Ausstieg wurde jedoch die gesamte, vorne angelenkte Karosserie (ohne Motorteil) hochgekippt. Das Leergewicht war auf 90 kg angestiegen. Nach wie vor befanden sich das Einzelrad und der Motor hinten. Bei diesem handelte es sich um ein 1-Zylinder-2-Takt-Motörchen der deutschen DKW-Motorradwerke. Bei 48 cm³ Inhalt stellte es 4,2 DIN-PS bei «horrenden» 6800/min zur Verfügung. Der Kraftübertragung dienten ein 3-Gang-Getriebe ohne Rückwärtsgang sowie eine Kette. Weitere Details: vorne Dreieckquerlenker, hinten Schwingarm mit Schraubenfedern, Fußbremse auf Vorderräder, Handbremse auf Hinterrad. 1966 wurde der Prototyp eines mit Elektromotor (zwei 12-Volt-Batterien) versehenen Peel Trident ausgestellt. Auf den Markt gebracht wurde die Bausatzkarosserie für den Peel Viking-Sport GT. Sie war ein 2+2sitziges Fastbackcoupé mit kühlergitterloser, eigenwilliger Front und auffallender Abrißkante am Heck, das sich auf alle BMC-Mini-Modelle (→ Austin) montieren ließ.

Paykan	Zyl.	cm³	DIN-PS	bei 1/min	Gänge	Spitze km/h	Radstand/ Länge	Baujahre	Besonderheiten
–	4	1725	64	4500	4/4+S/A	140	250/431	1969–	Lizenz Sunbeam Hunter
Peel	Zyl.	cm³	DIN-PS	bei 1/min	Gänge	Spitze km/h	Radstand/ Länge	Baujahre	Besonderheiten
Trident	1	48	4	6800	3	80	–/183	1964/65	h.E., 2-Takt-Heckmotor
Peerless	Zyl.	cm³	SAE-PS	bei 1/min	Gänge	Spitze km/h	Radstand/ Länge	Baujahre	Besonderheiten
GT 2 Litre Phase II	4	1991	101	5000	4/4+S	190	240/412	1958–60	Fachwerkrahmen, De-Dion-Hinterachse, Mot. Triumph

Peerless

Im englischen Slough hatte es von 1957 bis 1960 eine Peerless Cars Limited gegeben. Sie baute ein gefällig geformtes GT-Coupé mit Kunststoffkarosserie, in dessen Kühlluftöffnung ein eingekreister P als Markenzeichen prangte. Der Motor stammte aus dem → Triumph TR 3, und das 4-Gang-Getriebe wurde auf Wunsch mit einem Laycock-de-Normanville-Overdrive kombiniert. Technische Besonderheiten verkörperten der Fachwerkrahmen und die De-Dion-Hinterachse (mit Halbelliptikfedern, vorne Trapez-Dreieckquerlenker und Schraubenfedern). Vorne wurden Scheibenbremsen montiert. Der knapp viersitzige Peerless Gran Turismo 2 Litre Phase II, der sich durch ein schlichtes Frontgitter und mehr Raum im Wagenfond unterschied, wurde bis etwa Mitte 1960 gebaut, dann fand er im → Warwick eine Nachfolgemarke.

Peerless GT 2 Litre, 1959/60

Peugeot

Peugeot ist die älteste bis heute erhaltene Automarke; ihre Ursprünge gehen auf das Jahr 1889 zurück. Das Unternehmen, dessen Hauptwerk in Sochaux, nahe der Schweizer Grenze, liegt, erfreute sich unter den französischen Großserienmarken stets eines besonders guten Rufes. Dazu trug nicht zuletzt die relative Modellkonstanz bei. Die Konstruktionsprinzipien waren bei Peugeot zwar konventionell, doch wurde auf ein hohes Qualitätsniveau viel Wert gelegt. Immerhin besaßen ab Anfang 1959 sämtliche Peugeot eine Einrichtung, die in den darauf folgenden Jahrzehnten schrittweise zu einem Allgemeingut werden sollte: den thermostatisch regulierten Ventilatorantrieb, bei dem der Lüfter nicht mehr starr mit der Riemenscheibe verbunden war, sondern nur bei Bedarf – nämlich bei erhöhter Kühlwassertemperatur – in Betrieb gesetzt wurde. Damit konnte in Leistungs-PS und Benzinmenge (0,4 bis 1 l/100 km) ausdrückbare Energie gespart werden. Diese patentierte Einrichtung war Ende 1956 beim Peugeot 403 Cabriolet eingeführt worden.

Anfang 1960 umfaßte das Peugeot-Produktionsprogramm die Modelle 403 Berline (Limousine), Cabriolet, Commerciale und Familiale (beides Kombi mit verlängertem Radstand). Die Vorderradaufhängung bestand aus oberen Dreieckquerlenkern und einer unteren Querblattfeder. Die hintere Starrachse besaß Schraubenfedern, Schubstreben und einen Panhardstab. Die Kardanwelle war mit einem Schubrohr kombiniert. Bei den Kombi wurden aus Platzgründen hintere Halbelliptikfedern verwendet, und der Typ Commerciale hatte auch keinen automatischen Kühlluftventilator. Für den Antrieb diente entweder ein 1,5-Liter-Ottomotor mit 65 SAE-PS Leistung oder ein 1,8-Liter-Diesel von der Peugeot-Tochter Indénor mit 48 SAE-PS. Die Kraftübertragung erfolgte über ein vollsynchronisiertes 4-Gang-Getriebe mit Lenkradschaltung. Auf Wunsch wurde eine automatische Magnetpulverkupplung von Jaeger eingebaut.

Ende März wurde als Nachfolger des in der Produktion eingestellten kleineren Peugeot 203 mit Fastbackkarosserie der Peugeot 403-Sept-1300 lanciert. Die «7» (Sept) bezog sich auf die französischen Steuer-PS. Die Karosserie (Kühlergitter, Äußeres und Interieur) war etwas einfacher gehalten als beim Typ 403 Grand Luxe, während der Motor eine Mischung von 203 und 403 war: angepaßter Leichtmetall-Zylinderkopf des 403, 1,3-Liter-Hubraum des 203 und 54 SAE-PS Leistung (203: 49 PS).

404 Im Mai 1960 wurde das Modell 404 vorgestellt, es verkörperte einen bedeutenden Fortschritt in der Kategorie der französischen Mittelklasse-Personenwagen. Die Linien im sauberen, konsequent durchgezogenen Trapezstil mit glatten, nur von einem Zierstab unterbrochenen Seiten, dem leicht versenkt angeordneten Heckfenster und den horizontal auslaufenden hinteren Kotflügeln war ein

Oben: Peugeot 403, 1961
Rechts: Peugeot 404, 1962

Rechts: Peugeot 204, 1965
Unten: Peugeot 404 Commerciale Luxe, 1964

Meisterstück des Karosseriedesignstudios von Pininfarina. Man sah es dem 404 nicht an, daß er 5 cm kürzer, 5 cm schmäler und gleich auch 6 cm niedriger (145 cm) war als der 403. Das Interieur war modern gestaltet und bot vorne Liegesitze mit deutlich gewölbten Rükkenlehnen. Auf Ausstellflügel konnte verzichtet werden, weil ein Ventilationssystem mit verstellbaren Lamellen an den Armaturenbrettenden für genügend Frischluft sorgte.

Der Motor war ein 1,6-Liter-4-Zylinder mit 72 SAE-PS Leistung. Er war um 45° nach rechts geneigt eingebaut, was nicht nur die Verwendung einer die Sicht verbessernden abfallenden Motorhaube gestattete, sondern auch eine Absenkung des Schwerpunkts brachte. Die Brennräume hatten einen keilförmigen Querschnitt, und der Ventilmechanismus war auf kleinstem Raum untergebracht. Dieser Motor erwies sich als ungewöhnlich geschmeidig. Die Kraftübertragung wurde im Prinzip beibehalten, hingegen fand sich eine neue Vorderradaufhängung mit senkrechtem Führungsrohr, Schraubenfeder, koaxialem hydraulischem Teleskopstoßdämpfer (System Peugeot), unterem Querlenker und Längsschubstrebe. Geblieben war die Peugeot-typische (Lenkrad-)Schaltanordnung mit dem ersten und dem Rückwärtsgang in einer Ebene und dem vierten Gang in einer untersten Ebene.

Injection Bereits auf dem Genfer Salon 1961 hatte Peugeot einen Benzinmotor mit Einspritzung (= Injection) angekündigt. Dieses ungewöhnliche Antriebsaggregat – erst → Mercedes-Benz bot serienmäßig solche Motoren – sollte ab 1962 in der Cabrioletvariante des 404 erhältlich sein. Die Vierkolben-Einspritzpumpe war ein Erzeugnis der Firma Kugelfischer in München. Dank ihr stieg die Höchstleistung bei einer von 7,2 bis 7,4:1 auf 8,5:1 erhöhten Verdichtung auf 85 SAE-PS; auch das höchste Drehmoment stieg an, während der Verbrauch gesenkt werden konnte. Das auf dem Pariser Salon im Herbst 1961 vorgestellte Cabriolet 404 hatte einen verkürzten Radstand und war somit bloß als «2+2» ausgelegt. Es stammte – natürlich – von Pininfarina und war von diskreter Eleganz. Auf Wunsch war es mit einem Hardtopaufsatz lieferbar. Auffallendes Merkmal war die auf Höhe des Hinterrades leicht angehobene Gürtellinie. (Vom 403 Cabriolet waren bloß 2051 Exemplare gebaut worden.) Die übrigen 404 erhielten zu diesem Zeitpunkt breitere Bremstrommeln an den Vorderrädern, und die Ventilationsöffnungen an den Armaturenbrettenden waren jetzt kreisrund und in alle Richtungen verstellbar.

Auf dem Pariser Salon von Anfang Oktober 1962 stellte Peugeot zwei weitere Neuheiten vor, die den allmählichen Übergang von der Ära 403 zur Epoche 404 manifestierten: die bereits im Juni angekündigten Kombiwagen 404 Familiale und Commerciale. Im einfacheren Commerciale wurde der 1,5-Liter-Motor aus dem 403 eingebaut, auch er um 45° seitwärts geneigt, doch waren beide Wagen auf Wunsch mit dem Dieselmotor zu haben. Gleichzeitig wurde in Paris das formvollendete viersitzige Coupé Super Luxe vorgestellt, ebenfalls eine Pininfarina-Schöpfung und wahlweise mit Vergaser- oder Einspritzmotor erhältlich. Dieser war fortan auch in der Limousine Grand Tourisme Super Luxe lieferbar. Der Dieselmotor anderseits wurde jetzt auch im 403-Sept angeboten. Ebenfalls mit dem Modelljahr 1963 wurde für alle Modelle 404 (wiederum ohne Typ Commerciale) eine geänderte Vorderradaufhängung eingeführt: An die Stelle der Längsschubstreben trat ein kleines Blattfederbündel, das die gleiche Funktion erfüllte, gleichzeitig aber die Federungseigenschaften noch verbesserte.

Detailverfeinerungen brachte der Pariser Salon im Herbst 1963: Sowohl der 1,5- wie auch der 1,6-Liter-Benzinmotor und ebenso der 1,8-Liter-Diesel wiesen nun eine fünffach gelagerte Kurbelwelle auf. Zum Dieselmotor Indénor 85 kam der Typ 88 mit 1,95 Litern Hubraum und 68 SAE-PS Leistung. Diese Vorkammer-Dieselmaschine war ausschließlich in der Limousine 404 lieferbar, die nun dank Aussparungen auf der Rückseite der Vordersitzlehnen, leicht nach hinten versetzter hinterer Rücklehne und unmerklich nach vorne verschobener Spritzwand mehr Innenraum bot. Die Stoßstangenhörner erhielten eine Gummiauflage. Die Typenreihe 403 erfuhr eine Neugliederung; neu war die Ausführung Luxe 403 Confort mit 1,3-Liter-Motor und Grand-Luxe-Ausrüstung.

Detailpflege stand auch für das Modelljahr 1965 im Vordergrund, das im Herbst 1964 vorgestellt wurde. Den größeren Dieselmotor gab es jetzt auch im Kombi Familiale, und sowohl der Vergaser- wie der Einspritzmotor im 404 boten mehr Leistung: 76 statt 72 bzw. 96 statt 85 SAE-PS. Vergrößerte Ventile und die verfeinerte Kugelfischer-Einspritzanlage waren hiefür maßgebend. Die Hinterachskonstruktion war dem Leistungsplus angepaßt, und auch die vorderen Federbeine waren verbessert worden. Bedeutung kam aber vor allem der modernisierten Bremsanlage zu: Sämtliche teureren 404-Modelle boten nun serienmäßig eine Hydrovac-Bremshilfe. Die Bremsflächen an den Vorderrädern waren wesentlich vergrößert worden, und an Stelle der Twinplex-Bremsen trat ein mit Thermostable bezeichnetes System. Am Armaturenbrett fand sich jetzt eine Bremsfunktions-Warnleuchte. Die Radfelgen der mit Thermostable-Bremsen ausgestatteten Modelle zeigten nun acht Kühlluftschlitze.

Weitere Erkennungsmerkmale des neuen Modelljahrs waren die mit Kunststoff überzogenen Seitenflächen und Lehnenrückseiten der Sitze (ausgenommen Berline Super Luxe) und die nun unterhalb der Armlehnen angeordneten Türklinken (wie schon bei Cabriolet und Coupé). Bei den Kombis gab es zusätzlich das Zwischenmodell Break Super Luxe. Bei den 403 fand sich ein Zündverteiler, dessen Unterteil nun wie bei den 404 ausgeführt war, zudem war im Interieur der graue Farbton nun teils einem schwarzen gewichen. Am Armaturenbrett war der untere Polsterwulst neuerdings blau statt rot. – Anfang 1965 wurde im übrigen auch die einfachere 404-Limousine Grand Tourisme ebenfalls mit dem Einspritzmotor lieferbar.

204 Die seit langer Zeit bedeutendste Neukonstruktion präsentierte Peugeot im

Links: Peugeot 504, 1969
Darunter: Peugeot 204 Coupé Grand Luxe, 1967
Unten: Peugeot 404 Coupé Super Luxe (Pininfarina), 1966

April 1965 in Form des Modells 204. Er war eine gefällige viertürige Limousine der unteren Mittelklasse. Am Design der kompakten Silhouette hatte auch in diesem Falle Pininfarina mitgewirkt. Mit Frontantrieb und Quermotor zählte er zu den fortschrittlichsten Konstruktionen des Personenwagenbaus. Dank dieses in England (→ Austin/Morris) angeregten und bereits auch in Italien (→ Autobianchi Primula) übernommenen Konzepts konnte auf kurzer Grundfläche ein Innenraum angeboten werden, der jenem größerer Peugeot-Modelle nur wenig nachstand.

Angetrieben wurde der Peugeot 204 von einem auf hohe Leistungsausbeute ausgerichteten, um 20° nach vorne geneigten 1,1-Liter-Motor mit obenliegender Nockenwelle und (natürlich) fünffach gelagerter Kurbelwelle. Mit seinen 53 DIN- bzw. 58 SAE-PS versprach er dank niedrigem Fahrzeuggewicht (etwas über 800 kg) für die Fahrzeugklasse viel Temperament. Das Getriebe war mit dem Motor verblockt, und seine vier Gänge wurden mit einem Lenkrad-Schalthebel bedient. Sowohl vorne wie hinten waren die Räder einzeln aufgehängt, vorne in Verbindung mit einem Hilfsrahmen, hinten mit gezogenen Längslenkern; alle Räder waren an Federbeinen mit Schraubenfedern und Gummipuffern abgestützt.

Ebenfalls noch ungewöhnlich war der serienmäßige Einbau von vorderen Scheibenbremsen (sie stammten von Girling)! Sie hatten drei Zylinder und eine automatische Nachstellung. Zudem fanden sich ein Bremskraftregler und – wie bei den 404 – ein temperaturabhängiger Kühlerventilator. Kotflügel und Türen waren wiederum leicht auswechselbar, und das Reserverad war unter dem Kofferraumboden aufgehängt. Die in das Kühlergitter integrierten Scheinwerfergläser zeigten Rechteckform. Das Interieur war durchdacht ausgerüstet, sowohl die Sofica-Heizanlage wie das Frischluft-Zuführungssystem erwiesen sich als wirksam. Und schließlich war dieser erste Frontantriebs-Peugeot auch hinsichtlich Fahreigenschaften vorbildlich. – Die Modellreihe 403 sollte trotz des rasch einsetzenden 204-Erfolgs noch bis ins Jahr 1966 weitergeführt werden. Es war ein ungeschriebenes Peugeot-Gesetz, daß der Übergang von einer zur anderen Modellreihe stets fließend und über Zwischenmodelle erfolgte.

Automatique Im Hinblick auf den Pariser Autosalon im Oktober 1965 stellte Peugeot zwei bedeutende Neuerungen vor: Den noch neuen 204 gab es jetzt auch als harmonisch geformten fünftürigen Kombi, und im Modell 404 Super Luxe wurde auf Wunsch ein Getriebeautomat erhältlich. Wie schon bei der Benzineinspritzung arbeitete Peugeot mit einer deutschen Firma zusammen, nämlich mit der Zahnradfabrik Friedrichshafen (ZF). Das dreistufige ZF-Automatgetriebe wurde bereits von → BMW angeboten. Im Peugeot waren die Wählhebelpositionen mit VR/E/N/AR/P bezeichnet (ville et route = Stadt und Straße; exceptionnel = Ausnahmen; neutral; rückwärts; mechanische Parksperre). Bei den Modellen mit Einspritzmotor – sie konnten nicht mit dem automatischen Getriebe kombiniert werden – wurde neuerdings ein Alternator statt des Dynamos eingebaut. Neu waren auch die Lichthupe, der abblendbare Innenspiegel und einige weitere Ausrüstungsverbesserungen.

204 C Ab Mai 1966 gab es den Peugeot 204 in den Ausstattungsvarianten Luxe und Grand Luxe. Der Luxe war vereinfacht und hatte keinen automatischen Kühlerventilator, der Chromstreifen an der Regenrinne entfiel, und auch auf die seitliche Auskleidung des Kofferraums wurde verzichtet. Beim Grand Luxe fanden sich größere Reifen und ein Zündschloß sowie eine verbesserte Innenausstattung aus Stoff oder Kunstleder, zudem war er mit Servobremsen lieferbar. Der Kombi erhielt ebenfalls das neue Kunstlederinterieur.

Bereits im August verlautete, daß Peugeot die Reihe 204 ebenfalls um ein Coupé und ein Cabriolet bereichern werde. Diese Modelle mit verkürztem Radstand bildeten im Herbst 1966 auf dem Peugeot-Stand des Autosalons von Paris den Mittelpunkt des Interesses. Bemerkenswert geformt war das 2+2sitzige Coupé: Es hatte ein leicht geknicktes Schrägheck mit das Heckfenster mit umfassender Rückklappe. Das ebenfalls in Zusammenarbeit mit Pininfarina entwickelte Cabriolet war hingegen nur zweisitzig. Die Armaturenbretter trugen Rundinstrumente. Die 204-Limousine des Jahrgangs 1967 erkannte man an den vergrößerten Rückleuchten und der hinteren Stoßstange, den Grand Luxe zudem an den vorderen Liegesitzen und einem Plastiküberzug auf dem Armaturenbrett. Bei den 404

Peugeot

wurden Rundinstrumente (ausgenommen Break), auf einem Kugellagermechanismus verschiebbare Vordersitze und ein hinterer Torsionsstabilisator eingeführt. Außerdem wurde das Reserverad bei der Limousine – wie beim 204 – unter den Kofferraumboden verlegt. Beim Vergasermotor stieg die Leistung von 76 auf 80 SAE-PS. In die Front der 404 Coupé und Cabriolet wurden zusätzliche Jodscheinwerfer integriert, und beim Cabrio wurde das Heckfenster vergrößert. – Die Produktion der Modellreihe 403 (ausgenommen Lieferwagen) lief im Oktober 1966, nach elf Jahren Herstelldauer, endgültig aus.

Klein-Diesel Recht interessante Änderungen brachte der im Herbst 1967 vorgestellte Peugeot-Jahrgang 1968. Allem voran verdient das Modell 204 Diesel Erwähnung, denn mit ihm wurde der Durchbruch des Selbstzündermotors in der Kategorie der unteren Mittelklasse eingeleitet. Der 1,2-Liter-Dieselmotor war eine Neukonstruktion mit obenliegender Nockenwelle, fünffach gelagerter Kurbelwelle, überquadratischen Zylinderabmessungen sowie Leichtmetallblock! Er leistete 45 bis 46 SAE-PS bei 5000/min, war also ungewöhnlich schnelldrehend. Neu waren bei den 204 die kreisrunden Instrumente nun auch bei der Limousine Grand Luxe, das Lenkrad mit Polsternabe und die Verankerungen für Dreipunktgurten. Das kleine Cabriolet gab es jetzt auch mit Aufsetzdach.

Bei den 404 des neuen Jahrgangs fand sich endlich ein normales Schaltschema, so daß Peugeot-ungewohnte Fahrer nicht mehr irrtümlich in den zweiten statt vierten Gang schalteten. Auch die Getriebeuntersetzung wurde geändert, so daß in den unteren Gängen höhere Tempi erreicht werden konnten. Das 404-Lenkrad erhielt eine Polsterung von Nabe und Speichen, und in sämtlichen 404 fanden sich nun Verankerungen für vordere Dreipunktgurten. Beim Super Luxe fanden sich zudem Rückfahrlampen. Da die 403-Modelle weggefallen waren, bot man jetzt einen Typ 404/8 mit 1,5-Liter-Motor. Dieser war durch Reduktion der Bohrung vom 1,6-Liter-Aggregat abgeleitet worden. Wie einst beim «Sept» stand die «8» für die französischen Steuer-PS. Der 404/8 wurde mit den vorderen Scheibenbremsen des 204 ausgerüstet, bot anderseits aber noch keine Rundinstrumente.

504 Auf dem Genfer Salon im März 1958 hatte Peugeot-Generaldirektor F. Gautier eine Erweiterung des Modellprogramms nach oben angekündigt. Zwei Monate später wurden erste Bilder und Details über den Typ 504 veröffentlicht, und die eigentliche Präsentation erfolgte dann – zum Produktionsbeginn – im September 1968. Der 504 war ein geräumiger, fünfsitziger Mittelklassewagen mit zeitloser und doch individuell geformter Karosserie. Diese war traditionsgemäß unter Mitwirkung des Turiner Designstudios Pininfarina entstanden. Besondere Merkmale waren die in Form eines ungleichmäßigen Rechtecks ausgeführten Scheinwerfergläser und ein Knick in der Kofferdeckellinie. Mit Chromschmuck wurde auch bei diesem Peugeut erfreulich sparsam umgegangen.

Bei konventioneller Konstruktionsweise wies der Peugeot 504 doch eine Reihe kleinere Besonderheiten auf, die auf das angestrebte hohe technische Niveau hinwiesen. So waren die angetriebenen Hinterräder nun einzeln aufgehängt. Die Aufhängung umfaßte schräge Dreieck-Längslenker, Schraubenfedern mit innenliegenden, doppeltwirkenden Teleskopstoßdämpfern und einen Kurvenstabilisator. Für das Differential verwendete Peugeot hier jetzt eine Hypoidverzahnung statt des traditionellen Schneckenantriebs, und der Radantrieb erfolgte über innere und äußere homokinetische Gelenke. Nachdem die Modellreihe 404 noch Trommelbremsen aufwies, hatte der Typ 504 nun Scheibenbremsen an allen vier Rädern (mit Bremshilfe und Bremsdruckbegrenzer).

Durch eine Verlängerung des Hubs hatte man aus der 1,6-Liter-Maschine des 404 den 1,8-Liter-Motor des 504 gemacht. Wiederum bestand die Wahl zwischen einer Vergaser- und einer Einspritzversion. Deren Leistung wurde mit 87 bzw. 103 SAE-PS angegeben. Das 4-Gang-Getriebe wurde nach wie vor über einen Lenkradhebel bedient. Die ZF-Getriebeautomatik wurde erst im Frühling 1969 lieferbar (wiederum nur in Verbindung mit dem Vergasermotor). Im Vergleich zum 404 war der Radstand gleich um 9 cm, die Gesamtlänge jedoch bloß um 4 cm angewachsen. Der 504 war volle 7 cm breiter und auch 1 cm höher als der 404. Damit war das Innen-

Peugeot	Zyl.	cm³	SAE-PS	bei 1/min	Gänge	Spitze km/h	Radstand/Länge	Baujahre	Besonderheiten
403	4	1468	65	4750	4	130+	266/447	1959–63	
Diesel		1816	48	4000		115		1959–62	ab '60: 55 PS, 120 km/h
Commerciale/Familiale		1468	65	4750		125	290/461		
dto Diesel		1816	48	4000		105			ab '60: 55 PS
Sept-1300		1290	54	4500		120+	266/446	1960–63	
Sept-1300 Diesel		1816	55	4000		–120		1962/63	
403 B (ab '65: 403 Confort)		1468	65	4800		135+	266/448	1963–66	(54 DIN-PS)
BD Diesel		1816	55	4000		120			(50 DIN-PS)
B7		1290	54	4500			266/446		(47 DIN-PS), ab '65: 130 km/h
BDA		1816	55	4000					(50 DIN-PS)
404 Berline	4	1618	72	5400	4	142	265/442	1960–64	(65 DIN-PS)
Cabriolet						148	265/450	1961–64	ab '62: auch Coupé
Cabriolet Injection			85	5500		158			dto, Einspritzmotor
Berline Injection						155	265/442	1962–64	(80 DIN-PS), Einspritzmotor
Familiale			72	5400		135	284/458		
Commerciale		1468	66	5000		125		1962–	(60 DIN-PS; ab '68:
Fam./Comm. Diesel		1816	55	4000		110		1962–64	53 DIN-PS)
Berline Diesel		1948	68	4500		–135	265/442	1963–	(60 DIN-PS)
Berline		1618	76	5500		146		1964–66	(70 DIN-PS), ab '65: 4/A
Berline Injection			96	5700		160		1964–69	(88 DIN-PS), Einspritzmotor
Cabriolet/Coupé			76	5500		153	265/449	1964–66	(70 DIN-PS)
dto Injection			96	5700		167		1964–69	(88 DIN-PS), Einspritzmotor
Familiale/Commerciale			76	5500		140	284/458	1964–66	(70 DIN-PS)
dto Diesel		1948	68	4500		129		1964–	(60 DIN-PS)
Berline		1618	80	5600	4/A	150	265/445	1966–	(74 DIN-PS; ab '68: 69 DIN-PS)
C (Coupé/Cabrio)					4	157	265/449	1966–69	
Familiale/L Break						145	284/458	1966–	
404/8 Berline		1468	66	5000		135	265/443	1967–69	(60 DIN-PS; ab '68: 53 DIN-PS)
			DIN-PS						
204 Berline	4	1130	53*	5800	4	138	259/398	1965–	Frontantrieb, h.E.,
C (Cabrio/Coupé)						142	230/374	1966–70	Quermotor OHC
Berline Diesel		1255	35	5000		124	259/398	1967–	* '69: 47, ab '69: 49 PS
504	4	1796	76	5500	4/A	156	274/449	1969–	h.E. (alle 504)
Injection			90	5600	4	168			Einspritzmotor
C (Coupé/Cabrio) Inj.						178	255/436		Einspritzmotor
304	4	1288	59	5750	4	150	259/414	1969–	wie 204
C (Coupé/Cabrio)						152	231/376	1970–	

Oben: Peugeot 504 Coupé (Pininfarina), 1970
Darunter: Peugeot 304, 1970

raumangebot beträchtlich größer geworden. Der Aufbau war nach modernen Sicherheitserkenntnissen konzipiert: bei Kollision zusammenschiebbare Front- und Heckteile und möglichst intakt bleibender Passagierraum. Dieser bot ein hohes Komfortniveau; ausziehbare vordere Kopfstützen waren serienmäßig vorhanden, und die Vordersitze ließen sich bis zur Horizontale abklappen. Die Ausstattung war vollständig und umfaßte auch ein raffiniertes Heizungs- und Lüftungssystem.

Auf 1969 erhielten die 204 und die 404 kleine Änderungen: Bei den 404-Limousinen (ohne Dieselversion) wiesen die Vorderräder nun (wie beim 204) Scheibenbremsen auf! Neu waren auch die Zündspule, die Sicherheitstürschlösser und die Türverkleidungen. Den Einspritzmotor gab es ausschließlich noch beim Coupé und beim Cabriolet. Diese boten jetzt eine Nardi-Stockschaltung! Das auf Wunsch gelieferte Automatgetriebe wurde mit der Ausstattung Grand Tourisme statt Super Luxe kombiniert. Bei den 204 mit Benzinmotor wurde die Antriebseinheit nun an vier statt an drei Punkten abgestützt. Neu waren auch die verbesserte Bremsanlage (vorne größere Zangen und Beläge, hinten Druckbegrenzer), die aufwendigere Auspuffanlage, die Gummieinlagen in den Stoßstangen und neben anderem die Sicherheitstürschlösser. Berline Grand Luxe, Coupé und Cabriolet hatten nun vordere und hintere Kurvenstabilisatoren und ein Lenkrad mit Nabenschutzpolster. Coupé und Cabriolet warteten auch mit Jodscheinwerfern und größerer Bereifung auf (auch Break Grand Luxe).

504 C Sie erschienen auf dem Genfer Salon 1969, die Peugeot 504 Coupé und Cabriolet, und sie waren selbstverständlich wieder Pininfarina-Schöpfungen. Daß sie – stets vom Turiner Spezialkarossier – bis Anfang 1983 (abgesehen vom Verschwinden der schräggestellten Heckleuchten) kaum verändert hergestellt wurden, spricht für ihr zeitlos-elegantes Design. Auch hier war der Radstand verkürzt worden; das Coupé war ein knapper Viersitzer, während das Cabrio 2+2 Sitze bot. Die 504 C hatten von Anfang an eine Stockschaltung. Unter der nach vorne öffnenden Motorhaube fand sich ausschließlich die Einspritzversion des 1,8-Liter-Motors. Der Innenraum war besonders komfortabel und gepflegt ausgeführt. – Von den Vormodellen (404) waren bei Pininfarina 10 387 Cabrios und 6837 Coupés gebaut worden.

304 Während Peugeot das Modelljahr 1960 noch mit einer einzigen Modellreihe gestartet hatte, zeichnete sich im Frühsommer die Einführung eines vierten Grundtyps (neben 204, 404 und 504) ab: Der 304 wurde angekündigt. Wie seine Typenzahl verrät, reihte er sich über dem 204 ein. Peugeot hielt übrigens an diesen auf die Vorkriegszeit zurückgehenden Ziffernbezeichnungen mit einer Null in der Mitte fest und veranlaßte andere Autohersteller stets wieder auf den Verzicht ähnlicher Modellzahlen. Der 304 war ein luxuriöserer 204 mit Kühlergitter à la 504 und verlängertem Kofferraum, der an seinem Ende senkrecht abgeschnitten war. Er hatte somit Frontantrieb, doch war sein Motor eine neue 1,3-Liter-OHC-Maschine. Sie leistete 58,5 DIN-PS bei 5750/min, bei ausgeschaltetem Kühlerventilator 65 DIN-PS bei 6000/min (70 SAE-PS bei 6100/min). An der Lenkradschaltung wurde festgehalten. Das Armaturenbrett besaß einen Polsterwulst und – im Gegensatz zu den jetzt bei den Peugeot eingeführten Rundinstrumenten – ein rechteckförmiges Sammelinstrument. Der 304 löste den 404/8 ab. Ebenso lösten im Frühling 1970 die 304 C (Coupé/Cabriolet) die entsprechenden 204 C ab. Peugeot hatte insgesamt 42 756 Coupés und 18 181 Cabriolets des Typs 204 hergestellt.

Plymouth Valiant V-200, 1961

Plymouth

Mit der 1928 gegründeten Marke Plymouth wollte Walter P. Chrysler in das Feld der populären Marken vorstoßen. 1960 bildete Plymouth den unteren Abschluß im amerikanischen Angebot des drittgrößten Automobilkonzerns, während die → Dodge und die → De Soto (diese gab es noch bis 1961) die Mittelstellung unterhalb der → Chrysler und der → Imperial belegten. Die Plymouth konkurrierten somit in erster Linie gegen die Marktleader → Chevrolet und → Ford (USA), vermochten aber nur ausnahmsweise den dritten Platz zu halten.

Das Plymouth-Programm 1960 setzte sich aus den Modellreihen Savoy, Belvedere und Fury zusammen. Es gab viertürige Limousinen, zweitürige Club-Sedans, zwei- und viertürige Fauxcabriolets, echte Cabrios und diverse Suburban-Kombiwagen. Mit dem Modelljahrgang 1960 hatte man – unter Beibehaltung der längsliegenden vorderen Torsionsfederstäbe und der blattgefederten hinteren Starrachse – von der Chassisbauweise auf selbsttragende Karosserien umgestellt. Diese wiesen der – allerdings abklingenden – Mode entsprechend noch mächtige «Haifisch-Schwanzflossen» auf. Das Motorenangebot begann mit dem 3,7-Liter-Sechszylinder Economy Six und führte über die 5,2- und die 5,9-Liter-V8 zum 6,3-Liter-V8. Diese Maschinen mit aufsteigender Leistung trugen malerische (aus europäischer Sicht vielleicht sogar prahlerische) Namen: Super Pack (5,2-Liter mit erhöhter Leistung), Golden Commando (5,9-Liter), Golden Commando 425, Sono Ramic Commando und Sono Ramic Commando 460 (5,9-Liter mit noch mehr Leistung, Sono Ramic mit Ram-Induction-Schwingrohr-Ansaugleitungen) sowie Special High Performance 8 Police bzw. Golden Commando 435 (6,3-Liter).

Es gab ein 3-Gang-Getriebe mit Lenkradschaltung und unsynchronisiertem erstem Gang, das Power-Flite-Getriebe (2-Gang-Planetengetriebe) und das Torque-Flite-Getriebe (3-Gang). Die Stufenwahl erfolgte mit einer Drucktastatur am Armaturenbrett, und auf

Plymouth

Rechts: Plymouth Barracuda, 1964
Von oben nach unten:
Plymouth Fury, 1961
Plymouth Sport Fury, 1962
Plymouth Belvedere, 1964

Wunsch waren sowohl eine Servolenkung wie auch eine Sure-Grip-Differentialbremse erhältlich.

Valiant Zunächst als eigene Marke wurde im Oktober 1959 der Valiant vorgestellt. Er war Chryslers Antwort auf die Compact-cars → Chevrolet Corvair und → Ford Falcon. Wie der Falcon entsprach er in seinem Konzept der üblichen amerikanischen Bauweise, besaß aber nebst der selbsttragenden Karosserie immerhin vordere längsliegende Torsionsfederstäbe. Besonders ungewöhnlich war jedoch die Karosserieform: Der Valiant zeigte je drei Seitenfenster, ein zwischen den Doppelscheinwerfern leicht nach vorne geschobenes trapezförmiges Kühlergitter und ein sanft abfallendes Heck mit auskragenden Kotflügelabschlüssen und im Kofferdeckel eingeprägter Reserverradkontur. Dieses originelle Design wäre beispielsweise auch einem → Studebaker wohl angestanden.

Der in fünfjähriger Entwicklung entstandene Valiant war deutlich größer als der Falcon oder der Corvair. Es gab ihn in den Ausführungen V-100 (Standard) und V-200 (Luxus). Noch im November 1959 kam – als erster unter den neuen amerikanischen Kompaktwagen – der Kombi Suburban mit nach hinten abgewinkeltem drittem Seitenfenster hinzu. Dem Motor, einem 2,8-Liter-Sechszylinder, kam dank langer, schwach gebogener Saugrohre das für gute Zylinderfüllung auch im niedrigen Drehzahlbereich sorgende Ram-Induction-System zugute. Diese um 30° schräg geneigt eingebaute Kraftquelle lieferte 102 SAE-PS, in der Ausführung Hyper Pack mit Vierfachvergaser und Doppelauspuff hingegen gleich 150 PS. Es standen ein 3-Gang-Getriebe mit Mittelschaltung und ein 3-Stufen-Automat mit Drucktasten zur Wahl. Die 102-PS-Ausführung gab es auch mit Servolenkung.

Eine mit dem Valiant verwirklichte Pionierleistung war der Übergang vom Gleichstromdynamo zum Wechselstromalternator. Dieser brachte den Vorteil, die Batterie schon bei niedriger Drehzahl aufladen zu können. Er sollte sich im Verlaufe der folgenden Jahre weltweit durchsetzen. – Um 1960 stand die amerikanische Automobilindustrie noch mitten in ihrer «Traumwagenepoche». Im Frühling 1960 trumpfte die Plymouth De Soto Valiant Division der Chrysler Corporation mit einem XNR genannten extravaganten Rennsport-Zweisitzer auf. Er zeigte unverkennbar extrapolierte Stylingmerkmale des Valiant und war die Schöpfung des Stylisten und Designers Virgil M. Exner.

Wiederum gänzlich neu gestylt präsentierten sich die Plymouth 1961. Die «Haifischflossen» waren nun weggeschnitten. An ihre Stelle traten nach außen gebogene Gräten, die an der Front eine Parallele fanden und dort in eine schwungvolle Scheinwerferüberdachung ausmündeten. Mit ihnen war auch die Motorhaube verlängert worden, während der hintere Überhang leicht geschrumpft war. Die Gesamtlänge veränderte sich dadurch nicht, hingegen wuchs die Breite von knapp 200 auf 203 cm. Die Valiant 1961 trugen am Heck nun den Markenhinweis Plymouth und hatten ein stärker kontrastierendes Kühlergitter mit neuem Valiant-Signet. Es gab jetzt auch eine preisgünstige zweitürige Limousine und eine elegante Hardtopausführung (zweitüriges Fauxcabriolet). Mit dem Lancer hatte auf 1961 übrigens → Dodge eine Valiant-Parallele eingeführt. – Im Verlaufe des Jahres entstand in der Turiner Konstruktionswerkstätte Nardi (→ Anhang) als Einzelstück für einen amerikanischen Kunden ein von → Michelotti entworfenes langgestrecktes Coupé auf Plymouth-Basis, jedoch mit Rohrrahmen und vorderen Scheibenbremsen.

Mit dem Jahrgang 1962 erhielt der Hardtop-Valiant die Bezeichnung Signet 200. Er zeigte ein in Schwarz gehaltenes Kühlergitter, das nun – ebenso wie bei den andern Modellen – eine kräftige Chromumrandung aufwies. Anstelle der Motorisierungsvariante Hyper Pack, die sich auch nachträglich einbauen ließ, gab es auf Wunsch den Power Pack, nämlich den 3,7-Liter-6-Zylinder-Motor aus den großen Plymouth. Diese zeigten wiederum neugezeichnete Karosserien mit horizontal verbundenen statt einzeln abgebogenen Kotflügelgräten über den Scheinwerfern und einem siebartigen, nach innen gebogenen Kühlergitter. Die Pavillonformen waren überdies nun kantiger, und der Innenraum war etwas größer geworden. Dies obwohl Radstand, Länge und Breite (noch 192 cm) deutlich reduziert worden waren! Topmodell war der Sport Fury (Hardtop und Cabriolet), der «als erster Wagen der mittleren Preisklasse» mit serienmäßigen vorderen Einzelsitzen aufwartete. Der 2-Stufen-Automat Powerflite entfiel.

Valiant 2. Auflage 1963 entfielen die Auskragungen an den Karosserieflanken der großen Plymouth, die abermals ein völlig geändertes Gesicht zeigten. Wie bei den übrigen Chrysler-Produkten wurden die Garantie auf 50 000 Meilen oder fünf Jahre erstreckt, der Rostschutz verbessert und die Serviceintervalle verlängert. Neu im Angebot standen ein 7-Liter-V8, der in unterschiedlichen Leistungsstufen erhältlich war, sowie ein 4-Gang-Getriebe mit Mittelschaltung. Auf Bestellung wurde überdies der thermostatisch gesteuerte Kühlluftventilator Silent-Flite eingebaut. Ganz neu karossiert war der Valiant, den es nun auch als Cabriolet gab. Er zeigte brave Linien ohne drittes Seitenfenster. Im Gegensatz zu den großen Modellen der Marke war hier die Gesamtlänge nur geringfügig angewachsen. Nach wie vor gab es auf Wunsch die Servolenkung Constant Control. – In einigen Ländern mit Lizenzherstellung, wie Argentinien und Australien, galt Valiant übrigens weiterhin als Markenname (→ Dodge Argentina)!

1964 entfiel der Rahmen um das Valiant-Kühlergitter; die Scheinwerfer waren jetzt durch horizontale Stäbe verbunden. Der kleinste Plymouth war nun ebenfalls mit vollsynchronisiertem 4-Gang-Getriebe mit Mittelschaltung sowie mit der Sure-Grip-Differentialbremse erhältlich. Die großen Plymouth hatten jetzt ein nach außen gewölbtes Kühlergitter, das in sechs horizontale Felder eingeteilt war. Ihre hintere Radspur war von 146 auf 151,5 cm verbreitert worden (vorne weiterhin 151 cm). Zur Jahreswende wurde der Valiant mit einem neuen 4,5-Liter-V8-Motor mit keilförmigen Brennräumen lieferbar.

Barracuda An der New Yorker Autoschau im Frühling 1964 stellte die Chrysler-Plymouth Division (so die neue Organisation seit Verschwinden der Marke De Soto) den sportlichen, (knapp) viersitzigen Barracuda vor. Er war die Antwort auf den so erfolgreichen → Ford Mustang. Im Gegensatz zu diesem besaß der Barracuda ein langgestrecktes Fastback mit großflächiger Panorama-Heckscheibe, und die hintere Sitzlehne ließ sich umklappen, so daß ein auf 210 cm verlängerter Kofferraum resultierte. Erst auf 1965 gab es auch einen Mustang in Fastbackform. Der Barracuda (= Pfeilhecht) basierte auf dem Unterbau des Valiant.

Diese warteten auf 1965 mit einem neuen Kühlergitter auf, dessen Mittelteil stärker nach vorne verschoben war und beidseits von einem horizontalen Mittelzierstab flankiert wurde. Die Heckleuchten waren nun wie beim Barracuda senkrecht angeordnet. Die Motorenauswahl wurde durch eine High-Performance-Version des 4,5-Liter-V8 ergänzt (Verdichtung 10,5:1, Spezialnockenwelle, domförmige Kolben, Vierfachvergaser, Doppelunterbrecher und -auspuff), überdies war für das Fahrwerk ein Rallye-Package lieferbar. Zu den «Options», dem auf Wunsch lieferbaren Zubehör des Barracuda, zählte außerdem ein über Motorhaube, Dach und Kofferdeckel gezogener Farbstreifen.

Belvedere = Intermediate Bei den großen Plymouth fand für 1965 eine Zweiteilung statt: Die Fury-Reihe erhielt einen um 7,5 auf 302,5 cm verlängerten Radstand sowie eine um 7,5 cm verlängerte und um 6 cm verbreiterte Karosserie. Diese zeigte ein neues Styling mit nach vorne zugespitzten oberen Kotflügelenden, unter denen sich übereinander angeordnete Doppelscheinwerfer verbargen. Es gab nun die Fury I, II, III und Sport Fury. Demgegenüber behielt die Serie Belvedere nicht nur den bisherigen Radstand, sondern ihre Aufbauten – sie zeigten ein ähnliches Design wie die neuen Fury, jedoch mit Einfachscheinwerfern – wurden sogar verkürzt. Damit stellten die Belvedere I, II und Satellite (Coupé/Cabrio mit Einzelsitzen und Mittelkonsole) eine Alternative zu den Intermediate-cars → Chevrolet Chevelle und → Ford Fairlane dar. Die Motorenauswahl reichte bei ihnen bis zum 431-PS-7-Liter-V8.

Die Savoy-Reihe wurde aufgegeben. Bei allen Plymouth des Jahrgangs 1965 mußte die schon fast traditionelle Drucktastatur für die Bedienung des Automatgetriebes einem üblichen Lenkrad-Wählhebel weichen. Für Rennzwecke schuf die Chrysler Corporation alsbald einen King Kong geheißenen Hochleistungsmotor mit 500 PS, der in teils aerodynamisch verkleideten Plymouth SS eingesetzt werden sollte. Im Frühling 1965 wurde wieder einmal ein Traumwagen vorgestellt, der Plymouth VIP (Very Important Person). Mit diesem Coupé mit Glaskuppeldach beidseits eines Längsträgers wurden nicht mehr bloß stylistische Phantasielinien geboten, sondern auch mögliche Zukunftslösungen aufgezeigt.

Mit dem Modelljahr 1966 erhielten die Valiant eine gestrecktere Dachlinie, wodurch sie größer wirkten. Die Scheinwerfer waren nun stärker ins Kühlergitter integriert. Zu den zahlreichen technischen Verbesserungen zählte ein genau anzeigender Tachometer. Neu war ein Barracuda (Formula) S. In den Barracuda fand sich erstmals ein Unterdruckmesser als Sparhilfe (an seiner Stelle war in den Modellen mit V8-Motor ein Drehzahlmesser erhältlich).

Die Belvedere 1966 warteten mit einer neuen Karosserie auf, bei der die Gürtellinie samt dem vorderen und dem hinteren Abschluß der Kotflügel leicht nach außen gewölbt waren. Die Länge war auf 509 cm verkürzt worden, die Breite erreichte noch 192 cm. Die Fury 1966 erkannte man an zwei gegeneinander gerichteten Pfeilmotiven im Kühlergitter. Die verschiedenen technischen Neuerungen zielten nicht zuletzt Richtung vermehrte Sicherheit: Windschutzscheiben durch Auflage einer glasklaren Kunststoffschicht von 0,4 mm an der Innenseite nun resistenter (statt in Grün oberer Teil der Frontscheibe nun in Blau gefärbt), besser gepolsterte Armaturenbretter, bessere Scheibenwischer (zwei Geschwindigkeiten und Wascher), Rückfahrlichter, flache Safe-Guard-Türgriffe usw. Das Motorenangebot reichte jetzt bis zum 7-Liter-Hemicharger mit halbkugelförmigen Brennräumen und zur 7,2-Liter-Hochleistungsmaschine mit keilförmigen Brennräumen; Basis-V8 war jedoch weiterhin der 4,5-Liter-Commando.

Auf 1967 wurden auch der Valiant und der Fury neu eingekleidet. Der Valiant hatte einen von 269 auf 274 cm verlängerten Radstand. Während die Länge unverändert blieb, wuchs die Breite um 3 auf 180,5 cm. Das Kühlergitter war nun horizontal zweigeteilt, und es gab jetzt nur noch zwei- und viertürige Sedans; die Zwischenausführung 200 entfiel. Beim Fury wuchs nicht der Radstand, sondern die Gesamtlänge, und zwar auf 541,5 cm. Die Kühlergitter zeigten ein kreuzförmiges Motiv, und der vertikale vordere Kotflügelabschluß ragte an den Scheinwerfern vorbei nach vorne. Neu war eine zugfreie Lüftung, und der Umfang der serienmäßigen Sicherheitseinrichtungen war erneut vergrößert worden. An erster Stelle waren hier die Lenksäule und das Schaltrohr für die Gangwahl zu nennen, die beide teleskopisch deformierbar waren.

Von diesen Sicherheitsverbesserungen profitierten alle Plymouth (wie ja auch alle US-Wagen zu jener Zeit ähnliche Einrichtungen erhielten). Die Belvedere hatten jetzt ebenfalls Doppelscheinwerfer, sie waren allerdings in üblicher Weise horizontal nebeneinander untergebracht. Neues Spitzenmodell, noch über dem Satellite, war der GTX, der ebenfalls als zweitüriger Hardtop und als Cabriolet aufgelegt wurde. In Anpassung an

Oben: Plymouth Valiant V-200, 1965
Links: Plymouth Sport Fury VIP, 1966

Plymouth

Von links nach rechts:
Plymouth Barracuda, 1967
Plymouth Valiant Signet, 1967
Plymouth Satellite, 1968
Plymouth Fury III, 1969

den neuen Valiant wurde im November auch ein neukarossierter Barracuda angekündigt. Es gab nun nicht mehr bloß das Sports Hardtop geheißene Fastbackmodell, sondern man unterschied nun nach Hardtop Fastback und Hardtop Coupé (mit sanft abfallendem Stufenheck) sowie Cabriolet! Auch beim neuen Barracuda waren die Seitenfenster gewölbt, außerdem stieg die Gürtellinie auf der Höhe des Hinterrades geringfügig an. Neu war überdies die Armaturenbrettgestaltung. Der sich «vorwiegend an die Jugend» richtende «'Cuda» wirkte jetzt weit wuchtiger. Entsprechend umfaßte die Motorisierungsauswahl neuerdings auch einen 6,3-Liter-V8, und auf Wunsch war nach wie vor das Formula S Package (= härteres Fahrwerk) zu haben.

Bei den Barracuda 1968 waren die Typenanschriften hinter den vorderen Radausschnitt gewandert. Der 6,3-Liter-Super-Commando-Motor hatte neue Zylinderköpfe. Wie bei den anderen Modellen sorgte das Cleaner Air System mit Luftpumpe für sauberere Abgase. Die Valiant-Kühlergitter besaßen die horizontalen Mittelzierstreifen nicht mehr. Es gab sie (wie den Barracuda) zusätzlich mit 5,2-Liter-V8. Die mittelgroße Plymouth-Reihe setzte sich nun aus den Typen Belvedere, Satellite, Sport Satellite, Road Runner (nur Coupé) und GTX zusammen. Sie waren leicht länger und zeigten weichere Dachlinien sowie ein Kühlergitter mit zwei Reihen von je sieben rechteckigen Öffnungen (GTX mit Farbstreifen zwischen den Radausschnitten). Die Fury 1968 ließen sich an der Modellplakette erkennen, die hinter dem vorderen Radausschnitt im Karosserieblech versenkt angebracht war. Die Hinterräder steckten nun teils hinter Abdeckungen. Zur Karosserieform Fast Top kam als weitere «Sonderform» die Holzbeplankung beim Kombi Sport Suburban hinzu (es gab inzwischen auch einen Custom Suburban). Nebst dem Tempokonstanthalter Speed Control Unit gab es neuerdings einen Temperaturkonstanthalter.

Feinarbeit war wiederum für die Modelle 1969 geleistet worden, im technischen wie im stylistischen Bereich. Für die Valiant, von denen seit 1959 über 1,2 Millionen Exemplare gebaut worden waren, war ein 200 Decor Package erhältlich. Das Kühlergitter wies nun die in der Karosseriefarbe gehaltene vertikale Zweiteilung nicht mehr auf. Im Gegensatz hiezu zeigten die Barracuda jetzt ein auch die Motorhauben-Oberseite umfassendes «Nasenprofil». Neue Spitzenversion war der Cuda 340. Bei den mittelgroßen Plymouth ab Belvedere standen jetzt noch mehr Varianten zur Auswahl. Es gab nun die Frisiersätze Track Pack und Super Track Pack, und bei den sportlichen Modellen Road Runner (jetzt auch zweitüriger Sedan und Cabriolet) und GTX prangte auf der mattschwarzen Motorhaube eine vom Fahrer verstellbare Lufthutze (bereits im Vorjahr eingeführt), die mit Air Grabber bzw. Coyote Duster bezeichnet wurde. Die Kühlerverzierungen waren nun unterschiedlich. Die Fury hatten neue, größere Karosserien (Radstand 305 statt 302,5 cm, Kombi nach wie vor 310 cm) mit glatten Seitenflächen und nun wieder nebeneinander angeordneten Doppelscheinwerfern. Mit den neuen Aufbauten gingen zahlreiche technische Verbesserungen einher.

Neuer Barracuda Völlig neu karossiert, breit und wuchtig, präsentierten sich die Barracuda des Jahrgangs 1970. Das Kühlergitter lag in einer Vertiefung, die nur durch eine schmale, senkrechte Mittelrippe unterbrochen wurde, und die Gürtellinie stieg auf der Höhe des Hinterrades schwungvoll an. Bei unverändertem Radstand war die Länge von 464,5 auf 474 und die Breite von 177 auf 190 cm gewachsen. Die Motorenauswahl umfaßte weiterhin bloß noch einen Sechszylinder, jedoch nicht weniger als acht V8 mit Leistungen bis zu 431 PS. Zwischen dem Barracuda und dem Cuda gab es ein Gran Coupe (amerikanische Bezeichnung für Coupé); die Fastbackform entfiel. Der bzw. das Gran Coupe hatte serienmäßig Lederpolsterung sowie eine am Dachhimmel angebrachte Konsole mit Warnlampen für nicht umgelegte Gurten, ungeschlossene Türen und zur Neige gehenden Benzinvorrat.

Duster Den Valiant 1970 erkannte man an dem wieder leicht vorversetzten Kühlergitter-Mittelteil. Es gab ihn nur noch viertürig, an seine Seite trat jedoch ein neuer zweitüriger Compact-car, das Coupé Duster, das als Duster 340 auch mit Hochleistungs-V8 erhältlich war. Bei diesem zählten – wie inzwischen auch bei anderen Plymouth-Modellen – vordere Scheibenbremsen zur Serienausstattung. Die Intermediate-Modelle Belvedere bis GTX erkannte man an der im Mittelteil zwischen den Doppelscheinwerfern nach oben gezogenen unteren Kühlergitterumrandung. Auch das Interieur war überarbeitet worden. Wie beim Duster war das 3-Gang-Basisgetriebe nun vollsynchronisiert. Die Fury-Reihe war um den Sport Fury GT mit sportlicherem Fahrwerk bereichert worden. Das Kühlergitter war nun außerhalb der Doppelscheinwerfer in die vorkragenden Kotflügelenden gezogen. Zu den generellen Verbesserungen des Plymouth-Jahrgangs 1970 zählte eine wirkungsvollere Abgasentgiftung. – Bei der Firma Amag in Schinznach Bad, in der Schweiz, wurden (unter der Chrysler-Marke) bis 1972 (ab 1960) 13 860 Valiant und (ab 1970) 624 Valiant-Coupés montiert, zudem (von 1967 bis 1969) 216 Barracuda.

Polski Fiat

Plymouth	Zyl.	cm³	SAE-PS	bei 1/min	Gänge	Spitze km/h	Radstand/Länge	Modelljahre	Besonderheiten
Savoy/Belvedere/	6	3682	147	4000	3/A	145	300/532	1960/61	St. Wg. 310/546 cm
Fury	V8	5210	233	4400		180			
			264	4400					
		5907	309–	4600		190			
			–335	4600		200			
		6286	–335	4600					(auch 335/5200)
	6	3682	147	4000		150	295/513	1962–64	St. Wg. 305/533 cm
	V8	5210	233	4400		180			'63: 521/534 cm
			264	4400				1962	'64: 525/537 cm
		5907	309	4800		190		1962–64	ab'63: 269/4400
		6286	324	4600		200		1962/63	ab '63: 3/4/A
			335	4600				1962–64	(auch (330/5200)
		6974	370–	4600				1963/64	
			–431	5600		230			
Belvedere/Satellite	6	3682	147	4000	3/A	160	295/517	1965–70	St. Wg. 530 cm lang
(ab '67 + GTX,	V8	4490	182	4200		175		1965–67	ab '66: 509 cm lang,
ab '68 + Road		5210	233	4400		185		1965–70	St. Wg. 297/526 cm
Runner)		5907	269	4400	3/4/A	190		1965/66	'68: 515/529 cm
		6286	335	4600		200		1965–67	'66: 330/4800; '67
		6974	370–	4800	4/A	210		1965/66	auch: 274/4400
			–431	5600		230		1965–70	
		7206	380	4600		200		1967–70	'70 auch: 395/4700
		4490	193	4400	3/A	180		1968	
		6286	294	4400	4/A	195		1968–70	auch: 340/5200
Fury	6	3682	147	4000	3/A	160	303/532	1965–68	St. Wg. 308/549 cm
(ab '66 + VIP)	V8	5210	233	4400		185			'67: 303/541
		6286	274	4400	3/4/A	190		1965–67	und 310/549 cm
			335	4600		200			ab '66: 330/4800
		6974	370	4800	4/A	210		1965	
		7206	370	4600				1966–68	ab '67: 355/4400+380
		6286	294	4400		195		1968	auch: 335/5000
	6	3682	147	4000	3/A	160	305/545	1969–70	St. Wg. 310/557 cm
	V8	5210	233	4400		190			'70: 546/560 cm
		6286	294	4400		200			auch: 335/5000
		7206	355	4400	A	210			auch: 380/4600
									'70: 395/4700
Valiant	6	2789	102	4400	3/A	135	271/467	1960–62	
			150	5200		165		1960/61	
		3682	147	4000		155		1962	
		2789	102	4400		145	269/473	1963/64	'64: 269/478 cm,
		3682	147	4000		155			ab '64: 3/4/A
	V8	4490	182	4200		170		1964	
Valiant/Barracuda	6	2789	102	4400	3/A	145	269/478	1965/66	
		3682	147	4000	3/4/A	160			
	V8	4490	182	4200		175			
			238	5200		185			
Valiant	6	2789	117	4400	3/A	150	274/479	1967–69	
(ab '70 + Duster)		3682	147	4000		160		1967–70	
	V8	4490	182	4200	3/4/A	175		1967–69	ab '68: 193/4400
			238	5200	4/A	190		1967	
		5210	233	4400				1968–70	
	6	3249	127	4400		155		1970	
	V8	5562	279	5000	3/4/A	210			
Barracuda	6	3682	147	4000	3/A	155	274/490	1967–70	'70: 274/474 cm
	V8	4490	182	4200	3/4/A	175		1967	
			238	5200	4/A	190			
		6286	284	4200		200		1967/68	'68: 304/4400,
		5210	233	4400	3/4/A	190		1968–70	'69: 335/5200
		5562	279	5000	4/A	195			'70: 294–340 PS
		7206	380	4600		210		1970	auch 395/4700
		6974	431	5000		230			

Polski Fiat	Zyl.	cm³	DIN-PS	bei 1/min	Gänge	Spitze km/h	Radstand/Länge	Baujahre	Besonderheiten
125 P	4	1295	60	5000	4	140	251/422	1968–	(Lizenz Fiat)
		1481	70	5000		150			

Der Polski Fiat 125 P debütierte im Sommer 1968. Er wurde unter Lizenz vom polnischen Staatskonzern FSO (Fabryka Samochodow Osobowych) in Warschau hergestellt. FSO war auch für den → Syrena und den → Warszawa zuständig. Abgesehen vom etwas einfacheren Kühlergitter mit runden statt eckigen Doppelscheinwerfern entsprach der Aufbau des 125 P weitgehend jenem des italienischen → Fiat 125. Aus verständlichen Gründen wurde jedoch auf den sportlichen DOHC-Motor verzichtet und statt dessen wahlweise der Motor des früheren Fiat 1300 oder 1500 eingebaut. Auch die Kraftübertragung und die Aufhängungselemente stammten von diesem Doppelmodell. Die Leistung stand mit 60 und 70 DIN-PS (statt 60 und 75) zu Buche. Ohne Zweifel wurde jedoch mit dem 125 P das modernste Auto der Ostblockstaaten angeboten; noch gab es den Shiguli alias Lada = russischer Fiat 124 nicht!

Polski Fiat 125 P, 1970

Pontiac

Die Marke mit dem Indianerkopf im Wappen ist der jüngste der fünf amerikanischen Namen von General Motors (Chevrolet, Pontiac, Oldsmobile, Buick, Cadillac). Er war 1926 aus der Marke Oakland hervorgegangen. Pontiac spielte stets ein wenig die Rolle eines individualisierten Chevrolet. 1960 setzte sich das Bauprogramm aus den vier Typenreihen Catalina, Ventura (neu), Star Chief und Bonneville zusammen – insgesamt ergab dies 16 verschiedene Modelle, die es in unterschiedlichen Karosserie/Motor/Getriebe-Kombinationen gab. Hinzu kamen die kleineren Pontiac aus kanadischer Produktion (Six Canadian und V8 Canadian), die direkte Chevrolet-Ableitungen waren und die in den Ausführungen Strato Chief, Laurentian und Parisienne hergestellt wurden. Allen Pontiac gemeinsam war das aus feinen horizontalen Chromstäben zusammengesetzte V-förmig zugespitzte Kühlergitter, das von den obligaten Doppelscheinwerfern flankiert wurde. Im Modelljahr 1961 wich diese Front wieder einer markentypischen Zweiteilung mit V-förmiger, in der Karosseriefarbe gehaltener Mittelrippe.

Tempest Doch das Modelljahr 1961 brachte auch eine bedeutende Neuheit, der man keine Chevrolet-Nähe nachsagen konnte: den Pontiac Tempest (= Sturm; diese Bezeichnung war bis dahin für den 6,4-Liter-V8-Motor verwendet worden). Er besaß zwar die gleiche Karosserieform wie die ebenfalls im Herbst 1960 erschienenen Oldsmobile F-85 und Buick Special, doch bot der Tempest eine in wesentlichen Punkten eigenständige Technik. Ihr Hauptmerkmal war die mit Transaxle bezeichnete Kraftübertragung, die aus einer mit Motordrehzahl arbeitenden, leicht nach unten durchgebogenen Kardanwelle und der mit dem Differential verbundenen Kupplung/Getriebe-Einheit bestand. Durch das Verlegen des Getriebes an die Hinterachse konnte eine verbesserte Gewichtsverteilung erzielt werden. Nach diesem Konstruktionsprinzip wurden zu jenem Zeitpunkt lediglich die → Lancia Flaminia gebaut, doch gab es weitere Anwendungsbeispiele, so in den fünfziger Jahren etwa bei den spanischen Pegaso und ab 1972 bei den Alfa Romeo Alfetta.

Der zu den Compact-cars zählende Tempest bot als weitere Überraschung einen 3,2-Liter-4-Zylinder-Motor! Nicht nur war er der einzige Vierzylinder amerikanischer Produktion, sondern überdies war er mit diesem für die Epoche rekordmäßigen Hubvolumen ein Unikum. Der Grund lag darin, daß dieses Antriebsaggregat als die rechte Hälfte des Trophy geheißenen 6,4-Liter-V8 von Pontiac entwickelt worden war. Dies erlaubte eine rationelle Herstellung! Der ungewöhnliche Vierzylinder wurde in entsprechender Schräglage eingebaut. Er gab seine Kraft über die flexible Transaxle-Kardanwelle – mit der Unwuchten absorbiert werden sollten – an das hintenliegende Getriebe ab, je nach Wunsch eine übliche 3-Gang-Einheit oder ein 2-Gang-Automat Tempest Torque. Dessen Kraftfluß führte zuerst in das Planetengetriebe und von dort über den Drehmomentwandler zum Achsantrieb. Wie bei dem ein Jahr vorher erschienenen, ebenfalls höchst ungewöhnlichen Chevrolet Corvair waren die Hinterräder mit Schräglenkern einzeln aufgehängt.

Wie bei amerikanischen Autos üblich, gab es auch den Tempest in verschiedenen Motor/Getriebe-Kombinationen. So wurde der mit fünf Kurbelwellenlagern dotierte 4-Zylinder-Motor gleich in fünf Leistungsstufen geführt, und zwar je drei für das Automat- und das Handschaltgetriebe. Darüber hinaus gab es den Tempest mit dem gleichen 3,5-Liter-V8-Motor, wie er in den Buick Special und Oldsmobile F-85 angeboten wurde. Auch der Tempest zeigte die Pontiac-typische Zweiteilung des Kühlergesichts. Im April 1961 wurde der viertürigen Limousine und dem fünftürigen Kombi eine zweitürige Coupévariante zur Seite gestellt, die in einer Sonderausführung die Zusatzbezeichnung Le Mans erhielt. Für das Modelljahr 1962 folgte ein elegantes Cabriolet.

Die Tempest 1962 hatten neue Gummilager für die Kardanwelle und eine dem Übersteuern entgegenwirkende Geometrie für die Hinterradaufhängung. Zusätzlich war jetzt auch ein vollsynchronisiertes 4-Gang-Getriebe erhältlich. Den zweiten Tempest-Jahrgang erkannte man an dem «Verbindungsgitter» zwischen dem linken und dem rechten Kühlergitter.

Grand Prix Bei den großen Pontiac fiel die in Kühlergittermitte eingefügte «Nase» auf. Neben Detailverfeinerungen war eine Erstreckung der Serviceintervalle zu verzeichnen, und das Hydramatic-Automatgetriebe war zu sanfterem Schalten gebracht worden. Das Angebot wurde durch das sportliche Hardtopcoupé Grand Prix ergänzt. Nach wie vor gab es auf Wunsch eine Differentialbremse Safe-T-Track. – Als Hochleistungsstudienfahrzeug wurde Anfang 1962 der Tempest Monte Carlo vorgestellt, eine dachlose Rennsportversion mit Kompressor.

Der Jahrgang 1963 brachte für die großen Pontiac übereinander statt nebeneinander angeordnete Doppelscheinwerfer, leichtere V8-Motoren, selbstnachstellende Bremsen, modifizierte Aufhängungen (vereinfachter Unterhalt, hinten 4 cm breitere Spur) und den Übergang zum Alternator. – Besonders gründlich revidiert wurde der Tempest. Er zeigte jetzt eine um 12,5 cm längere und um 5 cm breitere Karosserie, und es gab ihn auch mit einem 5,3-Liter-V8. Die Hinterradgeometrie war erneut geändert, Kardanwelle und Differentiallager waren verstärkt worden.

Aus dem größten Motor bei den großen Pontiac, dem 6,9-Liter-V8, standen nun serienmäßig bis 375 SAE-PS zur Verfügung. Vom Grand Prix gab es für Renneinsätze sogar eine Ausführung mit 425 PS. Damit ergaben sich Beschleunigungszeiten, die selbst Ferrari- und Jaguar-Fahrer beneideten. So wurden für den Spurt von 0 auf 100 km/h 6,3 s benötigt, und dies mit einem mächtigen

Ganz oben: Pontiac (CDN) Parisienne, 1963
Oben: Pontiac Tempest Custom, 1964
Links: Pontiac Tempest, 1961

Links: Pontiac Catalina, 1966
Unten: Pontiac Grand Prix Convertible, 1967
Links unten: Pontiac GTO, 1968
Rechts unten: Pontiac Firebird, 1968

«Straßenkreuzer» von rund 1,9 Tonnen Gewicht, der dazu noch Komforteinrichtungen wie etwa die in allen Richtungen elektrisch verstellbaren Sitze bot! Mit 159 cm vorne und 163 cm hinten hatten die großen Pontiac die breiteste Spur aller Personenwagen. Unter der aktiven Leitung von Semon Knudsen hatte die Marke Pontiac innerhalb weniger Jahre einen Nimbus besonderer Leistungsfähigkeit und Sportlichkeit erworben.

Angepaßter Tempest Die Pontiac 1964 erkannte man an den nicht mehr überdachten, sondern in einem senkrecht abgeschnittenen Gehäuse vertieft (und stets noch übereinander) angeordneten Doppelscheinwerfern. Zu den Detailneuerungen zählte ein Geschwindigkeitsregler Electro-Cruise. Viel weiter gingen die Änderungen beim Tempest. Dieser war nun kein eigentlicher Compactcar mehr, sondern zählte zu den mittelgroßen Amerikaner Wagen. Zudem war er jetzt auch keineswegs mehr eine bemerkenswerte Sonderkonstruktion. Transaxle und 4-Zylinder-Motor waren aufgegeben worden, und statt der selbsttragenden Bauweise ruhte die um 22 cm verlängerte Karosserie auf einem Kastenrahmenchassis mit Traversen, wie es mit gleichem Radstand auch der gleichzeitig neu herausgekommene Chevrolet Chevelle und ebenso die geänderten Buick Special und Oldsmobile F-85 besaßen. Damit wich auch die hintere Einzelradaufhängung der altbekannten Starrachse.

Es gab neuerdings die Modellreihen Tempest, Tempest Custom und Tempest Le Mans. Diese nur als Coupé und Cabriolet geführten Typen wurden zudem durch eine Sonderausführung mit der von Ferrari «entlehnten» Bezeichnung GTO bereichert. Die Motorisierung der neuen Tempest begann mit einem 3,5-Liter-6-Zylinder-Motor und reichte beim GTO bis zum 6,4-Liter-V8!

Wieder ein Jahr später, bei dem im September 1964 präsentierten Jahrgang 1965, zeigten auch die Tempest übereinander angeordnete Doppelscheinwerfer. Bei den Le Mans gab es jetzt auch eine viertürige Limousine, und der GTO zeigte eine kleine Lufthutzenattrappe auf der Motorhaube. Die Tempest-Längen waren erneut um 7 cm angewachsen. – Bei den großen Pontiac war überdies der Radstand verlängert worden. Sie hatten zudem um 10% vergrößerte Bremsflächen, ein breiteres Chassis mit tiefergelegtem Wagenboden sowie diverse weitere Verbesserungen. Das 3-Gang-Getriebe war nun ebenfalls vollsynchronisiert, und in den Ausführungen mit Automatikgetriebe wurde jetzt das Turbo-Hydramatic eingebaut, wie es auch die Oldsmobile und die Cadillac besaßen. Bei den Catalina kam die Version Two plus Two (2+2) mit schräg abfallendem Coupédach hinzu. Äußerlich erkannte man die Pontiac 1965 an den auch in ihrem oberen Abschluß bis zu den Radausschnitten gezogenen Frontstoßstangen. Das Jahr 1965 sollte für Pontiac übrigens den Cabriolet-Höhepunkt bringen: Es wurden 73 000 Cabrios der Modelle Tempest Custom, Tempest Le Mans, Tempest Le Mans GTO, Catalina und Bonneville gebaut!

OHC-Sechszylinder Noch im Sommer 1965 überraschte die zweite GM-Marke mit einem neukonstruierten 6-Zylinder-Motor, der nicht nur eine obenliegende Nockenwelle besaß, sondern überdies einen Zahnriemenantrieb und eine automatische Ventilspielregulierung. Es war ein 3,8-Liter, den es in zwei Leistungsstufen gab und der für den Einbau in die Tempest-Modelle bestimmt war. Sowohl Le Mans wie GTO und 2+2 wurden mit dem Modelljahr 1966 als selbständige Modellreihen geführt, neu war auch der Star Chief Executive. Zusammen mit weiteren Karosserievarianten erhöhte sich dadurch das Angebot von 26 auf 33 Modelle. Anstatt horizontal verliefen nun die beidseitigen Kühlergitter gegen die Mitte hin sich verjüngend; bei jeder Modellreihe waren sie wieder ein bißchen anders gestaltet.

An der New Yorker Autoschau im Frühling 1966 gab es unter anderem wieder einmal einen Pontiac-Traumwagen. Es war das Banshee-Coupé mit dem ungewöhnlichen Einstieg: Schiebetüren und sich anhebende Dachklappen. Seine Grundform sollte sich als ein Vorbote für den Firebird erweisen . . .

Doch das Modelljahr 1967 kündigte sich vorerst wiederum mit Karosserieänderungen an. Merkmale waren die teils senkrechten Ziermotive in den Kühlergittern der kleineren Pontiac (GTO mit Waffelmotiv) und die ins Kühlergesicht integrierten Stoßstangen bei den großen Modellen (Grand Prix mit hinter Klappen versteckten Scheinwerfern). Diese besaßen zudem hinter der leicht hochgezogenen Motorhaube verborgene Scheibenwischer. Der Star Chief hieß nur noch Executive (bei den kanadischen Pontiac gab es inzwischen auch einen Grand Parisienne). Das Angebot der Safari-Kombiwagen war nach unten erweitert worden, und die Luxusversion Brougham blieb weiterhin der Bonneville-Reihe vorbehalten. Die V8-Motoren zeigten teilweise einen weiteren Hubraumanstieg und reichten nun bis zu 7 Litern Inhalt. Auf Wunsch gab es erstmals vordere Scheibenbremsen!

Firebird Als Parallele zu dem im Herbst 1966 vorgestellten sportlichen → Chevrolet Camaro erschien Anfang 1967 der Pontiac Firebird (Feuervogel). Er hatte die gleiche attraktive Karosserielinie wie der Camaro und wurde ebenfalls als Coupé und als Cabriolet aufgelegt. Er ergänzte das Angebot der auf sportliches Image ausgerichteten amerikanischen Spezialmodelle, deren Schrittmacher der im Frühling 1964 erschienene Ford Mustang gewesen war. Mit dem Firebird wurde bei Pontiac wieder die selbsttragende Bauweise eingeführt, wie sie schon die frühen Tempest hatten. Ansonsten entsprach auch der Camaro amerikanischer Normalbauweise, ja die hintere Starrachse begnügte sich sogar mit Blattfedern, im Gegensatz zu den mit Schraubenfedern dotierten übrigen Pontiac.

Die Unterschiede zum Camaro bestanden in der markentypischen Front mit vorstehender Mittelrippe und in weiteren Karosseriedetails. Doch wurde beim Firebird das Motori-

Pontiac

sierungsangbot noch weiter getrieben, daher wurden die 140 cm langen Monoblattfedern durch Schubstreben ergänzt. Außerdem waren auf Wunsch Scheibenbremsen Delco-Moraine erhältlich. Neben dem 3,8-Liter-6-Zylinder-OHC waren V8-Motoren mit 5,3 und 6,6 Litern Inhalt – auch sie in verschiedenen Leistungsstufen – zu haben, und auf dem Getriebesektor standen je nach Motorwahl 3- und 4-Gang-Einheiten – mit Lenkrad- oder Stockschaltung – sowie die Getriebeautomaten Tempest Torque und Turbo-Hydramatic zur Verfügung.

Zu den nun in den USA üblichen Sicherheitseinrichtungen wie Zweikreis-Bremsanlage, Sicherheitslenksäule, verformbares Armaturenbrett, Hüftgurten und Notblinklicht war zahlreiches Zubehör wie Servobremsen, Servolenkung, Heckscheibenentfroster und Klimaanlage lieferbar. Eine serienmäßige Besonderheit war aber auch das mit Freongas aufblasbare Reserverad von kofferraumsparender Abmessung, das teils erst viel später in ähnlicher Art weitere Verbreitung finden sollte.

Das Modelljahr 1968 brachte für die Firebird unter anderem nach außen gerückte Positionslampen, den Wegfall der Ausstellfenster (neues Lüftungssytem) und ein luxuriöseres Interieur, für die Tempest-Reihe neue Karosserien mit verlängerten Motorhauben und verkürztem Heck (nach Firebird-Vorbild!), noch breitere Spur, unterschiedliche Radstände für zwei- und viertürige Modelle, beim GTO zudem eine energieabsorbierende Kunststofffront anstelle der Stoßstange sowie abgedeckte Scheinwerfer. Alle Pontiac hatten jetzt wieder nebeneinanderliegende Doppelscheinwerfer! Ein Summer erinnerte nun an den steckengelassenen Zündschlüssel. Der Hubraum des OHC-6-Zylinder-Motors war von 3,8 auf 4,1 Liter vergrößert worden, jener des kleinsten V8 von 5,3 auf 5,8 Liter; nach wie vor gab es von diesem auch eine Version Sprint.

Für den Jahrgang 1969 wartete Pontiac wieder einmal mit einer Neuheit auf, der in die Windschutzscheibe integrierten Radioantenne, die kaum sichtbar von der Scheibenmitte aus nach oben führte und sich beidseits unter dem oberen Scheibenrand ausdehnte. Für 1969 zeigten die Firebird einen auffallenden zweigeteilten Chromrahmen zwischen den Doppelscheinwerfern, die Luxusausführung Custom erhielt ein gepolstertes Dreispeichen-Lenkrad, und es fanden sich allgemein zusätzliche Sicherheitsmerkmale. Mit dem Ram Air Package standen bis über 340 PS zur Verfügung. Auch bei den Tempest gab es einen Ram Air Kit zur Leistungssteigerung, sie hatten geänderte Kühlergitter, und auch bei ihnen waren an Stelle der Zugschalter nun sicherere Kippschalter getreten. Während Catalina/Executive/Bonneville einen 2 cm längeren Radstand hatten, wartete der Grand Prix überraschend mit einer Radstandverkür-

Pontiac	Zyl.	cm³	SAE-PS	bei 1/min	Gänge	Spitze km/h	Radstand/Länge	Modelljahre	Besonderheiten
Strato Chief,	6	4278	152	4000	3/A	145	302/539	1960–62	ähnl. Chevrolet
Laurentian,	V8	4637	172	4200		165		1960/62	
Parisienne			153	4000		150		1961	(Export)
(Canadian)		5354	253	4400		180		1962	
	6	3768	142	4400		150		1963/64	
	V8	4637	198	4800		170			
		6702	304	4800	3/4/A	190			
			–431	6000		230			3 Leistungsstufen
								1965–68	→ Chevrolet
Catalina, Ventura	V8	6364	218	3600	3/A	175	310/543	1960	Chassis, 7 Leistungs-
			–353	4600		200			stufen, Export: 264 PS
							302/533	1961	
Star Chief, Bonneville	V8	6364	218	3600	3/A	175	315/561	1960	Chassis,
			–353	4600		200			6 Leistungsstufen
							312/550	1961	
Catalina, Grand Prix	V8	6364	218	3600	3/4/A	175	305/537	1962	Kastenrahmenchassis
Star Chief* (bis 1966)			–352	4800		200	* 312/555		9 Leistungsstufen
Bonneville*			–317	4600		195		1963	6 dto
Executive* (ab 1967)		6899	358	5000		200			
			375	5200		210			
		6364	238	4000		170	305/541	1964	
			–335	4600		200	* 312/560		6 Leistungsstufen
		6913	324	4400		195			
			–375	5200		210			3 dto
		6364	260	4600		180	308/545	1965/66	1966: auch 2+2
			–343	4800		195	* 315/563		5 Leistungsstufen
		6913	343	4600		200			
			–381	5000		210			3 dto
		6558	269	4600		180	308/548	1967/68	1967: 4, 1968:
			–355	4800		195	* 315/566		2 Leistungsstufen
		6998	365	4600		200			1968: 380/4800
			381	5100		210			1968: 395/5200
		6558	269	4600		180	310/553	1969	GP: 300/534 cm
			294	4600		190	* 318/568		
		6998	365	4600		200			
			–395	5200		220			
		5799	259	4600		180	310/553	1970	GP: 300/534 cm
		6558	269	4600		185	* 318/570		
			–355	5000		200			4 Leistungsstufen
		7462	365	4600					
			375	4600					
Tempest	4	3185	112	3800	3/A	135	285/481	1961	Transaxle,
			–157	4800		165			5 Leistungsstufen
			–168		3/4/A	170		1962	
	V8	3531	157	4600	3/A	165		1961	
			–188	4800		180		1962	
	4	3185	117	4000	3/4/A	140		1963	
			–168	4800		170			4 Leistungsstufen
	V8	5340	264	4800	3/A	190			Export: 253 PS
	6	3529	142	4200	3/4/A	160	292/516	1964	Kastenrahmenchassis
	V8	5340	253	4600		180			(fortan o. Transaxle)
			284	4800		185			
Le Mans GTO		6364	330	4800		200			1965: 340/5000
			353	4900					365/5200
							292/524	1965	1967: 292/540 cm
Tempest/Le Mans	6	3769	167	4700		165		1966/67	OHC
			210	5200		175			1967: 218 PS
	V8	5340	253	4600		180			
			289	5000		190			
GTO		6364	340	5000		200		1966	
			365	5200					
		6558	259	4400		180		1967–69	1968: 269 PS, länger
			–365	5100		200			1969: –375/5500, dto
Tempest/Le Mans	6	4093	177	4800		170	295/520	1968/69	OHC
			218	5200		180			1969: + 233/5400
	V8	5799	269	4600		190			
			324	5100		200			1969: 335 PS
	6	4093	157	4200	3/A	165	295/525	1970	(OHV)
	V8	5799	259	4600	3/4/A	180			
		6558	–335	4800		200			

GTO			–375	5500		210			
		7462	365	4600					
Firebird	6	3769	167	4700	3/A	170	275/480	1967	OHC
			218	5200	3/4/A	180			
	V8	5340	253	4600		185			
			289	5000		190			
		6558	330	4800		200			
	6	4093	177	4800		175		1968/69	1969: 275/486 cm
			218	5200		180			1969: + 233/5400
	V8	5799	269	4600		185			
			324	5100		200			1969: 330 PS
		6558	335	4800					
			340	5000					1969: + 350/5400
	6	4093	157	4200	3/A	165	275/489	1970	(OHV)
	V8	5799	259	4600	3/4/A	185			
		6558	269	4600		190			(+335/4800)
			–350	5000		205			

Von oben nach unten:
Pontiac Firebird 400 Convertible, 1969
Pontiac Executive Wagon, 1970
Pontiac Firebird, 1970

zung um 8 cm sowie deutlich verkürzter Karosserie auf. Allen großen Pontiac gemeinsam war die in der Karosseriefarbe gehaltene (außer Grand Prix) stoßabsorbierende Nase aus Endura-Kunststoff. Beim neugezeichneten Grand Prix gab es auch eine Luxusversion SJ, die unter anderem eine hintere Niveauregulierung bot. Die Servolenkungen arbeiteten neuerdings mit einer variierenden Untersetzung. Nachträglich kam beim GTO eine besonders sportliche Version Judge (Experte) hinzu. – 1969 hatten die Pontiac-Ingenieure einen durchaus fahrbaren Kleinstwagen mit Dampfmotor entwickelt!

Schließlich die Modelle 1970: Die längst vom einstigen Compact-car zum Intermediate aufgerückten Tempest und Le Mans erhielten neugezeichnete Karosserien. Deren Front mit kräftigem Chromrahmen und Mittelteilung glich jener der vorjährigen Firebird. Die Frontverschalung bestand aus fiberglasverstärktem Kunststoff. Der OHC-Motor entfiel und wurde durch eine konventionelle OHV-Maschine aus dem Chevrolet-Programm abgelöst. Auch das Interieur wurde, vor allem Richtung Sicherheit, aufgewertet, und in den Türen fanden sich nun Stahlschienen zum Schutz bei Seitenkollisionen. Besonders Firebird-ähnlich war die Endura-Front des ebenfalls erneuerten GTO. Dieses Sportmodell gab es nun mit Motoren von bis zu 7,5 Litern Inhalt. Dieser Motor war natürlich auch bei den großen Modellen der Marke erhältlich. Deren Wagenfronten zeigten nun ein geradezu klassisches hochformatiges Kühlergitter, das in der Mitte durch einen breiten vertikalen Chrombalken geteilt wurde (Grand Prix wenig verändert, hingegen keine Speichenmotivräder mehr). Auch das Fahrwerk hatte Modifikationen erfahren. – Zur Jahreswende feierte Pontiac übrigens die Herstellung des 14millionsten Autos!

Neuer Firebird Erst zu Beginn des Jahres 1970 wurde auch ein neuer Firebird vorgestellt. Er erhielt (wie der Camaro) eine vollständig neu gezeichnete – und glänzend gelungene – Karosserieform. Es gab nun die Untermodellreihen Standard, Esprit, Formula 400 und TransAm. Die Cabrioletausführung entfiel, ebenso der OHC-Motor! Er wurde durch die 4,1-Liter-Maschine von Chevrolet abgelöst, doch standen natürlich nach wie vor besonders kraftvolle V8-Motoren zur Wahl. Es wurden jetzt serienmäßig vordere Scheibenbremsen eingebaut und weichere Blattfedern verwendet. Auch in zahlreichen weiteren Details zeigten sich die Bemühungen um die technische Weiterentwicklung dieser auch bei vielen europäischen Fans beliebten Modellserie.

Porsche

Links: Porsche 356 C, 1964
Unten: Porsche 356 B Cabriolet, 1960

Professor Dr.-Ing. Ferdinand Porsche war als der Konstrukteur des Volkswagens (→ VW) berühmt geworden. Unter seinem Sohn Ferry Porsche war nach Kriegsende in Österreich bereits mit der Entwicklung des Porsche-Sportwagens Typ 356 begonnen worden. Der erste Versuchswagen von 1948 hatte noch einen Mittelmotor, doch noch im gleichen Jahr wurde das für lange Jahrzehnte gültige Porsche-Konzept mit Heckmotor festgelegt. Der inzwischen in Stuttgart-Zuffenhausen gebaute Zweisitzer (mit zwei zusätzlichen Kindersitzen) wurde stetig weiterentwickelt und erntete auf den Rennstrecken der Welt in zunehmender Zahl vielbeachtete Siege, wobei er häufig weit potenteren Wagen das Nachsehen gab!

1960 umfaßte das Porsche-Programm die Typen 356 B/1600 (mit der Zusatzbezeichnung Dame), 1600 S (auch Super 75 genannt) und 1600 S-90 (= Super 90). Dieser war im Herbst 1959 hinzugekommen. Allen Modellen gemeinsam war der luftgekühlte 4-Zylinder-Boxermotor im Heck, der sich im Verlaufe der Entwicklung mehr und mehr vom einst die Grundlage bildenden VW-Motor abgewandt hatte. Bei 1582 cm^3 Inhalt standen im Basismodell 60 DIN-PS zur Verfügung (bei 4500/min, Kompression 7,5:1, Doppelvergaser), im Super waren es 75 PS (bei 5000/min, 8,5:1, Leichtmetall-Einzelzylinder mit hartverchromten Laufflächen), und im Super 90 eben gar 90 PS (bei 5500/min, 9,0:1, zwei Doppelvergaser). Alle vier Gänge waren sperrsynchronisiert, und auf Wunsch wurde eine ZF-Differentialbremse eingebaut.

Die selbsttragenden Karosserien waren mit einem Kastenrahmen verschweißt. Die Einzelradaufhängung bestand vorne aus zwei Kurbellängslenkern und gebündelten Quertorsionsstabfedern, hinten aus Pendelhalbachsen mit Längslenkern und runden Quertorsionsstabfedern. Das Modell Super besaß verstellbare Stoßdämpfer, der Super 90 außerdem eine hintere Ausgleichsblattfeder. Es gab das Coupé in der schon fast klassischen Fastbackform sowie auch als Cabriolet, auf Wunsch mit Hardtop. Anstelle der als knappe 2+2-Sitzer ausgelegten Werksaufbauten (deren hintere Rücklehnen einzeln abklappbar waren) baute das Schweizer Karosseriewerk Gebr. Beutler (→ Anhang) in Thun gediegen-elegant geformte viersitzige Coupé- und Cabrioletversionen. Anderseits wurde vom Werk auch ein als reiner Zweisitzer konzipierter Roadster mit vereinfachter Verdeckkonstruktion angeboten.

Trotz ihres vergleichsweise hohen Preises konnte die Dr. Ing. h. c. F. Porsche KG Mitte 1961 einen Auftragsbestand für volle zwölf Monate melden; mit 900 im Juni jenes Jahres gebauten Porsche hatte sie überdies einen neuen Produktionsrekord erzielt. Im Herbst 1961 wurden für die Modellreihe 356 zahlreiche Verbesserungen eingeführt: Das Coupé erhielt eine geringfügig höhere Windschutzscheibe und ein deutlich vergrößertes Heckfenster. Die Motorhaube aller Modelle besaß jetzt doppelte Kühlluftgitter. Der Lufteintritt für die Innenbelüftung befand sich unterhalb der Windschutzscheibe; Benzinheizung oder Klimaanlage waren lieferbar. Der Deckelausschnitt des Frontkofferraumes wurde verbreitert, der Tank flacher gestaltet und sein Einfüllstutzen in den Kotflügel verlegt. Zum serienmäßigen Lieferumfang zählten nun unter anderem elektrische Uhr, Sitzlehnenarretierung und Getriebeschaltschloß. Die Rückwand des Cabrioletdaches hatte einen Reißverschluß erhalten, und beim Coupé sowie beim Hardtop war ein elektrisches Schiebedach lieferbar (der Roadster war nicht mehr erhältlich).

Carrera 2 Gleichzeitig wurde aber auch ein neues Modell Carrera angekündigt. Diese Version galt sozusagen als der Nonplusultra-Porsche, und als solcher hatte er für besonders spektakuläre Rennsiege gesorgt. Außer den 1,5- und den 1,6-Liter-Ausführungen für den ambitiösen Alltagsfahrer hatte es von ihm auch reine Rennausführungen gegeben. Jetzt wurde er mit 2 Litern Hubraum auch für den Straßengebrauch herausgebracht. Durch Vergrößern der Bohrung von 87,5 auf 92 mm entstand ein Inhalt von 1966 cm^3. Geblieben war die Auslegung mit je zwei obenliegenden Nockenwellen pro Zylinderreihe; sie wurden durch Königswellen aktiviert! Mit 9,2:1 Verdichtung, zwei Doppelvergasern und Doppelzündung resultierten 130 DIN-PS bei 6300/min.

Mit Rennockenwellen, noch höherer Verdichtung und großzügigerem Vergaserdurchmesser waren für den Renneinsatz noch weit mehr PS «zu haben». Dann aber eignete sich der Carrera nicht mehr für ein gesittetes Umherfahren. Seine Aufhängungskonstruktion entsprach jener des Super 90. Die für die Porsche-Rennsportwagen entwickelten Scheibenbremsen waren ihm vorerst allerdings noch vergönnt; doch 1963 sollten sie auch beim Straßen-Carrera Eingang finden. Für den Renneinsatz wurden indessen Modelle mit 8-Zylinder-Boxermotor entwickelt, deren technische Details auch den Serienwagen zugute kommen sollten. – Im Juli 1963 wurde von Porsche der Karosserie-Hauptlieferant und Nachbar, die Firma Reutter (→ Anhang), übernommen.

356 C Bereits als Modelle 1964 wurden im August 1963 die Porsche-Typen 356 C vorgestellt. Sie hatten Ate-Vierrad-Scheibenbremsen nach Lizenz Dunlop. Zu deren Einbau wurde die Radführung leicht geändert. Für die Feststellbremse wurden zusätzlich zwei herkömmliche Bremsbacken verwendet. Die Motorauswahl konzentrierte sich nun auf die Modelle 1600 C mit dem 75-PS-Motor und 1600 SC mit von 90 auf 95 PS gesteigerter Leistung. In beiden Varianten stand ein weiter erhöhtes maximales Drehmoment zur Verfügung. Hiezu war die Zylinderkopfkonstruktion überarbeitet worden. Zur Erhöhung des Komforts war die Hinterradfederung weicher ausgelegt und durch einen kräftiger dimensionierten Torsionsstabilisator ergänzt worden. An Stelle eines Drehgriffs trat für die Heizung ein einfacher bedienbarer Hebel, die Sitze waren besser ausgeformt, und zu den weiteren Detailänderungen zählten die neugruppierten Bedienungselemente. – Während vom Porsche 356 B nicht ganz 31 000 Exemplare (plus an die 400 Rennsportmodelle) gebaut wurden, sollte es der Typ 356 C bis 1965 auf knapp 16 700 Einheiten (plus 126) bringen.

901 = 911 Bloß einen Monat nach der Präsentation des 356 C wurde ein völlig neuer Porsche-Sportwagen angekündigt, der Typ 901. Er wurde zu einer der Hauptattraktionen auf der Frankfurter IAA 1963, auch wenn er noch als Prototyp galt. Seine Coupéform war von vollendeter Eleganz. Sie war von Ferdinand Alexander «Butzi» Porsche, einem Mitglied der dritten Porsche-Generation, entworfen worden. Gegenüber dem 356 C war der Radstand gleich um 12 cm verlängert worden, und weil der Grundriß weniger bauchig war, ergab sich gleichzeitig eine Verringerung der Gesamtbreite von 167 auf 160 cm. Die Notsitze boten mehr Platz, und der Einstieg war vereinfacht. Dank tieferer Gürtellinie wurde überdies eine wesentlich verbesserte Rundsicht geboten. Schlitze über der Heckscheibe sorgten für eine zugfreie Innenraumentlüftung.

Kernstück war jedoch der neue 6-Zylinder-Boxermotor, der wiederum luftgekühlt und im Heck eingebaut war. Er besaß je eine obenliegende Nockenwelle und zwei Doppelvergaser pro Zylinderreihe und bot aus 1991 cm³ 130 PS bei 6200/min. Neu waren auch das 5-Gang-Getriebe und die Vorderradaufhängung: Diese setzte sich aus unteren Querlenkern und Längstorsionsstäben zusammen. Die hintere Einzelradaufhängung mit Längslenkern und querliegenden Drehfederstäben entsprach hingegen der Porsche-Tradition. Hinten wie vorne kamen Gummihohlfedern hinzu, und natürlich fanden sich auch bei diesem neuen Porsche Scheibenbremsen an allen vier Rädern.

Die Serienherstellung dieses Modells, das der Marke zu einem noch legendäreren Image verhelfen sollte, lief im Herbst 1964 an. Auf Intervention der SA des Automobiles → Peugeot, die sich die Null in der Mitte von dreistelligen Typenbezeichnungen reserviert hielt, wurde aus dem 901 der 911. Zahlreiche Einzelheiten waren inzwischen verbessert worden, insbesondere zeigte nun das Interieur eine gepflegte Note, wobei eine ergonomisch korrekte Plazierung des Instrumentariums nicht vernachlässigt wurde. Beim Porsche 911 hatte man modernes Sicherheitsdenken nach jüngsten Erkenntnissen in die Tat umgesetzt. Hiezu zählten die berechneten Verformungsmöglichkeiten der Frontpartie, die Auspolsterung des Fahrgastraums, die Sicherheitslenkung, die sichere Plazierung des Benzintanks und besonders starke Gurtverankerungen. Um die Jahreswende 1964/65 erhielt der neue Porsche Stoßstangenhörner.

Inzwischen hatte man auch das Rennsportmodell 904 (später auch mit 914 bezeichnet) in Serie genommen. Sein 2-Liter-Motor war weiterhin die 4-Zylinder-Maschine mit insgesamt vier obenliegenden Nockenwellen. Sie leistete 180 PS bei 7000/min. Klar, daß mit diesem Modell sportliche Großerfolge nicht ausbleiben konnten. Der Typ 904 wurde in 116 Exemplaren gebaut; während er noch bedingt als straßentauglich bezeichnet werden konnte, traf dies auf spätere Porsche dieser Art kaum mehr zu.

912 und Targa Im Frühling 1965 stellte Porsche als Nachfolger für den 356 C den Typ 912 vor. Er vereinte den 4-Zylinder-Motor (mit zentraler Nockenwelle) in einer Ausführung mit 90 PS mit Karosserie und Fahrwerk des 911. Es gab ihn wahlweise mit 4- oder 5-Gang-Getriebe. – Bis zum Herbst 1965 gab es keine Porsche mehr mit Offenkarosserien. Dann aber, im September jenes Jahres, wurde mit dem Targa eine Karosserieform eingeführt, die zu einem internationalen Begriff werden sollte. Diese Karosserieform war zwar nicht von Porsche erfunden worden, aber man hatte ihr in Stuttgart-Zuffenhausen den Namen gegeben: Ein in die Karosserie integrierter Überrollbügel sollte im Falle eines Überschlags jenen Insassenschutz gewähren, der Cabriolets abging. Zudem machte er die Karosserie verwindungssteifer. Porsche propagierte den Targa gleich in vier Anwendungsversionen: In der Form des Spyders war der mit Kunstleder überzogene Dachteil zwischen Windschutzscheibe und Targabügel ebenso entfernt wie das aus Plastikmaterial bestehende Pan-

Von oben nach unten:
Porsche 911, 1964
Porsche Carrera GTS Typ 904, 1965
Porsche 911 Targa, 1966

orama-Heckfenster; in Hardtopform war der Aufbau hingegen geschlossen. Wurde jedoch nur der Dachmittelteil zu Hause gelassen, so handelte es sich um die Version Bel-Air, wobei ein zusammengerolltes Einsatzstück aus Stoff notfalls gegen Regen schützen konnte. Wurde die Heckscheibe weggelassen, so sprach man von der Anwendungsart Voyage. Lieferbar wurde der Targa, auf dem 911 wie dem 912, ab Anfang 1966. Auf dem Genfer Salon des Jahres 1966 zeigte Bertone (→ Anhang) ein 911-Vollcabriolet. – Als neues Rennsport-«Serienmodell» war Ende 1965 der Carrera 6 vorgestellt worden. Mit ihm erhielt auch der 6-Zylinder-Motor je zwei obenliegende Nockenwellen. Die Leistung sprang damit auf imposante 210 PS bei 8000/min . . .

911 S Bereits im Juli 1966, im Hinblick auf das Modelljahr 1967, kam der Porsche 911 S hinzu. Auch er hatte zwei Fallstrom-Dreifachvergaser, jedoch anderen Typs; dank weiterer Maßnahmen, einschließlich einer Erhöhung der Verdichtung von 9,0 auf 9,8:1, stieg die Leistung von 130 auf 160 PS. Man erkannte den S-Porsche an den Leichtmetallrädern mit fünfarmigem Radstern. Im Gegensatz zu den beiden anderen Porsche besaß er von Haus aus keine Stoßstangenhörner. Das Fahrwerk hatte im Sinne der Detailpflege einige Verfeinerungen erfahren. Hiezu zählten vorderer und hinterer Stabilisator und innenbelüftete Scheibenbremsen. Alle 911 erhielten gleichzeitig einen mechanischen Drehzahlbegrenzer und neben kleineren Ausstattungsverbesserungen Gummibeläge auf Stoßstangen, Seitenleisten und Stoßstangenhörnern.

911 T und Sportomatic Wieder ein Jahr später kam der Typ 911 T (= Touring) hinzu; er besaß eine auf 110 PS gedrosselte Leistung (Verdichtung 8,6:1), und seine Ausstattung entsprach jener des 4-Zylinder-Typs 912. Das 130-PS-Modell trug nun den Zusatzbuchstaben L. Alle Modelle erhielten eine zehn Punkte umfassende Aufwertung der Sicherheit; zu ihnen zählten Windschutzscheibe aus Verbundglas, graugefärbte Scheibenwischerarme, ebenfalls blendfreies Armaturenbrett, Gurtverankerungen für die Notsitze, versenkte Türknöpfe und Zweikreisbremsen. Beim Targa war auf Wunsch nun eine festeingebaute Heckscheibe lieferbar. Ebenfalls im Sommer 1967 wurde das Sportomatic-Getriebe eingeführt. Es bestand aus einem hydraulischen Drehmomentwandler, einer automatischen Kupplung (Trennung beim Berühren des Schalthebels) und einem 4-Gang-Getriebe. Der Sportomatic-Halbautomat wurde in allen drei 911-Modellen lieferbar.

Diese erfuhren mit dem 911 R alsbald eine weitere Bereicherung: Allerdings handelte es sich um eine reine Rennsportversion mit Kunststoffkarosserieteilen sowie einer auf 210 PS gesteigerten Leistung (Verdichtung 10,3:1); sie wurde in nur 15 Exemplaren gebaut. – Der 911 S erhielt im Frühling 1968 Halogen-Scheinwerfer; zu Demonstrations- und Versuchszwecken hatte man von ihm inzwischen auch ein Exemplar mit rostfreier Edelstahlkarosserie gebaut.

911 E statt L Mit nach außen gebogenen Radausschnitten präsentierten sich im August 1968 die Porsche des Jahrgangs 1969. Man sprach nun von der Serie B. Wichtigste Änderung waren allerdings die Verlängerung des Radstandes um 57 mm auf 227 cm und die Einführung von Benzineinspritzung. Einzig der 912 und der 911 T hatten weiterhin eine Vergaserbestückung (zwei Doppel- bzw. Dreifachvergaser). Die 6-Stempel-Pumpe stammte von Bosch; sie brachte höhere Leistung bei niedrigerem Benzinverbrauch und außerdem ein verbessertes Durchzugsvermögen bei tiefen Drehzahlen sowie eine teilweise Abgasentgiftung. Beim 911 E als Nachfolger des 911 L standen nun 140 PS zur Verfügung, beim 911 S, den es nur noch mit 5-Gang-Getriebe gab, gar 170 PS. Weitere Neuerungen betrafen die Heizungs- und Belüftungsanlage (vordere Dreieckfenster beim Coupé nicht mehr ausstellbar, beim Targa beidseitige Entlüftungsschlitze im Überrollbügel), die Einführung von zwei Batterien, Heckscheibenheizung und Warnblinkanlage und hydropneumatischen Federbeinen (beim Modell T auf Wunsch zusammen mit Comfort-Paket). Mit diesen sowie mit dem längeren Radstand wurde ein erhöhtes Komfortniveau erzielt. Mit den 227 statt 221 cm Radstand ergab sich zudem eine günstigere Gewichtsverteilung: es entfielen 42 statt 40 % auf die Vorderräder. Die bei Extremfahrt auftretende Übersteuerneigung konnte damit etwas abgebaut werden. Ferner wurde die Innenausstattung neu gestaltet (u. a. kleineres Lenkrad mit gepolsterter Hupentaste, Sitzleh-

Porsche 911 S Targa, 1968

Porsche	Zyl.	cm³	DIN-PS	bei 1/min	Gänge	Spitze km/h	Radstand/ Länge	Baujahre	Besonderheiten: luftgek. Heckmotor
356 B 1600 Dame	B4	1582	60	4500	4	160	210/401	1959–63	
Super			75	5000		175			
Super 90			90	5500		185			
2000 GS/Carr.2	B4	1966	130	6200	4	200	210/401	1961–64	DOHC
356 C 1600 C	B4	1582	75	5200	4	175	210/401	1963–65	
1600 SC			95	5800		185			
901 (Prototyp)	B6	1991	130	6200	5	210	220/414	1963	OHC
Carrera GTS Typ 904/914	B4	1966	180	7000		260+	230/409	1963–65	Kastenrahmen, DOHC
Carrera 6 usw. (Rennsport)	B6	1991	210	8000		280	230/411	1966/67	Gitterrohrrahmen, DOHC
911 (L)	B6	1991	130	6100	5/4	210	221/416	1964–68	OHC (alle)
S			160	6600		225		1966–68	
T			110	5800		200		1967–69	ab '68: 227/416 cm
R			210	8000	5	245		1967/68	
E			140	6500	5/4	215	227/416	1968/69	Benzineinspritzung
S			170	6800	5	225			dto
GT 69			180	7000		230			dto
R			230	8000		245			dto
T		2195	125	5800	4/5	205		1969–	
E			155	6200		220			dto
S			180	6500	5	230			dto
912	B4	1582	90	5800	4/5	185	221/416	1965–68	
							227/416	1968/69	

nenverriegelung, abblendbarer Innenspiegel). Für den Wettbewerbseinsatz kamen – neben den reinen Rennzweisitzern – der 911 GT 69 (180 PS) und ein neuer 911 R (DOHC, 230 PS) hinzu. Auf dem Genfer Salon 1969 debütierte der Porsche 917, ein sensationell geformtes Rennsportcoupé mit 4,5-Liter-V12-DOHC-Mittelmotor, von dem 25 Stück geplant waren und das in die Rennsportgeschichte eingehen sollte!

2,2-Liter Eine wichtige Änderung brachte der August 1969: Der Hubraum der 911-Porsche wurde von 1991 auf 2195 cm^3 erhöht (Bohrung 84 mm). Damit erreichte die Leistung in den Modellen T, E und S 125, 155 und 180 PS. Auch der 911 T hatte jetzt innenbelüftete Scheibenbremsen, beim 911 E wurden hingegen hydropneumatische vordere Federbeine eingeführt. Konstruktion und Ausstattung erfuhren zahlreiche Detailverbesserungen. Auf Wunsch war eine elektrisch beheizbare Frontscheibe lieferbar. – Mit der Präsentation der als Serie C geltenden Porsche 1970 lief die Herstellung des Typs 912 aus. Von ihm waren seit 1965 28 200 Coupés und 2544 Targa-Versionen gebaut worden. An seine Stelle trat der → VW-Porsche 914 (von dem es auch eine in bloß elf Exemplaren gebaute Rennsportversion Porsche 916 mit Hochleistungsmotoren gab). – 1970 erreichte die Porsche-Produktion knapp 14 000 Einheiten, ein Jahrzehnt zuvor waren es erst etwas über 7500 Stück gewesen.

Prince

Die Marke Prince war das Produkt der Fuji Precision Machinery Co. Ltd. in Tokio, die als erste japanische Autofirma eine Exportorganisation aufgezogen hatte. Im Jahre 1960 wurden die Skyline-Modelle mit 1,5- und 1,9-Liter-4-Zylinder-Motor und 4-Gang-Getriebe (Lenkradschaltung) hergestellt. Sie hatten ganz im amerikanischen «Chromstil» gehaltene Limousinenkarosserien, die auf einem Plattformrahmen mit Mittelträger aufgebaut waren (halb selbsttragende Karosserie: Rahmen-Boden-Anlage mit Aufbau verschweißt). Die Luxusausführung hieß Gloria. 1960 wurde auch der Prototyp eines Sportcabriolets vorgestellt, bei dem die Doppelscheinwerfer schräg nebeneinander angeordnet waren. Bereits in Serie gebaut wurde ein Skyway Light Van genannter Kombi mit dem 1,5-Liter-Motor. Im Verlaufe des Jahres 1961 kam der Skyline Sports in die Kleinserie, und zwar sowohl als 2+2sitziges Cabriolet wie als knapp fünfsitziges Coupé.

Völlig neu zeigte sich das Modellprogramm für 1963: Die Skyline-Limousinen hatten nun ins Kühlergitter integrierte Doppelscheinwerfer und waren auch mit 3-Gang-Getriebe lieferbar, der 1,5-Liter-Motor entfiel, und der Kombi Skyway hatte nun fünf statt drei Türen. Eine Überraschung verkörperte der im September 1962 vorgestellte, nun zur eigenen Modellreihe erhobene Gloria mit längerem Radstand, höherer Frontscheibe, mit Sicke betonter Gürtellinie und einer sonst nur bei sportlichen Prestigeautos verbreiteten De-Dion-Hinterachse!

Der wie der Gloria aufgewertete Skyline wurde inzwischen unter der Bezeichnung Nippon Skyline in Belgien montiert. Im Verlaufe des Jahres 1963 wurde aus der Marke Prince für den Export das Fabrikat Mikado. Alsbald wurde das Spitzenmodell Gloria auch mit einem 2-Liter-6-Zylinder-Motor mit obenliegender Nockenwelle lieferbar. In dieser Ausführung kam ein erstes Fahrzeug im Sommer 1963 auch in die Schweiz. Der Skyline wurde indessen deutlich verkleinert und wurde als Modell 1964 wieder mit 1,5-Liter-Motor angeboten. Auf dem 10. Automobilsalon von Tokio im Herbst 1963 wurden zwei weitere Neuheiten vorgestellt: der Gloria Super Six mit 2,5-Liter-Motor und der 1900 Sprint als Nachfolger der Sports-Modelle. Letzterer blieb – leider – ein an italienische Kreationen erinnernder aufsehenerregender Prototyp . . .

Auf 1965 war der Prince Gloria 6 mit Differentialbremse lieferbar, und es gab erstmals einen Skyline GT, der die kleinere Karosserie mit dem 6-Zylinder-OHC-Motor des Gloria verband. In jenem Jahr wurde für den Export die Markenbezeichnung PMC-Mikado eingeführt. Ende 1966 erfolgte die Fusion zwischen Nissan und Prince, wobei ersterer Hersteller die Oberhand behielt und die Skyline- und die Gloria-Modelle allmählich in die Marke Nissan (→ Datsun) integrierte.

Links von oben nach unten:
Prince Skyway, 1962
Prince Skyline Sports Convertible, 1962
Prince (PMC Mikado) Skyline, 1965
Rechts: Prince (PMC Mikado) Gloria, 1965

Prince (Mikado, PMC)	Zyl.	cm^3	PS *SAE	bei 1/min	Gänge	Spitze km/h	Radstand/ Länge	Bau-jahre	Besonderheiten
Skyline	4	1484	74*	4800	4	130	254/437	1958–62	Plattformrahmen
1900		1862	84*	4800		135		1958–61	
			96*	5000		140		1961/62	
Sports			100*	5000		150	254/465	1961–63	
1900			96*	5000	3/4	140	254/448	1962/63	
Skyline	4	1484	65	4800	4/3	140	239/410	1963–66	(nun selbsttragend)
1500 GT	6	1988	98	5200	4	160		1964/65	
Gloria	4	1862	100*	5000	4	145	268/465	1962/63	Plattformrahmen,
	6	1988	98	5200	4/A	155		1963–66	De-Dion-H'achse
Super Six		2500						1963–65	

ab 1967 unter der Marke Nissan → Datsun

Puma

Im Jahre 1966 war aus der Sociedade de Automoveis Lumimari Ltda in São Paulo (Brasilien) die Puma Veiculos et Motores Ltda hervorgegangen. Mit dem Wechsel des Firmennamens erfolgte auch eine Änderung der Marke, nämlich von → DKW-Malzoni auf Puma, die Modellbezeichnung blieb mit GT jedoch erhalten. Der Puma GT war ein (gegenüber dem DKW-Malzoni GT nur wenig verändertes) wohlgeformtes dreisitziges Coupé mit Kunststoffkarosserie und in ein Fließheck einbezogener Panoramaheckscheibe. Seine Mechanik umfaßte nach wie vor den 1-Liter-3-Zylinder-2-Takt-Motor von DKW (Leistung nur mehr 60 SAE-PS bei 4500/min, DKW-Malzoni 68 PS bei 5200/min), ein vollsynchronisiertes 4-Gang-Getriebe und Frontantrieb. Der Unterbau umfaßte einen Kastenrahmen mit Kreuzverstrebung, und für die Vorderradaufhängung mit unteren Dreieckquerlenkern wie für die starre Hinterachse mit Schubstreben wurden obere Querblattfedern verwendet.

1968 kam der Puma II GT 1500 heraus. Mit ihm wurde sowohl vom Frontantrieb wie vom Zweitaktprinzip Abschied genommen. Der neue Puma basierte auf der Antriebsmechanik des → Volkswagens (do Brasil) Karmann-Ghia 1500. Somit besaß er einen Heckmotor, der hier in einem hinten gegabelten Zentralrohrrahmen mit Plattform als Aufbauboden eingefügt war. Die Aufhängung, vorn mit Doppelkurbellenkern und querliegenden Querstabfedern, hinten mit Pendelachse, Längslenkern, querliegenden Drehstabfedern und Ausgleichsfeder, stammte ebenfalls von VW. Mit zwei Fallstromvergasern und weiteren motorinternen Maßnahmen war die Leistung des luftgekühlten VW-Boxermotors von 52 auf 60 SAE-PS – somit gleich viel wie beim früheren Puma – gesteigert worden.

Auch die Karosserie war überarbeitet worden. Das an einen Jaguar E-Type erinnernde Kühlergitter war überflüssig geworden, die Windschutzscheibe war eckiger geformt, und die um die Ecken gezogene Heckscheibe war einer flacheren Ausführung gewichen, um Kühlluft-Einlaßschlitzen am hinteren Dachträger Platz zu machen. Das nun zweisitzige Sportcoupé war auch etwas kürzer geworden.

Bloß ein Jahr später, 1969, kam der Puma GT 1600 heraus. Er besaß den auf 70 PS gebrachten VW-1,6-Liter-Motor, denn auch bei VW do Brasil hatte man den Karmann-Ghia inzwischen stärker motorisiert. Auf Wunsch war überdies eine 1,8-Liter-Version lieferbar. In stylistischer Hinsicht bemerkenswert war der im Oktober 1969 vorgestellte Puma GT 4R, ein verlängertes 2+2sitziges Coupé mit 77 PS Leistung, das allerdings vorerst ein Prototyp bleiben sollte. Anderseits kam dann mit dem Modelljahr 1971 der GT 1600 auch als Cabriolet auf den Markt. – Puma war nicht nur eine der ersten brasilianischen Liebhabermarken, sie erschloß sich auch recht früh einige Exportmärkte.

Puma GT 1600, 1970

Puma	Zyl.	cm³	PS *SAE	bei 1/min	Gänge	Spitze km/h	Radstand/ Länge	Baujahre	Besonderheiten
GT	3	981	55	4500	4	140	222/399	1966–68	DKW-2-Takt/ Frontantrieb, Kastenrahmen
II GT 1500	B4	1493	60*	4400	4	150	215/396	1968/69	Unterbau → VW 1500
GT 1600		1584	70*	4800		160		1969–	
GT 4R			77*	5000			223/415	1969	

Rambler

Die Marke Rambler war 1956 als Basisprodukt der 1954 aus der Fusion von Nash und Hudson hervorgegangenen American Motors Corporation (AMC) erstanden. Vorher war Rambler ein Modellname gewesen, doch hatte es schon 1902 Rambler als Marke gegeben. Der Rambler als Nash-Modell war ein eigentlicher Vorläufer der amerikanischen Compact-cars gewesen. 1958 wurde dieser vergleichsweise kleine US-Wagen als Rambler American weitergeführt. An ihn schlossen sich (1960) die Rambler Six, Rebel V8 und Ambassador V8 an.

Während im Rebel ein 4,1-Liter-V8 eingebaut wurde, besorgte beim Ambassador ein 5,3-Liter-V8 den Antrieb. Im American und im Six fanden sich je ein 3,2-Liter-6-Zylinder-Motor mit identischen Abmessungen; während aber die Maschine im American noch seitengesteuert war, hatte jene im Six obenhängende Ventile. Im Gegensatz zu anderen amerikanischen Marken wiesen sämtliche Rambler eine selbsttragende Karosserie auf, und außer beim American war die starre Hinterachse zudem an Schraubenfedern abgestützt und mit einer Seitenstabilisierung durch Panhardstab versehen; auf Wunsch war zusätzlich eine hintere Luftfederung zu haben. – Mit über 422 000 im Jahre 1960 in den USA neuregistrierten Rambler hatte die vom nachmaligen Gouverneur von Michigan, George W. Romney, geführte AMC ihren höchsten Marktanteil, nämlich 6,4 %, erreicht. Daneben wurde als zweisitziger Kleinwagen der originelle, bei Austin (BMC) in England hergestellte → Metropolitan angeboten.

Das wie üblich im Frühherbst vorgestellte Modelljahr 1961 brachte verschiedene Neuerungen. Vor allem hatte man den American noch kompakter gemacht: Er wurde um volle 13 cm schmäler und 8 cm kürzer, ohne daß dadurch Innenraum verlorenging! Außer als zwei- und als viertürige Limousine (diese seit 1960) sowie als dreitürigen Station Wagon gab es ihn nun auch als adrettes Cabriolet. Das neue Karosseriestyling war durch die sich nach hinten verbreiternde Sicke in der Gürtellinie gekennzeichnet. Die Deluxe- und die Super-Ausführungen hatten weiterhin den hochbetagten Motor mit stehenden Ventilen, doch war auf Wunsch auch für sie die im Custom serienmäßige OHV-Maschine lieferbar. Als Kraftübertragung wurde je nach Ausführung ein 3-Gang-Getriebe, ein 3-Gang-Getriebe mit halbautomatischem Overdrive oder ein Automatgetriebe Flash-o-Matic verwendet.

Die nun mit Rambler Classic bezeichneten mittelgroßen Modelle erhielten nicht nur eine neue Front mit innerhalb statt über dem Kühlergitter angeordneten Doppelscheinwerfern, sondern in der 6-Zylinder-Ausführung auch einen gänzlich neuen Motor. Diese in langjähriger Entwicklungsarbeit entstandene hochmoderne Antriebseinheit bot erstmals in

Von links nach rechts:
Rambler American, 1961
Rambler Classic Cross Country, 1961
Rambler Ambassador, 1961
Rambler Classic 770, 1963

den USA einen Motorblock aus Aluminium. Damit konnten 36 kg Gewicht eingespart werden. Neu war auch die pneumatische Zentralverriegelung, die neben anderem Luxuszubehör gegen Mehrpreis erhältlich war. Gänzlich neu gezeichnet war der Bug des Ambassador. Die tiefer gesetzten Doppelscheinwerfer flankierten ein schlichtes trapezförmiges Kühlergitter aus Horizontalstäben, und an die vorderen Radausschnitte fügte sich eine geschwungene Sicke an. Bemerkenswert an allen neuen Rambler waren die Auspuffanlagen mit keramischem Schutzüberzug, für die in den USA eine lebenslängliche Garantie versprochen wurde.

Die American 1962 zeigten einen doppelten Kühlergitterrahmen, die Classic ein die Horizontale unterstreichendes statt wabenförmiges Kühlergitter und die Ambassador ein jetzt ebenfalls rechteckiges statt trapezförmiges Gitter. Den American gab es neuerdings auf Wunsch mit einer automatischen Kupplung E-Stick. Die Classic gab es ausschließlich noch mit 6-Zylinder-Motoren, anderseits wurde der Ambassador jetzt auf dem kürzeren Classic-Unterbau konstruiert. Es gab zusätzliche Zweitürausführungen. Bei allen Modellreihen war als neue Luxusversion neben dem Custom ein Typ 400 erhältlich. Die Ambassador- und Classic-Kombi hießen Cross Country.

Neues war auch für 1963 zu vermelden: Vor allem wurde für die Classic Six und die Ambassador V8 eine neue Produktionstechnik eingeführt, mit der die Zahl der Karosserieteile um einen Drittel reduziert wurde. Bei dieser Gelegenheit wurden auch der Radstand verlängert und der Aufbau neu gestylt. Er erhielt leicht gewölbte Seitenfenster, und die Panoramaheckscheibe wich einer konventionelleren Ausführung. Originell war das durchgehend konkave Kühlergitter, das den neuen größeren Rambler ein unverwechselbares Aussehen verlieh. Beim Automatgetriebe Flash-o-Matic wich die Druckknopfschaltung wiederum einer üblichen Lenkradschaltung. Nach wie vor war auf Wunsch (und je nach Modell) ein Overdrive (nun mit separatem zweitem Mittelschalthebel = Twin Stick) oder die automatische Kupplung E-Stick sowie die Differentialbremse Twin-Grip erhältlich. Den American gab es jetzt auch als Hardtop bzw. Fauxcabriolet mit einem Cabriodach nachempfundener Querrippe. Im Zuge der Zeit standen die Serviceintervall-Verlängerungen.

Schon 1962 hatte → Renault erfolgreich die Montage des Rambler Classic Six in ihrem belgischen Werk in Haren aufgenommen. Er war serienmäßig mit Gürtelreifen sowie der Bremsanlage des V8-Modells ausgerüstet und war auf Wunsch auch mit dessen Motor lieferbar. Im März 1963 wurde von AMC ein völlig neu konstruierter V8-Motor mit 4,7 Litern Zylinderinhalt angekündigt; er wurde im Modell Classic erhältlich!

Auf das Modelljahr 1964 erhielt der American eine gefällige neue Karosserie. Sie war jetzt wieder um 10 cm länger und fiel durch die aus «Röhren» großen Durchmessers blikkenden Scheinwerfer auf. Die größeren Modelle – für amerikanische Begriffe waren sie noch keineswegs groß – hatten anstatt des konkaven ein flaches Kühlergitter erhalten. Es gab sie jetzt auch als sportliche Fauxcabriolets. Die Ausstattungsbezeichnungen reichten jetzt von 220 beim American bis 990 H beim Ambassador. 1964 wurde auf der New York Motor Show als Stylingstudie der AM-Sportwagen Tarpon ausgestellt.

Rascher Modellwechsel war auch die Devise des viertgrößten amerikanischen Autokonzerns (der übrigens vorübergehend sogar den dritten Platz vor Chrysler belegt hatte). So wurde denn für das Modelljahr 1965 der Ambassador neu karossiert; er erhielt zudem einen gegenüber dem Classic rund 10 cm längeren Radstand. Die neuen Ambassador fielen durch die übereinander angeordneten Doppelscheinwerfer mit Trennrippe auf. Die Classic 1965 unterschieden sich von den Vormodellen durch die drei Senkrechtstäbe im Kühlergitter. Es gab nun zehn American-Modelle (ebenfalls drei Senkrechtstäbe, neu auch mit 3,8-Liter-6-Zylinder-Motor), elf Classic (neuer 3,8-Liter-Six zur Wahl) und acht Ambassador. Auf Wunsch waren bei den Classic und den Ambassador vordere Bendix-Scheibenbremsen erhältlich; es gab sie bei amerikanischen Wagen ansonsten erst beim Chevrolet Corvette (vorne und hinten) und beim Lincoln Continental. Im Rambler Renault Classic wurden sie gar serienmäßig eingebaut.

Marlin Anfang 1965 stieg American Motors in die amerikanische Sportcoupéwelle ein, und zwar mit dem Rambler Marlin, einem eindrücklichen Fastbackcoupé auf dem Classic-Unterbau. Er sollte eine Alternative zu den ebenfalls mit langgezogenem Heck gebauten neuen Ford Mustang und Plymouth Barracuda sein. Der Marlin (große

Schwertfischart) war die Serienausführung des im Herbst des Vorjahres gezeigten Tarpon. Auffallend war die spitz auslaufende seitliche Fensterlinie. Der Marlin wurde mit allen Komfortmerkmalen, einschließlich Weather-Eye-Heizungs- und Lüftungs-Spezialanlage, ausgerüstet und war in verschiedenen Leistungsstufen zu haben.

Schon 1958 hatte der Ambassador als selbständige Marke gegolten. Ab Modelljahr 1966 galt er wiederum als eigenständiges Fabrikat innerhalb der American Motors Corporation. Ebenso avancierte Marlin zum Markennamen. Weitere neue AMC-Marken sollten noch folgen; um jedoch eine unnütze Aufsplitterung zu vermeiden, führen wir hier die Geschichte des Ambassador wie auch der übrigen «Nicht-Rambler» unter dem Kapitel → AMC, American Motors, weiter. – Der Rambler wurde in Lizenz auch von der Firma Industrias Kaiser in Argentinien gebaut; 1965 erhielt er dort einen eigenen Motor (→ IKA).

Nachdem die zweitürigen Fauxcabriolets von AMC zu einem großen Erfolg geworden waren, wurden für 1966 gleich drei neue Modellvarianten aufgelegt; sie hießen DPL (Ambassador), Rebel (Classic) und Rogue (American). Die Classic 1966 erkannte man an dem in zwölf Felder unterteilten Kühlergitter. Stärker verändert wurde der American: Er hatte nun eine weiter verlängerte Karosserie und zudem rechteckig eingefaßte Scheinwerfer. Der 90-HP-Motor war aufgegeben worden; er war der letzte Personenwagenmotor mit stehenden Ventilen der Welt gewesen! Auf der New Yorker Autoausstellung im April 1966 wurde der Rambler American Rogue Typhoon V8 vorgestellt. Er war somit der erste V8-American! – Im Jahre 1966 investierte der Kaufmann Robert B. Evans sein Geld in die mit hohen Verlusten arbeitende American Motors. Er sorgte für ein Revirement, gab aber die Leitung des Unternehmens bald darauf an Roy D. Chapin jr. ab (dessen Vater 1909 an der Konstruktion des ersten Hudson mitgewirkt hatte).

Während die American 1967 praktisch unverändert waren, erhielt die größere Rambler-Modellreihe einen um 5 cm längeren Radstand und war in seiner Gesamtlänge noch deutlicher angewachsen. Zudem erfolgte ein Namenwechsel von Classic zu Rebel. Dessen neue Topausführung (Fauxcabriolet und Cabriolet) trug die Zusatzbuchstaben SST. Die Motorisierung begann nach wie vor mit dem Torque Command geheißenen 6-Zylinder-Motor mit 3,3 und 3,8 Liter Hubraum, daneben gab es neue Typhoon-V8. Die Hinterachsführung mit Schubrohr und Schraubenfedern wich einer Ausführung mit vier Längslenkern. 1967 lief der Montagevertrag mit Renault aus. Seit 1962 waren in Haren bei Brüssel 6342 Rambler aufgebaut worden, wobei 30 Wertprozente von belgischen Zulieferanten stammten.

Auf 1968 wurde auch der Rebel zur eigenen Marke (→ AMC). Somit verblieb unter dem Fabrikatnamen Rambler noch der American. Er wies Retouchen an Front und Heck auf (Querstab im Kühlergitter) und bot nun ein vollsynchronisiertes 3-Gang-Getriebe als Basis-Kraftübertragung. Nachdem 1968 nur noch die einfacheren Rambler die Modellbezeichnung American getragen hatten, verschwand dieser Name 1969 ganz. Je nach Ausstattung sprach man nun vom Rambler Standard, 440 oder Rogue. Schließlich debütierte im August 1969 der Hornet als Nachfolger der Marke Rambler (→ AMC), welcher Name noch für den Export beibehalten wurde. Im Frühling jenes Jahres war noch ein in Zusammenarbeit mit der Frisierfirma Hurst entstandener, besonders leistungsfähiger SC/Rambler Hurst mit 6,4-Liter-V8-Motor, spezieller Aufhängung und Sportbemalung (einschließlich imposanter Lufthutze auf der Motorhaube) vorgestellt worden. – Der Name Rambler lebte vorerst noch in Argentinien weiter (→ IKA).

Von oben nach unten:
Rambler American 220, 1965
Rambler Rebel SST, 1967
Rambler Rogue, 1969

Ramses

1960 setzte 30 km außerhalb von Kairo in Ägypten die Serienherstellung des Ramses ein. Er war eine nicht zuletzt für die ägyptische Armee bestimmte Geländeversion des → NSU Prinz. Unterbau und Mechanik wurden aus Deutschland angeliefert. Die Egyptian Automotive Co. besorgte die Karossierung, wobei bis zu 55 % einheimische Bestandteile verwendet wurden. Der Ramses von Ende 1962 war mit der Karosserie und dem 598-cm³-Motor des Prinz IV mit 30 DIN-PS Leistung ausgerüstet. Im Vergleich zum Original besaß er einen 3,5 cm längeren Radstand von 207,5 cm, und die Gesamtlänge erreichte 352 statt 344 cm. Dies war nicht zuletzt auf die Stoßstangenhörner mit Unterfahrschutz zurückzuführen. Die Bodenfreiheit war von 18 auf 22 cm erhöht, womit den rauheren Straßenbelägen Rechnung getragen wurde. Der Ramses wies eine eigenwillige Frontgestaltung mit Querrippen auf. Diese fand sich auch an der kantigen, türlosen Vielzweckkarosserie, die ebenfalls selbsttragend ausgeführt war und ein Roadsterverdeck als rudimentären Schutz gegen allzu starke Sonneneinstrahlung bot. Bis Ende 1965 dürfte die Ramses-Produktion etwa 1700 Stück erreicht haben. Es gab auch Pick-up-Versionen. Für 1966 wurde ein Eigenmodell mit geänderter Gürtellinie und Einkerbung in den Flanken vorbereitet. Doch scheint die Herstellung dieses afrikanisch-deutschen Autos bald darauf ein Ende gefunden zu haben.

Ramses, 1969

Ranger

Rambler	Zyl.	cm³	SAE-PS	bei 1/min	Gänge	Spitze km/h	Radstand/Länge	Modelljahre	Bemerkungen
American	6	3205	91	3800	3/3+S/A	–135	254/453	1960	SV!
							254/440	1961–63	
			127	4200		–145			
		2828	83	3800		–130		1961/62	SV! Export
		3205	140	4500		–155		1963	
			91	3800		–140	269/450	1964/65	SV!
			127	4200		–150			
			140	4500		–155		1964	
		3799	157	4400		–160		1965	
		3257	130	4400		–150	269/460	1966	
		3799	157	4400		–160			1967: auch 147 PS
	V8	4749	203	4600	3/4/A	–180			1967: auch 228 PS
		5622	284	4800	4	–190		1967	
Standard/American/	6	3257	130	4000	3/3+S/A	–155		1968/69	
Rogue		3799	147	4300	3/A	–160			
1969: Standard/440/	V8	4749	203	4600	3/4/A	–175			
Rogue			228	4700	4	–180			
ab 1970 neue Marke Hornet → AMC, American Motors (Export weiterhin Rambler, auch → IKA)									
Six	6	3205	129	4200	3/3+S/A	–140	274/481	1960	
			140	4500		–150			
Rebel V8	V8	4097	203	4900		–160			
			218	4900		–165			
Classic Six	6	3205	129	4200		–145	274/482	1961–64	1963: 284/480 cm
			140	4500		–155			1964: 284/483 cm
Classic V8	V8	4097	203	4900		–160		1961	
			218	4900		–165			
	V8	4706	201	4700			284/483	1964	
Classic	6	3257	130	4400		–150	284/496	1965	
		3799	–157	4400		–160		1965/66	auch 147 PS
	V8	4706	201	4700		–175			1966: auch 4-Gang
		5354	274	4700		–185			1966: auch 257 PS
Rebel	6	3799	147	4300		–160	290/501	1967	
			157	4400		–165			
	V8	4749	203	4600	3/3+S/4/A	–180			
		5622	238	4400	A				
			284	4800	4/A	–185			
ab 1968 eigene Marke → AMC, American Motors									
Ambassador V8	V8	5354	253	4700	3/3+S/A	–165	297/505	1960/61	
			274	4700		–175			
			253	4700		–165	274/483	1962–64	1963: 284/480 cm
			274	4700		–175			1964: 284/483 cm
Ambassador	6	3799	157	4400		–160	295/508	1965	
	V8	4706	201	4700		–175			
		5354	274	4700		–185			
ab 1966 eigene Marke → AMC, American Motors									
Marlin	6	3799	157	4400	3/3+S/A	–170	284/496	1965	
	V8	4706	201	4700		–180			
		5354	274	4700		–190			
ab 1966 eigene Marke → AMC, American Motors									
Renault Classic Six	6	3205	140	4500	3/3+S/A	150	274/483	1963	belg. Montage
Classic		3257	130	4400			284/496	1965	
Rebel		3799	157	4400	3/A	160	290/501	1967	

Ramses	Zyl.	cm³	DIN-PS	bei 1/min	Gänge	Spitze km/h	Radstand/Länge	Baujahre	Besonderheiten
–	2	598	30	5500	4	120	208/352	–1965	Lizenz NSU Prinz IV

Ranger	Zyl.	cm³	DIN-PS	bei 1/min	Gänge	Spitze km/h	Radstand/Länge	Baujahre	Besonderheiten
130	4	2124	65	4400	3/4	140	267/455	1968–	«Opel-Chevrolet»
130 HC			73	4400		145			
153		2479	78	4000	4	155			
(Ranger CH)								(1970–)	(= Opel)

Während langer Zeit war Ranger die Marke der südafrikanischen GM-Niederlassung, der General Motors South Africa (Pty) Ltd. in Port Elizabeth. Der Ranger, wie er ab Ende der sechziger Jahre im südlichsten Afrika gebaut wurde, war im Grunde ein «Puzzle» aus verschiedenen GM-Produkten. (Dies war bereits der → Chevrolet Südafrikas gewesen.) Die Karosserieformen – zwei- und viertürige Limousinen, zweitüriges Hardtopcoupé sowie drei- und fünftürige Kombis – stammten vom → Opel Rekord und die Kühlermasken mit den Doppelscheinwerfern vom → Vauxhall Victor. Die Motoren – 2,1- und 2,5-Liter-Vierzylinder – waren hingegen Chevrolet-Konstruktionen. Es gab die im Sommer 1968 erschienenen Ranger 130 (2,1-Liter, 65 DIN-PS), 130 HC (73 PS) und 153 (2,5-Liter, 77,5 PS) mit 3- und 4-Gang-Getriebe und je nach Ausführung mit Lenkrad- oder Knüppelschaltung. Das Fahrwerk entsprach weitgehend jenem des Opel Rekord.

Anfang 1970 wurde von dem Montagewerk General Motors Suisse SA in Biel eine schweizerische Version des Ranger eingeführt. Es gab die Modelle 1900, 2500 und 2500 GTS. Nicht nur Karosserien und Fahrwerk, sondern auch die Motoren stammten hier aus dem → Opel-Programm! Es ging darum, dem Vauxhall-Händlernetz zu zusätzlichen (Konkurrenz-)«Kampfmitteln» zu verhelfen. Die technischen Daten wichen denn in nichts von den entsprechenden Angaben für die Opel Rekord und Commodore ab: Motoren mit 90, 120 und 130 DIN-PS. Der Ranger 1900 wurde als zweitürige Limousine montiert (in Ergänzung zum viertürigen → Vauxhall Victor 2000), die Ranger 2500 und 2500 GTS als viertürige Limousine und als Coupé (als Ergänzung zum Ventora 3300 mit versicherungsungünstigem Hubraum). Die Kühlergitter entsprachen auch hier dem Victor-Stil, trugen jedoch den Buchstaben R in Kühlergittermitte. Hinzu kamen entsprechende Aufschriften und das südafrikanische Ranger-Markenzeichen auf der Lenkradnabe (ein stilisierter Springbockkopf). Einige weitere Zierelemente stammten ebenfalls aus Südafrika. – Im Herbst des gleichen Jahres wurde auch vom belgischen GM-Werk ein Ranger lanciert.

Ranger (CH) 1900 Coupé, 1970

Red Flag, Hongki

Unter dem Namen Rote Flagge, eben Red Flag, war auf der Leipziger Messe 1960 in der DDR ein volkschinesisches Repräsentationscabriolet mit vier Türen ausgestellt worden. Seine Frontgestaltung mit senkrechten Kühlergitterstäben erinnerte ein wenig an frühere Nash-Modelle. Hergestellt wurde dieses Auto von den Automobilwerken Peking. Dort wurde auch der kleine Chingkanshan mit Heckmotor gebaut. Die weiteren Personenwagenmodelle aus der chinesischen Volksrepublik waren um 1960 der East Wind (Ostwind) aus Changchun in der Mandschurei, der Peace (Friede) aus Tientsien und der Progress (Fortschritt) aus Hsinchien. Alle waren von mittlerer Größe, wobei für den East Wind eine Leistung von 70 PS, für den Progress von 95 PS und überdies 120 km/h Spitze gemeldet wurden. Einzig für den (oder die?) Rote Fahne gab es mehr Detailangaben (→ Tabelle), wobei dieses Modell vermutlich bloß in kleiner Stückzahl gebaut wurde. Immerhin machte die Rote Flagge Mitte 1965 erneut einen Europabesuch, und zwar wurde sie unter der Originalbezeichnung Hongki an der Foire de Paris ausgestellt. Die 573 cm lange und 201 cm breite Limousine mit dem 210 PS starken 5,6-Liter-V8 und 3-Stufen-Automat beeindruckte durch die luxuriöse Innenausstattung. Das Kühlergitter in Trapezform mit Senkrechtstäben war als typisches Merkmal geblieben.

Red Flag, 1960

Red Flag	Zyl.	cm³	PS	bei 1/min	Gänge	Spitze km/h	Radstand/ Länge	Bau- jahre	Besonderheiten
–	V8	5650	223	4400	A		339/574	1960–?	Kastenrahmenchassis

Reliant

Um 1960 war Reliant, neben → Bond, Englands führender Dreiradhersteller. Dank günstiger Steuerklasse bestand im britischen Inselreich stets Nachfrage nach solchen mit der Leistungsfähigkeit eines kleineren Vierrad-Personenwagens aufwartenden Zweckmobilen. Der in Tamworth gebaute Reliant Regal Mark V von 1960 konnte mit zweitüriger Kunststoffkarosserie als drei- bis viersitziges Coupé oder auch als viersitziges Cabriolet gekauft werden. Er hatte wie der Bond Mark F ein vorderes Einzelrad, jedoch Hinterradantrieb. Für diesen sorgte ein vorne eingebauter 4-Zylinder-Motor mit stehenden Ventilen und 747,5 cm³ Inhalt, der mit einer bescheidenen Kompressionsrate von 5,7:1 bei 4000/min auf 17,5 SAE-PS kam. Die Kraftübertragung erfolgte über ein 4-Gang-Getriebe. Das Chassis bestand aus einem Profileisenrahmen mit Querverstrebungen; das Vorderrad war an einem Schwingarm mit Schraubenfeder angelenkt, hinten fand sich eine Starrachse mit Blattfedern.

Auf dem Londoner Salon im Herbst 1960 wurde der Mark VI vorgestellt. Er bot mehr Kopfraum für Fahrer und Beifahrer, und die vergrößerte Frontscheibe versprach bessere Sichtverhältnisse. Außerdem hatte man das einfache Kühlergitter sowie andere Außendetails verschönert.

Sabre Auf der gleichen Ausstellung im Jahr danach wurde als Prototyp der Sportroadster Reliant Sabre (= Säbel) vorgestellt. Seine Baulizenz wurde nach Israel vergeben, wo ab 1962 der → Sabra Sport hergestellt wurde! Für die israelische Firma Autocars war von Reliant auch der Kleinwagen FW 3 = Carmel entwickelt worden. Auf dem Londoner Salon 1962 wurde dann außerdem das Coupé Reliant Sabre vorgestellt, natürlich wiederum mit Kunststoffkarosserie. Es bot zwei zusätzliche Notsitze. Als Unterbau diente ein Kastenrahmen mit Traversen. Die vordere Einzelradaufhängung wies rohrförmige Schräglenker und Federbeine auf, hinten wurde eine Starrachse mit stabilisierendem Wattgestänge und Federbeinen montiert. Vorne wurden Scheibenbremsen verwendet. Wie beim Sabra stammte der Motor von Ford: Es handelte sich um die 1,7-Liter-Maschine des → Ford Zephyr 4, deren Leistung auf 91 SAE-PS gesteigert worden war. Das 4-Gang-Vollsynchrongetriebe wurde mit einem Mittelschalthebel bedient. Außerdem war der Sabre Six mit dem Zephyr-Six-Motor in der Originalausführung mit 106 SAE-PS erhältlich. Er war auf Wunsch mit einem Borg-Warner-Schnellgang kombinierbar. Beim englischen Sabre war der Bug kürzer gestaltet (das Kühlergitter ähnelte jenem des → MG B) und von einer üblichen Stoßstange geschützt.

3/25 Ebenfalls im Jahre 1962 erschien noch der Reliant 3/25 als Nachfolger des Regal Mark VI. Er hatte nun eine wuchtigere Front mit modisch «überkragten» Scheinwerfern. Am Coupé fiel das senkrechtstehende, überdachte Heckfenster auf, neu war eine Kombiversion (statt Lieferwagen). Alle Karosserien boten erneut mehr Platz und einen größeren Kofferraum. Bedeutsamste Neuerung aber war der Übergang vom SV- zum OHV-Motor. Er wurde im Aluminium-Druckgußverfahren hergestellt und bot bei einem auf 598 cm³ reduzierten Hubraum eine um über einen Drittel auf 25 PS gesteigerte Leistung (bei 5250/min, Kompression 7,8:1). Auch das Chassis war überarbeitet worden.

Rebel Während das Fastbackcoupé und das Cabriolet Sabre alias Sabra in England wie in Israel weitergebaut wurden, brachte Reliant im September 1964 gleich zwei bedeu-

Ganz oben: Reliant Sabre Six GT, 1964
Oben: Reliant Regal 3/25, 1965
Links: Reliant Regal Mark V, 1960

tende Neuheiten auf den Markt: den Rebel und den Scimitar. Der Rebel war ein außergewöhnlich gut proportionierter Kleinwagen mit Steilheck (jedoch ohne Heckklappe, sondern mit einem unten angelenkten Kofferdekkel). Seine Kunststoffkarosserie war von der Firma → Ogle entworfen worden. Sie war selbsttragend konstruiert. Für den Antrieb sorgte der neue hauseigene 600-cm³-Alu-Motor, dessen Leistung auf 28 SAE-PS gesteigert worden war (Kompression 8,45:1). Auch das 4-Gang-Getriebe war aus dem Dreiradmodell bekannt. Die Vorderräder waren an Trapez-Dreieckquerlenkern und Schraubenfedern aufgehängt, hinten wurde eine Starrachse mit Halbelliptikfedern verwendet. Der Reliant Rebel war eine willkommene Bereicherung für die englische Kleinwagenszene!

Scimitar Ein Auto ganz anderen Kalibers war der wenige Tage nach dem Rebel vorgestellte Scimitar GT (= Türkensäbel). Auch seine Karosserie war bei David Ogle Associates entworfen worden. Sie zeigte eine moderne Stufenheckform mit sanft abfallendem Heck und neben schlichtem Kühlergitter vertieft angeordneten Doppelscheinwerfern. Die selbsttragende Karosserie bestand auch hier aus Kunststoff – Reliant nannte sich Europas größter Verbraucher von Glasfibermaterial für Autokarosserien. Während die Vorderradaufhängung jener des Rebel entsprach, erinnerte die hintere Starrachse mit Wattgestänge und Schraubenfedern an den Sabre, allerdings kamen hier Gummifederkissen hinzu.

Als Kraftquelle diente der 2,6-Liter-6-Zylinder-Motor des Zephyr Six mit drei Vergasern und 120 PS; für den ausschließlich noch mit diesem Motor gelieferten Sabre

Links: Reliant Rebel, 1967
Unten: Reliant Scimitar 3 Litre, 1967
Ganz unten: Reliant Scimitar GTE, 1969

wurde die Leistung mit 110 SAE-PS angegeben, doch waren hier wahlweise getunte Ausführungen erhältlich. Das 4-Gang-Getriebe mit Mittelschaltung war auf Wunsch mit einem Laycock-de-Normanville-Overdrive kombinierbar; außerdem sollte ein ZF-5-Gang-Getriebe lieferbar sein. Das dreisitzige Interieur war luxuriös ausgerüstet und zeigte moderne Sicherheitsmerkmale.

1965 lief die Sabre-Produktion in England aus. Der Scimitar GT wurde auf Wunsch mit einem 4-Gang-Getriebe von ZF oder einem 3-Stufen-Automat von Borg-Warner erhältlich. Der Dreiradwagen zeigte als Regal 3/25 Super eine zwischen den Scheinwerfern abfallende Bughaube mit niedriger Kühlluftöffnung. Cabrio und Kombi wurden nicht mehr aufgeführt. Anfang 1966 wurde mit dem FW 5 ein neuer Prototyp vorgestellt: eine fünfsitzige Stufenhecklimousine von gefälliger Form mit Ford-4-Zylinder-Motor. Aus ihm sollte der türkische → Anadol werden! Auf dem Londoner Salon des gleichen Jahres wurde der Scimitar GT in verfeinerter Ausführung präsentiert. Als Antriebsquelle diente nun der Ford-V6-Motor mit 3 Litern Inhalt und 146 SAE-PS Leistung, wie er im → Ford

Zodiac Mk IV eingebaut wurde. Die Zusatzbezeichnung GT wechselte auf 3 Litre. Er wurde einheitlich mit 4-Gang-Getriebe und Laycock-Overdrive kombiniert. Neu waren auch verschiedene Interieurdetails, wie Armstütze auf der Mittelkonsole, nicht blendendes Armaturenbrett sowie Sicherheitslenksäule und -türschlösser.

Im Herbst 1967 wurde der Hubraum des Rebel auf 700 cm^3 erhöht, und die Leistung wurde mit 31,5 DIN-PS angegeben. Neu war der Rebel 700 Estate Car (Kombi) mit verlängerter Dachlinie, Heckklappe und abklappbaren hinteren Sitzen. Auch der Regal sollte im folgenden Jahr diesen Motor erhalten, allerdings mit 31 SAE-PS. Entsprechend hieß er 3/30 (statt 3/25 de Luxe und Supervan II). Den Scimitar gab es ab Ende 1967 auch als 2.5 Litre mit dem 2,5-Liter-V6 von Ford.

Scimitar GTE Mit dem im Hinblick auf den Londoner Salon im Oktober 1968 vorgestellten Scimitar GTE realisierte Reliant eine längst in der Luft liegende Idee: den GT- oder Sportkombi. Bereits hatte es in Form des → Aston Martin Shooting Brake eine solche Synthese aus Sportcoupé und Kombiwagen gegeben. Doch dabei hatte es sich um ein in kleinsten Stückzahlen gebautes Luxusfahrzeug gehandelt. Auch der auf dem Genfer Salon 1968 präsentierte → Lamborghini Espada brachte wegen seines fast unerschwinglich hohen Preises noch nicht die nötigen Voraussetzungen für größere Popularisierung der Sportkombiidee. Der Scimitar GTE (= Gran Turismo Estate) sollte sich hingegen über lange Jahre halten und auch einige Konkurrenz auf den Plan rufen, wenn auch nicht im erwarteten Umfang. Der Vorderteil des GTE entsprach dem bekannten Scimitar-Coupé. Die Dachlinie war hingegen sanft absinkend nach hinten gezogen und endete mit einer leichten Abrißkante, auf die ein Steilheck mit nach oben öffnender Klappe folgte, die das tief heruntergezogene Heckfenster mit umfaßte. Natürlich war auch dieses gekonnte Design ein Werk der nun von Tom Karen geleiteten Firma Ogle. Diese stellte in London ihrerseits eine besonders ausgefeilte GTE-Version mit einem Glasdach aus.

Es gab den GTE wie das weiterhin angebotene Scimitar-Coupé sowohl als 3 Litre wie als 2.5 Litre. Gegenüber diesem Modell hatte der GTE einen verbreiterten Chassisrahmen und einen um 18 cm verlängerten Radstand; die Gesamtlänge wuchs dadurch von 424 auf 434,5 cm. So präsentierte sich der GTE als (fast) ausgewachsener Viersitzer. Die hinteren Sitzlehnen waren einzeln abklappbar, was den Nutzwert weiter erhöhte und bei anderen Kombis noch kaum anzutreffen war. Zunächst wurde der Scimitar GTE mit 4-Gang-Getriebe mit oder ohne Laycock-Overdrive geliefert, im Verlaufe des Jahres 1969 wurde auch ein Borg-Warner-Getriebeautomat des Typs 35 in die Angebotsliste aufgenommen.

1969 war auch das Jahr, in dem von Reliant die Konkurrenzfirma → Bond, die nebst Dreiradwagen längst ebenfalls Sportfahrzeuge herstellte, übernommen wurde. Die Verhandlungen hatten $2^1/_2$ Jahre gedauert. Auch wenn Reliant-Direktor Raymond Wiggins die Absicht bekundete, die Bond-Produktion in ihren nicht ausgelasteten Werkanlagen weiterzuführen, so ergab sich für die kleine Nebenmarke doch nur eine Gnadenfrist... Reliant hatte inzwischen nicht nur eine Fahrzeugproduktion für Israel und die Türkei organisiert, sondern schmiedete Autoproduktionspläne für fast ein Dutzend weitere Entwicklungsländer. – Die Produktion des Scimitar-Coupés lief 1970 aus, um vollständig dem GTE Platz zu machen.

Reliant	Zyl.	cm^3	SAE-PS	bei 1/min	Gänge	Spitze km/h	Radstand/ Länge	Baujahre	Besonderheiten
Dreirad:									
Regal Mark V/VI	4	748	18	4000	4	105	193/340	1959–62	Profileisenrahmen, SV!
3/25 (Regal)		598	25	5250		110	193/343	1962–65	(OHV)
Super						120		1965–67	
de Luxe			26	5000		113		1967/68	
Regal 3/30		701	31	5000		116		1968–	ab '69: 29 PS
Sabre	4	1703	91	4600	4	170	229/410	1962–64	Kastenr., Ford-M.
Six	6	2553	106	4750		180		1962–64	ab '63: 4/4 + S
			110	4800	4/4 + S			1964/65	
Scimitar			120	5000		196	235/427		
GT			122*	5000	4/4 + S/A	193		1965/66	* DIN-PS
3 Litre	V6	2994	146	4750	4 + S	–209	235/424	1966–70	
2.5 Litre		2495	121	4750		–179		1967–70	
GTE 3 Litre		2994	146	4750	4/4 + S/A	–192	253/434	1968–	
2.5 Litre		2495	121	4750		177		1968/69	
Rebel	4	598	28	5250	4	105	226/350	1964–67	Kastenrahmenchassis
700		701	32*	5000		109		1967–	Kombi: 370 cm lang, * DIN-PS

Renault

Frankreichs nationalisierte Renault-Werke galten um 1960 bereits als Muster und Stolz aller staatlichen Industrieanlagen des Westens. Das von Generaldirektor Pierre Dreyfus geführte Unternehmen brauchte hinsichtlich Rentabilität keine privatwirtschaftliche Konkurrenz zu fürchten. Die Produktionsskala umfaßte sowohl Kleinwagen (Renault 4 CV) wie Wagen der unteren Mittelklasse (Dauphine), eigentliche Mittelklassewagen (Frégate) und sportliche Modelle (Dauphine Gordini und Floride). Zudem lieferte die Régie Renault Aggregate an eigentliche Sportwagenhersteller, allen voran → Alpine. Mit Ausnahme des Frégate waren alle Renault Heckmotorwagen mit hinterer Pendelachse (Frégate: hintere Einzelradaufhängung mit Dreieck-Längslenkern und Schraubenfedern). Der Dauphine wurde im Rahmen eines gemeinsamen Vertriebsabkommens seit 1959 unter Lizenz auch bei Alfa Romeo in Italien gebaut.

Jüngste Schöpfung war der 1959 lancierte Renault Floride, ein bildschönes Coupé und Cabriolet mit Hardtop auf der Basis des Dauphine. Seine Karosserie war von Pietro Frua (→ Anhang) entworfen worden, der Aufbau entstand im Karosseriewerk Chausson, und die Montage wurde bei Brissonneau & Lotz vorgenommen. Im Herbst 1960 erreichte der Tagesausstoß bereits 220 Exemplare. In der zu diesem Zeitpunkt präsentierten Ausführung 1961 hatte der Floride kürzer untersetzte mittlere Gänge erhalten.

Detailverbesserungen gab es auf 1961 auch bei den anderen Heckmotor-Renault: Der 4 CV erhielt vom Dauphine das 3-Gang-Getriebe, die Heizung und die Kindersicherungen an den Hintertüren, ein damals noch neues Sicherheitselement. Der Dauphine, den es inzwischen auch mit 4-Gang-Getriebe (in der Schweiz) und Luftzusatzfederung Aerostable gab, erhielt eine von 7,75 auf 8:1 erhöhte Verdichtung (zwecks Verbrauchssenkung) mit neuen Kolben (wodurch die Leistungskenndaten eine Korrektur nach unten erfuhren) sowie eine automatische Bremskraftverteilung. Neu waren ferner ein breites Gaspedal anstelle der Gaspedalrolle, ein verschönertes Interieur, die unter den Scheinwerfern angeordneten vorderen Blinklichter und die seitlich über den vorderen Radkasten montierten Positionslampen. Sowohl den 4 CV wie den Dauphine gab es auf Wunsch weiterhin mit automatischer Ferlec-Kupplung. Beim Dauphine Gordini fand sich nun eine neue Hinterradgeometrie mit negativem Sturz auch in unbelastetem Zustand. Neu hinzu kamen die Luxusversionen Ondine und Gordini Ondine mit Chromschmuck und gepflegterer Innenausstattung. – Die Herstellung des Renault Frégate lief aus!

R 4 Im August 1961 wurde auch die Herstellung des Renault 4 CV eingestellt. Seit 1947 waren 1 105 543 Exemplare dieses kleinsten Großserien-Viertürers gebaut worden –

Links: Renault (Dauphine) Ondine, 1961
Unten: Renault Frégate, 1959/60
Ganz unten: Renault 4 CV Sport, 1960

auch der Dauphine hatte inzwischen die Million erreicht. Vom 4-CV-Nachfolger war bereits im Juni ein Bild in der Fachpresse erschienen. Ästheten waren entsetzt: Nach dem so gefällig geformten Daupine und dem eleganten Floride wurde eine auf reine Zweckmäßigkeit geformte «Kiste» präsentiert. Noch erwartete niemand, daß diese Frontantriebskonstruktion einmal Geschichte machen und als «Dauerbrenner» über Jahrzehnte das Straßenbild Frankreichs und vieler anderer Länder mit prägen würde.

Mit dem im August 1961 offiziell vorgestellten R 4 war eine neue Autosilhouette geschaffen worden, die sich neben den → Citroën 2 CV und den → VW Käfer posieren ließ. Die Hauptmerkmale des Renault R 4: Frontantrieb mit 750-cm³-Motor hinter der Vorderachse, Einzelradfederung mit (regulierbaren) Torsionsstäben, wartungsfreies Kühlsystem, Chassis ohne Schmierstellen, fünftürige Kombikarosserie mit herausnehmbarer hinterer Sitzbank. Der R 4 wartete mit zahlreichen weiteren ungewohnten Konstruktionsmerkmalen auf: Er war viel höher und damit zum Ein- und Aussteigen bequemer als übliche moderne Autos, die Karosserie ruhte auf einem Plattformrahmen und hatte teils demontierbare Teile, sein Radstand war links und rechts wegen der verschränkt angeordneten Torsionsfederstäbe ungleich lang, der Hebel für das 3-Gang-Getriebe ragte nach alter Frontantriebssitte aus dem Armaturenbrett, und der Innenraum war einfach, aber sinnvoll gestaltet. Neben dem R 4 gab es den R 4 L mit einem dritten (ausstellbaren) Seitenfenster. Der R 4 wies sich über einen hervorragenden Federungskomfort und große Fahrsicherheit aus. Als echtes, von jedem noch so geringen Modeeinfluß unberührtes Zweckauto sollte sich der R 4 über Jahrzehnte die Anerkennung der Fachwelt – und einer Großzahl von Käufern! – sichern.

«1093» Noch im Herbst 1961 kamen weitere Varianten hinzu: der R 3 mit 600-cm³-Motor und 22,5 SAE-PS Leistung, der R 4 Super mit 34 statt 26 SAE-PS und ein R 4 Fourgonette (Lieferwagen). – Bei den Dauphine war nun auch die erste Stufe des 3-Gang-Getriebes synchronisiert, und die Leistungsangaben waren wieder höher. Im Dezember des gleichen Jahres wurde der Dauphine 1093 angekündigt, eine werksfrisierte Version für die Teilnahme bei Tourenwagenrennen. Für die Homologation als serienmäßiger Tourenwagen wurde binnen kurzem eine Serie von tausend Einheiten auf die Räder gestellt. Die Antriebseinheit entsprach jener beim Floride, doch war die Leistung von 40 auf beachtliche 55 SAE-PS angehoben worden. Auch am Fahrwerk fanden sich Anpassungen. Zur Ausrüstung zählten ein Drehzahlmesser, eine Scheibenwaschanlage, auf 180 mm Durchmesser vergrößerte Scheinwerfer, verchromte Fenstereinfassungen und schließlich zwei blaue Längsstreifen auf der Motorhaube. 1955/56 hatte es übrigens einen 4 CV 1063 gegeben!

Caravelle und Floride S Auf der Genfer Automobilausstellung im März 1962 präsentierte Renault die Modelle Floride S und Caravelle. Letztere Bezeichnung wurde für den amerikanischen Markt ausschließlich verwendet. Der Caravelle war ein (knapp) viersitziges Coupé; der Raumgewinn war durch die gestreckte Dachlinie und die zurückversetzte Motorwand möglich geworden. Der Floride S war demgegenüber zum 2+2sitzigen Cabriolet geworden. Beiden gemeinsam waren der neue Kurzhubmotor mit 956 cm³ Inhalt und 51 SAE-PS Leistung, fünf Kurbelwellenlagern, schräg hängenden Ventilen und geschlossenem Kühlsystem (Kühler nun nicht mehr an der Trennwand, sondern zuhinterst im Heck), die Lockheed-Vierrad-Scheibenbremsen und die nun mit einer V-förmigen Schubstrebe dotierte hintere Pendelachse. Gerade für diese recht potent gewordenen Heckmotorautos hatte sich eine Verbesserung der Hinterradführung aufgedrängt; auch die Vorderradaufhängung war neu konstruiert worden.

R 8 Im Mai 1962 gab die Régie Nationale des Usines Renault ein erstes Bild der größeren neuen Heckmotorlimousine frei: Es zeigte den Renault 8 von der Seite. Seine Grundkonstruktion entsprach weitgehend jener der Caravelle/Floride S. Doch blieb die Leistung auf 48 SAE-PS beschränkt. Im Vergleich zum Dauphine zeigte dieser Viertürwagen, der nicht zuletzt als Konkurrenz zum erfolgreichen → Simca 1000 gedacht war, ein weit kantigeres Styling. Dies brachte außer mehr Innenraum auch mehr Volumen für das vorne untergebrachte Kofferabteil. Auch bei diesem Wagen waren Leichtbauweise und hoher Komfort angestrebt worden. Dieser manifestierte sich unter anderem in den gut ausgeformten Sitzpolstern. Ungewöhnlich war das asymmetrisch auf der linken Seite der kühlergitterlosen Frontwand angebrachte Markenzeichen.

Noch im gleichen Jahr war von einem automatischen Getriebe Jaeger/Renault mit Magnetpulververkupplung, elektronisch geschaltetem 3-Gang-Getriebe und Tastenschaltung am Armaturenbrett die Rede, das denn beim Dauphine und beim R 8 auch lieferbar werden sollte. Der auf der Seine-Insel Séguin auf neuen Fließbandanlagen unter Zuzug von italienischen Arbeitskräften gebaute R 4 wurde auf 1963 auch mit dem 850-cm³-Dauphine-Motor lieferbar. Alle drei Gänge waren nun sychronisiert.

Renault

Rechts: Renault R 4 L, 1963
Rechts außen: Renault R 8, 1963
Unten: Renault Caravelle 1100 Coupé, 1964
Ganz unten: Renault R 16, 1965

1963 übernahm die Régie Renault den Europavertrieb der amerikanischen → Rambler. Der Rambler Classic wurde bereits seit 1962 im Renault-Werk Haren bei Brüssel montiert. Ebenfalls 1963 wurde bei → Willys Overland do Brasil (Brasilien) die Lizenzherstellung von Dauphine-Modellen aufgenommen. Gleiches geschah bald darauf bei → IKA in Argentinien. Im Jahre 1963 siegte beim 24-Stunden-Rennen von Le Mans ein → René Bonnet mit Renault-1108-cm³-Motor in der Sparsamkeits-Indexwertung, ein Erfolg, der im Jahr darauf von einem → Alpine wiederholt werden sollte.

Zahlreiche Verbesserungen erhielten die Renault-Modelle für das Modelljahr 1964. Für den Dauphine wurden sie schon im August des Vorjahres angekündigt: Vierrad-Scheibenbremsen und Ersatz der Aerostable-Zusatzfederung durch ein konventionelleres System für progressive Federkennung. Das Automatgetriebe war inzwischen auch hier lieferbar geworden. Anstatt der Varianten Gordini und «1093» gab es jetzt lediglich noch eine zusätzliche Luxusausführung mit der Bezeichnung Export und 4-Gang-Getriebe. Beide Dauphine hatten einheitlich 32 SAE-PS. Der R 4 besaß nun einen Dachhimmel aus Plastikstoff und unter anderem eine gemeinsame Kontrolleuchte für Öldruck und Wassertemperatur, beim R 4 L und beim Super fanden sich zudem Schiebefenster in den Hintertüren und ein Handstarter, und als neuen «Top-Vierer» gab es den La Parisienne mit Strohgeflecht vortäuschender Seitenbemalung.

Bedeutendste Neuerung aber war der Übergang zu einem 1,1-Liter-Motor für den Caravelle (70 statt 65 mm Bohrung, nun 55 SAE-PS). Das Cabriolet trug nun die gleiche Modellbezeichnung (statt Floride S) und hatte nebst dem mehr Drehmoment bietenden Motor auch ein größeres Heckfenster erhalten. Das Aufsetzdach wies jetzt die gleiche Form auf wie das Dach des Coupés. Auch der erste Gang war nun synchronisiert, und vor dem Beifahrersitz war ein Haltegriff montiert. Beim R 8 schließlich war der Inhalt des Benzintanks von 31 auf 38 Liter erhöht worden, und auch die Karosserie hatte kleine Ergänzungen erhalten (so überarbeitete Instrumente und eine Filzisolation unterhalb des Daches). R 4, R 8 und Caravelle besaßen nun Verankerungen für Sicherheitsgurten.

R 8 Major und Gordini Im Februar 1964 debütierte der Renault 8 Major. Er war äußerlich unverändert, besaß jedoch den 1,1-Liter-Motor aus dem Caravelle mit auf 50 SAE-PS beschränkter Leistung. Im Innenraum fanden sich nun ein abschließbares Handschuhfach, verstellbare Sitzlehnen und an den Vordertüren montierte Armlehnen. Der weiterhin erhältliche R 8 mit 950-cm³-Motor hieß nun R 8 A. Auch beim 4-Gang-Getriebe waren jetzt alle Gänge synchronisiert.

Im Herbst 1964 erhielten die Heckmotor-Renault endlich wieder eine «schnelle» Limousinenvariante, nämlich den R 8 Gordini. Er war aus der bereits traditionellen Zusammenarbeit der Régie Renault – deren Entwicklungsabteilung nun von Yves Georges geleitet wurde – mit dem Rennwagen- und Motorenkonstrukteur Amédée Gordini entstanden. Als Antriebsquelle diente hier ein getunter 1,1-Liter. Gordini hatte gründliche Arbeit geleistet: von 8,5 auf 10,4:1 erhöhte Verdichtung, Hochleistungsnockenwelle, Alu-Zylinderkopf mit V-förmig hängenden Ventilen, halbkugelige Brennräume, zwei Horizontal-Doppelvergaser, neues Ansaug- und Auspuffsystem. Diese Maßnahmen brachten ein Leistungsplus von nicht weniger als 45 PS gegenüber dem R 8 Major. Auch das Fahrwerk war angepaßt worden, und zwar von der hauseigenen Forschungs-

und Rennserviceabteilung. Klar, daß mit dem R 8 Gordini – den man äußerlich an den vergrößerten Scheinwerfern, den größeren Reifen sowie den weißen Doppelstreifen auf der (meist) blauen Karosserie erkannte – binnen kurzem vielbeachtete Renn- und Rallyeerfolge erzielt wurden! – 1964 schuf das italienische Karosseriewerk → Ghia als Einzelstück ein eigenartiges Coupé R 8 Sport mit tropfenförmigem Seitenfenster.

R 16 Längst war auch schon von einem neuen größeren Renault-Modell die Rede. Es sollte die vom Frégate hinterlassene Lücke schließen. Noch 1964 erschienen erste Veröffentlichungen zum Thema R 16. Die offizielle Vorstellung erfolgte im Januar, und das Publikumsdebüt war auf den Genfer Salon im März 1965 angesetzt. Der R 16, dessen Produktion zu Beginn jenes Jahres im neuen Renault-Werk Le Havre-Sandouville anlief, war eine für die Mittelklasse richtungweisende Konstruktion. Sie besaß Frontantrieb und eine familienfreundliche Karosserie mit Heckklappe! Die Akzente lagen auf Komfort und vielseitigen Verwendungsmöglichkeiten als Reise-, Transport- und Freizeitfahrzeug. Hiezu diente etwa die siebenfach wandelbare Sitzauslegung, mit der die Variationsmöglichkeiten in einem Kombi glatt in den Schatten gestellt wurden.

Ungewöhnlich bei der äußeren Formgebung waren die seitlichen Längsleisten auf dem Dach anstelle der üblichen Regenrinnen, das Schrägheck mit harmonisch eingefügtem drittem Seitenfenster sowie die von innen verstellbaren Rechteck-Scheinwerfer. Den Frontantrieb besorgte ein 63 SAE-PS starker 1,5-Liter-Motor mit Druckguß-Leichtmetall-Zylinderblock, hoch im Block angeordneter Nockenwelle und versiegeltem Kühlkreislauf mit elektrischem Ventilator. Das 4-Gang-Getriebe hatte Lenkradschaltung, vorne waren Scheibenbremsen Bendix-Lockheed eingebaut, und wie schon beim R 4 fand sich auch hinten eine Einzelradaufhängung. Ebenfalls nach R4-Rezept war die Federung konzipiert: vorne Längstorsionsfedern, hinten mit Quertorsionsstäben, so daß sich auch hier ein ungleicher Radstand ergab. Der Renault 16 (auf den eingeschobenen Buchstaben R wurde bei voller Namensnennung nun generell verzichtet), den es als De Luxe wie als Grand Luxe gab, erwies sich als besonders fahrsicher.

R 10 Major Schon im Juli 1965 wurde ein Nachfolger für den Renault 8 Major angekündigt: der R 10 Major. Bei unverändert gebliebener Mittelzelle hatte er einen verlängerten, eleganteren Bug und ein leicht gestrecktes Heck. Die Fronthaube besaß nun nicht mehr einen V-förmigen, sondern einen horizontalen Ausschnitt. Das Gepäckraumvolumen war durch diese Maßnahmen deutlich angewachsen. Zudem wurde das Interieur verschönert.

Beim Caravelle (Coupé und Cabriolet) stand die Leistung dank neuer Vergaser und geänderter Nockenwelle nun mit 57,5 statt 55 SAE-PS zu Buche, anderseits verminderte sich das Drehmoment. Neue Sitze, ein Drehzahlmesser und ein Lenkrad mit gemalten Löchern in den Speichen verhalfen dem Caravelle 1100 S auch im Innern zu einem neuen Bild. Den Dauphine gab es ausschließlich noch in den Ausführungen Automatic und Gordini und den R 4 nur noch mit der sechs Seitenfenster aufweisenden Karosserie (Billigversion bisher ohne hinterste Seitenfenster); es gab nun die Versionen Luxe, Export und Parisienne. Anfang 1966 wurde auch der 10 Major mit dem Jaeger/Renault-Automatikgetriebe lieferbar.

R 8 Gordini 1300 Nachdem der Renault 8 Gordini ein Jahr lang nicht mehr im Angebotsprogramm der Régie aufgeführt war, gab es ihn im Frühsommer 1966 wieder, und zwar als R 8 Gordini 1300. Vom 1,1-Liter-Modell waren bloß 2626 Exemplare gebaut worden – vom Gordini 1300 sollten es (bis Mai 1970) 8981 sein. Mit dem auf 1255 cm³ vergrößerten Motor standen nun 110 SAE-PS zur Verfügung (nach neuer SAE-Norm, wie sie Renault bereits mit dem R 16 eingeführt hatte, waren es 103 SAE-PS). Hinzu kamen ein serienmäßiges 5-Gang-Getriebe, ein 26-Liter-Zusatztank unter der Fronthaube, Doppel-Teleskopdämpfer hinten, breitere Felgen und Jod-Zusatzleuchten zwischen den Hauptscheinwerfern sowie ein aufgewertetes Interieur. Wie beim R 16 wurde anstelle des Dynamos ein Alternator eingebaut. – Im Jahre 1966 vereinbarte Renault übrigens mit dem Erzrivalen Peugeot eine Zusammenarbeit auf gewissen Gebieten der Teilebeschaffung.

Nach den Sommerferien 1966 wartete der R 4 mit einem verschönerten Interieur (neues Armaturenbrett mit Benzinuhr und vier Anzeigeleuchten, neues Lenkrad, 4 Luxe und Parisienne zudem mit komfortableren Polstersitzen und Türpolsterungen) auf. Zudem hatte die Vorderachse jetzt einen Querstabilisator erhalten, und es wurden auch größere Reifen und Bremstrommeln verwendet. Kurz darauf wurden die weiteren Neuerungen für das Modelljahr 1967 angekündigt: neues Armaturenbrett auch beim R 16 (Gitterelement an der Windschutzscheibe, senkrecht abgesteppte Polsterung und besser ablesbarer Tachometer). R 8 und R 10 (dieser nun mit entsprechender Außenaufschrift) erhielten eine neue Sitz- und Sitzhöhenverstellung.

Vor allem in den → Alpine wurden von Renault-Gordini-Motoren zahlreiche Rennsiege erkämpft. Doch 1967 meldete das staatliche französische Automobilwerk weitere Ambitionen an: Es entstand ein 3-Liter-V8-Motor Renault-Gordini mit vier obenliegenden Nockenwellen. Er war der eigentliche Ursprung einer neuen Ära, die schließlich zu Siegen beim 24-Stunden-Rennen von Le Mans und in der Formel 1 führen sollte . . .

Ganz oben: Renault 8 Gordini 1300, 1967
Oben: Renault 6, 1969
Rechts: Renault 10 Major, 1966

Renault

Links: Renault 12, 1970
Unten: Renault 10 1300, 1969

Im Herbst 1967 wurde der Renault-Serienjahrgang 1968 vorgestellt. Wichtige Neuerung beim R 4 war das seit langem geforderte 4-Gang-Getriebe. Mit ihm kamen verschiedene Innenraumverbesserungen, aber auch ein schmuckeres Kühlergesicht mit integrierten Scheinwerfern. Der R 8 erhielt nun den 1,1-Liter-Motor des R 10 sowie ein erneuertes Interieur: Armaturenbrett mit Holzverkleidung und Blendschutz, Rundinstrumente sowie neues Lenkrad. Holzimitationen fanden sich jetzt auch im R 10, der zudem Rechteck-Scheinwerfer, neue Schlußleuchten und geänderte Zierelemente aufwies. Beim R 16 gab es jetzt Kontrollampen für die Handbremse und für die Kaltstartvorrichtung, eine Rückwärtsgangsperre, die durch Niederdrükken statt Hochziehen überwunden werden mußte, und unter weiteren Verbesserungen beim Modell Super eine über dem zentralen Ablegefach abklappbare vordere Mittelarmlehne. Bei den meisten Modellen fanden sich jetzt kleine Gummipuffer auf den Stoßstangen. Einzige Neuerung beim Caravelle: ein verchromter Schalthebel. Einen Dauphine Automatic gab es nicht mehr, dafür einen R 4 Sinpar mit Vierradantrieb. – Der R 8 wurde ab 1967/68 als Bulgar-Renault 8 auch in Plovdiv in Bulgarien hergestellt. Anderseits lief die Herstellung des Dauphine Ende 1967 aus, nachdem gegen zwei Millionen Exemplare gebaut worden waren!

R 16 TS Auf dem Genfer Salon 1968 machte der Renault 16 TS seine erste Aufwartung. Der TS-Motor mit 1565 statt 1470 cm^3 Inhalt wies V-förmig angordnete Ventile und halbkugelige Brennräume auf. Zusammen mit weiteren Maßnahmen resultierte ein beträchtlicher Leistungszuwachs, nämlich von 63 auf 87,5 SAE-PS. Neuartig waren die vorderen Scheibenbremsen mit schwimmendem Bremssattel, und serienmäßig besaß der R 16 TS einen Bremsservo, einen elektronischen Tourenzähler und zahlreiche Komfortmerkmale. Auf Wunsch waren sogar elektrische Scheibenheber in den Vordertüren lieferbar. Der von den in die Geschichte eingegangenen Unruhen geprägte Mai 1968 brachte nicht zuletzt bei Renault Streik und Produktionsausfälle! Während die Herstellung der Caravelle-Sportmodelle bereits Anfang 1968 eingestellt worden war, erschien im Frühsommer als Sondermodell ein Plein Air genannter türloser R4-«Strandwagen».

R 6 Kurz nach Beendigung der schweren Streiks im Juni 1968 wurde ein neues Renault-Modell angekündigt: der R 6. Seine offizielle Präsentation erfolgte allerdings erst im Herbst, und er war zunächst dem Inlandmarkt reserviert. Der R 6 war recht eigentlich eine Mischung von R 4 und R 16. Auch er besaß Frontantrieb, sechs Seitenfenster und eine Heckklappe. Der Plattformrahmen (à la R 4) war hier allerdings mit der Karosserie verschweißt, und die einzelnen Karosserieteile ließen sich nicht mehr so einfach austauschen. Die Linie mit recht elegantem Schrägheck erinnerte an den größeren R 16. Für den Antrieb diente im R 6 ein weiterentwickelter 850-cm^3-Motor, wie er vom Dauphine Gordini bekannt war und auch im R 4 (für den Export) geliefert wurde, jedoch mit 38 SAE-PS Leistung. Das Schwergewicht lag auch beim R 6 auf Komfort und Zweckmäßigkeit.

R 8 S und 16 TA Im Herbst 1968 wurde als Spezialmodell «für die Jungen» der Renault 8 S in Produktion genommen. Der Doppelvergasermotor mit 60 SAE-PS Leistung entsprach der Ausführung im nicht mehr gebauten Caravelle. Auch die Aufhängung war etwas härter abgestimmt, und es wurden breitere Räder montiert. Auffallendes äußeres Merkmal waren die Doppelscheinwerfer à la R 8 Gordini.

Als Neuheit wurde auf dem Genfer Salon 1969 der Renault 16 TA vorgestellt. Die Buchstaben bedeuteten hier Transmission automatique (automatisches Getriebe). Es handelte sich um einen Drehmomentwandler mit 3-Gang-Planetengetriebe, doch erfolgte die Schaltsteuerung auch hier mit elektronischen Elementen. Der TA besaß den 1,6-Liter-Motorblock des TS, jedoch den Zylinderkopf des normalen Renault 16. Daraus resultierte eine Leistung von 71 SAE-PS. Die gleiche Motorkombination wurde übrigens auch für den in die USA gelieferten R 16 (jedoch 70 PS) verwendet.

R 12 Schon im Juli 1969 erschienen in der Fachpresse erste Skizzen eines völlig neuen Stufenheck-Renault, der die betagten Heckmotormodelle dereinst ganz ablösen sollte. Der den Autojournalisten für einmal im fernen Rumänien vorgestellte und im Oktober auf der Pariser Autoausstellung hierauf auch dem Publikum gezeigte Renault 12 sollte allerdings vorerst dem einheimischen Markt vorbehalten sein. Er besaß eine ziemlich ungewohnte, leicht keilförmig ansteigende Viertürkarosserie mit absinkender Hecklinie. Damit wirkte dieser Renault ebenso charakteristisch wie die kantigen Heckmotorwagen oder die unverwechselbaren R 4, 6 und 16. Natürlich besaß auch der Renault 12 Frontantrieb. Sein 1,3-Liter-Motor war eine Weiterentwicklung der ursprünglich im R 8 eingeführten 950-cm^3-Triebwerkreihe. Mit 60 SAE-PS bot er beinahe gleich viel Leistung wie der bloß 3 PS stärkere, aber auch schwerere R 16. Von diesem unterschied er sich durch den vor der Vorderachse eingebauten Motor und die einfache hintere Starrachse. Anstatt der Torsionsstabfederung wurden Schraubenfedern verwendet.

Für den Jahrgang 1970 erhielten (ab Oktober 1969) der R 4 ein neben dem Schalthebel angeordnetes Lenkzündschloß (neben weiteren Verbesserungen), der R 6 eine verbesserte Verriegelung der Fondsitzlehne, der R 8 die gleichen Sitze wie der R 10, der R 10 den 1,3-Liter-Motor des R 12 (jedoch mit nur 52 SAE-PS, R 8 Automatic weiterhin mit 1,1-Liter-Motor) und der R 16 schließlich unter anderem verstellbare Frischluftöffnungen an beiden Enden des Armaturenbrettes (16 TS zudem nun im Kühlergrill integrierte Weitstrahler und eine Zeituhr).

Bereits in der Ferienzeit des Sommers 1970 wurde ein neuer Gordini angekündigt. Er basierte jetzt auf dem R 12 und hatte den Motor des 16 TS, jedoch mit nicht weniger als 125 SAE-PS Leistung! Zur Serienausstattung zählte ein vollsynchronisiertes 5-Gang-Getiebe, und selbstverständlich war auch das Fahrwerk angepaßt worden. Mit dem innen und außen sportlich aufgezäumten R 12 Gordini stand sowohl den «Leistungsenthusiasten» wie den Amateurrennfahrern ein hochpotentes Fahrzeug zur Verfügung, das sich überdies – wie jeder andere Renault auch – für den Familienausflug eignete. Im Jahre 1970 sollten übrigens erstmals über eine Million Renault-Personenwagen vom Fließband rollen.

Renault	Zyl.	cm³	PS *SAE	bei 1/min	Gänge	Spitze km/h	Radstand/ Länge	Baujahre	Besonderheiten
4 CV	4	747	21	4100	3	100	210/364	–1961	Heckmotor
Dauphine	4	845	27	4250	3/4	108	227/395	–1960	Heckmotor
			25	4500		115		1960/61	
			28	4500				1961–66	ab 1963: 3/A
									ab 1965: nur A
Dauphine Gordini			–35	5000	4	126		–1962	
			33	5000				1962–67	
Dauphine 1093			47	5600		140	227/394	1962/63	
Floride			–35	5000	4/3	125	227/426	1959–62	Heckmotor; Bez.
Floride S + Caravelle		956	44	5500	4	135		1962/63	USA: Caravelle
Caravelle 1100		1108	47	5100				1963–65	
1100 S			51	5100		145		1965–68	
Frégate (/Domaine)	4	2141	77*	4000	4	135	280/469	–1960	h.E.
Transfluide (/Manoir)			80*	4000	A				
R 4	4	747	24	4500	3	105	242/361	1961/62	Plattformrahmen,
R 3		603	23*	4800		90			Frontantrieb, h.E.
R 4 Super		747	32*	4700		110			
R 4			27	4700				1962–67	
f. Export + Super		845	27	4700					(anf. 0,5 PS weniger)
R 4		747	27	4700	4	110	242/367	1967–	
		845	27	4700					
R 6	4	845	34	5000	4	117	242/385	1968–	Frontantrieb, h.E.
R 8	4	956	40	5200	4/A	125	227/400	1962–65	Heckmotor (ab 1964:
			41	5200		130		1965–67	R 8 A + R 8
R 8 Major 1100		1108	45	4900	4	134		1964	Automatic)
			46	4600				1964/65	
R 8			43	4600	4/A	133		1967–	
S			53	5500	4	146		1968–	
R 8 Gordini			95	6500		170		1964/65	
1300		1255	88	6750	5	175		1966–	
R 10 Major	4	1108	43	4600	4/A	133	227/420	1965–69	Heckmotor (per '68:
R 10		1289	48	4800	4	135+		1969–	R 10)
Automatic		1108	44	4600	A	132		1969–	
R 12	4	1289	54	5250	4	140+	244/434	1969–	Frontantrieb
R 16	4	1470	59	5000	4	142	268/423	1965	Frontantrieb, h.E.
			55	5000				1965–	
R 16 TS		1565	83	5750		160+		1968–	
TA			67	5000	A	145		1969–	
USA			62	5200	4	150	268/427	1968–	

René Bonnet

René Bonnet war die Nachfolgemarke von → DB. Charles Deutsch und René Bonnet hatten sich auf 1963 getrennt, und während → Panhard, bis dahin Motorenlieferant für DB, ein Modell CD (Charles Deutsch) einführte, spannte René Bonnet nun unter eigener Marke mit → Renault zusammen. Das kleine Werk befand sich weiterhin in Champigny-sur-Marne (Seine). Das Modell René Bonnet Missile (= Rakete) entsprach formlich noch weitgehend dem DB-Cabriolet Le Mans. Beibehalten wurde auch dessen Plattformrahmen mit Kastenträger. Neu war jedoch die Aufhängung mit verschränkter Torsionsstabfederung; sie bewirkte, daß der Radstand rechts auf 244 cm wuchs (links 239,5 cm). Vorn wurden Scheibenbremsen verwendet. Für den Antrieb sorgte der Motor des Renault Dauphine 1093 mit 845 cm³ Zylinderinhalt und 55 SAE-PS Leistung, und zwar in Verbindung mit Frontantrieb, wie ihn schon die DB hatten!

Daneben gab es den René Bonnet Le Mans; er unterschied sich vom Missile durch die unter senkrechten Glasabdeckungen zusammengefaßten Leuchteinheiten und die Verwendung eines modifizierten (Renault-) Gordini-Motors mit 1108 cm³ Inhalt und erklecklichen 75 DIN-PS Leistung. Überdies hatte dieses Modell Schraubenfedern. Auch hier erfolgte die Kraftübertragung mit einem vollsynchronisierten 4-Gang-Getriebe.

Djet Neben den Modellen Missile und Le Mans nahm René Bonnet auch gleich ein vollständig neues Coupé mit Mittelmotor in Produktion. Er nannte es Djet und bot es in den Versionen Standard und Rallye an. Der Standard besaß ein Rohrrahmenchassis mit Mittelträger, beim Rallye war (zudem) ein Gitterrahmen in die Kunststoffkarosserie eingebaut. Die Einzelradaufhängung wies hinten je zwei Schraubenfedern pro Rad auf. Als Motor diente im Standard ein modifizierter Renault-Gordini-Motor (1108 cm³, 60 DIN-PS), im Rallye ein 996-cm³-Motor mit 80 PS. Beide Ausführungen besaßen ein vollsynchronisiertes 4-Gang-Getriebe und Lockheed-Scheibenbremsen an allen Rädern. Die sehr strömungsgünstige Karosserie wies eine Heckklappe auf, und die Scheinwerfer saßen unter Plexiglasabdeckungen.

Im folgenden Jahr sollte dann vom Typ Rallye nicht mehr die Rede sein, sondern man sprach vom Djet I und vom Djet II, wobei beide das Rohrrahmenchassis mit Mittel-

René Bonnet Missile, 1962

Riley

träger besaßen. Die Leistung des frontgetriebenen René Bonnet Le Mans, der nun einen breiteren Motorhaubenaufsatz zeigte, wurde mit bloß noch 65 DIN-PS angegeben, und dieses Leistungsniveau galt nun auch für den Djet I. Anfang 1965 folgten die Djet III und IV, wiederum mit in der Kunststoffkarosserie eingeschlossenem Rohrrahmen, wobei der 1-Liter- wie der 1100-cm³-Motor im Djet IV mit zwei obenliegenden Nockenwellen angeboten wurden.

Doch die Marke René Bonnet sollte sich als kurzlebig erweisen: Bereits im Verlaufe des Jahres 1965 entstand das neue Fabrikat → Matra-Bonnet, mit dem nur noch die Djet-Reihe weitergeführt werden sollte. – René Bonnet kam am 13. Januar 1983 im Alter von 78 Jahren bei einem Selbstunfall am Steuer ums Leben.

René Bonnet	Zyl.	cm³	DIN-PS	bei 1/min	Gänge	Spitze km/h	Radstand/ Länge	Baujahre	Besonderheiten
Missile	4	845	55*	5200	4	158	242/410	1962	Frontantrieb, * SAE-PS
Le Mans		1108	75	6000		165	240/410	1962/63	(Chassis s. Text;
			65	5800			240/426	1963	Motoren Renault)
Djet Standard	4	1108	60	6000	4	175	240/380	1962/63	Rohrrahmen,
Rallye		996	80	6500		190	240/390		Mittelmotor
Djet I		1108	65	5800		175	240/380	1963	
II		996	80	6500		190			
III						210		1964	a.W. 1108-cm³-Motor
IV						–220			beide Motoren: DOHC!

Sie war die Topmarke des Nuffield-Quartetts (Morris, MG, Wolseley, Riley) und vereinigte das im echt englischen Styling gehaltene luxuriöse Niveau des → Wolseley mit der sportlichen Leistungsfähigkeit der → MG: Auch noch nach dem Zweiten Weltkrieg hatte Riley ein vergleichsweise eigenständiges Leben innerhalb der Nuffield Group geführt und sogar eigene DOHC-Motoren hergestellt, die auch in rennsportlichen Kleinstserienfabrikaten Verwendung fanden. 1949 wurde die Herstellung in die MG-Fabrik nach Abingdon verlegt. Doch nach der Gründung der British Motor Corporation im Jahre 1952 (Fusion Nuffield/Austin) folgte auch für Riley eine Phase der Modellrationalisierung, lies Integration.

Der 1957 erschienene, aus dem formvollendeten Pathfinder abgeleitete Typ 2.6 wurde bereits 1959 aus dem Programm gestrichen, und somit gab es 1960 keinen 6-Zylinder-Riley mehr. Das Angebot umfaßte lediglich noch den kleinen, ebenfalls 1957 erschienenen und doch recht altmodisch wirkenden 1.5, der weitgehend mit dem Wolseley 1500 identisch war, sowie den seit 1959 gebauten 4/68, der die von Pininfarina (→ Anhang) entworfene BMC-Einheitskarosserie zeigte. Der 4/68 (= 4 Zylinder, 68 PS) hatte mit zwei Vergasern die gleiche Leistung wie der MG Magnette. Der Riley 1.5 bot sogar noch 1 PS mehr!

Im Herbst 1961 wurde aus dem 4/68 das Modell 4/72. Mit neuem 1,6-Liter-Motor (wie ihn auch die entsprechenden anderen BMC-Modelle erhielten) und zwei Vergasern (wie der MG Magnette) standen nun 72 PS zur Verfügung. Gleichzeitig war auch bei diesem Riley der Radstand verlängert und die Spur verbreitert worden. Zudem wurde das Fahrwerk überarbeitet und das Interieur verfeinert, so daß nun mehr Innenraum und Komfort wie auch verbesserte Fahreigenschaften geboten wurden. Auf Wunsch war jetzt auch ein Borg-Warner-Automatgetriebe lieferbar.

Elf Wie Wolseley erhielt auch Riley zu jenem Zeitpunkt eine Programmergänzung nach unten: nämlich eine Abwandlung des revolutionären Kleinwagens → Austin Seven 850 alias Morris Minor 850 mit Frontantrieb und Quermotor und daher kompakten

Von links nach rechts:
René Bonnet Le Mans, 1964
Riley One Point Five = 1.5, 1960
Riley Kestrel, 1966
Riley 4/72, 1964
Riley Elf Mark III, 1967

Außen- und optimal genutzten Innenmaßen. Er trug bei Riley den Modellnamen Elf (= Elfe) und zeigte wie der entsprechende Wolseley ein um 22 cm verlängertes Heck, damit auch hier dem Markenniveau entsprechend Gepäck mitgenommen werden konnte. Die Motorleistung blieb allerdings zunächst auf «Mini»-Niveau. Auf 1964 erhielt der niedliche Riley Elf, der das gleiche hochformatige, jedoch in der Vertikalen leicht gewölbte Kühlergitter zeigte wie seine größeren Brüder, den 1-Liter-Motor der Mini Cooper (→ Austin), allerdings mit bescheidenerer Leistung. Wie die anderen Mini besaß auch der Elf ab Ende 1964 anstelle der Gummi- die Hydrolastic-Verbundfederung. Er wurde damit bereits als Mark III bezeichnet.

Kestrel Auf dem Londoner Salon des Jahres 1965 wurde als Ersatz für den Riley 1.5 der Kestrel vorgestellt. Er besaß die gleiche Grundkarosserie wie der richtungweisend konzipierte → Morris 1100 (Frontantrieb, Quermotor, Hydrolastic) sowie die nach ihm herausgekommenen Austin, MG und Vanden Plas 1100. Zusammen mit dem Wolseley 1100 gab es jetzt das gleiche Modell unter sechs Marken, wobei die Ausstattungen allerdings stark variierten. Im Juni 1967 erhielt der Kestrel den 1275-cm³-Motor, und alsbald wurde auch bei ihm das von BMC zusammen mit Automotive Products entwickelte automatische 4-Gang-Getriebe lieferbar. Auf 1969 gab es den Kestrel Mark II. Seine Merkmale waren die mit zwei Halbfallstromvergasern stark erhöhte Motorleistung und die geänderten Getriebeabstufungen. Doch dies sollte der letzte neue Riley sein. Im Verlaufe des Jahres 1969 wurde die Herstellung unter der Ägide der 1968 gegründeten British Leyland Motor Corporation zum Bedauern der recht vielen Freunde dieser gepflegten kleinen Marke eingestellt.

Nach ihrem Entstehungsort in England benannt wurden die ab 1958 gebauten kleinen, strömungsgünstig geformten Coupés der Rochdale Motor Panels & Engineering Ltd. Es handelte sich um selbsttragende Kunststoffschalen, die auch für die «Heimmontage» verkauft wurden. Das Modell Olympic A basierte auf BMC-Teilen (Austin usw.), während der Olympic F mit Ford-Aggregaten zusammengebaut wurde. Bei 218 cm Radstand waren die 2+2sitzigen Fastbackcoupés 371 cm lang. Die Leistung des mit zwei Vergasern bestückten 1,5-Liter-Motors von Ford wurde 1962 mit 73 PS angegeben, in der Ausführung Phase II ab 1963 – man erkannte sie an der leicht vergrößerten Kühlluftöffnung ohne senkrechten Mittelbalken – mit 78 PS. Der Unterbau umfaßte vorne Querlenker und Schraubenfedern, hinten Starrachse mit Längslenkern, Schraubenfedern und Panhardstab. Vorne wurden Girling-Scheibenbremsen verwendet. 1968 wurde ein 1,6-Liter-Motor eingeführt, doch zwei Jahre später ging die kleine Marke unter.

Rochdale Olympic, 1961

Riley	Zyl.	cm³	PS *SAE	bei 1/min	Gänge	Spitze km/h	Radstand/ Länge	Baujahre	Besonderheiten
1.5	4	1489	69*	5400	4	140	218/389	1957–65	
4/68			68*	5200			252/452	1959–61	
4/72		1622	69	5000	4/A		254/452	1961–69	
Elf	4	848	35	5500	4	115	204/327	1961–63	Frontantrieb, Quer-
Mk. II		998	39	5250		125		1963/64	motor, h.E., Gummifederung
Mk. III							204/331	1964–69	dto. Verbundfederung
Kestrel	4	1098	56*	5500	4	142	237/373	1965–67	wie Elf Mk. III
			55*	5600					
		1275	59	5250	4/A	146		1967/68	
Mk. II			71	6000		150		1968/69	

Rochdale	Zyl.	cm³	DIN-PS	bei 1/min	Gänge	Spitze km/h	Radstand/ Länge	Baujahre	Besonderheiten
Olympic	4	1498	73	5000	4	180	220/373	1962/63	Basis Ford
Phase II			78	5200		185	221/361	1963–68	
		1599	82	5400				1968–70	a.W. 64/4800, 76/5000

Ob die Rolls-Royce-Wagen den Titel «Beste Autos der Welt» zu Recht tragen, war schon stets ein Gegenstand von Streitgesprächen. Jedenfalls haben sie sich ab Beginn ihrer Existenz einen legendären Ruf gesichert, und ohne Zweifel ist Rolls-Royce hinsichtlich Prestigewert, Luxussymbolik und Qualitätsbegriff im Autowesen der berühmteste Name geblieben. Dabei bemühten sich die Leute, die hinter diesem Namen standen, kaum je um avantgardistische Konstruktionsmerkmale, vielmehr legte man Wert auf Bewährtes, das man stets weiter zu verbessern suchte. Handarbeit wurde immer großgeschrieben. Es steht auch fest, daß die Rolls-Royce Ltd. im englischen Crewe stets die teuersten Serienwagen baute; wenn ab und zu von anderer Seite noch kostspieligere Autos propagiert wurden, so erreichten diese nie auch nur annähernd die gleichen Absatzzahlen . . .

1960 produzierte die Rolls-Royce Ltd. den Typ Silver Cloud II mit V8-Motor. Dieser hatte 1959 den altbewährten gegengesteuerten 6-Zylinder-Motor abgelöst. Zwillingsmodell des Silver Cloud II war der → Bentley S 2, der sich im Prinzip nur durch eine andere Kühlerfront vom S I unterschied. Der «normale» Silver Cloud II war eine wuchtige viertürige Limousine mit Kotflügelsilhouetten und sanft abfallendem Heck. Er wirkte gekonnt altmodisch und war sozusagen ein Inbegriff traditionellen britischen Designs. Natürlich gaben in seinem geräumigen Innern Edelholz und Echtleder in reicher Fülle den Ton an. Und ein Großteil des Aufbaus wurde in behutsamer Handarbeit hergestellt! Für Ausführungen mit Separation (Trennscheibe zwischen Fahrer und Passagieren) eignete sich vor allem die rund 10 cm längere Version LWB (long wheel base = langer Radstand). Außerdem waren meist als Einzelstücke aufgebaute Spezialkarosserien in Form von Coupés und Cabriolets lieferbar.

Das Rolls-Royce-Chassis bestand aus einem Kastenrahmen mit Längsträgern und Kreuztraverse. Die Aufhängung entsprach dem Standardmaß: vordere Trapez-Dreieckquerlenker mit Schraubenfedern, hintere Starrachse mit Halbelliptikfedern, wobei als zusätzliche Achsführung ein Z-förmiger Stabilisator diente. Die hinteren Kolbenstoßdämpfer waren elektrisch verstellbar. Normalerweise wurde eine Servolenkung eingebaut. Der mit zwei Horizontalvergasern versorgte V8-Motor war mit 6230 cm³ Inhalt Europas größte Personenwagen-Kraftquelle. Seine Leistung wurde nach alter Tradition der Marke nicht bekanntgegeben. Als Getriebe diente das vierstufige Hydramatic Dual Range, das nach GM-Lizenz hergestellt wurde. Die gleiche Mechanik fand sich im Superluxusmodell Phantom V, das nur in wenigen Exemplaren und meist auf Bestellung gebaut wurde. Es wurde von den Rolls-Royce nahestehenden Karosseriefirmen Park

Ward und H. J. Mulliner zu 175 cm hohen und extralangen Staatskarossen eingekleidet.

Bei Rolls-Royce wurden übrigens nicht nur Luxusautos gebaut, sondern auch Militärfahrzeuge motorisiert. Diesem Zwecke diente beispielsweise ein Vielstoff-Zweitaktmotor, der in 4- und in 6-Zylinder-Ausführung Anfang 1960 zur Erprobung kam. Im Mai 1960 wurde von Park Ward ein über 6 m langer Phantom V mit verglastem Pavillon-Hinterteil an das englische Königshaus abgeliefert. Die gläserne Rückwand ließ sich auf Knopfdruck auch von einem aus dem Kofferraum auftauchenden Blechdach überziehen. Im gleichen Jahr entwickelte der Karossier James Young für den Phantom V ein Stahldach, das sich nach alter Chauffeurwagensitte über dem Fahrerabteil aufschieben ließ.

Silver Cloud III Den Silver Cloud III, der (zusammen mit dem Bentley S 3) im Herbst 1962 erschien, erkannte man an den Doppelscheinwerfern, die allerdings von manchen Ästheten keineswegs willkommen geheißen wurden. Gemäß Werkangaben wurde gleichzeitig die Motorleistung um «etwa 7 %» erhöht, dies durch eine Erhöhung der Verdichtung von 8 auf 9:1 sowie durch größere Vergaser, versetzte Kolbenbolzen und eine nitrierte Kurbelwelle. Die Leistung des so modifizierten Motors, der dank zusätzlicher Zündpunktverstellung im Unterdruck auch etwas sparsamer geworden war, wurde von Insidern auf 265 bis 275 PS geschätzt. Die Wirkung der Servohilfe wurde verstärkt, das Platzangebot im Wagenfond um eine Spur vergrößert, und der Kühler erhielt eine geringfügig geänderte Form. – Weil man Luxusautos in England neuerdings nicht mehr so rasch abschreiben konnte, ging die Jahresproduktion von bisher etwa 2400 Rolls-Royce und Bentley im Jahre 1962 um etwa einen Viertel zurück.

Silver Shadow Anfang Oktober 1965 wurde der Silver Cloud (Silberwolke) durch den Silver Shadow (Silberschatten) abgelöst. Mit ihm wandte sich Rolls-Royce der modernen Pontonform zu. Manche Fans der Marke bedauerten diesen Schritt, und Kritiker fanden, daß die neue Linie mit dem unterhalb der Gürtellinie durchgezogenen Zierstrich und der diskreten Dachaufbauform allzusehr an den klassenungleichen → Peugeot 403 erinnere. Doch das im eigenen Haus entwikkelte Design war mit dem Ziel möglichst langer Beständigkeit geschaffen worden. Es vereinte die einzigartige, wiederum von Doppelscheinwerfern flankierte klassische Rolls-Royce-Front sowie das Leder- und das Holzinterieur mit einem auf Zweckmäßigkeit ausgerichteten äußeren Erscheinungsbild. Der neue Rolls-Royce (und Bentley T) war nur 152 statt 163 cm hoch, nur noch 180 statt 190 cm breit, und seine Länge war um 17 auf 517 cm geschmolzen. Der Kühler war erneut niedriger geworden, und die Sichtverhältnisse aus dem nach wie vor geräumigen Interieur hatten sich merklich verbessert.

Mit dem Silver Shadow wurde einer weitgehenden Neuorientierung in technischen Belangen zum Durchbruch verholfen. Zehn Jahre lang hatte man an dem neuen Modell gearbeitet – seit der Silver Cloud im Jahre 1955 in Produktion gegangen war. 1958 hatten bereits die Fahrversuche eingesetzt! Bedeutendste technische Neuerung war der Übergang zur selbsttragenden Karosserie; Puristen mochten dem kraftvoll dimensionierten Kastenrahmenchassis nachtrauern ... Türen und Hauben wurden aus Leichtmetall hergestellt. Für die Aufhängungen dienten ein vorderer und ein hinterer Hilfsrahmen, und auch die hinteren Räder wurden einzeln aufgehängt. Vorne fanden sich doppelte Trapez-Dreieckquerlenker, ein Panhardstab und

Von oben nach unten:
Rolls-Royce Silver Cloud III LWB, 1964
Rolls-Royce Silver Cloud III Two Door Saloon (H. J. Mulliner, Park Ward), 1966
Rolls-Royce Phantom V Seven Passenger Limousine (H. J. Mulliner, Park Ward), 1966

Rechts: Rolls-Royce Silver Shadow Drophead Coupé (H. J. Mulliner, Park Ward), 1968
Unten: Rolls-Royce Silver Shadow, 1968

Schraubenfedern, hinten Längslenker und Schraubenfedern. Alle Räder waren mit einer automatischen Niveauregulierung verbunden, und die Servolenkung war noch leichtgängiger geworden. Ein noch größerer Schritt in die Neuzeit wurde jedoch mit dem Bremssystem vollzogen: Es umfaßte jetzt Scheibenbremsen an allen vier Rädern, und zwar nach System Rolls-Royce mit dreifacher Betätigung für maximale Sicherheit. Nach 40 Jahren mechanischem Bremsservo wechselte man überdies zu einer Öldruck-Bremshilfe.

Den 6230-cm³-V8-Motor hatte man beibehalten. Dank neuen Zylinderköpfen gab er nun noch mehr Leistung und Drehmoment ab. Wieviel, dies verriet Harry Grylls, der Technische Direktor, auch seinen besten Kunden nicht. Neu war die mit einem Elektromotor arbeitende Gangwahl, die das übliche Gestänge ersetzte. Eine Freilaufkupplung reduzierte den Schaltstoß zwischen der ersten und der zweiten Getriebestufe. Die erst später in Produktion genommene Version mit Linkslenkung besaß dann (aus Platzgründen) allerdings eine normale 3-Stufen-Automatik des Typs Turbo-Hydramatic von GM. Noch raffinierter als bisher ausgebildet war die Heizungs- und Lüftungsanlage, die sich für die Vornesitzenden und die Fondpassagiere völlig getrennt regulieren ließ. Nach amerikanischer Manier ließen sich die Vordersitzflächen in drei Ebenen elektrisch verstellen. Schließlich wurden auch hinsichtlich Geräuschdämpfung und Rostschutz neue Maßstäbe gesetzt, und Polsterungen wiesen auf die Bemühungen um vermehrten Insassenschutz hin. Neuartig waren die Kontrolleinrichtungen für das Überwachen des Drucks im hydraulischen Brems- und Niveauregulierungssystem. Ferner standen der

Rolls-Royce	Zyl.	cm³	PS	bei 1/min	Gänge	Spitze km/h	Radstand/ Länge	Baujahre	Besonderheiten
Silver Cloud II	V8	6230	keine Angaben		A	175	312/538	1959–62	Kastenrahmenchassis
LWB							323/548		
Silver Cloud III						180	312/534	1962–66	
LWB							323/544	1962–65	
Phantom V	V8	6230	keine Angaben		A	165	366/605	1959–65	Kastenrahmenchassis
						180		1965–68	
VI								1968–70	
Silver Shadow	V8	6230	keine Angaben		A	190	303/517	1965–70	h.E.
LWB							313/527	1969–70	

Rover

Kühlwasserstand und die Stopplichtfunktion unter Kontrolle, und für den Lichtstrom stand ein zweiter Stromkreis zur Verfügung. Mit dem auf stark erhöhten Komfort ausgerichteten Silver Shadow wollte man nicht zuletzt auf dem amerikanischen Markt vermehrt Fuß fassen. In England selbst brachte der Silver Shadow gegenüber dem Silver Cloud III einen Preisaufschlag (ohne Steuern) von 16 %!

Für Spezialaufbauten diente vorerst – nebst dem Phantom V, der ab Londoner Salon 1965 auch als Landaulette mit elektrischer Fondsitz-Höhenverstellung und anderen Paradezubehören angeboten wurde – weiterhin der Silver Cloud III. Doch im März 1966 wurden auch der Silver Shadow und der Bentley T als zweitürige Coupés lieferbar. Im Gegensatz zur Limousinenkarosserie besaßen sie unterhalb des zweiten Seitenfensters einen feinen Knick in der Gürtellinie. Zu ihren Besonderheiten zählten etwa die verstellbaren Armlehnen an den Türen, die Windschutzscheibe mit elektrischer Entfrostung und die elektrische Bedienung der Türscheiben und der hinteren Ausstellfenster. Außer von dem fusionierten, zu Rolls-Royce zählenden Karosserieunternehmen H. J. Mulliner/Park Ward wurde auch von James Young eine Coupéversion angeboten; diese besaß eine horizontal durchgezogene Gürtellinie. Auf der Frankfurter IAA im September 1967 folgte dann auch die Cabrioletversion des Silver Shadow, womit die Serie Silver Cloud endgültig aus dem Produktionsprogramm gestrichen wurde. – Ab April 1968 wurden auch die rechtsgelenkten Silver Shadow mit der 3-Stufen-Automatik von GM ausgerüstet.

«Ein Rolls-Royce enthält 85 000 Teile mit 8500 verschiedenen Teilenummern.» Dies wurde im Frühling 1968 bekanntgegeben. Und gleichzeitig wurde festgehalten, daß für eine neue, für den USA-Markt bestimmte Ausführung 1270 Teile neu gestaltet oder geändert werden mußten. Um den neuen amerikanischen Abgasvorschriften gerecht zu werden, hatte man für den Motor eine komplizierte «chemische Fabrik» entwickelt, die mit etlichen Ventilen für eine Verminderung der schädlichen Abgase im Auspuff sorgte. Gleiche Anlagen besaßen in den USA bereits auch die einheimischen Modelle. Die Anforderungen an den Insassenschutz hatten auch zur Neugestaltung des Armaturenbrettes geführt. Dieses wies nun breite Polsterwulste ober- und unterhalb des Nußbaumfurniers sowie an einer neu hinzugekommenen Mittelkonsole auf. Die Klapptischchen an der Rückseite der Vordersitzlehnen mußten Polsterungen weichen, und die Bedienungsschalter einschließlich Hupenknopf wurden ebenfalls Richtung Sicherheit getrimmt. Außerdem hatte man die Türschlösser so verstärkt, daß sie bei Kollisionen nicht mehr aufspringen konnten. Und noch eine Sicherheitsmaßnahme war zu verzeichnen: Die fliegende Lady mit Namen Spirit of Ecstasy, die berühmte versilberte Kühlerfigur und Symbol der Marke, wurde – wie zuvor bereits für die Schweiz – von ihrem Sockel geholt. Ende 1968 fand sie, mit einer Kippvorrichtung versehen, auf dem amerikanischen Markt wieder Eingang.

Phantom VI Als Nachfolger des Phantom V folgte auf dem Londoner Salon im Oktober 1968 der Phantom VI. Er war äußerlich praktisch unverändert, besaß jedoch den leistungsgesteigerten Motor mit den neuen Zylinderköpfen, wie er mit dem Silver Shadow eingeführt worden war. Zudem hatte er für Vorder- und Hinterabteil getrennt regulierbare Klimaanlagen.

Die für den amerikanischen Markt entwickelten Sicherheitsmerkmale kamen ab Frühling 1969 allen weiteren Exportmärkten zugute. Zu den weiteren Neuerungen zählten eine direkter ausgelegte Lenkung und eine verfeinerte Vorderradaufhängung, die der Kurvenneigung entgegenwirkte. Hiezu wurde auch die vordere Niveauregulierung aufgegeben. Wie einst den Silver Cloud gab es nun auch den Silver Shadow mit um 10 cm verlängertem Radstand und entsprechend längerer Karosserie. Das Heckfenster war bei dieser Version etwas kleiner dimensioniert, um den Fondinsassen eine verstärkte «Intimsphäre» zu vermitteln. Der neue LWB-Rolls-Royce eignete sich auch für den Einbau einer Separation. In diesem Falle wurde wie beim Phantom VI eine getrennte Klimaanlage für das Chauffeurabteil und den Wagenfond eingebaut. Ein solcher Silver Shadow brachte es auf ein Leergewicht von 2275 statt 2100 kg. Lieferbar wurde er in Europa erst auf 1970. Ab November 1969 zählte die Klimaanlage zur Serienausrüstung aller Rolls-Royce, und gleichzeitig ersetzte ein Alternator den Dynamo. 1970 erreichte der Ausstoß 1867 Rolls-Royce und 142 Bentley.

Als unabhängiger, mittelgroßer Autohersteller nahm The Rover Company Ltd. in Solihull bei Birmingham (England) eine besondere Stellung ein. Sie baute Mittelklassewagen, die trotz gehobener Qualität und individuellem Design erschwinglich waren. Die 1960 gebauten Modelle 80 und 100 wiesen immer noch die Ende 1949 eingeführte, beinahe zeitlos elegante Grundform (interne Bezeichnung: Reihe P 4) auf. Weit moderner gab sich der Typ 3 Litre, der 1958 eingeführt worden war (Reihe P 5). Beiden Serien gemeinsam war das quadratische Kühlergitter, das aus feinen Senkrechtstäben mit einer vertikalen Mittelrippe bestand. Doch auch ohne dieses Merkmal wirkten die Rover erfreulich eigenständig.

Die Modelle 80 und 100 besaßen ein Kastenrahmenchassis mit Traversen, der größere Typ 3 Litre wies eine selbsttragende Karosserie mit vorderem Hilfsrahmen für Motor und Aufhängungen auf. Während der Rover 80 von einem ungewohnt großen 4-Zylinder-OHV-Motor mit 2,3 Litern Inhalt angetrieben wurde, hatten die Modelle 100 und 3 Litre 6-Zylinder-Maschinen von 2,6 und 3 Litern Inhalt, deren alttraditionelles Merkmal die hängenden Einlaß- und die stehenden Auslaßventile waren. Allen gemeinsam war das 4-Gang-Getriebe mit Laycock-de-Normanville-Schnellgang und Mittelschaltung; den 3 Litre gab es auf Wunsch mit Borg-Warner-Automat. Alle Rover hatten vorne Girling-Scheibenbremsen und hinten Starrachsen mit Halbelliptikfedern. Die kleineren Modelle 80 und 100 wiesen vordere Trapez-Dreieckquerlenker mit Schraubenfedern auf, der 3 Litre hatte vorne obere Dreieckquerlenker, untere Querlenker mit elastisch gelagerter schräger Schubstrebe und längsliegende Torsionsblattfedern!

Ein besonderes Kapitel verkörperte der Land-Rover, der vom amerikanischen Jeep

Rover 3 Litre Coupé, 1963

Rechts: Rover 2000, 1964
Unten: Rover 95, 1964
Ganz unten Rover 3.5 Litre, 1968

(→ Willys) inspirierte, für Europa wegweisende Geländewagen, der einst bloß als Nebenprodukt lanciert worden war, dem aber stets wachsende Bedeutung zukam. In der als Pw zu betrachtenden Aufbauform mit Tür und Dach gab es ihn in den Ausführungen 88 und 109, welche Zahlen sich auf den Radstand in Inches (Zoll) bezogen. Der Land-Rover basierte auf einem Kastenrahmen mit Traversen und hatte vorne wie hinten Starrachsen mit Halbelliptikfedern. Im Typ 88 stand neben dem 2,3-Liter-4-Zylinder-Motor ein 2-Liter-Diesel zur Wahl. Die als drei- und fünftürige Kombis in spartanischer Formgebung karossierten Land-Rover hatten zur 4-Gang-Stockschaltung serienmäßig ein Reduktionsgetriebe und natürlich den zuschaltbaren Vorderradantrieb. – 1961 wurde der 2,3-Liter-Rover-Motor in Dieselausführung lieferbar, und dies auch im größeren Modell 109.

Im Herbst 1960 wurde im Rover 3 Litre eine Hydrosteer-Servolenkung lieferbar, und die Steuerung des Automatgetriebes wurde geändert (u. a. nun Kickdown in erste Stufe möglich). Im Wageninnern fanden sich Holz- statt Blechrahmen unter den Fenstern und schwenkbare Lüftungsklappen zum Entfrosten der Seitenscheiben. Ein Jahr danach kamen Ventilations-Dreieckfenster an den Vordertüren und neue Radzierscheiben hinzu. Eine Rover-Entwicklung war der nun an der Lenksäule statt in Armaturenbrettmitte angeordnete Schalter, mit dem ein vorzeitiges Schalten des automatischen Borg-Warner-Getriebes verhindert werden konnte. Ferner wurden mit dem Modelljahrgang 1962 die Motorlagerung und die Heizung verbessert sowie eine Kontrollampe für die Handbremse und sinkende Bremsflüssigkeit eingeführt. Der 3 Litre wie das Modell 100 erhielten eine zweite elektrische Benzinpumpe, die sich bei Störungen vom Armaturenbrett aus einschalten ließ.

Schon 1950 hatte Rover ein Gasturbinenauto in Erprobung genommen. Die Firma steckte einen bedeutenden Teil ihres Entwicklungspotentials in die Erforschung dieser Antriebsart und leistete auf diesem Gebiet weltweit anerkannte Pionierarbeit. Bereits 1952 hatte Rover mit einer 250-PS-Turbine 240 km/h erreicht. Im Herbst 1961 wurde das vierte Gasturbinenauto von Rover vorgestellt. Es war nicht mehr ein rennsportlich angehauchter Roadster, sondern eine bildschöne viertürige Limousine, die denn auch im Hinblick auf eine mögliche Serienherstellung konstruiert worden war. Die Antriebseinheit mit Kompressor, Turbine, Wärmetauscher und Hilfsorganen war im Bug angeordnet, und die Kraftübertragung erfolgte auf die Vorderräder! Die Gasturbine dieses Rover T 4 genannten Prototyps entwickelte 140 PS, was angeblich dem Potential eines 200-PS-Ottomotors entsprach. Dabei war die Gasturbine nach Rover-Angaben um 90 kg leichter als eine vergleichbare konventionelle Kraftquelle einschließlich Getriebe. Der Treibstoffverbrauch wurde mit 15 Litern auf 100 km angegeben. Gespannt sah man dem schließlich enttäuschenden Ausgang des «Gasturbinen-Wettbewerbs» zwischen Rover und → Chrysler entgegen ...

95/110/Mark II/Coupé Ab Herbst 1962 blieb der 2,3-Liter-4-Zylinder-Motor ausschließlich dem Land-Rover reserviert. An die Stelle der Rover-Limousinen 80 und 100 traten die Modelle 95 und 110, beide mit der gegengesteuerten 2,6-Liter-6-Zylinder-Maschine, jedoch mit 104 und 125 SAE-PS (ursprünglich hatten sich die Zahlenbezeichnungen für die Modelle auf die Leistungs-PS bezogen). Der Rover 95 wurde ohne Schnellgang geliefert. Durch Änderung des Zylinderkopfs und des Ansaugsystems wurde die Leistung des 3 Litre auf 136 SAE-PS, in Verbindung mit dem Automatgetriebe auf 131 PS erhöht. Der Schnellgang erhielt ein separates Schmiersystem. Verbessert wurde auch die Lenkung. Bemerkenswerteste Neuerung aber war der 3 Litre Coupé. Er war viertürig (!) wie der normale 3 Litre, besaß aber eine um 5 cm abgesenkte Dachlinie und eine höhere Frontscheibe, wodurch er eleganter wirkte. Auch die Limousine hatte durch kleine Fahrwerksveränderungen eine Absenkung um einen auf 150 cm erfahren. Sie galt nun als Mark II.

Im Frühjahr 1963 vollendete der Schweizer Spezialkarossier Hermann Graber (→ Anhang) ein Cabriolet auf dem Rover 3 Litre. Rover nahm inzwischen auch an Rallyes teil und konstruierte zusammen mit der Rennwagenfirma BRM einen Gasturbinen-Einsatzwagen für das 24-Stunden-Rennen von Le Mans des Jahres 1963. Der außer Konkurrenz gestartete Rover-BRM beendete das Rennen unter Graham Hill und Richie Ginther hinter sechs Ferrari auf dem äußerst ehrenvollen siebten Rang.

Rover 2000 Der Prototyp T 4 sah im Herbst 1963 eine teilweise Verwirklichung, und zwar in Form des zu diesem Zeitpunkt lancierten Rover 2000 (intern mit P 6 bezeichnet). Diese bedeutende Neuheit besaß unverkennbar die wohlproportionierten Linien der Gasturbinen-Versuchslimousine, wenn auch deren langgezogene Front etwas verkürzt worden war. Allerdings war von Gasturbinenantrieb keine Spur zu sehen, und auch den Frontantrieb hatte man ausgelassen. Dennoch war der Rover 2000 keineswegs ein konventionelles Auto. Neben der von Chefdesigner David Bache geschaffenen modernen Form bot er einen neuen Motor mit obenliegender Nockenwelle, eine De-Dion-Hinterachse sowie eine nach jüngsten Erkenntnissen des Insassenschutzes konzipierte Sicherheitskarosserie. Diese besaß nun ein selbsttragendes Karosseriegerippe mit abnehmbaren Beplankungen und verformbare Kunststoffkasten als Knieschutz für die vorderen Insassen sowie eine verstellbare Lenksäule mit hinter dem Motor liegendem Lenkgestänge.

Der OHC-Motor war ein Vierzylinder der 2-Liter-Klasse, dessen Leistung mit 90 DIN- bzw. 99 SAE-PS angegeben wurde. Der Kraftübertragung diente ein nun vollsynchronisiertes 4-Gang-Getriebe. Die Aufhängungen waren in das Fahrskelett eingehängt. Vorne fand sich eine neuartige Auslegeraufhängung mit unteren Querlenkern und Schubstreben sowie oberen, nach aufwärts verlängerten Achsschenkeln mit Winkelhebeln als Verbindung zu den längsliegenden Schraubenfedern. Die De-Dion-Hinterachse war mit Längslenkern, einem Wattgestänge, Panhardstab und Schraubenfedern kombiniert. Alle vier Räder wiesen Dunlop-Scheibenbremsen auf. Das Interieur des Rover 2000 bot vier komfortable Fauteuils, wobei die hintere Mittelarmlehne einen zusätzlichen Sitz freigeben konnte. Ein ebenso ungewohntes wie modernes Design zeigte das Armaturenbrett mit eingeschobenem Instrumentekasten. Die übrige Ausgestaltung war in gepflegt-englischer Manier gehalten.

3 Litre Mark II Mit dem Erscheinen des Rover 2000 lief die Produktion der Modelle 95 und 110 im Verlaufe des Jahres 1964 logischerweise aus. Insgesamt waren von 1949 bis 1964 etwas über 130 000 Rover der apart geformten Reihe P 4 hergestellt worden, davon 5900 Typ 80, 3680 Typ 95, 16 600 Typ 100 und 4600 Typ 110. Der später unter den Liebhabern der Marke mit Elefant bezeichnete Rover 3 Litre erfuhr im Herbst 1965 eine Aufwertung: Sein Interieur wurde vollständig überarbeitet und hinsichtlich Aufteilung jenem des Modells 2000 angepaßt. Er hatte somit nun ebenfalls vier komfortable, mit Seitenwülsten versehene Einzelfauteuils sowie ein mit durchgehendem Ablagefach verbundenes Armaturenbrett. Das Angebot serienmäßiger Ausstattungsdetails war noch erhöht worden, und die Servolenkung zählte jetzt zur Standardausrüstung. Die Motorleistung wurde für beide Varianten – mit Overdrive wie mit Getriebeautomat – einheitlich mit 123 DIN- bzw. 136 SAE-PS angegeben.

2000 TC 1965 hatte die Rover Company Ltd. die Marke → Alvis in Coventry übernommen. Die Produktion dieser Liebhabermarke wurde weitergeführt, doch stellte Alvis auch Amphibien- und andere Militärfahrzeuge her! Anderseits hatte Rover auch die Produktionsrechte für den 3,5-Liter-Alu-V8 von → Buick/Oldsmobile erworben. Dieser Motor mußte jedoch noch Anpassungsarbeiten unterzogen werden. So gab denn auf dem Genfer Salon im März 1966 der Rover 2000 TC (= Twin Carburettor, zwei Vergaser) als leistungsgesteigerte Version des Modells 2000 seinen Einstand. Mit geändertem Zylinderkopf und Auspuffsystem resultierten 108 statt 91 DIN-PS. Die TC-Version war serienmäßig mit einem Ölkühler ausgestattet. Für die USA wurde gleichzeitig eine Luxusausführung mit 115 DIN-PS geschaffen (Verdichtung 10 statt 9:1). Auf dem Genfer Salon jenes Jahres wurde vom Spezialkarossier Hermann Graber ein fünfsitziger Rover 2000 Cabriolet ausgestellt; Graber war mit Alvis liiert.

Im September 1966 wurde bekannt, daß fortan auch der Rover 2000 mit einem Getriebeautomaten von Borg-Warner lieferbar sein werde. Im Gegensatz zum Modell 3 Litre mit Automat fand der Wählhebel seinen Platz auf der Mittelkonsole. Der 2000 TC wurde anderseits mit Drahtspeichenrädern lieferbar. Die bisher bei den 2-Liter-Rover vorgenommenen Verbesserungen betrafen das Getriebe, die Aufhängung sowie einzelne Bedienungsorgane und die Lüftung. – Noch im Jahre 1966 wurde bekannt, daß der Verwaltungsrat der Firma Rover einem Übernahmeangebot der Leyland Motor Corporation zugestimmt hatte. Der Nutzfahrzeugkonzern Leyland besaß bereits auch die Marke → Triumph! Leyland war nicht zuletzt an der Gasturbinenentwicklung von Rover interessiert, denn noch sprach man dieser Antriebsart, zumindest für Lastwagen, Zukunftschancen zu. Zudem brachten die Land-Rover und die Alvis-Militärfahrzeuge eine weitere Stärkung der Position des größten britischen und weltweit bedeutenden Nutzfahrzeugherstellers. Daß Triumph und Rover als Personenwagenmarken nun unter einem Firmendach vereint waren, sollte anderseits bloß einen Anfang bedeuten . . .

3.5 Litre Zur Unterscheidung vom TC erhielt der Basis-Rover 2000 im Jahre 1967 die Zusatzbuchstaben SC (= Single Carburettor). Ebenfalls 1967 entstand bei Zagato (→ Anhang) ein ultraniedriges Coupé TCZ. Eine große Neuerung bedeutete der im September 1967 eingeführte Rover Mark III mit 3,5-Liter-V8-Motor. Er löste den 3 Litre ab, und mit diesem verschwand – abgesehen vom Jeepster (→ Kaiser) – der letzte gegengesteuerte Personenwagenmotor. Wie bereits erwähnt, handelte es sich bei diesem vergleichsweise kleinen V8 um ein «Erbstück» von General Motors. Im Vergleich zum bisherigen 6-Zylinder-Motor war dieser V8 60 kg leichter! Das aus Leichtmetall hergestellte Aggregat leistete bei 10,5:1 Verdichtung über 160 DIN-PS bzw. 184 SAE-PS bei 5200/min. Im Buick Special und im Skylark war seine Leistung zuletzt, das heißt 1963, je nach Version mit 157 bei 4600 und 193 bei 4800/min angegeben worden. Im Oldsmobile F-85 hatte die Leistungsspanne 1963 bis 218 PS bei 4600/min erreicht; dieser Wert war für das Modell Jetfire mit Abgasturbolader genannt worden. Für die britischen und die europäischen Anforderungen war der 3,5-Liter-Motor neu ausgelegt worden. Er wurde mit zwei Halbfallstrom-Vergasern versorgt und ausschließlich in Verbindung mit dem Borg-Warner-Getriebeautomaten Typ 35 eingebaut. Die Federungsabstimmung wie die Bremsanlage hatten die Rover-Leute dem neuen Motor angepaßt. Äußerlich erkannte man den 3.5 Litre vor allem am geringfügig geänderten Kühlergitter, das nun von zusätzlichen Nebellampen flankiert wurde. Die Stoßstangenhörner waren gummibewehrt, und die Räder trugen schwarze Kappen mit fünf metallfarbenen Speichen. Wie bisher der handgeschaltete 3 Litre besaß der 3.5 Litre einen auf der Mittelkonsole plazierten Wählhebel. Auch das Armaturenbrett war teilweise neugestaltet worden. – Auf dem Genfer Salon 1968 zeigte Hermann Graber als weitere Sonderversion ein durch seine großzügigen Fensterflächen auffallendes Coupé auf dem Rover 2000 TC. Ebenfalls als Einzelstück sollte ein Jahr später noch ein Graber-Coupé auf dem Rover 3500 entstehen.

Rover 3500 Im April 1968 wurde die Reihe der kleineren Rover (P 6) um eine

Oben: Lanc-Rover 109 Station Wagon, 1968
Unten: Rover 3500 V8, 1970

besonders potente Ausführung erweitert: den Typ 3500. Natürlich handelte es sich um eine Kombination des Modells 2000 mit dem V8-Motor. Statt der 91 SAE-PS im 2000 SC und der 110 im 2000 TC standen nun nicht weniger als 161 PS zur Verfügung! Von der Reihe 2000 waren bisher über 100 000 Exemplare gebaut worden. Der Typ 3500 sollte erst gegen Ende Jahr in den Export gelangen. Aus Platzgründen mußte man die Batterie aus dem Motorraum ins Wagenheck verbannen. Der Kühler wurde vergrößert und zudem durch einen Wärmetauscher für das Automatik-Getriebeöl ergänzt. Der vordere Querträger des Karosseriegerippes, die Radaufhängungen und die Bremsen wurden verstärkt. Überdies hatten sich für den Einbau des V8-Motors weitere Anpassungen aufgedrängt. Von außen erkannte man den Rover Three Thousand Five (3500, im Gegensatz zum Three Point Five /3.5) in erster Linie an dem zusätzlichen Lufteinlaß unterhalb der Frontstoßstange, an dem Chromstreifen am Motorhauben-Vorderende, den Gummipuffern an den Stoßstangenhörnern und selbstverständlich an den Aufschriften.

Das Jahr 1968 brachte die große Fusion der britischen Automobilindustrie. Leyland (mit Rover und Triumph) schloß sich mit der British Motor Holding (→ Austin, Austin-Healey, Morris, MG, Wolseley, Riley, Jaguar und Daimler) zur British Leyland Motor Corporation zusammen, womit ein weiterer internationaler Automobilriese entstand ... Auf dem Sektor der Forschung wurde bei Rover das Experimentalfahrzeug P6 BS, ein zweisitziges Mittelmotorcoupé von attraktiver Form mit Kunststoffkarosserie, entwickelt. Der Alu-V8 war in Längsrichtung und rechts der Fahrzeuglängsachse eingebaut. Für die Kraftübertragung vom Motor zum 4-Gang-Getriebe diente eine Kette. Hinten wurde wie bei den großen Rover eine De-Dion-Achse verwendet. British Leyland stellte diesen bereits vor geraumer Zeit vollendeten Prototyp auf dem Salon von Brüssel im Januar 1969 erstmals offiziell zur Schau, und es bestanden Pläne für eine Serienherstellung. Doch wurde schließlich darauf verzichtet, nebst den Austin-Healey, MG und Triumph vor allem neben dem Jaguar E-Type einen weiteren Sportwagen ins BLMC-Programm aufzunehmen.

Käuflich war hingegen ein bereits im Herbst 1968 vorgestellter Rover 2000 Kombi mit gleichmäßig nach hinten abfallender Dachlinie; er war von der Karosseriefirma Crayford Auto Development Limited entwikkelt worden. – Im Sektor Land-Rover hatte man als wichtigste unter den laufend durchgeführten Verbesserungen 1967 einen 2,6-Liter-6-Zylinder-Motor für den Typ 109 eingeführt. Er besaß die gleichen Abmessungen wie einst das Antriebsaggregat der Rover-Typen 95 bis 110. Es standen Ausführungen mit 95 und 91 SAE-PS zur Wahl, was gegenüber den 78 PS des 2,3-Liter-Motors einen willkommenen Zuwachs bedeutete. 1970 wurden über 50 000 Land-Rover hergestellt ... und nur 48 000 Rover.

Rover	Zyl.	cm³	SAE-PS	bei 1/min	Gänge	Spitze km/h	Radstand/Länge	Baujahre	Besonderheiten
80	4	2286	78	4250	4+S	132	282/453	1959–62	Kastenrahmen
100	6	2625	105	4750		145			dto, stehende Auslassventile
95			104	4750	4	150	282/454	1962–64	ab '63: 102 PS, a.W. 100 PS
110			125	5000	4+S	168			ab '63: 123 PS, a.W. 121 PS
3 Litre	6	2995	117	4500	4+S/A	153	281/474	1959–62	steh. Auslassventile, a.W. 110 PS
			136	5000	4+S	–182		1962–67	ab '63: Mk. II = 134 PS
			131	4750	A	–170			ab '63: Mk. II = 129 PS
Mk. III			136	5000	4+S/A	–185		1965–67	(123 DIN-PS)
3.5 Litre	V8	3532	184	5200	A	185	281/474	1967–	(161 DIN-PS)
2000	4	1978	99	5000	4	167	263/453	1963/64	OHC
			100	5000				1964–66	a.W. 81 statt 91 DIN-PS
TC			110*	5500		175		1966–	* DIN-PS
SC			100	5000	4/A	167			(91 DIN-PS)
3500	V8	3532	184	5200	A	190		1968–	(161 DIN-PS)
Land-Rover 88	4	2286	77	4250	2×4	–113	223/362	1958–	Kastenrahmen, Starrachsen, Vierradantrieb * DIN-PS
Diesel		2052	52	3500		–105		1959–61	
		2286	62*	4000		–110		1961–	
109			77	4250		–100	277/445	1958–	
Diesel			62*	4000		116		1961–	
109	6	2625	95	4500				1967–	

Saab

Die vier Buchstaben Saab sind die Initialen der Svenska Aeroplan AB, also der Schwedischen Flugzeug-Aktien-Gesellschaft. Sie hatte gleich nach dem Zweiten Weltkrieg mit der Entwicklung eines Kleinwagens begonnen. Wie es von einer Flugzeugfirma zu erwarten war, wurde Aerodynamik großgeschrieben. Und so entstand mit Hilfe des Designers Sixten Sason eine Form, die über lange Jahre Gültigkeit behalten sollte. Auch der im Februar 1960 in Ablösung des Modells 93 F herausgekommene Saab 96 wies noch die Grundform der 1946 entstandenen ersten Saab-Prototypen auf, wenn auch der Innenraum und die Fensterflächen inzwischen größer geworden waren.

Neben dem Typ 96 umfaßte das Modellangebot der vergleichsweise kleinen Autofabrik in Trollhättan den GT 750 sowie die Kombiversion 95, deren Herstellung im Herbst 1959 angelaufen war. Allen Saab gemeinsam waren der Frontantrieb und die nach dem 2-Takt-Prinzip konstruierten 3-Zylinder-Motoren. Während in den Modellen 96 und 95 die neuere 841-cm³-Maschine mit 38 DIN-PS Leistung eingebaut wurde, hatte der GT 750 noch den 748-cm³-Motor, allerdings mit einer auf 45 PS gesteigerten Leistung. Auf Wunsch wurde im GT sogar der Super geheißene Doppelvergasermotor mit nicht weniger als 55 DIN-PS eingebaut. In dieser Ausführung war denn der Saab eine schwer zu schlagende Rallye- und Rennmaschine! Rallyeeinsätze – vor allem natürlich in Skandinavien – trugen in einem hohen Maße zum Ansehen der (hinter Volvo zweiten) schwedischen Marke bei. Die guten Frontantriebseigenschaften und die auf Wunsch hohe Leistungsfähigkeit sollten Saab aber auch auf den nach und nach eroberten Exportmärkten, so ab Ende 1960 in der Schweiz, zum sport- und absatzmäßigen Durchbruch verhelfen.

Doch zurück zur Saab-Technik: Alle Modelle wiesen vordere Trapez-Dreieckquerlenker mit Schraubenfedern auf und hinten eine Kurbelachse mit Schraubenfedern, zentraler Befestigung und äußeren Längslenkern. Die Kraftübertragung erfolgte beim Typ 96 über ein 3-Gang-Getriebe mit Lenkradschaltung; der erste Gang war nicht synchronisiert, doch konnte man auf Wunsch eine automatische Saxomat-Kupplung montieren lassen. 1961 wurde auch im «Standard-Saab» das für den GT und den Kombi entwickelte vollsynchronisierte 4-Gang-Getriebe angeboten. Mit dem Saab 96 hatte man die elegante Fastbacklinie durch ein vergrößertes zweites Seitenfenster und eine Panorama-Heckscheibe modernisiert. Das Armaturenbrett zeigte sich mit kreisrunden Einzelinstrumenten unterhalb der horizontalen Tachoanzeige dem sportlichen Image der Marke angepaßt. Für den Typ 96 war ein neues Werk in Betrieb genommen worden.

96 Sport Im Februar 1962 fand in Stockholm eine von Prinz Bertil eröffnete inter-

Saab

Links: Saab 96, 1961
Darunter: Saab Sonett II, 1967
Unten: Saab Sport, 1965

nationale Autoausstellung statt. Zu diesem Anlaß präsentierte Saab das Modell 96 Sport als Nachfolger des Granturismo 750. Die Leistung des mit drei Fallstromvergasern dotierten 841-cm³-Motors wurde mit 52 DIN-PS zwischen 4500 und 5000/min bekanntgegeben. Die Kraftübertragung erfolgte natürlich über das 4-Gang-Vollsynchrongetriebe, das nach wie vor mit einer Lenkradschaltung versehen war. Zu den Neuerungen zählten ein automatisches Frischöl-Schmiersystem für den 2-Takt-Motor und Lockheed-Scheibenbremsen an den Vorderrädern. Vom Saab 96 unterschied sich die auch 850 GT genannte Sportversion nach wie vor durch den vermehrten Chromschmuck, unter dem vor allem die beiden feinen Zierleisten zwischen den Radausschnitten auffielen. Anfang 1962 hatte übrigens ein Saab unter der Mannschaft Carlsson/Haeggbom das berühmte Monte-Carlo-Rallye gewonnen, ein großartiger Erfolg, der sich im folgenden Jahr wiederholen sollte! Auf dem amerikanischen Markt wurde für das neue Modell daher die Typenbezeichnung Monte Carlo eingeführt.

Für die Saab des Modelljahrs 1964 wurden im Frühherbst 1963 einige Modifikationen angekündigt. So gelangte nun ein Bremssystem mit doppeltem Flüssigkeitskreislauf zum Einbau. Es verband diagonal je ein vorderes und ein hinteres Rad. Der Handbremshebel war auch mit umgelegten Gurten dank neuer Form besser erreichbar, die Windschutzscheibe erhielt eine Sicherheitszone, und zudem wurde ein Sicherheits-Zündschloß installiert, das nach Einlegen des Rückwärtsganges und Abziehen des Schlüssels in Funktion trat. Die Sitzkanten wurden neu mit Kunststoff eingefaßt.

Neue Front Im August 1964 wurden die Saab des Jahrgangs 1965 vorgestellt. Sie wiesen als wesentliche Änderung eine neue Front auf: Das kleine, torbogenförmige Kühlergitter war zwar stylisiert noch vorhanden, doch wurde das Saab-Gesicht nun von einem karierten Gitter dominiert, das auch die Scheinwerfer umschloß. Hinzu kamen technische Verbesserungen: von 7,3 auf 8,1:1 erhöhte Verdichtung beim Saab 96 (woraus zwei zusätzliche PS resultierten), pneumatische Benzinpumpe, Kühlerelement nun vor dem Motor, verbesserte Heizung und beim 96 Sport eine neue Vergaserbestückung (Leistungsgewinn 3 PS). Im Herbst 1964 bestätigte Generaldirektor Trygve Holm Gerüchte, wonach Saab einen zusätzlichen größeren Wagen herstellen werde. Hiezu seien mit der Standard-Triumph Ltd. (→ Triumph) Verhandlungen über die Lieferung der Antriebseinheit aufgenommen worden. Holm sprach davon, daß «binnen fünf Jahren ein Frontantriebswagen der Klasse 1300 bis 1500 cm³» hergestellt werden könnte. Der Jahresausstoß würde damit von 50 000 bis 60 000 auf 80 000 Wagen steigen . . .

Sonett Vorerst überraschte Saab die Öffentlichkeit mit einem hübschen Sportcoupé, das im Februar 1965 als Prototyp (intern Saab 97) vorgestellt wurde. Es war vom Stylisten Björn Karlström entworfen worden und zeigte eine niedrige Fastbacklinie mit zwischen den Scheinwerfern abfallender Motorhaube. Man sprach von mindestens 60 PS Leistung. Im März kamen zwei weitere Prototypen hinzu: ein Catherina geheißenes, bullig wirkendes Coupé mit geschwungener Gürtellinie, plexiglasverschalten Scheinwerfern und abnehmbarem Dach von Sixten Sason und ein Heckklappencoupé mit langgestrecktem Vorderbau von Sigvard Sörenson, das von seinem Erbauer mit Facett GT bezeichnet wurde.

1966 wurde schließlich der zuerst verwirklichte Entwurf von Karlström in die Serie überführt. Man wählte den Modellnamen Sonett II – bereits ab 1956 hatte man einen in einem halben Dutzend Exemplaren gebauten Rennsportwagen namens Sonett (interne Typenziffer 94) erprobt. Die Gestaltung des abgeschnittenen Kurzhecks war mit der über den Hinterrädern kräftig ansteigenden Gürtellinie und dem seitlich heruntergezogenen Panorama-Heckfenster noch stärker prononciert worden. Im Vergleich zur Limousine war der Radstand um 35 auf 215 cm verkürzt worden. Die Mechanik blieb im Prinzip unverändert. Drei Horizontal- statt Fallstromvergaser sorgten für den Leistungsanstieg auf 60 PS. Für ein Fahrzeug dieser Art ungewöhnlich war die Lenkradschaltung. In der Polyesterkarosserie waren Verstärkungen aus rostfreiem Stahl eingebettet, und auch der Unterbau war verstärkt. Die Fronthaube ließ sich als Ganzes nach vorne hochschwingen, und das Interieur war höchst sportlich aus-

Links: Saab 99, 1970
Unten: Saab 95 V4, 1969

staffiert. Seine offizielle Weltpremiere feierte der Sonett II auf dem Genfer Salon im März 1966.

Inzwischen, das heißt mit dem im August 1965 eingeführten neuen Jahrgang, hatten die übrigen Saab Verfeinerungen erfahren: Verdichtung 8,5:1 und Dreifachvergaser (erneut 2 PS mehr), neue Ventilsteuerzeiten, 1,5 statt 3 % Schmierölbeimischung, rostfreie Zierelemente, verchromter Handbremshebel, neue Türschlösser und Kartentaschen an den Türinnenseiten. Die Sportlimousine, die nun auch in Europa Monte Carlo hieß, erhielt einen Alternator. Als Saab Special gab es in den USA und in der Schweiz auch eine Verbindung der normal ausgestatteten Limousine 96 und Kombi 95 mit dem Monte-Carlo-Motor. – Im Verlaufe der Jahre war das Saab-Konzept stetig weiterentwickelt worden. Hinsichtlich Sicherheitsmerkmalen (Bremsen, Lage von Lenkung und Benzintank) sowie Rostschutz hatte man einen Stand erreicht, den man dem markentraditionellen Äußeren nicht ansah. Geblieben war der 2-Takt-Motor; vom 3-Gang-Getriebe war hingegen endgültig nicht mehr die Rede.

Saab V4 Überraschend wurde ab Herbst 1966 in der Saab-Limousine und im Kombi der 1,5-Liter-V4-Motor aus dem → Ford Taunus 12 M TS erhältlich. Beiläufig wurde auch das Kommen eines größeren Saab mit Triumph-Motor bestätigt. Der V4 vermittelte den Saab eine für die Kenner gänzlich ungewohnte, aber ebenfalls spezifische Geräuschkulisse. Vor allem aber sorgte er für den längst notwendig gewordenen Hubraum- und Leistungsanstieg. Statt 42 standen jetzt 65 DIN-PS zur Verfügung. Die Zweitaktmodelle blieben aber weiterhin lieferbar (abgesehen vom Special). Zum Monte Carlo kam der Monte Carlo V4, der sich nur durch die sportliche Luxusausstattung vom normalen V4-Saab abhob.

Da der V4-Motor rund 50 kg schwerer war, verschob sich die Gewichtsverteilung von 58/42 % auf 60/40 %. Bemerkenswerterweise wurde der zum Befahren von Gefällstrecken ausschaltbare Freilauf beibehalten; die Saab-Leute vertraten die Ansicht, daß diese Einrichtung auch bei einem 4-Takt-Motor zur Treibstoffeinsparung und Geräuschverminderung beitragen könne. Weiterhin wurde außerdem die automatische Saxomat-Kupplung angeboten. – Vordere Lockheed-Scheibenbremsen sowie ein Alternator waren fortan allen Saab-Modellen eigen.

Mit dem Jahrgang 1968 erhielten die Saab – Präsentation im August 1967 – endlich eine höhere Windschutzscheibe, was die Sicht auf Verkehrsampeln verbesserte. Die Frontscheibe wurde 7 cm, die Heckscheibe gar 11 cm höher; dadurch ergab sich auch eine bessere Harmonie mit den Seitenscheiben. Gleichzeitig wurde die Frontscheibe nun aus Mehrschichtglas mit Plastikverbund hergestellt und der Innenspiegel nach oben verlegt. Das Instrumentarium wurde blendfreier gestaltet, und das Lenkrad erhielt eine Polsternabe. Den amerikanischen Sicherheitsbestimmungen entsprachen nun auch die solidere Sitzverankerung, die verstärkten Türschlösser sowie die abgeflachten Türöffner und Fensterkurbeln. Hüftgurt- und Diagonalgurtteil waren nun separat verankert und von unterschiedlicher Farbe. Zu den weiteren Neuerungen zählten ein Scheibenwischer- und -wascherhebel an der Lenksäule (er diente auch der Hupenbetätigung) und das weiter verbesserte Bremssystem. 85 % der Saab erhielten nun den V4-Motor. Die restlichen 15 % wurden zum Großteil an amerikanische Zweitakt-Liebhaber geliefert, wobei unter der Bezeichnung 95 Shrike und 96 Shrike eine Ausführung mit rund 800 cm^3 Inhalt geliefert wurde (Grenze für Abgasvorschriften bei 50 Kubikzoll)!

Saab 99 Im November 1967 war es dann soweit: der größere Saab wurde präsentiert. Er erhielt die Typenbezeichnung 99. Der Saab 99 zeigte eine gefällig geformte zweitürige Stufenheckkarosserie. Das unter Sixten Sason entstandene Design war modern und individuell; auffällig wirkten die stark in die Seiten bombierte Windschutzscheibe und das flache, oben gerundete Heckfenster. Wenngleich der Radstand von 250 auf 247 cm verkürzt worden war, so stand im Saab 99 in Länge und Breite weit mehr Innenraum zur Verfügung, und auch das Kofferabteil war deutlich angewachsen. Bei der Konstruktion der Karosserie hatte man sowohl auf gute Aerodynamik wie auf Insassenschutz großen Wert gelegt. Der Luftwiderstandsbeiwert wurde mit 0,37 angegeben, gleich viel wie für den Typ 96. Zu den bereits mit dem kleineren Saab eingeführten Sicherheitsmerkmalen hinsichtlich Bremsen und Lenkung kam eine formsteife Passagierzelle, an die sich notfalls energieverzehrende Front- und Heckpartien anschlossen.

Selbstverständlich war man dem Frontantrieb treu geblieben. Der Motor war von der englischen Firma Ricardo entwickelt worden. Er wurde vereinbarungsgemäß von Triumph geliefert. Triumph sollte dieses zeitgemäße Aggregat mit obenliegender Nockenwelle später auch in einem eigenen Fahrzeug verwenden, allerdings in Verbindung mit Hinterradantrieb. Es handelte sich um eine 1,7-Liter-Maschine mit Querstrom-Zylinderkopf und in die Kolbenböden verlegten Brennräumen. Sie leistete 80 DIN-PS bei 5200/min. Der Motorblock wurde um 45° seitlich geneigt eingebaut. Das vollsynchronisierte 4-Gang-Getriebe und das Differential waren unterhalb der Kurbelwelle angeordnet, wodurch Raum gespart werden konnte. Auch mit diesem neuen Motor bot Saab einen Freilauf ... aber nun endlich auch eine Mittelschaltung! Hinsichtlich Aufhängungen entsprach der Typ 99 weitgehend der bekannten Saab-Schule: vorne Trapez-Dreieckquerlenker und Schraubenfedern über dem oberen Querlenker, hinten Starrachse mit je zwei hintereinander angeordneten Längslenkern sowie Panhardstab und Schraubenfedern. Alle vier Räder wiesen Ate-Scheibenbremsen auf. Die Handbremse wirkte auf die trommelartig geformten vorderen Bremsscheiben. – Der Produktionsbeginn für den Saab 99 wurde auf Herbst 1968 in Aussicht gestellt.

Auf der IAA Frankfurt im Herbst 1967 wurde auch der Sonett mit dem V4-Motor ausgestellt. Um den V4 unter der abfallenden Motorhaube unterzubringen, wurde diese mit einem auffallenden Buckel versehen, was der Ästhetik nicht gerade zugute kam. Anderseits brillierte dieses kleine Liebhabercoupé mit besonders guten Fahreigenschaften. Im Verlaufe des Jahres 1968 wurde mit einem finnischen Unternehmen ein Abkommen über eine Saab-Montage in Finnland abgeschlossen; die Produktion sollte Ende 1969 anlaufen. 1968 lief die Herstellung sämtlicher 2-Takt-Modelle aus. Die Ausführung Monte Carlo wurde zugunsten der bereits eingeführten Version de Luxe fallengelassen. Diese ihrerseits wurde noch bis 1969 angeboten.

Im Herbst 1968 wurden die Saab 95/96 V4 in überarbeiteter Form vorgestellt: Auffallendstes Merkmal war das von Rechteckscheinwerfern flankierte, aus horizontalen Zierstäben zusammengesetzte neue Kühlergitter (für die USA vorschriftsgemäß weiterhin Rundscheinwerfer). Neu waren die teleskopartig ausgelegte Lenksäule (in Verbindung mit einer weniger direkt ausgelegten Lenkuntersetzung), der Bremsservo, die Gürtelreifen (ohne Kombi), die Sperrklinken für die Sitzlehnen, die dickeren Polsterungen, die noch wirksameren Türschlösser und unter anderem eine geänderte Vergaserbestückung. – Nachdem 1965 die Saab Aktiebolag entstanden war, kam es 1969 zur Fusion mit dem Nutzfahrzeughersteller Aktiebolaget Scania-Vabis. Die Automobilabteilung des neuen Konzerns erhielt ihren Sitz in Södertälje, südlich von Stockholm. Das Saab-Hauptwerk stand weiterhin in Trollhättan.

Im August 1969 wurden erneut Detailänderungen bekannt. Die V4-Modelle erhielten Rundinstrumente und Druckknopfschalter sowie ein neues Lenkrad mit horizontaler Polsterspeiche. Zu den weiteren Verbesserungen zählte die – wie beim Saab 99 – abklappbare hintere Sitzlehne, womit sich eine mit dem Kofferraum verbundene Ladefläche bilden ließ. Neuerungen waren auch beim Modell 99 zu verzeichnen, dessen Serienherstellung nun anlief: Warnlicht für gezogenen Choke, elektrische Uhr, ausstellbare hintere Seitenfenster. Außerdem war der Saab 99 auf Wunsch mit einem Getriebeautomaten des Typs Borg-Warner 35 erhältlich. In Verbindung mit dem Automatgetriebe wurde der Motor mit einer Bosch-Benzineinspritzung ausgerüstet, um den Leistungsverlust auszugleichen. Mit ihr stieg die Leistung von 80 auf 87 PS (Typenbezeichnung 99 EA).

Sonett III Als Sonett III erschien im April 1970 eine wesentlich schönere Ausführung des Sonett V4. Sie war den Bemühungen des italienischen Designers Sergio Coggiola zu verdanken. Die Motorhaube war nun höher und trug Klappscheinwerfer, und die Gesamtlänge war um 10 cm angewachsen. Der Überrollschutz war jetzt noch massiver ausgelegt, und die Türen wiesen einen Stahlrahmen auf. Anstatt durch eine nach unten öffnende Klappe war der vergrößerte Kofferraum neuerdings durch die aufmachbare Heckscheibe zugänglich. Zu den zahlreichen Verbesserungen im Interieur zählte der Übergang von der Lenkrad- zur Stockschaltung! Der Sonett III war vor allem für den amerikanischen Markt gedacht. – Noch im Frühling 1970 folgte der Saab 99 in viertüriger Ausführung. Anfang jenes Jahres war der 500 000. Saab gebaut worden, fünf Jahre nach dem 250 000. Exemplar der vergleichsweise immer noch kleinen Marke. In der halben Million enthalten waren rund 300 Sonett II und 1470 Sonett V4.

Saab	Zyl.	cm³	DIN-PS	bei 1/min	Gänge	Spitze km/h	Radstand/ Länge	Baujahre	Besonderheiten
96	3	841	38	4250	3	–130	249/401	1960	Frontantrieb,
GT 750		748	45	4800	4	150		1958–61	2-Takt-Motor
Super			55	4800		160			
95		841	38	4250	4/3	120	249/412	1959–64	(Kombi)
96					4	–130	249/402	1960–64	
GT 850 = 96 Sport			52	4500		145		1962–64	
96			40	4250	4/3	130+	250/417	1964/65	
95/Station Wagon					4	120+	250/427		
Sport/Monte Carlo 850			55	5000		149	250/417	1964–67	
96			42	4250	4	130+		1965–68	
95/Station Wagon						–125	250/427		
Special			55	5000		145	250/417	1965/66	
Special Station Wagon						–140	250/427		
V4	V4	1498	65	4700		148	250/417	1966–	Ford-M., Kombi 427, ab '68: 420/430 cm
99	4	1709	80	5200	4	155	247/435	1968–	Motor Triumph
EA			87	5500	A			1969–	dto mit Einspritzung
Sonett II	3	841	60	5200	4	170	215/377	1965–67	Frontantrieb, 2-Takt-Motor
V4	V4	1498	65	4700		165		1967–	Motor Ford

Sabra

Die 1957 gegründete Autocars Company Ltd. in Haifa, Israel, befaßte sich 1960 mit dem Bau eines kleinen Kombiwagens, der außer für den Transport von vier Personen vielfältigen Einsatzzwecken dienen konnte. Seine einfache Karosserie bestand aus Kunststoff und wurde auf einem Kastenrahmen mit Kreuzverstrebung aufgebaut. Das Sabra geheißene Fahrzeug wurde vom 1-Liter-Motor des neuen → Ford Anglia angetrieben, der bei 8,9:1 Verdichtung 39,5 SAE-PS leistete. Auf Wunsch war eine Ausführung mit auf 7,5:1 reduzierter Kompression erhältlich. Auch das 4-Gang-Getriebe stammte aus England. Vorn fanden sich Trapez-Dreieckquerlenker und Schraubenfedern, hinten eine an Blattfedern abgestützte Starrachse. Es gab auch zweifarbige Sonderausführungen.

Sport Auf dem Londoner Salon im Herbst 1961 stellte die Firma → Reliant Engineering Company, die bis dahin ausschließlich Dreirad-Kleinautos gebaut hatte, ein originell-elegantes Sportcabriolet namens Sabre vor. Dieses wurde als Sabra Sport unter Lizenz von der Firma Autocars in Israel hergestellt, ging jedoch auch in England in Pro-

Von oben nach unten:
Sabra Sussita, 1962
Sabra Sport, 1963
Sabra Carmel 12, 1966

duktion. Der von Colin Thomson entworfene Zweisitzer besaß eine zwischen den Scheinwerfern nach vorne gezogene Front mit beidseits der niedrigen ovalen Kühlluftöffnung angebrachten, über die Motorhaubenfront auslaufenden Stoßstangenhörnern. Der hintere Kotflügelansatz war noch angedeutet. Unter der Haube verbarg sich ein 1,7-Liter-Motor aus dem Ford Consul, dessen Leistung mit 61 SAE-PS angegeben wurde, aber in verschiedenen Tuningstufen zu haben war. Das von kräftigen Längsträgern und acht Traversen gebildete Kastenrahmenchassis besaß vorne rohrförmige Schräglenker und Schraubenfedern, hinten eine Starrachse mit stabilisierendem Wattgestänge und Schraubenfedern. Das 4-Gang-Getriebe war vollsynchronisiert, und vorne wurden Scheibenbremsen montiert. – Ab 1962 wurden Leistungen von 74 und 91 SAE-PS (Kompression 8,9:1, zwei Vergaser) genannt.

Carmel Ebenfalls 1962 wurde dem inzwischen mit Sussita bezeichneten dreitürigen Kombi die zweitürige Limousine Carmel zur Seite gestellt. Sie war ebenfalls eine Entwicklung von Reliant in England. Die Kunststoffkarosserie war auch hier auf einem Kastenrahmen aufgebaut; sie barg den 1,2-Liter-Motor aus dem Ford Anglia Super. Der Carmel war breiter als der Sussita (163 statt 155 cm) und entsprechend geräumiger. Mit seiner deutlich höheren Windschutzscheibe bot er auch verbesserte Sichtverhältnisse. – Zum zweisitzigen Sabra Sport, zu dem auch ein Hardtop lieferbar war, kam im Verlaufe des Jahres 1963 das viersitzige GT-Coupé, wie es – mit kürzerer Front – auch in England gebaut wurde. 1964 wurde der Carmel 12 verlängert und schmucker gestaltet. Er wurde (als Sabra Karmel) auch auf dem Genfer Salon 1965 vorgestellt, und mit dem Modell Sport suchte die Firma Autocars in der Schweiz und anderswo ebenfalls Fuß zu fassen.

Gilboa 1965 wurde der Sussita 10 durch den Sussita 12 abgelöst. Dieser wies nun die gleiche Grundform und den gleichen Motor auf wie der Carmel. Die Leistung wurde jetzt mit 51 SAE-PS angegeben. 1966 wurde das Angebot durch die Modelle Gilboa TR 12/50 und Sussita TR erweitert. Die Buchstaben TR wiesen auf die Mechanik des → Triumph Herald hin; die Leistung wurde originalgemäß mit 51 DIN-PS notiert. Der Gilboa war eine im Vergleich zum Carmel deutlich gewachsene viertürige Limousine, und auch der Sussita TR war länger als der Sussita 12. Als Exportbezeichnung war für die Limousine die Bezeichnung Sabra Luxe 12/50 vorgesehen.

1968 lief die Produktion der Sabra-Sportwagen aus. Auf 1969 wurden die Carmel, Gilboa und Sussista einheitlich vom 1,3-Liter-Triumph-Motor angetrieben; die Leistung wurde nun mit 54 SAE-PS angegeben. Alle drei Karosserievarianten hatten jetzt den Gilboa-Radstand und eine entsprechende Gesamtlänge. Die stets in bescheidenem Umfang gebliebene Produktion der Sabra-Wagen – 1970 wurde ein Ausstoß von rund 1300 Exemplaren erreicht – konnte bis 1982 weitergeführt werden.

Sabra	Zyl.	cm³	SAE-PS	bei 1/min	Gänge	Spitze km/h	Radstand/ Länge	Baujahre	Besonderheiten
(Kombi) = Sussita (ab '62)	4	997	40	5000	4		230/378	1960–63	Kastenrahmenchassis, Motor Ford England
Carmel		1198	53	4800			230/368	1962/63	
12			51	4800		136		1963–68	ab '64: 389 cm lang
Sussita		997	37	5000		121	230/378	1963–65	
12		1198	51	4800		130	230/400	1965–68	
Gilboa TR 12/50		1147	51*	5200		120	250/404	1966–68	Motor Triumph,
Sussita TR						112	245/393		* DIN-PS
Carmel/Gilboa/Sussita		1296	54	5250		140	250/404	1968–	Motor Triumph
Sport	4	1703	61	4400	4	150	229/419	1961/62	Kastenrahmenchassis
			74	4500				1962/63	Motor Ford England
			91	4500		–175		1962–68	

Scootacar

Mit 213 cm Länge zählte er zu den Kleinsten der Kleinen. Er hatte einen eiförmigen Aufbau aus Kunststoffmaterial und bloß eine Türe. Diese befand sich auf der linken Seite, denn der Scootacar wurde ab Ende der fünfziger Jahre von der Scootacars Ltd., einer Tochterfirma der Hunslet-Lokomotivfabrik, in Leeds (England) für den einheimischen Markt hergestellt. Zwei Personen hatten in dem «Frontlenkerhäuschen» Platz. Dieses war auf einem Plattformrahmen aufgebaut (Vorderradaufhängung mit senkrechten Führungsrohren und Schraubenfedern). Für den Antrieb des an einem Schwingarm geführten hinteren Einzelrades sorgte ein im Heck eingebauter Villiers-2-Takt-Einzylinder mit 197 cm³ Inhalt, dessen Leistung mit 8,6 SAE-PS angegeben wurde.

Nachdem der Scootacar 1960 als de Luxe eine etwas bauchigere Front erhalten hatte, wurde er 1961 wahlweise auch mit einem ebenfalls luftgekühlten 2-Zylinder-Motor von Villiers erhältlich. Im Scootacar de Luxe Twin standen 324 cm³ und entsprechend höhere Leistung und mehr Drehmoment zur Verfügung. Die Kraftübertragung erfolgte auch hier über ein 4-Gang-Getriebe und Kettenantrieb, wobei durch Umkehr des Motordrehsinns auf Rückwärtsfahrt geschaltet werden konnte. Die kleine Dreiradmarke hielt sich bis Mitte der sechziger Jahre.

Scootacar Standard, 1961

Scootacar	Zyl.	cm³	SAE-PS	bei 1/min	Gänge	Spitze km/h	Radstand/ Länge	Baujahre	Besonderheiten
de Luxe	1	197	9	4500	4	85	137/213	1959–65	(s. Text)
Twin	2	324				100		1961–65	

Seat

Die 1950 gegründete spanische Sociedad Española de Automóviles de Turismo (= Seat) war ein gemischt staatlich-privatwirtschaftliches Unternehmen, an dem → Fiat ursprünglich mit 7 % beteiligt war. Die Produktion von Autos nach Fiat-Lizenz setzte Ende 1953 in Barcelona ein. Auf den Seat alias Fiat 1400 folgte 1957 das kleine Heckmotormodell 600, mit dem Spaniens Volksmotorisierung eingeleitet wurde. 1960 überstieg der Ausstoß erstmals die 100 000-Stück-Grenze (einschließlich Nutzfahrzeuge). 1959 war der Seat 1400 C lanciert worden, der die moderne Karosserie des Fiat 1800 mit dem früheren Motor aus dem Fiat 1400 kombinierte. Die technische Konzeption des Seat 1400 C wie die des Seat 600 entsprach jener der italienischen Vorbilder, hingegen variierten die Leistungsangaben teilweise.

1963 wurde wie zuvor schon in Italien aus dem Typ 600 der 600 D mit mehr Hubraum und Leistung. Im gleichen Jahr erschien als Serienmodell der Seat 800, eine viertürige Version des 600 D mit einem um 18 cm verlängerten Radstand und insgesamt sechs Seitenfenstern. Dem 1400 C wurde der Seat 1500 zur Seite gestellt. Er entsprach weitgehend dem Fiat 1500 L, hatte jedoch ein eigenes Kühlergitter, das sich gleichmäßig aus Horizontalstäben zusammensetzte. Es gab ihn wie den 1400 C auch als fünftürigen Kombi (= Familiar). Die Herstellung des 1400 C lief 1964 aus. Im Jahr danach lief die Produktion

Links oben: Seat 1500, 1964
Links unten: Seat 1430, 1970
Rechts oben: Seat 800, 1967
Rechts unten: Seat 850 4 Puertas Largo, 1968

des Seat 850 an. Er entsprach mit Ausnahme der kleinen Chromzier an der Front und weiterer Kleinigkeiten dem Fiat 850. Auf 1967 wurde die Leistung von 40 auf 42 SAE-PS erhöht, womit sie dem Fiat 850 Super entsprach.

Im Verlaufe des Jahres 1967 wurde der Seat 800 durch den 850 cuatro puertas (= 4 Türen) abgelöst. Die Form mit verlängertem Stufenheck war vom italienischen Karossier Francis → Lombardi unter der Modellbezeichnung Lucciola entwickelt worden. Neben dem 4 puertas Normal gab es den Largo (groß) mit 218 statt 203 cm Radstand (wie schon der Seat 800). Doch das Jahr 1967 brachte zwei weitere Neuheiten in das Seat-Programm: den 850 Coupé (wie Fiat 850 Coupé 1967) und den Typ 124 (wie Fiat 124). Auf 1969 gab es den zwei- wie den viertürigen 850 zusätzlich in einer Ausführung Especial mit 52 SAE-PS und luxuriöserer Ausstattung. Man erkannte sie an der ausgefüllten Frontzier und dem feinen seitlichen Zierstab. Die Seat 1500 und 1500 Familiar erhielten eine auffallendere Front mit Doppelscheinwerfern. Ihre Leistung wurde um 2 auf 82 PS angehoben.

Wieder ein Jahr später, also auf 1970, erhielt der 850 Coupé, nun mit der Zwischenbezeichnung Sport, den 903-cm^3-Motor, und gleichzeitig wurde auch der 850 Sport Spider mit zweisitziger Bertone-Karosserie lieferbar. Den Seat 124 gab es neuerdings auch als 5 Puertas = Kombi. Neu war ferner der Seat 1430, der die Karosserie des 124 mit einem auf 1438 cm^3 aufgebohrten Motor verband und zudem ein besonders schmuckes Kühlergitter mit quadratischen Doppelscheinwerfern aufwies. Auch das Interieur war natürlich aufgewertet worden. – Inzwischen wurden in Spanien zwar auch andere Fabrikate unter Lizenz hergestellt, doch Seat war mit einem 1970 erreichten Ausstoß von über 283 000 Wagen der dominierende Hersteller. – Erst zu Beginn der achtziger Jahre löste Seat seine Liaison mit Fiat, um künftig in eigener Regie entwickelte Modelle zu produzieren.

Seat	Zyl.	cm^3	SAE-PS * DIN	bei 1/min	Gänge	Spitze km/h	Radstand/ Länge	Baujahre	Besonderheiten
600	4	633	29	4900	4	100	200/329	1959–62	(wie Fiat 600)
			22	4600				1962/63	
600 D		767	32	4800		110		1963–	
800							218/348	1963–67	(4türig 600 D)
850		843	40	5300		120	203/358	1965/66	
			42	5300				1966–	
4 Puertas							218/373	1967–	
Coupé			52	6400		135+	203/361	1967–69	
Especial						137	203/358	1968–	
4 Puertas							218/373		
Sport Coupé		903	52*	6500		145	203/365	1969–	
Spider						150	203/382		
1400 C	4	1395	58	4600	4	135	265/447	1959–64	(ähnl. Fiat 1800)
1500		1481	80	5200		–145		1963–68	
			82	5000		140		1968–	
124	4	1197	65	5600	4	140	242/403	1967–	
1430		1438	70*	5400		155	242/405	1969–	

Sera-Panhard

Im Herbst 1959 wurde in Paris ein gelungen geformtes kleines Sportcabriolet vorgestellt: der Sera-Panhard. Die Sera SA war eine in Paris 17 angesiedelte Firma. Der durch seine strömungsgünstige Form mit abgedeckten Scheinwerfern und die Panorama-Windschutzscheibe auffallende Sera-Panhard besaß eine Kunststoffkarosserie und einen Zentralrohrrahmen, und seine Aufhängungen entsprachen jenen des Original-Panhard. Man konnte den frontgetriebenen Zweisitzer mit dem 42-PS-Normalmotor oder dem 50 PS leistenden Tigre-Motor des Panhard bestücken lassen. – Es soll aber bis 1961 nur etwa zehn Käufer gegeben haben . . .

Sera-Panhard, 1960

Sera-Panhard	Zyl.	cm^3	DIN-PS	bei 1/min	Gänge	Spitze km/h	Radstand/ Länge	Baujahre	Besonderheiten
–	B2	848	42	5000	4	140	225/394	1959–61	Zentralrohrrahmen, Frontantrieb, Panhard-Mech.
			50	6300		155			

Siata

Die in der italienischen Autometropole Turin angesiedelte Firma Siata hatte noch in den fünfziger Jahren eine Vielzahl von Modellen kreiert, wobei wohl großenteils Fiat-Teile verwendet, diese jedoch meist gründlich in die (Veränderungs-)Kur genommen wurden. Allmählich begann man sich jedoch auf Detailmodifikationen und Spezialkarosserien für Fiat-Serienmodelle zu beschränken. 1959 war eine Verbindung zwischen Siata und der Konkurrenzfirma → Abarth zustande gekommen. In der Folge hießen die Modelle 1960 Siata-Abarth. Es gab den Siata-Abarth 750 Berlina als frisierte Version des → Fiat 600 sowie die Siata-Abarth 750 Coupé und Spider mit eigener Karosserie; der offene Siata besaß einen verstärkten Plattformrahmen mit Kastenträgern. Allen Modellen gemeinsam war der von 633 auf 735 cm^3 vergrößerte Heckmotor (Hub 65 statt 56 mm).

1960 wurde die Abarth-Beziehung bereits wieder aufgegeben, und die Wagen hießen nun Siata Auto 750 und 750 S. Die Antriebsaggregate waren hubraummäßig unveränderte 767-cm^3-Motoren aus dem neuen Fiat 600 D. Deren Leistung war von 32 auf 36 SAE-PS angehoben worden. Auf dem Salon von Turin des Jahres 1961 wurden als neue Modelle die Siata Auto 1300 und 1500 vorgestellt. Sie basierten auf den Fiat 1300 und 1500 und zeigten eine elegante 2+2sitzige Coupékarosserie mit von Doppelscheinwerfern flankiertem niedrigem Kühllufteinlaß. Für das Design zeichnete Giovanni → Michelotti verantwortlich. Der Radstand entsprach jenem der Original-Fiat, hingegen wurde die Leistung mit 78 und 85 PS (statt 65 und 72 PS) angegeben. Statt der Lenkrad-

Ganz oben: Siata Auto 750 S Spider, 1961
Oben: Siata Auto 1300, 1963

Siata

Rechts: Siata Auto 1600 TS Coupé, 1967
Darunter: Siata Spider 850 Spring, 1968
Unten: Siata Auto 850 Coupé, 1965

wurde eine Stockschaltung verwendet. Mit der Bezeichnung Siata Auto 1500 TS gab es alsbald auch die Original-Fiat-Karosserie mit 85 PS und Dekor, während anderseits das Coupé als 1500 N mit unfrisiertem Motor geliefert wurde.

Im Herbst 1964 wurde auf der Basis des Fiat 850 ein neues Coupé 850 lanciert. Außer mit originalgemäßen 37 war es mit 44,5 PS erhältlich. Die komfortabel ausgestattete Karosserie bot wiederum 2+2 Sitze. Auf 1965 basierte der Siata Auto Berlina 1500 TS auf dem Fiat 1500 mit auf 250,5 cm verlängertem Radstand. Auf der gleichen Basis gab es nun einen Siata Auto Coupé 1600 TS mit quadratischem 1587-cm^3-Motor, der bei einer Verdichtung von 9,8:1 und mit zwei Doppelvergasern auf 106 PS kam. Ein für den Genfer Salon 1965 angekündigter zweisitziger Kunststoffspider Siata Auto Copin auf Basis Fiat 500 D kam schließlich nicht in Serie. Auf 1966 erhielt das Coupé 1600 TS – nunmehr das einzige offiziell geführte Modell der Marke – Rechteckscheinwerfer und ein dazwischenliegendes rechteckiges Kühlergitter. Als Leistung wurden noch 90 PS genannt. Wieder ein Jahr später wurden 1559 cm^3 Zylinderinhalt und 86 PS Leistung angegeben.

Im Jahre 1967 stellte die Siata Auto SpA die Produktion auf ein Auto gänzlich anderer Art um: das Modell Spider 850 Spring. Es handelte sich hierbei um einen Phantasie-Oldtimer: Ein mächtiges falsches Kühlergitter in traditioneller Form war von freistehenden Scheinwerfern und abstehenden Kotflügeln flankiert. Die Türen trugen Ellbogenausschnitte, und Kofferraum wie Reserverad waren ans Heck angefügt. Die Nostalgieära der Replikas und der Pseudo-Oldies war eben angebrochen! Der auch für die Stimulierung des Exportes gedachte Spring (= Frühling) besaß die unveränderte Heckmotormechanik des Fiat 850 Super mit 37 PS. Der mit passenden Speichenrädern bestückte originelle Zweisitzer wurde bis 1970 gebaut; dann schloß Siata in Turin die Tore.

Siata	Zyl.	cm^3	SAE-PS	bei 1/min	Gänge	Spitze km/h	Radstand/Länge	Baujahre	Besonderheiten
Abarth 750 Berlina	4	735	36	5000	4	115	200/329	1959/60	(Basis Fiat 600)
Coupé/Spider							200/370		Spider: 364 cm lang
Auto 750 Berlina		767	36	5000	4	118	200/329	1960–63	
750 S Coupé/Spider							200/370		dto
Auto 1300 Coupé	4	1295	78*	6000	4	160	242/420	1961–63	(Unterbau Fiat)
1500 Coupé		1481	85*	6200		165		1961–65	(auch 72 *Cuna-PS)
1500 TS (auch Lim.)									(auch 251 cm R.)
1600 TS (dto)		1587	106	5800		–190	251/427	1964/65	a.W. 112 PS/6200
			90*	5850		175		1965/66	
		1559	86*	5800		172		1966/67	* DIN-PS
Auto Coupé 850	4	843	37*	5100	4	125	203/370	1964/65	(Basis Fiat 850, a.W. 44 *DIN-PS)
Spider 850 Spring	4	843	42	5300	4	125	203/355	1967–70	(Basis Fiat 850)

Simca

Bis in die sechziger Jahre und darüber hinaus waren die Buchstaben Simca in Frankreich und in zahlreichen Exportgebieten sehr populär. Sie waren die Initialen für Société Industrielle de Mécanique et Carrosserie Automobile. Diese Gesellschaft war Mitte der dreißiger Jahre für die Montage von → Fiat-Modellen in Nanterre gegründet worden. 1951 wurde das eigene Erfolgsmodell Aronde lanciert, und 1954 übernahm Simca die französischen Ford-Werke in Poissy, wo die Vedette-Modelle hergestellt wurden. 1958 trat → Ford die seither gehaltene Simca-Minderheitsbeteiligung von 15% an → Chrysler ab! 1960 umfaßte das Angebot des bedeutenden französischen Herstellers die Reihen Aronde, Vedette und Ariane; bei letzterem handelte es sich um eine Kombination der Vedette-Karosserie mit dem Aronde-Motor.

Der Aronde (= altfranzösische Bezeichnung für Schwalbe) war als viertürige Limousine, zweitüriges Fauxcabriolet und dreitüriger Kombi mit der Bezeichnung P 60 auf 1959 neu karossiert worden. Daneben gab es einerseits noch eine Einfachausführung Aronde Deluxe und Super Deluxe im früheren Karosseriestil, anderseits die zweisitzigen Sportmodelle Aronde P 60 Plein Ciel (Coupé) und Océane (Cabriolet), beide mit eleganter Karosserie und Panorama-Frontscheibe. Allen identisch war die Standardbauweise mit vorderen Trapez-Dreieckquerlenkern und Schraubenfedern und hinterer Starrachse mit Halbelliptikfedern und Zusatzfederblättern. Der Motor hatte 1,3 Liter Inhalt und wurde, je nach Modell, in verschiedenen Leistungsstufen eingebaut: als Flash (Blitz) mit 51,5 SAE-PS (DIN-Angabe 49 PS, in den Modellen Deluxe, Super Deluxe, Etoile 7, Elysée und Fauxcabriolet Grand Large), als Super-Flash Spécial mit 60 (bzw. 56) PS (Montlhéry, Fauxcabriolet Monaco, Plein Ciel, Océane und Kombi Châtelaine Ranch) sowie als Flash Service mit 45 SAE-PS (Kombi Châtelaine und Artisanale). Daneben gab es für das Sparmodell Aronde P 60 Etoile Six einen 1,1-Liter-Motor mit 40 PS. Die Standard-Kraftübertragung war ein 4-Gang-Getriebe mit unsynchronisiertem erstem Gang und Lenkradschaltung. Auf Wunsch war in den meisten Modellen das Simcamatic-Getriebe lieferbar, ein 4-Gang-Getriebe mit elektromechanischer Automatikkupplung.

Der auf eine Ford-Konstruktion zurückgehende Vedette bot ebenfalls eine Getriebebesonderheit: nämlich das Rushmatic, ein 4-Gang-Getriebe mit zwei automatisch oder durch Druckknopfbedienung gesteuerten oberen Gängen. Es war ebenso wie das normale 3-Gang-Getriebe mit Lenkradschaltung verbunden. Für letzteres war auf Wunsch eine automatische Kupplung Ferlec-Gravina erhältlich. Kernstück der gut präsentierenden Vedette war jedoch der V8-Motor betagter Konstruktion, welcher in der Zwischenkriegszeit bereits in amerikanischen Ford-Wagen seinen Dienst versehen hatte und noch mit stehenden Ventilen dotiert war! Diese Maschine leistete bei 2351 cm^3 Hubraum 84 SAE-PS. Die Vedette hatten eine halb selbsttragende Karosserie, und ihre Aufhängung umfaßte vorne senkrechte Führungsrohre, Querlenker und Schraubenfedern, hinten die übliche Starrachse. Es gab die Limousine Beaulieu und deren Luxusversion Chambord sowie den fünftürigen Kombi Marly. In kleiner Zahl wurde zudem die verlängerte Chauffeurlimousine Présidence (mit Trennscheibe) hergestellt. Anstatt als Vedette wurden die größten Modelle der Gruppe auch als Ford oder Simca bezeichnet.

Den eine noch ältere Karosserieform zeigenden Ariane (Standard und Deluxe) gab es außer mit dem 1,3-Liter-Motor auch mit dem Vedette-V8-Aggregat. Entsprechend lautete die Bezeichnung Ariane 4 und Ariane 8. Ab Herbst 1960 wurde der Ariane (in den Ausführungen Standard, Superluxe bzw. SL und Super Confort bzw. SC) allerdings ausschließlich noch mit dem 1,3-Liter-Motor geliefert, und zwar hieß er nun Ariane Miramas. Damit wurde an die Rekordfahrt erinnert, die im August 1960 von Ariane-Wagen auf der Rundstrecke von Miramas bei Marseilles abgeschlossen worden war. Anläßlich dieser 200 000-km-Fahrt waren 150 internationale Rekorde gebrochen worden. Sie sollte die Leistungsfähigkeit des neuen Rush-Motors unter Beweis stellen.

Dieses neue Antriebsaggregat löste die Flash-Motoren ab und war bei unveränderten Abmessungen mit 1,3 und 1,1 Liter Hubraum zu haben. Es motorisierte nun auch die gesamte Aronde-Reihe, bei der die Bezeichnung P 60 ebenso aufgegeben wurde wie die Deluxe-Modelle mit der älteren Karosserieform. Die Hauptänderung bestand im Übergang zu fünf Kurbelwellenlagern, doch war die gesamte Motorkonstruktion überarbeitet worden. Es standen nun Leistungen von 42 (Rush 6 CV), 52 (Rush), 62 (Rush Super) und 48 (Rush Service) SAE-PS zur Verfügung. Die Kombiwagen hießen nun Castel (Luxusausführung mit 62 PS) und Châtelaine (48 PS). Bei den Vedette entfiel der Beaulieu. – Ein Jahr später, Ende 1961, wurde die Vedette-Produktion gänzlich eingestellt, womit in Frankreich keine Wagen der oberen Mittelklasse dieser Hubraumgröße mehr gebaut wurden. Doch lief die Vedette-Produktion in Brasilien weiter (→ Simca Brasil)!

Simca 1000 Mit dem Pariser Autosalon im Oktober 1961 wurde eine gänzlich neue Simca-Ära eingeläutet: Bedeutendste Neuheit auf dieser internationalen Schau war nämlich

Ganz oben: Simca Aronde Montlhéry, 1961
Oben: Simca Ariane Superluxe, 1961
Links: Simca Aronde Plein Ciel, 1961

Links: Simca (Vedette) Chambord, 1961
Darunter: Simca 1000, 1962
Unten: Simca 1000 Coupé (Bertone), 1963

der Simca 1000. Er war eine modern silhouettierte kleine viertürige Stufenhecklimousine mit Heckmotor, stand in Kontrast zum weichgeformten → Renault Dauphine und bot mit 944 cm^3 auch gleich eine kräftigere Grundmotorisierung. Dank der geschickten Raumaufteilung stand genügend Platz für fünf Insassen zur Verfügung, und unter der Fronthaube verbarg sich ein annehmbarer Kofferraum. Der 45 SAE-PS leistende 4-Zylinder-Motor war in Längsrichtung um 15° nach links geneigt eingebaut. Er war mit einem vollsynchronisierten 4-Gang-Getriebe verbunden, das natürlich mit Mittelschaltung bedient wurde. Die Vorderräder waren mit oberen Dreieckquerlenkern und einer kurvenstabilisierenden unteren Querblattfeder aufgehängt. Hinten fanden sich schräge Dreiecklenker und Schraubenfedern. Das gleiche Aufhängungsprinzip fand sich beim → Fiat 600.

Das mit einem gefälligen, zweifarbig überzogenen Interieur ausgestattete Modell 1000 wurde bald zur Hauptstütze der Simca-Produktion. Bei den Aronde hatte man im Herbst 1961 die Leistung des Rush-Super-Motors durch geänderte Nockenformen, größere Ventile und stärkere Ventilfedern von 62 auf recht beachtliche 70 SAE-PS gesteigert (Rush Super M). Dem Modell Etoile wurde eine luxuriösere Version Etoile Super 6 zur Seite gestellt.

Bereits gegen Ende des Jahres 1961 war von einer Zusammenarbeit zwischen Simca und → Abarth die Rede. Der Turiner PS-Zauberer, der sich durch das Frisieren von Fiat-Heckmotorwagen großen Ruhm erworben hatte und der auf 1960 eine Liaison mit → Siata eingegangen war, sollte nicht nur für leistungsgesteigerte Simca-1000-Derivate sorgen, sondern auf Simca-Basis auch Hochleistungs-Sport- und Rennsportfahrzeuge kreieren. Die diesbezüglichen Entwicklungen standen in erster Linie unter dem Skorpionzeichen von Abarth.

1000 Coupé Überraschend wurde auf dem Genfer Salon im März 1962 bereits eine Simca-eigene Sonderversion des Modells 1000 vorgestellt: der wohlgeformte Simca 1000 Coupé. Seine 2+2sitzige Karosserie stammte von Bertone (→ Anhang). Ursprünglich war für ihn auch eine Version TI vorgesehen, doch bei Produktionsanlauf gegen Ende Jahr wurde er schließlich einheitlich mit einem auf 52 SAE-PS gebrachten Motor bestückt. Inzwischen hatte man auch die Leistung der kleinen Limousine mit geänderten Ansaugkanälen und Ventilen sowie einer von 7,8 auf 8,2:1 erhöhten Verdichtung von 45 auf 50 PS gesteigert.

1300/1500 Für die Nachfolger der «ins Alter» gekommenen Aronde-Typen wählte Simca-Gründer und -Präsident Henri Pigozzi 1963 wiederum Genf als Präsentationsort. Vorerst waren aus dem Aronde-Karosserieangebot allerdings nur das Fauxcabriolet, das Coupé und das Cabrio gestrichen worden. Von den attraktiven, anfänglich Simca Sport geheißenen Coupés und Cabrios waren von 1949 bis 1963 beim Karosseriewerk Facel (→ Facel-Véga) 23 500 Exemplare gebaut worden!

Die neuen Simca 1300 und 1500 waren überaus gut proportionierte geräumige viertürige Limousinen, bei denen alle Formdetails und Abmessungen in vorbildlicher Weise harmonierten. Die Fensterflächen waren großzügig bemessen, die Front war schmuck gestaltet, und als kleines individuelles Detail fielen die kreisrunden Schlußlichtgehäuse auf. Technisch wurde nicht Neuland betreten, Bewährtes jedoch optimiert. Vorne fanden sich Trapez-Dreieckquerlenker mit Schraubenfedern, hinten eine Starrachse mit speziell angeordneten Längslenkern und Schraubenfedern.

Beim Typ 1500 wurden vorne Bendix-Lockheed-Scheibenbremsen eingebaut. Während der 62 PS leistende 1,3-Liter-Motor aus dem Aronde bekannt war, handelte es sich bei der 1,5-Liter-Maschine um eine Neukonstruktion. Sie war 9,3:1 verdichtet und leistete 81 PS. Während das vollsynchronisierte 4-Gang-Getriebe im Simca 1300 mit Lenkradschaltung bedient wurde, war es im Simca 1500 normalerweise mit Mittelschaltung kombiniert. Anstatt einer vorderen Sitzbank wies denn der Typ 1500 Einzelliegesitze auf, und er war besonders komfortabel ausgestattet. Der stärker motorisierte neue Simca hob sich von seinem Schwestermodell auch durch das feiner strukturierte Kühlergitter, verschiedene Chromleisten, die Holzimitation am Armaturenbrett, eine reichhaltigere Instrumentierung und weitere Details ab.

Schon im Verlaufe des Jahres 1962 war als

Rechts: Simca 1300, 1963
Darunter: Simca 1501 GLS, 1967
Unten: Simca 1500 Break Familiale, 1966

vereinfachte Ausführung des Heckmotor-Simca für den französischen Markt das Modell 900 eingeführt worden. Anderseits gab es den Simca 1000 (anstatt als de Luxe) alsbald auch als GL = Grand Luxe. In dieser Ausführung wurde ihm im Herbst 1963 der 52-PS-Motor des Coupés spendiert. Zum 900 kam der 900 C (mit etwas gepflegterem Interieur und Lenkungsstoßdämpfer), und auch beim Simca 1300 unterschied man nun zwischen Normal und Grand Luxe. 1963 lief auch die Produktion des Ariane Miramas aus, so daß 1964 von den alten Modellen einzig noch der Aronde Etoile (mit 1,3- und 1,1-Liter-Motor entsprechend 7 und 6 französischen Steuer-PS) in Produktion blieb. Eine von Fans vielbeachtete Neuheit verkörperten die auf dem Turiner Salon Ende Oktober vorgestellten Simca → Abarth 1150, 1150 S, 1150 SS und 1150 Corsa auf der Basis der Simca-1000-Limousine. Für sie war der Hubraum von 944 auf 1137 cm³ vergrößert worden, die Leistungsspanne reichte von 55 bis 85 PS!

Schon im Juli 1964 wurde angekündigt, daß der Simca 1300 auf dem Pariser Salon jenes Jahres auch als Break = Kombi vorgestellt würde. Dieser Kombi sollte dann allerdings als Derivat des Simca 1500 erscheinen und in den Ausführungen Break (Standard), Familiale und GL aufgelegt werden. Bei letzterem ließ sich das hintere Bodenbrett herausnehmen und zu einem Picknicktisch verwandeln, was ein absolutes Novum verkörperte! Allen Break gemeinsam war die Hecktürgestaltung: Es handelte sich nämlich nicht um eine hochklappbare Türe, sondern – nach amerikanischen Vorbildern – um eine nach unten öffnende, den Laderaum verlängernde Klappe, in die zunächst die Heckscheibe hinuntergekurbelt werden mußte. Auch die Limousine 1500 wurde um eine besonders gepflegt ausgerüstete Ausführung Grand Luxe bereichert. Beim Simca 1000 anderseits kam eine Version GLS hinzu.

GLA Eine weitere Wiederaufstockung des Variantenangebots brachte im Herbst 1965 die Einführung der Modelle 1000 GLA und 1500 GLA. Der Buchstabe A wies auf das automatische Getriebe hin. Beim Simca 1500 handelte es sich um die auch in zahlreichen anderen Wagen angebotene Getriebeautomatik des Typs Borg-Warner 35. Zur Kompensation des mit dem Drehmomentwandler gegebenen Leistungsverlustes wurde die Motorleistung für den 1500 GLA von 81 auf 84 SAE-PS erhöht. Hiezu hatte man die Verdichtung auf minimal 10:1 angehoben. Eine gleiche Maßnahme hatte man auch für den 1000 GLA ergriffen, in welchem der Motor 54 statt 52 PS leistete. Beim Automatikgetriebe des kleinen Simca handelte es sich um eine Neukonstruktion der Firma Ferodo. Sie setzte sich aus einem hydraulischen Wandler, einem normalen 3-Gang-Getriebe, einer mit dem Turbinenrad verbundenen Reibungskupplung und einer elektrohydraulischen Kupplungsbetätigung zusammen. Es handelte sich also um einen Selektiv- oder Halbautomaten.

Neu waren beim Simca 1300 die vorderen Scheibenbremsen. Es gab ihn nun ebenfalls als Break und überdies wahlweise mit Stockschaltung. Beim Simca 1000 fand sich ein verbessertes Armaturenbrett, und die Ausführungen 1000 GL und GLS hatten neuerdings vordere Ausstellfenster. Inzwischen gab es auch alle größeren Simca als GLS.

1301/1501 Im Frühherbst 1966 kündete Simca als Novitäten die Modelle 1301 und 1501 an. Es handelte sich um eine gestreckte Ausführung der bisherigen Modelle, die in der einfachen Ausstattung L weiterhin erhältlich waren. Der vordere Überhang war um 7, der hintere um 13,5 cm angewachsen. Damit stand nun deutlich mehr Kofferraum zur Verfügung. Die Motorhaube war jetzt nach vorne leicht zugespitzt. Das Armaturenbrett zeigte ein gänzlich neues Design mit rechteckigem Anzeigegeviert statt des runden Sammelgeräts, und ebenso waren die runden Schlußleuchten einer rechteckigen Gruppierung gewichen. Die Heizungs- und Lüftungsanlage war wesentlich verbessert worden. Die 1301/1501 gab es in den Ausstattungsvarianten Luxe Super, Grand Luxe und Grand Luxe Super, hinzu kamen die Break LS und GLS. – Mit einem am rechten Vorderkotflügel aller Simca angebrachten kleinen Stern wurde auf das verstärkte Engagement von Chrysler hingewiesen. Simca-Generaldirektor Georges Héreil, inzwischen auch im Chrysler-Vorstand, gab am 1. September 1966 eine Garantieerstreckung für alle in Frankreich verkauften Wagen auf zwei Jahre oder 60 000 km bekannt und ein angemessener Werbeeffekt sollte nicht ausbleiben.

Simca

1200 S Neues brachte auch der Juni 1967: Aus dem 1000 Coupé wurde der 1200 S. Die formschöne Bertone-Karosserie war mit einer neuen Front, in der ein echtes, von Nebellampen flankiertes Kühlergitter prangte, attraktiver gestaltet worden. Man hatte nämlich den Kühler zur besseren Gewichtsverteilung nach vorne verlegt; die Kühlluft wurde durch ein Gitter im Frontdeckel wieder ins Freie entlassen. Bedeutendste Neuerung des verjüngten Coupés war jedoch der vergrößerte Motor. Aus 1204 statt 944 cm^3 wurden nun 80 statt 40 DIN-PS geschöpft, also gerade doppelt soviel als bisher (die SAE- und die DIN-PS-Angaben klafften bei den Simca 1000 auffallend stark auseinander; für den 1200 S wurden keine SAE-PS genannt). Weitere Neuerungen, die dem Coupé eigen waren: keilförmige Brennräume unter schräghängenden Ventilen, Verdichtung 10,25:1, zwei Doppelkörpervergaser, hintere Doppelgelenkachsen und negativer Radsturz, aufgewertetes Interieur mit Sportsitzen und -instrumenten, verbesserte Lüftung, Längenzuwachs um 7 cm auf just 4 m. – Während vom 1000 Coupé wenig über 10 000 Exemplare gebaut wurden, sollte es der 1200 S (bis 1971) auf 15 000 Stück bringen.

Simca 1100 Die eigentliche Neuheit des Jahres 1967 von Simca – und man darf wohl auch sagen von Frankreich – war jedoch das im Herbst vorgestellte Modell 1100. Nein, es war nicht bloß ein vergrößerter Simca 1000, sondern eine vollständige Neukonstruktion. Als solche sollte ihr sogar richtungweisende Funktion zukommen. Einzig der → Autobianchi Primula erfüllte bis dahin jene Punkte, die das Merkmal der meistverbreiteten Familienautos der siebziger und der achtziger Jahre werden sollten: Frontantrieb mit Quermotor und Kompaktkarosserie mit Heckklappe. Der als drei- und als fünftürige Limousine (und gleich auch als dreitüriger Kombi) vorgestellte neue Simca wies eine gefällige Form mit zweistufigem Schrägheck auf. Sie war nicht mehr auf eine möglichst niedrige Dachlinie, sondern vordergründig auf Zweckmäßigkeit ausgerichtet. Mit dieser Neuheit war Simca nun in allen drei wesentlichen konstruktiven Richtungen vertreten: Standardbauweise, Heckmotor und Frontantrieb.

Wie die Bezeichnung verrät, wurde ein 1,1-Liter-Motor verwendet. Das 56 DIN-PS leistende 1118-cm^3-Aggregat besaß einen ähnlich gestalteten Zylinderkopf wie der Motor des 1200 S. Für die einfacheren Ausführungen L und LS war eine 53-PS-Version vorgesehen. Der Motor wurde um 41° nach hinten geneigt eingebaut. Er war nach rechts versetzt und bildete mit dem links anschließenden vollsynchronisierten 4-Gang-Getriebe eine Einheit. Auf Wunsch wurde er mit der Ferodo-3-Gang-Halbautomatik kombiniert. Die Rahmen-Boden-Anlage wies zwei Längsträger mit Traversen auf, sie war mit dem selbsttragenden Aufbau formsteif verschweißt. Die Vorderräder waren mit Trapez-Dreieckquerlenkern und Längstorsionsstabfedern sowie Scheibenbremsen bestückt, hinten fand sich eine Einzelradaufhängung mit gezogenen Längslenkern und Quertorsionsstabfedern.

Moderne Merkmale waren der Alternator und der thermostatisch gesteuerte Kühlerventilator, wie sie auch der 1200 S besaß. Mit einer in zwei Richtungen abgewinkelten Lenksäule, Polsterungen und weiteren Schutzmaßnahmen war in zeitgemäßer Weise für den Insassenschutz gesorgt. Für den Warentransport war nicht nur die Rücksitzlehne umlegbar, sondern es konnte die gesamte hintere Sitzbank umgeklappt werden. Die Kofferraumabdeckung hob sich mit der Heckklappe an. Das Interieur war modern und freundlich gestaltet, und die Armaturenbrettenden trugen bewegliche Lüftungsdüsen. – Auf 1968 wurde die Leistung für die 1000 Commerciale und L mit 39 DIN-PS, für den LS mit 40 und für die GL, GLS und Automat mit 42 DIN-PS angegeben (Automat im Vorjahr noch 43 PS).

Von links nach rechts:
Simca 1100 GLS, 1968
Simca 1501 Spécial Break, 1970
Simca 1200 S (Bertone), 1969
Simca 1000 Spécial, 1970

Im September 1968 kam der Simca 1000 in verjüngter Form auf den Markt. Man erkannte ihn an den vergrößerten Scheinwerfern, den um die Ecken gezogenen vorderen Blinkern und dem neuen diese verbindenden Ziergitter. Die Radaufhängung mit hinterem negativem Radsturz war vom 1200 S übernommen worden. Dieser wie die Simca 1000 boten neuerdings eine Zahnstangenlenkung. In den teureren Ausführungen des Typs 1000 – einschließlich des neuen S = Spécial mit sportlicher Zusatzausrüstung – wurde der 1118-cm³-Motor aus dem Simca 1100, jedoch mit einer auf 49 PS reduzierten Leistung, eingebaut. Am anderen Ende der Skala wurde – ausschließlich für den einheimischen Markt – der Simca 4 CV (4 französische Steuer-PS) mit bloß 777 cm³ Inhalt und 31 DIN-PS eingeführt. Er war auch entsprechend einfach ausgestattet. Anderseits war in Frankreich nun auch der Simca 1100 mit dem 944-cm³-Motor aus dem Heckmotormodell zu haben; hier wurde die Leistung mit 45 PS angegeben. Eine weitere Variante war für den USA-Markt bestimmt: Dorthin wurde im Modell 1100 der 1204-cm³-Motor, jedoch mit einer auf 60 PS gedrosselten Leistung, geliefert.

Einen Spécial gab es ab Herbst 1968 auch auf der Basis des Simca 1501. Er trumpfte mit einem von 69 auf 81 DIN-PS Leistung gesteigerten Motor auf. Dies war durch neugeformte Brennräume und ein doppeltes Auspuffsystem erreicht worden. Auf dem Salon von Paris 1968 wurde zudem ein fünfsitziges Coupé auf Simca 1501 S mit Aufbau von der Karosseriefirma Heuliez ausgestellt. Mit dem Jahrgang 1970, der bereits im Juli 1969 angekündigt wurde, erhielt der 1501 Spécial eine neue Frontgestaltung mit vor das Kühlergitter gesetztem rechteckigem Rahmen, in dessen Enden rechteckige Weitstrahler saßen. Bei den 1301 wie den 1501 fand sich ein neues Armaturenbrett mit kreisrunden Anzeigeinstrumenten. Solche fanden sich auch im Simca 1100. In diesem gab es auch verbesserte Sitze und eine besser gedämpfte Lenkung. Gleichzeitig wurden Leistungssteigerungen bekanntgegeben: im 1100 von 56 auf 60 DIN-PS, im 4 CV von 31 auf 33 PS, im 1000/944 von 42 auf 44 PS, im 1000/1118 von 49 auf 53 PS und im 1200 S von 80 auf 85 PS. Den 1000 Spécial gab es nunmehr mit vorderen Scheibenbremsen.

Im Herbst 1969 wandelte der Pariser Modeschöpfer Pierre Cardin einen Simca 1100 nach seinen Vorstellungen ab. Hauptmerkmal war das ungebrochene Schrägheck. Zu diesem Zeitpunkt war auch von einem 1,8-Liter-OHC-Motor die Rede, der in einem rennsportlichen Prototyp erprobt wurde.

Auf dem Autosalon von Brüssel im Januar 1970 wurde auch der Simca 1301 in einer Ausführung Spécial präsentiert. Er wartete mit 70 PS Leistung auf, doch war auch das Potential des normalen 1301 LS von 54 auf 60 PS angehoben worden. Im Gegensatz zum 1501 Spécial besaß der 1301 Spécial eine unveränderte Front. Der 1301 LS hatte Lenkrad-, der 1301 Spécial hingegen Mittelschaltung. Zudem war dieser mit dem Borg-Warner-Getriebeautomaten erhältlich. Eine Anfang Februar 1970 lancierte kecke Neuheit war der Simca 1000 Rallye. Er basierte auf dem 4 CV, hatte jedoch den stärksten Motor der Serie 1000, die 1118-cm³-Maschine mit 53 PS. Er war innen und außen auf Sport getrimmt und fiel durch die in Schwarz gehaltene Fronthaube und die beiden Querstreifen auf der Motorabdeckung auf. Auf Wunsch ließ sich der Motor weiter frisieren ... später sollte aus dem Simca 1000 Rallye ein ebenso beliebtes und erfolgreiches wie erschwingliches Sportgerät für den Renneinsatz werden. – 1969 war Simca zur Gänze in Chrysler-Besitz übergegangen. Ende Februar 1970 lief in Poissy der einmillionste Simca 1000 vom Band. Noch im Frühling des gleichen Jahres kam auch in der Reihe 1100 ein Modell Spécial hinzu. Es besaß – wie schon die US-Version – den 1204-cm³-Motor, dank zweier Doppelvergaser allerdings mit nicht weniger als 75 PS Leistung. Zur Ausrüstung zählten auch hier ein Sportlenkrad und -instrumente sowie eine besonders gepflegte, in Schwarz gehaltene Ausstattung mit Mittelkonsole und Kopfstützen. Äußerlich erkannte man den 1100 Spécial an den ins Kühlergitter integrierten rechteckigen Halogenleuchten.

Simca	Zyl.	cm³	SAE-PS * DIN	bei 1/min	Gänge	Spitze km/h	Radstand/ Länge	Baujahre	Besonderheiten
Aronde	4	1290	52	4800	4	130	244/412	1958–60	
P 60						132	244/419		
Six		1090	40	4600		118			
Super Flash		1290	60	5400		138			Kombi: 415 cm lang
Plein Ciel/Océane						140	244/422		
(Kombimodelle)			45	4500		110	244/401		
Aronde Etoile	4	1290	52	4900	4	132	244/413	1960	Elysée: 419 cm lang
		1090	42	4900		120			
Montlhéry/Monaco		1290	62	5200		140	244/419	1960/61	Kombi Castel: 412 lang
Plein Ciel/Océane							244/428		
Châtelaine (Kombi)			48	4900		110	244/401		
Montlhéry Spécial/ Monaco Spécial			70	5200		140	244/419	1961–63	
Plein Ciel/Océane							244/423		
1300	4	1290	62	5200	4	–135	252/425	1963–67	
1500		1475	81	5400		–150			
GLA			84	5600	A			1965/66	
1301		1290	62	5200	4	133	252/446	1966–69	(54 DIN-PS)
1501		1475	81	5400		146			(69 DIN-PS)
A			84	5400	A				(72 DIN-PS)
Spécial			81*	5200	4/A	–160		1968/69	
1301 LS/Spécial		1290	60*	5200		–154		1969–	
1501 GL/Spécial		1475	81*	5200		–160			
Ariane 4	4	1290	52	4900	4	127	269/452	1957–60	
8	V8	2351	84	4800	3	145			SV!
Miramas	4	1290	62	5200	4	130		1960–63	
Vedette	V8	2351	84	4800	3/H4	147	269/475	1958–61	SV!; Présidence: 492, Marly (Kombi) 463 cm
1000	4	944	45	5000	4	120	222/380	1961/62	Heckmotor
1000 (/900)			50	5200		125		1962–68	ab '64: 130 km/h (39 DIN-PS)
1000 Coupé			52	5400		140+	222/393	1962–67	(40 DIN-PS)
1000 GL (/GLS)						130	222/380	1963–68	
1000 GLA			54	5600	A3			1965–68	(43 DIN-PS)
4 CV		777	31*	6100	4	115		1968–	ab '69: 33/6000
1000 LS, GL		944	42*	5600	4/A3	135			ab '69: 44/6000
LS, GL, GLS, Spécial (ab '69: auch Rallye)		1118	49*	5600		145			ab '69: 53/5800
1200 S	4	1204	80*	6000	4	175	223/400	1967–69	Heckmotor
			85*	6200		178		1969–	
1100	4	1118	56*	5800	4/A3	141	252/394	1967–69	Frontantrieb, h.E.
			53*	5600				1967/68	
		944	45*	6000		132		1968–	ab '69: 48 PS
(USA)		1204	60*	5500		145			
		1118	60*	6000		146		1969–	
Spécial		1204	75*	6000		155		1970–	

Simca Brasil

Bei der Simca do Brasil SA in São Bernardo do Campo, der brasilianischen Tochtergesellschaft von Simca Frankreich, wurden ab 1961 Vedette-Modelle hergestellt. Sie wichen vorerst nur in Details von den Originalversionen ab, wenn auch 1963 für die Luxusausführungen ein auf 2432 cm³ ausgebohrter Motor mit 105 SAE-PS Leistung hinzukam und das 3-Gang-Getriebe vollsynchronisiert wurde. Mitte März 1964 wurden jedoch stark überarbeitete Versionen lanciert. Die Dachlinie war gestreckt und der hintere Dachträger steiler gestellt worden. Nur die aus der Kombiversion Marly entwickelten Jangada und Jangada Luxo besaßen noch die gleiche Karosseriesilhouette.

Allen gemeinsam war die neue Bezeichnung Simca (V8) Tufão (= Taifun). Man hatte den Hubraum für alle Ausführungen erhöht und auch die Kompression angehoben, womit ein Leistungsanstieg zu verzeichnen war. Beide Motoren wiesen nun einen Ölkühler auf: Aus 2414 (statt 2351 cm³) resultierten 100 SAE-PS. Dieser Motor wurde in die Modelle Alvorada, Chambord und Jangada eingebaut. Der größere Motor hatte nun gar 2505 cm³ und leistete 112 PS. Er trieb die Modelle Rallye, Rallye Especial und Présidence an. Diese Ausführungen hatten eine Handzündverstellung (für die Anpassung an die unterschiedlichen Benzinqualitäten des Landes) und über dem Kühlergitter eingelassene direkte Luftzuführungen zu den beiden Vergasern. Wie schon bei seinem französischen Vorbild prangte beim Présidence das Reserverad über der Heckstoßstange. Bei allen Modellen erfolgte die Kraftübertragung nach wie vor über das vollsynchronisierte 3-Gang-Getriebe mit Lenkradschaltung, denn es handelte sich ja um Sechssitzer, wobei die vordere Sitzbank bei den Luxusmodellen in $^1/_3/^2/_3$ eingeteilt war, um dem Fahrer besseren Halt zu vermitteln.

Auf 1966 kamen ein Modell Professional und der Prototyp eines Rennsportcoupés Tufão GT hinzu. Größere Änderungen brachte das Modelljahr 1967: Die Leistung des 2,4-Liter-Motors wurde nun mit stolzen 130 PS angegeben. Dies war darauf zurückzuführen, daß nicht nur ein Doppelvergaser und eine von 8 auf 8,3:1 erhöhte Verdichtung eingeführt wurden, sondern auch ein neuer Zylinderkopf mit hängenden statt der auf die Vorkriegs-Ford-Konstruktion zurückgehenden stehenden Ventile! Es wurden nur noch die Ausführungen Chambord und Jangada aufgeführt. Die Rallye-Typen und der Présidence wurden hingegen durch die Modelle Esplanada 311 und 611 abgelöst. Auch deren 2,5-Liter-V8 hatte nun obenhängende Ventile sowie eine von 8,5 auf 8,8:1 erhöhte Kompression; seine Leistung stand mit 140 PS zu Buche. Daneben wiesen die Esplanada eine gänzlich neu gezeichnete Karosseriefront und -heck auf: Die Scheinwerfer waren nun nicht mehr vom Kotflügel-Vorderabschluß überdacht, wie dies einst Mode war, sondern neben einem großflächigen schlichten Kühlergitter in die Front integriert; die Heckflossen waren weggeschnitten. Diese durchaus geglückte Designverjüngung wurde auf 1968 von der → Chrysler do Brasil SA weitergeführt ... denn diese hatte als neue Mutterfirma von Simca deren Brasilien-Tochter übernommen und gleich auch die Marke von Simca auf Chrysler gewechselt.

Simca (BR) Chambord, 1967

Simca Brasil	Zyl.	cm³	SAE-PS	bei 1/min	Gänge	Spitze km/h	Radstand/Länge	Baujahre	Besonderheiten
Tufão Chambord/ Jangada	V8	2414	100	4800	3/3+S	145	269/472	1964–66	SV!
Rallye/Présidence		2505	112			–160			
Chambord/Jangada		2414	130	5500	3	160		1966/67	(OHV)
Esplanada		2505	140	5500	3/3+S	170			

Singer

Als eine einst traditionsreiche englische Marke war Singer um 1955 von der Rootes Group (→ Hillman, Humber, Sunbeam) übernommen worden. 1960 umfaßte das Angebot der in Birmingham niedergelassenen Singer Motors Ltd. lediglich noch das Modell Gazelle. Es war nichts anderes als eine Luxusausführung des → Hillman Minx mit leistungsgesteigertem Motor, wie ihn auch der Sunbeam Rapier (mit noch mehr PS) aufwies. Aus 1,5 Litern Inhalt standen 65 SAE-PS zur Verfügung. Die Kraftübertragung erfolgte über ein 4-Gang-Getriebe mit unsynchronisiertem erstem Gang und Lenkradschaltung; auf Wunsch war ein Schnellgang oder auch das Easidrive-Automatgetriebe lieferbar. Es gab den Gazelle, der sich durch das stylisierte Kühlergitter alter Form abhob, als viertürige Limousine, als Kombi sowie auch als ungemein hübsches viersitziges Cabriolet.

Vogue Im Juli 1961 wurde – bereits als Modell 1962 – der Singer Vogue vorgestellt. Dieser Name war schon von einem Humber-Modell des Jahres 1936 getragen worden; er bedeutete soviel wie «guter Ruf», aber auch «in Mode». In der Tat sah die Karosserie des Vogue recht modisch aus: von den Kotflügel-Vorderkanten überragte Doppelscheinwerfer, stark gewölbte Frontscheibe, Panorama-Heckscheibe und angedeutete Heckflossen (die zwei letzteren Merkmale besaß auch der Gazelle). Der Vogue war größer und geräumiger als der Gazelle: Radstand 256,5 cm (statt 244), Länge 420 cm (415), Breite 158 cm (154). Auch er entsprach der Standardbauweise.

Für den Antrieb sorgte ein neuer 1,6-Liter-Kurzhubmotor, wie er auch in den Sunbeam-Modellen anzutreffen war und auch dem Gazelle verliehen wurde. Bei den beiden Singer-Modellen stand seine Leistung mit 67 (Vogue) und 57 SAE-PS zu Buche. Es bestand die gleiche Getriebeauswahl wie beim Gazelle, wobei Exportfahrzeuge neuerdings auf Wunsch mit einer Lenkradschaltung ausgerüstet wurden. Bemerkenswert war das schmucke Armaturenbrett mit Nußbaumholzfurnier, gepolsterter Oberkante und einem darunter angeordneten durchgehenden Ablagebrett. Die Grundform der Karosserie wurde ab Herbst jenes Jahres auch für den Hillman Super Minx verwendet, wie denn bei Rootes das «Baukastensystem» stets weiter ausgebildet wurde.

Im Mai 1962 wurde der Vogue-Limousine ein wohlproportionierter Kombi zur Seite gestellt. Er bot vier Seitentüren und eine horizontal zweigeteilte Heckklappe. Außer durch das markentypische Kühlergitter mit Doppelscheinwerfern unterschied auch er sich vom entsprechenden Hillman-Modell durch die beidseits je drei übereinander angeordneten runden Heckleuchten. Im Herbst 1962 erhielt der Vogue als Series II vordere Einzelsitze statt der Sitzbank. Gleichzeitig wurden vordere Lockheed-Scheibenbremsen eingeführt und die Leistung auf 62 SAE-PS gedrosselt. Der Motor wurde damit geschmeidiger. Wer den Vogue mit Getriebeautomaten bestellte, erhielt fortan das Borg-Warner-Aggregat des Typs 35 statt das Easidrive-System.

Im Herbst 1963 erhielt der Gazelle wie der Hillman Minx eine modernisierte Karosserie, allerdings beschränkten sich die Änderungen beim Singer vor allem auf den Karosserie-Hinterteil, wo die Panorama-Heckscheibe verschwand und die Kopffreiheit vergrößert wurde. Die technischen Verbesserungen samt Einführung vorderer Scheibenbremsen entsprachen ebenfalls dem Hillman-Muster. Auch bei diesem Modell wurde für die Lieferung des Automatgetriebes zu Borg-Warner gewechselt. Ein Jahr später kam der Vogue der Series III mit einer umgezeichneten Karosserie mit höherer Windschutzscheibe und drittem Seitenfenster heraus. Um den Abstand zum in gleicher Weise modifizierten Super Minx zu vergrößern, wurde die Leistung wiederum angehoben, und zwar auf 84 SAE-PS. Hiezu dienten ein Registervergaser und eine von 8,3 auf 9,2:1 erhöhte Verdichtung. Auf Wunsch gab es allerdings auch Ausführungen, die mit Niederoktanbenzin betrieben werden konnten.

Chamois Ebenfalls noch im Herbst 1964 dehnte Rootes seine Imp-Baureihe – Kleinwagen mit Heckmotor, → Hillman – auf die Marke Singer aus. Der Singer Chamois (= Gemse) war eine Luxusausführung des Hillman Imp. Man erkannte ihn am Frontziergitter, an den farbigen Seitenstreifen, dem zusätzlichen Chromschmuck, am verschönerten Armaturenbrett mit Handschuhfach und Kühlwasserthermometer, an der verbesserten Geräuschisolation und an den breiteren Reifen. Für bestimmte Exportländer wurde das gleiche Fahrzeug mit Sunbeam Chamois bezeichnet. Ein Jahr später wurde dem Chamois II der Rally Chamois bzw. Chamois Sport mit auf 998 cm^3 vergrößertem Motor und 65 SAE-PS Leistung zur Seite gestellt. Die Innenausstattung war adäquat verbessert worden (es gab diese Leistungsvariante auch unter dem Markennamen Hillman).

Beim Gazelle war man im Herbst 1965 bei der Series VI angelangt. Sie unterschied sich vom Series V durch den neuen Rootes-Einheitsmotor von 1725 cm^3 Inhalt. Dieser diente auch dem Vogue Series IV als Antriebsquelle. Er leistete in den Singer-Modellen 62,5 bzw. 91 SAE-PS. Die Spur des Vogue war von 123 auf 127 cm verbreitert worden, wodurch sich gleichzeitig mehr Sitzbreite im Wagenfond ergab. Außerdem war die Karosserieausstattung wesentlich aufgewertet worden. Der Gazelle wies eine neue Front auf, in der das traditionelle Singer-Kühlergitter nur noch stark verkleinert wiedergegeben war.

Doch diese Ausführung gab es nur noch kurzzeitig. Im Januar 1967 wurden gänzlich neue Gazelle und Vogue eingeführt. Sie hatten identische Karosserien und entsprachen den Hillman alias Sunbeam Hunter. Da der Hunter in den Exportgebieten vor allem unter der Marke Sunbeam bekannt wurde, findet sich seine Beschreibung unter → Sunbeam. Den Chamois gab es auf 1968 auch als Coupé . . . Schon im Vorjahr jedoch war Rootes von → Chrysler übernommen worden. Unter der amerikanischen Ägide wurde die Marke Singer Anfang 1970 aufgegeben.

Singer	Zyl.	cm^3	SAE-PS	bei 1/min	Gänge	Spitze km/h	Radstand/ Länge	Baujahre	Besonderheiten
Gazelle	4	1494	65	4600	4/4+S/A	–140	244/415	1959/60	
Series III B			60	4500				1960/61	
III C		1592	57	4100		–132		1961–63	
V							244/418	1963/64	(mit A: 62 PS/4400)
			62	4400				1964–66	ab '65: Mk. VI, ab Jan. '67: wie Hillman Hunter
Vogue	4	1592	67	4800	4/4+S/A	–135	257/420	1961/62	
Series II			62	4400				1962–64	
III			84	5000		–147	257/424	1964/65	
IV			91	5500		–146		1965/66	ab Ende '66: Luxusm. des Hillman Hunter
Chamois	4	875	42	5000	4	128	208/359	1964–	OHC-Heckmotor,
Rally Chamois		998	65	6200		152		1965/66	ab '65: Chamois II
Chamois Sport		875	55	6100		–145		1966–	

Skoda

Die Skoda-Werke (ausgesprochen Schkoda) in Mladá Boleslav (einst Jungbunzlau), 60 km von Prag entfernt, waren nicht nur das bedeutendste Automobilwerk der Tschechoslowakei, sondern auch eines der größten Industrieunternehmen Osteuropas. 1960 basierte das Personenwagen-Produktionsprogramm der Marke auf der im Vorjahr lancierten Octavia-Baureihe. Sie umfaßte den Ocatavia mit 1,1-Liter-Motor, den Ocatavia Super mit 1,2-Liter-Maschine und als leistungsgesteigerte Ableitungen mit zwei Vergasern den Octavia Touring Sport und das Cabriolet Felicia. Als vier- bis fünfsitziges Offenauto war der Felicia nicht nur für Osteuropa eine Rarität! Man konnte es auch mit einem Ghia-Hardtopaufsatz bestellen. Allen Modellen gemeinsam war der Zentralrohrrahmen mit einer aus Trapez-Dreieckquerlenker und Schraubenfedern kombinierten Vorderradaufhängung und einer hinteren Pendelachse mit obenliegender, progressiv wirkender Querblattfeder. Die Kraftübertragung erfolgte über ein 4-Gang-Getriebe mit unsynchronisiertem erstem Gang und Lenkradschaltung.

Im Jahre 1960 wurden die Fabrikationsanlagen ausgebaut. Das erklärte Ziel war es, bis 1970 einen Jahresausstoß von 400 000 Personenwagen zu erreichen. Inzwischen wurde der Ocatvia auch als dreitüriger Kombi gebaut, und als Neuheit wurde 1961 der Skoda 1202 lanciert, ein fünftüriger Kombi, der auf einem früheren Skoda-Design basierte und entsprechend größer war. Beide Kombi hatten den 1,2-Liter-Motor; bei dem auch in dreitüriger Form erhältlichen 1202 fielen die um die Ecken gebogenen Zusatz-

Von links nach rechts:
Singer Vogue, 1962
Singer Gazelle, 1966
Skoda Felicia, 1961
Skoda 1202, 1964

Skoda

Von links nach rechts:
Skoda 1000 MB, 1965
Skoda Octavia Combi, 1966
Skoda Octavia Combi, 1969
Skoda 1000 MBX, 1966
Skoda 110 L, 1970

fenster am Heck auf. Die Octavia-Serie erfuhr im Verlaufe der Jahre Leistungssteigerungen und andere Verbesserungen. 1963 erhielt das Hardtop des Felicia eine kantigere Form, und gleichzeitig wurden die Heckflossen bei diesem Modell gestutzt.

1000 MB Die entscheidenden Voraussetzungen für eine Produktionssteigerung mit vermehrtem Absatz auf westlichen Exportmärkten wurde Mitte 1964 mit der Produktionsaufnahme – in neuen Werkanlagen – des Skoda 1000 MB geschaffen. Der neue Skoda hatte zwar eine ansprechend zeitgemäße Form, doch basierte er auf einem Heckmotorkonzept, was bei einem Auto der unteren Mittelklasse als nicht mehr modern empfunden wurde. Im Gegensatz zum Octavia, den es alsbald nur noch als dreitürigen Kombi gab, war der 1000 MB (von Mladá Boleslav) eine viertürige Limousine. Er zeigte eine großflächige Frontscheibe und ein Panorama-Heckfenster. Der Leichtmetallblock des Motors war im Heck nach rechts geneigt eingebaut, und die Brennräume wiesen Keilform auf. Aus 988 cm³ resultierten 40 DIN-PS, also mehr Leistung als aus dem Octavia-1089-cm³-Motor. Das angeblockte 4-Gang-Getriebe war vollsynchronisiert. Selbstverständlich war die Karosserie nun selbsttragend konstruiert. Die Vorderradaufhängung wie die hintere Pendelachse wurden im Prinzip beibehalten. Die hintere Sitzbank ließ sich je zur Hälfte nach vorne kippen, um so einen angepaßten Laderaum zu bieten.

In den neuen Werkanlagen plante man nun zunächst eine Tagesproduktion von 600 Wagen mit späterer Steigerung auf 1000 Einheiten. Man sprach auch von einer nach Gewinnerzielung ausgerichteten Betriebsoptimierung nach westlichem Muster. – Auf 1966 wurde die Leistung des 1000 MB von 45 auf 48 SAE-PS erhöht, und auf dem Genfer Salon im März 1966 überraschte die tschechoslowakische Marke mit dem Modell Skoda 1000 MBX, einem zweitürigen, fünfsitzigen Fauxcabriolet. Das Lufteinlaßgitter über dem hinteren Radausschnitt für den Heckmotor war diskreter gestaltet, und durch abgesteppte Verkleidungen hatte auch der Innenraum eine Verschönerung erfahren. Auch die Limousine erhielt im Laufe des Jahres 1966

Skoda	Zyl.	cm³	SAE-PS	bei 1/min	Gänge	Spitze km/h	Radstand/ Länge	Baujahre	Besonderheiten
Octavia	4	1089	43	4500	4	125	240/407	1960–64	Zentralrohrch.,
Super		1221	47	4500		130			h. Pendelachse
									ab '63: 42 PS
Combi						–125		1960–	ab '69: 49/4600
Touring Sport			53	5100		140		1960–64	
Felicia									
1202 (Kombi)			47	4500		–110	269/449	1961–67	
1203			49	4600			272/452	1968–70	
1000 MB	4	988	45	4650	4	–120	240/417	1964–66	Heckmotor
MB/MBX			48	4750		125		1965–69	ab '66: nur MB
			52	5000		–130		1965–82	(auch MB-T)
1100 MB		1107	52	4800		135		1967/68	
MB/MBX			49	4800		127		1968/69	
100		988	48	4750		125		1969–	
110		1107	53	5000		135			
L-Rallye			70*	6000		–150		1970–	* DIN-PS

den neuer Lufteinlaß. Die Leistung des 1000 MBX wurde alsbald mit 46 DIN- bzw. 52 SAE-PS angegeben (später auch in der Limousine). Bereits im Februar 1966 war der Tagesausstoß auf 300 Wagen gestiegen.

Unter der Bezeichnung Skoda Winnetou lancierte 1967 der Schweizer Skoda-Importeur A. P. Glättli im Hinblick auf den Genfer Salon einen zweisitzigen Roadster mit Kunststoffkarosserie der Firma Suren in Aachen/D. Das originelle Fahrzeug kam jedoch nicht in Serie. Auf 1968 wurde dem 1000 MB der 1100 MB mit 1107-cm³-Motor zur Seite gestellt. Vorerst wurde seine Leistung gleich beziffert wie jene des 1000 MBX, doch später gab es auch von ihm stärkere Versionen. Bereits im Juni 1968 war von einem Skoda-Heckmotor-Coupé die Rede; dieses Modell ließ aber noch auf sich warten.

Vorerst, nämlich im Herbst 1968, erschien die Limousine mit einer gestreckteren Dachlinie und steilerem, weniger um die Ecken gezogenem Heckfenster. Im Wagenfond stand nun mehr Kopfraum zur Verfügung. Zudem hatte man den Aufbau versteift und die Geräuschisolation wie auch den Rostschutz verbessert. Auch am Fahrwerk waren Verbesserungen zu verzeichnen, und die Front trug jetzt ein horizontales Chromband mit der Markenaufschrift. Man unterschied nach ME-T (Tourist, 1000) und MB (1100). Die Tagesproduktion näherte sich der 500-Stück-Grenze. Durch die blutigen politischen Ereignisse im August 1968 waren große Produktionsverluste entstanden, doch man hatte sich eine Kompensation zum Ziele gesetzt und befaßte sich mit neuen Zukunftsplänen. – Anfang 1969 wurden im Westen Fotos vom Prototyp eines Skoda 1500 mit Frontmotor verbreitet: Die moderne → Vignale-Karosserie zeigte drei Fenster pro Seite und einen kurzen hinteren Überhang.

Die Skoda-Herstellfirma AZNP zeigte auf der Maschinenmesse von Brünn Anfang September 1969 abermals verjüngte Modelle: Man erkannte sie an der neuen Front mit in tropfenförmigen Vertiefungen liegenden Scheinwerfern und der flachen Motorhaube. Die Sitze waren bequemer und das Armaturenbrett übersichtlicher gestaltet worden. Es gab nun noch die Modelle S 100, S 100 L und S 110 L; die Produktion des Fauxcabriolets war inzwischen aufgegeben worden. Der 1,1-Liter-Motor bot nun 53 statt 49 SAE-PS. Allen Modellen gemeinsam waren die vorderen Scheibenbremsen und das Zweikreis-Bremssystem von Dunlop. Nachdem bereits für Rennfahrzeuge verschiedener Kategorien Skoda-Aggregate verwendet worden waren, debütierte im Januar 1970 der Skoda Studio B5 mit 31 DIN-PS leistendem 1-Liter- oder 83,5 DIN-PS starkem 1,1-Liter-Motor für den Wettbewerbseinsatz. In jenem Jahr kam Skoda auf einen Ausstoß von etwas über 142 000 Wagen; von den einstigen Planzielen blieb man (auch 1984) noch weit entfernt.

Sovam

Bei der 1964 gegründeten Société Anonyme Morin Automobiles Sovam in Tours und Parthenay (Frankreich) wurden Flughafenfahrzeuge und Sportwagen gebaut. Der bissig aussehende und bloß 111 cm hohe Sovam 850 VS bzw. 1100 VS war ein Kunststoff-Zweisitzer mit Doppelscheinwerfern, abnehmbarem Dachmittelteil und Panorama-Frontscheibe (sie diente andernorts als Heckscheibe). Was man diesem Boliden kaum ansah: Er hatte Frontantrieb und basierte auf der Mechanik des Allroundautos → Renault 4. Von diesem hatte er auch den Plattformrahmen mit ungleich langem Radstand links und rechts und die Aufhängung mit Torsionsstabfederung.

Im Sovam 850 VS stand der mit einer Verdichtung von 9,5:1 und anderen Maßnahmen auf ansehnliche 41 DIN- bzw. 45 SAE-PS gebrachte 845-cm³-Motor zur Verfügung, während im 1100 VS der 1108-cm³-Motor anderer Renault-Modelle mit einer dank Doppelvergaser auf 59 bzw. 65 PS gesteigerten Leistung zur Verfügung stand. Im schwächeren Sovam mußte man sich mit dem Renault-3-Gang-Getriebe begnügen. Es hatte immerhin Stockschaltung. Beim 1100 VS mit 4-Gang-Getriebe kamen Bendix-Scheibenbremsen an den Vorderrädern hinzu. Bei den A-Modellen des folgenden Jahres wurden die Scheibenbremsen im 1,1-Liter-Modell nur noch auf Wunsch eingebaut; zudem wurde die Leistung nun mit 62 SAE-PS bei 6300/min angegeben.

Im Jahre 1966 erreichte die Produktion 102 Exemplare dieser ungewöhnlichen kleinen Liebhaberstücke. Die Frontgestaltung und weitere Details wurden im Verlaufe der Zeit modifiziert, und gegen Ende 1967 wurde der 1300 GS mit eindrücklichen Rechteck- statt Doppelscheinwerfern herausgebracht. Er wurde vom 1255-cm³-Motor mit 103 SAE-PS angetrieben, wie ihn der Renault 8 Gordini 1300 im Heck eingebaut hatte! Das 5-Gang-Getriebe war mit übernommen worden. Bei einem mit bescheidenen 630 kg angegebenen Leergewicht dürfte es dem jetzt verlängerten und 2+2sitzigen nicht an Brio gefehlt haben. Der Sovam 850 wurde nicht mehr angeboten, und auf 1969 – dem letzten Produktionsjahr – wurde auch aus dem 1100 VS der 1100 GS mit festmontiertem Dach.

Sovam 1300 GS, 1968

Sovam	Zyl.	cm³	DIN-PS	bei 1/min	Gänge	Spitze km/h	Radstand/ Länge	Baujahre	Besonderheiten
850 VS/A	4	845	41	5500	3	145	240/365	1965–67	Basis Renault 4
1100 VS		1108	59	6000	4	–170		1965–68	(Frontantrieb)
A			62	6300		162		1966/67	
1300 GS		1255	88	6750	5	195	240/382	1967–69	
1100 GS		1108	59	6000	4	165		1968/69	

Standard

Im September 1959 wurde aus der in der englischen Autometropole Coventry angesiedelten Standard Motor Company die Standard-Triumph International Limited, die einer Anzahl neugruppierter Standard-Triumph-Firmen als Holding-Gesellschaft übergeordnet war. Oberste Leiter waren Lord Tedder als Verwaltungsratspräsident und Alick Dick als Generaldirektor. Mit dieser Neustrukturierung wurde – nach Jahren der Krise – ein erfreulicher Wiederaufschwung eingeleitet. Dieser sollte sich allerdings auf die Marke → Triumph konzentrieren. 1960 konnte bei Liverpool ein neues Karosseriewerk in Betrieb genommen werden, für das sieben Millionen Pfund Sterling investiert worden waren. Die Länder der Europäischen Wirtschaftsgemeinschaft sollten vor allem von einem Montagewerk im belgischen Malignes aus beliefert werden. Das unter der Marke Standard laufende Produktionsprogramm umfaßte 1960 den im Gegensatz zum hochmodernen Triumph Herald recht betagt wirkenden fünftürigen Kombiwagen Ten Companion als letzten Vertreter der Standard-Kleinwagen sowie die größeren Typen Ensign und Vignale III Vanguard. Alle waren in Standardbauweise mit hinterer, an Blattfedern abgestützter Starrachse gebaut.

Der Ten Companion hatte den gleichen 948-cm³-Motor wie der Triumph Herald, und sein 4-Gang-Getriebe war auf Wunsch mit einem Laycock-de-Normanville-Schnellgang kombinierbar. Dies galt auch für die beiden größeren, viertürigen Modelle, wobei der Vignale III Vanguard überdies mit einem 3-Gang-Getriebe mit oder ohne Schnellgang oder mit einem Borg-Warner-Getriebeautomaten bestellt werden konnte. Diese Wagen besaßen die gleiche Karosseriegrundform, wobei das Topmodell – wie die Bezeichnung verrät – in äußerlichen Details nach Vorschlägen des italienischen Karosseriewerks → Vignale verschönert worden war. Der Ensign wurde von einem 1,7-Liter-, der Vignale von einem 2,1-Liter-Motor angetrieben, beides Vierzylinder mit identischem Hub von 92 mm. Den Vignale gab es auch als Kombi.

Nachdem der Typ Ensign mit 1,7-Liter-Motor fallengelassen wurde, gelangten auf dem Londoner Automobilsalon im Herbst 1960 als Ergänzung des Standard-Angebots nach oben ein Modell Vanguard Luxury Six und, davon abgeleitet, ein Kombiwagen zur Präsentation. Als Antriebsquelle diente hier ein 2-Liter-6-Zylinder-Motor, der es mit zwei Halbfallstromvergasern auf 86 statt der bescheidenen 69 SAE-PS brachte. Es standen ein 4-Gang-Getriebe und ein 3-Gang-Getriebe mit oder ohne Overdrive sowie ein Automat zur Wahl. Mit dem Modelljahr 1962 – im Vorjahr war Standard-Triumph in die Einflußsphäre des Leyland-Nutzfahrzeugkonzerns gekommen – verschwand der Vignale III Vanguard, dafür gab es einen Ensign de Luxe mit 2,1-Liter-4-Zylinder-Motor, dessen Leistung dank höherer Verdichtung mit 76 SAE-PS zu Buche stand. Mit dem Modelljahr 1964 hatte der Markenname Standard ausgedient.

Oben links: Standard Ten Companion Estate Car, 1961
Oben: Standard Vanguard Luxury Six, 1961
Links: Standard Ensign de Luxe Estate Car, 1962

Standard	Zyl.	cm³	PS	bei 1/min	Gänge	Spitze km/h	Radstand/Länge	Baujahre	Besonderheiten
Ten Companion	4	948	38	5000	4/4+S	115	213/366	1959–61	
Ensign		1670	61	4000		130	259/436	1957–60	
de Luxe		2138	76	4100	4	135		1962/63	
Vignale III Vanguard		2088	69	4200	4/4+S/ 3/3+S/A			1958–61	
Vanguard Luxury Six	6	1998	81*	4400		145		1960–63	* DIN

Steyr-Puch

Zwischen der Steyr-Daimler-Puch AG im österreichischen Graz-Thondorf und Fiat hatte es schon lange eine Zusammenarbeit gegeben, als im Herbst 1957 der Steyr-Puch 500 vorgestellt wurde. Er war eine Ableitung des → Fiat 500 und besaß auch dessen Karosserie. Der luftgekühlte 2-Zylinder-Heckmotor war jedoch eine Eigenentwicklung. Anstatt um einen Reihenmotor mit 479 cm³ Inhalt wie beim Fiat handelte es sich um eine Boxermaschine mit 493 cm³ Hubraum. Anstatt 13 standen mit ihr 16 DIN-PS zur Verfügung, und dies bei einer Drehzahl von 4600/min statt 4000/min. Eine Eigenentwicklung war auch die hintere Pendelachse mit schrägem Dreiecklenker und äußerem Gummigelenk sowie einem einzigen inneren Kardangelenk. Nebst Schraubenfedern fanden sich hinten Gummihohlfedern. Gemäß Abkommen mit Fiat durfte diese leistungsfähigere, speziell auch für Bergstraßen geeignete Version ausschließlich durch die 200 Steyr-Händler in Österreich verkauft, nicht aber exportiert werden.

Auf der Basis dieser Steyr-Puch-Konstruktion wurde auch der winzige, aber einsatzfähige Frontlenker-Geländewagen Haflinger entwickelt, der nebst Vierradantrieb einen auf 600 (alsbald 700) cm³ vergrößerten Motor erhielt. Anfang 1959 lief die Herstellung des Steyr-Puch 500 D, Modell Fiat, an. Er unterschied sich äußerlich nicht mehr ausschließlich durch das Ziergitterchen an der Wagenfront und den geänderten Motordeckel vom italienischen Original, sondern hatte jetzt in der Grundausführung ein festes Stahlblechdach und ein vergrößertes Heckfenster mit hinten geringfügig verlängerter Dachlinie, was den Fondpassagieren mehr Platz verschaffte. An der Front prangte ein Chrommotiv in der Art zweier Flügel, und zudem waren Heizung und Entfroster verbessert worden. Nach wie vor gab es auch eine Cabriolimousine. Dem 500 D wurde der Typ 500 DL zur Seite gestellt, der sich äußerlich durch die in der Wagenfarbe gehaltenen großen Rücklichtgehäuse zu erkennen gab, vor allem aber mit einer dank erweiterter Einlaßkanäle auf 19,8 PS gestiegenen Leistung aufwartete.

700 C Ende 1960 wurde der Steyr-Puch 700 C, wiederum mit der Zusatzbezeichnung Modell Fiat, lanciert. Er hatte die dreitürige Kombikarosserie des Fiat 500 Giardiniera, doch stammten der 25 PS leistende 643-cm³-Boxermotor, das vollsynchronisierte 4-Gang-Getriebe und die Hinterradführung aus der eigenen Küche. Das Antriebsaggregat war eine leistungsgesteigerte Ausführung des Haflinger-Motors. Während Fiat den Motor im Giardiniera flachlegen mußte, hatte man den Puch-Motor im österreichischen Kombi ohne große Anpassungen unter dem Wagenboden unterbringen können.

650 T An Stelle des 500 DL trat gegen Ende 1962 der Steyr-Puch 650 T, Modell Fiat.

Er hatte den 643-cm³-Motor des 700 C, jedoch mit der bisherigen Leistung von 19,8 PS. Es gab ihn auf Wunsch mit automatischer Kupplung Saxomat. Gleichzeitig erschien der 700 E, ein Kombi mit der gleichen Motorauslegung wie der 650 T. Eine Modellergänzung brachte 1964 der 650 TR. Bei ihm war der Hubraum auf 660 cm³ und die Leistung auf 27 DIN-PS gesteigert worden. Damit stand bereits ein beträchtliches Leistungspotential zur Verfügung. Er wurde nicht nur frisiert und erfolgreich bei Wettbewerben eingesetzt, sondern es gab ihn auch als strömungsgünstig geformtes Coupé unter der italienischen Marke → Imp.

Im Spätsommer 1966 erhielten die Steyr-Puch mit dem Jahrgang 1967 vorne angeschlagene Türen. Gleichzeitig wurden eine höhere Windschutzscheibe, Sicherheitstürschlösser, schönere Heckleuchten, ein neugeformter Licht- und Blinkerhebel, eine stärker gepolsterte Armaturenbrett-Unterkante sowie versteifende Innenbleche an Seitenwand und Dach eingeführt. Die seitlichen Zierstäbe entfielen. Von den Änderungen ausgenommen war der Kombi 700 C. Doch hatte auch er nun wie die übrigen Modelle das vollsynchronisierte Getriebe erhalten.

Mit Fiat war nun vereinbart worden, daß nicht nur der Haflinger-Geländewagen, sondern auch die Personenwagen exportiert werden durften, allerdings ausschließlich nach der Bundesrepublik, Großbritannien, Frankreich, Spanien, Portugal, Ungarn und Israel. Wohl deshalb wurde das Spitzenmodell jetzt 650 TR Europa genannt. Es bot dank gesteigerter Verdichtung 30 statt 25 PS. Die verschiedenen angebotenen Untersetzungsvarianten wiesen darauf hin, daß mit diesem Modell nun erst recht im rennsportlichen Einsatz Furore zu machen war. Dem «Anhang J 1966» der internationalen Sportreglemente entsprechend gab es alsbald auch einen TR II Europa mit 34 oder gar 40 DIN-PS.

Auf 1969 wurde unter die sportlichen Ambitionen allerdings ein Strich gezogen. Im Angebot figurierten – neben dem Haflinger – ausschließlich noch der Steyr-Puch 500, Modell Fiat, und der 500 S, Modell Fiat, letzterer mit auf 20 PS gebrachtem 493-cm³-Motor.

Oben: Steyr-Puch 700 D Mod. Fiat, 1961
Unten: Steyr-Puch 500 D Mod. Fiat, 1964

Steyr-Puch	Zyl.	cm³	DIN-PS	bei 1/min	Gänge	Spitze km/h	Radstand/ Länge	Baujahre	Besonderheiten: luftgek. Heckmotor
500 D Modell Fiat	B2	493	16	4600	4	100	184/297	1956–	
500 DL Modell Fiat			20	4600		105		1959–62	
700 C Modell Fiat		643	25	4800		112	194/318	1960–68	
650 T Modell Fiat			20	4800		105	184/297	1962–68	(ab '67: 110 km/h)
700 E Modell Fiat						100	194/318	1962–66	
650 TR Modell Fiat		660	27	5500		120	184/297	1964–66	
Europa M.F.			30			125		1966–68	TR II: 34 + 40 PS
500 S		493	20	5000		105		1968–	
Haflinger 700 AP		643	27	4800	5	75	150/283		4 × 4-Geländewagen

Studebaker

Im Jahre 1954 hatten sich die für ihre futuristisch geformten Familienautos bekannte Firma Studebaker und die für ihre Prestigewagen berühmte Marke Packard zur Studebaker-Packard Corporation zusammengeschlossen. Es ging ums Überleben im härter gewordenen Konkurrenzkampf, der den Großen der Branche – allen voran General Motors, Ford und Chrysler – die besseren Chancen einräumte. Doch schon 1956 geriet das neue Unternehmen in eine große Finanzkrise und wurde schließlich von der Firma Curtiss-Wright übernommen. 1959 lief die Herstellung der auf lange Tradition zurückblickenden Marke Packard aus, und auch das Angebot von Studebaker-Modellen zeigte sich gestrafft.

1960 gab es die Modellreihen Lark (Lerche) und Hawk (Falke). Zu den Lark-Limousinen und -Kombis war in diesem Modelljahr neu ein Cabriolet hinzugesellt worden. An Motoren standen ein seitengesteuerter (!) Sechszylinder von 2,8 Litern Inhalt (Lark VI) und ein 4,2-Liter-V8 (Lark VIII) zur Wahl. Es gab 3-Gang-Getriebe mit und ohne halbautomatischen BW-Schnellgang sowie die automatische Kraftübertragung Flightomatic. Auf Wunsch war ein Twin-Traction-Sperrdifferential erhältlich. Die Aufbauten ruhten auf einem Kastenrahmen mit Traversen. Hinten wurde in üblicher Weise eine Starrachse mit Halbelliptikfedern eingebaut. Die größeren, adrett geformten Silver Hawk gab es mit den gleichen Motoren sowie einem 4,7-Liter-V8. Ein viersitziges Studebaker-Coupé mit vorstehenden Doppelscheinwerfern wurde auf dem Turiner Salon 1960 von → Lombardi zur Diskussion gestellt.

Im Hinblick auf das Modelljahr 1961 wurde im Herbst 1960 endlich ein neuer 6-Zylinder-Motor in Produktion genommen. Er hatte nach wie vor 2,8 Liter Inhalt, kam aber auf 113 statt 91 SAE-PS. Zu den Verbesserungen bei dem zur Kategorie der Compact-cars gehörenden Lark zählte die leichtergängige Lenkung, und überdies war bei dieser Studebaker-Modellreihe nun eine Servolenkung zu haben. Man erkannte die Lark 1961 an den Doppelscheinwerfern. Die Ausstattungsvariante Regal wurde durch den Lark Cruiser ergänzt, der den längeren Radstand der Station Wagon besaß. Die Hawk waren im Modelljahr 1961 auch mit 4-Gang-Getriebe erhältlich, zudem erhielten sie ein gepolstertes Armaturenbrett und ein neues Lenkrad. – Auf dem Genfer Salon 1961 wurde von der Genfer Karosseriefirma Italsuisse (→ Anhang) ein von Pietro Frua (→ Anhang) entworfenes 2+2sitziges Studebaker-Coupé mit großen Fensterflächen und eigenwilligem Frontdesign vorgestellt.

Unter dem neuen Regime von Generaldirektor Sherwood H. Egbert verzeichnete die Studebaker-Packard Division einen Aufwärtstrend. Zudem hatte das Unternehmen den Vertrieb der → Mercedes-Benz in den

Links: Studebaker Lark, 1962
Unten: Studebaker Daytona Wagonaire, 1964
Darunter: Studebaker Lark Daytona Convertible, 1963

USA übernommen. Deshalb wahrscheinlich wurde den Studebaker des Modelljahrs 1962 ein stark an die Stuttgarter Marke erinnerndes Kühlergitter verliehen. Das galt besonders für die Lark, deren stumpf wirkende Karosserien jetzt etwas verlängert worden waren. Zudem gab es nun auch bei ihnen in Verbindung mit dem V8-Motor ein 4-Gang-Getriebe. Die Hardtopcoupés und die Cabriolets waren mit vorderen Einzelsitzen erhältlich und trugen in dieser sportlicheren Ausführung die Zusatzbezeichnung Daytona. Die größeren Modelle hießen nicht mehr Silver Hawk, sondern Hawk GT. Der Hawk Gran Turismo zeigte eine gänzlich neu gestylte Hinterpartie mit breitem hinterem Dachträger und bis zum Heckabschluß gradlinig verlaufender Gürtellinie statt der bis dahin stets noch «hochgehaltenen Flossentradition». Neugestaltet war auch das Armaturenbrett mit zahlreichen Rundinstrumenten. Der Studebaker Hawk GT war – wie die Modelle mit der Mercedes-ähnlichen Front – eine Neuschöpfung des bekannten amerikanischen Industrial Designers Brooks Stevens.

Avanti Doch es war der noch berühmtere Designer Raymond Loewy, der einem gänzlich neu entworfenen Studebaker zu einer sensationellen Individualform verhalf, nämlich dem auf der New Yorker Automobilausstellung im April 1962 präsentierten Studebaker Avanti. Loewy hatte nicht nur den Studebaker der Nachkriegszeit das unverkennbare, vielbewunderte, oft aber auch mit Skepsis aufgenommene futuristische Design verliehen, sondern er galt als Schöpfer der Coca-Cola-Flasche und Autor des Werks «Häßlichkeit verkauft sich schlecht» als Begründer des modernen Industriedesigns schlechthin.

Mit dem als Prestigecar bezeichneten Avanti (= vorwärts) hatte es Studebaker-Chef Egbert auf den inzwischen ebenfalls vier Sitze bietenden → Thunderbird von Ford, aber auch auf den zweisitzigen → Chevrolet Corvette abgesehen. Der Avanti verband Leistung mit sportlichem Styling, und er besaß – wie der Corvette – eine Kunststoffkarosserie. In seinem technischen Grundkonzept war der Avanti weit weniger avantgardistisch als in seinem kühlergitterlosen äußeren Erscheinungsbild. Er besaß ein Kastenrahmenchassis mit X-Verstrebung (wie die Lark Station Wagons und Cabriolets), und die hintere Starrachse war auf Halbelliptikfedern abgestützt, verfügte aber wenigstens über zusätzliche Führungselemente. Für den 4,7-Liter-V8 mit 10,25:1 Verdichtung wurden keine Leistungsangaben gemacht; die mit Jet Thrust bezeichnete Maschine wurde im Modelljahr 1963 auch in den Lark und im Hawk GT erhältlich. Daneben gab es den Super Jet Thrust mit Paxton-Kompressor, Hochleistungsnockenwelle und ebenfalls Vierfachvergaser. Im Vorfeld der offiziellen Präsentation hatte man diesem Motor 350 PS nachgesagt. Bei Werkversuchen sollen 250 km/h und eine Spurtzeit für 0 bis 100 km/h von 6,7 Sekunden erreicht worden sein. Weitere Besonderheiten beim Avanti GT – wie er alsbald hieß – waren die erstmals bei einem amerikanischen Auto serienmäßig verwendeten vorderen Scheibenbremsen, Zapfen-Türschlösser (nach deutschem Vorbild), integrierter Überrollbügel, vordere Schalensitze, der thermostatisch gesteuerte Kühlluftventilator sowie einstellbare Stoßdämpfer.

Im Herbst 1962, für das Modelljahr 1963, lancierte Studebaker den Station Wagon Wagonaire. Bei ihm konnte außer der Heckwand der hinterste Teil des Daches geöffnet werden, woraus sich besonders vielfältige Belademöglichkeiten ergaben. Mit ihrem gleichmäßigen Schachbrettmuster zeigten die Lark-Kühlergesichter jetzt wieder etwas weniger Mercedes-Anklang.

Made in Canada Gänzlich neu karossiert wurden die kleineren Serien für das Modelljahr 1964. Kühlergitter und Scheinwerfer waren nun in einer Ebene angeordnet. Damit ging ein Stück Markenidentität verloren. Doch das war noch nicht das Schlimmste: Nachdem in den Vorjahren durchaus positive Absatznachrichten die Runde gemacht hatten, sah sich das Mutterhaus Curtiss-Wright im Dezember 1963 veranlaßt, die Produktion in South Bend aufzugeben. Studebaker war eine der wenigen Autofabriken, die ihren Hauptsitz nicht im Raum Detroit in Michigan hatte, sondern seit je im Bundesstaat Indiana angesiedelt war. Die Autoproduktion konzentrierte sich nun auf den kanadischen Zweig in Hamilton, Ontario.

Für das Modelljahr 1964 wurde der Name Lark aufgegeben; die kleineren Modellreihen hießen nun Challenger, Commander, Daytona und Cruiser. Nach wie vor gab es den 6-Zylinder-Motor Skybolt Six mit 2,8 Litern Hubraum und die 4,2- und 4,7-Liter-V8 sowie vier Getriebe. Die Produktion der Hawk und der Avanti wurde in Kanada nicht mehr fortgeführt. Es hatte sie zuletzt auch noch mit einem auf 5 Liter vergrößerten Jet-Thrust-Motor (R3 und R4) gegeben, doch wurden auch für ihn (nach vornehmer Rolls-Royce-Manier) keine Leistungsangaben gemacht. Vom Avanti, dessen aufwendig konstruierte Kunststoffkarosserie anfänglich einige Produktionsprobleme verursacht hatte, waren in South Bend rund 5000 Exemplare gebaut worden. Doch er sollte unter neuen Vorzeichen weiterleben (→ Avanti!).

Ungutes ließ auch die Nachricht erahnen, daß der Modelljahrgang 1965 von Studebaker keine eigenen Antriebsaggregate mehr verwendete. Im Zuge der notwendigen Rationalisierung hatte man nicht nur das Angebot

Rechts: Studebaker Hawk Gran Turismo, 1964
Unten: Studebaker Commander, 1966

weiter vermindert, sondern gleich auch die Motorenherstellung aufgegeben. Für den Antrieb sorgten nun der 3,2-Liter-Sechszylinder, wie er im → Chevrolet Chevy II Verwendung fand, und ein 4,6-Liter-V8, der aus diversen größeren Chevrolet bekannt war. Als neue Karosserievariante gab es den Sports Sedan mit Vinyldach. Alle Studebaker des Modelljahrs 1965 zeigten einen feinen Zierstab zwischen den Heckleuchten.

Ganz neu war das zweistufige, durch eine senkrechte Mittelrippe gevierteilte Kühlergitter der Studebaker 1966. Originell war, am anderen Karosserieende, ein Luftabsauggitter über den Heckleuchten für die wirksame Innenraumentlüftung. Doch dies war die letzte Neuerung, die unter dem Namen Studebaker in die Geschichte eingehen sollte. Im Frühjahr 1966 wurde auch im kanadischen Hamilton die Produktion eingestellt. Zwar hatte man ausgerechnet, daß das Werk in Kanada auch mit einer Produktion von bloß 20 000 Wagen pro Jahr hätte rentieren können, doch selbst diese äußerst bescheidene Zahl war 1965 nicht mehr erreicht worden. Längst hatte man bei Studebaker diversifiziert: auf Haushalt- und Industrieprodukte. Ihnen ausschließlich galt nun – neben dem Ersatzteilgeschäft – die Zukunft.

Studebaker	Zyl.	cm³	SAE-PS	bei 1/min	Gänge	Spitze km/h	Radstand/Länge	Modelljahre	Besonderheiten: Kastenrahmenchassis
Lark VI	6	2779	91	4000	3/3+S/A	135	277/445	1960	SV!, (Stations 287/469)
			114	4500		145		1961	(nun OHV)
Lark VIII	V8	4248	182	4500		160		1960/61	
			198	4500		170			
Lark Cruiser			182	4500		160	287/469	1961	
			198	4500		170			
	6	2779	114	4500		145			
Silver Hawk 6			91	4000		140	306/518	1960	SV!
			114	4500		150		1961	(dto. nun OHV!)
Silver Hawk V8	V8	4248	182	4500		170		1960/61	
			198	4500		175			
		4737	213	4500		175			
			228	4500		180			
Lark VI	6	2779	114	4500	3/3+S/A	145	277/467	1962/63	
							287/478		(= 4türig + Stations)
VIII/Cruiser	V8	4248	182	4500	3/3+S/A/4	175			
			198	4500		180			
		4737	213	4500		185			
			228	4500		190			
			?					1963	2 Mot. m/o Kompr.
Hawk Gran Turismo	V8	4737	213	4500	3	170	306/518	1962–64	
			228	4500	3+S/4/A	180			1963: auch 3-Gang
		4248	182	4500		170			
	6	2779	114	4500	3/3+S/A	140			
	V8	4737	?		3/3+S/4/A			1963/64	2 Mot. m/o Kompr.
		4973	?		4/A			1964	2 Mot. m/o Kompr.
Avanti GT	V8	4737	?		3/4/A	225	277/489	1962/63	Kunststoffkarosserie
			?			290			+ Kompressor
		4973	?					1963	2 Mot. m/o Kompr.
Challenger/Comm./ Daytona/Cruiser	6	2779	114	4500	3/3+S/A	145	277/483	1964	
							287/493		4türig (Station 490 cm)
	V8	4247	182	4500	3/3+S/4/A	175			
			198	4500		180			
		4737	213	4500		185			
			228	4500		190			
			?		4/A				2 Mot. m/o Kompr.
		4973							2 Mot. m/o Kompr.
Commander/ Daytona/Cruiser	6	3186	122	4400	3/3+S/A	150	277/483	1965/66	Chevrolet-Motor
							287/493		4türig (Station 490 cm)
	V8	4637	198	4800		180			Chevrolet-Motor
	6	3767	142	4400		155		1966	Chevrolet-Motor

Stutz

Stutz war eine der großen prestigeumwobenen Marken der amerikanischen Autofrühzeit gewesen. Stutz-Automobile waren von 1913 bis 1935 gebaut worden. Ende der sechziger Jahre wurde vom Wall-Street-Financier James D. O'Donnell die Stutz Motor Car of America, Inc., in New York neugegründet. Anfang 1970 ging ein neuer Stutz in Produktion, der Superluxuswagen Stutz Blackhawk. Er besaß ein äußerst ausgefallenes Karosseriestyling, das sich aus Formelementen der Zwischenkriegszeit und jüngsten Designeigenheiten zusammensetzte. Diese Formgebung stammte vom angesehenen Autodesigner Virgil Exner. Zum zweitürigen Coupé sollten bald auch Limousinen und Spezialsausführungen hinzukommen. Während die Karosserien in Handarbeit in Italien gebaut wurden, stammte das Fahrwerk vom → Pontiac Grand Prix. Der Stutz Blackhawk besaß somit einen Hochleistungs-V8-Motor von 6,6 Litern Inhalt und 431 SAE-PS Leistung. Das Getriebe war eine Turbo-Hydra-Matic-Einheit. Das auf Wunsch mit allerhand Prestigezusätzen – wie etwa vergoldeten Bedienungshebeln – ausgestattete «teuerste Auto der Welt» wurde bald einmal von diversen Größen des Show-Business entdeckt.

Subaru

Unter den verschiedenen japanischen Kleinstwagen der steuergünstigen 360-cm^3-Klasse besaß der Subaru eine besonders originelle Form: Eine abfallende Front, eine stark gewölbte Windschutzscheibe und bombierte Seitenflächen waren mit einem Schrägheck kombiniert. Unter ihm barg sich ein quer eingebauter luftgekühlter 2-Zylinder-2-Takt-Motor, der seine 16 PS Leistung über ein vollsynchronisiertes 3-Gang-Getriebe abgab. Ungewöhnlich waren auch die Aufhängungen, vorne und hinten mit je einem Längslenker und Torsionsstabfedern sowie einer gemeinsamen Schraubenfeder pro Radpaar. Dank des minimalen Platz benötigenden Antriebsaggregates blieb auf der für Wagen dieser untersten Klasse gestatteten Gesamtlänge von 3 m genügend Raum für vier (kleingewachsene) Personen. Der von einem Zweig der Firma Fuji Heavy Industries ab 1958 gebaute Subaru erwies sich denn bald einmal als Verkaufsleader der 360-cm^3-Kategorie. Das sechs vierzackige Sterne zeigende Markenzeichen symbolisierte die sechs (ursprünglich fünf) Firmen, die sich zur Fuji Heavy Industries Ltd. zusammengeschlossen hatten. Fuji war bereits auch durch seine Flugzeugkonstruktionen bekannt geworden.

Neben der normalen Limousine gab es auch eine Cabriolimousine, und 1960 kam als Exportmodell der Subaru 450 oder Maja hinzu. Hier standen aus 423 statt 356 cm^3 23 PS zur Verfügung, und die Gesamtlänge war auf 311,5 cm angewachsen. Auf der Basis des Modells 450 wurde ein Jahr später der Subaru Sport lanciert, ein zweisitziger Roadster mit zugespitztem Bug und 340 cm Länge. Die Leistung des Basismodells wurde indessen mit 18 PS angegeben, blieb jedoch bei der Cabrioletlimousine auf 16 PS beschränkt. Eine Kombikarosserie wies der Subaru Custom auf, der 1963 auf den Markt kam. Der Roadster wurde bereits nicht mehr aufgeführt. Inzwischen hatte man die Aufhängung vereinfacht: Vorne wurden nun Längslenker und Torsionsstäbe sowie Schraubenfedern montiert, hinten eine Schwingachse (mit Torsions- oder Schraubenfedern). 1964 wurde die Leistung des kleineren Motors auf 20 PS erhöht, während der Typ 450 verschwand.

Subaru 1000 Ein völlig neuer Weg wurde von Fuji Haevy Industries mit der Lancierung des Subaru 1000 im Jahre 1965 eingeschlagen. Es handelte sich um ein sehr modern karossiertes viertüriges Mittelklasseauto mit Vorderradantrieb. Diesen besorgte ein neuentwickelter wassergekühlter 4-Zylinder-Boxermotor – eine Konstruktionsart, wie sie beispielsweise Anfang der sechziger Jahre in Deutschland noch vom → Hansa 1100 und vom Lloyd alias → Borgward Arabella geboten worden war. Der Subaru 1000 hatte einen Leichtmetallmotor, 55 PS Leistung, ein vollsynchronisiertes 4-Gang-Getriebe mit Lenkradschaltung, einen vorderen Hilfsrahmen mit Trapez-Dreieckquerlenkern und Torsionsstabfederung und eine hintere Starrachse mit Längslenkern, Torsionsfederstab und Schraubenfedern. Zu den weiteren Besonderheiten zählten das Kühlsystem mit Zweistufenkühler und thermostatisch gesteuertem Ventilator.

Während bei den Kleinstwagen bereits ausschließlich noch der 360 de Luxe gebaut wurde, erfuhr das Angebot bei der Mittelklasse 1967 eine Ausdehnung auf eine zweitürige Version des Subaru 1000 sowie einen als

Stutz	Zyl.	cm^3	SAE-PS	bei 1/min	Gänge	Spitze km/h	Radstand/ Länge	Modelljahre	Besonderheiten: Kastenrahmenchassis
Blackhawk	V8	6558	431		A		300/526	1970–	Motor Pontiac GP

Subaru	Zyl.	cm^3	PS *SAE	bei 1/min	Gänge	Spitze km/h	Radstand/ Länge	Baujahre	Besonderheiten
360	2	356	16	4500	3	83	180/299	1958–63	luftgekühlter
450		423	23	5000		102	180/312	1960–63	2-Takt-Heckmotor
360		356	18	4700		90	180/300	1961–64	
Sport						120	180/340	1961–63	
360 de Luxe/Custom			20	5000		100	180/300	1964–68	
360			25*	5500	4	110		1968–	
SS 360			36*	7000		120		1969–	
R-2			30*	6500		110	192/300		
1000	B4	977	55	6000	4	130	240/390	1965–67	Frontantrieb, h.E.
						135	242/393	1967–69	
Sports			67	6600		150	242/390		
FF-1		1088	62*	6000		145	242/393	1969–	
Sports			77*	7000		160	242/390		

Stutz Blackhawk, 1970

Von oben nach unten:
Subaru 450, 1961
Subaru 1000, 1966
Links: Subaru FF-1 Sports, 1970
Rechts: Subaru R-2, 1970

Van bezeichneten fünftürigen Kombi. Hinzu kam ferner ein 1000 Sports mit der zweitürigen Karosserie, schwarzem Kühlergitter und einer auf 67 PS gesteigerten Leistung. Er hatte Stock- statt Lenkradschaltung. Auf dem Salon von Tokio gegen Ende 1968 wurde ein Subaru SS 360 vorgestellt (gleichzeitig kam auch vom → Suzuki-Kleinstwagen eine SS-Version heraus)! Als Leistung wurden 36 SAE-PS genannt, während die Leistung des normalen Typs 360 nun mit immerhin 25 PS angegeben wurde. Der SS trug einen farbigen Querstreifen auf der Fronthaube und wies weitere kleine sportliche Attribute auf.

R-2 und FF-1 1969 brachte Fuji Heavy einen stark modernisierten Kleinstwagen heraus, das Modell R-2. Konstruktionsbasis, Motorgröße und Gesamtlänge waren unverändert, doch zeigte es eine Karosserie mit durchgezogener Gürtellinie und vergrößerten Seitenfenstern. Seine Leistung wurde mit 30 SAE-PS angegeben. Die Modelle 360 und SS 360 waren weiterhin erhältlich. Die 4-Zylinder-Subaru wurden auf 1970 verjüngt. Sie hießen nun FF-1 und hatten einen von 977 auf 1088 cm³ vergrößerten Hubraum. In den Normalmodellen resultierte hieraus eine Leistung von 62, im Sports mit Doppelvergaser von 77 PS. Das aus horizontalen Stäben zusammengesetzte Kühlergrill war einem eingerahmten schwarzen Gitter gewichen. Mit diesem Modell begann die Marke Subaru schrittweise die Eroberung der Exportmärkte.

Sunbeam

Noch 1960 war Sunbeam (= Sonnenstrahl) nur eine der vier Marken der im Großraum Coventry angesiedelten Rootes-Gruppe. Immerhin kam Sunbeam ein wesentlich sportlicherer Ruf zu als → Hillman, Humber und Singer. Unter dieser Marke wurden denn auch Liebhaberwagen hergestellt: der seit 1955 gebaute 4/5sitzige Rapier (= Degen) und der 1959 lancierte zweisitzige Alpine. Den Rapier Series III gab es als schmuckes Fauxcabriolet und als elegantes Cabriolet. Zwar verkörperten die überdachten Scheinwerfer und die fein stylisierten Heckflossen modische Attribute, doch die Proportionen dieser Wagen wirkten ausgewogen. Mit vorderen Trapez-Dreieckquerlenkern und Schraubenfedern und hinterer Starrachse mit Halbelliptikfedern wurde nicht von der Standardbauweise abgewichen, und auch der Motor entsprach dem bei anderen Rootes-Wagen angewandten Rezept. Mit zwei Vergasern und einer Verdichtung von 9,2:1 war die 1,5-Liter-Maschine jedoch auf 79 SAE-PS gebracht worden, während etwa im Hillman Minx nur 57,5 SAE-PS zur Verfügung standen.

Gar 84,5 PS (auf Wunsch allerdings ebenfalls 79) leistete der Sunbeam Alpine. Dieser zweisitzige Sportwagen besaß im Gegensatz zum Rapier kein angedeutet traditionelles Kühlergesicht, sondern eine durch schlichte Horizontalstäbe abgedeckte niedrige Kühlluftöffnung zwischen den vorkragenden Scheinwerfern. Die Gürtellinie verlief horizontal und endete in stark profilierten Heckflossen. Man konnte den Alpine auch mit einem abnehmbaren Coupédach haben, das wie das Rapier-Coupé eine Panorama-Heckscheibe aufwies. Das Fahrwerk entsprach weitgehend jenem der übrigen Rootes-Wagen, doch wurden wie beim Rapier vorne Scheibenbremsen verwendet. Alle Sunbeam besaßen ein 4-Gang-Getriebe mit Stockschaltung und – auf Wunsch – zuschaltbarem Laycock-de-Normanville-Schnellgang. Die Ausrüstung mit reichhaltiger Instrumentierung war beim Rapier gepflegt englisch, beim Alpine betont sportlich.

Harrington Auf 1961 erhielt der Alpine – nun mit dem Zusatz II – den auf 1,6 Liter Inhalt ausgebohrten Rootes-Motor (81,5 statt 79 mm Bohrung), und zwar mit 86 SAE-PS. Für den Rapier gab es anderseits einen Frisiersatz von Alexander Engineering. Besonders bemerkenswert war jedoch der Sunbeam Harrington: Er wurde ab Frühling 1961 im Karosseriewerk Harrington Ltd. gebaut und wies die Cabriokarosserie des Alpine auf, jedoch mit einem festverbundenen Fastback-Coupéaufsatz aus Kunststoff. Es ergab sich mehr Kopfraum und zudem ein vergrößerter Kofferraum. Vor allem aber brillierte der Sunbeam Harrington durch eine erhöhte Motorleistung. George Hartwell hatte ein 3-Stufen-Tuning auf 89, 93 und 100 SAE-PS entwickelt. In letzterem Falle wurden die

Links: Sunbeam Alpine II, 1961
Darunter: Sunbeam Venezia (Touring), 1964
Unten: Sunbeam Harrington Le Mans, 1962

Aufhängung und die Kraftübertragung modifiziert.

Beim 24-Stunden-Rennen von Le Mans jenes Jahres sicherte sich ein Harrington die Indexwertung nach der Energieformel. In der Folge, das heißt im Herbst 1961, erschien der neue Sunbeam Harrington Le Mans. Die Linie war jetzt wesentlich eleganter, indem die Fastbacklinie gestreckt, die hinteren Fenster an sie angepaßt und die Alpine-Heckflossen weggeschnitten wurden. Hinzu kam das zur Heckklappe ausgebildete Rückfenster. Die Leistung dieses 2+2sitzigen Kleinserienmodells wurde mit 105 SAE-PS angegeben. Sie wurde durch eine fein ausgewuchtete Kurbelwelle, neue Ansaug- und Auspuffleitungen, eine geänderte Nockenwelle und stärkere Ventilfedern sowie eine auf 9,5:1 erhöhte Verdichtung erreicht. Das Interieur wurde durch ein Armaturenbrett mit Nußbaumfurnier sowie weitere Komfortmerkmale aufgewertet.

Inzwischen, das heißt bereits im April 1961, hatte man auch dem Rapier den 1,6-Liter-Motor verpaßt. Aus 9,1:1 Verdichtung resultierten 81 SAE-PS. Der Rapier wurde nun mit Series IIIa bezeichnet. Ab Sommer 1961 erfolgte die Herstellung der Alpine-Karosserien nicht mehr in den Bristol-Siddeley-Werken (ehemals → Armstrong-Siddeley), sondern bei der Pressed Steel Ltd. in Oxford.

Mit dem Modelljahrgang 1963 wurden der Alpine III und der Alpine GT (Gran Turismo) lanciert. Der luxuriöser ausgerüstete GT besaß ein neues Hardtop mit zweitem Seitenfenster statt der Panorama-Heckscheibe (dieses Aufsetzdach wurde auf Wunsch auch mit dem Alpine III geliefert). Während bei ihm die Leistung jener des Rapier entsprach, konnte sie für den Alpine III – dank größerer Einlaßventile – mit 88,5 SAE-PS angegeben werden. Neu waren die Servoanlage für die Bremsen, der verstärkte vordere Querträger, der dickere Kurvenstabilisator, die wirksameren Stoßdämpfer, die um 6,5 cm verstellbare Lenksäule, der vereinfachte Verdeckmechanismus, die Sicherheitsdispositionen im Interieur, der vergrößerte Kofferraum (Reserverad nun stehend hinter den beiden Notsitzen) und last but not least die wesentlich besser geformten Sitze.

Venezia In erster Linie für den italienischen Markt wurde der Sunbeam Venezia Superleggera entwickelt, der am 12. September 1963 im Hof des Dogenpalastes zu Venedig Premiere feierte. Entstanden war er aus einer langgeplanten Zusammenarbeit zwischen Rootes und dem Mailänder Karosseriewerk Touring (→ Anhang). Es handelte sich um ein wohlgeformtes viersitziges Coupé, das in der Superleggera-Bauweise (Stahlgerippe mit Aluminiumbeplankung, Rohrrahmenchassis) hergestellt wurde. Der Radstand betrug – wie beim Hillman Super Minx, beim Singer Vogue und beim Humber Sceptre – 256½ cm, und auch die Mechanik stimmte mit diesen Rootes-Modellen überein. Der 1,6-Liter-Motor wurde für dieses Modell auf 94 SAE-PS getunt. Alle übrigen Teile stammten von Touring sowie von italienischen Zulieferanten.

Der Harrington wie auch das Rapier-Cabriolet wurden mit dem Modelljahr 1964 nicht mehr angeboten. Hingegen erfuhr der Rapier als Fauxcabriolet im Herbst 1963 eine weitere Aufwertung. Er erhielt, nun als Series IV, eine Leistungsspritze von 81 auf 84 SAE-PS. Die Motorhaube war flacher gestaltet, das Kühlergesicht überarbeitet worden: Die seitlichen Kühlergitter mit Blinkern waren nun rechteckig geformt, und die senkrechte Mittelrippe im wappenschildförmigen Mittelgitter entfiel. Das sportliche Holzarmaturenbrett zeigte ein neues Layout mit Mittelkonsole. In technischer Beziehung waren zahlreiche kleine, aber wirksame Verbesserungen zu verzeichnen.

Nachdem bereits im November von einem kommenden Alpine mit amerikanischem Ford-V8-Motor, der bei → Jensen montiert werden sollte, die Rede gewesen war, wurde auf dem Automobilsalon von Brüssel im Januar 1964 eine vollumfänglich revidierte Alpine-Reihe vorgestellt: Der Alpine IV hatte nun sowohl als Sport Tourer (= Cabriolet) wie als GT eine auf 88 SAE-PS erhöhte Motorleistung. Hiezu hatte man eine geänderte Vergaserbestückung und einen Doppelauspuff eingeführt. Auf Wunsch waren beide Ausführungen mit einem automatischen Getriebe des Typs Borg-Warner 35 erhältlich. Man erkannte die neuen Alpine an der geänderten Kühlluftöffnung, vor der es nur noch einen horizontalen Zierstab mit rundem Mittelsignet gab. Die Heckflossen waren feiner silhouettiert, und die Stoßstangenhörner trugen Gummipuffer. Zu einigen weiteren Verbesserungen zählte der Wegfall der Schmierstellen.

Tiger Für Europa hieß er schlicht und einfach Alpine 260 (was sich auf den Hubraum in Kubikzoll bezog), für die USA war aber bereits die Bezeichnung Alpine Tiger vorgesehen. Seine Präsentation erfolgte auf dem Autosalon von Paris im Herbst 1964. Er kombinierte die Alpine-Karosserie mit festem Coupédach mit dem 4,3-Liter-V8-Motor aus amerikanischer Ford-Produktion. Damit wurde die Leistung auf 164 SAE-PS gebracht, was für das einfache Fahrwerk wohl die obere Grenze darstellte. Das 4-Gang-Vollsynchrongetriebe stammte von Borg-Warner. Auch die Getriebe der übrigen Sunbeam waren nun vollsynchronisiert! Bereits gab es in gewissen Exportländern auch einen Sunbeam Chamois. Er entsprach der Luxusausführung des kleinen → Hillman Imp mit 875-cm³-Heckmotor, nämlich dem → Singer Chamois.

Mit dem Modelljahr 1966 erhielten ab September 1965 auch die 4-Zylinder-Alpine einen größeren Motor. Es handelte sich um die neue Rootes-Einheitsmaschine mit fünf statt nur drei Kurbelwellenlagern und mit 1725 cm³ Hubraum. Im Rapier Series V war sie auf 91 SAE-PS, im Alpine Series V gar auf 100 SAE-PS getunt. Anstatt Registervergaser sorgten ein bzw. zwei Doppelvergaser für die Treibstoffversorgung. Den Sunbeam Venezia gab es nicht mehr; von ihm waren gut 200 Exemplare gebaut worden. Auf den Getriebeautomaten wurde beim Alpine bereits wieder verzichtet. Zahlreich waren die Detailänderungen: die Alpine-Vordersitze wie die Belüftungsanlage waren verbessert worden, und an die Stelle des Dynamos trat beim Rapier wie beim 4-Zylinder-Alpine ein Alternator.

Imp Den (Sunbeam) Chamois gab es ab November 1965 in einer Rallyeausführung mit 998 cm³ und 65 SAE-PS Leistung. Auch Fahrwerk und Ausstattung waren angepaßt worden. Knapp ein Jahr danach wurde der Imp Sport lanciert; im Export trugen die Rootes-Kleinwagen nun durchwegs den als attraktiver geltenden Markennamen Sunbeam statt Hillman. Für den Typ Sport hatte man aus produktionstechnischen Gründen den Originalhubraum des fortschrittlichen OHC-Aluminiummotors beibehalten. Durch technische Änderungen, eine mit diesen einhergehende Drehzahlsteigerung und zwei Vergaser hatte man die Leistung jetzt auf 55 SAE-PS angehoben. Im Sunbeam Imp und in dessen Luxusversion Chamois standen nach wie vor 42 PS zur Verfügung. Das gepolsterte Armaturenbrett des Sport trug Zusatzinstrumente, die Bremsen boten eine Servovorrichtung, und Aufhängungsverstärkungen sorgten für noch sportlicheres Fahrverhalten.

Hunter Im Herbst 1966 wählte Rootes erneut den Pariser Salon für die Lancierung eines bedeutenden neuen Modells, nämlich des Sunbeam Hunter (für Großbritannien Hillman Hunter). Er besaß eine vollständig neu gezeichnete viertürige Karosserie von gefälligem Aussehen. Die Scheinwerfer waren in das schlichte Kühlergitter integriert. Größenmäßig rangierte er zwischen dem Hillman Minx und dem Super Minx, die er beide ablöste. Angetrieben wurde er vom noch neuen 1725-cm³-Motor mit 80 SAE-PS. Auch das vollsynchronisierte 4-Gang-Getriebe mit oder ohne Laycock-de-Normanville-Schnellgang – auf Wunsch Borg-Warner-35-Automat – war bekannt. Neu war hingegen die aus McPherson-Federbeinen bestehende Vorderradaufhängung. Hinten fand sich wiederum eine Starrachse, jetzt mit asymmetrischen Längsblattfedern. Vorne wurden Girling-Scheibenbremsen montiert. Zu den modernen Errungenschaften zählte eine Zwangsentlüftung. Das Interieur war praktisch und ohne den typisch englischen Holz-Look gestaltet worden.

Nur zwei Wochen nach dem Hunter wurde die Luxusversion Sunbeam alias Singer Vogue herausgebracht. Hier war am Armaturenbrett, auf der Mittelkonsole wie an den Fenstersimsen Nußbaumfurnier zu finden! Sitze und Türverkleidungen waren mit dem neuartigen, sich wenig erhitzenden Kunststoff Amblair überzogen. Die Anzeigeinstrumente waren sportlich kreisrund, und die Ausrüstung war angereichert. Äußerlich erkannte man den Vogue am zusätzlichen Chromschmuck und an dem Kühlergitter mit Rechteckscheinwerfern und angedeutetem Mittelschild.

Das Jahr 1967 begann für Rootes unter neuem Vorzeichen: Der drittgrößte amerikanische Automobilkonzern, → Chrysler, bereits auch mit → Simca liiert, übernahm die Aktienmehrheit der alteingesessenen englischen Markengruppe! Für den Heckmotor-Kleinwagen hatte man inzwischen eine zusätzliche Karosserieversion vorbereitet: das 2+2sitzige Coupé Californian. Es hatte eine um 3 cm abgesenkte Dachlinie sowie stark schräggestellte Front- und Heckscheiben. Auch die Lenksäule wies einen geänderten Winkel auf. Die hinteren Sitzlehnen ließen sich beidseits separat abklappen. Hinsichtlich Mechanik entsprach diese originelle Imp-Ausführung den Basismodellen. Ebenfalls als neues Basismodell erschien wie der Californian im Januar 1967 ein neuer Minx. Er hatte die Rohkarosserie des Hunter und wurde in England (als Hillman) mit einem neuen 1,5-Liter-Motor (fünf Kurbelwellenlager) ausgerüstet, für den Export sowie in Verbindung mit dem Automatikgetriebe hingegen mit der

Von oben nach unten:
Sunbeam Tiger, 1964
Sunbeam Rapier Series IV, 1965
Sunbeam Chamois, 1967
Links: Sunbeam Stiletto, 1968

Sunbeam

Rechts von oben nach unten:
Sunbeam Rapier, 1968
Sunbeam Hunter, 1970
Sunbeam 1500, 1970
Unten: Sunbeam Vogue Estate, 1970

1,7-Liter-Maschine (jedoch mit Gußeisen- statt Leichtmetall-Zylinderkopf). Die Leistung wurde mit 64 bzw. 73/74 SAE-PS angegeben.

Wenige Wochen später erhielt der Sunbeam Tiger (man sprach nun auch in Europa nicht mehr von Alpine 260) den neueren 4,7-Liter-Ford-Motor mit 203 statt 164 SAE-PS. Im folgenden Monat, es war April, wurde die Modellpalette durch zwei Kombis ergänzt: einen neuen Husky (wie den Namen Californian hatte es diese Bezeichnung bereits früher bei Hillman gegeben) und einen wohlproportionierten Estate-car auf der Basis der Minx/Hunter/Vogue. Der Husky basierte auf der Imp-Mechanik, besaß jedoch eine erhöhte Dachlinie, so daß sich trotz des Heckmotors ein Ladevolumen von 1,4 m³ ergab.

Sceptre und Stiletto Im September 1967 erfuhr der Modellsegen eine weitere Vergrößerung: Der luxuriöse → Humber Sceptre wurde durch einen neuen Sceptre mit der Hunter-Rohkarosserie abgelöst. Diesen gab es für den Export gleichzeitig auch als Sunbeam Sceptre. Durch ein gerahmtes Kühlergitter mit Doppelscheinwerfern, seitliche Zierstreben und eine Dachbespannung aus Kunstleder hob sich dieses neue Spitzenmodell von den anderen Wagen der Hunter-Serie ab. Überdies wartete es mit einer auf 94 SAE-PS gesteigerten Leistung auf (zwei Vergaser, Hunter/Vogue 80 PS, Minx/Vogue Estate 74 PS). Die Sitze – hinten mit Mittellehne – und das Interieur waren besonders bequem gestaltet, und zusätzliches Dämmaterial sorgte für weitergehende Geräuschdämpfung.

Im folgenden Monat kamen der Stiletto (Imp mit Californian-Coupékarosserie, Doppelscheinwerfern, Vinyldach, Sportcockpit, Motor des Imp Sport mit zwei Vergasern und 55 SAE-PS) und der Hunter Mark II (Rechteckscheinwerfer, schwarzes Kühlergitter, Armaturenbrett mit Kippschalter und weitere Verbesserungen) hinzu.

Neuer Rapier Auf dem Londoner Salon 1967 wurde der hochbetagte Rapier Series V durch ein gänzlich neues Autos gleichen Namens abgelöst. Das Design dieses Fastbackcoupés mit dreiteiliger Heckscheibe war weit weniger konventionell als jenes der übrigen Sunbeam-Mittelklassewagen. Es handelte sich wie beim Vorgängermodell um ein zweitüriges Fauxcabriolet, denn die rahmenlosen Seitenfenster waren voll versenkbar. Fahrwerk und Radstand entsprachen den Hunter-Modellen. Mit 94 SAE-PS stand gleich viel Leistung zur Verfügung wie im Sceptre. Zur Wahl standen das 4-Gang-Getriebe, serienmäßig mit Overdrive kombiniert, und der Getriebeautomat. In der Front prangten auch hier Doppelscheinwerfer, und im fünfsitzigen Interieur fanden sich moderne Komfort- und Sicherheitsmerkmale. Zu ihnen zählten auch die regulierbaren Lüftungsdüsen an den Enden des reichdotierten Armaturenbrettes.

Mit dem im September 1968 vorgestellten Jahrgang 1969 wurde für alle 1,5- und 1,7-Liter-Modelle ein Bremsservo eingeführt. Neu war ein Minx de Luxe. Die Heckmotormodelle erhielten neugeformte Vordersitze mit Rücklehnensicherung und Sicherheitstürschlössern. Wie schon beim Stiletto wechselte man zu Rundinstrumenten und versah das Armaturenbrett mit einer Polsterung. Die Heizungs- und Lüftungsanlage war leistungsfähiger geworden. Als Ersatz für den Alpine-Sportwagen erschien auf dem Londoner Salon im Oktober 1968 der Rapier H 120. Die Alpine der Serien I bis V waren in 11 904, 19 956, 5863, 13 406 und 19 122 Einheiten hergestellt worden. Der V8 Tiger, dessen Produktion schon 1967 ausgelaufen war, hatte einen Ausstoß von 14 134 Stück erreicht. Mit dem Rapier H 120 stand eine auf nicht weniger als 111 SAE-PS gesteigerte Leistung (Alpine Series V 100 PS) zur Verfügung. Die hiezu notwendigen Modifikationen hatte die Firma Holbay Racing Engineers vollbracht: neue und polierte Brennräume, Ansaugkanäle, Ventile, Ventilfedern und -stößel, besondere Nockenform, von 9,2 auf 9,6:1 erhöhte Kompression, zwei andere Doppelvergaser. Die Kraftübertragung – ausschließlich 4-Gang mit Overdrive – war verstärkt und das Interieur aufgewertet worden. Man erkannte den Rapier H 120 an den seitlichen Farbstreifen, an der in den Kofferdeckel integrierten Abrißkante und an den Sportfelgen. Der Gaspedalweg ließ sich verstellen.

Farbige Seitenstreifen und sternförmige Sportfelgen mit dunklem Grund gab es ab Herbst 1969 auch für eine Sportausführung des Hunter: Der → Hillman GT (ursprünglich war auch ein Sunbeam-Äquivalent erwartet worden) bot 94 PS Leistung und eine sportliche Ausrüstung samt vorderen Kopfstützen. Anderseits kam im gleichen Zeitraum ein neuer Sunbeam Alpine hinzu. Er war nichts anderes als ein vereinfacht ausgestatteter Rapier mit 80-PS-Einvergasermotor und in die Vorderlehnen einbezogenen hohen Kopfstützen (wie sie bereits für den amerikanischen Markt geliefert wurden).

1250/1500 Die erste bedeutende Neukonstruktion unter der Chrysler-Ägide waren die Sunbeam 1250 und 1500 alias Hillman Avenger. Sie wurden im Februar 1970 präsentiert. Die Gürtellinie war nicht mehr horizontal durchgezogen, sondern auf der Höhe des Hinterrades modisch angehoben. Die Wagensilhouette zeigte Semi-Fastbackform. Der viertürige Neuling füllte die Lücke zwischen den Imp/Chamois und den Minx/Hunter/Gazelle (Singer). Der Motor mit hochliegender Nockenwelle und nach dem Querstromprinzip konstruiertem Zylinderkopf wurde in zwei Größen, mit 1248 und mit 1498 cm³ Inhalt, hergestellt. Als Leistung wurden 54 bzw. 64 DIN-PS genannt. Die Front der Ausführung 1250 (de Luxe) zeigte Rechteck-, die Version 1500 (Super) Doppelscheinwerfer.

Es standen ein 4-Gang-Getriebe (ohne Overdrive) und (mit dem 1,5-Liter-Motor) der Borg-Warner-Automat zur Wahl. Das Fahrwerk wies wiederum vordere Federbeine (mit Querlenkern und Schraubenfedern) sowie eine hintere Starrachse (mit Längslenkern) auf. Diese war nun aber an Schrauben- statt Blattfedern abgestützt. Mit der Elektrophorese hatte man den Rostschutz auf ein modernes Niveau gebracht. Der in Nordamerika als Sunbeam Arrow (= Pfeil) kommerzialisierte 1250/1500/Avenger (= Rächer) versprach der Rootes-Tochter von Chrysler neuen Aufschwung. Noch ahnte niemand jene Turbulenzen, die Chrysler aus dem europäischen Produktionsfeld schlagen und Sunbeam wie Simca unter Peugeot zur wiedererweckten Marke Talbot werden ließen.

Sunbeam	Zyl.	cm³	SAE-PS	bei 1/min	Gänge	Spitze km/h	Radstand/ Länge	Baujahre	Besonderheiten
Rapier Series III	4	1494	78	5400	4/4+S	–150	244/413	1959–63	
III A		1592	81	5100					
IV			84	5000			244/415	1963–65	
V		1725	91	5500		–158		1965–67	
Rapier			94	5200	4+S/A	164	250/443	1967–	
H 120			111	5200	4+S	171		1968–	
Venezia	4	1592	94	5800	4/4+S	160	257/449	1964/65	Rohrrahmenchassis
Alpine	4	1494	85	5300	4/4+S	160	218/394	1959/60	
II		1592	86	5000				1960/61	
			87	5000				1961/62	
Series III			89	5200				1962/63	
GT			82	5000					
IV/GT			88	5000	4/4+S/A		218/396	1963–65	
Harrington LM			104	6000	4/4+S	180		1961–63	
Alpine 260/Tiger	V8	4261	164	4400	4	192		1964–66	Mot. Ford
Alpine Series V	4	1725	100	5500	4/4+S	–160		1965–68	
Tiger	V8	4728	203	4400	4	190+		1966/67	Mot. Ford
Alpine	4	1725	80	5000	4/4+S/A	148	250/443	1969–	
Chamois	4	875	42	5000	4	128	208/359	1964–66	OHC-Heckmotor
Imp/Chamois/Californian						–130		1966–	ab '67: auch Husky
Imp/Chamois Sport			55	6100		–145			ab '67: auch Stiletto
Minx	4	1725	73	4900	4/A	140	250/427	1966–	ab '67: 74 PS
Hunter/Vogue			80	5000	4/4+S/A	–145	250/431		Vogue Estate: 74 PS
Sceptre			94	5200	4+S/A	–157		1967–	
1250	4	1248	54*	5000	4	–135	249/410	1970–	
1500		1498	64*	5000	4/A	–145			

Suzulight, Suzuki

Die im japanischen Hamamatsu beheimatete Suzuki Motor Co. war seit 1952 Motorradhersteller, als sie 1955 auch ins Autogeschäft einstieg. Höchst ungewöhnlich waren beim ersten Suzulight-Kleinstauto der Zweitaktmotor und der Frontantrieb. 1959 erschien mit dem Suzulight 360 TL ein bemerkenswerter Kleinstkombi. Auch dieses Modell entsprach zwar der steuergünstigen 360-cm³-Klasse. Im Vergleich zu den Konkurrenzfahrzeugen war der 360 TL jedoch äußerst modern geformt; dem Frontantrieb war man treu geblieben. Für diesen sorgten ein quergestellter 2-Zylinder-2-Takt-Motor mit Luftkühlung sowie ein 3-Gang-Getriebe mit Lenkradschaltung. Als Leistung wurden 21 PS genannt. Als Chassis diente ein vorne gegabelter Zentralrohrrahmen, der mit einer Plattform verschweißt war. Vorne wie hinten gab es Einzelradaufhängungen mit zwei quergestellten Blattfedern.

Fronte Ende 1962 wurde der Prototyp einer viertürigen Kleinstlimousine vorgestellt. Doch produziert wurde schließlich ein zweitüriges Modell Fronte 360, das nun ein 4-Gang-Getriebe und hinten eine Starrachse mit Blattfedern aufwies. Bereits Ende 1963 stieg Suzulight mit dem Modell Fronte 800 in eine höhere Fahrzeugkategorie auf. Als Motor war in diesem formschönen Zweitürauto mit die Horizontale betonender Gürtellinie und Panorama-Heckscheibe ein wassergekühlter 3-Zylinder-Zweitakter eingebaut! Aus 785 cm³ resultierten 41 PS. Das Getriebe umfaßte vier vollsynchronisierte Gänge. Unter dem selbsttragenden Aufbau fand sich vorne wie hinten eine Einzelradaufhängung mit Torsionsstabfederung, vorne mit Dreieckquerlenkern, hinten mit Längslenkern. – Im Jahre 1965 erfolgte der Übergang zur Markenbezeichnung Suzuki.

1967 wurde ein gänzlich neuer Fronte 360, der LC 10, eingeführt. Dieser wies nicht mehr Frontantrieb auf, sondern verfügte – in einer heute fast anachronistisch erscheinenden Umstellung, aber nach dem Beispiel anderer japanischer Kleinstautos – über einen Heckmotor. Dieser umfaßte nun drei statt zwei Zylinder, und seine Leistung stand mit 25 PS zu Buche. Die Vorderradaufhängung bestand aus Querlenkern und Schraubenfedern, hinten wurden Dreieckschwingen und Schraubenfedern verwendet. Der 360 LC 10 hatte nun ebenfalls eine selbsttragende Karosserie mit rundlichen Formen und einer abfallenden Fronthaube. Es gab die Ausführungen Standard, de Luxe und Super de Luxe. Weiterhin mit dem 21 PS leistenden 2-Zylinder-Motor zu begnügen hatte sich ein neuer Halbfrontlenker-Kombi (mit Frontmotor), der Suzuki 360 L 20 V. Im Jahre 1967 waren in Iwata neue Werkanlagen für die Automobilherstellung entstanden. 1968 wurde eine Produktion von 193 000 Suzuki-Autos erzielt; zur Hälfte handelte es sich allerdings um kleine Nutzfahrzeuge.

Suzulight, Suzuki

Auf dem Salon von Tokio Ende 1968 war der Fronte 360 SS vorgestellt worden. Für ihn hatte man die Leistung auf 36 PS bei 7000/min gesteigert. Mit einem solchen Fahrzeug sollte der große frühere Grand-Prix-Fahrer Stirling Moss auf Italiens Strada del Sole zwischen Rom und Neapel eine Durchschnittsgeschwindigkeit von 122,4 km/h erreichen! Mit dem Fronte 500 debütierte im Januar 1970 auf dem Salon von Brüssel eine 475-cm³-Variante des kleinen Suzuki. Er bot 29 PS Leistung und ein vollsynchronisiertes 4-Gang-Getriebe. Erfolgreich durchzusetzen vermochte sich dieser Winzling auf dem europäischen Markt allerdings noch nicht . . .

Unten: Suzulight Fronte 800, 1964
Ganz unten links: Suzulight 360 TL, 1961
Ganz unten rechts: Suzuki Fronte 360, 1970

Suzulight, Suzuki	Zyl.	cm³	SAE-PS	bei 1/min	Gänge	Spitze km/h	Radstand/Länge	Baujahre	Besonderheiten
360 TL	2	359	21	5300	3	85	205/299	1959–63	Zentralrohr, h.E.,
Fronte 360			21	5500	4				Frontantr., luftgek. 2-Takt-Motor
(Suzuki) Fronte 360	3	356	25	5000		110	196/300	1966–70	luftgek.
SS			36	7000		125		1968–70	2-Takt-Heckmotor
500		475	29	6000		115		1969/70	
Fronte 800 (Suzuki)	3	785	41	4000	4	115	220/387	1963–70	Frontantr., h.E., 2-Takt-Motor

Syrena	Zyl.	cm³	DIN-PS	bei 1/min	Gänge	Spitze km/h	Radstand/Länge	Baujahre	Besonderheiten
–	2	744	27	3800	4	105	230/408	(1955)–61	Kastenrahmen,
Coupé (Prototyp)	B2	744	*					1960	Frontantrieb,
101	2	744	30	3800				1961/62	2-Takt-Motor,
102			27	3800				1962/63	* 4-Takt
103			30	4000				1963–66	
S	3	991	40	4200		125			(Wartburg-Motor)
104		842	40	4300		120	230/404	1966–	

Syrena

Bei der Fabryka Samochodow Osobowych (FSO) in Warschau wurde ab der zweiten Hälfte der fünfziger Jahre ein gefällig geformter Kleinwagen namens Syrena hergestellt. Niemand ahnte wohl, daß die Serienherstellung dieses Wagens erst 1982 auslaufen sollte . . . Der Syrena besaß Vorderradantrieb. Für diesen sorgten ein 2-Zylinder-2-Takt-Motor von 744 cm³ Inhalt und 27 PS Leistung sowie ein 4-Gang-Getriebe mit Schalthebel am Armaturenbrett und ausschaltbarem Freilauf. Das Kastenrahmenchassis wies vorne eine Einzelradaufhängung mit Dreieckquerlenkern und Querblattfeder auf, hinten eine Schwebeachse mit hochliegender Querfeder. Nachdem der zweitürige, viersitzige Karosserieaufbau anfänglich noch Holzelemente umfaßte, ging man 1958 zur Ganzstahlbauweise über.

1960 entstand der Prototyp eines Syrena-Coupés mit luftgekühltem 4-Takt-Boxermotor (gleicher Zylinderzahl und Inhalts), Plattformrahmen und zweisitziger Kunststoffkarosserie. Hinten wurde eine Kurbelachse mit Torsionsstabfedern verwendet. Doch dieses Modell ging nicht in die eigentliche Serienherstellung. Die Leistung der Syrena-Limousine 101, die nun eine Lenkradschaltung aufwies, wurde ab 1961 mit 30 PS angegeben. Ein Jahr später wurden für den Typ 102 mit seitlicher Zierleiste, die sich auf der Höhe des hinteren Radausschnittes absenkte, wieder 27 PS angegeben, während das auf 1964 erschienene Modell 103 mit Ziergitter vor der Kühleröffnung dann angeblich wieder 30 PS bot. Mit dem 103 wurde auch ein 103 S lanciert. Er wies den 3-Zylinder-Motor des → Wartburg auf (991 cm³, 40 DIN-PS).

104 Im Verlaufe von 1966 wurden diese beiden Modelle durch den Syrena 104 abgelöst. Der besaß nun einen eigenen 3-Zylinder-Motor von 842 cm³ Inhalt und mit 40 PS Leistung. Natürlich handelte es sich wiederum um einen wassergekühlten Zweitakter. Das 4-Gang-Getriebe war nun vollsynchronisiert. Auch wenn es später noch einen Syrena 105 gab, so hatte an diesem Punkt die Evolution dieses Kleinwagens bereits ihr Endstadium erreicht. Bis 1982 gab es nur noch Detailänderungen.

Syrena 103, 1964

Tatra

Der Tatra war und blieb eine der ungewöhnlichsten Automobilkonstruktionen aller Zeiten! Er war das Werk von Ing. Hans Ledwinka, einem Pionier des luftgekühlten Heckmotors, des Zentralrohrrahmens mit Einzelradaufhängung sowie nicht zuletzt der Stromlinie. Der ab 1957 in beschränkter Serie gebaute Tatra 603 widerspiegelte, wenn auch in modernisierter Form, stets noch das Gedankengut Ledwinkas. Das Werk Tatra Narodni Podnik in Koprivnice in der östlichen Tschechoslowakei baute in erster Linie Lastwagen und belieferte daneben Spitzenfunktionäre der Ostblockländer mit dem höchst ungewöhnlichen Heckmotor-Luxuswagen.

Der Tatra 603 hatte eine selbsttragende Karosserie, eine vordere Einzelradaufhängung mit Kurbellängslenkern und Schraubenfedern und eine hintere Pendelachse mit Längslenkern und Schraubenfedern. Die Bremsen wiesen bereits einen getrennten Kreislauf für vorne und hinten auf. Für den Antrieb sorgte ein nur 6,5:1 verdichteter und daher für das östliche Niedrigoktanbenzin geeigneter V8-Motor von 2,5 Litern Inhalt und 100 DIN-PS Leistung. Er war luftgekühlt und hinter der Hinterachse eingebaut! Das mit ihm verblockte vollsynchronisierte 4-Gang-Getriebe wurde mit einer Lenkradschaltung bedient. Die stark abgerundete stromlinienförmige Karosserie hatte ein Fließheck mit seitlichen Lufteinlaßhutzen und zeigte unter einer Plexiglasabdeckung in der Front drei Scheinwerfer.

1961 erschien eine Ausführung mit vier Scheinwerfern, die in zwei Ovalen eng nebeneinander angeordnet waren. Die Leistung wurde mit 95, ab 1962 – bei einer auf 8,2:1 erhöhten Verdichtung – mit 105 DIN-PS angegeben, woraus der Typ 2-603 wurde. Auf 1966 wurden Fahrwerkverfeinerungen und eine verbesserte Innenausstattung eingeführt. Es folgte eine neue Frontgestaltung mit weiter nach außen gerückten Doppelscheinwerfern. 1968 war erstmals von einem neuen Tatra mit italienischer Karosserie die Rede. Doch auf 1969 zeigte der «603» bei unveränderter Aufbausilhouette bloß einen breiteren Chromrahmen um die Scheinwerferfront und weitere Detailänderungen; die erste bedeutende technische Neuerung bestand in der Einführung von Vierrad-Scheibenbremsen. Erst 1971 sollte in der Tat der Prototyp eines Tatra 613 mit moderner und gleichwohl individueller → Vignale-Karosserie vorgestellt werden, deren Serienherstellung 1973 einsetzte. Der Typ 2-603 blieb bis 1975 im Angebot!

Tatra 2-603, 1967

Tatra	Zyl.	cm³	DIN-PS	bei 1/min	Gänge	Spitze km/h	Radstand/ Länge	Baujahre	Besonderheiten
603	V8	2472	100	4800	4	170	275/507	1957–61	luftgekühlter
			95	4800		162		1961/62	Heckmotor
2-603			105	4800		160		1962–75	

Thunderbird

Der erste Ford Thunderbird (= Donnervogel) war im Februar 1954 als Antwort auf den erfolgreichen und vielbeachteten → Chevrolet Corvette vorgestellt worden. Wie dieser war er ein offener Zweisitzer. Als solcher wurde er bis 1957 hergestellt. Dann entschloß sich die Ford Motor Company, nicht nur das eigentliche Sportwagendesign aufzugeben und einen sportlichen Viersitzer zu kreieren, sondern den Namen Thunderbird auch gleich zu einer neuen Marke – neben Ford, Mercury und Lincoln – zu erheben.

Den Thunderbird (Jahrgang 1960) gab es als Cabriolet und als Hardtopcoupé (auch als Fauxcabriolet bezeichnet). Sein Aufbau war selbsttragend, und die hintere Starrachse wurde in üblicher Manier an Halbelliptikfedern abgestützt. Es bestand die Wahl zwischen einem 5,2-Liter- und einem 7-Liter-V8 mit 304 bzw. 355 SAE-PS. Während die stärkere Ausführung ausschließlich mit dem Cruise-o-Matic-Getriebe lieferbar war, konnte der kleinere Motor auch mit einem 3-Gang-Getriebe mit oder ohne Schnellgang geordert werden. Wenngleich der Thunderbird vier Einzelsitze aufwies, waren sowohl Schalt- wie Wählhebel an der Lenksäule angewinkelt. Dem Preisniveau dieses Personal-cars (Wagen einer besonderen Klasse) entsprechend war der T-bird, wie er auch kurz genannt wurde, mit besonders vielen Komfortmerkmalen einschließlich Servolenkung, elektrischer Sitzverstellung usw. ausgestattet. Im Verlaufe der Jahre erhielt auch er jene zusätzlichen Sicherheitsattribute, wie sie den übrigen → Ford zuteil wurden.

New Design Mit dem Modell 1961 wurde die an Front und Flanken zerklüftete Karosserie durch ein bemerkenswert sauberes neues Design abgelöst. Die flache Motorhaube war an ihrem Vorderende nach unten gebogen, und von ihrer horizontalen Frontkante aus bog sich das Kühlergitter nach unten einwärts. Die Gürtellinie lief raketenartig ins Heck aus. Trotz der um 2½ auf 193 cm reduzierten Breite war die Spur deutlich verbreitert worden. Der neue Thunderbird wurde mit einem 304 PS starken 6,4-Liter-Motor ausgerüstet; ein Handschaltgetriebe stand ebenfalls nicht mehr zur Wahl. – Noch die alte Karosserie besaß ein Thunderbird, der Ende 1960 zu Ausstellungszwecken aus nichtrostendem Stahl gebaut wurde.

Die Thunderbird 1962 erkannte man an den drei hintereinandergereihten Zierelementen am Flankenende. Als Sonderversionen gab es den Typ Landau Hardtop mit Kunstlederüberzug auf dem Dach und Cabriolet-Klappbügel vortäuschenden Verzierungen an den hinteren Dachträgern sowie den Sports Roadster mit Tonneau-cover, ein Zweisitzer-Cabriolet mit nahtlos in den Kofferraumdekkel übergehendem Abdeckblech über den Hintersitzen (das sich bei zusätzlichem Platzbedarf entfernen ließ). Nach vorne stieg diese

Thunderbird

Rechts: Thunderbird, 1961
Rechts außen: Thunderbird Convertible, 1964
Unten: Thunderbird Sports Roadster, 1962

Abdeckung schwungvoll zu Kopfstützen an, so daß dieser T-bird in der Tat rennsportlich wirkte. Den Motor gab es jetzt auch mit 345 PS (drei Doppel- anstatt ein Vierfachvergaser!), und das ausschwenkbare Lenkrad Swing-Away wurde jetzt serienmäßig eingebaut.

1963 zeigten die Thunderbird nach vorne an die Türen gerückte seitliche Ziersignete, wiederum drei hintereinander, es gab Holzimitationen im Interieur, einen Alternator statt Dynamo und verlängerte Serviceintervalle (Schmierdienst alle 10 000 km, größerer Service alle 160 000 km oder alle drei Jahre). Für den Anfang 1963 von Ford lancierten Modelljahrgang 1963½ kam eine Superluxusausführung Landau Special hinzu. An der Autoschau von Los Angeles – ebenfalls Anfang 1963 – wurde ein in Italien spezialkarossiertes T-bird-Coupé mit sanft abfallendem Heck gezeigt. 1962 waren 1427 Sports Roadster gebaut worden, 1963 noch 455, doch wurde die aus Kunststoff hergestellte Tonneau-Abdeckung später auch als Zubehör für das Cabriolet angeboten.

Abermals in einer neuen Form präsentierten sich die Thunderbird 1964. Die Doppelscheinwerfer waren nun zuäußerst in den Kotflügeln angeordnet. Die Breite erreichte jetzt 196 cm. Auf der Mittelkonsole prangte eine Leuchte «fasten your seatbelts» (Gurten umlegen), und die hintere Lehnenpolsterung ging in die Seitenwände über. Die Parkbremse wurde beim Einlegen einer Getriebestufe durch Vakuumdruck gelöst, und im Coupé fand sich eine Zwangsentlüftung Silent-Flo. Vom stärkeren Motor war nicht mehr die Rede.

Einen bemerkenswerten technischen Fortschritt brachte das Modelljahr 1965: der Thunderbird wurde serienmäßig mit vorderen Scheibenbremsen ausgerüstet. An den vorher chromfreien Flanken sah man jetzt hinter dem vorderen Radausschnitt eine kleine Luftauslaßattrappe. Die breitgezogene Markenschrift über dem Kühlergitter war dem Markensignet gewichen. Mit dem Modelljahr 1966 gab es wieder eine 7-Liter-Version, doch auch der 6,4-Liter-V8 brachte es nun auf noch mehr PS. Als Sonderausführungen gab es jetzt den Town Landau und den Town Hardtop, beide ohne zweites Seitenfenster, was den Fondinsassen mehr Diskretion, dem Fahrer aber auch eine verschlechterte Rundsicht brachte. Das Markenzeichen war vergrößert worden und prangte jetzt in Kühlergittermitte.

Auch 4türig Ein völlig neues, nun wieder besonders sauberes Karosseriestyling brachten die Modelle 1967. Ungemein wuchtig-elegant wirkte die Front mit dem die gesamte Fläche einnehmenden, vertieft angeordneten Kühlergitter, das tagsüber auch die Scheinwerfer kaschierte. Der Radstand war von 287 auf 292 cm verlängert worden, und die Gesamtlänge war von 522 auf 525,5 cm angewachsen. Außerdem gab es neuerdings eine viertürige Ausführung mit 297 cm Radstand und 532 cm Länge. Deren teils in die hinteren Dachstützen eingeschnittene Hintertüren öffneten – wie es dies sonst nur noch bei den → Lincoln gab – nach hinten, und auch hier fanden sich falsche Verdeckspriegel! Offenbar weil die Thunderbird nun aber noch größer geworden waren, hatte man sich auch zum Übergang zur Bauweise mit Kastenrahmenchassis mit Traversen entschlossen. Es gab nun die Modelle Hardtop, Landau Hardtop und Landau 4-Door bzw. Brougham, dieser mit vier Türen. Das Cabriolet figurierte nicht mehr im Programm. In nur fünf Exemplaren wurde Ende 1966 eine Spezialausführung in leuchtendblauer Farbe und mit allen möglichen Luxusmerkmalen bis hin zu Büroeinrichtung, Fernseher und Rasierapparat aufgelegt. Sie hieß Apollo.

1968 zeigten die Thunderbird ein grobmaschiges Kühlergesicht und an die Stoßstangenecken anschließende Seitenleuchten. Unter dem Namen Flight Bench wurde eine neue vordere Sitzbank mit klappbarer Mittelarmlehne geboten. Der erneuerte, stark überquadratische 7-Liter-Motor war nun Standardausrüstung. Zu den laufenden technischen Verfeinerungen zählten beim Jahrgang 1969 Änderungen an der Radführung und am Lüftungssystem. Erstmals war beim T-bird eine heizbare Heckscheibe lieferbar. Die jüngste Ausführung erkannte man an dem nun wieder feinmaschigen Kühlergitter mit einer horizontalen und vier senkrechten Unterteilungen.

Gänzlich neue Karosserien kamen auf 1970 heraus. Die Front zeigte eine weit vorkragende Nase, von der aus Prägekanten über die Motorhaube bis zu den versenkt angeordneten Scheibenwischern auseinanderliefen. Durch die sogenannte Knudsen-Nase (Semon Knudsen war von Pontiac zu Ford gekommen) waren die Gesamtlängen der zwei- und der viertürigen Thunderbird nun auf 540 und auf 546 cm angewachsen. Die Dachlinie sank an ihrem Ende nun schräg nach hinten ab. Auch das Interieurdesign war neu, und auf Wunsch gab es jetzt sogar einen 7,5-Liter-V8. Besondere Erwähnung verdient jedoch, daß der T-bird jetzt mit einem Antiblockiergerät für die Hinterradbremsen lieferbar war. Dieses damals höchst fortschrittliche Sure-Track-Bremssystem war bereits ein Jahr zuvor für die → Lincoln als bestellbares Zubehör eingeführt worden.

Von oben nach unten:
Thunderbird Landau, 1967
Thunderbird 4-door Landau, 1968
Thunderbird Landau, 1970
Rechts: (NSU-) Thurner, 1969

Thunderbird	Zyl.	cm³	SAE-PS	bei 1/min	Gänge	Spitze km/h	Radstand/Länge	Modelljahre	Besonderheiten
–	V8	5166	304	4600	3/3+S/A	180	287/522	1960	
		7045	355	4400	A	200			
		6384	304	4600		190		1961–65	
			345	5000		200		1962/63	
			319	4600		195		1966	
		6989	350	4600		205			
		6384	319	4600		195	292/526	1967	Kastenrahmen
		6989	350	4600		205			4türig: 298/532 cm
		7033	365	4600		210		1968/69	dto
							292/540	1970	4türig: 298/546 cm
		7536	370	4600					dto

Thurner

Der NSU-Thurner, später als Thurner RS bezeichnet, wurde ab 1969 in Bernbeuren im Allgäu (BRD) hergestellt. Initiant war Rudolf Thurner. Als Fahrwerk diente der verkürzte Unterbau des → NSU TT mit quer im Heck eingebautem luftgekühltem 1,2-Liter-OHC-Motor von 65 PS Leistung. Hauptattraktion des Thurner war jedoch die aerodynamische niedrige, aus Kunststoff hergestellte Coupékarosserie. Mit seiner langgestreckt abfallenden, in die Flanken hineingerundeten Front, den plexiglasverschalten Doppelscheinwerfern und der in das Fastback integrierten kuppelartigen Panorama-Heckscheibe wirkte dieser Zweisitzer höchst rennsportlich! Zum Aspekt der Exklusivität trugen auch die Flügeltüren bei. Sie trugen in Vertiefungen eingelassene Drehgriffe. Über die Frontkante lief eine Gummilippe als Stoßschutz, und es wurden Sporträder montiert. Bis 1973 entstanden rund hundert Exemplare dieses auffallenden und dennoch durchaus noch erschwinglichen Liebhaber-Sportwagens.

Thurner	Zyl.	cm³	DIN-PS	bei 1/min	Gänge	Spitze km/h	Radstand/Länge	Baujahre	Besonderheiten
–	4	1177	65	5500	4	180	/395	1969–	Basis NSU TT

Tornado

Zunächst hatte die 1958 in Rickmansworth, Hertfordshire (England), gegründete Firma Tornado Cars Limited Bausätze für einen recht spektakulär aussehenden Typhoon-Sportwagen hergestellt. Doch nachdem nebst der Bausatzherstellung eine eigentliche Produktion eingeleitet worden war, umfaßte das Angebot 1959 bereits drei Modelle – Tempest, Typhoon und Thunderbolt –, die es je als Zweisitzer und, mit verlängertem Radstand, auch als «familientaugliche» Viersitzer gab. Die aus Kunststoff hergestellten hochsportlichen Karosserien ruhten auf einem Kastenrahmen mit Traversen. Hinten fanden sich durchwegs Starrachsen mit Schraubenfedern, Schubstreben und Panhardstab. Motoren und Getriebe stammten von → Ford England (Anglia und Popular), im Falle des Thunderbolt (= Donnerkeil) vom → Triumph TR 3 (auf Wunsch mit Laycock-de-Normanville-Schnellgang). In jedem Fall waren stark frisierte Motoren einbaubar.

Talisman Ende 1961 kam mit dem Modell Talisman eine Neukonstruktion hinzu. Es handelte sich um ein modern geformtes 2+2sitziges Coupé mit modisch abgeschnittenem Heck. Seine Kunststoffkarosserie war nun auf einem Rohrrahmenchassis aufgebaut. Hinten fand sich eine Einzelradaufhängung mit oberen Halbachsen; die hinteren Bremsen waren neben dem Differential montiert. Für den Antrieb diente ein von Cosworth frisierter Ford-Classic-Motor. Im Verlaufe des Jahres 1962 begann Tornado den Talisman mit dem inzwischen auf 1,5 Liter vergrößerten Motor aus dem Consul Classic auszurüsten. Die übrigen Modelle standen nicht mehr im Angebot. 1963 wurde auch die Herstellung des Talisman aufgegeben.

Oben: Tornado Typhoon Sportsbrake, 1960
Rechts: Tornado Talisman, 1962

Tornado	Zyl.	cm^3	SAE-PS	bei 1/min	Gänge	Spitze km/h	Radstand/ Länge	Baujahre	Besonderheiten: Kastenrahmen
Tempest	4	997	41	5000	4	140	219/376	1959–62	Motor Ford 105 E,
			75	8000		195			4sitzig: 254/411 cm
Typhoon		1172	36	4500	3	110			Motor Ford 100 E,
			55	5000		150			4sitzig: 254/411 cm
Thunderbolt		1991	102	4800	4/4+S	190			Motor Triumph TR 3,
			122	5500		200			4sitzig: 254/411 cm
Talisman	4	1340	80	5000	4	175	244/381	1961/62	Motor Ford Classic,
		1498	87	5500				1962/63	Rohrrahmen

Toyota

Die Chronologie des japanischen Familienunternehmens Toyoda geht auf das Jahr 1890 zurück. Eine Automobilabteilung wurde den Webmaschinenwerken jedoch erst 1933 angegliedert. Das Hauptgewicht lag hier lange Zeit auf Nutzfahrzeugen. 1937 erfolgte die Gründung der Toyota Motor Co. (Abwandlung von Toyoda), und ein Jahrzehnt später entstand der erste Kleinwagen-Prototyp. Er war der Grundstein zu einem einzigartigen Aufstieg zum größten Autohersteller Japans und später zum drittgrößten Autokonzern der Welt, hinter GM und Ford.

1960 beschränkte sich das Angebot der je nach Verkaufskanal auch Toyopet geheißenen Personenwagen auf die Modellreihen Corona und Crown. Der Corona hatte anfänglich noch einen 1-Liter-Motor mit stehenden Ventilen, doch noch in jenem Jahr erschien eine gänzlich neue Ausführung mit die Horizontale betonender Gürtellinie und obenhängenden Ventilen. Eine Besonderheit war die Hinterachsaufhängung mit durch Panhardstab geführten Längsstreben und kombinierten Viertelelliptik- und Schraubenfedern (Kombi und Tiara: nur Halbelliptikfedern). Für den Export gab es sogar den 1,5-Liter-Motor. Dieser trieb auch den bereits seit 1955 gebauten Crown an, der noch ein Kastenrahmenchassis mit Traversen aufwies. Dieses Modell der japanischen Oberklasse wurde in einer normalen und in einer De-Luxe-Ausführung aufgelegt. 1960 kam eine Version Custom (auch Kombi) mit leicht gesteigerter Leistung hinzu.

Publica Der Juni 1961 brachte zu den Typenreihen Corona (PT 20), Tiara (RT, wie Corona, jedoch anderer Vertriebsweg) und Crown (RS, nun 1,9-Liter-Motor) zusätzlich den Publica (UP 10). Wie die Bezeichnung verrät, handelte es sich hier um einen an größere Publikumskreise appellierenden Kleinwagen. Einen Prototyp hatte es bereits 1956 gegeben. Den Antrieb dieses im Gegensatz zu den übrigen Toyota bloß zweitürigen Modells besorgte ein luftgekühlter 2-Zylinder-Boxermotor mit 700 cm^3 Inhalt. Im Gegensatz zu den mit einem 3-Gang-Getriebe bestückten größeren Modellen (Crown auch mit Toyoglide-Automat) hatte er ein 4-Gang-Getriebe. Der Publica besaß vorne eine Torsionsstabfederung, während die starre Hinterachse an üblichen Halbelliptikfedern abgestützt war.

Im folgenden Jahr kam eine hochoriginelle Version Publica Sport hinzu. Sie hatte eine zweiplätzige Karosserie mit abgerundeter Front und vertieft angeordneten Scheinwerfern, vor allem aber fiel sie durch den Hardtopaufsatz auf, der sich auf Schienen nach hinten schieben ließ und die Türen ersetzte! Leider blieb dieses Modell vorerst ein Prototyp.

Auch bei der Modellreihe Corona wurde 1962 ein Modell Sport, und zwar in Form eines zweisitzigen Roadsters mit 105 PS lei-

Von links nach rechts:
Toyota 700 = Publica, 1964
Toyota Crown Deluxe, 1964
Toyota Corona 1500 Deluxe, 1964
Toyota Sports 800, 1966

stendem 1,9-Liter-Motor, vorgestellt. Völlig neu zeigte sich ab Herbst 1962 die Crown-Reihe (interne Bezeichnung nun RS 40): Die verschnörkelte Front und Seitenzier wich klaren, gut präsentierenden Linien mit Doppelscheinwerfern. Der Radstand war von 253 auf 269 cm angewachsen, die Gesamtlänge um volle 20 auf 461 cm. Der 1,9-Liter-Motor wurde nun in drei Leistungsstufen eingebaut, und die starre Hinterachse war an Schraubenfedern abgestützt (Standardmodelle Halbelliptikfedern).

1963 war das Jahr, in dem erstmals über 100 000 Toyota-Personenwagen hergestellt wurden. Mitte 1963 wurde das erste Kontingent von Toyota-Wagen nach Europa, und zwar an einen Importeur in Dänemark, verschifft. Allerdings waren schon 1960 zwei Crown nach Malta und ein Jahr darauf zwei weitere Toyota nach Finnland geliefert worden. Auf der Tokyo Motor Show 1963 wurden erneut Prototypen je eines sportlichen Cabriolets auf Publica- und auf Corona-Basis vorgestellt. Auf dem Crown-Unterbau hingegen wurde als Blickfang ein Sportcoupé mit italienischen Linien gezeigt. Für die Produktion vorgesehen war anderseits eine als Crown Eight bezeichnete Limousine mit deutlich größeren Abmessungen und Leichtmetall-V8-Motor.

Im September 1964 wurde ein neugezeichneter Corona eingeführt (RT 40). Er besaß eine recht eigenwillige flache Schrägfront mit Doppelscheinwerfern. Er hatte einen neuen, leicht vergrößerten 1,5-Liter-Motor mit deutlich höherer Leistung, doch wurde in der Standardausführung eine 1,2-Liter-Maschine eingebaut. Nebst dem 3-Gang- gab es jetzt auch ein 4-Gang-Getriebe sowie die Getriebeautomatik Toyoglide. Die starre Hinterachse wurde – wie schon im Vorjahr – bloß noch an Halbelliptikfedern abgestützt. Auch beim Crown stand nun ein 4-Gang-Getriebe zur Wahl. Beim Crown Eight mit 2,6-Liter-V8-Motor bestand die Wahl zwischen 4-Gang-Getriebe und Toyoglide. Eine Getriebeautomatik (mit 2-Gang-Planetengetriebe) war jetzt selbst beim winzigen Publica lieferbar. Die Kombiversionen des Crown wie des Publica (Typ 700) wurden übrigens mit Utility Wagon bezeichnet.

Sports 800 Anfang 1965 kam unter der Bezeichnung Sports 800 endlich die Sportversion des kleinen Publica in Serie. Der luftgekühlte 2-Zylinder-Boxermotor war vergrößert und die Form ausgefeilt worden. Der Einstieg erfolgte durch normale Türen, doch fehlten Türrahmen um die Fenster, und der Dachvorderteil war wegnehmbar. Es handelte sich somit um eine Karosseriekonstruktion, wie sie → Porsche schuf und mit dem Namen Targa zum Begriff werden ließ. Das zierlichnette kleine Sportauto wurde reichhaltig ausgerüstet.

Im Verlaufe des Jahres 1965 wurde die neue Corona-Reihe mit einem dreitürigen Kombi, einem als 5-Door Sedan bezeichneten 5-Tür-Kombi mit bemerkenswert elegantem Schrägheck und einem mit Hardtop 1600 S umschriebenen Coupé ohne mittleren Fensterpfosten bereichert. Letzteres hatte einen 1,6-Liter-Motor und vordere Sumitomo-Scheibenbremsen. Auch das Crown-Angebot war erweitert worden: Zu den 1,9-Liter-Modellen Crown, Crown de Luxe und Crown Custom (Kombi) kam der de Luxe 2000 mit 2-Liter-6-Zylinder-Motor und obenliegender Nockenwelle. Das Topmodell Crown Eight zeigte nun ein deutlich abweichendes Kühlergitter ohne nach unten ausgebuchteten Mittelteil. – Gegen Ende 1965 konnte Toyota seine neuen bedeutenden Kamigo-Werkanlagen in Betrieb nehmen; die Personenwagenproduktion begann damit jene von Nutzfahrzeugen zu übersteigen.

2000 GT Im Frühling 1966 präsentierte Toyota mit dem Ziel einer Produktionsaufnahme im Herbst den 2000 Gran Turismo. Es handelte sich um ein bloß 113 cm hohes, äußerst gekonnt geformtes Fastbackcoupé mit windschlüpfigen Konturen. Weit nach vorne ausgeschnittene Türen gaben den Zugang zu einem sehr sportlich gestalteten zweisitzigen Cockpit frei. Der Kofferraum ließ sich mit einer Heckklappe öffnen. Der Aufbau ruhte auf einem Kastenrahmen mit Traversen; die Einzelradaufhängung umfaßte vorne und hinten Trapez-Dreieckquerlenker und Schraubenfedern, und alle Räder wurden mit Sumitomo-Scheibenbremsen verzögert.

Dem Antrieb diente der 2-Liter-6-Zylinder-Motor aus dem Crown, jedoch mit zwei obenliegenden Nockenwellen und 150 PS Leistung. Die Kraftübertragung erfolgte über ein 5-Gang-Getriebe. Daneben gab es eine Renn-

Toyota

sportausführung mit 200 PS. Mit einem 2000 GT wurden im Oktober 1966 auf einer Hochgeschwindigkeitsstrecke drei Welt- und 13 internationale Rekorde aufgestellt. Die Produktion begann jedoch erst 1967, und bis 1970 sollten von diesem heute als möglicherweise rarstes japanisches Sammelstück geltenden Coupé bloß 350 Exemplare hergestellt werden. Ebenfalls im Oktober 1966 schloß Toyota mit der → Hino Motors ein (vor allem die Nutzfahrzeugsparte betreffendes) Abkommen.

Corolla Noch im gleichen Monat registrierte Toyota ein Ereignis, dem noch weit mehr Bedeutung zukam: die Lancierung des Corolla (KE 10). Dieses Fahrzeug fügte sich zwischen den Publica (jetzt Typ 800 mit neuem, niedrigem Kühlergitter) und die Corona-Modelle ein. Er hatte eine gefällige zweitürige Karosserie, einen 1,1-Liter-Motor und eine vordere Federbeinaufhängung mit Schraubenfedern und stabilisierender Querblattfeder, während hinten eine Starrachse mit Halbelliptikfedern verwendet wurde. Je nach Liefergebiet gab es die Ausführungen Semi de Luxe, de Luxe und Super de Luxe. – Die Crown-Typenreihe setzte sich auf 1967 aus den Modellen de Luxe (auch Semi-Luxe sowie Kombi Custom, alle nun mit 2,3-Liter-6-Zylinder-Motor!), Crown S (2-Liter-Sechszylinder) und Crown Eight (V8) zusammen.

Century Doch im September 1967 wurden die Crown-Modelle neu eingekleidet (MS 50). Die Linie wirkte nun gestreckter, und die Gürtellinie wurde durch eine durchgehende Sicke unterstrichen. Der Crown Eight wurde durch das neue Spitzenmodell Century (VG 20) ersetzt. Es zeigte eine ungewöhnlich gestylte Front mit einem leicht vorkragenden Kühlergitter, das von chromgerahmten, nach rückwärts geneigten Rechteckscheinwerfern flankiert wurde. Gleichzeitig hatte man den Hubraum des V8-Motors auf 3 Liter erhöht. Die Corona zeigten jetzt ein Kühlergitter mit doppeltem Rahmen. Den Typ 1600 S gab es neuerdings auch als Limousine, während das Coupé zusätzlich als 1600 GT mit 2-Nockenwellen-Motor angeboten wurde! – Im November 1967 ging Toyota eine Verbindung mit der kleinen → Daihatsu Kogyo Co. ein.

Bereits auf 1967 waren dem Corolla ein viertüriger Sedan und ein dreitüriger Kombi zur Seite gestellt worden. Im April 1968 folgte der Sprinter (KE 15). Er war ein attraktives Fastbackcoupé, jedoch mit kaum reduziertem Innenraum. Er war – wie andere Corolla-Ausführungen – auf Wunsch mit vorderen Scheibenbremsen lieferbar. Neben den Corolla 1100 gab es auch den 1100 SL mit von 60 auf 73 SAE-PS gesteigerter Leistung und serienmäßigen Scheibenbremsen. – Von den Corona gab es ab Herst 1968 nur noch die viertürige Limousine; sie hatte nun ein Kühlergitter mit vertieften Scheinwerfern.

Corona Mk II Doch wurde diesem Corona im September 1968 eine gänzlich neue Modellreihe, die Corona Mark II (RT 60), übergeordnet. Sie setzte sich aus den Typen 1600 (Limousine, fünftüriger Kombi und Hardtopcoupé) und 1900 SL Hardtop zusammen. Die ersteren hatten einen neuen 1,6-Liter-OHC-Motor, der SL eine 1,9-Liter-Maschine. Die Coupés wurden serienmäßig mit Scheibenbremsen ausgerüstet, die übrigen Karosserievarianten auf Wunsch. Geblieben war die schräggestellte und eckig gerahmte Kühlerfront, sie war nun über der Stoßstange nach einwärts geknickt. Die hinteren Dachträger liefen sanft nach hinten aus. Gegenüber dem Corona hatte der Corona Mk II 9 cm mehr Radstand und war 21 cm länger.

Auch den Crown 2300 und den Crown S gab es jetzt als elegante Hardtopcoupés. Mit den Buchstaben SL wurde auch hier auf die Variante mit höherer Leistung hingewiesen, wobei der 2-Liter-Motor nach wie vor auf ein höheres Potential ausgerichtet war als die 2,3-Liter-Version. – Inzwischen waren weitere neue Produktionsanlagen eingerichtet worden, und 1968 hatte der Toyota-Personenwagenausstoß knapp 660 000 Einheiten erreicht, 1969 sollten es 964 000 sein! Mehr und mehr Exportmärkte wurden erobert. Zum Erfolg trugen nicht nur Eiji Toyoda, seit 1967 oberster Toyota-Chef, sondern auch zahlreiche ausgewiesene Fachleute, unter ihnen der Schritt um Schritt aufsteigende Shotaro Kamiya, bei.

Von links nach rechts:
Toyota Corona 5-door Sedan, 1966
Toyota Landcruiser, 1967
Toyota 2000 GT, 1967

Laufend wurde das Produktionsprogramm verbessert und erweitert. So gab es schon im Verlaufe des Jahres 1969 den Corona Mk II auch in der Limousinenform mit dem 1,9-Liter-Motor, allerdings jetzt mit 108 statt 120 SAE-PS. Für das Modelljahr 1970 präsentierte sich ab Herbst 1969 das Angebot stark modifiziert. Es begann mit dem gänzlich neuen Publica, der gemeinsam mit Daihatsu entwickelt worden war und im → Daihatsu Consorte Berlina eine Parallele fand. Publica und Consorte hatten austauschbare Teile und wurden beide bei Daihatsu hergestellt! Neben dem 2-Zylinder-Modell gab es jetzt auch einen Publica 1000 mit 4-Zylinder-Motor und sogar einen Publica 1200 SL mit vorderen Scheibenbremsen sowie Gürtelreifen. Alle neuen Publica hatten vorne Federbeine.

Der 1,2-Liter-Motor fand sich auch im Corolla, den man in der verstärkten Ausführung am Vertikalstab im neuen, flachen Kühlergitter erkannte. Die Bezeichnung Sprinter diente inzwischen auch einer Parallelreihe, doch gab es nach wie vor ein Corolla-Fastbackcoupé; es wies jetzt ebenfalls ein flaches Kühlergitter auf. Eine Ausführung 1200 SL mit 77 statt 68 PS gab es als zweitürige Li-

Von oben nach unten:
Toyota Corolla 1100, 1968
Toyota Crown Custom Station Wagon, 1968
Toyota Century, 1968
Toyota Corona Mark II Deluxe, 1969

Toyota	Zyl.	cm³	SAE-PS	bei 1/min	Gänge	Spitze km/h	Radstand/Länge	Baujahre	Besonderheiten
Corona	4	955	33	4500	3	90	240/391	1958–60	SV!
Corona/Tiara		986	45	5000		110	240/400	1960–63	(OHV)
		1453	65	4500		136		1960–65	
		1490	74	5000	3/4/A	140	242/412	1965–68	
1600 S		1587	95	5800	4	160			
1600 GT			110	6200	4/5	175			DOHC
		1490	82	5200	3/4/A	145	242/409	1968/69	
1500			77	5200			243/417	1970–	
1600		1591	85	5500		155			OHC
SL			100	6200		165			
Corona Mk. II 1600	4	1591	92	5500	3/4/A	150	251/430	1968/69	OHC
1900 SL		1858	120	6000	4	175			
Mk. II 1700		1707	95	5500	3/4/A	150		1970–	
1900		1858	100	5500		165			
SL			115	6000	4/A	175			
GSS			140	6400	5	200			DOHC
Crown	4	1453	58	4400	3+S	110	253/437	1958–60	Kastenrahmen
de Luxe			63	4500				1960/61	
Custom			66	4500		122			
de Luxe		1897	90	5000	3+S/A	140	253/441	1961/62	
Custom			95	5000					
Standard			85	4600	3	130	269/461	1962–66	ab '65: 3/A
de Luxe			95	5000	3+S/A	140			ab '64: 3+S/4/A
Custom			100	5000					
de Luxe 2000	6	1988	105*	5200	3+S/4/A	155		1965/66	OHC, * DIN-PS
de Luxe/ Custom/2300		2253	115	5200		160	269/465	1966–	OHC
S		1988	129	5800	4	165			
2000			110	5400	3+S/4/A	160		1969–	
Standard	4	1994	93	5000	3	140			
Crown Eight	V8	2599	115*	5000	4/A	150	274/472	1964–67	* DIN-PS
Century	V8	2981	150	5200	4/A	170	286/498	1967–	
Publica/700	B2	697	30	4300	4/A	110	213/352	1961–64	Luftkühlung
			35	4600			213/358	1964–66	
Publica/800		790	40	5000	4/A	115	213/362	1966–68	
			43	5000		120		1968/69	
							216/365	1969–	
Publica 1000	4	993	58	6000		140			(wassergekühlt)
1200 SL		1166	77	6600		160	216/367		
Sports 800	B2	790	49	5400	4	155	200/358	1965–70	Luftkühlung
2000 GT	6	1988	150	6600	5	220	233/418	1967–70	Kastenrahmen, h.E., DOHC
Corolla (1100)	4	1077	60	6000	4	140	229/385	1966–69	ab '67: 4/A
1100 SL			73	6600		–160		1968/69	
1200		1166	68	6000	4/A	145		1969/70	
SL			77	6600		–160			
1200			73	6000		145	234/395	1970–	
Hi-Luxe			78	6600		150			
1400		1407	86	6000	4	160			
SL			90	6000					
Landcruiser	6	3878	147	4000	2×3	130	270/468		4×4, Kastenrahmen, Starrachsen

mousine und als Coupé. Die Corona Mk II wurden ab 1970 von einem 1,7- und drei verschiedenen 1,9-Liter-Motoren angetrieben. Neues Topmodell der Serie war der 1900 GSS mit zwei obenliegenden Nockenwellen und 140 PS Leistung, doch gab es auch ein Zwischenmodell GSL. Die Kühlergitter waren geändert worden: Rahmen um die beiden inneren Scheinwerfer bei der Limousine und senkrechte Mittelrippe beim Hardtopcoupé.

Ein Facelift hatten das Sportmodell 2000 GT und der Crown bereits auf dem Salon von Tokio im Oktober 1969 gezeigt. Die Crown hatten nun Rechteckscheinwerfer, zudem gab es jetzt zwei vereinfachte Versionen mit reduzierter Leistung. Apropos Tokioter Salon 1969: Für Aufsehen sorgten an dieser Schau die teils extravagant geformten Experimentalautos EX-I und EX-III sowie das Stadtautoprojekt Commuter EX-II. – Mehr und mehr Verbreitung fand inzwischen der in verschiedenen Ausführungen gebaute Toyota-Geländewagen Landcruiser.

Neuer Corona Erst im Februar 1970 wurde hingegen der neue Corona lanciert (RT 80). Er hatte eine modernere und geräumigere Karosserie, die in der Form an den Corolla erinnerte. Das Kühlergitter mit den integrierten Doppelscheinwerfern nahm zwar weiterhin die gesamte Wagenbreite ein, war nun aber an den Ecken abgerundet. Neben dem 1,5-Liter-Motor wurde auch die 1,6-Liter-OHC-Maschine, wie sie bis zum Vorjahr im Corona Mark II verwendet worden war, eingebaut. Der 1,5-Liter-Motor wurde auf Wunsch mit dem 2-Stufen-, die 1,6-Liter-Version mit dem 3-Gang-Automaten kombiniert. Die stärkere Ausführung war überdies mit dem EAT-Getriebe (Electronic Automatic Transmission) lieferbar, bei dem ein Computer den Wandler schaltete. Verbesserungen hatte auch das Fahrwerk erfahren.

2. Corolla Im Mai 1970 wurden die neugestalteten Corolla (KE 20) und Sprinter (KE 25) vorgestellt. Vom Vormodell waren binnen vier Jahren eine Million Exemplare gebaut worden, damit war der Corolla zum japanischen Bestseller avanciert. Der neue hatte eine um 9 auf 395 cm angewachsene Gesamtlänge, und sein Radstand maß 233,5 statt 228,5 cm. Zudem war er breiter und niedriger und wirkte damit weit moderner und repräsentativer. Das über die gesamte Breite gezogene Kühlergesicht verhalf ein Stück weit zur Markenidentität. Wiederum gab es neben der zwei- und der viertürigen Limousine und dem dreitürigen Kombi ein adrettes, im Export Sprinter geheißenes Coupé. Die Limousinen wurden in den Ausführungen Standard, de Luxe und Hi Luxe aufgelegt. Den 1,2-Liter-Motor gab es in drei Leistungsstufen: mit 68, 73 und (als SL = zugleich Hinweis auf Superluxusausstattung) mit 77 SAE-PS. Je nach Ausführung wurden Scheibenbremsen eingebaut. – Im Oktober 1970 folgten schließlich die Toyota-Modelle Carina und Celica.

Trabant

Der für die Volksmotorisierung gedachte Kleinwagen der Deutschen Demokratischen Republik, der zunächst als P 50 bezeichnete Trabant, war Mitte der fünfziger Jahre entstanden. Er sollte – nur im Detail weiterentwickelt – auch nach dreißig Jahren noch der Grundmotorisierung Ostdeutschlands dienen! Es handelte sich um einen zweitürigen Viersitzer mit einfach geformter Pontonkarosserie, die aus Kunststoff hergestellt wurde. Auf 1960 kam auch eine Kombiversion hinzu. Der Trabant hatte Vorderradantrieb, und als Kraftquelle diente ein luftgekühlter 2-Zylinder-2-Takt-Motor von einem halben Liter Inhalt und 18 DIN-PS Leistung bei bloß 3750/min. Anfang 1961 wurde die Leistung auf 20 PS bei 3900/min erhöht, doch war der Motor immer noch auf eine sehr niedrige Oktanzahl des Treibstoffs ausgelegt. Das 4-Gang-Getriebe hatte eine Freilaufklauenschaltung mit Schalthebel am Armaturenbrett.

Der Plattformrahmen war mit dem Karosseriegerippe verschweißt. Vorne wurde eine Einzelradaufhängung mit unteren Trapez-Dreieckquerlenkern und oberer Querblattfeder, hinten eine Pendelachse mit Querlenkern und Querblattfeder montiert. Die Karosserie aus Duroplast erhielt teils schwungvolle seitliche Zierstäbe, und 1961 entstand eine dreigestufte zweifarbige Ausführung. Nebst dem Kombi wurde von da an eine Version Camping geführt. Hergestellt wurde der Trabant vom VEB (= Volkseigener Betrieb) Sachsenring Automobilwerke in Zwickau. Er stellte ein Pendant zum größeren → Wartburg dar, der in Eisenach gebaut wurde.

600 Auf 1963 erschien der Trabant 600. Für ihn war die Bohrung von 66 auf 72 mm vergrößert worden, woraus ein Hubvolumen von 594 cm³ resultierte. Jetzt standen 23 DIN-PS zur Verfügung, und zwar zwischen 3800 und 4000/min. Das Getriebe war vollsynchronisiert, und für den vierten Gang gab es einen Freilauf. Die hintere Einzelradaufhängung umfaßte Dreiecklenker und eine Querblattfeder. An den Karosserieflanken fand sich – je nach Ausführung – ein Farb- oder doppelter Zierstreifen.

601 Anfang 1964 wurde der Typ 601 eingeführt. Er bot eine im Detail neugeformte Karosserie: geänderte Front mit rechteckigem Rähmchen, größere Fenster, gestreckteres Dach und längere Gürtellinie ohne angesetztes Schlußlichtgehäuse. Die Gesamtlänge wuchs um 20 auf 356 cm (Kombi 340 cm), und trotz unverändertem Radstand gab es nun auch mehr Innenraum. Mit diesem Modell versuchte man vermehrt ins Westgeschäft zu kommen, unter anderem auch mit der Schweiz. Der Typ 601 war alsbald auf Wunsch mit einer automatischen Hycomat-Kupplung lieferbar (= 601 H). Die dreitürige Kombiversion erhielt auf 1966 die gleiche Karosserielänge wie die zweitürige Limousine und zudem die Bezeichnung Universal (so hießen früher auch die → Auto-Union-Kombi; die Auto-Union-Wagen wie die Trabant gingen schließlich auf die → DKW zurück ...).

Der P 601 de Luxe, wie er 1966 herauskam, zeigte erstmals ein Kühlergitter in der Front. Im Jahr darauf kam eine Ausführung 601 S hinzu, und gleichzeitig wurde die Bremsanlage verbessert. Mit dem Jahrgang 1969 wurde die Leistung von 23 auf 26 DIN-PS erhöht. Diese stand bei 4200/min an. Zu den verschiedenen inzwischen eingeführten Detailverbesserungen zählte eine Zwangsentlüftung. Mit geringstmöglichen Investitionen versuchten die Hersteller auf der Höhe der Zeit zu bleiben.

Trabant 601, 1964

Trabant	Zyl.	cm³	DIN-PS	bei 1/min	Gänge	Spitze km/h	Radstand/Länge	Baujahre	Besonderheiten
–	2	500	18	3750	4	100	202/336	1958–60	Plattformrahmen,
			20	3900				1961/62	Frontantrieb, h.E.,
600		594	23	3800				1962–64	2-Takt-Motor
P 601							202/356	1964–68	(Kombi 340 cm lang)
601			26	4200				1968–	

Trident

Aus einer ursprünglich für → TVR bestimmten Entwicklung war 1965 die Marke Trident (= Dreizack) entstanden. Auf dem Genfer Salon jenes Jahres feierte das Coupé TVR Trident seine Weltpremiere. Im Gegensatz zu den ultrakurzen TVR hatte es eine von Kanten geprägte gestreckte Karosserie, und seine Fastbacklinie lief keilförmig nach hinten aus. Der Entwurf des Trident stammte vom Designer Trevor Fiore aus Paris. Die Verwirklichung der aus Aluminium bestehenden und mit Stahlträgern verstärkten Karosserie auf dem Gitterrahmenchassis besorgte die italienische Firma Fissore (→ Anhang). Wie schon in den für den amerikanischen Markt bestimmten TVR diente ein Ford-V8-Motor als Antriebsquelle. Es handelte sich um die bekannte 4,7-Liter-Maschine, die in der gewählten Special-Ausführung auf eine Leistung von 280 SAE-PS kam. Das 4-Gang-Vollsynchrongetriebe stammte von Borg-Warner, und es wurde eine Salisbury-Differentialbremse verwendet.

Gegenüber dem Original-TVR war der Radstand auf 229 cm verlängert worden. Die Einzelradaufhängung umfaßte sowohl vorne wie hinten Trapez-Dreieckquerlenker und Schraubenfedern. Alle vier Speichenräder wurden mit Girling-Scheibenbremsen verzögert. Man sprach von einem Lieferbeginn im Juli 1965. Doch daraus sollte vorerst nichts werden, weil es der Firma TVR am nötigen Kapital mangelte. Es entstand später lediglich noch ein analog geformtes Cabriolet mit Klappscheinwerfern.

Inzwischen waren die Produktionsrechte jedoch von einer durch englische Autohändler gegründeten Trident Cars Ltd. in Woodbridge/Suffolk übernommen worden. Sie lancierte an der Racing Car Show in London im Januar 1966 ein Sportcabriolet, das hinsichtlich Linie zwar dem ersten Trident entsprach, statt der an das Kühlergitter angefügten Rechteckscheinwerfer jedoch in die Front eingeschnittene Rundscheinwerfer aufwies. Die Karosserie des Zweisitzers bestand aus Kunststoff; sie wurde auf dem → Austin-Healey-3000-Chassis, einem Plattformrahmen mit Kreuzverstrebung, aufgebaut. Hinten fand sich eine Starrachse mit Längslenkern, Panhardstab und Halbelliptikfedern. Scheibenbremsen wurden nur noch an den Vorderrädern montiert. Beibehalten wurde hingegen der 4,7-Liter-V8-Motor von Ford USA, der in verschiedenen Leistungsvarianten zu haben war.

Im Verlaufe des Jahres 1966 wurde dem zweisitzigen Cabrio ein 2+2-Coupé mit dem lichten Fiore-Fastback zur Seite gestellt. Für den Heimmarkt wurden der Trident Cabriolet und der Grand Tourer ursprünglich in einer Ausführung mit eingespritztem 2,5-Liter-V6-Motor von Ford England vorgesehen; es scheint jedoch, daß die Produktion nur zögernd anlief. 1969 wurden von der nun in Ipswich beheimateten Trident Cars Limited die Modellbezeichnungen Clipper (Schnellsegler) V8 und Venturer (kühner Unternehmer) V6 eingeführt. Statt des 4,7- wurde in der USA-Ausführung der neuere 4,9-Liter-Motor eingebaut. Der auf dem Londoner Salon jenes Jahres präsentierte Venturer V6 besaß den 3-Liter-Motor aus der einheimischen Ford-Küche, wie im Ford Zodiac mit 146 SAE-PS. Im Gegensatz zum Clipper wartete der Venturer mit einer hinteren Einzelradaufhängung, bestehend aus Dreiecklängslenkern und Schraubenfedern, auf (Unterbau nun vom → Triumph TR 6!). – Bis 1975, als die Marke ihr Ende fand, sind nur etwa 120 Trident gebaut worden.

Trident Grand Tourer, 1967

Trident	Zyl.	cm³	SAE-PS	bei 1/min	Gänge	Spitze km/h	Radstand/Länge	Baujahre	Besonderheiten
Grand Tourer/Cabrio	V8	4728	275	6000	4	–240		1966–69	Plattformrahmen,
Clipper V8						–257	229/419	1969–	Mot. Ford
(USA)		4942	223	4500		225			
Venturer V6	V6	2994	146	4750	4/4+S/A	–209	224/399		dto, h.E.

Triumph

Im September 1959 war die Holdingfirma Standard-Triumph International Limited gegründet worden. Es ging um eine Sanierung der Standard-Gruppe. Künftig sollte nur noch die Marke Triumph weitergeführt werden, während die Produktion der letzten → Standard-Modelle in Bälde auslief. Das Schwergewicht der Herstellung lag auf dem Triumph Herald, einem recht ungewöhnlichen Fahrzeug der untersten Mittelklasse. Obwohl es erst im April 1959 als vollständige Neukonstruktion auf den Markt gekommen war, besaß es ein Kastenrahmenchassis. Dieses setzte sich aus einem kräftigen Mittelträger, weit auseinanderliegenden Längsträgern und Quertraversen zusammen. Ungewöhnlich waren auch die hinteren Pendelhalbachsen mit hochliegender Querblattfeder und Längsschubstreben. Als eines der ersten Fahrzeuge hatte der unter Harry Webster konstruierte Herald keine Chassisschmierstellen.

Der 950-cm³-Motor war bereits aus Standard-Modellen bekannt. Es gab ihn mit 39 oder 51 SAE-PS Leistung. Die Motorhaube ließ sich als Ganzes nach vorne klappen und ermöglichte besonders guten Zugang zu den technischen Aggregaten. Noch ungewohnt war die mit dem Herald bewerkstelligte Rückkehr zur Mittelschaltung (4-Gang-Getriebe). Die Impactoscop-Sicherheitslenksäule war in der Länge verstellbar, und der Wendekreisdurchmesser war ungewöhnlich klein. Das schmucke Karosseriedesign stammte vom berühmten italienischen «Automodeschöpfer» Giovanni → Michelotti, und zwar gab es den Herald sowohl als zweitürige fünfsitzige Limousine im Trapezstil wie auch als schnittiges zweisitziges Coupé mit schräggestelltem hinterem Dachabschluß. Die Karosserieelemente waren zwecks einfachen Austauschs verschraubt. Auf dem Genfer Salon im März 1959 kam ein viersitziges Cabriolet mit vollversenkbarem Verdeck hinzu. Es wurde wie das Coupé ausschließlich mit der stärkeren Motorvariante geliefert.

Neben dem Herald gab es das nicht zuletzt im Export nach den USA erfolgreiche Sportcabriolet TR 3A. Seine Entwicklung ging auf das Jahr 1952 zurück. Es wies ein Kastenrahmenchassis mit Kreuzverstrebung und hinterer, an Halbelliptikfedern abgestützter Starrachse, einen auf 101 PS gebrachten 4-Zylinder-Motor und ein 4-Gang-Getriebe mit oder ohne Laycock-de-Normanville-Schnellgang auf. Die Vorderräder wurden durch Girling-Scheibenbremsen verzögert. Beim Karosseriewerk Vignale in Turin wurde eine formvollendete, deutlich größer wirkende Coupéversion des TR 3A hergestellt. Ihr Entwurf stammte von Giovanni Michelotti. Von dem Triumph Italia genannten Fahrzeug, das auf dem Genfer Salon 1959 vorgestellt worden war und das erst Ende jenes Jahres in Serie kam, sollen durch die Firma Ruffino SpA in Neapel bis 1962 bloß 37 Exemplare montiert worden sein.

Triumph

Rechts: Triumph TR 4, 1962
Von oben nach unten:
Triumph TR 3A, 1961
Triumph Spitfire 4, 1963
Triumph Vitesse, 1964

Herald 1200 1961 sollte Standard-Triumph Teil des Leyland-Nutzfahrzeugkonzerns werden. Triumph ist somit die älteste neue Personenwagenmarke der Leyland-Gruppe, die dereinst alle weiteren großen rein englischen Personenwagenfabrikate umfassen sollte. – Zuvor aber, im April 1961, wurde der Herald 1200 vorgestellt. Er ersetzte die Ausführungen mit kleinerem Motor, die vorerst noch in England als Limousine Herald S weitergeführt wurde. Für die Schaffung des 1,2-Liter-Motors war die Bohrung von 63 auf 69,3 mm vergrößert worden, während der Hub bei 76 mm blieb. Damit standen in allen Karosserieversionen einheitlich 44 SAE-PS zur Verfügung. Das stoßnachgebende Armaturenbrett wies nun Holzfurnier auf, und zu den zahlreichen weiteren Detailverfeinerungen zählten Gummipolster auf den Stoßstangen. Im Mai 1961 wurde auf der Britischen Messe in Moskau erstmals ein Herald-Kombiwagen ausgestellt. Das großflächige hintere Seitenfenster verlieh ihm Eleganz. Er hatte größere Räder und serienmäßig vordere Scheibenbremsen, letztere waren bei den übrigen Herald-Modellen auf Wunsch erhältlich.

TR 4 Es war im Herbst 1961, als der ziemlich betagt aussehende Triumph TR 3A durch eine Neuschöpfung, den TR 4, abgelöst wurde. Von den TR 2 bis zu den TR 3A waren insgesamt 80 000 (TR 3A: 58 000) Exemplare gebaut worden, von denen nicht weniger als 55 000 nach Amerika geliefert worden waren! Der neue Triumph-Sportwagen war erneut eine mustergültige Designleistung von Giovanni Michelotti. Seine Front mit den auf die vorgeschriebene USA-Höhe gebrachten, vom vorderen Motorhaubenabschluß beidseits leicht überwölbten Scheinwerfern wie auch die durchgezogenen Seitenflächen mit dem unauffälligen Absatz in der Gürtellinienmitte gaben dem Fahrzeug modernsten Schmiß.

Anstatt des 2-Liter- wurde jetzt ein 2,1-Liter-4-Zylinder-Motor eingebaut. Diese Maschine war bereits bei Rallye- und Renneinsätzen erfolgreich erprobt worden. Bei unverändertem Hub von 92 mm war die Bohrung um 3 auf 86 mm vergrößert worden. Es standen nun 105 statt 101 PS und bedeutend mehr Drehmoment zur Verfügung. Auf Wunsch war der bisherige 2-Liter-Motor noch erhältlich (Export = TR 3B). Als erstes britisches Fahrzeug der Großserienherstellung war der TR 4 mit einem vollsynchronisierten 4-Gang-Getriebe ausgerüstet. An Stelle der Lenkung mit Schnecke und Finger trat eine Zahnstangenlenkung, und vom Herald wurde die verstellbare Impactoscop-Sicherheitslenksäule übernommen. Im Vergleich zu seinem Vorgänger war der TR 4 deutlich größer: Die Spur war vorne um 10, hinten um 7,5 cm angewachsen, die Länge um 13, die Breite um 5 cm. Nur der Radstand war mit 223,5 cm gleichgeblieben. Auch am Kastenrahmen-Unterbau mit hinterer Blattfedern-Starrachse war im Prinzip nichts geändert worden. Das gepflegte Interieur mit luxuriöser Instrumentierung bot den Insassen nicht nur mehr Bein-, Ellbogen- und Kopfraum, sondern konnte zur Not auch noch zwei Kinder aufnehmen. Wie schon der TR 3A war auch der TR 4 mit einem Hardtop lieferbar. – Bis Anfang 1965 sollten 43 600 TR 4 (einschließlich TR 3B) gebaut werden, von denen bloß 2600 in Großbritannien blieben!

Vitesse Herald-Limousine und -Coupé gab es ab Ende 1961 auch in frisierter Ausführung mit auf 60 PS gebrachtem Motor oder gar in einer Rennversion mit 83 PS leistendem 1,2-Liter-OHC-Motor von Coventry Climax. Einen entscheidenden und zudem serienmäßigen Schritt zu mehr Leistung brachte jedoch die Kreation des Triumph Vitesse. Dieses Parallelmodell zum Herald erschien im Mai 1962. Es hatte den kleinsten neukonstruierten 6-Zylinder-Motor der Nachkriegszeit, nämlich eine 1,6-Liter-Maschine. Für sie war die Bohrung von 69,3 auf 66,75 mm reduziert worden. Die Gemischaufbereitung wurde – wie beim TR 4 – durch zwei Halb-Fallstromvergaser besorgt. Anstatt 39 standen nun gleich 70 DIN-PS zur Verfügung. Damit wurde eine besonders leistungsfähige kleine Limousine geschaffen, wobei gleich auch eine Cabrioletversion ins Angebot kam. Auf Wunsch war zum 4-Gang-Getriebe auch ein Laycock-de-Normanville-Schnellgang lieferbar. Bei einem gegenüber dem Herald unveränderten Unterbau wiesen die Vorderräder serienmäßig Scheibenbremsen auf. Äußerlich fiel der Vitesse durch seine schräggestellten Doppelscheinwerfer und das von ihnen aus über die Flanken gezogene breite Kontrastfarbband auf. Auch das Vitesse-Design stammte von Michelotti.

Spitfire Doch kaum war der Vitesse eingeführt, lancierte Triumph im Herbst 1962 ein neues Meisterstück aus der Hand Giovanni Michelottis: den kleinen Sportwagen namens Spitfire, den Feuerspucker also. Nachdem

Links von oben nach unten:
Triumph 2000, 1966
Triumph GT 6, 1967
Triumph Herald 12/50, 1967
Unten: Triumph 1300, 1966

der TR 4 deutlich über dem TR 3 rangierte, war mit dem Spitfire ein Sportauto geschaffen worden, das sich größen-, leistungs- und preismäßig unterhalb dem früheren TR 3 ansiedelte. Der Spitfire wurde dank seiner hochattraktiven Form alsbald von unzähligen jungen und auch älteren Autofreunden in Europa wie in Amerika begehrt.

Die Spitfire-Technik war vom Herald abgeleitet. Auch hier fand sich ein Kastenrahmenchassis, der Radstand war allerdings von 232 auf 211 cm verkürzt worden. Weil zudem nur noch die Kotflügel demontierbar waren, erübrigten sich einige Chassisausleger. Die Vorderradaufhängung wie die hintere Pendelachse mit Querfeder – mit einem negativen Radsturz kombiniert – entsprachen weitgehend dem Herald-Konzept. Der Wendekreis war mit 7,3 m Durchmesser unvergleichlich klein. Der 1,2-Liter-Motor (genau: 1147 cm^3) war mit geänderter Nockenform, höherer Verdichtung und zwei Vergasern auf eine Leistung von 63 PS gebracht worden. Offiziell hieß der neue kleine Sportwagen Spitfire 4, und dies äufnete natürlich Spekulationen, daß es auch einen Spitfire 6 mit dem Vitesse-Motor geben würde . . .

Vorerst nur für den einheimischen Markt bestimmt war der im Frühling 1963 lancierte Herald 12/50, der serienmäßig ein Faltdach und vordere Scheibenbremsen bot und überdies eine auf 51 PS gesteigerte Leistung hatte. Der Typ 12/50 wies zudem eine in England neue Kardanwellenkonstruktion auf, bei der in Längsrillen verschiebbare Rollenlager für minimalste Reibung sorgten.

Triumph 2000 Auf dem Londoner Automobilsalon im Oktober 1963 wurde dem Publikum als große Neuheit der Triumph 2000 vorgestellt. Er löste nicht nur das letzte Vanguard-Modell der Marke → Standard ab, sondern bedeutete auch das Ende dieser alten englischen Marke. Alle Personenwagen dieses Teils der Leyland-Gruppe hießen fortan Triumph, die leichten Nutzfahrzeuge hingegen Leyland. Der Triumph 2000 war eine hervorragend sauber und modern geformte viertürige Limousine mit je drei Fenstern pro Seite. Die Heckscheibe wurde vom Dachabschluß leicht überkragt. Es erstaunt wohl nicht, daß auch hier das Design vom hochtalentierten Italiener Giovanni Michelotti stammte. Die schlicht geformte Front zeigte Doppelscheinwerfer, und die Gürtellinie beschrieb einen sanften Bogen, mündete also nicht mehr in «Peilstege» aus wie beim Herald und beim TR 4.

Der aus dem Standard Vanguard stammende 2-Liter-6-Zylinder-Motor hatte einen überarbeiteten Zylinderkopf erhalten und leistete mit zwei Horizontalvergasern 91 statt 86 DIN-PS. Das 4-Gang-Getriebe besaß Mittelschaltung und konnte mit einem Schnellgang kombiniert oder durch ein Automatgetriebe von Borg-Warner ersetzt werden. Ungewöhnlich war auch die hintere Einzelradaufhängung mit Schräglenkern; die hintere Radaufhängung war unter Zwischenschaltung von Gummielementen mit der Bodengruppe veschraubt, denn die selbsttragende Karosserie wies im Heckteil einen Hilfsrahmen auf. Die Vorderräder wurden an Federbeinen abgestützt und wiesen Scheibenbremsen auf. Natürlich war auch das Interieur dem modernen Stand dieses neuen Modells angepaßt. So waren die Anzeigeinstrumente in zwei versenkt angebrachten Gehäusen untergebracht, und in der gesamten übrigen Breite war das Armaturenbrett zweistufig und zweifarbig ausgeführt.

Anfang 1964 wurden ab Werk drei leistungsgesteigerte Spitfire-Spezialausführungen lieferbar. Sie trugen die Bezeichnungen Spitfire 4 Stage Interim, Stage I und Stage II. Ihre Leistung wurde mit 71, 81 und 91 PS angegeben. Zu den stufenweisen Frisiermaßnahmen zählten andere Vergaseranlagen, Einlaßsammelrohre und Auspuffkollektoren mit vier getrennten Rohren, ferner Spezialnockenwellen und Spezialzylinderkopf sowie geänderte Kolben und angepaßte Getriebe. Vom Werk selbst wurden in der Folge bis 100 PS starke Sonderversionen mit Fastback-Hardtop eingesetzt. Von den Zubehörherstellern wurden bereits verschiedenartig geformte Aufsetzdächer angeboten. – Auf dem Genfer Salon 1964 stellte Michelotti ein Triumph-Vitesse-Coupé mit Plexiglas-Dachvorderteil aus.

Spitfire Mk II und TR 4A Doch auf dem Genfer Salon im März 1965 wurde auch das Spitfire-Grundmodell mit gesteigerter Motorleistung präsentiert. Mit einer neuen Nockenwelle und einem geänderten Auspuffkrümmer mit vier Kanälen wurde eine Leistung von 67 statt 63 DIN-PS erreicht. Neu waren auch ein versiegeltes Kühlersystem, eine Ansaugvorwärmung sowie die Federscheibenkupplung. Auf Wunsch wurde nun auch ein zum dritten und vierten Gang zuschaltbarer Overdrive (Laycock-de-Normanville) geliefert. Im Interieur fanden sich besser geformte Sitze und ein gepolstertes Armaturenbrett. Außer an der Heckanschrift Mk II erkannte man den erneuerten Spitfire an den horizontalen Zierstäben im Kühlergitter, die das Maschengitter ersetzten.

Auch bei dem nun zum TR 4A gewordenen größeren Sportwagen war die Zahl der Kühlergitterstäbe um einen (auf sechs) reduziert worden. Die seitlichen Blinklichter waren zusammen mit den Positionslampen in einem an den Flanken vor dem Vorderradausschnitt montierten gemeinsamen Gehäuse untergebracht, von dem aus ein Zierstab bis zur Türfalle verlief. Viel mehr Bedeutung kam jedoch der neuen hinteren Einzelradaufhängung zu, sie entsprach konstruktiv der beim Triumph 2000 getroffenen Lösung (allerdings war auf Wunsch weiterhin eine hintere Starrachse lieferbar) und wurde durch die Buchstabengruppe IRS (= Independent Rear Suspension) bekannt. Gleichzeitig war der Chassisrahmen verstärkt worden. Neu waren außerdem die Federscheibenkupplung, verschiedene Motorteile, das Armaturenbrett aus Nußbaumholz, die Sitze, die Lichthupe und die Verdeckbefestigung. – Die TR-4A-Produktion erreichte bis 1967 28 500 Exemplare, wovon 25 400 in den Export gelangten.

Triumph 1300 Im Sommer 1965 kündigte Sir Donald Stokes, der im Rahmen der Leyland-Gruppe die Personenwagenproduktion der Standard-Triumph-Tochter leitete, die Kreation einer 1,3-Liter-Limousine mit Frontantrieb an. Dieses Fahrzeug debütierte an der London Motor Show im Oktober 1965. Es handelte sich sozusagen um eine Verkleinerung des Triumph 2000, jedoch nur mit zwei Seitenfenstern pro Seite und einfachen Scheinwerfern. Auch beim Triumph 1300 überragte das Dach in dem von Michelotti kreierten Styling die Heckscheibe, wobei hier gleichzeitig die Entlüftungsschlitze untergebracht waren. Die gesamte Heckwand war von einem feinen Chromband umrahmt. Das Interieur mit versenkten Griffen und Bedienungshebeln war wie teilweise schon andere Triumph-Modelle nach Maßgabe der Sicherheitserkenntnisse gestaltet worden.

Der 1,3-Liter-Motor der neuen mittelkleinen Limousine war von der Maschine des Herald abgeleitet, indem die Bohrung von 69,3 auf 73,7 mm vergrößert worden war. Es standen 61 DIN-PS zur Verfügung. Motor, Getriebe und Differential waren zu einem Block zusammengefaßt und an drei Stellen auf einem Hilfsrahmen gelagert. Der Mittelschalthebel wurde direkt in das 4-Gang-Getriebe geführt. Das Lenkrad ließ sich um 10 cm aus der Konsole herausziehen und zudem im Neigungswinkel verstellen. Auch die Vordersitze wiesen eine Höhenverstellung auf. Das Armaturenbrett mit sorgsam gruppierten Instrumenten zeigte ein Nußbaumfurnier. Für leichte Beladbarkeit des vergleichsweise geräumigen Kofferraums sorgte der bis auf die Stoßstangenhöhe reichende Deckel-

Ganz oben: Triumph TR 5, 1968
Darunter: Triumph Herald 13/60 Estate Car, 1968
Rechts: Triumph Spitfire Mark III, 1968

ausschnitt. Im übrigen hatten die Konstrukteure auch hier eine hintere Einzelradaufhängung (Dreieckslängslenker und Schraubenfedern) vorgesehen.

Auf 1966 erhielt der inzwischen mit Herald 1200 bezeichnete «Basis-Triumph» seinerseits einen Motor mit erhöhter Leistung: Aus den 1147 cm^3 wurden nun 48 statt 39 DIN-PS geschöpft. Überdies wurden Frisiersätze für den nachträglichen Einbau angeboten, die eine weitere Leistungserhöhung auf 51 PS (serienmäßig beispielsweise für die Schweiz seit 1963!) und mehr ermöglichten. Ein Coupé war nicht mehr im Programm. Die Herald des neuen Jahrgangs erkannte man am vergrößerten, feinmaschigeren Kühlergitter, das nur noch einen dünnen «Mittelscheitel» aufwies. Eine Neuheit auch beim Typ 2000: Hier gab es eine Kombiversion; sie bestach durch eine formliche Ausgewogenheit, wie sie bei Wagen dieser Karosserieart äußerst selten erreicht wurde.

GT 6 und Vitesse 2 Litre Den ursprünglich erwarteten Spitfire 6 sollte es nie geben, wohl aber ein Coupé GT 6. Es erinnerte an die werksseitig entwickelten Spitfire-Hochleistungsvarianten, war jedoch ein Fastbackcoupé mit fest in die Karosseriestruktur einbezogenem Dach. Der 2-Liter-6-Zylinder-Motor entstammte dem Triumph 2000, leistete mit einer auf 9,5:1 erhöhten Verdichtung und anderen Vergasern jedoch 105 SAE-PS. Den gleichen Motor erhielt jetzt – mit der Zusatzbezeichnung 2 Litre – auch der Vitesse. Gleichzeitig bekamen beide Wagen ein vollsynchronisiertes 4-Gang-Getriebe, eine größere Kupplung, vordere Bremsscheiben mit größerem Durchmesser und weitere Verbesserungen. Im GT 6 fand sich ein komfortables Interieur. Die hintere Pendelachse dürfte jedoch mit dieser Motorisierung nicht mehr ganz Schritt gehalten haben.

Spitfire Mk III Auf dem Genfer Salon 1967 wurde der Spitfire als Mark III vorgestellt. Er hatte den 1,3-Liter-Motor des Triumph 1300, allerdings mit einer auf 76 DIN-PS gesteigerten Leistung. Auch die Kupplung und die Bremsen waren angepaßt worden. Auffallend war das neue Frontdesign: die Stoßstange verlief nun mitten vor dem Kühlergitter durch und vermochte durch diese höhere Lage weit besseren Schutz vor «Fremdstoßstangen» zu bieten. Auch die zwei Stoßstangenteile am Heck waren höher angeordnet. Neu ausgelegt war das nun am hinteren Ende fest mit der Karosserie verbundene Verdeck, und zudem hatte man dem Spitfire ein sportlicheres kleineres Lenkrad verpaßt. Nachträglich wurde die serienmäßige Ausrüstung zudem auf Gürtelreifen umgestellt. – Zu jenem Zeitpunkt hegte Triumph übrigens nach dem Muster amerikanischer Firmen «Traumwagenpläne»: Ein bereits im Modell vorhandener XL 90 sollte mit futuristischen Aspekten verwirklicht werden.

Links: Triumph 2.5 PI Mark 2 Estate Car, 1970
Unten: Triumph TR 6, 1969

TR 5 Im Hinblick auf den Jahrgang 1968 wurde der TR-Sportwagen erneut aufgewertet. Er hieß nun TR 5 und wurde bereits auf dem Pariser Salon vorgestellt. Die große Änderung bestand in der Motorisierung: Statt des 2,1-Liter-Vierzylinders wurde jetzt ein 2,5-Liter-Sechszylinder mit Lucas-Einspritzung eingebaut. Er war der erste englische Wagen mit Benzineinspritzung. Diese erfolgte in die Ansaugrohre in der Nähe des Einlaßventils. Die Leistungserhöhung war eklatant, denn es standen nun 152 statt 104 DIN-PS bereit. Der Motor war aus der Limousine 2000 abgeleitet, bei gleichbleibender Bohrung von 74,7 mm hatte man den Hub von 76 auf 95 mm erhöht. Am Unterbau war nichts Wesentliches geändert worden, und äußerlich erkannte man den neuen TR in erster Linie an der Aufschrift TR 5 PI (= Petrol Injection; für die USA jedoch TR 250!). – 1967/68 wurden bloß 11 430 TR 5 (mit TR 250) gebaut; hievon gelangten 10 270 Einheiten in den Export.

Herald 13/60 und 1300 TC Kurz nach der Ankündigung des TR 5 folgten zwei neue 1,3-Liter-Limousinen, der Herald 13/60 und der 1300 TC. Mit ersterem wurde der Typ 12/50 abgelöst. Wie die Bezeichnung verrät, sorgte nun auch hier der 1,3-Liter-Motor für den Antrieb, und zwar – wie jetzt auch im Modell 1300 – mit 62-DIN-PS. Während es den 12/50 nur als zweitürige Limousinen gegeben hatte, wurde der 13/60 zusätzlich als Cabriolet und Kombi aufgelegt. Man erkannte ihn am ganz neuen Kühlergitter mit zwei die Scheinwerfer verbindenden Horizontalstäben, wobei die Motorhauben-Vorderkante in der Mitte tiefer angeordnet war. Der Herald 13/60 wies das kräftigere Chassis des Vitesse auf. Auf dem Armaturenbrett fanden sich nun zwei Rundinstrumente, und im Wagenfond war zusätzlicher Platz geschaffen worden.

Der Herald 1200 wurde ausschließlich noch als Limousine mit bisherigem Frontdesign weitergebaut. Ebenfalls auf ein erhöhtes Leistungsniveau war der 1300 TC ausgerichtet. Er hatte eine höhere Verdichtung, zwei Vergaser und geänderte Kurbelwellennocken. Damit war die Leistung auf 75,5 PS angewachsen. – Ein Triumph 1300 GT war bereits auf dem Genfer Salon 1967 als spezielle Schweizer Version lanciert worden. Sie war mit ähnlichen Änderungen auf 72 PS gekommen.

2.5 PI und GT 6 Mk 2 Auch 1968 wählte Triumph die große Autoschau von Paris für die Neuheitenpräsentation. Sie umfaßte die Limousine 2.5 PI und das Zweisitzercoupé GT 6 Mk 2. Unschwer zu erraten, daß nun die große Limousine ebenfalls mit dem 2,5-Liter-Einspritzmotor aus dem TR 5 lieferbar war (der bisherige Triumph 2000 wurde noch weitergebaut). Die Leistung war hier auf 134 PS gedrosselt. Wie bei der schwächeren Limousine standen ein 4-Gang-Getriebe mit oder ohne Overdrive und ein Getriebeautomat zur Wahl. Man erkannte die PI-Ausführung an den Sporträdern und den in Kontrastfarbe gehaltenen hinteren Dachträgern.

Mit dem GT-6-Typ Mark 2 hatte man endlich die hintere Schwingachse durch eine

Triumph

Doppelgelenkachse mit schräger Reaktionsstrebe und oberer Querblattfeder ersetzt. Gleichzeitig war die Leistung durch Änderungen am Zylinderkopf und eine neue Nockenwelle von 95 auf 105 PS gesteigert worden. Die Anzeigeinstrumente waren nicht mehr in Armaturenbrettmitte, sondern direkt vor dem Fahrer angeordnet. Der Mk 2 gab sich äußerlich durch die nun wie beim Spitfire Mk 3 höhergesetzten Stoßstangen und die Entlüftungsschlitze im hinteren Dachträger zu erkennen.

Vitesse 2 Litre Mk 2 Der GT 6 Mk 2 wie der auf dem Londoner Salon 1968 vorgestellte Vitesse 2 Litre Mk 2 zeigten das gleiche, in Schwarz und in Metall gehaltene Raddeckeldesign wie der 2500 PI. Der verjüngte Vitesse hatte ebenfalls eine hintere Einzelradaufhängung, die an die Stelle der Pendelachse trat. Auch hier konnten die Sturzveränderungen beim Einfedern damit weitgehend eliminiert werden. Wie beim Vitesse stand die Leistung jetzt mit 105 PS zu Buche. Eine Aufwertung erfuhr auch das Interieur. Das Kühlergitter mit drei horizontalen Zierelementen glich – unter Beibehalt der schräggestellten Doppelscheinwerfer – jenem des Herald 13/60.

TR 6 Im Januar 1969 wurde der TR 5 durch den TR 6 abgelöst. Die Änderungen waren diesmal vor allem kosmetischer Art. Bei unveränderter Grundlinie hatte man das Michelotti-Design durch die deutsche Karosseriefirma Karmann überarbeiten lassen. Daraus resultierte eine weniger bullig wirkende Frontgestaltung mit Maschengitter. Auch Kotflügel und Heck waren retouchiert worden. Das holzgemaserte Armaturenbrett war mit nachgebendem Kunststoffmaterial eingefaßt, und auch die Lenkradnabe wies ein Schutzpolster auf. Sitze und Verdeck waren verbessert worden, und die Vorderradaufhängung hatte als Ergänzung einen Stabilisator erhalten. Das gegen Mehrpreis erhältliche Hardtop wies eine modernisierte Form auf. – Auf 1970 (ab Oktober 1969) erhielten der Spitfire, der GT 6 und der TR 6 verstellbare Rückenlehnen und weitere Verfeinerungen: der Spitfire mit 4,5-Zoll-Felgen und Reißverschluß-Heckscheibe, der TR 6 mit neuen Lochscheibenrädern und schwarzen Windschutzscheibenpfosten.

2000/2.5 PI Mk 2 Auf dem Londoner Salon im Herbst 1969 wurden die großen Limousinen 2000 und 2.5 PI als Mark 2 mit verjüngtem Design gezeigt. Die Doppelscheinwerfer waren nun in das Kühlergitter integriert, was ein noch eleganteres Aussehen ergab. Giovanni Michelotti hatte Front und Heck um je 11 cm verlängert (Kombi nur vorne). Die hintere Spur wurde gleich um 6 cm verbreitert. Vollständig neu präsentierte sich das Interieur, das in gleicher Weise auf Komfort und Sicherheit ausgelegt worden war. Im Modell 2000 leistete der Motor dank Übernahme des 2.5-Zylinderkopfes nun 1 PS mehr, und auch der PI-Motor hatte kleine Verfeinerungen erfahren. Den Estate Car (Kombi) gab es jetzt ebenfalls als 2500 PI!

Stag Eine Angebotserweiterung nach oben brachte der im Juni 1970 lancierte Stag (= Hirsch), ein traditionsgemäß von Meister Michelotti gezeichnetes 2+2sitziges Cabriolet mit T-förmigem Überrollschutz, Hardtop, hinterer Schräglenkerachse, Zahnstangen-Servolenkung sowie einem neuentwickelten V8-Motor. Dieses ungewöhnliche Oberklasse-Sportfahrzeug füllte dank vernünftiger Preisgestaltung eine Marktlücke. Der 3-Liter-V8 hatte je eine obenliegende Nockenwelle pro Reihe und brachte es auf eine Leistung von 145 PS. Er war durch die Kombination zweier 1,7-Liter-4-Zylinder-Motoren, wie sie für den → Saab 99 geliefert wurden, entstanden... Denn inzwischen war aus der Leyland-Mutterfirma, die 1965 auch → Rover übernommen hatte, durch Fusion mit der British Motor Holding (→ Austin, Morris, Jaguar usw.) der Großkonzern British Leyland hervorgegangen.

Triumph	Zyl.	cm³	DIN-PS *SAE	bei 1/min	Gänge	Spitze km/h	Radstand/ Länge	Baujahre	Besonderheiten
Herald (ab '61: S)	4	948	35	4500	4	110	232/389	1959–62	Kastenrahmen, h.E.
			46	5800		115		1959–61	
Coupé						–128			
Herald 1200		1147	39	4500				1961–65	
			61*	5800		–142			
		1220	83*	6500		165		1961/62	(Mot. Coventry Climax)
		1147	51	5200		130		1963–	(Export/CH)
12/50						132		1963–67	
1200			48	5200		126		1965–	
13/60		1296	62	5000		137		1967–	
TR 3A	4	1991	101*	5000	4/4+S	177	224/384	1957–61	Kastenrahmen
Italia 2000 Coupé	4	1991	101*	5000	4+S	–200	224/394	1959–62	durch andere Firma!
TR 4	4	2138	105*	4750	4/4+S	177	224/396	1961–65	
		1991	101*	5000					
TR 4A		2138	100	4600				1965/66	h.E.
		1991	101*	5000					
		2138	104	4700				1966/67	
Vitesse	6	1596	70	5000	4/4+S	–145	233/389	1962–67	Kastenrahmen, h.E.
2 Litre		1998	95	5000		161		1967/68	
Mk. 2			105	5300		166		1968–	
Spitfire 4	4	1147	63*	5750	4	–150	211/368	1962–65	Kastenrahmen, h.E.
Interim Stage			71*			154		1964/65	
Stage I			81*			164			
Stage II			91*			172			
Spitfire Mk. II			67*	6000	4/4+S	153		1965–67	
Mk. III		1296	76	6000		160	211/373	1967–	
2000	6	1998	91	5000	4/4+S/A	153	269/441	1963–66	h.E.
			90	5000			269/442	1966–69	
Mk. 2			91	5000		161	269/463	1969–	
1300	4	1296	61	5000	4	137	245/394	1965–67	Frontantrieb, h.E.
			62	5000				1967–	
TC			76	6000		144			
GT 6 (Coupé)	6	1998	95	5000	4/4+S	172	211/369	1966–68	Kastenrahmen, h.E.
Mk. II/2			105	5300		177	211/374	1968–	
TR 5 (PI)	6	2498	152	5500	4/4+S	200	224/390	1967/68	Kastenrahmen, h.E., Benzineinspritzung
2.5 PI	6	2498	134	5450	4/4+S/A	177	269/442	1968/69	h.E.,
Mk. 2						–179	269/463	1969–	Benzineinspritzung
TR 6	6	2498	152*	5500	4/4+S	–200	224/394	1969–	Kastenrahmen, h.E., Benzineinspritzung

Trojan, Heinkel (Dreirad)

Im Jahre 1955 hatten die ehemals berühmten deutschen Flugzeugwerke Heinkel als Imitation des Isetta (→ BMW) einen Kabinenroller herausgebracht. Immerhin war er etwas länger als die italienische Konstruktion und wies einige Eigenheiten auf. 1958 wurden dessen Herstellrechte an eine Firma in Dublin (Irland) abgetreten. Von der dortigen International Sales Ltd. wurde der Heinkel Kabine T 154 weitgehend unverändert angeboten: Es handelte sich um ein kugeliges, 2+2- oder 3sitziges Wägelchen mit Fronttüre und Rundumverglasung. Der hinter den Sitzen eingebaute Motor trieb das hintere Zwillingsrad an, doch war auch eine reine 3-Rad-Ausführung erhältlich. Dem luftgekühlten 1-Zylinder-Motor von 198 cm³ Inhalt wurden 10 PS Leistung entlockt. Das 4-Gang-Getriebe mit Kulissenschaltung war mit einem Kettenantrieb verbunden. Vorne fand sich eine Einzelradaufhängung mit Federbeinen und Schraubenfedern, hinten eine Triebsatzschwinge mit Federbein.

1961 wurde die Herstellung von der Firma Trojan in Croydon im englischen Surrey übernommen. Trojan baute kleine Nutzfahrzeuge und war ab 1962 mit der Sportwagenmarke → Elva liiert. Die Kabinenroller aus englischer Produktion hießen nun Trojan 200. An den technischen Spezifikationen änderte nichts. Nach wie vor war ein Rolldach erhältlich. Erst im Sommer 1965 wurde die Produktion eingestellt.

Trojan 200, 1963

Tschaika

Schon zu Beginn der fünfziger Jahre war das russische Repräsentationsauto Tschaika von den Automobilwerken in Gorki herausgebracht worden. Dort wurde (später) auch der → Wolga hergestellt. Die sieben- bis achtsitzige Limousine wurde anfänglich auch mit Zim bzw. Sim Gas 12 bezeichnet. Sie rangierte unterhalb des (Partei-)Spitzenwagens → Zil. 1959 kam das Tschaika-Modell Gas 13 heraus, dessen Karosseriedesign an frühere Packard-Modelle erinnerte. Der Typ 13 sollte bis 1981 ohne große Veränderungen gebaut werden... abgesehen von einer auf 1962 eingeführten neuen Frontgestaltung mit Doppelscheinwerfern.

Der wuchtige Tschaika-Aufbau mit je drei größeren Seitenfenstern ruhte auf einem kräftigen Chassisrahmen mit Kreuzverstrebung. Die Aufhängung entsprach der Standardbauweise: vorne Trapez-Dreieckquerlenker und Schraubenfedern, hinten eine Starrachse mit Halbelliptikfedern. Die Handbremse wirkte auf die Kardanwelle. Eine Servobremse wurde für das 1800 kg schwere Fahrzeug natürlich serienmäßig eingebaut. Der Motor war ein 5,5-Liter-V8, dessen Leistung mit 195 PS bei 4400/min angegeben wurde. Die Kraftübertragung erfolgte über ein Automatgetriebe, das mit Drucktasten am Armaturenbrett bedient wurde. Auch hier hatten sich die Konstrukteure von amerikanischem Gedankengut beeinflussen lassen.

Tschaika, 1961

Turner

Eigentlich hieß er 1960 nicht mehr Turner, sondern Alexander-Turner, doch hatte sich in englischen Fachkreisen die kleine Marke Turner eingebürgert. Daneben war aber auch der Name Alexander nicht unbekannt: Die Alexander Engineering Co. Ltd. in Haddenham (Bucks) konstruierte Frisiersätze, mit denen Serienwagen mehr Leben eingehaucht wurde. 1959 hatte die Turner Sports Car Ltd. in Wolverhampton zusammen mit Alexander eine neue Version ihres kleinen Sportroadsters herausgebracht, eben den Alexander-Turner. Er hatte eine neue Kunststoffkarosserie von einfach-eleganter Form mit schmuckem Kühlergesicht. Für den Antrieb standen ein 1,1-Liter-OHC-Motor von Coventry Climax oder ein Alexander-frisierter BMC-Motor der Serie A (948 cm³) zur Wahl. Die Leistung belief sich damit auf 75 bzw. 61 PS. Der 948-cm³-Motor war aber noch keineswegs am Ende seiner Leistungsfähigkeit angelangt, holten die Alexander-Leute doch aus diesem Aggregat – etwa in den → Austin-Healey – bis zu 80 PS heraus. Für den Alexander-Turner umfaßten die Kunstgriffe keilförmige Brennräume, vergrößerte Ventile, eine auf 9,4:1 erhöhte Verdichtung sowie eine andere Führung der Ein- und Auslaßkanäle. Der Kraftübertragung diente ein BMC-4-Gang-Getriebe. Auf Wunsch wurden eine ZF-Differentialbremse und/oder vordere Girling-Scheibenbremsen eingebaut. Auch ein aufsetzbares Coupédach war zu haben. Als Grundlage für die Alexander-Turner-Konstruktion diente ein Rohrrahmenchassis mit vorderer Einzelradaufhängung (Trapez-Dreieckquerlenker und Schraubenfeder) und hinterer Starrachse (Halbelliptikfedern). Es gab auch eine Rennausführung mit auf 90 PS gebrachtem Coventry-Climax-Motor. Für den Sporteinsatz diente ferner die Auswahl an einem normal und einem enger gestuften Getriebe und an nicht weniger als sechs verschiedenen Hinterachsuntersetzungen. Ab 1962 wurde der OHC-Motor nicht mehr erwähnt, dafür gelangten neben dem 948-cm³-Grundmotor 1,3- und 1,5-Liter-Motoren von Ford ins Angebot. Diese trieben auch die neun zwischen 1961 und 1965 gebauten Turner GT mit Coupékarosserie im Stile des → Renault Floride an. – Von 1965 bis Mitte der sechziger Jahre wurden unter der von Jack Turner gegründeten Marke gegen 700 Sportwagen hergestellt.

(Alexander-) Turner, 1960

Trojan, Heinkel	Zyl.	cm³	PS	bei 1/min	Gänge	Spitze km/h	Radstand/ Länge	Baujahre	Besonderheiten
Heinkel Kabine T 154 Trojan 200	1	198	10	5500	4	90	176/269	1957–61 1961–65	(s. Text)

Tschaika	Zyl.	cm³	PS	bei 1/min	Gänge	Spitze km/h	Radstand/ Länge	Baujahre	Besonderheiten
13	V8	5506	195	4400	A	160	325/560	1959–	Rahmen mit Kreuzverstrebung

Turner	Zyl.	cm³	PS	bei 1/min	Gänge	Spitze km/h	Radstand/ Länge	Baujahre	Besonderheiten
Alexander-Turner	4	948	61	6000	4	–150	205/350	1959–63	Rohrrahmen, BMC-Motor
		1097	75	6000		–160		1959–62	dto, Coventry-Climax-Motor, ab '62: Ford 1.3/1.5 a.W. (OHC)

TVR

Die englische Marke TVR war vor 1948 von Trevor Wilkinson in Blackpool gegründet worden. Die Buchstabenbezeichnung hatte er seinem Vornamen entnommen. Was ihm zunächst als Hobby diente, wurde allmählich zu seiner Hauptbeschäftigung. In Bernard Williams fand er alsbald eine notwendige Unterstützung. Allerdings wurden weitere Geldgeber benötigt, um eine Produktion in Kleinserie aufzuziehen. Nach verschiedenen für den Renneinsatz gedachten Sonderkonstruktionen – sie waren auch in den USA erfolgreich – erschien im Frühjahr 1958 der TVR Jomar als gedrungenes GT-Coupé mit abfallender Front und Panorama-Heckscheibe im auffallend kurzen Fastback. Er war für Amerika bestimmt und wurde wahlweise mit einem 1,1-Liter-Coventry-Climax- oder dem noch seitengesteuerten 1,2-Liter-Ford-Anglia-Motor ausgerüstet. Die zweisitzige Coupékarosserie wurde natürlich aus Kunststoff hergestellt.

Auf 1960 wurde das von der Herstellfirma Layton Sports Cars Ltd. nun Grantura genannte Hauptmodell mit dem 1,6-Liter-Motor aus dem → MG A lieferbar. Daneben waren weiterhin Rennausführungen, nun mit der 1220-cm³-DOHC-Coventry-Climax-Maschine oder mit einer aufgeladenen Version des neuen 1-Liter-OHV-Anglia-Motors, lieferbar (auf Wunsch ohne Kompressor). 1961/62 wurde in der Straßenausführung zudem der 1340-cm³-Motor des Ford Consul Classic lieferbar. Doch zu dieser Zeit verließ Wilkinson sein Werk. Die in England verkauften TVR wurden zum überwiegenden Teil in Bausatzform geliefert, womit sich die hohe Kaufsteuer umgehen ließ.

Auf dem New Yorker Autosalon Anfang 1962 erschien der Grantura Mark III. Die Linie zeigte nur Detailänderungen, so eine etwas höher gesetzte Kühlluftöffnung mit Ziergitter. Doch man hatte das Rohrrahmenchassis durch eine steifere Fachwerkkonstruktion ersetzt, und die vorderen wie auch die hinteren Einzelradaufhängungen wiesen nun Dreieckquerlenker und Schraubenfedern statt gebündelte Längstorsionsstäbe auf. Nach wie vor wurden vorne Scheibenbremsen montiert. Neu war auch der Übergang zur Zahnstangenlenkung. Überdies hatte man den Radstand um 4 auf 217 cm verlängert. Beim Motor handelte es sich inzwischen um die 1622-cm³-Maschine, wie sie im MG A 1600 verwendet wurde.

Doch die Verbesserungen sowie Renneinsätze hatten viel Geld verschlungen, und so gelangte die Firma Layton Sports Cars noch im gleichen Jahr an ihr finanzielles Ende. Die Produktion wurde eingestellt, doch konnte mit Hilfe der Karosserielieferfirma Grantura und der Textilindustriellenfamilie Burton nun eine Firma TVR gegründet werden. Man konzentrierte sich zunächst auf den amerikanischen Markt. Diesen belieferte man mit dem Modell Grantura 1800 Mark III. Das Antriebsaggregat entstammte jetzt dem MG B, und die Leistung wurde mit 98 SAE-PS angegeben. Zum 4-Gang-Getriebe kam ein Laycock-de-Normanville-Schnellgang.

Vom Griffith zum Trident 1964 wurde in den USA versuchsweise ein TVR mit einem Ford-V8-Motor ausgerüstet. Hieraus entstand eine Serie von rund 250 Hochleistungscoupés. Sie wurden zunächst nach deren Importeur, Jack Griffith (TVR), Griffith 200 (rund 200 PS), alsbald jedoch TVR Tuscan genannt. Für den Antrieb sorgte der bekannte 4,7-Liter-Motor: im Tuscan wurde eine Salisbury-Differentialbremse eingebaut.

Doch bereits seit 1962 wurde an einem gänzlich neu geformten TVR gearbeitet, dem Trident. Er wurde 1965 auf dem Genfer Salon vorgestellt und zeigte eine scharfkantige Coupékarosserie mit langgestrecktem Fastback. Das schmissige Design stammte von Trevor Fiore aus Paris. Verwirklicht wurde die Trident-Karosserie durch die italienische Firma Fissore (→ Anhang). Man sprach von einer Serienherstellung ab Juli. Daraus sollte aus finanziellen und rechtlichen Gründen freilich nichts werden. Doch wurde in der Folge eine → Trident Cars Ltd. gegründet . . .

Tina-Projekt Ende 1965 kam auch für die neue Firma TVR das Aus! Sie wurde von Sohn und Vater Lilley übernommen, die das Unternehmen wieder auf die Beine stellten. Das Modell mit dem MG-B-Motor wurde verbessert und Mitte 1966 als Mk IV 1800 S vorgestellt. Daneben gab es weiterhin den Tuscan V8 mit 203 oder 275 SAE-PS. Neue Hoffnungen zeichneten sich mit dem Tina ab, einem auf 1967 lancierten Kleinsportwagen in Spider- und in Coupéform. Seine Form

TVR	Zyl.	cm³	SAE-PS * DIN	bei 1/min	Gänge	Spitze km/h	Radstand/ Länge	Baujahre	Besonderheiten
Grantura B-Type (Mk. II)	4	1580	81	5500	4	175	213/350	1959–61	Rohrrahmen, h.E., Mot. MGA bzw. Coventry Climax
C-Type		1220	84	6000		190			
Blown		997	71	6900		170			dto, Mot. Ford + Kompr. (a.W. ohne)
—		1340	57	5000		–150		1961/62	dto, Mot. Ford
Mk. III		1622	91*	5200		160	217/355	1962/63	Fachwerkr., h.E., Mot. MGA
1800/Mk. III S		1798	98	5400		–195		1963–66	dto, Mot. MGB, a.W. 91 PS
Griffith 200 Series V8	V8	4728	198	4400		225		1964/65	dto, Mot. Ford
Special			275	7000		258			
Mk. IV 1800 S	4	1798	96	5400	4/4+S	195	222/359	1966/67	dto, Mot. MGB, a.W. 116 PS
Tuscan V8	V8	4728	203	4400	4	208			dto, Mot. Ford, a.W. 275 PS
SE			271	6000		270		1967/68	dto, dto, a.W. 306 PS
Vixen 1600	4	1599	96	5500		195			dto, dto
1800		1798	95	5400	4/4+S				dto, Mot. MGB
S2		1599	100	5000	4	187	229/370	1968–	dto, Mot. Ford, a.W. 117 PS
Tuscan V6	V6	2994	146	4750	4/4+S	–209		1969–	

Links: TVR Grantura, 1961
Unten: TVR Tuscan V6, 1969

war wiederum von Fiore entworfen worden, und er schien eine Kleinausführung des Trident zu sein. Als Basis diente der Heckmotor-Kleinwagen → Hillman alias Sunbeam Imp. Auch diesmal waren die Prototypen – ein Fastbackcoupé und eine Roadsterversion – bei Fissore gebaut worden ... Und erneut fehlte es an den finanziellen Mitteln, um die Produktion in Angriff zu nehmen.

Vixen Im Herbst 1967 erschien der TVR Vixen (Füchsin, Zänkerin), der im Vergleich zum Vormodell äußerlich minime Detailänderungen aufwies, aber außer mit dem MG-B-Motor (Vixen 1800) auch mit dem Ford-Cortina-Motor (Vixen 1600) lieferbar war. Letzterer vermochte die US-Abgashürden zu passieren. Das V8-Modell hieß nun Tuscan SE und bot den auf 229 cm verlängerten Radstand des Trident. Es standen nunmehr Leistungen von 271 und 306 PS zur Wahl.

Den längeren Radstand erhielt im Herbst 1968 auch der Vixen, der nun die Zusatzbezeichnung S2 erhielt. Man erkannte ihn am rechteckigen statt tropfenförmigen Luftauslaß hinter dem vorderen Radausschnitt. Gleichzeitig gab die TVR Engineering bekannt, daß Unterbau und das Interieur in 74 Punkten verbessert worden seien. Neben dem S2 gab es den Vixen 1600 GT (mit 117 statt 99,5 SAE-PS) und weiterhin eine Ausführung mit MG-Motor. Das V8-Modell blieb den USA vorbehalten. – Im Jahr 1968 wurde ein Ausstoß von 200 Einheiten erreicht.

Als mittleres Modell wurde Mitte 1969 der Tuscan V6 eingeführt. Der 3-Liter-Motor stammte wiederum von Ford, aus dem Zodiac nämlich, und die Leistung wurde mit originalgemäßen 146 SAE-PS angegeben. Auf Wunsch war ein Overdrive lieferbar. Der Tuscan V6 wie der Vixen S2 erhielten jetzt serienmäßig Alu- statt Speichenräder. – Die einst unter Wilkinson geschaffene, nun längst markentypisch gewordene gedrungene Form wurde noch bis 1980 beibehalten!

TZ

Stand für Talleres Zaragoza und war die Marke für das letzte überlebende Kleinstauto spanischen Fabrikates. Der TZ Sider sah trotz seiner Kleinheit wie ein echtes Auto aus, hatte vier Räder, eine selbsttragende Karosserie in moderner Pontonform und sogar eine Panorama-Heckscheibe. Er bot Platz für vier Personen und hätte eigentlich der Volksmotorisierung Spaniens zumindest ein Stück weit dienen können. Für den Antrieb sorgte ein luftgekühlter 2-Zylinder-2-Takt-Motor von 350 cm³ Inhalt und 18 DIN-PS Leistung. Über ein 4-Gang-Getriebe trieb er in noch recht ungewohnter Art die Vorderräder an. Diese waren an Trapez-Dreieckquerlenkern und Schraubenfedern aufgehängt, während hinten eine ebenfalls an Schraubenfedern abgestützte Pendelachse montiert wurde. Der TZ Sider wurde bis 1961/62 in beschränkter Auflage hergestellt.

Oben: TZ Sider, 1961
Unten: Unipower GT, 1966

Unipower

Mitte der sechziger Jahre entstand – zunächst auf der Heckmotorbasis des → Hillman alias Sunbeam Imp – der Unipower GT. Mit dem 1-Liter-Motor des BMC Cooper (→ Austin) bestückt, erlebte er an der Racing Car Show Anfang 1966 in London seine erste offizielle Präsentation. Er war vom Renn- und Bobfahrer Andrew Hedges entwickelt worden; Hersteller war die Universal Power Drives Ltd. in Perivale (Middlesex). Mit dem nach hinten verlegten quergestellten Antriebssatz aus dem Mini war dieser Sportwagen nun eigentlich als Mittelmotorauto zu bezeichnen. Ungemein originell war die Form des Unipower GT: Er war ein bloß 103 cm hohes zweisitziges Coupé mit halbwegs in die flache Front versenkten Scheinwerfern und langgezogenem Fastbackheck.

Auffallende Kiemen hinter den Türen verrieten die Lage des Motors. Die Heckverschalung ließ sich als Ganzes nach hinten hochklappen. Natürlich bestand der Aufbau aus Kunststoff. Er ruhte auf einem Gitterrohrrahmen, vorne wurden Trapez-Dreieckquerlenker und Schraubenfedern, hinten Doppellängslenker und Schraubenfedern verwendet. Die Vorderräder wurden mit Girling-Scheibenbremsen verzögert. Anstatt mit dem 56 DIN-PS leistenden 998-cm³-Motor war der Unipower GT alsbald auch mit der 1275-cm³-Maschine aus dem Mini Cooper S erhältlich, womit 75 DIN-PS zur Verfügung standen. Auf Wunsch wurde dieses Antriebsaggregat nicht mit dem normalen BMC-4-Gang-Getriebe, sondern mit einer 5-Gang-Einheit Colotti-Francis kombiniert. Mit dem Cooper-S-Motor wurden auch ein Rennrohrrahmen, spezielle Aufhängungen sowie Scheibenbremsen an allen vier Rädern montiert. Der originelle Flitzer, den es auch mit Faltdach gab, wurde bis Ende 1969 hergestellt. – 1968 propagierte Quasar Khan das kubische Stadtauto Quasar, das bei Unipower gebaut wurde und einen BMC-1100-Heckmotor besaß.

TZ/Sider	Zyl.	cm³	DIN-PS	bei 1/min	Gänge	Spitze km/h	Radstand/ Länge	Baujahre	Besonderheiten
–	2	350	18	5000	4	95	200/328	1957–62	(s. Text)

Unipower	Zyl.	cm³	DIN-PS	bei 1/min	Gänge	Spitze km/h	Radstand/ Länge	Baujahre	Besonderheiten
GT	4	998 1275	56 75	5800 6000	4 4/5	153 193	213/356	1966–70	Gitterrohrrahmen, Mittelmotor BMC

Valkyrie

Der im Spätsommer 1966 lancierte Valkyrie 500 war das Produkt der → Fiberfab Division der Firma Velocidad in Santa Clara, Kalifornien. Diese hatte sich bereits durch die Schaffung von attraktiven Bausatz-Sportwagenkarosserien für das VW-Käfer-Chassis hervorgetan. Der Valkyrie (= Walküre) war allerdings ein Sportwagen anderen Kalibers: Es handelte sich um ein eindrücklich aggressiv aussehendes Mittelmotorcoupé, das von einem 7-Liter-V8 von Chevrolet angetrieben wurde. Die Leistung dieser mit Vierfachvergaser, Hochleistungsnockenwelle, Magnetzündung und einer Kompression von 11:1 dotierten Maschine wurde mit 450 SAE-PS angegeben. Der Kraftübertragung diente ein vollsynchronisiertes 5-Gang-Getriebe.

Zwar wurden Airheart-Scheibenbremsen montiert, doch diente zum Abbremsen aus Geschwindigkeiten von über 225 km/h zusätzlich ein Fallschirm! Die ultraniedrige zweisitzige Kunststoffkarosserie zeigte plexiglasverschalte Doppelscheinwerfer in der strömungsgünstigen Front. Sie ruhte auf einem Kasten-Fachwerkrahmen; vorne wie hinten wurden Trapez-Dreieckquerlenker und Schraubenfedern verwendet. Es dürften nur wenige Valkyrie gebaut worden sein; 1969 ging dieses Fabrikat bereits wieder unter.

Valkyrie 500, 1968

Valkyrie	Zyl.	cm³	SAE-PS	bei 1/min	Gänge	Spitze km/h	Radstand/ Länge	Baujahre	Besonderheiten
500 Coupé	V8	6974 6996	450 456	5600	5	288+ 290+	249/	1966/67 1967/68	Kastenrahmen, Mittelmotor Chevrolet

Vanden Plas

Bis 1958 war von Austin eine Luxuslimousine mit der Modellbezeichnung Princess hergestellt worden. Sie zeigte jenes typisch britische Knife-edge-Styling (Messerkantenstil), wie es beispielsweise auch den → Rolls-Royce und den → Daimler eigen war. 1958 rückte der seit Herbst 1956 Princess IV zur eigenen Marke innerhalb des BMC-Konzerns auf (→ Austin). Ende 1959 kam der Typ Princess 3 Litre heraus, und der Princess IV, der noch ein eigentliches Chassis aus Längsholmen und Traversen besaß, hieß fortan Princess 4 Litre. Der 3 Litre basierte auf der gleichen Mechanik und der gleichen Rohkarosserie, wie sie der Austin A 99 Westminster und der → Wolseley 6/99 aufwiesen. Er war jedoch noch luxuriöser ausgestattet und hatte das markentypische, allerdings neugezeichnete Princess-Kühlergesicht mit Senkrechtstäben.

Doch dem Namen Princess war als Marke kein langes Leben beschieden. Ab Juli 1960 erhielten die Princess 3 Litre und 4 Litre die Bezeichnung Vanden Plas vorangesetzt. Vanden Plas war ein zur BMC-Gruppe zählendes Karosserieunternehmen, dessen Bedeutung man offenbar Auftrieb verleihen wollte. Die aus hochfeinen Materialien bestehende Innenausstattung wurde hier noch mit viel Handarbeit gefertigt. Beide Modelle waren auch als Chauffeurlimousinen gedacht!

Ende 1961 erschien der Princess 3 Litre Mk II mit einer von 114 auf 128 SAE-PS gesteigerten Motorleistung, einem um 5 auf 279 cm verlängerten Radstand sowie weiteren Verfeinerungen. Seine Technik entsprach damit jener der gleichzeitig erschienenen Austin A 110 Westminster und Wolseley 6/110. Erneute Verbesserungen erfuhren diese Parallelmodelle Ende 1963; der Princess 3 Litre war jetzt mit einer neuen Klimaanlage Normalair oder elektrisch beheizter Heckscheibe erhältlich.

Princess 1100 Doch im Herbst 1963 erfuhr das Princess-Angebot auch eine wichtige Erweiterung nach unten: Auf der Basis der → Morris/Austin/MG 1100 wurde der Princess 1100 geschaffen, eine piekfeine kleine Luxuslimousine mit allen Attributen der Begriffe Princess und Vanden Plas: markentypische Kühlerfront, Sonderlackierung, Armaturenbrett und Fenstersimse mit Nußbaumholz-Verkleidungen, vornehm arrangierte Bedienungsschalter und Anzeigearmaturen mit dunklen Zifferblättern und natürlich auch eine adäquate Inneneinrichtung. Die Motorleistung entsprach mit 56 SAE-PS jener des MG 1100, und natürlich verfügte der frontgetriebene kleinste Luxuswagen mit Quermotor ebenfalls über die ungewöhnliche Hydrolastic-Verbundfederung und die vorderen Lockheed-Scheibenbremsen. Die Produktionsaufnahme sollte im Frühling 1964 erfolgen.

Princess 4 Litre R Noch im gleichen Jahr, nämlich im August 1964, fand der Princess 3 Litre überraschend eine Ablösung, und zwar in Form des 4 Litre R. Er besaß zwar die nur im Detail veränderte, auf einen Pininfarina-Entwurf zurückgehende Karosserielinie des 3 Litre, hatte aber eine gänzlich neue Antriebsmechanik: In der Tat war der 4-Liter-Motor keineswegs etwa dem Princess 4 Litre (ohne den Buchstaben R) entnommen, sondern war eine Neukonstruktion, die von keiner geringeren Firma als → Rolls-Royce stammte. Eine Zusammenarbeit zwischen BMC und RR hatte seit 1962 bestanden. Der Princess 4 Litre R war das erste sichtbare Resultat. (Das auf Wunsch im 4 Litre lieferbare Automatgetriebe wurde allerdings schon vorher von Rolls-Royce geliefert.)

In altbewährter Rolls-Royce-Manier war dieser neue 6-Zylinder-Reihenmotor gegengesteuert, das heißt, er besaß stehende Auspuff- und obenhängende Einlaßventile. Ungewohnt war die Verwendung von Leichtmetall auch für den Zylinderblock. Die von der sechsfach gelagerten Nockenwelle über selbstnachstellende hydraulische Stößel betätigten Ventile drehten sich bei jeder Hubbewegung ein wenig, um eine gleichmäßige Abnutzung zu erzielen. Noch wenig verbreitet war auch die Verwendung eines versiegelten Kühlsystems mit Dauerfrostschutz. Anstelle des englischen Borg-Warner-Getriebeautomaten des Typs 35 (wie er im Princess 3 Litre

Von links nach rechts:
Vanden Plas Princess 3 Litre Mark II, 1962
Vanden Plas Princess 4 Litre R, 1965
Vanden Plas Princess 1100, 1964
Vanden Plas Princess 4 Litre, 1965

Vanden Plas Princess	Zyl.	cm^3	PS *SAE	bei 1/min	Gänge	Spitze km/h	Radstand/ Länge	Baujahre	Besonderheiten (bis Mitte 1960: Marke Princess)
(Princess) 4 Litre	6	3993	122*	4000	4/A	150	336/546	–1969	Kastenrahmenchassis
(Princess) 3 Litre	6	2912	114*	4750	3+S/A	160	274/477	1959–61	
			110*	4750					
Mk. II			122	4850			279/479	1961–64	
			117	4750					
4 Litre R	6	3909	175	4800	A	180	279/478	1964–69	gegengest. RR-Motor
(Princess) 1100	4	1098	56*	5500	4	135	237/373	1964–67	Frontantrieb,
1300		1275	59	5250	4/A	146		1967/68	Quermotor, h.E.,
			61	5250				1968/69	Verbundfederung
			66	5750				1969–	

wahlweise zur Verfügung stand) wurde im 4 Litre R nun ausschließlich ein amerikanischer BW-Automat des Typs 8 eingebaut. Geblieben war die Servolenkung Hydrosteer, und es war klar, daß im Interieur dieses mittelgroßen Luxusautos Edelholz und Echtleder weiterhin den Ton angaben (bzw. den Duft bestimmten). Nach wie vor gab es dieses Fahrzeug, das jetzt rundlicher geformte hintere Kotflügel und horizontal betonte Schlußleuchten aufwies, auch mit Separation.

Bei Rolls-Royce war für die Herstellung dieses neuen Motors eigens eine Abteilung eingerichtet worden; man rechnete mit einem Jahresausstoß von über 5000 Einheiten. Dieses Ziel dürfte allerdings bei weitem nicht erreicht worden sein, denn 1966 erreichte der gesamte Ausstoß an Vanden-Plas-Modellen bloß 5200 Einheiten. Im Sommer 1967 wurde der Princess 1100 durch den Princess 1300 abgelöst. Aus dem 1275-cm^3-Motor standen 58,5 DIN-PS zur Verfügung, gleich viel wie in den entsprechenden Modellen der Schwestermarken Austin/Morris/MG. Auf Wunsch war nun auch ein vollautomatisches 4-Gang-Getriebe von AP/BMC lieferbar.

Im Frühling 1968 wurde die British Leyland Motor Corporation gegründet, zu der von Leyland-Seite auch Jaguar und Daimler beigesteuert wurden. Es war verständlich, daß nun der Luxus- und Repräsentationswagen zu viele im Programm standen. Der oberste BLMC-Chef, Sir Donald Stokes, beschloß daher, die Produktion des Princess 4 Litre R auslaufen zu lassen. Auch die Stunden des ganz großen Princess waren nun gezählt. Die Zusatzbezeichnung 4 Litre hatte man hier bereits auf 1967 fallengelassen, und man sprach nur noch vom Saloon (Sechssitzer) und von der Limousine (Achtplätzer mit Trennscheibe). Diese Konstruktion hatte das Bauprogramm von Austin und anschließend BMC seit 1947 ohne wesentliche Änderungen nach oben abgeschlossen. Ein eindrückliche Karriere also! Auf dem Vanden-Plas-Stand der London Motor Show im Herbst 1968 wurde als Ersatz der → Daimler Limousine ausgestellt. Man hatte die beiden Marken unter einen gemeinsamen Hut gebracht. Unter der Marke Vanden Plas Princess figurierte weiterhin der Typ 1300, dessen Leistung Ende 1969 von 61 auf 66 DIN-PS angehoben wurde.

Vauxhall

Links: Vauxhall Victor Super, 1961
Unten: Vauxhall Cresta, 1961

Die traditionsreiche englische Marke Vauxhall zählt seit 1925 zum weltgrößten Autohersteller, dem General-Motors-Konzern. Wie Opel in Deutschland, so konnte Vauxhall stets noch eine recht selbständige Linie verfolgen. 1960 standen in den Werkanlagen in Luton zwei Modellreihen in Produktion: der Victor II und der Cresta/Velox. Beide hatten dem Trend der Zeit entsprechend Panorama-Front- und -Heckscheiben, waren im übrigen aber konventionell konstruiert. Während der Anfang 1959 erschienene zweite Victor im Vergleich zu dem ab 1957 gebauten, formlich wenig überzeugenden ersten Victor eine «bereinigte» Karosserie zeigte, war der bereits 1955 lancierte Cresta (mit der einfacheren Ausführung Velox) – und das darf man rückblickend sagen – eine Design-Sonderleistung. Mit dem Modelljahr 1960 war die dreiteilige Heckscheibe einer einteiligen Ausführung gewichen. Gleichzeitig hatte man aus dem Victor den Envoy abgeleitet, ein Sondermodell für den nordamerikanischen Markt mit Änderungen an Front und Heck; es gab ihn auch als Sherwood geheißenen Kombi. Von den großen Vauxhall wurde beim Karosseriewerk Friary eine Kombiversion gebaut.

Im Frühling 1960 wurde – zunächst für den Inlandmarkt – bei den Cresta und Velox ein Laycock-de-Normanville-Schnellgang lieferbar, und im Sommer kamen auf Wunsch erhältliche Servobremsen hinzu. Ebenfalls noch im August erfolgte die Präsentation der Modelle 1961. Wichtigste Neuerung war die Einführung eines 2,6-Liter-Motors für Cresta und Velox; der 2,3-Liter-Sechszylinder war vorläufig noch auf Wunsch erhältlich. Der neue Motor war vor allem auf erhöhte Elastizität ausgelegt. An Stelle der beiden Rundinstrumente trat bei den 6-Zylinder-Vauxhall ein kombiniertes Anzeigegerät. Hauptsächlichste Änderung beim 4-Zylinder-Victor, den es weiterhin auch in der Luxusversion Riviera gab, war die ins Dach hinein vergrößerte Heckscheibe. Das Kühlergitter bestand nun aus horizontalen Chromstäben. Ab Herbst 1960 wurden die großen Vauxhall auch mit Automatgetriebe lieferbar (als Alternative zum 3-Gang-Getriebe mit Lenkradschaltung sowie mit und ohne Laycock-de-Normanville-Schnellgang). Es handelte sich um ein weiterentwickeltes Hydramatic, wie es auch in den Compact-cars Oldsmobile F 85 und Buick Special lieferbar war.

Neuer Victor und VX 4/90 Im Herbst 1961 wurde ein vollständig neuer Victor lanciert. Er war breiter, niedriger und länger als die in über 400 000 Exemplaren gebauten Vorgängerserien und wurde als Standard, Super und de Luxe (in der Schweiz: Riviera) aufgelegt. Weiterhin gab es auch einen Estate Car = Kombi. Anstatt Panoramascheiben fanden sich großflächige, nur mehr schwach gewölbte Front- und Heckscheiben. Die Leistung des 1,5-Liter-Motors war geringfügig angehoben worden. Nebst dem 3-Gang-Getriebe war nun auch eine 4-Gang-Einheit mit Stockschaltung lieferbar. Wenngleich das Leergewicht um 36 auf 940 kg gesenkt worden war, so zeigte der neue Victor doch eine ganze Reihe von Maßnahmen, die deutlich erhöhte Sicherheit versprachen.

Im Oktober wurde dem neuen Victor der VX 4/90 zur Seite gestellt, eine sehr sportliche Version mit nicht weniger als 82 statt 57 SAE-PS. Hiezu wurden ein neugezeichneter Aluminium-Zylinderkopf und zwei Fallstromvergaser verwendet. Das 4-Gang-Getriebe war bei diesem Modell serienmäßig, und zudem wurden vordere Dunlop-Scheibenbremsen verwendet. Die Ausstattung war besonders sportlich und luxuriös; sie umfaßte unter anderem auch Halterungen für Dreipunktgurten. Die 6-Zylinder-Modelle erhielten auf 1962 vordere Lockheed-Scheibenbremsen und neben weiteren Verfeinerungen vordere und hintere Mittelarmlehnen.

Neue Cresta und Velox Im Herbst 1962 wurden auch die 6-Zylinder-Vauxhall neu eingekleidet. Ihre Form glich nun stark jener der kleineren Modelle, war jedoch weit weniger originell als bei den Vorgängern. Es wurde mehr Innenraum geboten, und auch der Kofferraum zeigte sich wesentlich vergrößert. Die Leistung des quadratisch ausgelegten 2,6-Liter-Motors war geringfügig angehoben worden. Wert wurde auch hier auf eine Verbesserung der Sicherheitsaspekte sowie auf die Verringerung der Unterhaltsanforderungen gelegt. So wurde etwa die Zahl der Schmiernippel an der Vorderachse auf vier reduziert.

Im September 1963 erhielt der Victor einen auf 1,6 Liter vergrößerten Motorinhalt, und gleichzeitig wich das aus einfachen Horizontalstäben gebildete Kühlergitter einer schmuckeren Ausführung aus eloxiertem Aluminium. Auf Wunsch waren jetzt an den Vorderrädern Scheibenbremsen mit Servo erhältlich. Die Bedienungsknöpfe am Armaturenbrett erhielten zwecks «blinder» Unterscheidungsmöglichkeit verschiedenartige Formen. Während die Leistung beim Victor von 57 auf 70 SAE-PS stieg, waren es beim VX 4/90, der jetzt ein aus großen Karos bestehendes Kühlergitter zeigte, 87 statt 82 PS. Vom Cresta gab es alsbald eine Sonderausführung von Radford, u. a. mit Doppelscheinwerfern.

Viva Im Herbst 1963 trat Vauxhall aber auch mit einer bedeutenden Modellerweiterung an die Öffentlichkeit: Mit dem Viva wurde eine dritte Typenreihe eingeführt. Es handelte sich um einen 1-Liter-Kleinwagen konventioneller Bauart, der parallel mit dem neuen → Opel Kadett entwickelt worden war. Für den Viva, der auf dem französischen Markt mit Epic bezeichnet wurde, war in Ellesmere Port eigens ein neues Werk errichtet worden, für das Vauxhall bzw. GM 20 Millionen Pfund Sterling investiert hatte.

Der Viva-Motor zeichnete sich durch schräghängende Ventile, eine hochliegende seitliche Nockenwelle, aus gepreßtem Blech bestehende Kipphebel und eine raffinierte Kurbelgehäuseentlüftung aus. Die Schaltung des vollsynchronisierten 4-Gang-Getriebes erfolgte mit einem kurzen Mittelschalthebel. Im Vergleich zum Kadett waren Hubraum und Leistung leicht größer. Anderseits stimm-

Von links nach rechts:
Vauxhall VX 4/90, 1962
Vauxhall Viva, 1965
Vauxhall Viscount, 1967
Vauxhall Cresta, 1965

ten Radstand und Länge beinahe überein, doch war der Viva etwas breiter und niedriger. Wie der Kadett besaß der Viva vorne Trapez-Dreiecklenker sowie eine «schwimmend gelagerte Weitspaltquerfeder», hinten eine Starrachse mit kurzem Schubrohr und Halbelliptikfedern. Bemerkenswert waren die zur Rationalisierung der Produktion vorgenommenen Schritte: So bestanden die gesamten Seitenflächen aus einem einzigen Preßteil, womit sich auch ein Nachregulieren der Türschlösser erübrigte.

Im Sommer 1964 erschien auf der Basis des Viva ein Bedford-Lieferwagen mit angehobener Dachlinie (Bedford ist die europäische GM-Nutzfahrzeugmarke), der von der Karosseriefirma Martin Walter zu einem Kombiwagen gewandelt wurde. Für 1965 erhielt der Vauxhall Viva besonders in der Deluxe-Ausführung etliche Interieurverfeinerungen.

Mit dem im Herbst 1964 vorgestellten Jahrgang 1965 erfuhr auch die 6-Zylinder-Reihe eine Aufwertung. Auch bei ihnen wirkte die Kühlerverkleidung nun schmucker, wobei der Cresta zusätzlichen Chrom an der Flanke erhielt. Ganz neu war ein 3,3-Liter-6-Zylinder-Motor, der beim Cresta anstatt des 2,6-Liter-Motors wahlweise lieferbar war. Diese Maschine bot ein wesentlich höheres Drehmoment. Als weitere Getriebevariante kam ein vollsynchronisiertes 4-Gang-Getriebe mit Mittelschalthebel hinzu. Neu waren auch die ebenfalls gegen Mehrpreis lieferbaren vorderen Einzel- bzw. Liegesitze. Ferner fanden sich bei diesen neuen Modellen ein Doppelauspuff, ein automatischer Startvergaser und weitere Verbesserungen.

Victor 101/VX 4/90 Auch die Victor und die VX 4/90 erhielten im Herbst 1964 ein stark überarbeitetes Karosseriestyling. Auffallendste Unterschiede waren die gewölbten Karosserieseiten und die gerundeten Windschutzscheibenecken. Bei unverändertem Radstand war der nun mit Series 101 bezeichnete Victor eine Spur länger und breiter geworden. Modernisiert wurden auch die Heizungs-/Lüftungsanlage, die Bedienungselemente, das nun mit Polsterspeichen versehene Lenkrad, Motor- und Radaufhängung, Lenkung und Bremsen sowie die Sitze. Im Victor standen jetzt dank höherer Verdichtung 71 SAE-PS zur Verfügung. Beim VX 4/90 fanden sich unter anderem vier kreisrunde Anzeigeinstrumente. Im Frühling 1965 wurde sowohl für den Victor wie für den VX 4/90 eine BW-Differentialbremse lieferbar. 1965 war auch das Jahr, in dem Vauxhall sein neues Prüf- und Forschungsgelände in Chaul End in Betrieb nehmen konnte. In einem neuen Gebäudekomplex wurden hier über 1700 Ingenieure, Techniker, Designer, Zeichner und weitere Spezialisten beschäftigt.

Cresta (ohne Velox) Es war im Herbst 1965, als die 6-Zylinder-Vauxhall wieder einmal in gänzlich neuer Form vorgestellt wurden. Die Karosserie war bei unverändertem Radstand deutlich länger geworden: sie maß nun 475 statt 462 cm. Länger war vor allem der hintere Überhang (Kofferrauminhalt fast verdoppelt), und auf Hinterradhöhe war die Gürtellinie nun in modischer Weise etwas angehoben worden (sog. «Hüftschwung»). Damit glichen sie in verstärktem Maße amerikanischen GM-Wagen (→ Chevrolet). Auf Schulterhöhe hatte die Innenbreite um nicht weniger als 10,5 cm zugenommen. Einen Velox gab es nicht mehr, wohl aber – neben dem Cresta – einen Cresta de Luxe, der sich durch Doppelscheinwerfer abhob. Der 3,3-Liter-Motor wies nun eine auf 142 SAE-PS gesteigerte Leistung auf. Die Führung der an Halbelliptikfedern abgestützten Hinterachse war verbessert worden. Zu den diversen technischen Änderungen zählte ein anstelle des Dynamos lieferbarer Alternator.

Anstatt des Hydramatic-Automatgetriebes wurde jetzt – natürlich nach wie vor auf Wunsch – der ebenfalls von GM stammende Powerglide-Automat eingebaut. Dies galt auch für den Victor. Victor und VX 4/90 hatten neue Armaturenbretter mit Holzverkleidungen, beim VX 4/90 fanden sich jetzt schwarze Zifferblätter mit weißen Zahlen, und die Differentialbremse wurde nun serienmäßig eingebaut. Bei den Viva gab es nun nebst einem de Luxe und einem SL den de Luxe 90 und den SL 90. Durch einen überarbeiteten Motor war bei ihnen die Leistung von 51 auf 61 SAE-PS gesteigert worden, zudem wurden sie serienmäßig mit vorderen Scheibenbremsen, einem Kühlwasserthermometer und Zweiklanghorn ausgestattet.

Viscount Im späten Frühling des Jahres 1966 lancierte Vauxhall eine Superluxusausführung des Cresta, den Viscount (Vizegraf). Zur Serienausstattung zählten Getriebeautomat, Servolenkung, Rollgurten, elektrische Fensterheber, Fondklapptische, Lederpolsterung, zusätzliches Schallschluckmaterial und zahlreiche Leuchten. Zudem wurde hier – im Gegensatz zum Cresta – eine Servolenkung serienmäßig eingebaut. – 1966 war der XVR entstanden, ein extravagantes zweisitziges Experimentalauto mit bis zur Dachmitte reichenden Flügeltüren, die auch je eine Hälfte der Frontscheibe umfaßten.

2. Viva Ein gänzlich neu karossierter Viva wurde im Herbst 1966 vorgestellt. Die kistchenförmige Karosserie war einem weit repräsentativeren Aufbau mit schwungvoller Gürtellinie gewichen. Der Radstand war um 11 cm länger (243 cm), und die Gesamtlänge verzeichnete gar einen Zuwachs um 16 cm (410 cm). Damit wurde auch mehr Innenraum geboten. Es gab nun die Ausführungen Viva, Viva de Luxe und Viva SL sowie de Luxe 90 und SL 90. Der Motorinhalt war von 1056 auf 1159 cm^3 angewachsen, und die Leistungen standen nun mit 56 und mit 69 SAE-PS zu Buche. Erstmals gab es in der Viva-Serie einen Getriebeautomaten; er stammte von Borg-Warner. Die Blattfedern an der Hinterachse hatten Schraubenfedern Platz gemacht, und es fanden sich zahlreiche moderne Sicherheitsmerkmale, von der Armaturenbrettpolsterung bis zu den korrosionsfesten Bremsleitungen.

Auf dem Genfer Automobilsalon im Frühjahr 1967 sollte als Sondermodell ein Vauxhall Brabham Viva vorgestellt werden, eine vom Grand-Prix-Piloten Jack Brabham auf 80 PS gebrachte 2-Vergaser-Version. Den Victor 1967 erkannte man am Markenschriftzug in Kühlergittermitte, den VX 4/90 an der Maserzeichnung am Armaturenbrett und am Lenkrad.

Victor 2000/1600 Ab Herbst 1967 wurde auch der Victor in völlig neuer Aufmachung produziert. Die gestreckte Gürtellinie wurde auch bei ihm zugunsten eines «Hüftschwungs» aufgegeben. Radstand und Länge waren um je 5 cm auf 259 und 449 cm gewachsen. Damit war die mittlere Vauxhall-Modellreihe schon fast so lang wie einst der erste Cresta aus dem 6-Zylinder-Programm der Marke. Einen VX 4/90 gab es jetzt nicht mehr, dafür einen Victor mit 2-Liter-Motor. Doch auch der 1,6-Liter-Motor war eine Neukonstruktion. Beide Maschinen wiesen eine obenliegende Nockenwelle mit Zahnriemenantrieb auf und wurden um 45° seitlich geneigt eingebaut! Damit standen im Victor 1600 nun 83 (statt 76) und im Victor 2000 104 SAE-PS zur Verfügung. An Kraftübertragungen standen nun 3- und 4-Gang-Getriebe (letzteres auf Wunsch mit Stockschaltung), ein 4-Gang-Getriebe mit Overdrive Laycock-de-Normanville und (beim 2000) ein Automatgetriebe von Borg-Warner (also nicht mehr GM!) zur Wahl. Neu war auch die Aufhängung mit (vorne) oberen Dreiecklenkern und einfachen unteren Querlenkern und die jetzt wie beim Viva an Schraubenfedern abgestützte starre Hinterachse, die auch hier durch einen Panhardstab ergänzt wurde. Zudem fanden sich am Achsrohr kurze Drehmomentstützen. Und wie beim Viva war man auch hier zu einer Zahnstangenlenkung übergegangen. Selbstverständlich fanden sich sowohl in der Aufbaustruktur (einschließlich Lenkung) wie im Interieur dem neusten Stand entsprechende Sicherheitsdispositive. Vordere Girling-Scheibenbremsen waren serienmäßig.

Ventora So wie es als Ableitung vom Opel Rekord einen Commodore gab, so gab es ab Februar 1968 als Derivat des Vauxhall Victor einen Ventora. Er wartete gleich mit dem für europäische Mittelklassewagen ungewöhnlich großen 3,3-Liter-Motor des Cresta/Viscount auf. In Verbindung mit dem niedrigeren Gewicht ergaben sich besonders hohe Fahrleistungsdaten. Die Fahrwerkscharakteristik war dem höheren Potential angepaßt worden, und erwartungsgemäß präsentierte sich der Ventora besonders luxuriös.

Viva GT Nachdem die Viva-Reihe auf 1968 durch eine ungemein elegante Kombiversion mit stark schräggestelltem Heckabschluß bereichert worden war, folgte auf dem Genfer Salon jenes Jahres eine weitere Neuheit in der kleinsten Vauxhall-Reihe: der Viva GT. Auch hier hatte man zu einem Motor aus der nächstgrößeren Reihe gegriffen, und zwar zur Victor-2-Liter-Maschine. Man begnügte sich allerdings nicht mit den 104 SAE-PS des Victor 2000, sondern steigerte die Leistung durch den Anbau zweier Vergaser und eines Doppelauspuffsystems auf 115 PS. Damit standen recht brillante Fahrleistungen zur Verfügung. Um dem sportlichen Image gerecht zu werden, war die Motorhauben-Oberseite in Schwarz gehalten, und auch im sportlichen Interieur dominierte die schwarze Farbe. Auch hier war der Unterbau, einschließlich der Bremsen, der gesteigerten Leistungsfähigkeit angepaßt worden. – Von der Firma Crayford wurden inzwischen die Luxusversionen Viva Prince und Prince GT

Von links nach rechts:
Vauxhall Viva Estate Car, 1967
Vauxhall Victor, 1968
Vauxhall Viva GT, 1968

angeboten, und im Frühling 1968 kam vom gleichen Karossier ein Viva-Cabrio hinzu.

Ein halbes Jahr nach der Lancierung der jüngsten Victor-Reihe wurde diese durch eine Kombiversion ergänzt. Sie wirkte dank Schrägheck ebenfalls recht elegant. Es gab sie mit 1,6-, 2,0- sowie mit 3,3-Liter-Motor! Die beiden stärkeren Versionen waren auf Wunsch mit Borg-Warner- bzw. Powerglide-Automat lieferbar. Auch die Victor-Limousine war nun mit dem 3,3-Liter-Motor erhältlich. 1968 wurde dem Victor 2000 übrigens der englische Sicherheitspreis zugesprochen.

Ab Sommer jenes Jahres wurde im Viva auch der Victor-1,6-Liter-Motor erhältlich. Bis dahin waren über eine Viertelmillion Viva hergestellt worden. Als erneute Ergänzung dieser Baureihe folgte im Herbst 1968 eine viertürige Version. Gleichzeitig wurde auch bei den Viva eine energieabsorbierende Lenksäule eingeführt. Die Innenausstattung wurde verbessert und umfaßte nun besser angeordnete, mit Symbolen versehene Bedienungshebel und unter anderem einen zweistufigen Ventilator. Der Brabham Viva wurde für den Liebhaber jetzt auch in Kombiform erhältlich.

Neuer VX 4/90 Mit dem Modelljahrgang 1970 wurde überraschend wieder ein Modell VX 4/90 eingeführt. Es besaß die Karosserieschale der Modelle Victor und Ventora, den gleichen 2-Liter-Motor wie der Viva GT und eine sportlich aufgezogene Innenraumgestaltung, die unter anderem ein kunstlederüberzogenes Lenkrad umfaßte. Von außen erkannte man den neuen VX 4/90 an dem horizontalen Mittelstab im Kühlergitter. Die Getriebeautomaten stammten nun vom GM-Werk in Straßburg. – Binnen weniger Jahre war die Auswahl an Vauxhall-Modellen dank vielfältiger Kombination von Karosserien und Antriebseinheiten auf nicht weniger als elf Reihen angewachsen. – Von 1960 bis 1970 wurden übrigens bei der General Motors Suisse SA in Biel 15 613 Vauxhall, vor allem der Victor-Reihe, montiert.

Vauxhall	Zyl.	cm³	PS *SAE	bei 1/min	Gänge	Spitze km/h	Radstand/ Länge	Bau- jahre	Bemerkungen
Victor (II)	4	1508	56*	4200	3	125	249/426	1959–61	a.W. 53*/4000
Victor			50	4600	3/4	130	254/440	1961–63	a.W. 47/4000
VX 4/90			72	5200	4	145			
Victor		1596	59	4600	3/4	135	254/440	1963/64	
VX 4/90			75	5200	4	150			
Victor 101			61	4600	3/4	136	254/444	1964/65	
			65	4800	3/4/A			1965–67	
VX 4/90			75	5200	4	150		1964–67	
Victor 1600		1599	72	5600	3/4/4+S	150	259/449	1967–	OHC, a.W. 68 PS
Victor 2000		1975	88	5500	3/4/4+S/A	160			OHC
Ventora	6	3294	124	4600	4/4+S/A	169			ab '68: auch Victor 3300
Bez. ab '69: Victor Super, Victor 2000 SL, Victor 3300 SL, Ventora II									
VX 4/90	4	1975	106	5600	4+S/A	165		1969–	
Cresta/Velox	6	2262	84*	4400	3	140	267/451	–1961	a.W. 79*/4400
		2651	115*	4800	3/3+S/A	150	267/455	1960–62	= 96 DIN-PS/4600
			96	4600		155	273/461	1962–65	ab '64: 3/4 G.
		3299	116	4200	3/3+S/4/A	164		1964/65	
Cresta			124	4600		169	273/475	1965–	
		2651	96	4600		155			
Viscount		3299	124	4600	A	165		1966–	
Viva	4	1056	45	5000	4	130	232/394	1963–66	a.W. 42/5000
Viva 90			54	5600		138		1965/66	
Viva		1159	47	5200	4/A	133	243/410	1966–	a.W. 43/5200
Viva 90			60	5600		143			
Brabham Viva			80*	5800	4	150		1967–69	
Viva GT		1975	106	5600		160		1967–70	OHC
Viva 1600		1599	72	5600	4/A	150		1968–	OHC

Vespa

Vielen mag Vespa noch ein Begriff für einen der auf den Straßen der fünfziger Jahre allgegenwärtigen Motorroller sein. Doch ab 1957 hatte es auch einen Vespa-Kleinstwagen gegeben. Er erschien, als die deutsche Rollermobilwelle bereits im Abklingen war. Zwar war er wie die Zweiradroller von der italienischen Firma Piaggio konstruiert worden, da aber Italien seinen → Fiat 500 (und Deutschland den → BMW Isetta und den oder das → Goggomobil) hatte, entschloß man sich zu einer Produktion in der französischen Piaggio-Filiale Société ACMA in Fourchambault.

Der Vespa 400 getaufte Zweisitzer mit Faltdach war geglückt geformt. Seine Türen waren noch hinten angeschlagen. Hinten saß auch der Motor, ein luftgekühlter 2-Takt-Zweizylinder mit 394 cm³ Inhalt und 14 PS Leistung bei bescheidenen 4350/min. Ungewöhnlicherweise erfolgte die Steuerung der Einlaßschlitze durch die Gegengewichte der Kurbelwelle. Das Gemischverhältnis betrug 50:1. Das 3-Gang-Getriebe (ohne synchronisierten ersten Gang) wurde mit einem Mittelschalthebel bedient. Unter der selbsttragenden Karosserie fanden sich für die Einzelradaufhängung vorne Federbeine und Querstabilisatoren sowie Längslenker, hinten Trapez-Dreieckquerlenker mit Schraubenfedern. Es gab eine Standard- und eine de-Luxe-Ausführung. Auf 1961 kam noch die Version Grand Tourisme mit 4-Gang-Getriebe hinzu, die ausschließlich auf dem französischen Markt vertrieben wurde.

Die Hersteller hatten mit einem Tagesausstoß von 100 bis 200 Vespa 400 gerechnet. Diese Erwartungen wurden bei weitem nicht erreicht. Immerhin wurden bis Ende der fünfziger Jahre in die Tausende gehende Produktionszahlen ausgewiesen. Doch im Verlaufe des Jahres 1961 mußte die Herstellung mangels weiterer Nachfrage gestoppt werden.

Vespa 400, 1961

Vespa	Zyl.	cm³	PS	bei 1/min	Gänge	Spitze km/h	Radstand/ Länge	Bau- jahre	Besonderheiten
400	2	394	14	4350	3	90	169/284	1957–61	luftgek. 2-Takt-
GT					4			1960/61	Heckmotor

Vignale

Das Karosseriewerk Vignale in Grugliasco bei Turin war eines der großen italienischen Herstellwerke für Spezialkarosserien. Man mußte es mit Pininfarina (→ Anhang), Bertone (→ Anhang), → Ghia und Touring (→ Anhang) an vorderster Stelle erwähnen. Zwar stand hier nicht das schöpferische Element im Vordergrund, denn viele Wagen wurden in den späteren Jahren nach Entwürfen außenstehender Designer und im Auftrag gebaut, dennoch war das V-Signet auf wohlgeformten Spezialaufbauten von prestigevollen Automarken für Kenner ein Begriff. Giovanni → Michelotti war einer der bedeutendsten Designer, die für Vignale arbeiteten.

Serienmäßig gebaut wurden bei Vignale um 1960 beispielsweise ein Teil der Maserati-Karosserien. Daneben entstanden ebenfalls in regulärer Produktion ein → Lancia-Appia-Coupé und das Appia-Cabriolet. Unüberschaubar ist die Zahl der bei Vignale entstandenen Einzelstücke, die teils auch Wiederholungen fanden. Dies galt beispielsweise für die 1960 entstandenen Coupés Alfa Romeo 2000 mit Doppelscheinwerfer, Coupé Fiat 2100 2+2 En Plein oder Fiat 1800. Serienmäßig und in eigener Regie wurde auch ein 2+2sitziges Coupé mit langgestrecktem Heck auf dem Fiat 600 D angeboten. 1960/61 wurde ferner ein Ferrari mit gänzlich abdeckbarem Kühlergrill gebaut; äußerst extravagant war ein Glenn geheißener, gleichzeitig entstandener Fiat 1500 mit riesiger, längsgeteilter Heckscheibe. Auf dem gleichen Fiat-Modell wurden auch schlicht geformte Coupés angeboten, auf 1963 auch in Fastback-Ausführung. Nach dem Entwurf des Amerikaners Gordon Kelly entstand 1961 ein Chevrolet Corvette GT in rundlichem Ferrari-Look.

Eine kuppelartige Front zeigte der Fiat 1000 Record Sperimentale auf Basis 600 D von Ende 1962, das neben einem Coupé Fiat 2300 S mit Rechteckscheinwerfern entstand. 1964 gab es Vignale-Coupé- und Cabriolet-Versionen des Fiat 850 sowie ein neues Fiat-1300-Coupé. Im Jahr darauf entstand zudem ein 2+2-Coupé auf dem Opel Kadett. Doch Vignale arbeitete zudem mit der römischen Tuningfirma → Giannini zusammen, für die 1-Liter-Coupés strömungsgünstig eingekleidet wurden. Nachdem in der Prestigeklasse bereits neue Maserati-Maßkleider entstanden

Oben: Vignale Fiat 500 Spider Gamine, 1968
Darunter: Vignale Fiat 125 Samantha, 1969

waren, präsentierte Vignale 1967 ein zweisitziges Coupé namens Nova auf der Basis des → Jensen mit Chrysler-Motor. Anfang 1968 folgte ein Fastback-Coupéaufbau (Spezialkarosserie) auf dem → Matra M 530.

Mit einer Replika begann Vignale 1967 den «Aufstieg» zur eigenen Automarke zu vollziehen. Es handelte sich um den Fiat 500 Spider Gamine, einen offenen Zweisitzer auf der unveränderten Mechanik des Fiat-2-Zylinder-Heckmotor-Kleinwagens. Stylistisch war er dem Vorkriegs-Fiat Balilla Coppa d'oro nachempfunden. 1968 wurden auch der Fiat 850 S Berlina Special und Coupé Special Export sowie die Coupés Fiat 124 Eveline und Fiat 125 Samantha in das offizielle Verkaufsprogramm aufgenommen. Mit dem Vignale Fiat 850 Special Dart, einem durch seine Kippscheinwerfer à la → Lamborghini Miura (und wie der Samantha) auffallenden Coupé, entstand Ende 1969 noch ein weiteres für die Kleinserie geplantes Individualauto. Doch 1970 wurde Vignale zusammen mit Ghia von Ford übernommen. Man konzentrierte sich auf die Herstellung des für die USA bestimmten → De Tomaso Pantera. Nachdem dessen Produktion unter Ford-Ägide Ende 1974 auslief, wurde das Vignale-Werk geschlossen . . .

(Vignale)	Zyl.	cm^3	DIN-PS	bei 1/min	Gänge	Spitze km/h	Radstand/ Länge	Baujahre	Besonderheiten
Fiat 500 Spider Gamine	2	500	18	4600	4	100	184/302	1967–	(weitere Fiat-Derivate)

Volvo

Die im schwedischen Göteborg beheimatete Marke Volvo hatte sich ursprünglich fast ausschließlich auf den skandinavischen Markt beschränkt. Doch im Jahre 1960 besaß sie bereits international den Ruf, besonders robuste, zuverlässige und leistungsfähige Wagen herzustellen. Dabei zählte Volvo immer noch zu den vergleichsweise kleineren Herstellern.

Im Mittelpunkt der Produktion stand damals der seit 1958 gebaute Typ 122 S, der ursprünglich Amazon hieß. Er war eine viertürige Mittelklasselimousine moderner Form, deren Merkmal das senkrecht zweigeteilte Kühlergitter war. Für den Antrieb sorgte ein 1,6-Liter-Vierzylinder, dessen Leistung mit zwei Vergasern und 8,2:1 Verdichtung mit 85 SAE-PS bei 5500/min angegeben wurde. Das vollsynchronisierte 4-Gang-Getriebe wurde mit einem Mittelschalthebel bedient. Die Vorderradaufhängung umfaßte Trapez-Dreieckquerlenker und Schraubenfedern, die starre Hinterachse war mit Längsschubstreben, Schraubenfedern und einem Panhard-Seitenstabilisator dotiert. Daneben gab es den Volvo 121 mit nur einem Vergaser, einer Kompression von 7,5:1 und 66 SAE-PS bei 4500/min.

Aus früher Nachkriegszeit stammte die Konstruktion des Volvo-Modells PV 544 (der in Liebhaberkreisen die Bezeichnung Buckel-Volvo erhielt). Er besaß Fastbackform und angesetzte Kotflügel; auch wenn die Windschutzscheibe inzwischen vergrößert worden war, wirkte er doch recht altbacken. Auch ihn gab es mit den beiden Motorvarianten, wobei in der Basisausführung ein 3-Gang-Getriebe ohne synchronisierten ersten Gang eingebaut wurde. Vom PV 544 abgeleitet war der ebenfalls dreitürige Kombi mit der Typenbenennung P 445 (auf 1961 mit P 210 bezeichnet). Im Gegensatz zu den übrigen Volvo besaß er ein Kastenrahmenchassis mit Traversen. Er wurde ausschließlich mit dem 66-PS-Motor geliefert.

P 1800 Schon im Mai 1959 war es vorgestellt worden, das Volvo-Sportcoupé. Allerdings wurde bereits festgehalten, daß die Serienherstellung erst Ende 1960 anlaufen könne. Aus Kapazitätsgründen sollte die Karosserie, deren Front ein wenig an → Ferrari erinnerte, bei der britischen Firma Pressed Steel Co. und die Montage bei → Jensen erfolgen. Zu Beginn des Jahres 1960 wurde dann bekannt, daß das Coupé die Bezeichnung P 1800 tragen und einen auf 1,8 Liter ausgebohrten Motor mit 100 PS haben werde. Die Kurbelwelle dieser neuen, 9,5:1 verdichteten 2-Vergaser-Maschine war fünf- statt dreifach gelagert. Im neuentworfenen Zylinderkopf waren die Ansaugkanäle einzeln geführt. Zum 4-Gang-Getriebe sollte ein Laycock-de-Normanville-Schnellgang lieferbar sein. Zur Serienausstattung zählten hingegen vordere Girling-Scheibenbremsen ebenso wie – nach Volvo-Usanz – vordere Sitzgurten. An der Gestaltung des originellen wie eigenständig-eleganten Coupés, dessen Radstand 245 statt 260 cm erreichte und das neben zwei Erwachsenen zwei Kindern Platz bot, hatte Pietro Frua (→ Anhang) mitgewirkt. Die Initialproduktion war für die USA vorgesehen.

Auf dem Genfer Salon im Frühling 1961 erhielten die Volvo 121 und 122 S einige Verbesserungen: Die Vordersitze ließen sich nun in drei Richtungen verstellen (Höhenverstellschraube), im Fond stand mehr Raum in der Breite und für die Füße zur Verfügung, zudem gab es nun Türtaschen. Neu waren auch die elektrische Scheibenwaschanlage und die Spritzschutzlappen hinter den Hinterrädern. Diese waren (wie die Gurten) in Schweden obligatorisch erklärt worden.

B 18 Im Herbst 1961 fand der 1,8-Liter-Motor auch in den Limousinen Eingang, allerdings mit reduzierter Leistung: Verdichtung einheitlich 8,5:1, Leistung mit einem Vergaser 75 SAE-PS bei 4500/min (= B 18 A), mit zwei Vergasern 90 SAE-PS bei 5000/min (= B 18 B). Der 122 S wies nun wie der P 1800 Scheibenbremsen an den Vorderrädern auf, und für später wurde ein auf Wunsch erhältlicher Schnellgang angekündigt. Für alle Modelle galt der Übergang von der 6- zur 12-Volt-Anlage. Auf Wunsch konnte man eine Pow'r-Lock-Differentialbremse haben. Äußerlich erkannte man die neuen Volvo an den leicht geänderten Kühlergittern und der Aufschrift B 18.

Im Frühjahr 1962 kamen zwei neue Karosserievarianten der Volvo 121/122 heraus: die zweitürige Limousine, die es sowohl als 121 wie als 122 S gab, und der fünftürige Kombi, der ausschließlich mit dem 75-PS-Motor geliefert wurde und die Typenzahl 221 trug (die Zweitürmodelle wurden intern mit P 131 und 132 bezeichnet). Um beim Kombi einen flachen Laderaum zu erzielen, hatte man die Hinterachsaufhängung umkonstruiert. Die Hecktüre war horizontal zweigeteilt. Auf dem Salon von Brüssel im Januar 1963 zeigte der belgische Karossier Jacques Coune (→ Anhang) einen zum Cabriolet gewandelten zweitürigen 122 S.

P 1800 S Es war im April 1963, als Volvo für das Sportcoupé P 1800 den Nachfolger P 1800 S herausbrachte. Der P 1800 war in 6000 Exemplaren gebaut worden. Der P 1800 S besaß eine verfeinerte Innenausstattung mit Leder und eine auf 108 SAE-PS bei 5800/min gesteigerte Leistung. Dies war durch eine geänderte Nockenwelle, neue Kolben und Ventilfedern sowie die auf 10:1 erhöhte Verdichtung möglich geworden. Die Rohkarosserien wurden nach wie vor von Pressed Steel in Glasgow hergestellt, doch erfolgte die Montage nun bei Volvo selbst. Wenngleich das Volvo-Coupé viel Temperament besaß, waren es doch die Tourenwagen 122 S, die, teils in frisierter Form, auch bei internationalen Rallyeeinsätzen der Marke aus Göteborg viel Lorbeer holten.

Auf 1965 wurde im 122 S nicht nur der angekündigte Laycock-Schnellgang regulär lieferbar, sondern der viertürige 121 wurde seinerseits mit einem Borg-Warner-Getriebeautomaten des Typs 35 erhältlich. Zudem hatte man das Interieur überarbeitet. Hervorstechendes Merkmal waren die neuen, nach anatomischen Erkenntnissen geformten Vordersitze, die Gummibänder statt Stahlfedern und Polyester-Schaumgummiflächen sowie seitliche Auswölbungen und nicht zuletzt zusätzliche Verstellmöglichkeiten aufwiesen. Hinzu kamen eine hintere Mittelarmlehne, neue Stoffüberzüge, ein Haltegriff für den Mitfahrer, Warm- und Frischluftkanäle zu den Hintersitzen sowie vordere Girling-Scheibenbremsen auch beim Volvo 121. Die neuen Volvo erkannte man an den nun beidseits in acht Felder unterteilten Kühlergittern und den Lochfelgen. Anfang 1965 erhielt auch der P 1800 S einige Modifikationen: ebenfalls verbesserte Sitze, Schnellganghebel unter dem Lenkrad, Lochfelgen, Frontstoßstangen ohne hochgebogenen Mittelteil, Handgriff am Armaturenbrett und neuplazierter Innenspiegel. Vom englischen Karosseriewerk Harold Radford wurde 1965 eine Cabrioversion des schwedischen Sportzweisitzers geschaffen.

Die Produktion des PV 544 lief 1965 aus. Insgesamt waren von diesem Typ seit 1958 nicht weniger als 244 000 Exemplare gebaut worden. Zuletzt hatte man nach den Ausführungen Sport (mit dem stärkeren Motor) und Special (Basismotor B 18 A) unterschieden. Der Kombi P 210 lief noch bis 1969 weiter, allerdings in sehr kleiner Stückzahl (der höchste Jahresausstoß war 1961 mit gut 8700 Wagen erreicht worden; die Gesamtproduktion bezifferte sich schließlich auf 65 000 Einheiten). – Durch die Verwendung einer neuen Zylinderkopfdichtung und die damit auf 8,7:1 gesteigerte Verdichtung wurde im Herbst 1965 bei den 122 S und den 121 eine Leistungssteigerung um 5 und um 8 PS auf 95 und auf 78 SAE-PS erreicht. Beim 1800 S stieg die Leistung dank neuer Auspuffanlage auf 115 PS. Für lizenzierte Sportfahrer gab es im 122 S und im 1800 S zudem einen 135-PS-Motor. Auch der Kombi war jetzt mit dem 122-S-Motor erhältlich. Anderseits war das Automatgetriebe nun auch im zweitürigen 121 lieferbar. Zu den technischen Verbesserungen zählte die allgemeine Einführung eines Bremsdruck-Regulierventils für die Hinterräder. – Eine mit Favorit bezeichnete vereinfachte Ausführung des 121 mit 3-Gang-Getriebe ersetzte ab 1966 den aufgegebenen PV 544.

144/144 S Von einem neuen und größeren Volvo war bereits Anfang 1966 die Rede. Das im August als 144 und 144 S vorgestellte Duo präsentierte weit mehr als die bisherige und weitergebaute Reihe. Bei unverändertem Radstand von 260 cm war der neue Volvo 19 cm länger, 11 cm breiter und 7 cm niedriger. Auch dank der horizontal durchgezogenen Gürtellinie und der je drei Seitenfenster wirkte der Typ 144 nun bereits wie ein Ober-

Oben: Volvo P 445, 1960
Links: Volvo PV 544, 1961

Links von oben nach unten:
Volvo P 1800, 1963
Volvo 120 Station Wagon, 1966
Volvo 144, 1967
Unten: Volvo 122 S, 1962

klasseauto. Geblieben war der 1,8-Liter-Motor. Mit neuartigem Vergaser und Doppelauspuff brachte er es im 144 zu einem Plus von 10 PS (= 85 SAE-PS); die Maschine im 144 S entsprach der jüngsten Ausführung des P 1800 S mit 115 PS. Das Kühlsystem hatte einen geschlossenen Kreislauf mit Expansionsgefäß erhalten. Unverändert übernommen wurde das 4-Gang-Getriebe (144 auch mit BW-Automat, 144 S auf Wunsch mit Schnellgang).

Die Hinterradführung – nach wie vor eine Starrachse mit Schraubenfedern – wurde erneuert: Die als Schubstreben dienenden doppelten Längslenker hatten eine neue und längere Form, womit die Radführung beim Kurvenfahren verbessert wurde. Besonders raffiniert konzipiert war die Bremsanlage. Nicht nur waren zwei Bremsflüssigkeits-Kreisläufe vorhanden, sie wirkten beide auf die Vorderräder und je ein Hinterrad. Alle vier Räder hatten Scheibenbremsen, wobei die Hinterräder zusätzlich eine Trommel für die Handbremse aufwiesen. Neu waren auch die zusammenschiebbare zweiteilige Lenksäule und der vermehrte Rostschutz. In dem auf größtmöglichen Insassenschutz ausgelegten sehr geräumigen Interieur fanden sich weiter verbesserte Vordersitze, bei denen die Kreuzstütze nun ohne Werkzeug verschiebbar war, eine Heizungs- und Lüftungsbetätigung mit Rändelrädern und unter vielen weiteren Innovationen der bis 999 999 km reichende Kilometerzähler. Die Stoßstangen wiesen einen durchgehenden Gummibelag auf.

123 GT Mit dem im September 1966 eingeführten Jahrgang 1967 erhielten die übrigen Volvo, einschließlich des Coupés, ein Kühlergitter mit doppelten statt wie bisher einfachen Senkrechtstäben. Auch hier wurde ein geschlossener Kühlkreislauf eingeführt. Die Limousinen erhielten nun ebenfalls eine verbesserte Hinterachsführung. Der 121 hatte jetzt den 85-PS-Motor des 144, und im 121 S standen neuerdings 100 PS zur Verfügung.

115 PS wie der 144 S hatte hingegen ein neues Modell, der 123 GT, den es ausschließlich in zweitüriger Ausführung gab. Zu seiner Ausrüstung zählten der Laycock-Overdrive, ein Sportlenkrad, ein auf dem Armaturenbrett aufgepflanzter elektronischer Drehzahlmesser und zusätzliche Jodscheinwerfer.

Die zweitürige Ausführung des Volvo 144 gab es ab Mai 1967. Sie wurde als 142 und 142 S bekannt. Im Herbst jenes Jahres erhielt die Typenreihe 120 ebenfalls die Sicherheitslenksäule der Modelle 140 und zudem auch den Sicherheitsinnenspiegel sowie zusätzliche Schutzpolsterungen. Bei den Modellen 120 wie beim P 1800 S fand sich ein neues, im Kollisionsfalle energieaufnehmendes Lenkrad, und allen Volvo gemeinsam waren neukonstruierte Türgriffe und nichtreflektierende Überzüge auf den Scheibenwischern (beim 144 auch auf dem Hornring). Der 122 S hatte neuerdings ebenfalls den 115-PS-Motor! Erst im November 1967 wurde auch die Kombiversion der Reihe 140 vorgestellt. Sie hieß 145 bzw. 145 S, und damit wurde klar, daß sich die dritte Ziffer in den Bezeichnungen nun auf die Anzahl Türen bezog. Die Form der Hintertüren wurde beibehalten, womit sich in der oberen Fensterlinie ein Absatz ergab. Der neue Volvo-Kombi war mit rund 2 m^3 Laderaum besonders «aufnahmefähig», und er wurde zu einem beliebten Familienfahrzeug.

B 20 Für das Modellprogramm 1969 wurde im September 1968 der B-20-Motor vorgestellt. Diese 2-Liter-Maschine löste den 1,8-Liter-Motor ab und wurde wiederum in die Variante A mit einem Vergaser und in der Ausführung B mit zwei Vergasern gebaut. Bei unverändertem Hub von 80 mm hatte man die Bohrung auf 88,9 mm vergrößert. Ziel war nicht nur eine weitere Leistungssteigerung, sondern vordergründig eine Erhöhung der Motorelastizität. Der B-20-A-Motor leistete bei unveränderter Verdichtung 90 statt 85 SAE-PS und hatte ein maximales Drehmoment von 16,5 statt 15 mkp bei 3000/min. Der B-Motor war bloß noch 9,5 statt 10:1 verdichtet und kam auf 118 PS, was einem bescheidenen Gewinn von 3 PS entsprach. Hier stieg das Drehmoment von 15,5 auf 17 mkp bei 3500 statt 4000/min.

Das gesamte Motorumfeld samt Getriebe war dem höheren Leistungspotential konstruktiv angepaßt worden. Bei der stärkeren Motorvariante fand sich eine Abgasreinigungsvorrichtung. Die Modelle 121 bis 123 GT erhielten die gleiche Zweikreis-Bremsanlage, wie sie der 144 hatte. Alle Modelle erhielten zusätzlich eine Gummihohlfeder, wie sie der 145 bereits besaß. Die Sitze der Reihe 140 zeigten neue Stoffüberzüge. Trotz des neuen Motors wurde die Bezeichnung P 1800 S für das Coupé beibehalten. Vom 1,8-Liter-S waren rund 22 000 Einheiten gebaut worden. Die Kombi 121 (221) und 122 S (222) behielten noch die 1,8-Liter-Maschine.

Volvo 164, 1970

160 = 164 Mit der im August 1968 präsentierten Serie 160 fand Volvo endgültig den Anschluß an die Oberklasse. Diese Neuheit hatte einen 6-Zylinder-Motor, und solche Fahrzeuge hatte Volvo schon in der Zwischenkriegszeit gebaut. Mit dem stylisiert historischen Kühlergitter, das sich aus feinen senkrechten Chromstäben und einem kräftiger dimensionierten Diagonalstab zusammensetzte, klang Volvo sogar in der Detailgestaltung an die späten zwanziger Jahre an. Mit Ausnahme des Frontdesigns entsprach die Karosserie jedoch weitgehend jener des Typs 144. Anfänglich war von einem Typ 164 und den mit anderen Getriebevarianten sowie Doppelscheinwerfern ausgestatteten Modellen 165 und 166 die Rede, doch schließlich blieb es bei der Bezeichnung 164. Im Vergleich zum 144 hatte der 164 einen um 10 auf 270 cm verlängerten Radstand. Die Gesamtlänge war wegen der in der Mitte unterbrochenen Frontstoßstange nur um 7,5 auf 471,5 cm angewachsen. Der Längenzuwachs diente den beiden zusätzlichen Zylindern.

Volvo	Zyl.	cm^3	DIN-PS	bei 1/min	Gänge	Spitze km/h	Radstand/Länge	Baujahre	Besonderheiten
121	4	1582	60	4500	4	140	260/445	1957–61	
122 S			75	5500		150		1958–61	
121		1778	68	4500		143		1961–66	ab '64: 4/A
122 S			80	5000	4/4+S	–155		1961–65	
			86	5400		160		1965/66	(a.W. 135 SAE-PS)
Favorit = 121 Standard			68	4500	3	140			
121			75	4700	4/A	155		1966–68	ab '67: o.A.
122 S			90	5700		165		1966/67	
123 GT			96	5600	4+S	170		1966–68	
122 S					4	165		1967/68	
121		1985	82	4700		160		1968–70	(Kombi noch 1,8-L-Motor)
122 S			100	5500		170			(dto)
123 GT					4+S			1968/69	
PV 544	4	1582	60	4500	3/4	140	260/445	1958–61	
			75	5500	4	155			
		1778	68	4500	3/4	142		1961–65	
			80	5000		–155			
P 445/P 210		1582	60	4500		130	260/440	1957–69	Kastenrahmenchassis
P 1800	4	1778	90	5500	4/4+S	170	245/440	1960–63	
S			96	5800	4+S	175		1963–65	ab '64: 435 cm lang
			96	5600		180	245/435	1965–68	(a.W. 135 SAE-PS)
		1985	105	5500			245/440	1968/69	
E			120	6000		185		1969/70	mit Einspritzung
144(/142/145)	4	1778	75	4700	4	150	260/464	1966–68	
S			96	5600	4/4+S/A	165		1966/67	
			100	5600				1967/68	
144/142/145		1985	82	4700	4/A	155		1968–	
S			100	5500	4/4+S	165			
S GT			105	5500	4+S	170		1970	(CH)
164	6	2978	130	5000	4/4+S/A	180	270/472	1968–	

VW

Wie dies auch andere Firmen taten, die parallel 4- und 6-Zylinder-Motoren herstellten, hatte der Typ 164 die gleichen Zylinderabmessungen wie die 2-Liter-Modelle. Der Hubraum erreichte somit knapp 3 Liter. Mit einer Verdichtung von 9,2:1 und zwei Vergasern wurde eine Leistung von 145 SAE-PS bei 5000/min erreicht. Auch hier standen die drei Getriebevarianten 4-Gang mit und ohne Overdrive sowie Borg-Warner-Automat zur Auswahl. Während das Fahrwerk lediglich verstärkt wurde, hatte die Lenkung eine variierende Untersetzung. Auf Wunsch war eine Servolenkung erhältlich; bei Wagen mit Getriebeautomat wurde sie serienmäßig eingebaut. Zur Ausstattung zählten nebst den verfeinerten Stoffüberzügen eine neukonstruierte Heizungs- und Belüftungsanlage und eine zweistufige elektrische Heckscheibenheizung. Schließlich war der 164 das Prestigeauto aus Skandinavien, mit dem Volvo jetzt gegen Mercedes-Benz und BMW, Rover und Jaguar antrat.

Apropos harte Winter: Ende 1968 kam eine von den schwedischen Bahco-Werken zusammen mit Volvo entwickelte Benzinheizung mit Schaltuhr auf den Markt, mit der das Kühlwasser und der Wageninnenraum vorgewärmt werden konnten. Gegen Mitte 1969 verließ der 1,5millionste Volvo-Personenwagen das Werk in Göteborg. Unter Generaldirektor Gunnar Engellau hatten die Autobauer im Norden einen gewaltigen Aufschwung genommen und sich den Weltmarkt erobert. Auch in den USA genossen die Volvo besonderes Ansehen. Auf 1970 erhielt der P 1800 eine elektronisch gesteuerte Benzineinspritzung und damit den Zusatzbuchstaben E statt S. Die Leistung stieg damit auf 130 SAE-PS bei 6000/min. Auf dem Genfer Salon 1970 wurde speziell für die Schweiz ein in Rot gehaltenes und mit seitlichem Zierstreifen versehenes Modell 142 S GT lanciert. Dank anderer Vergaserbestückung stand die Leistung hier mit 125 PS zu Buche. Zur Ausstattung zählten – ähnlich wie beim fallengelassenen 123 GT – Zusatzlampen, Sportlenkrad und Drehzahlmesser. – 1970 lief die Herstellung der gesamten Reihe 121 und 122 S aus, nachdem nur noch die zweitürigen Ausführungen angeboten worden waren. Sie hatte einen Absatz von über 667 000 Exemplaren erreicht (wovon 400 000 im Export).

Der schon vor dem Krieg in Regierungsauftrag durch Prof. Ferdinand Porsche entwickelte Volkswagen war mehr als bloß eine Alternative zu den herkömmlichen Autokonstruktionen, er war ein Phänomen. War er anderen zunächst hinsichtlich Konzept und Leistungsfähigkeit voraus, so vermochte er später durch das dank Modellkonstanz erreichte Qualitätsniveau zu brillieren. Dies sicherte ihm nicht nur in Deutschland, sondern auch auf zahlreichen Exportmärkten ohne eigene Automobilindustrie mit großem Abstand den ersten Platz. Dabei war der VW in jeder Hinsicht ungewöhnlich: Er hatte einen luftgekühlten 1,2-Liter-Boxermotor im Heck, einen Plattformrahmen mit Mittelträger (hinten gegabelt), eine Vorderradaufhängung mit zwei Kurbellängslenkern und gebündelten Quertorsionsstabfedern, eine hintere Pendelachse mit Längslenkern und Quertorsionsstabfedern, und zudem besaß er noch angesetzte Kotflügel und einen kühlergitterlosen, abfallenden Bug. Gerade seine einmalige äußere Erscheinung, die ihm den Über- und Kosenamen Käfer eingetragen hatte, machte den VW in der Autowelt nicht nur zu einem Sonderfall, sondern sogar zu einer Art Bekenntnis.

Und zu diesem Bekenntnis stand auch noch 1960 – als die VW-Konkurrenz bereits wesentlich modernere Autos im Angebot hatte und kopfschüttelnd auf eine Käfer-

Oben: VW 1200 Export, 1962
Links: VW 1500, 1962

Abkehr wartete – ein großer Teil der Autofahrer. Am 25. August 1959 war der dreimillionste VW in Wolfsburg vom Fließband gerollt, und die Tagesproduktion hatte das Niveau von 2500 Einheiten (plus 500 Transporter) erreicht. Doch dies genügte noch nicht, um der weltweiten Nachfrage gerecht zu werden und um die monatelangen Lieferfristen abzubauen.

Verständlich, daß man dem Modell 1960 daher keineswegs wesentliche Änderungen angedeihen ließ – wie dies Gerüchte seit Jahren immer wieder wahrhaben wollten –, sondern sich auf kleine Verbesserungen beschränkte: schüsselförmiges Sicherheitslenkrad, Türen mit Druckknöpfen statt mit beweglichen äußeren Griffen, vorderer Querstabilisator und tiefere Lage des Drehpunktes der Pendelachse, Motor/Getriebe-Block um 2° nach vorne geneigt, leiseres Gebläse, 180-Watt-Dynamo und schließlich eine progressive Federung. Den Karmann-Ghia (→ Anhang) 1960 erkannte man an den vergrößerten vorderen Lufteintritten. Wie bei anderen Wagen war ab Frühjahr 1960 auch im VW auf Wunsch eine automatische Kupplung Saxomat lieferbar; zu dem speziellen Zubehör zählte inzwischen auch eine Eberspächer-Benzinheizung, die sich im Frontkofferraum einbauen ließ.

Auch für das nach den Sommerferien 1960 vorgestellte Modell 1961 wurden noch keine radikalen Neuerungen angekündigt, wohl aber wesentliche Verbesserungen. Unter ihnen ist an erster Stelle die immer wieder geforderte Synchronisierung des ersten Ganges zu nennen, der sich nun endlich auch während der Fahrt ohne Zwischengas einlegen ließ. Große Bedeutung kam aber auch der Leistungssteigerung von 30 auf 34 DIN-PS, also gleich um 13 %, zu! Als Dauerfahrgeschwindigkeit wurden nun 115 statt 110 km/h genannt, und das Beschleunigungsvermögen für den Spurt von 0 auf 100 km/h verbesserte sich von 21 auf 18 Sekunden. Die Standardausführung des VW mußte sich allerdings weiterhin mit dem 30-PS-Motor, dem unsynchronisierten ersten Gang und sogar der mechanischen Fußbremse bescheiden (letztere sollte erst auf 1963 durch ein übliches hydraulisches Bremssystem abgelöst werden)!

Neu waren beim Export- bzw. de-Luxe-Modell der Vergaser mit automatischem Starter und die Benzinpumpe sowie Getriebe- und Achsuntersetzungen. Im Wageninnern fanden sich nun gepolsterte Sonnenblenden, eine Scheibenwaschanlage und ein Handgriff vor dem Mitfahrer. Dank neuer Form des Benzintanks hatte man den Kofferraum vergrößern können, und zudem gaben die Scheinwerfer nun asymmetrisches Licht. Besonderes Erkennungsmerkmal des neuen VW-Jahrgangs waren jedoch die auf den vorderen Kotflügeln aufgesetzten, auch von der Seite gut sichtbaren Blinker; sie traten an die Stelle eines bei der Konkurrenz längst ver-

Von oben nach unten:
VW 1500 Karmann-Ghia, 1962
VW 1600 TL, 1966
VW 1300 Karmann-Ghia Cabriolet, 1966
VW 1200, 1967

schwundenen Requisits: den aus der Karosseriehaut ausschwenkenden Winkern!

VW 1500 Daß VW etwas gänzlich Neues bieten würde, war von Prof. Heinz Nordhoff, dem obersten Chef des erfolgreichen Hauses, schon vor einiger Zeit angedeutet worden. Die Vorstellung des «neuen großen VW 1500» erfolgte sozusagen tranchenweise ab März 1961. Dieses Fahrzeug zeigte eine wohlproportionierte Pontonform und wurde gleich auch als Variant geheißener Kombi präsentiert. Von seinem technischen Konzept her war auch der «1500» eindeutig ein VW, auch wenn man ihm den Heckmotor – trotz der kühlergitterfreien Front – nicht mehr ansah. Beibehalten worden waren im Prinzip der Plattformrahmen, die vordere und die hintere Einzelradaufhängung wie auch der luftgekühlte Boxermotor.

Dieser hatte allerdings – wie es schon die Typenbezeichnung verrät – eine Hubraumvergrößerung auf 1,5 Liter erfahren. Aus den genau 1493 cm^3 standen 45 DIN-PS gegenüber 34 beim bekannten VW zur Verfügung. Der auf einem demontablen Hilfsrahmen aufgebaute Motor und seine Aggregate waren zudem gänzlich flach zusammengefügt (Bauhöhe 40 cm), so daß sich über ihm ein Kofferraum (bzw. Laderaum beim Kombi) vorsehen ließ. Somit hatte der VW 1500 wie das bisherige, natürlich weitergebaute Modell zwei Kofferräume, einen vorderen und einen hinteren, nur daß beide jetzt viel großzügiger dimensioniert waren und der hintere zudem von außen zugänglich war.

Wenngleich der VW 1500 im Vergleich zum jetzt VW 1200 genannten Modell 15 cm länger war (422 statt 407 cm), so beruhte seine Konstruktion doch auf dem gleichen Radstand von 240 cm. Während die vordere Spur trotz neukonstruierter Aufhängung mit Kurbellängslenkern an langen, gekreuzt angeordneten Torsionsstäben gleichgeblieben war, hatte man sie hinten um 5,8 cm verbreitert. So stand den Insassen auch in der Breite mehr Raum zur Verfügung. Das Interieur war mit glatten Seitenwänden und versenkten Griffen auf größtmögliche Sicherheit ausgerichtet. Auch fanden sich Verankerungspunkte für vier Sicherheitsgurten.

Als der VW 1500 – interne Bezeichnung Typ 3 – an der Internationalen Automobilausstellung in Frankfurt im Herbst 1961 offizielle Weltpremiere feierte, gab es bereits auch ein formschönes viersitziges Cabriolet und ein attraktives neues Karmann-Ghia-Coupé. Dieses war eine modernisierte Extrapolation des beliebten VW Karmann-Ghia, der nach einem → Ghia-Entwurf gebaut wurde. Auch dem größeren Coupé wurde alsbald ein Cabrio zur Seite gestellt; es sollte jedoch ebensowenig in Serie gehen wie der 1500 Cabriolet. Die Coupés und Cabriolets wurden im Werkauftrag in den Karosseriewerken Karmann in Osnabrück gebaut.

Im August 1961 wurden auch Verbesserungen am VW 1200 bekannt: Benzinstandsanzeiger neben dem Tachometer, Türarretierungen, Verankerungen für Sicherheitsgurten, Heizluftöffnungen mit Schiebern, auf 12 cm verlängerter Sitzverstellbereich und schließlich eine pneumatisch statt mit Handpumpe arbeitende Scheibenwaschanlage.

Im Frühling 1962 feierte man bei VW bereits den fünfmillionsten Wagen. Die Tagesproduktion erreichte nun über 4300 Einheiten, wovon 3400 VW 1200, 350 VW 1500 und 600 Transporter. Die Nachfrage nach dem «Ur-VW» stieg weiter an. Daher begann man nun Fremdarbeiter aus Italien einzustellen. Noch vor Ende Jahr sollte der millionste Volkswagen nach den USA exportiert werden. Die im August angekündigten Modelle 1963 wiesen erneut zahlreiche kleine und kleinste Verbesserungen auf. Beim VW 1200 Export trug der Dachhimmel jetzt eine Kunststoff- statt der Stoffbespannung, der Griff für das Faltdach war nun klappbar ausgeführt, und beim Cabriolet war die Heckscheibenfläche um rund einen Drittel vergrößert worden. Der «1500» wies sich über Verbesserungen an Kupplung und Bremsen aus.

VW 1500 S Größere Neuerungen wurden – wiederum Anfang August – für das Bauprogramm 1964 angekündigt. Der VW 1200 war nun mit Stahlkurbeldach zu haben (es ersetzte das Faltdach), die äußeren Türgriffe besaßen jetzt eine geschlossene Form, doch am auffallendsten war die neue, breitere Abdeckung der Nummernschildbeleuchtung.

Noch wichtiger aber war das Hinzukommen der Modellvarianten 1500 S und Variant S (Kombi). Sie boten 54 statt 45 DIN-PS, was durch zwei Fallstromvergaser und die von 3800 auf 4200/min erhöhte Drehzahl ermöglicht wurde. Das höchste Drehmoment von 10,8 mkp stand nun bei 2400 statt 2000/min an. Als Dauerfahrgeschwindigkeit wurden vom Werk für den «S» 135 km/h angegeben. Diese schnelleren Versionen erkannte man an der vermehrten Chromzier, den größeren Radzierkappen, den um die Ecke gezogenen Quer- statt Rundblinkern, den ausschwenkbaren hinteren Seitenfenstern und dem S-Signet über der neugeformten Nummernschild-Beleuchtungsklappe. Im Innern fanden sich zudem abwaschbare Seitenverkleidungen. Der «normale 1500» war etwas vereinfacht worden und wies nun keine Stoßstangenhörner mehr auf.

Man hatte es zwar kaum mehr für möglich gehalten, doch die Detailentwicklung des VW 1200 nahm auch beim Jahrgang 1965, vorgestellt Anfang August 1964, ihren Fortgang. Man hatte die Fensterflächen um insgesamt 15% vergrößert. Hiezu wurden die Windschutzscheibe höher ins Dach hineingezogen und der untere Rand der Seitenscheiben um 3 cm abgesenkt. Die Dachträger wurden dünner gestaltet und das Heckfenster überdies um rund einen Fünftel vergrößert. Weitere wesentliche Verbesserung: die hintere Sitzlehne konnte nun – wie bei einem Kombiwagen – vollständig nach vorne abgeklappt und damit ein fast flacher Transportraum geschaffen werden. Neu waren auch die Heizungsregulierung durch zwei am Mitteltunnel angeordnete Hebel, wie sie seit einem Jahr der VW 1500 besaß, die nach hinten geneigten Ventilationsflügel, die sich an den unteren Scheibenrand legenden Wischer, die auch seitwärts schwenkbaren Sonnenblenden sowie der Motorhaubenverschluß mit Druckknopf.

Oben: VW 1500 Cabriolet (Karmann), 1968
Darunter: VW 1600 L Variant, 1969

1964 wurde – vor allem für den Export nach Übersee – das Montagewerk Emden und – für die Motorisierung Mittelamerikas – die Volkswagen de Mexico SA gegründet. Fabrikationsbetriebe gab es seit 1953 auch in Brasilien und seit 1956 in Südafrika. 1964 war aber zudem das Jahr, in dem VW von der Daimler-Benz AG 50% des Stammkapitals der → Auto Union GmbH in Ingolstadt übernahm.

VW 1300 und 1600 TL Gleich zwei bedeutende Modellneuheiten hatte das Volkswagenwerk – diesmal schon Ende Juli 1965 – für den Beginn der zweiten Hälfte der sechziger Jahre zu vermelden: Aus dem 1200 Export wurde der Typ 1300 und aus dem 1500 S der 1600 TL. Beim ursprünglichen VW-Modell handelte es sich um die dritte Hubraumvergrößerung. Aus 1285 cm^3 (Hub von 64 auf 69 mm verlängert) standen nun 40 PS bei 4000/min statt 34 bei 3600/min zur Verfügung. Der bisherige Motor wurde jetzt in den VW 1200 A eingebaut, der den zwischenzeitlich mit 1200a bezeichneten Standard-VW ablöste.

Rechts: VW 411, 1969
Unten: VW 181, 1970

Der VW 1300, für den eine Höchst- sowie Dauergeschwindigkeit von «echten 120 km/h» genannt wurden, wartete mit einer neukonstruierten Vorderachse auf, bei der die Achsschenkel wie bei der Reihe 1500 von wartungsfreien Kugelköpfen gehalten wurden. Lochscheibenräder sorgten für eine bessere Kühlung der Bremsen, und die Hinterradspur war um 1,2 cm verbreitert worden. Im Innenraum fanden sich ein neues Lenkrad, eine mittlere Defrosterdüse, eine Lehnenverriegelung und eine Sicherungsplatte im Türverschluß. Der Fußabblendschalter war durch einen Kombihebel für Blinker, Abblendung und Lichthupe ersetzt worden.

Eine bemerkenswerte Designleistung war der 1600 TL (= Tourenlimousine), der auf dem 1500 S basierte, jedoch ein schwungvolles Fließheck besaß und daher weit eher dem VW-Styling entsprach als der Stufenheck-1500. Diesen gab es jetzt nur noch in einer Ausführung, die mit 1500 A bezeichnet wurde. Ihr war der 45-PS-Motor vorbehalten, während der 1600 TL einen auf 1584 cm^3 vergrößerten Motor aufwies. Dieser leistete mit 54 PS gleich viel wie der nicht mehr angebotene 1,5-Liter-S-Motor, konnte jedoch mit Normal- statt Superbenzin betrieben werden. Interessanterweise besaßen die Motoren der Modelle 1300, 1500 und 1600 mit 69 mm alle den gleichen Hub. Sowohl der 1500 A wie der 1600 TL erhielten vordere Ate-Scheibenbremsen. Den Variant gab es wahlweise mit beiden Motoren und in entsprechender Karosserieausführung.

1965 war aber nicht in erster Linie in der Modellpolitik, sondern vielmehr in der Wirtschaftspolitik ein Jahr von erstrangiger Bedeutung für das Volkswagenwerk: Es stand nämlich im Zeichen der im Vorjahr begonnenen schrittweisen Übernahme einer alttraditionellen deutschen Markengruppe, der Auto Union, die mit der wiedererweckten Marke → Audi neue Möglichkeiten in Aussicht stellte. In weiser Voraussicht hatte Prof. Nordhoff von dem Großfinancier Flick das vorher der Daimler-Benz AG gehörende AU-Aktienpaket übernommen, ein Transfer, der den Wert von einer drittel Milliarde DM erreichte. Zunächst änderte die Übernahme des relativ kleinen, aber hochmodernen Werkes in Ingolstadt an der von vielen Kennern immer mehr in Zweifel gezogenen Zweimodellpolitik des Volkswagenwerkes noch nichts ... auch wenn bekannt wurde, daß VW daran sei, ein neues Forschungszentrum zu errichten.

«Käfer» 1500 Im Frühling 1966 kam zum 1500 A der 1600 L, der die Stufenheckkarosserie des 1500 mit der Leistungsfähigkeit des TL verband. Offiziell wurde diese Kombination allerdings erst im August mit der Ankündigung des Modellprogramms 1967 aufgeführt. Hier wurde nun auch mit neuen Typenbezeichnungen für einige Verwirrung gesorgt. Den Anstoß gab ein neues «Käfermodell» – man hatte diese Bezeichnung nicht zuletzt von dem im großen Exporterfolgsland USA eingebürgerten Übernamen «beetle» abgeleitet –, nämlich der neue VW 1500. Er war als dritte Käferversion ins Bauprogramm aufgenommen worden und besaß den 44 PS leistenden 1,5-Liter-Motor und vordere Scheibenbremsen.

Aus dem einfachsten VW 1200 wurde nun der 1300 A (nach wie vor mit 1,2-Liter-Motor von 34 PS). Neu war bei allen Typ-1-VW (Käfer) die von 130 auf 135 cm verbreiterte Hinterradspur mit einer Ausgleichsfeder, die zusammen mit den weicheren Federstäben für erhöhten Komfort und gleichzeitig verbesserte Fahrsicherheit sorgen sollten. Neu waren auch die Sicherheitsschlösser, und als äußeres Erkennungsmerkmal fiel die Abflachung im Motordeckel auf, die für eine senkrechtere Position des hinteren Nummernschildes sorgte.

Auch der einfachste Typ 3 hatte eine neue Bezeichnung erhalten: Er hieß nun 1600 A, wenngleich er weiterhin von der bekannten 1,5-Liter-Maschine angetrieben wurde. Alle Typ 3 hatten jetzt die bereits beim Variant erprobte Ausgleichsfeder zwischen den Hinterrädern sowie eine 12-Volt-Anlage. Die kleineren Karmann-Ghia wurden nun ausschließlich mit dem 1,5-Liter-Motor gebaut. Neu fanden sich in ihrem Interieur ein über die Lenksäule verlegter Tachometer und eine teakholzgemaserte Kunststoffverkleidung am Armaturenbrett.

Anfang 1967 gab es überraschend wieder einen VW 1200; er bot die schmuckere Karosserie der VW 1300/1500, jedoch den 34 PS leistenden 1,2-Liter-Motor. – Der Modelljahrgang 1968 wartete mit Sicherheitslenksäulen, Dreipunkt-Gurtenverankerungen, Plastikbedienungsknöpfen mit Symbolen, Lenk-Anlaßschloß, beidseits schließbaren neuen Türaußengriffen und größeren Außenspiegeln mit Klappgelenk bei allen VW, Zweikreis-Bremsanlagen bei den Modellen 1300 bis 1600 und einer reichen Fülle weiterer Verfeinerungen auf. Erkennungsmerkmale des neuen Käfer-Jahrgangs waren höher angeordnete und massivere Stoßstangen, senkrecht stehende Scheinwerfergläser, verkürzte Front- und Heckhauben, größere Schlußleuchten, die über dem rechten Vorderkotflügel angebrachte, nun von außen zugängliche Benzintank-Einfüllöffnung sowie der verkürzte und zurückversetzte Schalthebel. Auch die Käfer 1300 und 1500 hatten nun eine 12-Volt-Anlage.

Bloß einen Monat nach Präsentation des Modelljahrs 1968, nämlich Anfang September 1967, überraschte das Volkswagenwerk mit der Ankündigung von automatischen Getrieben. Während man sich für den VW 1500 mit einer drei Fahrbereiche umfassenden Selektivautomatik begnügte, wurde für den VW 1600 eine Vollautomatik, auch sie mit drei Vorwärtsstufen, angeboten. Es handelte sich um VW-Eigenentwicklungen. In Verbindung mit den neuen Getrieben erhielten die VW 1500 bzw. 1600 eine neue Hinterradaufhängung mit Dreieckschwingen und Doppelgelenk-Halbachsen. Mit dieser Radführung wurde die Übersteuertendenz der traditionellen VW-Pendelachse deutlich eingeschränkt. Natürlich dachte man mit der Automatik nicht zuletzt an den amerikanischen

Markt. Wegen der dortigen Abgasbestimmungen besaß der VW 1600 übrigens bereits eine elektronisch gesteuerte Bosch-Benzineinspritzung. Diese wurde im Verlaufe des Jahres 1968 auch in europäischen Ländern lieferbar.

VW 411 Im Mai 1968 wurden erste Bilder von einem kommenden großen VW, dem Modell 411, veröffentlicht. Es war wiederum ein Heckmotorauto, jedoch mit langgestrecktem Bug und schräg abfallendem Heck hinter dem mit zwei oder vier Türen erhältlichen Pavillon. In der viertürigen Ausführung besaß dieser im VW-Styling gehaltene Wagen ein drittes Seitenfenster. Seine detaillierte Vorstellung fand traditionsgemäß im August statt. Auf einem um 10 auf 250 cm verlängerten Radstand wurde nun schon fast ein Oberklassefahrzeug angeboten, das einen nochmals um rund 100 auf 1679 cm³ vergrößerten Boxermotor besaß. Mit 90 × 60 mm handelte es sich um eine ausgesprochene Kurzhubmaschine. Sie leistete 68 PS bei vergleichsweise hohen 4500/min. Die gegenüber dem Typ 1600 um 30 auf 452,5 cm angewachsene Karosserie war nun selbsttragend konstruiert. Die Vorderräder wurden an Federbeinen geführt, und hinten fand sich eine Schräglenkeraufhängung mit Dreieckstreben. Zur Ausrüstung zählten auch hier vordere Scheibenbremsen und überdies ein Bremsdruckbegrenzer für die Hinterräder sowie Gürtelreifen. Eine Neukonstruktion war auch das Getriebe mit durch die hohle Getriebehauptwelle führender Antriebswelle. Besonders raffiniert gelöst war das Heizsystem, das bei luftgekühlten Motoren stets Probleme stellte.

Im Modelljahr 1969 wurden alle Limousinen der Reihe 1600 mit der Schräglenker-Hinterachse ausgerüstet. Die Selektivautomatik wurde nun (in Verbindung mit der Schräglenkerachse) auch beim VW 1300 lieferbar. Die Käfer 1300 und 1500 hatten jetzt ein gepolstertes Armaturenbrett. Sämtliche Modelle wiesen Warnblinklichter auf, und die Tankeinfüllklappen konnten nun von innen entriegelt werden. – Doch es gab auch eine bedeutende Änderung in personeller Hinsicht: Am 12. April 1968 war Prof. Dr. Heinrich Nordhoff, der das Volkswagenwerk aus dem Schutt der Nachkriegszeit zum größten Autohersteller Europas geführt hatte, im Alter von 69 Jahren nach kurzer Krankheit verstorben. Sein Nachfolger wurde Dr. Kurt Lotz, der eine beispiellose Karriere bei BBC Deutschland hinter sich hatte.

Wohl konnte unter Lotz Ende 1968 die Produktion des 15millionsten VW gefeiert werden, doch der neue Generaldirektor wurde sich bald bewußt, daß für neue Impulse gesorgt werden mußte. Weder der Typ 3 noch der neu hinzugekommene Typ 4 (411) vermochten die in sie gesetzten Erwartungen zu erfüllen, und auf den Typ 1, den Käfer, durfte man gewiß nicht für alle Ewigkeit setzen. Darüber konnte auch nicht hinwegtäuschen, daß Vorgänger Nordhoff noch im Januar 1968 drei Dutzend abgewiesene Prototypen von Nachfolge- und Alternativmodellen öffentlich vorgezeigt hatte, um indirekt die «Unsterblichkeit» des Käfers und seiner Extrapolationen zu demonstrieren. Unter Lotz wurden am 21. August 1969 die Firmen Auto Union GmbH und die → NSU Motoren Werke AG zur Audi NSU Auto Union AG fusioniert. Damit hatte er sich auch das technische Potential der kleinen, aber rührigen Firma in Neckarsulm gesichert!

Für das Modelljahr 1970 wartete VW inzwischen mit einem besonders reichen Strauß von Detailverbesserungen auf. Von unten angefangen: Neu gab es bei der Käfer-Serie nun auch den VW 1200 mit 1,3-Liter-Motor und halbautomatischem Getriebe. Alle Käfer erhielten Felgen und Radschüsseln mit mattchromfarbenem Anstrich, der VW 1500 war durch zusätzliche horizontale Luftschlitze am Heck gekennzeichnet, und VW 1300 wie 1500 gab es auch in einer Ausstattung L mit nützlichem Zubehör einschließlich zwei Rückfahrlampen. Bei der Reihe 1600 stellte man eine um 12 cm verlängerte Bughaube mit entsprechend aufnahmefähigerem Kofferraum fest.

Wichtige Änderungen auch beim Typ 4: Dieser hatte jetzt einen 80 PS leistenden Motor mit serienmäßiger Benzineinspritzung und hieß entsprechend 411 E. Neu im Programm war ein mit 411 E Variant bezeichneter dreitüriger Kombiwagen. Die neuen 411 erkannte man an den Halogen-Doppelscheinwerfern. Auch im Innern fanden sich etliche Verfeinerungen, darunter ein Zeitschalter für die motorunabhängige Standheizung. Zudem besaß die Hinterradaufhängung jetzt einen Querstabilisator. Neu im Programm figurierte der Typ 181, ein Mehrzweckfahrzeug für den Gebrauch abseits guter Straßen. Dieses offene Berufs- und Freizeitauto mit vier Türen, Klappverdeck, großer Bodenfreiheit und kurzen Überhängen erinnerte an den VW-Kübelwagen, bot jedoch deutlich mehr Komfort und Leistung. Seine Heckmotor- und Hinterradantriebsmechanik stammte vom VW 1500. Anderseits war 1969 die Herstellung des größeren Karmann-Ghia-Coupés (Basis 1600 L) ausgelaufen. Von ihm waren seit 1961 bei Karmann 42 000 Exemplare gebaut worden. Das kleinere Karmann-Ghia-Coupé sollte es bis 1974 auf 362 000 und seine Cabrioletversion auf 81 000 Stück bringen.

Doch das Interesse der Fachwelt wie der Öffentlichkeit begann sich einem neuen, von NSU geholten Begriff zuzuwenden, nämlich dem Modell K 70, der bei VW – seiner Bezeichnung voll gerecht werdend – die siebziger Jahre einläuten sollte.

VW	Zyl.	cm³	DIN-PS	bei 1/min	Gänge	Spitze km/h	Radstand/ Länge	Baujahre	Besonderheiten (alle: Plattformr., luftgek. Heckmotor)
(Typ 1) Export/DL/									
Standard	B4	1192	30	3400	4	110	240/407	–1960	
Karmann-Ghia						115	240/414	–1960	
Export/DeLuxe	B4	1192	34	3600	4	115	240/407	1960–65	ab 1961: Bez. 1200
Karmann-Ghia						120	240/414		
Standard			30	3400		110	240/407		ab 1964: 1200a
1200 A	B4	1192	34	3600	4	115	240/407	1965/66	
1300		1285	40	4000		120		1965–	ab 1968: 4/3H
Karmann-Ghia						128	240/414	1965/66	
1200		1192	34	3600		115	240/407	1966–	ab 1969: a.W. 1300/3H
1500	B4	1493	44	4000	4	125	240/407	1966–	
Karmann-Ghia						132	240/414		
					4/3H				(ab 1968)
181	B4	1493	44	4000	4	110	240/378	1969–	Mehrzweckfahrzeug
(Typ 3) 1500	B4	1493	45	3800	4	125	240/423	1961–68	ab 1963: 1500 N
Karmann-Ghia						132	240/428	1961–63	ab 1965: 1500 A
									ab 1966: 1600 A
1500 S			54	4200		135	240/423	1963–65	(a.W. N-Motor)
Karmann-Ghia						145	240/428		
1600 TL	B4	1584	54	4000	4	135	240/423	1965–68	ab 1966 auch 1600 L
Karmann-Ghia						145	240/428		ab 1966: 1600 L
					4/A				(ab 1968)
1600 (diverse)						135	240/423	1968/69	a.W. 45-PS-Motor
							240/434	1969–	(dto)
Karmann-Ghia						145	240/428	1968/69	
(Typ 4) 411	B4	1679	68	4500	4/A	145	250/453	1968/69	
E			80	4900		155		1969–	mit Einspritzung

VW do Brasil

Die Firma Volkswagen do Brasil war im März 1953 in São Paulo gegründet worden. Wie in anderen Automobilfabriken Südamerikas ging es darum, Autos mit größtmöglichem Anteil von im Inland hergestellten Einzelteilen (local components) zu bauen, um den Bedarf an Devisen zu umgehen. Meist war anfänglich eine teilweise Montage mit Teilesätzen aus dem Mutterwerk nicht zu vermeiden. Am 7. Januar 1959 wurde in São Bernardo do Campo, in der Nähe von São Paulo, in Anwesenheit des brasilianischen Staatspräsidenten durch Prof. Nordhoff, den Generaldirektor von → VW, das neuerrichtete Werk von Volkswagen do Brasil dem Betrieb übergeben. Schon im Frühling 1960 lief dort der 10 000. VW-Personenwagen vom Band.

Hergestellt wurde natürlich der VW 1200, der sich auch unter den tropischen Klimabedingungen Brasiliens zu bewähren vermochte. Auch für das teils wenig ausgebaute Straßennetz brachte der «Käfer» hervorragende Voraussetzungen mit: gut belastete Antriebsräder, solider Unterbau und robuster Aufbau. Die technischen Daten entsprachen weitgehend dem deutschen VW 1200, doch blieb die Leistung mit Rücksicht auf die Benzinqualität noch stärker gedrosselt: 1965 zum Beispiel besaß der ansonsten mit dem 1200 Export identische Brasil-VW eine Verdichtung von bloß 6,6 statt 7,0:1. Dies entsprach dem VW 1200a, und demgemäß wurden nur 30 statt 34 DIN-PS und eine Spitze von 110 statt 115 km/h erreicht. Auf 115 km/h kam hingegen mit gleicher Antriebseinheit das dannzumal ebenfalls bereits hergestellte Coupé Karmann-Ghia.

Auffallend waren bei den brasilianischen VW die auf den Stoßstangen aufgesetzten «Chromzäune» zum Schutz vor den meist größeren, nach nordamerikanischer Art gebauten Konkurrenzwagen. 1966 fand sich im Angebot auch eine Pé de Boi genannte vereinfachte Ausführung des Käfers, bei der die Metallteile einschließlich Stoßstangen und Radkappen matt lackiert waren. Auf 1967 erhielten auch die brasilianischen Käfer den 1,3-Liter-Motor, jedoch mit auf 46 SAE-PS (statt 50) gedrosselter Leistung. Der südamerikanische Karmann-Ghia hatte nun die 1,5-Liter-Maschine, allerdings mit geringfügiger Leistungseinbuße: 52 statt 53 SAE-PS.

Schon 1967 rollte der 500 000. brasilianische Volkswagen vom Band, ein südamerikanischer Produktionsrekord! Im Jahr darauf wurde zusätzlich die Herstellung des Cabriolets Karmann-Ghia aufgenommen. Mit dem → Gurgel und dem → Puma gab es in Brasilien bereits auch kleine Spezialwagenwerke, die ihre Konstruktionen auf der VW-Mechanik aufbauten.

Der Wunsch nach einem viertürigen VW wurde auf der Automobilausstellung von São Paulo Ende 1968 mit einem Modell 1600 eigener Konzeption erfüllt. Wohl war es auf dem bekannten VW-Plattformrahmen mit 140 cm Radstand aufgebaut, doch zeigte es äußerlich gänzlich andere Aspekte. Im Gegensatz zu den deutschen VW 1600 hatte es eine eher kantige Stufenheckkarosserie mit die Front dominierenden Rechteckscheinwerfern. Mit 411 cm war es etwas kürzer als die deutschen Vorbilder, von denen die gesamte Mechanik inspiriert war.

Auch hier fanden sich nun vordere Scheibenbremsen und eine diagonale Ausgleichsfeder über der Hinterachse. Der 1,6-Liter-Boxer leistete 50 DIN-PS im Vergleich zu den 54 PS der deutschen VW 1600. An Armaturenbrett und Türen glänzten eine Holzmaserung vortäuschende Kunststoffüberzüge. Ein Jahr nach der Präsentation der viertürigen Limousine kam ein dreitüriger Kombiwagen Variant hinzu, der seinem deutschen Namensvetter ähnlich sah, jedoch ein einziges, langgestrecktes hinteres Seitenfenster mit eingebautem Ausstellflügel besaß.

Im Juli 1970 erreichte der Ausstoß von VW do Brasil die erste Million, doch im Dezember des gleichen Jahres sollte das Werk durch einen Großbrand betroffen werden. Dem Erfolg des führenden Automobilwerkes im flächenmäßig größten Land Amerikas tat dieser Zwischenfall aber keinen Abbruch.

Von oben nach unten:
VW (BR), 1966
VW (BR) Karmann-Ghia, 1966
VW (BR) 1600, 1969

VW (do Brasil)	Zyl.	cm^3	DIN-PS	bei 1/min	Gänge	Spitze km/h	Radstand/ Länge	Baujahre	Besonderheiten (→ VW)
Sedan	B4	1192	30	3400	4	110	240/407	1959–66	
Coupé Karmann-Ghia						115	240/414		
Sedan	B4	1285	38	4000	4	120	240/407	1966–	ab 1969: 1300
Karmann-Ghia						125	240/414	1966/67	
		1493	42	4000				1967–69	ab 1969: 1500
1600 Karmann-Ghia		1584	50	4200		135		1969–	
1600	B4	1584	50	4200	4	135	240/411	1969–	

VW-Porsche

Man sprach bereits seit Anfang Jahr von ihm, doch sein offizielles Debüt sollte erst auf der Internationalen Automobil-Ausstellung von Frankfurt im September 1969 erfolgen: Der VW-Porsche war ein Gemeinschaftswerk von → VW und → Porsche. Er war – wie einst der erste VW – von Porsche entwickelt worden und verwendete viele Teile aus der VW-Großserie. Die Karosserien entstanden bei Karmann (→ Anhang). Für den hochsportlich aussehenden Zweisitzer mit abnehmbarem Kunststoffdach war in Stuttgart eigens die VW-Porsche Vertriebsgesellschaft mbH gegründet worden.

Das Ungewöhnlichste beim VW-Porsche war wohl die Tatsache, daß er im Gegensatz zur VW- und Porsche-Doktrin einen Mittelmotor besaß ... wie 1948 der allererste Porsche-Prototyp. Doch es handelte sich nach wie vor um eine luftgekühlte Boxermaschine. Beim VW-Porsche 914 war es der 80 PS leistende 1,7-Liter-Motor mit elektronisch gesteuerter Benzineinspritzung aus dem VW 411 E, beim Modell 914/6 hingegen eine echte Porsche-Maschine mit sechs Zylindern, je einer obenliegenden Nockenwelle, zwei Fallstrom-Dreifachvergasern und 110 PS Leistung aus 2 Litern Hubraum. Beide Modelle boten ein 5-Gang-Getriebe, doch war auf Wunsch auch ein halbautomatisches Sportomatic-Getriebe von Porsche lieferbar.

Die im Windkanal geschliffene Karosserie besaß Klappscheinwerfer, im Gegensatz zu anderen Sportwagen dieser Art jedoch in vorstehenden seitlichen Rippen untergebrachte Blinker. Gerade dieses originelle und dem Fahrzeug zu einer unverkennbaren Form verhelfende Detail brachte dem VW-Porsche einige Designkritik ein. Die hinteren Dachpfosten waren fest montiert und wirkten mit ihrem breiten Verbindungssteg als Überrollschutz, wie man ihn auch beim Porsche-Modell Targa fand.

Die Vorderradaufhängung entsprach mit Querlenker und Längstorsionsfederstäben Porsche-Rezept, die hintere Einzelradaufhängung mit Schräglenkern sowie Schrauben- und Gummihohlfedern glich jener beim VW 411. Alle Räder hatten Scheibenbremsen, jene beim 914/6 waren vorne innenbelüftet. Dem Schutz der Insassen war durch eine Strukturierung der selbsttragenden Karosserie mit energieabsorbierenden Zonen und durch eine Innenraumgestaltung nach jüngsten Erkenntnissen vorrangige Bedeutung zugemessen worden. Die Ausführung 914 S hatte eine breitere und verchromte Stoßstange sowie einen schwarz gefärbten Überrollbügel, wie ihn der wesentlich teurere 914/6 aufwies. Dieser wurde – mit der Karmann-Karosserie – bei → Porsche gebaut, während die 4-Zylinder-VW-Porsche gänzlich bei diesem großen Karosseriewerk montiert wurden.

Mit dem VW-Porsche wurde erstmals ein Mittelmotorwagen in größerer Serie hergestellt. Allerdings wurde das Produktionsziel – 1969 sprach man von einem rund 50 000 Wagen erreichenden Ausstoß im ersten Produktionsjahr – bei weitem nicht erreicht. 1970 entstanden 22 991 VW-Porsche, ein Jahr darauf waren es nur mehr 16 126. 1973 wurde zwar mit über 28 400 Einheiten ein Höhepunkt erreicht, doch schon zwei Jahre später lief die Produktion endgültig aus. Insgesamt wurden 118 971 VW-Porsche gebaut.

Warszawa

Als die Fabryka Samochodow Osobowych (FSO) in Warschau zu Beginn der fünfziger Jahre mit dem Bau der Warszawa-Wagen begann, handelte es sich um eine Lizenz der russischen Pobjeda (Vorgängermarke von → Wolga). Auch in den sechziger Jahren wurde der Warszawa noch kaum verändert weitergebaut. Er hatte einen 2120-cm³-Motor mit stehenden Ventilen und eine hintere Starrachse mit Halbelliptikfedern, aber immerhin eine selbsttragende Karosserie. Diese besaß «Fließheckform». Es gab auch luxuriösere Ausführungen mit andersfarbigen Flankenteilen.

1961 wurde zum Warszawa 201 der Typ 202 mit obenhängenden Ventilen und 77 statt bloß 50 PS angekündigt. Ab 1963 wurde dieses Modell noch allein hergestellt. Doch auf 1965 folgte dann der Warszawa 203 mit Stufenheckkarosserie. Auch wenn die hohe, spitz zulaufende Motorhaube wie auch die Seitentüren mit den altmodisch kleinen Fenstern beibehalten wurden, so wirkte dieses Modell doch deutlich moderner. Die zweigeteilte Frontscheibe war nun einer leicht gebogenen Ausführung gewichen, und das Kühlergitter hatte schlichte Rechteckform. 1967 kam eine Ausführung mit angesetztem Kombiheck hinzu, und 1969 wurde die Modellbezeichnung – auf Veranlassung von → Peugeot? – von 203 auf 223 gewechselt. – Die Warszawa-Personenwagen wurden bis Mitte der siebziger Jahre gebaut.

Oben: Warszawa 203, 1965
Links: VW-Porsche 914 (Karmann), 1970

VW-Porsche	Zyl.	cm³	DIN-PS	bei 1/min	Gänge	Spitze km/h	Radstand/Länge	Baujahre	Besonderheiten: luftgek. Mittelmotor
914	B4	1679	80	4900	5/4H	177	245/399	1969–	VW-Motor mit Einspr.
914/6	B6	1991	110	5800		201			Porsche-Motor

Warszawa	Zyl.	cm³	DIN-PS	bei 1/min	Gänge	Spitze km/h	Radstand/Länge	Baujahre	Besonderheiten
201	4	2120	50	3600	3	115	270/466	1955–63	SV!
202			70	4000		130		1961–64	(OHV)
203 (ab '69: 223)							270/474	1964–	

Wartburg

Der Wartburg war der Nachfolger des Ifa, der seinerseits die ostdeutsche Version des → DKW gewesen ist. Er war das Produkt des VEB (= Volkseigener Betrieb) Automobilwerks Eisenach. An die DKW-Abstammung erinnerten stets noch der Frontantrieb und der 2-Takt-Motor, der als Dreizylinder zunächst in Ostdeutschland zur Serienreife entwickelt worden war. Um 1960 gab es den Wartburg als viertürige Limousine, (dreitürigen) Kombi sowie als zweisitziges Coupé und Cabriolet. Besonders schmuck wirkte eine als Camping-Limousine bezeichnete fünftürige Kombiversion mit ins Dach gezogenen hintersten Seitenfenstern. Überdies wurde mit der Bezeichnung Wartburg Sport ein Cabriolet mit Aufsetzdach hergestellt, dessen Leistung bei gleichgebliebenem Zylinderinhalt von 900 cm³ dank eines zweiten Horizontalvergasers 50 statt 38 PS erreichte.

Die Wartburg besaßen ein Kastenrahmenchassis, die Vorderräder waren an unteren Dreieckquerlenkern und einer oberen Querblattfeder geführt, die starre Hinterachse wies eine hochliegende Querblattfeder auf. Zu den Besonderheiten zählte auch die Zentralschmierung. 1961 war die Version Sport aus dem Angebot verschwunden; die Leistung des Motors wurde nun mit 40 PS angegeben. 1962 entfiel auch das Cabriolet. Auf 1963 stieg der Hubraum des 3-Zylinder-2-Takt-Motors auf 991 cm³, womit die Serie nun mit Wartburg 1000 bezeichnet wurde. Die Leistung erreichte jetzt 45 PS.

Ende 1965 erhielten die Wartburg – unter Beibehalt des Kastenrahmens – einen neuentwickelten Unterbau mit vorderer wie hinterer Einzelradaufhängung mit Querlenkern, Schraubenfedern, Gummizusatzfedern und hinterem Querstabilisator. Anstatt des horizontal nach einwärts gebogenen Kühlergitters zeigten die Limousinen und Kombis jetzt ein flaches Gitter aus Waagrechtstäben, während das Hardtop-Coupé gar eine neue, höhere Motorhaube mit großem, rechteckigem Kühlergitter aufwies; zudem war das Heckfenster hier nicht mehr panoramaförmig.

Neuer 1000 Doch diese Neuerungen hatten nur kurze Zeit Bestand. Denn schon im Sommer 1966 wurde eine gänzlich neue Karosserie vorgestellt, mit der auch die sportlichen Aufbauversionen verschwanden. Der neue Wartburg 1000 war ein formliches Meisterstück, und er sollte denn auch bis tief in die achtziger Jahre unverändert hergestellt werden. Durch den Übergang zu einer schlichten, sauberen Pontonform hatte man bei wenig veränderten Gesamtabmessungen beträchtlich Innenraum gewonnen. Auch die Seitenscheiben waren leicht gewölbt, und es waren vor allem die großzügigen, modernen Fensterflächen, die den Wartburg jetzt zum weitaus modernsten Auto von Osteuropa machten. Auch der Kofferraum war dank der neuen Form beträchtlich gewachsen.

Der Unterbau konnte vom kurz zuvor in diesem Bereich modernisierten Vorgänger übernommen werden. Die Wartungsintervalle waren auf 50 000 km erstreckt worden. Der Motor hatte jetzt einen Fallstromvergaser mit verbesserter Ansauggeräuschdämpfung, doch blieb die Leistungsangabe mit 45 DIN-PS unverändert. Zu den fortschrittlichen Merkmalen zählten ein Bremskraftbegrenzer für die Hinterräder ebenso wie der Lüftungseintritt an den hinteren Dachträgern gegen Heckscheibenbeschlag. Mit dem neukarossierten Wartburg konnte man auch auf den verschiedenen westlichen Exportmärkten wieder Furore machen – trotz 2-Takt-Motor und dank tiefem Preis. Nebst der Limousine in Standard- und de-Luxe-Ausführung gab es ab Herbst 1967 von der jetzt mit 353 bezeichneten neuen Wartburg-Serie auch wieder einen Kombi. Er war fünftürig (mit angepaßten hinteren Seitentüren) und hieß Tourist. Zudem war das nach wie vor mit Lenkradschaltung versehene 4-Gang-Getriebe nun vollsynchronisiert. In der zweiten Hälfte 1969 wurde die Motorleistung auf just 50 PS angehoben.

1967 wurde im Automobilwerk Eisenach ein Museum eröffnet, mit dem auch an ehemalige → BMW-Konstruktionen erinnert wird. – Die Wartburg-3-Zylinder-Motoren dienten auch für die rennsportlichen Aktivitäten in der DDR, wobei vor allem Konstruktionen von Melkus Erwähnung verdienen.

Von oben nach unten:
Wartburg, 1961
Wartburg 1000 Coupé, 1966
Wartburg 1000, 1967

Wartburg	Zyl.	cm³	DIN-PS	bei 1/min	Gänge	Spitze km/h	Radstand/ Länge	Baujahre	Besonderheiten
	3	900	38	4000	4	115	245/430	1956–61	Kastenrahmen,
Sport			50	4200		140	245/436	1957–61	Frontantrieb,
			40	4000		115	245/431	1961/62	2-Takt-Motor
1000		991	45	4200		125		1962–66	
(353)						127	245/422	1966–69	
353			50	4250		130		1969–	

Warwick

Warwick war die Nachfolgemarke von → Peerless. Sie war in der zweiten Hälfte des Jahres 1960 von der Bernard Rodger Development Ltd. im englischen Slough gegründet worden. Konstrukteur Rodger war bereits bei Peerless dabeigewesen. Die Kunststoffkarosserie des recht attraktiv geformten knapp viersitzigen Sportcoupés wurde von der Firma James Whitson & Co. hergestellt, während der Antriebssatz vom → Triumph TR 3 abgeleitet war (2-Liter-4-Zylinder-Motor mit 101 PS, 4-Gang-Getriebe, auf Wunsch mit Laycock-de-Normanville-Schnellgang). Als Unterbau diente ein Rohrrahmenchassis mit hinterer De-Dion-Achse, die mit Halbelliptikfedern verbunden war! Der Warwick GT wurde schließlich – mit Buick-3,5-Liter-V8-Motor und Jaguar-Getriebe – bis 1962 in kaum 20 Exemplaren gebaut.

Oben: Warwick GT, 1961
Rechts: Willam City, 1970

Willam

Dieses Kleinstwägelchen mit immerhin vier Rädern wurde zunächst vor allem für den französischen Markt gebaut, wo es ab 1968 unter der Marke Willam kommerzialisiert wurde. Hersteller war die Firma Lawil, Costruzioni meccaniche e automobilistiche SpA, in Mailand. Die Marke Lawil sollte in den siebziger Jahren das führende Kleinstautofabrikat werden und in Italien wie in Frankreich eine Welle führerscheinfreier Minimalautos auslösen. Der Willam wurde in Frankreich als zweisitziges Coupé mit der Modellbezeichnung City – vor allem für Paris gedacht – wie auch als offenes, türloses Fahrzeug names Farmer propagiert.

Der luftgekühlte 1-Zylinder-2-Takt-Motor und das mit einem zierlichen Mittelschalthebel bediente 4-Gang-Getriebe stammten von → Innocenti, welches Unternehmen mit gleichem 125-cm³-Antriebsaggregat die Lambretta-Motorroller herstellte. Mit diesem 5,6 PS leistenden Motor war es möglich, einen Willam schon als 16jähriger zu lenken. Wahlweise konnte aber auch ein 8,4 PS starker 175-cm³-Motor bestellt werden. Als Chassis diente ein Fachwerkrahmen, die Vorderradaufhängung umfaßte obere Dreieckquerlenker und eine stabilisierende untere Querblattfeder. Die angetriebene Hinterachse war starr und an Halbelliptikfedern abgestützt. – Mit rund 2 m Länge ließ sich ein Willam auch quer parkieren!

Warwick	Zyl.	cm³	PS	bei 1/min	Gänge	Spitze km/h	Radstand/ Länge	Baujahre	Besonderheiten
GT	4	1991	101	5000	4/4+S	180	240/412	1960–62	Rohrrahmenchassis, Triumph-Mechanik

Willam	Zyl.	cm³	SAE-PS	bei 1/min	Gänge	Spitze km/h	Radstand/ Länge	Baujahre	Besonderheiten
City	1	125 175	6 8	4800	4	–60 –80	117/205	1969–	(s. Text)

Willys

Willys Motors in Toledo (Ohio) war in der Kriegs- und Nachkriegszeit vor allem durch die Herstellung des Jeep berühmt geworden. Dieses für militärische Zwecke entwickelte Vielzweckfahrzeug mit 4-Rad-Antrieb und Geländeuntersetzung war sozusagen der Urahn einer Fahrzeugkategorie, die schrittweise über die Jahrzehnte besonders im Zivileinsatz immer größere Beliebtheit erlangen sollte. Von 1951 bis 1955 hatte Willys mit dem Typ Aero auch einen kompakten Personenwagen hergestellt. Dieser sollte später in Brasilien (→ Willys Brasil) ein Nachfolgemodell finden.

1960 fand sich im Produktionsprogramm neben den verschiedenen nur teilweise als Personenwagen betrachteten Jeep-Typen (darunter der Typ Universal, die vereinfachte Ausführung Dispatcher und als tropischer Hotelzubringer mit gestreiftem Baldachin der Jeep Gala bzw. Surrey) der seit 1947 gebaute Willys Station Wagon, ein vergrößertes Jeep-Derivat mit oder ohne 4-Rad-Antrieb und Untersetzungsgetriebe. An die typische Jeep-Front schloß sich eine geräumige dreitürige, bis zu acht Sitzplätze bietende Kombikarosserie mit an Holzbeplankung erinnernder Seitenprägung an, die je nach Ausführung und Jahrgang unterschiedlich aussah.

Dieser Aufbau ruhte auf einem Kastenrahmen mit X-Traversen und vorderer wie hinterer Starrachse mit Halbelliptikfedern. Für den Antrieb bestand die Wahl zwischen dem Hurricane geheißenen 2,2-Liter-Vierzylinder mit hängenden Einlaß- und stehenden Auspuffventilen – dem eigentlichen Jeep-Motor – und einer 3,7-Liter-6-Zylinder-Maschine mit stehenden Ventilen der Motorenfabrik Continental. Bei den Ausführungen mit Hinterradantrieb stand zum 3-Gang-Getriebe zusätzlich ein halbautomatischer Schnellgang zur Verfügung. 1961 war auch von einem englischen Perkins-Dieselmotor für den Jeep die Rede. Er war ein Vierzylinder von 3,15 Litern Inhalt und mit 62 PS Leistung.

Im Frühling 1962 wurde der Continental-Motor durch eine Neukonstruktion aus eigenem Hause ersetzt. Sie war das Werk des neuen Chefkonstrukteurs N. A. Sampietro, und ganz im Gegensatz zu üblichen amerikanischen Motoren besaß diese Tornado 230 genannte Maschine eine obenliegende Nokkenwelle. Die Ventile waren schräghängend angeordnet und sowohl die Kolben wie die Brennräume halbkugelförmig geformt. Bei geringfügig vergrößertem Hubraum standen nun 146 statt 117 SAE-PS zur Verfügung.

Wagoneer Im Herbst 1962 kam erstmals seit langem ein gänzlich neues Willys-Jeep-Fahrzeug auf den Markt: der fünftürige Kombiwagen Wagoneer (dem mit dem Gladiator auch gleich eine Pick-up-Version zur Seite gestellt wurde). Der Wagoneer zeigte ein stylisiertes und verchromtes Jeep-Kühlergitter in moderner Wagensilhouette. Natürlich erfolgte der Antrieb durch den neuen Motor, dessen Leistung nun mit 142 PS angegeben wurde. Wie den Willys Station Wagon gab es den Wagoneer mit oder ohne 4-Rad-Antrieb. Als überraschende Neuheit stand aber als Alternative zum 3-Gang-Getriebe (bei Hinterradantrieb mit halbautomatischem Borg-Warner-Schnellgang, bei 4-Rad-Antrieb mit Geländeuntersetzung) ein 2-Stufen-Automatgetriebe (ebenfalls von Borg-Warner, bei 4-Rad-Antrieb ohne Geländeuntersetzung) zur Wahl.

Auf Wunsch waren Differentialsperren bzw. eine Differentialbremse Pow'r Lock sowie Servolenkung erhältlich. Das Chassis bestand beim Wagoneer aus einem Kastenrahmen mit fünf Traversen. Vorne wurde eine Einzelradaufhängung mit längsliegenden Torsionsstäben eingebaut (bei 4-Rad-Antrieb nur auf Wunsch)! Im komfortablen Interieur der charaktervollen kantigen Karosserie hatten sechs bis sieben Personen Platz; am Armaturenbrett fand sich ein Kompaß. – 1963 wurde Willys Motors von der neugegründeten Kaiser-Jeep Corporation übernommen (nachdem Henry J. Kaiser die Firma bereits ein Jahrzehnt zuvor übernommen hatte); damit wechselte auch der Markenname auf → Kaiser-Jeep!

Ganz oben: Willys Jeep Station Wagon, 1961
Darunter: Willys Jeep Wagoneer, 1962

Willys	Zyl.	cm³	SAE-PS	bei 1/min	Gänge	Spitze km/h	Radstand/Länge	Baujahre	Besonderheiten
Station Wagon 475	4	2199	76+	4000	3+S/2×3	110	266/448	1955–63	Kastenrahmen, Starrachsen, gegengest. Mot., a.W. 4×4
6-226	6	3706	117	3650		130			
Wagoneer	6	3773	142	4000	3/3+S/A/2×3	130	279/467	1962/63	Kastenrahmen, a.W. 4×4

Willys Brasil

Ab März 1960 baute die Willys-Overland do Brasil SA in São Paulo (Brasilien), eine Tochterfirma der nordamerikanischen Willys Motors (vormals Willys-Overland), den Aero-Willys 2600, ein Nachfolgemodell des von 1951 bis 1955 in den USA vom Jeep-Hersteller gebauten Aero-Personenwagens. Der Aero-Willys hatte eine recht modische Form mit auskragenden Scheinwerfer-Überdeckungen und Hecklichtern. Er besaß eine selbsttragende Karosserie und eine übliche hintere Starrachse mit Halbelliptikfedern. Für den Antrieb sorgte ein 2,6-Liter-6-Zylinder-Motor mit Jeep-gemäßer Ventilauslegung: Einlaßventile hängend, Auslaßventile stehend angeordnet. Das 3-Gang-Getriebe hatte Lenkradschaltung, und das geräumige Interieur war sechssitzig ausgelegt.

Noch zu Beginn der sechziger Jahre baute Willys-Overland do Brasil unter Lizenz und mit der Marke Willys-Interlagos auch den eleganten kleinen französischen Sportwagen → Alpine mit Renault-Mechanik. Es handelte sich um den Typ A 108 mit 845-cm³-Heckmotor, dessen Leistung auf 53 SAE-PS gebracht worden war, und es gab die Kunststoffaufbauten sowohl als Cabriolet wie als Coupé und als Berlinette. 1963 kam die Lizenzherstellung – ebenfalls mit kleinen Leistungs- und Ausrüstungsabweichungen – der → Renault Dauphine, Gordini und 1093 hinzu. Mit dem Dauphine 1093 wurde ebenso dem Leistungshunger der brasilianischen Autofreunde stattgegeben wie mit den Interlagos-Lizenzen der Alpine A 108 und A 110, die es bald auch mit frisierten 1-Liter-Motoren gab und die erfolgreich bei Rennanlässen eingesetzt wurden.

Ende 1964 erhielt der Aero-Willys eine leicht modernisierte Karosserie mit schrägem Heckabschluß, und es konnte nun zwischen vollsynchronisierten 3- und 4-Gang-Getrieben gewählt werden. Zudem wurde auf dem Salon von São Paulo mit der Bezeichnung Capeta der Prototyp eines auf dem Aero-Willys 2600 basierenden Sportwagens vorgestellt. Ein Jahr später tauchten erneut zwei neue Namen auf: Teimoso und Itamaraty, und sie kamen auch tatsächlich auf den Markt. Beim Teimoso handelte es sich um eine vereinfachte Version des Gordini, während im Gegensatz hiezu der Willys Itamaraty eine Luxusausführung des Aero-Willys war.

Auf 1967 wurde das Produktionsprogramm insofern gestrafft, als jetzt unter der Bezeichnung Willys-Interlagos nur noch der knapp 2+2sitzige Berlinette und bei den Dauphine nur noch ein mit Gordini III bezeichnetes Modell gebaut wurden. Die Itamaraty hatten jetzt ein weniger schlichtes Kühlergitter, und zudem gab es die siebensitzigen Repräsentationsversionen Itamaraty Executivo und Executivo Especial mit auf 3 Liter vergrößertem Hubraum, verlängertem Radstand und zwischen den Türen eingesetztem zusätzli-

Willys Brasil

Rechts: Aero-Willys 2600, 1963
Darunter: Willys Itamaraty Executive, 1967
Unten: Willys Rural, 1968

chem Seitenfenster sowie Separation. Als rennsportlicher Prototyp wurde ein Spider 1300, stets noch auf Alpine-Basis, vorgestellt.

Mit dem Modelljahrgang 1968 folgte der Gordini IV. Inzwischen war auch der Willys Rural in Produktion genommen worden, eine Lizenzkonstruktion des in den USA ab 1947 gebauten → Willys Station Wagon, einer direkten Jeep-Abwandlung. In Brasilien wurde dieses Vielzweckfahrzeug mit dreitüriger Kombikarosserie ebenfalls mit Hinterrad- oder 4 × 4-Antrieb angeboten. Das Kühlergesicht war individuell gestaltet und zeigte wie der Aero-Willys 2600, mit dem der Rural den gegengesteuerten Motor teilte, eine vertikale Zweiteilung. – Schon 1967 hatte Ford, der weltweit zweitgrößte Autokonzern, Willys-Overland do Brasil übernommen, so wie Jahre zuvor Willys USA in → Kaiser aufgegangen war. Die Zusammenarbeit von Willys-Overland do Brasil mit der französischen Régie Renault (die eine Minderheitsbeteiligung besaß) hatte jedoch zu einer Entwicklung mit dem Ziele geführt, den kommenden Renault 12 mit Vorderradantrieb auch in Brasilien herzustellen. So kam es, daß diese Fahrzeugreihe unter der Marke Ford und mit der Modellbezeichnung Corcel bei leicht geändertem Karosseriestyling in Südamerika auf den Markt kam, bevor es in Europa einen Renault 12 gab: Der Corcel debütierte auf dem Autosalon von São Paulo Ende 1968 (→ Ford Brasil). Der Aero-Willys, der Itamaraty (auf 1969 beide mit Leistungssteigerungen) wie der Rural wurden auch unter dem Ford-Regime bis 1970 als Willys-Produkte weitergeführt; dann folgte auch hier der Markenwechsel auf Ford. – Ende 1968 hatte das brasilianische Unternehmen übrigens die Herstellung des 500 000. Wagens feiern können (wovon – seit 1952 – 205 000 Jeep und 76 000 Renault und Alpine).

Willys Brasil	Zyl.	cm³	SAE-PS	bei 1/min	Gänge	Spitze km/h	Radstand/ Länge	Baujahre	Besonderheiten
Aero-Willys 2600	6	2638	110	4400	3	150	274/468	1960–70	gegengest. Motor.
Itamaraty					4		274/478	1965/66	Taxi: 90 PS
		3014	128	4400		140		1966–70	ab '64: 3/4 G.
Itamaraty Executivo						136	345/552	1966–68	ab '67: 112/130 PS
									ab '68: 130/140 PS
Interlagos A 108	4	845	53	5600	4	155	210/385	1962–68	Heckmotor, Liz.
		998	70	6250	5	185			Alpine
A 110									(→ Alpine)
Dauphine	4	845	31	4200	3	115	227/395	1963–66	Heckmotor, Liz.
Gordini			40	5200	4	125		1963–68	Renault
Dauphine 1093			53	5600		140		1963–66	
Rural	6	2638	90	4400	4/2 × 3	125	265/460	1967–70	«Gelände-Kombi»

Wolga	Zyl.	cm³	SAE-PS	bei 1/min	Gänge	Spitze km/h	Radstand/ Länge	Baujahre	Besonderheiten
M 21	4	2445	75	4000	A/3	135	270/483	1957–62	a.W. 80/4000
Perkins-Diesel		1620	43	4000	3	115		1960–62	
Rover-Diesel		2286	65	4000		120		1962–71	
		2445	86	4200		135		1962–64	a.W. 97/4000
			90	4000			270/481	1964–71	a.W. 95/4000
Indénor-Diesel		1946	68	4500	(4)	120		1968–70	
M 24	4	2445	95	4700	4	–145	280/474	1968–	a.W. 105 u.112 PS

Wolga, GAZ

Im Jahre 1955 war von dem russischen Nutzfahrzeug- und Personenwagenwerk GAS in Gorki der Wolga herausgebracht worden. Er besaß eine recht moderne Karosserie und war in robuster Standardbauweise gehalten. Ab 1959 wurde der mit rund 2½ Litern Inhalt ungewöhnlich großvolumige 4-Zylinder-Motor auf Wunsch mit einem automatischen Getriebe (hydraulischer Drehmomentwandler und 3-Gang-Planetengetriebe) gekuppelt. 1960 wurde dem Kühlergitter mit breiten senkrechten Öffnungen eine Version mit horizontalen Chromstäben zur Seite gestellt, und es gab jetzt auch einen fünftürigen Kombi (Bezeichnung M 22 statt M 21). Bei den in Belgien montierten Wolga wurde auf Wunsch ein englischer Perkins-Dieselmotor von 1,6 Litern Hubraum eingebaut. Diesem folgte 1962 ein Rover-Diesel von 2,3 Litern Inhalt. Das Normalkühlergitter hatte nun feinmaschige Senkrechtstäbe.

Kurz darauf wurden die Markenbezeichnungen GAZ (GAS) 21 C für die Limousine und 22 T bzw. G für den Kombi eingeführt, wobei allerdings auch die Bezeichnungen Wolga und Wolga Universal gültig waren. Das Automatgetriebe wurde inzwischen nicht mehr aufgeführt, anderseits gab es den Originalmotor seit einiger Zeit auch mit höherer Verdichtung und entsprechend höherer Leistung. Anfang 1965 wurde in Belgien ein Wolga 21 K mit französischem Indénor-«Selbstzünder» aus dem Hause Peugeot sowie mit Peugeot-4-Gang-Getriebe ausgerüstet, was zunächst zu verfehlten Spekulationen Anlaß gab, schließlich aber doch zu einem serienmäßigen Angebot führte.

Typ 24 Im Sommer 1968 kam zum Modell 21 C der Typ 24. Bei unverändertem Grundkonzept zeigte sich dieses Modell stark modernisiert. Der großkolbige 4-Zylinder-Motor wurde beibehalten und wurde auch hier mit verschiedenen Verdichtungsverhältnissen für östliche und westliche Benzinqualitäten und mit bis 112 SAE-PS Leistung angeboten. Anstatt des 3-Gang-Getriebes mit Lenkradschaltung fand sich hier eine 4-Gang-Ausführung mit Mittelschaltung. Doch gab es auch vom neuen Modell eine Version ohne vordere Einzelsitze für sechs Insassen. Gegenüber dem Modell 21 waren der Radstand um 10 cm verlängert und die vordere Radspur um 6 cm verbreitert worden. Die kürzer und niedriger (149 statt 162 cm) gewordene Karosserie war eine gekonnte Modernisierung der Wolga-Form. Die Gürtellinie war gestreckt, und die Fensterflächen waren vergrößert worden, während das Kühlergitter, nun mit integrierten Scheinwerfern, mit Senkrechtstäben für die traditionelle Markenidentifikation sorgte. Der Typ 21 wurde bis 1971 weitergebaut.

Oben: Wolga M 21, 1963
Unten: Wolga M 24, 1970

Wolseley

Die kleine, aber feine Tourenwagenmarke Wolseley fand in Großbritannien auch in den sechziger Jahren noch eine fest zu ihr haltende Stammkundschaft. Allerdings dürfte sie sich in erster Linie aus einer älteren Klientele zusammengesetzt haben. Die traditionsreiche Marke, die als Besonderheit lange Zeit ein nachts beleuchtetes Wappen im Kühlergitter besaß, ging auf das Jahr 1895 zurück. Damals, zur eigentlichen Pionierzeit, hatte sie ein von Herbert Austin entwickeltes erstes Modell herausgebracht. Es war ein Dreirad. 1905 hatte Austin seine eigene Autofabrik gegründet. Doch – wer hätte das erwartet? – 47 Jahre später kamen → Austin und Wolseley wieder zusammen, nämlich als Marken der British Motor Corporation. Bereits war Wolseley zu einer im individualisierten Styling gehaltenen Nebenmarke von Morris geworden. Mit der 1952 erfolgten Fusion der Nuffield-Gruppe (Morris, MG, Wolseley, Riley) und Austin zur BMC sollte sich die Wolseley-Eigenständigkeit schrittweise weiter reduzieren.

Immerhin umfaßte das Produktionsprogramm 1960 auch noch ein Modell, das in gleicher Grundform nur noch bei → Riley anzutreffen war, nämlich den Wolseley 1500. Er war eine nette, aber schon reichlich altbakkene kleine Limousine, die wohl eine der Marke entsprechend gepflegte Ausrüstung besaß, aber sonst über keinerlei aufregende Merkmale verfügte. Das mittlere Modell war der in gleicher Weise motorisierte Wolseley 15/60, dessen Karosserie in Trapezform bis auf das Kühlergitter und die Detailzier den übrigen 1,5-Liter-Modellen von BMC entsprach: → Morris Oxford, Austin Cambridge, MG Magnette und Riley 4/68. Am oberen Ende der Wolseley-Skala stand der Typ 6/99, ein Sechszylinder, zu dem es bei Austin und Princess Parallelen gab. Wie bei den mittelgroßen BMC-Modellen stammte das Design auch hier von Pinin Farina.

Im Herbst 1961 erfuhr das gesamte BMC-Programm eine Verjüngung. Während der Wolseley 1500 in erster Linie ein neues Kühlergesicht mit verbreiterten, die Positionsleuchten mit umfassenden seitlichen Gittern erhielt, waren beim nun 16/60 genannten mittleren Typ wesentliche Fortschritte festzustellen: um 2,5 cm längerer Radstand, deutlich breitere Spur, entsprechend mehr Innenraum, verbesserte Hinterradaufhängung, vor allem aber ein neuer Motor mit 1622 cm³ Inhalt und höherer Leistung. Zudem war nun auf Wunsch ein automatisches Borg-Warner-Getriebe zu haben. Der große Wolseley erfuhr Änderungen ähnlicher Art: um 5 cm verlängerter Radstand, weichere Hinterradfederung mit Querstabilisator, um 12 PS erhöhte Leistung. Aus dem 6/99 wurde damit der 6/110. Er war weiterhin wahlweise mit einem 3-Gang-Getriebe und halbautomatischem Borg-Warner-Schnellgang oder mit Borg-Warner-Getriebeautomat lieferbar.

Wolseley

Von links nach rechts:
Wolseley 6/110, 1963
Wolseley Hornet Mark III, 1967
Wolseley 16/60, 1967
Wolseley 1300, 1968
Wolseley 18/85, 1967

Hornet Ein Überraschung war jedoch der Wolseley Hornet, der (parallel zum Riley Elf) neu hinzukam. Einen Hornet hatte Wolseley schon zur Vorkriegszeit gebaut, die neue «Hornisse» war hingegen nichts anderes als ein verwandelter Mini (→ Austin Seven 850) mit Frontantrieb, Quermotor und Gummifederung. Doch war der Hornet seinem Markenimage entsprechend aufgewertet worden: Er zeigte eine traditionelle hochformatige Kühlerfront, und an das «Kistchenheck» war eine Verlängerung von 22 cm angesetzt worden, was einen größeren Kofferraum und einen etwas höheren Repräsentationswert ergab. Auch die Innenausstattung und das Armaturenbrett waren luxuriöser gehalten. Die Leistung entsprach jener des Mini.

Auf 1964 wurde der Hornet auf Wunsch mit dem gleichen, 4 PS stärkeren 1-Liter-Motor lieferbar, wie ihn der Riley Elf besaß, und auf 1965 erschien bereits der Hornet

Wolseley	Zyl.	cm³	PS *SAE	bei 1/min	Gänge	Spitze km/h	Radstand/ Länge	Bau-jahre	Besonderheiten
1500	4	1489	52*	4300	4	125	218/389	1957–65	
15/60			56*	4400		120	252/453	1959–61	
16/60		1622	62	4500	4/A	130	254/443	1961–	
6/99	6	2912	114*	4750	3+S/A	165	274/478	1959–61	
6/110			122	4850			279/478	1961–64	
			117	4750					
Mk. II			120	4750	4/4+S/A	170		1964–68	
			117	4750					
Hornet	4	848	35	5500	4	115	204/327	1961–64	Frontantrieb, Quermotor, h.E. Gummifederung
Mk. II		998	39	5250		125		1963/64	
Mk. III							204/331	1964–69	dto, Verbundfederung
1100	4	1098	56*	5500	4	142	237/373	1965–67	wie Hornet Mk. III
			55*	5600					
1300		1275	59	5250	4/A	146		1967/68	wie 1100
(Mk. II)			66	5750				1968–	
18/85	4	1798	81	5000	4/A	145	269/423	1967/68	wie Hornet Mk. III
Mk. II			87	5400		150+	269/434	1968–	

Mk III mit serienmäßigem 1-Liter-Motor und Hydrolastic-Verbundfederung. Im Juni 1964 wurde der 6/110 zum Mk II; er war nun noch luxuriöser ausgestattet und bot drei Getriebe zur Wahl: 4-Gang mit Stockschaltung (wie sie bisher nur für Polizeiwagen geliefert wurde, statt 3-Gang mit Lenkradschaltung), auf Wunsch mit Overdrive sowie neuer Automat Borg-Warner Typ 35. Überarbeitet wurden auch die vordere und die hintere Radaufhängung, und das verbesserte Bremssystem wies nun einen hinteren Bremskraftverteiler auf. Auf Wunsch war nun außer der bereits 1962 eingeführten Hydrosteer-Servolenkung eine besonders leistungsfähige Heizungs- und Lüftungsanlage Normalair erhältlich.

Wolseley 1100 und 18/85 Im Herbst 1965 wurde der richtungweisende BMC-Typ 1100 (→ Morris 1100) auch in die Marken Wolseley und Riley integriert. Ihre Unterscheidungsmerkmale waren abgesehen vom individuellen Kühlergitter die lederbespannten Sitze, das Edelholz-Armaturenbrett mit Polsterkissen und hochflorige Teppiche. Der Wolseley 1100 löste den Typ 1500 ab. Im Juni 1967 sollte auf den 1100 dann der 1300 folgen. Er war alsbald auch mit dem 4-Gang-Automatgetriebe BMC/AP erhältlich.

Doch schon im März 1967 war als Programmerweiterung der Wolseley 18/85 dazugekommen. Er war ein Äquivalent zum frontgetriebenen → Austin 1800, jedoch mit markentypischem vertikalem Kühlergrill. Natürlich fanden sich auch hier im Interieur Leder und Holz, doch war auch die serienmäßige Servo-Zahnstangenlenkung eine Besonderheit. Zudem war im 18/85 erstmals ein mit dem Quermotor kombinierter Getriebeautomat des eigens angepaßten Typs Borg-Warner 35 bestellbar. Der Wählhebel fand sich am Armaturenbrett.

Der Herbst 1968 brachte auch den Wolseley 1300 in einer Ausführung Mark II. Die Leistung wurde um 1,5 PS angehoben und das Interieur verfeinert. Schon im August 1969 wurde ein leicht verbesserter 18/85 Mk II angekündigt. Von diesem Modell waren bis dahin 14 000 Exemplare (von rund 200 000 gebauten BMC 1800) hergestellt worden. So hatten die verbesserten Vordersitze nun auch mittlere Armlehnen, zudem wurden unter anderem nun Sicherheitsschalter verwendet. Für eine Heckscheibenheizung war immer noch ein Mehrpreis zu bezahlen. – 1968 verschwand der 6-Zylinder-Wolseley 6/110 von der Bildfläche, 1969 wurde auch der kleine Hornet aufgegeben. Anderseits kam auf dem Londoner Salon jenes Jahres der 18/85 Mk II S hinzu. Mit 2-Vergaser-Motor bot er ein erhöhtes Leistungsniveau. Mit der 1968 zum Tragen gekommenen Großfusion zur British Leyland Motor Corporation begannen sich allmählich weitere Rationalisierungsbestrebungen abzuzeichnen. 1975 sollte für die angesehene Marke Wolseley die letzte Stunde kommen.

YLN

Schon Anfang der sechziger Jahre baute die Yue Loong Motor Company, Limited, in Taipeh auf Taiwan (Republik China) unter Lizenz → Datsun-Modelle. Der YLN 702 von 1961 entsprach bis auf äußere Kleinigkeiten dem Datsun Bluebird. Allerdings war die Leistung seines 1,2-Liter-Motors auf 48 statt 60 SAE-PS gedrosselt. 1962 folgte der Typ 704, nun mit 60 PS. Dem verjüngten Bluebird mit selbsttragender Karosserie entsprach der 1963 erschienene YLN 705. Der 1964 hinzugekommende Typ 801 war ein Pendant zum Nissan Cedric mit Panorama-Windschutzscheibe. Bereits 1965 folgte der 705 B mit 1,3-Liter-Motor, und 1967 kam der 801 A mit der längeren Karosserie des Datsun 2000, jedoch weiterhin dem 2-Liter-4-Zylinder-Motor (99 SAE-PS). 1968 wurde aus dem 705 B der 706 B; er besaß die jüngste Bluebird-Karosserie, nun in Verbindung mit einem auf 62 SAE-PS beschränkten 1,3-Liter-Motor (Original-Bluebird: 77 PS). Bis zu Beginn der siebziger Jahre übte man bei YLN nun Modellkonstanz.

Zaporojetz, ZAZ

Versuche, einen russischen Kleinwagen auf den Markt zu bringen, hatten unter Ing. Juri Dolmatowski schon Mitte der fünfziger Jahre begonnen. 1959 kam der Communard heraus, der Anfang 1960 auf Zaporojetz (= Saporojets) umgetauft wurde. Er wurde in der am Dnjepr gelegenen ukrainischen Stadt gleichen Namens gebaut. Seine Karosserieform erinnerte an den → Fiat 600. Er hatte einen im Heck untergebrachten luftgekühlten 4-Zylinder-Boxermotor von dreiviertel Litern Inhalt und bescheidenen 20 PS Leistung. Die Kraftübertragung erfolgte über ein 4-Gang-Getriebe. Für die Vorderradaufhängung wurden zwei Kurbellängslenker mit gebündelten Quertorsionsstäben verwendet, hinten fanden sich Dreiecklenker und Schraubenfedern.

Schon Mitte 1960 wurde eine geänderte Motorauslegung angekündigt: Der russische Kleinwagen hatte nun einen V4-Motor (Zylinderreihen im 90°-Winkel angeordnet) mit 23 PS Leistung. Zudem tauchten – nicht zuletzt für den bereits vorgesehenen Export –

Oben: YLN 801 Cedric, 1965
Rechts: Zaporojetz 966, 1965
Unten: Zaporojetz 1961

YLN	Zyl.	cm³	SAE-PS	bei 1/min	Gänge	Spitze km/h	Radstand/ Länge	Baujahre	Besonderheiten
702	4	1189	48	4800	3	115	228/391	–1962	Lizenz Datsun/Nissan
weitere Modelle: → Daten Datsun/Nissan!									
801 A	4	1982	99	5000	3	140	269/468	1967–	

Zaporojetz, ZAZ

die Markennamen Kosak und Star auf. Auf 1962 kam ein Zaporojetz mit einer völlig neu gezeichneten, sehr adrett wirkenden Karosserie mit großer, flacher Fronthaube hinzu. Die Maße blieben unverändert. Gleichzeitig wurde der Hubraum des V4-Motors auf 887 cm³ und die Leistung auf 26 PS erhöht. Nach wie vor gab es auf Wunsch eine automatische Fliehkraftkupplung.

1963 wurde für den Zaporojetz auch die Bezeichnung ZAZ (= SAS) 965 A eingeführt (vom Werk aus benutzte man daneben den Namen Baby-Car). In den Beneluxländern wurde die Ausführung mit der alten Karosserie als Yalta 850 verkauft. 1964 – nun wurde die Typenbezeichnung 966 verwendet – zeigte die Front des neueren Modells ein schmuckes falsches Kühlergitter, und die Kühlluft-Eintrittsöffnung über dem Hinterradausschnitt war nach außen gewölbt. Die Leistung wurde neuerdings mit 27 PS angegeben. Von der Fliehkraftkupplung war nicht mehr die Rede. Auf 1968 erhielt der jetzt mit 966 B bezeichnete Zaporojetz nebst anderen Verbesserungen eine höhere Frontscheibe. Zudem wurden nun Versionen mit 956-cm³-4-Zylinder-Reihenmotor (Yalta 1000, nur im Westen) und sogar mit 1,2-Liter-Maschine (966) angeboten; deren Leistung stand mit 44 und 45 SAE-PS zu Buche. Schon 1965 war übrigens auch eine Geländeausführung ZAZ 969 angekündigt worden. Der Yalta 1000 wurde wie der → Moskwitsch in Belgien montiert, wo auch der Motor vom Typ Renault Sierra (wie ursprünglich im → Renault 8 eingebaut) hinzukam.

Zeta

Die Lightburn Co. Ltd. in Camen, Südaustralien, die in ihrem Montagewerk Alfa-Romeo-Wagen zusammenbaute, brachte 1963 einen eigenen Kleinwagen, den Zeta Runabout, auf den Markt. Er wurde als Limousinchen und Kombi aufgelegt, wobei die eher modische als hübsche Kunststoffkarosserie mit der Rahmen-Boden-Anlage (Kastenrahmen mit Kreuzverstrebung) verschraubt wurde. Für den Frontantrieb sorgte ein luftgekühlter 2-Zylinder-2-Takt-Motor von Villiers. Bei 324 cm³ Hubraum gab er 16,5 SAE-PS ab. Das 4-Gang-Getriebe hatte Lenkradschaltung. Vorne wie hinten hatte der Zeta Einzelradaufhängung, vorne mit Dreieckquerlenkern und Schraubenfedern, hinten mit Längslenkern und Gummifederelementen. 1964 wurde ein Sportroadster lanciert; er hatte einen ½-Liter-Motor von → FMR im Heck und die Karosserie des englischen → Frisky, wurde jedoch nur in etwa 50 Exemplaren gebaut. Im folgenden Jahr erhielt der Kombi eine neue Karosserie – die überdachten Scheinwerfer wichen einem einfacheren Frontdesign –, doch 1966 wurde die Herstellung des kleinen 2+2-Sitzers mangels Verkaufserfolgs eingestellt; er war in bloß 360 Exemplaren gebaut worden.

Oben: Zeta Runabout, 1965
Links: Zeta, 1966

Zaporojetz, ZAZ	Zyl.	cm³	DIN-PS	bei 1/min	Gänge	Spitze km/h	Radstand/Länge	Baujahre	Besonderheiten
	B4	750	20	4000	4	96	202/331	1959/60	luftgekühlter
	V4	748	23	4000		90	202/333	1960/61	Heckmotor
965 A		887	26	4000		100		1962–64	
966			27	4000				1964–	ab '67: = 966 B
	4	1196	45*	4400		120		1967–	* SAE
Yalta 1000		956	41	5200					

Zeta	Zyl.	cm³	SAE-PS	bei 1/min	Gänge	Spitze km/h	Radstand/Länge	Baujahre	Besonderheiten
Runabout	2	324	17	5000	4	95	188/307	1963–66	→ Text

Zil

Er wurde (und wird noch) von den Automobilwerken Lichatchev in Moskau hergestellt, und seine Bezeichnung lautet auch SIL (Übertragung der russischen Schrift). Wie der → Tschaika der Gorki-Werke war er eine Weiterentwicklung früheren amerikanischen Packard-Designs. Doch verkörperte der Zil das höchste Niveau osteuropäischen Personenwagenbaus, und er war daher für die obersten Parteispitzenfunktionäre bestimmt. Der Typ Zil 111 wurde ab 1959 in Kleinserie gebaut und von einem 6-Liter-V8-Motor angetrieben, der 220 PS leistete. Die automatische Kraftübertragung erfolgte über einen Drehmomentwandler mit zwei Elementen und 2-Gang-Planetengetriebe, der eine Druckknopfbetätigung aufwies. Die achtsitzige Karosserie von nicht weniger als 603 cm Länge ruhte auf einem Kastenrahmen mit Kreuzverstrebung. Die Handbremse wirkte auf die Kardanwelle, ab 1963 auf die Hinterräder.

In jenem Jahr war die Karosserie bei unverändertem Radstand von 376 auf 614 cm verlängert und vorne sowie im Heckbereich umstylisiert worden. Ihre Frontgestaltung erinnerte wiederum an frühere amerikanische Wagen der Luxusklasse (Cadillac, Imperial). Die Leistung wurde nun mit 230 SAE-PS angegeben. 1967 folgte auf dieses 111 G genannte Modell der weit moderner wirkende Typ Zil 114. Dieser hatte einen 7-Liter-V8 mit 300 PS Leistung. Anstatt an Schraubenfedern waren seine Vorderräder nun an Torsionsfederstäben abgestützt. Die Länge hatte nun imposante 628,5 cm erreicht. Der Zil 114 sollte erst 1978 durch eine noch eigenständiger geformte Konstruktion abgelöst werden . . .

Oben: Zil 111 G, 1965
Links: Zil 111, 1961

Zil	Zyl.	cm³	PS	bei 1/min	Gänge	Spitze km/h	Radstand/ Länge	Baujahre	Besonderheiten
111	V8	5980	220	4200	A	170	376/603	1957–63	Kastenrahmen
G			230*	4200		160	376/614	1963–67	* SAE
114		6962	300*	4400		190	376/629	1967–78	

Anhang

Acadian Acadian war eine 1963 eigens für den einheimischen Markt geschaffene Marke der General Motors Products of Canada. Nebst dem Namen unterschied sie sich durch eine eigene Kühlergrillgestaltung und Dekordetails von den Parallelprodukten aus den USA. Mitte der sechziger Jahre gab es die Modelle Canso, Invader und Beaumont, und diese in teils verschiedenen Ausführungen. Während die Canso und die Invader in technischer Hinsicht den → Chevrolet Chevy II entsprachen, war der größere Beaumont weitgehend mit dem Chevelle identisch. Es standen auch hier je zwei 6-Zylinder- und V8-Motoren zur Wahl. Dies galt auch noch in den siebziger Jahren. (Inzwischen werden die Acadian auch bei Pontiac USA gebaut, jedoch ausschließlich für den kanadischen Markt.)

Aerocar 1968 stellte die Firma Wagner Helikoptertechnik in Friedrichshafen eine Aerocar genannte Kombination von Hubschrauber und Auto (mit hydraulischem Radantrieb) vor. Er hatte gegenläufige Rotoren und kam ohne Heckrotor aus. Man sprach von einem Preis, der 50% unter jenem konventioneller Helikopter liegen sollte ... Zwei Jahre später präsentierte die Firma Advanced Vehicle Engineers in Van Nuys (Kalifornien) einen **Aircar**, der sich aus einem Pontiac Firebird und Teilen einer Cessna Skymaster zusammensetzte; auch hier plante man eine Serienfertigung. – «Autoflugzeuge» oder «Flugautos» wurden auch früher immer wieder konstruiert.

Allardette Die Allard Motor Company war ein berühmter englischer Hersteller von Sportwagen mit (vor allem) amerikanischen V8-Motoren gewesen. 1960 wurden solche Liebhaberstücke allerdings nur noch auf Bestellung gebaut. 1962/63 wurde der Allardette in Produktion genommen, ein → Ford Anglia mit sportlich angepaßtem Fahrwerk und dem 1,5-Liter-Motor aus dem Ford Classic und vorderen Scheibenbremsen. Auf Wunsch war dieses auch äußerlich sportlich aufgezäumte Fahrzeug mit Kompressor lieferbar.

Allemano Ein auch noch in der ersten Hälfte der sechziger Jahre aktiver Spezialkarossier mit Sitz in Turin. Es entstanden sowohl serienmäßige Aufbauten wie Einzelanfertigungen. Auch das attraktive → ATS-Coupé wurde bei Allemano eingekleidet. Nachdem die bei Allemano karossierten größeren → Abarth-Typen mit Frontmotor 1962 aufgegeben wurden, schuf diese Karosseriefirma eigene schmucke Fiat-1500-Cabrios mit Hardtop (1962) und -Coupés mit Doppelscheinwerfern (bis 1964). Auch ein Fiat-850-Fastbackcoupé stand 1964 noch im Programm.

Artes Die spanische Rennwagenfirma José Artes de Marcos zeigte auf der Autoausstellung von Barcelona im Frühling 1967 ein für die Kleinserie bestimmtes aerodynamisch eingekleidetes GT-Coupé Campeador mit 1,1-Liter-Gordini-Heckmotor, 110 PS, Vierrad-Scheibenbremsen, 230 cm Radstand und Kunststoffaufbau.

Ashley Der Ashley war kein ganzes Auto, sondern vordergründig bloß eine Karosserie für solche, die sich selber ein Auto bauen wollten. Natürlich stammte dieses Kunststoffcoupé mit Fastback aus England, und es lockte seine Käufer zunächst an der Londoner Racing Car Show von Anfang 1962 an.

Auburn (Replika) Ab 1969 wurde in Broken Arrow, Oklahoma, der berühmte Auburn Speedster 851 von 1935, dessen rassige Linien von Gordon Buehrig entworfen worden waren, nachgebaut. Im Vergleich zum Original wurde der Radstand von 323 cm beibehalten, die Spur um 5 cm verbreitert und die Höhe um 8 cm reduziert. Für den Antrieb sorgte der 7-Liter-Motor aus dem Thunderbird mit 365 SAE-PS und 4-Gang-Getriebe. Die Produktion erfolgte in kleiner Stückzahl.

Authi So hieß das spanische Zweigwerk von BMC in Pamplona. Ab Ende 1966 wurden dort → Morris und später zudem MG gebaut. Diese gelangten teils auch in den Export. 1975 wurde Authi von → Seat übernommen. Weitere spanische Namen: Fasa-Renault baute Renault, Barreiros Simca und Dodge und Munisa (bis Anfang 1967) Goggomobil! Der Anteil jener Teile, die in Spanien hergestellt wurden, war vorschriftsgemäß hoch.

Autobleu In den fünfziger Jahren hatte die in Paris niedergelassene Zubehör- und Frisierfirma Autobleu unter eigener Marke sportlich gekleidete Renault-Derivate vertrieben. 1967 tauchte der Name Autobleu erneut als Marke auf: Die Genfer Karosseriefirma Italsuisse (→ nachfolgend) hatte ein Cabriolet Peugeot 204 mit einem Fastbackdach sowie Doppelscheinwerfern versehen.

Autonova Der 1965 entstandene Autonova Fam war das Projekt für ein Familienkombi mit Glas-1300-Motor, das die Idee des → Renault 4 extrapolierte und modernisierte. Er war auf Initiative von Michael Conrad, Pio Manzù und F. B. Busch in Deutschland entstanden. Gleichzeitig wurde ein Autonova GT mit dem Heckmotor des NSU Prinz 1000 TT entwickelt (→ Delta, nachfolgend).

AWS Im Mai 1970 lancierte die Firma AWS mit Werk in Lich/Oberhessen als «Nachfolger» des Goggomobils den Piccolo, einen hochformatigen Kombiwagen mit Goggomobil-Mechanik, einer Karosserie in Steckbauweise mit kunststoffbeschichtetem Stahlblech sowie 247 oder 395 cm^3. Es sollte zu einer vorübergehenden Serienherstellung kommen.

Banshee So lautete der Name für eine adrette Flügeltüren-Coupékarosserie, die sich auf den MG- und den Triumph-Sportmodellen aufbauen ließ und ab Herbst 1965 in den USA angeboten wurde.

Bertone Das Turiner Karosseriewerk Bertone baute u. a. für Fiat den Typ 850 Spider und hievon abgeleitet ab 1966 vorübergehend auf eigene Rechnung und für den Eigenvertrieb Sonderversionen mit der Bezeichnung Convertibile Racer (Spider) und Berlinetta Racer (Coupé). Ab 1968 gab es zudem den Berlinetta Racer Team mit Sportbemalung, Zusatzscheinwerfern und, auf Wunsch, von → Giannini frisierter Mechanik. Technische Daten Racer entsprechend → Fiat 850 Sport. – Die Carrozzeria Bertone war jedoch vor allem wegen ihrer großartigen Spezialkarosserien berühmt geworden. Außerdem war eine ganze Reihe von Serienwagen in den Designstudios dieses Unternehmens entwikkelt worden, so unter vielen anderen die meisten Sportmodelle von Alfa Romeo, aber auch Limousinen von BMW, Mazda, Coupés von Lamborghini, Iso. Chefdesigner waren nacheinander die genialen Giorgetto Giugiaro und Marcello Gandini. Hier einige Einzelstücke, die teils im Kundenauftrag, teils als eigene Studienmodelle entstanden sind: 1960 = Ferrari 250 GT; 1961 = Aston Martin DB 4 Jet, Maserati 5000 GT; 1963 = Alfa Romeo 2600 HS, Chevrolet Corvair Testudo; 1964 = Alfa Romeo Giulia Sport Special, Alfa Romeo Giulia 1600 Canguro; 1965 = Ford Mustang Automobile Quarterly; 1966 = Porsche 911 Spider, Jaguar 3.8 FT; 1967 = Jaguar E-Type Pirana, Panther, Lamborghini Marzal, Fiat 125 Executive; 1968 = Alfa Romeo T 33 Carabo, Fiat 128 Coupé (Shopping); 1969 = Autobianchi A 112 Runabout Barchetta, BMW 2800 Spicup; 1970 = BMW 2002 TI Garmisch, Lancia Stratos 0, Simca Shake. Firmengründer Giovanni Bertone verstarb 1972 im Alter von 88 Jahren, die Geschäfte wurden bereits von seinem Sohn Nuccio Bertone geführt.

Beutler Im Karosseriewerk der Gebr. Beutler in Thun (Schweiz) waren während der fünfziger Jahre Spezialaufbauten in großer Zahl und in verschiedensten Varianten auf unterschiedlichsten Fahrzeugen entstanden. Zu Beginn der sechziger Jahre konzentrierte sich die Herstellung noch auf Spezialkarosserien auf Basis der VW-Konstruktion, der Porsche (viersitzige Coupés!) und der großen BMW. Auf dem Genfer Salon 1961 wurde beispielsweise noch eine wohlgelungene viersitzige Version des Porsche 356 B gezeigt.

Diverse kleine Fabrikate sowie italienische Spezialkarossiers

Boneschi Dieses in Mailand angesiedelte Karosseriewerk schuf in den sechziger Jahren noch zahlreiche Sondercoupés und -cabriolets, meist als Einzelstücke. 1960 entstand zum Beispiel ein originelles Cabriolet auf Basis Fiat 1500, 1961 folgten in kantigem Styling ein Cabriolet Lancia Flaminia und Coupés auf Alfa Romeo 2000 Sprint und für Osca, ein ähnliches Styling mit wuchtiger Front zeigte das Cabriolet Alfa Romeo 2600 Studionove von 1963, noch im Jahr zuvor waren allerdings der Maserati 3500 GT Tight mit Querrippe auf der Motorhaube und der Osca 1600 GT Swift als Fastbackcoupé kreiert worden. Der Swift wurde in verschiedenen Varianten gebaut, bevor 1964 noch der Fiat 850 Spider Daino vorgestellt wurde. Später wurden vorwiegend Fiat-Kleinwagen abgewandelt.

Britannia Unter diesem anheischigen Namen wurde 1961 die Lancierung eines GT-Coupés geplant. Das GT-Coupé der Britannia Cars Ltd., für die der Chassiskonstrukteur Tojero arbeitete, sollte ein Kastenrahmenchassis sowie einen Ford-Zephyr-Six-Motor (6 Zylinder, 2553 cm^3, 150 PS), ein 4-Gang-Getriebe mit Overdrive, eine Einzelradaufhängung auch hinten und eine zweisitzige, strömungsgünstige Kunststoffkarosserie besitzen . . .

BSH Ein französisches Sportwagen-Bausatzfabrikat von François Beunais (B) und Max Saint Hilaire (SH), das von der Société Marland in Issy-les-Moulineaux hergestellt wurde. Rohrrahmenstruktur mit Mittelträger für die Aufnahme eines Heckmotors von → Renault (R 8, R 8 S, R 8 Gordini oder R 16 TS). Polyester-Coupékarosserie in drei Teilen, Fahrwerk R 8 Gordini. Als Alternative zu den → Alpine auch für den Rennsporteinsatz gedacht (ab 1970).

Camber Von der Londoner Firma Checkpoint Race & Rally Equipment Limited auf der Racing Car Show im Januar 1967 vorgestellte Bausatz-Sportkarosserie für den BMC Mini. Der Camber GT war ein zweisitziges Kunststoff-Fastbackcoupé mit in die Front eingeschnittenen und plexiglasabgedeckten Rechteckscheinwerfern; eigenes Stahlrohrchassis und Stahlverstärkungen im Dach.

Canta Dieses kleinere Karosseriewerk in Turin schuf nach aktiveren fünfziger Jahren 1960 einen auf dem Turiner Salon gezeigten Spezialaufbau für den Fiat 500: Er hatte einen an den Lancia Appia erinnernden Mittelteil mit vier Türen (Hintertüren hinten angeschlagen) und ein langgezogenes Stufenheck.

Caprera Ein italienisches Karosseriewerk, das in Kleinstserien und einzelstückweise kleine Fiat-Modelle spezialkarossierte. Auf dem Turiner Salon 1963 wurde beispielsweise ein Fiat 600 vorgestellt, der zu einer drolligen viertürigen Limousine mit rundlicher Dachlinie gewandelt worden war. Später gab es – ebenfalls als Fiat-Derivate – die adretten Heckmotor-Spider und -Coupés Caprera 750 sowie (unter anderem) eine Kombiversion des Fiat 128.

Cegga Dies war die Marke der Schweizer Brüder Georges und Claude Gachnang in Aigle VD. Sie schufen verschiedene Rennsportwagen, 1965 (für einen Walliser Kunden) aber auch einen Cegga-Ferrari Berlinetta: «schneller Reisewagen», Ferrari 250 GT 2+2 mit verkürztem Radstand; Stromliniencoupé nach eigenen Entwürfen, gebaut bei Sports Cars/Drogo in Modena.

Chrysler Australia In Adelaide baute die australische Chrysler-Tochter eigene Versionen amerikanischer und kanadischer Modelle aus dem Chrysler-Konzern. Bis 1964 wurde der Typ Royal hergestellt, dann verlegte man sich ganz auf den Valiant, dessen Lizenzherstellung von 1962 bis 1971 dauerte. Der australische Valiant unterschied sich teils durch eine eigene Kühlergittergestaltung sowie auch durch technische Eigenheiten vom amerikanischen → Plymouth Valiant. Er hatte in der Basisausführung den 3,7-Liter-Motor; es wurden aber auch V8-Motoren geliefert.

Clauset Bereits auf dem Pariser Autosalon im Herbst 1959 war unter der Marke Clauset ein spezialkarossierter → Citroën 2 CV vorgestellt worden, von dem eine Kommerzialisierung im Verlaufe des Jahres 1960 in Aussicht gestellt wurde. Das durch sein eckiges Styling auffallende Coupé kam freilich nie in Serie.

Colani Der erst später international berühmt gewordene Formschöpfer und Designer Luigi Colani (damals Lutz Colani) aus Berlin schuf Anfang der sechziger Jahre eine extravagante Kunststoff-Spiderkarosserie, die sich auf den VW-Käfer-Plattformrahmen montieren ließ. Das Colani GT geheißene Fahrzeug mit einer Dach und Türen ersetzenden, hinten offenen Plexiglaskuppel soll in mehreren hundert Exemplaren gebaut worden sein. 1965 entstand ein niedriger BMW-Colani-Sportwagen (LS 700), und ab 1966 wurde mit dem Colani RS eine von Heinkel gebaute Kunststoffkarosserie kommerzialisiert, die sich mit den Motoren aus den Chevrolet Corvair, VW 1600 TL und Porsche kombinieren ließ.

Colli Bei diesem kleineren italienischen Karosseriewerk – es war in Mailand angesiedelt – entstanden noch 1963/64 Kombiversionen des Alfa Romeo Giulia TI; sie wurden mit Combinata und Giardiniera bezeichnet.

Condor Aguzzoli Anfang 1964 machte das Projekt für ein neues Hochleistungsfahrzeug, den italienischen Condor Aguzzoli GT, von sich reden. Initianten waren der Lebensmittel- und Alfa-Romeo-Händler Sergio Aguzzoli aus Parma sowie der Konstrukteur Luigi Bertocco. Das zweisitzige Kunststoffcoupé mit Rohrrahmenchassis, modifiziertem Alfa-Romeo-Giulietta-Mittelmotor (128 DIN-PS) und ZF-5-Gang-Getriebe war sowohl für die Straße wie für den Renneinsatz gedacht; es blieb ein Einzelstück.

Coune Von der Karosseriefirma Jacques Coune in Brüssel wurden verschiedene Sonderausführungen bekannter Modelle hergestellt: International bekannt wurde der belgische Kreateur zunächst einmal durch sein Schrägheckcoupé MG B 1800 Berlinette mit Panorama-Heckscheibe und Abrißheck (à la GTO; es gab ihn schon vor Erscheinen des MG B GT!). Bis 1965 wurden rund 50 solche Berlinettes hergestellt. Coune fabrizierte auch Kombiversionen der BMW 700 und 1800 (bis 1965/66), nachdem er bereits schmucke Kombis auf dem Mercedes-Benz 220 SE und überdies eine Cabrioletausführung des Volvo 122 S (1962/63) geschaffen hatte.

Daytona So hieß ein formvollendetes Coupé mit versenkt angeordneter Heckscheibe, das der italienische Luxuswagenhändler Carlo Bernasconi in Como auf 1967 lancieren wollte: Rohrrahmenchassis, De-Dion-Hinterachse, Motor Chevrolet Corvette V8 (5,3-Liter, 300 PS), Aluminiumkarosserie; Bau bei Neri & Bonacini in Modena. Auch ein Daytona II mit Chrysler-Motor war bereits vorgesehen.

De Carlo Ein Kleinwagen, der äußerlich dem Simca 1000 glich, aber nur zwei Türen besaß (offenbar ebenfalls mit Heckmotor), wurde im Frühling 1967 unter der Bezeichnung De Carlo SL in Argentinien lanciert. In der kühlergitterlosen Front fielen kleinformatige, leicht versetzt angeordnete Doppelscheinwerfer auf.

Delta Unter der Bezeichnung Delta I wurde 1967 von der Stuttgarter Firma Delta Design (→ Autonova, oben) durch Michael Conrad, Henner Werner und Detlef Unger ein offener Sportwagen auf NSU-Basis mit der ersten selbsttragenden Kunststoffkarosserie in Sandwichbauweise vorgeschlagen. Er wurde zum Delta V weiterentwickelt, einem Spider mit Überrollschutz für die Bodengruppe des VW Käfer (1969), den die Reifenfirma Metzeler Gummiwerke ab 1970 als Coupé in Bausatzform anbieten wollte (→ auch Dornier-Delta).

Denzel Der große österreichische Autohändler Wolfgang Denzel hatte von 1949 bis 1959 unter den Marken WD und Denzel 350

Diverse kleine Fabrikate sowie italienische Spezialkarossiers

Heckmotor-Sportroadster mit → VW-Aggregaten hergestellt (mit Stahlrohren versteiftes Kastenträgerchassis). Den Hubraum des luftgekühlten 1,2-Liter-Boxermotors hatte Denzel zuletzt auf 1281 cm^3 und die Leistung auf 65 DIN-PS erhöht, womit sich das Potential der Sportwagen aus Wien durchaus mit jenem der bereits industriell hergestellten → Porsche vergleichen ließ. 1960 entstanden in der Denzel-Konstruktionsabteilung die Prototypen eines → BMW 700 Coupés und eines BMW 700 Sportwagens. Sie waren zusammen mit der Karosseriefirma → Vignale entwickelt worden; das Coupé ging später bei BMW in Serie.

Devin Hier handelte es sich um ein amerikanisches Bausatzauto, einen eleganten Spider mit von Bill Devin entworfener Kunststoffkarosserie. Der Devin wurde 1960 unter Lizenz auch in Belgien hergestellt. Als Basis diente der VW-Käfer-Plattformrahmen, wobei zusätzlich ein Rohrrahmen verwendet wurde. Die mechanischen Elemente konnten anstatt von VW teils auch von Porsche übernommen werden.

Di Tella Die Sociedad Industrial Americana de Maquinas (SIAM) di Tella in Buenos Aires baute ab 1959 in Lizenz den Riley 1500, den sie Di Tella 1500 benannte. 1960 wurde ein Monatsausstoß von 1000 Stück erreicht.

Donnerstag Von der Firma Donnerstag in Frankfurt am Main wurde Ende 1963 eine viersitzige Kunststoff-Cabrioletkarosserie für die Montage auf die → VW-Modelle 1500 und 1500 S vorgestellt. Sie hatte eine strömungsgünstige Front mit (unabgedeckten) versenkten Scheinwerfern. – Ein ähnliches Styling hatte der Berliner Architekt Peter **Maier-**Asboe für sein etwa zur gleichen Zeit erschienenes Kunststoffcoupé auf der Basis → Auto Union 1000 S gewählt. Bei diesem gekonnt entworfenen Viersitzer fielen die halbkreisförmigen oberen Fensterabschlüsse an Front, Seiten und Heck auf.

Dornier-Delta Schon 1954 war vom ehemaligen Flugzeugwerk Dornier ein Kleinstwagenprojekt, der Dornier-Delta, vorgestellt worden. Aus ihm entstand 1956 der in 10 000 Exemplaren gebaute Zündapp Janus mit identischem Vorder- und Hinterteil. 1969 lancierte Sohn Claudius Dornier den Delta II als kubisches Stadtautoprojekt. Es war bei 131 cm Radstand 215 cm lang und bot vier Sitze sowie Schiebetüren. Eingebaut war ein → Goggomobil-Motor, doch träumte der Konstrukteur (vergeblich) von einem kräftigen Antriebsaggregat, das in Verbindung mit einem → Daf-Variomatic-Getriebe die Serienausführung antreiben sollte ...

Dove Der Dove GTR 4 war ein zum 2+2sitzigen Fastbackcoupé gewandelter Triumph TR 4, den L. F. Dove im Mai 1963 für Thomas Harrington (→ Sunbeam) fertiggestellt hatte.

Duesenberg Duesenberg war Amerikas berühmteste Automarke gewesen. 1965 nahmen Pläne Formen an, nach denen die Luxusmarke neu entstehen sollte. Es handelte sich um eine mächtige Prestigelimousine mit klassischem Kühlerschild. Für das Design zeichnete Virgil M. Exner, Exchefstylist von Chrysler, verantwortlich. Mit dem Bau des Prototyps wurde Ghia in Turin betraut. Er wurde 1966 fertiggestellt und wies hinten angeschlagene Hintertüren und Radkästen mit schwungvollem Zierrand auf. Für den Antrieb sorgte ein 7-Liter-V8 von → Chrysler. Auch Nachkommen aus der Familie Duesenberg waren am Projekt beteiligt. Schon 1966 sollten nach den ursprünglichen Plänen 300, später jährlich 2000 Wagen gebaut werden. Man sprach von einem Preis von gegen 20 000 Dollar. Außer der Leistung (431 SAE-PS bei 5000/min) waren auch der Radstand (349 cm) und die Länge (rund 620 cm, davon 203 cm Motorhaube) sowie weitere Daten bereits bekannt. 1971 und 1977 entstanden weitere neue Duesenberg-Projekte. Eine indirekte Erfüllung der Duesenberg-Pläne erbrachte der im Jahre 1970 lancierte neue → Stutz!

Ellena Karosseriewerk in Turin; kleidete verschiedene → Abarth ein und baute von 1962 bis 1964 auch eine Anzahl Coupés Fiat 1500 mit elegant geschwungener Gürtellinie und leicht einwärts gebogenem Kühlergitter.

Emery Die kleine englische Marke Emery befaßte sich vorwiegend mit dem Tuning des Heckmotor-Kleinwagens → Hillman Imp. An der Londoner Racing Car Show im Januar 1964 wurde der Emery GT gezeigt, ein zweisitziges Coupé mit Fließheck und vor der Hinterachse eingebautem Imp-Motor. Es wurde eine Kleinserie angekündigt.

Enfield Seine äußere Formgebung war hervorragend gelungen: Er war ein Kleinstauto mit kurzem Bug, großen Fensterflächen, Heckklappe und seitlichen Schiebetüren. Er hieß Enfield 465 und besaß eine 2+2sitzige Royalex-Kunststoffkarosserie. Sein Antrieb erfolgte mit einem Elektromotor und Batterien. Aktionsradius 56 km, 0–48 km/h in 10 s, Höchsttempo 65 km/h, Wendekreis 5,4 m, elektrisch geheizte Frontscheibe. Er wurde Ende 1969 vorgestellt und sollte tatsächlich in einer kleinen Stückzahl gebaut werden.

Eurostyle Die italienische Karosseriefirma Eurostyle trat am Autosalon von Turin im November 1969 mit einem niedrigen, eigenwillig geformten Coupé GT Sport Hidalgo auf Basis Fiat 125 auf; auch ein analoges viersitziges Coupé wurde propagiert.

Feng Huang (Phoenix) Ab 1960 von den Automobilwerken Shanghai (VR China) gebaute Mittelklasselimousine.

Ferguson Der britische Traktorenhersteller Harry Ferguson hatte sich schon in den fünfziger Jahren dem 4-Rad-Antrieb für Personenwagen (und Rennwagen) verschrieben. Die Harry Ferguson Research Limited baute mehrere Prototypen, so 1961 eine viertürige Limousine mit Allradantrieb, Boxermotor und Getriebeautomat. Doch mit dem Entwurf eines Serienfahrzeugs hatte Ferguson bereits → Michelotti beauftragt. Noch 1961 wurde ein eleganter fünftüriger Kombi mit 2,2-Liter-Boxermotor (91 PS, 113 kg), hauseigenem Teramala-Drehmomentwandler, drei Ausgleichsgetrieben, hydropneumatischer Aufhängung und Maxaret-Bremsblockierschutz präsentiert. In Serie kam diese primär auf höchste Fahrsicherheit ausgelegte Pionierkonstruktion leider nie. Hingegen erschien auf 1966 eine Sonderversion des Luxuscoupés → Jensen, und zwar der Jensen FF, der als erster serienmäßiger Personenwagen 4-Rad-Antrieb bot! Zu den weiteren Versuchsfahrzeugen zählte ein Ford Mustang (Jahrgang 1965), der 1968/69 zu Vergleichszwecken benützt wurde.

Filipinetti Beinahe wäre 1967 eine neue Schweizer Automarke geboren worden: In seinem Schloß von Grandson am Neuenburgersee ließ der Genfer Geschäftsmann und Rennstallbesitzer Georges Filipinetti durch den aus Italien stammenden hochtalentierten Konstrukteur Franco Sbarro ein Coupé auf VW-Basis konstruieren. Es hatte eine recht sportliche 2+2sitzige Fastbackkarosserie aus Kunststoff und wurde mit dem VW-1600-Motor bestückt, dessen Leistung man auf 70 PS geschraubt hatte. Das Interieur war komfortabel und luxuriös ausgestaltet. Leider entstanden nur zwei Wagen, der zweite mit plexiglasverschalten Doppelscheinwerfern. – Ab 1969 zeigte **Sbarro** eigene Konstruktionen, so am Genfer Salon jenes Jahres ein extravagantes Mittelmotorcoupé mit Ford-4,7-Liter-V8 und Heckflügel!

Fissore Das 1920 als Familienunternehmen gegründete Karosseriewerk Fissore in Savigliano (Cuneo, Italien) machte sich nicht nur durch Transformationen in Kleinserie von Fiat-Modellen einen Namen, sondern auch durch verschiedene Einzelstücke. So entstand beispielsweise 1962 ein sehr sportlich geformtes Coupé Fiat 1600 S mit geteilter Panorama-Heckscheibe, und ebenfalls auf dem Turiner Salon 1962 wurde ein Cabriolet Osca 1600 vorgestellt, das hierauf in das reguläre → Osca-Programm aufgenommen wurde. 1964 entstanden ein Spezialcoupé Volvo P 1800 und ein Stadtauto Aruanda (Entwurf des Brasilianers Ari da Rocha) und 1970 ein Coupé Autobianchi A 112. Aufgebaut wurden ferner Sport-, Hochleistungs- und Luxuscoupés wie Osca, Elva, TVR und Monteverdi. Es bestand auch eine Verbindung zu DKW-Vemag in Brasilien, und 1969 wurde der Mongho lanciert, ein von Aldo Sessano entworfener Kleinwagen (Basis Fiat 500 mit Giannini-Motor von 650 cm^3, Salon Turin).

Fletcher Die Norman Fletcher (Sales & Development) Ltd. in Walsall (Staffs) entwarf Anfang 1967 einen neuen Bausatzwagen, den Fletcher GT. Es handelte sich um ein kleines Fastbackcoupé ähnlich dem Mini Marcos, das auf den Unterbau sämtlicher Mini (850 bis Cooper S) gesetzt werden konnte.

Ford Australia Nicht nur in Deutschland und in England, in Argentinien und in Brasilien, sondern auch in Australien wurden Ford-Modelle gebaut, die von den → Ford-USA-Wagen abwichen. So glich etwa der Mitte der sechziger Jahre hergestellte australische Ford Falcon noch den älteren US-Falcon, und wenn seine Teile teils auch noch aus Amerika bezogen wurden, so hatte er doch ein eigens entwickeltes 3-Gang-Automatgetriebe. Vom Falcon abgeleitet wurde Ende der sechziger Jahre der Fairmont, der als Kombi auch in England angeboten wurde.

Ford of Canada Die kanadische Ford-Gesellschaft baute parallel zu Ford USA teils eigene Modellvarianten. Beispielsweise war der 1960 eingeführte Frontenac ein von den kanadischen Mercury-Händlern angebotenes Parallelmodell zum Ford Falcon. Der bis 1961 gebaute Monarch war hingegen der Mercury der Standardgröße.

Frua Pietro Frua besaß zwar nur ein kleineres Designstudio, dessenungeachtet zählte er zu den aktivsten Kreateuren spezialkarossierter Personenwagen, wobei er manche gewagte und viele höchst wohlgelungene Aufbauten auf die Räder brachte. Neben verschiedenen Fiat-Modellen erhielten bei Frua in Moncalieri (Turin) so unterschiedliche Fahrzeuge wie DB und VW, Maserati und BMW Sonderkarosserien. Meist handelte es sich um Einzelstücke, gelegentlich entstanden zudem weitere Kopien. Beachtung fanden ebenso das 1961 entstandene GT-Coupé auf Basis Citroën DS 19, die 1962 gebauten Studebaker-Limousinen-Karosserien wie der 1964 geschaffene Lotus Elan SS. Im gleichen Jahr entstand der Glas Ranch auf der Basis des Isar 700 als Vielzweck-Geländefahrzeug (mit Hinterradantrieb). Unter vielem anderem folgten beispielsweise BMW-Spezialkreationen (auf dem Salon Paris 1969 ein Coupé mit Fahrwerk 2002 TI und Bauteilen des Modells 2500). Der Turiner Karossier arbeitete auch mit der Genfer Firma Italsuisse (→ nachfolgend) zusammen. Nach vielen weiteren, ein typisches Styling zeigenden Kreationen verstarb Frua im Frühsommer 1983.

Gamma So nannte der damals 24jährige Wiener Designer Werner Hölbl ein von ihm entworfenes eigenwillig geformtes Coupé mit der Mechanik des Fiat 1500, das 1965 vorgestellt wurde. Es hatte eine Hardtop-Fastbacklinie mit Klappscheinwerfern und kleinem, erhöht zwischen diesen angeordnetem Kühllufteinlaß. Hölbl machte sich mit weiteren Entwürfen einen Namen.

Gecko Name eines Stadtautoprojektes, mit dem der Brite Stuart Smith 1967 an die Öffentlichkeit trat; offener Zweisitzer, hochstellbar, 200-cm^3-2-Takt-Motor. Es gab eine Reihe weiterer solcher Ideen; sie wurden teils auch für den innerbetrieblichen Transport mit Elektromotor verwirklicht.

Gepard Unter dem Namen dieser schnellsten aller Raubkatzen wurde auf der 2. Internationalen Sport- und Rennwagenausstellung in Essen (BRD) Ende 1969 ein attraktives Sportcoupé aus Leguval-Kunststoff vorgestellt. Es basierte auf dem → NSU TT 1200 und war die Schöpfung des früheren Flugzeugkonstrukteurs Helmut Kretzschmann aus Bonn-Beuel. Der Gepard war für den Alltagswie für den Renneinsatz gedacht. Er war ein zweisitziges Coupé mit niedriger Front, plexiglasverschalten Scheinwerfern und Flügeltüren! Als Unterbau diente ein Gitterrohrrahmen. Eine Herstellung in eigentlicher Serie scheint die Firma Gepard Fahrzeugbau nicht aufgenommen zu haben.

Gitane Die Marke Gitane war gegen Mitte 1962 vom britischen Kippfahrzeugkonstrukteur und Ingenieur G. Fowell ins Leben gerufen wurden. Der Gitane GT war ein schnittiges, bloß 1 m hohes Zweisitzercoupé mit Mittelmotor, Fastback und plexiglasverschalten Scheinwerfern. Beim Motor handelte es sich um das auf 84 PS frisierte Mini-Cooper-1-Liter-Aggregat. Rohrrahmenchassis, Vierrad-Scheibenbremsen, Aluminium-Karosserieteile waren einige weitere Merkmale. 1963 sollten die ersten hundert Exemplare gebaut werden; es kam nicht soweit.

Graber Hermann Graber in Wichtrach BE war der berühmteste der Schweizer Spezialkarossiers. Bei ihm hatten viele Prestigewagen ihr vornehmes Kleid erhalten. Zu Beginn der sechziger Jahre konzentrierte sich die Herstellung bei ihm auf den → Alvis Special und den Alvis Super, die in kleinen Serien in Handarbeit karossiert wurden. Die letzte Serie entstand von 1964 bis 1967; sie bestach durch die stylistische Feinheit des Aufbaus, der durch ruhige Linien und großzügige Fensterflächen gekennzeichnet war. Auch drei Exemplare eines viertürigen Alvis Sport Sedan wurden ab 1963 gebaut. Da die Wagen dieser Marke zu den letzten Konstruktionen zählten, die sich dank separatem Chassis für den Aufbau von Spezialkarosserien eigneten, war Hermann Graber mit dem Alvis-Ende auch die Grundlage für die Herstellung seiner qualitativ auf höchstem Niveau stehenden Sonderaufbauten entzogen. Zwar wandelte er bis 1969 noch → Rover 2000 und 3500 zu Cabriolets und Coupés, doch bedeutete das Verschwinden der kleinen englischen Marke Alvis auch das Ende der Epoche international beachteten schweizerischen Karosseriebaus. – Hermann Graber verstarb im Jahre 1970 im Alter von 66 Jahren.

GTM Auf der Londoner Racing Car Show im Januar 1967 gezeigte, recht gut geformte Kunststoff-Coupékarosserie für den Bau eines Mini-Cooper-Mittelmotorcoupés mit Stahlblechunterbau. Als Bausatz von der Firma Cox Limited angeboten.

Heron Beim Heron Europa handelte es sich um eine hübsche Sportcoupékarosserie, die äußerlich den Tornado-Modellen glich und die sich auf diversen Unterbauten aufkonstruieren ließ. Ein 1963 lanciertes weiteres Beispiel der zahlreichen englischen Kit-car-Aufbauten.

Ikenga Der Ikenga GT SP war eine individuelle «Zukunftsstudie» oder auch Utopie, die in amerikanischem Auftrag in England gebaut und auf dem Turiner Salon 1969 ausgestellt wurde.

Innovari Dies war der Name eines Traumwagens, der im Juni 1966 vom großen amerikanischen Stahlkonzern und Lieferanten der Autoindustrie United States Steel propagiert wurde. Er war ein Schrägheck-Sportkombi mit Vorderradantrieb und Drehgrifflenkung.

Italsuisse Diese Karosseriebaufirma in Genf-Carouge war nur während weniger Jahre kreativ tätig. 1960 entstand ein Italsuisse VW, dessen wohlgelungene Pontonform von Frua (→ oben) entworfen worden war. Es war eine für die USA bestimmte Serienherstellung vorgesehen. Für den Genfer Salon 1961 wurden ein wiederum von Frua entworfener → Maserati 3500 GT (2+2sitziges Coupé mit Doppelscheinwerfern), ein Studebaker-Coupé, ein Spider Fiat → Giannini 850 und ein Coupé Citroën ID gebaut. Es gab auch eine Zusammenarbeit mit Autobleu (→ oben); besonders wohlgeraten war das ebenfalls von Frua entworfene Cabriolet → Opel Kadett, das 1964 in Genf ausgestellt und auch 1965 noch angeboten wurde. Auf dem Genfer Salon 1966 zeigte Italsuisse eine von Frua entworfene Jaguar-E-Type-Frontgestaltung als Alternative zum Original.

Jamos Fast schien es 1963, als würde Österreich nach dem Denzel (→ oben) eine

Diverse kleine Fabrikate sowie italienische Spezialkarossiers

neue Sportwagenmarke erhalten. Der Wiener Autohändler Rudolf Moser hatte ein kleines Gran-Turismo-Coupé vorgestellt, das er zusammen mit dem Karosseriewerk Jauernig entwickelt hatte. Das Jamos 650 GT getaufte hübsche Gefährt hatte einen 335 cm langen Kunststoffaufbau mit Fließheck und basierte auf dem → Steyr-Puch 650 T. Sein Leergewicht wurde mit 470 kg angegeben, woraus sich je nach Tuningstufe des Motors (bis 46 DIN-PS) ein flottes Leistungsvermögen ableiten ließ. Aus Kostengründen blieb es jedoch nur bei dem einen Exemplar; es wurde 1982/83 restauriert. (Der in Italien gebaute → Imp, ebenfalls auf Steyr-Puch-Unterbau, hatte etwas mehr Erfolg.)

Kalmar Der Kalmar Tjorven war ein hochbeiniger Halbfrontlenker-Lieferwagen mit Kunststoffkarosserie und Daf-Antrieb, der von der schwedischen Kalmar Verkstads AB für die PTT gebaut wurde; ab November 1969 wurde er auch in einer Version für den privaten Personentransport angeboten.

Karmann Nicht nur Italien, sondern auch Deutschland besaß auch noch in den sechziger Jahren eine Reihe Karosseriewerke. Sie bauten jedoch nur ausnahmsweise stylistische Eigenschöpfungen, wandelten aber um so fleißiger Serienlimousinen der einheimischen Automobilindustrie zu Coupés und Cabriolets. Einige taten dies auch in offiziellem Auftrag, wobei allen voran die Wilhelm Karmann GmbH in Osnabrück erwähnt werden muß. Hier wurde vor allem das → VW-Cabriolet gebaut. 1955 erschien der VW Karmann-Ghia (Entwurf → Ghia), den es alsbald auch als Cabriolet gab, und 1961 kam der große Karmann-Ghia hinzu. Auch Porsche-Modelle wurden bei Karmann eingekleidet, und das Coupé BMW 2000 CS entstand ebenso bei diesem Karosseriewerk wie das Opel-Diplomat-Coupé (1965) und später der VW-Porsche 914. Auf der IAA 1967 waren drei zusätzliche Karmann-Cabrios zu sehen: zweisitziger BMW 1600, Audi Super 80 und Opel Commodore. Außerdem entstanden unzählige Prototypen. Auch mit dem ersten deutschen (Dune) Buggy (Dünenkäfer), dem GF von 1969 (anfänglich Floh genannt), befaßte sich Karmann, auch wenn die Kunststoffkarosserie von der Firma Silotechnik in Hamburg stammte.

La Bulle Projekt für einen Pariser Stadtwagen von Schriftsteller Henri Viard; Kunststoffkarosserie von 198 cm Länge, nach vorne aufklappbares Cockpit, 13-PS-Heckmotor mit automatischer Kraftübertragung, relativ große Räder. Etwa zur gleichen Zeit entstand der Vorschlag eines auf Kleinrädchen rollenden Stadtwagens des Designers Philippe **Charbonneaux.**

La Drôlette Projekt eines winzig kleinen Elektrostadtwagens des Ingenieurs André Thaon aus Clarens (CH), das auf dem Genfer Salon 1969 vorgestellt wurde. Dreiradchassis mit Elektromotor im Vorderrad, einplätzige Kabine mit Bürostuhl und kreissektorförmigen Drehtüren, 170 cm lang, 105 kg schwer, 80–100 km Reichweite (zwischen den Batterieladungen).

Lea Francis Diese kleine, aber wohlangesehene englische Marke hatte 1954 ihre Produktion eingestellt. Als Herstellerin von Maschinenteilen bestand die Firma weiter. 1960 trat sie mit dem Projekt für ein zwei- bis viersitziges Sportcabriolet in Stromlinienform an die Öffentlichkeit. Als Antriebsquelle war eine frisierte Version des Ford-Zephyr-2½-Liter-Motors in Verbindung mit einem 4-Gang-Getriebe mit Laycock-Schnellgang vorgesehen. Das Chassis bestand aus einem leiterförmigen Rohrrahmen, und die Räder wiesen Dunlop-Scheibenbremsen auf. Doch aus dem Comeback wurde nichts.

Ligier Nach einem Frua-Entwurf wurde auf dem Pariser Salon von 1969 der Ligier JS 1 vorgestellt. Die Initialen erinnerten an Guy Ligiers verunglückten Rennfahrerkollegen Jo Schlesser. Das niedrige Zweisitzer-Mittelmotorcoupé mit plexiglasverschalten Rechteckscheinwerfern wurde von einem Ford-Cosworth-Formel-2-Motor angetrieben und war denn auch für den Renneinsatz gedacht; doch wurde auch eine Zivilversion angekündigt.

Mantelli Dieses italienische Karosseriewerk zeigte auf dem Autosalon von Turin im November 1960 verschiedene Versionen von zwei- und viertürigen Stufenhecklimousinen auf Basis Fiat 500! Sie besaßen von den Kotflügelabschlüssen überkragte Scheinwerfer und Hecklichter, eine gleißende Kühlergitterattrappe und eine verhältnismäßig steile Panorama-Frontscheibe. Ihr Verkaufserfolg dürfte bescheiden geblieben sein.

Mantzel Albrecht-Wolf Mantzel war einer der bekanntesten deutschen Zweitaktspezialisten. Er entlockte DKW-Motoren erstaunliche PS-Zahlen. Von ihm getunte Aggregate wurden selbst in Formel-Junior-Rennwagen eingebaut. DKW-Mantzel-Limousinen waren bei Berg- und Rundrennen siegreich. Daneben schuf Mantzel auch attraktive Kunststoffcoupés, so Anfang 1962 auf Basis DKW Junior und im Juli 1966 auf dem DKW F 102 (auf Wunsch mit bis 100 PS).

Marbon Die Marbon Chemical Division der Borg-Warner-Gruppe stellte im Juni 1966 das Kunststoff-Versuchscoupé Marbon CRV-4 mit aerodynamischer Front vor. Im Mai 1967 wurde von Osi und Alpine ein Spider mit Karosserie aus Cycolac-Kunststoff von der Marbon Chemical Division präsentiert.

Marsonetto So hieß ein Frontantriebscoupé auf der Basis des Renault 16 TS, das auf dem Pariser Salon 1968 vorgestellt wurde. Es besaß eine 2+2sitzige Kunststoffkarosserie mit verschalten Scheinwerfern à la Jaguar E-Type.

Martini Von dem am Nürburgring niedergelassenen Autokonstrukteur und Rennfahrer Martini wurden verschiedene Kunststoffcoupés von gelungener Form für den Wettbewerbs-, aber auch für den Straßeneinsatz gebaut. 1964/65 bot er einen GT-Prototyp an, der wahlweise mit Motoren von BMW, Glas oder Austin (Cooper) ausgerüstet werden konnte.

Maxi Hatte nichts mit dem Austin Maxi zu tun, sondern war der eindrückliche Prototyp eines russischen Stadt- und Familienwagens, der 1968 erschien: Kombikarosserie mit kurzer, stark abfallender Fronthaube (ähnlich Halbfrontlenker), Schiebetüren (!) und Liegesitze. Leider ging diese bemerkenswerte Konstruktion nie in Serie.

MBM Diese drei Buchstaben standen für Monteverdi-Basel-Motors. Der junge Basler Selfmademan Peter Monteverdi hatte bereits mit Erfolg Formelrennwagen (bis hinauf zum Formel-1-Boliden) konstruiert und eingesetzt, als er sich auch zum Bau von zweisitzigen Rennsportwagen und Sportcoupés entschloß. Der offene MBM Sport wurde auf der Londoner Rennwagenschau im Januar 1961 ausgestellt, der MBM Tourismo erlebte seine Premiere auf dem Genfer Autosalon im Frühling 1962. Er war ein adrettes kleines Coupé mit Kunststoffkarosserie. Das MBM-Stahlrohrchassis besaß vorne eine Einzelradaufhängung mit Dreiecklenkern und Schraubenfedern, hinten eine Starrachse mit Schraubenfedern; vorne wurden Scheibenbremsen verwendet. Für den Antrieb diente der 997-cm^3-Motor aus dem → Ford Anglia, der sich, ganz nach Lust des Käufers, auf 50 bis 90 DIN-PS frisieren ließ. Der Tourismo blieb leider ein Einzelstück. → Monteverdi trat im Herbst 1967 mit GT-Wagen ganz anderen Kalibers an die Öffentlichkeit!

Mini Jem Als Alternative zum Mini Marcos nach zweijähriger Entwicklung auf 1967 propagierter Kleinsportwagen mit 2+2 Sitzen. Form in aerodynamischer Front im Windkanal getestet. Aufzubauen in angeblich 50 Stunden auf jedem Mini-Modell. Die Mini-Jem-Kunststoff-Fastbackcoupés der Londoner Jem (Developments) Limited erhielten über die Jahre einige Verbreitung.

Diverse kleine Fabrikate sowie italienische Spezialkarossiers

Monterosa Von diesem italienischen Karosseriewerk wurden teils kühn geformte Spezialaufbauten auf verschiedenen Fiat-Modellen angeboten. Auf dem Turiner Salon von Ende 1960 wurde beispielsweise noch ein sehr gut proportionierter Fiat 1500 Monterosa als Zweisitzercoupé mit Panorama-Heckscheibe ausgestellt.

Musketeer Weiteres Beispiel unter den zahllosen englischen Bausatzkarosserien: kleines Fastbackcoupé mit nach vorne bzw. hinten ausragenden Kotflügeln. Front als Ganzes nach vorne hochklappbar, mechanische Komponenten teils vom BMC Mini; kommerzialisiert 1962.

Nagari So hieß ein Sportcoupé auf Holden-Chassis, das von den Gebr. Graeme und Campbell Bolwell in Frankston bei Melbourne (Australien) im April 1970 als Projekt vorgestellt wurde. Für den Antrieb sorgten ein aus Kanada stammender Ford-Falcon-V8-Motor von 4,9 Litern Hubraum sowie ein 4-Gang-Getriebe. Bis 1974 gab es eine Produktion in kleinen Stückzahlen. Schon Mitte der sechziger Jahre hatten die Gebr. Bolwell Bausatz-Sportwagen auf Holden-Basis hergestellt.

Nardi Die Firma Nardi & Co. in Turin hatte bis Ende der fünfziger Jahre in Kleinserien kleine Sportwagen mit Teilen aus der Großserie (Fiat) hergestellt. In der ersten Hälfte der sechziger Jahre entstanden noch Liebhaberfahrzeuge in Einzelanfertigung auf Bestellung (z. B. 1961 nach → Michelotti-Entwurf für Amerikaner das Luxuscoupé Nardi Silver Ray mit Rohrrahmen, Alfa-Aufhängungen und Plymouth-Mechanik), womit das Unternehmen eher den Spezialkarossiers zuzurechnen war. Der Name Nardi wurde auch durch Zubehör (Umbau auf Mittelschaltung, Räder, Lenkräder) bekannt. Tuning-Spezialist Enrico Nardi verstarb im August 1966 im Alter von 57 Jahren.

Nembo (1) Auf Bestellung eines amerikanischen Kunden schufen Neri & Bonacini in Modena Ende 1965 ein GT-Fastbackcoupé namens Nembo, das äußerlich dem Bizzarrini Grifo ähnlich sah. Es hatte 245 cm Radstand und wurde von einem Ford-V8 (7-Liter-Competition-Version) angetrieben.

Nembo (2) Anfang 1970 lancierte die Firma Burgert-Kunststofftechnik in Dobbiaco/Toblach (Italien) ein zweisitziges Bausatzcoupé für den VW-Käfer-Plattformrahmen mit der Bezeichnung Nembo. Das recht sauber geformte Kunststoffauto hatte eine Panoramaheckscheibe und war 4 m lang und 120 cm hoch.

Nizza ... hieß hingegen ein 108 cm hohes Kunststoffcoupé für VW-Plattformrahmen, das im November 1968 von den Gebr. Burgert in Merklingen bei Stuttgart lanciert wurde.

Omega Der Omega wurde 1966 von Steve Wilder (New York) lanciert. Er war ein elegantes Coupé, dessen Linie 1964/65 von Robert Cumberford für Jack Griffith entworfen worden war. Die Karosserie wurde von der Firma → Intermeccanica aus Italien geliefert, und zwar gingen zunächst ein Dutzend Aufbauten an Griffith. Die Firma Omega wurde im Mai 1966 gegründet, einen Monat später wurde die Herstellung der Omega-Wagen gestartet. Hiezu lieferte Intermeccanica weitere 33 Karosserien nach Amerika. Die Mechanik für die Omega stammte hingegen von Ford USA; zunächst war es der 4,7-Liter-V8, für das Modell 1969 dann der 4,9-Liter. Doch noch im gleichen Jahr wurde die Marke Omega aufgegeben.

Pininfarina Hinsichtlich schöpferischer Tätigkeit und eigenen Produktionsumfangs bedeutendstes Karosseriewerk, im Raum Turin angesiedelt. Ab 1958 geleitet von Sohn Sergio Pininfarina und Schwiegersohn Renzo Carli. 1966 Entwicklungs- und Forschungszentrum eingeweiht, im gleichen Jahr Hinschied von Firmengründer Battista Pininfarina (Pinin Farina; 73). Schaffung sämtlicher Peugeot-Karosserien (ab Typ 403), zahlreicher BMC-Linien (Austin usw.), aller Ferrari sowie von Sportmodellen der Marken Fiat, Alfa Romeo und Lancia. Arbeiten auch für GM und weitere Hersteller. Produktion der Peugeot-Sportmodelle 404/405, Cabriolets und/oder Coupés Fiat, Dino, Lancia, Alfa Romeo, Ferrari. Bedeutende Einzelstücke: 1960 = «X» (Stromlinienstudie mit vorderem und hinterstem Einzelrad); 1961 = Lancia Flaminia Presidenziale (Staatsbesuch Königin Elisabeth); 1962 = Alfa Romeo 6C 2600 Cabrio, Chevrolet Corvair Coupé (diverse), Fiat 2300 S Speciale (Dach hebt sich für Ein- und Ausstieg hinten an), «Y» (Stromlinienstudie); 1963 = PF Sigma (Sicherheitsauto), Fiat 2300 S Lausanne, Chevrolet Corvette Rondine (diverse); 1964 = Mercedes-Benz 230 SL Speciale; 1965 = Dino Berlinetta Speciale; 1966 = Ferrari 365 P (2 Versionen); 1967 = Fiat Dino (Sportkombi), BMC 1800 (Stromlinienlimousine); 1968 = Alfa Romeo P 33 Roadster, Ferrari P 5/P 6, BMC 1100 (Stromlinienlimousine), Bentley T Speciale; 1969 = Abarth 2000 Prototyp, Alfa Romeo 33 Coupé, Ferrari 512 S Berlinetta Speciale, Fiat 128 Teenager, Sigma GP; 1970 = Ferrari 512 S Modulo ... – Die Pininfarina-Serienproduktion hatte sich von 1960 mit einem Ausstoß von 11 077 Aufbauten und 1970 mit 23 433 Einheiten mehr als verdoppelt.

Poccardi Die Carrozzeria Poccardi präsentierte auf dem Salon von Turin im Jahre 1969 einen von Pietro Frua (→ oben) entworfenen Fiat 125 Familiare mit drei Türen und Rechteckscheinwerfern sowie ein Coupé Fiat 125.

Probe 16 Auch Adams Probe 16 genannt. Vom «Daily Telegraph Magazine» zusammen mit dem Institute of British Carriage and Automobile Manufacturers angeregter «Leistungsbeweis» britischen Stylings. Vorgestellt auf der London Motor Show 1969. Verwirklicht von den Gebrüdern Dennis (Styling) und Peter (Technik) Adams in Bradford-on-Avon. Höchst bemerkenswertes futuristisches Design, ultraniedrig, großzügige Verglasung, gewölbte Radhäuser («weibliche Linien»), Klappscheinwerfer, Heckjalousie, Mittelmotor Leyland (BLMC) 1800.

Reutter Die Karosseriefirma Reutter war lange Zeit Hauptlieferant von Porsche gewesen. Daneben gab es einige Eigenentwicklungen, so 1961 eine ungewöhnliche viertürige Cabriokonstruktion für den Citroën ID/DS 19, bei der das Verdeck auch als Rolldach verwendet werden konnte. 1963 wurde das mit Porsche benachbarte Werk in Stuttgart-Zuffenhausen von der großen deutschen Sportwagenmarke übernommen. Im Reutter-Stammwerk werden die bekannten Recaro-Sportsitze hergestellt.

SAH Diese englische Tuningfirma überraschte an der Londoner Racing Car Show im Januar 1966 mit einem inoffiziellen Spitfire 6; hiezu hatte sie in den → Triumph Spitfire einen 2-Liter-6-Zylinder-Motor der Marke eingebaut (150 PS) und die Karosserie mit plexiglasverschalten Scheinwerfern sowie mit einem Überrollbügel versehen. Ab Ende der sechziger Jahre bot SAH Frisiersätze, aerodynamische Motorhauben und Hardtops für Triumph-Sportmodelle.

Savio Karosseriewerk in Turin; baute schon seit der Vorkriegszeit Spezialkarosserien, meist auf Fiat-Basis. 1960 zum Beispiel Fiat 1500 Coupé mit senkrechter Heckscheibe und langem Hinterdeck, 1961 Fiat 1500 Coupé mit ausstellbarem Heckfenster, 1962 Fiat 1500 und 1600 Coupé mit Doppelscheinwerfern, 1963 Fiat 1600 Coupé 118-SB mit vertikal zugespitzter Schnauze und Spezialcoupé Fiat 2300 S, 1964 Fiat 1600 S Coupé mit Lufteinlaßschlitzen auf dem Motorhaubenvorderteil, auf dem Pariser Salon 1966 Savio Jungla 600 als Pseudo-Geländewagen; auch Strandwagen, teils Design → Frua, teils aus eigenem Studio; teils Einzelstücke, teils auf Bestellung weitere gebaut.

Scaglietti Beim Karosseriewerk Scaglietti in Modena waren die «wildesten» → Ferrari-Aufbauten entstanden, praktisch immer nach Entwürfen von Pininfarina (→ oben). Während bei Pininfarina die normalen Serien-Ferrari eingekleidet wurden, karossierte Sca-

Diverse kleine Fabrikate sowie italienische Spezialkarossiers

glietti die leichtgewichtigen Sondermodelle, die sich teils auch für den Renneinsatz eigneten. Später wurde Scaglietti von Ferrari übernommen.

Scamp So lautete die Bezeichnung für ein Versuchsfahrzeug des englischen Electricity Council, das im Frühling 1966 als Stadtcoupé vorgestellt wurde. Gleichzeitig wurden ein auf Elektroantrieb umgebauter Mini und eine Elektroabwandlung des → Peel-Kleinstwagens gezeigt. Der Scamp war 210 cm lang und hatte einen Wendekreis von gut 8 m Durchmesser. Man sprach von annehmbarem Beschleunigungsvermögen und bis 65 km/h Spitze sowie 50 km Reichweite.

Scioneri Die Carrozzeria Automobili Scioneri war nicht im Großraum Turin, sondern in Savigliano zu Hause. Sie verhalf vor allem Fiat-Modellen zu einem individualisierten Aussehen, baute aber auch gänzlich eigene Karosserien, so beispielsweise 1961 ein Coupé für den Fiat 1500 (mit schräggestellten Doppelscheinwerfern), 1963 ein Coupé Fiat 750 Primula (nach Entwurf Michelotti), 1964 die leicht kantigen Coupés Fiat 850 und 1500 Sportinia; es handelte sich stets um Viersitzer.

Scirocco Vom Münchner Bausatzkonstrukteur Kohlmus wurde ab Ende 1969 der Kit für ein hochattraktiv aussehendes Flügeltürencoupé auf der Basis des NSU TT angeboten. Es ähnelte dem → Thurner, hatte aber noch längere Plexiglasabdeckungen vor den Scheinwerfern. Das niedrige Fastbackcoupé wurde mit Scirocco (= warmer Mittelmeerwind) bezeichnet, mehr als vier Jahre bevor es einen VW Scirocco gab.

Serenissima Der Serenissima 308/V wurde Ende 1964 von der Scuderia (Rennstall) Serenissima Repubblica di Venezia lanciert. Er war eine Konstruktion des Motoreningenieurs Massimino und wurde bei der Firma Sasamotors SpA in Modena gebaut. Das 113 cm hohe Stromliniencoupé war mehr für den Renn- als für den Straßeneinsatz gedacht. Neben dem Coupé (Jet), ursprünglich mit 3-Liter-DOHC-V8-Motor, gab es 1965/66 auch einen 3,5-Liter-Hochleistungsspider. Initiant war der Graf Volpi di Misurata, der ursprünglich auch beim ATS-Projekt mitgemacht hatte. 1968 entstand beim Karosseriewerk Ghia ein formvollendetes Serenissima-Coupé, und im Mai 1969 wurde erneut ein Serenissima-Mittelmotorcoupé – mit der Modellbezeichnung Agena – vorgestellt, diesmal mit Luxuskarosserie von Sports Cars in Modena.

Sibona & Basano Dieses Turiner Karosseriewerk trat auf dem Turiner Salon 1963 erstmals an die breite Öffentlichkeit, und zwar mit einem Simca-1000-Cabriolet Cerbiatto mit einigen «Gags» auf schöner Grundform. Im gleichen Jahr entstand das 2+2-Cabriolet Mistral auf Simca 1500. Ein Jahr später wurden ein Fiat-500-Strandwagen Decathlan mit eigenwilliger Karosserieprägung (Turin 1964) sowie ein Tsétsé genannter Fiat-500-Stadtwagen mit hochklappbarem Dach- und Türteil vorgestellt. Hinzu kam der vom amerikanischen Stylisten Virgil Exner entworfene Mercer (einst berühmte US-Marke) Cobra, der als Besonderheit seitlich ausklappbare Scheinwerfer und Kotflügel (neben einem Mercedes-Kühlergitter) besaß.

Sila Die Società Industriale Lavorazioni Acciai (= Sila) in Turin befaßte sich mit der Herstellung von Kleinstpersonenwagen und Spielfahrzeugen. Mit dem Anfang 1960 lancierten Typ Autoretta wollte sie auch ein Stadtauto anbieten. Der Zweisitzer hatte einen im Heck untergebrachten 200-cm³-1-Zylinder-2-Takt-Motor mit 11 DIN-PS Leistung. Radstand und Länge wurden mit 142 bzw. 225 cm angegeben. Als Fahrwerk diente ein Plattformrahmen mit oberem Rohrrahmenaufbau (für Spezialkarosserien).

Siva (I) Ende 1967/Anfang 1968 wurde mit dem Siva Sirio der Siva Srl in Lecce (Italien) ein bemerkenswerter Mittelmotor-Sportwagen lanciert. Er besaß einen in das Karosseriedesign integrierten Überrollbügel und ein abnehmbares Dachmittelteil. Front und Heck waren stoßabsorbierend konstruiert. Der Motor war ein 1998-cm³-V6 und stammte aus dem Ford Taunus 20 M, und er sollte mit 130 PS (Conrero-präpariert) oder originalgemäßen 90 PS erhältlich sein. Alle Räder wiesen Scheibenbremsen auf. Es scheint jedoch, daß außer dem Prototyp keine weiteren Wagen mehr gebaut wurden.

Siva (GB) Der englische Siva war ein originell gebautes keilförmiges Flügeltürencoupé, unter dem sich ein VW-Käfer-Plattformrahmen mit entsprechendem Antriebsaggregat im Heck verbarg (Typ 160 S). Er wurde ab 1969 in Aylesbury gebaut und auch als Bausatz angeboten. Später gab es Ausführungen mit potenteren Motoren, doch handelte es sich fast ausschließlich um Einzelstücke.

SLR Bei den drei Morgan SLR und dem Triumph SLR handelte es sich um Rennsportwagen, doch sie waren so elegant geformt, daß sie als GT-Coupés attraktiv gewesen wären. Sie waren 1963 entstanden, und als ihre Designer zeichneten die Rennfahrer Chris Lawrence und John Sprinzel verantwortlich. Die Alu-Karosserien entstanden bei Williams & Pritchard. SLR stand für Sprinzel Lawrencetune Racing.

Sportolet So hieß eine neuartige Karosseriekonstruktion, die Mitte 1962 von der Kölner Fahrzeugfabrik Peter Bauer lanciert wurde. Es handelte sich um eine raffinierte Verbindung von Vollcabriolet und Schiebedach. Sie wurde auf einem Ford Taunus 17 M verwirklicht. Das Stahldach (vorgesehen Kunststoff) ließ sich nach hinten schieben und auch vollständig auf den Kofferraum absenken. Ebenso war das Heckfenster versenkbar.

Strato (CH) Im Frühling 1961 versuchte sich ein Schweizer Kunststoffkarossier in der Autoherstellung: A. Petignat-Comment in Porrentruy BE hatte auf einem VW-Käfer-Plattformrahmen eine originell geformte viersitzige Coupékarosserie mit zwischen den Scheinwerfern abfallender Front und schwungvoller Gürtellinie aufgebaut. Er nannte sein für den Genfer Salon jenes Jahres gemeldetes Produkt Strato. Dieser 430 cm lange und 128 cm hohe Wagen wurde «normalerweise» mit einem Okrasa-frisierten VW-1300-Motor angeboten, wäre jedoch auch mit anderen VW- sowie mit Porsche-Aggregaten zu haben gewesen ... wenn er tatsächlich in Produktion gegangen wäre.

Strato (A) Die gleiche Markenbezeichnung wählte 1970 ein österreichischer Bausatzautokonstrukteur: der modern geformte, ebenfalls auf dem VW-Käfer-Plattformrahmen basierende Strato S 4 der Firma Custoka in Kranbath trat jedoch erst auf 1971 international in Erscheinung.

Stuart 1961 gründete der 29jährige Barry Stuart die Stuart Motors Inc. in Kalamazoo (Michigan) mit dem Zweck, 1962 die Serienherstellung eines netten viersitzigen Elektroautos zu starten. Dieses hatte eine kubische Kunststoffkarosserie von 292 cm Länge, und seine Batterie sollte zwischen zwei Aufladungen eine Fahrstrecke von 56 km ermöglichen.

Touring Die Firma Touring Superleggera war eines der bekannten großen Karosseriewerke Italiens. Sie baute in ihren Werkanlagen in Nova Milanese (Mailand) Spezialkarosserien in teils größeren Serien, schuf jedoch auch Einzelstücke. Technischer Leiter war Ing. Carlo Felice Bianchi Anderloni. Superleggera (= extraleicht) bezog sich auf das eigene Konstruktionssystem der Firma: Karosseriestruktur aus feinen Stahlrohren, die mit Aluminium beplankt wurden. 1960 baute Touring in Serie den Alfa Romeo 2000 Spider, das Coupé Lancia Flaminia GT und das entsprechende Cabriolet, beide in Superleggera-Bauweise, sowie, ebenfalls als Superleggera, den Maserati 3500 GT (anschließend auch GTI). Überdies wurde nach Touring-Lizenz in England der → Aston Martin DB 4 (und später Lagonda und DB 5) eingekleidet. Als Versuchsfahrzeug wurde eine 4- bis 5sitzige Berlinetta Alfa Romeo 2000 Praho mit konkaver Heckscheibe bezeichnet. 1961 kam als weitere Superleggera-Neuheit der Osca 1600 Praho hinzu. 1962 wurde der Alfa

Diverse kleine Fabrikate sowie italienische Spezialkarossiers

Romeo 2600 Spider aufgeführt (nicht Superleggera) und neu der Lancia Flaminia GT 3C 2+2 sowie ein viersitziger Maserati 3500 GTI mit zwei Fenstern je Seite. Zudem wurde bei Touring die Montage des → Hillman Super Minx aufgenommen! Eine Superleggera-Neuheit auf dem Turiner Salon des Jahres 1963 war der → Sunbeam Venezia, ein viertüriges Coupé, das für die Rootes-Gruppe (bzw. Chrysler) hergestellt wurde. 1964 lief bei Touring zusätzlich die Serienherstellung von → Lamborghini-Karosserien an... solche wurden bis zum Jahre 1967 hergestellt, da Touring in finanzielle Schwierigkeiten geriet. Nach Auflösung des Unternehmens wurden die Rechte von den Gebr. Marazzi übernommen.

Toyota do Brasil In den sechziger Jahren wurde von der Toyota do Brasil SA in São Bernardo do Campo eine Version des vierradgetriebenen Geländewagens Landcruiser in Produktion genommen. Für den Antrieb sorgte allerdings ein von der brasilianischen Mercedes-Benz-Niederlassung gelieferter Mercedes-Benz-Dieselmotor mit 4 Zylindern, 3402 cm^3 Inhalt und 78 SAE-PS Leistung. Der Kraftübertragung diente ein 4-Gang-Getriebe mit Verteilergetriebe oder ein Toyota-Getriebeautomat. – Zwar wurden Studien mit Corona- und Corolla-Typen angestellt, doch blieb die Produktion auf den Toyota Bandeirante genannten Geländewagen beschränkt.

Urbanina Wie Kabinen einer Gondelbahn, denen Räder unterlegt wurden, sahen die Urbanina-Elektroautos aus, die 1969 – nach Jahren des Prototypstadiums – in Pisa in angeblich 200 Exemplaren gebaut werden sollten. Es gab sie auch mit offener Korbgeflechtkarosserie und als viersitziges Landaulette (Hinterteil als Cabriolet). Die Basiskabine war mit 180 cm das kürzeste Auto überhaupt. Der Radstand maß 127 cm, und das Leergewicht wurde mit 300 kg angegeben. Mit dem 1000-Watt-24-Volt-Elektromotor sowie einem 3-Gang-Getriebe wurden 48 km/h und/oder 90 km Distanz erreicht (zwischen zwei Batterieladungen, die mit dem eingebauten Ladegerät neun Stunden dauerten).

Velorex Anfang 1960 lancierter tschechoslowakischer Kleinwagen aus Solnice. Sportliche Cabrioletform, Kunststoffkarosserie, Skoda-Octavia-Frontscheibe, zwei Sitze, Rohrrahmen, luftgekühlter Heckmotor Jawa, 344 cm^3, 16 PS, 360 kg, 80 km/h (ging erst 1972/73 in Kleinserie).

Viotti Die Carrozzeria Viotti in Turin war der bedeutendste Hersteller spezialkarossierter kleiner Fiat-Modelle. Auch die Kombiwagen Fiat 1300/1500 entstanden teils in diesem Werk. Außerdem wurde das von Pininfarina entworfene Coupé Lancia Appia mit Panorama-Heckscheibe serienmäßig hergestellt. In kleineren Stückzahlen oder als Einzelstücke baute Viotti formschöne viersitzige Coupés und Cabriolets Fiat 1800/2100, originelle Coupés Fiat 1300/1500, ein Stromliniencoupé Fiat 600 D, einen ähnlich geformten kleinen Spider Fiat 500 D (1961), dann auch Coupés auf der Basis des deutschen Fiat Jagst, ein Cabriolet Lancia Appia und schließlich im serienmäßigen Angebot den Fiat 600 D als knapp viersitziges Coupé Granluce 750 (1962).

Yak Er war als Nachfolger des in England nicht mehr hergestellten → Austin Mini-Moke gedacht, hatte jedoch eine (dach- und türlose) Kunststoffkarosserie, die auf einem Rohrrahmenchassis aufgebaut war. Unterbau BMC Mini, Hersteller war die Firma Grantura Plastics Ltd. (GP) in Blackpool, die auch die → TVR-Karosserien geliefert hatte. Der Yak wurde ab Ende 1969 (zunächst) als Bausatz angeboten.

Zagato Die im Raume Mailand angesiedelte Karosseriefirma der Gebrüder Zagato hatte im Verlaufe der Jahre eine erstaunliche Vielzahl von Modellen mit Spezialaufbauten kreiert, die meist in beschränkter Stückzahl hergestellt wurden. Es gab zwar auch Modelle, die in eigener Regie gebaut und vertrieben wurden, doch sind auch sie in den entsprechenden Markenkapiteln enthalten. Hier die Zagato-Neukreationen nach Jahren: 1960 = Fiat Abarth Zagato 1000, Alfa Romeo Giulietta SV Zagato, Lancia Appia GTE, Lancia Flaminia Sport, Bristol 2000, Osca 1600 GT, Morris Mini Cat Z (Coupé 40 PS, 380 cm lang); 1961 = Alfa Romeo Giulietta SZ (abgeschnittenes Heck), Aston Martin, Lancia Appia Sport; 1962 = Alfa Romeo Giulia TZ 1, Lancia Flavia Sport; 1964 = Alfa Romeo Giulia TZ 2, Alfa Romeo 2600 SZ, Fiat 850 Zagato, Lancia Flaminia Super Sport; 1965 = Hillman Zimp (2+2sitziges Coupé, 372 cm lang), Lamborghini 3500 GTZ; 1966 = Lamborghini 4000 GTZ, Osca 1500 Spider; 1967 = Alfa Romeo 1750 GS 4R Zagato, Fiat 125 GT/Z, Lancia Fulvia Sport, Lancia Flavia Super Sport 2000, Rover 2000 TCZ; 1968 = Lancia Fulvia Spider 1300; 1969 = Alfa Romeo Junior Z, Fiat Zanzara, Volvo GTZ 2000; 1970 = NART, Hondina, Volvo 3000. Teils handelte es sich auch um Einzelstücke; eine reguläre Eigenproduktion gab es aber 1968 vorübergehend nicht mehr. Typisch für die rennsportlich-schnellen Zagato-Modelle war das Dach mit zwei als Aussparungen für die Köpfe der Insassen dienenden Längsausbuchtungen; man traf sie bei Abarth-, Alfa- und Lancia-Typen und selbst bei einigen Zagato-Karosserien auf englischem Unterbau.

Zanella Nochmals ein italienisches Karosseriewerk: die in Parma angesiedelte Firma Zanella trat gegen Ende 1969 mit dem Erina an die Öffentlichkeit, einem kleinen Spider auf der Basis des Fiat 500.

Zastava Ähnlich wie die Seat in Spanien Fiat-Lizenzfabrikate waren, so wurden (und werden noch) die im jugoslawischen Kragujevac von der Zarodi Crvena (rote Fahne) fabrizierten Zastava von Fiat-Modellen abgeleitet bzw. sind mit diesen weitgehend identisch. Anfang der sechziger Jahre gab es zum Beispiel den Zastava 750 (= 600 D) und den Zastava 1300; die Produktion erreichte damals etwa 20 000 Stück pro Jahr.

Zunder Der Zunder 1500 wurde im Herbst 1960 in Argentinien nach zweijähriger Erprobung lanciert. Man startete mit einem monatlichen Ausstoß von 200 Stück. Es handelte sich um eine Mittelklasselimousine mit zweitüriger Kunststoffkarosserie, Panoramascheiben und schräggestellten Doppelscheinwerfern. Die Antriebseinheit und die Aufhängungen waren von Porsche übernommen (58 PS, hinten zwei schräg angeordnete Schraubenfedern). Bei 240 cm Radstand war er 432 cm lang, und mit 880 kg Gewicht wurden angeblich 150 km/h erreicht.

Karosseriebezeichnungen

Station Wagon	= amerikanische	Bezeichnung für Kombi
Estate Car	= englische	
Familiare	= italienische	
Familiar	= spanische	
Familiale und Break	= französische	
Berlina	= italienische	Bezeichnung für (4türige) Limousine
Berline	= französische	
Sedan	= amerikanische	
Saloon	= englische	
Limousine	= frühere Bezeichnung für viertürigen Wagen mit Separation (= Chauffeurlimousine)	
Drophead Coupé	= englische	Bezeichnung für Cabriolet
Convertible	= amerikanische	
Convertibile	= italienische	
Spider/ Spyder	= dto, ursprünglich jedoch wie . . .	
Roadster	= Bezeichnung für offenen Sportwagen mit Notverdeck	

(s. auch Kurzerklärung technischer Ausdrücke Seite 34)

Preisliste 1966

Neuwagen-Preislisten Anfang 1966 D/CH
(Ausrüstung D/CH teils nicht identisch!)
* = ca.

	DM	Fr.
Abarth		
Fiat Abarth 595	5 450.–	
595 SS	5 760.–	
695	5 900.–	
695 SS	6 350.–	
1000 TC		
Berlina Corsa	13 600.–	
dto, 5-Gang	15 400.–	
OT 1000 Lim.	9 200.–	
OT 1000 Coupé	9 975.–	11 600.–
OT 1000 Spider	10 725.–	12 800.–
OTR 1000 Coupé	11 875.–	
1000 Bialbero	22 800.–	
dto, 5-Gang	24 800.–	
Abarth Simca 2000	*33 000.–	
AC		
427 Convertible		48 000.–
Cobra 427 Street Version		39 900.–
Competition		63 000.–
Alfa Romeo		
Giulietta t. i.		9 800.–
Sprint 1300	11 950.–	13 950.–
Giulia 1300	8 950.–	10 640.–
1600 TI	9 950.–	12 350.–
1600 Super	10 900.–	13 600.–
1600 Spider	10 950.–	13 950.–
1600 Sp. Veloce	11 950.–	15 200.–
1600 Sprint GT	15 950.–	16 900.–
1600 Sprint GTC	17 450.–	17 900.–
1600 Sprint GTA	21 500.–	23 450.–
1600 SS	17 950.–	18 900.–
1600 TZ	28 950.–	29 850.–
2600 Berlina	16 950.–	21 250.–
Spider	18 950.–	24 150.–
Sprint	21 950.–	27 850.–
Sprint SZ		34 500.–
Alpine		
Berlinette Standard		16 800.–
100		22 400.–
1300		25 950.–
Cabriolet Standard		15 800.–
100		21 400.–
1300		24 950.–
Coupé GT 4 Standard		15 800.–
100		21 400.–
1300		24 950.–
Alvis		
3 Litre Series III		32 500.–
Graber Super Coupé		38 500.–
Cabriolet		39 500.–
Ambassador		
990 V8 4türig		21 500.–
Coupé		21 800.–
Amphicar		
770	8 385.–	
Asa		
100 GT Coupé		21 300.–
Spider		21 300.–

	DM	Fr.
Aston Martin		
DB 6		60 000.–
Volante		60 000.–
Shooting Brake		70 000.–
Audi		
1,7 L, 2türig	7 690.–	10 550.–
4türig	7 990.–	10 950.–
Austin		
(Mini) 850	5 530.–	
Standard		5 200.–
Export		5 550.–
Super de L.		5 850.–
Countryman	6 590.–	6 150.–
Cooper	7 410.–	7 100.–
Cooper S	10 525.–	10 200.–
A 40 1100 Countryman		7 200.–
1100	6 490.–	7 580.–
Countryman		8 800.–
S Speedwell		8 180.–
A 60		9 100.–
A 60 Countryman		10 100.–
1800	9 840.–	
de Luxe		10 750.–
Super de Luxe		10 950.–
A 110 Westminster II	13 500.–	13 300.–
dto, Super de Luxe		14 600.–
Austin-Healey		
Sprite Mark III	8 190.–	7 850.–
3000 Sport Mark III	16 520.–	15 700.–
Autobianchi		
Bianchina Quattroposti		4 675.–
Panoramica	3 850.–	4 990.–
Cabriolet		5 450.–
Primula 2türig	5 990.–	
3türig	6 290.–	*8 390.–
4türig	6 490.–	
Coupé	7 990.–	
Bentley		
Series T	*87 000.–	74 000.–
Bizzarrini		
Berlinetta 5300 GT Strada	49 800.–	
BMW		
1600	8 495.–	
1800	9 985.–	13 800.–
1800 TI	10 960.–	15 550.–
2000	11 260.–	15 650.–
2000 TI	11 750.–	16 450.–
2000 CS	16 990.–	23 500.–
2000 CA	16 990.–	23 950.–
Bristol		
409		52 000.–
Buick		
Special Skylark V6 Coupé	*18 600.–	
V8 4türig	*21 100.–	23 800.–
V8 Coupé	*21 100.–	23 900.–
V8 Cabrio	*27 100.–	25 300.–
Special Station de Luxe		24 750.–
Station Custom		26 500.–

	DM	Fr.
Wildcat 4türig	*30 900.–	32 200.–
Hardtop	*30 200.–	33 900.–
Cabrio	*30 900.–	34 500.–
Electra	*32 800.–	
Riviera	*34 400.–	34 700.–
Cadillac		
Special Fleetwood	*43 300.–	44 600.–
De Ville Coupé	*38 800.–	42 600.–
4türig	*39 700.–	42 400.–
Eldorado Cabriolet	*39 700.–	46 700.–
Fleetwood Lim.		65 000.–
Checker		
A-12 Marathon		21 000.–
dto, 8sitzig		21 250.–
A-12W Marathon Station		22 600.–
A-12E Marathon de Luxe		24 800.–
dto, 9sitzig		25 500.–
A-23E Custom		30 000.–
dto, 9sitzig		30 900.–
A-12W6M Aerobus		34 200.–
Chevrolet		
Corvair (CH: Monza) 4türig	*16 500.–	17 400.–
Coupé	*16 100.–	17 950.–
Cabrio	*19 900.–	19 800.–
Corvair Corsa Coupé	*18 000.–	19 600.–
Cabrio	*21 300.–	20 900.–
Chevy II Nova 4türig		16 350.–
Station		19 750.–
Coupé		19 500.–
Chevelle Malibu (ab)	15 900.–	18 600.–
Station		20 500.–
Cabrio	*23 400.–	
SS Coupé		22 200.–
SS Cabrio		23 600.–
Impala 4türig (D: ab)	*17 950.–	23 200.–
Station		28 400.–
Coupé	*19 900.–	26 800.–
Cabrio	*25 900.–	27 500.–
Caprice 4türig		27 000.–
Coupé	*23 800.–	26 800.–
Corvette Sting Ray	*34 600.–	34 900.–
Cabrio	34 300.–	35 400.–
Chrysler		
Newport		35 750.–
New Yorker		40 500.–
300 4türig		40 900.–
Coupé		40 500.–
Cabrio		43 000.–
Citroën		
2 CV	3 990.–	4 850.–
(Luxe)	4 490.–	4 995.–
AZC		5 350.–
AZAM 6		5 950.–
AZUL Week-End		5 580.–
AKL Week-End (6)		6 760.–
Ami 6	5 090.–	
Confort		6 575.–
Break (D: ab)	5 490.–	6 975.–
ID 19 (CH: Export)	10 390.–	13 950.–
DS 19 (CH: DS 19a)	12 390.–	15 980.–
DW 19a (ohne Getr'autom.)		16 980.–
DS 21	13 200.–	17 450.–
DW 21 (ohne Getr'autom.)		17 450.–

Preisliste 1966

	DM	Fr.
DS 21 Pallas	14 300.–	18 750.–
DW 21 Pallas (ohne Getr'autom.)		18 750.–
ID 19 Break (CH: Luxe)	13 500.–	17 450.–
ID 19 Break Confort		17 980.–
ID 19 Familiale	13 500.–	
ID 21 Break (CH: Luxe)	14 300.–	18 450.–
ID 21 Break Confort		18 980.–
ID 21 Familiale (Confort)	14 300.–	18 980.–
Daf		
Daffodil Standard	4 390.–	5 280.–
de Luxe	4 690.–	5 980.–
de Luxe Extra	4 990.–	6 550.–
750 Combi	4 995.–	6 150.–
Daimler		
2.5 Litre V8 Saloon	22 500.–	23 500.–
Majestic Major		38 800.–
Majestic Limousine		50 500.–
DKW		
F 102 2türig	6 850.–	9 100.–
F 102 4türig	7 200.–	9 500.–
Dodge		
Dart 6		18 845.–
V8		20 215.–
Station		23 100.–
GT Coupé		23 850.–
GT Cabrio		25 550.–
Coronet, ab		26 250.–
Coronet Cabrio		26 950.–
Monaco		35 750.–
Enzmann		
506		9 800.–
506 Super 1300		11 500.–
Ferrari		
275 GTB Berlinetta	53 000.–	49 000.–
275 GTB Spider	49 200.–	49 500.–
330 GT	54 250.–	51 500.–
500 Superfast	99 300.–	
Fiat		
500 D	3 350.–	3 890.–
500 D Giardiniera		4 950.–
600 D		4 995.–
850 (CH: S)	4 390.–	5 690.–
850 Coupé	5 880.–	7 690.–
850 Spider	7 150.–	8 975.–
1300	6 490.–	8 695.–
1300 Familiare		9 995.–
1500 (D: C)	6 990.–	9 350.–
1500 Familiare	7 990.–	10 350.–
1500 L	7 650.–	9 995.–
1500 Coupé		14 200.–
1500 Spider		12 750.–
1600 S Spider		15 975.–
1800 B		11 350.–
1800 B Familiare		12 500.–
2300 Lux.	9 990.–	13 850.–
2300 Familiare	11 490.–	14 950.–
2300 Président		16 500.–
2300 Coupé S		26 700.–

	DM	Fr.
Ford (Deutschland)		
Taunus 12 M 2türig	5 480.–	7 655.–
4türig	5 830.–	8 055.–
Kombi	5 880.–	8 200.–
Kombi 1500		8 395.–
TS 2türig	6 000.–	8 235.–
TS 4türig	6 350.–	8 635.–
Coupé	6 300.–	8 700.–
Taunus 17 M 2türig	6 990.–	
4türig	7 400.–	
Super 2türig		9 300.–
Super 4türig		9 900.–
S. Kombi 3t.	7 300.–	9 975.–
S. Kombi 5t.	7 750.–	10 575.–
de Luxe 2türig		9 650.–
de Luxe 4türig		10 250.–
de L. K. 3türig		10 245.–
de L. K. 5türig		10 845.–
Taunus 20 M 2türig	7 990.–	10 730.–
4türig	8 400.–	11 330.–
Kombi 3türig	8 300.–	11 400.–
Kombi 5türig	8 750.–	12 000.–
Coupé	8 950.–	
TS 2türig	8 740.–	11 630.–
TS 4türig	9 150.–	12 230.–
TS Coupé	9 700.–	13 075.–
Ford (England)		
Anglia de Luxe		6 150.–
Anglia Estate Car		6 890.–
Cortina 2türig		7 355.–
4türig		7 755.–
Estate Car		8 485.–
1500 2türig		7 605.–
1500 4türig		8 005.–
1500 Estate C.		8 735.–
GT		9 030.–
Lotus		14 650.–
Lotus Racing		30 100.–
Corsair V4 2türig		8 995.–
V4 4türig		9 595.–
GT 2türig		10 395.–
GT 4türig		10 995.–
Zephyr 6		11 800.–
Zodiac		13 300.–
Ford (USA)		
Falcon Futura		16 850.–
Falcon Futura Station		18 800.–
Fairlane 500		20 310.–
Fairlane 500 Station		22 035.–
Galaxie 500 LTD		26 950.–
Mustang 6		17 950.–
6 Fastback		19 350.–
6 Cabrio		19 550.–
V8, ab		19 750.–
V8 Fastback, ab		21 150.–
V8 Cabrio, ab		21 350.–
Shelby 350 GT Street		33 700.–
Shelby 350 GT Competition		42 900.–
GT 40 Street Version		*85 000.–
GT 40 Competition		*68 000.–
Fuldamobil	3 200.–	
Glas		
1004	5 850.–	7 950.–
1304	6 320.–	8 950.–
S 1004 Cabrio	6 600.–	

	DM	Fr.
S 1304 Cabrio	7 070.–	10 450.–
1304 TS	7 770.–	11 450.–
1700	9 250.–	13 350.–
1700 TS	9 750.–	14 750.–
1300 GT	12 450.–	15 950.–
1300 GT Cabrio	13 350.–	17 450.–
1700 GT	13 850.–	18 950.–
1700 GT Cabrio	14 750.–	20 450.–
2600 V8	17 900.–	*26 000.–
Goggomobil		
T 250	3 450.–	
T 400	3 510.–	
TS 250	3 850.–	
TS 400	3 950.–	
Hillman		
Imp	5 700.–	6 300.–
Minx Series VI	7 575.–	8 500.–
Minx Series VI GTL		9 000.–
Super Minx Series IV	8 800.–	9 500.–
dto, Estate Car	9 800.–	10 500.–
S. Minx Series IV GTL		9 990.–
dto, Estate Car		10 990.–
Honda		
S 600 Coupé		9 330.–
S 600 Cabrio		8 750.–
Humber		
Sceptre Series II	11 950.–	13 750.–
Super Snipe Series V	18 890.–	20 750.–
Imperial	22 375.–	25 750.–
Imperial		
Crown		48 000.–
Le Baron		49 000.–
Innocenti		
Morris IM 3		11 500.–
Spider S	8 950.–	
International		
Scout 800 4 × 4		18 950.–
Iso		
Rivolta IR 300	39 800.–	44 900.–
IR 340		47 500.–
IR 365	41 800.–	
Grifo Lusso GL 300	54 800.–	59 500.–
Grifo Lusso GL 365	56 800.–	*60 000.–
Isuzu		
Bellett 1500 Standard		7 800.–
1500 de Luxe		9 350.–
1800 Diesel		9 800.–
Jaguar		
Mark 2 2.4 Litre	*18 900.–	17 950.–
(CH: ab) 3.4 Litre	*20 750.–	20 700.–
3.8 Litre	*22 150.–	21 900.–
S 3.4 Litre (CH: ab)	*23 750.–	23 500.–
S 3.8 Litre (CH: ab)	*25 150.–	24 800.–
Mark 10, ab	*31 500.–	30 900.–
Mark 10 Lim., ab	*35 500.–	
E-Type Coupé	*29 000.–	27 900.–
E-Type Roadster/Cabr.	*27 500.–	26 500.–

Preisliste 1966

	DM	Fr.
Jensen		
Interceptor		32 900.–
C-V8 Mark III		42 800.–
FF		59 500.–
Kaiser-Jeep		
Wagoneer J-100 4 × 2 3t.		19 500.–
4 × 2 5t.		19 800.–
4 × 4 3t.		24 350.–
4 × 4 5t.		24 650.–
Lamborghini		
350 GT		50 000.–
400 GT 2+2		*51 000.–
400 GT Spider		*51 500.–
Lancia		
Fulvia Berlina	6 990.–	
Berlina 2C	8 350.–	10 950.–
Coupé	10 500.–	13 750.–
Sport		15 950.–
Flavia Berlina 1500	10 190.–	
Berlina 1800	10 990.–	15 150.–
Coupé	15 980.–	20 200.–
Spider	15 980.–	19 950.–
Sport	16 580.–	20 450.–
Flaminia Berlina	18 980.–	25 000.–
Coupé 3B	21 550.–	26 800.–
Coupé GT 3 C	21 980.–	
Coupé GTL	22 980.–	
Cabriolet	21 980.–	
Supersport	22 450.–	
Lincoln		
Continental		42 300.–
Lotus		
Elan Coupé		21 300.–
Elan Cabrio		18 600.–
Marcos		
1800 L		22 200.–
1800 IRS		23 200.–
Marlin		22 500.–
Maserati		
3500 GTIS Sebring	48 800.–	46 800.–
2 Posti 3700 Mistral	49 500.–	47 900.–
3500 M. Spider	49 500.–	
3700 M. Spider	50 500.–	47 900.–
Quattroporte	53 500.–	51 000.–
Matra		
Djet 5	12 490.–	15 600.–
Djet 5S	15 500.–	19 600.–
Mercedes-Benz		
200	10 800.–	15 900.–
200 D	11 300.–	16 700.–
220 SE Coupé	23 500.–	
220 SE Cabrio	25 500.–	
230	11 700.–	17 200.–
230 S	13 750.–	19 100.–
230 SL (CH: ab)	20 600.–	28 900.–
250 S	15 300.–	22 350.–
250 SE	16 850.–	24 350.–
250 SE Coupé	24 350.–	35 800.–
250 SE Cabrio	26 350.–	38 500.–
300 SE	21 500.–	30 900.–
300 SE Coupé	31 350.–	45 000.–
300 SE Cabrio	33 350.–	48 000.–
300 SEL (D: ab)	28 000.–	39 500.–
600	56 500.–	
600 Pullman	63 500.–	
Mercury		
Comet Caliente		21 500.–
Comet Caliente Cabrio		23 375.–
MG		
Midget Mark II	8 290.–	7 950.–
1100	8 970.–	8 650.–
Magnette Mark IV	10 650.–	10 900.–
B	11 400.–	12 200.–
B GT	14 750.–	14 200.–
Morgan		
4/4 Series V		8 500.–
4/4 Series V Competition		9 800.–
Plus 4 Roadster		10 800.–
Cabriolet		11 500.–
Coupé		12 800.–
Competition		12 600.–
Plus 4 Plus		16 500.–
Morris		
(Mini) 850 Standard	5 530.–	5 200.–
Export	5 780.–	5 550.–
Super de L.	5 980.–	
Traveller	6 590.–	6 150.–
Cooper	7 410.–	7 100.–
Cooper S	10 525.–	10 200.–
Minor 1000 2türig	6 475.–	6 300.–
4türig	6 755.–	6 550.–
Kombi	7 650.–	7 250.–
Cabrio	6 475.–	6 300.–
1100	6 490.–	7 580.–
1100 Traveller		8 800.–
Oxford Series VI	7 825.–	9 100.–
Oxford Series VI Trav.	8 990.–	10 100.–
1800		10 950.–
Neckar/NSU-Fiat		
Jagst 2	3 850.–	
1500 CT	7 290.–	
1500 CTS	7 990.–	
NSU		
Prinz 4	4 390.–	5 550.–
4S	4 586.–	
4L	4 670.–	5 950.–
Sport Prinz	4 995.–	6 950.–
1000 L	5 190.–	6 750.–
S	5 390.–	6 950.–
TT	5 995.–	7 750.–
Typ 110 (CH: ab)	5 795.–	7 380.–
Spider	8 500.–	10 950.–
Oldsmobile		
F 85 CH: Cutlass 4türig	*21 100.–	23 600.–
dto, Hardtop-Coupé	*21 100.–	23 900.–
dto, Cabrio	*27 200.–	25 500.–
F 85 Custom Station		26 900.–
Delta 88	*28 900.–	32 900.–
98	*32 400.–	
Toronado	*36 900.–	36 700.–
Opel		
Kadett 2türig	5 175.–	6 900.–
4türig	5 525.–	7 400.–
L 2türig	5 625.–	7 825.–
L 4türig	5 975.–	8 300.–
Caravan	5 585.–	7 425.–
Caravan L	5 945.–	8 200.–
Coupé	5 775.–	7 975.–
Rekord 2türig	6 980.–	9 250.–
4türig	7 380.–	10 050.–
L 4türig	8 225.–	11 400.–
Caravan	7 285.–	10 100.–
Caravan L		10 350.–
Car. L 1900		10 700.–
Coupé	8 165.–	11 350.–
L6	9 370.–	12 600.–
Coupé 6	9 310.–	12 500.–
Kapitän	11 300.–	14 950.–
Kapitän V8	14 740.–	
Admiral	12 500.–	17 000.–
Admiral V8	15 950.–	
Diplomat	17 500.–	22 600.–
Diplomat Coupé	25 500.–	31 600.–
Panhard		
24 CT		12 500.–
24 BT		12 650.–
Peugeot		
204	7 370.–	8 800.–
204 Break	7 770.–	9 600.–
403 1300	6 380.–	*8 100.–
Confort	6 985.–	*8 750.–
Grand Luxe	7 145.–	9 275.–
Diesel	8 550.–	10 750.–
404 (D: GT)	8 070.–	10 700.–
(D: GT) Injection	9 420.–	12 100.–
(D: GT S. Luxe)	9 540.–	12 100.–
(D: GT S. L.) Injection	10 665.–	13 500.–
Diesel	9 805.–	12 500.–
Commerciale	8 355.–	11 150.–
Comm. Diesel	10 040.–	12 800.–
Familiale	8 945.–	12 000.–
Fam. Diesel	10 670.–	13 700.–
Break	9 845.–	12 600.–
Coupé	14 870.–	17 500.–
Coupé Injection	15 990.–	18 800.–
Cabrio	14 300.–	16 800.–
Cabrio Injection	15 430.–	18 100.–
Plymouth		
Valiant V 200 14 PS		16 350.–
19 PS		16 950.–
V8		19 050.–
dto, Station 19 PS		21 650.–
dto, Station V8		22 350.–
Valiant Signet V8 Coupé		22 650.–
Cabrio		25 000.–
dto, 19 PS		23 100.–
Barracuda 19 PS		22 800.–
V8		23 350.–
S		23 750.–
Belvedere II, ab		22 550.–
Station		25 300.–
Satellite Coupé, ab		23 450.–
Cabrio, ab		25 500.–

Preisliste 1966

Quelle: «Automobil Revue» Katalognummer/ Jahresausgabe 1966
Anmerkung: Die Preise englischer Wagen in Schweizer Franken waren großenteils niedriger wegen des Efta-Zolltarifs.

	DM	Fr.
Fury III		25 800.–
Coupé		25 385.–
Station		27 300.–
VIP, ab		28 750.–
Sport Fury, ab		27 250.–
PMC-Mikado		
Skyline 1500 Standard		8 500.–
de L., ab		8 950.–
Kombi		10 900.–
Gloria 6 Standard		13 250.–
de Luxe		13 600.–
Kombi		15 500.–
Pontiac		
Tempest Le Mans 4türig		23 200.–
Coupé	*18 900.–	22 800.–
Cabrio		24 300.–
Catalina 4türig		28 900.–
Bonneville 4türig	*29 400.–	31 200.–
Coupé	*28 900.–	
Cabrio	*29 900.–	
Grand Prix	*30 800.–	*31 500.–
Porsche		
912	17 590.–	21 950.–
911	22 900.–	29 950.–
Rambler		
American 440 4türig		15 975.–
Coupé		17 550.–
Cabrio		18 950.–
Classic 770 Six 4türig		17 800.–
Six St.		20 700.–
Six Coupé		19 300.–
V8 4türig		18 975.–
V8 St.		21 925.–
V8 Coupé		20 550.–
(D:→ Renault)		
Reliant		
Regal 3/25 Super		5 700.–
Renault		
4 Standard	3 890.–	
4 Luxe	4 150.–	4 990.–
4 Export	4 450.–	5 490.–
4 Parisienne	4 790.–	
Dauphine Gordini	4 790.–	5 990.–
Automatic		6 590.–
8 Luxe	5 290.–	6 790.–
8 Automatic	5 790.–	7 490.–
8 Gordini (Racing)	9 100.–	
10 Major	5 990.–	7 450.–
Caravelle 1100 S	8 500.–	10 650.–
mit Hardtop	8 990.–	10 650.–
16 Luxe	7 490.–	8 990.–
16 Grand Luxe		9 590.–
Rambler	14 900.–	
Riley		
Elf Mark II	7 970.–	7 200.–
Kestrel	10 350.–	9 600.–
4/72	10 850.–	11 100.–
Rolls-Royce		
Silver Shadow	*88 000.–	74 700.–

	DM	Fr.
Rover		
2000	13 960.–	15 900.–
2000 TC		16 950.–
3 Litre Mark III	24 100.–	22 800.–
dto. Coupé	25 300.–	24 000.–
Land Rover 88		16 200.–
109		18 300.–
Saab		
96	6 785.–	8 550.–
96 Special		9 850.–
95	8 990.–	9 500.–
95 Special		10 800.–
Monte Carlo 850	9 990.–	11 750.–
Sabra		
Carmel 12		7 480.–
Sport		14 250.–
GT		16 250.–
Simca		
1000 L	4 775.–	5 990.–
LS	5 175.–	6 490.–
GL	5 375.–	6 790.–
GLS	5 575.–	6 990.–
Coupé	8 500.–	9 990.–
1300 L	6 375.–	7 995.–
LS	6 775.–	8 495.–
1500 GL	7 450.–	9 295.–
GLS	7 950.–	9 850.–
Break LS	7 550.–	9 750.–
Break GLS	8 100.–	10 350.–
Singer		
Chamois	6 190.–	
Vogue Series IV	9 975.–	10 800.–
Estate Car		11 800.–
Skoda		
1000 MB	4 780.–	
Standard		6 400.–
de Luxe		6 750.–
Octavia Combi	5 325.–	7 100.–
1202	6 145.–	7 700.–
Studebaker		
Cruiser VI		18 300.–
VIII		22 500.–
Daytona VI		19 300.–
VIII		23 500.–
Wagonaire VI		20 800.–
VIII		24 200.–
Steyr-Puch		
650 T	*3 980.–	
TR	*4 820.–	
Sunbeam		
Chamois Mark II		6 800.–
Rapier Series V	10 875.–	12 000.–
Alpine Series V	11 390.–	
260	16 450.–	18 000.–
Thunderbird		
Coupé		33 300.–
Cabrio		35 500.–

	DM	Fr.
Trabant		
P 601		4 605.–
Universal		4 965.–
Triumph		
Herald 1200		6 990.–
Estate		8 850.–
Cabrio	7 320.–	8 800.–
Spitfire Mark II	8 990.–	8 750.–
Vitesse		9 950.–
Cabrio		10 900.–
TR 4A	12 750.–	13 950.–
TR 4A Hardtop		14 500.–
2000	13 200.–	14 500.–
Vanden Plas Princess		
1100	11 650.–	11 500.–
4 Litre R	26 850.–	27 950.–
Vauxhall		
Viva		6 525.–
de Luxe		6 850.–
de Luxe 90		7 150.–
SL 90		7 950.–
Estate Car		7 600.–
Victor Standard		8 750.–
Super		9 100.–
de Luxe		9 700.–
Estate Car		9 950.–
VX 4/90		10 950.–
Cresta Standard		11 950.–
de Luxe		13 250.–
de Luxe 3300		14 350.–
Volvo		
121 Favorit		9 990.–
2türig	9 250.–	10 400.–
4türig	9 750.–	10 900.–
4türig Automat		12 300.–
122 S 2türig	10 250.–	11 700.–
4türig	10 750.–	12 200.–
2türig Overdrive		12 500.–
221	11 750.–	12 300.–
222	12 350.–	13 400.–
1800 S	18 300.–	18 950.–
VW/Volkswagen		
1200 A	4 485.–	6 250.–
1300 (de Luxe)	4 980.–	6 750.–
1300 Cabrio	6 490.–	9 125.–
1300 Karmann-Ghia	6 990.–	9 900.–
Cabrio	7 690.–	11 125.–
1500 A	5 990.–	8 275.–
1500 Variant	6 390.–	9 150.–
1600 TL	6 690.–	9 250.–
1600 Variant	6 980.–	9 850.–
1600 Karmann-Ghia	8 750.–	11 975.–
Wartburg		
1000 Standard		6 450.–
de Luxe		6 995.–
Kombi		8 695.–
Camping		8 305.–
Wolseley		
Hornet	7 850.–	
1100	9 650.–	
16/60	10 350.–	10 300.–
6/110 Mark II	14 950.–	16 100.–

Namenregister

Halbfett: Marken mit eigenem Kapitel

Wo ein Name im gleichen Markenkapitel mehrmals auftritt, ist nur die erste Seite seines Erscheinens aufgeführt. (2) = in zwei (oder mehreren) Markenkapiteln auf der gleichen Seite.

Nicht registriert sind allgemein übliche Bezeichnungen wie Deluxe, Mark, Series, Standard usw., sowie Einzelbuchstaben (s. auch Kurzerklärungen technischer Ausdrücke Seite 34 und Karosseriebezeichnungen Seite 397)

Leitbuchstaben

A Automarke
B Bremsen
C Karosseriehersteller oder -designer
D Einzelstück, Traumwagen
E Motor, Frisiersätze/Tuning
F Federung, Aufhängung
G Getriebe, Kraftübertragung
H Herstell- oder andere Firma
L Lenkung
M Modell, Modellreihe
P Person
U Untermodell, Karosserietyp
W Wettbewerbsanlass (Le Mans)
Z Zusatzaggregat, Materialart

Die sechziger Jahre standen im Zeichen einer zunehmend größer werdenden Modellpalette. Nach dem «Baukastensystem» wurden die einzelnen Aggregate für möglichst viele Fahrzeugtypen genutzt. Hier 21 von 27 Fiat-Modellen des Jahrgangs 1966.

Dank

Das vorliegende Buch «Personenwagen der 60er Jahre» wurde – mit der Einwilligung des Verlages – auf der Grundlage der Veröffentlichungen in der «Automobil Revue» und in den Katalognummern/Jahresausgaben der «AR» aufgebaut. Auch die Werkunterlagen im «AR»-Archiv standen zur Verfügung. Daß dieses Material so umfassend war, ist vordergründig dem ehemaligen «AR»-Chefredakteur Robert Braunschweig, einem international anerkannten Automobiljournalisten, und seinen auf exakte Berichterstattung erpichten Mitarbeitern zu verdanken. Unter ihnen sind im Zusammenhang mit Neuwagenbeschreibungen in erster Linie Dr. Max Fehlmann, Kuno Brunner und Hilde Künzler zu erwähnen, ferner Pierre-Yves Ringger, Adriano Cimarosti und Martin Wyler sowie weitere teils ehemalige Kollegen des Autors.

Zu den außenstehenden «Modell-Informanten» der «AR» zählten während der sechziger Jahre in vorderster Reihe Ernst Behrendt, Etienne Cornil, Olaf von Fersen und Gordon Wilkins, ferner Werner Bernet, Dr. Walter B. Bing (†), Bernard Cahier, Jean Escudier, Wolfgang Fehlhaber, Georges Gédovius, Jacques Ickx (†), Federico B. Kirbus, Theo Page, Nino B. Sampietro (†), Dr. Eberhard Seifert, Kiyoshi Takagishi, Dr. Florenz M. Theus, Jan Ullén und Peter Waldeck. – Beim Großteil der Illustrationen dieses Buches handelt es sich um Werkaufnahmen, doch wurde daneben eine größere Anzahl Bilder von Dr. Eberhard Seifert und Etienne Cornil verwendet.

Spezielle Informationen für dieses Buch lieferten dem Autor auch Kuno Brunner, Ernst Behrendt und Michael Sedgwick (†), die Firmenpressechefs Axel Béguin, Georges Bobillier, Dr. Franco Gozzi, Christoph Gross, André Hefti, Dr. Gian Beppe Panicco, Rolf Studer, Reto Töndury, Fredi Valentini, Jean-Claude Villard sowie Dr. Elio Zagato und Liane Graber-von Burg, ferner die Markenspezialisten Kurt Bigler, Rolf Dal-Cin, Peter Denzel, Frank Friedli, Rudolf Leuenberger, Dr. Marc Oesterle und Max Stoop.

Gl.

ABARTH & C.
STEYR
PUCH
TATRA
BUICK
ROLLS
RR
ROYCE
Ford
AUTOMOBILWERK EISENACH
VEB
daf
DATSUN
D
LANCIA
ЗиЯ
BMW
JAGUAR
VOLVO
PORSCHE
STUTTGART
MASERATI
SIMCA
LOTUS
TOYOTA
MOTOR
MG
ARISTA
ALVIS
BRISTOL
2 LITRE
MASERATI
FRATELLI
BOLOGNA
O.S.C.A.
MORGAN
4
4
NECKAR
WILLYS
Riley
Ferrari
AMERICAN MOTORS
CORPORATION
AM